Adrian Pocanschi, Marios C. Phocas

Kräfte in Bewegung

Adrian Pocanschi, Marios C. Phocas

Kräfte in Bewegung

Die Techniken des erdbebensicheren Bauens

Teubner

B. G. Teubner Stuttgart · Leipzig · Wiesbaden

Bibliografische Information Der Deutschen Bibliothek
Die Deutsche Bibliothek verzeichnet diese Publikation in der Deutschen Nationalbibliografie; detaillierte bibliografische Daten sind im Internet über <http://dnb.ddb.de> abrufbar.

Dr.-Ing. habil. Adrian Pocanschi war bis 1974 am Institut für Massivbau der TU Klausenburg in der Lehre und Forschung tätig. Im Anschluss an seinen Forschungsaufenthalt am Institut für Baustatik der KTH Stockholm lehrte er an der TU Klausenburg Massivbau und Sondergebiete der Tragwerke. 1980 wurde er wissenschaftlicher Mitarbeiter am Institut für Tragkonstruktionen und Konstruktives Entwerfen der Universität Stuttgart. Er habilitierte sich 1986 und wurde 1989 Privatdozent. Er betreibt Forschung und Lehre auf den Gebieten des Erdbebeningenieurwesens, der Tragkonstruktionen und des konstruktiven Entwerfens und entwickelte mehrere Schutzsysteme und Isolatoren zur Sicherung der Bauwerke gegen Erdbeben. Als Autor veröffentlichte er eine Reihe von technischen Aufsätzen und Berichten mit Ergebnissen seiner Forschungstätigkeit. Seit 1985 betreibt er auch ein eigenes Ingenieurbüro für Beratung und Tragwerksplanung in Stuttgart.
www.uni-stuttgart.de
Email: adrian.pocanschi@po.uni-stuttgart.de

Dr.-Ing. Arch. Marios C. Phocas studierte und promovierte an der Universität Stuttgart und betreibt dort seit 1996 seine Forschung auf dem Gebiet des Erdbebeningenieurwesens. Er lehrt auf den Gebieten der Tragkonstruktionen und des konstruktiven Entwerfens. Zahlreiche Aufsätze, ein Forschungsbericht und ein weiteres Buch zu Themen der Tragkonstruktionen, Tragwerksplanung und Tragverhaltenskontrolle wurden von ihm veröffentlicht.
Email: phocas@freenet.de

1. Auflage Juli 2003

Der B. G. Teubner Verlag ist ein Unternehmen der Fachverlagsgruppe BertelsmannSpringer.
www.teubner.de

Umschlaggestaltung: Ulrike Weigel, www.CorporateDesignGroup.de
Druck und buchbinderische Verarbeitung: Lengericher Handelsdruckerei, Lengerich/Westfalen
Gedruckt auf säurefreiem und chlorfrei gebleichtem Papier.

ISBN 3-519-00429-1 (Hardcover)
ISBN 978-3-8348-2630-5 (Softcover)

Unseren Eltern gewidmet

Vorwort

In den frühen achtziger Jahren startete der erste Autor am Institut für Tragkonstruktionen und Konstruktives Entwerfen der Fakultät für Architektur und Stadtplanung der Universität Stuttgart ein Forschungsprojekt mit dem damals sehr reizvollen Thema der Entwicklung von Erdbebenschutz-Systemen für Tragwerke. Mit dieser Gelegenheit wurde das Lehrangebot des Instituts erweitert und probeweise den Studenten im Rahmen des Fachgebietes „Sondergebiete der Tragwerkslehre“ ein Seminar über die Dynamik der Tragwerke und das erdbebensichere Bauen angeboten. Gegen alle Erwartungen stieß die Veranstaltung bei den Studenten auf reges Interesse und hat sich als permanentes Lehrangebot etabliert. Mitte der neunziger Jahren stieg auch der zweite Autor in die Forschung ein.

Das vorliegende Buch entstand als Ergebnis der Bemühungen, das Interesse der Studierenden der Fachrichtung Architektur für die „Welt der beweglichen Kräfte“ zu erwecken und ihnen ein fundamentales Wissen im Umgang mit natürlichen Erreignissen dieser Erde – den Erdbeben – zu vermitteln. Das Buch enthält eine erweiterte, mit theoretischen und praxisbezogenen Ansätzen ergänzte Fassung des Seminarstoffes, der auch moderne Verfahren des erdbebensicheren Bauens, wie der Tragverhaltenskontrolle und Erdbebenisolierung, einschließt. Um den Kreis der Interessenten zu erweitern, sind aktuelle Themen übernommen worden, die auch für Studenten des Bauingenieurwesens relevant sind, wie energetische Verfahren, die Kapazitätsbemessung und die Euronorm.

Die Aufstellung ergänzender theoretischer Ansätze ist teilweise auf die einschlägige Literatur zurückzuführen (Petersen, Hart und Wong, Paz u. a.). Man hat sich bemüht, einfache und einheitliche Formulierungen zu verwenden, die dem Leser einen leichten Einstieg in die oben erwähnten Gebiete und die Vertiefung einzelner Teilbereiche ermöglichen, ohne dass er sich von den physikalischen Zusamenhängen der Baudynamik ablöst.

Das Buch wendet sich in erster Linie an Studierende der Architektur und des Bauingenieurwesens und an die in der Praxis und Forschung tätigen Architekten und Bauingenieuren, die sich Kenntnisse auf den Gebieten der Baudynamik und Erdbebensicherheit der Tragkonstruktionen erwerben und vertiefen möchten.

Für ihre fachliche und kollegiale Unterstützung über alle vergangenen Jahre möchten die Autoren in erster Linie ihren Dank und ihre Dankbarkeit an zwei große Lehrer der Stuttgarter Universität richten. Prof. Dr.-Ing. Nikola S. Dimitrov († 1992), bis 1991 Direktor des Instituts für Tragkonstruktionen und Konstruktives Entwerfen, und Prof. Dr.-Ing. Eberhard Luz († 2003) vom Institut für Mechanik (Bauwesen).

Bei Herrn Prof. Dr.-Ing. Stavros A. Savidis, Direktor des Fachgebietes für Grundbau und Bodenmechanik des Instituts für Bauingenieurwesen der Technischen Universität Berlin und Vorstandsvorsitzender der Deutschen Gesellschaft für Erdbebeningenieurwesen und Baudynamik e. V., bedanken sich die Autoren herzlich. Seine Unterstützung deren Bemühungen und Aktivitäten war für dieses Buchprojekt von entscheidender Bedeutung und wird hoch geschätzt. Besonderer Dank gilt auch Herrn Prof. Günter Eisenbiegler für die gewonnenen wertvollen Erfahrungen aus der langjährigen Kooperation am Institut für Tragkonstruktionen und Konstruktives Entwerfen der Universität Stuttgart.

Bei Herrn Dipl.-Ing. Manfred Goss, der das gesamte Manuskript sprachlich überprüft hat, bedanken sich die Autoren für seine Hilfeleistung. Eine Sonderanerkennung gilt schließlich den wunderbaren Studenten der Universität Stuttgart, die mit grenzenloser Neugierde, Gewissenhaftigkeit und Freude am Lernen das „Erdbebenseminar" lebendig gehalten haben. Ohne sie hätten die Autoren nicht die Anregung gehabt, dieses Buch zu schreiben. Dem Verlag Teubner gilt Dank für die angenehme Zusammenarbeit und die hohe Qualität der Ausgabe.

Stuttgart, Juli 2003

Adrian Pocanschi

Marios C. Phocas

Inhaltsverzeichnis

1 Einleitung

Als der erste Autor vor einiger Zeit einigen Studierenden das statische Gleichgewicht am Beispiel eines Balkens erläuterte und die Begriffe, Moment und Momentengleichgewicht, als bekannte Definitionen ($M = Pe$, $\Sigma M = 0$) voraussetzte, hat sich mit der Erklärung ein neugierigerer Student nicht abgefunden und wollte mehr wissen: „Warum multipliziert man die Kraft mit einem Abstand und wie kommt man darauf?“ Er wollte also wissen, wie Archimedes zu dieser Erkenntnis gelangte, als er die Grundgesetze der Statik (die Hebelgesetze) hergeleitet hat. Mit der schlichten Antwort, „man braucht das Moment um Bewegung zu verhindern“, gab sich der Student zufrieden. Die Frage, wie Archimedes zu seiner Erkenntnis gekommen ist, blieb damals offen. Das Verlangen des Studenten nach eingehender Erklärung war allerdings berechtigt.

Man macht in der Lehre immer wieder die Erfahrung, dass Begriffe, die als selbstverständlich erscheinen und als solche weitergegeben werden, vom Zuhörer schwer zu verstehen sind. Wenn man die Zusammenhänge nicht erkennt, geht das Erlernte schnell wieder verloren. Man kann lernen, indem man etwas als gegeben wahrnimmt, oder etwas begreift. Dauernden Besitz erlangt man viel einfacher durch Erkenntnis.

Für Archimedes war die Symmetrie der Inbegriff des Gleichgewichts. Er gelangte zum Ergebnis Gewicht (Kraft) x Hebelarm durch Auseinandersetzung mit unsymmetrischen Gebilden, die er ins Gleichgewicht gebracht hat. Den Begriff „Moment“ haben wir 1800 Jahre später Galileo Galilei (1564-1642) zu verdanken.

Im Gegensatz zu Archimedes (287-212 v.Chr.) hat Aristoteles (384-322 v.Chr.) hundert Jahre vor ihm versucht das Gleichgewichtsverhalten der Natur nicht im Ruhezustand (statisch), sondern mit Hilfe der Bewegung dynamisch zu erfassen. In seiner Abhandlung „Questiones Mechanicae“ (μηχανή: Maschine, Vorrichtung) unterscheidet Aristoteles zwischen gewaltigen mechanischen Bewegungen, die gegen die Naturgesetze verlaufen und deswegen vergänglich sind, d. h. ohne einen ständigen äußeren Antrieb nicht dauerhaft sind, und natürlichen Bewegungen, z. B. der freie Fall. Aristoteles war der erste, der eine rationale Theorie der Erdbebenentstehung aufgrund von unterirdischen Aktivitäten entwickelt hat [1.8, 1.9]. Er war ein Naturphilosoph und er hat ein in sich so geschlossenes naturphilosophisches System hinterlassen, dass es mehr als 1500 Jahre gedauert hat, bis dieses in eine moderne Naturwissenschaft überführt werden konnte. Die Naturphilosophie unterscheidet sich von der Naturwissenschaft dadurch, dass die letztgenannte nicht nur auf Beobachtungen, sondern auch auf die Mathematik und auf das Experiment gegründet ist. Das naturwissenschaftliche Gebäude von heute und die angewandte Mechanik sind davon ein Baustein. Es liegt auf den Schultern von großen Meistern, die im Laufe von Jahrhunderten das Neue durch Erkenntnis und nicht zuletzt durch wissenschaftliche Auseinandersetzung geschaffen haben.

Vis viva, vis mortua

Der Begründer der Naturwissenschaft im wahren Sinne des Wortes ist Galileo Galilei. In seiner Frühschrift „Le mechaniche“ hat er durch den Entwurf und die Festlegung der Fallgesetze den Grund zur Lehre der Bewegungswirkung der Kräfte gelegt, das Beharrungsprinzip (Trägheitsprinzip) postuliert und die Grundlagen einer neuen Richtung in der Mechanik, der Dynamik, gelegt. Dem Begriff Moment spricht er drei Deutungen zu [1.4, 1.6]:

- „Momento", als kleine zeitliche Menge
- „Momentum gravitatis" (im Sinne von Trägheitsmoment), als natürliche Tendenz des Körpers, sich nach unten zu bewegen
- „Momentum", als Bezeichnung für eine mechanische Neigung aufgrund einer Kraft.

Der Weg von Galilei zu Isaac Newton (1642-1727) führt über René Descartes (1596-1680) (das Chartesische System), und Christiaan Huygens (1629-1695) (Pendelschwingungen, Messung der Erdbeschleunigung). Die Dynamik verdankt ihre Grundgesetze Newton. In seinem berühmten Werk „Philosophiae naturalis Principia mathematica", das 1687 erschien, definiert er die Begriffe Masse (guantitas materie), Bewegungsgröße (quantitas motus), Trägheitskraft (vis insita), eingeprägte Kraft (vis impressa) und bewegende Kraft (vis motrix). Für Newton ist die Kraft das Ergebnis der Bewegung einer Masse mit variabler Geschwindigkeit. Er formuliert keine Hypothesen. Über die Schwerkraft schreibt er: „Diese Kraft ruht von irgendeiner Ursache her. Ich habe noch nicht dahin laufen können, aus den Erscheinungen, den Grund dieser Eigenschaften der Schwere abzuleiten, und Hypothesen erdenke ich nicht. Es genügt, dass diese Schwere existiert, dass sie nach den von uns festgelegten Gesetzen wirkt, und dass sie alle Bewegungen in der Natur zu erklären imstande ist" [1.3].

Ein Jahr vor Erscheinen des Newtonschen Werks führt Leibnitz (1646-1716) die Begriffe „lebendige" und „tote" Kraft ein [1.5]. Als lebendige Kraft (vis viva) bezeichnet er den Ausdruck mv^2 und als tote Kraft (vis mortua) das Integral $\int F ds$, was nichts anderes als die bei uns bekannten Ausdrücke für kinetische und potentielle Energie sind. Er benutzt das Wort „Kraft" als einziges Mittel, um zwei Begriffe zu definieren: Das Moment (Bewegungsgröße) mv und die kinetische Energie mv^2 ($\frac{1}{2}mv^2$). Beide Begriffe waren von der Newtonschen Definition der Kraft unterschiedlich. Die „lebendige Kraft" von Leibnitz hatte heftige Dispute zwischen den Wissenschaftlern und Philosophen der damaligen Zeit über die Einheit der Kraft ausgelöst, die von d'Alembert im Jahre 1758 beendet wurde: „Das Massenmoment ist die Newtonsche Kraft, wirkend über die Zeit ($mv = mat = Ft$) und die kinetische Energie ist die Newtonsche Kraft, wirkend über den Raum ($mv^2 = 2mas$; $\frac{1}{2}mv^2 = Fs$)." Leibnitz definiert das Prinzip der Erhaltung der lebendigen Kraft: „Im Universum bleibt die Menge der lebendigen Kräfte erhalten."

Der Begriff der Energie (ενέργεια: Wirksamkeit) als physikalischer Term zur Bezeichnung der Leistung eines Systems ist eine Konzeption des 19. Jahrhunderts. Noch bei Julius Robert Mayer (1842), Hermann von Helmholtz (1847) und Rudolf Clausius (1850) wird der Hauptsatz auf die Erhaltung der lebendigen Kraft bezogen. Die Einführung der Energie war unausweichlich geworden, als man versuchte, das Prinzip der lebendigen Kraft auf andere Gebiete der Naturwissenschaft zu übertragen. Sir W. Thomson (Lord Kelvin), H. Poincaré, J. von Neumann und E. Clapeyron haben in nicht mehr als zwanzig Jahre das Prinzip der lebendigen Kraft verdrängt, so dass 1860 das Prinzip der Erhaltung der Energie als großer Sieg der Wissenschaft gefeiert wurde. W. Thomson unterscheidet zwischen kinetischer und potentieller Energie, stellt eine Theorie über die Energiedissipation auf und baut eine neue analytische Dynamik auf, die auf Prinzipien der Energie und der Energieerhaltung gegründet ist (Treatese on natural philosophy, 1867) [1.1].

Die Anwendung der mechanischen Gesetze zur Erfassung des Verhaltens von Bauwerken unter dynamischen Beanspruchungen, wie Erdbeben, findet Anfang des 20. Jahrhunderts statt. Die Geschichte der Erdbebeningenieurwissenschaft fängt in den Dreißigen Jahren an. Das Erdbeben von Long Beach im Jahre 1933 hat einen kräftigen Impuls zur Erforschung der Mechanismen des Erdbebenverhaltens von Bauwerken gegeben. In den folgenden Jahren hat der Einsatz der angewandten Mechanik parallel zur experimentellen Forschung Erkenntnisse geliefert, die rasch in die Praxis der Auslegung von Gebäuden gegen Erdbeben implementiert wurden. Die lebendige Kraft von starken Erdbeben ist gewaltig. Um in ihren Angriff überleben zu können, brauchen die Tragwerke ein entsprechendes Abwehrpotential. Das Leibnitzsche Prinzip von Erhaltung der lebendigen Kräfte, umgeschrieben in die Sprache der Energie für dissipative Systeme, liegt auch den modernen Konzepten zur Sicherung der Bauwerke gegen starke Erdbeben zugrunde.

Naturereignis und Bauwerk

Nach Seneca (4 v. Chr. - 65 n. Chr.) ist die Erde ein lebender Organismus, der von der Natur analog zu der des menschlichen Körpers gelenkt wird. Er betrachtet Ereignisse, die eine natürliche Ursache haben und für das Leben der Menschen bedrohlich sein können, wie Wind, Überschwemmungen, Sinnflut, Hagel, Erdbeben u. a. als Probleme der Natur, und versucht sie auf seine philosophische Weise zu entziffern [1.7]. Das sechste Buch seiner Abhandlung „Questiones naturales“ beschäftigt sich mit dem Erdbeben (De terrae motu). Unter dem Eindruck des Erdbebens, das am 5. Februar 63 n. Chr. die napolitanische Küste erschüttert hat, beschreibt er die Auswirkungen von Erdbeben auf die Umwelt und die Menschen und ihre Begleiterscheinungen. Die Ursache führt er auf die Dämpfe und die Luft, die sich im Erdinneren bewegen, zurück.

Um die Ursachen der Entstehung heftiger Bodenerschütterungen zu erkunden, hat die Menschheit fast 1900 Jahre gebraucht. Die Seismologie, als Zweig der Naturwissenschaft, die sich mit Erdbeben beschäftigt (σεισμός: Erdbeben) ist kaum 100 Jahre alt. Robert Mallet (1810-1881) legte 1857 durch seine Feldbeobachtungen während des Erdbebens von Neapel am 16. Dezember 1857 den Grundstein der modernen Seismologie. Den Wendepunkt im Verständnis der Erdbebenursachen brachte Prof. Love im Laufe der Untersuchungen des Kalifornischen Erdbebens von 1906. Er kam zu dem Schluss, dass das Erdbeben von plötzlichen Bewegungen an der San Andreas Störung ausgelöst war [1.2]. Die Mechanismen der Entstehung von Tiefbeben und die Ursachen von Interplattenbeben (Beben, die von den Plattenrändern weit entfernt stattfinden, wo die Küste stabil ist) sind dagegen bis heute nicht vollständig geklärt.

Bauwerke haben in erster Linie die Aufgabe, den Menschen gegen die Auswirkungen von Naturereignissen zu schützen. Die Einwirkungen, die sich daraus ergeben, sind zeitlich veränderlich und zufälliger Natur. Sie besitzen keine eindeutige Richtung und hängen im Allgemeinen von den Trägheits- und den elastischen Eigenschaften der Tragwerke ab. Bauwerksplaner, Architekten und Ingenieure werden in unserer Zeit zunehmend mit Problemen konfrontiert, die aus der Einwirkung von zeitabhängigen Lasten auf die Bauwerke resultieren. Dies hängt damit zusammen, dass die geplanten und erstellten Bauwerke im Vergleich zu früher oft eine erhöhte Schwingungsanfälligkeit aufweisen. Dies resultiert aus der Verwendung hochwertiger Baustoffe mit höheren Festigkeiten einerseits und aus den geringeren Abmessungen und größeren Spannweiten der Tragelemente andererseits. Zusätzlich hat sich oft der Anteil des Eigengewichts an der angenommenen statisch wirkenden Gesamtbelastung reduziert. Treten dann bei derartigen weichen Bauwerken dynamische Lasten auf, so können erhebliche Schwingungsprobleme entstehen.

Die Bewältigung dieser Aufgaben setzt voraus, dass der Ingenieur wenigstens mit den Grundgesetzen und Verfahren der Baudynamik vertraut ist, und diese in der jeweiligen Bauaufgabe fachgerecht anwendet. Die Ergebnisse der dynamischen Berechnung sind aber nicht ohne weiteres zu übernehmen, sondern diese müssen im interdisziplinären Planungskontext überprüft und mit den konzeptionellen und konstruktiven Aspekte der Bauaufgabe abgestimmt werden.

In den letzten 20 Jahren sind die Methoden der Baudynamik auf die Kontrolle des Verformungsverhaltens der Tragwerke durch die Gestaltung angemessener Dämpfungs- und Steifigkeitseigenschaften erweitert worden. In der Gegenwart sind die Kontrollkonzepte so weit entwickelt, dass sie als moderne Techniken der Baudynamik gelten und einsatzreif zur Abschirmung der Tragwerke gegen starke dynamische Beanspruchungen sind.

Die Methode der Kapazitätsbemessung zielt auf die passive Anpassung des Tragwerks an die Beanspruchung durch eine kontrollierte Bildung von plastischen Gelenken, so dass Dissipationsvorgänge nur in vorausgewählten Bereichen des Tragwerks stattfinden. Konstruktive Maßnahmen sichern die strukturelle Duktilität und die Bildung von stabilen Dissipationsmechanismen.

In Anlehnung an die Schwingungsabwehrtechnik im Maschinenbau hat sich die Technik der passiven Tragverformungskontrolle (passive structural control) entwickelt. Die Bauwerke werden mit Hilfe von im Tragwerk eingebauten mechanischen Dämpfern zu Mechanismen, die den Abbau der kinetischen Energie und die Verformungen kontrollieren.

Von der Abwehrstrategie des Tragwerks mit Hilfe von Bewegung geht das Konzept der aktiven Tragverformungskontrolle (active structural control) aus. Im Tragwerk integrierten Krafterzeuger generieren Kräfte, die die Verformung aktiv auf den Beanspruchungsverlauf abstimmen.

Die Einführung von Isolierungs-Dämpfungsmechanismen zwischen dem Fundament und dem Oberbau kann die Zufuhr der Bewegungsenergie im Tragwerk kontrollieren und einen integralen Erdbebenschutz gewährleisten.

1.1 Gliederung

Das Buch gliedert sich in insgesamt 16 Kapiteln. Schwerpunkte bilden die Grundlagen der Baudynamik und die erdbebengerechte Auslegung und Konstruktion der Tragsysteme und Bauwerke. Die Thematik des Buches wird zusammenhängend und umfassend erläutert. Der Leser findet durch die ersten sechs Kapitel, auch ohne besondere Vorkenntnisse zu haben, einen leichten Einstieg in die erwähnten Gebiete und kann sich in die weiteren Teilbereiche vertiefen, ohne sich von den physikalischen Zusammenhängen der Baudynamik abzulösen. Die Anwendung des vorgeführten Stoffes wird dadurch erleichtert, dass die Theorie von Beispielen begleitet wird, wobei weitergehende Rechnungen unter Einführung aller Zwischenrechnungen durchgeführt werden.

In Kapitel 2 werden die Grundbegriffe der Baudynamik und die Hauptmerkmale der dynamischen Wirkungen erläutert.

Die Entstehung und die Auswirkungen von Erdbeben sind Gegenstand des dritten Kapitels. Die seismologischen Begriffe, die Messung von Erdbeben und die Erdbebengefährdung der Standorte im Allgemeinen und im deutschen Raum nach der nationalen und europäischen Norm (DIN 4149, Euronorm 8) werden in kurzer Form angesprochen.

In Kapitel 4 werden die Grundlagen der dynamischen Modellierung der Tragwerke zusammengefasst.

Kapitel 5 beschäftigt sich mit dem Baustoffverhalten unter dynamischer Beanspruchung. Die Baustoffeigenschaften und die Modellierung des Stoffverhaltens mit unterschiedlichen Charakteristika werden aufgezeigt. Das Tragverformungsverhalten der Baustoffe wird in Hinblick auf Langzeit-, einachsiger und Wechselbelastung analytisch beschrieben.

Kapitel 6 erörtert die elastischen Eigenschaften (Steifigkeit) der Tragwerke, die als diskrete Systeme anhand von Ersatzstäben modelliert werden. Anschließend wird auf die Berechnung des Steifigkeitsmittelpunkts, die Verteilung der Horizontalkräfte auf die Tragwerksaussteifungen und die Torsionsmomente eingegangen.

Kapitel 7 beinhaltet die Berechnung der freien und erzwungenen Schwingungen von Einmassensystemen. Es werden numerische Lösungen sowie Aspekte der Schwingungsisolierung erläutert. Schließlich werden Systeme mit nichtlinearen Eigenschaften behandelt.

Kapitel 8 befasst sich mit der Berechnung der freien und erzwungenen Schwingungen von Zwei- und Mehrmassensystemen. Die im vorherigen Kapitel eingeführten numerischen Lösungen der Bewegungsgleichung werden bei den Systemen angewandt. Anschließend werden Systeme mit verteilter Masse angesprochen.

Kapitel 9 beinhaltet die Erdbebenberechnung der Tragwerke nach dem Antwortspektrum- und dem Zeitverlaufverfahren. Hierin werden Ein- und Mehrmassensysteme mit linearem und nichtlinearem Verhalten analysiert.

Die Ausführungen des Kapitels 10 betreffen die energetischen Verfahren der Baudynamik. Es wird das Energiegleichgewicht des Systems aufgestellt und auf die Energieantwortspektren und die energetische Berechnung von elastoplastischen Systemen unter Erdbebenbeanspruchung eingegangen.

In Kapitel 11 werden die Zufallschwingungen behandelt. Es werden die Grundbegriffe dargelegt, die Spektralanalyse und die Erdbebensimulierung erläutert und auf die Antwort von Einmassensystemen unter Zufallerregungen eingegangen.

Mit den Berechnungsverfahren zur Erdbebensicherheit nach Euronorm 8 befasst sich das Kapitel 12.

Die Ausführungen des Kapitels 13 sprechen sowohl Architekten, als auch Ingenieure an. Sie beziehen sich auf die erdbebengerechte Gestaltung von Bauwerken. Es werden Entwurfsgrundsätze diskutiert, wie diese aus der dynamischen Betrachtung der Tragwerke resultieren. Ein weiteres Thema bildet die Ausbildung der nichttragenden Bauteile des Bauwerks.

In Kapitel 14 wird die Methode der Kapazitätsbemessung erläutert. Neben dem Bemessungskonzept wird auch die konstruktive Umsetzung der Anforderungen auf die Aussteifungselemente des Tragwerks aufgezeigt.

Kapitel 15 beschäftigt sich mit der passiven und aktiven Verformungskontrolle der Tragwerke. Die Parameter der Dämpfungsmechanismen werden bestimmt und die Dämpfungskontrolle wird eingehend bei der Integration der Mechanismen im Tragwerk erläutert. Darauf aufbauend wird die konstruktive Ausbildung der Kontrollmechanismen mit ihren typischen Kraft-Verformungsdiagrammen gezeigt. In der aktiven Tragverformungskontrolle wird von der Systemantwort im Zustandraum und ihren numerischen Lösungen ausgegangen und die Grundsätze der klassischen optimal-linearen und nichtlinearen Kontrolle werden erläutert. Schließlich wird kurz auf praktische Beispiele von aktiven Kontrollmechanismen eingegangen.

Das Kapitel 16 widmet sich dem Konzept der Erdbebenisolierung. Die Isolatorensysteme werden nach ihrer Arbeitsweise geschichtlich klassifiziert und ihre mechanischen Eigenschaften beschrieben. Anschließend wird die Berechnung von erdbebenisolierten Bauwerken nach dem Antwortspektrenverfahren und nach dem Zeitverlaufverfahren behandelt.

2 Statisch versus beweglich: Allgemeine Begriffe

Die Baustatik (στατική: Lehre vom Gleichgewicht) beschäftigt sich mit dem Gleichgewicht von Tragwerken unter Kräften, deren Größe im Laufe der Zeit konstant bleibt. Es wird angenommen, dass die Belastung langsam auf das Tragwerk aufgebracht wird und konstant bleibt. Dadurch verformt sich das Tragwerk und nimmt eine neue Gleichgewichtslage an.

Die Annahme der „statisch wirkenden Lasten" gilt streng genommen nur für die Belastungen aus Eigengewicht und Schnee. Alle anderen Einwirkungen auf das Tragwerk (Nutzlasten, Wind- und Erdbebenlasten) wirken nicht mehr konstant, sondern ändern ihre Größe im Laufe der Zeit. Dementsprechend sind auch die Verformungen des Tragwerks mit der Zeit veränderlich, und der Gleichgewichtszustand kann nicht mehr mit den Mitteln der Statik erfasst werden. Mit dem Verhalten von Tragwerken unter zeitveränderlichen Einwirkungen befasst sich die Baudynamik (δύναμη: Kraft in Bewegung). Eine Kraft in Bewegung wird von zeitabhängigen Größen, wie Beschleunigung und Geschwindigkeit, gekennzeichnet. Diese erwecken über dynamische Gesetze zusätzliche Reaktionen in das Tragwerk, die das statische Gleichgewicht stören. Jedes Tragwerk besitzt eigene dynamische Eigenschaften und reagiert entsprechend unterschiedlich auf die dynamischen Lasten.

Nehmen wir als Beispiel das Modell eines elastischen Einfeldträgers an und erzeugen wir mit dem Finger langsam in der Mitte des Trägers eine Kraft P. Der Träger biegt sich durch und erreicht in der Mitte die maximale Durchbiegung U_{st}. Während dieses Vorgangs speichert der Träger elastische Verformungsenergie ein, die eine elastische Federkraft (Rückstellkraft) im Träger erzeugt. Heben wir langsam den Finger, so bringt diese Kraft den Träger in die Ursprungslage zurück. Bezeichnet man denjenigen Wert der Kraft P, der in der Mitte eine Durchbiegung $U = 1$ bewirkt mit K, so kann man die Rückstellkraft des Trägers R als Produkt zwischen K und U_{st} ausdrücken. Aus der statischen Bedingung $\sum V_y = 0$ ergibt sich die Gleichung des statischen Gleichgewichtszustands des Trägers wie folgt:

$$P - KU_{st} = 0 \qquad (2.1)$$

Bei statischer Belastung des Trägers mit der Last P wird angenommen, dass die Last von null bis zum Wert P sehr langsam anwächst (Beschleunigung $a = 0$). Dementsprechend werden keine Trägheitskräfte erweckt, die das Erreichen einer ruhigen Gleichgewichtslage stören könnten (Bild 2.1a).

Wiederholen wir jetzt das Experiment und entfernen wir plötzlich den Finger in der verformten Lage des Trägers, so stellen wir fest, dass in diesem Fall der Träger nicht mehr in die Ursprungslage ruhig kehrt, sondern in eine schwingende Bewegung versetzt wird. Um diesen Sachverhalt erfassen zu können, werden folgende Begriffe in der Baudynamik definiert: Trägheit, Masse und Trägheitskraft.

2.1 Trägheit

Die Trägheit kennzeichnet die Eigenschaft des materiellen Körpers, Widerstand gegen jede Art von Änderung seines gleichförmigen Bewegungszustandes zu leisten. Das quantitative Maß der Trägheit wird von der Masse bestimmt.

2.1.1 Masse

Bei Angabe des Gewichts wird die Masse eines Körpers, Tragwerks oder Bauteils wie folgt definiert:

$$m = \frac{G}{g} \; [\mathrm{kNs^2/m}] \tag{2.2}$$

G : Gewicht [kN, N]

g : Gravitationsbeschleunigung [m/s²]

Beispiel 2.1

Ein Körper mit dem Gewicht $G = 100$ kN hat eine Masse

$m = 100/9{,}81 = 10{,}2\ \mathrm{kNs^2/m} = 102\ \mathrm{Ns^2/cm} \cong 10^4\ \mathrm{kg}$

Man verwendet in der Technik als Masseneinheit das Kilogramm. Die Masse 1 kg multipliziert mit der Beschleunigung 1 m/s² (~ 0,1g) ergibt eine Kraft von 1 N (1 N= 1 kgm/s²).

2.1.2 Trägheitskraft

Die Widerstandskraft (oder Reaktionskraft), die infolge der Bewegung einer Masse m entsteht, wird als Trägheitskraft bezeichnet. Gibt man die Beschleunigung dieser Bewegung mit a [m/s²] an, so beträgt die Trägheitskraft der Masse m [kNs²/m]

$$F = -ma \; [\mathrm{kN}] \tag{2.3}$$

Die Verallgemeinerung dieser Beziehung stellt das dynamische Grundgesetz nach Newton (1687) dar; wenn auf einen Körper eine dynamische Kraft F wirkt, so erfährt dieser eine der Kraft proportionale und gleichgerichtete Beschleunigung a , gemäß der Beziehung (2.3). Der Proportionalitätsfaktor ist die Masse des Körpers.

Beispiel 2.2

Wir kommen zu unserem Experiment vom Abschnitt 2 zurück; durch die plötzliche Entfernung des Fingers beschleunigt die frei gesetzte Federkraft die Masse des Trägers mit der Beschleunigung a . Als Folge werden Trägheitskräfte ($\sum ma$) hervorgerufen, die das statische Gleichgewicht des Trägers stören (Bild 2.1b). Es entsteht eine Feder-Massenkraft-Wechselwirkung, die den Träger in Schwingung versetzt. Die neue Gleichgewichtsbedingung des Systems lautet

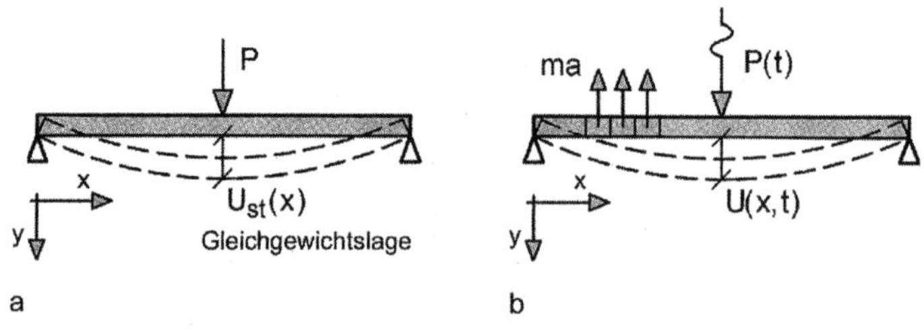

Bild 2.1 Statische und dynamische Wirkung
a) Statische Wirkung: P = konstant im Verhältnis zur Zeit
b) Dynamische Wirkung: Statisches Gleichgewicht gestört von den Trägheitskräften $\sum ma$

$$\sum V_y = 0 \,; \; P(t) - KU(t) - \sum ma = 0 \qquad (2.4)$$

Man bezeichnet diesen Zustand als dynamisches Gleichgewicht. Die entsprechende Gleichung beschreibt eine Bewegung, die eine bestimmte Zeit dauert. Aus diesem Grund sind die Kräfte und Verformungen im Laufe der Zeit nicht mehr konstant, sondern variabel.

Die Entstehung von Trägheitskräften erfahren Menschen im täglichen Leben während der Fahrt mit Verkehrsmitteln. Das Anfahren mit starker Beschleunigung oder das starke Bremsen rufen in den Oberkörper dynamische Kräfte hervor, die zum Umkippen führen können.

Eine langsam verlaufende Bodenbewegung, wie Erdrutschung, ruft im Tragwerk eines Gebäudes keine störenden Kräfte hervor (Bild 2.2a). Schlagartige Fußpunktbewegungen, wie z. B. Bodenerschütterungen, lösen jedoch horizontale Trägheitskräfte aus, die ein elastisches Tragwerk in Schwingung versetzen (Bild 2.2b).

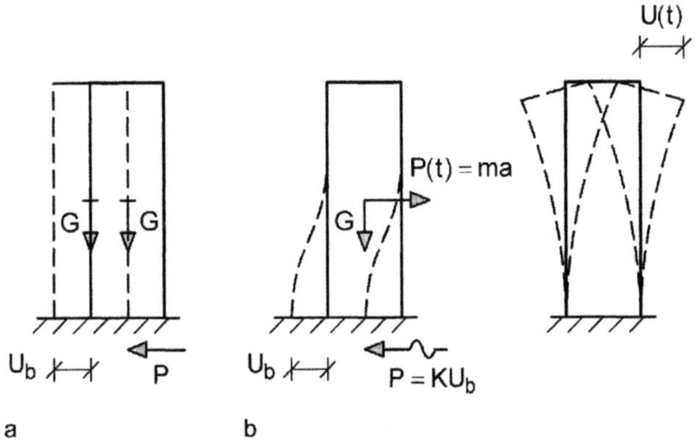

Bild 2.2 Statisch und dynamisch wirkende Bodenverschiebungen
a) Statische Wirkung
b) Dynamische Wirkung

2.2 Dynamische Antwort

Als dynamische Antwort bezeichnet man die Gesamtheit aller Auswirkungen einer dynamischen Belastung auf ein Tragwerk, d. h. Schnittkräfte, Verschiebungen, Verformungen oder Spannungen. Diese werden auch Ausgangsgrößen genannt.

Die Antwort eines Tragwerks ergibt sich als eine zeitabhängige Funktion durch Integration der Bewegungsgleichung und beschreibt das Verhalten des Tragwerks während einer Zeitspanne t. Üblicherweise wird als Grundausgangsgröße der zeitliche Verlauf der Tragwerksverformungen $U(t)$ gewählt, der zur rechnerischen Ableitung aller anderen Antwortgrößen dient.

2.2.1 Maximalantwort

Der größte Wert der Grundausgangsgröße $\max U(t)$ oder ihrer zeitlichen Ableitung $\max \dot{U}(t)$ (Geschwindigkeit) oder $\max \ddot{U}(t)$ (Beschleunigung) wird als Maximalantwort bezeichnet. Es kommt in der Praxis oft vor, dass nicht der ganze Zeitverlauf der Ausgangsgrößen von Interesse ist, sondern nur Spitzenwerte, die der Dimensionierung zugrunde gelegt werden müssen. Dies ist z. B. bei Wirkung stoßartiger Belastungen oder Erdbeben der Fall.

Die dynamische Antwort eines Bauwerks ist im wesentlichen von der dynamischen Erregung, seinen elastischen Eigenschaften sowie seinen Trägheits- und Dämpfungseigenschaften abhängig.

2.3 Dynamische Erregungen. Klassifizierung und Merkmale

Dynamische Beanspruchungen von Tragwerken können sowohl von dynamischen Lasten als auch von dynamisch verlaufenden Verschiebungen hervorgerufen werden. Oft sind sie unter dem allgemeinen Begriff „Dynamische Erregungen" zu finden. Eine dynamische Erregung wird üblicherweise durch eine zeitabhängige Größe – die Kraft $P(t)$ oder die Verschiebung $U(t)$ – beschrieben. Ihre mathematische Erfassung erfolgt durch zeitabhängige Funktionen, deren Verlauf in der Regel unabhängig von der Bewegung des Systems angenommen wird. Wenn der Zeitverlauf der dynamischen Wirkungen wesentlich von zufälligen Faktoren abhängt, wie z. B. im Fall von Erdbeben- oder Windlasten, liegt eine stochastische Erregung vor. Dynamische Erregungen können nach ihrem zeitlichen Verlauf in periodische und nichtperiodische Erregungen eingeteilt werden.

2.3.1 Periodische Erregungen

Periodische Erregungen sind dynamische Lasten, die dadurch gekennzeichnet sind, dass sie sich nach einem bestimmten Zeitintervall T wiederholen (Bild 2.3). Periodische Lasten können z. B. auch durch die menschliche Bewegung verursacht werden. Eine periodische Erregung, die mathematisch durch einfache trigonometrische Funktionen (sin, cos) ausgedrückt werden kann, nennt man harmonische Erregung. Die harmonischen Erregungen sind im Allgemeinen Maschinenlasten, die durch unausgeglichene Trägheitskräfte (Unwuchten) bewegter Maschinenteile (wie bei Elektromaschinen, Turbinen usw.) entstehen.

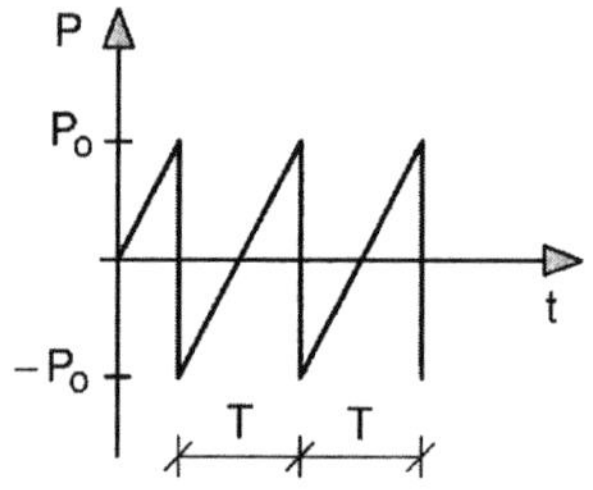

Bild 2.3 Beispiel einer periodischen Erregung

2.3.1.1 Dynamische Lasten bei rotierenden Maschinen

Dynamische Lasten werden von Maschinen immer dann erzeugt, wenn die rotierenden Massen nicht vollständig ausgewuchtet sind, was in der Praxis oft vorkommt.

Bild 2.4 zeigt eine rotierende Scheibe mit einer exzentrischen Masse m_0 im Abstand r von der Drehachse. Bezeichnet man die Anzahl der Umdrehungen pro Minute, die Drehzahl, mit n, so kann man die kennzeichnenden Größen der Bewegung wie folgt definieren:

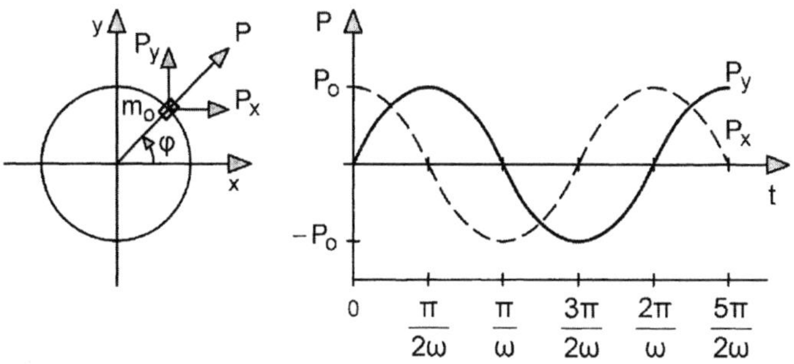

Bild 2.4 Dynamische Lasten bei rotierenden Massen

2.3.1.1.1 Winkelgeschwindigkeit (Kreisfrequenz ω_e)

$$\omega_e = 2\pi n_e \text{ [rad, min}^{-1}\text{]} = \frac{\pi n_e}{30} \text{ [rad, s}^{-1}\text{]} \tag{2.5}$$

2.3.1.1.2 Periode T

Periode wird die Zeitdauer einer vollen Umdrehung genannt.

$$T = \frac{2\pi}{\omega_e} = \frac{1}{n_e} \text{ [s]} \tag{2.6}$$

2.3.1.1.3 Frequenz f

Die Anzahl der Schwingungen pro Zeiteinheit ist die Frequenz (1 Hz= 1 Schwingung / sek.).

$$f = \frac{1}{T} \text{ [Hz]} \tag{2.7}$$

2.3.1.1.4 Drehwinkel φ

Der Drehwinkel stellt den Winkel dar, den der Radius r mit der Ausgangslage ($t = 0$) nach einer Zeit t der Bewegung umfasst.

$$\varphi = \omega_e t \text{ [rad]} \tag{2.8}$$

Für $t = T \rightarrow \varphi = 2\pi$

2.3.1.1.5 Zentrifugalkraft P_o

Als Zentrifugalkraft bezeichnet man die radial gerichtete Trägheitskraft, die während der Drehung einer Masse m_o entsteht.

$$P_o = m_o r \omega_e^2 \text{ [kN]} \tag{2.9}$$

Zerlegt man die Zentrifugalkraft P_o entsprechend dem Winkel φ in vertikaler (y) und horizontaler (x) Richtung, so erhält man zwei dynamische Lasten,

$$P_x = P_o \cos\omega_e t$$
$$P_y = P_o \sin\omega_e t \qquad (2.10)$$

deren Zeitverlauf in einem Diagramm, dem P - t Diagramm, dargestellt werden kann. Diese Darstellung gibt den Ablauf der dynamischen Lasten P_x und P_y an (Bild 2.4).

Bei $t = 0$, sin0= 0, cos0= 1, ergibt sich $P_x = P_o$; $P_y = 0$

Beispiel 2.3

Zu bestimmen sind die dynamischen Lasten einer rotierenden Maschine, die auf einen tragenden Balken wirken (Bild 2.5). Gegeben sind

$n_e = 2600$ U/min

G = 0,5 N (Gewicht des rotierenden, exzentrischen Teils)

r = 15 cm

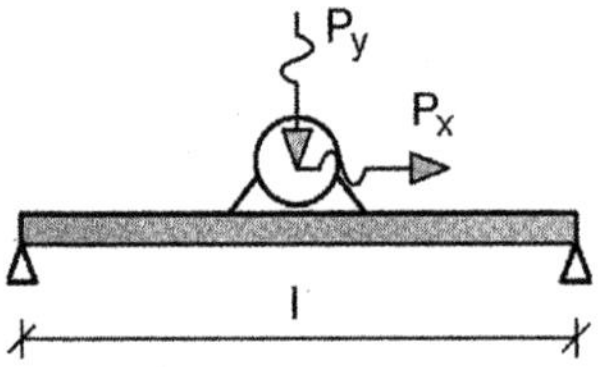

Bild 2.5 Angaben zum Beispiel 2.3

Aus den Gleichungen (2.2, 2.5-2.10) ergibt sich

$$\omega_e = \frac{3{,}14.2600}{30} = 272 \text{ rad/s}$$

$$T = \frac{60}{2600} = 0{,}0228 \text{ s}$$

$$m_o = \frac{G}{g} = \frac{0{,}50}{981} = 5{,}1.10^{-4} \text{ Ns}^2/\text{cm}$$

$$P_o = 5{,}1.10^{-4}.15.272^2 = 565 \text{ N} = 0{,}565 \text{ kN}$$

$$P_x = 0{,}565\cos(272t) \text{ kN}$$

$$P_y = 0{,}565\sin(272t) \text{ kN}$$

2.3.1.2 Beschreibung periodischer Erregungen durch harmonische Funktionen

Eine zeitlich periodische Erregung lässt sich in einfachster Weise durch ein sinus- oder cosinus-Gesetz in der Form von Gl. (2.10)

$$P(t) = P_o \sin\omega_o t \qquad (2.11)$$

beschreiben (Bild 2.6).

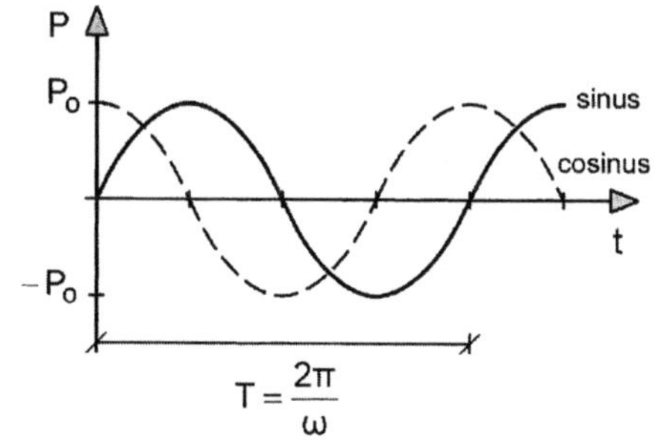

Bild 2.6 Harmonische Erregung

Man spricht dann von einer harmonischen Erregung oder sinus-Schwingung mit der Kreisfrequenz ω_0 und der Schwingungsdauer $T = 2\pi\omega_0$. In der Praxis treten jedoch häufig zeitabhängige Vorgänge auf, wie z. B. eine Reihe von Impulsen unterschiedlicher Form (Bild 2.7), die zwar periodisch sind, aber nicht sinusförmig verlaufen.

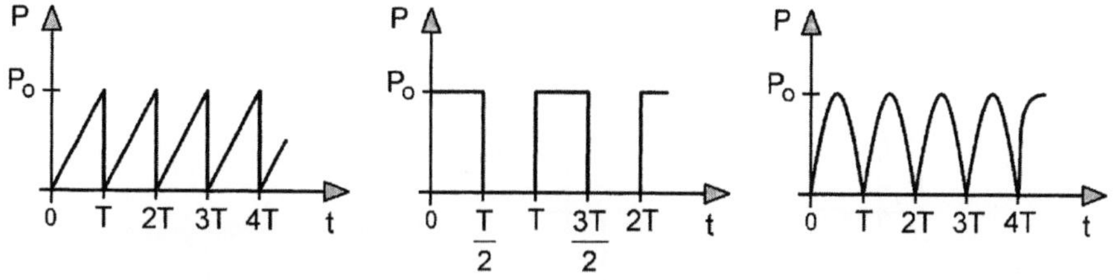

Bild 2.7 Periodische Erregungen

Der französische Mathematiker Baron Joseph Fourier (1768-1830) hat entdeckt, dass die Möglichkeit besteht periodische Vorgänge aus harmonischen Einzelschwingungen zusammenzusetzen. Dieser Vorgang wird als harmonische oder Fourier-Analyse bezeichnet.

2.3.1.2.1 Fourier-Analyse

Fourier hat bewiesen, dass sich ein periodischer Vorgang mit der Kreisfrequenz ω_0, dem Periodeninterval T und mit finiten Werten an den Enden des Intervalls in eine unendliche Summe aus sinus- und cosinus-förmigen Einzelschwingungen wie folgt entwickeln lässt:

$$P(t) = \frac{a_0}{2} + a_1 \cos\omega_0 t + a_2 \cos(2\omega_0 t) + a_3 \cos(3\omega_0 t) + ... + b_1 \sin\omega_0 t + b_2 \sin(2\omega_0 t) + b_3 \sin(3\omega_0 t) + ... \tag{2.12}$$

Die Summe heißt Fourier-Reihe. In dieser Darstellung erscheint die Erregung $P(t)$ als ungestörte Überlagerung unendlich vieler harmonischer Teilschwingungen mit den Kreisfrequenzen $\omega_0, 2\omega_0, 3\omega_0, ...$. Die Teilschwingung mit der kleinsten Kreisfrequenz ω_0 heißt Grundschwingung, alle übrigen Teilschwingungen mit den Kreisfrequenzen $2\omega_0, 3\omega_0, 4\omega_0 ...$ werden als Oberschwingungen bezeichnet.

Physikalisch gesehen, bedeutet die Darstellung einer nicht sinusförmigen Erregung durch ihre Fourier-Reihe eine Zerlegung der Schwingung in ihre harmonischen Schwingungskomponenten. Überlagert man die Grundschwingung mit den Oberschwingungen, so erhält man als Resultierende die Erregung $P(t)$. Die Fourier-Koeffizienten $a_0, a_1, a_2, ..., b_1, b_2, ...$ bestimmen die Amplituden der harmonischen Teilschwingungen und werden aus folgenden Integralen berechnet:

$$\begin{aligned} a_0 &= \frac{2}{T}\int_0^T P(t)dt \\ a_n &= \frac{2}{T}\int_0^T P(t)\cos(n\omega_o t)dt \\ b_n &= \frac{2}{T}\int_0^T P(t)\sin(n\omega_o t)dt \end{aligned} \tag{2.13}$$

Eine symmetrische Erregung (Bild 2.8a) enthält nur symmetrische bzw. gerade Reihenglieder, d. h. neben dem konstantem Glied a_0 nur cosinus-Glieder – cosinus ist eine symmetrische Funktion – ($b_n = 0$ für $n = 1,2,3...$). Die Fourier-Reihe einer antimetrischen Erregung (Bild 2.8b) enthält dagegen nur ungerade Reihenglieder, d. h. sinus-Glieder ($a_n = 0$ für $n = 1,2,3...$).

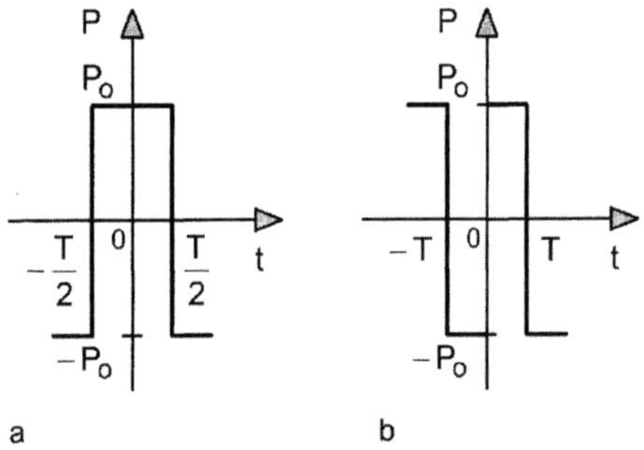

Bild 2.8
a) Symmetrische Reihenglieder einer periodischen Erregung
b) Unsymmetrische Reihenglieder einer periodischen Erregung

Beispiel 2.4

Die Rechteckimpuls-Reihe im Bild 2.9 mit der Gleichung

$$P(t) = \begin{cases} P_o & \text{für } 0 < t < T/2 \\ -P_o & \text{für } T/2 < t < T \end{cases}$$

ist eine unsymmetrische bzw. ungerade Funktion und ihre Entwicklung reduziert sich auf sinus-Glieder. Die Funktion wird wie folgt beschrieben:

$$P(t) = \frac{4P_o}{\pi}\left[\sin\omega_o t + \frac{1}{3}\sin(3\omega_o t) + \frac{1}{5}\sin(5\omega_o t) + ...\right]$$

Die Näherungsfunktionen sind

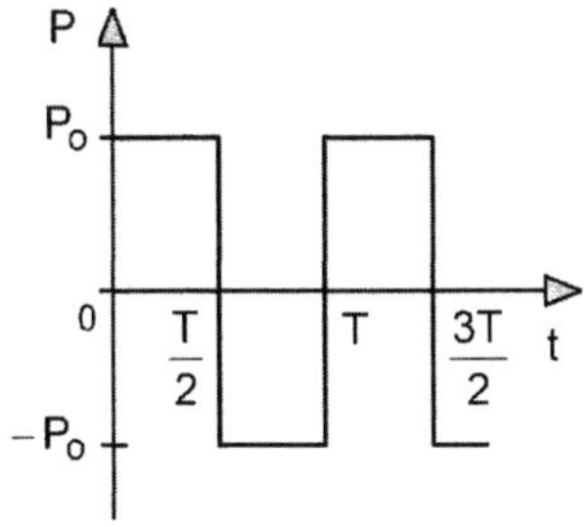

Bild 2.9 Reihenglieder der Funktion am Beispiel 2.4

1. Näherung: $P_1(t) = \frac{4P_o}{\pi} \sin \omega_o t$

2. Näherung: $P_2(t) = \frac{4P_o}{\pi} \left[\sin \omega_o t + \frac{1}{3} \sin(3\omega_o t) \right]$

3. Näherung: $P_3(t) = \frac{4P_o}{\pi} \left[\sin \omega_o t + \frac{1}{3} \sin(3\omega_o t) + \frac{1}{5} \sin(5\omega_o t) \right]$

Die Näherungsfunktionen sind im Bild 2.10 dargestellt.

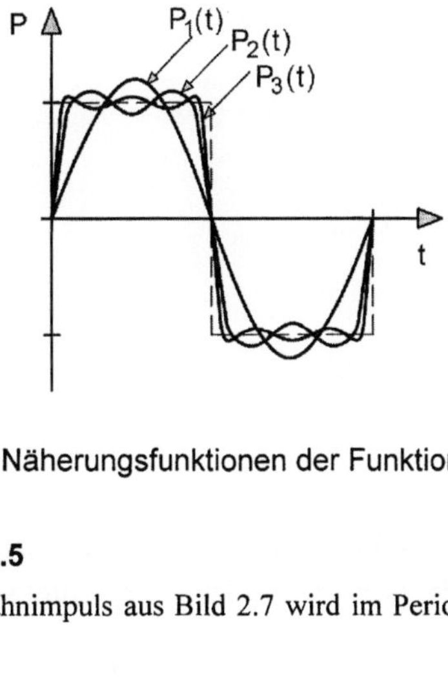

Bild 2.10 Näherungsfunktionen der Funktion vom Beispiel 2.4

Beispiel 2.5

Der Sägezahnimpuls aus Bild 2.7 wird im Periodenintervall $[0, T]$ durch folgende Gleichung beschrieben.

$$P(t) = \frac{P_o}{T} t \quad \text{für } 0 < t < T$$

Die Fourier-Koeffizienten lassen sich wie folgt berechnen:

$$a_0 = \frac{2}{T} \int_0^T \frac{P_o}{T} t dt = \frac{2P_o}{T^2} \int_0^T t dt = \frac{2P_o}{T^2} \left[\frac{t^2}{2} \right]_0^T = \frac{2P_0 T^2}{2T^2} = P_o$$

$a_n = 0$ (ungerade Funktion)

$$b_n = \frac{2}{T}\int_0^T \frac{P_o}{T} t\sin(n\omega_o t)dt = \frac{2P_o}{T^2}\int_0^T t\sin(n\omega_o t)dt = \frac{2P_o}{T^2}\left[-\frac{T^2}{2\pi n}\right] = -\frac{P_o}{\pi n}$$

Die Funktion wird dann anhand folgender Gleichung dargestellt:

$$P(t) = \frac{P_o}{2} - \frac{P_o}{\pi}\sum_{n=1}^{\infty}\frac{1}{n}\sin(n\omega_o t) = \frac{P_o}{2} - \frac{P_o}{\pi}\left[\sin\omega_o t + \frac{1}{2}\sin(2\omega_o t) + \frac{1}{3}\sin(3\omega_o t) + \ldots\right]$$

Die Erregung enthält folgende Komponenten:

- den konstanten Anteil $\frac{P_o}{2}$
- die Grundschwingung mit der Kreisfrequenz ω_o und der Amplitude $\frac{P_o}{\pi}$
- die sinusförmigen Oberschwingungen mit den Kreisfrequenzen $2\omega_o, 3\omega_o, 4\omega_o \ldots$ und den Amplituden $\frac{P_o}{2\pi}, \frac{P_o}{3\pi}, \frac{P_o}{4\pi}, \ldots$

2.3.1.2.2 Amplitudenspektrum

Trägt man in ein orthogonales Achsensystem die Amplituden der einzelnen Schwingungskomponenten als Funktion der Kreisfrequenzen ab, so erhält man das Fourier-Amplitudenspektrum. Mit $\omega = 0$ für den konstanten Anteil und $\omega_1 = \omega_o$, $\omega_2 = 2\omega_o$, $\omega_3 = 3\omega_o$ usw. erhält man das Amplitudenspektrum für den Sägezahnimpuls (Bild 2.11).

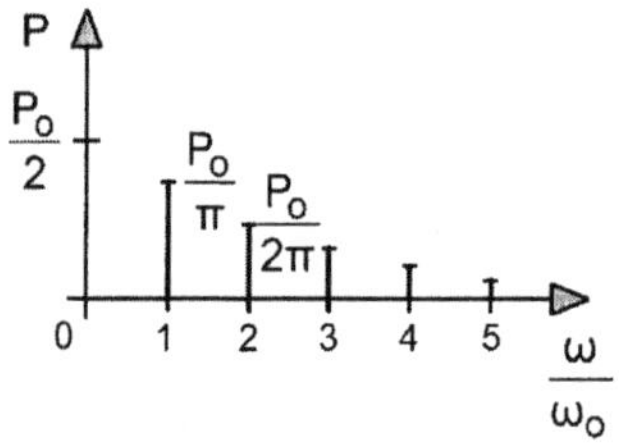

Bild 2.11 Fourier-Amplitudenspektrum

Der Amplitudenspektrum zeigt anschaulich, welche Schwingungskomponenten in der Erregung enthalten sind und mit welchem Anteil sie an der Gesamtschwingung beteiligt sind.

2.3.1.2.3 Exponentielle Form von Fourier-Reihen

Die sinus- und cosinus-Funktionen in den Gleichungen (2.12) und (2.13) können durch die Euler-Beziehungen ersetzt werden:

$$\sin(n\omega t) = i\frac{e^{in\omega t} - e^{-in\omega t}}{2} \quad (2.14a)$$

$$\cos(n\omega t) = \frac{e^{in\omega t} + e^{-in\omega t}}{2} \quad (2.14b)$$

Dieser Ansatz ergibt die Fourier-Reihe in komplexer (oder exponentieller) Form.

$$P(t) = \sum_{-\infty}^{\infty} C_n e^{in\omega t} \tag{2.15}$$

wobei

$$C_n = \frac{1}{T} \int_0^T P(t) e^{-in\omega t} dt \tag{2.15a}$$

Die Korrespondenz zwischen den Koeffizienten a_0, a_n, b_n und C_n lautet

$$C_n = \frac{a_n}{2} + i\frac{b_n}{2} \quad \text{für } (n \leq -1) \tag{2.16a}$$

$$C_n = \frac{a_n}{2} - i\frac{b_n}{2} \quad \text{für } (n \geq 1) \tag{2.16b}$$

$$C_n = \frac{a_0}{2} \quad \text{für } (n = 0) \tag{2.16c}$$

2.3.1.2.4 Diskrete Fourier Reihenentwicklung

Wenn die periodische Funktion $P(t) = P(t+T)$ innerhalb der Periode T durch Werte dargestellt ist, die nur in N gleichlange Zeitintervalle Δt bekannt sind (Bild 2.12), sind die Integrale in den Gleichungen (2.13) und (2.15) durch Summen zu ersetzen.

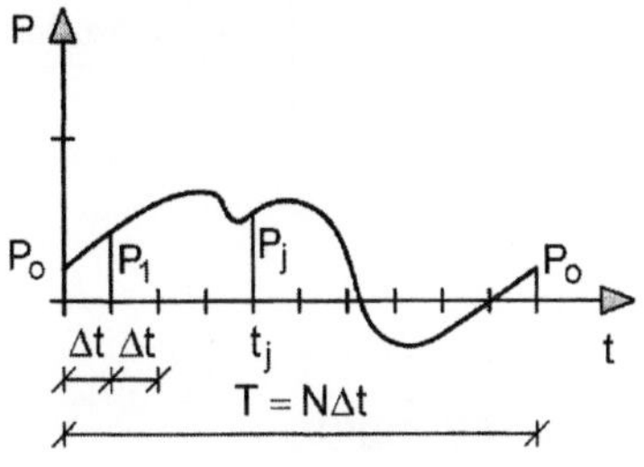

Bild 2.12 Diskretisierung einer periodischen Belastungsfunktion

$$a_n = \frac{2}{T} \sum_{j=0}^{N-1} P(t_j) \cos(n\omega t_j) \Delta t \tag{2.17a}$$

$$b_n = \frac{2}{T} \sum_{j=0}^{N-1} P(t_j) \sin(n\omega t_j) \Delta t \tag{2.17b}$$

für $n = 0,1,2,\ldots$

In komplexer Form gilt für den Koeffizienten C_n

$$C_n = \frac{2}{T} \sum_{j=0}^{N-1} P(t_j) e^{-in\omega t_j} \Delta t \tag{2.18}$$

Mit $t_j = j\Delta t$, $T = N\Delta t$ und $\omega = \frac{2\pi}{T}$ wird Gl. (2.18) wie folgt geschrieben:

$$C_n = \frac{2}{N}\sum_{j=0}^{N-1} P(t_j)e^{-2\pi i\left(\frac{nj}{N}\right)} \tag{2.19}$$

Die Beziehung (2.19) kann für die Praxis mit ausreichender Genauigkeit zur Berechnung der komplexen Fourier-Koeffizienten in Gl. (2.15) eingesetzt werden. Diese Diskretisierung gibt nicht genügend Informationen, um eine kontinuierliche Funktion $P(t)$ erzielen zu können. Sie erlaubt aber die Ermittlung von genauen diskreten Werten der Reihe $P(t_j)$, was für praktische Zwecke wichtig ist.

2.3.2 Nichtperiodische Erregungen

Nichtperiodische (oder Transiente) Erregungen weisen einen beliebigen Zeitverlauf auf. Stoßartige Wirkungen stellen im Allgemeinen nichtperiodische Erregungen dar. Diese können von Ereignissen wie Explosionen (Bild 2.13a), Aufprallasten, Windböen, Schmiedeschläge (Bild 2.13b) oder herabfallenden Lasten wie Flugzeugabsturz (Bild 2.13c) ausgelöst werden. Einen Sonderfall nichtperiodischer Erregungen stellen Erdbeben dar (Bild 2.13d).

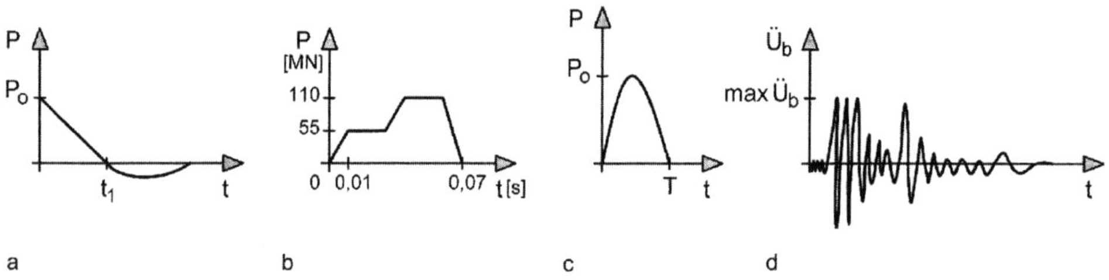

Bild 2.13 Beispiele nichtperiodischer Erregungen

2.3.2.1 Dynamische Lasten bei stoßartigen Erregungen

Unter Stoßlasten sind dynamische Lasten zu verstehen, die plötzlich auftreten und deren Lastanstiegszeit oder Einwirkung sehr kurz ist (manchmal Millisekunden).

Die Kraft-Zeitkennlinien verschiedener Stoßvorgänge sind unterschiedlich. Beim elastischen Stoß zweier Körper beispielsweise sind sie sinusförmig (Bild 2.14a), bei einem bis über die Zugfestigkeit beanspruchten Seil beschreiben sie ein Dreieck (Bild 2.14b), bei plötzlich aufgebrachten Lasten kurzer Dauer haben sie die Form eines Rechtecks (Bild 2.14c). Der Kraft-Zeitverlauf von Stößen, die durch den Aufprall eines Körpers entstehen, hängt wesentlich von den Eigenschaften der beiden Körper ab. Reagiert der gestoßene Körper elastisch oder elastoplastisch, so ist die Lastermittlung gleichzeitig mit der dynamischen Untersuchung des belasteten Systems durchzuführen.

So entstehen z. B. bei dem Aufprall einer Stahlkugel auf eine Betondecke elastische Stoßkräfte, die das Springen der Kugel hervorrufen, während bei dem Aufprall auf den Erdboden die Springhöhe der Kugel fast null ist (Bild 2.15), d. h. die elastischen Stoßkräfte sind sehr gering.

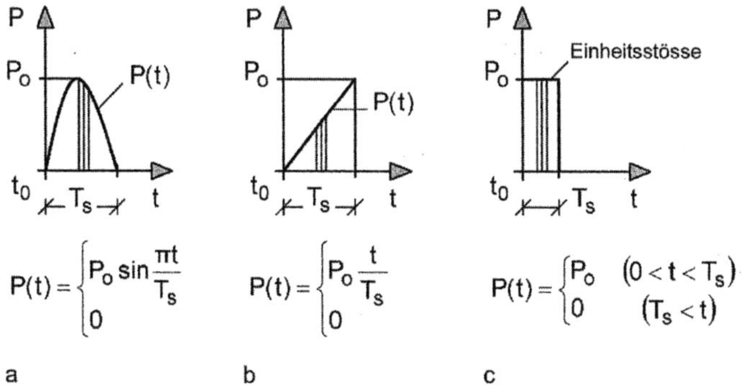

Bild 2.14 Kraft-Zeitverlauf verschiedener Stoßvorgänge

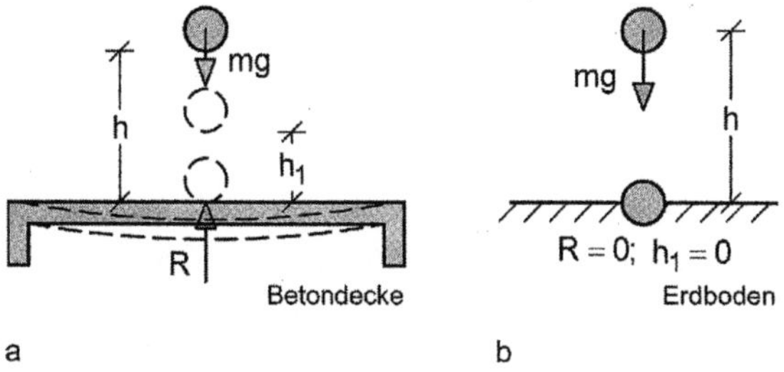

Bild 2.15
a) Elastischer Stoßvorgang
b) Plastischer Stoßvorgang

2.3.2.1.1 Einheitsstoß

Ein Einheitsstoß stellt einen Stoß dar, bei dem das Zeitintervall $\Delta t = t - t_0$ eine unendlich kleine Einheit ist.

Jede Erregung lässt sich als eine Folge von Einheitsstößen auffassen (Bild 2.14). Zur Erfassung der Auswirkungen eines Stoßvorgangs werden folgende Größen verwendet: Bewegungsenergie, Impuls, Bewegungsgröße.

2.3.2.1.2 Bewegungsenergie (kinetische Energie)

Ein mit der Geschwindigkeit v bewegter Körper der Masse m hat ein Arbeitsvermögen, das als Bewegungsenergie E_k bezeichnet wird.

$$E_k = \frac{mv^2}{2} \text{ [kNm]} \tag{2.20}$$

Eine Masse in Bewegung besitzt kinetische Energie. Diese ist so groß wie die Arbeit, die sie vernichten kann, bis ihre Geschwindigkeit auf null abgesunken ist.

Beispiel 2.6

Die kinetische Energie eines 8 kN schweren Autos (G = 8 kN), das mit der Geschwindigkeit v = 60 km/Std fährt, beträgt

$$E_k = \frac{8}{2.9{,}81}\left(\frac{60000}{3600}\right)^2 = 113{,}25 \text{ kNm}$$

2.3.2.1.3 Potentielle Energie der Lage

Ein Körper der Masse m besitzt bezüglich einer um die Höhe h tiefer liegenden Ebene die potentielle Energie

$$E_p = mgh = Gh \ \text{[kNm]} \tag{2.21}$$

Beispiel 2.7

Die Energie eines aus der Höhe h = 1,5 m herabfallenden Gewichtes G = 10 kN beträgt

$$E_p = 10.1{,}5 = 15 \text{ kNm}$$

Ein herabfallender Körper besitzt sowohl potentielle als auch kinetische Energie. Es gilt der Satz der Erhaltung der mechanischen Energie: In einem reibungsfrei bewegten System ist die Summe aus potentieller und kinetischer Energie zu jedem Zeitpunkt gleich.

Beispiel 2.8

Eine Kugel vom Gewicht $G = mg$ fällt aus der Höhe h auf dem Boden. Oben besitzt die Kugel in Bezug auf das Niveau der Bodenfläche die potentielle Energie $E_p = mgh$, während ihre kinetische Energie null ist. Es gilt

$$E_{po} + E_{ko} = E = mgh$$

Beim Aufschlagen unten hat die Kugel ihre potentielle Energie verloren (h = 0), dafür aber die kinetische Energie $E_{ku} = \frac{mv^2}{2}$ gewonnen. Es gilt also

$$E_{pu} + E_{ku} = E = \frac{mv^2}{2}$$

Setzt man die kinetische und die potentielle Energie eines herabfallenden Körpers gleich, so ergibt sich die Aufprallgeschwindigkeit unabhängig von der Masse.

$$v = \sqrt{2gh} \ \text{[m/s]} \tag{2.22}$$

2.3.2.1.4 Impuls

Die Fläche, die von der Kraft-Zeitlinie eines Stoßes umschlossen wird, heißt Impuls.

Für die im Bild 2.14 angeführten Stoßformen ergeben sich folgende Impulswerte (Bild 2.16):

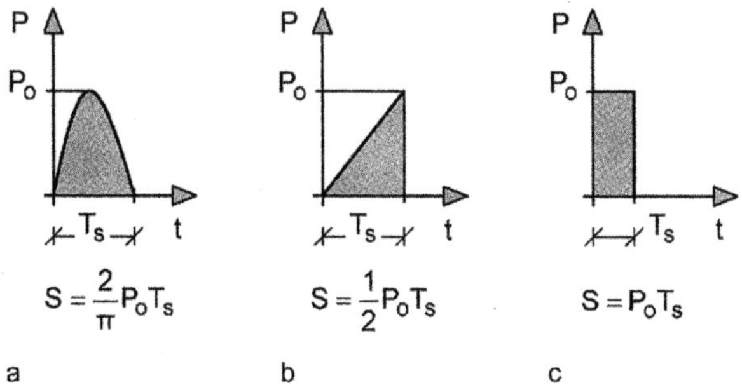

Bild 2.16 Impulswerte verschiedener Stoßvorgänge

Der Impuls S_1 eines Einheitsstoßes P ist: $S_1 = P1 = P$

2.3.2.1.5 Bewegungsgröße

Das Produkt aus der Masse m und ihrer Geschwindigkeit v heißt Bewegungsgröße B.

$$B = mv \; [\text{kNs}] \tag{2.23}$$

2.3.2.1.6 Impulssatz

Für einen freien Massenpunkt m (z. B. ein gestoßener Körper) ist der Impuls S gleich der Änderung der Bewegungsgröße B.

$$S = m(v - v_0) \tag{2.24}$$

Dabei sind v_0 und v die Geschwindigkeiten der Masse vor und nach dem Stoß.

Befindet sich der gestoßene Körper vor dem Stoß in Ruhe d. h. $v_0 = 0$, so gilt

$$S = mv \tag{2.25}$$

Die zeitliche Änderung des Impulses S oder der Bewegungsgröße B ist gleich der Resultierenden der äußeren Kräfte.

$$\frac{\Delta S}{\Delta t} = m\frac{\Delta v}{\Delta t} = ma = F \tag{2.26}$$

Wirken keine äußeren Kräfte auf das System ($F = 0$), so geht Gl. (2.25) in den Satz der Erhaltung des Impulses über.

$$S = mv = \text{konstant} \tag{2.27}$$

Der Impuls eines Systems ändert sich nicht, wenn die Summe aller an ihm angreifenden äußeren Kräfte null ist.

Beispiel 2.9

Ein Auto mit G = 8 kN fährt mit einer Geschwindigkeit von v = 40 km/Std und wird 3 Sekunden lang mit konstanter Bremskraft gebremst. Die Geschwindigkeit des Autos nach dem Bremsvorgang beträgt $v_1 = 10$ km/Std. Es wird die Bremskraft P bei Nichtberücksichtigung des Fahrwiderstandes ermittelt.

$$m = \frac{8}{9{,}81} = 0{,}815 \; \text{kNs}^2/\text{m}$$

$$T_s = t = 3 \text{ s}$$

$$v_0 - v_1 = (40 - 10)\frac{10^3}{3600} = 8{,}33 \text{ m/s}$$

Zur Ermittlung des Impulses S gilt Gl. (2.24).

$$S = P_o T_s = m(v_0 - v_1)$$

Daraus ergibt sich

$$P_o = \frac{0{,}815.8{,}33}{3} = 2{,}3 \text{ kN}$$

Wird die Bremsdauer auf 0,5 s herabgesetzt, so beträgt die Bremskraft

$$P_o = \frac{0{,}815.8{,}33}{0{,}5} = 13{,}6 \text{ kN}$$

2.3.3 Von Menschen verursachte Erregungen

Der Mensch kann durch seine körperliche Bewegung verschiedenartige dynamische Lasten verursachen. Obwohl die von Menschen erzeugenden Erregerkräfte klein sind, kann es in Tragwerken, wie Decken, Laufstegen, Treppen u. a. zu spürbaren Schwingungen kommen. Menschliche Bewegungsvorgänge wie Gehen, Laufen, Tanzen, Hüpfen und Rennen erzeugen periodische Erregungen. Einzelstöße durch Absprung aus erhöhter Lage oder Absprung von einem Sprungturm rufen dagegen transiente Erregungen hervor.

2.3.3.1 Gehen

Das Gehen stellt eine periodische Belastung des Bauwerks mit der Schrittfrequenz f_s und der Geschwindigkeit der Fortbewegung v_s dar. Für normales Gehen liegt die Schrittfrequenz zwischen 1,5 und 2,5 Hz mit einem Mittelwert von $f_s = 2{,}0$ Hz.

Charakteristisch für das Gehen ist ein Zeitverlauf, bei dem die Belastung zu keinem Zeitpunkt zu null wird. Da das Körpergewicht in einer Übergangsphase des Bewegungsablaufes von einem Fuß auf den anderen übergeht, hat ein Fuß stets Kontakt mit dem Boden und die Kontaktdauer der beiden Füsse überlappen sich (Bild 2.17).

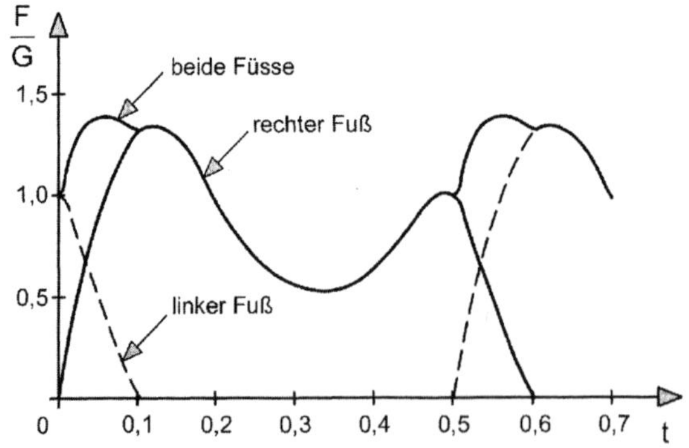

Bild 2.17 Zeitlicher Verlauf der dynamischen Last beider Füsse beim Gehen [2.2]

Demzufolge kann der zeitliche Verlauf der dynamischen Last beim Gehen durch eine kontinuierliche Funktion folgender Form idealisiert werden [2.3]:

$$F(t) = G + \Delta G_1 \sin(2\pi f_s t) \tag{2.28}$$

G : Eigengewicht des Fußgängers

ΔG_1 : Lastanteil

$\Delta G_1 = 0{,}4G$ für $f_s = 2$ Hz

$\Delta G_1 = 0{,}5G$ für $f_s = 2{,}4$ Hz

2.3.3.2 Laufen, Rennen

Beim normalen Laufen liegt die Schrittfrequenz im Mittel bei 2,4 bis 2,7 Hz, bei raschem Laufen können Frequenzen bis 5 Hz auftreten. Im Unterschied zu Gehen ist beim Laufen der Bodenkontakt zeitweise unterbrochen. Der zeitliche Verlauf der Last kann durch eine Reihe von periodisch wiederkehrenden Impulsen, z. B. halbsinusförmig mathematisch erfasst werden (Bild 2.18).

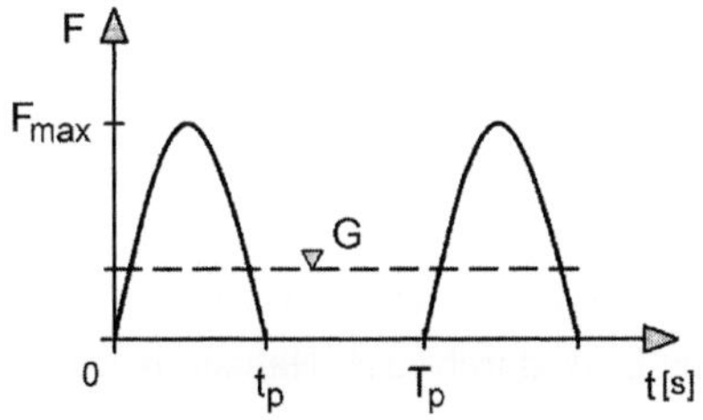

Bild 2.18 Idealisierter zeitlicher Verlauf der Last beim Rennen nach dem Halbsinus-Modell

Mit

F_{max} : Maximalwert der Last

G : Eigengewicht des laufenden Menschen

t_p : Kontaktdauer

$T_p = 1/f_s$: Schrittdauer (Periode eines Schrittes)

$k_p = F_{max}/G$: Dynamischer Stoßfaktor

wird der Verlauf der Last während einer Periode wie folgt beschrieben:

$$F(t) = k_p G \sin(\pi \frac{t}{t_p}) \quad \text{für } t \le t_p$$

$$F(t) = 0 \quad \text{für } t_p < t \le T_p \tag{2.29}$$

Der dynamische Stoßfaktor k_p ist aus dem Bild 2.19 zu entnehmen.

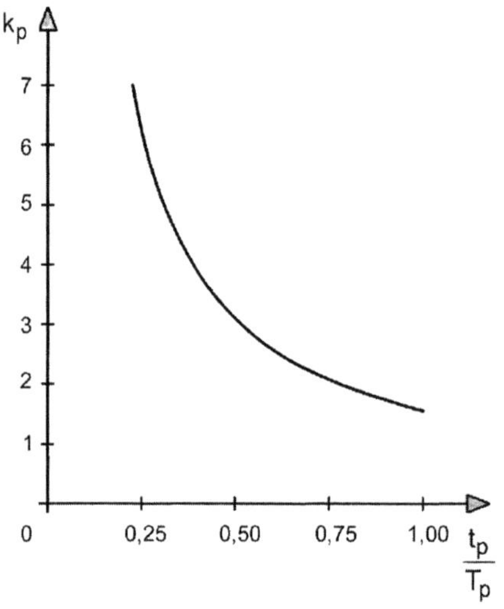

Bild 2.19 Dynamischer Stoßfaktor für Laufen [2.1]

2.3.3.3 Hüpfen

Die von einer hüpfenden Person erzeugte dynamische Last zeigt das Bild 2.20. Die Hüpffrequenz f_h je nach der Art des Hüpfvorganges liegt zwischen 1,8 bis 3,2 Hz. Mathematisch kann der zeitliche Verlauf der Last durch das Halbsinus-Modell, wie im Abschnitt 2.3.3.2, erfasst werden.

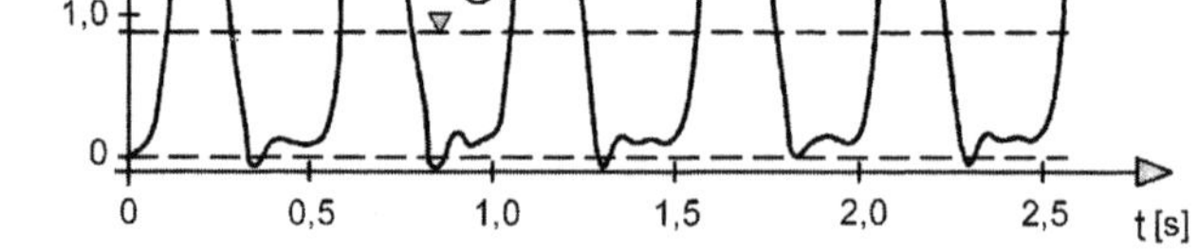

Bild 2.20 Zeitlicher Verlauf der durch eine hüpfende Person erzeugten Last

Das Verhältnis t_p / T_p liegt beim Hüpfen zwischen 0,25 und 0,6. Ein Höchstwert für k_p ergibt sich daraus, dass beim Hüpfen die Kontaktdauer t_p nicht kleiner als 0,15 s sein kann. Mit t_p = 0,15 s und einem Mindestwert für f_h = 1,8 Hz ergibt sich t_p / T_p = 0,26 und damit aus dem Bild 2.19 ein dynamischer Beiwert von k_p = 6.

Durch Hüpfen kann eine mutwillige Schwingung eines Bauwerks in vertikaler Richtung (Aufschaukeln) erfolgen.

3 Allgemeines über Erdbeben

Erdbeben, Vulkanausbrüche, Wirbelstürme, Dürren und Orkane sind natürliche Extremereignisse, denen die Menschen häufig machtlos ausgeliefert sind und ihre Habe und Leben verlieren. Ein Extremereignis kann zur Katastrophe werden, wenn sich Menschen in dem betroffenen Gebiet befinden. Schuld an einer Katastrophe infolge von Erdbeben tragen wir Menschen allein, denn ein Erdbeben selbst ist an sich nicht gefährlich. In einer menschenleere Wüste kann ein Erdbeben beliebig stark sein, es entsteht keine Katastrophe. Dagegen richtet ein Erdbeben auch geringer Stärke in einer Ortschaft, wo nicht erdbebengerecht gebaut wurde, großes Unheil an. Somit verursacht der Mensch selbst die Katastrophe.

Auf der Erde ereignen sich jährlich mehr als 1 Mill. Erdbeben, von denen etwa 800000 aufgezeichnet werden. Die meisten dieser Erdbeben werden von Menschen nicht wahrgenommen. Jedoch rund 2000 Beben verursachen jedes Jahr merkliche Schäden und 10 bis 12 Erdbeben führen zu teilweise katastrophalen Zerstörungen.

3.1 Schadenswirkung von Erdbeben

Ein Erdbeben kann durch Dislokationen unmittelbare Auswirkungen auf die Umwelt haben. Diese sind flächennahe Verstellungen des Bodens wie Risse, Spalten, Versetzungen und Reliefänderungen (Bild 3.1). Menschen und Gebäude können von der Erde "verschluckt" werden. Dieses passiert aber recht selten, außer in unmittelbarer Nähe des Ausgangspunkts des Bebens.

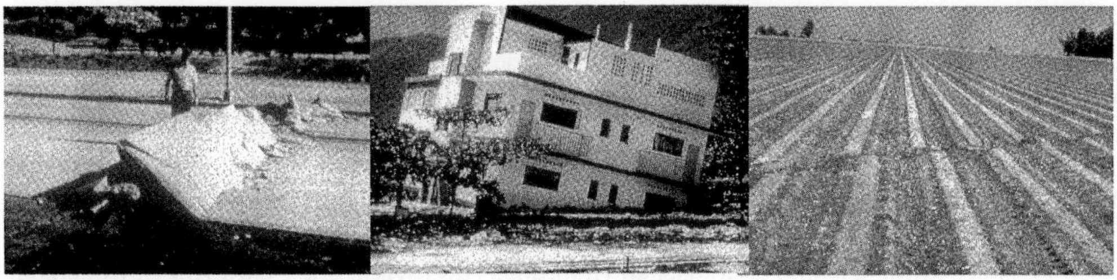

Bild 3.1 Auswirkungen von Erdbeben auf den Erdboden
a) Aufwerfung nach dem Erdbeben von San Fernando 1971
b) Setzungen infolge von Bodenverflüssigung nach dem Erdbeben von Caracas, Venezuela 1967
c) Verschiebung nach dem El-Centro Erdbeben 1979

Erdbewegungen, die im Meeresboden infolge von Seebeben stattfinden, verursachen sehr oft gewaltige Wasserwellen, sogenannte Tsunamis (japanisch: Hafenwellen). Charakteristisch für die Tsunamis ist, dass die ganze Wassermasse des Ozeans in Bewegung gesetzt wird (bei Wellen die vom Wind ausgelöst werden, bewegt sich nur die Wasseroberfläche bis zu einer Tiefe von zwei bis drei Metern). Dabei erreicht die Amplitude der Wellen lediglich ein Paar Dezimeter und die Entfernung vom Wellenkamm zum Wellenkamm beträgt 150 km oder mehr. Die Fortpflanzgeschwindigkeit kann jedoch 1000 km/Stunde erreichen. Daher ist die Welle auf dem freien Ozean kaum wahrnehmbar. Erreicht sie die flacher werdenden Küstengewässer, nimmt die Geschwindigkeit ab und es entsteht eine einzige mächtige Flutwelle mit unvorstellbarer Zerstörungskraft, die oft eine Höhe von über 30 m erreichen kann.

Eine weitere Erdbebenerscheinung stellen die seismischen Wellen dar. Diese entstehen durch explosionsartige Brüche im Erdbebenherd, propagieren sich räumlich in das Erdinnere und setzen die Erdoberfläche in Bewegung. Sie können an einem bestimmten Ort Bodenveränderungen verursachen und Gebäude zum Schwingen bringen.

Bestimmte Böden wie z. B. wassergesättigte Sände ändern bei plötzlicher Bewegung ihre Steifigkeit. Beim Impakt von seismischen Wellen erfahren diese Böden eine Änderung der Konsistenz von steif und stabil zu flüssig. Gebäude, die darauf gegründet sind, verlieren ihr statisches Gleichgewicht. Sie sinken, beginnen sich zu neigen oder kippen sogar um.

Bodenveränderungen entstehen auch durch das Auslösen von Hangbewegungen. Dem Hangrutschen folgen Wasseraufstauungen und Überschwemmungen. Das Bauen auf solchen Böden sollte vermieden werden, da es hier keine Hilfslösung gibt.

Gebäude, die erdbebengerecht konzipiert sind, werden beim Impakt von seismischen Wellen in Schwingungen versetzt. Dabei können je nach Erdbebenstärke keine, geringe oder größere Schäden entstehen. Das Gebäude stürzt aber nicht ein. Mißachtet man bei der Planung die Regel des erdbebensicheren Bauens oder baut man fehlerhaft, so kommt das Gebäude sogar bei schwachen Erschütterungen nicht nur zum Schwingen, sondern es stürzt partiell oder ganz ein. Indirekte Wirkung von Erdbeben stellen die Brandausbrüche dar, die durch den Bruch der Gas- und Ölleitungen ausgelöst werden. Diese können in eng bebauten Gebieten mehr Unheil anrichten als das Erdbeben selbst. Ein neuliches Beispiel dafür stellt das Erdbeben von Kobe (20.Jan.1995) dar, wobei mehr als 1 Mill. Quadratmeter Bodenfläche von den Flammen vernichtet wurde. Deswegen ist es in Erdbebengebieten wichtig, möglichst brandsicher zu bauen und die vorgeschriebenen Brandabstände einzuhalten.

Erdbeben sind in der Regel von unheimlichen Phänomenen begleitet, wie z. B. von drohenden Geräuschen, die als "Bodenknalle" bezeichnet werden und elektromagnetischen Lichterscheinungen in der Atmosphäre. Diese tragen dazu bei, das Gefühl der bevorstehenden Katastrophe zu verstärken.

3.2 Die Erdplatten und Erdbebenentstehung

Über 95 % der Erdbeben sind tektonischen Ursprungs (τεκτονική: Die Lehre von Bewegungen und Spannungen der Erdkruste. Erdkruste: Äußere feste Hülle der Erde, Teil der Lithosphäre).

Die Oberflächengestalt der Erde hat sich im Laufe der Erdgeschichte erheblich verändert. Alfred Wegener stellt in den zwanziger Jahren die Kontinentalverschiebungstheorie auf. Er geht von einem Urozean und einem Urkontinent-Pangäa aus. Vor etwa 200 Mill. Jahren begann sich der Urkontinent aufzuspalten. Durch das Tethys-Meer bildete sich getrennt ein Nord -und ein Südkontinent, Laurasia bzw. Gondwana. Im Laufe der Erdgeschichte lösten sich Südamerika, die Antarktis, Australien und der indische Subkontinent von Afrika ab, während sich Nordamerika von Europa trennte.

Eine weitere Entwicklung der Wegenerschen-Theorie stellt die Plattentektonik dar (Bild 3.2). Dementsprechend ist die Erdkruste in 14 große und zahlreiche kleinere Platten aufgeteilt, die sich, angetrieben von Konvektionsbewegungen im Erdmantel und vulkanischen Vorgängen im ozeanischen Boden, gegeneinander bewegen. Die Geschwindigkeit der Wanderung liegt bei wenigen Zentimetern pro Jahr, nicht schneller als ein menschlicher Fingernagel wächst.

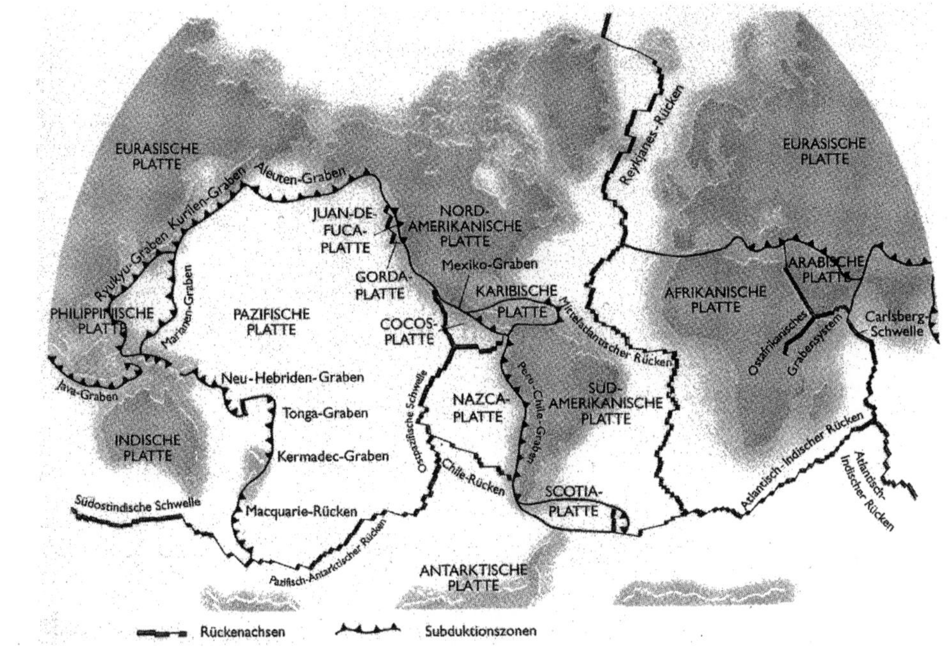

Bild 3.2 Tektonische Plattentheorie der Erdoberfläche [3.1]

Obwohl die Bewegung der Krustenplatten nicht spürbar ist, stauen diese an ihren Grenzzonen (genannt auch Verwerfungen oder Graben), dort wo sie mit anderen Platten zusammenstoßen, eine gewaltige Energie auf. Dabei wird das Gestein einem enormen Druck ausgesetzt, bis es schließlich bricht und sich die Spannung in Form eines Erdbebens entlädt. Ein Beispiel dafür sind die Grenzräume zwischen Afrika und Europa, wo die Eurasische- und die Afrikanische Platte aufeinander prallen. Erdstöße in Griechenland, Italien, Jugoslawien und Nordafrika werden von Brüchen entlang dieser Verwerfung verursacht.

Die ozeanische Kruste ist schwerer als die kontinentale. Da sie aber über die mittelozeanischen Rücken ständig neu gebildet wird und sich der Umfang der Erde in den letzten Jahrmillionen kaum verändert hat, verschwindet diese Kruste wieder. Dies geschieht durch Subduktion. Die schwere ozeanische Kruste schiebt sich unter die kontinentale. Spannungen sind die Folge. Wenn ein Bruch entsteht, entladen sich die Spannungen und die Erde bebt. Beispiele dafür sind die Erdbeben von Japan oder von den Philippinen.

Etwa auf Island oder in Kalifornien reicht die ozeanische Platte in das Land hinein und stößt auf die Oberfläche der Erde. Durch Spannungen reißt die Kruste in unbestimmten Abständen quer oder schräg zum Rücken auf, wobei sich beide Seiten gegeneinander bewegen. Das Phänomen heißt Transformstörung. Ein Beispiel dafür ist der San Andreas Graben in Kalifornien. Die Pazifische Platte verschiebt sich nach Norden, die kontinentale nach Süden. Die Störungsflächen sind in der Regel gekrümmt und vielfach versetzt, wodurch die Gesteine durch starke Scherkräfte beansprucht und über weite Strecken aneinandergepresst werden. Dies führt zum Aufbau hoher Spannungen, die sich in heftigen Erdbeben entladen. Die San Andreas Verwerfung mit einer Länge von fast 1000 km und mit bis 4,7 m sichtbaren Bodenversätzen gehört zu einem ganzen Komplex von Blattverschiebungen, von denen sie die bekannteste ist (Bild 3.3).

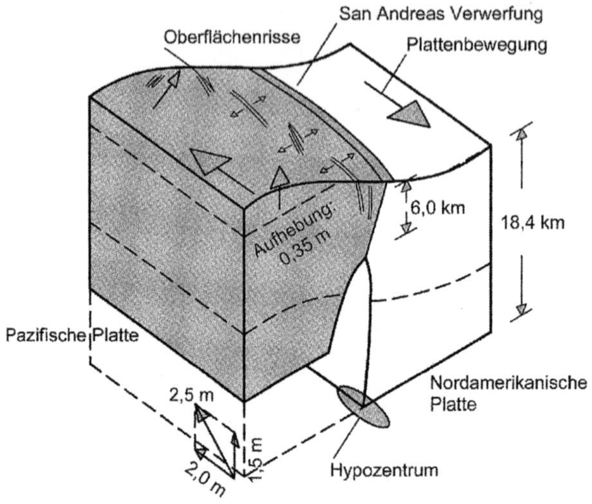

Bild 3.3 Diagramm der Bodenbewegung an der San Andreas Verwerfung während des Erdbebens von Loma Prieta 1989 [3.7]

Die japanischen und kalifornischen Störungen gehören zu dem sogenannten "Circum-Pazifikgürtel". Dieser zieht sich vom San Andreas Graben über Alaska, die Kurilen, Japan, Indonesien und Papua-Neuguinea bis nach Südamerika. Der ganze Rand des Pazifiks ist erdbebengefährdet. Über 80 % aller heftigen Erschütterungen finden in diesem Gebiet statt. Ein paar Beispiele: Am 18. April 1906 hatte ein starkes Beben, begleitet von Feuer, San Francisco fast völlig zerstört. Tokio wurde 1703 und 1923 schwer beschädigt. Ein Erdbeben in Peru tötete 1970 mehr als 70000 Menschen. Das Erdbeben von Tangskhan, nördlich von Peking, forderte 1976 das Leben von über 200000 Menschen.

Die Störungen zwischen Europa und Asien gehören zu einer anderen großen Erdbebenregion, dem "Mittelmeer-Asiatischen Gürtel". Zum Einzugsbereich dieses Gürtels gehören die Azoren, das Atlasgebirge, der Apennin, die Südalpen, die Neurieden bis hin zum Himalaja. Von der Energie, die in der Verwerfung im Mittelmeerraum eingespeichert ist, entlädt sich mehr als 60 % in Griechenland.

3.3 Seismologische Begriffe

3.3.1 Hypozentrum

Der Ausgangspunkt des Bebens wird auch Herd genannt. Je nach Tiefe des Herdes wird nach Flachherdbeben ($h<70$ km), Mitteltiefbeben ($70<h<300$ km) und Tiefherdbeben ($300<h<700$ km) unterschieden (Bild 3.4).

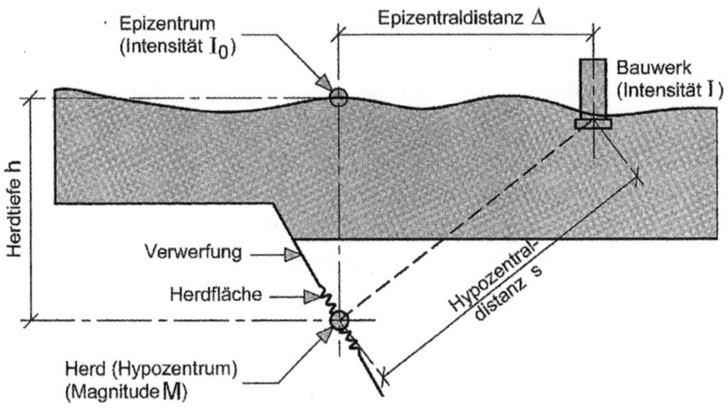

Bild 3.4 Prinzipielle Darstellung eines Herdgebietes

3.3.2 Epizentrum

Der lotrecht über dem Herd liegende Punkt der Erdoberfläche.

3.3.3 Erdbebenwellen

Die im Herd freigesetzte Bewegungsenergie versetzt die Erdkruste in Schwingung. Es entstehen unterschiedliche Arten von Wellen: Raumwellen, die durch das Erdinnere laufen und Oberflächenwellen, die sich entlang der Erdoberfläche ausbreiten (Bild 3.5).

Unter den Raumwellen unterscheidet man zwischen Druckwellen und Scherwellen. Die

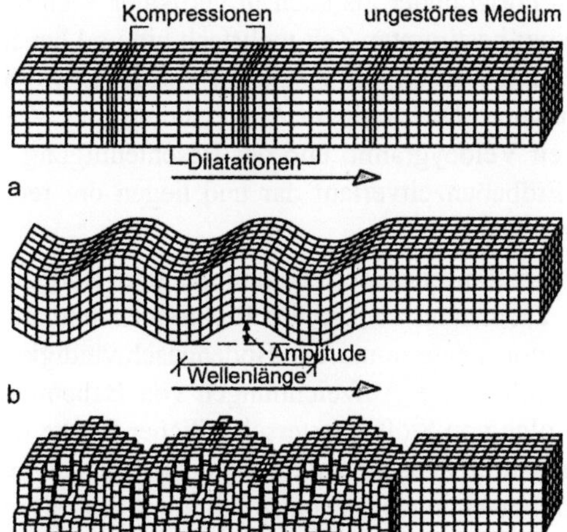

Bild 3.5 Typen von Erdbebenwellen
a) Primärwellen
b) Sekundärwellen
c) Love-Wellen
d) Rayleigh-Wellen

Druckwellen (auch Primärwellen (P) genannt) bewirken eine Bewegung des Ausbreitungsmediums in Fortpflanzungsrichtung, Gesteinspartikel werden wechselweise komprimiert und gezogen (Bild 3.5a). Die Geschwindigkeit beträgt v = 5-13 km/s. Sie können sich auch in flüssigen und gasförmigen Medien ausbreiten und treten sogar in die Luft über. Geräuscherscheinungen während der Erdbeben gehen auf die P-Wellen zurück. Die Scherwellen werden auch als Sekundärwellen (S) bezeichnet. Sie sind nur rund halb so schnell wie die P-Wellen, mit einer Geschwindigkeit von v = 3-6 km/s, wobei die Erdpartikel senkrecht zur Ausbreitungsrichtung der Welle schwingen (Bild 3.5b). Sie biegen und scheren das Gestein, können sich aber in Gasen und Flüssigkeiten nicht fortpflanzen.

Zu den Oberflächenwellen gehören die Love (L) -und die Rayleigh-Wellen (Ray) an. Die L-Wellen bewegen die Erdpartikel in horizontaler Ebene und verfügen über große Amplituden (Bild 3.5c). Ihre Erscheinungsform ist mit den Bewegungen eines Puddings auf einem festen Teller vergleichbar. Die Ray-Wellen ähneln in ihrer Erscheinungsform Wasserwellen (Bild 3.5d).

Die meisten Schäden an Bauwerken werden durch die Scherbewegung der S- und L-Wellen verursacht. Aus der Laufdifferenz zwischen P- und S-Wellen lässt sich die Entfernung zum Erdbebenherd errechnen. Messungen an mehreren Stationen geben Ausschluss über die Herdtiefe. Beim Durchgang durch die Erdschichten werden die Erdbebenwellen gebrochen, reflektiert und absorbiert. Jede einzelne Schicht wirkt wie ein Filter, der bestimmte Frequenzen verstärkt und andere unterdrückt. Deshalb kann ein Erdbeben an Orten, die nur wenig voneinander entfernt sind, unterschiedliche Auswirkungen haben. Aus diesem Grund sind bei der Ermittlung der Erdbebenlasten Kenntnisse über vorhandene Baugrundverhältnisse erforderlich.

3.3.4 Messung von Erdbeben

An der Erdoberfläche offenbaren sich Erdbeben durch chaotische Bodenverschiebungen. Ein Punkt des Bodens wird dabei sowohl in horizontaler als auch in vertikaler Richtung bewegt, federt wieder zurück und kommt nach einer bestimmten Zeit mehrfach hin und her federnd zur Ruhe. Die Kenngrößen der Bodenbewegung werden mit speziellen Meßgeräten – Seismographen oder Akzellerographen – aufgenommen. Die zeitliche Aufzeichnung der Verschiebung heißt Seismogramm, der Geschwindigkeit Velocygramm und der Beschleunigung Akzellerogramm. Diese Diagramme stellen den Erdbebenzeitverlauf dar und liegen der rechnerischen Erfassung der seismischen Erregungen zugrunde.

Ein Akzellerogramm entsteht aus der Aufnahme des Zeitverlaufs der drei Bodenbeschleunigungskomponenten (zwei waagerechte, zueinander senkrechte Richtungen und die vertikale Richtung). Daraus werden durch Integration Diagramme der Bodengeschwindigkeit und des Bodenwegs berechnet. Betrachtet man vorhandene Aufzeichnungen von Bebenverläufen, so zeigt sich, dass sie eine unregelmäßige Folge von Stößen unterschiedlicher Stärke und Periode aufweisen. Jedes Akzellerogramm enthält drei Phasen: Ankündigungs-, Intensivbewegungs- und Abklingphase (Bild 3.6). Die Intensivbewegungsphase entspricht dem Eintreffen der energietragenden Wellen (S- und L-Wellen) am Meßort.

Nach dem Zeitverlauf der Intensivbewegungsphase werden die Erdbeben in vier Klassen eingeteilt [3.9]:

- "Ein-Impuls" Beben, die aus einem einzigen Stoß bestehen und von kurzer Schwingungsdauer sind (T = 0,1 bis 0,2 s), z. B. Skopje 1963, Port Hueneme 1957, Bukarest 1977 (Bild 3.7a) u. a.

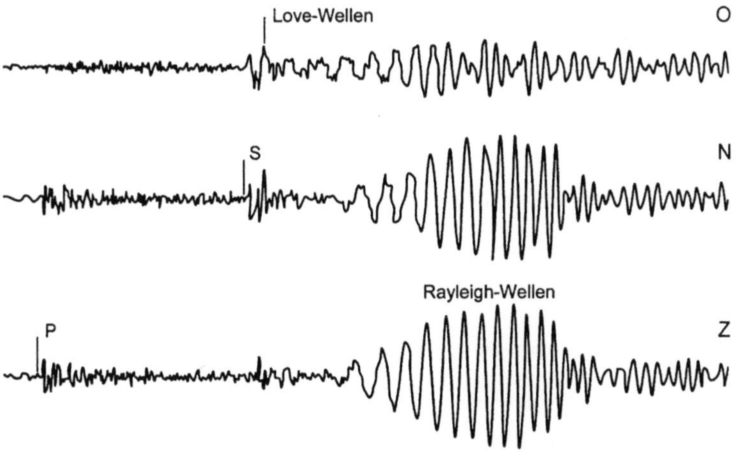

Bild 3.6 Akzellerogramm eines mittelschweren Erdbebens in Deutschland (M: 5,1) [3.5] [Bewegungsrichtungen: Ost-West (O), Nord-Süd (N), Vertikal (Z)]

- "Mehrere-Sätze von Impulsen" Beben. Sie weisen eine Reihe von starken, unregelmäßig verteilten Stößen auf, deren Periode zwischen 0,05 und 0,5 s liegt, z. B. San Fernando Erdbeben 1971 (Bild 3.7b), El Centro, Kalifornien 1940 (Bild 3.7c), dessen stärkste Komponente in der N-S Richtung 14-16 starke Stöße aufweist.
- "Ein Satz-Impuls" Beben, welche aus Hauptstößen bestehen, die sich über eine kurze Zeitdauer gruppieren lassen, z. B. Mexiko-Stadt 1964 (Bild 3.7d), die meisten japanischen Beben.
- Lange Bodenbewegungen begleitet von bleibenden Deformationen und Bodenverflüssigungen, z. B. Anchorage 1964, Niigate 1964.

Die statistische Auswertung der seismischen Aufzeichnungen lässt erkennen, dass jedes Erdbebengebiet grundsätzlich durch einen dieser Erdbebentypen heimgesucht wird. Die größte zerstörerische Kraft haben die Erdbeben vom zweiten Typ. Die Hauptphase dieser Erdbeben ist sehr energiereich und kann bis 60 s dauern. Da diese Beben am häufigsten registriert und gründlichst studiert worden sind, dienen sie als Musterbeben zur Beurteilung von starken seismischen Erregungen.

3.3.4.1 Darstellung von Erdbeben als stochastische Erregung

Die durch Messungen aufgenommenen Erdbebenzeitverläufe werden als deterministische Erregungen bezeichnet. Zukünftige Erdbeben, die zu erwarten sind, können nicht mehr deterministisch bestimmt, sondern nur durch probabilistische Verfahren beschrieben werden. Jeder Erdbebenzeitverlauf kann in einer Reihe von Impulsen unterschiedlicher Größe und Frequenz zerlegt werden. Ist der Zeitverlauf und seine Kenngrößen von zufälligen Faktoren abhängig, liegt ein stochastischer Prozess vor. Bei wiederholten Abläufen einer stochastischen Erregung ergeben sich unterschiedliche Zeitverläufe.

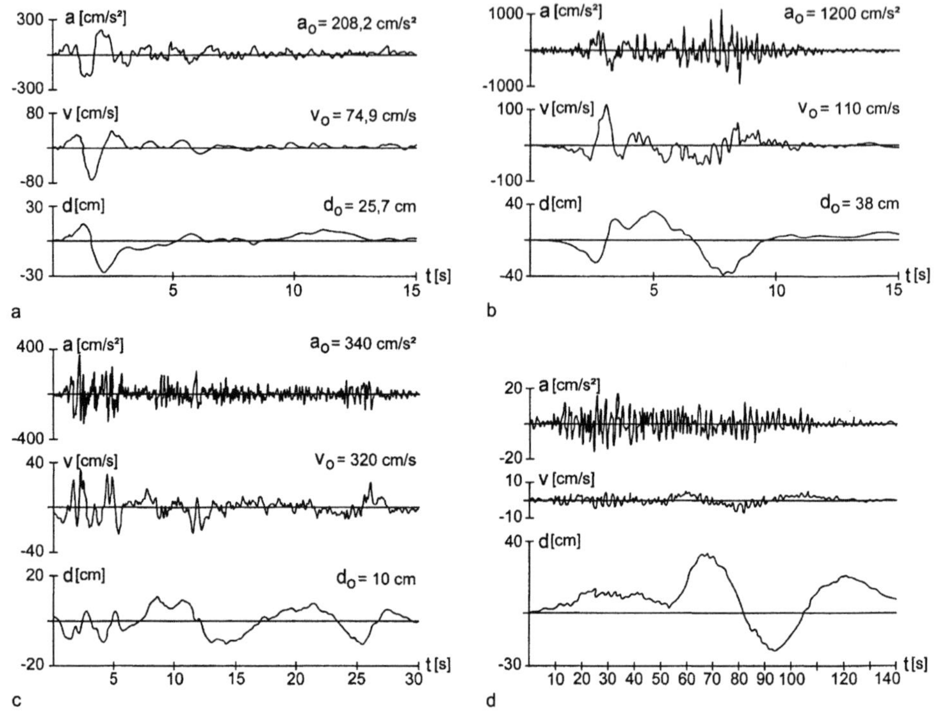

Bild 3.7 Typische Erdbebenaufzeichnungen
a) N-S Komponente des Erdbebens von Bukarest 1977 [3.2]
b) S-O Komponente des San-Fernando Erdbebens, Pacoimadamm 1971 [3.1]
c) N-S Komponente des El-Centro Erdbebens, Kalifornien 1940 [3.9]
d) N-S Komponente des Erdbebens von Mexiko-Stadt 1964 [3.9]

3.3.4.2 Maximalausschläge seismischer Erregungen

Zur Beurteilung des Gefährdungsgrades eines Erdbebens stehen die Maximalwerte der Bewegungskenngrößen im Vordergrund:

- Die maximale Bodenbeschleunigung a_0 gibt Hinweise über die Schlagkraft des Erdbebens. Die Maximalbeschleunigung kann den Wert der Erdbeschleunigung übertreffen, z. B. Erdbeben von San Fernando 1971: $a_0 = 1{,}38g$. Die Vertikalkomponente der Beschleunigung beträgt etwa 30 % bis maximal 50 % der Horizontalkomponenten.
- Die maximale Bodengeschwindigkeit v_0 liegt unter 0,5 m/s (El Centro Erdbeben 1940, N-S Komponente: $v_0 = 0{,}34$ m/s). Sie liefert Informationen über die Bewegungsenergie des Bebens.
- Die Dauer der Intensivbewegungsphase liegt zwischen 3 und 60 s (El Centro Erdbeben 1940, N-S Komponente: etwa 30 s).
- Die maximale Bodenverschiebung d_0 liegt im Allgemeinen unter 30 cm (El Centro Erdbeben 1940, N-S Komponente: $d_0 = 21$ cm).

Die Größen a_o, v_o, d_o hängen für einen bestimmten Standort mit der Hypozentraldistanz (Herdentfernung R [km]) wie folgt zusammen:

$$\frac{a_o d_o}{v_o^2} = 1 + \frac{400}{R^{0,6}} \tag{3.1}$$

Für Erdbeben von praktischem Interesse liegt der Wert $\frac{a_o d_o}{v_o^2}$ zwischen 5 und 15.

Zur Beurteilung der Stärke eines Erdbebens an einem bestimmten Ort sind die Ausschläge der Bodenverschiebung und -beschleunigung und die Dauer der Intensivphase maßgebend. Zur Erfassung der Stärke eines Erdbebens stehen zwei Kenngrößen im Vordergrund: Magnitude und Intensität.

3.3.4.3 ARIAS-Intensität I_o

Die Arias-Intesität definiert ein Maß für die Gesamtenergie eines Erdbebens. Mit $\ddot{U}_b(t)$ für den Zeitverlauf der Bodenbeschleunigung und t_l die Bebendauer beträgt die Arias-Intesität

$$I_o = \frac{\pi}{2g} \int_0^{t_l} \ddot{U}_b^2 dt \tag{3.2}$$

Die Berechnung der Integralgleichung (3.2) erfolgt aufgrund von digitalisierten Akzellerogrammen (Zerlegung in einer Reihe von finiten Beschleunigungsimpulsen mit konstantem Zeitabstand).

3.3.4.4 HUSID-Diagramm

Das Husid-Diagramm gibt einen Einblick in die zeitliche Verteilung der Erdbebenenergie wieder. Dies beschreibt den Verlauf des Zeitintegrals der quadrierten Bodenbeschleunigung.

$$H(t) = \frac{\int_0^t \ddot{U}_b^2 dt}{I_o} \tag{3.3}$$

3.3.4.5 RMS-Wert

Ein weiterer Kennwert der Erdbebenenergie ist der Wert der Wurzel aus dem gemittelten Wert der Arias-Intensität (RMS: root mean square). Der RMS-Wert ist folgendermaßen definiert:

$$RMS = \sqrt{\frac{I_o}{t_l}} \tag{3.4}$$

3.3.4.6 Spektralintesität SI

Die von Housner vorgeschlagene Kenngröße für Erdbebenzeitverläufe wird als die Fläche zwischen der Geschwindigkeitsspektralkurve $S_v(T, \zeta = 0{,}2)$ (siehe Abschnitt 9) und der Periodenachse im Bereich $T = 0{,}1$ s, $T = 2{,}5$ s definiert.

$$SI = \int_{0,1}^{2,5} S_V(T, \zeta = 0{,}2) d\tau \tag{3.5}$$

3.3.4.7 Magnitude

Die Magnitude M ist ein Maß für die vom Erdbeben freigesetzte Energie. Sie stellt den Logarithmus der Bodenverschiebung in Mikron dar (1 mikron= eintausendstel von 1 mm), die mit einem Standardseismographen in einer Entfernung von 100 km vom Epizentrum aufgenommen wird.

Die Magnitudenskala (M-Skala) wurde von Francis Richter entwickelt, ist logarithmisch gegliedert und enthält 9 Stufen. Ein empirischer Zusammenhang zwischen der beim Herdvorgang freigesetzten kinetischen Energie E [erg] und der Magnitude kann näherungsweise wie folgt ausgedrückt werden (Bild 3.8):

$$\log E = 11{,}8 + 1{,}5\,M \tag{3.6}$$

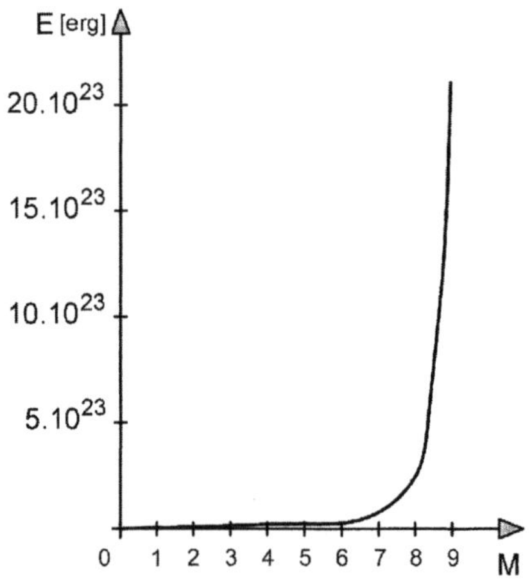

Bild 3.8 Erdbeben-Magnitude und freigesetzte Energie

Bei Jeder Magnitudenstufe steigt die freigesetzte Energie um das 32fache. Die Magnituden gerade noch spürbarer Flachherdbeben liegen bei $M = 2$, diejenigen von Beben, die Schäden an Gebäuden verursachen können, bei $M = 4\text{-}5$ und die Magnitude des stärksten Bebens seit 1900 bei $M = 8{,}9$. Die Skala hat theoretisch keine Obergrenze, ist nach oben "offen". Größere Magnituden als $M = 9$ sind aber nicht zu erwarten, denn die Gesteine zerbrechen, bevor sich in der Erdkruste derart gewaltige Energien aufstauen können.

Es gibt auch andere Magnitudenskalen, die sich aufgrund des zugrundeliegenden Frequenzbereichs geringfügig von der Richter Skala unterscheiden [3.1].

3.3.4.8 Intensität

Die Intensität I stellt ein Maß für die Zerstörungskraft eines Erdbebens an einem bestimmten Ort dar. Die Intensität spiegelt die makroseismischen Wirkungen des Bebens wider und wird einfach durch die Beschreibung von Auswirkungen auf Menschen, Bauwerken und auf die Landschaft, nicht durch instrumentelle Aufzeichnungen, festgelegt. Sie hängt von der Stärke, dem zeitlichen Verlauf des Bebens, der Entfernung vom Epizentrum und von geologischen Gegebenheiten am betreffenden Ort ab.

Es wurden zahlreiche Intensitätsskalen vorgeschlagen. Heute wird in Europa vorwiegend die 12stufige MSK-Skala (Medwedew-Sponheuer-Karnik, 1964) verwendet (Tabelle 3.1).

Tabelle 3.1 Kurzfassung der MSK-Intensitätsskala [3.12]

Grad	Stärke	Wirkungen auf		
		Personen	Gebäude	Natur
1	unmerklich	nicht verspürt		
2	sehr leicht	vereinzelt verspürt		
3	leicht	vor allem von ruhenden Personen deutlich verspürt		
4	mäßig stark	in Häusern allgemein verspürt	Fenster klirren	
5	ziemlich stark	im Freien allgemein verspürt, aufweckend	hängende Gegenstände pendeln, verschieben von Bildern	
6	stark	erschreckend	leichte Schäden an Gebäuden, feine Risse im Verputz	vereinzelt Risse im feuchten Boden
7	sehr stark	viele flüchten ins Freie	Mäßige Schäden an Gebäuden, Risse im Verputz, in Wänden und Schornsteinen	vereinzelt Erdrutsch an steilen Abhängen
8	zerstörend	allgemeiner Schrecken	Zerstörungen an Gebäuden, große Risse im Mauerwerk, Giebelteile und Dachgesimse stürzen ein	Veränderungen in Quellen, Erdrutsch an Straßendämmen
9	verwüstend	Panik	Allgemeiner Gebädeschaden, an einigen Bauten stürzen Wände und Dächer ein	Bodenrisse, Bergstürze, viele Erdrutsche
10	vernichtend	allgemeine Panik	Allgemeine Gebäudezerstörungen, Einstürze vieler Bauten	Verbiegen von Eisenbahnschienen, Abgleiten von Lokkerboden an Hängen, Aufstau neuer Seen
11	Katastrophe		schwere Zerstörungen, selbst an bestkonstruierten Bauten	umfangreiche Veränderungen des Erdbodens, Flutwellen
12	große Katastrophe		Hoch- und Tiefbauten werden total zerstört	tiefgreifende Umgestaltung der Erdoberfläche, Flutwellen

3.3.4.9 Epizentralintensität

Die Epizentralintensität I_0 tritt im Epizentralgebiet auf und stellt den größten festgelegten Wert der Intensität dar. Aufgrund der Epizentralintensität I_0 und der Herdtiefe h [km] kann die Magnitude für bestimmte Herdvorgänge empirisch ermittelt werden. Für europäische Verhältnisse mit $h < 50$ km gilt die Beziehung

$$M = 0{,}5I_0 + \log(h) + 0{,}35 \tag{3.7}$$

Ähnliche Beziehungen beschreiben auch den Zusammenhang zwischen Maximalbeschleunigung a_0, Epizentraldistanz S [km] und Magnitude. So gilt beispielsweise für die Maximalbeschleunigung in europäischen Erdbebengebieten (5< M <7)

$$a_0 = \frac{1230e^{0,8M}}{(S+S_0)^2} \text{ [cm/s}^2\text{]} \tag{3.8}$$

mit

$S_0 = 13{,}0$ km

3.3.5 Erdbebengefährdung

Die Erdbebengefährdung eines Standortes wird durch die jährliche Auftretenswahrscheinlichkeit einer bestimmten Erdbebenintensität I oder Beschleunigung a_0 am betrachteten Ort beschrieben. Die Ermittlung der Auftretenswahrscheinlichkeit erfolgt aufgrund der geschichtlichen Beobachtung und Identifizierung von seismischen Quellen. So werden für Erdbeben unterschiedlicher Intensitäten Wiederkehrperioden T_W und daraus die jährliche Auftretenswahrscheinlichkeit als $P = \frac{1}{T_W}$ gerechnet.

Die auf einen Zeitraum T-Jahre bezogene Überschreitungswahrscheinlichkeit $P_{(T)}$ lässt sich aus der jährlichen Auftretenswahrscheinlichkeit wie folgt abschätzen

$$P_{(T)} = 1 - (1-P)^T 100 \ \% \tag{3.9}$$

Die Auftretenswahrscheinlichkeit von Erdbeben ist zur Festlegung des Bemessungsbebens an einem Standort von großer Bedeutung (siehe Abschnitt 9). In einigen Ländern sind Erdbebengefährdungskarten erarbeitet worden, die für gewisse Auftretenswahrscheinlichkeiten die Intensität des größten zu erwartenden Erdbebens angegeben.

Beispiel 3.1

Ein Erdbeben mit einer Wiederkehrperiode von 475 Jahren hat eine jährliche Auftretenswahrscheinlichkeit P = 1/475 und eine Überschreitungswahrscheinlichkeit $P_{(T)}$ in T = 50 Jahre von

$$P_{(T)} = 1 - (1 - \frac{1}{475})^{50} 100 = 10 \ \%$$

3.3.6 Merkmale deutscher Erdbeben

Die Erdbebengefährdung in Deutschland ist im Vergleich zu anderen Ländern Europas (Italien, Griechenland, Jugoslawien, Spanien usw.) gering. Die Magnituden und Intensitäten der stärksten Erdbeben in Deutschland liegen seit 1800 bei M = 5-6, bzw. $I_0 = 8$. Erdbeben, die Schäden an Gebäuden verursachen können, sind in folgenden Gebieten zu erwarten [3.8]:

- Die westliche Hälfte der Niederrheinischen Bucht, Herdtiefe h= 2-2,5 km, Wiederholungszeit: 50-100 Jahre.
- Ein schmaler Streifen des Mittelrheintals zwischen Bingen und Bonn, h= 10 km, $I_0 = 7$.

- Oberrheingraben, h= 2-11 km, $I_0 = 7$. Das Südende dieses Gebietes ist durch Auswirkungen Schweizer Erdbeben gefährdet.
- Die Schwäbische Alb, h= 10 km, $M = 6$, $I_0 = 8$.
- Ein kleines Gebiet in Ost-Thüringen und Sachsen.
- Oberschwaben und Bodenseegebiet.

Die ersten Richtlinien für aseismische Auslegung von Bauten in Deutschland erschienen als Empfehlungsnormen erst im Juli 1957. Anstoß dazu gab das Erdbeben von Euskirchen am 14. März 1951 ($I_0 = 7$-8), das zahlreiche Mauerrisse und Kaminschäden verursachte und 11 Verletzte forderte. Entscheidend für die Einführung von baurechtlichen Erdbebenbestimmungen in Baden-Württemberg waren die Erdbeben vom 26. Februar 1969 und vom 22. Januar 1970 auf der Schwäbischen Alb. Die heutzutage geltenden Bestimmungen (DIN 4149 Teil I) teilen das Land in 6 Erdbebenzonen ein (Bild 3.9) [3.3].

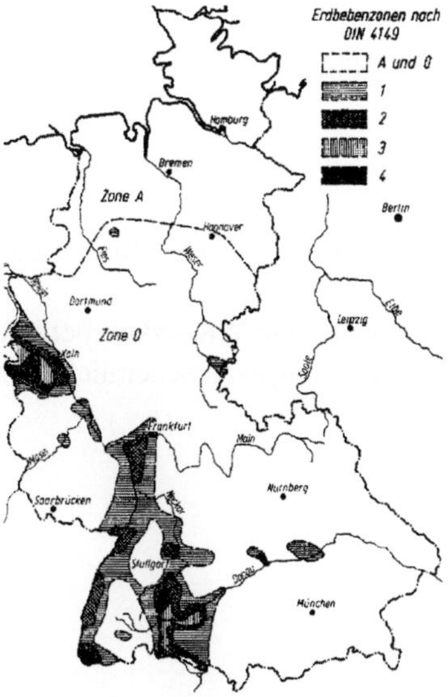

Bild 3.9 Erdbebenzonen in Deutschland nach DIN 4149

Als Kenngrößen werden den einzelnen Erdbebenzonen rechnerische Höchstwerte der Horizontalbeschleunigung a_0 zugeordnet (Regelwerte der Horizontalbeschleunigung). Diese gründen sich auf Beobachtungen von Bauwerksschäden und liegen unter den Meßwerten maximaler Bodenbeschleunigungen (Tabelle 3.2).
Die Werte in der Tabelle 3.2 gelten für gewöhnliche Gebäude, von denen bei Schäden infolge Erdbeben keine zusätzlichen Gefahren ausgehen. Kernkraftwerke, Behälter für giftige oder brennbare Gase und Flüssigkeiten usw. sind nach speziellen Vorschriften zu behandeln [3.10].

Tabelle 3.2 Gegenüberstellung der Bodenspitzenbeschleunigung zu den Regelwerten der Horizontalbeschleunigung a_o

MSK Intensität	Bodenspitzen-beschleunigung b [m/s²]	Erdbebenzone	Regelwert a_o [m/s²]
VI	0,25 bis 0,50	0	0
VII	0,50 bis 1,00	1	0,25
		2	0,40
VIII	1,0 bis 2,0	3	0,65
		4	1,0

Für die Umsetzung der europäischen Vorschriften zur Erdbebensicherung von Bauwerken in Deutschland war eine Überarbeitung der DIN 4149 auf der Basis des Euronorm 8 Konzeptes und der Regelungen des Nationalen Anwendungsdokumentes (NAD) erforderlich. Diese Notwendigkeit ergibt sich in erster Linie daraus, dass auch die anderen nationalen Bemessungsnormen (DIN 1045, DIN 18800 usw.) auf das neue europäische Sicherheitskonzept umgestellt sind.

Die neue Abschätzung der seismischen Gefährdung und die Abstufung der Erdbebenzonen (Bild 3.10) basiert auf folgenden Grundsätzen [3.4]:

- Jede Erdbebenzone ist durch den konstanten Rechenwert einer effektiven Bodenspitzenbeschleunigung charakterisiert.
- Für diesen Beschleunigungswert wird als Referenzwert eine Wiederkehrperiode von 475 Jahren vorgeschlagen. Dies entspricht einer Überschreitungswahrscheinlichkeit von 10 % auf einen Zeitraum von 50 Jahren.

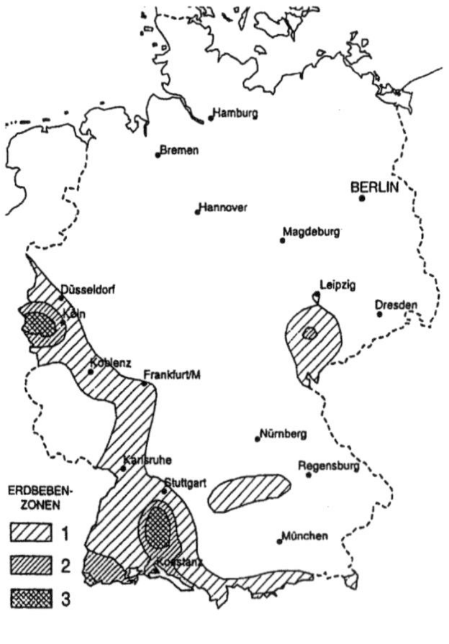

Bild 3.10 Erdbebenzonen in Deutschland nach dem NAD zur Euronorm 8 [3.6]

Ein direkter Vergleich der Erdbebenzonenkarte im Bild 3.10 mit deterministischen Gefährdungskarten ist nur bedingt möglich, da das gewählte Gefährdungsniveau von 10 % Auftretens- oder Überschreitungswahrscheinlichkeit in 50 Jahren für die frühere Einschätzung der Erdbebengefährdung nicht verwandt wurde.

Bei der Betrachtung der neuen Erdbebenzonenkarte nach der Euronorm 8 ist jedoch eine gute Übereinstimmung mit der entsprechenden Karte nach DIN 4149 in der Fassung von Dezember 1992 zu bemerken. Die Form der Erdbebenzonen nach der probabilistischen Methode weist jedoch einen glatteren Verlauf als nach der deterministischen Methode auf. Gebiete, in denen bestimmte Erdbebenintensitäten mit der vorgegebenen Eintretenswahrscheinlichkeit erwartet werden, sich aber im zugrundeliegenden Beobachtungszeitraum nicht ereigneten, werden jetzt als entsprechende Erdbebenzonen ausgewiesen, während die Auftretenswahrscheinlichkeit in anderen Gebieten, in denen in der Vergangenheit bestimmte Intensitäten einmalig auftraten und die in der DIN 4149 als Erdbebenzonen erscheinen, kleiner als 10 % in 50 Jahren ist. Somit sind derartige Gebiete in der neuen Zonierungskarte nicht mehr als Erdbebenzonen eingetragen. Ebenso die Gebiete der Zonen 3 und 4 (Raum Aachen, Dürren, Albstadt und südliche Fortsetzung) der DIN 4149 sind jetzt durch die Gebiete, die bisher der Erdbebenzone 1 zugeordnet wurden, ersetzt worden. Die Erdbebenzone 2 im Gebiet des Werra-Kalisalzabbaues erscheint in der neuen Karte nicht mehr, da diese sich auf natürliche tektonische Beben beschränkt. Die Referenzwerte für die horizontale Bodenbeschleunigung a_0 entsprechend der neuen Zonierung sind in Tabelle 3.3 wiedergegeben.

Tabelle 3.3 Referenzwerte der horizontalen Bodenbeschleunigung a_0 in deutschen Erdbebenzonen [3.11]

Erdbebenzone	Bodenbeschleunigung a_g [m/s²]
1	0,4
2	0,6
3	0,8

4 Grundlagen der dynamischen Modellierung

Ein mechanisches System besteht aus mehreren Körpern. Wenn die Abmessungen eines realen Körpers im Verhältnis zum Gesamtsystem hinreichend klein sind, oder wenn der Körper in Bezug auf seinen Mittelpunkt keine Drehbewegung ausführt, besteht die Möglichkeit, ihn als starren Körper und dementsprechend als Massenpunkt zu idealisieren. Eine endliche Anzahl solcher Körper, die untereinander in Wechselwirkung stehen, bildet ein Massenpunktsystem. Zwischen den Massenpunkten bestehen massenlose Verbindungen, die im Allgemeinen nicht starr zu sein brauchen, wie z. B. die elastische Feder.

Das einfachste Massensystem stellt eine Masse m dar, die auf eine Feder gestützt ist (Bild 4.1). Eine auf das System aufgebrachte beliebig gerichtete Stoßwirkung setzt die Masse in Bewegung. In einem orthogonalen Achsensystem x, y, z kann man die räumliche Bewegung der Masse in folgende Komponenten zerlegen:

- 3 parallel zu den Achsen x, y, z gerichtete Verschiebungen U_x, U_y, U_z und
- 3 um die Achsen x, y, z verlaufende Drehungen $\varphi_x, \varphi_y, \varphi_z$

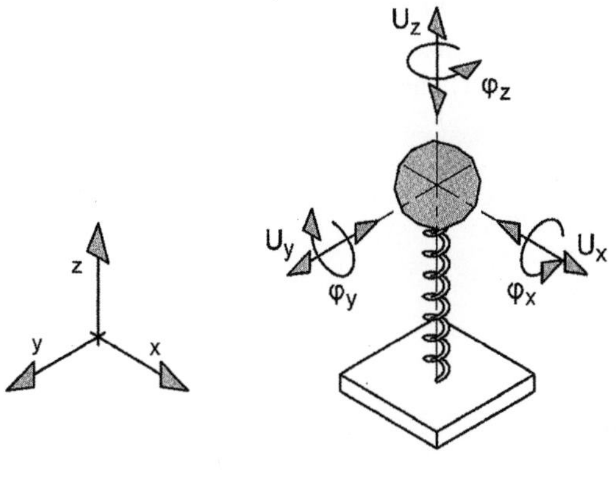

Bild 4.1 Bewegungsmöglichkeiten einer federnd gestützten Masse

Zur vollständigen Beschreibung der Bewegung der Masse m sind also 6 voneinander unabhängige Deformationsgrößen notwendig. Man spricht auch von 6 Schwingungsformen des Systems. Die Drehbewegungen um die Achsen x, y, z heißen Torsionsschwingungen, die Translationsbewegung in Richtung der Achse z Longitudinalschwingung und die pendelnden Bewegungen in die Richtungen x, y Translations- oder Biegeschwingungen. Diese Bewegungen sind teilweise miteinander gekoppelt, d. h. sie können nicht immer von sechs voneinander unabhängigen Gleichungen mit je einer Bewegungsgröße beschrieben werden.

4.1 Dynamische Freiheitsgrade

In der Mechanik wird die Bewegung von Systemen mit endlich vielen Massenpunkten durch eine Anzahl von Parametern q_i, die sog. verallgemeinerten Koordinaten beschrieben. Diese sind zunächst unbekannte zeitabhängige Funktionen. Sind zur vollständigen Beschreibung der Systembewegung k eine verallgemeinerte Koordinate erforderlich, so ist k die Anzahl der Freiheitsgrade des Systems.

Dynamische Freiheitsgrade stellen die minimale Anzahl von Deformationsparametern, Verschiebungen und Drehungen dar, die zur vollständigen Beschreibung der Lage eines dynamischen Systems zu jedem Zeitpunkt seiner Bewegung notwendig sind. Jedem Freiheitsgrad wird eine Deformation des Systems zugeordnet, d. h. die Anzahl der Freiheitsgrade stimmt mit der Anzahl der unabhängigen Deformationen überein.

Die Freiheitsgrade sind miteinander durch Bedingungsgleichungen, auch Zwangbedingungen genannt, verbunden. Bedingungsgleichungen, in denen neben der Zeit t nur die Parameter q_i, nicht aber ihre zeitlichen Ableitungen auftreten, heißen holonome Bedingungen (όλος: ganz + νόμος: Gesetz). Diese enthalten keine restriktiven Gesetze für die Bewegungsfreiheit [4.1, 4.2]. Wenn die Zeit t in ihnen nicht explizit vorkommt, heißen sie darüber hinaus skleronom (σκληρός: hart), anderenfalls heißen sie rehonom (ρέα: Zeit). Im Allgemeinen enthalten die Bedingungsgleichungen auch zeitliche Ableitungen der verallgemeinerten Koordinate (z. B. verallgemeinerte Geschwindigkeit $\dot{q}_i$), und sie heißen anholonom. Die elasto-mechanischen Schwinger sind in der Regel Systeme mit holonomen Bindungen.

Die Bestandteile der Tragwerke wie Stützen, Balken usw. sind kontinuierliche Systeme, welche dynamisch gesehen aus einer unendlichen Anzahl von Massenpunkten μ (μ: Massenbelag) bestehen. Demzufolge hat jedes kontinuierliche Element unendlich viele Freiheitsgrade (Bild 4.2).

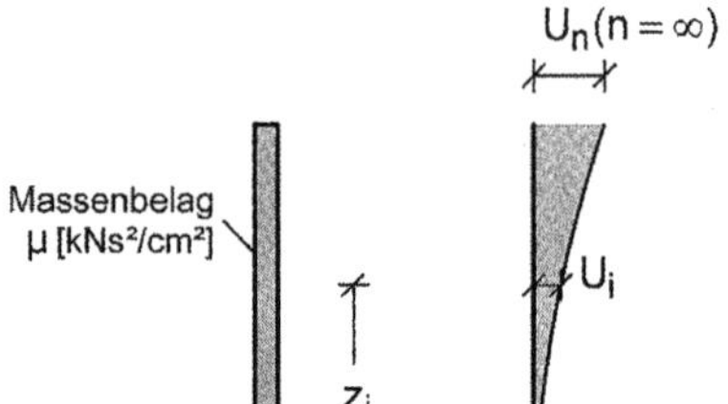

Bild 4.2 System mit unendlich vielen Massenpunkten

In der Praxis werden häufig diskrete dynamische Modelle verwendet, wobei die gleichverteilte Masse an bestimmten Stellen des Tragwerks konzentriert wird. Jede konzentrierte Masse wirkt wie ein starrer Körper mit sechs Freiheitsgraden, so dass die Anzahl der Freiheitsgrade eines Systems mit n konzentrierten Massen $6n$ beträgt.

4.2 Dynamische Modellierung

Um das dynamische Verhalten komplexer Tragwerke anschaulich erfassen zu können, werden vereinfachte Modelle verwendet, welche die dynamischen Eigenschaften der Tragwerke möglichst nahe der Realität wiedergeben. Bei mehrgeschossigen Bauwerken wird die Masse des

Gebäudes jeweils in der Höhe der Geschossdecken zu Punktmassen zusammengefasst (Bild 4.3). So wird beispielweise die Masse an der Stelle des Geschosses j aus der Summe der ständigen Belastung Q_s und der Verkehrslasten Q_p wie folgt berechnet:

$$m_j = (Q_s + \alpha Q_p)\frac{1}{g} \tag{4.1}$$

Wobei α ein in den Erdbebennormen enthaltener Abminderungsbeiwert der Verkehrslast ist.

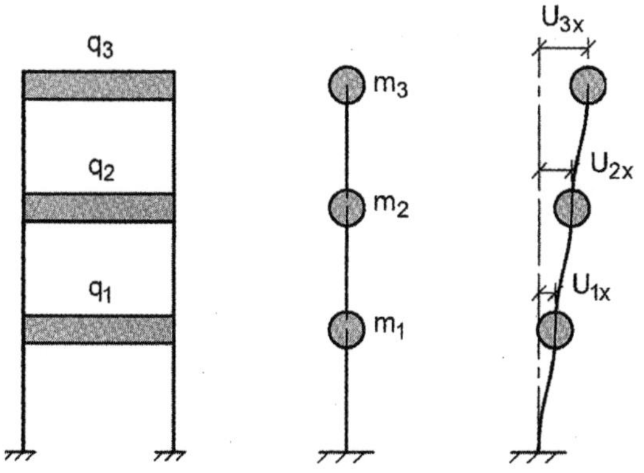

Bild 4.3 Dynamische Modellierung eines dreigeschossigen Rahmens

Man beschränkt sich bei dynamischen Berechnungen von herkömmlichen symmetrischen Gebäuden, wie in der Statik, auf ebene Tragwerke. Die Tatsache, dass die vertikaltragenden Elemente der Tragwerke (Stützen, Wände) in senkrechter Richtung steif sind und durch die Dekkenscheiben zusammenwirken, führt insofern zu weiteren Vereinfachungen, so dass die Longitudinal- und Torsionsschwingungen vernachlässigt werden können. Demzufolge können alle aussteifende Elemente des Tragwerks zu einem Ersatzstab mit äquivalenter Steifigkeit zusammengefasst werden. Auf diese Weise wird erreicht, dass jede Masse nur eine einzige Bewegungsmöglichkeit erhält: Die horizontale Verschiebung U_x. Somit wird die Anzahl der Freiheitsgrade gleich der Anzahl der Massen. Das Rahmentragwerk z. B. einer eingeschossigen Industriehalle stellt vereinfacht ein dynamisches Modell mit einem Freiheitsgrad dar (Bild 4.4).

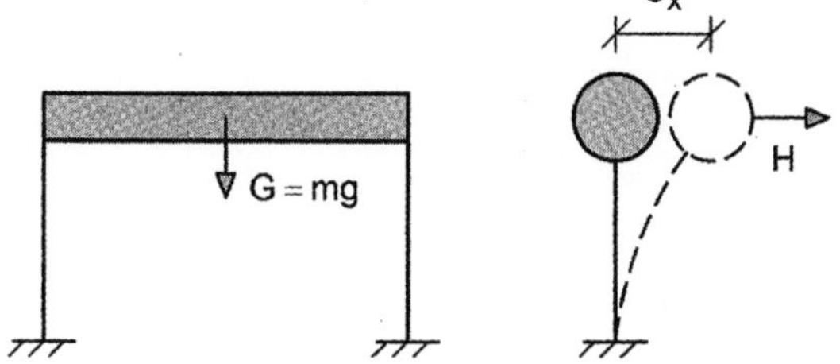

Bild 4.4 Dynamische Modellierung eines eingeschossigen Rahmens

Die Bewegungen des dreigeschossigen Rahmens in Bild 4.3 können in der Ebene x0z jederzeit durch die Angabe der 3 Werte der Auslenkungen U_{1x}, U_{2x}, U_{3x} festgelegt werden. Diese Modelle setzen voraus, dass das Bauwerk eine kompakte Form hat, gleichmäßig über die Höhe gestaltet ist und eine symmetrische Verteilung der Massen und der Aussteifungselemente im Grundriss aufweist (siehe Kapitel 13).

Bei Geschossbauten mit starker struktureller Asymmetrie liegen die Massenschwerpunkte (Gewichtsschwerpunkte) der einzelnen Geschosse weit von den Steifigkeitsschwerpunkten entfernt (siehe Abschnitt 6) (Bild 4.5). Dadurch entstehen unter Erdbeben bedeutende Torsions-momente, deren dynamische Wirkung (Torsionsschwingungen) nicht mehr vernachlässigt werden darf.

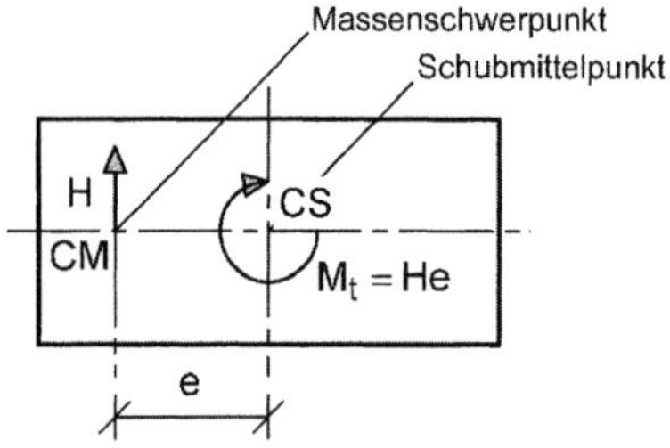

Bild 4.5 Entstehung von Torsionsschwingungen bei unsymmetrischen Grundrissen

4.2.1 Trägheitsmatrix

Zur Systematisierung der rechnerischen Behandlung in Hinsicht auf die Anwendung von Computern werden die Trägheitseigenschaften diskreter Systeme mit Hilfe von Matrizen ausgedrückt. So werden z. B. für das Tragwerk im Bild 4.3 die Verschiebungen U_{jx} in einer Spaltenmatrix (Vektor) $\{U\}$ und die Massen m_j zu einer Matrix $[m]$ zusammengefasst.

$$\{U\} = \begin{Bmatrix} U_{1x} \\ U_{2x} \\ U_{3x} \end{Bmatrix}; \; [m] = \begin{bmatrix} m_1 & 0 & 0 \\ 0 & m_2 & 0 \\ 0 & 0 & m_3 \end{bmatrix} \tag{4.2}$$

m ist eine (3x3) quadratische Diagonalmatrix, die auch Trägheitsmatrix des Systems genannt wird.

5 Baustoffverhalten unter dynamischer Beanspruchung

Die Fähigkeit eines Bauelementes oder Tragwerks dynamische Lasten aufzunehmen, ohne dass dabei die Standsicherheit gefährdet wird, hängt in starkem Maße von den Festigkeits- und Verformbarkeitseigenschaften der Werkstoffe ab, aus denen sie konstruiert sind. Zur Verdeutlichung dieses Zusammenhangs werden die in den Kapiteln 2 und 3 behandelten dynamischen Wirkungen in zwei Gruppen eingeteilt:

1. Gewöhnliche Wirkungen, d. h. dynamische Wirkungen mit vorhersehbarem Zeitablauf und geringer Bewegungsenergie. Dazu gehören leichte bis mittelstarke Erdbeben, periodische Erregungen von Maschinen, Windlasten, Bremskräfte usw.
2. Außergewöhnliche dynamische Wirkungen, deren Ablauf nicht vollständig vorhersehbar ist, und die mit großer Energiemenge verbunden sind. Dies sind Aufpralllasten, starke Erdbeben, Explosionen usw.

In der Ingenieurpraxis wird davon ausgegangen, dass die Aufnahme der ersten Kategorie von dynamischen Lasten von den Bauelementen und Tragwerken ohne bleibende Deformationen (plastische Verformungen) erfolgen soll. Die Tragwerke müssen so ausgebildet werden, dass sie imstande sind, die gesamte kinetische Energie der dynamischen Wirkungen elastisch speichern zu können. Das kann entweder direkt (bei geringen Energiemengen) oder mittels spezieller Anlagen (Schwingungsisolatoren oder Dämpfer) erfolgen.

Im Falle von außergewöhnlichen Wirkungen ist die Menge der Bewegungsenergie so groß, dass ihre rein elastische Aufnahme zu gewaltigen Abmessungen der Tragwerke führen würde, die wirtschaftlich nicht vertretbar sind. Demzufolge ist es eine Aufgabe der Konstrukteure, Trag-werke so zu gestalten, dass sie möglichst viel Energie aufnehmen und dissipieren können ohne dabei einzustürzen. Solche Tragwerke dissipieren Energie hauptsächlich durch mechanische Arbeit in plastifizierten Querschnitten. Die erste Bedingung dafür ist die Verwendung von Baustoffen, die nach dem Überschreiten der Elastizitätsgrenze nicht brechen, sondern große plastische Verformungen aufweisen können.

5.1 Baustoffkennlinien

Die Eigenschaften eines Baustoffes werden in seinem spezifischen Spannungs-Dehnungsdiagramm angegeben. Dieses stellt die Abhängigkeit zwischen Spannung σ und Dehnung ε den Elastizitätsmodul E dar und wird experimentell ermittelt. Homogene und isotrope Werkstoffe wie Stahl weisen dasselbe Verhalten sowohl unter Zug- als auch unter Druckbeanspruchung auf. Bei anisotropen Baustoffen wie Beton, Keramik, Holz u. a. hängt der Kennlinienverlauf von der Art der Beanspruchung ab.

Die Bestimmung der Kennlinie erfolgt durch mechanische Versuche auf Probekörper im Labor (Bild 5.1). Man misst die Kraft P, die an den Enden der Probe angreift und die Dehnung Δl, die dabei auftritt. Bezieht man die Kraft auf den Querschnitt A und die Dehnung auf die Länge l_0, so ergeben sich die Spannung $\sigma = P/A$ und die spezifische Dehnung $\varepsilon = \Delta l / l_0$. Trägt man diese Werte in ein Koordinatensystem ein, so erhält man das Kraft-Verformungsdiagramm (Kennlinie) des geprüften Werkstoffs.

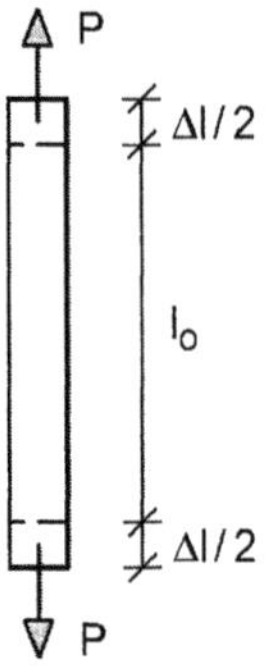

Bild 5.1 Probekörper unter Längsbelastung

Das unterschiedliche Verhalten von Werkstoffen unter Belastung kann anschaulich durch Experimentieren an kleinen Prüflingen wie z. B. an Gummi, Moosgummi, Kaugummistreifen, vor und nach dem Kauen, anschaulich erfasst werden. Bei dem Versuch mit dem Gummistreifen werden bei jedem Belastungsschritt Dehnungen registriert, die proportional zur Belastung stehen und nach der Entlastung vollständig zurückgehen. Die Spannungs-Dehnungslinie ist eine Gerade, deren Steigung den Elastizitätsmodul E darstellt (Bild 5.2a). Man nennt dieses Verhalten ideal elastisch. Bei großer Belastung erfolgt ein plötzlicher Bruch. Setzt man den Moosgummistreifen unter Spannung, so stellt man ein elastisches Verhalten wie beim Gummi nur für kleine Spannungen fest. Mit steigender Belastung steigen die Dehnungen schneller als die Spannungen und beim Entlasten werden bleibende Verformungen registriert. Das Spannungs-Dehnungsdiagramm ist bis zu einem Belastungspunkt σ_p (σ_p : Proportionalitätsspannung) eine Gerade, die weiter in eine Kurve übergeht (Bild 5.2b). Der Bruch erfolgt nach Entstehung von erkennbaren plastischen Verformungen und das Verhalten heißt elastoplastisch. Der Versuch mit dem Kaugummistreifen zeigt einen Bruch nach unbemerkbaren Verformungen. Die Dehnungen verlaufen nur für kleine Belastungsstufen elastisch, dann erfolgt über keine oder sehr geringe plastische Verformungen ein plötzlicher Bruch (Bild 5.2c). Diese Kennlinie deutet ein sprödes Verhalten an. Ein vollkommen unterschiedliches Verhalten zeigt das Experimentieren mit gekautem Kaugummi. In diesem Fall entstehen sogar unter geringen

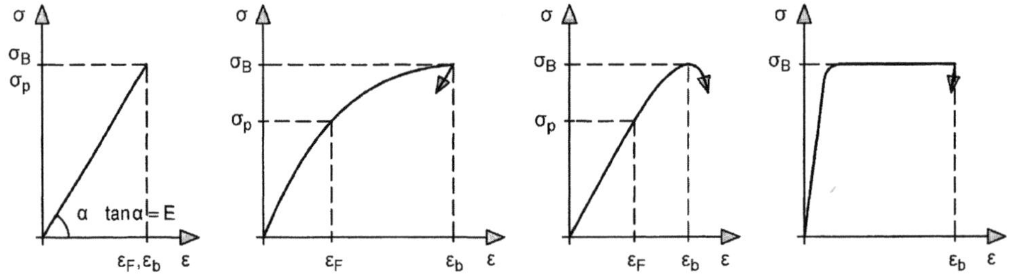

Bild 5.2 Spannungs-Dehnungsdiagramme nach unterschiedlichen Werkstoffverhalten unter einachsiger Belastung
a) Ideal elastisches Verhalten
b) Elastoplastisches Verhalten
c) Sprödes Verhalten
d) Plastisches Verhalten

Kräften bleibende Verformungen. Die Prüfmasse ist vollkommen plastifiziert, und fließt bei steigender Belastung (Bild 5.2d). Das Verhalten wird als fast rein plastisch bezeichnet.

Nach dem Verlauf der Kraft-Verformungslinie lassen sich die Baustoffe in spröde und zähe Baustoffe unterteilen. Als spröde Baustoffe werden diejenigen Baustoffe bezeichnet, bei denen unter steigender Belastung der Eintritt des Bruchs über keine oder sehr geringe plastische Verformung erfolgt. Diese weisen bis zur Bruchgrenze hinauf ein etwa linear-elastisches Verhalten auf und brechen schlagartig beim Erreichen der Bruchgrenze. Als spröde Baustoffe werden Beton, Mauerwerk, Keramikstoffe und Hochspannstahl betrachtet. Bild 5.3 zeigt das Spannungs-Dehnungsdiagramm von Beton unter Druck. Die Punkte auf der Verformungsachse ε_r = -2 % und ε_b = -3,5 % bezeichnen die Dehnungen bei der Rißbildung bzw. die Bruchdehnung; beide sind unabhängig von der Betongüte.

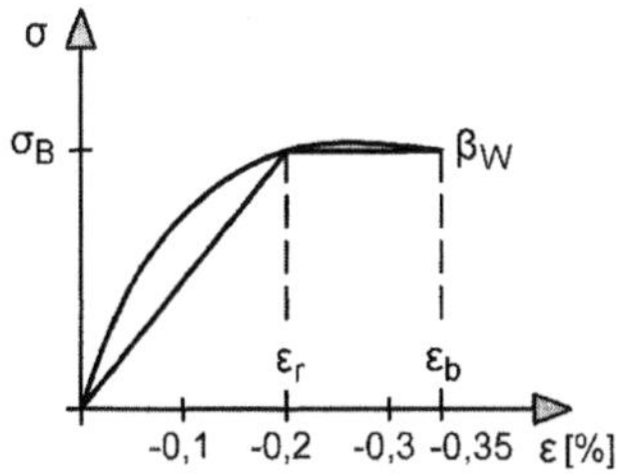

Bild 5.3 Spannungs-Dehnungsdiagramm von Beton

Das Verhalten von zähen Baustoffen unter steigender Belastung ist dadurch gekennzeichnet, dass der Bruch nur nach einem langen Fließprozess eintritt. Zähe Baustoffe können ein elasto-

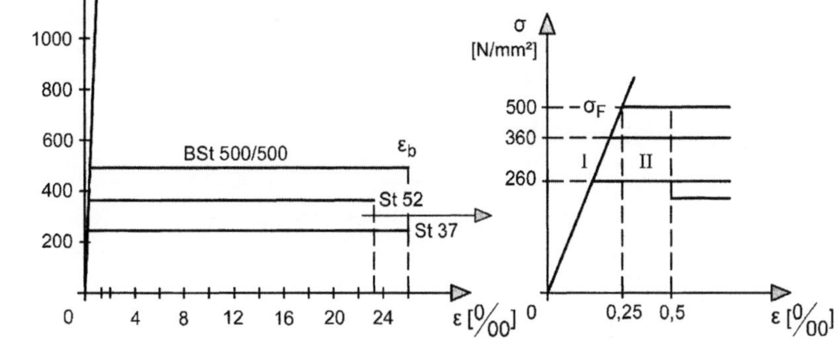

Bild 5.4 Idealisierte Kennlinien verschiedener Baustähle

plastisches oder ein rein plastisches Verhalten aufweisen. Zu den Musterbeispielen für zähe Baustoffe zählen die weichen Baustähle. Ihre idealisierte Kennlinie zeigt das Bild 5.4. Diese Stähle zeigen unter Beanspruchung zuerst einen linear elastischen Bereich I, so lange wie die Spannungen σ unter der Elastizitätsgrenze bzw. Fließgrenze σ_F bei idealisierten Darstellungen des Baustoffes liegen. Beim Erreichen der Fließgrenze fängt der Baustoff zu fließen an (Bereich II), wobei die Verformungen bei gleichbleibender Spannung zunehmen. Bei größeren Dehnungen ($\varepsilon > 2{,}0\ \%$) tritt eine Verfestigung des Stahls auf (siehe Bild 5.26), die aber in dem ideal elastoplastischen Modell unberücksichtigt bleibt. Ein anderer Baustoff, der allerdings nur unter bestimmten Bedingungen ein zähes Verhalten aufweist, ist der Stahlbeton.

5.2 Spezifische Verformungsenergie

Ein Maß für das Verformungsvermögen eines Baustoffes ist seine spezifische Verformungsenergie. Sie kann aus dem Spannungs-Dehnungsdiagramm abgelesen werden und stellt die Fläche zwischen der Kennlinie und der waagerechten Achse dar.

Bei elastoplastischen Baustoffen setzt sich die spezifische Energie aus einem elastischen Anteil E_{se} und aus einem erheblich größeren plastischen Anteil E_{sp} zusammen.

$$E_s = E_{se} + E_{sp} = \frac{1}{2}\sigma_F\varepsilon_F + (\varepsilon_b - \varepsilon_F)\sigma_F \tag{5.1}$$

Die spezifische Energie von spröden Baustoffen wird nur von dem Anteil E_{se} angegeben.

5.3 Zähigkeit

Zähigkeit stellt ein Maß für die plastische Verformbarkeit eines Werkstoffs, Bauteils oder Tragwerks dar und wird in Zähigkeitsfaktoren angegeben.

Der Zähigkeitsfaktor eines Werkstoffs n_{ws} wird als Verhältnis zwischen dem Wert der Bruchdehnung ε_b und dem linear-elastischen Anteil der Dehnung bzw. der Dehnung zu Beginn der Plastifizierung ε_F definiert.

$$n_{ws} = \frac{\varepsilon_b}{\varepsilon_F} \tag{5.2}$$

Üblicherweise beziehen sich die Zähigkeitsfaktoren nicht auf die Werkstoffe, sondern auf die Querschnitte der Bauteile und auf die Gesamtheit eines Tragwerks oder Bausystems.

5.3.1 Systemzähigkeitsfaktoren

Unter einem System versteht man ein Bauelement, wie z. B. Balken, oder ein Tragwerk, wie z. B. Rahmen, Fachwerk, Scheibe usw. Das Verhalten eines Bauteils unter Belastung wird von den Eigenschaften der verwendeten Werkstoffe bestimmt. Es kann ähnlich wie bei diesen in einem charakteristischen Diagramm, das den Zusammenhang zwischen der Beanspruchung und der entsprechenden Verformung ($P - U$ oder $M - \Theta$) widerspiegelt, dargestellt werden.

Für Systeme, deren Verhalten von ideal-elastoplastischen Kennlinien angegeben wird (Bild 5.5), wie es im Allgemeinen bei Stahlkonstruktionen der Fall ist, wird der Zähigkeitsfaktor als

Verhältnis zwischen der Durchbiegung U_B oder dem Drehwinkel Θ_B im Bruchzustand und ihrem linear-elastischen Anteil (U_F, Θ_F) definiert.

$$n_s = \frac{U_B}{U_F} = \frac{\Theta_B}{\Theta_F} \tag{5.3}$$

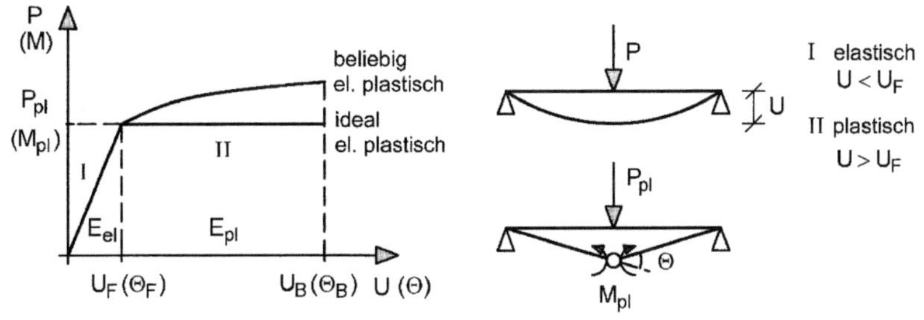

Bild 5.5 Allgemeines Spannungs-Dehnungsdiagrammm zur Berechnung der Verformungsenergie und des Zähigkeitsfaktors

Das Energieaufnahmevermögen eines Systems kann aufgrund seiner Kennlinie als gesamte Formänderungsenergie, ähnlich wie die spezifische Energie, berechnet werden.

$$E_{fäh} = E_{el} + E_{pl} = \frac{1}{2} U_F P_{pl} + (U_B - U_F) P_{pl} \tag{5.4}$$

Bei Systemen mit beliebigem elastoplastischem Verhalten kann der Zähigkeitsfaktor nicht mehr mittels Deformationen ausgedruckt werden, sondern als Verhältnis der Summe der elastischen und plastischen Energie, $E_{fäh}$, und dem Anteil der elastischen Energie E_{el} des Systems.

$$n = \frac{1}{2}\left[1 + \frac{E_{fäh}}{E_{el}}\right] \tag{5.5}$$

5.4 Baustoffeigenschaften bei Wechselbeanspruchung

Charakteristisch für das elastische Verhalten der Werkstoffe unter wechselnder Beanspruchung ist die Abweichung der Spannungs-Dehnungslinie von dem Verlauf der elastischen Gerade (Bild 5.6a). Dieser Vorgang tritt immer auf und ist ein Zeichen dafür, dass während der Belastung ein Teil der Verformungsenergie durch die innere Reibung im Werkstoff verloren geht. Der Kennlinienverlauf eines Beanspruchungszyklus heißt Hystereseschleife (υστέρεση: Abhängigkeit eines Zustands von früheren Zuständen). Die Fläche innerhalb der Schleife stellt die verlorengegangene Energie während des entsprechenden Zyklus dar. Die Werkstoffdämpfung oder die innere Dämpfung der Werkstoffe ist auf diese Energieverluste während zyklischen Beanspruchungen zurückzuführen.

Wechselnde Beanspruchungen, die jeweils plastische Verformungen hervorrufen, führen zu einer plastischen Hystereseschleife, deren Inhalt bedeutend größer als derjenige der elastischen Schleife ist (Bild 5.6b,c). Der Energieverlust und die entsprechende plastische Dämpfung sind um einige Zehnerpotenzen größer als bei der elastischen Hysterese und hat als Folge, dass wiederholte Plastifizierungen sehr schnell zum Bruch führen.

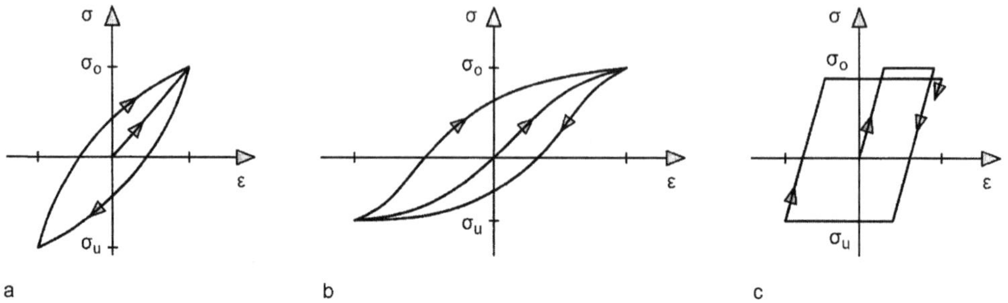

Bild 5.6 Kennlinien von Baustoffen unter Wechselbeanspruchung
a) Linear-elastisches Verhalten $\sigma < \sigma_F$
b) Elastoplastisches Verhalten
c) Ideal elastoplastisches Modell

In allen Fällen wird meistens ein linear-elastisches Stoffgesetz und eine viskose Dämpfung vorausgesetzt. Solange keine genaueren Angaben über die Dämpfung bekannt sind, gelten die in Tabelle 5.1 angegebenen Werte des Dämpfungsgrads ζ (tatsächliche Dämpfung zu kritischer Dämpfung) der Baustoffe (siehe auch Abschnitt 7.4).

Tabelle 5.1 Dämpfungsgrade von Baustoffen [5.2]

Baustoff	Dämpfungsgrad ζ	
	Im elastischen Bereich	Im elasto-plastischen Bareich
Stahlbeton	0,01-0,02	0,07
Spannbeton	0,008	0,05
Stahl verschraubt	0,01	0,07
Stahl verschweißt	0,004	0,04
Holz	0,01-0,03	-
Mauerwerk	0,01-0,02	0,07

5.4.1 Baustoffermüdung und Dauerschwingfestigkeit

Zyklische Beanspruchungen setzen die Festigkeit eines Baustoffes herab und können zum Bruch führen, auch wenn sie Spannungen hervorrufen, die kleiner als seine Zugfestigkeit und sogar als die Fließgrenze sind. Man spricht von einer Ermüdung des Baustoffes.

Maßgebende Größen, welche die Tragfähigkeit der Werkstoffe unter wiederholter Belastung beeinflussen, sind von Wöhler 1858 durch Versuche ermittelt worden. Die Versuche werden unter sinusförmiger Belastung durchgeführt, die eine obere Spannung σ_o und eine untere Spannung σ_u verursacht. Nach den Vorzeichen dieser zwei Spannungen definiert man drei Bereiche der Schwingungsbeanspruchung (Bild 5.7). Sind σ_o und σ_u beide positiv, so befindet man sich im Zug-Schwellenbereich. Sind beide Spannungswerte negativ, befindet man sich im Druck-Schwellenbereich, und wenn sie verschiedene Vorzeichen haben, im Wechselbereich.

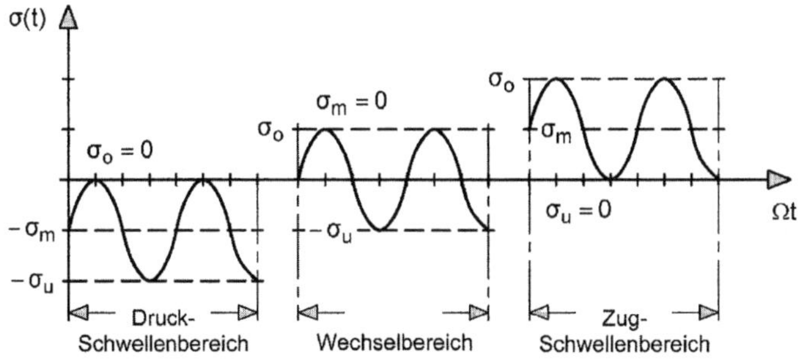

Bild 5.7 Schwellenbereiche der sinusförmigen Schwingungsbeanspruchung

Als Mittelspannung σ_m bezeichnet man das arithmetische Mittel aus σ_o und σ_u.

$$\sigma_m = \frac{\sigma_o + \sigma_u}{2}$$

Die Differenz $\sigma_o - \sigma_u$ bildet die Schwingbreite der Spannung und die halbe Differenz den Spannungsausschlag σ_a. Maßgeblich für die Verringerung der Tragfähigkeit ist die Anzahl der Lastspiele N und die Schwingbreite. Den Zusammenhang zwischen der Anzahl N und dem Spannungsausschlag σ_a nennt man den Wöhlerversuch oder Wöhlerschaubild (Bild 5.8).

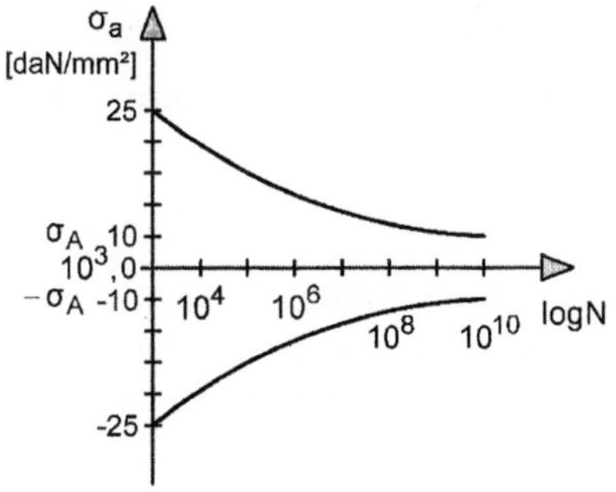

Bild 5.8 Beispiel eines Wöhlerschaubildes

Die Dauerschwingfestigkeit ist die Spannung, die ein Prüfstück im Wöhlerversuch „unendlich" oft erträgt, also an der Stelle, wo die Kurve asymptotisch wird. Die Bezeichnung der Dauerschwingfestigkeit ist $\sigma_D = \pm\sigma_A$. Diese heißt auch Wechselfestigkeit σ_w, wenn $\sigma_m = 0$ und Schwellfestigkeit σ_{sch}, wenn $\sigma_o = 0$ und $\sigma_u = 0$. Um einen Stoff hinsichtlich seines Dauerschwingverhaltens zu charakterisieren, werden Wöhlerversuche mit drei Mittelspannungen σ_m durchgeführt: $\sigma_m = 0$, $\sigma_m = \pm\sigma_a$. Die daraus gewonnenen Dauerfestigkeiten σ_w und σ_{sch} werden in ein Diagramm eingetragen. Für das Bauwesen wird häufiger von der Darstellung nach Moore-Kommers-Jasper Gebrauch gemacht (Bild 5.9), wobei auf der Abszisse das Verhältnis $k = \min\sigma / \max\sigma$ und auf der Ordinate die maximale Spannung aufgetragen ist. $k = -1$ bezeichnet den Fall der Wechselbeanspruchung, $k = 0$ gilt bei Schwellbeanspruchung und $k = 1$ stellt die ruhende Beanspruchung dar.

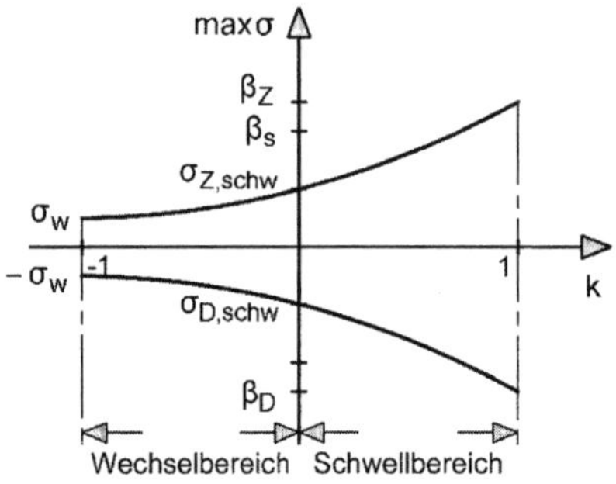

Bild 5.9 Dauerfestigkeitsdiagramm nach M-K-Jasper

Wenn man bestimmte Stufen der Beanspruchung eines Werkstoffes in einem Bauteil im Voraus kennt, werden die Dauerschwingversuche entsprechend diesen Stufen nachgefahren. Die dabei ermittelte Grenzspannung wird als Betriebsfestigkeit bezeichnet. Der Bruch infolge wechselnder Beanspruchung heißt Dauerbruch.

5.4.2 Beanspruchung im linear elastischen Bereich

Zur Erfassung des Stoffverhaltens unter zyklischer Beanspruchung im elastischen Bereich werden Grundmodelle verwendet, die eine anschauliche Beschreibung der Dämpfung ermöglichen. Als Grundmodelle gelten folgende Idealisierungen [5.8]:

- Das Hooke-Modell (Bild 5.10a), welches durch eine Feder mit linearer Kennlinie beschrieben wird:

$$\sigma = E\varepsilon \tag{5.6}$$

- Das Newton-Modell (Bild 5.10b) oder das Modell mit viskoser Dämpfung, welches durch einen mit Öl gefüllten Zylinder, in dem sich ein perforierter Kolben bewegt, symbolisiert ist. Die Dämpfungskraft ist der Geschwindigkeit der Bewegung proportional.

$$F_d = C\dot{U} \tag{5.7}$$

Aufgrund dieser Proportionalität nennt man das Dämpfungsgesetz linear, wobei C das Dämpfungsmaß oder die Dämpfungskonstante ist, welche wie die Federkonstante ein Stoffwert ist. Zur Beschreibung der Vorgänge im Baustoff wird der verallgemeinerte Ansatz

$$\sigma = \eta\dot{\varepsilon} \tag{5.8}$$

verwendet, wobei η die dynamische Viskosität bedeutet. Je größer η ist, desto größer die Dämpfung ist. Für $\eta = \infty$ verhindert der Dämpfer die Bewegung (starrer Dämpfer).

- Das Saint-Venant Modell (Bild 5.10c) oder das Coulomb-Modell, wobei angenommen wird, dass bei der Verschiebung zweier Körper eine konstante Reibungskraft geweckt wird, die unabhängig von der Verschiebung ist.

$$F_d = \langle \mathrm{sign}\dot{U} \rangle R \tag{5.9}$$

$\langle \mathrm{sign}\dot{U} \rangle$ definiert das Vorzeichen der Geschwindigkeit im gewählten Koordinatensystem.

- Das Black-Box-Modell (Bild 5.10d), welches einen Dämpfungsmechanismus beschreibt, der quasi im Dunkel liegt (z. B. hysteretische Dämpfung, begleitet von Verzerrungen des Baustoffes).

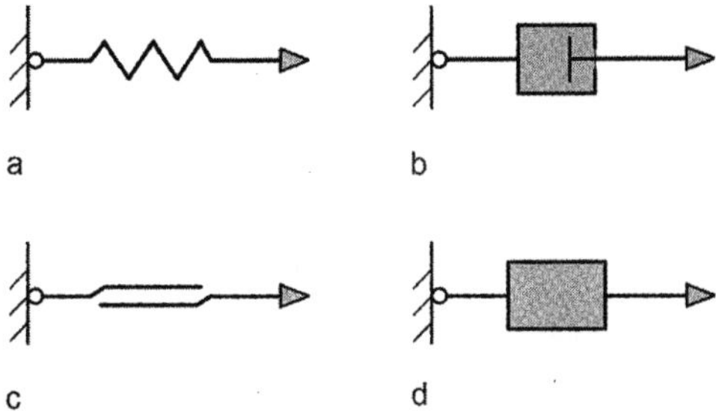

Bild 5.10 Grundmodelle zur Beschreibung der Dämpfung
a) Hooke-Modell
b) Newton-Modell
c) Saint-Venant-Modell
d) Black-Box-Modell

Aus diesen Grundmodellen können durch Kombinationen weitere Modelle aufgebaut werden, die komplexe Eigenschaften unterschiedlicher Werkstoffe beschreiben können, wie z. B. Zwei-Parameter-Modelle: Das Maxwell-Modell (Bild 5.11a), das Voigt-Kelvin-Modell (Bild 5.11b), das Prandtl-Reusf-Modell (Bild 5.11c), das Coulomb-Modell (Bild 5.11d), das Bingham-Modell (Bild 5.11e) oder Drei-Parameter-Modelle, wie das Burger-Modell (Bild 5.11f) [5.8]. Mit Hilfe dieser Modelle lassen sich auch rheologische (zeitabhängige) Vorgänge, wie Relaxation, Kriechen usw. beschreiben. Zur Beschreibung der viskoelastischen Eigenschaften der

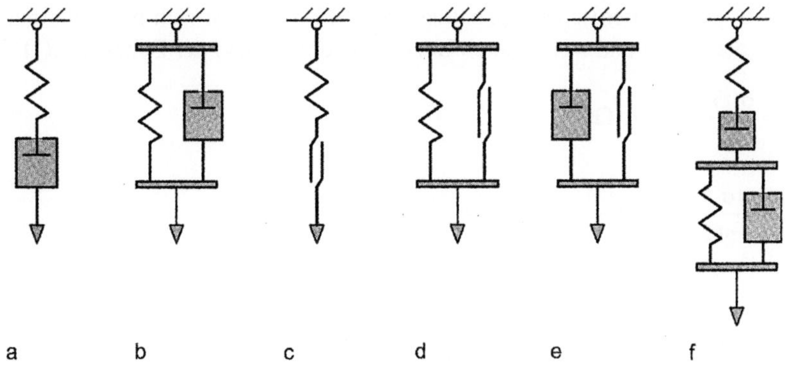

Bild 5.11 Mehr-Parameter-Modelle zur Beschreibung der Dämpfung
a) Maxwell-Modell
b) Voigt-Kelvin-Modell
c) Prandtl-Reusf-Modell
d) Coulomb-Modell
e) Bingham-Modell
f) Burger-Modell

Baustoffe wird allerdings in erster Linie das Voigt-Kelvin-Modell verwendet.

5.4.2.1 Stoffverhalten bei harmonischer Beanspruchung: Viskose Dämpfung

5.4.2.1.1 Hooke-Modell

Nach Gl. (5.6) erzeugt die Beanspruchung eine harmonische Spannungsänderung $\sigma(t)$ mit der Amplitude σ_0 und der Kreisfrequenz Ω (Bild 5.12).

$$\sigma(t) = \sigma_0 \sin \Omega t \tag{5.10}$$

$$\varepsilon(t) = \frac{\sigma_0}{E} \sin \Omega t = \varepsilon_0 \sin \Omega t \; ; \; \varepsilon_0 = \frac{\sigma_0}{E} \tag{5.11}$$

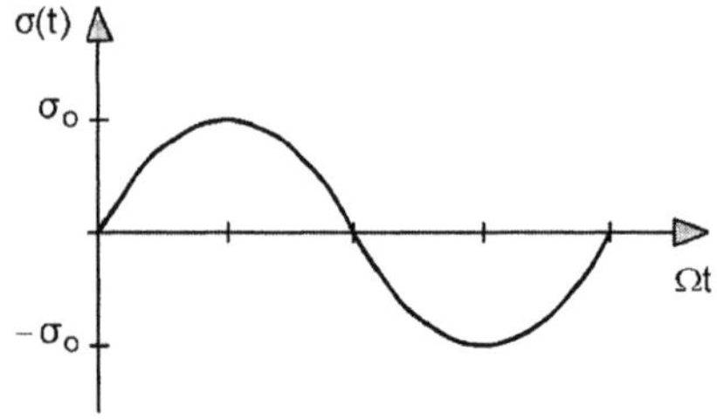

Bild 5.12 Spannungsverlauf bei harmonischer Beanspruchung nach dem Hooke-Modell

Die maximalen Werte von σ und ε treten gleichzeitig auf, d. h. Spannung und Dehnung liegen „in Phase".

5.4.2.1.2 Newton-Modell

Beim Newton-Modell ist nach Gl. (5.7), wie bereits erwähnt, die Spannung der Dehnung proportional. Aus der harmonischen Spannung von Bild 5.12 lässt sich die Dehnungsgeschwindigkeit $\dot{\varepsilon}(t)$ berechnen und weiter durch Integration der Verlauf der Dehnung $\varepsilon(t)$ (Bild 5.13).

$$\dot{\varepsilon}(t) = \frac{\sigma(t)}{\eta} = \frac{\sigma_0}{\eta} \sin \Omega t \tag{5.12}$$

$$\varepsilon(t) = -\frac{\sigma_0}{\eta\Omega} \cos \Omega t = -\varepsilon_0 \cos \Omega t \; ; \; \varepsilon_0 = \frac{\sigma_0}{\eta\Omega} \tag{5.13}$$

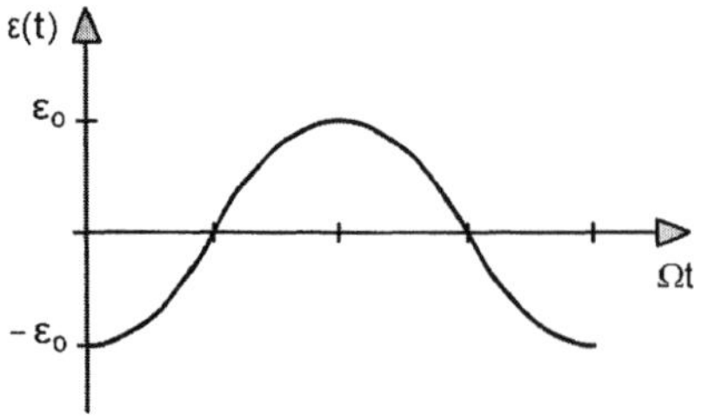

Bild 5.13 Dehnungsverlauf bei harmonischer Beanspruchung nach dem Newton-Modell

Aus dem Verlauf der Funktion $\sigma(t)$ und $\varepsilon(t)$ erkennt man, dass die Maxima von σ und ε nicht gleichzeitig auftreten, sondern um den Winkel $\omega t = \frac{\pi}{2}$ gegeneinander verschoben sind. Die Spannung und Dehnung liegen also nicht in Phase.

5.4.2.1.3 Voigt-Kelvin-Modell

Dem Voigt-Kelvin-Modell ist die sinusförmige Spannungsänderung aus Gl. (5.10) eingeprägt. Bezeichnet man mit dem Index e die Spannung und Dehnung in der Feder und mit dem Index v die Spannung und Dehnung im Dämpfer (Bild 5.14), führt das statische Gleichgewicht $\Sigma V = 0$ zu

$$\sigma(t) = \sigma_e(t) + \sigma_v(t) \tag{5.14}$$

Aus Verträglichkeitsgründen gilt

$$\varepsilon_e(t) = \varepsilon_v(t) = \varepsilon(t) \tag{5.15}$$

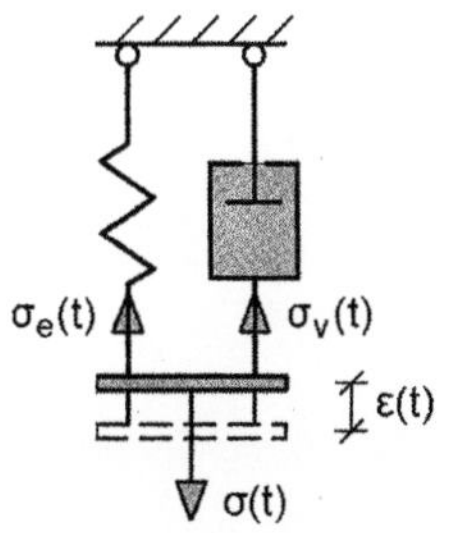

Bild 5.14 Bezeichnung des Voigt-Kelvin-Modells

Führt man die Spannungen $\sigma_e(t)$ und $\sigma_v(t)$

$$\sigma_e(t) = E\varepsilon_e(t) = E\varepsilon(t) \tag{5.16}$$

$$\sigma_v(t) = \eta\dot{\varepsilon}_v(t) = \eta\dot{\varepsilon}(t) \tag{5.17}$$

in die Gl. (5.14) ein, ergibt sich die Differentialgleichung

$$\dot{\varepsilon}(t) + \frac{E}{\eta}\varepsilon(t) = \frac{\sigma_o}{\eta}\sin\Omega t \tag{5.18}$$

Setzt man in Gl. (5.18) $\sin\Omega t = 1$, so beschreibt die Gleichung den Deformationsverlauf unter konstanter Spannung (Kriechen). Die partikuläre Lösung von Gl. (5.18) lautet

$$\varepsilon(t) = \varepsilon_o \sin(\Omega t - \varphi) \tag{5.19}$$

mit

$$\varepsilon_o = \frac{\sigma_o}{E\cos\varphi + \eta\Omega\sin\varphi}; \ \tan\varphi = \frac{\eta\Omega}{E} \tag{5.20}$$

5.4.2.1.4 Hystereseschleife elastischer Systeme

Der Zusammenhang zwischen der Spannung σ_v und der Dehnung $\varepsilon(t)$ wird von einer Ellipse dargestellt. Aus den Gl. (5.16 - 5.19) gilt

$$\sigma_e = E\varepsilon(t) = E\varepsilon_o \sin(\Omega t - \varphi) \tag{5.21}$$

$$\sigma_v = \eta\dot{\varepsilon}(t) = \eta\Omega\varepsilon_o \cos(\Omega t - \varphi) = \eta\Omega\varepsilon_o\sqrt{1-\sin^2(\Omega t - \varphi)} \tag{5.22}$$

Da aus Gl. (5.21) $\sin^2(\Omega t - \varphi) = \dfrac{\varepsilon^2(t)}{\varepsilon_o{}^2}$, ergibt sich

$$\sigma_v = \eta\Omega\sqrt{\varepsilon_o^2 - \varepsilon^2(t)} \tag{5.23}$$

Wird die Gl. (5.23) quadriert und umgeformt, findet man die charakteristische Gleichung einer Ellipse mit den Halbachsen $\eta\Omega\varepsilon_o$ und ε_o (Bild 5.15).

$$\left(\frac{\sigma_v}{\eta\Omega\varepsilon_o}\right)^2 + \left(\frac{\varepsilon(t)}{\varepsilon_o}\right)^2 = 1 \tag{5.24}$$

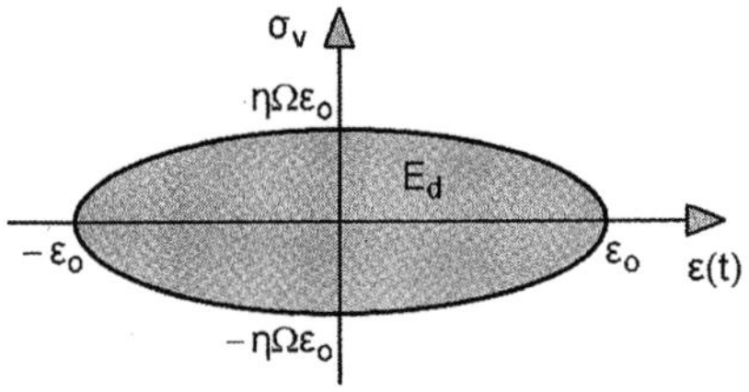

Bild 5.15 Hystereseschleife von elastischen Systemen aufgrund viskoser Dämpfung

Diese Ellipse stellt die schon erwähnte Hystereseschleife dar. Die pro Zyklus dissipierte Energie im Baustoff lässt sich aus dem Inhalt der Schleife errechnen.

$$E_d = \pi\varepsilon_o\eta\Omega\varepsilon_o = \pi\eta\Omega\varepsilon_o^2 \tag{5.25}$$

Die Spannungs-Dehnungslinie des Voigt-Kelvin-Modells kann durch die gemeinsame Darstellung der Spannungen der Hooke- und Newton-Modelle mit der Hystereseschleife aus Bild 5.15 in einem Diagramm eingetragen werden (Bild 5.16).

Aus Gl. (5.11) gilt

$$\sigma_o^e = \varepsilon_o E$$

und aus Gl. (5.13) gilt

$$\sigma_o^v = \eta\Omega\varepsilon_o$$

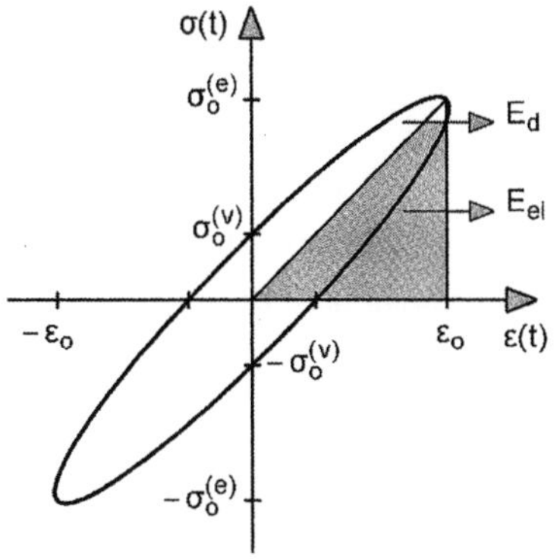

Bild 5.16 Hystereseschleife viskoelastischer Systeme

Die im Stoff gespeicherte Verformungsenergie ist beim Erreichen von ε_0 gleich der schraffierten Dreiecksfläche.

$$E_e = \frac{1}{2}\sigma_0^e \varepsilon_0 = \frac{1}{2} E \varepsilon_0^2 \tag{5.26}$$

Den Quotient aus der pro Zyklus dissipierten Energie E_d und der aufgespeicherten Energie E_e nennt man spezifische Dämpfung.

$$\Psi = \frac{E_d}{E_e} = \frac{\pi \eta \Omega \varepsilon_0^2}{\frac{1}{2} E \varepsilon_0^2} = \frac{2\pi\eta\Omega}{E} \tag{5.27}$$

Die Größe der Hystereseschleife gibt demzufolge einen Hinweis für das Dämpfungsvermögen eines Baustoffes. Koppelt man das Voigt-Kelvin-Modell mit einer trägen Masse m , so entsteht das Modell eines Einmassenschwingers.

5.4.2.1.5 Darstellung der Dämpfung als komplexer Elastizitätsmodul

Für analytische Zwecke ist es öfters günstig, die Dämpfung als komplexen Elastizitätsmodul zu erfassen. Dafür sind sowohl die Erregeramplitude, als auch die Dehnungsamplitude, aus Größen definiert, die aus einem reellen und einem imaginären Teil bestehen.

$$\begin{aligned} \sigma(t) &= \sigma_0 e^{i\Omega t} \\ \varepsilon(t) &= \varepsilon_0 e^{i\Omega t} \end{aligned} \tag{5.28}$$

Mit

$$\sigma_e(t) = E\varepsilon(t) = E\varepsilon_0 e^{i\Omega t}$$

$$\sigma_v(t) = \eta\dot{\varepsilon}(t) = i\eta\Omega e^{i\Omega t}$$

wird die Gl. (5.14)

$$\sigma_0 e^{i\Omega t} = E\varepsilon_0 e^{i\Omega t} + i\eta\Omega\varepsilon_0 e^{i\Omega t}$$

$$\sigma_0 = \varepsilon_0(E + i\eta\Omega) \tag{5.29}$$

Der Ausdruck

$$\overline{E} = E + i\eta\Omega = E' + iE'' \tag{5.30}$$

wird als komplexer Elastizitätsmodul bezeichnet. In der Gauschen Zahlenebene wird der reelle Zahl E' auf der horizontalen Koordinatenachse und der imaginäre Zahl iE'' ($i = \sqrt{-1}$) auf der vertikalen Achse eingetragen (Bild 5.17).

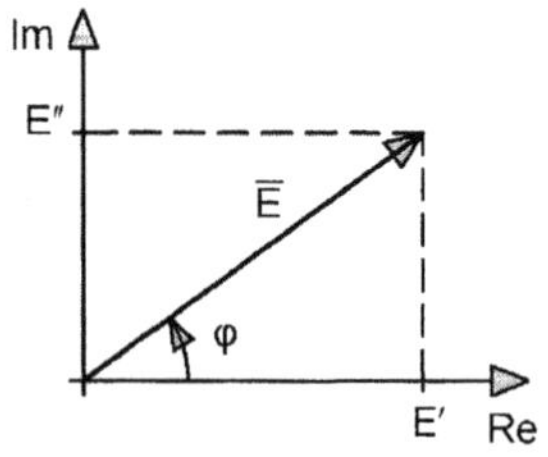

Bild 5.17 Gauschen Zahlenebene

E' bezeichnet man als Speichermodul und $E'' = \eta\Omega$ als Verlustmodul. Der absolute Wert $\overline{E} = \sqrt{E'^2 + E''^2}$ ist der dynamische Elastizitätsmodul. Der Winkel φ zwischen dem dynamischen Elastizitätsmodul $\overline{E}$ und dem Speichermodul E' heißt Verlustwinkel. Die Tangente von φ nennt man Verlustfaktor.

$$d = \tan\varphi = \frac{E''}{E'} = \frac{\eta\Omega}{E} \tag{5.31}$$

Zwischen der spezifischen Dämpfung Ψ und dem Verlustfaktor d gilt

$$\Psi = 2\pi d \tag{5.32}$$

Beide Größen in Gl. (5.32) sind adimensional und wichtige Kennzahlen zur quantitativen Erfassung der Dämpfung.

5.4.3 Nichtlineare Dämpfungsmodelle

Das Voigt-Kelvin-Modell liefert eine zuverlässige Erfassung der Stoffdämpfung nur für niedrigere Beanspruchungen. Versuche haben gezeigt, dass bei niedrigeren Spannungen die spezifische Dämpfung als konstant angenommen werden kann. Mit Erreichen der Dauerschwingfestigkeit (siehe Abschnitt 5.4.1) steigt die Dämpfung stärker an und in der Nähe der Fließgrenze ist sie am größten. Diese Feststellung deutet darauf hin, dass die Dämpfung keine Stoffkonstante ist, sondern von der Höhe der Spannungen abhängt. Der Sachverhalt kann mit nichtlinearen Dämpfungsmodellen beschrieben werden, die bei der Erfassung der linearen Steifigkeit das Hooke-Modell und für die Dämpfung nichtlineare, von der Spannung abhängige Ansätze anwenden.

5.4.3.1 Ramberg-Osgood-Modell

Das Ramberg-Osgood-Modell schlägt zur Erfassung der linearen Steifigkeit das Hooke-Modell nach Gl. (5.6) an und zur Abschätzung der nichtlinearen Dämpfung den Ansatz

$$\varepsilon = \frac{\sigma}{E} + m\left(\frac{\sigma}{E}\right)^n = \frac{\sigma}{E}\left[1 + m\left(\frac{\sigma}{E}\right)^{n-1}\right] \tag{5.33}$$

Gl. (5.33) zeichnet eine Kurve (auch Skelettkurve genannt), die von der Hookeschen Gerade abweicht (Bild 5.18a). Bei zyklischer Belastung bildet sich eine Hystereseschleife, welche diese Kurve verfolgt. Beschränkt man sich auf $n = 3$ und wählt man für σ und ε die entsprechenden Grenzwerte σ_o und ε_o, so ergibt sich m zu

$$m = \left(\frac{E}{\sigma_o}\varepsilon_o - 1\right)\left(\frac{E}{\sigma_o}\right)^2 \tag{5.34}$$

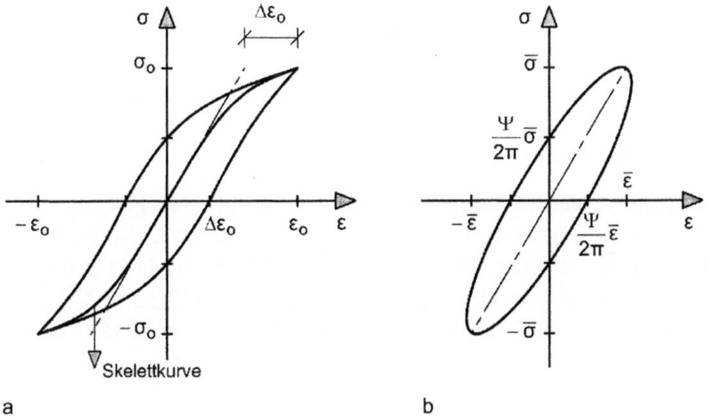

Bild 5.18
a) Hystereseschleife nach dem Ramberg-Osgood-Modell
b) Äquivalente elliptische Hysterese

Die Abweichung von der Gerade $\Delta\varepsilon_o$ in der Höhe σ_o ist

$$\Delta\varepsilon_o = \varepsilon_o - \frac{\sigma_o}{E} = \frac{\sigma_o}{E}\left[1 + m\left(\frac{\sigma_o}{E}\right)^2\right] - \frac{\sigma_o}{E} = m\left(\frac{\sigma_o}{E}\right)^3 \tag{5.35}$$

Die spezifische Dämpfung ist

$$\Psi_o = 2\pi m\left(\frac{\sigma_o}{E}\right)^2 \tag{5.36}$$

Kennt man aus Messungen Ψ_o, so ergibt sich

$$m = \frac{\Psi_0}{2\pi}\left(\frac{\sigma_0}{E}\right)^{-2} \tag{5.37}$$

Ψ_0 ist also die spezifische Dämpfung, die sich ergibt, wenn die Spannungsamplitude im Falle einer Wechselbeanspruchung gleich σ_0 ist. Für eine beliebige Wechselbeanspruchung der Amplituden $\bar{\sigma}$ und $\bar{\varepsilon}$ kann die Dämpfung durch eine elliptische Ersatzhysterese (Bild 5.18b) beschrieben werden.

$$E_d = \pi\frac{\Psi}{2\pi}\overline{\sigma\varepsilon} = \frac{\Psi_0}{2}\left(\frac{\bar{\varepsilon}}{\varepsilon_0}\right)^2 E\bar{\varepsilon}$$

$$E_e = \frac{1}{2}\overline{\sigma\varepsilon} = \frac{1}{2}E\bar{\varepsilon}^2$$

$$\Psi = \frac{E_d}{E_e} = \Psi_0\left(\frac{\bar{\varepsilon}}{\varepsilon_0}\right)^2 \tag{5.38}$$

Die spezifische Dämpfung wächst quadratisch mit der Beanspruchung, wobei Ψ_0 eine Werkstoffkonstante wird.

5.4.3.2 Vereinfachte Modelle für duktile Stoffe

Für Werkstoffe mit großem plastischen Vermögen kann für die Praxis das hysteretische Ramberg-Osgood-Modell mit genügend Genauigkeit durch vereinfachte Kennlinien ersetzt werden. So wird z. B. für weichen Stahl das ideal-elastoplastische Modell, das Prandte-Modell (Bild 5.19a) und für Werkstoffe ohne eindeutiges Fließplateau das bilineare Modell (Bild 5.19b) verwendet. Hier sind mit den pro Schwingungszyklus durchlaufenden Plastifizierungen große Energiedissipationsvorgänge verbunden.

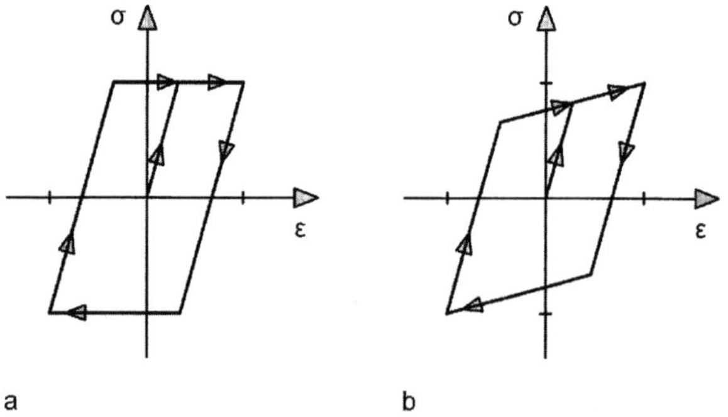

Bild 5.19
a) Hystereseschleife nach dem ideal-elastoplastischen Modell
b) Hystereseschleife nach dem bilinearen Modell

Für solche Kennlinien ist eine Definierung der Dämpfung, d. h. das Ersetzen der realen Hysterese durch eine Ellipse, nicht mehr möglich und muss auf numerische Lösungen zurückgegriffen werden.

5.5 Baustoffverhalten

5.5.1 Beton

Das nichtlineare Spannungs-Dehnungsverhalten von Beton wird in der Praxis durch nichtlineare oder bilineare Funktionen nach Bild 5.3 beschrieben. In Wirklichkeit zeigt der Beton ein rein elastisches Verhalten nur bei niedrigen, kurzzeitigen Spannungen. Für größere Spannungen als ein Drittel der Druckfestigkeit weist die Spannungs-Dehnungslinie des Betons einen stark gekrümmten Verlauf auf (Bild 5.20). Mit zunehmender Festigkeit nimmt das plastische Verformungsverhalten des Betons ab, und somit entsteht eine stärkere Neigung zum Sprödbruch.

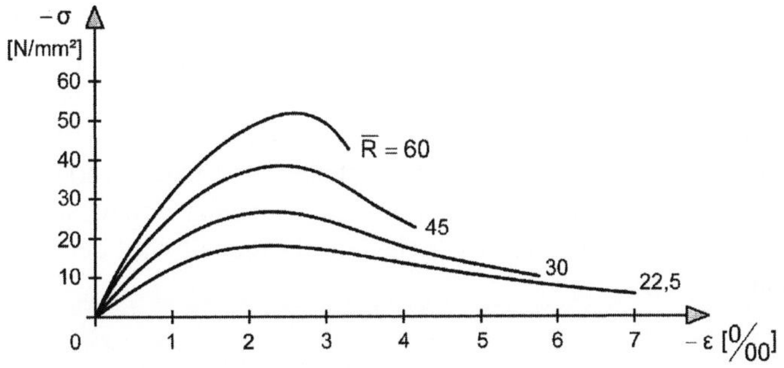

Bild 5.20 Spannungs-Dehnungsdiagramm von unbewehrtem Beton unter einachsiger Beanspruchung [5.3]

Bei vielfach wiederholter Belastung weist der Beton eine von der Belastungsgeschichte unabhängige Einhüllende auf, die in etwa der Spannungs-Dehnungslinie des Materials unter monotoner statischer Beanspruchung entspricht (Bild 5.21). Das Tragverhalten vom unbewehrten Beton wird von einer Umkehrung der Krümmung der Spannungs-Dehnungslinie mit zuneh-

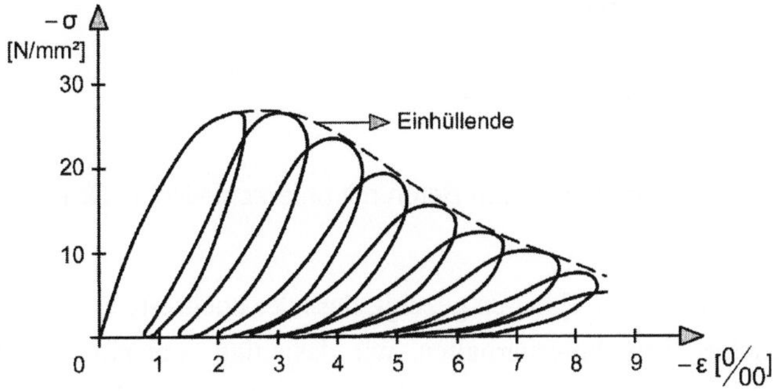

Bild 5.21 Spannungs-Dehnungsdiagramm von Beton unter vielfach wiederholter Belastung [5.9]

mender Lastspielzahl charakterisiert, während der Elastizitätsmodul abnimmt. Die Abnahme ist besonders in der Anfangsphase und kurz vor Erreichen der Bruchlastspielzahl am stärksten ausgeprägt.

Unter dynamischer Belastung gewinnt die Dauerfestigkeit des Baustoffes an Bedeutung. Diese berücksichtigt im allgemeinen Fall die Ermüdung des Baustoffes und bezieht sich gewöhnlich auf das Niveau, bei dem bei einer Lastspielzahl von $N = 2.10^6$ kein Versagen mehr auftritt. Bisher konnte kein deutlicher Dauerfestigkeitsbereich für den unbewehrten Beton beobachtet werden, selbst nicht bei Lastspielzahlen von $N = 2.10^9$.

5.5.1.1 Hochfester Beton

Hochfester Beton zeichnet sich durch ein dichtes und homogenes Gefüge mit einem sehr geringen Kapillarporenanteil aus. Diese Eigenschaft, die unter Normaltemperatur eine hohe Betondruckfestigkeit ermöglicht, wird durch die Reduzierung von Wasserzementwerten bei 0,4 bis 0,2 und die Zugabe vom Betonzusatzstoff Silicastaub erzielt.

Durch die Veränderung der Mikrostruktur des Betons entstehen mit der Festigkeitssteigerung, auch Veränderungen in der Spannungs-Dehnungslinie und im Bruchverhalten des Baustoffes (Bild 5.22). Ein Vergleich der Spannungs-Dehnungslinien von hochfestem und normalfestem Beton zeigt beim hochfesten Beton einen steileren, bis 80 % der Festigkeit annähernd linear verlaufenden Anstieg. Der Elastizitätsmodul nimmt mit steigender Festigkeitsklasse zu. Die der größten Spannung entsprechende Stauchung nimmt mit zunehmender Betonfestigkeit zu (z. B. bei B 85 ca. 0,21 %, bei B 100 ca. 0,3 %). Mit steigender Festigkeit wird der Beton spröder, seine Zähigkeit geringer.

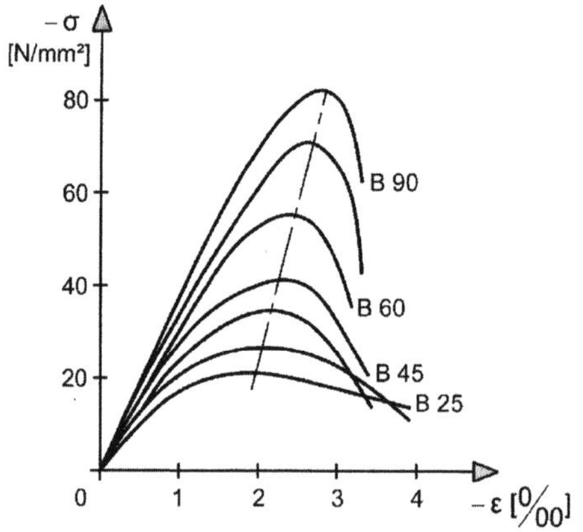

Bild 5.22 Spannungs-Dehnungsdiagramme vom Beton mit unterschiedlicher Druckfestigkeit [5.5]

Vielfach wiederholte Belastungen in [5.6] haben gezeigt, dass der hochfeste Beton, unabhängig vom Silicaanteil ein ähnliches Ermüdungsverhalten, wie dasjenige vom normalfesten Beton aufweist. Ein deutlicher Dauerfestigkeitsbereich des Baustoffes konnte bisher nicht bewiesen werden. In [5.4] wird der Beginn seiner Dauerfestigkeit bei einer maximalen Lastspielzahl von $N = 1.10^6$ angegeben.

5.5.2 Bewehrungsstahl

Die Spannungs-Dehnungslinien von Bewehrungsstählen sind unter Druck- und Zugbeanspruchungen fast gleich, außer von kaltverformten Stählen, welche bei Druckbeanspruchung geringere Festigkeitskennwerte aufweisen. Alle Stähle weisen am Anfang einen linear elastischen Verlauf auf. Je nach Stahlsorte ist der Übergang zum plastischen Bereich und der plastische Bereich selbst unterschiedlich (Bild 5.4).

Im Allgemeinen nimmt die Bruchdehnung mit zunehmender Festigkeit des Stahls ab. Hochfeste Bewehrungsstähle besitzen keine ausgeprägte Fließgrenze, da der Übergang von den plastischen Verformungen zur Bruchdehnung ohne plastisches Plateau erfolgt. In der Modellierung des Tragverformungsverhaltens des Materials wird meistens eine idealisierte bilineare elastoplastische Spannungs-Dehnungslinie angenommen, ohne Berücksichtigung von Verfestigungseffekten nach dem Fließen (Bild 5.23). Bei der Modellierung des Tragverhaltens von Stahlbetonbauteilen führt diese Vereinfachung zu einer annehmbaren Genauigkeit.

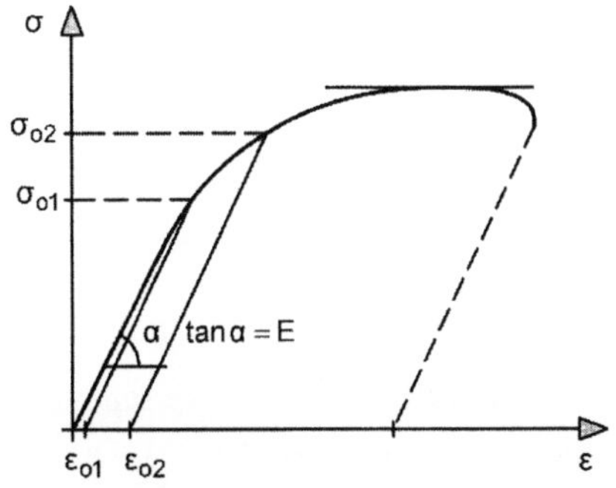

Bild 5.23 Spannungs-Dehnungsdiagramm vom Stahl mit definierter Fließgrenze

Bei einer vielfach wiederholten Belastung entstehen Spannungs-Dehnungslinien, die zwischen derjenigen der monotonen Beanspruchung verlaufen. So beschreibt die monotone Spannungs-Dehnungslinie auch bei diesem Material eine Einhüllende für Zyklen ohne Vorzeichenänderung. Bei Wechselbeanspruchungen bis in den Fließbereich zeigen sich hingegen die nach Bauschinger benannten Effekte:

1. Wechselbeanspruchungen bis zum Fließen sowohl auf Zug als auch auf Druck führen zu einer Abnahme des Elastizitätsmoduls des Stahls (Bild 5.24a).
2. Nach Wechselbeanspruchungen mit Druckfließen steigt die Fließspannung über diejenige bei monodirektionaler Zugbeanspruchung an (Bild 5.24b).

Wie beim Beton tritt also auch bei Stahl unter Wechselbelastung eine Festigkeitsminderung gegenüber der statischen Festigkeit ein. Infolge des abnehmenden Elastizitätsmoduls ist mit deutlich größeren Verformungen zu rechnen. Das Ermüdungsverhalten von Betonstählen hängt von einer Vielzahl von Einflüssen ab, wie z. B. Güte, Oberflächenbeschaffenheit, Durchmesser, Krümmung, sowie Schweißung und Korrosion. In der DIN 1045 ist der Eintritt der Dauerfestigkeit bei einer Grenzlastspielzahl von $N = 2.10^6$ angegeben.

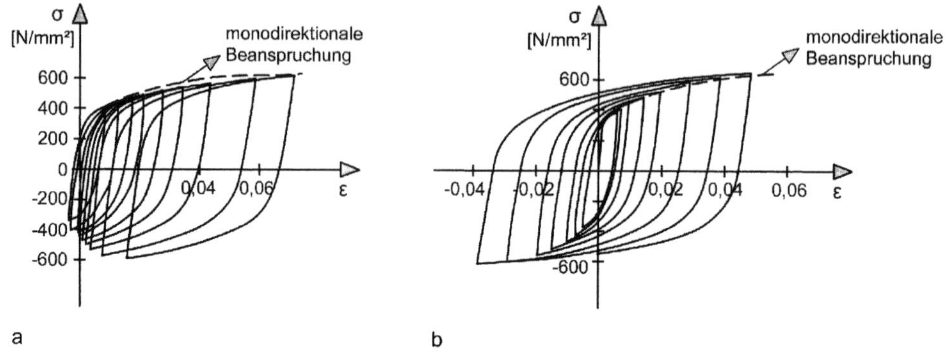

Bild 5.24 Tragverformungsverhalten vom Bewehrungsstahl unter Wechselbeanspruchung [5.7]
a) Unsymmetrische Wechselbeanspruchung
b) Symmetrische Wechselbeanspruchung

5.5.3 Stahlbeton

Das Zusammenwirken von Stahl und Beton erfolgt durch den Verbund zwischen den zwei Baustoffen, der im wesentlichen auf die Reibung infolge der Rauhigkeit der Stahloberfläche (Reibungsverbund) und auf die Verdübelung der Stahlrippen im Beton (Scherverbund) beruht. Im Gebrauchszustand (Betonzugzone gerissen) werden die Biegemomente von Stahlbetonträgern durch innere Kräftepaare aufgenommen, die innerhalb der Trägerquerschnitte Druckkräfte im Beton D und Zugkräfte in der Stahleinlage Z erzeugen (Bild 5.25). Die Tragfähigkeit eines Balkens gilt dann als erschöpft, wenn bei Laststeigerung im Beton die Grenzdehnung $\varepsilon_b = 0{,}35$ % oder im Stahl die Grenzdehnung $\varepsilon_s = 0{,}5$ % (Bild 5.3 und 5.4) erreicht wird. Je nachdem, ob die Grenzdehnung zuerst im Beton oder im Stahl erreicht wird, ergibt sich ein spröder bzw. ein zäher Bruch.

Bei üblichen Zugbewehrungsgraden ($\mu = 100 A_s / bh = 0{,}6 - 1{,}5$ %) wird die Grenzdehnung des Stahls vor der Erschöpfung der Betondruckzone erreicht. Demzufolge tritt der Bruch langsam durch das Fließen der Längsbewehrung ein und der Träger verhält sich zäh.

Bei starker Längsbewehrung ($\mu > 1{,}8$ %) wird die Grenzdehnung im Beton ε_b zuerst erreicht und die Druckzone versagt, bevor der Stahl zu fließen anfängt; es liegt ein spröder Bruch vor. Bei hochfestem Beton erfolgt der Bruch schlagartig und die Zähigkeit des Trägers ist also praktisch Null.

Bei Verwendung von harten Stählen mit geringem Fließplateau wird immer das frühere Versagen des Betons durch Druckbewehrung A'_s vermieden. Die Zähigkeit von Stahlbetonbalken wächst mit der Steigerung des Druckbewehrungsgrades $\mu' = A'_s / bh$ bedeutend an; diese Abhängigkeit zeigt das Bild 5.25c. Daher müssen die Querschnitte der Stahlbetonträger unter Wechselbeanspruchung immer doppelt bewehrt werden (siehe auch Abschnitt 14.2.1.1).

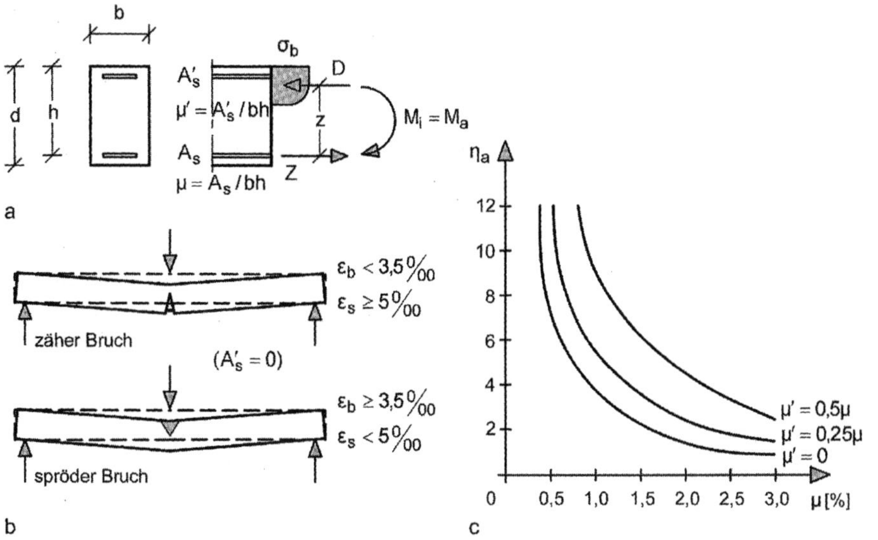

Bild 5.25 Angaben zur Zähigkeit von Stahlbetonbalken
a) Querschnitt
b) Verformungsverhalten
c) Zähigkeit-Bewehrungsgradverhältnis

Das Ermüdungsverhalten von Stahlbetonbauteilen wird in erster Linie von der Schwellfestigkeit des Verbundes bestimmt. Sie beeinträchtigt vor allem die Gebrauchsfähigkeit, da die Rißbreiten dabei merkbar zunehmen und das zulässige Maß überschreiten. Bei Tragelementen mit gutem Verbund erfolgt in den meisten Fällen ein Ermüdungsbruch der Zug- und Schubbewehrung. Hier ist zu beachten, dass dieser Bruch sprödartig auftritt, wobei derjenige der Betondruckzone durch große plastische Verformungen angekündigt wird. Somit liegen im Vergleich zu statischer Beanspruchung beinahe umgekehrte Verhältnisse vor.

5.5.4 Baustahl

Die mechanischen Eigenschaften der Baustähle sind qualitativ denjenigen von Bewehrungsstählen ähnlich (Bild 5.4). Bis zu der Elastizitätsgrenze sind die Dehnungen klein und den Spannungen proportional. Der Elastizitätsmodul ist in diesem Bereich konstant und die Verformungen sind elastisch. Oberhalb der Elastizitätsgrenze, an der Streckgrenze, entwickelt sich zusätzlich dazu eine plastische Verformung im Material, bei der die Spannung gleich bleibt oder nur leicht abfällt. Bei einer weiteren Belastung entstehen größere plastische Verformungen. Nach Entlastung hat der Stahl bleibende Verformungen, die Festigkeit und Elastizität bleiben aber gleich. Bei Belastung weit über die Streckgrenze nach der kurzen Wiederverfestigungsphase steigen die Verformungen bei nur noch geringem Spannungsanstieg, bis das Material seine Zugfestigkeit erreicht hat und reißt. Die hierbei resultierende Bruchverformung bzw. -dehnung beträgt mehr als 2 %. Dies bildet das wichtige Kriterium zur Beurteilung der plastischen Eigenschaften (Zähigkeit) des Materials.

Bei Wechselbelastung wird das Tragverhalten von Baustählen, wie bei den Bewehrungsstählen, durch die Bauschinger Effekte beeinflusst. Die Spannungs-Dehnungslinie nimmt nach

Umkehrung der Belastungsrichtung eine stetig gekrümmte Form an, die mit jedem Zyklus eine größere Abrundung erfährt. Eine ausgeprägte Streckgrenze kann nicht mehr erkannt werden.

5.5.4.1 Hochfeste Stahlprofile

Eine besonders hohe Tragfähigkeit kann mit hochfesten thermomechanisch gewalzten Stählen mit äußerst niedrigen Kohlenstoffgehalten (<<0,2 %) erreicht werden, welche von der Stahlzusammensetzung her vergleichbar mit den Allgemeinen Baustählen sind. Die Herstellung von thermomechanisch gewalzten Stählen beruht darauf, dass diese im Endstadium des Walzprozesses einem gezielten Abkühlungsprozess mit anschließender Selbstvergütung unterzogen werden. Hochfeste Baustähle sind wie der hochfeste Beton von erhöhten Festigkeiten und reduzierter Zähigkeit gekennzeichnet (Bild 5.26).

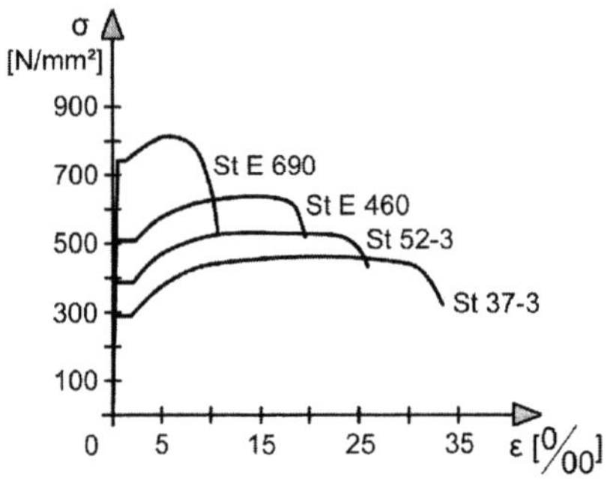

Bild 5.26 Spannungs-Dehnungsdiagramm von Baustählen und hochfesten thermomechanischen Stählen [5.1]

6 Elastische Systemeigenschaften

In der Regel werden die Tragwerke unter gewöhnlichen Belastungen so dimensioniert, dass der Werkstoff nur im elastischen Bereich beansprucht wird, wobei die Verformungen proportional zur Belastung zunehmen (Bild 5.5).

Die Größe K, die das Verhältnis zwischen der Belastung P oder M und der entsprechenden Verformung U bzw. Θ in einem elastischen System angibt, heißt elastische Charakteristik oder Steifigkeit. Wie diese Größe die dynamische Antwort eines Systems bestimmt, zeigt das Bild 6.1.

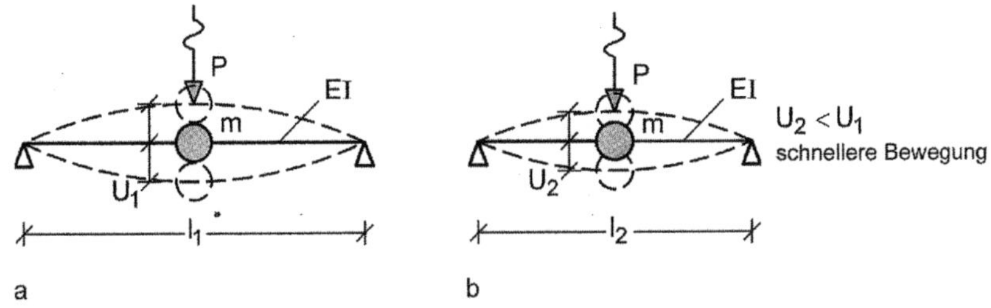

Bild 6.1 Schwingungen von Balken unterschiedlicher Steifigkeit

Die zwei Balken mit zentrisch konzentrierter Masse m haben gleiche Querschnitte, aber verschiedene Spannweiten: $l_1 > l_2$. Der erste Balken reagiert auf eine Stoßwirkung S mit der Durchbiegung U_1 und der zweite Balken, dessen Spannweite kleiner ist, mit der Durchbiegung $U_2 < U_1$. Da die Verschiebung der Masse im Fall des elastischeren Balkens (Balken a) größer als die Verschiebung des steiferen Balkens (Balken b) ist, verlaufen die Schwingungen des Balkens a langsamer und mit größerer Amplitude als die Schwingungen des Balkens b. Wenn die Beanspruchung die elastische Grenze des Werkstoffs überschreitet, entstehen plastische Verformungen, und es treten keine Schwingungen mehr auf. Die Fähigkeit zu schwingen ist charakteristisch nur für elastische Systeme.

6.1 Steifigkeit von Einmassensystemen

Die Steifigkeit ist ein Maß der elastischen Verformbarkeit eines Bauelementes oder Tragwerks. Sie wird definiert als diejenige Kraft P oder dasjenige Moment M die eine Einheitsverschiebung $U = 1$ bzw. eine Einheitsverdrehung $\Theta = 1$ am Angriffspunkt der Kraft oder des Moments hervorruft.

Da die dynamischen Kräfte an den Massenschwerpunkten entstehen, werden die Angriffspunkte der Kräfte zur Ermittlung der Steifigkeit auch an diesen Stellen angenommen. Zur Bestimmung der Steifigkeit einfacher Systeme kann man von den in der Statik bekannten Formeln zur Berechnung der Durchbiegung oder des Drehwinkels ausgehen. Setzt man darin die entsprechende Deformation gleich eins, so erhält man direkt den Ausdruck der Steifigkeit (Deformationsmethode).

6.1.1 Biegesteifigkeit

Bei gewöhnlichen Trägern (Langträger: l/d> 4) und Rahmenstielen werden die Verformungen vorwiegend von Biegemomenten verursacht. Das Tragverhalten wird von der Biegesteifigkeit der Systeme bestimmt (Bild 6.2).

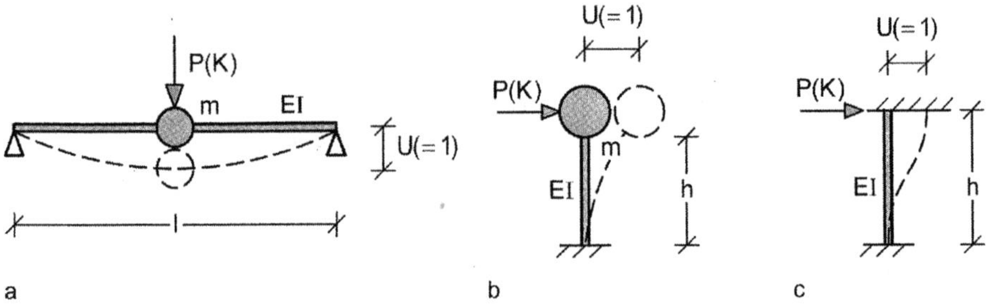

Bild 6.2 Bezeichnungen zur Ermittlung der Biegesteifigkeit schlanker Träger
a) Einfeldträger
b) Eingespannte Stütze
c) Rahmenstiel

Systemfall 6.1

Einfeldträger mit mittig konzentrierter masse m (Bild 6.2a).

Die Durchbiegung unter einer Kraft P , die an der Masse m wirkt, beträgt

$$U_B = \frac{Pl^3}{48EI} \text{ [cm]} \tag{6.1}$$

Setzt man in Gl. (6.1) für $U_B = 1$, so ergibt sich die entsprechende Kraft, die Steifigkeit des Tragelementes zu

$$P \text{ (für } U_B = 1) = K_B = \frac{48EI}{l^3} \text{ [kN/cm]} \tag{6.2}$$

Systemfall 6.2

Eingespannte Stütze mit oben konzentrierter Masse m (Bild 6.2b).

$$U_B = \frac{Ph^3}{3EI} \text{ [cm]} \tag{6.3}$$

Die Steifigkeit ergibt sich zu

$$K_B = P \text{ (für } U_B = 1) = \frac{3EI}{h^3} \text{ [kN/cm]} \tag{6.4}$$

Systemfall 6.3

Rahmenstiel unter der Annahme starrer Einspannung an den Enden (sehr steife Riegel $I_r \cong \infty$, Bild 6.2c).

$$U_B = \frac{Ph^3}{12EI} \text{ [cm]} \tag{6.5}$$

$$K_B = P \text{ (für } U_B = 1\text{)} = \frac{12EI}{h^3} \text{ [kN/cm]} \tag{6.6}$$

Systemfall 6.4

Eingeschossrahmen mit starren Riegeln (Bild 6.3).

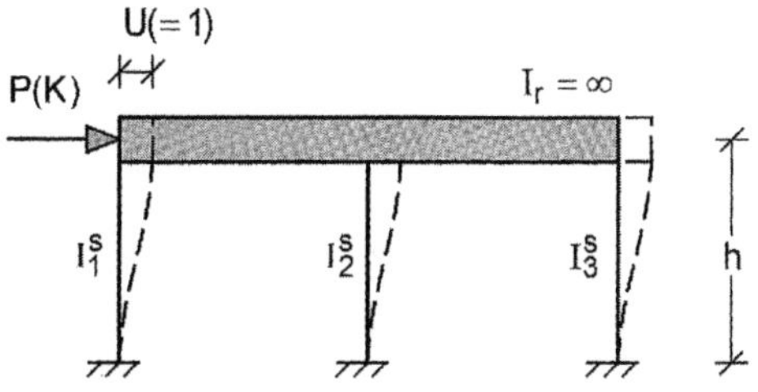

Bild 6.3 Bezeichnungen und Verformung von eingeschossigen Rahmen mit starren Riegeln

Mit der Bezeichnung

$$k_s = \frac{1}{h}\left(I_1^s + I_2^s + I_3^s\right) \tag{6.7}$$

lässt sich die Steifigkeit des Rahmens als Summe der Steifigkeit der eingespannten Stützen errechnen.

$$K_B = \frac{12Ek_s}{h^2} \text{ [kN/cm]} \tag{6.8}$$

Für gelenkige Verbindungen am Fußpunkt gilt

$$K_B = \frac{3Ek_s}{h^2} \text{ [kN/cm]} \tag{6.9}$$

Systemfall 6.5

Eingeschossrahmen mit flexiblen Riegeln (Bild 6.4a).

Rahmen mit mehreren Stielen und flexiblen Riegeln können auf einen Ersatz-Portalrahmen mit äquivalenter Steifigkeit zurückgeführt werden (Bild 6.4b) [6.1].

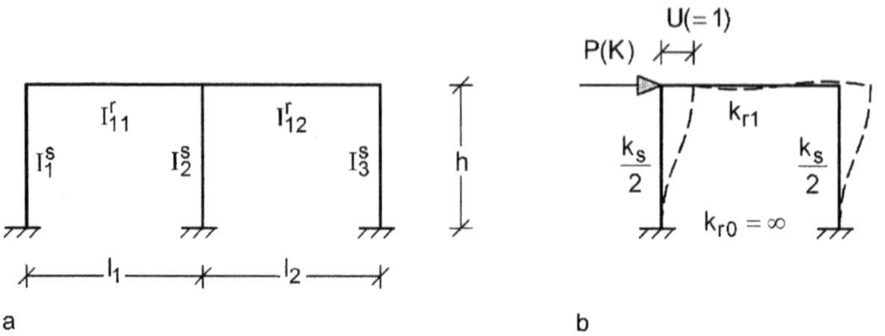

Bild 6.4 Eingeschossige Rahmen mit flexiblen Riegeln
a) Bezeichnungen
b) Verformung des Ersatzrahmens

Mit den Steifigkeitskenngrößen für n Stiele und m Riegel

$$k_s = \frac{1}{h}\left(I_1^s + I_2^s + I_3^s\right) = \frac{1}{h}\sum_{i=1}^{n} I_i^s \tag{6.10a}$$

$$k_{r1} = \left(\frac{I_{11}^r}{l_1} + \frac{I_{12}^r}{l_2}\right) = \sum_{j=1}^{m} \frac{I_{1j}^r}{l_j} \tag{6.10b}$$

kann die Steifigkeit des Ersatzrahmens wie folgt berechnet werden:

$$K_B = \frac{12Ek_s}{h^2}\,\frac{12k_{r1}{}^2 + k_s k_{r1}}{12k_{r1}{}^2 + 4k_s k_{r1}} \quad [\text{kN/cm}] \tag{6.11}$$

Systemfall 6.6

Geschlossene Eingeschossrahmen mit flexiblen Riegeln (Bild 6.5a).

Geschlossene Rahmen sind so gebildet, dass die Stiele beidseitig mit den flexiblen Riegeln verbunden sind. Das geschlossene Rahmensystem wird auf einen statisch äquivalenten Ersatzrahmen (Bild 6.5b) zurückgeführt.

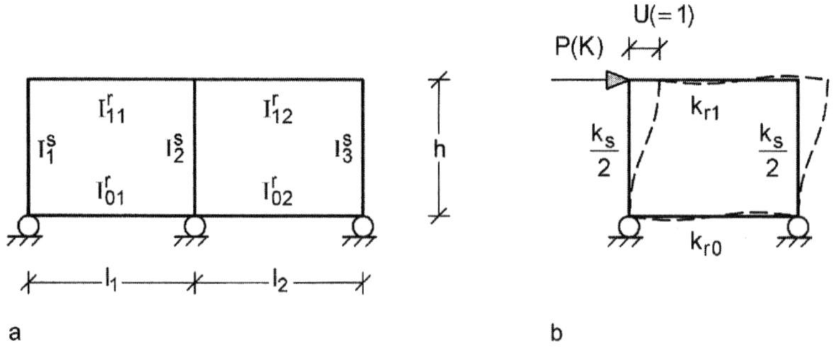

Bild 6.5 Geschlossene, eingeschossige Rahmen mit flexiblen Riegeln
a) Bezeichnungen
b) Verformung des Ersatzrahmens

Die Steifigkeitskenngrößen des Ersatzrahmens werden wie folgt berechnet:

$$k_s = \frac{1}{h}\left(I_1^s + I_2^s + I_3^s\right) = \frac{1}{h}\sum_{i=1}^{n} I_i^s \qquad (6.12a)$$

$$k_{r1} = \left(\frac{I_{11}^r}{l_1} + \frac{I_{12}^r}{l_2}\right) = \sum_{j=1}^{m} \frac{I_{1j}^r}{l_j} \qquad (6.12b)$$

$$k_{r0} = \left(\frac{I_{01}^r}{l_1} + \frac{I_{02}^r}{l_2}\right) = \sum_{j=1}^{m} \frac{I_{0j}^r}{l_j} \qquad (6.12c)$$

Mit Einführung der Beziehung

$$k_{r0} = \alpha_1 k_{r1} \qquad (6.13)$$

kann die Steifigkeit des Ersatzrahmens wie folgt ermittelt werden:

$$K_B = \frac{12Ek_s}{h^2} \frac{12\alpha_1 k_{r1}{}^2 + (1+\alpha_1)k_s k_{r1}}{k_s{}^2 + 12\alpha_1 k_{r1}{}^2 + 4(1+\alpha_1)k_s k_{r1}} \text{ [kN/cm]} \qquad (6.14)$$

6.1.2 Schubsteifigkeit

Verformungen von gedrungenen Bauelementen, wie Wandscheiben oder kurze Träger, werden vorwiegend von Schubkräften Q verursacht, d. h. der Biegeanteil der Gesamtverformung ist gering im Vergleich zum Schubanteil. Bei solchen Tragwerken ist demzufolge die Schubsteifigkeit von Bedeutung. Diese ist von dem Gleitmodul G und der Querschnittsfläche A_s abhängig.

Systemfall 6.7

Eingespannte gedrungene Wandscheibe (Bild 6.6).

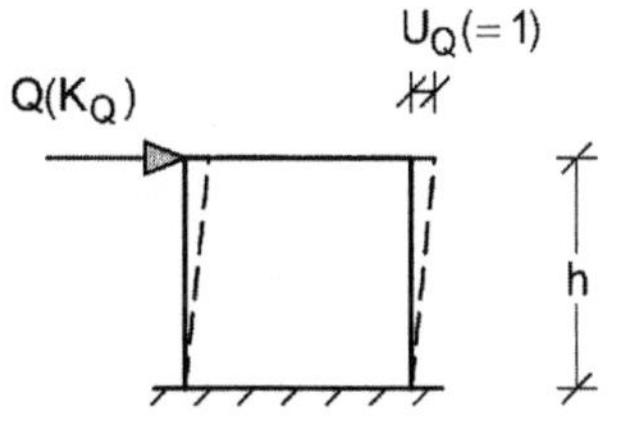

Bild 6.6 Wandscheibe unter Querkraft

Zur Bestimmung der Schubsteifigkeit K_Q einer im Boden eingespannten Scheibe geht man von der bekannten Formel der Schubverschiebung U_Q aus.

$$U_Q = \frac{Qh}{GA_s} \text{ [cm]} \qquad (6.15)$$

Setzt man in Gl. (6.15) $U_Q = 1$ so ergibt sich die Schubsteifigkeit K_Q zu

$$K_Q = Q \text{ (für } U_Q = 1) = \frac{GA_s}{h} \text{ [kN/cm]} \tag{6.16}$$

6.1.3 Biege-Schubsteifigkeit

Sind bei einem Tragwerk sowohl die Biege- als auch die Schubverformungen gleichbedeutend, d. h. der Biegeanteil und der Schubanteil der Auslenkungen haben die selbe Größenordnung, wie z. B. bei Scheiben mit Öffnungsspalten (gegliederte Scheiben), Trägern mittlerer Höhe usw., so muss man bei der Ermittlung der Steifigkeit sowohl die Biegemomente als auch die Querkräfte berücksichtigen.

Für die Scheibe in Bild 6.6 beträgt die Gesamtverschiebung an der Stelle der Kraft Q

$$U = U_B + U_Q = \frac{Qh^3}{3EI} + \frac{Qh}{GA_s} \text{ [cm]} \tag{6.17}$$

Die Biege-Schubsteifigkeit K_{BQ} ergibt sich zu

$$K_{BQ} = \frac{1}{\frac{h^3}{3EI} + \frac{h}{GA_s}} \text{ [kN/cm]} \tag{6.18}$$

6.1.4 Steifigkeit von Fachwerken

Öfters werden zur Aussteifung von Bauwerken Fachwerke eingesetzt, deren Verformungszustand hauptsächlich von Axialkräften bestimmt wird. Da die Querschnitte der Stützen im Allgemeinen groß sind, kann für herkömmliche Gebäude mit mäßiger Höhe ihr Einfluss auf die Horizontalverschiebungen vernachlässigt werden. Für die Bestimmung der Steifigkeit wird nur der Beitrag der Diagonalen berücksichtigt. Das Bild 6.7 zeigt ein idealisiertes, eingeschossiges Fachwerk, das infolge der Horizontalkraft P eine Knotenverschiebung Δ erfährt.

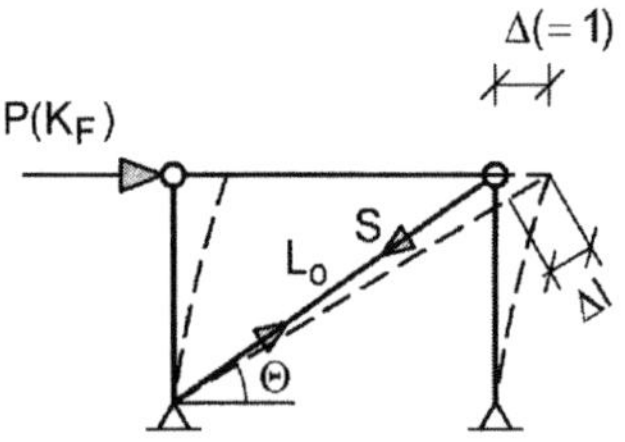

Bild 6.7 Eingeschossiges Fachwerk unter Horizontalbelastung und resultierende Verschiebung

Die Steifigkeit des Fachwerks wird als diejenige Kraft P definiert, die eine Einheitsverschiebung der Knoten Δ erzeugt. Mit den Bezeichnungen aus Bild 6.7 ergibt sich für kleine Verschiebungen folgender Verformungssatz:

$$\Delta l = \frac{SL_o}{EA} = \frac{PL_o}{\cos\theta EA} = \Delta\cos\theta \tag{6.19}$$

Für $\Delta = 1$ gilt für die Steifigkeit des Fachwerks $P = K_F$

$$K_F = \frac{EA\cos^2\theta}{L_o} \tag{6.20}$$

6.1.5 Rückstellkraft

Die elastische Kraft, die in einem System infolge der Verschiebung U der Masse entsteht, heißt Rückstellkraft. Die Rückstellkraft ergibt sich aus dem Produkt der Steifigkeit K und der Verschiebung U.

$$P = KU \tag{6.21}$$

6.1.6 Verformungsenergie

Unter Verformungsenergie oder Potentielle Energie eines Körpers ist diejenige Energie zu verstehen, die der Körper infolge der elastischen Verformungen speichert. Im einfachen Fall eines Einmassensystems berechnet sich die potentielle Energie zu

$$E_p = \frac{PU}{2} = \frac{KU^2}{2} \text{ [kNm]} \tag{6.22}$$

Ist das Kraft-Verformungsdiagramm eines Tragwerks bekannt, so ist seine potentielle Energie durch die Fläche des Dreiecks unter dem Diagramm gegeben.

6.1.7 Flexibilität

Unter Flexibilität ist der Kehrwert der Steifigkeit zu verstehen.

$$\delta = \frac{1}{K} \text{ [cm/kN]} \tag{6.23}$$

Sie wird als diejenige Verschiebung der Masse m definiert, die im System eine Einheitskraft ($P = 1$) hervorruft.

6.1.8 Steifigkeit zusammengesetzter Systeme

Tragwerke sind im Allgemeinen komplex aufgebaute Systeme, die sich aus mehreren elastischen Elementen zusammensetzen. Es ist üblich bei der Berechnung der Steifigkeit komplexer Systeme, die Bestandteile des Systems zu einem Ersatzelement mit äquivalenter Steifigkeit zusammenzufassen. Die Ermittlung der Steifigkeit des Ersatzelementes (Ersatzfeder) hängt von der Art der Kopplung der einzelnen Bestandteile ab.

Bei einer Parallelschaltung (Bild 6.8) erfahren alle Bauteile dieselbe Deformation U, die gleich der Verformung der Ersatzfeder ist.

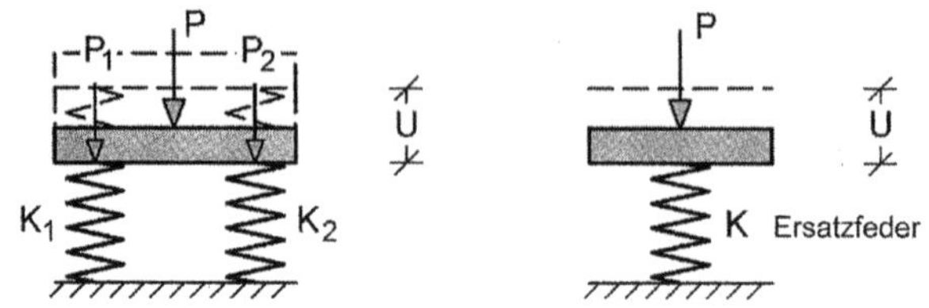

Bild 6.8 Parallelschaltung von Federn

Man berechnet die Rückstellkräfte in den beiden Systemen unter der Stauchung U.

$$P_1 = K_1 U\,;\; P_2 = K_2 U\,;\; P = KU$$

Es gilt

$$P = P_1 + P_2 \;\text{ oder }\; K_1 U + K_2 U = KU$$

Daraus folgt

$$K = K_1 + K_2 \tag{6.24}$$

Für n Elemente

$$K = \sum_{i=1}^{n} K_i \tag{6.25}$$

Diese Schaltungsart kommt bei Aufstellung von Massen auf elastischen Federn (Bild 6.9a), sowie bei gekreuzten Balken (Bild 6.9b) oder bei eingeschossigen Rahmen (Bild 6.9c) vor.

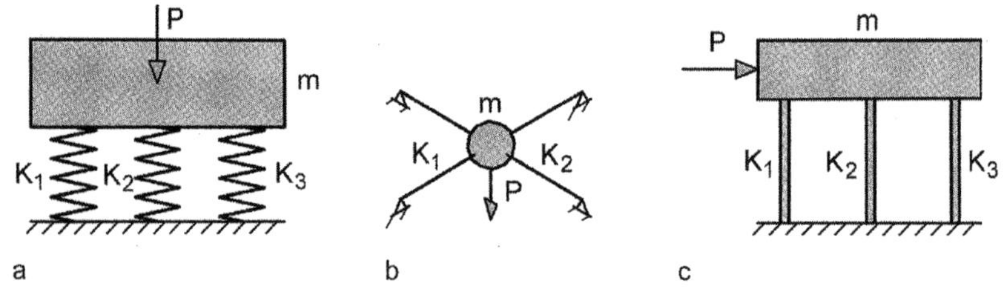

Bild 6.9 Beispiele von parallel-gekoppelten Elementen

Bei einer Reihenschaltung setzt sich die gesamte Verformung aus der Summe der Verformungen aller gekoppelten Elemente zusammen (Bild 6.10).

$$U = U_1 + U_2 \tag{6.26}$$

P gilt für jede Feder. Folglich ist

$$U_1 = \frac{P}{K_1};\; U_2 = \frac{P}{K_2};\; U = \frac{P}{K}$$

und Gl. (6.26) wird

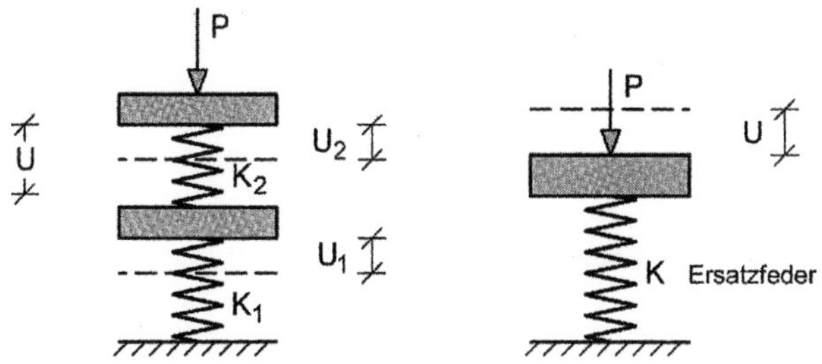

Bild 6.10 Reihenschaltung von Federn

$$\frac{P}{K} = \frac{P}{K_1} + \frac{P}{K_2}; \ \frac{1}{K} = \frac{1}{K_1} + \frac{1}{K_2} \tag{6.27}$$

Für n Elemente gilt

$$\frac{1}{K} = \sum_{i=1}^{n} \frac{1}{K_i} \tag{6.28}$$

Eine auf einem Balken elastisch aufgelagerte Masse (Bild 6.11a) und Stockwerkrahmen mit oben konzentrierter Masse (Bild 6.11b) sind u. a. Beispiele von reihenweise gekoppelten Bauelementen.

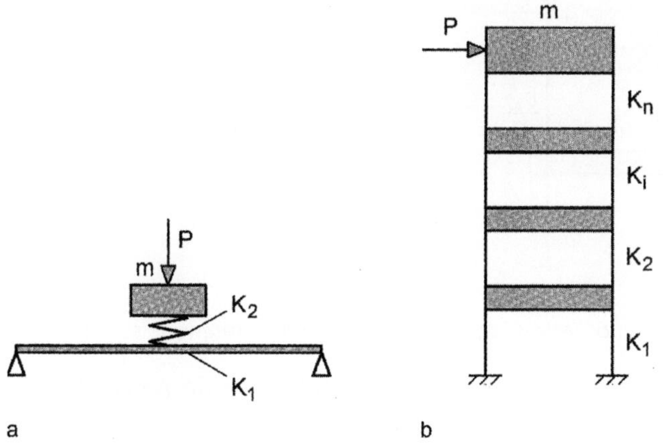

Bild 6.11 Reihenweise gekoppelte Elemente

Manchmal kommen auch gemischte Schaltungen vor (Bild 6.12).

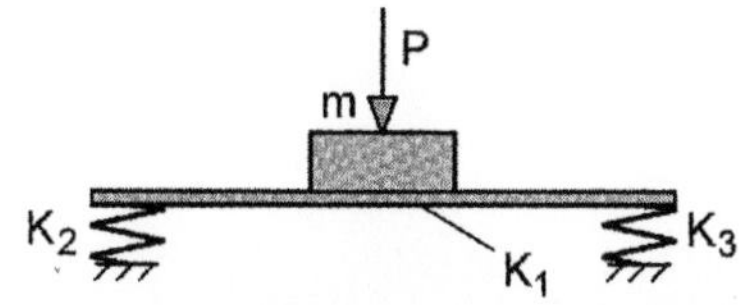

Bild 6.12 Gemischte Kopplung von Bauelementen

Es gilt

$$\frac{1}{K} = \frac{1}{K_1} + \frac{1}{K_2 + K_3} \tag{6.29}$$

6.2 Steifigkeit von Mehrmassensystemen

Bei Mehrmassensystemen wird die gesamte Steifigkeit des Systems mittels der Steifigkeitsmatrix ermittelt. Die Anzahl der Elemente dieser Matrix ist gleich dem Quadrat der Anzahl der Freiheitsgrade des Systems (n^2). Dies beruht darauf, dass sich die Verschiebungen der benachbarten Freiheitsgrade gegenseitig beeinflussen. Sie rufen dadurch Rückstellkräfte nicht nur in Richtung des Freiheitsgrades selbst hervor, sondern auch in Richtung der anderen Freiheitsgrade.

6.2.1 Geschosssteifigkeit

Wie schon erwähnt ist, stellen die Federkonstanten von Mehrmassensystemen keine absoluten Werte dar, sondern relative Größen von Geschoss zu Geschoss (Bild 6.13). Diese Steifigkeitsgrößen werden auch als relative Geschosssteifigkeiten bezeichnet.

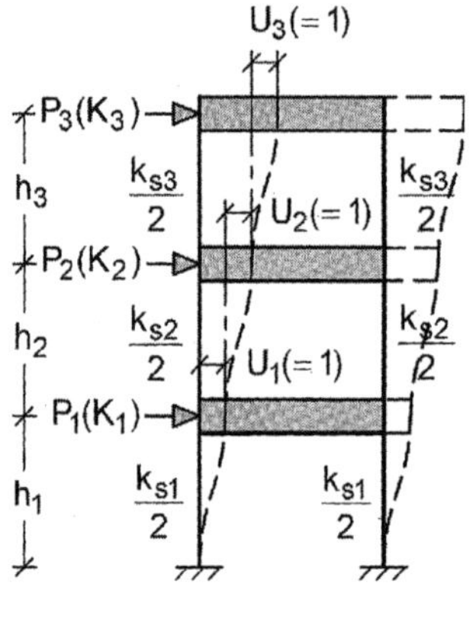

Bild 6.13 Bezeichnungen und Verformung eines Dreigeschossrahmens mit starren Riegeln

Für den dreigeschossigen Rahmen mit unendlich steifen Riegeln aus Bild 6.13 sind die Stützen mit folgenden Steifigkeitskenngrößen (siehe auch Systemfall 6.4):

$$k_{s1} = \frac{1}{h_1}(I_{11}^s + I_{12}^s) \tag{6.30a}$$

$$k_{s2} = \frac{1}{h_2}(I_{21}^s + I_{22}^s) \tag{6.30b}$$

$$k_{s3} = \frac{1}{h_3}(I_{31}^s + I_{32}^s) \tag{6.30c}$$

Die Geschosssteifigkeiten betragen

$$K_1 = \frac{12Ek_{s1}}{{h_1}^2} \tag{6.31a}$$

$$K_2 = \frac{12Ek_{s2}}{{h_2}^2} \tag{6.31b}$$

$$K_3 = \frac{12Ek_{s3}}{{h_3}^2} \tag{6.31c}$$

Ein mehrfeldriger Dreigeschossrahmen kann zu einem statisch äquivalenten Ersatzrahmen, wie im Bild 6.14, zurückgeführt werden. Auf diesem Ersatzsystem sind die Ergebnisse vom Systemfall 6.5 und 6.6 anzuwenden [6.1].

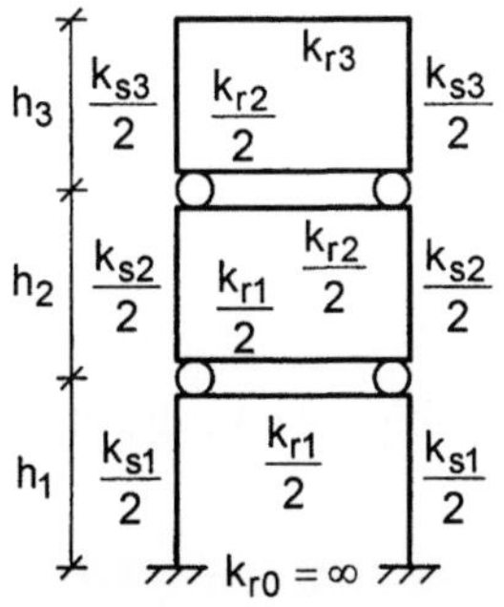

Bild 6.14 Ersatzsystem eines mehrfeldrigen, dreigeschossigen Rahmens

Mit den Steifigkeitskenngrößen k_s und k_r

$$k_{s1} = \frac{1}{h_1}(I^s_{11} + I^s_{12} + I^s_{13}) \tag{6.32a}$$

$$k_{s2} = \frac{1}{h_2}(I^s_{21} + I^s_{22} + I^s_{23}) \tag{6.32b}$$

$$k_{s3} = \frac{1}{h_3}(I^s_{31} + I^s_{32} + I^s_{33}) \tag{6.32c}$$

$$k_{r1} = \frac{I^r_{11}}{l_1} + \frac{I^r_{12}}{l_2} \tag{6.32d}$$

$$k_{r2} = \frac{I^r_{21}}{l_1} + \frac{I^r_{22}}{l_2} \tag{6.32e}$$

$$k_{r3} = \frac{I^r_{31}}{l_1} + \frac{I^r_{32}}{l_2} \tag{6.32f}$$

betragen die relativen Geschosssteifigkeiten

$$K_1 = \frac{12Ek_{s1}}{h_1^2}\beta_1 \tag{6.33a}$$

$$K_2 = \frac{12Ek_{s2}}{h_2^2}\beta_2 \tag{6.33b}$$

$$K_3 = \frac{12Ek_{s3}}{h_3^2}\beta_3 \tag{6.33c}$$

Mit den Bezeichnungen

$$k_{r1}^* = \frac{1}{2}k_{r1} = \frac{1}{2}\alpha_1 k_{r2} \tag{6.34a}$$

$$k_{r2}^* = \frac{1}{2}k_{r2} = \frac{1}{2}\alpha_2 k_{r3} \tag{6.34b}$$

$$k_{r3}^* = k_{r3} \tag{6.34c}$$

haben die Korrekturbeiwerte β in den Gleichungen (6.33a-c) folgende Ausdrücke:

$$\beta_1 = \frac{12k_{r1}^{*\,2} + k_{s1}k_{r1}^*}{12k_{r1}^{*\,2} + 4k_{s1}k_{r1}^*} \tag{6.35a}$$

$$\beta_2 = \frac{12\alpha_1 k_{r1}^{*\,2} + (1+\alpha_1)k_{s1}k_{r1}^*}{k_{s1}^2 + 12\alpha_1 k_{r1}^{*\,2} + 4(1+\alpha_1)k_{s1}k_{r1}^*} \tag{6.35b}$$

$$\beta_3 = \frac{12\alpha_2 k_{r2}^{*\,2} + (1+\alpha_2)k_{s2}k_{r2}^*}{k_{s2}^2 + 12\alpha_2 k_{r2}^{*\,2} + 4(1+\alpha_2)k_{s2}k_{r2}^*} \tag{6.35c}$$

6.2.2 Geschosssteifigkeit von elastisch eingespannten Stützen

Die elastische Einspannung von Rahmenstielen in den Riegeln kann bei der Ermittlung der Geschosssteifigkeit näherungsweise durch die Abschätzung des Einspanngrads der Stützen berücksichtigt werden [6.2]. Unter der Annahme von ähnlichen Abmessungen der an der Stütze angeschlossenen Rahmenriegel dürfen ihre relativen Steifigkeiten $k_{ri} = I_{ri} / l_{ri}$ oben und unten in einem Geschoss mit dem Mittelwert gleichgesetzt werden (Bild 6.15).

Mit dem Steifigkeitsverhältnis der Riegel zur Stütze, $\overline{\kappa}$, im Bild 6.15

$$\overline{\kappa} = \frac{k_{r1} + k_{r2} + k_{r3} + k_{r4}}{2k_s} \tag{6.36}$$

ergibt sich der Parameter α für den Einspanngrad der Stütze zu

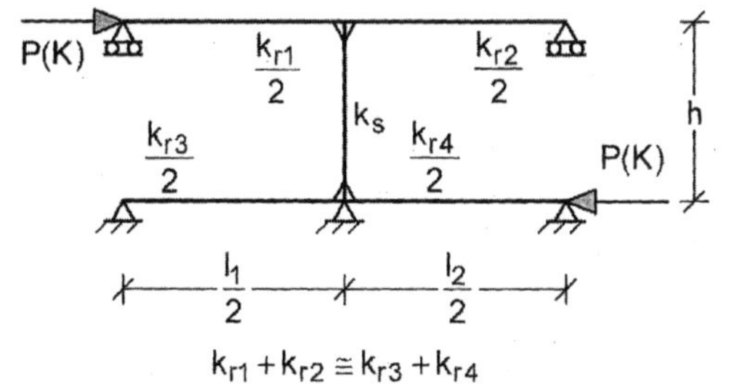

Bild 6.15 Ersatzsystem von Geschossrahmen mit elastisch eingespannten Stützen

$$\alpha = \frac{\bar{\kappa}}{\bar{\kappa}+2} \tag{6.37}$$

Die relative Steifigkeit der elastisch eingespannten Stütze beträgt dann

$$K_s^{el} = \alpha K_s \tag{6.38}$$

wobei K_s die Steifigkeit der starr eingespannten Stütze nach Gl. (6.6) ist (Rahmen mit unendlich großer Riegelsteifigkeit).

6.2.3 Bestimmung der Steifigkeitsmatrix

Die Vorgehensweise zur Bestimmung der Steifigkeitsmatrix von Mehrmassensystemen wird am Beispiel eines dreigeschossigen Rahmens mit starren Riegeln vorgeführt (Bild 6.16).

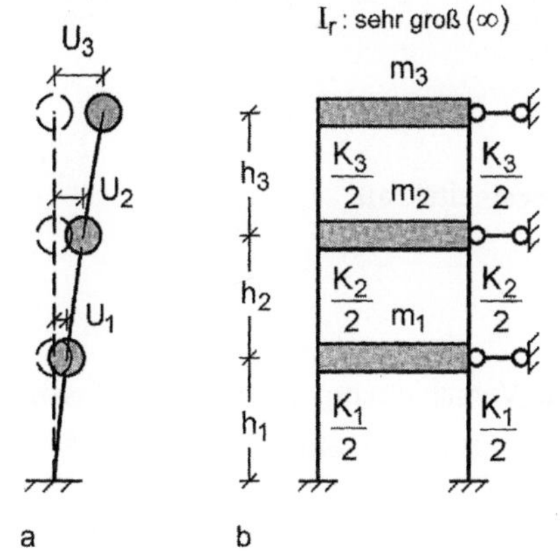

Bild 6.16 Ermittlung der Steifigkeitsmatrix mehrgeschossiger Rahmen
a) Verformung des dynamischen Systems
b) Grundsystem

Zunächst wird ein sogenanntes Grundsystem gewählt, in dem die Verschiebungen in Richtung aller Freiheitsgrade blockiert werden (Bild 6.16b). Dann werden reihenweise die Pendel entfernt und Verschiebungen $U = 1$ an den Stellen der entfernten Pendel erzeugt (Bild 6.17).

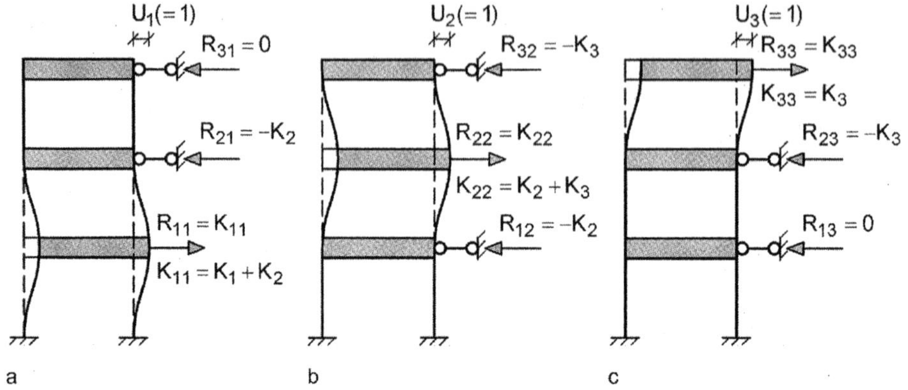

Bild 6.17 Bezeichnungen zur Ermittlung von Geschosssteifigkeiten bei Rahmen mit unendlich steifen Riegeln

Schritt 1.

Man entfernt den Pendel 1 und erzwingt der Masse m_1 die Verschiebung $U_1 = 1$. Infolge dieser Verschiebung entsteht an der Stelle 1 die Rückstellkraft K_{11}, gemäß Gl. (6.6).

$$R_{11} = K_{11} = K_1 + K_2 = \frac{12EI_1}{h_1^3} + \frac{12EI_2}{h_2^3} \tag{6.39}$$

Gleichzeitig entsteht im Pendel 2, d. h. in Richtung des zweiten Freiheitsgrades, die Festhaltekraft R_{21}, welche gleich groß, aber entgegengesetzt der Kraft K_2 ist (Bild 6.17a).

$$R_{21} = K_{21} = -K_2 = -\frac{12EI_2}{h_2^3} \tag{6.40}$$

Da I_r sehr groß ist, entsteht im Pendel 3 keine Festhaltekraft.

$$R_{31} = K_{31} = 0 \tag{6.41}$$

Schritt 2.

Man entfernt den Pendel 2 und erzwingt eine Verschiebung $U_2 = 1$ der Masse m_2 (Bild 6.17b). In den Pendeln 1 und 3 entstehen folgende Festhaltekräfte:

Pendel 1:

$$R_{12} = K_{12} = -K_2 = -\frac{12EI_2}{h_2^3} \tag{6.42}$$

Pendel 2:

$$R_{32} = K_{32} = -K_3 = -\frac{12EI_3}{h_3^3} \tag{6.43}$$

Die Rückstellkraft an der Stelle der Verschiebung U_2 beträgt

$$R_{22} = K_{22} = K_2 + K_3 = 12E\left[\frac{I_2}{{h_2}^3} + \frac{I_3}{{h_3}^3}\right] \tag{6.44}$$

Schritt 3.

Es wird der Pendel 3 entfernt und die Verschiebung $U_3 = 1$ der Masse m_3 erzwungen. Im Pendel 2 und am Fußpunkt des Rahmens entstehen folgende Kräfte (Bild 6.17c):

Pendel 2:

$$R_{23} = K_{23} = -K_3 = -\frac{12EI_3}{{h_3}^3} \tag{6.45}$$

Die Rückstellkraft an der Stelle der Verschiebung $U_3 = 1$ ist

$$R_{33} = K_{33} = K_3 \tag{6.46}$$

Die Geschosssteifigkeiten K_{ij} lassen sich in einer Matrix wie folgt zusammenfassen:

$$[K] = \begin{bmatrix} K_{11} & K_{12} & K_{13} \\ K_{21} & K_{22} & K_{23} \\ K_{31} & K_{32} & K_{33} \end{bmatrix} \tag{6.47}$$

Die Matrix (6.47) heißt Steifigkeitsmatrix. Sie ist symmetrisch zur Hauptdiagonale ($K_{ij} = K_{ji}$).

Beispiel 6.1

Es wird die Steifigkeitsmatrix des dreigeschossigen Rahmens vom Bild 6.16 ermittelt. Mit $h_1 = h_2 = h_3 = 3{,}0$ m und folgenden Querschnittswerten der Stiele:

Stiel 1: 30/50; $I_1 = 30.50^3/12 = 31{,}25.10^4$ cm ^{4}

Stiel 2: 30/40; $I_2 = 30.40^3/12 = 16.10^4$ cm ^{4}

Stiel 3: 30/30; $I_3 = 30^4/12 = 6{,}74.10^4$ cm ^{4}

E =2,5.10 ^{3} kN/cm²

berechnet man die relativen Steifigkeiten K_{ij} des Rahmens wie folgt:

$$K_{11} = \frac{12.2{,}5.10^3}{300^3}(31{,}25.10^4 + 16.10^4) = 525 \text{ kN/cm}$$

$$K_{21} = -\frac{12.2{,}5.10^3}{300^3}16.10^4 = -177{,}77 \text{ kN/cm}$$

$$K_{31} = 0$$

$$K_{12} = K_{21} = -177{,}7 \text{ kN/cm}$$

$$K_{22} = \frac{12.2{,}5.10^3}{300^3}(16.10^4 + 6{,}74.10^4) = 252{,}65 \text{ kN/cm}$$

$$K_{32} = -\frac{12.2{,}5.10^3}{300^3} 6{,}74.10^4 = -74{,}88 \text{ kN/cm}$$

$$K_{13} = 0$$

$$K_{23} = K_{32} = -74{,}88 \text{ kN/cm}$$

$$K_{33} = K_3 = 74{,}88 \text{ kN/cm}$$

Die Steifigkeitsmatrix (6.47) sieht wie folgt aus:

$$[K] = \begin{bmatrix} 525 & -177{,}77 & 0 \\ -177{,}77 & 252{,}65 & -74{,}88 \\ 0 & -74{,}88 & 74{,}88 \end{bmatrix}$$

6.3 Ersatzstabmodelle für Tragwerke

Zur Aufnahme der Horizontalllasten aus Wind und Erdbeben werden Aussteifungen verwendet, die im Allgemeinen auch die Abtragung der Schwerlasten gewährleisten. Als Aussteifungselemente können schlanke Wandscheiben (Bild 6.18a), steife Wandscheiben (Bild 6.18b), Kerne (Bild 6.18c), Rahmen (Bild 6.18d) oder gegliederte Wandscheiben (Bild 6.18e) herangezogen werden.

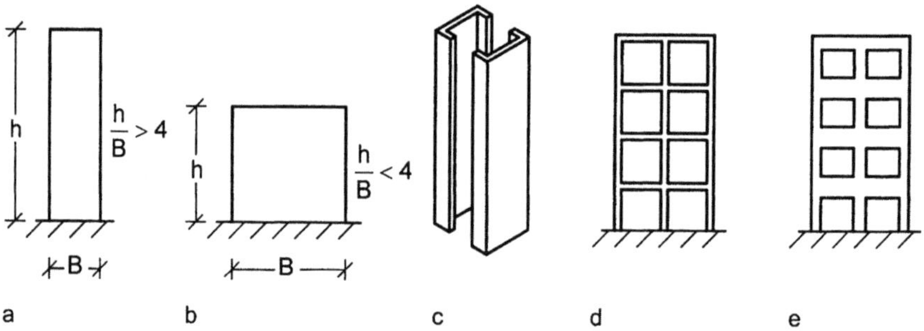

Bild 6.18 Tragwerke zur Aussteifung von Bauten

Sind die Aussteifungen aller Geschosse eines Bauwerks gleich (was in der Praxis oft der Fall ist) und in jedem Geschoss durch starre Deckenscheiben miteinander verbunden, lässt sich das Tragwerk auf einen Ersatzstab zurückführen, der durch einen elastisch eingespannten Stab mit äquivalenter Steifigkeit (der Stab enthält die Steifigkeitseigenschaften aller Aussteifungen) dargestellt werden kann (Bild 6.19).

Besteht ein Tragwerk aus n Aussteifungselementen, die ein überwiegend von den Biegemomenten geprägtes Verformungsverhalten aufweisen, wie schlanke Wandscheiben, Fachwerke mit kräftigen Diagonalen und Kerne, so ergibt sich als Ersatztragwerk ein Biegeersatzstab mit dem Trägheitsmoment (Bild 6.19a)

$$I = \sum_{i=1}^{n} I_i \tag{6.48}$$

I_i : Trägheitsmoment eines in Lastrichtung gelegenen Aussteifungstragwerks

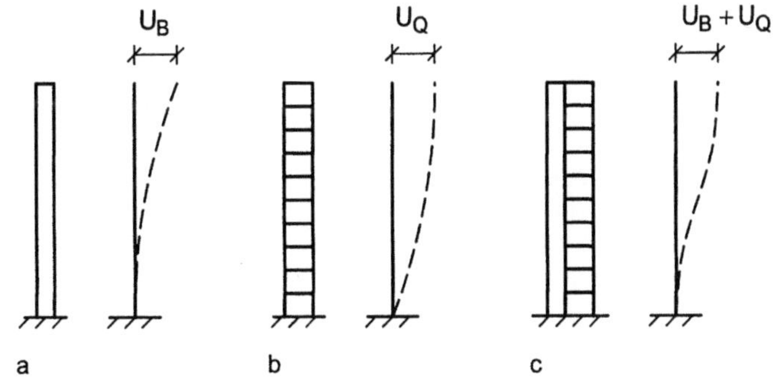

Bild 6.19 Ersatzstabmodelle für Tragwerke

Aussteifungen aus Rahmen mit schlanken Stielen und gedrungenen Wandscheiben, deren Verformungsbild hauptsächlich von Querkraftwirkung bestimmt wird, werden durch sog. Schubersatzstäbe modelliert (Bild 6.19b).

Bei gegliederten Wandscheiben, Rahmen mit starken Stielen und gekoppelten Scheiben-Rahmen-Systemen sind bei der Modellierung des Ersatzstabs sowohl die Biege- als auch die Schubsteifigkeit von Bedeutung (Biege-Schubersatzstabmodelle) (Bild 6.19c).

Die Zurückführung von komplexen Tragwerken auf Ersatzstäbe mit äquivalenten Steifigkeitseigenschaften bringt erhebliche Vereinfachungen in die dynamische Berechnung. In Tabelle 6.1 sind die Steifigkeitskenngrößen einiger Ersatzstabmodelle zusammengestellt [6.1], die in der Praxis der Erdbebenberechnung von Hochhäusern verwendet werden.

Tabelle 6.1 Ersatzstabtypen und ihre Steifigkeitskenngrößen

Ersatzstabtyp Verformungen	Aussteifungselemente in Lastrichtung	Trägheitsmoment I Schubfläche A_s
1 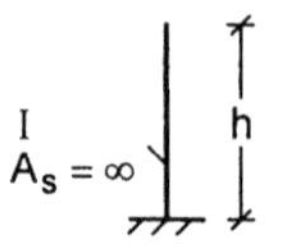 Biegeverformungen	n beliebige Aussteifungselemente i (i = 1, 2, ..., n) Für schlanke Wandscheiben ist $I'_{ei} = I$	$I = \sum_{i=1}^{n} I_{ei}$ $A_s = \infty$
2 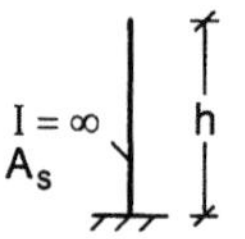 Schubverformungen	n Stockwerkrahmen i (i = 1,2,..., n) Stieldehnungen vernachlässigt 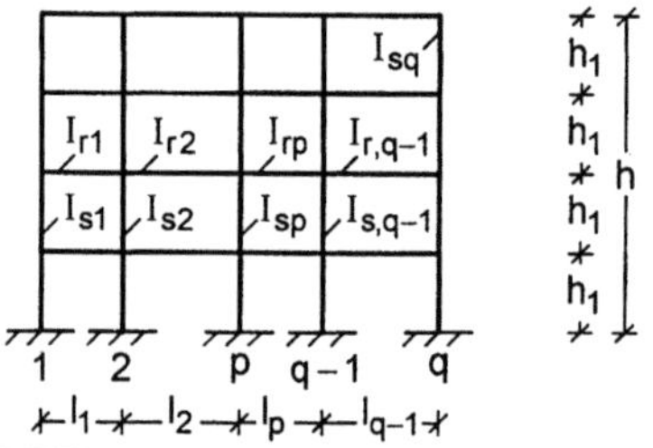	$I = \infty$ $A_s = \sum_{i=1}^{n} A_{si}$ mit $A_{si} = \frac{E}{G} \frac{12k_s}{h_1} \frac{k_r}{k_r + k_s}$ $k_s = \frac{1}{h_1} \sum_{p=1}^{q} I_{sp}$ $k_r = \sum_{p=1}^{q-1} I_{rp} / l_p$
3 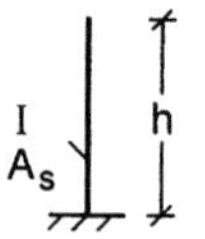 Biege- und Schubverformungen	n beliebige Wandscheiben i (i = 1,2,..., n) mit den Querschnittswerten I_i, A_{si} Für gegliederte Wandscheiben [6.1]	$I = \sum_{i=1}^{n} I_i$ $A_s \approx \frac{I^2}{\sum_{i=1}^{n} I_i^2 / A_{si}}$ Für $I_1 / A_{s1} \approx I_2 / A_{s2} \approx ... \approx I_i / A_{si}$ ist $A_s \approx \sum_{i=1}^{n} A_{si}$
4 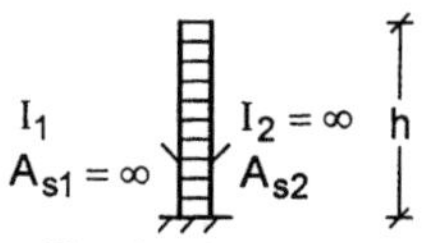 Zweistabsystem Stab 1 Biegestab Stab 2 Schubstab	n_1 schlanke Wandscheiben mit I_i (i = 1... n_1) n_2 Rahmen mit A_{si} (i = 1... n) nach 2 n_3 gegliederte Wandscheiben mit I_p und A_{sp} nach [6.1]	$I_1 = I = \sum_{i=1}^{n_1} I_i + \sum_{i=1}^{n_3} I_p$ $A_{s1} = \infty$ $I_2 = \infty$ $A_{s2} = A_s = \sum_{i=1}^{n_2} A_{si} + \sum_{p=1}^{n_3} A_{sp}$

6.4 Steifigkeitsmittelpunkt

Das Zusammenwirken der in einem Geschoss vorhandenen Aussteifungselemente wird von den Deckenscheiben gewährleistet (siehe auch Abschnitt 6.5).

Der Steifigkeitsmittelpunkt oder Schubmittelpunkt wird als Schwerpunkt der Steifigkeiten aller an einer Decke angeschlossenen vertikalen Tragelemente definiert. Eine Horizontalkraft, die im Schubmittelpunkt angreift, bewirkt nur Translationsbewegungen U_x, U_y der Decke ohne Verdrehungen.

Bezüglich eines beliebig gewählten Achsensystems $x0y$ werden die Koordinaten des Schubmittelpunkts mit Hilfe folgender Formel ermittelt (Bild 6.20):

$$x_s = \frac{\sum K_y x_{Ai}}{\sum K_y} \tag{6.49a}$$

$$y_s = \frac{\sum K_x y_{Ai}}{\sum K_x} \tag{6.49b}$$

K_x und K_y sind die Steifigkeiten der aussteifenden Elemente in Richtung x bzw. y und x_{Ai}, y_{Ai} die Koordinaten der Schwerpunkte der Elementquerschnitte.

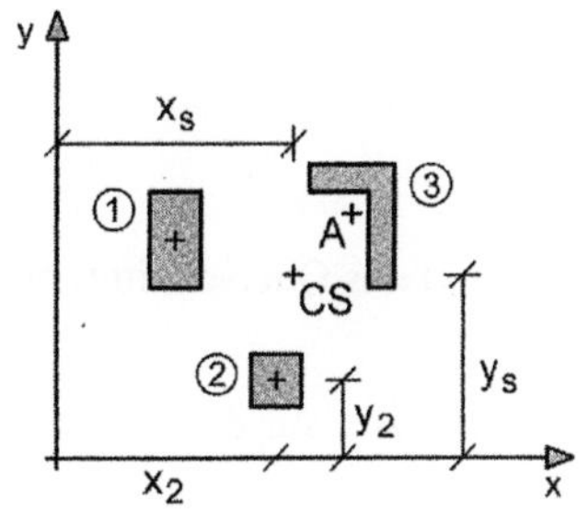

Bild 6.20 Angaben zur Ermittlung des Schubmittelpunktes

Bei regelmäßig gestalteten Tragwerken liegt der Schubmittelpunkt in jedem Geschoss an der gleichen Stelle. In diesem Fall spricht man von einem Bauwerk mit vertikaler Steifigkeitsachse.

6.5 Verteilung von Horizontalkräften auf die Aussteifungselemente

Die Verteilung der Horizontalkräfte auf die Aussteifungselemente des Tragwerks erfolgt aufgrund der Annahme, dass die Deckenscheiben aus den horizontalen Verschiebungen und Verdrehungen Starrkörperbewegungen ausführen. Somit verändert sich während der Verformung die Lage der an der Decke angeschlossenen Elemente zu einander nicht (Verträglichkeit der Verschiebungen). Diese Annahme wird durch die Ausbildung der Decken als steife, scheibenwirkende Elemente gewährleistet. Unter dieser Voraussetzung übernehmen die einzelnen Aussteifungen Kräfte entsprechend ihren Steifigkeiten.

Eine beliebig gerichtete Horizontalkraft H, die an einer Geschossdecke mit der Exzentrizität e um den Steifigkeitsmittelpunkt s wirkt, erzeugt das Torsionsmoment $M_t = He$ und lässt sich in zwei Komponenten H_x, H_y zerlegen (Bild 6.21).

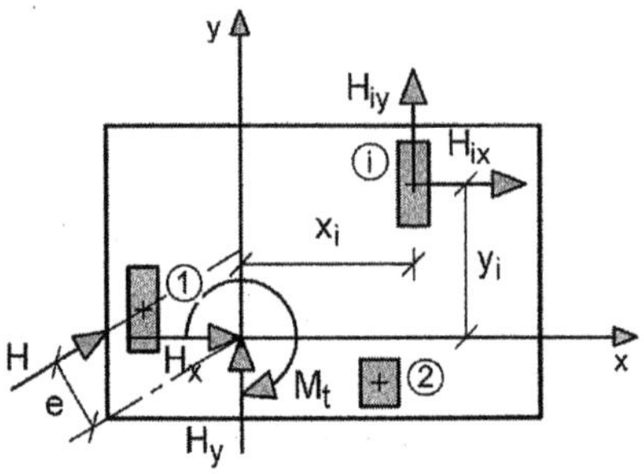

Bild 6.21 Angaben zur Ermittlung der Horizontalkraftkomponente in einem Geschoss

Die in der Stütze i hervorgerufenen Querkräfte H_{ix}, H_{iy} lassen sich wie folgt berechnen:

$$H_{ix} = \frac{K_{ix}}{\sum K_{ix}} H_x + \frac{y_i K_{ix}}{I_p} M_t \tag{6.50a}$$

$$H_{iy} = \frac{K_{iy}}{\sum K_{iy}} H_y - \frac{x_i K_{iy}}{I_p} M_t \tag{6.50b}$$

wobei

x_i, y_i : Horizontaler bzw. vertikaler Abstand vom Schwerpunkt des Querschnittes zum Steifigkeitsmittelpunkt

K_{ix}, K_{iy} : Biegesteifigkeit des aussteifenden Elementes i in Bezug auf die x - bzw. y -Achse des Koordinatensystems

$I_p = \sum y_i^2 K_{ix} + \sum x_i^2 K_{iy}$: Das polare Trägheitsmoment der Steifigkeiten

Sind alle Aussteifungselemente in einem Geschoss gleich hoch und bestehen sie aus dem gleichen Baustoff, so können in den Gleichungen (6.50a) und (6.50b) an der Stelle der Steifigkeiten K_{ix}, K_{iy} die entsprechenden Trägheitsmomente I_{ix}, I_{iy} angesetzt werden.

7 Schwingungen von Einmassensystemen

Unter einem Einmassensystem ist ein Tragelement, ein Tragwerk oder ein Gebäude zu verstehen, das sich auf ein dynamisches Modell mit einer Masse zurückführen lässt. Im Kapitel 2 ist anhand von Beispielen ausgeführt worden, dass der Gleichgewichtszustand von elastischen Tragwerken unter dynamischer Erregung von einer schwingenden Bewegung dargestellt wird. Da die Bewegung des Einmassenschwingers eine wichtige Rolle bei der Annäherung des Verhaltens von komplexen Tragwerken spielt, ist das Verständnis seines Verhaltens sehr wichtig. Um die Eigenschaften dieser Bewegung zu erfassen, bilden wir das dynamische Modell eines eingeschossigen Gebäudes mit der Masse m, dessen Tragwerk durch einen äquivalenten, am Fußpunkt eingespannten Stab mit der Länge h und Federkonstante K ersetzt wird. Informationen über das physikalische Verhalten des Modells können zuerst durch Experimentieren gewonnen werden. Dafür braucht man zur Herstellung des Modells zwei Rundstäbe aus Stahl, etwa 30 cm lang und 3 bzw. 4 mm dick, eine Holzplatte, zwei unterschiedliche Gewichte mit mittiger Bohrung und Arretierschraube (Bild 7.1). Durch die Kombination der Stäbe und der Gewichte und die Änderung der Höhe „h" können die Zusammenhänge zwischen der Masse und der Steifigkeit bei der Bestimmung des Bewegungsverlaufs beobachtet werden.

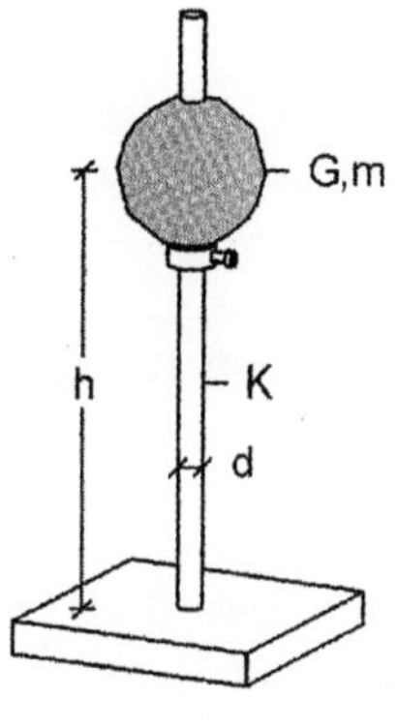

Bild 7.1 Modell eines Einmassenschwingers

Wird der Masse m eine Auslenkung erzwungen und dann freigelassen, vollführt sie anschließend eine freie Schwingung. Wenn der Verlauf dieser Schwingung immer gleich bleibt, d. h. keine Bremskräfte oder andere dämpfende Wirkungen berücksichtigt werden, liegt der Idealfall (nur theoretisch möglich) freier ungedämpften Schwingungen vor. In der Realität klingt die Amplitude der Masse wegen der Dämpfung immer ab, so dass man es in der Praxis immer mit freien gedämpften Schwingungen zu tun hat. Wird die Masse m, oder der Fußpunkt des Modells permanent durch eine Außenkraft oder Bewegung angeregt, so spricht man im Allgemeinen von erzwungenen Schwingungen. Ist die Außenwirkung eine periodische, harmonische Erregung, heißen die Schwingungen „stationär".

7.1 Darstellung von Einmassenschwingern

In der Fachliteratur befinden sich unterschiedliche Darstellungsformen von Einmassenschwingern. In der Baudynamik werden am häufigsten folgende verwendet:

- Die einfache schon erwähnte Darstellung als umgekehrtes Pendel, wobei die Masse m in der Deckenhöhe auf einem Ersatzstab liegt, der die elastischen und die Dämpfungs-Eigenschaften des Tragwerks vereint (Bild 7.2a).
- Darstellung als Rahmen mit unendlich großer Riegelsteifigkeit und eingespannten Stielen, wobei die Dämpfungskraft z. B. nach dem Newton-Modell angegeben wird (Bild 7.2b).
- Als Voigt-Kelvin-Modell gekoppelt mit einer Masse m, die auf Rollen reibungsfrei gelagert ist (Bild 7.2c).

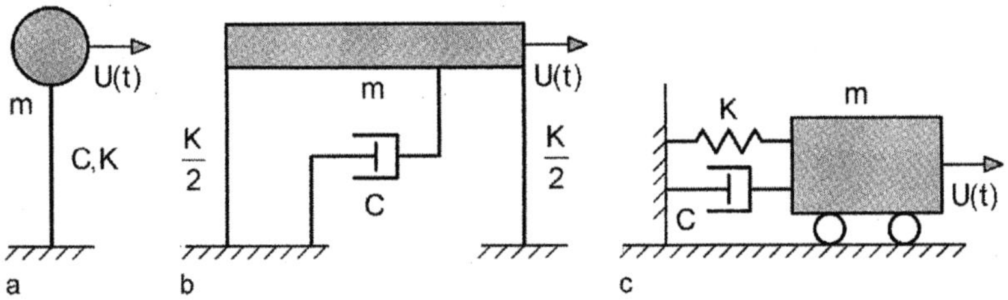

Bild 7.2 Darstellungsformen von Einmassenschwingern

Man erkennt, dass die Masse eine eindeutige Bewegungsmöglichkeit hat, die seitliche Verschiebung $U(t)$. Deswegen nennt man einen Einmassenschwinger auch ein dynamisches System mit einem Freiheitsgrad.

7.2 Lineare Systemeigenschaften. Allgemeine Bewegungsgleichung

Betrachtet wird das System aus dem Bild 7.2c. An der Masse greift die dynamische Kraft $P(t)$ an, welche der Masse die Verschiebung $U(t)$ mit der Geschwindigkeit $\dot{U}(t)$ und der Beschleunigung $\ddot{U}(t)$ einprägt. Als Folge der Bewegung werden folgende Reaktionskräfte geweckt (Bild 7.3):

- In der Feder infolge der Verschiebung $U(t)$ die elastische Rückstellkraft $P_E = -KU(t)$ gemäß Gl. (6.13), welche die Masse zurückzieht.
- Im Schwerpunkt der Masse infolge der Beschleunigung $\ddot{U}(t)$ die Trägheitskraft $P_T = -ma$ gemäß Gl. (2.3) und
- In dem Dämpfer eine bremsende Kraft P_d aufgrund der inneren Dämpfung. Wird von linear-viskoser Dämpfung ausgegangen, ist die Dämpfungskraft der Geschwindigkeit $\dot{U}(t)$ proportional, $P_d = -C\dot{U}(t)$.

Die Gleichgewichtsbedingung der Kräfte in horizontaler Richtung ($\sum H = 0$) lautet

$$P_T + P_E + P_d = P(t) \tag{7.1}$$

Die Gl. (7.1) wird als Prinzip von d′ Alembert bezeichnet. Jean Le Rond d′ Alembert (1717-1783) hat in seinem „Traité de dynamique“ (1743) den Grundsatz des dynamischen Gleichge-

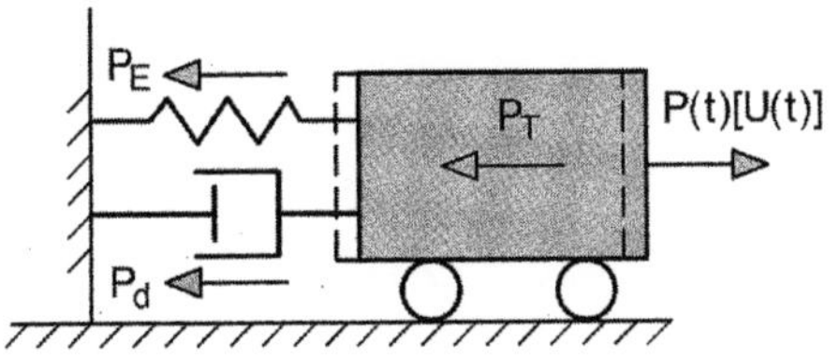

Bild 7.3 Kräftespiel am Einmassenschwinger

wichts definiert: „Die Masse steht zu jeder Zeit unter der resultierenden Kraft und der Trägheitskraft im Gleichgewicht". Drückt man die Beschleunigung als zweite Ableitung der Verschiebung $a = \ddot{U}(t)$, so schreibt man das Prinzip von d' Alembert zu

$$\sum F = m\ddot{U}(t) \rightarrow -KU(t) - C\dot{U}(t) + P(t) = m\ddot{U}(t)$$

oder

$$m\ddot{U}(t) + C\dot{U}(t) + KU(t) = P(t) \tag{7.2}$$

Gl. (7.2) nennt man die Bewegungsgleichung des Einmassenschwingers. Sie ist eine lineare Differentialgleichung zweiter Ordnung, deren Lösung eine zeitabhängige Funktion ist, welche die dynamische Antwort des Systems beschreibt.

7.3 Freie ungedämpfte Schwingungen

Lässt man in Gl. (7.1) die Dämpfungskraft P_d und die Erregung $P(t)$ verschwinden, erhält man die Differentialgleichung der freien ungedämpften Schwingungen zu

$$m\ddot{U}(t) + KU(t) = 0 \tag{7.3}$$

Der zyklische Verlauf der in der Gl. (7.3) beschriebenen Bewegung kann zuerst anhand des Versuchsmodells vom Bild 7.1 verdeutlicht werden. Zwingt man der Masse m eine maximale Verschiebung U_0 und lässt sie plötzlich frei, so kehrt die Masse nach der Zeit t_1 in die Nulllage zurück und in der Zeitspanne t_2 erreicht sie die maximale Lage U_0. Im Anschluss daran, nach der Zeit t_2 und t_3, vollführt die Masse die Rückbewegung. Nimmt man mit einem Chronometer die Zeitintervalle $t_1 - t_4$ auf, stellt man fest, dass diese gleich sind.

$$t_1 = t_2 = t_3 = t_4 = \Delta t$$

Trägt man in einem Achsensystem in x-Richtung die Zeitintervalle Δt und in y-Richtung die positiven und negativen Auslenkungen $\pm U_0$ ein, ergibt sich als Verbindungslinie der Punkte ein harmonischer Verlauf, in diesem Fall nach einer cosinus Funktion (Bild 7.4).

$$U(t) = U_0 \cos\varphi$$

Da es sich um einen zeitabhängigen Kreisverlauf handelt, beträgt der Winkel φ nach Gl. (2.8) $\varphi = \omega t$. Somit gilt

$$U(t) = U_0 \cos\omega t \tag{7.4}$$

Setzt man Gl. (7.4) in Gl. (7.3), ergibt sich

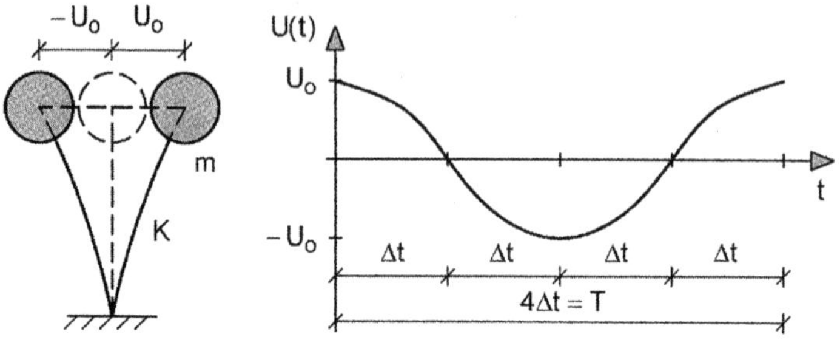

Bild 7.4 Freie ungedämpfte Schwingung des Einmassenschwingers

$$(-m\omega^2 + K)U_0 \cos\omega t = 0 \tag{7.5}$$

Da die Gl. (7.5) für jeden Wert von t erfüllt sein muss und $\cos\omega t$ nur für bestimmte Werte von ωt null wird, geht sie in die folgende Gleichung über.

$$m\omega^2 - K = 0 \tag{7.6}$$

Die Gl. (7.6) heißt charakteristische Gleichung. Sie gibt die Eigenkreisfrequenz ω der Bewegung an.

$$\omega = \sqrt{\frac{K}{m}}$$

Die allgemeine Lösung von Gl. (7.3) kann in Form einer Summe von sinus- und cosinus-Funktionen gesucht werden.

$$U(t) = A\sin\omega t + B\cos\omega t \tag{7.7}$$

Berechnet man die ersten zwei Ableitungen dieser Funktion zu

$$\dot{U}(t) = A\omega\cos\omega t - B\omega\sin\omega t \tag{7.8}$$

$$\ddot{U}(t) = -A\omega^2\sin\omega t - B\omega^2\cos\omega t \tag{7.9}$$

und setzt man Gl. (7.7) und (7.9) in Gl. (7.3) ein, so erhält man den Beweis dafür, dass die Funktion (7.7) richtig gewählt wurde.

Die Unbekannten A und B werden aus den Anfangsbedingungen bestimmt. Hat das System zum Zeitpunkt t_0 (bei $t = 0$) die Auslenkung U_0 und die Anfangsgeschwindigkeit $\dot{U}_0$, erhält man

$$U(t=0) = U_0 \quad \text{und} \quad \dot{U}(t=0) = \dot{U}_0$$

Setzt man $t = 0$, $U(t) = U_0$ in Gl. (7.7) und $\dot{U}(t) = \dot{U}_0$ in Gl. (7.8) ein, so ergibt sich

$$B = U_0 \quad \text{und} \quad A = \frac{\dot{U}_0}{\omega}$$

Damit erhält die Gl. (7.7) folgende Form:

$$U(t) = \frac{\dot{U}_0}{\omega}\sin\omega t + U_0 \cos\omega t \tag{7.10}$$

Die Amplitude der Schwingung $\max U$ beträgt

$$\max U = \sqrt{{U_0}^2 + \frac{{\dot{U}_0}^2}{\omega^2}} \tag{7.11}$$

Den Ablauf dieser Funktion zeigt das Bild 7.4.

Die Größen, welche die freien Schwingungen des Systems bestimmen, heißen Eigenwerte und hängen nur von den Trägheits- und den elastischen Eigenschaften des Systems ab. Diese Größen sind

- die Eigenkreisfrequenz
- die Eigenschwingungsdauer (oder Periode)
- die Eigenfrequenz

7.3.1 Eigenkreisfrequenz ω

Ein System mit der Masse m und der Steifigkeit K hat eine Eigenkreisfrequenz ω von

$$\omega = \sqrt{\frac{K}{m}} \; [s^{-1}] \tag{7.12}$$

Bezeichnet man gemäß Gl. (6.13) mit

$$U_{st} = \frac{G}{K} = \frac{mg}{K}$$

die statische Auslenkung der Masse m unter ihrem in Schwingungsrichtung angesetzten Gewicht G, so kann man die Beziehung (7.12) wie folgt umformen:

$$\omega = \sqrt{\frac{g}{U_{st}}} = \frac{31{,}35}{\sqrt{U_{st}}} \tag{7.13}$$

Darin ist U_{st} in cm einzusetzen.

7.3.2 Periode T

Die Zeitdauer für einen Hin- und Hergang der Masse heißt Periode T (Schwingungszeit, Eigenschwingungsdauer u. a.).

$$T = \frac{2\pi}{\omega} = 2\pi\sqrt{\frac{m}{K}} = 2\pi\frac{\sqrt{U_{st}}}{31{,}35} \cong \frac{\sqrt{U_{st}}}{5} \; [s] \tag{7.14}$$

7.3.3 Eigenfrequenz f

Die Anzahl der Schwingungen in einer Zeiteinheit heißt Eigenfrequenz.

$$f = \frac{1}{T} = \frac{\omega}{2\pi} = \frac{1}{2\pi}\sqrt{\frac{K}{m}} \; [s^{-1}] \text{ oder } [Hz] \tag{7.15}$$

Wie man aus Gl. (7.14) ersehen kann und es sich aus dem Experimentieren mit dem Modell ergibt, bedingen große Massen und geringe Steifigkeiten, d. h. weiche Systeme, (dünner Stab, große h) lange Schwingzeiten und entsprechend kleine Eigenfrequenzen. Umgekehrt, haben kleine Massen und große Steifigkeiten (dicker Stab, kleine h) kurze Schwingungszeiten bzw. hohe Frequenzen zur Folge.

Beispiel 7.1

Gegeben ist das Tragwerk einer Halle (Bild 7.5). Der Binder ist gelenkig auf zwei eingespannten Stützen aus Profilen IPB 220 aufgelagert. Es sind die Eigenwerte des Systems zu bestimmen.

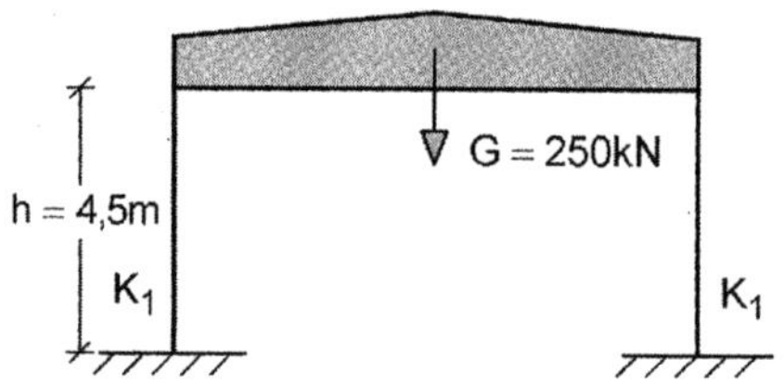

Bild 7.5 Rahmen zum Beispiel 7.1

Mit

$E = 2{,}1.10^{7}$ N/cm²

$I_1 = 8090$ cm^4

ergibt sich die Steifigkeit einer Stütze K_1 zu

$$K_1 = \frac{3.2{,}1.10^7.8090}{450^3} = 5593 \text{ N/cm}$$

Die gesamte Steifigkeit K und die Masse m betragen

$K = 2K_1 = 2.5593 = 11186$ N/cm $= 11{,}186$ kN/cm

$$m = \frac{250}{981} = 0{,}254 \text{ kNs}^2/\text{cm}$$

Aus Gl. (7.12), (7.14) und (7.15) ergibt sich

$$\omega = \sqrt{\frac{11{,}86}{0{,}254}} = 6{,}63 \text{ s}^{-1}$$

$$T = \frac{6{,}28}{6{,}69} = 0{,}947 \text{ s}$$

$$f = \frac{1}{0{,}947} = 1{,}056 \text{ Hz}$$

Berechnet man U_{st} aus Gl. (6.3) zu

$$U_{st} = \frac{Gh^3}{3EI} = \frac{250.450^3}{3.2{,}1.10^4.16180} = 22{,}3 \text{ cm}$$

so ergibt sich

$$\omega = \frac{31{,}35}{\sqrt{22{,}34}} = 6{,}63\ \text{s}^{-1}$$

Beispiel 7.1a

Der Rahmen wird um 1,0 cm seitlich ausgelenkt und anschließend frei gelassen. Gesucht wird die Bewegungsfunktion $U(t)$.

Die Anfangsbedingungen sind

$t = 0$;

$U(0) = U_o = 0{,}01\ \text{m}$;

$\dot{U}_o = 0$

Ausgehend von den Gleichungen (7.7) und (7.8) gilt

$U(t) = A \sin \omega t + B \cos \omega t \rightarrow B = 0{,}01$

$\dot{U}(t) = A\omega \cos \omega t - B\omega \sin \omega t \rightarrow A = 0$

Daraus folgt

$U(t) = 0{,}01 \cos 6{,}63t$

7.4 Freie gedämpfte Schwingungen

Setzt man in Gl. (7.2) nur $P(t) = 0$, so lautet die Gleichung von freien Schwingungen mit viskoser Dämpfung

$$m\ddot{U}(t) + C\dot{U}(t) + KU(t) = 0 \tag{7.16}$$

Der Proportionalitätsfaktor C heißt Dämpfungsmaß, Dämpfungskoeffizient oder einfach Dämpfung.

Die Lösung der Differentialgleichung (7.16) wird mit Hilfe des d´ Alembertschen Ansatzes

$$U = e^{\lambda t} \tag{7.17}$$

gesucht. Setzt man die Gl. (7.17) in Gl. (7.16) ein, erhält man

$$\left(\lambda^2 + \frac{C}{m}\lambda + \frac{K}{m}\right)e^{\lambda t} = 0 \tag{7.18}$$

Da die Gl. (7.18) für jeden Wert von t erfüllt sein muss, lautet die charakteristische Gleichung

$$\lambda^2 + \frac{C}{m}\lambda + \frac{K}{m} = 0 \tag{7.19}$$

Die quadratische Gl. (7.19) hat zwei Wurzeln.

$$\lambda_{1,2} = -\frac{C}{2m} \pm \sqrt{\left(\frac{C}{2m}\right)^2 - \frac{K}{m}} \tag{7.20}$$

Dementsprechend setzt sich die Lösung der Gl. (7.16) aus zwei Teillösungen zusammen.

$$U = Ae^{\lambda_1 t} + Be^{\lambda_2 t} \tag{7.21}$$

Jener Wert von C, für den der Radikand aus Gl. (7.20) null wird, heißt kritische Dämpfung C_{cr}. Er ergibt sich zu

$$\frac{C_{cr}}{2m} = \sqrt{\frac{K}{m}} \rightarrow C_{cr} = 2m\sqrt{\frac{K}{m}} = 2m\omega \tag{7.22}$$

Physikalisch erzeugt eine kritische Dämpfung eine Dämpfungskraft, die mit der Rückstellkraft gleich ist. Dementsprechend wird die pendelnde Bewegung verhindert. Für praktische Zwecke wird für die Dämpfung die Größe $\zeta = \frac{C}{C_{cr}}$ als Prozentsatz der kritischen Dämpfung verwendet.

$$\zeta = \frac{C}{C_{cr}} = \frac{C}{2m\omega} \rightarrow C = 2m\omega\zeta \tag{7.23}$$

Die Größe ζ heißt Dämpfungsgrad und ist identisch mit dem Lehrschen Dämpfungsmaß D. Führt man Gl. (7.23) in Gl. (7.20) ein, so ergibt sich

$$\lambda_{1,2} = \left(-\zeta \pm \sqrt{\zeta^2 - 1}\right)\omega \tag{7.24}$$

Ist die Dämpfung groß ($\zeta \geq 1$), tritt keine freie periodische Schwingung mehr auf, sondern eine gedämpfte Bewegung (Bild 7.6).

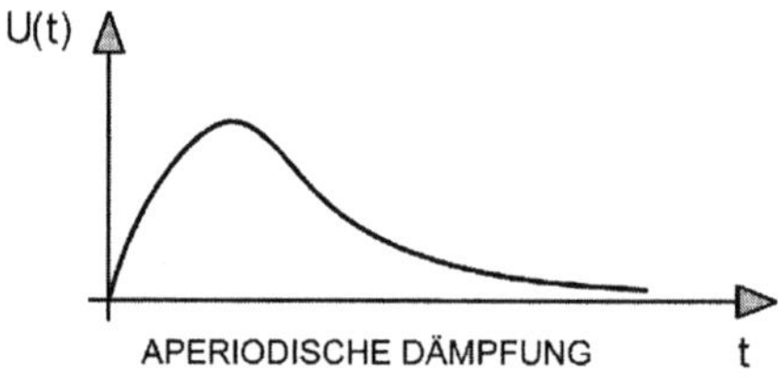

Bild 7.6 Verlauf der überkritisch gedämpften Schwingung

Für herkömmliche Tragwerke ist immer $\zeta < 1$ ($0{,}02 < \zeta < 0{,}10$), und die Werte $\lambda_{1,2}$ werden komplex. Die Gl. (7.21) kann wie folgt neu geschrieben werden:

$$U(t) = Ae^{\left(-\zeta\omega + \omega i\sqrt{1-\zeta^2}\right)t} + Be^{\left(-\zeta\omega - \omega i\sqrt{1-\zeta^2}\right)t} = e^{-\zeta\omega}\left(Ae^{i\sqrt{1-\zeta^2}\,\omega t} + Be^{-i\sqrt{1-\zeta^2}\,\omega t}\right) \tag{7.25}$$

Bezeichnet man mit ω_d die Kreisfrequenz der gedämpften Schwingungen

$$\omega_d = \omega\sqrt{1-\zeta^2} \quad \text{[rad/s]} \tag{7.26}$$

so wird die Periode der gedämpften Schwingungen T_d zu

$$T_d = \frac{2\pi}{\omega_d} = \frac{2\pi}{\omega\sqrt{1-\zeta^2}} = \frac{T}{\sqrt{1-\zeta^2}} \tag{7.27}$$

Da die Dämpfung gewöhnlicher Bauwerke gering ist, wird in der Praxis immer $T_d \cong T$ angenommen.

Mit Hilfe der Euler-Identität $e^{ia} = \cos a + i \sin a$ und mit Anfangsbedingungen, wenn zum Zeitpunkt $t = 0$ die Auslenkung U_o und die Geschwindigkeit $\dot{U}_o$ bekannt sind, ergibt sich die Lösung der Gl. (7.25) zu

$$U(t) = e^{-\zeta\omega t}\left[U_o \cos\omega_d t + \left(\frac{\zeta\omega U_o + \dot{U}_o}{\omega_d}\right)\sin\omega_d t\right] \quad (7.28)$$

Die erste Ableitung von Gl. (7.28) gibt den Verlauf der Geschwindigkeit an.

$$\dot{U}(t) = e^{-\zeta\omega t}\left[\dot{U}_o \cos\omega_d t - \left(\frac{\omega U_o + \zeta\dot{U}_o}{\sqrt{1-\zeta^2}}\right)\sin\omega_d t\right] \quad (7.28a)$$

Nimmt man als Anfangsbedingungen zum Zeitpunkt $t = 0$: $U(t_o) = U_o = 0$ und $\dot{U}(t_o) = \dot{U}_o \neq 0$, erhält man die Lösung der freien gedämpften Schwingungen mit der Anfangsgeschwindigkeit

$$U(t) = e^{-\zeta\omega t}\left[\frac{\dot{U}_o}{\omega\sqrt{1-\zeta^2}}\sin\omega_d t\right] \quad (7.28b)$$

Für $\zeta = 0$ ist Gl. (7.28) identisch mit Gl. (7.10). Die Funktion zwischen den Klammern beschreibt den Schwingungsverlauf. Der Multiplikator $e^{-\zeta\omega t}$ ist eine mit der Zeit abklingende Funktion, die den Amplitudenverlauf der Schwingung angibt (Bild 7.7).

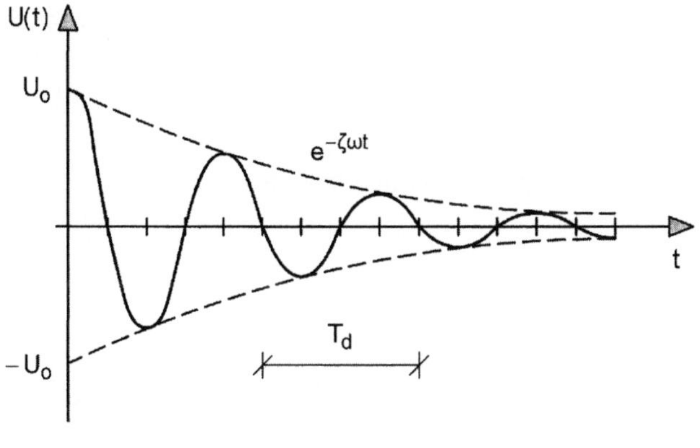

Bild 7.7 Verlauf der unterkritisch gedämpften Schwingung

7.4.1 Logarithmisches Dekrement

Der Verlauf der gedämpften Schwingungen ist dadurch gekennzeichnet, dass das Verhältnis der im Periodenabstand „ T “ aufeinanderfolgender Amplituden konstant ist.

$$\frac{U(t)}{U(t+T)} = \frac{e^{-\zeta\omega t}}{e^{-\zeta\omega(t+T)}} = \frac{1}{e^{-\zeta\omega T}} = e^{\omega\zeta T} \tag{7.29}$$

Die natürlichen Logarithmen dieser Amplituden unterscheiden sich voneinander immer um den gleichen Betrag.

$$\Lambda = \ln\frac{U(t)}{U(t+T)} = \ln U(t) - \ln U(t+T) = \ln\left[e^{\omega\zeta T}\right] = \omega\zeta T = \omega\zeta\frac{2\pi}{\omega} = 2\pi\zeta \tag{7.30}$$

Λ wird als logarithmisches Dekrement der Dämpfung bezeichnet. Da dieser Wert durch direktes Messen der Abnahme der Schwingungsamplituden ermittelt wird, kennzeichnet er am deutlichsten das Maß der Dämpfung.

7.5 Erzwungene Schwingungen

7.5.1 Gedämpftes System unter harmonischer Erregung

Als Erregung kann eine Kraft (siehe Abschnitt 2.3.1) oder eine Basisverschiebung mit harmonischem Zeitverlauf in Frage kommen (Bild 7.8).

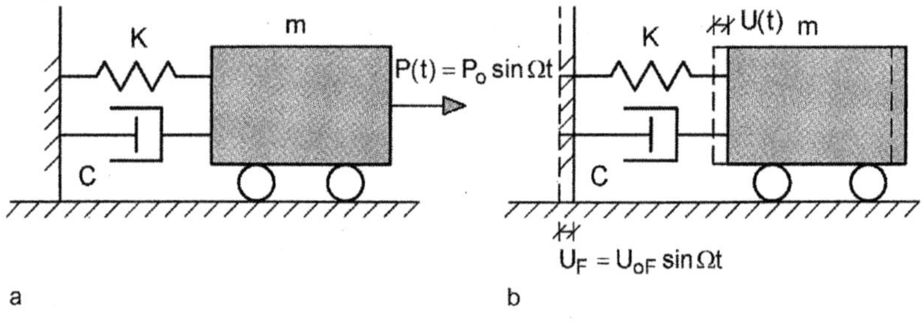

Bild 7.8 Gedämpftes Einmassensystem unter harmonischer Erregung
a) Erregung als Erregerkraft
b) Erregung als Basisverschiebung

Es ist üblich, die Erregerkraft $P(t)$ als Sinusfunktion zu wählen.

$$P(t) = P_0 \sin\Omega t \tag{7.31}$$

P_0 ist die Kraftamplitude (maximaler Wert der Kraft) und Ω die Erregerkreisfrequenz. Stammt die Erregung aus rotierenden Massen, die nicht ausgewuchtet sind (siehe Abschnitt 2.3.1.1), ist die Kraft-Amplitude P_0 die Fliehkraft $P_0 = \overline{m}r\Omega^2$. Eine harmonische Erregung prägt dem Schwinger eine harmonische Bewegung ein. Die Intensität der Bewegung hängt von dem Verhältnis zwischen der Erregungsfrequenz Ω und der Eigenfrequenz ω des Schwingers ab. Wenn diese Frequenzen zusammenfallen, reagiert das System mit großen Ausschlägen, die nur von der Dämpfung begrenzt werden können und man spricht von Resonanz.

Die harmonische Erregung kommt bei dem Betrieb von Maschinen und Aggregaten mit rotierenden Antrieben vor. Sie hat aber eine große Bedeutung bei der Berechnung der Schwingungen unter allgemeinen periodischen Erregungen, da diese mit Hilfe von Fourier-Reihen (siehe Abschnitt 2.3.1.2) in harmonische Anteile zerlegt werden können. Man berechnet die harmonischen Schwingungsreaktionen, die anschließend addiert werden. Setzt man die harmonische Erregung (7.31) in die Gl. (7.16) ein, erhält man die Bewegungsgleichung des Systems.

$$m\ddot{U}(t)+C\dot{U}(t)+KU(t)=P_0 \sin \Omega t \tag{7.32}$$

Die Lösung von Gl. (7.32) lautet

$$\dot{U}_{k+1}=\dot{U}_k+U_k \Delta t \tag{7.33}$$

U_0 ist die Amplitude und φ der Phasenwinkel, der den Nachlauf der Masse im Verhältnis zur Erregerkraft beschreibt. Der Nachlauf ist durch die Trägheit der Masse bedingt; sie reagiert nicht in Phase mit der Kraft, sondern verzögert. Aus dem Einsatz von Gl. (7.33) in Gl. (7.32) lassen sich U_0 und φ errechnen.

$$U_0=\frac{P_0}{\sqrt{\left(K-m\Omega^2\right)^2+(C\Omega)^2}}; \quad \tan\varphi=\frac{C\Omega}{K-m\Omega^2} \tag{7.34}$$

Dann gilt für die Lösung der Gl. (7.33)

$$U(t)=\frac{P_0}{\sqrt{\left(K-m\Omega^2\right)^2+(C\Omega)^2}}\sin(\Omega t-\varphi) \tag{7.35}$$

Für praktische Zwecke ist das Verhältnis V zwischen der dynamischen Amplitude U_0 und der Verschiebung unter statisch wirkender Last $P_0(U_{st})$ von Interesse. Die statische Auslenkung U_{st} infolge P_0 ist

$$U_{st}=\frac{P_0}{K}$$

und mit den Beziehungen

$$\omega^2=\frac{K}{m}, \quad \zeta=\frac{C}{2m\omega}$$

erhält man

$$V=\frac{U_0}{U_{st}}=\frac{1}{\sqrt{\left(1-n^2\right)^2+(2\zeta n)^2}}; \quad \tan\varphi=\frac{2\zeta n}{1-n^2} \tag{7.36}$$

V heißt Vergrößerungsfaktor. Das Verhältnis $n = \frac{\Omega}{\omega}$ nennt man Frequenzverhältnis und den Kehrwert von n Abstimmung $\frac{1}{n} = \frac{\omega}{\Omega}$.

Mit Hilfe des Vergrößerungsfaktors V können die Maximalausschläge der Bewegung wie folgt ermittelt werden:

$$U_0 = \frac{P_0}{K} V \text{ (Amplitude)} \tag{7.37}$$

$$\dot{U}_0 = \frac{P_0}{\sqrt{mK}} nV \text{ (Geschwindigkeit)} \tag{7.38}$$

$$\ddot{U}_0 = \frac{P_0}{m} n^2 V \text{ (Beschleunigung)} \tag{7.39}$$

Stellt man die Gl. (7.36) in Abhängigkeit von n graphisch dar, so erhält man das Resonanz- oder Amplitudenspektrum (Bild 7.9).

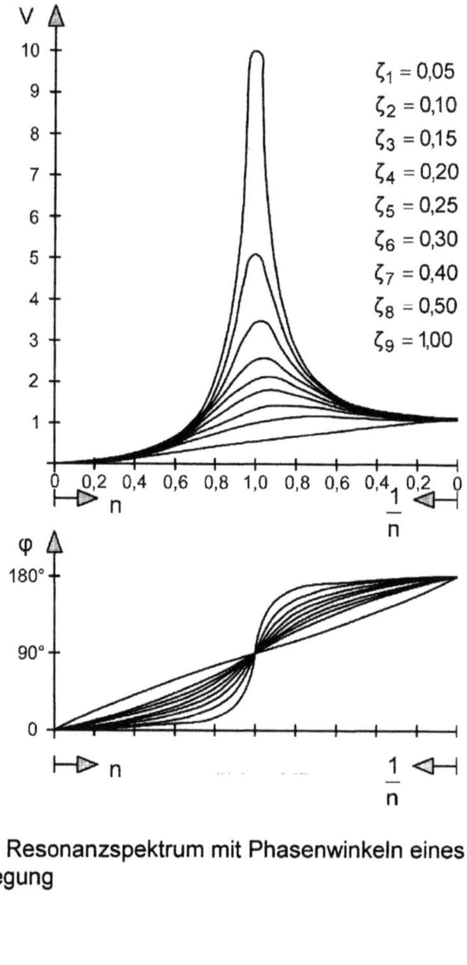

Bild 7.9 Resonanzspektrum mit Phasenwinkeln eines gedämpften Systems unter harmonischer Erregung

Fällt die Erregerfrequenz mit der Eigenfrequenz zusammen ($n = 1$), spricht man von Resonanz.

$$n = \frac{\Omega}{\omega} = 1 \rightarrow \frac{U_o}{U_{st}} = \frac{1}{2\zeta}; \; \tan\varphi = \infty; \; \varphi = 90^o$$

Für null Dämpfung $\zeta \rightarrow 0$ wird die Amplitude unendlich. Im Resonanzfall werden die Ausschläge allein von der Dämpfung kontrolliert. Der Einfluss der Dämpfung auf die Schwingungsamplitude ist nur im Resonanzbereich stark ($1{,}25 < n < 0{,}8$). Aus dem Diagramm 7.9 können folgende Schlüsse gezogen werden:

- Ist die Erregerfrequenz Ω kleiner als die Eigenfrequenz ω ($n < 1$), schwingt das System gleichsinnig (in Phase) mit der Erregerkraft ($\varphi < \frac{\pi}{2}$).
- Bei Frequenzen oberhalb der Resonanzstelle ($\Omega > \omega$, $n > 1$) entsteht eine gegensinnige Schwingung.
- Für hohe Frequenzen ($\Omega, n \rightarrow \infty$) nähert sich φ an π an und die Schwingungsausschläge gehen gegen null. Das System vermag die Erregung wegen seiner Trägheit nicht mehr in Schwingung umzusetzen. Die äußere Kraft steht mit der Trägheitskraft in Gleichgewicht, wobei die Feder- und die Dämpfungskraft null sind.

Es ist zu erwähnen, dass es Ziel der dynamischen Nachweise ist, die Tragwerke so auszulegen, dass Schwingungen in Resonanznähe vermieden werden.

7.5.1.1 Dämpfungshysterese und spezifische Dämpfung

Setzt man Gl. (7.33) in den Ausdruck der Dämpfungskraft ein, ergibt sich

$$P_d = C\dot{U}(t) = C\Omega U_o \cos(\Omega t - \varphi) = \pm C\Omega U_o \sqrt{1 - \sin^2(\Omega t - \varphi)} =$$

$$\pm C\Omega \sqrt{U_o^2 - U_o^2 \sin^2(\Omega t - \varphi)} = \pm C\Omega \sqrt{U_o^2 - U^2(t)} \tag{7.40}$$

Werden beide Seiten quadriert und umgestellt, erhält man die Gleichung einer Ellipse.

$$\left(\frac{P_d}{C\Omega U_o}\right)^2 + \left(\frac{U(t)}{U_o}\right)^2 = 1 \tag{7.41}$$

Die Summe der Rückstellkraft und Dämpfungskraft ergeben

$$P_{Rück} = P_e + P_d = KU(t) + C\Omega\sqrt{U_o^2 - U^2(t)} \tag{7.42}$$

Gl. (7.42) stellt eine Ellipse mit der Hauptachse in Richtung der Federkennlinie dar (Bild 7.10). Der Inhalt der Ellipse ist die pro Zyklus dissipierte Energie A_d, d. h. die Hysteresedämpfung des Systems.

$$A_d = \pi C\Omega U_o^2 \tag{7.43}$$

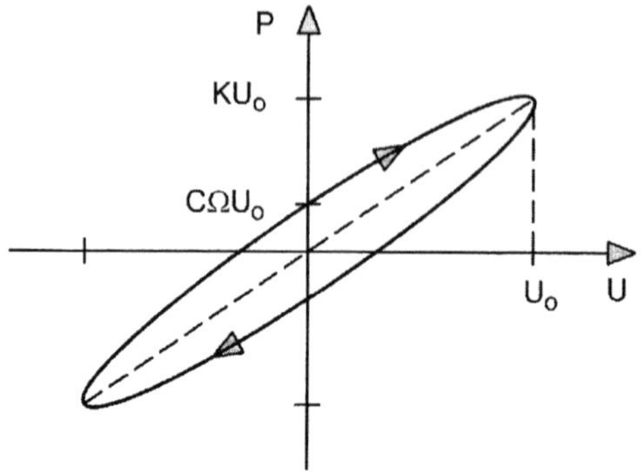

Bild 7.10 Hystereseschleife aufgrund viskoelastischer Dämpfung

Der Inhalt der schraffierten Dreiecksfläche im Bild 7.10 ist die in der Feder gespeicherte Energie $E_k = \frac{1}{2}KU_0^2$. Die spezifische Dämpfung oder Dämpfungskapazität des Systems Ψ ist

$$\Psi = \frac{A_d}{E_k} = \frac{2\pi C\Omega U_0^2}{KU_0^2} = 2\pi\Omega\frac{C}{K} = 4\pi\zeta\frac{\Omega}{\omega} \tag{7.44}$$

Jedes dissipative dynamische System wird von einer Kennlinie mit Hysterese gekennzeichnet, die sich experimentell ermitteln lässt. Aufgrund dieser Aufzeichnung kann mit Hilfe von Gl. (7.44) der Dämpfungsgrad ermittelt werden.

$$\zeta = \frac{\Psi}{4\pi\frac{\Omega}{\omega}}$$

7.5.2 Ungedämpftes System unter stoßartiger Erregung

Wirkt auf ein dynamisches System eine nichtperiodische Erregung ein, wie z. B. ein Stoß, so heißen die anschließenden Schwingungen des Systems nichtstationär oder transient. Greift an der Masse des Schwingers zu dem Zeitpunkt $t = 0$ ein Stoßimpuls S an, dessen Dauer T_s sehr kurz im Verhältnis zur Periode T ist, so gilt für das System der Impulssatz nach Gl. (2.24) und die Anfangsbedingungen sind

$$U_0 = 0$$

$$v = \dot{U}_0 = \frac{S}{m} \tag{7.45}$$

Setzt man Gl. (7.45) in Gl. (7.10) ein, so ergibt sich die Reaktion des Systems (Systemantwort) bei stoßartiger Erregung zu

$$U(t) = \frac{S}{m\omega}\sin\omega t \tag{7.46}$$

Die maximale Auslenkung tritt ein, wenn $\dot{U}(t) = 0$ und die zugehörige Zeit $t_{max} = \frac{\pi}{2\omega} = \frac{T}{4}$ beträgt.

$$\max U = \frac{S}{m\omega} = \frac{S}{m}\sqrt{\frac{m}{K}} = \frac{S}{\sqrt{Km}} \quad (7.47)$$

Die entsprechende maximale Federkraft $\max P_e$ lässt sich wie folgt errechnen:

$$\max P_e = \max UK = \frac{SK}{m}\sqrt{\frac{m}{K}} = S\omega \quad (7.48)$$

Es ist anschaulicher, die Federkraft $\max P_e$ nicht als Funktion des Impulses, sondern der Kraftspitze des Stoßes P_o auszudrücken. Für den rechteckigen Impuls aus Bild 2.9c mit $S = P_o T_s$ ergibt sich die maximale dynamische Kraft $\max P_e$ zu

$$\max P_e = P_o T_s \omega \quad (7.49)$$

$$\max P_e = P_o \frac{2\pi T_s}{T} = \Psi P_o \,; \; \Psi = \frac{2\pi T_s}{T} \quad (7.50)$$

Der Faktor Ψ heißt dynamischer Beiwert oder dynamischer Lastfaktor (vgl. Vergrößerungsfaktor Abschnitt 7.5.1); er gibt an, wie vielmal größer die Federkraft als die Kraftspitze des Impulses ist. Diese Berechnung ausgehend vom Impulssatz setzt voraus, dass die Stoßdauer T_s sehr kurz im Vergleich zur Eigenschwingungsdauer T ist. Sie liefert bis $\frac{T_s}{T} \cong 0{,}25$ sehr zuverlässige Ergebnisse. Ab etwa $\frac{T_s}{T} \geq 0{,}40$ wird sie unbrauchbar, weil die Überhöhung überschätzt wird. Für die im Bild 2.7 dargestellten sinus- und dreieckigen Stoßverläufe ergeben sich folgende dynamische Beiwerte (für die gleiche Bedingung $\frac{T_s}{T} < 0{,}40$):

Sinusstoß: $S = \frac{2}{\pi} P_o T_s$

$$\max P_e = \frac{2}{\pi} P_o T_s \omega = 4 P_o \frac{T_s}{T} \,; \; \Psi = 4\frac{T_s}{T} \quad (7.51)$$

Dreieckstoß: $S = \frac{P_o T_s}{2}$

$$\max P_e = \frac{P_o T_s}{2}\omega = \pi P_o \frac{T_s}{T} \,; \; \Psi = \pi \frac{T_s}{T} \quad (7.52)$$

Die graphische Darstellung von Ψ als Funktion der bezogenen Stoßdauer T_s bezeichnet man als Stoßspektrum.

Für den Einheitsimpuls $S = 1$ wird die Gl. (7.46) zu

$$U(t) = g(t) = \frac{1}{m\omega} \sin \omega t = \frac{\omega}{K} \sin \omega t \tag{7.53}$$

Die Gl. (7.53) heißt Einflussfunktion oder Gewichtsfunktion.

Bei fallendem Gewicht $G_1 = m_1 g$ auf ein Einmassensystem der Masse $m_2 = G_2 / g$ (Bild 7.11) ergibt sich für die dynamische Wirkung der Masse m_1 der Beiwert

$$\Psi = 1 + \sqrt{1 + \frac{2h}{U_{st}\left(1 + \frac{G_2}{G_1}\right)}} = 1 + \sqrt{1 + \frac{2hK}{g(m_1 + m_2)}} \tag{7.54}$$

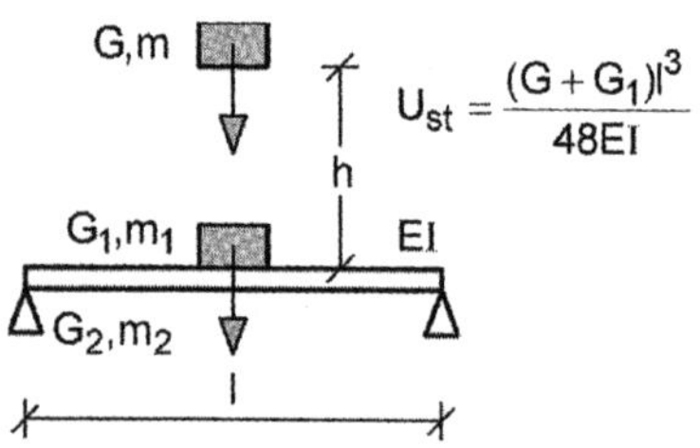

Bild 7.11 Fallendes Gewicht auf einen Einfeldträger

Ist $h = 0$, folgt $\Psi = 2$. Eine plötzlich aufgebrachte Last erzeugt also eine doppelt so große Durchbiegung (Beanspruchung), als eine statische Last. Der Faktor 2 ist unabhängig von der Größe der Systemmasse m_2.

7.5.2.1 Einfluss der Dämpfung

Für ein gedämpftes System lautet die Einflussfunktion von Gl. (7.53)

$$U(t) = g(t) = \frac{\omega}{K} \frac{e^{-\zeta\omega t}}{\sqrt{1 - \zeta^2}} \sin \sqrt{1 - \zeta^2}\, \omega t \tag{7.55}$$

Für herkömmliche Werte des Dämpfungsgrads ($\zeta \leq 0{,}10$) ist der Einfluss der Dämpfung auf die vom Stoß ausgelöste maximale Beanspruchung des Systems sehr gering. Für stark gedämpfte Systeme, d. h. Systeme mit eingebauten Dämpfern, kann die Dämpfung nicht mehr vernachlässigt werden (siehe Abschnitt 7.11).

7.5.3 Ungedämpftes System unter beliebiger Erregung. Duhamel-Faltungsintegrale

Eine beliebige Belastung $P(t) = P_0 f(t)$ kann als eine Reihe von unendlich kleinen Impulsen

$$dS = P(\tau)d\tau$$

wirkend auf die Masse m in der Zeitspanne $0 < \tau < t$ dargestellt werden (Bild 7.12).

Die Systemantwort $dU(t)$ infolge jedes Impulses dS zu dem Zeitpunkt $t' = t - \tau$ berechnet sich aus Gl. (7.46) wie folgt:

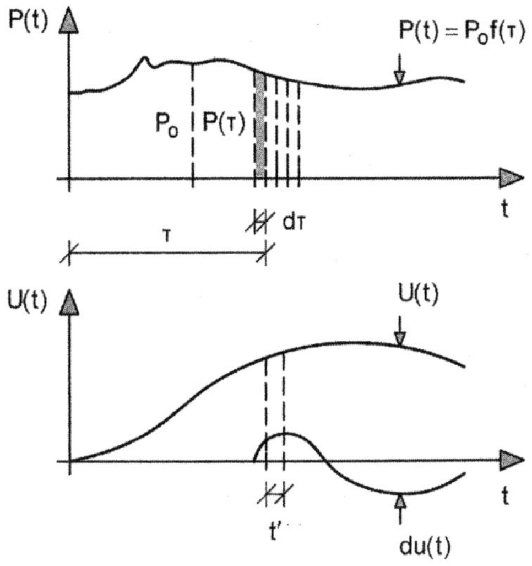

Bild 7.12 Dynamische Antwort bei beliebiger Belastung

$$dU(t) = \frac{P(\tau)}{m\omega}\sin(\omega t')d\tau = \frac{P_0 f(t)}{m\omega}\sin\omega(t-\tau)d\tau \tag{7.56}$$

Die Bewegung des Systems unter der Wirkung aller Impulse dS ergibt sich als integrale Summe der Bewegungen, erzeugt von allen Impulsen dS in der Zeitspanne $0-t$, zu

$$U(t) = \frac{1}{m\omega}\int_0^t P(\tau)\sin\omega(t-\tau)d\tau \tag{7.57}$$

oder mit dem Einsatz der Gewichtsfunktion nach Gl. (7.53) zu

$$U(t) = \int_0^t P(\tau)g(t-\tau)d\tau \tag{7.58}$$

Gl. (7.57) und Gl. (7.58) heißen Duhamel-Integrale. Sie beschreiben die Reaktion eines Einmassenschwingers auf eine beliebige Erregung.

Um den Einfluss von Anfangsbedingungen U_0 und $\dot{U}_0$ zum Zeitpunkt $t = 0$ zu berücksichtigen, muss man zu der Lösung von Gl. (7.57) die Lösung der freien Schwingungen nach Gl. (7.10) addieren. Die gesamte Verschiebung des ungedämpften Schwingers unter beliebiger Belastung $P(t)$ ist dann

$$U(t) = U_0\cos\omega t + \frac{\dot{U}_0}{\omega}\sin\omega t + \frac{1}{m\omega}\int_0^t P(\tau)\sin\omega(t-\tau)d\tau \tag{7.59}$$

Für eine leichtere Handhabung bei der Anwendung von numerischen Integrationsverfahren kann das Duhamel-Integral in zwei Anteile aufgespalten werden (siehe Abschnitt 7.6.1).

Bezeichnet man mit

$$\Psi(t) = \omega\int_0^t P(\tau)\sin\omega(t-\tau)d\tau \tag{7.60}$$

und U_{st}^1 die statische Verschiebung aus einer Kraft $P_o = 1$

$$U_{st}^1 = \frac{1}{K} = \frac{1}{m\omega^2} \tag{7.60a}$$

so wird Gl. (7.57) zu

$$U(t) = U_{st}^1 \Psi(t) \tag{7.60b}$$

Die Funktion (7.60) heißt dynamische Lastfunktion. Sie gibt zu jedem Zeitpunkt den dynamischen Effekt der Belastung $P(t)$ gegenüber ihrer maximalen statischen Wirkung an. Bild 7.13 zeigt die dynamischen Lastfunktionen einiger Typen von Stoßlasten.

	P(t)	$\Psi(t)$
1	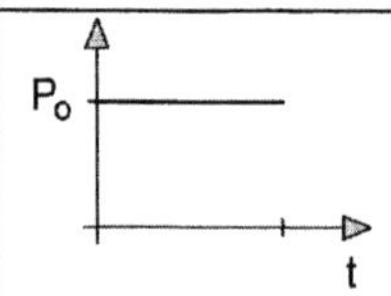	$P_o(1 - \cos \omega t)$
2	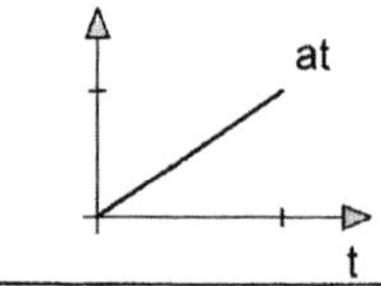	$a\left(t - \frac{\sin \omega t}{\omega}\right)$
3	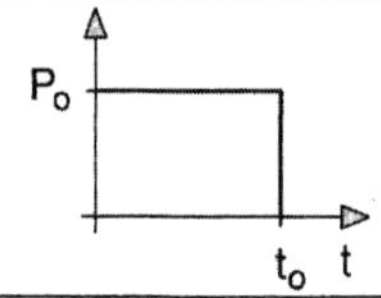	$t < t_o$; $t > t_o$ $P_o(1 - \cos \omega t)$; $P_o[\cos \omega(t - t_o) - \cos \omega t]$
4	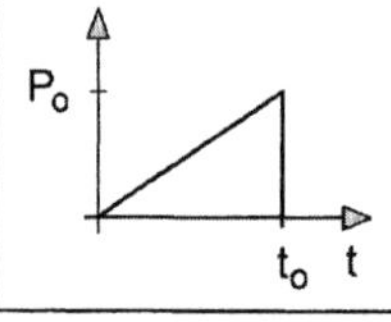	$t < t_o$; $t > t_o$ $\frac{P_o}{t_o}\left(t - \frac{\sin \omega t}{\omega}\right)$; $\frac{P_o}{t_o}\left(t_o \cos \omega(t - t_o) + \frac{\sin \omega(t - t_o)}{\omega} - \frac{\sin \omega t}{\omega}\right)$

Bild 7.13 Lastfunktionen verschiedener Stoßtypen [7.1]

Beispiel 7.2

Es wird der Fall des Einmassenschwingers unter einer plötzlich aufgebrachten Last F_o betrachtet (Bild 7.14). Die Anfangsbedingungen sind $U_o = \dot{U}_o = 0$.

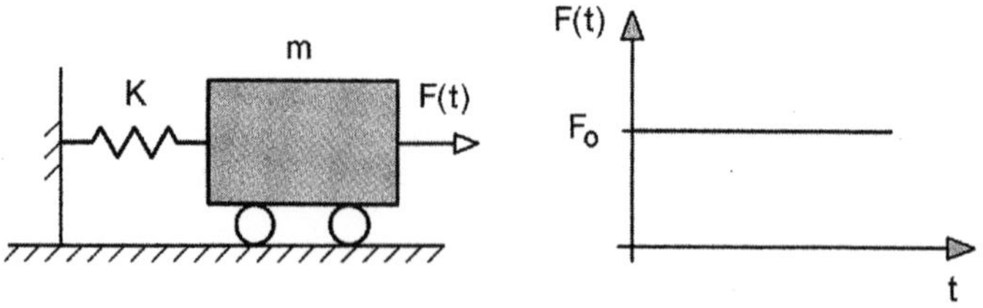

Bild 7.14 Einmassenschwinger und Zeitverlauf der äußeren Belastung zum Beispiel 7.2

Aus Gl. (7.59) ergibt sich die Antwort des Systems (Bild 7.15)

$$U(t) = \frac{1}{m\omega}\int_0^t F_0 \sin\omega(t-\tau)d\tau = \frac{F_0}{m\omega^2}\left[\cos(\omega(t-\tau))\right]_0^t = \frac{F_0}{K}(1-\cos\omega t)$$

wo

$$\frac{F_0}{K} = U_{st}$$

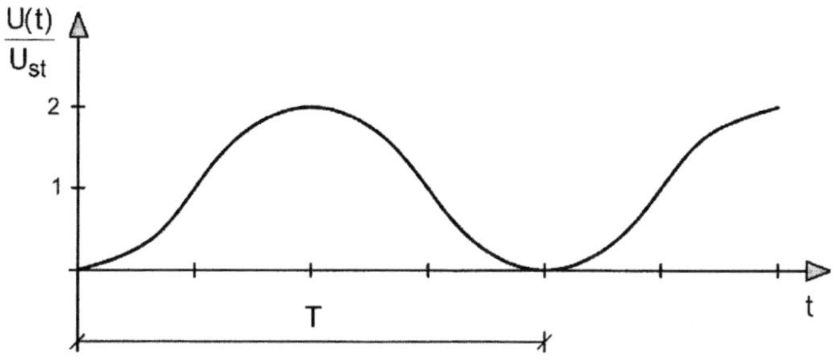

Bild 7.15 Antwort des Einmassenschwingers zum Beispiel 7.2

Die dynamische Lastfunktion ist

$$\Psi = F_0(1-\cos\omega t)$$

Aus dem Bild 7.15 folgt, dass die maximale Verschiebung unter der plötzlich aufgebrachten Last zweimal größer als die statische Verschiebung ist.

7.5.3.1 Berücksichtigung der Dämpfung

Für einen gedämpften Schwinger lautet das Duhamel-Integral nach Gl. (7.57)

$$U(t) = \frac{\omega}{K}\frac{1}{\sqrt{1-\zeta^2}}\int_0^t P(\tau)e^{-\zeta\omega(t-\tau)}\sin\sqrt{1-\zeta^2}\,\omega(t-\tau)d\tau \tag{7.61}$$

oder mit $\omega_d = \omega\sqrt{1-\zeta^2}$

$$U(t) = \int_0^t \frac{P(\tau)}{m\omega_d}e^{-\zeta\omega(t-\tau)}\sin\omega_d(t-\tau)d\tau \tag{7.62}$$

7.6 Numerische Lösungen

Oft kommt es vor, dass die Lastfunktionen wie z. B. Erdbeben nicht mathematisch beschrieben werden können. In diesem Fall ist man auf numerische Lösungen angewiesen. Numerische Lösungen gehen von der Einteilung der Antwortfunktionen und der Erregung in finiten Zeitintervallen Δt (Diskretisierung) und von der Festlegung eines rechnerischen Zusammenhangs zwischen den Werten am Anfang und am Ende der Zeitintervalle aus. Kennt man alle Antwortwerte und die Erregung zum Zeitpunkt t_k, so sind die drei Antwortgrößen – Verschiebung, Geschwindigkeit, Beschleunigung – zum Zeitpunkt t_{k+1} zu berechnen (Bild 7.16). Die

Aufgabe wird von einem Anfangszustand mit vorgegebenen Anfangswerten ausgehend, in einer fortschreitenden Weise (von Zeitschritt zu Zeitschritt) gelöst. Man spricht auch von Zeitschritt- oder Zeitverlaufverfahren.

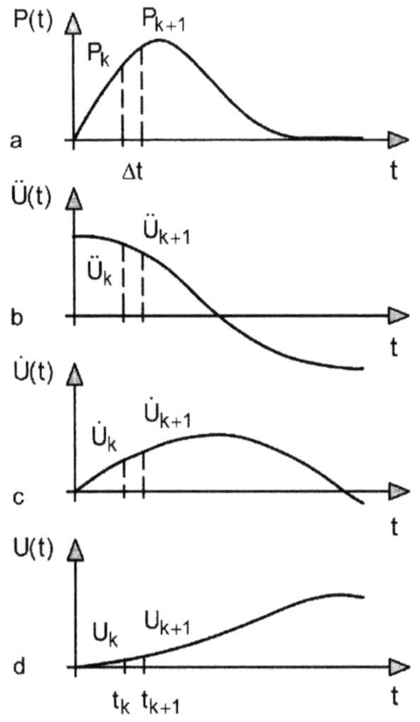

Bild 7.16 Zeitverlauf der Bewegungscharakteristika auf die Zeitdauer t
a) Kraftfunktion
b) Beschleunigungsverlauf
c) Geschwindigkeitsverlauf
d) Verschiebungsverlauf

7.6.1 Duhamel-Integrale

Durch die Einführung der trigonometrischen Identität

$$\sin\omega(t-\tau) = \sin\omega t \cos\omega\tau - \cos\omega t \sin\omega\tau$$

in Gl. (7.57) lässt sich das Duhamel-Integral wie folgt umschreiben:

$$U(t) = \sin\omega t \frac{1}{m\omega}\int_0^t P(\tau)\cos\omega\tau d\tau - \cos\omega t \frac{1}{m\omega}\int_0^t P(\tau)\sin\omega\tau d\tau \tag{7.63}$$

oder

$$U(t) = [A(t)\sin\omega t - B(t)\cos\omega t]\frac{1}{m\omega} \tag{7.64}$$

wobei

$$A(t) = \int_0^t P(\tau)\cos\omega\tau d\tau \qquad (7.64a)$$

$$B(t) = \int_0^t P(\tau)\sin\omega\tau d\tau \qquad (7.64b)$$

Zur Abschätzung der Gleichungen (7.64a-b) werden numerische Verfahren eingesetzt. Die am häufigsten verwendenden Näherungen sind der Trapez-Ansatz und der Simpson-Ansatz. Demnach wird das Integral einer allgemeinen Funktion $I(\tau)$

$$A(t) = \int_0^t I(\tau)d\tau$$

zu einer Summe von diskreten Werten, für n Integrale I, $n = \frac{t}{\Delta t}$, ausgedrückt.

- Nach dem Trapez-Ansatz

$$A(t) = \Delta\tau\frac{1}{2}\left[I_0 + 2I_1 + 2I_2 + ... + 2I_{n-1} + 2I_n\right] \qquad (7.65a)$$

- Nach dem Simpson-Ansatz

$$A(t) = \Delta\tau\frac{1}{3}\left[I_0 + 4I_1 + 2I_2 + ... + 4I_{n-1} + 2I_n\right] \qquad (7.65b)$$

In der Simpson-Näherung muss n eine gerade Zahl sein.

Ein weiteres Verfahren zur numerischen Abschätzung basiert auf der Teilung der Funktion in kleinen Abschnitten mit linearem Verlauf und der Ausführung der genauen analytischen Integrierung über die kleinen Zeitintervalle $\Delta\tau_k$ (Bild 7.17).

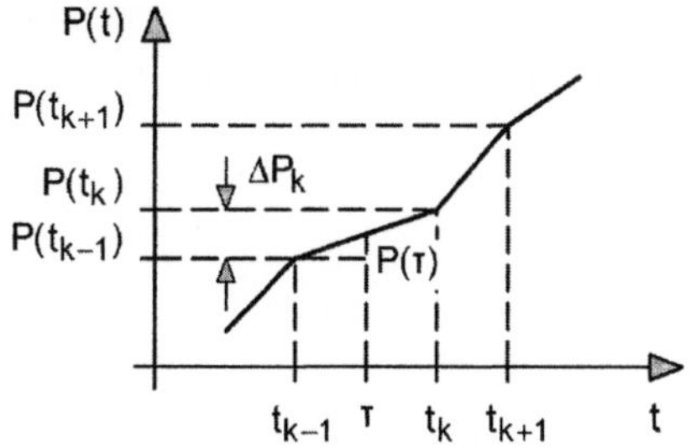

Bild 7.17 Diskretisierung einer Belastungsfunktion in Zeitintervallen

Die Gleichungen (7.64a-b) können in inkrementaler Form mit diskreten Intervallgrenzwerten wie folgt ausgedrückt werden:

$$A(t_k) = A(t_{k-1}) + \int_{t_{k-1}}^{t_k} P(\tau)\cos\omega\tau d\tau \qquad (7.66a)$$

$$B(t_k) = B(t_{k-1}) + \int_{t_{k-1}}^{t_k} P(\tau)\sin\omega\tau d\tau \qquad (7.66b)$$

Zum Zeitpunkt τ kann die Ordinate der Kraft $P(\tau)$ aus dem Bild 7.17 wie folgt errechnet werden:

$$P(\tau) = P(t_{k-1}) + \Delta P(\tau) = P(t_{k-1}) + \frac{\Delta P_k}{\Delta t_k}(t_{k-1} - t_k) \tag{7.67}$$

wobei

$$\Delta P_k = P(t_k) - P(t_{k-1})$$

$$\Delta t_k = t_k - t_{k-1}$$

Durch Einsetzen von Gl. (7.67) in den Gleichungen (7.66a-b) und Integration erhält man folgende Rekursionsformel, die für eine computerunterstützte Berechnung geeignet sind:

$$A(t_k) = A(t_{k-1}) + \left(P(t_{k-1}) - t_{k-1}\frac{\Delta P_k}{\Delta t_k}\right)\left(\frac{\sin\omega t_k - \sin\omega t_{k-1}}{\omega}\right) +$$

$$\frac{\Delta P_k}{\omega^2 \Delta t_k}\left[\cos\omega t_k - \cos\omega t_{k-1} + \omega\left(t_k \sin\omega t_k - t_{k-1}\sin\omega t_{k-1}\right)\right] \tag{7.68a}$$

$$B(t_k) = B(t_{k-1}) + \left(P(t_{k-1}) - t_{k-1}\frac{\Delta P_k}{\Delta t_k}\right)\left(\frac{\cos\omega t_k - \cos\omega t_{k-1}}{\omega}\right) +$$

$$\frac{\Delta P_k}{\omega^2 \Delta t_k}\left[\sin\omega t_k - \sin\omega t_{k-1} - \omega\left(t_k \cos\omega t_k - t_{k-1}\cos\omega t_{k-1}\right)\right] \tag{7.68b}$$

Beispiel 7.3

Es wird die ungedämpfte Antwort eines Wasserturms (Bild 7.18a) auf die im Bild 7.18b idealisierte Explosionslast berechnet. Die Masse des Turms beträgt $m = \frac{G}{g} = \frac{1000.10^3}{981} = 1020$ Ns²/cm und die Steifigkeit $K = 1020$ kN/cm.

Die Eigenkreisfrequenz und die Eigenperiode des Einmassenschwingers betragen

$$\omega = \sqrt{\frac{K}{m}} = \sqrt{\frac{1020.10^3}{1020}} = 31{,}62 \text{ rad/s}$$

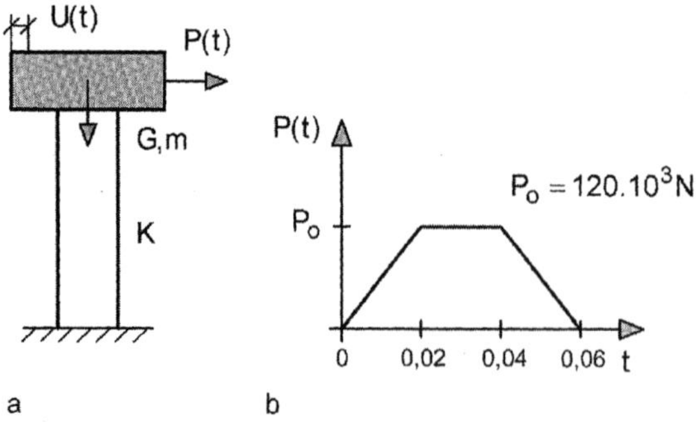

Bild 7.18
a) Bauwerkscharakteristika zum Beispiel 7.3
b) Zeitverlauf der Belastung

$$T = \frac{2\pi}{\omega} = 0{,}198 \text{ s}$$

Die Berechnung der Integrale $A(t_k)$ und $B(t_k)$ in der Antwort von (7.64a-b) erfolgt in der Tabelle 7.1.

Tabelle 7.1 Antwortscharakteristika des Einmassenschwingers vom Beispiel 7.3

	t [s]	Δt [s]	ωt	$A(t_k)$	$B(t_k)$	U(t) [cm]
0	0	0	0	0	0	0
1	0,02	0,02	0,632	1082	486	0,008
2	0,04	0,02	1,265	2458	2404	0,050
3	0,06	0,02	1,897	2571	3585	0,111
4	0,08	0,02	2,530	2571	3585	0,138
5	0,10	0,02	3,162	2571	3585	0,108

Die Werte A(t) und B(t) bleiben konstant auch für die freien Schwingungen ($t > 0{,}06s$), die von folgender Gleichung charakterisiert werden:

$$U(t) = \frac{1}{1020.31{,}62}(25{,}71 \sin 31{,}62t - 3585 \cos 31{,}62t) = 0{,}0797 \sin 31{,}62t - 0{,}111 \cos 31{,}62t$$

7.6.2 Direkte Zeitintegrationsverfahren

Die numerischen Verfahren zur Lösung von strukturdynamischen Aufgaben treten neben den klassischen Verfahren der numerischen Mathematik – Euler-Cauchy-Verfahren, Runge-Kutta-Verfahren usw. – auf und setzen die Anwendung eines Rechners voraus. Unter diesen Verfahren sind das zentrale Differenzenverfahren, das Newmark-Verfahren, Wilson-Verfahren, Park-Verfahren u. a. zu erwähnen [7.2].

Das Zentraldifferenzenverfahren ist in der numerischen Mathematik seit langem bekannt, die anderen sind speziell für dynamische Probleme entwickelt worden. Die Güte der Verfahren wird nach der numerischen Stabilität, Genauigkeit und Rechenaufwand bewertet. Es wird zwischen unbedingt und bedingt stabilen Verfahren unterschieden. In jedem Verfahren ist ein Zeitintervall $\Delta t < \Delta t_{krit}$ einzuhalten; es empfiehlt sich eine kürzere Schrittweise zu wählen. Im Folgenden werden das Verfahren von Newmark und von Wilson vorgestellt.

7.6.2.1 ß-Verfahren von Newmark

Bei der Ermittlung der zeitabhängigen Antwort des Systems geht es also um drei unbekannte Größen, so dass drei Gleichungen notwendig sind. Als erste Gleichung nimmt man die Bewegungsgleichung nach Gl. (7.2) an.

$$\ddot{U}(t) + 2\zeta\omega\dot{U}(t) + \omega^2 U(t) = \frac{P(t)}{m} \tag{7.69}$$

Aus dem Beschleunigungs- und Geschwindigkeitsverlauf lassen sich die weiteren zwei Verläufe ableiten.

$$\dot{U}(t) = \dot{U}(t_o) + \int_{t_o}^{t} \ddot{U}(t)dt \tag{7.70}$$

$$U(t) = U(t_o) + \int_{t_o}^{t} \dot{U}(t)dt \tag{7.71}$$

Mit $t_o = t_k$, $t = t_{k+1}$ und $\Delta t = t_{k+1} - t_k$ werden die Gl. (7.70) und (7.71) zu

$$\dot{U}_{k+1} = \dot{U}_k + \int_{t_k}^{t_{k+1}} \ddot{U}(t)dt \tag{7.72}$$

$$U_{k+1} = U_k + \int_{t_k}^{t_{k+1}} \dot{U}(t)dt \tag{7.73}$$

Um das Integral in Gl. (7.72) berechnen zu können, muss der Verlauf der Beschleunigung im Zeitintervall Δt angenähert werden. Dies kann auf unterschiedlichste Weise erfolgen, wobei für Aufgaben der Baudynamik Annäherungen mit konstantem Wert, mit konstantem Durchschnittswert und mit linearem Verlauf in Frage kommen (Bild 7.19).

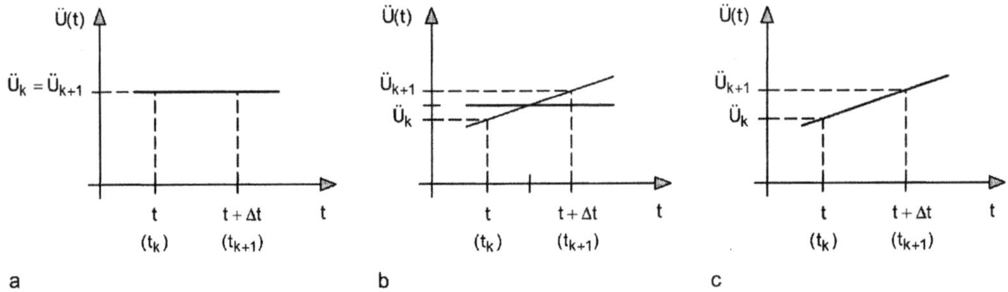

Bild 7.19 Beschleunigungsverlauf im Zeitintervall Δt
a) Konstanter Verlauf
b) Konstanter Durchschnittsverlauf
c) Linearer Verlauf

Bei konstanter Beschleunigung wird angenommen, dass die Beschleunigung im Zeitintervall $\Delta t = t_{k+1} - t_k$ gleichmäßig (konstant) ist (Bild 7.19a).

$$\ddot{U}(t) = \ddot{U}_{k+1} = \ddot{U}_k$$

In diesem Fall ergibt sich aus Gl. (7.72) und (7.73)

$$\dot{U}_{k+1} = \dot{U}_k + U_k\Delta t \tag{7.74}$$

$$U_{k+1} = U_k + \dot{U}_k\Delta t + \frac{1}{2}\ddot{U}_k(\Delta t)^2 \tag{7.75}$$

Bei konstanter Mittelbeschleunigung geht man davon aus, dass die Beschleunigung in jedem Zeitintervall konstant ist, aber betragsmäßig vom Mittelwert der Beschleunigung am Anfang und am Ende des Intervalls angegeben wird (Bild 7.19b).

$$\ddot{U}(t) = \frac{1}{2}(\ddot{U}_{k+1} + \ddot{U}_k)$$

Mit dieser Annahme werden die Gl. (7.72) und (7.73)

$$\dot{U}_{k+1} = \dot{U}_k + \frac{1}{2}\ddot{U}_k \Delta t + \frac{1}{2}\ddot{U}_{k+1}\Delta t \tag{7.76}$$

$$U_{k+1} = U_k + \dot{U}_k \Delta t + \frac{1}{4}\ddot{U}_k (\Delta t)^2 + \frac{1}{4}\ddot{U}_{k+1}(\Delta t)^2 \tag{7.77}$$

Die Annäherung mit linearer Beschleunigung gründet sich auf einem linearen Beschleunigungsverlauf in jedem Zeitintervall (Bild 7.19c) nach folgendem Gesetz:

$$\ddot{U}(t) = \ddot{U}_k + \left[\frac{\ddot{U}_{k+1} - \ddot{U}_k}{t_{k+1} - t_k}\right](t - t_k)$$

Somit werden die Gl. (7.72) und (7.73) wie folgt geschrieben:

$$\dot{U}_{k+1} = \dot{U}_k + \frac{1}{2}\ddot{U}_k \Delta t + \frac{1}{2}\ddot{U}_{k+1}\Delta t \tag{7.78}$$

$$U_{k+1} = U_k + \dot{U}_k \Delta t + \frac{1}{3}\ddot{U}_k (\Delta t)^2 + \frac{1}{6}\ddot{U}_{k+1}(\Delta t)^2 \tag{7.79}$$

Im ß-Verfahren von Newton werden die drei Annahmen für den Beschleunigungsverlauf mit Hilfe von zwei Beiwerten in nur zwei Gleichungen vereint. Dementsprechend lauten die drei Gleichungen (7.69) (7.72) und (7.73)

$$\ddot{U}_{k+1} + 2\zeta\omega\dot{U}_{k+1} + \omega^2 U_{k+1} = \frac{P_{k+1}}{m} \tag{7.80}$$

$$\dot{U}_{k+1} = \dot{U}_k + (1-\delta)\ddot{U}_k \Delta t + \delta\ddot{U}_{k+1}\Delta t \tag{7.81}$$

$$U_{k+1} = U_k + \dot{U}_k \Delta t + \left(\frac{1}{2} - \alpha\right)\ddot{U}_k (\Delta t)^2 + \alpha\ddot{U}_{k+1}(\Delta t)^2 \tag{7.82}$$

und mit folgenden Werten für α und δ:

- Konstante Beschleunigung: $\alpha = 0$, $\delta = 0$
- Konstante Mittelbeschleunigung: $\alpha = \frac{1}{4}$, $\delta = \frac{1}{2}$
- Lineare Beschleunigung: $\alpha = \frac{1}{6}$, $\delta = \frac{1}{2}$

Setzt man Gl. (7.81) und (7.82) in Gl. (7.80) ein, erhält man

$$\ddot{U}_{k+1} = -\left(\frac{\omega^2}{ß}\right)U_k - \left(\frac{2\zeta\omega + \omega^2\Delta t}{ß}\right)\dot{U}_k - \left(\frac{\gamma}{ß}\right)\ddot{U}_k + \left(\frac{1}{mß}\right)P_{k+1} \tag{7.83}$$

wo

$$ß = 1 + 2\zeta\omega\delta\Delta t + \omega^2\alpha(\Delta t)^2 \tag{7.83a}$$

$$\gamma = 2\zeta\omega(1-\delta)\Delta t + \omega^2\left(\frac{1}{2}-\alpha\right)(\Delta t)^2 \tag{7.83b}$$

Setzt man Gl. (7.83) in Gl. (7.81) und (7.82) ein, ergeben sich folgende Gleichungen:

$$\dot{U}_{k+1} = \frac{A}{\text{ß}}U_k + \frac{B}{\text{ß}}\dot{U}_k + \frac{C}{\text{ß}}\ddot{U}_k + \frac{\delta\Delta t}{m\text{ß}}P_{k+1} \tag{7.84}$$

$$U_{k+1} = \frac{D}{\text{ß}}U_k + \frac{E}{\text{ß}}\dot{U}_k + \frac{F}{\text{ß}}\ddot{U}_k + \frac{\alpha(\Delta t)^2}{m\text{ß}}P_{k+1} \tag{7.85}$$

wo

$$A = -\omega^2\delta\Delta t \tag{7.86a}$$

$$B = \text{ß} - 2\zeta\omega\delta\Delta t - \omega^2\delta(\Delta t)^2 \tag{7.86b}$$

$$C = \text{ß}\Delta t - \delta(\text{ß}+\gamma)\Delta t \tag{7.86c}$$

$$D = \text{ß} - \omega^2\alpha(\Delta t)^2 \tag{7.86d}$$

$$E = \text{ß}\Delta t - 2\zeta\omega\alpha(\Delta t)^2 - \omega^2\alpha(\Delta t)^3 \tag{7.86e}$$

$$F = \frac{1}{2}\text{ß}(\Delta t)^2 - \alpha(\text{ß}+\gamma)(\Delta t)^2 \tag{7.86f}$$

Der Gleichungssatz (7.83), (7.84), (7.85) kann in Matrizenform zusammengefasst werden.

$$\begin{bmatrix} U_{k+1} \\ \dot{U}_{k+1} \\ \ddot{U}_{k+1} \end{bmatrix} = D_N \begin{bmatrix} U_k \\ \dot{U}_k \\ \ddot{U}_k \end{bmatrix} + H_N P_{k+1} \tag{7.87}$$

mit

$$D_N = \frac{1}{\text{ß}}\begin{bmatrix} D & E & F \\ A & B & C \\ -\omega^2 & -2\zeta\omega - \omega^2\Delta t & -\gamma \end{bmatrix} \tag{7.87a}$$

$$H_N = \left(\frac{1}{m\text{ß}}\right)\begin{bmatrix} \alpha(\Delta t)^2 \\ \delta\Delta t \\ 1 \end{bmatrix} \tag{7.87b}$$

Wählt man für das Zeitintervall Δt einen konstanten Wert, sind die Matrizen für D_N und H_N nur einmal zu berechnen. Je kleiner das Zeitintervall festgelegt wird, desto höher wird die Genauigkeit. Die Praxis hat gezeigt, dass es für Zeitintervalle $\Delta t \leq 0{,}1T$ eine gute Genauigkeit erreicht wird.

Die Annahme der konstanten Durchschnittsbeschleunigung weist bei $\delta = \frac{1}{2}, \alpha = \frac{1}{4}$ eine gute numerische Stabilität auf. Der Ansatz $\delta \geq \frac{1}{2}, \alpha \geq \frac{1}{4}$ gilt als unbedingt stabil. Dies bedeutet, dass eventuelle Fehler in den Antwortgrößen, die zum Zeitpunkt t vorhanden sind, im Zuge der Integration nicht noch zu weiteren Fehlern anwachsen.

Beispiel 7.4

Die Vorgehensweise soll am Beispiel eines Einmassenschwingers unter sprungartiger Belastung verdeutlicht werden (Bild 7.20). Die Eigenschaften des Systems sind $m = 1$ kNs²/cm, $\zeta = 0{,}05$, $T = 1{,}0$ s, $\omega = 6{,}28$ rad/s.

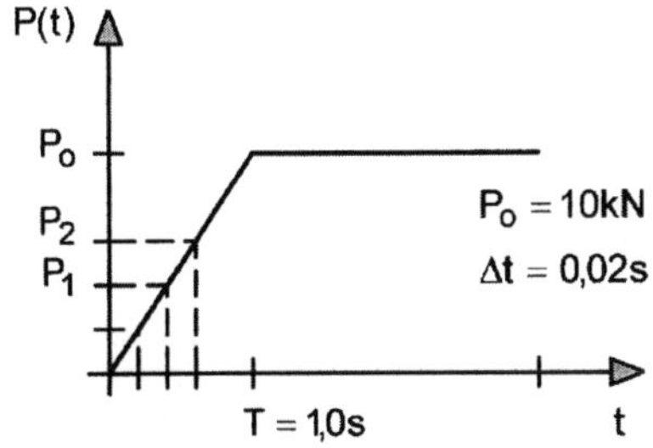

Bild 7.20 Zeitverlauf der Belastungsfunktion vom Beispiel 7.4

Im Zeitintervall $\Delta t = 0{,}02$ s wird der Verlauf der Beschleunigung konstant angenommen, d. h. $\alpha = \delta = 0$. Somit gilt

$$ß = 1\,;\ \frac{1}{mß} = 1$$

$$\gamma = 0{,}0204$$

$$A = 0\,,\ B = 1\,,\ C = 0{,}02\,,\ D = 1\,,\ E = 0{,}02\,,\ F = 0{,}0002$$

$$-2\zeta\omega - \omega^2 \Delta t = -1{,}418$$

und die Gl. (7.87) wird

$$\begin{bmatrix} U_{k+1} \\ \dot{U}_{k+1} \\ \ddot{U}_{k+1} \end{bmatrix} = \begin{bmatrix} 1 & 0{,}02 & 0{,}0002 \\ 0 & 1 & 0{,}02 \\ -39{,}478 & -1{,}418 & 0{,}0204 \end{bmatrix} \begin{bmatrix} U_k \\ \dot{U}_k \\ \ddot{U}_k \end{bmatrix} + \begin{bmatrix} 0 \\ 0 \\ 1 \end{bmatrix} P_{k+1}$$

Die Anfangsbedingungen sind $t = 0$, $U_o = 0$, $\dot{U}_o = 0$, $P_o = 0$. Es gilt also

$$\ddot{U}_o = \frac{P_o}{m} - 2\zeta\omega\dot{U}_o - \omega^2 U_o \equiv 0$$

und mit $P_1 = 0{,}2$ kN ergibt sich

$$\begin{bmatrix} U_1 \\ \dot{U}_1 \\ \ddot{U}_1 \end{bmatrix} = \begin{bmatrix} 1 & 0{,}02 & 0{,}0002 \\ 0 & 1 & 0{,}02 \\ -39{,}478 & -1{,}418 & 0{,}0204 \end{bmatrix} \begin{bmatrix} 0 \\ 0 \\ 0 \end{bmatrix} + \begin{bmatrix} 0 \\ 0 \\ 0{,}2 \end{bmatrix} = \begin{bmatrix} 0 \\ 0 \\ 0{,}2 \end{bmatrix}$$

Für die zweite Stufe ($t = 2\Delta t$) ist $P_2 = 0{,}4$ kN und die charakteristische Gleichung lautet

$$\begin{bmatrix} U_2 \\ \dot{U}_2 \\ \ddot{U}_2 \end{bmatrix} = \begin{bmatrix} 1 & 0{,}02 & 0{,}0002 \\ 0 & 1 & 0{,}02 \\ -39{,}478 & -1{,}418 & 0{,}0204 \end{bmatrix} \begin{bmatrix} 0 \\ 0 \\ 0{,}2 \end{bmatrix} + \begin{bmatrix} 0 \\ 0 \\ 0{,}4 \end{bmatrix} = \begin{bmatrix} 0{,}00004 \\ 0{,}004 \\ 0{,}404 \end{bmatrix}$$

usw.

7.6.2.2 Wilson- Θ -Verfahren

Das Wilson- Θ -Verfahren geht von einem linearen Beschleunigungsverlauf in einem Zeitabschnitt $\Theta\Delta t$ (t bis $t+\Theta\Delta t$) aus, wobei Θ eine Zahl größer als 1,0 ist (Bild 7.21).

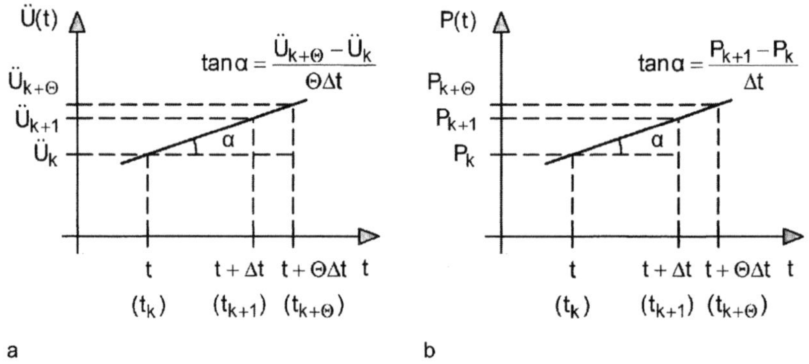

Bild 7.21 Funktionen im Zeitintervall $\Theta\Delta t$
a) Lineare Beschleunigung
b) Lineare Belastung

Die Gleichungen (7.80), (7.81) und (7.82) werden mit dem neuen Zeitinkrement $\Theta\Delta t$ für $\delta = \frac{1}{2}, \alpha = \frac{1}{6}$ wie folgt umgeschrieben:

$$\ddot{U}_{k+\Theta} + 2\zeta\omega\dot{U}_{k+\Theta} + \omega^2 U_{k+\Theta} = \frac{P_{k+\Theta}}{m} \tag{7.88}$$

$$\dot{U}_{k+\Theta} = \dot{U}_k + \frac{1}{2}\ddot{U}_k\Theta\Delta t + \frac{1}{2}\ddot{U}_{k+\Theta}\Theta\Delta t \tag{7.89}$$

$$U_{k+\Theta} = U_k + \dot{U}_k\Theta\Delta t + \frac{1}{3}\ddot{U}_k\Theta^2(\Delta t)^2 + \frac{1}{6}\ddot{U}_{k+\Theta}\Theta^2(\Delta t)^2 \tag{7.90}$$

Die Kraft $P_{k+\Theta}$, zum Zeitpunkt $\Theta\Delta t$, ergibt sich aus Extrapolation (Bild 7.21b) zu

$$P_{k+\Theta} = P_k + \left(\frac{P_{k+1} - P_k}{\Delta t}\right)\Theta\Delta t = P_k + (P_{k+1} - P_k)\Theta = (1-\Theta)P_k + \Theta P_{k+1} \tag{7.91}$$

Setzt man die Gleichungen (7.89), (7.90) und (7.91) in Gl. (7.88) ein, ergibt sich folgende Gleichung:

$$\ddot{U}_{k+\Theta} = -\left(\frac{\omega^2}{ß}\right)U_k - \left(\frac{2\zeta\omega + \omega^2\Theta\Delta t}{ß}\right)\dot{U}_k - \left(\frac{\gamma}{ß}\right)\ddot{U}_k + \frac{1}{mß}\left[(1-\Theta)P_k + \Theta P_{k+1}\right] \tag{7.92}$$

mit

$$ß = 1 + \zeta\omega\Theta\Delta t + \frac{1}{6}\omega^2\Theta^2(\Delta t)^2 \tag{7.92a}$$

$$\gamma = \zeta\omega\Theta\Delta t + \frac{1}{3}\omega^2\Theta^2(\Delta t)^2 \tag{7.92b}$$

Mit Berücksichtigung der Bewegungsgleichung

$$\frac{P_k}{m} = \ddot{U}_k + 2\zeta\omega\dot{U}_k + \omega^2 U_k$$

kann die Gl. (7.92) wie folgt umgeschrieben werden:

$$\ddot{U}_{k+\Theta} = -\left(\frac{\omega^2}{ß}\right)U_k - \left(\frac{2\zeta\omega + \omega^2\Theta\Delta t}{ß}\right)\dot{U}_k - \left(\frac{\gamma}{ß}\right)\ddot{U}_k + \frac{1}{ß}(1-\Theta)(\ddot{U}_k + 2\zeta\omega\dot{U}_k + \omega^2 U_k) + \frac{\Theta P_{k+1}}{mß} \tag{7.93}$$

Die Antwort zum Zeitpunkt t_{k+1} lässt sich durch lineare Interpolation für $\Theta > 1$ im Zeitintervall ($t_k, t_{k+\Theta}$) wie folgt berechnen (Bild 7.21a):

$$\ddot{U}_{k+1} = \ddot{U}_k + \left(\frac{\ddot{U}_{k+\Theta} - \ddot{U}_k}{\Theta\Delta t}\right)\Delta t = \ddot{U}_k + \frac{1}{\Theta}(\ddot{U}_{k+\Theta} - \ddot{U}_k) \tag{7.94}$$

und analog dazu

$$\dot{U}_{k+1} = \dot{U}_k + \frac{1}{\Theta}(\dot{U}_{k+\Theta} - \dot{U}_k) \tag{7.95}$$

$$U_{k+1} = U_k + \frac{1}{\Theta}(U_{k+\Theta} - U_k) \tag{7.96}$$

Setzt man in den Gleichungen (7.94), (7.95) und (7.96) die Gleichungen (7.92), (7.89) und (7.90) ein, erhält die Antwort folgende endgültige Form:

$$\ddot{U}_{k+1} = -\frac{A}{ß}U_k - \frac{B}{ß}\dot{U}_k + \frac{C}{ß}\ddot{U}_k + \frac{1}{mß}P_{k+1} \tag{7.97}$$

$$\dot{U}_{k+1} = -\frac{D}{ß}U_k + \frac{E}{ß}\dot{U}_k + \frac{F}{ß}\ddot{U}_k + \frac{\frac{1}{2}\Theta\Delta t}{mß}P_{k+1} \tag{7.98}$$

$$U_{k+1} = \frac{G}{ß}U_k + \frac{H}{ß}\dot{U}_k + \frac{J}{ß}\ddot{U}_k + \frac{\frac{1}{6}\Theta^2(\Delta t)^2}{mß}P_{k+1} \tag{7.99}$$

wo

$$A = \omega^2 \tag{7.100a}$$

$$B = 2\zeta\omega + \omega^2\Delta t \tag{7.100b}$$

$$C = \frac{ß\Theta - \Theta - \gamma - ß + 1}{\Theta} \tag{7.100c}$$

$$D = \frac{1}{2}\omega^2\Theta\Delta t \tag{7.100d}$$

$$E = ß - \zeta\omega\Theta\Delta t - \frac{1}{2}\omega^2\Theta(\Delta t)^2 \tag{7.100e}$$

$$F = \frac{1}{2}(ß - \Theta - \gamma + 1)\Delta t \tag{7.100f}$$

$$G = ß - \frac{1}{6}\omega^2\Theta^2(\Delta t)^2 \tag{7.100g}$$

$$H = ß\Delta t - \frac{1}{3}\zeta\omega\Theta^2(\Delta t)^2 - \frac{1}{6}\omega^2\Theta^2(\Delta t)^3 \tag{7.100h}$$

$$J = \frac{1}{6}(2ß - \Theta - \gamma + 1)\Theta(\Delta t)^2 \tag{7.100j}$$

Die Gleichungen (7.97), (7.98) und (7.99) können wie folgt in Matrizenform zusammengefasst werden:

$$\begin{bmatrix} U_{k+1} \\ \dot{U}_{k+1} \\ \ddot{U}_{k+1} \end{bmatrix} = D_W \begin{bmatrix} U_k \\ \dot{U}_k \\ \ddot{U}_k \end{bmatrix} + H_W P_{k+1} \tag{7.101}$$

mit

$$D_W = \frac{1}{ß}\begin{bmatrix} G & H & J \\ -D & E & F \\ -A & -B & C \end{bmatrix} \tag{7.101a}$$

$$H_W = \left(\frac{1}{mß}\right)\begin{bmatrix} \frac{1}{6}\Theta^2(\Delta t)^2 \\ \frac{1}{2}\Theta\Delta t \\ 1 \end{bmatrix} \tag{7.101b}$$

Wie im Verfahren von Newmark müssen die Matrizen D_W, H_W nur einmal berechnet werden. Das Wilson-Θ-Verfahren ist aber nur für eine Antwortsberechnung linearer Systeme geeignet. Das Verfahren ist für $\Theta \geq 1{,}37$ unbedingt stabil. Eine gute Genauigkeit wird für Zeitintervalle $\Delta t \leq \frac{T}{10}$ erreicht.

7.7 Antwortempfindlichkeit

Bei der dynamischen Auslegung von Bauwerken ist es in bestimmten Fällen vorteilhaft, diejenige Parameter zu identifizieren, die für die Systemantwort wichtig sind. Anschließend ist es notwendig zu erfassen, wie Änderungen der physikalischen Parameter des Systems, z. B. der Steifigkeit oder der Masse, die dynamische Antwort beeinflussen. Wenn der Zusammenhang zwischen den Antwortvariablen und Tragwerksparameter bekannt ist, ist es auch möglich, die Antwort gezielt auf gewünschte Werte zu steuern [7.2]. Die rechnerische Untersuchung, die auf die Erfassung dieser Zusammenhänge zielt, heißt Empfindlichkeitsanalyse.

Der direkte Weg zur Durchführung einer Empfindlichkeitsanalyse besteht darin, eine Entwurfsvariable zu ändern, zu „stören“ und anschließend die Änderung der Systemantwort zu studieren. So z. B. wird als Entwurfsparameter die Steifigkeit gewählt, die um 10 % geändert wird und anschließend der Einfluss auf die Kreisfrequenz ermittelt.

Mit

K_Δ : Gestörte Steifigkeit

ω_Δ : Ergebniseffekt in der Kreisfrequenz

$$K_\Delta = K + 0{,}1K = 1{,}1K$$

$$\omega_\Delta = \sqrt{\frac{1{,}1K}{m}} = \sqrt{1{,}1}\omega = 1{,}049\omega$$

Dies bedeutet, dass eine Änderung von 10 % in der Steifigkeit eine Änderung von 4,9 % der Eigenkreisfrequenz bewirkt.

Ein anderer Weg dies zu formulieren, ist

$$\Delta K = K_\Delta - K = 1{,}1K - K = 0{,}1K$$

$$\Delta\omega = \omega_\Delta - \omega = 1{,}049\omega - \omega = 0{,}049\omega$$

$$\left(\frac{\Delta\omega}{\Delta K}\right) = \frac{0{,}049}{0{,}1}\frac{\omega}{K} = 0{,}49\sqrt{\frac{1}{Km}}$$

Die Empfindlichkeitsanalyse kann auch für das Studium der Empfindlichkeit der Verschiebungs-, Geschwindigkeits- und Beschleunigungsantwort auf Änderung der Entwurfsparameter m, C oder K, oder auf Änderung der entsprechenden Parameter der Erregung angewandt werden. Anhand der allgemeinen Bewegungsgleichung (7.2) kann man die Empfindlichkeit der Antwortvariable $U(t)$ auf Änderung der Steifigkeit, d. h. $\frac{\Delta U(t)}{\Delta K}$, untersuchen. Die Gleichung (7.2) mit $P_d = \dot{U}(t)$ wird also in Bezug auf die Variable K differenziert.

$$\frac{\partial}{\partial k}(m\ddot{U}(t)) + \frac{\partial}{\partial k}(C\dot{U}(t)) + \frac{\partial}{\partial k}(KU(t)) = \frac{\partial P(t)}{\partial k} \tag{7.102}$$

Durch partielle Differenzierung und Umformung erhält man folgende Gleichung:

$$m\ddot{p}(t)+C\dot{p}(t)+Kp(t)=-U(t) \tag{7.103}$$

wobei

$p(t)=\frac{dU(t)}{dk}$ bedeutet.

Die Lösung für $p(t)$ enthält zwei Rechengänge.

1. Aus der Gl. (7.2) wird die Antwortfunktion $U(t)$ für gegebene Werte von m, C, K und $P(t)$ ermittelt.
2. Aus der Gl. (7.103) wird die Sensibilitätsfunktion $p(t)$ berechnet, wobei als Erregung die schon ermittelte Funktion $-U(t)$ angenommen wird.

7.8 Antwort auf eine „Fourier-Reihe"-Erregung

Die Antwort eines Einmassenschwingers auf eine Erregung, die durch ihre Fourier-Reihe beschrieben ist, kann als Überlagerung der Antwort für jede Komponente der Reihe ermittelt werden. Die Antwort auf eine sinusförmige Erregung mit der Eigenkreisfrequenz Ω ist im Abschnitt 7.5 beschrieben worden (Gl. (7.35)). Setzt man $\omega^2=\frac{K}{m}$ und $\zeta=\frac{C}{2m\omega}$ in Gl. (7.35) ein, so lässt sich die Gl. (7.35) mit dem Frequenzverhältnis $n_o=\frac{\Omega}{\omega}$ wie folgt umschreiben:

$$U(t)=\frac{\frac{P_o}{K}}{\sqrt{\left(K-m\Omega^2\right)^2+(C\Omega)^2}}\sin(\Omega t-\varphi) \tag{7.104}$$

oder

$$U(t)=\frac{\frac{P_o}{K}(\sin\Omega t\cos\varphi-\cos\omega t\sin\varphi)}{\sqrt{\left(1-n_o{}^2\right)^2+(2\zeta n_o)^2}} \tag{7.104a}$$

Mit

$$\sin\varphi=\frac{\tan\varphi}{\sqrt{1+\tan^2\varphi}}\,;\quad \cos\varphi=\frac{1}{\sqrt{1+\tan^2\varphi}}\,;\quad \tan\varphi=\frac{2\zeta n_o}{1-n_o{}^2}$$

wird Gl. (7.104a) zu

$$U^s(t)=\frac{P_o}{K}\frac{\left(1-n_o{}^2\right)\sin\Omega t-2\zeta n_o\cos\Omega t}{\left(1-n_o{}^2\right)^2+(2\zeta n_o)^2} \tag{7.105}$$

Wirkt auf das System eine Belastung nach dem cosinus-Gesetz $P(t)=Q_o\cos(\Omega t-\varphi)$, ergibt sich die Lösung aus Gl. (7.104), wobei $\sin(\Omega t-\varphi)$ durch $\cos(\Omega t-\varphi)$ ersetzt wird.

$$U^c(t) = \frac{Q_o}{K} \frac{\left(1 - n_o{}^2\right)\cos\Omega t + 2\zeta n_o \sin\Omega t}{\left(1 - n_o{}^2\right)^2 + (2\zeta n_o)^2} \tag{7.106}$$

Die Fourier-Reihe der Erregung $P(t)$ nach Gl. (2.12)

$$P(t) = \frac{a_0}{2} + \sum_{n=1}^{\infty}\left[a_n \cos(n\Omega t) + b_n \sin(n\Omega t)\right]$$

enthält eine konstante Lastamplitude a_0, einen sinus-Lastanteil mit den Amplituden b_n und einen cosinus-Lastanteil mit den Amplituden a_n. Dementsprechend kann die stationäre Antwort des Schwingers als Summe der Antworten für jeden Lastanteil geschrieben werden.

$$U(t) = U(a_0) + \sum_{n=1}^{\infty} U_n^s(t) + \sum_{n=1}^{\infty} U_n^c(t) \tag{7.107}$$

wobei

$$U(a_0) = \frac{a_0}{2K} \tag{7.108a}$$

$$U_n^s(t) = \frac{b_n}{K} \frac{\left(1 - n_o{}^2\right)\sin\Omega t - 2\zeta n_o \cos\Omega t}{\left(1 - n_o{}^2\right)^2 + (2\zeta n_o)^2} \tag{7.108b}$$

$$U_n^c(t) = \frac{a_n}{K} \frac{\left(1 - n_o{}^2\right)\cos\Omega t + 2\zeta n_o \sin\Omega t}{\left(1 - n_o{}^2\right)^2 + (2\zeta n_o)^2} \tag{7.108c}$$

Beispiel 7.5

Es werden die ungedämpften Schwingungen eines Einmassenschwingers unter der „Sägezahn"-Impulsreihe aus dem Bild 7.22 berechnet.

Den ersten Schritt der Berechnug bildet die Ermittlung der Fourier-Koeffizienten. Für diese Art von Erregung sind sie im Beispiel 2.5 berechnet worden.

$$a_0 = P_o\,;\ b_n = -\frac{P_o}{\pi n}\,;\ a_n = 0$$

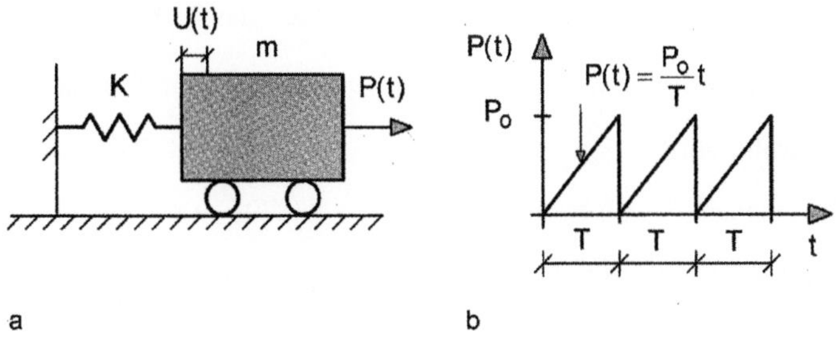

Bild 7.22
a) Einmassenschwinger zum Beispiel 7.5
b) Belastungsfunktion

Mit null Dämpfung ($\zeta = 0$) ergibt sich die Antwortfunktion nach den Gleichungen (7.108a-c) und (7.107) zu

$$U(t) = \frac{P_0}{2K} - \sum_{n=1}^{\infty} \frac{P_0}{\pi n K} \frac{\sin(n_0 \Omega t)}{(1 - n_0^2)}$$

7.9 Schwingungsisolierung

In der Praxis kommt es sehr oft vor, dass bestimmte Bauteile, Baubereiche oder sogar ganze Bauwerke gegen die Auswirkung von Schwingungen abgeschirmt werden müssen. In diesem Zusammenhang spricht man von einer Isolierung, Entstörung oder Isolation. Je nach Art der Aufgabe eine Schwingungsquelle zu entstören oder einen Bauteil gegen Schwingungen oder stoßartige Erregungen abzuschirmen, unterscheidet man zwischen aktiver und passiver Schwingungsisolierung. Stellt man sich die Aufgabe, Auswirkungen von Maschinenschwingungen auf das Umfeld (Bauteile, Boden usw.) herabzusetzen, so wird eine aktive Isolierung eingesetzt (Bild 7.23a). Will man dagegen Gegenstände, Meßgeräte, Bauteile oder Menschen gegen eindringende Erschütterungen oder Stöße abschirmen, so handelt es sich um eine passive Isolierung (Bild 7.23b).

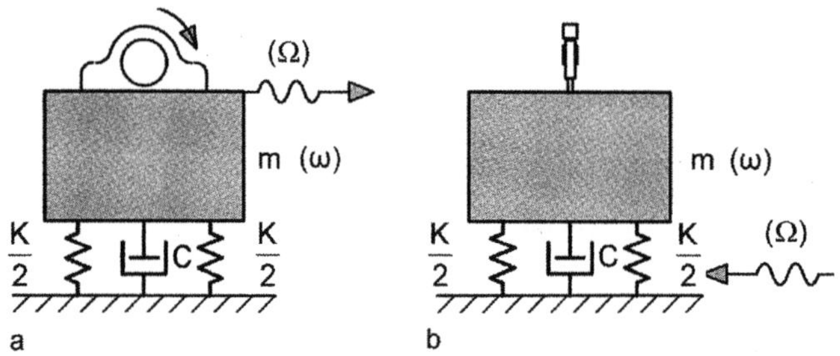

Bild 7.23
a) Aktive Isolierung des Einmassensystems vom Erreger
b) Passive Isolierung einer Masse vom Einmassensystem

Man verwendet für beide Isolierungsarten zusätzliche Massen, Feder oder Dämpfer, die zwischen dem Erreger und dem geschützten Bauteil eingesetzt werden und gezielt ihre Frequenzen beeinflussen, so dass eine gewünschte Abstimmung erfolgt. Hinweise über die Abstimmungsmöglichkeiten liefert das Resonanzspektrum (Bild 7.9). Hier können zwei Bereiche definiert werden, je nachdem, ob der Vergrößerungsfaktor V kleiner oder gleich 1 ist.

- Links von der Resonanzstelle für $n = \frac{\Omega}{\omega} << 1$, d. h. wenn die Eigenfrequenz höher als die Erregerfrequenz gewählt wird.
- Rechts von der Resonanzstelle, ab einem Wert von $\frac{1}{n} \cong 0{,}707 \rightarrow n = \frac{\Omega}{\omega} > 1{,}41$, d. h. für eine Eigenfrequenz, die kleiner als 0,707 der Erregerfrequenz ist.

Im ersten Fall spricht man von hoch abgestimmter Isolierung. Die Erregung erreicht nicht den Resonanzbereich. Aus diesem Grund nennt man diese Erregung unterkritisch. Die zweite Abstimmungsart wird als tiefe Abstimmung bezeichnet. Sie ist günstiger als die hohe Abstimmung, da der Vergrößerungsfaktor stark reduziert wird, hat aber den Nachteil, dass die Maschine bis zum Erreichen ihrer Arbeitsfrequenz die Resonanzstelle durchlaufen muss. In diesem Fall nennt man die Erregung überkritisch.

7.9.1 Aktive Schwingungsisolierung

Die harmonische Krafterregung in Gl. (7.31) mit der Kraftamplitude nach Gl. (7.34)

$$P_o = U_o\sqrt{\left(K - m\Omega^2\right)^2 + (C\Omega)^2} = U_o K\sqrt{\left[1-\left(\frac{\Omega}{\omega}\right)^2\right]^2 + \left(2\zeta\frac{\Omega}{\omega}\right)^2} \qquad (7.109)$$

wirkt auf einen Einmassenschwinger (Bild 7.24).

Die Feder und der Dämpfer übertragen diese Kraft auf das Fundament. Die maximale Federkraft $\max P_e$ tritt auf, wenn die Schwingungsamplitude den maximalen Wert $U(t) = U_o$ erreicht.

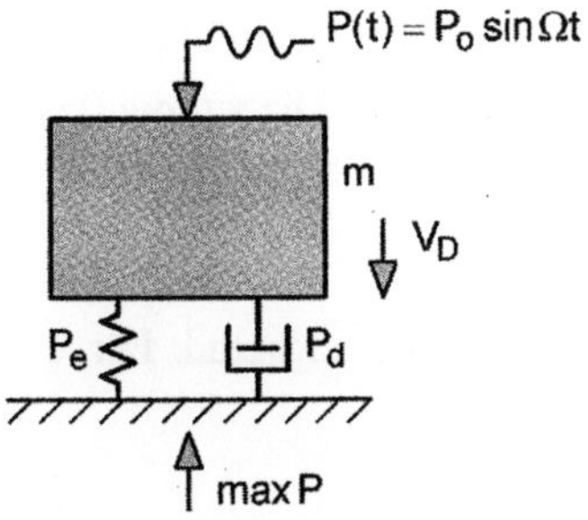

Bild 7.24 Aktive Lagerungsisolierung eines Einmassensystems unter harmonischer Erregung

$$\max P_e = KU_o \qquad (7.110)$$

Die maximale Dämpfungskraft $\max P_d$ tritt auf, wenn die Schwingungsgeschwindigkeit $\dot{U}(t)$ ihr Maximum erreicht.

$$\max P_d = C\dot{U}_o = C\Omega U_o \qquad (7.111)$$

Die maximale Verschiebung U_o und Geschwindigkeit $\dot{U}_o$ treten stets um den Phasenwinkel $\frac{\pi}{2}$ versetzt auf, somit auch die maximale Kraft der Feder und des Dämpfers. Die Resultierende der zwei Kräfte wird vektoriell ermittelt.

$$\max P = \sqrt{\max P_e^2 + \max P_d^2} = \sqrt{(KU_o)^2 + (C\Omega U)^2} = KU_o\sqrt{1+\left(2\zeta\frac{\Omega}{\omega}\right)^2} \qquad (7.112)$$

Bezieht man die maximal übertragene Kraft nach Gl. (7.112) auf die Erregeramplitude in Gl. (7.109), so erhält man die Vergrößerungsfunktion.

$$V_D = \sqrt{\frac{1+(2\zeta n)^2}{\left(1-n^2\right)^2 + (2\zeta n)^2}} \tag{7.113}$$

V_D bezeichnet man auch als Durchlässigkeit. Für $\zeta = 0$ gilt

$$V_D = \frac{1}{n^2 - 1} \tag{7.114}$$

Den Verlauf von V_D für verschiedene Dämpfungsgrade zeigt das Bild 7.25. Alle Kurven durchstoßen bei $V_D = 1$ an der gleichen Stelle.

$$n = \frac{\Omega}{\omega} = \sqrt{2}\,;\ \Omega = \sqrt{2}\omega \tag{7.115}$$

Für $n = \sqrt{2}$ ist also die Durchlässigkeit gleich Eins, bzw. es gibt keine Isolierwirkung. Ist $n < \sqrt{2}$, dann ist die übertragene Kraft größer als die Erregungsamplitude und stark vom Dämpfungsgrad abhängig. Werden die Federparameter so gewählt, dass $n > \sqrt{2}$, stellt sich eine wirkungsvolle Isolierwirkung ein, die aber mit Steigerung der Dämpfung abnimmt.

Für $\Omega = 0$ ergibt sich der statische Grenzfall der starren Lagerung. Die auf die Basis abgesetzte Kraft ist dann gleich der Erregerkraft.

$$\max P = P_o \tag{7.116}$$

Den Wert $1 - V_D$ bezeichnet man als Wirkungsgrad oder Isolierungsgrad. Für $\zeta = 0$ beträgt der Isolierungsgrad

$$1 - V_D = \left(1 - \frac{1}{n^2 - 1}\right)100 = \left(\frac{n^2 - 2}{n^2 - 1}\right)100 \tag{7.117}$$

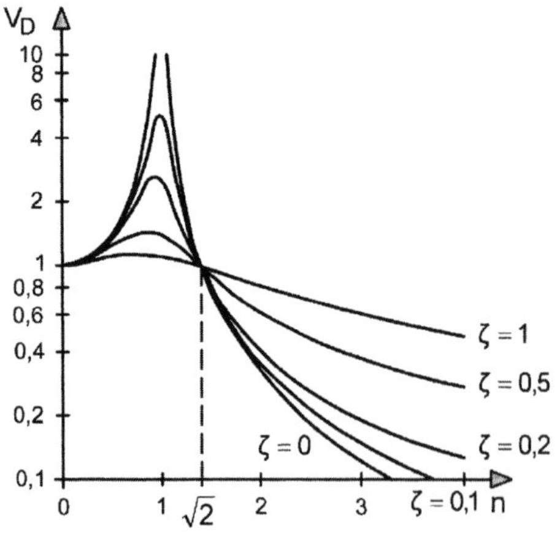

Bild 7.25 Spektrum der Vergrößerungsfunktion nach verschiedenen Dämpfungsgraden

7.9.2 Passive Schwingungsisolierung

Wie schon erwähnt, liegt eine passive Isolierung dann vor, wenn Menschen oder Bauteile gegen das Eindringen von Außenschwingungen abgeschirmt werden. Man bezeichnet mit

$$y(t) = y_0 \sin \Omega t \tag{7.118}$$

die Erregung mit der Verschiebungsamplitude y_0 und mit U_0 die maximale Verschiebung, die von Feder und Dämpfer auf die Masse übertragen wird (Bild 7.26). Bezieht man dann die maximal übertragene Amplitude U_0 auf die Erregerwegamplitude y_0, so erhält man die gleiche Vergrößerungsfunktion V_D wie in Gl. (7.113).

$$V_D = \frac{U_0}{y_0} \tag{7.119}$$

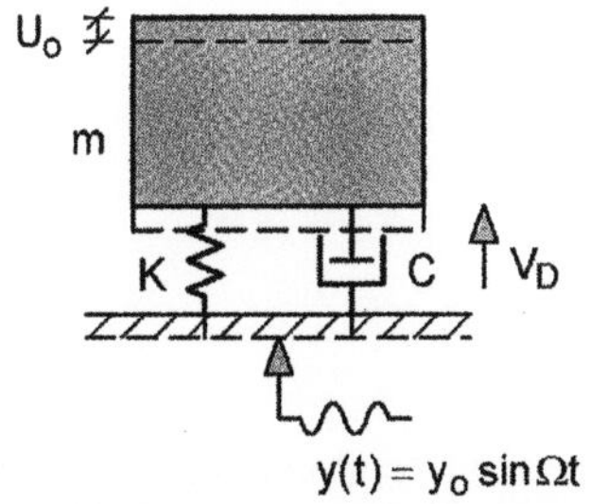

Bild 7.26 Passive Isolierung eines Einmassensystems unter harmonischer Erregung

Es ist also festzustellen, dass die Vergrößerungsfunktion bei der aktiven Isolierung die Übertragung der Kraftamplitude der Erregung auf die Basis und bei der passiven Isolierung die Übertragung der Wegamplitude von der Basis auf die Masse beschreibt.

Für die aktive Isolierung gilt also

$$\max P = V_D P_0 \tag{7.120}$$

und für die passive Isolierung

$$U_0 = V_D y_0 \tag{7.121}$$

7.9.3 Stoßisolierung

Eine Stoßisolierung kann prinzipiell nur durch eine tiefe Abstimmung des Systems erreicht werden. Es wird zwischen stoßartigen Erregungen aus beweglichen Massen und Impuls-Erregungen unterschieden.

7.9.3.1 Bewegliche Massen

Ein Körper der Masse $m = G/g$, der sich mit der Geschwindigkeit v bewegt, tritt auf eine elastische Feder der Steifigkeit K auf (Bild 7.27).

Beim Aufprall ist die kinetische Energie des Körpers

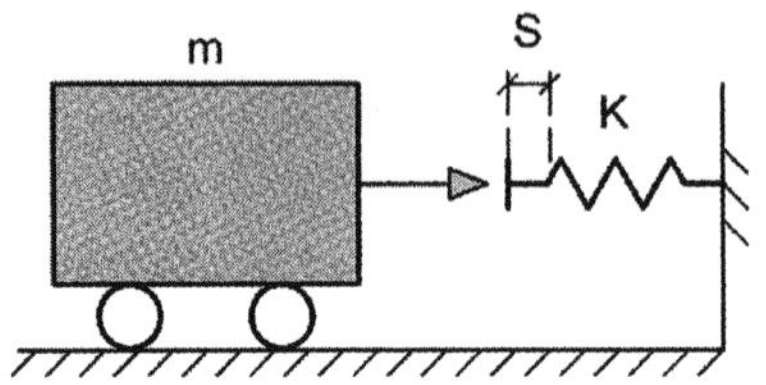

Bild 7.27 Stoßartige Erregung aus beweglicher Masse

$$E_k = \frac{mv^2}{2}$$

gleich der Formänderung der Feder durch den Weg S (S : Eindrückung der Feder).

$$E_e = \frac{1}{2} S^2 K$$

Aus $E_k = E_e$ ergibt sich

$$mv^2 = S^2 K$$

und die Federkraft beträgt

$$F = v\sqrt{mK} \tag{7.122}$$

Je kleiner die Federsteifigkeit ist, desto besser ist die Isolierung und umso größer die Federeindrückung. Um einen Kompromiss zu erreichen, sollte also ein Dämpfer eingeschaltet werden.

7.9.3.2 Impulsartige Erregung

Ein tief abgestimmtes System wirkt als Impulswandler; es fängt den kurzzeitigen, mit großen Spitzkräften behafteten Erregerstoß P_0 auf und gibt ihn über die Masse und Federung allmählich, über eine längere Zeitspanne verteilte Kräfte F, an das Fundament ab (Bild 7.28).

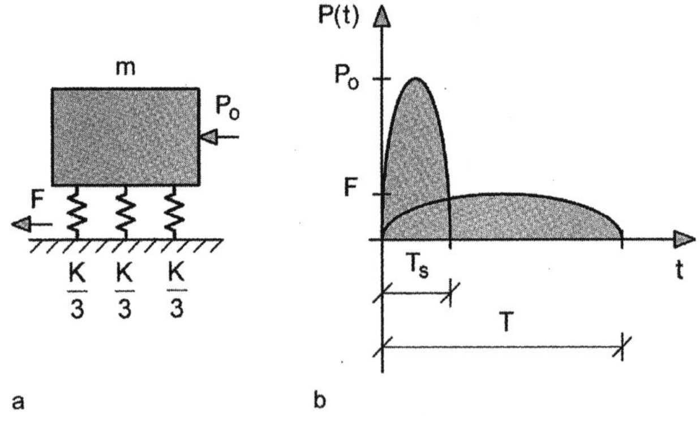

Bild 7.28
a) Einmassensystem unter impulsartiger Erregung
b) Zeitliche Erregungsverteilung über die Systemmasse und -federung

$$F = 2\frac{T_s}{T}P_0 = 2\frac{\omega}{\omega_s}P_0 \tag{7.123}$$

Das Frequenzverhältnis zwischen Systemkreisfrequenz ω und impulsartiger Erregungskreisfrequenz ω_S heißt auch Plötzlichkeitsgrad.

Aus Gl. (7.123) ist abzuleiten, dass je weicher die Federung ist, d. h. je tiefer das System abgestimmt ist, desto kleiner werden die übertragenen Kräfte und umso größer werden aber die Auslenkungen der Masse. Die Dämpfung verringert die Auslenkungen, wirkt sich aber negativ auf die Isolierung aus. Aus diesem Grund werden in der Praxis häufig Feder-Dämpfungselemente verwendet, die von nichtlinearen Kennlinien mit progressiv steigender Steifigkeit gekennzeichnet sind.

7.10 Nichtlineare Systemeigenschaften

Bei einem nichtlinearen Schwingungssystem sind die Feder- und die Dämpfungskraft nicht mehr linear von der Verschiebung, bzw. von der Geschwindigkeit der Masse abhängig, sondern werden von anderen Gesetzmäßigkeiten beschrieben. Im Allgemeinen gilt für einen nichtlinearen Einmassenschwinger die Bewegungsgleichung

$$m\ddot{U}(t) + Q(U,\dot{U}) = P(t) \tag{7.124}$$

wobei Q eine allgemeine Rückstellkraft beschreibt, die sowohl die Feder- als auch die Dämpfungskraft des Systems enthält. Die Rückstellkraft Q hängt von der Erregung $P(t)$ und von der Geschichte des Verschiebungsverlaufs ab. Oft wird sie in zwei Teile geteilt; ein Teil hängt hauptsächlich von der Verschiebung $U(t)$ und der andere von der Geschwindigkeit $\dot{U}(t)$ ab. In dieser Form ergibt sich die Gleichung (7.2). Ist die Rückstellkraft unabhängig von der Geschichte der Bewegung, so nennt man das System elastisch nichtlinear. Überschreiten die Spannungen im System während den Schwingungen die elastische Grenze, so treten Plastizierungen auf und das System weist ein plastisch- nichtlineares Verhalten auf. Elastische Nichtlinearitäten beruhen auf den geometrischen Parametern des Systems, sie heißen auch geometrische Nichtlinearitäten. Elastoplastische Nichtlinearitäten sind meist auf Werkstoffverhalten zurückzuführen.

Ein typisches Kraft-Verformungsdiagramm eines dissipativen elastisch nichtlinearen Systems zeigt das Bild 7.29.

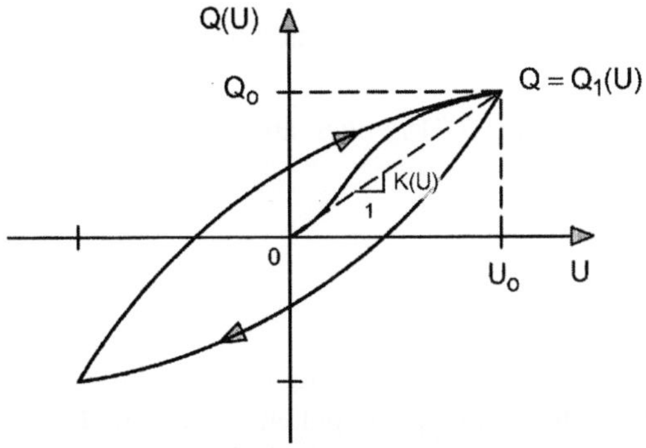

Bild 7.29 Typische Hystereseschleife eines elastisch nichtlinearen Systems

Die Kraft-Verschiebungskurve bei erster statischer Belastung nennt man Skelettkurve. Um das Verhalten des nichtlinearen Systems zu beschreiben, ist neben der Skelettkurve auch die Definition des hysteretischen Kraft-Verschiebungsverlaufs notwendig. Besteht zwischen der Kraft-Verschiebungskurve und der Skelettkurve bei Entlastung und Wiederbelastung des Systems das Verhältnis

$$\frac{Q - Q_0}{2} = Q_1\left(\frac{U - U_0}{2}\right) \tag{7.125}$$

so handelt es sich um ein Diagramm des Typs von Masing. Ein Masing Diagramm mit exponentieller Skelettkurve dient zur Beschreibung nichtelastischer Eigenschaften vieler Systeme. Andere Typen von Nichtlinearitäten, die oft bei der Analyse von Tragwerken unter seismischer Erregung vorkommen, sind folgende [7.4]:

1. Nichtlineare, dämpfungsfreie Systeme mit einem Kraft-Verschiebungsdiagramm mit zunehmender Steifigkeit, beschrieben von einem Polynom dritten Grades (Bild 7.30).

$$Q = \left(1 + k^2U^2\right)K_0U \tag{7.126}$$

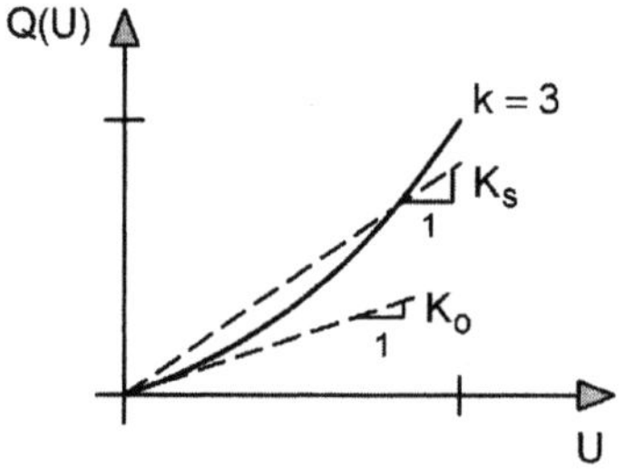

Bild 7.30 Kraft-Verschiebungsdiagramm eines nichtlinearen Systems mit exponentiell zunehmender Steifigkeit

wo

K_0 : Steifigkeit für kleine Verformungen (Anfangssteifigkeit)

K_s : Sekantensteifigkeit für eine beliebige Verschiebung U

k : Konstante Zahl

Die Verhaltensart wird in der Praxis mit geometrischen Nichtlinearitäten assoziiert. Das System ist aber als nicht dissipativ zu betrachten, bzw. es wird hierbei keine Hysterese entwickelt.

2. Bilineare Systeme mit zunehmender (Bild 7.31a) oder abnehmender Steifigkeit (Bild 7.31b).

wo

K_1 : Steifigkeit für kleine Verformungen

K_2 : Steifigkeit für große Verformungen

Diese Systeme heißen auch bilinear mit linearer Dämpfung. Die Kennlinie von Bild 7.31a charakterisiert Systeme mit zwei nacheinander gekoppelten Federn, und diejenige von Bild 7.31b beispielsweise ein Kragtragwerk mit Fußpunktgelenk.

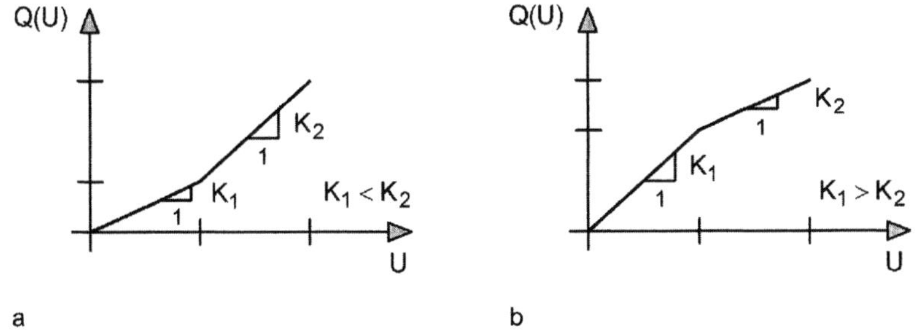

Bild 7.31 Kraft-Verschiebungsdiagramme bilinearer Systeme
a) Mit zunehmender nichtlinearer Steifigkeit
b) Mit abnehmender nichtlinearer Steifigkeit

3. Bilineare Systeme mit null Steifigkeit im zweiten linearen Bereich werden auch ideal elastoplastische Systeme genannt (Bild 7.32).

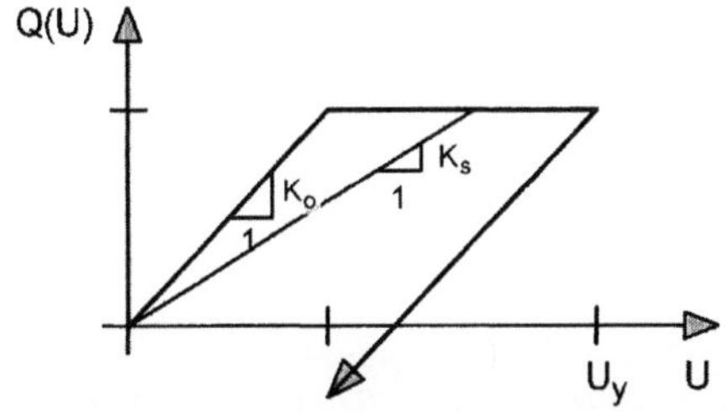

Bild 7.32 Kraft-Verschiebungsdiagramm eines ideal elastoplastischen Systems

Mit

$$Q = K_0 U \;\; \text{für} \;\; (U) \leq U_y \tag{7.127}$$

$$Q = K_0 U_y \;\; \text{für} \;\; (U) \geq U_y \tag{7.127a}$$

U_y : Verschiebung an der Fließgrenze

Diese Systeme dienen zur Modellierung von elastoplastischen Tragsystemen.

4. Starr-plastische Systeme (Bild 7.33).

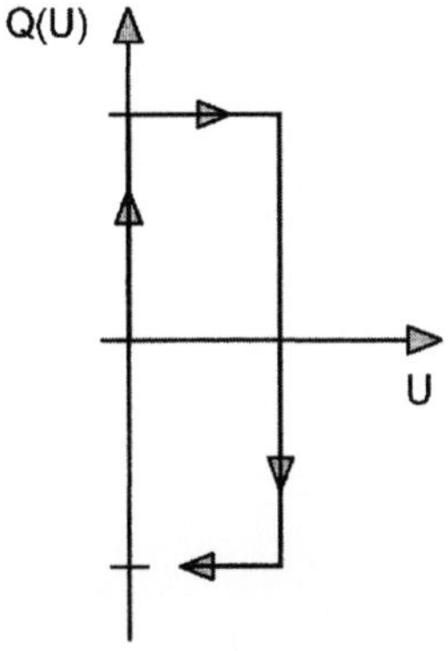

Bild 7.33 Kraft-Verschiebungsdiagramm eines starr-plastischen Systems

Mit

$$K_0 = \infty \tag{7.128}$$

Solche Systeme beschreiben Eigenschaften ohne elastische Reaktion (mit ideal plastischem Verhalten), wie z. B. bei Gleitlagern mit Reibung oder hochplastischen Werkstoffen.

7.10.1 Bilinear elastische Systeme. Freie Schwingungen

Das dynamische Modell eines bilinearen Einmassenschwingers mit zunehmender Steifigkeit wird in Bild 7.34 dargestellt.

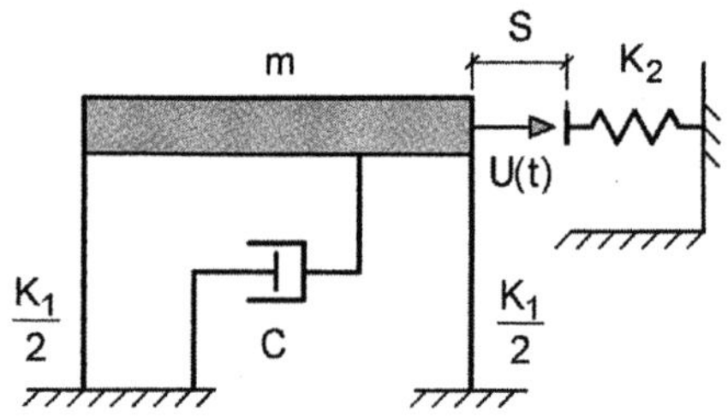

Bild 7.34 Bilinear elastischer Einmassenschwinger

Beispiel 7.6

Die Steifigkeit des Systems im Bild 7.34 und die Masse betragen $K_1 = 550$ kN/cm und $m = 1{,}0$ kNs²/cm. Bei einer Auslenkung von $S = 2{,}0$ cm trifft die Masse eine zweite Feder mit Steifigkeit $K_2 = 200$ kN/cm. Die Lehrsche Dämpfung des Schwingers ist $\zeta = 5$ %. Es wird die Antwort des Systems gesucht, wenn der Masse eine Auslenkung von 5 cm nach links erzwungen wird.

Die Eigenfrequenz und die Periode des Schwingers für $U(t) \leq S$ und $U(t) > S$ sind

$$\omega_1 = \sqrt{\frac{K_1}{m}} = \sqrt{\frac{550}{1}} = 23{,}45 \ \text{rad/s}$$

$$T_1 = \frac{2\pi}{\omega} = 0{,}267 \ \text{s}$$

$$\omega_2 = \sqrt{\frac{(K_1 + K_2)}{m}} = \sqrt{\frac{750}{1}} = 27{,}38 \ \text{rad/s}$$

$$T_2 = 0{,}23 \ \text{s}$$

Für das gedämpfte System ist die Eigenkreisfrequenz

$$\omega_d = \omega\sqrt{1-\zeta^2} = \begin{cases} 23{,}45\sqrt{1-0{,}05^2} = 23{,}42 \\ 27{,}38\sqrt{1-0{,}05^2} = 27{,}34 \end{cases} \ \text{rad/s}$$

Mit Anfangsbedingungen von

$$t = 0 \rightarrow U(0) = -5{,}0 \ \text{cm und} \ \dot{U}(t=0) = 0$$

lautet die Lösung der Bewegungsgleichung nach Gl. (7.28) und (7.28a)

$$U(t) = e^{-1,17t}(-5\cos 23,42t - 0,25\sin 23,42t)$$

$$\dot{U}(t) = e^{-1,17t}117,1(\sin 23,42t)$$

Die oberen Gleichungen beschreiben die Schwingung bis $U(t) < 2,0$ cm. Aus der Gleichung der Geschwindigkeit kann die Zeit t_1 bestimmt werden, wenn $U(t) = 2,0$ cm ist.

$$U(t_1) = 2,0 = e^{-1,17t_1}(-5\cos 23,42t_1 - 0,25\sin 23,42t_1)$$

Daraus ergibt sich $t_1 = 0,053$ s, und die Geschwindigkeit zu diesem Zeitpunkt beträgt

$$\dot{U}(t_1) = e^{-1,17.0,053}117,1\sin(23,42.0,053) = 104,7 \text{ cm/s}$$

Für die Antwort des Systems mit der Steifigkeit $K = K_1 + K_2$ gelten bei $t = t_1 = 0,053$ s folgende Anfangsbedingungen:

$$U(t = t_1) = 2,0 \text{ cm}$$

$$\dot{U}(t = t_1) = 104,7 \text{ cm/s}$$

Werden diese Werte in den Gleichungen der Verschiebung und der Geschwindigkeit eingeführt, ergeben sich folgende Funktionen:

$$U(t) = e^{-1,38(t-0,053)}[2\cos 27,34(t-0,053) + 3,92\sin 27,34(t-0,053)]$$

$$\dot{U}(t) = e^{-1,38(t-0,053)}[104,7\cos 27,34(t-0,053) - 60\sin 27,34(t-0,053)]$$

Nach der Zeit t_2 kehrt die Masse zurück und trifft sie die Feder K_1 wieder, dann beträgt die Amplitude der Schwingung $U(t_2) = 2,0$ cm. Die Zeit t_2 ergibt sich aus der Gleichung der Verschiebung zu

$$U(t_2) = 2,0 = e^{-1,38(t_2-0,053)}[2\cos 27,34(t_2-0,053) + 3,92\sin 27,34(t_2-0,053)] \rightarrow t_2 = 0,176 \text{ s}$$

Die Geschwindigkeit des Systems ist

$$\dot{U}(t_2) = -98 \text{ cm/s}$$

Nach der Zeit $t = t_2$ kehrt das System zur Steifigkeit K_1 zurück, und die Berechnung wird für die Zeit $t_1 = t_2 = 0,176$ s wiederholt. Als Anfangsbedingungen gelten $U(t = t_2) = 2,0$ cm und $\dot{U}(t = t_2) = -98$ cm/s.

7.10.2 Nichtlineare Steifigkeit

Die Bewegungsgleichung des linearen Einmassenschwingers lautet nach Gl. (7.2)

$$m\ddot{U}(t) + C\dot{U}(t) + K_e U(t) = P(t) \tag{7.129}$$

In dieser Gleichung ist die Trägheitskraft $F_i(t) = m\ddot{U}(t)$ eine lineare Funktion der Beschleunigung, die Dämpfungskraft $F_d(t) = C\dot{U}(t)$ eine lineare Funktion der Geschwindigkeit und die Rückstellkraft $F_s(t) = K_e U(t)$ eine lineare Funktion der Verschiebung. Die Steifigkeit K_e lässt sich aus dem Bild 7.35 wie folgt errechnen:

$$K_e = \left[\frac{F_s(t_{k+1}) - F_s(t_k)}{U_{k+1} - U_k}\right] \tag{7.130}$$

Es wird angenommen, dass die Rückstellkraft $F_s(t)$ nicht mehr linear von der Verschiebung abhängig ist, sondern nach einem anderen Gesetz.

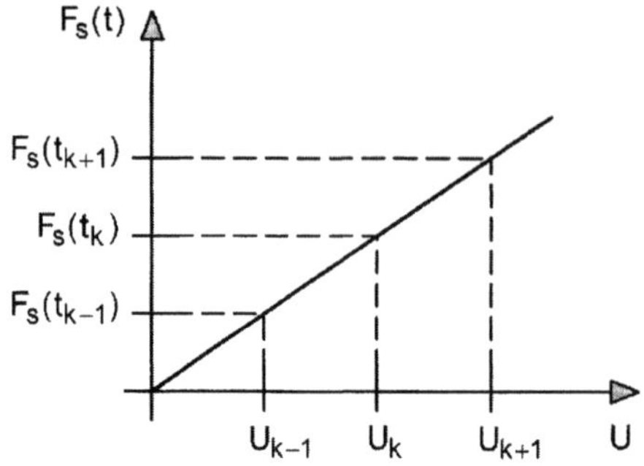

Bild 7.35 Kraft-Verschiebungslinie eines elastischen Systems

Die Gl. (7.129) kann zum Zeitpunkt $t = t_k$ und $t = t_{k+1}$ wie folgt geschrieben werden:

$$m\ddot{U}_k + C\dot{U}_k + F_s(U_k) = F_k \tag{7.131}$$

$$m\ddot{U}_{k+1} + C\dot{U}_{k+1} + F_s(U_{k+1}) = F_{k+1} \tag{7.131a}$$

Subtrahiert man die Gl. (7.131) von (7.131a), erhält man

$$m\left[\ddot{U}_{k+1} - \ddot{U}_k\right] + C\left[\dot{U}_{k+1} - \dot{U}_k\right] + \left[F_s(U_{k+1}) - F_s(U_k)\right] = F_{k+1} - F_k \tag{7.132}$$

oder

$$m\Delta\ddot{U} + C\Delta\dot{U} + \Delta F_s = \Delta F \tag{7.133}$$

wobei Δ die Änderungen der entsprechenden Größen im Zeitintervall t_k bis t_{k+1} bezeichnet.

$$\Delta\ddot{U} = \ddot{U}_{k+1} - \ddot{U}_k \tag{7.133a}$$

$$\Delta\dot{U} = \dot{U}_{k+1} - \dot{U}_k \tag{7.133b}$$

$$\Delta F_s = F_s(U_{k+1}) - F_s(U_k) \tag{7.133c}$$

$$\Delta F = F_{k+1} - F_k \tag{7.133d}$$

Definiert man die Sekantensteifigkeit K_s als die in einem Zeitintervall lineare Steifigkeit (Bild 7.36) zu

$$K_s = \left[\frac{F_s(U_{k+1}) - F_s(U_k)}{U_{k+1} - U_k}\right] = \frac{\Delta F_s}{\Delta U} \tag{7.134}$$

so kann Gl. (7.133) wie folgt geschrieben werden:

$$m\Delta\ddot{U} + C\Delta\dot{U} + K_s\Delta U = \Delta F \tag{7.135}$$

Die Gl. (7.135) kann Schritt für Schritt integriert werden, wenn die Sekantensteifigkeit bekannt ist, die sich aber in jedem Zeitintervall ändert. Eine mögliche Lösung besteht darin, dass beispielsweise im Intervall $U_k \div U_{k+1}$ mit der Sekantensteifigkeit vom vorherigen Zeitschritt $U_{k-1} \div U_k$ gerechnet wird.

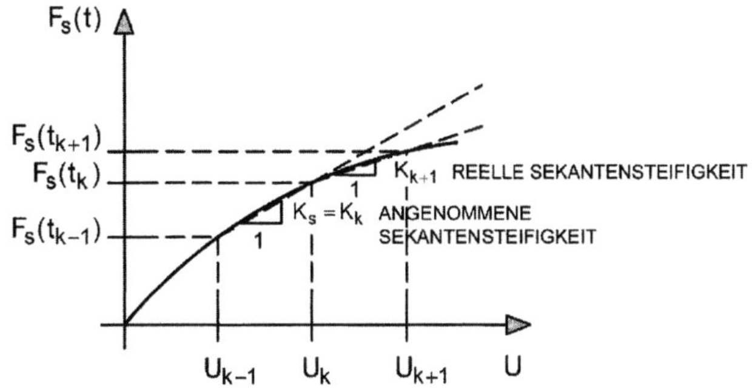

Bild 7.36 Kraft-Verschiebungslinie eines nichtlinearen Systems mit exponentiell abnehmender Steifigkeit

$$K_s = K_k = \frac{F_s(U_k) - F_s(U_{k-1})}{U_k - U_{k-1}} \tag{7.136}$$

Dies würde aber dazu führen, dass eine inkorrekte Kraft bestimmt wird $\hat{F}_s(t_{k+1})$ (Bild 7.36). Der Fehler kann durch die Verkleinerung der Zeitintervallen Δt korrigiert werden. An dieser Stelle ist zu vermerken, dass K_s eine Inkrementalsteifigkeit ist.

Die Gl. (7.135) kann mit Hilfe eines Schritt für Schritt Verfahrens , z. B. ß-Verfahren von Newmark, integriert werden. Aus den Gl. (7.81) und (7.82) erhält man [7.2]

$$\Delta\dot{U} = \dot{U}_{k+1} - \dot{U}_k = (1-\delta)\ddot{U}_k\Delta t + \delta\ddot{U}_{k+1}\Delta t \tag{7.137}$$

$$\Delta U = U_{k+1} - U_k = \dot{U}_k\Delta t + \left(\frac{1}{2} - \alpha\right)\ddot{U}_k(\Delta t)^2 + \alpha\ddot{U}_{k+1}(\Delta t)^2 \tag{7.138}$$

Führt man die Gl. (7.137) und (7.138) in Gl. (7.135) ein, erhält man

$$\Delta\ddot{U} = \frac{\Delta F - C\ddot{U}_k\Delta t - K_s\left[\dot{U}_k\Delta t + \frac{1}{2}\ddot{U}_k(\Delta t)^2\right]}{m + C\delta\Delta t + K_s\alpha(\Delta t)^2} \tag{7.139}$$

Mit

$$ß = m + C\delta\Delta t + K_s\alpha(\Delta t)^2 \tag{7.140}$$

erhält man folgende drei Gleichungen:

$$\ddot{U}_{k+1} = 0U_k - \left(\frac{K_s\Delta t}{ß}\right)\dot{U}_k + \left(\frac{ß - C\Delta t - \frac{1}{2}K_s(\Delta t)^2}{ß}\right)\ddot{U}_k + \frac{\Delta F}{ß} \tag{7.141}$$

$$\dot{U}_{k+1} = 0U_k + \left(\frac{ß - \delta K_s (\Delta t)^2}{ß} \right) \dot{U}_k + \left(\frac{ß\Delta t - C\delta(\Delta t)^2 - \frac{1}{2} K_s \delta(\Delta t)^3}{ß} \right) \ddot{U}_k + \left(\frac{\delta \Delta t}{ß} \right) \Delta F \quad (7.142)$$

$$U_{k+1} = U_k + \left(\frac{ß\Delta t - K_s \alpha(\Delta t)^3}{ß} \right) \dot{U}_k + \left(\frac{\frac{1}{2} ß(\Delta t)^2 - C\alpha(\Delta t)^3 - \frac{1}{2} K_s \alpha(\Delta t)^4}{ß} \right) \ddot{U}_k + \left(\frac{\alpha(\Delta t)^2}{ß} \right) \Delta F$$

(7.143)

In Matrizendarstellung werden die Gl. (7.141), (7.142) und (7.143) wie folgt zusammengefasst:

$$\begin{bmatrix} U_{k+1} \\ \dot{U}_{k+1} \\ \ddot{U}_{k+1} \end{bmatrix} = D_N^n \begin{bmatrix} U_k \\ \dot{U}_k \\ \ddot{U}_k \end{bmatrix} + H_N^n \Delta F \quad (7.144)$$

wobei

$$D_N^n = \frac{1}{ß} \begin{bmatrix} ß & ß\Delta t - K_s \alpha(\Delta t)^3 & \frac{1}{2} ß(\Delta t)^2 - C\alpha(\Delta t)^3 - \frac{1}{2} K_s \alpha(\Delta t)^4 \\ 0 & ß - \delta K_s (\Delta t)^2 & ß\Delta t - C\delta(\Delta t)^2 - \frac{1}{2} K_s \delta(\Delta t)^3 \\ 0 & -K_s \Delta t & ß - C\Delta t - \frac{1}{2} K_s (\Delta t)^2 \end{bmatrix} \quad (7.144a)$$

$$H_N^n = \frac{1}{ß} \begin{bmatrix} \alpha(\Delta t)^2 \\ \delta \Delta t \\ 1 \end{bmatrix} \quad (7.144b)$$

oder mit

$$q_k = \begin{bmatrix} U_k \\ \dot{U}_k \\ \ddot{U}_k \end{bmatrix}$$

wird die Gl. (7.144) wie folgt formuliert:

$$q_{k+1} = D_N^n q_k + H_N^n \Delta F = D_N^n q_k + H_N^n F_{k+1} - H_N^n F_k \quad (7.145)$$

7.10.3 Elastoplastische Systeme

Bei Systemen mit großem plastischen Vermögen können die dynamischen Wirkungen drastisch herabgesetzt werden, indem ein Großteil der kinetischen Energie durch plastische Verformungen dissipiert wird (siehe auch Abschnitt 5). Die Größe dieser Abminderung hängt von dem Erregungszeitverlauf ab.

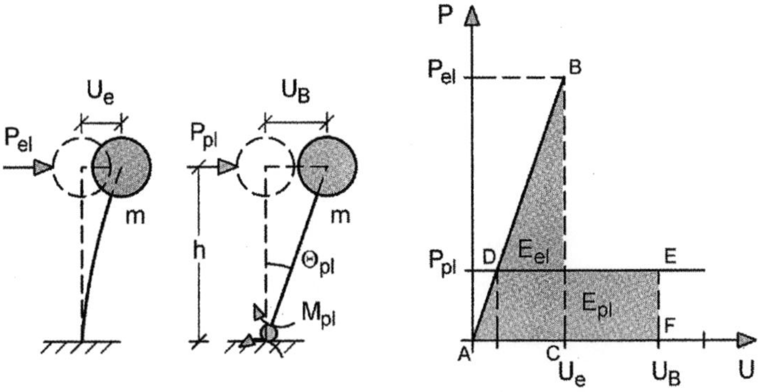

Bild 7.37 Elastisches und plastisches Verhalten eines Einmassenschwingers

Liegt eine periodische Erregung mittlerer Frequenzen (f = 1,5 - 8 Hz) vor, so ist die eine für rein linear elastisches Systemverhalten ermittelte dynamische Last P_{el} so auf die Grenzlast des elastoplastischen Verhaltens P_{pl} abzumindern, dass die Verformungsenergie beider Systeme gleich ist. Aus der Gleichstellung der Fläche des Dreiecks ABC (elastische Energie) und der Fläche des Trapezes ADEF (plastische Energie) in Bild 7.37 ergibt sich:

$$\frac{P_{el}U_e}{2} = \left(\frac{U_B + U_B - U_{ep}}{2}\right)P_{pl} \tag{7.146}$$

Die Verformung U_e entsprechend dem dynamischen Verhalten berechnet sich zu

$$\frac{P_{el}}{P_{pl}} = \frac{U_e}{U_{ep}}\ ;\ U_e = \frac{P_{el}}{P_{pl}} U_{ep} \tag{7.147}$$

Setzt man Gl. (7.147) in Gl. (7.146) ein, so ergibt sich die plastische Antwort P_{pl}.

$$P_{pl} = \frac{P_{el}}{\sqrt{2n-1}} \tag{7.148}$$

wobei n der Zähigkeitsfaktor des Systems ist.

Für Erregungen mit niederen Frequenzen und für Stoßlasten ist in GI. (7.148) der Nenner durch n zu ersetzen.

Stellt man die maximal zulässige Auslenkung des Systems U_B aus der Bedingung, dass seine Standsicherheit nicht gefährdet wird, fest, so kann man die dynamische Wirkung P_{pl} eines Stoßes direkt aus der Energiegleichung $E_{pl} = E_k$ bestimmen.

$$P_{pl} = \frac{mv^2}{2U_B} \tag{7.149}$$

Für ein Tragwerk aus Stahlprofilen erfolgt die Dimensionierung folgendermaßen (Bild 7.37):

$$P_{pl} = \frac{M_{pl}}{h}\,;\; W_{pl} = \alpha W = \frac{M_{pl}}{\sigma_{pl}} \tag{7.150}$$

$$\text{erf}W = \frac{P_{pl} h}{\alpha \sigma_{pl}} \tag{7.151}$$

In Gl. (7.150) bedeutet W_{pl} das plastische Widerstandsmodul des Querschnittes. Das Verhältnis α zwischen dem plastischen W_{pl} und dem elastischen Widerstandsmodul W ist in [7.1] zu finden. Dynamische Lastfaktoren für elastoplastische Systeme sind in [7.3] angegeben.

7.10.4 Nicht elastische Verschiebung

Für das Einmassensystem im Bild 7.38 beträgt die Federkraft nach der Fließgrenze [7.2]

$$P = P_y + P_{pl} = K_1 U_y + K_2 U_{ep} \tag{7.152}$$

wobei

P_y : Rückstellkraft im elastischen Bereich bis zur Fließgrenze

P_{pl} : Rückstellkraft im plastischen Bereich nach dem Fließen

K_1 : Steifigkeit des Systems im elastischen Bereich

K_2 : Steifigkeit des Systems im plastischen Bereich

U_y : Verschiebung an der Fließgrenze

U_{ep} : Anteil der Gesamtverschiebung nach dem Fließen

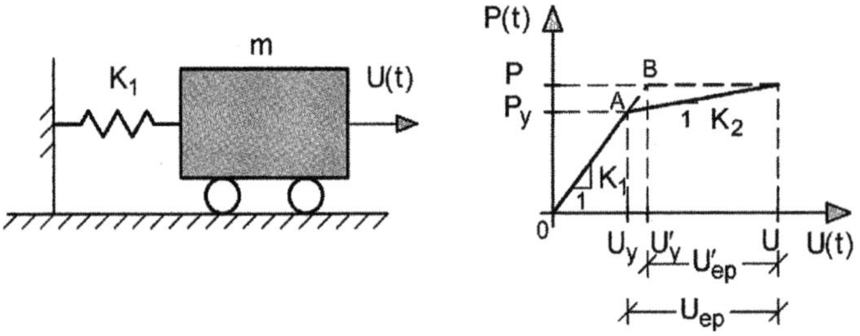

Bild 7.38 Einmassensystem mit bilinearer Kraft-Verschiebungslinie

Die gesamte Verschiebung des Systems ist

$$U = U_y + U_{ep} \tag{7.153}$$

Somit wird Gl. (7.152) zu

$$P = K_1 U_y + K_2 (U - U_{ep}) \tag{7.154}$$

Wird im Kraft-Verschiebungsdiagramm eine elastische Verschiebung U'_y so festgelegt, dass die elastische Steifigkeitslinie (OA) bis zur Höhe der Gesamtrückstellkraft P verlängert wird, kann die Differenz der Gesamtverschiebung zur neuen elastischen Verschiebung mit U'_{ep} bezeichnet werden. Für die Ersatzkennlinie gilt

$$U = U'_y + U'_{ep} \tag{7.155}$$

und die elastische Rückstellkraft des Systems wird zu

$$P = K_1 U'_y \tag{7.156}$$

Löst man Gl. (7.155) nach U'_y und setzt man das Ergebnis in Gl. (7.156) ein, ergibt sich

$$P = K_1 (U - U'_{ep}) \tag{7.157}$$

In Gl. (7.157) ist die elastische Rückstellkraft des Systems als Funktion der Verschiebung dargestellt. Dabei ist die elastische Verschiebung keine Konstante, sondern von der Belastung abhängig.

Das Hauptziel des Verfahrens ist die Bestimmung einer nichtreellen Kraft P in Abhängigkeit von der nicht elastischen Verschiebung U'_{ep}. Zur Bestimmung der zwei unbekannten Größen gilt zusätzlich zur Gl. (7.157) aus der Kraft-Verschiebungslinie im Bild 7.38 folgende Beziehung:

$$P + K_1 U'_{ep} = K_1 U \tag{7.158}$$

Zur Lösung von Gl. (7.158) wird die Gesamtverschiebung des Systems mit der Fließverschiebung verglichen.

- Wenn die Gesamtverschiebung kleiner als die Fließverschiebung ist, ist die Antwort des Systems elastisch. In diesem Fall gilt

$$P = K_1 U \; ; \; U'_{ep} = 0 \tag{7.159}$$

- Wenn die Gesamtverschiebung größer als die Fließverschiebung ist, beträgt die Rückstellkraft des elastoplastischen Systems

$$P = P_y + K_2 (U - U_y) \tag{7.160}$$

Setzt man Gl. (7.160) in Gl. (7.158) ein, erhält man

$$P_y + K_2 (U - U_y) + K_1 U'_{ep} = K_1 U \tag{7.161}$$

Löst man Gl. (7.161) nach U'_{ep}, ergibt sich

$$U'_{ep} = U - \frac{P_y}{K_1} - \frac{K_2}{K_1}(U - U_y) = \left(\frac{K_1 - K_2}{K_1}\right) U + \frac{K_2}{K_1} U_y - \frac{P_y}{K_1} = \left(1 - \frac{K_2}{K_1}\right)(U - U_y) \tag{7.162}$$

8 Schwingungen von Mehrmassensystemen

Als Grundlage der Betrachtungen zu den Schwingungen von Mehrmassensystemen dient das Ersatzstabmodell mit diskreten Massen vom Abschnitt 4.2. Da sich mehrere nebeneinander liegende Massen zueinander verschiedenartig bewegen können, vollführt ein System mit mehreren Freiheitsgraden infolge einer dynamischen Erregung eine komplexe Bewegung. Untersuchungen von schwingenden Gebilden haben gezeigt, dass ihre Bewegung aus einer Überlagerung von mehreren, einfachen, voneinander unabhängigen Bewegungsformen – sogenannten Eigenschwingungsformen – besteht. Die Anzahl dieser einfachen Bewegungsformen ist gleich der Anzahl von Freiheitsgraden des Systems.

Bild 8.1 zeigt als Beispiel ein Dreimassensystem. Die Bewegungsamplituden rechts der Ruhelage werden positiv und links der Ruhelage negativ angenommen. Zur anschaulichen Beschreibung der Bewegungsmöglichkeiten betrachten wir das System als drei voneinander unabhängige Einmassenschwinger. Weisen alle drei Massen gleichzeitig entweder positive oder negative Amplituden auf, ergibt sich eine erste Bewegungsform (Bild 8.1b). Eine weitere Bewegungsmöglichkeit besteht darin, dass zwei nebeneinander liegende Massen sich in positive (oder negative) Richtung bewegen und die Bewegung der dritten Masse entgegengesetzt gerichtet ist (Bild 8.1c). Schließlich gibt es noch die Möglichkeit, dass je zwei nebeneinanderliegende Massen entgegengesetzt gerichtete Bewegungen vollführen (Bild 8.1d).

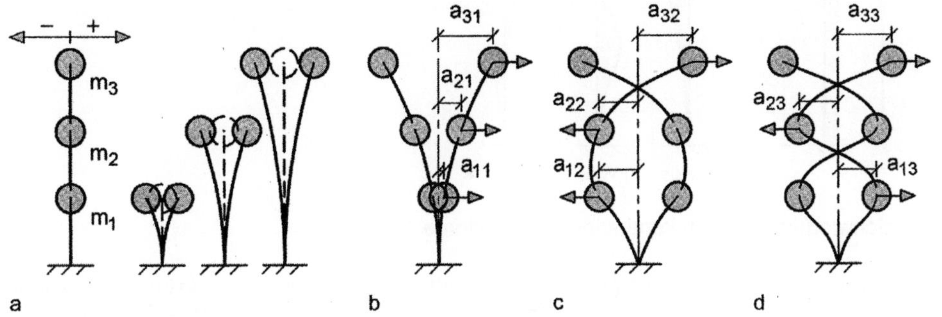

Bild 8.1 Eigenschwingungsformen eines Dreimassensystems

Die Berechnung der Schwingungen von Mehrmassensystemen ist auf folgende Eigenschaften der Eigenformen zurückzuführen:

- Jede Masse des Systems m_j vollführt eine periodische Bewegung der Amplitude a_j nach der Gleichung $U_j = a_j \sin \omega t$, d. h. wie ein System mit einem Freiheitsgrad.
- In einer Schwingungsform i schwingen alle Massen des Systems mit der selben Kreisfrequenz ω.
- Jede Schwingungsform kann zu jedem Zeitpunkt t durch die Amplituden der Massen a_{ij} definiert werden. Diese Amplituden können für jede Schwingungsform in Form eines

Vektors – des sog. Eigenvektors – zusammengefasst werden. Die Anzahl der Eigenvektoren entspricht der Anzahl der Eigenschwingungsformen.

Für das System im Bild 8.1 lauten die Eigenvektoren

$$\{a_1\} = \begin{Bmatrix} a_{11} \\ a_{21} \\ a_{31} \end{Bmatrix}; \; \{a_2\} = \begin{Bmatrix} a_{12} \\ a_{22} \\ a_{32} \end{Bmatrix}; \; \{a_3\} = \begin{Bmatrix} a_{13} \\ a_{23} \\ a_{33} \end{Bmatrix} \tag{8.1}$$

Die Eigenformen werden nach wachsenden Eigenfrequenzen geordnet. Die zur niedrigsten Eigenfrequenz ω_1 (Grundkreisfrequenz) bzw. zur höchsten Periode T_1 (Grundperiode) gehörende Eigenform wird als Grundschwingungsform bezeichnet. Alle anderen Schwingungen nennt man Oberschwingungen.

Die Grundschwingungsform ist immer die erste Schwingungsform. Ein System mit verteilter Massenbelegung (Bild 8.2) hat unendlich viele Schwingungsformen. Man kann die Schwingungsformen kontinuierlicher Systeme durch die Anzahl ihrer Schwingungswellen kennzeichnen. So hat die Grundform eine Welle (Bild 8.2a), die zweite Schwingungsform zwei Wellen, die dritte drei Wellen usw. Die Eigenschwingungsformen kontinuierlicher Systeme werden von den Eigenformfunktionen $a_i(x,t)$ beschrieben.

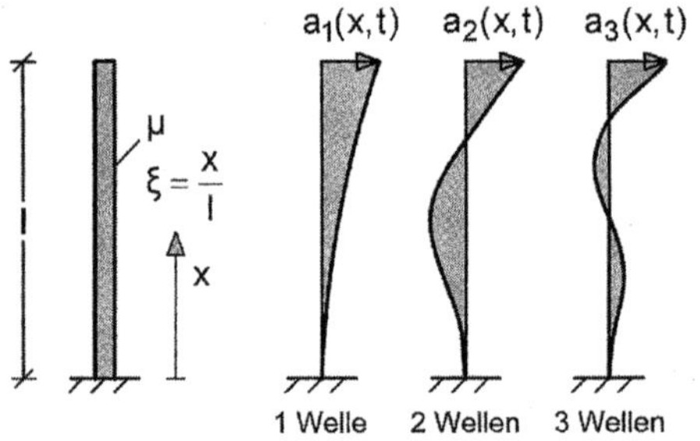

Bild 8.2 Schwingungsformen kontinuierlicher Systeme

Jede Schwingungsform gibt die entsprechende Verteilung der dynamischen Kräfte an. So sind in der Grundform alle Trägheitskräfte gleichgerichtet (Bild 8.1b, 8.2a). Ihre Resultierende erzeugt um den Fußpunkt des Systems die maximalen Querkräfte und Biegemomente. Deshalb ist die Grundform für die Erdbebenberechnung gewöhnlicher Bauwerke (mit maximal 10 Geschossen und einer Grundperiode $T_1 < 1$ s) immer ausschlaggebend. Bei schlanken Bauwerken ($T_1 > 1$ s) sind auch die Oberschwingungen von Bedeutung. So kann z. B. die dynamische Kraft, die an der obenliegenden Masse m_j in einer oberen Schwingungsform entsteht, zu größeren Beanspruchungen in den darunterliegenden Querschnitten führen und somit den Bruch von obenliegenden Gebäudeteilen verursachen (sog. Peitscheffekt).

Um den Einstieg in die komplexe Problematik der Schwingungen von Mehrmassensystemen zu erleichtern, werden am Anfang die Schwingungen von Zweimassenschwingern behandelt. Die Ergebnisse werden dann auf Mehrmassensysteme am Beispiel eines Dreimassenschwingers erweitert. Anschließend werden die Schwingungen von Systemen mit verteilter Massenbelegung erörtert.

8.1 Zweimassenschwinger

Die in der Baudynamik am häufigsten verwendete Darstellung eines Zweimassensystems zeigt das Bild 8.3a.

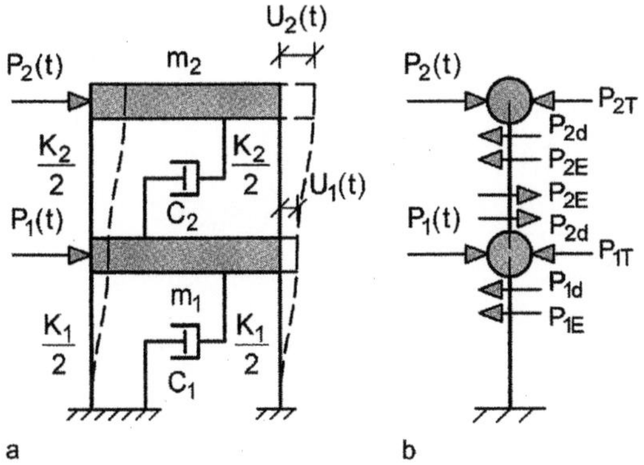

Bild 8.3 Zweimassenschwinger
a) Dynamische Modellierung
b) Dynamisches Kräftegleichgewicht

An den Massen m_1 und m_2 greifen die dynamischen Kräfte $P_1(t)$ und $P_2(t)$ an, welche die Verschiebungen $U_1(t)$ und $U_2(t)$ verursachen und zur Entstehung folgender Reaktionskräfte im System führen (siehe auch Abschnitt 7.2) (Bild 8.3b):

An der Masse m_2:

- Die Trägheitskraft $P_{2T} = m_2 \ddot{U}_2(t)$
- Die Dämpfungskraft $P_{2d} = C_2\left[\dot{U}_2(t) - \dot{U}_1(t)\right]$
- Die Rückstellkraft $P_{2E} = K_2\left[U_2(t) - U_1(t)\right]$ (8.2a)

An der Masse m_1:

- Die Reaktionskräfte der Dämpfungs- und Rückstellkraft der Masse m_2: $-P_{2d}, -P_{2E}$
- Die Trägheitskraft $P_{1T} = m_1 \ddot{U}_1(t)$
- Die Dämpfungskraft $P_{1d} = C_1 \dot{U}_1(t)$
- Die Rückstellkraft $P_{1E} = K_1 U_1(t)$ (8.2b)

Da jede Masse im dynamischen Gleichgewicht sein muss, ergeben sich aus dem Satz von d′ Alembert zwei Bewegungsgleichungen.

$$-P_{1T} - P_{1d} - P_{1E} + P_{2d} + P_{2E} + P_1(t) = 0 \qquad (8.3a)$$

$$-P_{2T} - P_{2d} - P_{2E} + P_2(t) = 0 \qquad (8.3b)$$

Mit den Gleichungen (8.2a) und (8.2b) ergibt sich

$$-m_1\ddot{U}_1(t) - C_1\dot{U}_1(t) - K_1U_1(t) + C_2\dot{U}_2(t) - C_2\dot{U}_1(t) + K_2U_2(t) - K_2U_1(t) + P_1(t) = 0$$

$$-m_2\ddot{U}_2(t)-C_2\dot{U}_2(t)+C_2\dot{U}_1(t)-K_2U_2(t)+K_2U_1(t)+P_2(t)=0$$

oder

$$m_1\ddot{U}_1(t)+(C_1+C_2)\dot{U}_1(t)-C_2\dot{U}_2(t)+(K_1+K_2)U_1(t)-K_2U_2(t)=P_1(t) \tag{8.4a}$$

$$m_2\ddot{U}_2(t)+C_2\dot{U}_2(t)-C_2\dot{U}_1(t)+K_2U_2(t)-K_2U_1(t)=P_2(t) \tag{8.4b}$$

Die Gleichungen (8.4a-b) können in Matrizenform wie folgt geschrieben werden:

$$\begin{bmatrix} m_1 & 0 \\ 0 & m_2 \end{bmatrix}\begin{Bmatrix} \ddot{U}_1(t) \\ \ddot{U}_2(t) \end{Bmatrix}+\begin{bmatrix} C_1+C_2 & -C_2 \\ -C_2 & C_2 \end{bmatrix}\begin{Bmatrix} \dot{U}_1(t) \\ \dot{U}_2(t) \end{Bmatrix}+\begin{bmatrix} K_1+K_2 & -K_2 \\ -K_2 & K_2 \end{bmatrix}\begin{Bmatrix} U_1(t) \\ U_2(t) \end{Bmatrix}=\begin{Bmatrix} P_1(t) \\ P_2(t) \end{Bmatrix} \tag{8.5}$$

oder symbolisch

$$[m]\{\ddot{U}\}+[C]\{\dot{U}\}+[K]\{U\}=\{P(t)\} \tag{8.5a}$$

Dabei heißt $[m]$ die Trägheitsmatrix, $[C]$ die Dämpfungsmatrix und $[K]$ die Steifigkeitsmatrix des Systems. Diese Matrizen sind symmetrisch und positiv definiert. Die Bewegungsgrößen $\ddot{U}(t), \dot{U}(t), U(t)$ und die Außenkräfte $P(t)$ sind in Spaltenmatrizen als Vektoren zusammengefasst.

8.1.1 Freie ungedämpfte Schwingungen

Den ersten Schritt bei der Berechnung der dynamischen Antwort bildet die Ermittlung der freien ungedämpften Schwingungen. Setzt man in Gl. (8.5a) $[C]=0$ und $\{P(t)\}=0$, so erhält man zwei Differentialgleichungen zweiten Grades

$$\begin{bmatrix} m_1 & 0 \\ 0 & m_2 \end{bmatrix}\begin{Bmatrix} \ddot{U}_1(t) \\ \ddot{U}_2(t) \end{Bmatrix}+\begin{bmatrix} K_1+K_2 & -K_2 \\ -K_2 & K_2 \end{bmatrix}\begin{Bmatrix} U_1(t) \\ U_2(t) \end{Bmatrix}=0 \tag{8.6}$$

deren Lösung lautet

$$U_1(t)=X_{11}\cos\omega t+X_{12}\sin\omega t$$

$$U_2(t)=X_{21}\cos\omega t+X_{22}\sin\omega t$$

oder in Matrizenform

$$\begin{Bmatrix} U_1(t) \\ U_2(t) \end{Bmatrix}=\begin{bmatrix} X_{11} \\ X_{21} \end{bmatrix}\cos\omega t+\begin{bmatrix} X_{12} \\ X_{22} \end{bmatrix}\sin\omega t \tag{8.7}$$

Setzt man Gl. (8.7) in Gl. (8.6) ein, so ergibt sich

$$\begin{bmatrix} K_1+K_2-m_1\omega^2 & -K_2 \\ -K_2 & K_2-m_2\omega^2 \end{bmatrix}\left(\begin{bmatrix} X_{11} \\ X_{21} \end{bmatrix}\cos\omega t+\begin{bmatrix} X_{12} \\ X_{22} \end{bmatrix}\sin\omega t\right)=0 \tag{8.8}$$

Gl. (8.8) wird die Matrizengleichung der Eigenwerte genannt.

Die Bedingung, dass die Determinante der Gleichung gleich null ist (Bedingung für nichttriviale Lösungen), führt zu einer Gleichung zweiten Grades in ω^2, mit der sich die Eigenwerte ω_1 und ω_2 bestimmen lassen.

$$\begin{bmatrix} K_1+K_2-m_1\omega^2 & -K_2 \\ -K_2 & K_2-m_2\omega^2 \end{bmatrix} = \begin{bmatrix} K_1+K_2 & -K_2 \\ -K_2 & K_2 \end{bmatrix} - \omega^2 \begin{bmatrix} m_1 & 0 \\ 0 & m_2 \end{bmatrix} = \left[[K]-\omega^2[m]\right] = 0 \quad (8.9)$$

Die Gl. (8.9) wird auch charakteristische oder Stammgleichung genannt. Die Entwicklung der Determinante führt zur Gleichung

$$m_1 m_2 \omega^4 - [(K_1+K_2)m_2 + K_2 m_1]\omega^2 + K_1 K_2 = 0 \quad (8.10)$$

deren Lösungen lauten

$$\omega_{1,2}{}^2 = \frac{(K_1+K_2)m_2 + K_2 m_1 \pm \sqrt{[(K_1+K_2)m_2 + K_2 m_1]^2 - 4 m_1 m_2 K_1 K_2}}{2 m_1 m_2} \quad (8.11)$$

ω_1 ist die Kreisfrequenz der ersten und ω_2 die Kreisfrequenz der zweiten Schwingungsform. Setzt man sukzessiv $\omega = \omega_1$ und $\omega = \omega_2$ in Gl. (8.8) ein, so können folgende Zusammenhänge zwischen den unbekannten Amplituden X_{11}, X_{21} und X_{12}, X_{22} bestimmt werden:

$\omega^2 = \omega_1{}^2$:

$$X_{21}^{(1)} = \left(\frac{K_1+K_2-m_1\omega_1{}^2}{K_2}\right) X_{11}^{(1)};\; X_{21}^{(1)} = r_1 X_{11}^{(1)} \quad (8.12a)$$

$$X_{22}^{(1)} = \left(\frac{K_1+K_2-m_1\omega_1{}^2}{K_2}\right) X_{12}^{(1)};\; X_{22}^{(1)} = r_1 X_{12}^{(1)} \quad (8.12b)$$

$\omega^2 = \omega_2{}^2$:

$$X_{21}^{(2)} = \left(\frac{K_1+K_2-m_1\omega_2{}^2}{K_2}\right) X_{11}^{(2)};\; X_{21}^{(2)} = r_2 X_{11}^{(2)} \quad (8.12c)$$

$$X_{22}^{(2)} = \left(\frac{K_1+K_2-m_1\omega_2{}^2}{K_2}\right) X_{12}^{(2)};\; X_{22}^{(2)} = r_2 X_{12}^{(2)} \quad (8.12d)$$

Mit den Gleichungen (8.12a-d) entstehen für ω_1 und ω_2 nach Gl. (8.8) zwei Matrizengleichungen.

$$\begin{bmatrix} K_1+K_2-m_1\omega_1{}^2 & -K_2 \\ -K_2 & K_2-m_2\omega_1{}^2 \end{bmatrix} \left(\begin{Bmatrix} 1 \\ r_1 \end{Bmatrix} X_{11}^{(1)} \cos\omega_1 t + \begin{Bmatrix} 1 \\ r_1 \end{Bmatrix} X_{12}^{(1)} \sin\omega_1 t \right) = 0 \quad (8.13a)$$

$$\begin{bmatrix} K_1+K_2-m_1\omega_2{}^2 & -K_2 \\ -K_2 & K_2-m_2\omega_2{}^2 \end{bmatrix} \left(\begin{Bmatrix} 1 \\ r_2 \end{Bmatrix} X_{11}^{(2)} \cos\omega_2 t + \begin{Bmatrix} 1 \\ r_2 \end{Bmatrix} X_{12}^{(2)} \sin\omega_2 t \right) = 0 \quad (8.13b)$$

Aus den Gleichungen (8.13a-b) ergibt sich für jede $X_{11}, X_{12}, X_{21}, X_{22}$

$$\begin{bmatrix} K_1 + K_2 - m_1\omega_1^2 & -K_2 \\ -K_2 & K_2 - m_2\omega_1^2 \end{bmatrix} \begin{Bmatrix} 1 \\ r_1 \end{Bmatrix} = 0 \tag{8.14a}$$

$$\begin{bmatrix} K_1 + K_2 - m_1\omega_2^2 & -K_2 \\ -K_2 & K_2 - m_2\omega_2^2 \end{bmatrix} \begin{Bmatrix} 1 \\ r_2 \end{Bmatrix} = 0 \tag{8.14b}$$

Die Vektoren

$$\begin{Bmatrix} 1 \\ r_1 \end{Bmatrix} = \begin{Bmatrix} \varphi_{11} \\ \varphi_{21} \end{Bmatrix} = \{\Phi_1\} \tag{8.15a}$$

$$\begin{Bmatrix} 1 \\ r_2 \end{Bmatrix} = \begin{Bmatrix} \varphi_{12} \\ \varphi_{22} \end{Bmatrix} = \{\Phi_2\} \tag{8.15b}$$

heißen Eigenvektoren des Systems.

Der Zusammenhang zwischen den Eigenwerten und Eigenvektoren lautet in Matrizenform nach den Gleichungen (8.14a-b) wie folgt:

$$\left[[K] - [m]\omega_1^2\right]\{\Phi_1\} = 0 \tag{8.16a}$$

$$\left[[K] - [m]\omega_2^2\right]\{\Phi_2\} = 0 \tag{8.16b}$$

Die Vektoren $\{\Phi_1\}$ und $\{\Phi_2\}$ geben die Eigenschwingungsformen des Zweimassenschwingers an. Der Vektor $\{\Phi_1\}$ bestimmt die Grundschwingungsform oder die erste Schwingungsform. Dem wird die Grundkreisfrequenz ω_1 und die Grundperiode $T_1 = \frac{2\pi}{\omega_1}$ assoziiert. Der Vektor $\{\Phi_2\}$ lässt die zweite Schwingungsform mit der Kreisfrequenz ω_2 und der Periode $T_2 = \frac{2\pi}{\omega_2}$ ermitteln.

Da die Gleichungen (8.16a-b) ein homogenes Gleichungssystem bilden, können die Lösungen, d. h. die Werte der Eigenvektoren $\{\Phi_1\}$ und $\{\Phi_2\}$, nur als Verhältniswerte dargestellt werden. Um konkrete Zahlen für alle Werte zu erreichen, wird eine sogenannte Normierung unternommen. Diese kann in unterschiedlicher Weise erfolgen [8.2], wie z. B.:

- Nimmt man für die Elemente φ_{11} und φ_{12} den Wert 1 an, so sind die Elemente $\varphi_{21} = r_1$ und $\varphi_{22} = r_2$ (siehe Gl. (8.12a-d)).
- Die Elemente jedes Vektors werden auf das jeweils betragsgrößte Element normiert, $\max(\varphi_{11}, \varphi_{21}) = 1$. Die anderen Elemente sind dann kleiner als 1.
- Die Länge jedes Eigenvektors wird gleich 1 gestellt.

  $\Phi_1^T\Phi_1 = 1;\ \Phi_2^T\Phi_2 = 1$

  $$\begin{bmatrix} \varphi_{11} \\ r_1\varphi_{11} \end{bmatrix} \begin{bmatrix} \varphi_{11} & r_1\varphi_{11} \end{bmatrix} = \varphi_{11}^2 + r_1^2\varphi_{11}^2 = \varphi_{11}^2(1 + r_1^2) = 1$$

$$\varphi_{11} = \sqrt{\frac{1}{1+r_1^2}}\ ;\ \varphi_{21} = r_1\varphi_{11}$$

Analog dazu gilt

$$\varphi_{12} = \sqrt{\frac{1}{1+r_2^2}}\ ;\ \varphi_{22} = r_2\varphi_{12}$$

Die Lösung für die Systemantwort ergibt sich aus Gl. (8.6) durch die Addition der Komponente aus beiden Schwingungsformen.

$$U_1(t) = \left[X_{11}^{(1)}\cos\omega_1 t + X_{12}^{(1)}\sin\omega_1 t\right] + \left[X_{11}^{(2)}\cos\omega_2 t + X_{12}^{(2)}\sin\omega_2 t\right] \qquad (8.17a)$$

$$U_2(t) = \left[r_1 X_{11}^{(1)}\cos\omega_1 t + r_1 X_{12}^{(1)}\sin\omega_1 t\right] + \left[r_2 X_{11}^{(2)}\cos\omega_2 t + r_2 X_{12}^{(2)}\sin\omega_2 t\right] \qquad (8.17b)$$

Die Geschwindigkeit der Systemantwort ergibt sich aus der Zeitableitung von den Gleichungen (8.17a-b) zu

$$\dot{U}_1(t) = \left[\omega_1 X_{12}^{(1)}\cos\omega_1 t - \omega_1 X_{11}^{(1)}\sin\omega_1 t\right] + \left[\omega_2 X_{12}^{(2)}\cos\omega_2 t - \omega_2 X_{11}^{(2)}\sin\omega_2 t\right] \qquad (8.18a)$$

$$\dot{U}_2(t) = \left[r_1\omega_1 X_{12}^{(1)}\cos\omega_1 t - r_1\omega_1 X_{11}^{(1)}\sin\omega_1 t\right] + \left[r_2\omega_2 X_{12}^{(2)}\cos\omega_2 t - r_2\omega_2 X_{11}^{(2)}\sin\omega_2 t\right] \qquad (8.18b)$$

Nimmt man zum Zeitpunkt $t = 0$ die Anfangsbedingungen

$$U_1(0) = U_{10}\ ;\ \dot{U}_1(0) = \dot{U}_{10}$$

$$U_2(0) = U_{20}\ ;\ \dot{U}_2(0) = \dot{U}_{20}$$

an, so lassen sich aus den Gleichungen (8.17a-b) und (8.18a-b) die unbekannten Variablen $X_{11}^{(1)}, X_{12}^{(1)}, X_{11}^{(2)}, X_{12}^{(2)}$ ermitteln.

$$X_{11}^{(1)} = \frac{U_{20} - r_2 U_{10}}{r_1 - r_2} \qquad (8.19a)$$

$$X_{12}^{(1)} = \frac{\dot{U}_{20} - r_2 \dot{U}_{10}}{\omega_1(r_1 - r_2)} \qquad (8.19b)$$

$$X_{11}^{(2)} = \frac{r_1 U_{10} - U_{20}}{r_1 - r_2} \qquad (8.19c)$$

$$X_{12}^{(2)} = \frac{r_1 \dot{U}_{10} - \dot{U}_{20}}{\omega_2(r_1 - r_2)} \qquad (8.19d)$$

Aufgrund der Gleichungen (8.19a-d), (8.18a-b) und (8.17a-b) ergibt sich die Matrizengleichung der Systemantwort für freie Schwingungen.

$$\begin{Bmatrix} U_1(t) \\ U_2(t) \end{Bmatrix} = \begin{Bmatrix} 1 \\ r_1 \end{Bmatrix}\left[\left(\frac{U_{20} - r_2 U_{10}}{r_1 - r_2}\right)\cos\omega_1 t + \left(\frac{\dot{U}_{20} - r_2\dot{U}_{10}}{\omega_1(r_1 - r_2)}\right)\sin\omega_1 t\right] +$$

$$\begin{Bmatrix} 1 \\ r_2 \end{Bmatrix}\left[\left(\frac{r_1 U_{10} - U_{20}}{r_1 - r_2}\right)\cos\omega_2 t + \left(\frac{r_1 \dot{U}_{10} - \dot{U}_{20}}{\omega_2(r_1 - r_2)}\right)\sin\omega_2 t\right] \tag{8.20a}$$

$$\begin{Bmatrix} \dot{U}_1(t) \\ \dot{U}_2(t) \end{Bmatrix} = \begin{Bmatrix} 1 \\ r_1 \end{Bmatrix}\left[\left(\frac{\dot{U}_{20} - r_2 \dot{U}_{10}}{r_1 - r_2}\right)\cos\omega_1 t - \left(\frac{U_{20} - r_2 U_{10}}{r_1 - r_2}\right)\omega_1 \sin\omega_1 t\right] +$$

$$\begin{Bmatrix} 1 \\ r_2 \end{Bmatrix}\left[\left(\frac{r_1 \dot{U}_{10} - \dot{U}_{20}}{r_1 - r_2}\right)\cos\omega_2 t - \left(\frac{r_1 U_{10} - U_{20}}{r_1 - r_2}\right)\omega_2 \sin\omega_2 t\right] \tag{8.20b}$$

Bezeichnet man die harmonischen Funktionen in Gl. (8.20a-b) $q_1(t)$ und $q_2(t)$, so kann die Antwort wie folgt geschrieben werden:

$$\{U(t)\} = \begin{Bmatrix} U_1(t) \\ U_2(t) \end{Bmatrix} = \begin{Bmatrix} 1 \\ r_1 \end{Bmatrix} q_1(t) + \begin{Bmatrix} 1 \\ r_2 \end{Bmatrix} q_2(t) = \{\Phi_1\} q_1(t) + \{\Phi_2\} q_2(t) \tag{8.21}$$

Beispiel 8.1

Für einen Zweimassenschwinger mit $m_1 = m_2 = m$ und $K_1 = K_2 = K$ sind die Eigenwerte und die Eigenvektoren zu ermitteln.

Die erste und zweite Kreisfrequenz ergeben sich aus Gl. (8.11).

$$\omega_1^2 = \frac{3Km - \sqrt{9K^2m^2 - 4m^2K^2}}{2m^2} = \left(\frac{3 - \sqrt{5}}{2}\right)\frac{K}{m} \Rightarrow \omega_1 = 0{,}618\sqrt{\frac{K}{m}}$$

$$\omega_2^2 = \frac{3Km + \sqrt{9K^2m^2 - 4m^2K^2}}{2m^2} = \left(\frac{3 + \sqrt{5}}{2}\right)\frac{K}{m} \Rightarrow \omega_2 = 1{,}618\sqrt{\frac{K}{m}}$$

Die Schwingungsformen ergeben sich aus den Gleichungen (8.12a-d) und (8.15a-b).

$$r_1 = \frac{2K - m0{,}618^2 \frac{K}{m}}{K} = 1{,}618$$

$$r_2 = \frac{2K - m1{,}618^2 \frac{K}{m}}{K} = -0{,}618$$

$$\{\Phi_1\} = \begin{Bmatrix} \varphi_{11} \\ \varphi_{21} \end{Bmatrix} = \begin{Bmatrix} 1 \\ 1{,}618 \end{Bmatrix}$$

$$\{\Phi_2\} = \begin{Bmatrix} \varphi_{12} \\ \varphi_{22} \end{Bmatrix} = \begin{Bmatrix} 1 \\ -0{,}618 \end{Bmatrix}$$

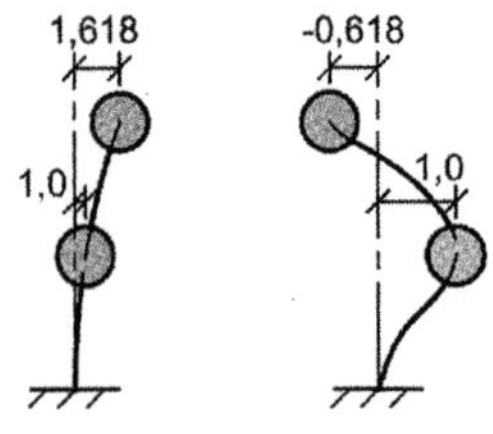

Bild 8.4 Eigenschwingungsformen des Zweimassenschwingers vom Beispiel 8.1

Beispiel 8.2

Für das System aus dem Beispiel 8.1 sind die freien Schwingungen, infolge einer erzwungenen Verschiebung der Masse m_2 um den Betrag $U_{20} = 1$, zu berechnen.

Mit $\dot{U}_{10} = \dot{U}_{20} = 0$ und $U_{10} = 0$ wird die Matrizengleichung (8.20a)

$$\begin{Bmatrix} U_1(t) \\ U_2(t) \end{Bmatrix} = \begin{Bmatrix} 1 \\ r_1 \end{Bmatrix} \left[\left(\frac{U_{20}}{r_1 - r_2} \right) \cos\omega_1 t \right] + \begin{Bmatrix} 1 \\ r_2 \end{Bmatrix} \left[\left(\frac{-U_{20}}{r_1 - r_2} \right) \cos\omega_2 t \right]$$

$$\begin{Bmatrix} U_1(t) \\ U_2(t) \end{Bmatrix} = \begin{Bmatrix} 1 \\ 1{,}618 \end{Bmatrix} 0{,}447 \cos\omega_1 t + \begin{Bmatrix} 1 \\ -0{,}618 \end{Bmatrix} (-0{,}447 \cos\omega_2 t)$$

$$U_1(t) = 0{,}447 \cos\omega_1 t - 0{,}447 \cos\omega_2 t$$

$$U_2(t) = 0{,}723 \cos\omega_1 t + 0{,}277 \cos\omega_2 t$$

8.1.1.1 Eigenformenverfahren (Modale Analyse)

Die Gl. (8.20a) zeigt, dass die Verschiebungsgrößen $U_1(t)$ und $U_2(t)$ eine lineare Kombination der Eigenformen $\{\Phi_1\}$ und $\{\Phi_2\}$ darstellen. Die neuen Variablen

$$q_1(t) = \left(\frac{U_{20} - r_2 U_{10}}{r_1 - r_2} \right) \cos\omega_1 t + \left(\frac{\dot{U}_{20} - r_2 \dot{U}_{10}}{\omega_1 (r_1 - r_2)} \right) \sin\omega_1 t \tag{8.22a}$$

$$q_2(t) = \left(\frac{r_1 U_{10} - U_{20}}{r_1 - r_2} \right) \cos\omega_2 t + \left(\frac{r_1 \dot{U}_{10} - \dot{U}_{20}}{\omega_2 (r_1 - r_2)} \right) \sin\omega_2 t \tag{8.22b}$$

wandeln das gekoppelte Differentialgleichungssystem der Schwingungen (8.4a-b) in zwei ungekoppelte Differentialgleichungen um, deren Lösung die Gl. (8.21) ist. Die neuen Variablen $q_1(t)$ und $q_2(t)$, die den Schwingungsamplituden der einzelnen Eigenformen entsprechen, werden als generalisierte Koordinaten oder Normalkoordinaten des Systems bezeichnet. Diese haben keine physikalische Bedeutung. In diesem Zusammenhang spricht man von einer „Raumtransformation" vom Raum „ U " zu einem neuen Raum „ q ". Eine andere Schreibweise der Gl. (8.21)

$$\{U(t)\} = \begin{Bmatrix} U_1(t) \\ U_2(t) \end{Bmatrix} = \{\Phi_1\} q_1(t) + \{\Phi_2\} q_2(t) = \{\Phi_1\}\{\Phi_2\} \begin{bmatrix} q_1(t) \\ q_2(t) \end{bmatrix} = \{\Phi\} \begin{bmatrix} q_1(t) \\ q_2(t) \end{bmatrix} \tag{8.23}$$

führt zur Matrix der Eigenvektoren

$$[\Phi] = [\{\Phi_1\} \quad \{\Phi_2\}] = \begin{bmatrix} 1 & 1 \\ r_1 & r_2 \end{bmatrix} \tag{8.24}$$

Diese Matrix wird als modale Matrix bezeichnet.

Die Anfangsbedingungen für die neuen Normalkoordinaten $q_1(t)$ und $q_2(t)$ lassen sich aus der Gl. (8.23) mit ihren Ableitungen wie folgt berechnen:

$$\begin{Bmatrix} U_{10} \\ U_{20} \end{Bmatrix} = \begin{bmatrix} 1 & 1 \\ r_1 & r_2 \end{bmatrix} \begin{Bmatrix} q_{10} \\ q_{20} \end{Bmatrix} \tag{8.25a}$$

$$\begin{Bmatrix} \dot{U}_{10} \\ \dot{U}_{20} \end{Bmatrix} = \begin{bmatrix} 1 & 1 \\ r_1 & r_2 \end{bmatrix} \begin{Bmatrix} \dot{q}_{10} \\ \dot{q}_{20} \end{Bmatrix} \tag{8.25b}$$

Die Lösung der Gleichungen (8.25a-b) lautet

$$q_{10} = -\left(\frac{r_2}{r_1 - r_2}\right) U_{10} + \left(\frac{1}{r_1 - r_2}\right) U_{20} \tag{8.26a}$$

$$q_{20} = \left(\frac{r_1}{r_1 - r_2}\right) U_{10} - \left(\frac{1}{r_1 - r_2}\right) U_{20} \tag{8.26b}$$

$$\dot{q}_{10} = -\left(\frac{r_2}{r_1 - r_2}\right) \dot{U}_{10} + \left(\frac{1}{r_1 - r_2}\right) \dot{U}_{20} \tag{8.26c}$$

$$\dot{q}_{20} = \left(\frac{r_1}{r_1 - r_2}\right) \dot{U}_{10} - \left(\frac{1}{r_1 - r_2}\right) \dot{U}_{20} \tag{8.26d}$$

Werden die Gleichungen (8.16a-b) mit den Vektoren $\{\Phi_2\}^T$ bzw. $\{-\Phi_1\}^T$ multipliziert und dann addiert, ergibt sich eine sehr wichtige Eigenschaft der Eigenformen: Die Orthogonalität. Zwischen zwei Eigenvektoren $\{\Phi_1\}$ und $\{\Phi_2\}$, oder im Allgemeinen $\{\Phi_i\}$ und $\{\Phi_j\}$, besteht immer die Orthogonalitätsbeziehung.

$$\{\Phi_i\}^T [m] \{\Phi_j\} = 0 \tag{8.27a}$$

$$\{\Phi_i\}^T [K] \{\Phi_j\} = 0 \tag{8.27b}$$

Setzt man die Gl. (8.23) in die Bewegungsgleichung (8.6) ein,

$$[m](\{\Phi_1\}\ddot{q}_1(t) + \{\Phi_2\}\ddot{q}_2(t)) + [K](\{\Phi_1\}q_1(t) + \{\Phi_2\}q_2(t)) = 0 \tag{8.28}$$

und multipliziert man sukzessiv mit $\{\Phi_1\}^T$ und $\{\Phi_2\}^T$, ergeben sich unter Berücksichtigung der Gleichungen (8.27a-b) zwei voneinander unabhängige Gleichungen.

$$\{\Phi_1\}^T [m] \{\Phi_1\} \ddot{q}_1(t) + \{\Phi_1\}^T [K] \{\Phi_1\} q_1(t) = 0 \tag{8.29a}$$

$$\{\Phi_2\}^T [m] \{\Phi_2\} \ddot{q}_2(t) + \{\Phi_2\}^T [K] \{\Phi_2\} q_2(t) = 0 \tag{8.29b}$$

Mit der Einführung der folgenden Beziehungen:

- Generalisierte Massen

$$m_1^* = \{\Phi_1\}^T [m] \{\Phi_1\} \tag{8.30a}$$

$$m_2^* = \{\Phi_2\}^T [m] \{\Phi_2\} \tag{8.30b}$$

- Generalisierte Steifigkeiten

$$K_1^* = \{\Phi_1\}^T [K] \{\Phi_1\} \tag{8.30c}$$

$$K_2^* = \{\Phi_2\}^T [K] \{\Phi_2\} \tag{8.30d}$$

wandelt sich das System in zwei Einmassenschwinger um, deren Bewegungsgleichungen im „q"-Raum sind.

$$m_1^* \ddot{q}_1(t) + K_1^* q_1(t) = 0 \tag{8.31a}$$

$$m_2^* \ddot{q}_2(t) + K_2^* q_2(t) = 0 \tag{8.31b}$$

Die Schreibweise dieser Gleichungen in Matrizenform lautet

$$\begin{bmatrix} m_1^* & 0 \\ 0 & m_2^* \end{bmatrix} \begin{Bmatrix} \ddot{q}_1(t) \\ \ddot{q}_2(t) \end{Bmatrix} + \begin{bmatrix} K_1^* & 0 \\ 0 & K_2^* \end{bmatrix} \begin{Bmatrix} q_1(t) \\ q_2(t) \end{Bmatrix} = 0 \tag{8.32}$$

Teilt man Gl. (8.31a) durch m_1 und Gl. (8.31b) durch m_2, können die Eigenkreisfrequenzen der zwei Einmassenschwinger wie folgt definiert werden:

$$\omega_1 = \sqrt{\frac{K_1^*}{m_1^*}} \tag{8.33a}$$

$$\omega_2 = \sqrt{\frac{K_2^*}{m_2^*}} \tag{8.33b}$$

Das Verhalten des Systems für die Schwingungsform 1 (oder i) ist also auf das Verhalten eines Einmassenschwingers mit der Kreisfrequenz ω_1 (oder ω_i) zurückzuführen. Die im Abschnitt 7.3 für den Einmassenschwinger hergeleiteten Ergebnisse lassen sich direkt auf jede Schwingungsform des Mehrmassensystems übertragen. Für die Dämpfung $\zeta = 0$ gilt

$$q_1(t) = q_{10} \cos \omega_1 t + \frac{1}{\omega_1} \dot{q}_{10} \sin \omega_1 t \tag{8.34a}$$

$$q_2(t) = q_{20} \cos \omega_2 t + \frac{1}{\omega_2} \dot{q}_{20} \sin \omega_2 t \tag{8.34b}$$

oder mit den Anfangsbedingungen aus den Gleichungen (8.26a-d)

$$q_1(t) = \left[-\left(\frac{r_2}{r_1 - r_2} \right) U_{10} + \left(\frac{1}{r_1 - r_2} \right) U_{20} \right] \cos \omega_1 t + \frac{1}{\omega_1} \left[-\left(\frac{r_2}{r_1 - r_2} \right) \dot{U}_{10} + \left(\frac{1}{r_1 - r_2} \right) \dot{U}_{20} \right] \sin \omega_1 t \tag{8.35a}$$

$$q_2(t) = \left[\left(\frac{r_1}{r_1 - r_2} \right) U_{10} - \left(\frac{1}{r_1 - r_2} \right) U_{20} \right] \cos \omega_2 t + \frac{1}{\omega_2} \left[\left(\frac{r_1}{r_1 - r_2} \right) \dot{U}_{10} + \left(\frac{1}{r_1 - r_2} \right) \dot{U}_{20} \right] \sin \omega_2 t \tag{8.35b}$$

8.1.2 Erzwungene ungedämpfte Schwingungen

Im idealen Fall des krafterregten, ungedämpften Zweimassenschwingers ($[C]=0$) lautet die Bewegungsgleichung (8.5a)

$$[m]\{\ddot{U}(t)\}+[K]\{U(t)\}=\{P(t)\} \tag{8.36}$$

oder umgeschrieben in Normalkoordinaten $q_1(t)$ und $q_2(t)$

$$[m](\{\Phi_1\}\ddot{q}_1(t)+\{\Phi_2\}\ddot{q}_2(t))+[K](\{\Phi_1\}q_1(t)+\{\Phi_2\}q_2(t))=\{P(t)\} \tag{8.37}$$

Durch sukzessive Multiplikation mit $\{\Phi_1\}^T$ und $\{\Phi_2\}^T$ unter Beachtung der Orthogonalitätsbeziehungen (8.27a-b) ergeben sich zwei Gleichungen

$$m_1^*\ddot{q}_1(t)+K_1^*q_1(t)=\{\Phi_1\}^T\{P(t)\}=P_1^*(t) \tag{8.38a}$$

$$m_2^*\ddot{q}_2(t)+K_2^*q_2(t)=\{\Phi_2\}^T\{P(t)\}=P_2^*(t) \tag{8.38b}$$

die in Matrizenform wie folgt verknüpft werden können:

$$\begin{bmatrix} m_1^* & 0 \\ 0 & m_2^* \end{bmatrix}\begin{Bmatrix} \ddot{q}_1(t) \\ \ddot{q}_2(t) \end{Bmatrix}+\begin{bmatrix} K_1^* & 0 \\ 0 & K_2^* \end{bmatrix}\begin{Bmatrix} q_1(t) \\ q_2(t) \end{Bmatrix}=[\Phi_1 \quad \Phi_2]^T\begin{Bmatrix} P_1(t) \\ P_2(t) \end{Bmatrix}=\begin{Bmatrix} P_1^*(t) \\ P_2^*(t) \end{Bmatrix} \tag{8.39}$$

Die Bezeichnungen

$$P_1^*(t)=\{\Phi_1\}^T\begin{Bmatrix} P_1(t) \\ P_2(t) \end{Bmatrix} \tag{8.40a}$$

$$P_2^*(t)=\{\Phi_2\}^T\begin{Bmatrix} P_1(t) \\ P_2(t) \end{Bmatrix} \tag{8.40b}$$

werden auch generalisierte Kräfte genannt.

Durch Einführung der Eigenvektoren (Gl. (8.15a-b)) erhalten die Gleichungen (8.38a-b) folgende Form:

$$m_1^*\ddot{q}_1(t)+K_1^*q_1(t)=P_1(t)+r_1P_2(t) \tag{8.41a}$$

$$m_2^*\ddot{q}_2(t)+K_2^*q_2(t)=P_1(t)+r_2P_2(t) \tag{8.41b}$$

Beispiel 8.3

Es wird eine harmonische Belastung

$P_1(t)=P_1\sin\omega_o t$

$P_2(t)=P_2\sin\omega_o t$

angenommen.

Die Matrizengleichung der Schwingungen in herkömmlichen „ U “-Raumkoordinaten und die Gleichungen in Normalkoordinaten (Gl. (8.41a-b)) lauten

$$\begin{bmatrix} m_1 & 0 \\ 0 & m_2 \end{bmatrix}\begin{Bmatrix} \ddot{U}_1(t) \\ \ddot{U}_2(t) \end{Bmatrix}+\begin{bmatrix} K_1+K_2 & -K_2 \\ -K_2 & K_2 \end{bmatrix}\begin{Bmatrix} U_1(t) \\ U_2(t) \end{Bmatrix}=\begin{Bmatrix} P_1\sin\omega_o t \\ P_2\sin\omega_o t \end{Bmatrix} \tag{8.42}$$

$$m_1^*\ddot{q}_1(t)+K_1^*q_1(t)=(P_1+r_1P_2)\sin\omega_o t \tag{8.43a}$$

$$m_2^*\ddot{q}_2(t)+K_2^*q_2(t)=(P_1+r_2P_2)\sin\omega_o t \tag{8.43b}$$

Mit der Lösung für $q_1(t)$

$$q_1(t)=A_1\sin\omega_o t \tag{8.44}$$

wird die Gl. (8.43a) zu

$$\left(-m_1^*\omega_o^2A_1+K_1^*A_1\right)\sin\omega_o t=(P_1+r_1P_2)\sin\omega_o t \tag{8.45}$$

Aus Gl. (8.45) ergibt sich die Konstante A_1

$$A_1=\frac{P_1+r_1P_2}{K_1^*-m_1^*\omega_o^2}=\frac{\dfrac{P_1+r_1P_2}{K_1^*}}{1-\left(\dfrac{\omega_o}{\omega_1}\right)^2} \tag{8.46}$$

Setzt man Gl. (8.46) in Gl. (8.44) ein, ergibt sich unter Berücksichtigung der Anfangsbedingungen

$$q_1(t)=C_1\cos\omega_1 t+D_1\sin\omega_1 t+\left[\frac{\dfrac{P_1+r_1P_2}{K_1^*}}{1-\left(\dfrac{\omega_o}{\omega_1}\right)^2}\right]\sin\omega_o t \tag{8.47}$$

Zur Ermittlung der Konstanten C_1 und D_1 wird vorausgesetzt, dass zum Zeitpunkt $t=0$ die Größen $q_1(t)$ und $\dot{q}_1(t)$ verschwinden, $q_1(0)=0$, $\dot{q}_1(0)=0$. Es folgt

$$C_1=0 \tag{8.48}$$

$$D_1=-\frac{\omega_o}{\omega_1}\left[\frac{\dfrac{P_1+r_1P_2}{K_1^*}}{1-\left(\dfrac{\omega_o}{\omega_1}\right)^2}\right] \tag{8.49}$$

Somit lautet die Lösung für $q_1(t)$ in Gl. (8.47)

$$q_1(t)=\left[\frac{\dfrac{P_1+r_1P_2}{K_1^*}}{1-\left(\dfrac{\omega_o}{\omega_1}\right)^2}\right]\left(\sin\omega_o t-\frac{\omega_o}{\omega_1}\sin\omega_1 t\right) \tag{8.50}$$

Die Lösung von Gl. (8.43b) lässt sich auf ähnliche Weise ableiten.

$$q_2(t)=\left[\frac{\dfrac{P_1+r_2P_2}{K_2^*}}{1-\left(\dfrac{\omega_o}{\omega_2}\right)^2}\right]\left(\sin\omega_o t-\frac{\omega_o}{\omega_2}\sin\omega_2 t\right) \tag{8.51}$$

Die Lösungen in „ U "-Raumkoordinaten liefert die Gl. (8.21)

$$U_1(t)=q_1(t)+q_2(t) \tag{8.52a}$$

$$U_2(t) = r_1 q_1(t) + r_2 q_2(t) \tag{8.52b}$$

8.1.3 Erzwungene gedämpfte Schwingungen. Modale Dämpfung

Erzwungene gedämpfte Schwingungen von Mehrmassensystemen werden von der Bewegungsgleichung (8.5a) beschrieben. Die Umschreibung in Normalkoordinaten für einen Zweimassenschwinger lautet

$$[m](\{\Phi_1\}\ddot{q}_1(t) + \{\Phi_2\}\ddot{q}_2(t)) + [C](\{\Phi_1\}\dot{q}_1(t) + \{\Phi_2\}\dot{q}_2(t)) + [K](\{\Phi_1\}q_1(t) + \{\Phi_2\}q_2(t)) = \{P(t)\} \tag{8.53}$$

Multipliziert man Gl. (8.53) mit $\{\Phi_1\}^T$, ergibt sich unter Berücksichtigung der Orthogonalitätsbeziehungen in den Gleichungen (8.27a-b)

$$\begin{aligned} &\left(\{\Phi_1\}^T[m]\{\Phi_1\}\right)\ddot{q}_1(t) + \left(\{\Phi_1\}^T[C]\{\Phi_1\}\right)\dot{q}_1(t) + \left(\{\Phi_1\}^T[C]\{\Phi_2\}\right)\dot{q}_2(t) + \\ &\left(\{\Phi_1\}^T[K]\{\Phi_1\}\right)q_1(t) = \{\Phi_1\}^T\{P(t)\} \end{aligned} \tag{8.54}$$

Da der Ausdruck $\{\Phi_1\}^T[C]\{\Phi_2\}$ im Allgemeinen nicht null ist, können die zwei Gleichungen nicht entkoppelt werden. Um diese Schwierigkeit zu überwinden, muss eine Proportionalität zwischen der Dämpfungsmatrix $[C]$ und entweder der Massenmatrix $[m]$ oder der Steifigkeitsmatrix $[K]$ vorausgesetzt werden. Man spricht dann von einer massen- bzw. steifigkeitsproportionalen Dämpfung. Ein oft verwendeter Ansatz schließt beide Proportionalitäten ein.

$$[C] = \alpha[m] + \beta[K] \tag{8.55}$$

Diese Art der proportionalen Dämpfung wird Rayleigh-Dämpfung genannt. Setzt man Gl. (8.55) im Dämpfungsglied von Gl. (8.54) ein, so ergibt sich

$$\{\Phi_1\}^T[C]\{\Phi_1\} = \{\Phi_1\}^T[\alpha[m] + \beta[K]]\{\Phi_1\} = \alpha\left(\{\Phi_1\}^T[m]\{\Phi_1\}\right) + \beta\left(\{\Phi_1\}^T[K]\{\Phi_1\}\right) = \alpha m_1^* + \beta K_1^* \tag{8.56a}$$

$$\{\Phi_1\}^T[C]\{\Phi_2\} = \alpha\left(\{\Phi_1\}^T[m]\{\Phi_2\}\right) + \beta\left(\{\Phi_1\}^T[K]\{\Phi_2\}\right) = \alpha 0 + \beta 0 \tag{8.56b}$$

Demzufolge verschwindet in Gl. (8.54) das Glied mit der Normalkoordinate $q_2(t)$. Es gilt

$$m_1^*\ddot{q}_1(t) + \left(\alpha m_1^* + \beta K_1^*\right)\dot{q}_1(t) + K_1^* q_1(t) = \{\Phi_1\}^T\{P(t)\} \tag{8.57}$$

Mit der Bezeichnung

$$C_1^* = \alpha m_1^* + \beta K_1^* \tag{8.58}$$

wird Gl. (8.57)

$$m_1^*\ddot{q}_1(t) + C_1^*\dot{q}_1(t) + K_1^* q_1(t) = \{\Phi_1\}^T\{P(t)\} \tag{8.59}$$

Multipliziert man die Gl. (8.53) mit $\{\Phi_2\}^T$ und verfolgt man die gleichen Rechenschritte, ergibt sich die zweite Bewegungsgleichung wie folgt:

$$m_2^*\ddot{q}_2(t) + C_2^*\dot{q}_2(t) + K_2^* q_2(t) = \{\Phi_2\}^T\{P(t)\} \tag{8.60}$$

mit

$$C_2^* = \alpha m_2^* + \beta K_2^* \tag{8.61}$$

Durch die Teilung der Gl. (8.58) und (8.61) durch m_1^*, bzw. m_2^* ergeben sich

$$2\zeta_1\omega_1 = \alpha + \beta\omega_1^2 \tag{8.62a}$$

$$2\zeta_2\omega_2 = \alpha + \beta\omega_2^2 \tag{8.62b}$$

wobei

$$\omega_1 = \sqrt{\frac{K_1^*}{m_1^*}}\ ;\ \omega_2 = \sqrt{\frac{K_2^*}{m_2^*}}$$

$$2\zeta_1\omega_1 = \frac{C_1^*}{m_1^*}\ ;\ 2\zeta_2\omega_2 = \frac{C_2^*}{m_2^*}$$

ζ_1 ist der Dämpfungsgrad für die erste Schwingungsform und ζ_2 für die zweite Schwingungsform. Die auf diese Weise definierte Dämpfung bezeichnet man als modale Dämpfung. Der Ansatz der proportionalen Dämpfung (Rayleigh-Dämpfung) ist mit der modalen Dämpfung verknüpft. In der Praxis wird in der Regel der Dämpfungsgrad für die Schwingungen in der Grundfrequenz, ζ_1, als erster gewählt. Für die höheren Schwingungsformen wird die modale Dämpfung nach dem Ansatz $\zeta_j = j\zeta_1$ angenommen [8.2], d. h. $\zeta_2 = 2\zeta_1$.

Kennt man ζ_1 und ζ_2, so lassen sich die Proportionalitätswerte α und β aus den Gleichungen (8.62a-b) errechnen.

$$\alpha = \frac{2\omega_1\omega_2(\zeta_1\omega_2 - \zeta_2\omega_1)}{\omega_2^2 - \omega_1^2} \tag{8.63a}$$

$$\beta = \frac{2(\zeta_2\omega_2 - \zeta_1\omega_1)}{\omega_2^2 - \omega_1^2} \tag{8.63b}$$

Mit Berücksichtigung der Gleichungen (8.62a-b) ergibt sich für das dynamische Gleichgewicht des Systems in Normalkoordinaten

$$\ddot{q}_1(t) + 2\zeta_1\omega_1\dot{q}_1(t) + \omega_1^2 q_1(t) = \frac{P_1(t) + r_1 P_2(t)}{m_1^*} \tag{8.64a}$$

$$\ddot{q}_2(t) + 2\zeta_2\omega_2\dot{q}_2(t) + \omega_2^2 q_2(t) = \frac{P_1(t) + r_2 P_2(t)}{m_2^*} \tag{8.64b}$$

Da die Gleichungen (8.64a-b) linear sind, können die Lösungen separat für $P_1(t)$ und $P_2(t)$ ermittelt und addiert werden.

8.1.3.1 Gedämpftes System unter Erdbebenbelastung

Die Erregung aus Erdbeben wird als Zeitverlauf der Bodenbeschleunigung $\ddot{U}_b(t)$ gegeben. Die Bewegungsgleichung bleibt unverändert, nur die äußeren Lasten werden durch die von der

Bodenbeschleunigung $\ddot{U}_b(t)$ verursachten Trägheitskräfte ersetzt. Dementsprechend wird der Vektor $\{P(t)\}$ in Gl. (8.5a) zu $-[m]\{I\}\ddot{U}_b(t)$ und die Bewegungsgleichung (8.5a) lautet

$$[m]\{\ddot{U}(t)\}+[C]\{\dot{U}(t)\}+[K]\{U(t)\}=-[m]\{I\}\ddot{U}_b(t) \tag{8.65}$$

$\{I\}$: Einheitsvektor

oder

$$\begin{bmatrix} m_1 & 0 \\ 0 & m_2 \end{bmatrix}\begin{Bmatrix} \ddot{U}_1(t) \\ \ddot{U}_2(t) \end{Bmatrix}+\begin{bmatrix} C_1+C_2 & -C_2 \\ -C_2 & C_2 \end{bmatrix}\begin{Bmatrix} \dot{U}_1(t) \\ \dot{U}_2(t) \end{Bmatrix}+\begin{bmatrix} K_1+K_2 & -K_2 \\ -K_2 & K_2 \end{bmatrix}\begin{Bmatrix} U_1(t) \\ U_2(t) \end{Bmatrix}=$$

$$-\begin{bmatrix} m_1 & 0 \\ 0 & m_2 \end{bmatrix}\begin{Bmatrix} 1 \\ 1 \end{Bmatrix}\ddot{U}_b(t) \tag{8.65a}$$

Mit der Rayleigh-Dämpfung $[C]$ nach Gl. (8.55) und den Normalkoordinaten $q_1(t)$ und $q_2(t)$ nach Gl. (8.23) ergeben sich nach dem gleichen Rechenvorgang wie im Abschnitt 8.1.3 die zwei entkoppelten Gleichungen des Systems.

$$m_1^*\ddot{q}_1(t)+C_1^*\dot{q}_1(t)+K_1^*q_1(t)=-(m_1+r_1m_2)\ddot{U}_b(t) \tag{8.66a}$$

$$m_2^*\ddot{q}_2(t)+C_2^*\dot{q}_2(t)+K_2^*q_2(t)=-(m_1+r_2m_2)\ddot{U}_b(t) \tag{8.66b}$$

Die Lösung des Gleichungssystems (8.66a-b) wurde in Abschnitt 8.1.3 behandelt.

Beispiel 8.4

Für den zweigeschossigen Rahmen aus Bild 8.5 ist die dynamische Antwort unter zwei plötzlich auftretenden Geschosslasten $P_1(t), P_2(t)$ zu ermitteln. Gegeben ist

$h_1 = h_2 = h = 3{,}50$ m

$m_1 = 2m$; $m_2 = m = 1{,}0$ kNs²/cm

Stützenprofil: HEB 320

Stützensteifigkeit: $\frac{EI}{h^3} \cong 15$ kN/cm

Dämpfungsgrad für die Grundform: $\zeta_1 = 2{,}5$ %

$$P_1(t) = \begin{cases} P_1, t \geq 0 \\ 0 \end{cases}$$

$$P_2(t) = \begin{cases} P_2, t \geq 0 \\ 0 \end{cases}$$

Mit den Geschosssteifigkeiten

$$K_1 = \frac{12E(4I)}{h^3} = \frac{48EI}{h^3} = 720 \text{ kN/cm}$$

$$K_2 = \frac{12E(2I)}{h^3} = \frac{24EI}{h^3} = 360 \text{ kN/cm}$$

lautet die Steifigkeitsmatrix des Systems

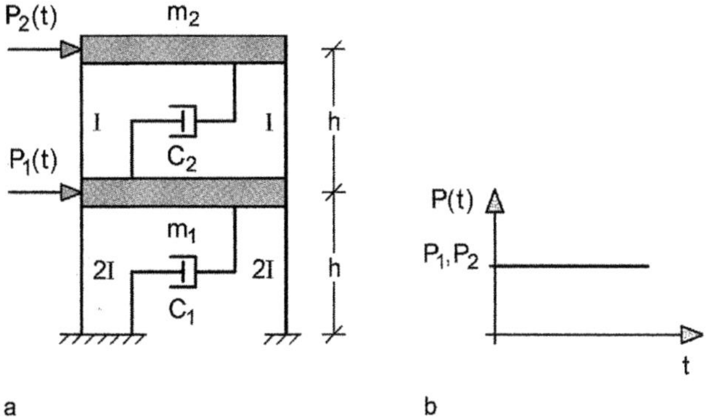

Bild 8.5 Zweigeschossrahmen zum Beispiel 8.4
a) Geometrie
b) Zeitlicher Belastungsverlauf

$$[K]=\begin{bmatrix} K_1+K_2 & -K_2 \\ -K_2 & K_2 \end{bmatrix}=\frac{12EI}{h^3}\begin{bmatrix} 6 & -2 \\ -2 & 2 \end{bmatrix}$$

Die Trägheitsmatrix ist

$$[m]=\begin{bmatrix} m_1 & 0 \\ 0 & m_2 \end{bmatrix}=m\begin{bmatrix} 2 & 0 \\ 0 & 1 \end{bmatrix}$$

Mit $K_2 = 0{,}5K_1$ und $m_2 = 0{,}5m_1$ ergibt sich aus Gl. (8.11)

$$\omega_1^2 = \frac{1{,}5K_1 0{,}5m_1 + 0{,}5K_1m_1 - \sqrt{(0{,}75K_1m_1 + 0{,}5K_1m_1)^2 - 4.0{,}5m_1^2 0{,}5K_1^2}}{2.0{,}5m_1^2} = \frac{0{,}5K_1m_1}{m_1^2} = 0{,}5\frac{K_1}{m_1}$$

$$\omega_1 = 0{,}707\sqrt{\frac{K_1}{m_1}} = 13{,}41\ 1/s;\ T_1 = \frac{2\pi}{\omega_1} = 0{,}468\ s$$

$$\omega_2^2 = \frac{1{,}5K_1 0{,}5m_1 + 0{,}5K_1m_1 + \sqrt{(0{,}75K_1m_1 + 0{,}5K_1m_1)^2 - 4.0{,}5m_1^2 0{,}5K_1^2}}{2.0{,}5m_1^2} = 2\frac{K_1}{m_1}$$

$$\omega_2 = 1{,}414\sqrt{\frac{K_1}{m_1}} = 26{,}82\ 1/s;\ T_2 = \frac{2\pi}{\omega_2} = 0{,}234\ s$$

Die Eigenvektoren nach den Gleichungen (8.15a-b) lassen sich wie folgt ermitteln:

$$\varepsilon_1 = \frac{K_1 + K_2 - m_1\omega_1^2}{K_2} = 2$$

$$\varepsilon_2 = \frac{K_1 + K_2 - m_1\omega_2^2}{K_2} = -1$$

Die Normierung mit dem Wert 1 ergibt

$$\{\Phi_1\} = \begin{Bmatrix} 1 \\ 2 \end{Bmatrix}$$

$$\{\Phi_2\} = \begin{Bmatrix} 1 \\ -1 \end{Bmatrix}$$

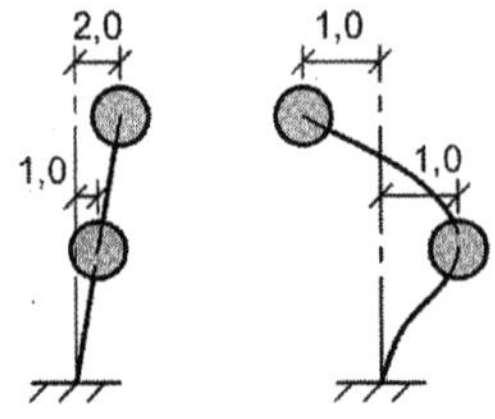

Bild 8.6 Normierte freie Schwingungsformen des Zweimassenschwingers vom Beispiel 8.4

Die Normierung nach der Betragsgröße liefert

$$\varphi_{11} = \sqrt{\frac{1}{1+2^2}} = 0{,}447; \;\; \varphi_{21} = 2.0{,}447 = 0{,}894$$

$$\varphi_{12} = \sqrt{\frac{1}{1+1^2}} = 0{,}707; \;\; \varphi_{22} = -1.0{,}707 = -0{,}707$$

$$\{\Phi_1\} = \begin{Bmatrix} 0{,}447 \\ 0{,}894 \end{Bmatrix}$$

$$\{\Phi_2\} = \begin{Bmatrix} 0{,}707 \\ -0{,}707 \end{Bmatrix}$$

Generalisierte Massen:

$$m_1^* = \{\Phi_1\}^T [m] \{\Phi_1\} = \{1 \quad 2\} m \begin{bmatrix} 2 & 0 \\ 0 & 1 \end{bmatrix} \begin{Bmatrix} 1 \\ 2 \end{Bmatrix} = \{1 \quad 2\} m \begin{bmatrix} 2 \\ 2 \end{bmatrix} = 6{,}0 \text{ kNs}^2\text{/cm}$$

$$m_2^* = \{\Phi_2\}^T [m] \{\Phi_2\} = \{1 \quad -1\} m \begin{bmatrix} 2 & 0 \\ 0 & 1 \end{bmatrix} \begin{Bmatrix} 1 \\ -1 \end{Bmatrix} = \{1 \quad -1\} m \begin{bmatrix} 2 \\ -1 \end{bmatrix} = 3{,}0 \text{ kNs}^2\text{/cm}$$

Generalisierte Steifigkeiten:

$$K_1^* = \{\Phi_1\}^T [K] \{\Phi_1\} = \{1 \quad 2\} \frac{24EI}{h^3} \begin{bmatrix} 3 & -1 \\ -1 & 1 \end{bmatrix} \begin{Bmatrix} 1 \\ 2 \end{Bmatrix} = \{1 \quad 2\} \frac{24EI}{h^3} \begin{bmatrix} 1 \\ 1 \end{bmatrix} = \frac{72EI}{h^3} = 1080 \text{ kN/cm}$$

$$K_2^* = \{\Phi_2\}^T [K] \{\Phi_2\} = \{1 \quad -1\} \frac{24EI}{h^3} \begin{bmatrix} 3 & -1 \\ -1 & 1 \end{bmatrix} \begin{Bmatrix} 1 \\ -1 \end{Bmatrix} = \{1 \quad -1\} \frac{24EI}{h^3} \begin{bmatrix} 4 \\ -2 \end{bmatrix} = \frac{144EI}{h^3} = 2160 \text{ kN/cm}$$

Daraus ergeben sich

$$\omega_1 = \sqrt{\frac{K_1^*}{m_1^*}} = \sqrt{\frac{1080}{6}} = 13{,}41 \text{ 1/s}$$

$$\omega_2 = \sqrt{\frac{K_2^*}{m_2^*}} = \sqrt{\frac{2160}{6}} = 26{,}83 \text{ 1/s}$$

Der Dämpfungsgrad in der zweiten Schwingungsform wird als $\zeta_2 = 2\zeta_1 = 5$ % angenommen. Somit ergeben sich die Beiwerte der Rayleigh-Dämpfung zu

$$\alpha = \frac{2\omega_1\omega_2(\zeta_1\omega_2 - \zeta_2\omega_1)}{\omega_2^{\ 2} - \omega_1^{\ 2}} = 3{,}33.10^{-4}$$

$$\beta = \frac{2(\zeta_2\omega_2 - \zeta_1\omega_1)}{\omega_2^{\ 2} - \omega_1^{\ 2}} = 3{,}75.10^{-3}$$

Somit gilt

$$C_1^* = \alpha m_1^* + \beta K_1^* = 4{,}05$$

$$C_2^* = \alpha m_2^* + \beta K_2^* = 8{,}10$$

Die Bewegungsgleichung in Normalkoordinaten nach den Gleichungen (8.64a-b) ist

$$6\ddot{q}_1(t) + 4{,}05\dot{q}_1(t) + 1080 q_1(t) = P_1 + 2P_2$$

$$3\ddot{q}_2(t) + 8{,}10\dot{q}_2(t) + 2160 q_2(t) = P_1 - P_2$$

Mit Anfangsbedingungen $q_{10} = q_{20} = \dot{q}_{10} = \dot{q}_{20} = 0$ lauten die Lösungen im „q"-Raum wie folgt (siehe Abschnitt 7.4):

$$q_1(t) = \frac{P_1 + r_1 P_2}{K_1^*}\left(1 - e^{\zeta_1\omega_1 t}\cos\omega_{1d}t - \frac{\zeta_1}{\sqrt{1-\zeta_1^{\ 2}}}e^{-\zeta_1\omega_1 t}\sin\omega_{1d}t\right)$$

$$q_2(t) = \frac{P_1 + r_2 P_2}{K_2^*}\left(1 - e^{\zeta_2\omega_2 t}\cos\omega_{2d}t - \frac{\zeta_2}{\sqrt{1-\zeta_2^{\ 2}}}e^{-\zeta_2\omega_2 t}\sin\omega_{2d}t\right)$$

Mit

$$\zeta_1\omega_1 = 0{,}025.13{,}41 = 0{,}335$$

$$\omega_{1d} = \omega_1\sqrt{1-\zeta_1^{\ 2}} \cong \omega_1 = 13{,}41 \ \ 1/\mathrm{s}$$

$$\zeta_2\omega_2 = 0{,}05.26{,}83 = 1{,}34$$

$$\omega_{2d} = \omega_2\sqrt{1-\zeta_2^{\ 2}} \cong \omega_2 = 26{,}83 \ \ 1/\mathrm{s}$$

ergeben sich aus den Gleichungen (8.52a-b) die Lösungen in reellen Koordinaten zu

$$\begin{Bmatrix} U_1(t) \\ U_2(t) \end{Bmatrix} = \begin{Bmatrix} 1 \\ 2 \end{Bmatrix}\left(\frac{P_1 + 2P_2}{1080}\right)\left(1 - e^{-0{,}335t}\cos 13{,}41t - 0{,}025e^{-0{,}335t}\sin 13{,}41t\right) +$$

$$\begin{Bmatrix} 1 \\ -1 \end{Bmatrix}\left(\frac{P_1 - P_2}{2160}\right)\left(1 - e^{-1{,}34t}\cos 26{,}83t - 0{,}05e^{-1{,}34t}\sin 26{,}83t\right)$$

8.1.4 Numerische Lösungen

Die Antwort des Zweimassensystems kann für den allgemeinen Fall der nichtproportionalen Dämpfung mit Hilfe eines direkten Zeitintegrationsverfahrens, wie das ß-Verfahren von Newmark oder das Wilson- Θ -Verfahren, ermittelt werden (siehe auch Abschnitt 7.6.2).

Für das ß-Verfahren von Newmark geht man von den Gleichungen (7.80) bis (7.82) aus, wobei die Antwortgrößen, Systemparameter und Erregung in Matrizenform geschrieben werden.

$$[m]\{\ddot{U}_{k+1}\} + [C]\{\dot{U}_{k+1}\} + [K]\{U_{k+1}\} = \{P_{k+1}\} \tag{8.67}$$

$$\{\dot{U}_{k+1}\}=\{\dot{U}_k\}+(1-\delta)\{\ddot{U}_k\}(\Delta t)+\delta\{\ddot{U}_{k+1}\}(\Delta t) \tag{8.68}$$

$$\{U_{k+1}\}=\{U_k\}+\{\dot{U}_k\}(\Delta t)+\left(\frac{1}{2}-\alpha\right)\{\ddot{U}_k\}(\Delta t)^2+\alpha\{\ddot{U}_{k+1}\}(\Delta t)^2 \tag{8.69}$$

Die Gleichungen (8.67) bis (8.69) lauten in expliziter Form für den Zweimassenschwinger

$$\begin{bmatrix} m_1 & 0 \\ 0 & m_2 \end{bmatrix}\begin{Bmatrix} \ddot{U}_1 \\ \ddot{U}_2 \end{Bmatrix}_{k+1}+\begin{bmatrix} C_1+C_2 & -C_2 \\ -C_2 & C_2 \end{bmatrix}\begin{Bmatrix} \dot{U}_1 \\ \dot{U}_2 \end{Bmatrix}_{k+1}+\begin{bmatrix} K_1+K_2 & -K_2 \\ -K_2 & K_2 \end{bmatrix}\begin{Bmatrix} U_1 \\ U_2 \end{Bmatrix}_{k+1}=\begin{Bmatrix} P_1 \\ P_2 \end{Bmatrix}_{k+1} \tag{8.70}$$

$$\begin{Bmatrix} \dot{U}_1 \\ \dot{U}_2 \end{Bmatrix}_{k+1}=\begin{Bmatrix} \dot{U}_1 \\ \dot{U}_2 \end{Bmatrix}_{k}+(1-\delta)\begin{Bmatrix} \ddot{U}_1 \\ \ddot{U}_2 \end{Bmatrix}_{k}(\Delta t)+\delta\begin{Bmatrix} \ddot{U}_1 \\ \ddot{U}_2 \end{Bmatrix}_{k+1}(\Delta t) \tag{8.71}$$

$$\begin{Bmatrix} U_1 \\ U_2 \end{Bmatrix}_{k+1}=\begin{Bmatrix} U_1 \\ U_2 \end{Bmatrix}_{k}+\begin{Bmatrix} \dot{U}_1 \\ \dot{U}_2 \end{Bmatrix}_{k}(\Delta t)+\left(\frac{1}{2}-\alpha\right)\begin{Bmatrix} \ddot{U}_1 \\ \ddot{U}_2 \end{Bmatrix}_{k}(\Delta t)^2+\alpha\begin{Bmatrix} \ddot{U}_1 \\ \ddot{U}_2 \end{Bmatrix}_{k+1}(\Delta t)^2 \tag{8.72}$$

Durch die Beiwerte α, δ wird eine Annahme über den Beschleunigungsverlauf im Zeitintervall Δt nach Bild 7.19 getroffen. Die Lösung der Gleichungen (8.70) bis (8.72) für die Unbekannten $\{\ddot{U}_{k+1}\}$, $\{\dot{U}_{k+1}\}$ und $\{U_{k+1}\}$ führt zum folgenden Zusammenhang zwischen den Antwortgrößen zu den Zeitpunkten t_{k+1} und t_k bei gegebener Belastung $\{P_{k+1}\}$:

$$\{\ddot{U}_{k+1}\}=-[B]^{-1}[K]\{U_k\}-[B]^{-1}[C]\{\dot{U}_k\}-[B]^{-1}[K]\{\dot{U}_k\}(\Delta t)-[B]^{-1}[G]\{\ddot{U}_k\}+[B]^{-1}\{P_{k+1}\} \tag{8.73}$$

$$\{\dot{U}_{k+1}\}=[A_o]\{U_k\}+[B_o]\{\dot{U}_k\}+[C_o]\{\ddot{U}_k\}+\delta[B]^{-1}\{P_{k+1}\}(\Delta t) \tag{8.74}$$

$$\{U_{k+1}\}=[D_o]\{U_k\}+[E_o]\{\dot{U}_k\}+[F_o]\{\ddot{U}_k\}+\alpha[B]^{-1}\{P_{k+1}\}(\Delta t)^2 \tag{8.75}$$

wobei

$$[B]=[m]+\delta[C](\Delta t)+\alpha[K](\Delta t)^2 \tag{8.76a}$$

$$[G]=(1-\delta)[C](\Delta t)+\left(\frac{1}{2}-\alpha\right)[K](\Delta t)^2 \tag{8.76b}$$

$$[A_o]=-\delta[B]^{-1}[K](\Delta t) \tag{8.76c}$$

$$[B_o]=\{I\}-\delta[B]^{-1}[C](\Delta t)-\delta[B]^{-1}[K](\Delta t)^2 \tag{8.76d}$$

$$[C_o]=(1-\delta)\{I\}(\Delta t)-\delta[B]^{-1}[G](\Delta t) \tag{8.76e}$$

$$[D_o]=\{I\}-\alpha[B]^{-1}[K](\Delta t)^2 \tag{8.76f}$$

$$[E_o]=\{I\}(\Delta t)-\alpha[B]^{-1}[C](\Delta t)^2-\alpha[B]^{-1}[K](\Delta t)^3 \tag{8.76g}$$

$$[F_o]=\left(\frac{1}{2}-\alpha\right)\{I\}(\Delta t)^2-\alpha[B]^{-1}[G](\Delta t)^2 \tag{8.76h}$$

Mit den Bezeichnungen (8.76a-h) werden die Gleichungen (8.73) bis (8.75) in Matrizenform wie folgt zusammengefasst:

$$\begin{Bmatrix} U_{k+1} \\ \dot{U}_{k+1} \\ \ddot{U}_{k+1} \end{Bmatrix} = [D_N] \begin{Bmatrix} U_k \\ \dot{U}_k \\ \ddot{U}_k \end{Bmatrix} + [H_N]\{P_{k+1}\} \tag{8.77}$$

mit

$$[D_N] = \begin{bmatrix} [D_o] & [E_o] & [F_o] \\ [A_o] & [B_o] & [C_o] \\ -[B]^{-1}[K] & -[B]^{-1}[C] - [B]^{-1}[K](\Delta t) & -[B]^{-1}[G] \end{bmatrix} \tag{8.77a}$$

$$[H_N] = \begin{bmatrix} \alpha[B]^{-1}(\Delta t)^2 \\ \delta[B]^{-1}(\Delta t) \\ [B]^{-1} \end{bmatrix} \tag{8.77b}$$

Führt man die Bezeichnung

$$\{q_k\} = \begin{Bmatrix} U_k \\ \dot{U}_k \\ \ddot{U}_k \end{Bmatrix} \tag{8.78}$$

so vereinfacht sich die Schreibweise von Gl. (8.77) zu

$$\{q_{k+1}\} = [D_N]\{q_k\} + [H_N]\{P_{k+1}\} \tag{8.79}$$

In ähnlicher Weise wird der Algorithmus für die Berechnung der Antwort nach dem Wilson-Θ-Verfahren hergeleitet. Die Wilsonschen-Matrizen $[D_W]$ und $[H_W]$, welche die Matrizen $[D_N]$ und $[H_N]$ in Gl. (8.77) ersetzen, lauten

$$[D_W] = \begin{bmatrix} [D_o] & [E_o] & [F_o] \\ [A_o] & [B_o] & [C_o] \\ -[B]^{-1}[K] & -[B]^{-1}[C] - [B]^{-1}[K](\Delta t) & \left(1 - \frac{1}{\Theta}\right)\{I\} - [\overline{B}] \end{bmatrix} \tag{8.80a}$$

$$[H_W] = \begin{bmatrix} \frac{1}{6}[B]^{-1}\Theta^2(\Delta t)^2 \\ \frac{1}{2}[B]^{-1}\Theta(\Delta t) \\ [B]^{-1} \end{bmatrix} \tag{8.80b}$$

mit

$$[\overline{B}] = [B]^{-1}[G] - (1-\Theta)[B]^{-1}[m] \tag{8.80c}$$

$$[B] = [m] + \frac{1}{2}[C]\Theta(\Delta t) + \frac{1}{6}[K]\Theta^2(\Delta t)^2 \tag{8.80d}$$

$$[G]=\frac{1}{2}[C]\Theta(\Delta t)+\frac{1}{3}[K]\Theta^2(\Delta t)^2 \tag{8.80e}$$

$$[A_o]=-\frac{1}{2}[B]^{-1}[K]\Theta(\Delta t) \tag{8.80f}$$

$$[B_o]=\{I\}-[B]^{-1}[C]\Theta(\Delta t)-\frac{1}{2}[B]^{-1}[K]\Theta(\Delta t)^2 \tag{8.80g}$$

$$[C_o]=\frac{1}{2}\{I\}(\Delta t)-\frac{1}{2}[\overline{B}](\Delta t) \tag{8.80h}$$

$$[D_o]=\{I\}-\frac{1}{6}[B]^{-1}[K]\Theta^2(\Delta t)^2 \tag{8.80j}$$

$$[E_o]=\{I\}(\Delta t)-\frac{1}{6}[B]^{-1}[C]\Theta^2(\Delta t)^2-\frac{1}{6}[B]^{-1}[K]\Theta^2(\Delta t)^3 \tag{8.80k}$$

$$[F_o]=\frac{1}{3}\Theta\{I\}(\Delta t)^2-\frac{1}{6}[\overline{B}]\Theta(\Delta t)^2 \tag{8.80m}$$

Die Gl. (8.79) lautet für das Wilson-Θ-Verfahren

$$\{q_{k+1}\}=[D_W]\{q_k\}+[H_W]\{P_{k+1}\} \tag{8.81}$$

Beispiel 8.5

Der zweigeschossige Rahmen von Bild 8.7a mit den dynamischen Kenngrößen $m_1 = m_2 = 1{,}0$ kNs²/m, $C_1 = C_2 = 1{,}0$ kNs/m, $K_1 = K_2 = 100$ kN/m erfährt eine Belastung $P_2(t)$ mit dem bilinearen Zeitverlauf nach Bild 8.7b.

$$P_2(t)=\begin{cases}10 & 0\le t\le 1{,}0\\ 10 \text{ kN für} & 1<t \quad \text{s}; \; (P_1(t)=0)\\ 0 & t<0\end{cases}$$

Es wird die Antwort des Systems nach dem ß-Verfahren von Newmark ermittelt. Der Verlauf der Be-

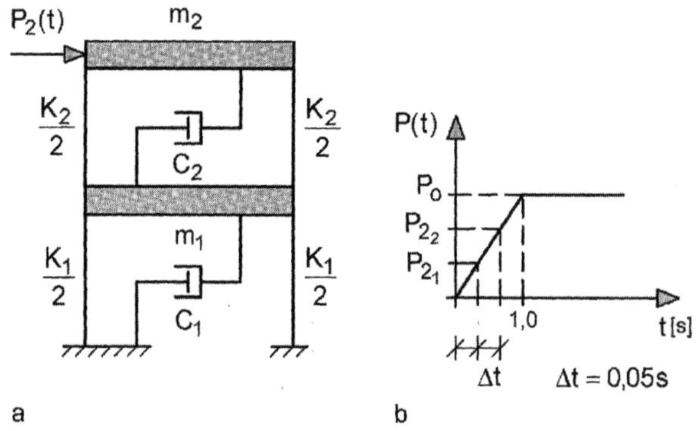

Bild 8.7 Zweigeschossrahmen mit Belastung zum Beispiel 8.5
a) Dynamische Modellierung
b) Belastungsfunktion

schleunigungsfunktion im Zeitintervall $\Delta t = 0{,}05$ s wird als konstant angenommen ($\alpha = 0$, $\delta = 0$).

Die gegebenen Parameter lauten in Matrizenform

$$[m]=\begin{bmatrix}1 & 0\\ 0 & 1\end{bmatrix}$$

$$[C]=\begin{bmatrix}2 & -1\\ -1 & 1\end{bmatrix}$$

$$[K]=\begin{bmatrix}200 & -100\\ -100 & 100\end{bmatrix}$$

$$\{P(t)\}=\begin{Bmatrix}0\\ P_2(t)\end{Bmatrix}$$

Somit lauten die Komponenten der Matrizen (8.77a) und (8.77b)

$$[B]=\begin{bmatrix}1 & 0\\ 0 & 1\end{bmatrix}$$

$$[G]=\begin{bmatrix}2 & -1\\ -1 & 1\end{bmatrix}(0{,}05)+\frac{1}{2}\begin{bmatrix}200 & -100\\ -100 & 100\end{bmatrix}(0{,}05)^2=\begin{bmatrix}0{,}35 & -0{,}175\\ -0{,}175 & 0{,}175\end{bmatrix}$$

$$[A_o]=0$$

$$[B_o]=\begin{bmatrix}1 & 0\\ 0 & 1\end{bmatrix}$$

$$[C_o]=\begin{bmatrix}1 & 0\\ 0 & 1\end{bmatrix}(0{,}05)=\begin{bmatrix}0{,}05 & 0\\ 0 & 0{,}05\end{bmatrix}$$

$$[D_o]=\begin{bmatrix}1 & 0\\ 0 & 1\end{bmatrix}$$

$$[E_o]=\begin{bmatrix}1 & 0\\ 0 & 1\end{bmatrix}(0{,}05)=\begin{bmatrix}0{,}05 & 0\\ 0 & 0{,}05\end{bmatrix}$$

$$[F_o]=\frac{1}{2}\begin{bmatrix}1 & 0\\ 0 & 1\end{bmatrix}(0{,}05)^2=\begin{bmatrix}1{,}25 & 0\\ 0 & 1{,}25\end{bmatrix}10^{-3}$$

$$-[B]^{-1}[K]=-\begin{bmatrix}1 & 0\\ 0 & 1\end{bmatrix}\begin{bmatrix}200 & -100\\ -100 & 100\end{bmatrix}=\begin{bmatrix}-200 & 100\\ 100 & -100\end{bmatrix}$$

$$-[B]^{-1}[C]-[B]^{-1}[K](\Delta t)=-\begin{bmatrix}1 & 0\\ 0 & 1\end{bmatrix}\begin{bmatrix}2 & -1\\ -1 & 1\end{bmatrix}-\begin{bmatrix}1 & 0\\ 0 & 1\end{bmatrix}\begin{bmatrix}200 & -100\\ -100 & 100\end{bmatrix}(0{,}05)=\begin{bmatrix}-12 & 6\\ 6 & -6\end{bmatrix}$$

$$-[B]^{-1}[G]=-\begin{bmatrix}1 & 0\\ 0 & 1\end{bmatrix}\begin{bmatrix}0{,}35 & -0{,}175\\ -0{,}175 & 0{,}175\end{bmatrix}=\begin{bmatrix}-0{,}35 & 0{,}175\\ 0{,}175 & -0{,}175\end{bmatrix}$$

Gl. (8.77) entwickelt sich zu

$$\begin{Bmatrix} U_1 \\ U_2 \\ \dot{U}_1 \\ \dot{U}_2 \\ \ddot{U}_1 \\ \ddot{U}_2 \end{Bmatrix}_{k+1} = \begin{bmatrix} 1 & 0 & 0{,}05 & 0 & 1{,}25.10^{-3} & 0 \\ 0 & 1 & 0 & 0{,}05 & 0 & 1{,}25.10^{-3} \\ 0 & 0 & 1 & 0 & 0{,}05 & 0 \\ 0 & 0 & 0 & 1 & 0 & 0{,}05 \\ -200 & 100 & -12 & 6 & -0{,}35 & 0{,}175 \\ 100 & -100 & 6 & -6 & 0{,}175 & -0{,}175 \end{bmatrix} \begin{Bmatrix} U_1 \\ U_2 \\ \dot{U}_1 \\ \dot{U}_2 \\ \ddot{U}_1 \\ \ddot{U}_2 \end{Bmatrix}_k + \begin{bmatrix} 0 & 0 \\ 0 & 0 \\ 0 & 0 \\ 0 & 0 \\ 1 & 0 \\ 0 & 1 \end{bmatrix} \begin{Bmatrix} 0 \\ P_2 \end{Bmatrix}_{k+1}$$

Für $t = 0$ werden die Anfangsbedingungen $\{U_o\} = \{\dot{U}_o\} = 0$ angenommen. Aus Gl. (8.67) ergibt sich mit $P_o = 0$, $\{\ddot{U}_o\} \equiv 0$.

Gl. (8.79) liefert für den ersten Schritt vom Algorithmus mit $\{P\}_1 = \begin{Bmatrix} 0 \\ 0{,}5 \end{Bmatrix}$ kN

$$\begin{Bmatrix} U_1 \\ U_2 \\ \dot{U}_1 \\ \dot{U}_2 \\ \ddot{U}_1 \\ \ddot{U}_2 \end{Bmatrix}_1 = \begin{bmatrix} 1 & 0 & 0{,}05 & 0 & 1{,}25.10^{-3} & 0 \\ 0 & 1 & 0 & 0{,}05 & 0 & 1{,}25.10^{-3} \\ 0 & 0 & 1 & 0 & 0{,}05 & 0 \\ 0 & 0 & 0 & 1 & 0 & 0{,}05 \\ -200 & 100 & -12 & 6 & -0{,}35 & 0{,}175 \\ 100 & -100 & 6 & -6 & 0{,}175 & -0{,}175 \end{bmatrix} \begin{Bmatrix} 0 \\ 0 \\ 0 \\ 0 \\ 0 \\ 0 \end{Bmatrix} + \begin{bmatrix} 0 & 0 \\ 0 & 0 \\ 0 & 0 \\ 0 & 0 \\ 1 & 0 \\ 0 & 1 \end{bmatrix} \begin{Bmatrix} 0 \\ 0{,}5 \end{Bmatrix} = \begin{Bmatrix} 0 \\ 0 \\ 0 \\ 0 \\ 0 \\ 0{,}5 \end{Bmatrix}$$

Für den zweiten Zeitschritt $t = 2\Delta t$ mit $\{P\}_2 = \begin{Bmatrix} 0 \\ 1 \end{Bmatrix}$ ergibt sich

$$\begin{Bmatrix} U_1 \\ U_2 \\ \dot{U}_1 \\ \dot{U}_2 \\ \ddot{U}_1 \\ \ddot{U}_2 \end{Bmatrix}_2 = \begin{bmatrix} 1 & 0 & 0{,}05 & 0 & 1{,}25.10^{-3} & 0 \\ 0 & 1 & 0 & 0{,}05 & 0 & 1{,}25.10^{-3} \\ 0 & 0 & 1 & 0 & 0{,}05 & 0 \\ 0 & 0 & 0 & 1 & 0 & 0{,}05 \\ -200 & 100 & -12 & 6 & -0{,}35 & 0{,}175 \\ 100 & -100 & 6 & -6 & 0{,}175 & -0{,}175 \end{bmatrix} \begin{Bmatrix} 0 \\ 0 \\ 0 \\ 0 \\ 0 \\ 0{,}5 \end{Bmatrix} + \begin{bmatrix} 0 & 0 \\ 0 & 0 \\ 0 & 0 \\ 0 & 0 \\ 1 & 0 \\ 0 & 1 \end{bmatrix} \begin{Bmatrix} 0 \\ 1 \end{Bmatrix} = \begin{Bmatrix} 0 \\ 0{,}75.10^{-3} \\ 0 \\ 0{,}025 \\ 0{,}0875 \\ -0{,}0875 \end{Bmatrix}$$

Für den nächsten Zeitschritt $t = 3\Delta t$ wird $\{P\}_3 = \begin{Bmatrix} 0 \\ 1{,}5 \end{Bmatrix}$ usw.

8.2 Mehrmassenschwinger

Das Bild 8.8 zeigt das dynamische Modell eines symmetrischen Bauwerks mit n Geschossen. Die Masse des Gebäudes wird jeweils in der Höhe der Geschossdecken zu Punktmassen m_j und die Aussteifungselemente zu einem Ersatzstab mit den Geschosssteifigkeiten K_j zusammengefasst. Das Schwingungsverhalten des Systems wird durch die n Horizontalverschiebungen $U_j(t)$ der Massen m_j beschrieben. Das System hat n dynamische Freiheitsgrade. An den Massen $m_1, m_2, ..., m_j, m_n$ greifen die dynamischen Lasten $P_1, P_2, ..., P_j, P_n$ und verursachen die Verschiebungen $U_1(t), U_2(t), ..., U_j(t), U_n(t)$.

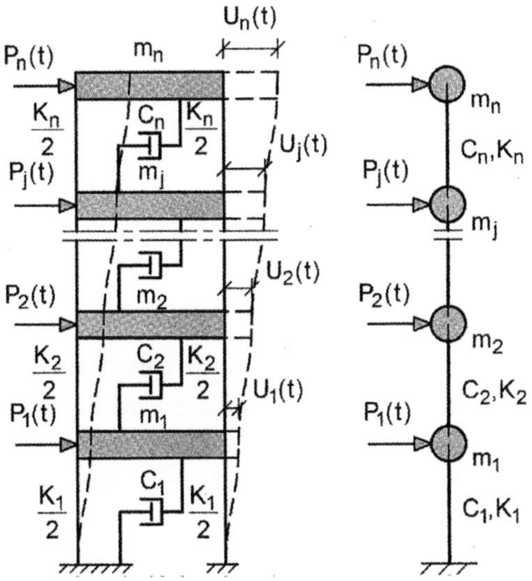

Bild 8.8 Dynamische Modellierung eines symmetrischen Bauwerks mit n Geschossen

Wird für jede Masse eine Gleichgewichtsbedingung entsprechend der Gleichungen (8.3a-b) aufgestellt, erhält man ein Differentialgleichungssystem mit n Gleichungen, das in symbolischer Matrizenschreibweise wie Gl. (8.5a) aussieht.

$$[m]\{\ddot{U}\}+[C]\{\dot{U}\}+[K]\{U\}=\{P(t)\} \tag{8.82}$$

Hierin bedeuten

$$[m]=\left[\begin{array}{cc|cc} m_1 & 0 & 0 & 0 \\ 0 & m_2 & 0 & 0 \\ \hline 0 & 0 & m_j & 0 \\ 0 & 0 & 0 & m_n \end{array}\right] : \text{Trägheitsmatrix} \tag{8.82a}$$

$$\{\ddot{U}\}=\{\ddot{U}_1(t) \quad \ddot{U}_2(t) \quad ... \quad \ddot{U}_j(t) \quad \ddot{U}_n(t)\}^T : \text{Beschleunigungsvektor} \tag{8.82b}$$

$$[C]=\left[\begin{array}{cc|cc} C_{11} & C_{12} & C_{1j} & C_{1n} \\ C_{21} & C_{22} & C_{2j} & C_{2n} \\ \hline C_{j1} & C_{j2} & C_{jj} & C_{jn} \\ C_{n1} & C_{n2} & C_{nj} & C_{nn} \end{array}\right] : \text{Dämpfungsmatrix} \tag{8.82c}$$

$$\{\dot{U}\}=\{\dot{U}_1(t) \quad \dot{U}_2(t) \quad ... \quad \dot{U}_j(t) \quad \dot{U}_n(t)\}^T : \text{Geschwindigkeitsvektor} \tag{8.82d}$$

$$[K]=\left[\begin{array}{cc|cc} K_{11} & K_{12} & K_{1j} & K_{1n} \\ K_{21} & K_{22} & K_{2j} & K_{2n} \\ \hline K_{jl} & K_{j2} & K_{jj} & K_{jn} \\ K_{n1} & K_{n2} & K_{nj} & K_{nn} \end{array}\right] : \text{Steifigkeitsmatrix} \tag{8.82e}$$

$$\{U\}=\{U_1(t) \quad U_2(t) \quad ... \quad U_j(t) \quad U_n(t)\}^T : \text{Verschiebungsvektor} \tag{8.82f}$$

$$\{P(t)\}=\{P_1(t) \quad P_2(t) \quad ... \quad P_j(t) \quad P_n(t)\}^T : \text{Belastungsvektor} \tag{8.82g}$$

Die Trägheits- oder Massenmatrix $[m]$ ist für Punktmassen immer eine Diagonalmatrix. Die Dämpfungsmatrix $[C]$ kann nicht genau ermittelt werden und diese wird für die dynamische Analyse proportional zur Massen- und Steifigkeitsmatrix angenommen. Die Steifigkeitsmatrix $[K]$ ist im Allgemeinen in Bezug auf die Hauptdiagonale symmetrisch. Die Vorgehensweise zur Ermittlung der Elemente der Matrix $[K]$ wurde in Abschnitt 6.2 beschrieben. Für Rahmentragwerke mit großer Riegelsteifigkeit (starr eingespannte Stützen) ist die Steifigkeitsmatrix eine Bandmatrix.

8.2.1 Freie ungedämpfte Schwingungen. Eigenformenmethode

Die Eigenformenmethode (modale Analyse) ist im Abschnitt 8.1.1.1 am Beispiel eines Zweimassensystems dargestellt worden, wobei zwei Eigenwerte $\omega_{1,2}$ und zwei Schwingungsformen $\{\Phi_1\}$ und $\{\Phi_2\}$ ermittelt wurden. Für einen n-Massenschwinger sind entsprechend n Eigenwerte und n Eigenvektoren zu berechnen. Da höhere Schwingungsformen keinen großen Einfluss auf die Systemantwort haben, wird in der Praxis die Berechnung auf eine kleinere Anzahl von Schwingungsformen als die Anzahl der Freiheitsgrade beschränkt.

Mit $[C]=0$ und $\{P(t)\}=0$ lautet die Gleichung der freien ungedämpften Schwingungen

$$[m]\{\ddot{U}\}+[K]\{U\}=0 \tag{8.83}$$

Die Lösung von Gl. (8.83) wird in folgender Form gesucht:

$$\{U(t)\}=\left\{\begin{array}{c} U_1(t) \\ U_2(t) \\ \hline U_j(t) \\ U_n(t) \end{array}\right\}=\left\{\begin{array}{c} \alpha_1(t) \\ \alpha_2(t) \\ \hline \alpha_j(t) \\ \alpha_n(t) \end{array}\right\}\cos\omega_j t+\left\{\begin{array}{c} \beta_1(t) \\ \beta_2(t) \\ \hline \beta_j(t) \\ \beta_n(t) \end{array}\right\}\sin\omega_j t=\{A\}\cos\omega_j t+\{B\}\sin\omega_j t \tag{8.84}$$

Durch Einsetzen der Gl. (8.84) in Gl. (8.83) erhält man die Matrizengleichung der Eigenschwingungsformen.

$$\left[[K]-[m]\omega^2\right]\left[\{A\}\cos\omega t+\{B\}\sin\omega t\right]=0 \tag{8.85}$$

Da sinus- und cosinus-Funktionen nicht für alle Zeitwerte t null sein können, ergeben sich zwei Gleichungen.

$$\left[[K]-[m]\omega_i^2\right]\{A\}=0 \tag{8.86a}$$

$$\left[[K]-[m]\omega_i^2\right]\{B\}=0 \tag{8.86b}$$

Die nichttriviale Lösung erhält man aus der Stammgleichung

$$\left[[K]-[m]\omega_i^2\right]=0 \tag{8.87}$$

Durch die Entwicklung der Determinante von Gl. (8.87) ergibt sich ein Polynom n-ten Grades, der eine Gleichung mit n Unbekannten ω_i^2 darstellt. Da $[m]$ und $[K]$ positiv definiert sind, gibt es immer n reale Lösungen für ω_i^2.

$$\omega_1^2 < \omega_2^2 < \ldots < \omega_j^2 < \omega_n^2 \tag{8.88}$$

Der kleinste Wert von ω_i heißt die Grundfrequenz der ungedämpften Schwingungen und jede Frequenz ω_i entspricht einem Eigenvektor $\{\Phi_i\}$.

$$\left[[K]-[m]\omega_i^2\right]\{\Phi_i\}=0 \tag{8.89}$$

Der Eigenvektor (oder die Schwingungsform) $\{\Phi_i\}$ enthält folgende Komponente:

$$\{\Phi_i\}^T=\{\varphi_{1i} \quad \varphi_{2i} \quad \ldots \quad \varphi_{ji}(t) \quad \varphi_{ni}\}^T \tag{8.90}$$

Sind die n Lösungen für ω_i bekannt, lässt sich die Antwort des Systems als Kombination der n Eigenformen darstellen.

$$\{U(t)\}=\sum_{i=1}^{n}\left[\{A_i\}\cos\omega_i t+\{B_i\}\sin\omega_i t\right] \tag{8.91}$$

Setzt man Gl. (8.91) in Gl. (8.83) ein, ergibt sich

$$\sum_{i=1}^{n}\left[[K]-[m]\omega_i^2\right]\left[\{A_i\}\cos\omega_i t+\{B_i\}\sin\omega_i t\right]=0 \tag{8.92}$$

Für nichttriviale Lösungen gilt

$$\left[[K]-[m]\omega_i^2\right]\{A_i\}=0 \tag{8.93a}$$

$$\left[[K]-[m]\omega_i^2\right]\{B_i\}=0 \tag{8.93b}$$

Vergleicht man die Gleichungen (8.93a-b) mit Gl. (8.89), so wird die Proportionalität zwischen den Vektoren $\{A_i\}, \{B_i\}$ und dem Eigenvektor $\{\Phi_i\}$ ersichtlich. Die Proportionalitätsverhältnisse können wie folgt formuliert werden:

$$\{A_i\}=\alpha_i\{\Phi_i\} \tag{8.94a}$$

$$\{B_i\}=b_i\{\Phi_i\} \tag{8.94b}$$

Somit erhält Gl. (8.91) folgende Form:

$$\{U(t)\}=\sum_{i=1}^{n}\{\Phi_i\}\left[\alpha_i\cos\omega_i t+b_i\sin\omega_i t\right]=\sum_{i=1}^{n}\{\Phi_i\}q_i(t) \tag{8.95}$$

Die Größen α_i und b_i ergeben sich aus den Anfangsbedingungen. Nimmt man als Beispiel einen Dreimassenschwinger an, wird Gl. (8.95) und ihre erste Ableitung für $n = 3$ wie folgt geschrieben:

$$\{U(t)\} = \sum_{i=1}^{3} \{\Phi_i\}[\alpha_i \cos\omega_i t + b_i \sin\omega_i t] \tag{8.96}$$

$$\{\dot{U}(t)\} = \sum_{i=1}^{3} \{\Phi_i\}[b_i\omega_i \cos\omega_i t - \alpha_i\omega_i \sin\omega_i t] \tag{8.97}$$

Für $t = 0$ folgt ($\sin 0 = 0$, $\cos 0 = 1$)

$$\{U(0)\} = \begin{Bmatrix} U_1(0) \\ U_2(0) \\ U_3(0) \end{Bmatrix} = \alpha_1\{\Phi_1\} + \alpha_2\{\Phi_2\} + \alpha_3\{\Phi_3\} = \alpha_1\begin{Bmatrix} \varphi_{11} \\ \varphi_{21} \\ \varphi_{31} \end{Bmatrix} + \alpha_2\begin{Bmatrix} \varphi_{12} \\ \varphi_{22} \\ \varphi_{32} \end{Bmatrix} + \alpha_3\begin{Bmatrix} \varphi_{13} \\ \varphi_{23} \\ \varphi_{33} \end{Bmatrix} \tag{8.98}$$

Gl. (8.98) stellt folgendes Gleichungssystem dar:

$$U_1(0) = \varphi_{11}\alpha_1 + \varphi_{12}\alpha_2 + \varphi_{13}\alpha_3 \tag{8.99a}$$

$$U_2(0) = \varphi_{21}\alpha_1 + \varphi_{22}\alpha_2 + \varphi_{23}\alpha_3 \tag{8.99b}$$

$$U_3(0) = \varphi_{31}\alpha_1 + \varphi_{32}\alpha_2 + \varphi_{33}\alpha_3 \tag{8.99c}$$

oder

$$\begin{Bmatrix} U_1(0) \\ U_2(0) \\ U_3(0) \end{Bmatrix} = \{\Phi\}\begin{bmatrix} \alpha_1 \\ \alpha_2 \\ \alpha_3 \end{bmatrix} \tag{8.100}$$

mit der Lösung

$$\begin{bmatrix} \alpha_1 \\ \alpha_2 \\ \alpha_3 \end{bmatrix} = \{\Phi\}^{-1}\begin{Bmatrix} U_1(0) \\ U_2(0) \\ U_3(0) \end{Bmatrix} \tag{8.101}$$

In ähnlicher Weise ergibt sich

$$\begin{bmatrix} b_1\omega_1 \\ b_2\omega_2 \\ b_3\omega_3 \end{bmatrix} = \{\Phi\}^{-1}\begin{Bmatrix} \dot{U}_1(0) \\ \dot{U}_2(0) \\ \dot{U}_3(0) \end{Bmatrix} \tag{8.102}$$

Die Gl. (8.95) kann auch in folgende Form umgeschrieben werden:

$$\{U(t)\} = \{\Phi_1\}q_1(t) + \{\Phi_2\}q_2(t) + \ldots + \{\Phi_j\}q_j(t) + \{\Phi_n\}q_n(t) = [\Phi]\{Q(t)\} \tag{8.103}$$

wobei

$$[\Phi]=\left[\{\Phi_1\} \quad \{\Phi_2\} \quad \ldots \quad \{\Phi_j\} \quad \{\Phi_n\}\right]=\left[\begin{array}{cc|cc} \varphi_{11} & \varphi_{12} & \varphi_{1j} & \varphi_{1n} \\ \varphi_{21} & \varphi_{22} & \varphi_{2j} & \varphi_{2n} \\ \hline \varphi_{j1} & \varphi_{j2} & \varphi_{jj} & \varphi_{jn} \\ \varphi_{n1} & \varphi_{n2} & \varphi_{nj} & \varphi_{nn} \end{array}\right] \tag{8.103a}$$

$$\{Q(t)\}=\left\{\begin{array}{c} q_1(t) \\ q_2(t) \\ \hline q_j(t) \\ q_n(t) \end{array}\right\} \tag{8.103b}$$

8.2.1.1 Normierung der Eigenvektoren

Wie im Abschnitt 8.1.1 erwähnt wurde, ist es üblich, die Eigenvektoren $\{\Phi_i\}$ nach verschiedenen Kriterien zu normieren. Ein oft gebrauchtes Kriterium ist die Größe der Vektorenelemente. Bei Systemen mit vielen Freiheitsgraden kann viel Raum gespart werden, indem man eine Normierung nach dem Betrag (oder der Länge) des Vektors durchführt. Der Betrag der modalen Form für den Vektor $\{\Phi_i\}=\{\varphi_{1i} \quad \varphi_{2i} \quad \ldots \quad \varphi_{ji} \quad \varphi_{ni}\}$ ist

$$\|\Phi_i\|=\sqrt{\varphi_{1i}{}^2+\varphi_{2i}{}^2+\ldots+\varphi_{ji}{}^2+\varphi_{ni}{}^2} \tag{8.104}$$

Bezeichnet man den nach der Länge normierten Vektor mit $\{\hat{\Phi}_1\},\{\hat{\Phi}_2\},\ldots,\{\hat{\Phi}_j\},\{\hat{\Phi}_n\}$, so gilt

$$\{\hat{\Phi}_i\}=\frac{1}{\|\Phi_i\|}\{\Phi_i\}=\left\{\frac{\varphi_{1i}}{\|\Phi_i\|} \quad \frac{\varphi_{2i}}{\|\Phi_i\|} \quad \ldots \quad \frac{\varphi_{ji}}{\|\Phi_i\|} \quad \frac{\varphi_{ni}}{\|\Phi_i\|}\right\}^T=\{\hat{\varphi}_{1i} \quad \hat{\varphi}_{2i} \quad \ldots \quad \hat{\varphi}_{ji} \quad \hat{\varphi}_{ni}\}^T \tag{8.105}$$

Die Orthogonalitätseigenschaft der Schwingungsformen in Bezug auf die Massen- und Steifigkeitsmatrix, nach den Gleichungen (8.27a-b), bleibt auch nach Normierung der Vektoren bestehend.

$$\{\hat{\Phi}_i\}^T[m]\{\Phi_j\}=0 \tag{8.106a}$$

$$\{\hat{\Phi}_i\}^T[K]\{\Phi_j\}=0 \tag{8.106b}$$

Für $i=j$ gilt

$$\{\Phi_i\}^T[m]\{\Phi_i\}=\hat{m}: \text{Generalisierte Masse} \tag{8.107a}$$

$$\{\Phi_i\}^T[K]\{\Phi_i\}=\hat{K}: \text{Generalisierte Steifigkeit} \tag{8.107b}$$

Eine Normierung, die zu Sonderformen der generalisierten Massen und Steifigkeiten führt, stellt die Massennormierung dar. Eine massennormierte modale Form, bezeichnet durch $\{\overline{\Phi}_i\}$, erfüllt immer folgende Bedingung:

$$\{\overline{\Phi}_i\}^T[m]\{\overline{\Phi}_i\}=1 \tag{8.108}$$

wo

$$\{\overline{\Phi}_i\} = \frac{1}{G_i}\{\Phi_i\} = \left\{\frac{\varphi_{1i}}{G_i} \quad \frac{\varphi_{2i}}{G_i} \quad \cdots \quad \frac{\varphi_{ji}}{G_i} \quad \frac{\varphi_{ni}}{G_i}\right\}^T = \{\overline{\varphi}_{1i} \quad \overline{\varphi}_{2i} \quad \cdots \quad \overline{\varphi}_{ji} \quad \overline{\varphi}_{ni}\}^T \tag{8.109}$$

G_i ist eine von der Massenmatrix abhängige Konstante.

Für massennormierte Vektoren gelten die folgenden Beziehungen:

$$\{\overline{\Phi}_i\}^T [m] \{\overline{\Phi}_j\} = \begin{cases} 1 & \text{für } i = j \\ 0 & i \neq j \end{cases} \tag{8.110a}$$

$$\{\overline{\Phi}_i\}^T [K] \{\overline{\Phi}_j\} = \begin{cases} \omega_j^2 & \text{für } i = j \\ 0 & i \neq j \end{cases} \tag{8.110b}$$

Beispiel 8.6

Es werden die freien Schwingungsformen des dreigeschossigen Rahmens vom Bild 8.9 berechnet, die infolge einer Anfangsauslenkung ($U_3(0) = 1$) entstehen. Gegeben ist:

$m_1 = m_2 = m_3 = m$

$0{,}5K_1 = K_2 = K_3 = K$

Die Anfangsbedingungen lauten

$$\begin{Bmatrix} U_1(0) \\ U_2(0) \\ U_3(0) \end{Bmatrix} = \begin{Bmatrix} 0 \\ 0 \\ 1 \end{Bmatrix}; \quad \begin{Bmatrix} \dot{U}_1(0) \\ \dot{U}_2(0) \\ \dot{U}_3(0) \end{Bmatrix} = \begin{Bmatrix} 0 \\ 0 \\ 0 \end{Bmatrix}$$

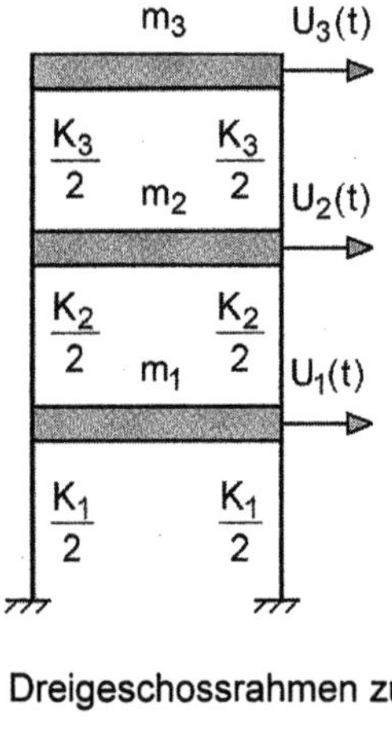

Bild 8.9 Dreigeschossrahmen zum Beispiel 8.6

Zunächst werden die Eigenwerte und die Eigenvektoren ermittelt.

$$[m] = \begin{bmatrix} m & 0 & 0 \\ 0 & m & 0 \\ 0 & 0 & m \end{bmatrix}$$

$$[K]=\begin{bmatrix}3K & -K & 0\\ -K & 2K & -K\\ 0 & -K & K\end{bmatrix}$$

Die Stammgleichung (8.87) lautet

$$\begin{bmatrix}3K-m\omega^2 & -K & 0\\ -K & 2K-m\omega^2 & -K\\ 0 & -K & K-m\omega^2\end{bmatrix}=0$$

Die Entwicklung der Determinante nach ihrer Unterdeterminanten ergibt

$$(3K-m\omega^2)\left[(2K-m\omega^2)(K-m\omega^2)-K^2\right]+K\left[-K(K-m\omega^2)\right]=0$$

$$\omega^6-6\omega^4\frac{K}{m}+9\omega^2\left(\frac{K}{m}\right)^2-2\left(\frac{K}{m}\right)^3=0$$

Mit den Bezeichnungen: $\omega_n{}^2=\frac{K}{m}$ und $\omega^2=\lambda$ schreibt man die obere Gleichung wie folgt:

$$\lambda^3-6\omega_n{}^2\lambda^2+9\omega_n{}^4\lambda-2\omega_n{}^6=0$$

Führt man die neue Variabel y nach der Beziehung

$$\lambda=y+\frac{6\omega_n{}^2}{3}=y+2\omega_n{}^2$$

ein, so erhält man die Gleichung

$$y^3-3\omega_n{}^4y=0$$

Die drei Lösungen sind

$$y_1=0;\ y_2=-\omega_n{}^2\sqrt{3};\ y_3=\omega_n{}^2\sqrt{3}$$

Daraus ergeben sich die drei Eigenfrequenzen des Systems.

$$\omega_1{}^2=\lambda_1=2\omega_n{}^2-\omega_n{}^2\sqrt{3}=\omega_n{}^2(2-\sqrt{3})$$

$$\omega_2{}^2=\lambda_2=2\omega_n{}^2$$

$$\omega_3{}^2=\lambda_3=2\omega_n{}^2+\omega_n{}^2\sqrt{3}=\omega_n{}^2(2+\sqrt{3})$$

Für die erste Schwingungsform gilt nach Gl. (8.89)

$$\left[[K]-[m]\omega_1{}^2\right]\{\Phi_1\}=\begin{bmatrix}(1+\sqrt{3})\omega_n{}^2 & -\omega_n{}^2 & 0\\ -\omega_n{}^2 & \sqrt{3}\omega_n{}^2 & -\omega_n{}^2\\ 0 & -\omega_n{}^2 & (-1+\sqrt{3})\omega_n{}^2\end{bmatrix}\begin{Bmatrix}\varphi_{11}\\ \varphi_{21}\\ \varphi_{31}\end{Bmatrix}=0$$

Das sich daraus ergebende Gleichungssystem lautet

$$(1+\sqrt{3})\varphi_{11}-\varphi_{21}+0=0$$

$$-\varphi_{11}+\sqrt{3}\varphi_{21}-\varphi_{31}=0$$

$$0-\varphi_{21}-(1-\sqrt{3})\varphi_{31}=0$$

und mit $\varphi_{11}=1$ erhält man $\varphi_{21}=1+\sqrt{3}$ und $\varphi_{31}=2+\sqrt{3}$. Somit ist

$$\{\Phi_1\}^T = \{1 \quad 1+\sqrt{3} \quad 2+\sqrt{3}\}$$

Für die zweite Schwingungsform gilt

$$\left[[K]-[m]\omega_2^2\right]\{\Phi_2\} = \begin{bmatrix} \omega_n^2 & -\omega_n^2 & 0 \\ -\omega_n^2 & 0 & -\omega_n^2 \\ 0 & -\omega_n^2 & -\omega_n^2 \end{bmatrix} \begin{Bmatrix} \varphi_{12} \\ \varphi_{22} \\ \varphi_{32} \end{Bmatrix} = 0$$

Mit $\varphi_{12} = 1$ ergibt sich $\varphi_{22} = 1$ und $\varphi_{32} = -1$. Somit ist

$$\{\Phi_2\}^T = \{1 \quad 1 \quad -1\}$$

Das dritte Gleichungssystem ergibt sich zu

$$\left[[K]-[m]\omega_3^2\right]\{\Phi_3\} = \begin{bmatrix} (1-\sqrt{3})\omega_n^2 & -\omega_n^2 & 0 \\ -\omega_n^2 & -\sqrt{3}\omega_n^2 & -\omega_n^2 \\ 0 & -\omega_n^2 & (-1-\sqrt{3})\omega_n^2 \end{bmatrix} \begin{Bmatrix} \varphi_{13} \\ \varphi_{23} \\ \varphi_{33} \end{Bmatrix} = 0$$

und die Lösungen sind mit $\varphi_{13} = 1$, $\varphi_{23} = 1-\sqrt{3}$ und $\varphi_{33} = 2-\sqrt{3}$ in dem Vektor $\{\Phi_3\}$ zusammengefasst

$$\{\Phi_3\}^T = \{1 \quad 1-\sqrt{3} \quad 2-\sqrt{3}\}$$

Die Schwingungsformen zeigt das Bild 8.10. Sie sind in der Matrix $[\Phi]$ wie folgt zusammengefasst:

$$[\Phi] = [\{\Phi_1\} \quad \{\Phi_2\} \quad \{\Phi_3\}] = \begin{bmatrix} 1 & 1 & 1 \\ 1+\sqrt{3} & 1 & 1-\sqrt{3} \\ 2+\sqrt{3} & -1 & 2-\sqrt{3} \end{bmatrix}$$

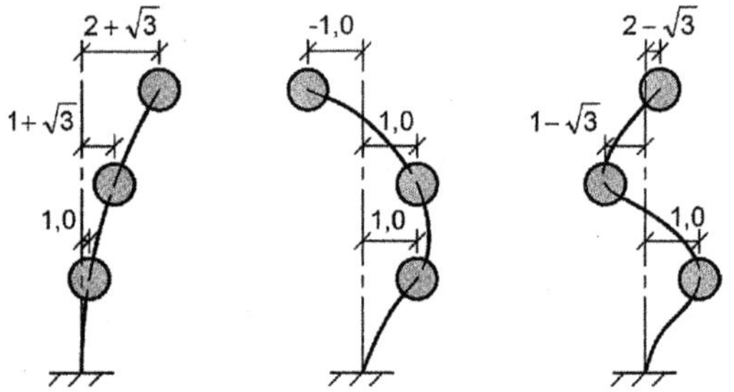

Bild 8.10 Darstellung der Eigenschwingungsformen des Dreimassenschwingers vom Beispiel 8.6

Die generalisierten Massen und Steifigkeiten werden nach den Gleichungen (8.30a,c) berechnet.

$$m_1^* = \{\Phi_1\}^T[m]\{\Phi_1\} = \{1 \quad 1+\sqrt{3} \quad 2+\sqrt{3}\} \begin{bmatrix} m & 0 & 0 \\ 0 & m & 0 \\ 0 & 0 & m \end{bmatrix} \begin{Bmatrix} 1 \\ 1+\sqrt{3} \\ 2+\sqrt{3} \end{Bmatrix} = (12+6\sqrt{3})m$$

$$m_2^* = \{\Phi_2\}^T[m]\{\Phi_2\} = \{1 \quad 1 \quad -1\} \begin{bmatrix} m & 0 & 0 \\ 0 & m & 0 \\ 0 & 0 & m \end{bmatrix} \begin{Bmatrix} 1 \\ 1 \\ -1 \end{Bmatrix} = 3m$$

$$m_3^* = \{\Phi_3\}^T[m]\{\Phi_3\} = \{1 \quad 1-\sqrt{3} \quad 2-\sqrt{3}\}\begin{bmatrix} m & 0 & 0 \\ 0 & m & 0 \\ 0 & 0 & m \end{bmatrix}\begin{Bmatrix} 1 \\ 1-\sqrt{3} \\ 2-\sqrt{3} \end{Bmatrix} = (12-6\sqrt{3})m$$

$$K_1^* = \{\Phi_1\}^T[K]\{\Phi_1\} = \{1 \quad 1+\sqrt{3} \quad 2+\sqrt{3}\}\begin{bmatrix} 3K & -K & 0 \\ -K & 2K & -K \\ 0 & -K & K \end{bmatrix}\begin{Bmatrix} 1 \\ 1+\sqrt{3} \\ 2+\sqrt{3} \end{Bmatrix} = 6K$$

$$K_2^* = \{\Phi_2\}^T[K]\{\Phi_2\} = \{1 \quad 1 \quad -1\}\begin{bmatrix} 3K & -K & 0 \\ -K & 2K & -K \\ 0 & -K & K \end{bmatrix}\begin{Bmatrix} 1 \\ 1 \\ -1 \end{Bmatrix} = 6K$$

$$K_3^* = \{\Phi_3\}^T[K]\{\Phi_3\} = \{1 \quad 1-\sqrt{3} \quad 2-\sqrt{3}\}\begin{bmatrix} 3K & -K & 0 \\ -K & 2K & -K \\ 0 & -K & K \end{bmatrix}\begin{Bmatrix} 1 \\ 1-\sqrt{3} \\ 2-\sqrt{3} \end{Bmatrix} = 6K$$

Somit kann man die entsprechenden Kreisfrequenzen der Schwingungsformen ermitteln.

$$\omega_1^2 = \frac{K_1^*}{m_1^*} = \frac{6K}{(12+6\sqrt{3})m} = (2-\sqrt{3})\frac{K}{m}$$

$$\omega_2^2 = \frac{K_2^*}{m_2^*} = \frac{6K}{3m} = 2\frac{K}{m}$$

$$\omega_3^2 = \frac{K_3^*}{m_3^*} = \frac{6K}{(12-6\sqrt{3})m} = (2+\sqrt{3})\frac{K}{m}$$

Die Schwingungen des Systems ergeben sich aus der Gl. (8.95) zu

$$\begin{Bmatrix} U_1(t) \\ U_2(t) \\ U_3(t) \end{Bmatrix} = \begin{Bmatrix} 1 \\ 1+\sqrt{3} \\ 2+\sqrt{3} \end{Bmatrix}(\alpha_1 \cos\omega_1 t + b_1 \sin\omega_1 t) + \begin{Bmatrix} 1 \\ 1 \\ -1 \end{Bmatrix}(\alpha_2 \cos\omega_2 t + b_2 \sin\omega_2 t) +$$
$$\begin{Bmatrix} 1 \\ 1-\sqrt{3} \\ 2-\sqrt{3} \end{Bmatrix}(\alpha_3 \cos\omega_3 t + b_3 \sin\omega_3 t)$$

Die Konstanten $\alpha_1, \alpha_2, \alpha_3$ lassen sich aus Gl. (8.100) unter Berücksichtigung der Anfangsbedingungen berechnen.

$$[\Phi]\begin{bmatrix} \alpha_1 \\ \alpha_2 \\ \alpha_3 \end{bmatrix} = \begin{bmatrix} 1 & 1 & 1 \\ 1+\sqrt{3} & 1 & 1-\sqrt{3} \\ 2+\sqrt{3} & -1 & 2-\sqrt{3} \end{bmatrix}\begin{bmatrix} \alpha_1 \\ \alpha_2 \\ \alpha_3 \end{bmatrix} = \begin{bmatrix} 0 \\ 0 \\ 1 \end{bmatrix}$$

oder

$$\alpha_1 + \alpha_2 + \alpha_3 = 0$$

$$(1+\sqrt{3})\alpha_1 + \alpha_2 + (1-\sqrt{3})\alpha_3 = 0$$

$$(2+\sqrt{3})\alpha_1 - \alpha_2 + (2-\sqrt{3})\alpha_3 = 1$$

mit den folgenden Lösungen:

$$\alpha_1 = \frac{1}{6};\ \alpha_2 = -\frac{1}{3};\ \alpha_3 = \frac{1}{6}$$

Da die Anfangsgeschwindigkeit $\{\dot{U}(0)\}$ null ist, ergibt sich für die Konstanten $b_1 = b_2 = b_3 = 0$ und die Schwingungen des Rahmens haben folgende Form:

$$\begin{Bmatrix} U_1(t) \\ U_2(t) \\ U_3(t) \end{Bmatrix} = \frac{1}{6}\begin{Bmatrix} 1 \\ 1+\sqrt{3} \\ 2+\sqrt{3} \end{Bmatrix}\cos\omega_1 t - \frac{1}{3}\begin{Bmatrix} 1 \\ 1 \\ -1 \end{Bmatrix}\cos\omega_2 t + \frac{1}{6}\begin{Bmatrix} 1 \\ 1-\sqrt{3} \\ 2-\sqrt{3} \end{Bmatrix}\cos\omega_3 t$$

Eine Normierung der Eigenvektoren nach ihrem Betrag aus Gl. (8.104) lautet

$$\|\Phi_1\| = \sqrt{1^2 + (1+\sqrt{3})^2 + (2+\sqrt{3})^2} = 3+\sqrt{3}$$

$$\|\Phi_2\| = \sqrt{1^2 + 1^2 + (-1)^2} = \sqrt{3}$$

$$\|\Phi_3\| = \sqrt{1^2 + (1-\sqrt{3})^2 + (2-\sqrt{3})^2} = 3-\sqrt{3}$$

Aus Gl. (8.105) folgt

$$\{\hat{\Phi}_1\} = \frac{1}{3+\sqrt{3}}\begin{Bmatrix} 1 \\ 1+\sqrt{3} \\ 2+\sqrt{3} \end{Bmatrix}$$

$$\{\hat{\Phi}_2\} = \frac{1}{\sqrt{3}}\begin{Bmatrix} 1 \\ 1 \\ -1 \end{Bmatrix}$$

$$\{\hat{\Phi}_3\} = \frac{1}{3-\sqrt{3}}\begin{Bmatrix} 1 \\ 1-\sqrt{3} \\ 2-\sqrt{3} \end{Bmatrix}$$

Die hierbei ermittelten Eigenvektoren des Systems werden beispielhaft auch nach der Massenmatrix normiert. Aus Gl. (8.108) gilt

$$\{\overline{\Phi}_1\}^T[m]\{\overline{\Phi}_1\} = \frac{1}{G_1^2}\begin{Bmatrix} 1 \\ 1+\sqrt{3} \\ 2+\sqrt{3} \end{Bmatrix}^T\begin{bmatrix} m & 0 & 0 \\ 0 & m & 0 \\ 0 & 0 & m \end{bmatrix}\begin{Bmatrix} 1 \\ 1+\sqrt{3} \\ 2+\sqrt{3} \end{Bmatrix} = \frac{12+6\sqrt{3}}{G_1^2}m = 1$$

$$G_1 = (3+\sqrt{3})\sqrt{m}$$

$$\{\overline{\Phi}_2\}^T[m]\{\overline{\Phi}_2\} = \frac{1}{G_2^2}\begin{Bmatrix} 1 \\ 1 \\ -1 \end{Bmatrix}^T\begin{bmatrix} m & 0 & 0 \\ 0 & m & 0 \\ 0 & 0 & m \end{bmatrix}\begin{Bmatrix} 1 \\ 1 \\ -1 \end{Bmatrix} = \frac{3}{G_2^2}m = 1$$

$$G_2 = \sqrt{3m}$$

$$\{\overline{\Phi}_3\}^T[m]\{\overline{\Phi}_3\} = \frac{1}{G_3^2}\begin{Bmatrix} 1 \\ 1-\sqrt{3} \\ 2-\sqrt{3} \end{Bmatrix}^T\begin{bmatrix} m & 0 & 0 \\ 0 & m & 0 \\ 0 & 0 & m \end{bmatrix}\begin{Bmatrix} 1 \\ 1-\sqrt{3} \\ 2-\sqrt{3} \end{Bmatrix} = \frac{12-6\sqrt{3}}{G_3^2}m = 1$$

$$G_3 = (3-\sqrt{3})\sqrt{m}$$

Dementsprechend sind die normierten Vektoren

$$\{\overline{\Phi}_1\} = \frac{1}{(3+\sqrt{3})\sqrt{m}} \begin{Bmatrix} 1 \\ 1+\sqrt{3} \\ 2+\sqrt{3} \end{Bmatrix}$$

$$\{\overline{\Phi}_2\} = \frac{1}{\sqrt{3m}} \begin{Bmatrix} 1 \\ 1 \\ -1 \end{Bmatrix}$$

$$\{\overline{\Phi}_3\} = \frac{1}{(3-\sqrt{3})\sqrt{m}} \begin{Bmatrix} 1 \\ 1-\sqrt{3} \\ 2-\sqrt{3} \end{Bmatrix}$$

Es ist noch schließlich zu bemerken, dass die Orthogonalität von Eigenvektoren im Allgemeinen nur im Bezug auf die Massen- oder Steifigkeitsmatrix, nach den Gleichungen (8.106a-b), gilt. Das Skalarprodukt zwischen zwei Eigenvektoren, d. h. $\{\Phi_j\}^T\{\Phi_i\}$ ist nur im Sonderfall null, wenn die Massen aller Geschosse gleich sind, und eine Diagonalmatrix bilden. Dies gilt für dieses Beispiel.

$$\{\Phi_1\}^T\{\Phi_2\} = \{1 \quad 1+\sqrt{3} \quad 2+\sqrt{3}\} \begin{Bmatrix} 1 \\ 1 \\ -1 \end{Bmatrix} = 0$$

usw.

8.2.2 Erzwungene ungedämpfte Schwingungen

Die Bewegungsgleichung der erzwungenen ungedämpften Schwingungen eines n-Massenschwingers ist (Gl. (8.36))

$$[m]\{\ddot{U}(t)\} + [K]\{U(t)\} = \{P(t)\} \tag{8.111}$$

Die Antwort des Systems kann mit Hilfe der modalen Analyse, wie im Abschnitt 8.2.1, berechnet werden. In diesem Fall werden wenigere Eigenformen k, als die Anzahl der Massen n, berücksichtigt, $k < n$.

Die Antwort des Systems in „U"-Koordinaten kann als Summe der Systemantwort in Normalkoordinaten „q_i" erfasst werden.

$$\{U(t)\} = \{\hat{\Phi}_1\}q_1(t) + \{\hat{\Phi}_2\}q_2(t) + \ldots + \{\hat{\Phi}_k\}q_k(t) = [\hat{\Phi}]\{Q(t)\} \tag{8.112}$$

Darin bedeutet

$$[\hat{\Phi}] = [\{\hat{\Phi}_1\} \quad \{\hat{\Phi}_2\} \quad \ldots \quad \{\hat{\Phi}_k\}] = \begin{bmatrix} \hat{\varphi}_{11} & \hat{\varphi}_{12} & \hat{\varphi}_{1k} \\ \hat{\varphi}_{21} & \hat{\varphi}_{22} & \hat{\varphi}_{2k} \\ \hat{\varphi}_{n1} & \hat{\varphi}_{n1} & \hat{\varphi}_{nk} \end{bmatrix} \tag{8.112a}$$

$$\{Q(t)\} = \begin{Bmatrix} q_1(t) \\ q_2(t) \\ q_k(t) \end{Bmatrix} \tag{8.112b}$$

Gl. (8.112a) stellt die modale Matrix der nach Länge normierten Eigenvektoren und Gl. (8.112b) den Vektor der Normalkoordinaten dar. Die modale Matrix ist nicht mehr quadratisch, sondern eine $k x n$ Matrix. Setzt man Gl. (8.112) in Gl. (8.111) ein, und multipliziert man mit der $k x n$ Matrix $\left[\hat{\Phi}\right]^T$, ergibt sich folgendes Gleichungssystem:

$$\left\{\hat{\Phi}\right\}^T[m]\left\{\hat{\Phi}\right\}\left\{\ddot{Q}(t)\right\}+\left\{\hat{\Phi}\right\}^T[K]\left\{\hat{\Phi}\right\}\{Q(t)\}=\left\{\hat{\Phi}\right\}^T\{P(t)\} \tag{8.113}$$

Aufgrund der Orthogonalitätseigenschaften der Eigenformen über die Massen- und Steifigkeitsmatrizen $[m]$ und $[K]$ gilt

$$\left\{\hat{\Phi}\right\}^T[m]\left\{\hat{\Phi}\right\}=[\hat{m}]=\begin{bmatrix}\hat{m}_1 & 0 & 0\\ 0 & \hat{m}_2 & 0\\ 0 & 0 & \hat{m}_k\end{bmatrix} : \text{Generalisierte Massenmatrix} \tag{8.114a}$$

$$\left\{\hat{\Phi}\right\}^T[K]\left\{\hat{\Phi}\right\}=[\hat{K}]=\begin{bmatrix}\hat{K}_1 & 0 & 0\\ 0 & \hat{K}_2 & 0\\ 0 & 0 & \hat{K}_k\end{bmatrix} : \text{Generalisierte Steifigkeitsmatrix} \tag{8.114b}$$

Die Gl. (8.113) wird mit den Gleichungen (8.114a-b) wie folgt umgeschrieben:

$$\begin{bmatrix}\hat{m}_1 & 0 & 0\\ 0 & \hat{m}_2 & 0\\ 0 & 0 & \hat{m}_k\end{bmatrix}\begin{Bmatrix}\ddot{q}_1(t)\\ \ddot{q}_2(t)\\ \ddot{q}_k(t)\end{Bmatrix}+\begin{bmatrix}\hat{K}_1 & 0 & 0\\ 0 & \hat{K}_2 & 0\\ 0 & 0 & \hat{K}_k\end{bmatrix}\begin{Bmatrix}q_1(t)\\ q_2(t)\\ q_k(t)\end{Bmatrix}=\left[\left\{\hat{\Phi}_1\right\}\ \left\{\hat{\Phi}_2\right\}\ \ldots\ \left\{\hat{\Phi}_k\right\}\right]\begin{Bmatrix}P_1(t)\\ P_2(t)\\ P_k(t)\end{Bmatrix} \tag{8.115}$$

Gl. (8.115) zerlegt sich in k unabhängigen Gleichungen,

$$\hat{m}_1\ddot{q}_1(t)+\hat{K}_1 q_1(t)=\begin{bmatrix}\hat{\varphi}_{11}\\ \hat{\varphi}_{21}\\ \hat{\varphi}_{n1}\end{bmatrix}\begin{Bmatrix}P_1(t)\\ P_2(t)\\ P_n(t)\end{Bmatrix}=\sum_{j=1}^{n}\left(\hat{\varphi}_{11}P_1(t)+\hat{\varphi}_{21}P_2(t)+\ldots+\hat{\varphi}_{j1}P_j(t)\right)=\sum_{j=1}^{n}(\hat{\varphi}_{j1})P_j(t) \tag{8.116}$$

oder in allgemeiner Form

$$\ddot{q}_i(t)+\omega_i^2 q_i(t)=\frac{\sum_{j=1}^{n}(\hat{\varphi}_{ji})P_j(t)}{\hat{m}_i} \tag{8.117}$$

Setzt man in Gl. (8.117) für „i" Werte zwischen 1 und k, so ergeben sich k lineare Differentialgleichungen, welche jeweils die Bewegung eines Einmassenschwingers mit der Eigenkreisfrequenz $\omega_i^2=\frac{\hat{K}_i}{\hat{m}_i}$ beschreiben. Ihre Lösung lautet

$$q_i(t)=\alpha_i\cos\omega_i t+b_i\sin\omega_i t+q_{pi}(t) \tag{8.118}$$

Das Glied $q_{pi}(t)$ steht für die Lösung der nichthomogenen Gleichung. Anhand Gl. (8.118) kann Gl. (8.112) wie folgt umgeschrieben werden:

$$\{U(t)\} = \sum_{i=1}^{k} \{\hat{\Phi}_i\} q_i(t) = \sum_{i=1}^{k} \{\hat{\Phi}_i\} [\alpha_i \cos\omega_i t + b_i \sin\omega_i t] + \sum_{i=1}^{k} \{\hat{\Phi}_i\} q_{pi}(t) \tag{8.119}$$

Die erste Summe in Gl. (8.119) stellt die Lösung der homogenen Gleichung und die zweite Summe die partikulare Lösung dar. Die Konstanten α_i und b_i hängen von den Anfangsbedingungen in dem „U"-Koordinatensystem ab. Sie sind für eine quadratische nxn Matrix aus Gleichungen, wie Gl. (8.101) und Gl. (8.102), zu bestimmen.

$$[\alpha] = [\Phi]^{-1} [U(0)] \tag{8.120}$$

$$[b\omega] = [\Phi]^{-1} [\dot{U}(0)] \tag{8.121}$$

Wenn die Matrix $[\Phi]$ nicht quadratisch ist, ist sie auch nicht mehr invertierbar. In diesem Fall können die Beiwerte α_i, b_i aus folgenden Beziehungen ermittelt werden:

$$\alpha_i = \frac{\{\hat{\Phi}_i\}^T [m] \{U(0)\}}{\hat{m}_i} \tag{8.122}$$

$$b_i = \frac{\{\hat{\Phi}_i\}^T [m] \{\dot{U}(0)\}}{\omega_i \hat{m}_i} \tag{8.123}$$

Dies setzt voraus, dass zum Zeitpunkt $t = 0$ die partikulare Lösung verschwindet.

$$q_{pi}(0) = \dot{q}_{pi}(0) = 0$$

Beispiel 8.7

Es werden noch einmal die freien Schwingungen für den Rahmen aus Beispiel 8.6 unter gleichen Anfangsbedingungen berechnet.

Die Beiwerte α_i, b_i werden nach den Gleichungen (8.122) und (8.123) ermittelt.

$$\hat{m}_1 = \frac{1}{3+\sqrt{3}} \{1 \quad 1+\sqrt{3} \quad 2+\sqrt{3}\} \begin{bmatrix} m & 0 & 0 \\ 0 & m & 0 \\ 0 & 0 & m \end{bmatrix} \frac{1}{3+\sqrt{3}} \begin{Bmatrix} 1 \\ 1+\sqrt{3} \\ 2+\sqrt{3} \end{Bmatrix} = m$$

$$\hat{m}_2 = \frac{1}{\sqrt{3}} \{1 \quad 1 \quad -1\} \begin{bmatrix} m & 0 & 0 \\ 0 & m & 0 \\ 0 & 0 & m \end{bmatrix} \frac{1}{\sqrt{3}} \begin{Bmatrix} 1 \\ 1 \\ -1 \end{Bmatrix} = m$$

$$\hat{m}_3 = \frac{1}{3-\sqrt{3}} \{1 \quad 1-\sqrt{3} \quad 2-\sqrt{3}\} \begin{bmatrix} m & 0 & 0 \\ 0 & m & 0 \\ 0 & 0 & m \end{bmatrix} \frac{1}{3-\sqrt{3}} \begin{Bmatrix} 1 \\ 1-\sqrt{3} \\ 2-\sqrt{3} \end{Bmatrix} = m$$

Die Konstanten α_i betragen

$$\alpha_1 = \frac{\{\hat{\Phi}_1\}^T [m] \{U(0)\}}{\hat{m}_1} = \frac{1}{m} \frac{1}{3+\sqrt{3}} \{1 \quad 1+\sqrt{3} \quad 2+\sqrt{3}\} \begin{bmatrix} m & 0 & 0 \\ 0 & m & 0 \\ 0 & 0 & m \end{bmatrix} \begin{Bmatrix} 0 \\ 0 \\ 1 \end{Bmatrix} = \frac{3+\sqrt{3}}{6}$$

$$\alpha_2 = \frac{\{\hat{\Phi}_2\}^T[m]\{U(0)\}}{\hat{m}_2} = \frac{1}{m}\frac{1}{\sqrt{3}}\{1 \quad 1 \quad -1\}\begin{bmatrix} m & 0 & 0 \\ 0 & m & 0 \\ 0 & 0 & m \end{bmatrix}\begin{Bmatrix} 0 \\ 0 \\ 1 \end{Bmatrix} = -\frac{\sqrt{3}}{3}$$

$$\alpha_3 = \frac{\{\hat{\Phi}_3\}^T[m]\{U(0)\}}{\hat{m}_3} = \frac{1}{m}\frac{1}{3-\sqrt{3}}\{1 \quad 1-\sqrt{3} \quad 2-\sqrt{3}\}\begin{bmatrix} m & 0 & 0 \\ 0 & m & 0 \\ 0 & 0 & m \end{bmatrix}\begin{Bmatrix} 0 \\ 0 \\ 1 \end{Bmatrix} = \frac{3-\sqrt{3}}{6}$$

Da die Anfangsgeschwindigkeit null ist, gilt $b_1 = b_2 = b_3 = 0$. Mit $q_{pi}(t) = 0$ ergeben sich folgende Schwingungen:

$$\begin{Bmatrix} U_1(t) \\ U_2(t) \\ U_3(t) \end{Bmatrix} = \{\hat{\Phi}_1\}\frac{3+\sqrt{3}}{6}\cos\omega_1 t - \{\hat{\Phi}_2\}\frac{\sqrt{3}}{3}\cos\omega_2 t + \{\hat{\Phi}_3\}\frac{3-\sqrt{3}}{6}\cos\omega_3 t =$$

$$\frac{1}{6}\begin{Bmatrix} 1 \\ 1+\sqrt{3} \\ 2+\sqrt{3} \end{Bmatrix}\cos\omega_1 t - \frac{1}{3}\begin{Bmatrix} 1 \\ 1 \\ -1 \end{Bmatrix}\cos\omega_2 t + \frac{1}{6}\begin{Bmatrix} 1 \\ 1-\sqrt{3} \\ 2-\sqrt{3} \end{Bmatrix}\cos\omega_3 t$$

Wenn nur die ersten zwei Schwingungsformen berücksichtigt werden, lautet die Lösung wie folgt:

$$\begin{Bmatrix} U_1(t) \\ U_2(t) \\ U_3(t) \end{Bmatrix} = \{\hat{\Phi}_1\}q_1(t) + \{\hat{\Phi}_2\}q_2(t) = \frac{1}{6}\begin{Bmatrix} 1 \\ 1+\sqrt{3} \\ 2+\sqrt{3} \end{Bmatrix}\cos\omega_1 t - \frac{1}{3}\begin{Bmatrix} 1 \\ 1 \\ -1 \end{Bmatrix}\cos\omega_2 t$$

8.2.2.1 Ungedämpftes System unter Erdbebenbelastung

In Gl. (8.111) wird der Erregervektor $\{P(t)\}$ durch den Produkt $-[m]\{I\}\ddot{U}_b(t)$ ersetzt.

$$[m]\{\ddot{U}(t)\} + [K]\{U(t)\} = -[m]\{I\}\ddot{U}_b(t) \tag{8.124}$$

Um die Lösung anhand der modalen Analyse zu erhalten, wird der gleiche Weg verfolgt wie im Abschnitt 8.2.2. Die Gl. (8.115) wird wie folgt umgeschrieben:

$$\begin{bmatrix} \hat{m}_1 & 0 & 0 \\ 0 & \hat{m}_2 & 0 \\ 0 & 0 & \hat{m}_k \end{bmatrix}\begin{Bmatrix} \ddot{q}_1(t) \\ \ddot{q}_2(t) \\ \ddot{q}_k(t) \end{Bmatrix} + \begin{bmatrix} \hat{K}_1 & 0 & 0 \\ 0 & \hat{K}_2 & 0 \\ 0 & 0 & \hat{K}_k \end{bmatrix}\begin{Bmatrix} q_1(t) \\ q_2(t) \\ q_k(t) \end{Bmatrix} =$$

$$\left[\{\hat{\Phi}_1\} \ \{\hat{\Phi}_2\} \ \dots \ \{\hat{\Phi}_k\}\right]^T \begin{bmatrix} m_{11} & m_{12} & m_{1n} \\ m_{21} & m_{22} & m_{2n} \\ m_{n1} & m_{n2} & m_{nn} \end{bmatrix}\begin{Bmatrix} 1 \\ 1 \\ 1 \end{Bmatrix}\ddot{U}_b(t) \tag{8.125}$$

und

$$\begin{Bmatrix} \ddot{q}_1(t) \\ \ddot{q}_2(t) \\ \ddot{q}_k(t) \end{Bmatrix} + \begin{bmatrix} \omega_1^2 & 0 & 0 \\ 0 & \omega_2^2 & 0 \\ 0 & 0 & \omega_k^2 \end{bmatrix}\begin{Bmatrix} q_1(t) \\ q_2(t) \\ q_k(t) \end{Bmatrix} = -\begin{bmatrix} \hat{m}_1 & 0 & 0 \\ 0 & \hat{m}_2 & 0 \\ 0 & 0 & \hat{m}_k \end{bmatrix}^{-1}\left[\{\hat{\Phi}_1\} \ \{\hat{\Phi}_2\} \ \dots \ \{\hat{\Phi}_k\}\right]^T$$

$$\left[\begin{array}{cc:c} m_{11} & m_{12} & m_{1n} \\ m_{21} & m_{22} & m_{2n} \\ \hdashline m_{n1} & m_{n2} & m_{nn} \end{array}\right]\left\{\begin{array}{c} \ddot{U}_b(t) \\ \ddot{U}_b(t) \\ \hdashline \ddot{U}_b(t) \end{array}\right\} \tag{8.126}$$

oder symbolisch geschrieben

$$\{\ddot{Q}(t)\}+[\omega]\{Q(t)\}=-[\hat{m}]^{-1}\{\hat{\Phi}\}^T[m]\{I\}\ddot{U}_b(t) \tag{8.127}$$

Gl. (8.127) bildet ein System von k unabhängigen, linearen Differentialgleichungen der Form

$$\ddot{q}_i(t)+\omega_i^2 q_i(t)=-L_i\ddot{U}_b(t) \tag{8.128}$$

Die Bezeichnung

$$L_i=\frac{\{\hat{\Phi}_i\}^T[m]\{I\}}{\hat{m}_i} \tag{8.129}$$

heißt Beteiligungsfaktor der modalen Form „i“.

8.2.3 Erzwungene gedämpfte Schwingungen

Die erzwungenen gedämpften Schwingungen eines n-Massensystems lassen sich nach Gl. (8.82) berechnen. Die Lösung der Gl. (8.82) hängt im wesentlichen von der Art der Dämpfung ab, die für das System angenommen wird. Wird eine proportionale Dämpfung angenommen, so kann die Dämpfungsmatrix $[C]$ diagonalisiert werden und die Systemantwort wird durch den Einsatz der modalen Analyse erzielt. Wenn keine proportionale Dämpfung vorliegt, stellt der Einsatz von numerischen Verfahren, wie z. B. die ß-Methode von Newmark, den üblichen Weg zur Problemlösung dar.

Wie in Abschnitt 8.1.3 für Zweimassenschwinger beschrieben wurde, gibt es unterschiedliche Möglichkeiten zur Beschreibung der proportionalen Dämpfung, als massenproportionale Dämpfung, $[C]=\alpha[m]$, steifigkeitsproportionale Dämpfung, $[C]=\beta[K]$, oder Rayleigh-Dämpfung, $[C]=\alpha[m]+\beta[K]$ (Bild 8.11).

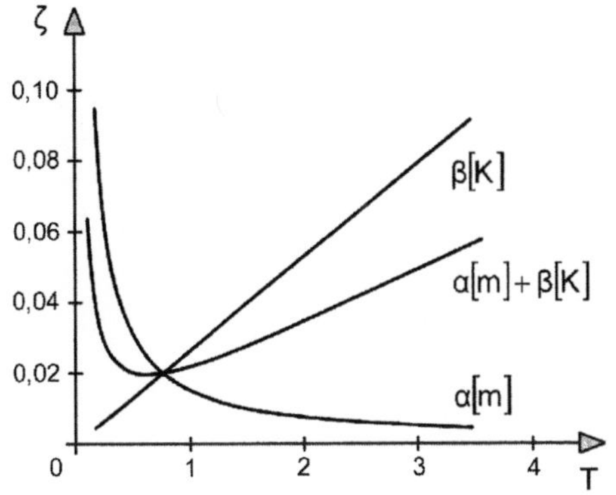

Bild 8.11 Modale Dämpfungsgrade bei Rayleigh-Dämpfung

Eine weitere Art von proportionaler Dämpfung, die in der Praxis oft verwendet wird, ist die Penzien-Wilson-Dämpfung. In diesem Verfahren werden die Dämpfungsgrade für jede Schwingungsform abgeschätzt und dann die Dämpfungsmatrix ermittelt.

8.2.3.1 Modale Analyse mit Rayleigh-Dämpfung

Führt man in Gl. (8.82) die Normalkoordinaten

$$\{Q(t)\} = \{q_1(t) \quad q_2(t) \quad \dots \quad q_k(t)\}^T$$

über die Beziehung

$$\{U(t)\} = \{\hat{\Phi}\}\{Q(t)\}$$

ein, und multipliziert man mit $\{\hat{\Phi}\}^T$, ergibt sich

$$\{\hat{\Phi}\}^T[m]\{\hat{\Phi}\}\{\ddot{Q}(t)\} + \{\hat{\Phi}\}^T[C]\{\hat{\Phi}\}\{\dot{Q}(t)\} + \{\hat{\Phi}\}^T[K]\{\hat{\Phi}\}\{Q(t)\} = \{\hat{\Phi}\}^T\{P(t)\} \tag{8.130}$$

Die Matrix $[C]$ stellt eine Rayleigh-Dämpfungsmatrix dar, $[C] = \alpha[m] + \beta[K]$. Da die Eigenvektoren zu der Massen- und Steifigkeitsmatrix proportional sind, sind diese auch zur Dämpfungsmatrix proportional. Somit ergibt sich

$$\{\hat{\Phi}\}^T[m]\{\hat{\Phi}\} = \left[\begin{array}{cc|c} \hat{m}_1 & 0 & 0 \\ 0 & \hat{m}_2 & 0 \\ \hline 0 & 0 & \hat{m}_k \end{array}\right] = [\hat{m}] \tag{8.131}$$

$$\{\hat{\Phi}\}^T[K]\{\hat{\Phi}\} = \left[\begin{array}{cc|c} \hat{K}_1 & 0 & 0 \\ 0 & \hat{K}_2 & 0 \\ \hline 0 & 0 & \hat{K}_k \end{array}\right] = [\hat{K}] \tag{8.132}$$

$$\{\hat{\Phi}\}^T[C]\{\hat{\Phi}\} = \left[\begin{array}{cc|c} \hat{C}_1 & 0 & 0 \\ 0 & \hat{C}_2 & 0 \\ \hline 0 & 0 & \hat{C}_k \end{array}\right] = [\hat{C}] \tag{8.133}$$

Die Gl. (8.130) wird zu

$$[\hat{m}]\{\ddot{Q}(t)\} + [\hat{C}]\{\dot{Q}(t)\} + [\hat{K}]\{Q(t)\} = \{\hat{\Phi}\}^T\{P(t)\} \tag{8.134}$$

Gl. (8.134) stellt eine Anzahl von k entkoppelten Gleichungen dar, jede in der Form

$$\hat{m}_i\ddot{q}_i(t) + \hat{C}_i\dot{q}_i(t) + \hat{K}_i q_i(t) = \{\hat{\Phi}_i\}^T\{P(t)\} \tag{8.135}$$

oder

$$\ddot{q}_i(t) + 2\zeta_i\omega_i\dot{q}_i(t) + \omega_i^2 q_i(t) = \frac{\{\hat{\Phi}_i\}^T\{P(t)\}}{\hat{m}_i} \tag{8.136}$$

deren Lösung in Abschnitt (8.1.3) erörtert worden ist.

In Gl. (8.135) ist

$$\hat{C}_i = \alpha \hat{m}_i + \beta \hat{K}_i$$

oder

$$\frac{\hat{C}_i}{\hat{m}_i} = 2\zeta_i \omega_i = \alpha + \beta \omega_i^2 \tag{8.137}$$

Wählt man die Dämpfungsgrade ζ_1, ζ_2 für die ersten zwei Schwingungsformen an, so ergeben sich die Konstanten α und β nach den Gleichungen (8.63a-b). Für die dritte Schwingungsform gilt

$$\hat{C}_3 = \alpha \hat{m}_3 + \beta \hat{K}_3$$

Somit ergibt sich der dritte Dämpfungsgrad zu

$$\zeta_3 = \frac{\alpha + \beta \omega_3^2}{2\omega_3}$$

und im Allgemeinen

$$\zeta_i = \frac{\alpha + \beta \omega_i^2}{2\omega_i} \tag{8.138}$$

Die Beiwerte α und β können mit Dämpfungsgraden aus beliebig gewählten Schwingungsformen ermittelt werden.

Beispiel 8.8

Für den Rahmen aus dem Beispiel 8.6 wird die Dämpfungsmatrix berechnet. Die Dämpfungsgrade der ersten und zweiten Schwingungsform sind $\zeta_1 = \zeta_2 = 5$ %.

Mit den normierten Eigenvektoren

$$\{\hat{\Phi}_1\} = \frac{1}{3+\sqrt{3}} \begin{Bmatrix} 1 \\ 1+\sqrt{3} \\ 2+\sqrt{3} \end{Bmatrix}; \quad \{\hat{\Phi}_2\} = \frac{1}{\sqrt{3}} \begin{Bmatrix} 1 \\ 1 \\ -1 \end{Bmatrix}; \quad \{\hat{\Phi}_3\} = \frac{1}{3-\sqrt{3}} \begin{Bmatrix} 1 \\ 1-\sqrt{3} \\ 2-\sqrt{3} \end{Bmatrix}$$

ist im Beispiel 8.7 die generalisierte Massenmatrix $[\hat{m}]$ berechnet worden.

$$[\hat{m}] = \begin{bmatrix} m & 0 & 0 \\ 0 & m & 0 \\ 0 & 0 & m \end{bmatrix}$$

Die Elemente der Steifigkeitsmatrix $[\hat{K}]$ sind

$$\hat{K}_1 = \frac{1}{3+\sqrt{3}} \{1 \quad 1+\sqrt{3} \quad 2+\sqrt{3}\} \begin{bmatrix} 3K & -K & 0 \\ -K & 2K & -K \\ 0 & -K & K \end{bmatrix} \frac{1}{3+\sqrt{3}} \begin{Bmatrix} 1 \\ 1+\sqrt{3} \\ 2+\sqrt{3} \end{Bmatrix} = (2-\sqrt{3})K$$

$$\hat{K}_2 = \frac{1}{\sqrt{3}} \{1 \quad 1 \quad -1\} \begin{bmatrix} 3K & -K & 0 \\ -K & 2K & -K \\ 0 & -K & K \end{bmatrix} \frac{1}{\sqrt{3}} \begin{Bmatrix} 1 \\ 1 \\ -1 \end{Bmatrix} = 2K$$

$$\hat{K}_3 = \frac{1}{3-\sqrt{3}}\{1 \quad 1-\sqrt{3} \quad 2-\sqrt{3}\}\begin{bmatrix} 3K & -K & 0 \\ -K & 2K & -K \\ 0 & -K & K \end{bmatrix}\frac{1}{3-\sqrt{3}}\begin{Bmatrix} 1 \\ 1-\sqrt{3} \\ 2-\sqrt{3} \end{Bmatrix} = (2+\sqrt{3})K$$

und die generalisierte Steifigkeitsmatrix $\left[\hat{K}\right]$ beträgt

$$\left[\hat{K}\right] = K\begin{bmatrix} 2-\sqrt{3} & 0 & 0 \\ 0 & 2 & 0 \\ 0 & 0 & 2+\sqrt{3} \end{bmatrix}$$

Mit $\hat{K}_n = \hat{m}_n \omega_n^2$ gilt nach den Gleichungen (8.63a-b)

$$\alpha = \frac{2\sqrt{2-\sqrt{3}}\sqrt{2}\left(0{,}05\sqrt{2} - 0{,}05\sqrt{2-\sqrt{3}}\right)\omega_n}{2-2+\sqrt{3}} = 0{,}0378\omega_n$$

$$\beta = \frac{2\left(0{,}05\sqrt{2} - 0{,}05\sqrt{2-\sqrt{3}}\right)}{\left(2-2+\sqrt{3}\right)\omega_n} = \frac{0{,}0517}{\omega_n}$$

Somit beträgt die Rayleigh-Dämpfungsmatrix

$$[C] = 0{,}0378\omega_n\begin{bmatrix} m & 0 & 0 \\ 0 & m & 0 \\ 0 & 0 & m \end{bmatrix} + \frac{0{,}0517}{\omega_n}\begin{bmatrix} 3K & -K & 0 \\ -K & 2K & -K \\ 0 & -K & K \end{bmatrix} = m\omega_n\begin{bmatrix} 0{,}1931 & -0{,}0517 & 0 \\ -0{,}0517 & 0{,}1414 & -0{,}0517 \\ 0 & -0{,}0517 & 0{,}0896 \end{bmatrix}$$

Die generalisierte Dämpfungsmatrix $\left[\hat{C}\right]$ lässt sich nach Gl. (8.133) wie folgt ermitteln:

$$\left[\hat{C}_1\right] = \frac{m\omega_n}{\left(3+\sqrt{3}\right)^2}\{1 \quad 1+\sqrt{3} \quad 2+\sqrt{3}\}\begin{bmatrix} 0{,}1931 & -0{,}0517 & 0 \\ -0{,}0517 & 0{,}1414 & -0{,}0517 \\ 0 & -0{,}0517 & 0{,}0896 \end{bmatrix}\begin{Bmatrix} 1 \\ 1+\sqrt{3} \\ 2+\sqrt{3} \end{Bmatrix} = 0{,}0517m\omega_n$$

$$\left[\hat{C}_2\right] = \frac{m\omega_n}{\left(\sqrt{3}\right)^2}\{1 \quad 1 \quad -1\}\begin{bmatrix} 0{,}1931 & -0{,}0517 & 0 \\ -0{,}0517 & 0{,}1414 & -0{,}0517 \\ 0 & -0{,}0517 & 0{,}0896 \end{bmatrix}\begin{Bmatrix} 1 \\ 1 \\ -1 \end{Bmatrix} = 0{,}1414m\omega_n$$

$$\left[\hat{C}_3\right] = \frac{m\omega_n}{\left(3-\sqrt{3}\right)^2}\{1 \quad 1-\sqrt{3} \quad 2-\sqrt{3}\}\begin{bmatrix} 0{,}1931 & -0{,}0517 & 0 \\ -0{,}0517 & 0{,}1414 & -0{,}0517 \\ 0 & -0{,}0517 & 0{,}0896 \end{bmatrix}\begin{Bmatrix} 1 \\ 1-\sqrt{3} \\ 2-\sqrt{3} \end{Bmatrix} = 0{,}2318m\omega_n$$

$$\left[\hat{C}\right] = \begin{bmatrix} 0{,}0517m\omega_n & 0 & 0 \\ 0 & 0{,}1414m\omega_n & 0 \\ 0 & 0 & 0{,}2318m\omega_n \end{bmatrix}$$

oder

$$\left[\hat{C}\right] = \begin{bmatrix} 0{,}10m\omega_1 & 0 & 0 \\ 0 & 0{,}10m\omega_2 & 0 \\ 0 & 0 & 0{,}119m\omega_3 \end{bmatrix} = \begin{bmatrix} 2\zeta_1\omega_1 m & 0 & 0 \\ 0 & 2\zeta_2\omega_2 m & 0 \\ 0 & 0 & 2\zeta_3\omega_3 m \end{bmatrix}$$

wobei

$$\zeta_3 = \frac{\alpha + \beta\omega_3^2}{2\omega_3} = \frac{0{,}0378 + 0{,}0517(2+\sqrt{3})}{2\sqrt{2+\sqrt{3}}} = 0{,}0598\ \% \cong 6\ \%$$

8.2.4 Nichtlineare Systemeigenschaften

Bei nichtlinearen Mehrmassensystemen ist die Steifigkeit in jedem Geschoss nicht mehr konstant, sondern sie hängt von der Geschossverschiebung ab. Dementsprechend wird in der Bewegungsgleichung (8.82) die konstante Steifigkeitsmatrix $[K]$ durch ein nichtlineare Steifigkeitsmatrix $[K(U)]$ ersetzt (siehe auch Abschnitt 7.10.4).

$$[m]\{\ddot{U}\} + [C]\{\dot{U}\} + [K(U)]\{U\} = \{P(t)\} \tag{8.139}$$

Die Lösung von Gl. (8.139) wird mit Hilfe vom ß-Verfahren von Newmark gesucht. Das Verfahren gründet sich auf die drei diskretisierten dynamischen Gleichgewichtsgleichungen, die für lineare Systeme von den Gleichungen (8.67) bis (8.69) angegeben werden. Diese Gleichungen werden für eine nichtlineare Steifigkeit in inkrementaler Form wie folgt geschrieben:

$$[m]\{\Delta\ddot{U}\} + [C]\{\Delta\dot{U}\} + [K_s]\{\Delta U\} = \{\Delta P\} \tag{8.140}$$

$$\{\Delta\dot{U}\} = (1-\delta)\{\ddot{U}_k\}(\Delta t) + \delta\{\ddot{U}_{k+1}\}(\Delta t) \tag{8.141}$$

$$\{\Delta U\} = \{\dot{U}_k\}(\Delta t) + (\frac{1}{2} - \alpha)\{\ddot{U}_k\}(\Delta t)^2 + \alpha\{\ddot{U}_{k+1}\}(\Delta t)^2 \tag{8.142}$$

wobei

$[K_s]$: Lineare Steifigkeitsmatrix für die Inkrementalverschiebung von U_k zu U_{k+1}

$$\{\Delta U\} = \{U_{k+1}\} - \{U_k\}$$
$$\{\Delta\dot{U}\} = \{\dot{U}_{k+1}\} - \{\dot{U}_k\}$$
$$\{\Delta\ddot{U}\} = \{\ddot{U}_{k+1}\} - \{\ddot{U}_k\}$$
$$\{\Delta P\} = \{P_{k+1}\} - \{P_k\}$$

Nach Einführung der Gleichungen (8.141) und (8.142) in Gl. (8.140) und einer Reihe von Umformungen erhält man die Lösung der Bewegungsgleichung in Matrizenform zu

$$\begin{Bmatrix} U_{k+1} \\ \dot{U}_{k+1} \\ \ddot{U}_{k+1} \end{Bmatrix} = [D_N^n] \begin{Bmatrix} U_k \\ \dot{U}_k \\ \ddot{U}_k \end{Bmatrix} + [H_N^n]\{\Delta P\} \tag{8.143}$$

mit

$$[D_N^n] = \begin{bmatrix} \{I\} & [E_o] & [F_o] \\ 0 & [C_o] & [D_o] \\ 0 & [A_o] & [B_o] \end{bmatrix} \tag{8.143a}$$

$$\left[H_N^n\right]=\begin{bmatrix}\alpha[B]^{-1}(\Delta t)^2\\ \delta[B]^{-1}\Delta t\\ [B]^{-1}\end{bmatrix} \tag{8.143b}$$

mit

$$[B]=[m]+\delta[C](\Delta t)+\alpha[K_s](\Delta t)^2 \tag{8.143c}$$

$$[A_o]=-[B]^{-1}[K_s](\Delta t) \tag{8.143d}$$

$$[B_o]=\{I\}-[B]^{-1}[C](\Delta t)-\frac{1}{2}[B]^{-1}[K_s](\Delta t)^2 \tag{8.143e}$$

$$[C_o]=\{I\}-\delta[B]^{-1}[K_s](\Delta t)^2 \tag{8.143f}$$

$$[D_o]=\{I\}(\Delta t)-\delta[B]^{-1}[C](\Delta t)^2-\frac{1}{2}\delta[B]^{-1}[K_s](\Delta t)^3 \tag{8.143g}$$

$$[E_o]=\{I\}(\Delta t)-\alpha[B]^{-1}[K_s](\Delta t)^3 \tag{8.143h}$$

$$[F_o]=\frac{1}{2}\{I\}(\Delta t)^2-\alpha[B]^{-1}[C](\Delta t)^3-\frac{1}{2}\alpha[B]^{-1}[K_s](\Delta t)^4 \tag{8.143j}$$

Mit Gl. (8.78) lässt sich Gl. (8.143) wie folgt kurz umschreiben:

$$\{q_{k+1}\}=\left[D_N^n\right]\{q_k\}+\left[H_N^n\right]\{\Delta P\}$$

oder

$$\{q_{k+1}\}=\left[D_N^n\right]\{q_k\}+\left[H_N^n\right]\{P_{k+1}\}-\left[H_N^n\right]\{P_k\} \tag{8.144}$$

Da die Inkrementalsteifigkeit sich zu jedem Zeitpunkt ändert, müssen die Matrizen $[D_N^n]$ und $[H_N^n]$ für jeden Zeitschritt neu berechnet werden. Erhebliche Vereinfachungen ergeben sich mit Annahme eines konstanten Beschleunigungsverlaufs ($\alpha=0$, $\delta=0$). In diesem Fall lauten die Matrizen in den Gleichungen (8.143a) und (8.143b) wie folgt:

$$\left[D_N^n\right]=\begin{bmatrix}\{I\} & \{I\}(\Delta t) & \frac{1}{2}\{I\}(\Delta t)^2\\ 0 & \{I\} & \{I\}(\Delta t)\\ 0 & -[m]^{-1}[K_s](\Delta t) & \{I\}-[m]^{-1}[C](\Delta t)-\frac{1}{2}[m]^{-1}[K_s](\Delta t)^2\end{bmatrix} \tag{8.145a}$$

$$\left[H_N^n\right]=\begin{bmatrix}0\\ 0\\ [m]^{-1}\end{bmatrix} \tag{8.145b}$$

8.3 Systeme mit verteilter Masse

Die in den vorherigen Abschnitten dargestellte dynamische Analyse beruht auf Tragwerksmodellen mit konzentrierten Massen, wobei die Steifigkeits- und Trägheitseigenschaften von Geschoss zu Geschoss unterschiedlich sein können. Unter bestimmten Voraussetzungen, betreffend die Regelmäßigkeit der Bauwerke über die Höhe, kann die dynamische Berechnung mit Hilfe von kontinuierlichen Ersatzmodellen durchgeführt werden [8.3, 8.4].

Rahmentragwerke mit gleicher Geschosshöhe und Steifigkeit, oder regelmäßige Rahmen-Wandscheibensysteme können als Biege-Schubersatzstäbe mit stetiger Massenbelegung modelliert und dann mit Hilfe der Schwingungstheorie von Balken analysiert werden. Voraussetzung dafür ist, dass die Aussteifungselemente in jedem Geschoss durch starre Deckenscheiben miteinander verbunden sind und gegenseitige Verschiebungen und Verdrehungen ihrer unteren Ränder verhindert werden, z. B. infolge großer Baugrundsteifigkeit (Fels), oder durch ein steifes Kellergeschoss. Ein Biege-Schubersatzstab setzt sich grundsätzlich aus zwei, unterschiedlich wirkenden Balken zusammen, die miteinander stetig verbunden sind (Bild 8.12), aus einem Biegebalken, definiert durch die Biegesteifigkeit EI, und einem Schubbalken, dessen Eigenschaften von der Schubsteifigkeit GA_s beschrieben werden. Angaben über die Zurückführung verschiedener Aussteifungssysteme auf Ersatzstabmodelle und deren Steifigkeitsgrößen enthält die Tabelle 6.1.

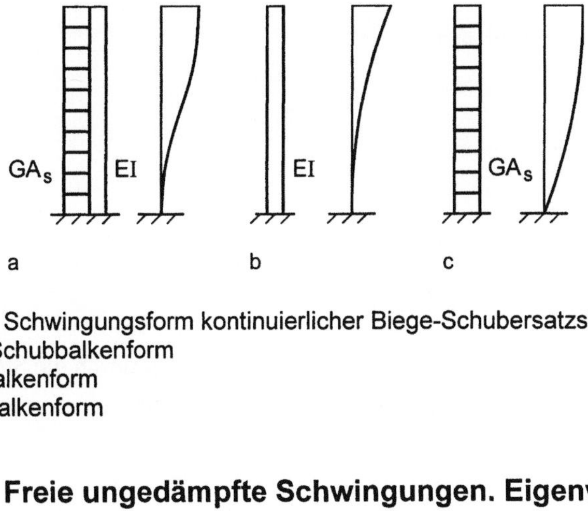

Bild 8.12 Schwingungsform kontinuierlicher Biege-Schubersatzstäbe
a) Biege-Schubbalkenform
b) Biegebalkenform
c) Schubbalkenform

8.3.1 Freie ungedämpfte Schwingungen. Eigenwerte

Mit der konstanten Massenbelegung μ [kNs²/m²] und der dimensionslosen Koordinate $\xi = \frac{x}{l}$ lautet die Differentialgleichung der freien ungedämpften Schwingungen des Biege-Schubersatzstabs

$$\frac{\partial^4 u}{\partial \xi^4} - \chi^2 \frac{\partial^2 u}{\partial \xi^2} + \frac{\mu l^4}{EI} \frac{\partial^2 u}{\partial t^2} = 0 \qquad (8.146)$$

Die Bezeichnung χ heißt Steifigkeitskenngröße.

$$\chi = l\sqrt{\frac{GA_s}{EI}} \tag{8.147}$$

Die Lösung von Gl. (8.146) kann mit Einführung der generalisierten Verschiebung $U_i^*(t)$ durch den Produktansatz

$$U_i(\xi, t) = U_i^*(t)\Phi_i(\xi) \tag{8.148}$$

gesucht werden. Das Einsetzen der entsprechenden Ableitungen der Gl. (8.148) in Gl. (8.146) führt zur Spaltung in eine zeit- und ξ -abhängige Differentialgleichung. Die Lösung der zeitabhängigen Gleichung liefern die Kreisfrequenzen des ungedämpften Schwingers.

$$\omega_i = \frac{\tilde{\lambda}_i^2}{l^2}\sqrt{\frac{EI}{\mu}} \tag{8.149}$$

Die Frequenzkenngröße $\tilde{\lambda}_i$ stellt einen Eigenwert dar, der vom Steifigkeitsverhältnis χ abhängt. Für den starr eingespannten Biege-Schubersatzstab sind die Frequenzkenngrößen für die ersten fünf Eigenschwingungsformen in der Tabelle 8.1 eingetragen.

Die Gleichung der Eigenschwingungsformen lautet

$$\Phi_i(\xi) = \cosh(\varepsilon_i\xi) - \cos(\lambda_i\xi) - \frac{\sinh\varepsilon_i - \left(\frac{\varepsilon_i}{\lambda_i}\right)\sin\lambda_i}{\cosh\varepsilon_i + \left(\frac{\varepsilon_i}{\lambda_i}\right)^2\cos\lambda_i}\left(\sinh(\varepsilon_i\xi) - \frac{\varepsilon_i}{\lambda_i}\sin(\lambda_i\xi)\right) \tag{8.150}$$

Darin bedeuten

$$\varepsilon_i^2 = \frac{1}{2}\left(\chi^2 + \sqrt{\chi^4 + 4\tilde{\lambda}_i^4}\right) \tag{8.151}$$

$$\lambda_i^2 = \frac{1}{2}\left(-\chi^2 + \sqrt{\chi^4 + 4\tilde{\lambda}_i^4}\right) \tag{8.152}$$

Für den Grenzfall des reinen Biegebalkens (Tabelle 6.1 Fall 1), definiert durch die Steifigkeitskenngröße $\chi = 0$ ($\lambda_i = \tilde{\lambda}_i$), gelten für die Eigenkreisfrequenzen und die Eigenformen die Beziehungen

$$\omega_i = \frac{\lambda_i^2}{l^2}\sqrt{\frac{EI}{\mu}} \tag{8.153}$$

$$\Phi_i(\xi) = \cosh(\lambda_i\xi) - \cos(\lambda_i\xi) - \frac{\sinh\lambda_i - \sin\lambda_i}{\cosh\lambda_i + \cos\lambda_i}\left(\sinh(\lambda_i\xi) - \sin(\lambda_i\xi)\right) \tag{8.154}$$

Tabelle 8.1 Eigenfrequenzgrößen für Biege-Schubersatzstäbe [8.5]

Steifigkeitsverhältnis χ	1. Eigenwert $\tilde{\lambda}_1$	2. Eigenwert $\tilde{\lambda}_2$	3. Eigenwert $\tilde{\lambda}_3$	4. Eigenwert $\tilde{\lambda}_4$	5. Eigenwert $\tilde{\lambda}_5$
0	1,88	4,69	7,85	11,00	14,14
1	2,03	4,77	7,89	11,02	14,16
2	2,33	4,98	8,01	11,10	14,22
3	2,63	5,27	8,19	11,23	14,32
4	2,91	5,60	8,42	11,40	14,45
5	3,16	5,93	8,70	11,61	14,62
6	3,39	6,27	8,90	11,85	14,81
7	3,61	6,60	9,31	12,12	15,03
8	3,81	6,91	9,63	12,40	15,28
9	4,01	7,22	9,95	12,70	15,54
10	4,20	7,52	10,27	13,01	15,82
20	5,76	10,08	13,28	16,14	18,90
30	6,99	12,16	15,86	19,02	21,95
40	8,03	13,95	18,11	21,61	24,77
50	8,95	15,54	20,14	23,96	27,36
60	9,79	16,98	21,98	26,11	29,76
70	10,56	18,31	23,69	28,11	32,00
80	11,28	19,56	25,28	29,98	34,10
90	11,96	20,72	26,79	31,75	36,09
100	12,60	21,83	28,21	33,43	37,97
110	13,21	22,88	29,56	35,02	39,78
120	13,79	23,89	30,86	36,55	41,50
130	14,35	24,85	32,11	38,02	43,16
140	14,88	25,78	33,30	39,44	44,76
150	15,40	26,68	34,46	40,80	46,31

Wenn das Steifigkeitsverhältnis χ sehr groß ist (theoretisch $\chi \to \infty$, Tabelle 6.1 Fall 2), gilt der Grenzfall des reinen Schubbalkens. Die Eigenkreisfrequenzen und die Eigenformen lassen sich dann wie folgt bestimmen:

$$\omega_i = \frac{\lambda_i}{l}\sqrt{\frac{GA_s}{\mu}} \tag{8.155}$$

$$\Phi_i(\xi) = \sin\left[(2i-1)\frac{\pi}{2}\xi\right] \tag{8.156}$$

In Gl. (8.155) berechnet sich λ_i aus der Beziehung

$$\lambda_i = (2i-1)\frac{\pi}{2} \tag{8.157}$$

wobei i = 1 für die erste Eigenform, i = 2 für die zweite Eigenform gelten usw.

Die Bereichsgültigkeit der Grenzfälle kann in der Praxis wie folgt angenommen werden:

- $\chi < 1$: Es gilt das Modell des reinen Biegebalkens
- $1 < \chi < 30$: Es gilt das Biege-Schub-Gesamtstabmodell
- $\chi > 30$: Es gilt das Modell des reinen Schubbalkens

Beispiel 8.9

Für das Stahlbetontragwerk in Bild 8.13 sind die Eigenkreisfrequenzen und die Schwingungsformen zu bestimmen. Das Tragwerk besteht aus einer Wandscheibe und einem daran biegesteif angeschlossenen Rahmen.

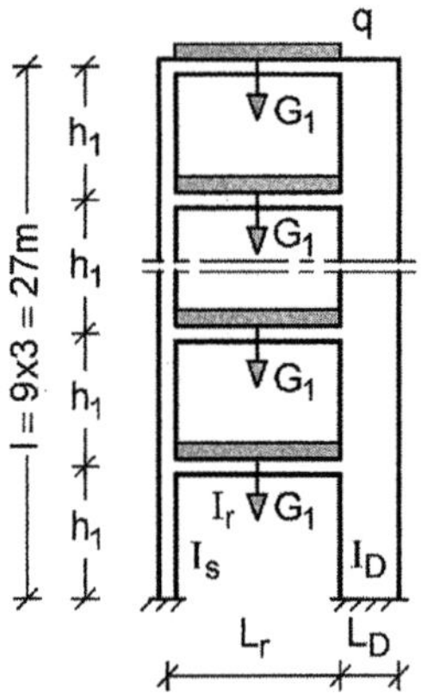

Bild 8.13 Stahlbetontragwerk zum Beispiel 8.9

Gegeben werden folgende charakteristische Größen:

$q = 70$ kN/m; $G_1 = 70.5 = 350$ kN

$h_1 = 3{,}0$ m

$L_r = 5{,}0$ m

$L_D = 1{,}75$ m

Die Trägheitsmomente der Tragelemente betragen

$$I_s = \frac{0{,}25.0{,}6^3}{12} = 4{,}5.10^{-3}\ \text{m}^4$$

$$I_r = \frac{0{,}25.0{,}5^3}{12} = 2{,}6.10^{-3}\ \text{m}^4$$

$$I_D = \frac{0{,}25.1{,}75^3}{12} = 112.10^{-3}\ \text{m}^4$$

Man berechnet die Steifigkeitsparameter des Ersatzstabs gemäß Tabelle 6.1 Punkt 4 folgendermaßen:

$$I = \sum I_s = I_s + I_D = (4{,}58 + 112)10^{-3} = 116{,}6.10^{-3} \ \ m^4$$

$$k_s = \frac{1}{h_1}\sum I_s = \frac{4{,}53.10^{-3}}{3} = 1{,}51.10^{-3} \ \ m^3$$

$$k_r = \sum \frac{I_r}{L_r} = \frac{2{,}6.10^{-3}}{5} = 0{,}52.10^{-3} \ \ m^3$$

$$A_s = \frac{12Ek_s}{Gh_1}\frac{k_s}{k_s + k_r} = \frac{12.1{,}51.10^{-3}.0{,}52}{3(0{,}52 + 1{,}51)} = 3{,}43.10^{-3} \ \ m^2$$

Darin sind für E und G folgende Werte anzunehmen:

$E = 3.10^7$ kN/m²

$G = 0{,}45E = 1{,}35.10^7$ kN/m²

Das Steifigkeitsverhältnis χ beträgt nach Gl. (8.157)

$$\chi = 27\sqrt{\frac{0{,}45.3{,}43.10^{-3}}{116{,}53.10^{-3}}} = 3{,}1$$

Da $\chi > 1$, gilt das Biege-Schub-Gesamtstabmodell.

Die Massenbelegung μ berechnet sich zu

$$\mu = \frac{9G_1}{19{,}81} = \frac{9.350}{27.9{,}81} = 12 \ \ \text{kNs}^2/\text{m}^2$$

Aus der Tabelle 8.1 ergibt sich für die Größen $\tilde{\lambda}_i$

$\tilde{\lambda}_1 = 2{,}63;\ \tilde{\lambda}_2 = 5{,}27;\ \tilde{\lambda}_3 = 8{,}19$

Die Eigenfrequenzen und Perioden berechnen sich aus Gl. (8.149).

$$\omega_1 = \frac{2{,}63^2}{27^2}\sqrt{\frac{3{,}5.10^6}{12}} = 5{,}11 \ \ 1/s;\ \ T_1 = \frac{6{,}28}{5{,}11} = 1{,}23 \ \ s$$

$$\omega_2 = \frac{5{,}27^2}{27^2}.539 = 20{,}35 \ \ 1/s;\ \ T_2 = 0{,}3 \ \ s$$

$$\omega_3 = \frac{8{,}19^2}{27^2}.539 = 49{,}6 \ \ 1/s;\ \ T_3 = 0{,}128 \ \ s$$

Mit

$$\varepsilon_1^2 = 0{,}5\left(3{,}1^2 + \sqrt{3{,}1^4 + 4.2{,}63^4}\right) = 13{,}22 \Rightarrow \varepsilon_1 = 3{,}63$$

$$\lambda_1^2 = 0{,}5\left(-3{,}1^2 + \sqrt{3{,}1^4 + 4.2{,}63^4}\right) = 3{,}63 \Rightarrow \lambda_1 = 1{,}90$$

lautet die Funktion der ersten Schwingungsform Φ_1 nach Gl. (8.152)

$$\Phi_1(\xi) = \cosh(3{,}44\xi) - \cos(1{,}51\xi) - 0{,}85(\sinh(3{,}44\xi) - 2{,}28\sin(1{,}51\xi))$$

Die Ermittlung der oberen Schwingungsformfunktionen Φ_2 und Φ_3 erfolgt auf dieselbe Weise ($\tilde{\lambda}_i = \tilde{\lambda}_2, \tilde{\lambda}_3$).

Beispiel 8.10

Es wird angenommen, dass die Breite der Wandscheibe in Bild 8.13, anstatt 1,75 m, 5,0 m beträgt (L_D = 5,0 m).

$$\text{Mit } I = I_D + I_s = \frac{0{,}25.5^3}{12} + 0{,}0054 = 2{,}645 \text{ m}^4$$

ergibt sich das Steifigkeitsverhältnis

$$\chi = 27\sqrt{\frac{0{,}45.3{,}45.10^{-3}}{2{,}64}} = 0{,}65 < 1$$

Das Tragwerk kann durch einen reinen Biegebalken modelliert werden (Tabelle 6.1 Punkt 1). Für $\chi \to 0$ liest man aus der Tabelle 8.1 ab:

$\lambda_1 = 1{,}88$; $\lambda_2 = 4{,}69$; $\lambda_3 = 7{,}85$

Die Eigenkreisfrequenzen und Eigenperioden der ersten drei Schwingungsformen betragen nach Gl. (8.153)

$$\omega_1 = \frac{1{,}88^2}{27^2}\sqrt{\frac{79{,}36.10^6}{12}} = 12{,}46 \text{ 1/s; } T_1 = \frac{6{,}28}{12{,}46} = 0{,}5 \text{ s}$$

$$\omega_2 = \frac{4{,}69^2}{27^2}.2571{,}6 = 77{,}51 \text{ 1/s; } T_2 = 0{,}082 \text{ s}$$

$$\omega_3 = 217{,}5 \text{ 1/s; } T_3 = 0{,}028 \text{ s}$$

Die Funktion der Grundschwingungsform lautet nach Gl. (8.154)

$$\Phi_1(\xi) = \cosh(1{,}88\xi) - \cos(1{,}88\xi) - 3{,}05(\sinh(1{,}88\xi) - \sin(1{,}88\xi))$$

Beispiel 8.11

Es sind die Eigenkreisfrequenzen und die Funktionen der ersten drei Eigenformen für einen elfgeschossigen Rahmen zu bestimmen.

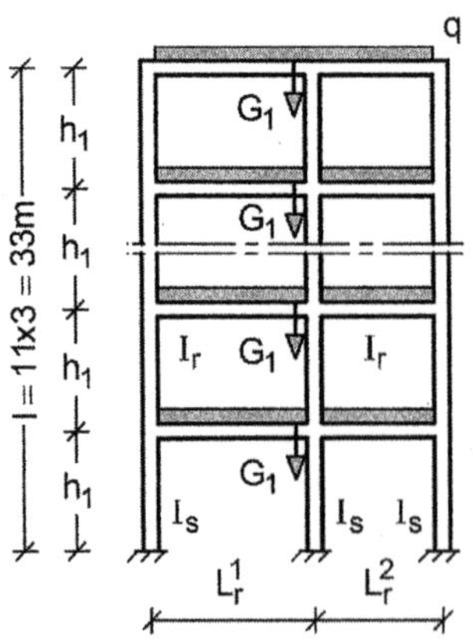

Bild 8.14 Stahlbetontragwerk zum Beispiel 8.11

Die Abmessungen, Querschnitts- und Belastungswerte werden wie folgt angegeben:

$q = 70$ kN/m; $G_1 = 70.5 = 350$ kN

$h_1 = 3{,}0$ m; $l = 11.3 = 33$ m

$L_r^1 = 4{,}0$ m

$L_r^2 = 3{,}0$ m

$$I_s = \frac{0{,}3.0{,}6^3}{12} = 5{,}4.10^{-3} \ m^4$$

$$I_r = \frac{0{,}3.0{,}9^3}{12} = 18.10^{-3} \ m^4$$

Die Steifigkeitsparameter des Ersatzstabs (Tabelle 6.1 Fall 2) lauten

$$I = \sum I_s = 3.5{,}4.10^{-3} = 16{,}2.10^{-3} \ m^4$$

$$k_s = \frac{16{,}2.10^{-3}}{3} = 5{,}4.10^{-3} \ m^3$$

$$k_r = \frac{18.10^{-3}}{4} + \frac{18.10^{-3}}{3} = 10{,}5.10^{-3} \ m^3$$

$$A_s = \frac{12.5{,}4.10^{-3}.10{,}5.10^{-3}}{0{,}45.3(10{,}5+5{,}4)10^{-3}} = 31{,}7.10^{-3} \ m^2$$

Das Steifigkeitsverhältnis χ beträgt nach Gl. (8.147)

$$\chi = 33\sqrt{\frac{0{,}45.31{,}7.10^{-3}}{16{,}2.10^{-3}}} = 31$$

da $\chi > 30$, gilt der Grenzfall des reinen Schubbalkens. Es werden die Gl. (8.155), (8.156) und (8.157) verwendet.

Grundschwingungsform

$$\lambda_1 = (2-1)\frac{3{,}14}{2} = 1{,}57$$

$$\omega_1 = \frac{1{,}57}{33}\frac{1{,}35.10^7.0{,}0317}{17} = 7{,}58 \ 1/s$$

$$\Phi_1 = \sin\left[(2.1-1)\frac{3{,}14}{2}\right] = \sin\left(\frac{\pi}{2}\xi\right)$$

2. Schwingungsform

$$\lambda_2 = (2.2-1)\frac{3{,}14}{2} = 4{,}71$$

$$\omega_2 = \frac{4{,}71}{33}2{,}5.10^4 = 22{,}64 \ 1/s$$

$$\Phi_2 = \sin\left(\frac{3\pi}{2}\xi\right)$$

3. Schwingungsform

$$\lambda_3 = (3.2-1)\frac{3{,}14}{2} = 7{,}85$$

$$\omega_3 = \frac{7{,}85}{33}158{,}66 = 37{,}74 \;\; 1/s$$

$$\Phi_3 = \sin\left(\frac{5\pi}{2}\xi\right)$$

8.3.2 Erzwungene gedämpfte Schwingungen

In ähnlicher Weise, wie bei diskreten Mehrmassensystemen, lässt sich auch die Schwingungsdifferentialgleichung der kontinuierlichen Systeme durch die Einführung des Einsatzes nach Gl. (8.148) und unter Annahme einer proportionalen Dämpfung in unabhängige Teillösungen der einzelnen Eigenformen aufspalten. Die Differentialgleichung der einzelnen Eigenform i lautet

$$m_i^* \ddot{U}_i^*(t) + C_i^* \dot{U}_i^*(t) + K_i^* U_i^*(t) = P_i^*(t) \tag{8.158}$$

Darin bedeuten

m_i^* : Effektive Masse

$$m_i^* = \mu l \int_0^1 [\Phi_i(\xi)]^2 d\xi \tag{8.158a}$$

C_i^* : Effektive Dämpfung

$$C_i^* = 2\zeta_i \omega_i m_i \tag{8.158b}$$

K_i^* : Effektive Steifigkeit

$$K_i^* = \int_0^l \left[EI\left(\frac{\partial^2 \Phi_i}{\partial x^2}\right)^2 + GA_s\left(\frac{\partial \Phi_i}{\partial x}\right)^2 \right]^2 dx \tag{8.158c}$$

$P_i^*(t)$: Effektive dynamische Belastung der Eigenform i

$$P_i^*(t) = \int_0^l P(x,t)\Phi_i(x)dx \tag{8.158d}$$

Die Auswertung der Integrale in den Gleichungen (8.158a) und (8.158c) führt zu folgenden Näherungsbeziehungen:

$$\frac{m_i}{\mu l} = \frac{1}{2}\left(\frac{\varepsilon_i^2}{l_i^2} + 1\right) \tag{8.159a}$$

$$\frac{K_i l^3}{EI} = \varepsilon_i^4 \left(1 - \frac{\chi^2}{2\varepsilon_i^2}\right) \tag{8.159b}$$

8.3.2.1 Gedämpftes System unter Erdbebenbelastung

Die Bodenbeschleunigung $\ddot{U}_b(t)$ ruft im kontinuierlichen System eine Erregungskraft der Form

$$P(x,t) = -\mu(x)\ddot{U}_b(t) \tag{8.160}$$

und Gl. (8.158d) wird zu

$$P_i^*(t) = -\ddot{U}_b(t)\int_0^l \mu(x)\Phi_i(x)dx = -\ddot{U}_b(t)L_i \tag{8.161}$$

Die Größe

$$L_i = \mu l \int_0^l \Phi_i(\xi)d\xi \tag{8.161a}$$

ist der Beteiligungsfaktor in der Eigenform i und kann wie folgt berechnet werden:

$$\frac{L_i}{\mu l} = -C\left(\frac{1}{\varepsilon_i} + \frac{\varepsilon_i}{\lambda_i^2}\right) \tag{8.162a}$$

mit

$$C = \frac{\sinh\varepsilon_i - \frac{\varepsilon_i}{\lambda_i}\sin\lambda_i}{\cosh\varepsilon_i - \left(\frac{\varepsilon_i}{\lambda_i}\right)^2\cos\lambda_i} \tag{8.162b}$$

Für große Werte von χ gilt in Gl. (8.162a) näherungsweise $C = 1$ und die Gl. (8.162a) erhält folgende Form [8.5]:

$$\frac{L_i}{\mu l} \cong \frac{1}{\varepsilon_i} + \frac{\varepsilon_i}{\lambda_i^2} \tag{8.162c}$$

8.4 Näherungsformel für die Grundperiode

Bei Bauten mit konstanten Trägheits- und Steifigkeitseigenschaften und $T_1 \leq 1$ s, darf man das dynamische Verhalten unter Erdbebenlasten nur aufgrund der Grundschwingungsform bestimmen, welche zu maximalen Werten der Basisquerkraft und des Biegemoments führt. Zur Berechnung der Grundperiode können in der Praxis Näherungsformel verwendet werden.

In den Tabellen 8.2 und 8.3 sind die Grundperioden einiger, in der Praxis oft vorkommender, dynamischer Modelle zusammengestellt. Die erforderlichen Beiwerte α, K, Ω sind aus den Diagrammen der Bilder 8.15 bis 8.18 zu entnehmen.

Tabelle 8.2 Eigenperioden T_1 für Kragträger [8.6]

Schema	T_1 [s]
1 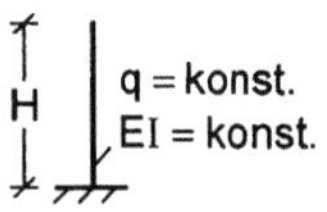	$T_1 = 1{,}79H^2\sqrt{\frac{q}{gEI}}$ Für dünnwandige Stahlschalen mit Kreisquerschnitt: $T_1 = 0{,}001\frac{H^2}{D}$
2 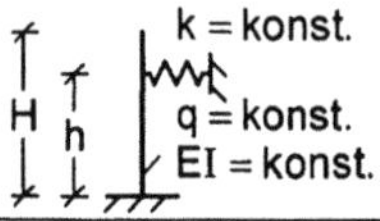	$T_1 = \frac{2\pi}{\alpha^2}H^2\sqrt{\frac{q}{gEI}}$ α : nach Bild 8.15
3 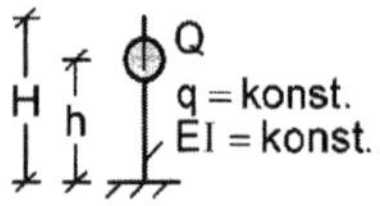	$T_1 = \frac{2\pi}{\alpha^2}H^2\sqrt{\frac{q}{gEI}}$ α : nach Bild 8.16
4 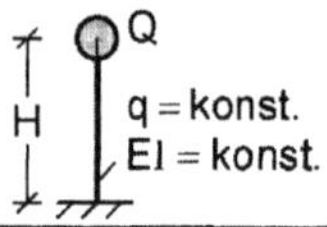	$T_1 = 2\pi\sqrt{\frac{Q'}{g}\frac{H^3}{3EI}}$
5 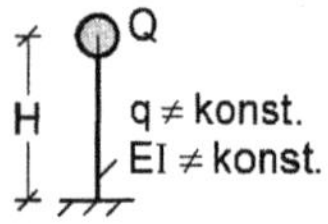	$T_1 = 2\pi\sqrt{\frac{Q'}{g}\frac{H^3}{3EI}}$ mit $Q' = Q + \frac{33}{140}Q''$ Q'' : Gewicht der Tragkonstruktion I : Äquivalentes Trägheitsmoment für gleiche Durchbiegung
6 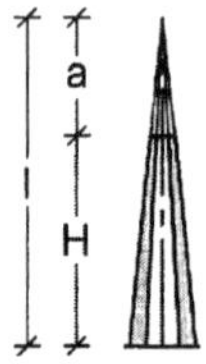	$T_1 = KH^2\sqrt{\frac{q}{gEI}}$ q : Gewicht auf eine Einheit der Querschnittslänge in der Höhe der Grundfläche I : Trägheitsmoment des Querschnittes in der Grundfläche K : nach Bild 8.17
7 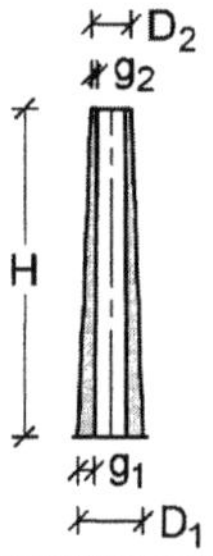	$T_1 = \frac{2\pi}{\Omega}H^2\sqrt{\frac{q}{gEI}}$ Ω : nach Bild 8.18 q, I : wie für Pos. 6
8 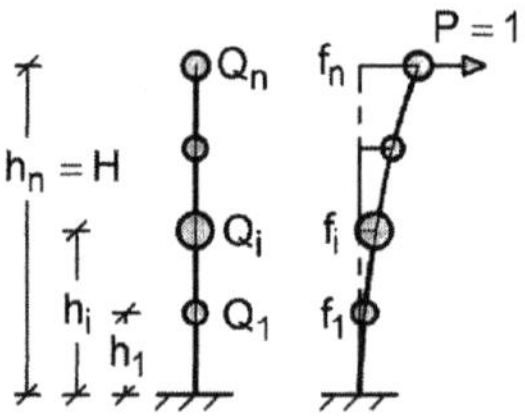	$T_1 = 2\pi\sqrt{\frac{\sum_{i=1}^{n} Q_i f_i^2}{g f_n}}$ oder $T_1 = 2\pi\sqrt{\frac{Q'}{g}\frac{H^3}{3EI}}$ mit $Q' = \frac{1}{H^3}\sum_{i=1}^{n} Q_i h_i^3 + \frac{33}{140}Q''$ Q″, I : wie für Pos. 5

Tabelle 8.3 Näherungsformel für Eigenperioden T_1 für Gebäude

Schema	T_1 [s]
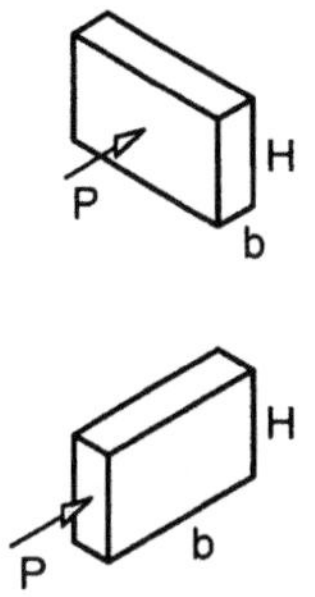 Abmessungen in m	1. Konstruktion: Ziegelmauerwerk oder Ortbeton, H< 30 m $T_1 = 0{,}015H$
	2. Konstruktion: Stahlbeton (Großplatten), H< 30 m $T_1 = 0{,}02H$
	3. Konstruktion: Stahlbeton-Skelett, H< 50 m $T_1 = 0{,}09\frac{H}{\sqrt{b}}$
	4. Konstruktion: Stahl-Skelett, H< 100 m $T_1 = 0{,}10\frac{H}{\sqrt{b}}$ oder $T_1 = 0{,}5\sqrt{n} - 0{,}4$ mit $n = \frac{H}{3}$, der Anzahl von oberirdischen Geschossen

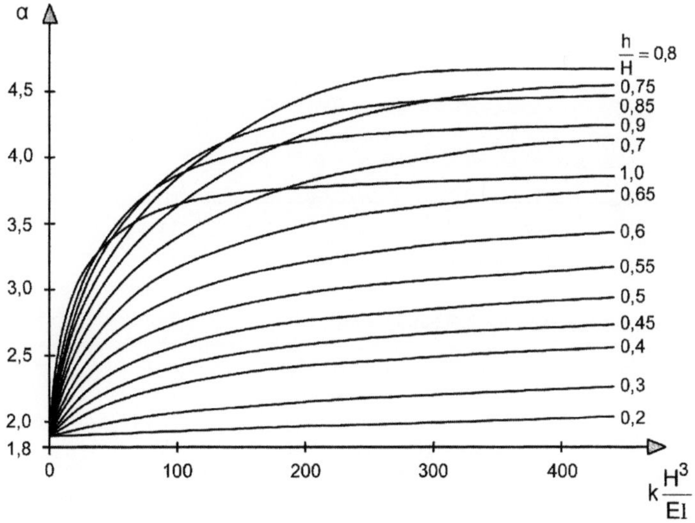

Bild 8.15 Werte des Faktors α in den Formeln zur Berechnung der Eigenperiode von Trägern (nach Tabelle 8.2 Schema 2)

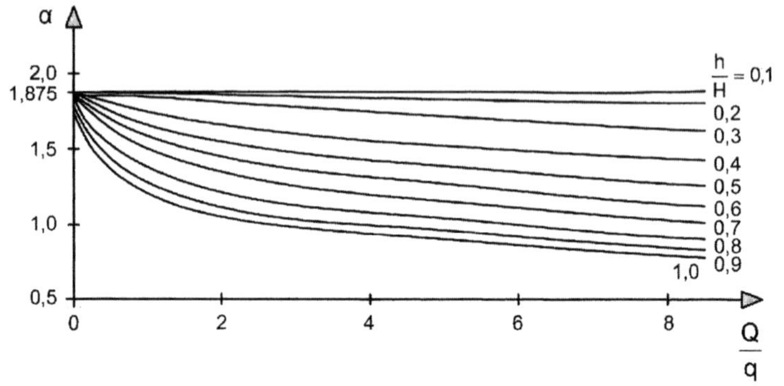

Bild 8.16 Werte des Faktors α zur Berechnung der Eigenperiode von Kragträgern (nach Tabelle 8.2 Schema 3)

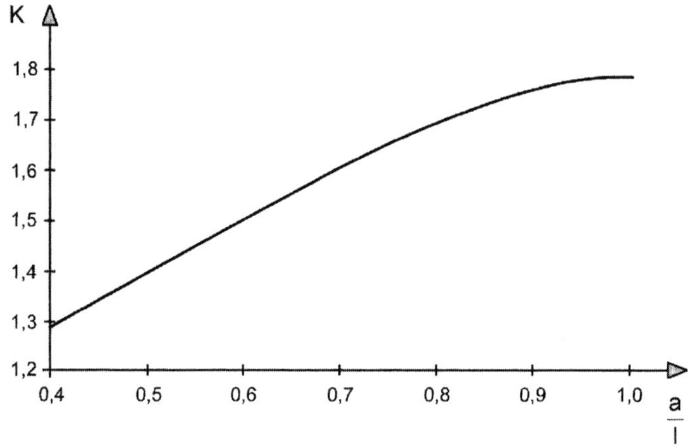

Bild 8.17 Hilfsdiagramme für Tabelle 8.2 Schema 6

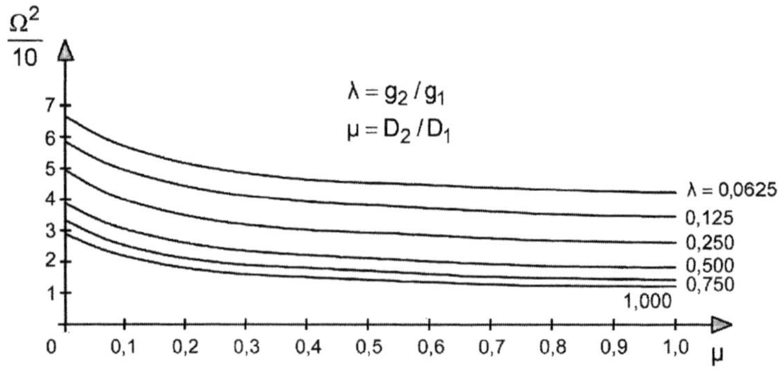

Bild 8.18 Hilfsdiagramme für Tabelle 8.2 Schema 7

In Euronorm 8 Teil 1-2 wird die Näherungsformel für die Grundschwingungszeit T_1 von Hochbauten mit einer Höhe von bis zu 80 m wie folgt angegeben [8.1]:

$$T_1 = C_t H^{3/4} \tag{8.163}$$

Dabei ist

$C_t = 0{,}085$ für biegebeanspruchte räumliche Stahlrahmen

$C_t = 0{,}075$ für biegebeanspruchte räumliche Stahlbetonrahmen und für exzentrisch ausgesteifte Stahlrahmen

$C_t = 0{,}050$ für alle andere Tragwerke

H : Bauwerkshöhe [m]

Als Alternative kann der Wert C_t für Tragwerke mit tragenden Stahlbeton- oder Mauerwerkswänden wie folgt angenommen werden:

$$C_t = \frac{0{,}075}{\sqrt{A_c}} \tag{8.164}$$

mit

$$A_c = \sum \left[A_i \left(0{,}2 + \frac{l_{wi}}{H} \right)^2 \right] \tag{8.164a}$$

wobei

A_c : Kombinierte effektive Querschnittsfläche der tragenden Wände im ersten Geschoss des Gebäudes [m²]

A_i : Effektive Querschnittsfläche (Schubfläche) der tragenden Wand i im ersten Geschoss des Gebäudes [m²]

l_{wi} : Länge der tragenden Wand i im ersten Geschoss in der zu den angreifenden Kräften parallelen Richtung [m]

Die Gl. (8.164) darf angesetzt werden, wenn das Verhältnis $\frac{l_{wi}}{H}$ den Wert 0,9 nicht überschreitet.

9 Erdbebenberechnung

Die von Erdbeben ausgelösten wellenartigen Bewegungen der Erdoberfläche übertragen sich auf die Fundamente der Bauwerke, die in der Umgebung stehen mit der gleichen Amplitude, Geschwindigkeit und Beschleunigung, und setzen diese sowohl in horizontaler als auch in vertikaler Richtung in Bewegung (Bild 9.1).

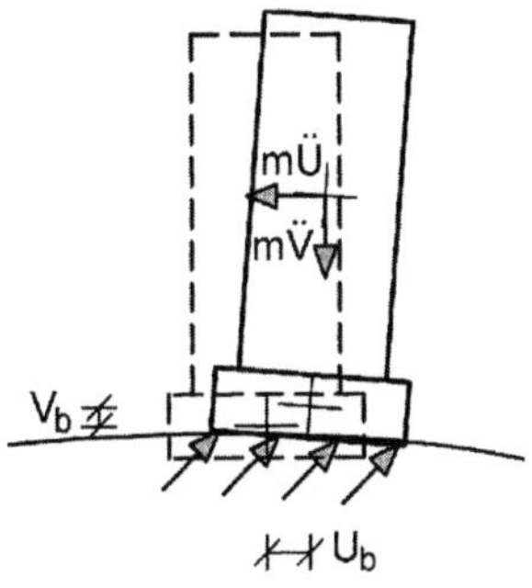

Bild 9.1 Auswirkung von Erdbeben auf konventionelle Bauwerke

Für Wohngebäude, Hochhäuser, turmartige Konstruktionen und im Allgemeinen für Bauwerke mit geringer Spannweite sind in erster Linie für die Erdbebenauslegung die horizontalen Komponenten der Bewegung maßgebend. Dies ergibt sich einerseits daraus, dass in der Regel die horizontalen Erdbebenausschläge größer als die vertikalen sind und andererseits, dass die vertikalen Tragelemente (Stützen und Wände) in senkrechter Richtung starr sind und größere Tragreserven besitzen. Bei Bauwerken mit großen Spannweiten, wie z. B. weitgespannte Hallenkonstruktionen, Kragträger oder Brücken (Bild 9.2a), oder bei denen, wo große Massen vom Feld zu den Stützen abgetragen werden, wie z. B. Silos, Lager, schwerbelastete Rahmen (Bild 9.2b), gewinnen hingegen die vertikalen Bewegungskomponenten an Bedeutung.

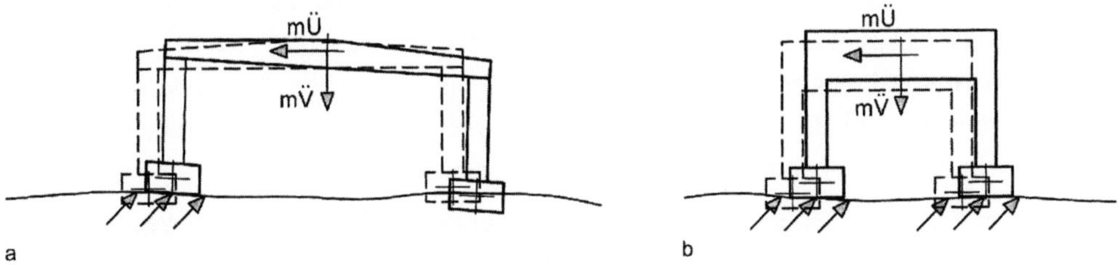

Bild 9.2 Auswirkung von Erdbeben auf weitgespannte Tragwerke

Die Auswirkung von horizontalen Erdbebenkomponenten auf Bauwerke hängt im wesentlichen von der Übertragungsweise der Bewegung vom Fundament zu der Masse des Bauwerks ab. Um diesen Vorgang zu verdeutlichen, werden zuerst zwei Grenzfälle betrachtet: Der Fall absolut starrer Bauwerke – durch eine Pyramide dargestellt (Bild 9.3a) – und der Fall eines Bauwerks ohne Federsteifigkeit – Lagerung auf reibungslosen Rollenlagern (Bild 9.3c).

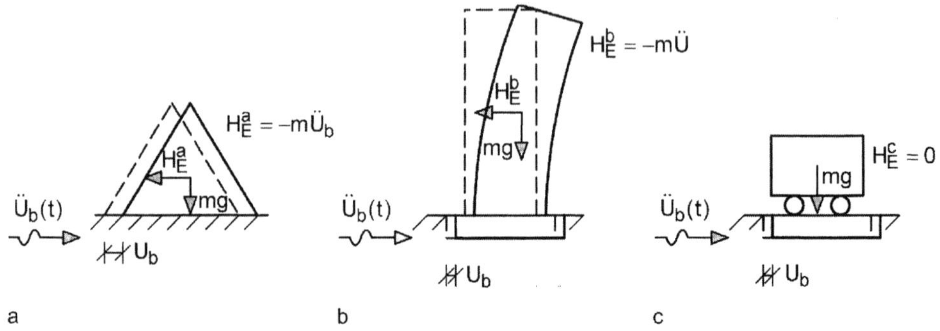

Bild 9.3 Übertragung der Bodenbewegung auf Bauwerke mit verschiedenen Steifigkeiten

Im Grenzfall des starren Baukörpers, also eines Körpers, der eine sehr geringe Verformbarkeit besitzt, überträgt sich die Bewegung des Fundaments auf die daraufliegende Masse in voller Größe und mit gleicher Beschleunigung. Die maximale Trägheitskraft beträgt $H_E^a = -\max \ddot{U}_b m$. Da die Steifigkeit des Bauwerks sehr groß ist, entstehen auch keine Schwingungen.

Es wird jetzt der theoretische Grenzfall einer rollenden, reibungsfreien Bauwerk-Fundament-Verbindung betrachtet. Aufgrund der Tatsache, dass die Bodenbewegung keine Widerstandskräfte im dynamischen System hervorruft, bleibt die Masse des daraufliegenden Oberbaus unabhängig von der Beschleunigung der Bewegung in Ruhe, während sich das Fundament bewegt. In diesem Fall ist also die Trägheitskraft H_E gleich null ($H_E^c = 0$).

Zwischen den beiden Grenzfällen liegt der Fall der herkömmlichen Bauwerke, dargestellt im Bild 9.3b. Das Reagieren des elastisch verformbaren Körpers auf Fußpunkterregungen ist, abgesehen von der Dämpfung, von der Steifigkeit K und von der Masse m abhängig.

Nimmt man zuerst den Fall eines Systems mit kleiner Steifigkeit und großer Masse, d. h. mit großer Schwingungsdauer ($T > 1{,}0$ s), an, bei dem die Feder große Verformungen mitmacht, ohne dass große Rückstellkräfte entstehen (Bild 9.4a), erkennt man, dass sich das System günstiger als im Grenzfall des starren Körpers verhält. Denn während der Fußpunkt sich mit der Beschleunigung $\ddot{U}_b$ von der Ruhelage nach rechts bewegt, bleibt die Masse zurück und erfährt unter der kleinen Rückstellkraft eine geringere Beschleunigung, $\ddot{U} < \ddot{U}_b$.

Nun wird der Fall eines steiferen Systems betrachtet. In der ersten Phase der Bewegung ist das Verhalten wieder günstiger als im ersten Grenzfall, da die Masse gegenüber dem Fußpunkt zurückbleibt (Bild 9.4b). Doch kurz danach wirkt die erheblich größere Rückstellkraft der Feder in Bewegungsrichtung und beschleunigt zusätzlich die Masse, so dass die absolute Massenbeschleunigung $\ddot{U}$ größer als die Bodenbeschleunigung wird, $\ddot{U} > \ddot{U}_b$. Dementsprechend wächst auch die dynamische Kraft

$$H_E^{b2} > H_E^a$$

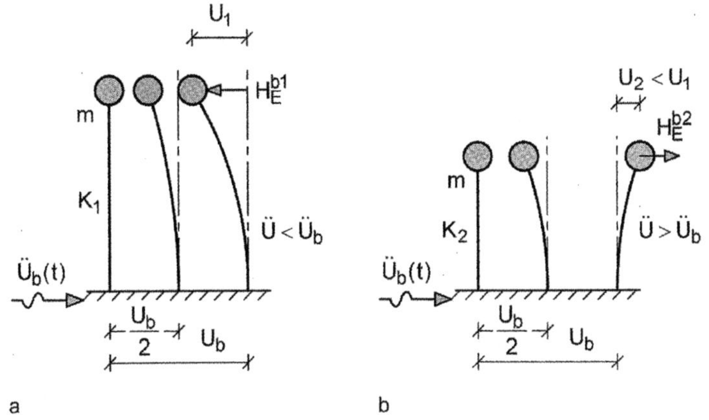

Bild 9.4 Dynamisches Verhalten eines Einmassenschwingers in Abhängigkeit von seiner Steifigkeit

Dieser Sachverhalt lässt erkennen, dass je nach Schwingungsdauer ein elastisches Bauwerk die erzwungene Beschleunigung des Fußpunktes $\ddot{U}_b$ mit einer Horizontalkraft beantwortet, die sich mehr oder weniger von dem Wert $H_E = |m\ddot{U}_b|$ unterscheidet. Der Zusammenhang zwischen der maximalen Massenbeschleunigung $\max \ddot{U}$ und der Periode T eines Einmassenschwingers mit der Dämpfung ζ für einen bestimmten Erdbebenzeitverlauf lässt sich nur mit Hilfe einer dynamischen Analyse ermitteln. Zur Durchführung dieser Analyse stehen zwei Verfahren im Vordergrund: Das Antwortspektrenverfahren und das Zeitverlaufverfahren.

Die Grundlage des Antwortspektrenverfahrens bilden die Antwortspektren. G.W. Housner, der Erfinder der Antwortspektren, betrachtet sie als „Einflussdiagramme für die maximale Verschiebung, Querkraft usw., die zeigen, wie die Stärke und der Abstand des Erdbebens und die Eigenperiode und Dämpfung des Tragwerks sich auf seine Antwort auswirken“ [9.4]. Für einen gegebenen Erdbebenzeitverlauf wird das Antwortspektrum (response spectrum) durch den geometrischen Ort der maximalen Werte der Beschleunigung, Geschwindigkeit und Verschiebung eines Einmassenschwingers für verschiedene Schwingungszeiten und Dämpfungsgrade definiert. Antwortspektren werden mit Hilfe des Zeitverlaufverfahrens berechnet. Anhand von Antwortspektren lassen sich aber keine Zeitverläufe der Antwortgrößen ermitteln, sondern nur ihre maximalen Ausschläge. Antwortspektren werden in der Regel für Einmassensysteme unter der Annahme eines linear elastischen Verhaltens berechnet, da nur unter dieser Voraussetzung das dem Duhamel-Integral zugrundeliegende Superpositionsgesetz gilt. Nichtlineares Verhalten sowie plastische Eigenschaften können dann durch Korrekturen global berücksichtigt werden. In Sonderfällen können mit Hilfe von numerischen Integrationsverfahren auch nicht elastische Antwortspektren konstruiert werden.

Das Zeitverlaufverfahren gibt Hinweise über das Verhalten des Tragwerks über die ganze Dauer eines Erdbebenzeitverlaufs, da die Antwortgrößen als zeitabhängige Funktionen ermittelt werden. Das Zeitverlaufverfahren kann sowohl für die Berechnung von linearen, als auch von nichtlinear plastischen Systemen angewandt werden. Bei nichtlinearen Systemen wird die Lösung der Bewegungsgleichung durch numerische Integrationsansätze (Schritt-für-Schritt-Verfahren) erhalten.

9.1 Antwortspektrenverfahren

Der erste Schritt des Antwortspektrenverfahrens umfasst die Ermittlung von Antwortspektren. Im zweiten Schritt wird der Übergang vom Einmassenschwinger zum wirklichen Bauwerk unternommen. Hierzu werden die Bauwerksschwingungen nach Eigenformen entwickelt und anhand der Antwortspektren die Größtwerte der generalisierten Koordinaten der einzelnen Eigenformen bestimmt. Durch die Überlagerung der Anteile der einzelnen Eigenformen werden dann die Gesamtwerte der Antwortgrößen (Verschiebungen und Schnittgrößen) ermittelt. Da bei nichtlinearen Systemen die Entwicklung nach Eigenformen nicht möglich ist, lässt sich der Einfluss von plastischen Verformungen unrealistisch über globale Faktoren abschätzen.

9.1.1 Ermittlung von Antwortspektren

Das Bild 9.5a zeigt einen Einmassenschwinger mit der Masse m, der Dämpfung C und der Steifigkeit K in Ruhelage. In Bezug auf diese Lage bewegt sich der Fußpunkt infolge eines Erdbebens mit der Verschiebung $U_b(t)$. Die Masse m erfährt um diese Lage die absolute Verschiebung $y(t)$ (Bild 9.5b). Die Differenz zwischen der absoluten Verschiebung und der Fußpunktverschiebung $U_b(t)$ nennt man relative Massenverschiebung $U(t)$, $U(t) = y(t) - U_b(t)$.

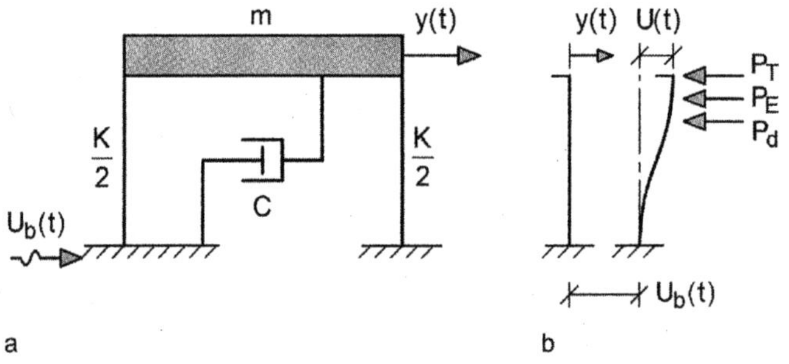

Bild 9.5 Einmassensystem unter Erdbebenbeanspruchung
a) Dynamische Modellierung
b) Dynamisches Kräftegleichgewicht

Die Bewegungsgleichung des Schwingers ohne Außenlast ($P(t) = 0$) lautet nach Gl. (7.1)

$$P_T + P_E + P_d = 0 \quad (9.1)$$

Die in der Masse geweckte Trägheitskraft P_T hängt von der absoluten Beschleunigung ab. Es gilt also

$$P_T = m\ddot{y}(t) = m\left(\ddot{U}(t) + \ddot{U}_b(t)\right) \quad (9.2a)$$

Die Dämpfungskraft P_d und die Rückstellkraft P_E sind von der relativen Verschiebung $U(t)$ abhängig.

$$P_d = C\dot{U}(t) \quad (9.2b)$$

$$P_E = KU(t) \quad (9.2c)$$

Mit den Gleichungen (9.2a-c) lautet die Gl. (9.1)

$$m\ddot{U}(t) + C\dot{U}(t) + KU(t) = -m\ddot{U}_b(t) \tag{9.3}$$

Gl. (9.3) beschreibt die Schwingungen eines Einmassenschwingers unter Erdbebeneinwirkung. Darin ist $\ddot{U}_b(t)$ der Beschleunigungsverlauf des Bodens, der als determiniertes Seismogramm vorliegt. Diese Gleichung ist identisch mit Gl. (7.2), wobei die Außenlast $P(t) = -m\ddot{U}_b(t)$ ist. Demzufolge können zur Lösung der Gleichung gleiche Verfahren, wie bei einer Belastung mit Außenerregung angewandt werden, wie z. B. das Duhamel-Integral oder ein numerisches Verfahren.

Wird Gl. (9.3) durch m dividiert, lautet die zu lösende Differentialgleichung

$$\ddot{U}(t) + 2\omega\zeta\dot{U}(t) + \omega^2 U(t) = -\ddot{U}_b(t) \tag{9.4}$$

mit

$$\omega = \sqrt{\frac{K}{m}}$$

$$\zeta = \frac{C}{2K\omega}$$

Da das System aus dem Ruhestand angeregt wird, gelten folgende Anfangsbedingungen:

$$U(0) = \dot{U}(0) = 0$$

Somit lautet das Duhamel-Integral zur Lösung von Gl. (9.4) (siehe Abschnitt 7.5.3.1)

$$U(t) = -\frac{1}{\sqrt{1-\zeta^2}\,\omega} \int_0^t \ddot{U}_b(\tau) e^{-\omega\zeta(t-\tau)} \sin(\sqrt{1-\zeta^2}\,\omega(t-\tau))d\tau \tag{9.5}$$

Aus Gl. (9.5) lassen sich die Ausdrücke der Zeitverläufe der Massengeschwindigkeit und der Massenbeschleunigung durch sukzessive Integration ableiten.

$$\dot{U}(t) = -\int_0^t \ddot{U}_b(\tau) e^{-\omega\zeta(t-\tau)} \cos\omega(t-\tau)d\tau + \frac{\zeta^2}{\sqrt{1-\zeta^2}} \int_0^t \ddot{U}_b(\tau) e^{-\omega\zeta(t-\tau)} \sin\omega(t-\tau)d\tau \tag{9.6}$$

$$\ddot{U}(t) = \omega\frac{1-2\zeta^2}{\sqrt{1-\zeta^2}} \int_0^t \ddot{U}_b(\tau) e^{-\omega\zeta(t-\tau)} \sin\omega(t-\tau)d\tau + 2\omega\zeta \int_0^t \ddot{U}_b(\tau) e^{-\omega\zeta(t-\tau)} \cos\omega(t-\tau)d\tau - \ddot{U}_b \tag{9.7}$$

Vernachlässigt man den Einfluss der Dämpfung auf die Eigenfrequenz ($\zeta^2 \cong 0 \rightarrow \sqrt{1-\zeta^2} = 1$), können die Gleichungen (9.5), (9.6) und (9.7) wie folgt geschrieben werden:

$$U(t) = -\frac{1}{\omega} \int_0^t \ddot{U}_b(\tau) e^{-\omega\zeta(t-\tau)} \sin\omega(t-\tau)d\tau \tag{9.8}$$

$$\dot{U}(t) = -\int_0^t \ddot{U}_b(\tau) e^{-\omega\zeta(t-\tau)} \cos\omega(t-\tau) d\tau \tag{9.9}$$

$$\ddot{U}(t) = -\omega \int_0^t \ddot{U}_b(\tau) e^{-\omega\zeta(t-\tau)} \sin\omega(t-\tau) d\tau - \ddot{U}_b(t) \tag{9.10}$$

Aus Gl. (9.10) ergibt sich die absolute Beschleunigung der Masse zu

$$\ddot{y}(t) = \ddot{U}(t) + \ddot{U}_b(t) = -\omega \int_0^t \ddot{U}_b(\tau) e^{-\omega\zeta(t-\tau)} \sin\omega(t-\tau) d\tau \tag{9.11}$$

Für einen Einmassenschwinger mit einer Eigenfrequenz ω und einem Dämpfungsgrad ζ wird die relative Massenverschiebung $U(t)$ mit Hilfe von Gl. (9.8) für ein gegebenes Erdbebenakzellerogramm $\ddot{U}_b(t)$ gerechnet und der Verlauf der Antwort für die ganze Zeitdauer des Erdbebens graphisch dargestellt. Der maximale Wert von $U(t)$, der sich aus dem Zeitverlauf ergibt, heißt Spektralwert der Verschiebung oder Spektralverschiebung und wird mit $S_d(\omega,\zeta)$ oder $S_d(T,\zeta)$ bezeichnet.

$$S_d(\omega,\zeta) = S_d(T,\zeta) = \max[U(t)] \tag{9.12}$$

In ähnlicher Weise lassen sich aus den Gleichungen (9.9) und (9.10) die Zeitverläufe der relativen Geschwindigkeit und der absoluten Beschleunigung berechnen und anschließend ihre maximalen Werte $\max[\dot{U}(t)]$ und $\max[\ddot{y}(t)]$ ermitteln.

$$S_v(\omega,\zeta) = S_v(T,\zeta) = \max[\dot{U}(t)] \tag{9.13}$$

$$S_a(\omega,\zeta) = S_a(T,\zeta) = \max[\ddot{y}(t)] = \max[\ddot{U}(t) + \ddot{U}_b(t)] \tag{9.14}$$

Die Antwortsgrößen $S_v(\omega,\zeta)$ und $S_a(\omega,\zeta)$ definieren die Spektralgeschwindigkeit bzw. die Spektralbeschleunigung.

Man kann die Spektralwerte S_d, S_v, S_a für einen gegebenen Erdbebenzeitverlauf nach unterschiedlichen Perioden ($T = 0$ bis 9 s) und Dämpfungsgraden ($\zeta = 0$; 0,02; 0,05; 0,1; 0,2) ermitteln und die Ergebnisse als Funktion der Periode T, oder Kreisfrequenz ω, graphisch darstellen. Die daraus resultierenden Kurven werden Verschiebungs-, Geschwindigkeits- bzw. Beschleunigungsspektren genannt.

Zwei weitere Begriffe, die im Antwortspektrenverfahren sehr oft vorkommen, sind die Pseudospektralgeschwindigkeit $S_{vp}(\omega,\zeta)$ und die Pseudospektralbeschleunigung $S_{ap}(\omega,\zeta)$ (Pseudo: falsch). Diese werden wie folgt definiert:

$$S_{vp}(\omega,\zeta) = \omega S_d(\omega,\zeta) \tag{9.15}$$

$$S_{ap}(\omega,\zeta) = \omega^2 S_d(\omega,\zeta) \tag{9.16}$$

Gl. (9.3) kann wie folgt umgeschrieben werden:

$$m(\ddot{U}(t) + \ddot{U}_b(t)) = m\ddot{y}(t) = -C\dot{U}(t) - KU(t)$$

oder

$$\ddot{y}(t) = -2\omega\zeta\dot{U}(t) - \omega^2 U(t) \tag{9.17}$$

Im Zustand der maximalen relativen Verschiebung ist die Geschwindigkeit null. Demzufolge verschwindet die Dämpfungskraft ($P_d = 0$).

$$\ddot{y}(t) = -\omega^2 U(t) \tag{9.18}$$

Gl. (9.18) zeigt, dass die maximale absolute Beschleunigung gleichzeitig mit der maximalen relativen Verschiebung auftritt. Aus den Gleichungen (9.15), (9.16) und (9.18) folgt

$$S_a(\omega,\zeta) = \left|\ddot{y}(t)\right|_{max} = \left|-\omega^2 U(t)\right|_{max} = \omega^2 S_d(\omega,\zeta) = S_{ap}(\omega,\zeta) \tag{9.19}$$

Da im üblichen Frequenzbereich kein wesentlicher Unterschied zwischen Spektral- und Pseudospektralbeschleunigung besteht, gilt für praktische Zwecke (Dämpfungsgrad $\zeta < 10$ %)

$$S_a = \omega^2 S_d \tag{9.20}$$

Ersetzt man in Gl. (9.9) die Funktion $\cos\omega(t-\tau)$ durch $\sin\omega(t-\tau)$, ergibt sich

$$\max\left|\dot{U}(t)\right| = S_{vp} = \omega \max\left|U(t)\right| = \omega S_d \tag{9.20a}$$

Das nach Gl. (9.20a) mit S_d nach Gl. (9.14) abgeschätzte Geschwindigkeitsspektrum wird oft als Pseudogeschwindigkeitsspektrum S_{vp} bezeichnet. Der Unterschied zwischen S_v und S_{vp} kann im Bereich kleiner Frequenzen groß sein (da ω klein ist). Das Bild 9.6 zeigt die Antwortspektren der N-S Komponente des Erdbebens von El-Centro 1940, gerechnet für einen Dämp-

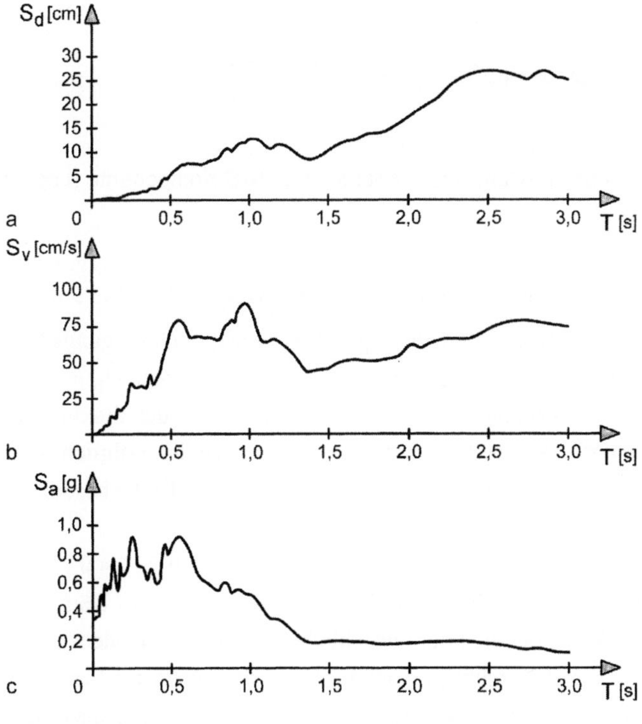

Bild 9.6 Antwortspektren des El-Centro Erdbebens 1940, N-S Komponente [9.3]
a) Spektralverschiebung
b) Spektralgeschwindigkeit
c) Spektralbeschleunigung

fungsgrad von $\zeta = 5$ %.

Eine kompakte Darstellung dieser drei Kurvenscharen in einem doppellogarithmischen Koordinatensystem, die aufgrund der Logarithmen von Gl. (9.20) aufgebaut ist, zeigt das Bild 9.7. In dieser Darstellung ist anstelle von drei Kurvenscharen eine einzige Kurvenschar in Abhängigkeit von der Periode T angegeben. Aus dieser Schar können drei unterschiedliche Richtungen entnommen und gleichzeitig mit den maximalen Anschlägen der Bodenbewegung verglichen werden.

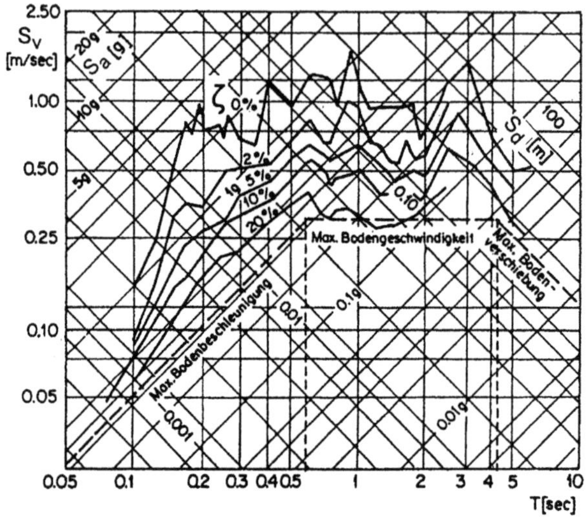

Bild 9.7 Antwortspektrum des El-Centro Erdbebens 1940, N-S Komponente (Log. Darstellung) [9.1]

Die Auslegung von Erdbebenspektren und deren Grenzwerte lassen folgende allgemeine Schlüsse bezüglich der Erdbebenantwort von Einmassenschwingern zu (Bild 9.8):

- Die Spektralwerte der Beschleunigungen liegen für niedrige Schwingungsdauer ($T < 0{,}1$ s) um die maximalen Werte der Bodenbeschleunigung $S_a = \max \ddot{U}_b = a_o$. Bei starren Bauwerken stimmt die maximale Massenbeschleunigung mit der maximalen Bodenbeschleunigung überein; die relative Beschleunigung verschwindet. Folglich ist zur Beurteilung des Verhaltens dieser Bauwerke der Wert der maximalen Bodenbeschleunigung entscheidend.
- Bei weichen Systemen mit üblichen Dämpfungsgraden ($T > 2{,}0$ s, $\zeta = 0{,}05 - 0{,}10$) laufen die Spektralwerte der relativen Massenamplituden unabhängig vom Dämpfungsgrad gegen einen konstanten Wert, der sich der tatsächlichen maximalen Bodenverschiebung annähert, $S_d = \max U_b = d_o$. Dementsprechend ist bei der rechnerischen Erfassung und konstruktiven Gestaltung weicher Systeme (flexible Tragwerke) der maximale Wert des Bodenwegs maßgebend.

- Bei sehr steifen Systemen verschwindet die relative Geschwindigkeit. Bei weichen Systemen hingegen strebt die relative Geschwindigkeit gegen den Wert der Bodengeschwindigkeit, während die Pseudogeschwindigkeit null wird ($\omega \cong 0$).
- Je größer die Eigenschwingungsdauer des Systems ist, desto deutlicher wird der Einfluss der Dämpfung auf die Beschleunigung und die Amplitude der Masse.
- Bei semi-flexiblen Tragwerken ($0{,}4 < T < 2{,}0$ s) weisen die Spektralkurven der Geschwindigkeit eine gleichmäßige Veränderung auf, die nur vom Dämpfungsgrad abhängig ist. Bei Systemen mit starker Dämpfung strebt die Massengeschwindigkeit gegen den Wert der Bodengeschwindigkeit, und bei Systemen mit niedriger Dämpfung werden größere Werte der Spektralgeschwindigkeit hervorgerufen. Folglich tritt zur Beurteilung des Verhaltens dieser Systeme die relative Massengeschwindigkeit, d. h. die kinetische Energie, in den Vordergrund.

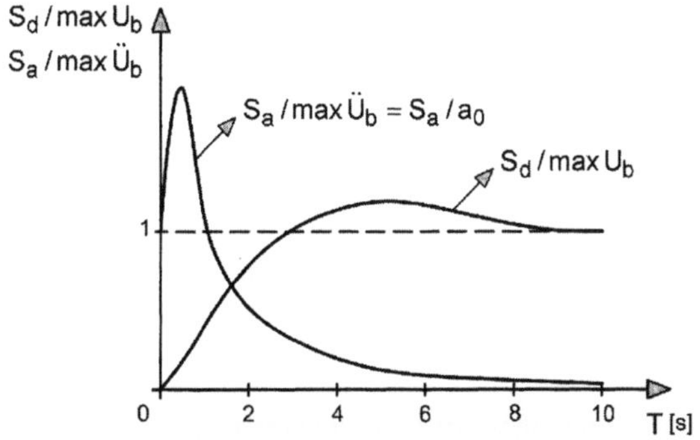

Bild 9.8 Grenzwerte von Erdbebenspektren [9.8]

9.1.2 Normspektren

Die Berechnung von Antwortspektren wird von Seismologen durchgeführt, unter Berücksichtigung unterschiedlicher ingenieurseismologischer Parameter, wie die Magnitude der möglichen Beben (Herdvorgänge), Wellenausbreitung, lokale Baugrundverhältnisse, Dämpfung usw. Ein Antwortspektrum, das für ein bestimmtes Erdbeben berechnet ist, kann nicht als allgemein maßgebend für den gewählten Standort betrachtet werden, da es nicht alle am Standort möglich auftretenden Erdbeben berücksichtigt. In der Praxis wird das Antwortspektrum für ein Erdbeben gerechnet, das aufgrund einer probabilistischen Gefährdungseinschätzung des Standortes gewählt wird. So ein Antwortspektrum heißt Normspektrum und das entsprechende Erdbeben Entwurfsbeben.

Bei der Ermittlung von Antwortspektren können unterschiedliche Gefährdungsniveaus angenommen werden. Das Entwurfsbeben wird durch drei Variablen definiert (siehe auch Abschnitt 3.3.5). Eine Variable bildet die geplante Lebensdauer des Bauwerks. Diese wird als Zeitintervall zwischen dem Bauende und dem Zeitpunkt definiert, wenn ein geplanter Eingriff in das Tragwerk (Verstärkung oder Abbruch) unternommen wird. Diese Zeit wird von vielen Baunormen auf 50 Jahre begrenzt. Die zweite Variable bezieht sich auf die Wahrscheinlichkeit, dass das angenommene Erdbeben während der „Lebenszeit" des Bauwerks nicht auftritt. Schließlich richtet sich die dritte Variable nach der mittleren Wiederkehrperiode des Bebens.

Diese kann als die erwartete Anzahl von Jahren zwischen zwei Erdbeben mit gleichem oder stärkerem Antwortspektrum definiert werden. Alle drei Variablen hängen durch folgende Beziehung zusammen:

$$P = 1 - e^{-\frac{t}{T_W}} \quad (9.21)$$

wobei

P : Auftretenswahrscheinlichkeit des Entwurfsbebens (Vbl. 2)

t : Geplante Lebensdauer des Bauwerks (Vbl. 1)

T_W : Wiederkehrperiode des Entwurfsbebens (Vbl. 3)

Üblicherweise werden drei Auftretenswahrscheinlichkeiten P von Entwurfsbeben für die Lebensdauer der Bauwerke in Erwägung gezogen: P = 50 %, 10 %, 2 %. Aus Gl. (9.21) lässt sich die Wiederkehrperiode T_W des Entwurfsbebens für diese Werte errechnen.

$$T_W = -\frac{t}{\ln(1-P)} \quad (9.22)$$

Für

$$P = 0{,}5 \Rightarrow T_W = 1{,}44t$$
$$P = 0{,}1 \Rightarrow T_W = 9{,}49t$$
$$P = 0{,}02 \Rightarrow T_W = 49{,}5t$$

Die modernen Erdbebennormen gehen von einem Entwurfsbeben aus, das einem Gefährdungsniveau von 10 % in 50 Jahren entspricht. Die amerikanische Erdbebennorm (UBC 1994) bezeichnet dieses Beben als Selten-Beben oder Basis-Entwurfsbeben [9.14].

Die Wiederkehrperiode T_W für das „Selten-Beben“ (P = 10 %, t = 50 Jahre) beträgt

$$T_W = 9{,}49.50 = 475 \text{ Jahre}$$

Für kleine Werte der Auftretenswahrscheinlichkeit ($P \le 0{,}1$) gilt (siehe auch Abschnitt 3.3.5)

$$P \cong \frac{1}{T_W} \quad (9.23)$$

Nach Bedarf können Entwurfsspektren für Erdbeben mit einem gewählten Gefährdungsniveau aufgestellt werden. Man nimmt z. B. an, dass in einem Geschoss eines Bauwerks keine Erdbebenschäden auftreten dürfen. Wählt man eine Auftretenswahrscheinlichkeit der Schäden von 10 % in 5 Jahren, ergibt sich aus Gl. (9.22) eine Wiederkehrperiode T_W von

$$T_W = 9{,}49.5 = 47{,}5 \text{ Jahre}$$

Es wird also für die Auslegung des Tragwerks ein Entwurfsspektrum für ein Erdbeben mit 47,5 Jahren Wiederkehrperiode (oder 10 % Auftretenswahrscheinlichkeit in 5 Jahren) gebraucht. Aus diesem Spektrum wird die maximale Deckenbeschleunigung, bzw. die maximale Massenkraft ermittelt, und das Tragwerk entsprechend dimensioniert.

Wenn ein Tragwerk aufgrund eines Normspektrums für ein Entwurfsbeben (Selten-Beben) ausgelegt ist, beträgt die Wahrscheinlichkeit, dass es in der Zukunft von einem gleich starken, oder stärkeren Beben beansprucht wird, 10 % in 50 Jahren oder 2 % in 10 Jahren.

Ein typisches Normspektrum für eine Referenz-Wiederkehrperiode von 475 Jahren bildet das in Euronorm 8 angegebene elastische Antwortspektrum (Bild 9.9).

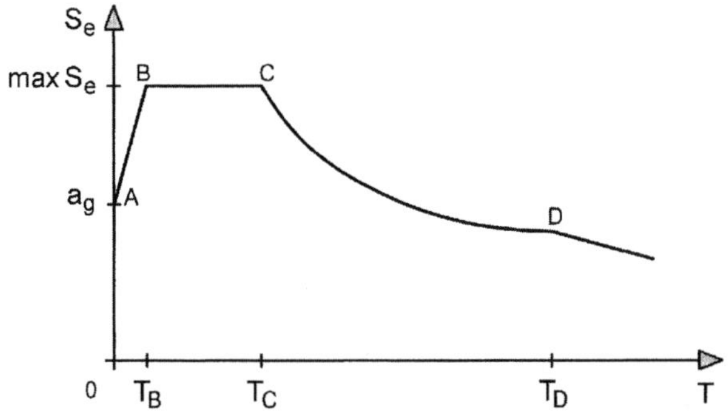

Bild 9.9 Elastisches Antwortspektrum der Bodenbeschleunigung [9.2]

Die im Bild 9.9 verwendete Bezeichnungen haben folgende Bedeutung:

T_B, T_C, T_D : Charakteristische Periodenwerte

T_B, T_C : Grenzen des Bereichs mit konstanter Spektralbeschleunigung

T_D : Wert, der den Beginn des Bereichs mit konstanter Verschiebung im Spektrum bestimmt.

a_g : Bemessungswert der Bodenbeschleunigung für die Referenz-Wiederkehrperiode

Im Allgemeinen werden der Verlauf der Ordinatenwerte $S_e(T)$ des Spektrums und die Lage der Eckpunkte B, C, D in den Erdbebennormen festgelegt. Sie hängen von der Magnitude, der Hypozentraldistanz und den seismotektonischen Gegebenheiten des Gebiets ab. Der Maximalwert $\max S_e$ wird aufgrund des angenommenen Dämpfungsgrads, des Frequenzgehalts und der Dauer der zu erwartenden Beben sowie der gewählten Auftretenswahrscheinlichkeit bestimmt.

Zur Anpassung der Normspektren an die vorhandenen Baugrundverhältnisse werden die Spektralwerte S_e mit einem Baugrundfaktor vervielfacht, dessen Werte in den Normen enthalten sind. Die Abhängigkeit der Antwort von der Dämpfung kann nach [9.9] durch Abminderungsfaktoren R_d abgeschätzt werden. Aus den Spektralwerten für 5 % Dämpfung lassen sich die Spektralwerte für andere Dämpfungsgrade errechnen.

$$S_e(T,\zeta) = R_d S_e(T,\zeta = 5\%) \tag{9.24}$$

Die Beiwerte R_d sind in der Tabelle 9.1 wiedergegeben.

Tabelle 9.1 Abminderungsfaktoren R_d für die Spektralwerte zur Berücksichtigung der Dämpfung

Dämpfungsgrad ζ [%]	Beiwert R_d	
	$T \le 0{,}6$ s	$T > 0{,}6$ s
2	1,25	1,25
5	1,00	1,00
10	0,77	0,83
20	0,56	0,67
30	0,43	0,59

Zur Berücksichtigung von elastoplastischen Eigenschaften der Tragwerke nach dem duktilen Verhalten bei starken Beben werden die elastischen Normspektren mit Hilfe von Festigkeitsreduktionsfaktoren R korrigiert (siehe Abschnitt 9.1.3.1).

9.1.3 Einmassensysteme

Ausgangspunkt der Berechnung ist die Abbildung des Bauwerks als ein Einmassenschwinger mit der Masse m, dem Dämpfungsgrad ζ, der Steifigkeit K und der Eigenperiode T_0 (Bild 9.10). Aus dem vorhandenen Beschleunigungsspektrum wird für die entsprechende Periode T_0 und den Dämpfungsgrad ζ der Spektralwert der absoluten Beschleunigung S_a^o abgelesen. Anschließend wird die maximale Massenkraft H_E berechnet.

$$H_E = mS_a^o(T_o,\zeta) \tag{9.25}$$

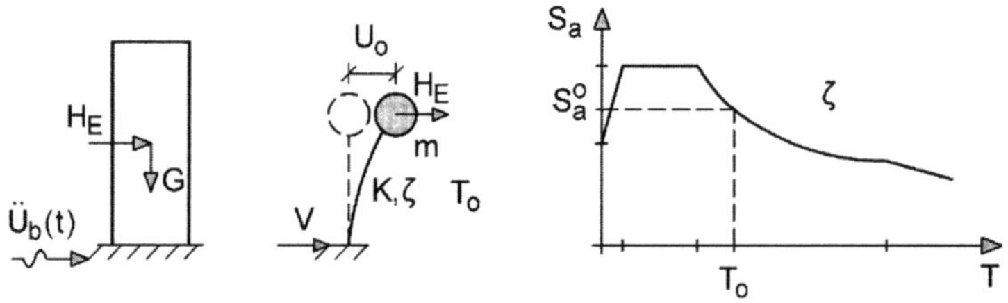

Bild 9.10 Ablauf des Antwortspektrenverfahrens bei elastischen Einmassenschwingern

Wird die Spektralbeschleunigung S_a nicht in m/s², sondern in Prozenten der Erdbeschleunigung angegeben, $\hat{S}_a^o(T_o,\zeta)\%g$, so wird die Gl. (9.25) mit $m = G/g$ zu

$$H_E = G\hat{S}_a^o(T_o,\zeta) \tag{9.26}$$

Die maximale Kraft, die zum Fundament übertragen wird, die sog. Basis-Schubkraft V, ist gleich der elastischen Massenkraft.

$$\max H = V = H_E = mS_a^o(T_o,\zeta) \tag{9.27}$$

Wenn ein Verschiebungsspektrum zur Verfügung steht, wird für die Periode T_0 die maximale relative Verschiebung der Masse abgelesen,

$$\max|U(t)| = S_d^o(T_o,\zeta) \tag{9.28}$$

und anschließend die elastische Rückstellkraft P_E berechnet

$$P_E = KS_d^o(T_o,\zeta) \tag{9.29}$$

Liegen keine Verschiebungs- und Geschwindigkeitsspektren vor, können die maximalen Werte der relativen Verschiebung und Geschwindigkeit für geringe Dämpfung aus den Spektralwerten der Beschleunigung nach Gl. (9.20) gerechnet werden.

$$\max|U(t)| = \frac{S_a^o(T_o,\zeta)}{\left(\frac{2\pi}{T_o}\right)^2} \tag{9.30}$$

$$\max|\dot{U}(t)| = \frac{S_a^o(T_o,\zeta)}{\left(\frac{2\pi}{T_o}\right)} \tag{9.31}$$

9.1.3.1 Systeme mit nichtlinearem Verhalten

Die im Abschnitt 9.1.2 eingeführten Antwortspektren sind streng genommen nur im Zusammenhang mit einem linear elastischen Verhalten des Bauwerks anwendbar und können nur begrenzt zur Untersuchung von Systemen mit nichtlinearen Eigenschaften verwendet werden. Ein elastisch lineares Verhalten weisen die Tragwerke nur unter schwachen bis mittelstarken Erdbeben auf. Starke Bodenbewegungen hingegen führen immer zu bleibenden Deformationen und das System reagiert nicht mehr elastisch. Systeme mit elastoplastischen Eigenschaften bilden während der Bewegung plastische Gelenke, die den Abfall der Steifigkeit und eine erhebliche Steigerung der Dämpfung des Tragwerks hervorrufen.

Der direkte Weg zur Erfassung des Erdbebenverhaltens von nichtlinearen Systemen ist die Berechnung von inelastischen Antwortspektren. Indirekt können nichtlineare Antwortspektren aus elastischen Spektren durch passende Änderung der Systemparameter oder Einführung von Korrekturfaktoren hergeleitet werden. Das Bild 9.11a zeigt einen Einmassenschwinger, bei dem eine starke Erdbebenbeanspruchung die Bildung von plastischen Gelenken in den Stielen hervorgerufen hat. Die Rückstellkraft des Systems wird von einer Kennlinie mit idealisierter

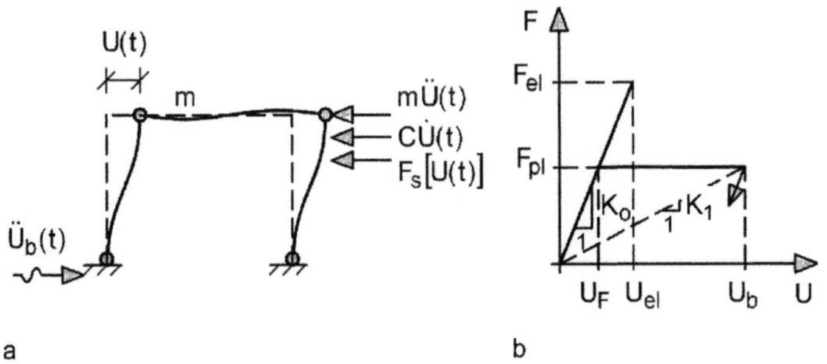

Bild 9.11 Einmassensystem mit elastoplastischem Verhalten
a) Dynamisches Modell
b) Kraft-Verschiebungsdiagramm

plastischer Hysterese beschrieben.

Aus dem Bild 9.11 gilt für die Bewegungsgleichung

$$m\ddot{U}(t) + C\dot{U}(t) + F_s[U(t)] = -m\ddot{U}_b(t) \tag{9.32}$$

oder

$$\ddot{U}(t) + 2\omega_o\zeta_o\dot{U}(t) + \frac{\omega_o^2}{K_o}F_s[U(t)] = -\ddot{U}_b(t) \tag{9.33}$$

In Gl. (9.33) sind $U(t)$ die relative Massenverschiebung, ω_o die Eigenkreisfrequenz im elastischen Bereich, ζ_o der Dämpfungsgrad und $F_s[U(t)]$ die Hysterese-Rückstellkraft.

Ein Maß zur Beschreibung der plastischen Eigenschaften eines Tragelementes ist die Duktilität. Je nach der Beanspruchungsart kann nach Krümmungs-, Rotations- oder Verschiebeduktilität unterschieden werden. Als Maß für die plastische Verformbarkeit des Systems (Tragwerks) wird der Systemverschiebeduktilitätsfaktor n_s gewählt, der sich als Verhältnis zwischen der Verschiebung U_b im Grenzzustand (beim Bruch) und ihrem linear elastischen Grenzanteil (beim Fließanfang) U_F rechnen lässt (Gl. (5.3)).

$$n_s = \frac{U_b}{U_F} \tag{9.34}$$

Die Systemduktilität nach Gl. (9.34) setzt das Vorhandensein einer lokalen Duktilität, insbesondere Krümmungsduktilität in sämtlichen plastifizierenden Bereichen des Tragwerks voraus.

Für einen bestimmten Dämpfungsgrad und Zähigkeitsfaktor wird die Gl. (9.33) aufgrund eines numerischen Verfahrens, bei entsprechend schrittweiser Änderung der Systemeigenschaften (Schritt-für-Schritt-Verfahren, wie z. B. ß-Verfahren von Newmark), integriert. In ähnlicher Weise, wie bei linearen Systemen, werden dann Antwortspektren für die gewählten Erdbebenzeitverläufe ermittelt. Das Bild 9.12 zeigt das Beschleunigungsspektrum eines Systems mit ausschließlich elastischen und mit elastoplastischen Eigenschaften.

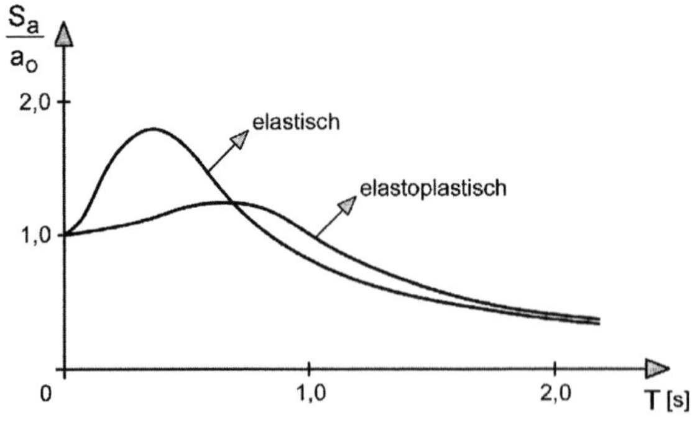

Bild 9.12 Beschleunigungsspektrum für ein elastisches und ein elastoplastisches System [9.11]

Da das Tragwerk durch die Bildung von Plastifizierungen weicher wird, stellen sich im System deutlich geringere Reaktionen als in elastischen Systemen ein. Daher verschiebt sich die maximale Antwort im Bereich höherer Perioden. Nichtlineare Antwortspektren in doppellogarithmischer Darstellung für unterschiedliche Zähigkeitsfaktoren zeigt das Bild 9.13.

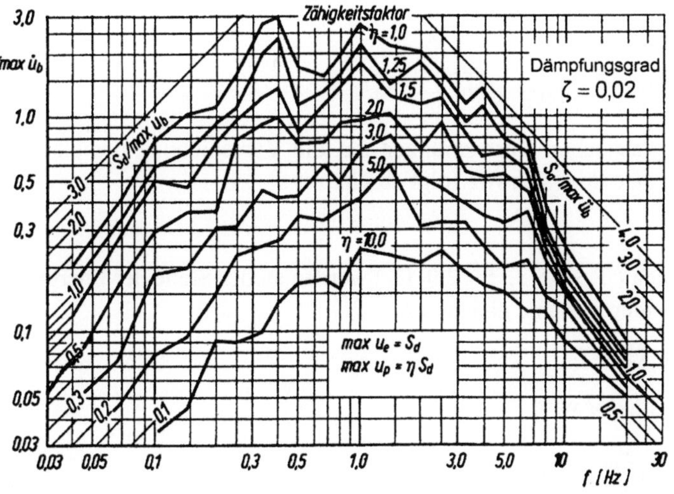

Bild 9.13 Inelastische Antwortspektren für das El-Centro Erdbeben 1940, N-S Komponente [9.8]

Zur Gewinnung von nichtlinearen Antwortspektren aus elastischen Spektren kann zwischen zwei Gruppen von Verfahren unterschieden werden. Die erste Gruppe beruht auf den Einsatz von Reduktionsfaktoren, wobei eine Äquivalenz zwischen ausgewählten Kenngrößen der beiden Systeme vorausgesetzt wird. Die Verfahren der zweiten Gruppe arbeiten mit linearisierten Ersatzsystemen.

Eines der bekanntesten Reduktionsfaktoren-Verfahren schlägt vor, die Trägheitskraft in elastischen Systemen, F_{el}, mit Perioden im mittleren Bereich ($0{,}125 < T < 0{,}5$ s, $2{,}0 < f < 8{,}0$ Hz) so auf die Grenzlast eines elastoplastischen Systems, F_{pl}, abzumindern, dass die Verformungsenergie beider Systeme gleich ist [9.5, 9.13].

Aus dem Bild 9.11b beträgt die Verformungsenergie des plastischen Systems

$$E_{pl} = \frac{1}{2} F_{pl} U_F + F_{pl}(U_b - U_F) = F_{pl}\left(U_b - \frac{1}{2} U_F\right) \tag{9.35}$$

Verhält sich das System vollkommen elastisch, wird die gleiche Energieaufnahme mit einer deutlich höheren Rückstellkraft F_{el} und einer geringeren Verschiebung U_{el} erreicht.

$$E_{el} = \frac{F_{el} U_{el}}{2} \tag{9.36}$$

Da die Anfangssteifigkeit beider Systeme gleich ist, ergibt sich

$$\frac{F_{pl}}{U_b} = \frac{F_{el}}{U_{el}} \Rightarrow U_{el} = \frac{F_{el}}{F_{pl}} U_b \tag{9.37}$$

Aus der Gleichsetzung von E_{el} und E_{pl} und mit Gl. (9.34) erhält man den Reduktionsfaktor R wie folgt:

$$F_{pl} = \frac{F_{el}}{\sqrt{2n_s - 1}} \; ; \; R = \frac{F_{pl}}{F_{el}} = \frac{1}{\sqrt{2n_s - 1}} \tag{9.38}$$

Der Einfluss der plastischen Verformungen auf die Verschiebung des elastoplastischen Systems mittlerer Periode lässt sich wie folgt abschätzen:

$$U_b = n_s U_{el} \tag{9.39}$$

Für größere Perioden ($T > 0{,}5$ s, $f < 2{,}0$ Hz) werden an der Stelle der Energie-Äquivalenz die Verschiebungen beider Systeme gleichgestellt.

$$U_{el} = U_b = n_s U_F \tag{9.40}$$

und der Reduktionsfaktor wird

$$F_{pl} = \frac{F_{el}}{n_s} \; ; \; R = \frac{F_{pl}}{F_{el}} = \frac{1}{n_s} \tag{9.41}$$

Für niedrige Perioden ($T < 0{,}125$ s, $f > 8$ Hz) wird der Einfluss der plastischen Hysterese auf die übertragene Kraft unbedeutend; die Spektralwerte der Beschleunigung nähern sich unabhängig vom Zähigkeitsfaktor den maximalen Werten der Bodenbeschleunigung.

Eine wichtige Erkenntnis aus den Anforderungen des Reduktionsfaktoren-Verfahrens ist der Zusammenhang zwischen der Verschiebung und dem Zähigkeitsfaktor (Bild 9.14). Für $n_s \leq 1$,

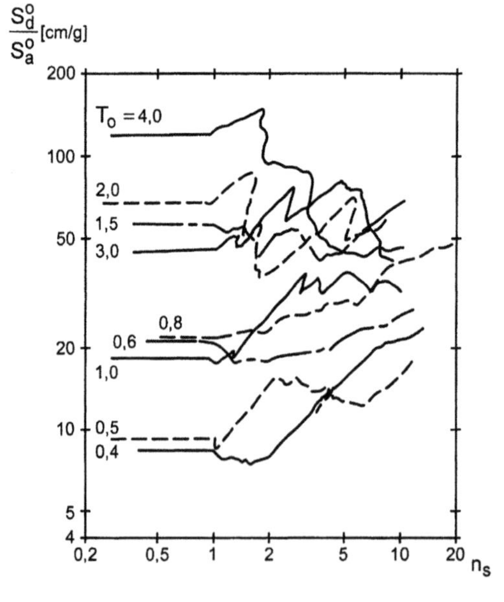

Bild 9.14 Verhältnis zwischen Zähigkeitsfaktor und maximaler Verschiebung [9.5]

d. h. elastische Systeme, sind die Spektralwerte konstant; bei Systemen mit kurzer und mittlerer Periode nehmen sie mit zunehmender Zähigkeit zu, während bei sehr weichen Systemen die Zunahme der Zähigkeit eine Abnahme der Spektralwerte der Verschiebungen hervorruft.

Das Ersatzsystem-Verfahren geht von einem nichtlinearen System mit symmetrischem Kraft-Verschiebungsdiagramm ohne Steifigkeitsabfall aus (Bild 9.15a) [9.10].

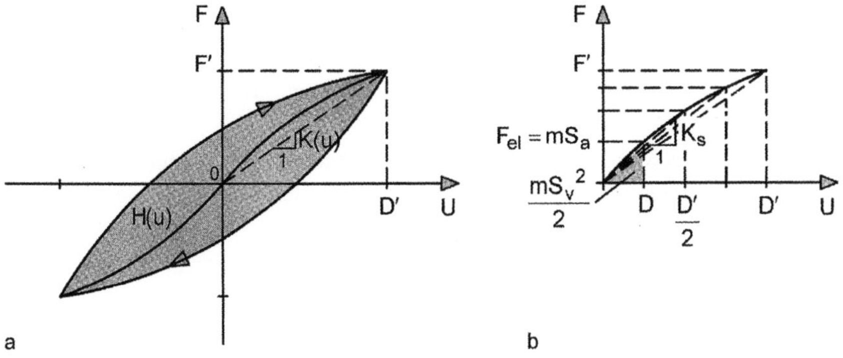

Bild 9.15 Ersatzsystem-Verfahren
a) Linear elastische Ersatz-Skelettkurve
b) Elastoplastische Skelettkurve

Jeder Punkt auf der Skelettkurve des nichtlinearen Systems wird durch eine Gerade mit dem Nullpunkt des Diagramms verbunden und auf diese Weise werden eine Reihe von linearen Systemen mit gleicher Masse m und unterschiedlicher Steifigkeit $K(u)$ definiert (Bild 9.15b). Der Dämpfungsgrad ζ' des nichtlinearen Systems lässt sich wie folgt berechnen (siehe auch Abschnitt 5.4.2.1.4):

$$\zeta' = \zeta(u) + \frac{H(u)}{2\pi K(u) U^2} \tag{9.42}$$

wobei

$\zeta(u)$: Anteil der viskosen Dämpfung des nichtlinearen Systems

$H(u)$: Durch Hysterese pro Zyklus dissipierte Energie (Fläche der Hystereseschleife)

$K(u)$: Sekantensteifigkeit für die Verschiebung U

Das nichtlineare System wird durch ein linear elastisches System mit der gleichen Masse m, der Periode T' und dem Dämpfungsgrad ζ' ersetzt. Die Periode T' und die Dämpfung ζ' werden als gemittelte Werte aller hierbei definierten linearen Systeme berechnet.

$$T' = \frac{2\pi\sqrt{m}}{D} \int_0^D K(u)^{-\frac{1}{2}} du \tag{9.43}$$

$$\zeta' = \frac{1}{2\pi D} \int_0^D \frac{H(u)}{K(u) U^2} du \tag{9.44}$$

In der Gl. (9.44) ist der Anteil der viskosen Dämpfung $\zeta(u)$ vernachlässigt. D stellt den maximalen Wert der Verschiebung des linearen Ersatzsystems dar.

In einer ersten Annäherung wird ein Ersatzsystem mit der Masse m und der Sekantensteifigkeit $K_s = K(u)$, entsprechend einer Verschiebung $U(t) = \frac{D'}{2}$, angenommen. Für dieses System wird die Periode $T' = 2\pi\sqrt{\frac{m}{K_s}}$ und der Dämpfungsgrad ζ' nach Gl. (9.42) gerechnet und aus dem elastischen Spektrum die maximale Verschiebung $D = S_d$ ermittelt. Dieser Wert wird dann in Gl. (9.43) und (9.44) eingesetzt und anschließend die tatsächliche Periode und Dämpfung des linearen Ersatzsystems berechnet.

Die maximale Verschiebung des nichtlinearen Systems wird dann als kleinster Verschiebungswert gewählt, der sich aus den folgenden Bedingungen errechnen lässt (Bild 9.15b):

- Maximale Verschiebung im linearen Spektrum S_d.
- Diejenige Verformung, die unter der Skelettkurve eine Fläche bestimmt, die gleich der kinetischen Energie $E_k = \frac{m S_v^2}{2}$ ist.
- Diejenige Verformung, die auf der Skelettkurve eine Kraft bestimmt, die gleich der Massenkraft $F_{el} = mS_a$ ist.

Für elastoplastische Systeme (Bild 9.11) mit der Anfangssteifigkeit K_o und dem Zähigkeitsfaktor n_s ergeben sich aus den Gleichungen (9.43) und (9.44) die Periode und der Dämpfungsgrad des Ersatzsystems zu

$$T' = T_o \frac{1}{3n_s}\left(1 + 2n_s^{\frac{3}{2}}\right) \quad (9.45)$$

$$\zeta' = \frac{2(n_s - 1 - \ln n_s)}{\pi n_s} \quad (9.46)$$

wobei

$$T_o = 2\pi\sqrt{\frac{m}{K_o}}$$

Aus Gl. (9.46) ergibt sich der Dämpfungsgrad ζ', der mit steigender Zähigkeit ansteigt. Dabei strebt er, wenn der Zähigkeitsfaktor n_s unendlich groß wird, zum Wert $\zeta' = 0{,}637$.

Nach Auswertung der Ergebnisse einer umfassenden nichtlinearen Analyse für unterschiedliche Hysteresemodelle und zahlreiche Erdbebenzeitverläufe wird in [9.6] folgende Beziehung zur Abschätzung der Periode und der Dämpfung von linearen Ersatzsystemen vorgeschlagen:

$$T' = T_o\left[1 + 0{,}121(n_s - 1)^{0{,}939}\right] \quad (9.47)$$

$$\zeta' = \zeta_o + 5{,}87(n_s - 1)^{0{,}379} \quad (9.48)$$

9.1.3.1.1 R-Spektren

Das Erdbebenverhalten eines Tragwerks wird hauptsächlich von zwei Eigenschaften bestimmt: Die Festigkeit (elastischer Tragwiderstand) und das plastische Verformungsvermögen (Duktilität). Tragwerke mit großem elastischen Tragwiderstand benötigen eine geringe Duktilität, um starken Erdbeben standhalten zu können. Besitzt ein Tragwerk weniger Festigkeit, so braucht es zum Überleben von starken Erdbeben ein großes Verformungsvermögen im plastischen Bereich. Ein „ideales Tragwerk“ stellt einen idealen Kompromiss zwischen diesen zwei Eigenschaften dar.

Hinweise über die Auswirkung der Festigkeit auf die Tragwerksantwort liefern die elastischen Antwortspektren, während der Einfluss der Duktilität von nicht elastischen Spektren angegeben wird. Der elastische Tragwiderstand gegen Horizontallasten wird durch die elastische Erdbeben-Ersatzlast wiederspiegelt. Eine große Festigkeit bedeutet eine große Ersatzlast. Bei ausreichender Duktilität darf die Festigkeit, also die Ersatzlast, herabgesetzt werden. Der Zusammenhang zwischen Festigkeit, Duktilität, Bodenbewegung und Systemantwort kann rechnerisch erfasst werden und entsprechende Reduktionsfaktoren für die Erdbebenlast in Form von R-Spektren können abgeleitet werden [9.12].

Für die Verschiebung beim Beginn des Fließens U_F (Bild 9.11) lässt sich der plastische Widerstand des Systems mit Masse m und Eigenkreisfrequenz ω als Plastifizierungslast F_{pl} definieren.

$$F_{pl} = m\omega^2 U_F \tag{9.49}$$

Die Verschiebeduktilität des Systems n_s gibt Gl. (9.34) wieder. Ein Tragwerk mit einer gegebenen Festigkeit F_{pl}, die sich auf plastische Energiedissipation gründet, muss ein größeres Verformungsvermögen, als das von starken Erdbeben geforderte, besitzen. Die seismische Anforderung nach Duktilität aufgrund von Gl. (9.34) und nach dem plastischen Widerstand F_{pl} hängen miteinander zusammen.

Die Festigkeit F_{pl} kann als diejenige Festigkeit des Systems bezeichnet werden, die erforderlich ist, um eine vorgegebene Duktilität zu errechnen. In [9.9] wird diese Festigkeit als „Isoduktile Festigkeit“ $F_{pl}(n_s, T)$ bezeichnet. Der erforderliche Tragwiderstand des Systems mit elastischem Verhalten (Duktilität $n_s = 1$), F_{el}, ist

$$F_{el} \equiv F_{pl}(n_s = 1, T) = mA_{el} \tag{9.50}$$

mit

A_{el}: Beschleunigung aus dem elastischen Pseudobeschleunigungsspektrum

Der Festigkeitsreduktionsfaktor R ergibt sich zu

$$R = \frac{F_{el}}{F_{pl}} = \frac{F_{pl}(n_s = 1, T)}{F_{pl}(n_s, T)} \tag{9.51}$$

Mit $a_o = \max \ddot{U}_b$ lässt sich der adimensionale Parameter η definieren.

$$\eta = \frac{F_{pl}}{a_o m} = \frac{mA_{el}}{Rma_o} = \frac{A_{el}}{Ra_o} \tag{9.52}$$

Die maximale relative Verschiebung des Systems ergibt sich aus den Gleichungen (9.49), (9.34) und (9.50).

$$U_b = \frac{n_s A_{el}}{R\omega^2} \tag{9.53}$$

Ausgehend von einem elastischen Beschleunigungsspektrum A_{el} und einer Duktilität n_s können Spektren für die Isoduktile Festigkeit und die maximale relative Verschiebung U_b erstellt werden. Dazu kann der Reduktionsbeiwert $R(n_s, T)$ in Form eines bilinearen Spektrums dargestellt werden (Bild 9.16).

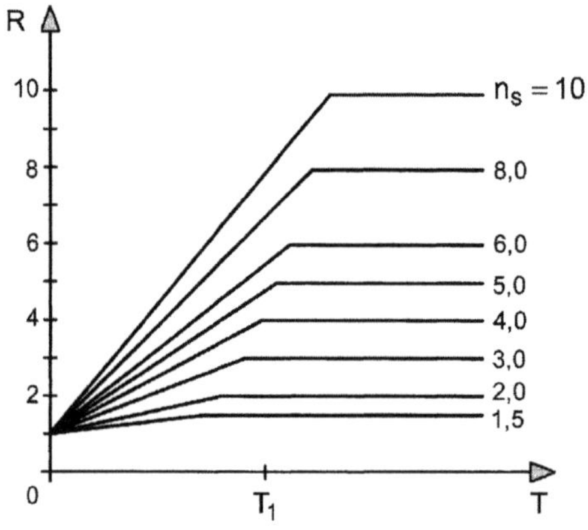

Bild 9.16 R-Spektrum für eine Dämpfung von 5 % [9.12]

Die Eckperiode T_1 hängt von der maximalen Bodengeschwindigkeit und –beschleunigung, v_o bzw. a_o, und von den Vergrößerungsfaktoren $c_v = 2{,}0$ und $c_a = 2{,}5$ ab.

$$T_1 = 2\pi \frac{c_v v_o}{c_a a_o} \tag{9.54}$$

In den neueren Erdbebennormen wird die Abminderung der elastischen Erdbebenlasten für Systeme mit plastischem Verformbarkeitsvermögen durch die Einführung von Verhaltensbeiwerten q berücksichtigt. Diese haben die gleiche Bedeutung wie die Reduktionsfaktoren R und lassen sich auf ähnliche Weise definieren.

$$q = \frac{F_{el}}{F_{pl}} \tag{9.55}$$

Die Plastifizierungslast F_{pl} wird für ein System in Abhängigkeit von den Zähigkeitsfaktoren n_s aus Zeitverlaufberechnungen für eine Reihe von Erdbeben ermittelt. Die Verhaltensfaktoren werden für verschiedene Bauwerkstypen, wie ein- und mehrgeschossige Skelett- und Wandscheibenbauten, aus unterschiedlichen Baustoffen ermittelt und mit Zähigkeitsanforderungen (Zähigkeitsklassen) verknüpft (siehe auch Kapitel 12, 14). Statistische Auswertungen von Zähigkeits- und Verhaltensfaktoren, die für eine große Anzahl von Beben berechnet wurden, haben grundsätzlich die Gleichungen (9.38), (9.39) und (9.41) bestätigt [9.7].

9.1.4 Mehrmassensysteme

In Kapitel 8 wurde gezeigt, dass die Schwingungen von elastischen Mehrmassensystemen durch die modale Analyse auf Schwingungen von untereinander unabhängigen Einmassenschwingern zurückgeführt werden können. Darauf aufbauend kann das Antwortspektrenverfahren zur Berechnung der maximalen Erdbebenantwort der Mehrmassenschwinger ohne Beschränkung eingesetzt werden.

Je nach Genauigkeitsanforderungen der Erdbebennormen sind bei der Berechnung der Antwort eine, zwei oder mehrere Schwingungsformen zu berücksichtigen. Die amerikanische Erdbebennorm (UBC) und Vorschriften vieler Länder gestatten die Auslegung von mehrgeschossigen Tragwerken für Erdbebeneinwirkungen aufgrund eines Näherungsverfahrens, das nur die Grundschwingungsform berücksichtigt [9.14]. Dieses Verfahren stellt die Grundlagen für die sog. Vereinfachte Berechnung mit statisch äquivalenten Lasten dar.

9.1.4.1 Grundschwingungsformverfahren

Die Bewegungsgleichung des Mehrmassenschwingers infolge einer Fußpunkterregung und ihrer Lösung in Normalkoordinaten $q_i(t)$ lauten (siehe auch Abschnitt 8.2)

$$[m]\{\ddot{U}(t)\}+[C]\{\dot{U}(t)\}+[K]\{U(t)\}=-[m]\{I\}\ddot{U}_b(t) \tag{9.56}$$

$$\{U(t)\}=\{\Phi\}\{Q(t)\}=\{\Phi_1\}q_1(t)+\{\Phi_2\}q_2(t)+\ldots+\{\Phi_n\}q_n(t) \tag{9.57}$$

Wenn nur die erste Schwingungsform berücksichtigt wird, vereinfacht sich Gl. (9.57) zu

$$\{U(t)\}=\{\Phi_1\}q_1(t) \tag{9.58}$$

Setzt man Gl. (9.58) in Gl. (9.56) und multipliziert man mit $\{\Phi_1\}^T$, ergibt sich unter Annahme der Rayleigh-Dämpfung

$$\hat{m}_1\ddot{q}_1(t)+\hat{C}_1\dot{q}_1(t)+\hat{K}_1 q_1(t)=-\{\Phi_1\}^T[m]\{I\}\ddot{U}_b(t) \tag{9.59}$$

Durch das Dividieren mit $\hat{m}_1$ erhält man die Bewegungsgleichung der ersten Schwingungsform.

$$\ddot{q}_1(t)+2\zeta_1\omega_1\dot{q}_1(t)+\omega_1{}^2 q_1(t)=-L_1\ddot{U}_b(t) \tag{9.60}$$

L_1 ist der Beteiligungsfaktor der ersten Eigenform und wird nach Gl. (8.129) wie folgt definiert:

$$L_1=\frac{\{\Phi_1\}^T[m]\{I\}}{\hat{m}_1}=\frac{\{\Phi_1\}^T[m]\{I\}}{\{\Phi_1\}^T[m]\{\Phi_1\}} \tag{9.61}$$

Die linke Seite der Gl. (9.60) ist identisch mit der Gl. (9.4), wobei das Glied der rechten Seite mit dem Beteiligungsfaktor L_1, dessen Wert eine konstante Zahl ist, multipliziert wird. Die maximale Antwort von $q_1(t)$ kann also mit Hilfe der Antwortspektren eines Einmassenschwingers mit $\omega=\omega_1$ und $\zeta=\zeta_1$ ermittelt werden, wobei der Spektralwert der Verschiebung S_d mit der Konstante L_1 multipliziert wird.

$$\max q_1(t) = L_1 S_d(\omega_1, \zeta_1) \tag{9.62}$$

Die maximale relative Verschiebung der Geschossmassen können aus Gl. (9.58) und Gl. (9.62) berechnet werden:

$$\max\{U(t)\} = \max[\{\Phi_1\} q_1(t)] = \{\Phi_1\} L_1 S_d(\omega_1, \zeta_1) \tag{9.63}$$

Die Gl. (9.63) definiert die Verschiebungsantwort jedes Geschosses als Produkt von drei Parametern. Einen Parameter bildet die Spektralverschiebung S_d, ermittelt für einen Einmassenschwinger, dessen Periode und Dämpfung mit der Grundperiode, bzw. der modalen Dämpfung des Mehrmassenschwingers gleichgesetzt wird.

Der zweite Parameter ist der Beteiligungsfaktor der Grundschwingungsform L_1. Sein Wert hängt davon ab, wie der Vektor der Schwingungsform normiert ist. Wenn z. B. der Vektor in der Form $\{\Phi_1\}^T\{\Phi_1\} = 1$ normiert ist, ist der Wert des Beteiligungsfaktors von dem Wert im Falle einer modalen Massennormierung $\{\overline{\Phi}_1\}^T[m]\{\overline{\Phi}_1\} = 1$ unterschiedlich. Das Produkt der ersten zwei Parameter ist eine Konstante.

Der dritte Parameter ist die Schwingungsform. Der Parameter verteilt die Antwort und wird in Vektorenschreibweise ausgedrückt. Während der Wert von L_1 von der Normierungsart der Schwingungsform abhängt, eliminiert das Produkt $L_1\{\Phi_1\}$ diese Abhängigkeit.

Für die Berechnung der maximalen Verschiebung von Mehrmassensystemen ist es vorteilhaft, den Vektor $\{\Phi_1\}$ so zu normieren, dass die Ordinate der oberen Masse, also der Dachdecke, eins ist, $\varphi_{D(1)} = 1$ (Bild 9.17). Dementsprechend wird der Beteiligungsfaktor $L_{D(1)}$ berechnet. Die maximale Verschiebung des Mehrmassenschwingers ist

$$\max U_D(t) = L_{D(1)} S_d(T_1, \zeta_1) \tag{9.64}$$

Analog dazu werden die maximalen Verschiebungen der anderen Massen berechnet.

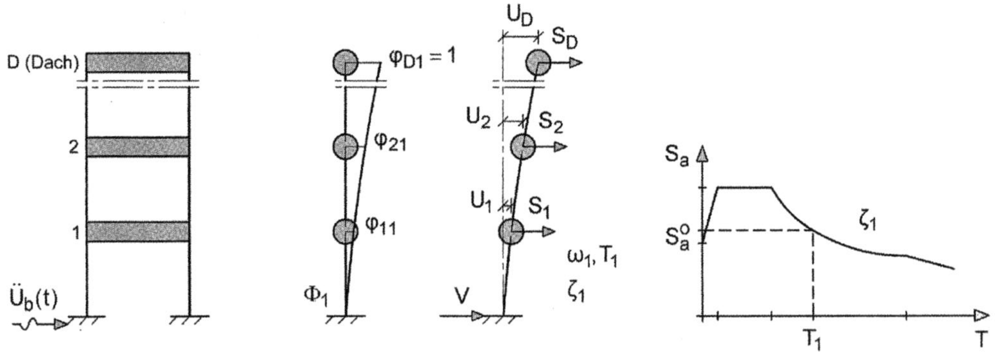

Bild 9.17 Ablauf des Antwortspektrenverfahrens bei elastischen Mehrmassenschwingern mit Berücksichtigung der Grundschwingung

Die maximale absolute Beschleunigung der Massen ergibt sich aus folgender Beziehung:

$$\max\{\ddot{U}(t)\} = \{\Phi_1\} L_1 S_a(T_1, \zeta_1) = \{\Phi_1\} L_1 \omega_1^2 S_d(T_1, \zeta_1) \tag{9.65}$$

Wenn der Vektor $\{\Phi_1\}$ mit $\varphi_{D(1)} = 1$ normiert ist, erhält man die maximale absolute Beschleunigung der oberen Masse wie folgt:

$$\max \ddot{U}_D(t) = L_{D(1)} S_a(T_1, \zeta_1) \tag{9.66}$$

Normiert man den Vektor $\{\Phi_1\}$ mit dem Wert 1 für eine andere Masse, z. B. der Masse 2, $\varphi_{2(1)} = 1$, so erhält man die maximale absolute Beschleunigung der Masse 2.

$$\max \ddot{U}_2(t) = L_{2(1)} S_a(T_1, \zeta_1) \tag{9.67}$$

Die maximale Geschoss-Erdbebenlast lässt sich wie folgt berechnen:

$$\max\{S(t)\} = [m]\{\Phi_1\}L_1 S_a(T_1, \zeta_1) = [m]\{\Phi_1\}L_1 \omega_1{}^2 S_d(T_1, \zeta_1) \tag{9.68}$$

Die Basis-Querkraft ist eine Summe aller Geschoss-Erdbebenlasten.

$$V(t) = \{S(t)\}^T \{I\} = \{S_1(t) \quad S_2(t) \quad \ldots \quad S_D(t)\}^T \begin{Bmatrix} 1 \\ 1 \\ \vdots \\ 1 \end{Bmatrix} \tag{9.69}$$

Die maximale Basis-Querkraft beträgt

$$\max V = \max\{V(t)\} = \hat{m}_1 L_1{}^2 S_a(T_1, \zeta_1) \tag{9.70}$$

Sowohl die generalisierte Masse $\hat{m}_1$ als auch der Beteiligungsfaktor L_1 sind von der Normierungsart des Eigenvektors $\{\Phi_1\}$ abhängig, ihr Produkt aber nicht mehr. L_1 ist nicht von der Gesamtmasse des Schwingers m abhängig, sondern von ihrer Verteilung. Hingegen $\hat{m}_1$ hängt von der Gesamtmasse ab (Gl. (8.107a)).

Wenn jedes Element der Massenmatrix $[m]$ durch das entsprechende Gewicht ersetzt wird ($m_i = \frac{G_i}{g}$), und dann durch das Gesamtgewicht $G = \left[\sum_{i=1}^{n} m_i\right] g$ dividiert wird, erhält man in Matrizenschreibweise

$$[m] = \frac{G}{g} \left[\begin{array}{cc|c} \frac{G_1}{G} & 0 & 0 \\ 0 & \frac{G_2}{G} & 0 \\ \hline 0 & 0 & \frac{G_n}{G} \end{array}\right] = \frac{G}{g}[G] \tag{9.71}$$

Mit Gl. (9.71) und Gl. (8.107a) erhält man

$$\hat{m}_1 = \frac{G}{g}\{\Phi_1\}^T [G]\{\Phi_1\} = \frac{G}{g}\hat{G}_1 \tag{9.72}$$

wobei

$$\hat{G}_1 = \{\Phi_1\}^T [G]\{\Phi_1\} \tag{9.73}$$

Setzt man Gl. (9.72) in Gl. (9.70) ein, ergibt sich

$$\max\{V(t)\} = \left(\hat{G}_1 L_1{}^2\right)\frac{S_a(T_1,\zeta_1)}{g}[G] \tag{9.74}$$

Mit

$\hat{S}_a(T_1,\zeta_1)$: Normierte Spektralbeschleunigung

$$\hat{S}_a(T_1,\zeta_1) = \frac{S_a(T_1,\zeta_1)}{g} \tag{9.75}$$

und

C_{s1} : Koeffizient der Basis-Querkraft für die Grundschwingungsform

$$C_{s1} = \hat{G}_1 L_1{}^2 \tag{9.76}$$

kann Gl. (9.74) wie folgt geschrieben werden:

$$\max V = \max\{V(t)\} = C_{s1}\hat{S}_a(T_1,\zeta_1)[G] \tag{9.77}$$

Gl. (9.77) liegt den meisten Erdbebennormen zugrunde.

Beispiel 9.1

Für den Zweimassenschwinger aus dem Beispiel 8.1 mit der Masse $m_1 = m_2 = m = 10$ kNs²/m, einem Dämpfungsgrad von $\zeta = 5$ % und der Steifigkeit $K = 1032{,}1$ kN/m wird ein Bemessungsbeben angenommen, dessen Spektralbeschleunigung $S_a = 2{,}0g$ beträgt. Es wird die maximale Erdbebenlast ermittelt.

Für kleine Dämpfung kann die Pseudospektralbeschleunigung gleich der Spektralbeschleunigung gesetzt werden, so dass

$$S_{ap} = S_a(T_1,\zeta_1) = 2{,}0g$$

Mit $\omega_1 = 0{,}618\sqrt{\frac{K}{m}}$ ergibt sich die Grundperiode zu

$$T_1 = \frac{2\pi}{\omega_1} = \frac{2.3{,}14}{0{,}618}\sqrt{\frac{10}{1032{,}1}} = 1{,}0 \text{ s}$$

Somit beträgt die Pseudospektralverschiebung

$$S_{dp} = \frac{S_a(T_1,\zeta)}{\omega_1{}^2} = \frac{2{,}0.981}{6{,}28^2} = 12{,}43 \text{ cm}$$

Die erste Schwingungsform, normiert auf $\varphi_{11} = 1$, war

$$\{\Phi_1\} = \begin{Bmatrix}\varphi_{11}\\ \varphi_{21}\end{Bmatrix} = \begin{Bmatrix}1\\ 1{,}618\end{Bmatrix}$$

Die Normierung nach $\varphi_{21} = 1$ ergibt (Dividierung durch 1,618)

$$\{\Phi_{D(1)}\} = \begin{Bmatrix}0{,}618\\ 1\end{Bmatrix}$$

Mit

$$\{\Phi_1\}^T[m]\{I\}=\begin{Bmatrix}0{,}618\\1\end{Bmatrix}^T\begin{bmatrix}m & 0\\0 & m\end{bmatrix}\begin{Bmatrix}1\\1\end{Bmatrix}=1{,}618m$$

$$\{\Phi_1\}^T[m]\{\Phi_1\}=\begin{Bmatrix}0{,}618\\1\end{Bmatrix}^T\begin{bmatrix}m & 0\\0 & m\end{bmatrix}\begin{Bmatrix}0{,}618\\1\end{Bmatrix}=1{,}381m$$

beträgt der Beteiligungsfaktor der Grundschwingungsform nach Gl. (9.61)

$$L_1=\frac{1{,}618m}{1{,}381m}=1{,}171$$

Die maximalen Verschiebungen ergeben sich aus Gl. (9.63) wie folgt:

$$\max\begin{Bmatrix}U_1\\U_2\end{Bmatrix}=\begin{Bmatrix}0{,}618\\1\end{Bmatrix}1{,}171.12{,}43=\begin{Bmatrix}8{,}99\\14{,}55\end{Bmatrix}\text{ cm}$$

Die maximalen absoluten Massenbeschleunigungen betragen nach Gl. (9.65)

$$\max\begin{Bmatrix}\ddot{U}_1\\\ddot{U}_2\end{Bmatrix}=\begin{Bmatrix}0{,}618\\1\end{Bmatrix}1{,}171.2g=\begin{Bmatrix}1{,}45\\2{,}34\end{Bmatrix}g\text{ cm/s}^2$$

Die maximalen Geschoss-Erdbebenlasten betragen nach Gl. (9.68)

$$\max\{S(t)\}=\begin{bmatrix}m & 0\\0 & m\end{bmatrix}\{\Phi_1\}L_1S_a(T_1,\zeta_1)=\begin{bmatrix}10 & 0\\0 & 10\end{bmatrix}\begin{Bmatrix}0{,}618\\1\end{Bmatrix}1{,}171.2.9{,}81\cong\begin{Bmatrix}142\\230\end{Bmatrix}\text{ kN}$$

Mit der generalisierten Masse aus Gl. (8.107a)

$$m_1^*=\{\Phi_1\}^T[m]\{\Phi_1\}=\begin{Bmatrix}0{,}618\\1\end{Bmatrix}^T\begin{bmatrix}10 & 0\\0 & 10\end{bmatrix}\begin{Bmatrix}0{,}618\\1\end{Bmatrix}=13{,}82\text{ kNs}^2\text{/m}$$

beträgt die maximale Basis-Querkraft nach Gl. (9.70)

$$\max\{V(t)\}=13{,}82.1{,}171^2.2.9{,}81=371{,}50\text{ kN}$$

Das Gesamtgewicht des Zweimassensystems beträgt

$$G=2mg=2.10.9{,}81=196{,}20\text{ kN}$$

Die Basis-Erdbebenlast kann auch wie folgt angegeben werden:

$$\max\{V(t)\}=\left(\frac{371{,}5}{196{,}2}\right)G=1{,}896G$$

Mit dem generalisierten Gewicht G_1^* aus Gl. (9.73)

$$G_1^*=\begin{Bmatrix}0{,}618\\1\end{Bmatrix}^T\begin{bmatrix}\dfrac{10.9{,}81}{2.10.9{,}81} & 0\\0 & \dfrac{10.9{,}81}{2.10.9{,}81}\end{bmatrix}\begin{Bmatrix}0{,}618\\1\end{Bmatrix}=0{,}69\text{ kN}$$

ergibt sich der Koeffizient der Basis-Erdbebenlast C_{s1} nach Gl. (9.76) zu

$$C_{s1}=0{,}69.1{,}171^2=0{,}946$$

und die maximale Erdbebenlast beträgt

$$\max\{V(t)\}=0{,}946\frac{2.9{,}81}{9{,}81}196{,}2=371{,}50\text{ kN}$$

Beispiel 9.2

Es werden die maximalen Größen der Erdbebenantwort für den Dreimassenschwinger aus dem Beispiel 8.6 ermittelt.

Mit einer Grundfrequenz von

$$\omega_1^2 = \omega_n^2(2-\sqrt{3}) = 0{,}268\omega_n^2$$

wurde die Grundschwingungsform im Beispiel 8.6 ermittelt.

$$\{\Phi_1\} = \begin{Bmatrix} 1 \\ 1+\sqrt{3} \\ 2+\sqrt{3} \end{Bmatrix} = \begin{Bmatrix} 1 \\ 2{,}732 \\ 3{,}732 \end{Bmatrix}$$

Die Normierung auf den Wert 1 in der Höhe der oberen Masse ergibt

$$\{\Phi_{D(1)}\} = \begin{Bmatrix} \frac{1}{2+\sqrt{3}} \\ \frac{1+\sqrt{3}}{2+\sqrt{3}} \\ \frac{2+\sqrt{3}}{2+\sqrt{3}} \end{Bmatrix} = \begin{Bmatrix} 0{,}268 \\ 0{,}732 \\ 1 \end{Bmatrix}$$

Mit

$$\{\Phi_{D(1)}\}^T[m]\{I\} = \begin{Bmatrix} 0{,}268 \\ 0{,}732 \\ 1 \end{Bmatrix}^T \begin{bmatrix} m & 0 & 0 \\ 0 & m & 0 \\ 0 & 0 & m \end{bmatrix} \begin{Bmatrix} 1 \\ 1 \\ 1 \end{Bmatrix} = 2m$$

$$\{\Phi_{D(1)}\}^T[m]\{\Phi_{D(1)}\} = \begin{Bmatrix} 0{,}268 \\ 0{,}732 \\ 1 \end{Bmatrix}^T \begin{bmatrix} m & 0 & 0 \\ 0 & m & 0 \\ 0 & 0 & m \end{bmatrix} \begin{Bmatrix} 0{,}268 \\ 0{,}732 \\ 1 \end{Bmatrix} = 1{,}6m$$

lautet der Beteiligungsfaktor

$$L_1 = \frac{2m}{1{,}6m} = 1{,}244$$

Die anderen Größen lassen sich wie im vorherigen Beispiel berechnen.

$$\max\{U(t)\} = \{\Phi_1\}L_1 S_d(T_1,\zeta_1) = \begin{Bmatrix} 0{,}268 \\ 0{,}732 \\ 1 \end{Bmatrix} 1{,}244 S_d(T_1,\zeta_1) = \begin{Bmatrix} 0{,}333 \\ 0{,}91 \\ 1{,}244 \end{Bmatrix} S_d(T_1,\zeta_1)$$

$$\max\{\ddot{U}(t)\} = \{\Phi_1\}L_1 S_a(T_1,\zeta_1) = \begin{Bmatrix} 0{,}268 \\ 0{,}732 \\ 1 \end{Bmatrix} 1{,}244 S_a(T_1,\zeta_1) = \begin{Bmatrix} 0{,}333 \\ 0{,}91 \\ 1{,}244 \end{Bmatrix} S_a(T_1,\zeta_1)$$

$$\max\{S(t)\} = [m]\{\Phi_1\}L_1 S_a(T_1,\zeta_1) = \begin{bmatrix} m & 0 & 0 \\ 0 & m & 0 \\ 0 & 0 & m \end{bmatrix} \begin{Bmatrix} 0{,}333 \\ 0{,}91 \\ 1{,}244 \end{Bmatrix} S_a(T_1,\zeta_1) = \begin{Bmatrix} 0{,}333 \\ 0{,}91 \\ 1{,}244 \end{Bmatrix} m S_a(T_1,\zeta_1)$$

Mit $G = 3mg$ und

$$\hat{G}_1 = \begin{Bmatrix} 0{,}268 \\ 0{,}732 \\ 1 \end{Bmatrix}^T \begin{bmatrix} 0{,}333 & 0 & 0 \\ 0 & 0{,}333 & 0 \\ 0 & 0 & 0{,}333 \end{bmatrix} \begin{Bmatrix} 0{,}268 \\ 0{,}732 \\ 1 \end{Bmatrix} = 0{,}536$$

ergibt sich C_{s1} wie folgt:

$$C_{s1} = 0{,}536.1{,}244^2 = 0{,}829$$

Die maximale Erdbebenlast am Fußpunkt des Dreimassenschwingers beträgt

$$\max\{V(t)\} = 0{,}829 \frac{3m9{,}81}{9{,}81} S_a(T_1, \zeta_1) = 2{,}487 m S_a(T_1, \zeta_1)$$

9.1.4.2 Berücksichtigung von zwei Schwingungsformen

Die Lösung von Gl. (9.56) unter Berücksichtigung der ersten zwei Schwingungsformen in Gl. (9.57) lautet

$$\{U(t)\} = \{\Phi_1\} q_1(t) + \{\Phi_2\} q_2(t) \tag{9.78}$$

Setzt man Gl. (9.78) in Gl. (9.56) ein und multipliziert man sukzessiv mit $\{\Phi_1\}^T$ und $\{\Phi_2\}^T$, ergeben sich für Rayleigh-Dämpfung zwei lineare Differentialgleichungen.

$$\hat{m}_1 \ddot{q}_1(t) + \hat{C}_1 \dot{q}_1(t) + \hat{K}_1 q_1(t) = -\{\Phi_1\}^T [m]\{I\} \ddot{U}_b(t) \tag{9.79a}$$

$$\hat{m}_2 \ddot{q}_2(t) + \hat{C}_2 \dot{q}_2(t) + \hat{K}_2 q_2(t) = -\{\Phi_2\}^T [m]\{I\} \ddot{U}_b(t) \tag{9.79b}$$

Dividiert man Gl. (9.79a) durch $\hat{m}_1$ und Gl. (9.79b) durch $\hat{m}_2$, lassen sich die Gleichungen wie folgt umschreiben:

$$\ddot{q}_1(t) + 2\zeta_1 \omega_1 \dot{q}_1(t) + \omega_1^2 q_1(t) = -L_1 \ddot{U}_b(t) \tag{9.80a}$$

$$\ddot{q}_2(t) + 2\zeta_2 \omega_2 \dot{q}_2(t) + \omega_2^2 q_2(t) = -L_2 \ddot{U}_b(t) \tag{9.80b}$$

Hierbei sind L_1 und L_2 der Beteiligungsfaktor der ersten bzw. der zweiten Schwingungsform (Bild 9.18).

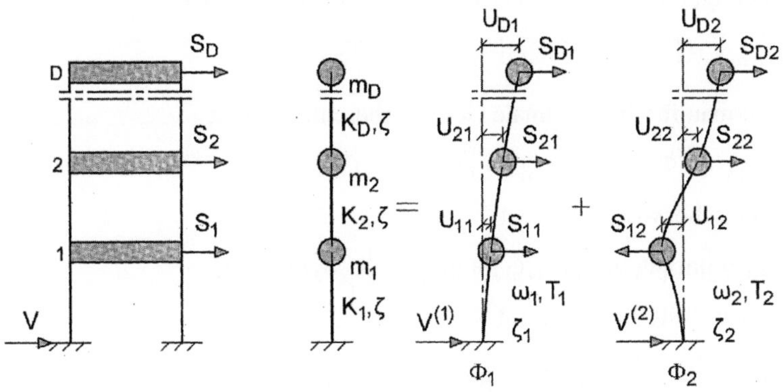

Bild 9.18 Bezeichnungen zum Antwortspektrenverfahren bei elastischen Mehrmassenschwingern mit Berücksichtigung von zwei Schwingungsformen

$$L_1 = \frac{\{\Phi_1\}^T [m]\{I\}}{\{\Phi_1\}^T [m]\{\Phi_1\}} \tag{9.81a}$$

$$L_2 = \frac{\{\Phi_2\}^T [m]\{I\}}{\{\Phi_2\}^T [m]\{\Phi_2\}} \tag{9.81b}$$

Aus den Gleichungen (9.80a-b) wird die zeitliche Antwort der Normalkoordinaten $q_1(t)$ und $q_2(t)$ für die erste bzw. die zweite Schwingungsform ermittelt. Im Allgemeinen sind die zwei Funktionen $q_1(t), q_2(t)$ unterschiedlich und erreichen maximale Werte zu unterschiedlichen Zeitpunkten. Der maximale Wert von $q_1(t)$ hängt von der Grundperiode T_1 und vom Dämpfungsgrad ζ_1 in der ersten Schwingungsform ab. Analog dazu ist $q_2(t)$ von den dynamischen Charakteristika der zweiten Schwingungsform, T_2 und ζ_2, abhängig. Es folgt in ähnlicher Weise, wie im Abschnitt 9.1.4.1

$$\max q_1(t) = L_1 S_d(T_1, \zeta_1) \tag{9.82a}$$

$$\max q_2(t) = L_2 S_d(T_2, \zeta_2) \tag{9.82b}$$

wobei S_d der Spektralwert der Verschiebung für die Bodenbewegung $\ddot{U}_b(t)$ bedeutet.

Beide Funktionen $q_1(t), q_2(t)$ sind zeitabhängig und müssen zur Ermittlung der Antwort des Systems nach Gl. (9.78) zu jedem Zeitpunkt addiert werden. Die maximale Antwort in Gl. (9.82a) wird nicht gleichzeitig mit der maximalen Antwort in Gl. (9.82b) erreicht. Allerdings wird die maximale Antwort des Systems erreicht, wenn beide Funktionen $q_1(t), q_2(t)$ gleichzeitig ihre maximalen Werte erreichen. Demzufolge wird die absolute maximale Antwort (AMA) für jede Antwortsgröße, z. B. $U(t)$, unter der Annahme erreicht, dass die maximale Antwort in jeder Schwingungsform gleichzeitig stattfindet.

$$\max\{U(t)\}_{AMA} = \{\Phi_1\}\max[q_1(t)] + \{\Phi_2\}\max[q_2(t)] = [\{\Phi_1\}L_1 S_d(T_1, \zeta_1)] + [\{\Phi_2\}L_2 S_d(T_2, \zeta_2)] \tag{9.83}$$

Nach Gl. (9.83) beträgt die maximale Verschiebung der oberen Masse

$$\max U_D(t)_{AMA} = [L_{D(1)} S_d(T_1, \zeta_1)] + [L_{D(2)} S_d(T_2, \zeta_2)] \tag{9.84}$$

Analog dazu erhält man für die maximale Geschossbeschleunigung

$$\max\{\ddot{U}(t)\}_{AMA} = [\{\Phi_1\}L_1 S_a(T_1, \zeta_1)] + [\{\Phi_2\}L_2 S_a(T_2, \zeta_2)] \tag{9.85}$$

für die maximale Geschoss-Erdbebenlast

$$\max S(t)_{AMA} = [[m]\{\Phi_1\}L_1 S_a(T_1, \zeta_1)] + [[m]\{\Phi_2\}L_2 S_a(T_2, \zeta_2)] \tag{9.86}$$

und für die maximale Basis-Erdbebenlast

$$\max V(t)_{AMA} = [\hat{m}_1 L_1^2 S_a(T_1, \zeta_1)] + [\hat{m}_2 L_2^2 S_a(T_2, \zeta_2)] \tag{9.87}$$

oder

$$\max V(t)_{AMA} = [C_{s1}\hat{S}_a(T_1, \zeta_1) + C_{s2}\hat{S}_a(T_2, \zeta_2)]G \tag{9.88}$$

In den oberen Gleichungen sind die Eigenvektoren $\{\Phi_1\}$ und $\{\Phi_2\}$ nach dem Wert 1 für die obere Masse normiert. Es gilt weiter aufgrund der kleinen Dämpfung $S_a \cong S_{ap}$. Die Beiträge der zwei Schwingungsformen müssen, unabhängig vom Vorzeichen, immer addiert werden (absolute Werte). Diese Überlagerung der absoluten Werte liegt auf der sicheren Seite, führt aber zu sehr konservativen Ergebnissen.

Eine weitere, der Realität näher liegende Überlagerungsmethode beruht auf dem folgenden Ansatz:

$$S = \sqrt{\sum S_i^2} \tag{9.89}$$

Nach diesem Verfahren, auch SRSS Verfahren genannt (Square Root of Sum of Squares), lassen sich die maximalen Größen von den Gleichungen (9.83) bis (9.88) wie folgt berechnen:

$$\max\{U(t)\}_{SRSS} = \sqrt{[\{\Phi_1\}L_1 S_d(T_1,\zeta_1)]^2 + [\{\Phi_2\}L_2 S_d(T_2,\zeta_2)]^2} \tag{9.90}$$

$$\max\{\ddot{U}(t)\}_{SRSS} = \sqrt{[\{\Phi_1\}L_1 S_a(T_1,\zeta_1)]^2 + [\{\Phi_2\}L_2 S_a(T_2,\zeta_2)]^2} \tag{9.91}$$

$$\max S(t)_{SRSS} = [m]\sqrt{[\{\Phi_1\}L_1 S_a(T_1,\zeta_1)]^2 + [\{\Phi_2\}L_2 S_a(T_2,\zeta_2)]^2} \tag{9.92}$$

$$\max V(t)_{SRSS} = \sqrt{\left[\hat{m}_1 L_1{}^2 S_a(T_1,\zeta_1)\right]^2 + \left[\hat{m}_2 L_2{}^2 S_a(T_2,\zeta_2)\right]^2} \tag{9.93}$$

oder

$$\max V(t)_{SRSS} = G\sqrt{\left[C_{s1}\hat{S}_a(T_1,\zeta_1)\right]^2 + \left[C_{s2}\hat{S}_a(T_2,\zeta_2)\right]^2} \tag{9.94}$$

Beispiel 9.3

Für den Zweimassenschwinger aus Beispiel 9.1 werden die maximalen Antwortgrößen unter Berücksichtigung von zwei Schwingungsformen für ein Entwurfsbeben mit dem Antwortspektrum aus Bild 9.19 ermittelt.

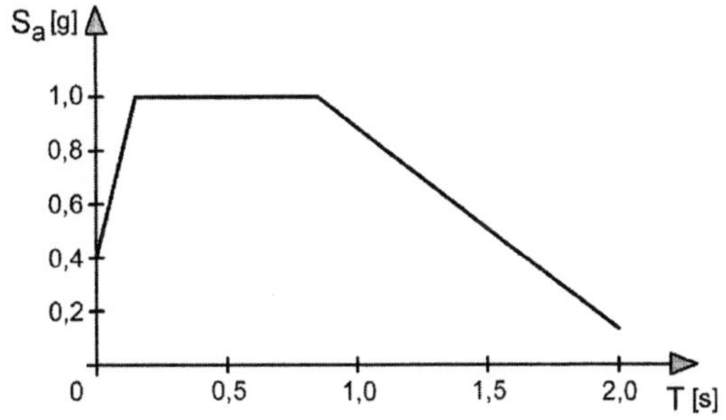

Bild 9.19 Elastisches Antwortspektrum zum Beispiel 9.3

Aus dem Beispiel 8.1 besitzt das System folgende Eigengrößen in der zweiten Schwingungsform:

$$\omega_2 = 1{,}618\sqrt{\frac{K}{m}}\ ;\ T_2 = \frac{2\pi}{\omega_2} = \frac{2.3{,}14}{1{,}618}\sqrt{\frac{10}{1032{,}1}} = 0{,}38\ \text{s}$$

$$\{\Phi_2\} = \begin{Bmatrix} \varphi_{12} \\ \varphi_{22} \end{Bmatrix} = \begin{Bmatrix} 1 \\ -0{,}618 \end{Bmatrix}$$

Die Normierung nach dem Wert 1 für die obere Masse ($\varphi_{22} = 1$) ergibt

$$\{\Phi_{D(2)}\} = \begin{Bmatrix} -1{,}618 \\ 1 \end{Bmatrix}$$

Der Beteiligungsfaktor der zweiten Schwingungsform wird wie folgt ermittelt:

$$\{\Phi_{D(2)}\}^T[m]\{I\} = \begin{Bmatrix} -1{,}618 \\ 1 \end{Bmatrix}^T \begin{bmatrix} m & 0 \\ 0 & m \end{bmatrix} \begin{Bmatrix} 1 \\ 1 \end{Bmatrix} = -0{,}618m$$

$$\{\Phi_{D(2)}\}^T[m]\{\Phi_{D(2)}\} = \begin{Bmatrix} -1{,}618 \\ 1 \end{Bmatrix}^T \begin{bmatrix} m & 0 \\ 0 & m \end{bmatrix} \begin{Bmatrix} -1{,}618 \\ 1 \end{Bmatrix} = 3{,}617m$$

$$L_2 = \frac{-0{,}618m}{3{,}617m} = -0{,}171$$

Aus dem Antwortspektrum für $T_1 = 1{,}0$ s und $T_2 = 0{,}38$ s und $\zeta_1 = \zeta_2 = 5\ \%$ ergibt sich

$$S_a^{(1)}(T_1, \zeta_1) = 0{,}85g$$

$$S_a^{(2)}(T_2, \zeta_2) = 1{,}0g$$

$$S_d^{(1)} = S_d(T_1, \zeta_1) = \frac{S_a^{(1)}}{\omega_1^2} = \frac{0{,}85.981}{\left(\frac{2.3{,}14}{1}\right)^2} = 21{,}14\ \text{cm}$$

$$S_d^{(2)} = S_d(T_2, \zeta_2) = \frac{S_a^{(2)}}{\omega_2^2} = \frac{1.981}{\left(\frac{2.3{,}14}{0{,}38}\right)^2} = 3{,}60\ \text{cm}$$

Daraus folgen die maximalen Verschiebungsgrößen.

$$\max U_2^{(1)} = \varphi_{21} L_1 S_d^{(1)} = 1.1{,}171.21{,}14 = 24{,}75\ \text{cm}$$

$$\max U_1^{(1)} = \varphi_{11} L_1 S_d^{(1)} = 0{,}618.1{,}171.21{,}14 = 15{,}30\ \text{cm}$$

$$\max U_2^{(2)} = \varphi_{22} L_2 S_d^{(2)} = 1(-0{,}171)3{,}6 = 0{,}612\ \text{cm}$$

$$\max U_1^{(2)} = \varphi_{12} L_2 S_d^{(2)} = (-1{,}618)(-0{,}171)3{,}6 = 1{,}0\ \text{cm}$$

Die relative Verschiebung zwischen den Massen lässt sich wie folgt berechnen, wobei die Vorzeichen der Vektorenelemente berücksichtigt werden:

$$\max \Delta U^{(1)} = \max\left(U_2^{(1)} - U_1^{(1)}\right) = (\varphi_{21} - \varphi_{11}) L_1 S_d^{(1)} = (1 - 0{,}618)1{,}171.21{,}14 = 9{,}46\ \text{cm}$$

$$\max \Delta U^{(2)} = \max\left(U_2^{(2)} - U_1^{(2)}\right) = (\varphi_{22} - \varphi_{12}) L_2 S_d^{(2)} = (1 - (-1{,}618))(-0{,}171)3{,}6 = 1{,}61\ \text{cm}$$

Die Überlagerung der Ergebnisse ergibt nach dem AMA-Verfahren

$$\max U_{2(AMA)} = 24{,}75 + 0{,}612 = 25{,}36 \text{ cm}$$

$$\max U_{1(AMA)} = 15{,}30 + 1 = 16{,}30 \text{ cm}$$

$$\max \Delta U_{AMA} = 9{,}46 + 1{,}61 = 11{,}07 \text{ cm}$$

und nach dem SRSS-Verfahren

$$\max U_{2(SRSS)} = \sqrt{24{,}75^2 + 0{,}612^2} = 24{,}75 \text{ cm}$$

$$\max U_{1(SRSS)} = \sqrt{15{,}3^2 + 1^2} = 15{,}33 \text{ cm}$$

$$\max \Delta U_{SRSS} = \sqrt{9{,}46^2 + 1{,}61^2} = 9{,}59 \text{ cm}$$

Die maximale Massenbeschleunigung ist

$$\max\left\{\ddot{U}^{(1)}\right\} = \{\Phi_1\} L_1 S_a^{(1)} = \begin{Bmatrix} 0{,}618 \\ 1 \end{Bmatrix} 1{,}171.0{,}85g = \begin{Bmatrix} 0{,}62g \\ 0{,}99g \end{Bmatrix}$$

$$\max\left\{\ddot{U}^{(2)}\right\} = \{\Phi_2\} L_2 S_a^{(2)} = \begin{Bmatrix} -1{,}618 \\ 1 \end{Bmatrix} (-0{,}171) 1g = \begin{Bmatrix} 0{,}28g \\ -0{,}171g \end{Bmatrix}$$

Die Überlagerung nach dem AMA- und dem SRSS-Verfahren ergibt

$$\max\left\{\ddot{U}\right\}_{AMA} = \begin{Bmatrix} 0{,}62g \\ 0{,}99g \end{Bmatrix} + \begin{Bmatrix} 0{,}28g \\ 0{,}171g \end{Bmatrix} = \begin{Bmatrix} 0{,}9g \\ 1{,}16g \end{Bmatrix}$$

$$\max\left\{\ddot{U}\right\}_{SRSS} = \sqrt{\begin{Bmatrix} 0{,}62g \\ 0{,}99g \end{Bmatrix}^2 + \begin{Bmatrix} 0{,}28g \\ 0{,}171g \end{Bmatrix}^2} = \begin{Bmatrix} 0{,}68g \\ 1g \end{Bmatrix}$$

Die maximalen Geschoss-Erdbebenlasten werden wie folgt ermittelt:

$$\max\left\{S^{(1)}\right\} = [m] \max\left\{\ddot{U}^{(1)}\right\} = \begin{bmatrix} 10 & 0 \\ 0 & 10 \end{bmatrix} \begin{Bmatrix} 0{,}62g \\ 0{,}99g \end{Bmatrix} = \begin{Bmatrix} 60{,}82 \\ 98{,}1 \end{Bmatrix} \text{ kN}$$

$$\max\left\{S^{(2)}\right\} = [m] \max\left\{\ddot{U}^{(2)}\right\} = \begin{bmatrix} 10 & 0 \\ 0 & 10 \end{bmatrix} \begin{Bmatrix} 0{,}28g \\ -0{,}171g \end{Bmatrix} = \begin{Bmatrix} 27{,}5 \\ -16{,}77 \end{Bmatrix} \text{ kN}$$

Ihre Überlagerung ergibt

$$\max\{S\}_{AMA} = \begin{Bmatrix} 60{,}82 \\ 98{,}1 \end{Bmatrix} + \begin{Bmatrix} 27{,}5 \\ 16{,}77 \end{Bmatrix} = \begin{Bmatrix} 88{,}32 \\ 114{,}8 \end{Bmatrix}$$

$$\max\{S\}_{SRSS} = \sqrt{\begin{Bmatrix} 60{,}82 \\ 98{,}1 \end{Bmatrix}^2 + \begin{Bmatrix} 27{,}5 \\ 16{,}77 \end{Bmatrix}^2} = \begin{Bmatrix} 66{,}75 \\ 99{,}53 \end{Bmatrix}$$

Die maximale Basis-Querkraft ist die Summe der Geschoss-Erdbebenlasten.

$$\max V^{(1)} = 60{,}82 + 98{,}1 = 158{,}92 \text{ kN}$$

$$\max V^{(2)} = 27{,}5 - 16{,}77 = 10{,}73 \text{ kN}$$

Die Überlagerung ergibt

$$\max V_{AMA} = 158{,}92 + 10{,}73 = 169{,}65 \text{ kN}$$

$$\max V_{SRSS} = \sqrt{158{,}92^2 + 10{,}73^2} = 159{,}28 \text{ kN}$$

9.1.4.3 Antwort von Mehrmassensystemen

Für Systeme mit n Freiheitsgraden werden in Gl. (9.57) k Normalkoordinate $q_i(t)$ berücksichtigt. Die Zahl k kann kleiner oder gleich zu n gewählt werden. Anschließend werden aus den k Differentialgleichungen (Gl. (9.60)) k Eigenwerte und Eigenvektoren ermittelt. Der weitere Ablauf der Berechnung erfolgt wie im Abschnitt 9.1.4.2.

Beispiel 9.4

Der Ablauf der Berechnung wird am Beispiel des Dreigeschossrahmens vom Beispiel 8.6 gezeigt. Das Dreimassensystem hat folgende dynamische Eigenschaften:

$$\omega_1{}^2 = (2-\sqrt{3})\frac{K}{m}\,;\ \omega_2{}^2 = 2\frac{K}{m}\,;\ \omega_3{}^2 = (2+\sqrt{3})\frac{K}{m}$$

$$\{\Phi_1\} = \begin{Bmatrix} 1 \\ 1+\sqrt{3} \\ 2+\sqrt{3} \end{Bmatrix};\ \{\Phi_2\} = \begin{Bmatrix} 1 \\ 1 \\ -1 \end{Bmatrix};\ \{\Phi_3\} = \begin{Bmatrix} 1 \\ 1-\sqrt{3} \\ 2-\sqrt{3} \end{Bmatrix}$$

Die Eigenvektoren, normiert auf die Verschiebung der oberen Masse, sind

$$\{\Phi_{D(1)}\} = \begin{Bmatrix} 0{,}268 \\ 0{,}732 \\ 1 \end{Bmatrix};\ \{\Phi_{D(2)}\} = \begin{Bmatrix} -1 \\ -1 \\ 1 \end{Bmatrix};\ \{\Phi_{D(3)}\} = \begin{Bmatrix} 3{,}732 \\ -2{,}732 \\ 1 \end{Bmatrix}$$

Wählt man für $m = 10$ kNs²/m und für $K = 1471$ kN/m, so betragen die Eigenperioden der drei Schwingungsformen

$$T_1 = \frac{2\pi}{\omega_1} = \frac{2.3{,}14}{\sqrt{0{,}26}}\sqrt{\frac{10}{1473}} = 1{,}0 \text{ s}$$

$$T_2 = \frac{2\pi}{\omega_2} = \frac{2.3{,}14}{\sqrt{2}}\sqrt{\frac{10}{1473}} = 0{,}36 \text{ s}$$

$$T_3 = \frac{2\pi}{\omega_3} = \frac{2.3{,}14}{\sqrt{3{,}73}}\sqrt{\frac{10}{1473}} = 0{,}27 \text{ s}$$

Geht man von einer Dämpfung $\zeta_1 = \zeta_2 = \zeta_3 = 5$ % für alle drei Schwingungsformen und von einem Erdbeben mit dem Antwortspektrum nach Bild 9.19 aus, so betragen die Spektralwerte der Beschleunigung

$$S_a^{(1)} = S_a(T_1, \zeta_1) = 0{,}85g$$

$$S_a^{(2)} = S_a(T_2, \zeta_2) = 1{,}0g$$

$$S_a^{(3)} = S_a(T_3, \zeta_3) = 1{,}0g$$

Aufgrund der kleinen Dämpfung des Systems gilt die Annahme $S_a = S_{ap}$ mit folgenden Werten für die Spektralverschiebungen:

$$S_d^{(1)} = S_d(T_1, \zeta_1) = \frac{S_a^{(1)}}{\omega_1{}^2} = \frac{0{,}85.981}{\left(\frac{2.3{,}14}{1}\right)^2} = 21{,}14 \text{ cm}$$

$$S_d^{(2)} = S_d(T_2,\zeta_2) = \frac{S_a^{(2)}}{\omega_2^{\,2}} = \frac{1.981}{\left(\frac{2.3{,}14}{0{,}36}\right)^2} = 3{,}22 \text{ cm}$$

$$S_d^{(3)} = S_d(T_3,\zeta_3) = \frac{S_a^{(3)}}{\omega_3^{\,2}} = \frac{1.981}{\left(\frac{2.3{,}14}{0{,}27}\right)^2} = 1{,}81 \text{ cm}$$

Der Beteiligungsfaktor der Grundschwingungsform wurde im Beispiel 9.2 ermittelt.

$L_1 = 1{,}244$

Für die zwei anderen Schwingungsformen erhält man folgende Werte:

$$L_2 = \frac{\begin{Bmatrix} -1 \\ -1 \\ 1 \end{Bmatrix}^T \begin{bmatrix} m & 0 & 0 \\ 0 & m & 0 \\ 0 & 0 & m \end{bmatrix} \begin{Bmatrix} 1 \\ 1 \\ 1 \end{Bmatrix}}{\begin{Bmatrix} -1 \\ -1 \\ 1 \end{Bmatrix}^T \begin{bmatrix} m & 0 & 0 \\ 0 & m & 0 \\ 0 & 0 & m \end{bmatrix} \begin{Bmatrix} -1 \\ -1 \\ 1 \end{Bmatrix}} = -0{,}333$$

$$L_3 = \frac{\begin{Bmatrix} 3{,}732 \\ -2{,}732 \\ 1 \end{Bmatrix}^T \begin{bmatrix} m & 0 & 0 \\ 0 & m & 0 \\ 0 & 0 & m \end{bmatrix} \begin{Bmatrix} 1 \\ 1 \\ 1 \end{Bmatrix}}{\begin{Bmatrix} 3{,}732 \\ -2{,}732 \\ 1 \end{Bmatrix}^T \begin{bmatrix} m & 0 & 0 \\ 0 & m & 0 \\ 0 & 0 & m \end{bmatrix} \begin{Bmatrix} 3{,}732 \\ -2{,}732 \\ 1 \end{Bmatrix}} = 0{,}089$$

Die Verschiebungsantwort jeder Masse für alle drei Schwingungsformen erhält folgende Form (Bild 9.20):

$$\max\{U^{(1)}\} = \{\Phi_{D(1)}\} L_1 S_d^{(1)} = \begin{Bmatrix} 0{,}268 \\ 0{,}732 \\ 1 \end{Bmatrix} 1{,}244.21{,}14 = \begin{Bmatrix} 7{,}05 \\ 19{,}25 \\ 26{,}3 \end{Bmatrix} \text{ cm}$$

$$\max\{U^{(2)}\} = \{\Phi_{D(2)}\} L_2 S_d^{(2)} = \begin{Bmatrix} -1 \\ -1 \\ 1 \end{Bmatrix} (-0{,}333) 3{,}22 = \begin{Bmatrix} 1{,}07 \\ 1{,}07 \\ -1{,}07 \end{Bmatrix} \text{ cm}$$

$$\max\{U^{(3)}\} = \{\Phi_{D(3)}\} L_3 S_d^{(3)} = \begin{Bmatrix} 3{,}73 \\ -2{,}73 \\ 1 \end{Bmatrix} 0{,}089.1{,}81 = \begin{Bmatrix} 0{,}6 \\ -0{,}44 \\ 0{,}16 \end{Bmatrix} \text{ cm}$$

Die relativen Massenverschiebungen betragen

$$\max \Delta U_{3-2}^{(1)} = 26{,}3 - 19{,}25 = 7{,}05 \text{ cm}$$

$$\max \Delta U_{2-1}^{(1)} = 19{,}25 - 7{,}05 = 12{,}2 \text{ cm}$$

$$\max \Delta U_{3-2}^{(2)} = -1{,}07 - 1{,}07 = -2{,}14 \text{ cm}$$

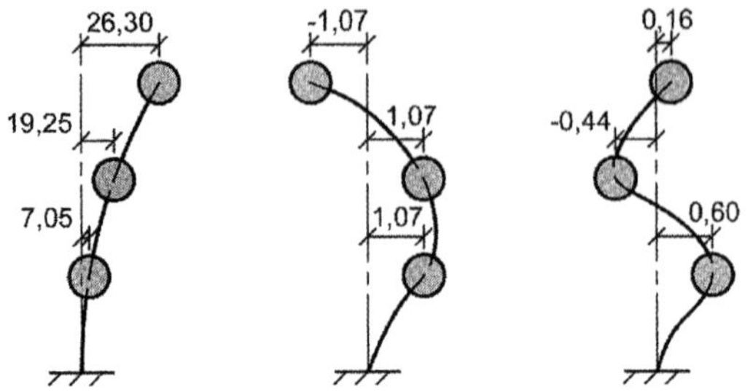

Bild 9.20 1., 2., 3. Schwingungsform des Dreimassenschwingers vom Beispiel 9.4

$$\max \Delta U_{2-1}^{(2)} = 1{,}07 - 1{,}07 = 0 \text{ cm}$$

$$\max \Delta U_{3-2}^{(3)} = 0{,}16 - (-0{,}44) = 0{,}60 \text{ cm}$$

$$\max \Delta U_{2-1}^{(3)} = -0{,}44 - 0{,}6 = -1{,}04 \text{ cm}$$

Die Beschleunigungsantwort der Massen ist

$$\max\left\{\ddot{U}^{(1)}\right\} = \left\{\Phi_{D(1)}\right\}L_1 S_a^{(1)} = \begin{Bmatrix} 0{,}268 \\ 0{,}732 \\ 1 \end{Bmatrix} 1{,}244.0{,}85g = \begin{Bmatrix} 0{,}283g \\ 0{,}77g \\ 1{,}05g \end{Bmatrix}$$

$$\max\left\{\ddot{U}^{(2)}\right\} = \left\{\Phi_{D(2)}\right\}L_2 S_a^{(2)} = \begin{Bmatrix} -1 \\ -1 \\ 1 \end{Bmatrix} (-0{,}333)1g = \begin{Bmatrix} 0{,}333g \\ 0{,}333g \\ -0{,}333g \end{Bmatrix}$$

$$\max\left\{\ddot{U}^{(3)}\right\} = \left\{\Phi_{D(3)}\right\}L_3 S_a^{(3)} = \begin{Bmatrix} 3{,}73 \\ -2{,}73 \\ 1 \end{Bmatrix} 0{,}089.1g = \begin{Bmatrix} 0{,}333g \\ -0{,}24g \\ 0{,}09g \end{Bmatrix}$$

Die maximalen Geschoss-Erdbebenlasten betragen

$$\max\left\{S^{(1)}\right\} = [m]\max\left\{\ddot{U}^{(1)}\right\} = \begin{bmatrix} 10 & 0 & 0 \\ 0 & 10 & 0 \\ 0 & 0 & 10 \end{bmatrix} \begin{Bmatrix} 2{,}77 \\ 7{,}55 \\ 10{,}3 \end{Bmatrix} = \begin{Bmatrix} 27{,}7 \\ 75{,}5 \\ 103 \end{Bmatrix} \text{ kN}$$

$$\max\left\{S^{(2)}\right\} = [m]\max\left\{\ddot{U}^{(2)}\right\} = \begin{bmatrix} 10 & 0 & 0 \\ 0 & 10 & 0 \\ 0 & 0 & 10 \end{bmatrix} \begin{Bmatrix} 3{,}23 \\ 3{,}23 \\ -3{,}23 \end{Bmatrix} = \begin{Bmatrix} 32{,}3 \\ 32{,}3 \\ -32{,}3 \end{Bmatrix} \text{ kN}$$

$$\max\left\{S^{(3)}\right\} = [m]\max\left\{\ddot{U}^{(3)}\right\} = \begin{bmatrix} 10 & 0 & 0 \\ 0 & 10 & 0 \\ 0 & 0 & 10 \end{bmatrix} \begin{Bmatrix} 3{,}23 \\ -2{,}35 \\ 0{,}88 \end{Bmatrix} = \begin{Bmatrix} 32{,}3 \\ -23{,}5 \\ 8{,}8 \end{Bmatrix} \text{ kN}$$

Daraus folgen die maximalen Basis-Erdbebenlasten in den drei Schwingungsformen wie folgt:

$$\max V^{(1)} = 27{,}7 + 75{,}5 + 103 = 206{,}20 \text{ kN}$$

$$\max V^{(2)} = 32{,}3 + 32{,}3 - 32{,}3 = 32{,}30 \text{ kN}$$

$$\max V^{(3)} = 32{,}3 - 23{,}5 + 8{,}8 = 17{,}60 \text{ kN}$$

Schließlich wird die Antwort der drei Schwingungsformen überlagert.

- Nach dem AMA-Verfahren

$$\max\{U\}_{AMA} = \begin{Bmatrix} 7{,}05 \\ 19{,}25 \\ 26{,}3 \end{Bmatrix} + \begin{Bmatrix} 1{,}07 \\ 1{,}07 \\ 1{,}07 \end{Bmatrix} + \begin{Bmatrix} 0{,}6 \\ 0{,}44 \\ 0{,}16 \end{Bmatrix} = \begin{Bmatrix} 8{,}72 \\ 20{,}76 \\ 27{,}53 \end{Bmatrix} \text{ cm}$$

$$\max \Delta U_{3-2(AMA)} = 7{,}05 + 2{,}14 + 0{,}6 = 9{,}79 \text{ cm}$$

$$\max \Delta U_{2-1(AMA)} = 12{,}2 + 0 + 1{,}04 = 13{,}24 \text{ cm}$$

$$\max\{\ddot{U}\}_{AMA} = \begin{Bmatrix} 0{,}283 \\ 0{,}77 \\ 1{,}05 \end{Bmatrix} g + \begin{Bmatrix} 0{,}333 \\ 0{,}333 \\ 0{,}333 \end{Bmatrix} g + \begin{Bmatrix} 0{,}333 \\ 0{,}24 \\ 0{,}09 \end{Bmatrix} g = \begin{Bmatrix} 0{,}949 \\ 1{,}343 \\ 1{,}473 \end{Bmatrix} g$$

$$\max\{S\}_{AMA} = \begin{Bmatrix} 27{,}7 \\ 75{,}5 \\ 103 \end{Bmatrix} + \begin{Bmatrix} 32{,}3 \\ 32{,}3 \\ 32{,}3 \end{Bmatrix} + \begin{Bmatrix} 32{,}3 \\ 23{,}5 \\ 8{,}8 \end{Bmatrix} = \begin{Bmatrix} 92{,}3 \\ 131{,}3 \\ 144{,}1 \end{Bmatrix} \text{ kN}$$

$$\max V_{AMA} = 206{,}2 + 32{,}3 + 17{,}6 = 256{,}10 \text{ kN}$$

- Nach dem SRSS-Verfahren

$$\max\{U\}_{SRSS} = \sqrt{\begin{Bmatrix} 7{,}05 \\ 19{,}25 \\ 26{,}3 \end{Bmatrix}^2 + \begin{Bmatrix} 1{,}07 \\ 1{,}07 \\ 1{,}07 \end{Bmatrix}^2 + \begin{Bmatrix} 0{,}6 \\ 0{,}44 \\ 0{,}16 \end{Bmatrix}^2} = \begin{Bmatrix} 7{,}16 \\ 19{,}28 \\ 26{,}32 \end{Bmatrix} \text{ cm}$$

$$\max \Delta U_{3-2(SRSS)} = \sqrt{7{,}05^2 + 2{,}14^2 + 0{,}6^2} = 7{,}37 \text{ cm}$$

$$\max \Delta U_{2-1(SRSS)} = \sqrt{12{,}2^2 + 0^2 + 1{,}04^2} = 12{,}24 \text{ cm}$$

$$\max\{\ddot{U}\}_{SRSS} = \sqrt{\begin{Bmatrix} 0{,}283 \\ 0{,}77 \\ 1{,}05 \end{Bmatrix}^2 + \begin{Bmatrix} 0{,}333 \\ 0{,}333 \\ 0{,}333 \end{Bmatrix}^2 + \begin{Bmatrix} 0{,}333 \\ 0{,}24 \\ 0{,}09 \end{Bmatrix}^2} g = \begin{Bmatrix} 0{,}549 \\ 0{,}87 \\ 1{,}104 \end{Bmatrix} g$$

$$\max\{S\}_{SRSS} = \sqrt{\begin{Bmatrix} 27{,}7 \\ 75{,}5 \\ 103 \end{Bmatrix}^2 + \begin{Bmatrix} 32{,}3 \\ 32{,}3 \\ 32{,}3 \end{Bmatrix}^2 + \begin{Bmatrix} 32{,}3 \\ 23{,}5 \\ 8{,}8 \end{Bmatrix}^2} = \begin{Bmatrix} 53{,}42 \\ 85{,}41 \\ 108{,}3 \end{Bmatrix} \text{ kN}$$

$$\max V_{SRSS} = \sqrt{206{,}2^2 + 32{,}3^2 + 17{,}6^2} = 209{,}26 \text{ kN}$$

9.1.4.3.1 Berechnung mit Ersatzmassen

Die einer Schwingungsform i entsprechende, an der Masse m_j angreifende Erdbebenlast S_{ij} lautet aufgrund der Gleichungen (9.68) und (9.61)

$$S_{ij} = m_j \varphi_{ij} \frac{\{\Phi_i\}^T [m] \{I\}}{\{\Phi_i\}^T [m] \{\Phi_i\}} S_a^{(i)} \tag{9.95}$$

Die Ausführung der Matrizenmultiplikation liefert

$$S_{ij} = m_j \varphi_{ij} \frac{\sum_{j=1}^{n} m_j \varphi_{ij}}{\sum_{j=1}^{n} m_j \varphi_{ij}^2} S_a^{(i)} \tag{9.96}$$

Öfters ist es für die Praxis vorteilhaft, die Gesamterdbebenlast entsprechend einer Eigenform $totS_i$ zu berechnen und diese anschließend auf die einzelnen Massen m_n zu verteilen. Die Gesamterdbebenlast, die der Eigenform i entspricht, lässt sich als Summe der an den einzelnen Massen angreifenden Lasten folgendermaßen ermitteln:

$$totS_i = \sum_{j=1}^{n} m_j \varphi_{ij} \frac{\sum_{j=1}^{n} m_j \varphi_{ij}}{\sum_{j=1}^{n} m_j \varphi_{ij}^2} S_a^{(1)} = m_{e,i} S_a^{(1)} \tag{9.97}$$

Das Verhältnis

$$m_{e,i} = \frac{\left(\sum_{j=1}^{n} m_j \varphi_{ij} \right)^2}{\sum_{j=1}^{n} m_j \varphi_{ij}^2} \tag{9.98}$$

wird als Ersatzmasse bezeichnet und stellt die Masse eines der Eigenform i zugeordneten Ersatz-Einmassenschwingers dar, der die Schwingungszeit T_i und den Dämpfungsgrad ζ_i besitzt (Bild 9.21).

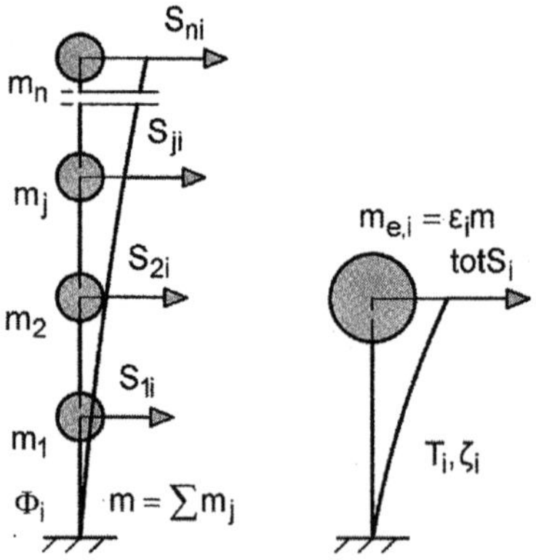

Bild 9.21 Erdbebenberechnung mit Ersatzmassen

Das Verhältnis

$$\varepsilon_i = \frac{m_{e,i}}{m} \tag{9.99}$$

zwischen der Ersatzmasse $m_{e,i}$ und der Gesamtmasse $m = \sum m_j$ wird als der Eigenform i zugeordneter Ersatzmassenfaktor bezeichnet. Es gelten folgende Sätze:

- Je höher die Schwingungsform ist, um so kleiner wird die Ersatzmasse $m_{e,i}$

$$\varepsilon_1 > \varepsilon_2 > \varepsilon_3 > \varepsilon_4 > \ldots > \varepsilon_n \tag{9.100}$$

- Liegen alle Freiheitsgrade des Systems in Richtung der Bodenbeschleunigung, ist die Summe aller Ersatzmassen gleich der Gesamtmasse m des Systems

$$\sum_{i=1}^{n} \varepsilon_i = 1 \tag{9.101}$$

Aufgrund von Gl. (9.99) kann Gl. (9.97) wie folgt umgeschrieben werden:

$$\text{tot}S_i = \varepsilon_i m S_a^{(i)} \tag{9.102}$$

Entsprechend Gl. (9.96) erfolgt die Verteilung der Gesamtlast auf die einzelnen Massen durch den Faktor

$$\lambda_{ij} = \frac{m_j \varphi_{ij}}{\sum m_j \varphi_{ij}} \tag{9.103}$$

Die an der Masse m_j angreifende Erdbebenlast ist also

$$S_{ij} = \lambda_j \varepsilon_i m S_a^{(i)} \tag{9.104}$$

Wie bereits erwähnt, versucht man die dynamische Analyse herkömmlicher Bauwerke auf die ersten drei Eigenformen zu beschränken und höhere Schwingungsformen zu vernachlässigen. Der Hinweis, wie groß die Anzahl der zu berücksichtigenden Eigenformen ist, liefert die Gl. (9.101); ist die Summe z. B. der ersten drei Ersatzmassenfaktoren ungefähr 1,

$$\varepsilon_1 + \varepsilon_2 + \varepsilon_3 \cong 1 \tag{9.105}$$

darf man den Beitrag anderer Eigenformen vernachlässigen.

Beispiel 9.5

Für den Rahmen aus dem Beispiel 9.4 werden die Erdbebenlasten nach dem Ersatzmassenverfahren ermittelt.

Die Eigenvektoren und die Eigenperioden lauten

$$\{\Phi_{D(1)}\} = \begin{Bmatrix} 0{,}268 \\ 0{,}732 \\ 1 \end{Bmatrix}; \quad \{\Phi_{D(2)}\} = \begin{Bmatrix} -1 \\ -1 \\ 1 \end{Bmatrix}; \quad \{\Phi_{D(3)}\} = \begin{Bmatrix} 3{,}732 \\ -2{,}732 \\ 1 \end{Bmatrix}$$

$T_1 = 1{,}0$ s; $T_2 = 0{,}36$ s; $T_3 = 0{,}27$ s

- Grundschwingungsform

Mit

$$\left(\sum_1^3 m_j\varphi_{1j}\right)^2 = (10.0{,}268 + 10.0{,}732 + 10.1)^2 = 400$$

$$\sum m_j\varphi_{1j}^{\ 2} = 10.0{,}268^2 + 10.0{,}732^2 + 10.1^2 = 16{,}07$$

ergibt sich die Ersatzmasse $m_{e,1}$ nach Gl. (9.98)

$$m_{e,1} = \frac{400}{16{,}07} = 24{,}88$$

Der Ersatzmassenfaktor ε_1 beträgt nach Gl. (9.99)

$$\varepsilon_1 = \frac{24{,}88}{30} = 0{,}829$$

Mit

$$S_a^{(1)} = 0{,}85g = 8{,}33 \text{ m/s}^2$$

berechnet sich die Gesamterdbebenlast nach Gl. (9.97) zu

$$\text{tot}S_1 = 0{,}829.30.8{,}33 = 207{,}16 \text{ kN}$$

Die Verteilungsfaktoren und die entsprechenden Erdbebenlasten lauten nach Gl. (9.103) und Gl. (9.104)

$$\lambda_{11} = \frac{10.0{,}268}{10.0{,}268 + 10.0{,}732 + 10.1} = 0{,}134$$

$$\lambda_{12} = \frac{10.0{,}732}{20} = 0{,}366$$

$$\lambda_{13} = \frac{10.1}{20} = 0{,}5$$

$$\sum \lambda_{1j} = 1$$

$$S_{11} = 0{,}134.207{,}16 = 27{,}76 \text{ kN}$$

$$S_{12} = 0{,}366.207{,}16 = 75{,}82 \text{ kN}$$

$$S_{13} = 0{,}5.207{,}16 = 103{,}58 \text{ kN}$$

- 2. Schwingungsform

$$\left(\sum_1^3 m_j\varphi_{2j}\right)^2 = (10(-1) + 10(-1) + 1.10)^2 = 100$$

$$\sum m_j\varphi_{2j}^{\ 2} = 10(-1)^2 + 10(-1)^2 + 10.1^2 = 30$$

$$m_{e,2} = \frac{100}{30} = 3{,}33$$

$$\varepsilon_2 = \frac{3{,}33}{30} = 0{,}111$$

Mit

$$S_a^{(2)} = 1g = 9{,}81 \text{ m/s}^2$$

gilt

$\text{tot}S_2 = 0{,}111.30.9{,}81 = 32{,}66\ \text{kN}$

$$\lambda_{21} = \frac{10(-1)}{10(-1)+10(-1)+10.1} = 1$$

$$\lambda_{22} = \frac{10(-1)}{-10} = 1$$

$$\lambda_{23} = \frac{10.1}{-10} = -1$$

$$\sum \lambda_{2j} = 1$$

$S_{21} = 32{,}66.1 = 32{,}66\ \text{kN}$

$S_{22} = 32{,}66.1 = 32{,}66\ \text{kN}$

$S_{23} = 32{,}66(-1) = -32{,}66\ \text{kN}$

Überprüfung der Bedingung (9.105):

$\varepsilon_1 + \varepsilon_2 = 0{,}94$

Man muss also auch die dritte Schwingungsform berücksichtigen.

- 3. Schwingungsform

$$\left(\sum_1^3 m_j \varphi_{3j}\right)^2 = (10.3{,}73 + 10(-2{,}73) + 10.1)^2 = 400$$

$$\sum m_j \varphi_{3j}^2 = 10.3{,}73^2 + 10(-2{,}73)^2 + 10.1^2 = 223{,}66$$

$$m_{e,3} = \frac{400}{223{,}66} = 1{,}79$$

$$\varepsilon_3 = \frac{1{,}79}{30} = 0{,}06$$

Die maximale Spektralbeschleunigung in der dritten Schwingungsform beträgt

$S_a^{(3)} = 1g = 9{,}81\ \text{m/s}^2$

Somit gilt

$\text{tot}S_3 = 0{,}06.30.9{,}81 = 17{,}66\ \text{kN}$

$$\lambda_{31} = \frac{10.3{,}73}{10.3{,}73 + 10(-2{,}73) + 10.1} = 1{,}86$$

$$\lambda_{32} = \frac{10(-2{,}73)}{20} = -1{,}36$$

$$\lambda_{33} = \frac{10.1}{20} = 0{,}5$$

$$\sum \lambda_{3j} = 1$$

$S_{31} = 17{,}66.1{,}86 = 32{,}84\ \text{kN}$

$S_{32} = 17{,}66(-1{,}36) = -24{,}00\ \text{kN}$

$S_{33} = 17{,}66.0{,}5 = 8{,}83\ \text{kN}$

Die maximale Basis-Querkraft berechnet sich zu

$$\max V_{SRSS} = \sqrt{207{,}16^2 + 32{,}66^2 + 17{,}66^2} = 210{,}46 \text{ kN}$$

9.1.4.4 Systeme mit verteilter Masse

Die Berechnung mit Ersatzmassen von Systemen mit konstanter Massenbelegung verläuft in denselben Schritten wie bei diskreten Systemen.

Die Gesamterdbebenlast $\text{tot}S_i$ lässt sich nach Gl. (9.97) berechnen

$$\text{tot}S_i = m_{e,i} S_a^{(i)} \tag{9.106}$$

wobei die Ersatzmasse $m_{e,i}$ den Ausdruck erhält

$$m_{e,i} = \frac{L_i^2}{m_i} \tag{9.107}$$

Der Ersatzmassenfaktor $\bar{\varepsilon}_i$ berechnet sich wie folgt:

$$\bar{\varepsilon}_i = \frac{m_{e,i}}{m} = \frac{m_{e,i}}{\mu l} \tag{9.108}$$

Die Verteilung der Gesamtlast auf die Höhe des Tragwerks erfolgt durch eine Verteilungsfunktion in folgender Form [9.8]:

$$\lambda_i(\xi) = \frac{\Phi_i(\xi)}{L_i}\mu \tag{9.109}$$

Die maximale dynamische Last der i -ten Eigenform lautet

$$\max S_i(\xi) = \lambda_i(\xi) m \bar{\varepsilon}_i S_a^{(i)} \tag{9.110}$$

Die Schnittgrößen des Biege-Schub-Gesamtstabs (Querkraft und Biegemoment) können entweder aus einer statischen Berechnung unter Ansatz der maximalen effektiven Horizontallast nach Gl. (9.110) oder mit Hilfe folgender Beziehungen ermittelt werden:

Das maximale Biegemoment $M_{B,i}(\xi)$:

$$\max M_{B,i}(\xi) = \frac{EI}{l^2}\Phi_i(\xi)\frac{L_i}{m_i\omega_i^2}S_a^{(i)} \tag{9.111}$$

Für das Basismoment $M_{B,i}(0)$ ($\xi = 0$) beträgt die Funktion $\Phi_i(0)$

$$\Phi_i(0) = \varepsilon_i^2 + \lambda_i^2 \tag{9.112}$$

Die maximale Schubkraft in einer Wandscheibe $\max Q_{B,i}(\xi)$ beträgt

$$\max Q_{B,i}(\xi) = \frac{EI}{l^3}\Phi_i(\xi)\frac{L_i}{m_i}S_d^{(i)} \tag{9.113}$$

Für $\xi = 0$ ergibt sich die maximale Basisschubkraft $\max Q_{B,i}(0)$. Die dazu entsprechende Funktion $\Phi_i(0)$ lässt sich wie folgt berechnen:

$$\Phi_i(0) = -C_i\left(\varepsilon_i^2 + \lambda_i^2\right) \tag{9.114}$$

wobei

$$C_i = \frac{\sinh \varepsilon_i - \frac{\varepsilon_i}{\lambda_i} \sin \lambda_i}{\cosh \varepsilon_i + \left(\frac{\varepsilon_i}{\lambda_i} \right)^2 \cos \lambda_i} \tag{9.115}$$

Die maximale Querkraft eines Rahmentragwerks ist

$$\max Q_{s,i}(\xi) = \frac{GA_s}{l} \frac{L_i}{m_i} \Phi_i(\xi) S_d^{(i)} \tag{9.116}$$

In den Gl. (9.107), (9.111 - 9.113), (9.116) ist die Größe L_i der Beteiligungsfaktor und die Größe m_i die effektive Masse. Je nach Typ des Ersatzstabs werden diese Größen wie folgt berechnet:

- Biege-Schub-Gesamtersatzstab ($30 > \chi > 1$)

$$L_i = \mu l \left(\frac{1}{\varepsilon_i} + \frac{\varepsilon_i}{\lambda_i^2} \right) \tag{9.117}$$

$$m_i = \mu l \frac{1}{2} \left(\frac{\varepsilon_i^2}{\lambda_i^2} + 1 \right) \tag{9.118}$$

Für $\Phi_i, \lambda_i, \varepsilon_i$ gelten die Gleichungen (8.150) bis (8.152)

- Reiner Biegebalken ($\chi \leq 1$)

Der Beteiligungsfaktor der Grundschwingungsform L_1 beträgt

$$L_1 = 0{,}783 \mu l \tag{9.119}$$

Für die höheren Eigenformen gilt

$$L_i = \frac{2}{\lambda_i} \mu l \tag{9.120}$$

$$m_i = \mu l \tag{9.121}$$

$\Phi_i(\xi)$ berechnet sich nach Gl. (8.154)

- Reiner Schubbalken ($\chi \geq 30$)

$$L_i = \mu l \frac{2}{(2i-1)\pi} \tag{9.122}$$

$$m_i = \frac{\mu l}{2} \tag{9.123}$$

Für $\Phi_i(\xi)$ gilt Gl. (8.156)

Beispiel 9.6

Für das Tragwerk im Beispiel 8.9 mit einem Dämpfungsgrad von $\zeta = 5\ \%$ werden die maximale Gesamtschubkraft $\mathrm{tot}S_i$ und das maximale Biegemoment $\max M_B(0)$ unter Erdbebeneinwirkungen nach dem Antwortspektrum im Bild 9.19 ermittelt.

- Grundschwingungsform

$T_1 = 1{,}23\ \text{s};\ \varepsilon_1 = 3{,}63\ ;\ \lambda_1 = 1{,}90\ ;\ \chi = 3{,}1$

Nach Gl. (9.117) beträgt der Beteiligungsfaktor

$$L_1 = 12.27\left(\frac{1}{3{,}63} + \frac{3{,}63}{1{,}9^2}\right) = 411{,}4$$

Die effektive Masse berechnet sich nach Gl. (9.118) zu

$$m_1 = 12.27\frac{1}{2}\left(\frac{3{,}63^2}{1{,}9^2} + 1\right) = 753{,}30\ \text{kNs}^2/\text{m}$$

Für $T_1 = 1{,}23$ s ergibt sich der Spektralwert der Beschleunigung zu

$$S_a^{(1)} = 0{,}7g = 6{,}87\ \text{m/s}^2$$

Mit

$$m_{e,1} = \frac{411{,}4^2}{753{,}3} = 224\ \text{kNs}^2/\text{m}$$

ergibt sich

$$\mathrm{tot}S_1 = 224.6{,}87 = 1538{,}88\ \text{kN}$$

Das maximale Biegemoment beträgt nach Gl. (9.111) und (9.112)

$$\max M_{B,1}(0) = \frac{3.10^7.116{,}35.10^{-3}}{27^2}(3{,}63^2 + 1{,}9^2)\frac{411{,}4}{753{,}3.5{,}11^2}6{,}87 = 1{,}15.10^4\ \text{kNm}$$

- 2. Schwingungsform

$T_2 = 0{,}3\ \text{s};\ \varepsilon_2 = 5{,}74\ ;\ \lambda_2 = 4{,}83$

$$L_2 = 12.27\left(\frac{1}{5{,}74} + \frac{5{,}74}{4{,}83^2}\right) = 136{,}1$$

$$m_2 = 12.27\frac{1}{2}\left(\frac{5{,}74^2}{4{,}83^2} + 1\right) = 390{,}8\ \text{kNs}^2/\text{m}$$

$$S_a^{(2)} = 1g = 9{,}81\ \text{m/s}^2$$

$$m_{e,2} = \frac{136{,}1^2}{390{,}8} = 47{,}39\ \text{kNs}^2/\text{m}$$

$$\mathrm{tot}S_2 = 47{,}39.9{,}81 = 464{,}90\ \text{kN}$$

$$\max M_{B,2}(0) = \frac{3.10^7.116{,}35.10^{-3}}{27^2}(5{,}74^2 + 4{,}83^2)\frac{136{,}1}{390{,}8.20{,}53^2}9{,}81 = 0{,}22.10^4\ \text{kNm}$$

- 3. Schwingungsform

$T_3 = 0{,}128$ s; $\varepsilon_3 = 6{,}22$; $\lambda_3 = 5{,}4$

$$L_3 = 12.27\left(\frac{1}{6{,}22} + \frac{6{,}22}{5{,}4^2}\right) = 120{,}95$$

$$m_3 = 12.27\frac{1}{2}\left(\frac{6{,}22^2}{5{,}4^2} + 1\right) = 376{,}9 \text{ kNs}^2/\text{m}$$

$$S_a^{(3)} = 0{,}5g = 4{,}9 \text{ m/s}^2$$

$$m_{e,3} = \frac{120{,}95^2}{376{,}9} = 38{,}8 \text{ kNs}^2/\text{m}$$

$$\text{tot}S_3 = 38{,}8.4{,}9 = 190{,}12 \text{ kN}$$

$$\max M_{B,3}(0) = \frac{3.10^7.116{,}35.10^{-3}}{27^2}(6{,}22^2 + 5{,}4^2)\frac{120{,}95}{376{,}9.49{,}6^2}4{,}9 = 0{,}021.10^4 \text{ kNm}$$

Als Kontrolle dafür, dass die Anzahl der berücksichtigten Eigenformen ausreicht, dient die Gl. (9.101).

$$\sum_{i=1}^{3}\varepsilon_i = \frac{1}{\mu l}\left(\sum_{i=1}^{3} m_{e,i}\right) = \frac{1}{12.27}(224 + 47{,}39 + 38{,}8) = 0{,}96 \cong 1$$

Höhere Schwingungsformen können vernachlässigt werden. Die Gesamtschnittgrößen ergeben sich aus quadratischer Überlagerung.

$$\text{tot}V_{SRSS} = \sqrt{1538{,}88^2 + 464{,}9^2 + 190{,}12^2} = 1618{,}77 \text{ kN}$$

$$\max M_B(0)_{SRSS} = \sqrt{(1{,}15^2 + 0{,}22^2 + 0{,}021^2)10^8} = 1{,}17.10^4 \text{ kNm}$$

9.2 Zeitverlaufverfahren

Unter Zeitverlaufverfahren ist im Allgemeinen ein Zeitintegrationsvorgang der Bewegungsgleichung eines dynamischen Systems zu verstehen, dem ein gemessener Zeitverlauf einer Erregung zugrunde liegt und als Ergebnis einen Zeitverlauf der Antwortgrößen hat. Für den Lastfall Erdbeben wird in der Regel als Erregung der gemessene oder künstlich generierte Zeitverlauf der Bodenbeschleunigung $\ddot{U}_b(t)$ gewählt. Für linear elastische Systeme wird häufig die Zeitverlauf-Analyse mit Hilfe von Duhamel-Integralen durchgeführt (siehe Abschnitt 7.6.1). Es stehen aber auch numerische Verfahren zur Verfügung, die beliebige Systemeigenschaften berücksichtigen können. Sie werden insbesondere für die Berechnung von Systemen mit nichtlinearem Verhalten vorteilhaft eingesetzt. Zwei baudynamisch spezifische numerische Verfahren, das ß-Verfahren von Newmark und das Wilson-Θ-Verfahren sind im Abschnitt 7.6.2 erläutert worden. Im Folgenden werden diese Verfahren auf Ein- und Mehrmassensysteme unter Erdbebenbeanspruchung erweitert.

9.2.1 Einmassensysteme

Mit der Belastungsfunktion aus Erdbeben

$$P(t) = -m\ddot{U}_b \tag{9.124}$$

wird die Bewegungsgleichung (7.80) zu

$$\ddot{U}_{k+1} + 2\zeta\omega\dot{U}_{k+1} + \omega^2 U_{k+1} = -\ddot{U}_{b,k+1} \tag{9.125}$$

und die Rekursionsformel für die Lösung nach dem ß-Verfahren von Newmark nach Gl. 7.87 lautet

$$\begin{bmatrix} U_{k+1} \\ \dot{U}_{k+1} \\ \ddot{U}_{k+1} \end{bmatrix} = D_N \begin{bmatrix} U_k \\ \dot{U}_k \\ \ddot{U}_k \end{bmatrix} + H_N^{EB} \ddot{U}_{b,k+1} \tag{9.126}$$

Die Matrix D_N bleibt unverändert (Gl. 7.87a), während für die Matrix H_N^{EB} gilt

$$H_N^{EB} = -\left(\frac{1}{ß}\right) \begin{bmatrix} \alpha(\Delta t)^2 \\ \delta\Delta t \\ 1 \end{bmatrix} \tag{9.126a}$$

Im Wilson-Θ-Verfahren führt die Einführung der Belastungsfunktion (9.124) zu der gleichen Gleichung wie die Gl. (9.126), wobei die Matrix D_N durch die Matrix D_W nach Gl. (7.101a) und die Matrix H_N^{EB} durch die Matrix

$$H_W^{EB} = -\left(\frac{1}{ß}\right) \begin{bmatrix} \frac{1}{6}\Theta^2(\Delta t)^2 \\ \frac{1}{2}\Theta\Delta t \\ 1 \end{bmatrix} \tag{9.127}$$

ersetzt werden.

In Gl. (9.126) stellt $\ddot{U}_{b,k+1}$ den Wert der Erdbebenbeschleunigung zum Zeitpunkt t_{k+1} dar. Zur Berechnung der Beschleunigungswerte für alle Zeitschritte wird das Seismogramm diskretisiert. Zuerst werden die Umkehrpunkte des Seismogrammes, beginnend mit 0, durchnummeriert und der Verlauf der Beschleunigung zwischen den Umkehrpunkten geradlinig angenähert (Bild 9.22a). Sind die Beschleunigungswerte am Anfang und am Ende des Zeitintervalls Δt, $\ddot{U}_{b,k}$ und $\ddot{U}_{b,k+1}$, bekannt, so gilt für den Wert der Beschleunigung für einen dazwischen liegenden Zeitpunkt t (siehe auch Abschnitt 7.6.2.1) (Bild 9.22b)

$$\ddot{U}_b(t) = \ddot{U}_{b,k} + \left[\frac{\ddot{U}_{b,k+1} - \ddot{U}_{b,k}}{t_{k+1} - t_k}\right](t - t_k)$$

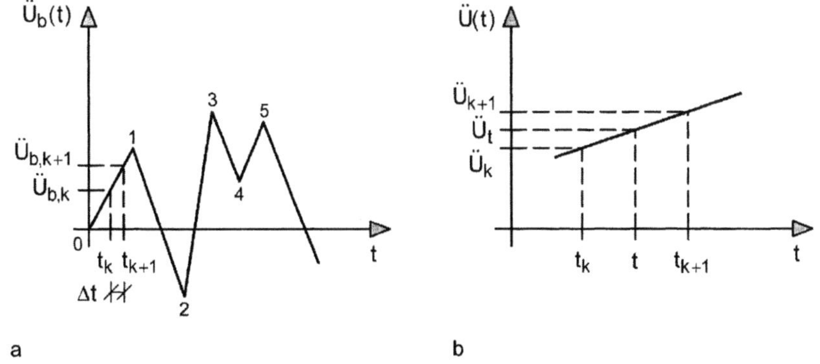

Bild 9.22 Zeitverlauf einer Erdbebenbeschleunigungsfunktion
a) Diskretisierung der Beschleunigungsfunktion
b) Beschleunigungsverlauf im Zeitintervall Δt

Beispiel 9.7

Für den Einmassenschwinger vom Bild 9.23a mit der Masse $m = 10$ kNs²/m, dem Dämpfungsgrad $\zeta = 5$ % und der Periode $T = 1$ s ist die Antwort unter einer Fußpunkterregung zu ermitteln, die von einem bilinearen Beschleunigungsverlauf aus dem Bild 9.23b mit den Werten

$$\ddot{U}_b(t) = \begin{cases} 5gt & \\ g - 5gt & \end{cases} \text{für} \quad \begin{matrix} (0 < t < 0{,}1) \\ (0{,}1 < t < 0{,}2) \end{matrix} \quad \text{s}$$

beschrieben wird.

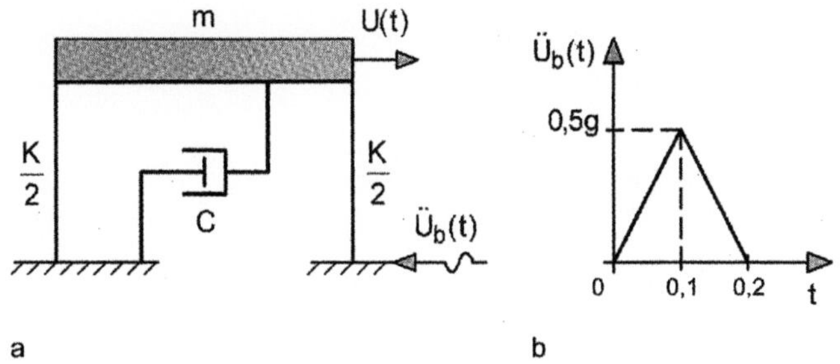

Bild 9.23 Einmassenschwinger unter Fußpunkterregung
a) Dynamische Modellierung
b) Beschleunigungsverlauf

Die Eigenkreisfrequenz des Einmassenschwingers beträgt

$$\omega = \frac{2\pi}{T} = \frac{6{,}28}{1} = 6{,}28 \ \text{rad/s}$$

Die Antwort wird mit dem ß-Verfahren von Newmark mit $\alpha = \frac{1}{4}$ und $\delta = \frac{1}{2}$ (konstante Mittelbeschleunigung) berechnet. Dafür wird ein Zeitinkrement von $\Delta t = 0{,}02$ s gewählt.

Aus den Gleichungen (7.83a) und (7.83b) lassen sich die Werte ß , bzw. γ berechnen.

$$ß = 1 + 2.0{,}05.6{,}28\frac{1}{2}0{,}02 + 6{,}28^2\frac{1}{4}0{,}02^2 = 1{,}0102$$

$$\gamma = 2.0{,}05.6{,}28\left(1-\frac{1}{2}\right)0{,}02 + 6{,}28^2\left(\frac{1}{2}-\frac{1}{4}\right)0{,}02^2 = 0{,}0102$$

Anschließend werden die Ausdrücke (7.86a-f) gerechnet.

$$A = -6{,}28^2\frac{1}{2}0{,}02 = -0{,}3940$$

$$B = 1{,}0102 - 2.0{,}05.6{,}28\frac{1}{2}0{,}02 - 6{,}28^2\frac{1}{2}0{,}02^2 = 0{,}9958$$

$$C = 1{,}0102.0{,}02 - \frac{1}{2}(1{,}0102 + 0{,}0102)0{,}02 = 0{,}010$$

$$D = 1{,}0102 - 6{,}28^2\frac{1}{4}0{,}02^2 = 1{,}006$$

$$E = 1{,}0102.0{,}02 - 2.0{,}05.6{,}28\frac{1}{4}0{,}02^2 - 6{,}28\frac{1}{4}0{,}02^3 = 0{,}0201$$

$$F = \frac{1}{2}1{,}0102.0{,}02^2 - \frac{1}{4}(1{,}0102 + 0{,}0102)0{,}02^2 = 0{,}0001$$

Mit

$$\omega^2 = 39{,}4384$$

$$-2\zeta\omega - \omega^2\Delta t = -2.0{,}05.6{,}28 - 6{,}28^2 0{,}02 = -1{,}416$$

und den Komponenten der Matrix H_N^{EB} nach Gl. (9.126a)

$$\alpha(\Delta t)^2 = \frac{1}{4}0{,}02^2 = 0{,}0001$$

$$\delta\Delta t = \frac{1}{2}0{,}02 = 0{,}01$$

lauten die Matrizen D_N und H_N^{EB}

$$D_N = \begin{bmatrix} 0{,}9958 & 0{,}0199 & 9{,}9.10^{-5} \\ -0{,}39 & 0{,}9858 & 9{,}9.10^{-3} \\ -39{,}04 & -1{,}4017 & -0{,}0101 \end{bmatrix}$$

$$H_N^{EB} = \begin{bmatrix} -9{,}9.10^{-5} \\ -9{,}9.10^{-3} \\ -0{,}9899 \end{bmatrix}$$

Die Anfangsbedingungen sind $U_o = \dot{U}_o = 0$. Es folgt $\ddot{U}_o = 0$ und aus dem Bild 9.23b $\ddot{U}_{b,o} = 0$.

Für den ersten Zeitschritt $\Delta t = 0{,}02$ s beträgt die Bodenbeschleunigung $\ddot{U}_{b,1} = 0{,}02.5g = 0{,}98$ m/s². Dementsprechend lautet die Gl. (9.126)

$$\begin{Bmatrix} U_1 \\ \dot{U}_1 \\ \ddot{U}_1 \end{Bmatrix} = \begin{bmatrix} 0{,}9958 & 0{,}0199 & 9{,}9.10^{-5} \\ -0{,}39 & 0{,}9858 & 9{,}9.10^{-3} \\ -39{,}04 & -1{,}4017 & -0{,}0101 \end{bmatrix} \begin{Bmatrix} 0 \\ 0 \\ 0 \end{Bmatrix} + \begin{bmatrix} -9{,}9.10^{-5} \\ -9{,}9.10^{-3} \\ -0{,}9899 \end{bmatrix} 0{,}98 = \begin{Bmatrix} -9{,}7.10^{-5} \\ -9{,}7.10^{-3} \\ -0{,}97 \end{Bmatrix}$$

Für den zweiten Schritt beträgt die Bodenbeschleunigung $\ddot{U}_{b,2} = 0{,}04.5g = 1{,}96$ m/s², und die Lösung der Antwort lautet

$$\begin{Bmatrix} U_2 \\ \dot{U}_2 \\ \ddot{U}_2 \end{Bmatrix} = \begin{bmatrix} 0{,}9958 & 0{,}0199 & 9{,}9.10^{-5} \\ -0{,}39 & 0{,}9858 & 9{,}9.10^{-3} \\ -39{,}04 & -1{,}4017 & -0{,}0101 \end{bmatrix} \begin{Bmatrix} -9{,}7.10^{-5} \\ -9{,}7.10^{-3} \\ -0{,}97 \end{Bmatrix} + \begin{bmatrix} -9{,}9.10^{-5} \\ -9{,}9.10^{-3} \\ -0{,}9899 \end{bmatrix} 1{,}96 = \begin{Bmatrix} -4{,}83.10^{-4} \\ -25{,}17.10^{-3} \\ -1{,}91 \end{Bmatrix}$$

Die absolute Massenbeschleunigung beträgt

$$\ddot{y}_k = \ddot{U}_k + \ddot{U}_{b,k}$$

Daraus folgt

$$\ddot{y}_1 = -0{,}97 + 0{,}98 = 0{,}01 \ \text{m/s}^2$$

$$\ddot{y}_2 = -1{,}91 + 1{,}96 = 0{,}05 \ \text{m/s}^2$$

usw.

Beispiel 9.8

Die Antwort des Einmassenschwingers aus dem Bild 9.23a infolge einer impulsartigen Beschleunigung mit dem Zeitverlauf vom Bild 9.23b wird mit Hilfe des Wilson- Θ -Verfahrens berechnet. Es werden ein Zeitintervall von $\Delta t = \frac{T}{10} = 0{,}02$ s und ein $\Theta = 1{,}40$ gewählt.

Zunächst werden die Werte ß und γ nach den Gleichungen (7.92a-b) berechnet.

$$ß = 1 + 0{,}05.6{,}28.1{,}4.0{,}02 + \frac{1}{6} 6{,}28^2 1{,}4^2 0{,}02^2 = 1{,}0139$$

$$\gamma = 0{,}05.6{,}28.1{,}4.0{,}02 + \frac{1}{3} 6{,}28^2 1{,}4^2 0{,}02^2 = 0{,}0191$$

Die Komponenten der Matrix D_W in Gl. (7.101a) betragen nach den Gleichungen (7.100a-j)

$$A = 6{,}28^2 = 39{,}438$$

$$B = 2.0{,}05.6{,}28 + 6{,}28^2 0{,}02 = 1{,}417$$

$$C = \frac{1{,}0139.1{,}4 - 1{,}4 - 0{,}0191 - 1{,}0139 + 1}{1{,}4} = -9{,}67.10^{-3}$$

$$D = \frac{1}{2} 6{,}28^2 1{,}4.0{,}02 = 0{,}552$$

$$E = 1{,}0139 - 0{,}05.6{,}28.1{,}4.0{,}02 - \frac{1}{2} 6{,}28^2 1{,}4.0{,}02^2 = 0{,}994$$

$$F = \frac{1}{2}(1{,}0139 - 1{,}4 - 0{,}0191 + 1) 0{,}02 = 0{,}0059$$

$$G = 1{,}0139 - \frac{1}{6} 6{,}28^2 1{,}4^2 0{,}02^2 = 1{,}0087$$

$$H = 1{,}0139.0{,}02 - \frac{1}{3}0{,}05.6{,}28.1{,}4^2 0{,}02^2 - \frac{1}{6}6{,}28^2 1{,}4^2 0{,}02^3 = 0{,}0201$$

$$J = \frac{1}{6}(2.1{,}0139 - 1{,}4 - 0{,}0191 + 1)1{,}4.0{,}02^2 = 1{,}5.10^{-4}$$

Daraus folgt

$$D_W = \begin{bmatrix} 0{,}9949 & 0{,}0198 & 1{,}48.10^{-4} \\ -0{,}544 & 0{,}9803 & 5{,}86.10^{-3} \\ -38{,}89 & -1{,}397 & -9{,}53.10^{-3} \end{bmatrix}$$

Die Matrix H_W^{EB} ist nach Gl. (9.127)

$$H_W^{EB} = -\left(\frac{1}{1{,}0139}\right)\begin{bmatrix} \frac{1}{6}1{,}4^2 0{,}02^2 \\ \frac{1}{2}1{,}4.0{,}02 \\ 1 \end{bmatrix} = \begin{bmatrix} -1{,}288.10^{-4} \\ -0{,}0138 \\ -0{,}986 \end{bmatrix}$$

Mit den Anfangsbedingungen $U_o = \dot{U}_o = \ddot{U}_o$ und $\ddot{U}_{b,1} = 0{,}1g = 0{,}98$ m/s² lautet die Bewegungsgleichung des Einmassenschwingers für den ersten Schritt des Verfahrens

$$\begin{Bmatrix} U_1 \\ \dot{U}_1 \\ \ddot{U}_1 \end{Bmatrix} = \begin{bmatrix} 0{,}9949 & 0{,}0198 & 1{,}48.10^{-4} \\ -0{,}544 & 0{,}9803 & 5{,}86.10^{-3} \\ -38{,}89 & -1{,}397 & -9{,}53.10^{-3} \end{bmatrix}\begin{Bmatrix} 0 \\ 0 \\ 0 \end{Bmatrix} + \begin{bmatrix} -1{,}288.10^{-4} \\ -0{,}0138 \\ -0{,}986 \end{bmatrix} 0{,}98 = \begin{Bmatrix} -1{,}254.10^{-4} \\ -0{,}0135 \\ -0{,}966 \end{Bmatrix}$$

Für $t_2 = 2\Delta t = 0{,}04$ s und $\ddot{U}_{b,2} = 0{,}2g = 1{,}96$ m/s² gilt

$$\begin{Bmatrix} U_2 \\ \dot{U}_2 \\ \ddot{U}_2 \end{Bmatrix} = \begin{bmatrix} 0{,}9949 & 0{,}0198 & 1{,}48.10^{-4} \\ -0{,}544 & 0{,}9803 & 5{,}86.10^{-3} \\ -38{,}89 & -1{,}397 & -9{,}53.10^{-3} \end{bmatrix}\begin{Bmatrix} -1{,}254.10^{-4} \\ -0{,}0135 \\ -0{,}966 \end{Bmatrix} + \begin{bmatrix} -1{,}288.10^{-4} \\ -0{,}0138 \\ -0{,}986 \end{bmatrix} 1{,}96 = \begin{Bmatrix} -3{,}77.10^{-4} \\ -0{,}0458 \\ -1{,}966 \end{Bmatrix}$$

Die absoluten Massenbeschleunigungen betragen

$\ddot{y}_1 = -0{,}966 + 0{,}98 = 0{,}014$ m/s²

$\ddot{y}_2 = -1{,}966 + 1{,}96 = -0{,}006$ m/s²

usw.

9.2.1.1 Systeme mit nichtlinearem Verhalten

Die numerische Lösung nach dem ß-Verfahren von Newmark für den allgemeinen Fall eines Einmassenschwingers mit nichtlinearen Eigenschaften ist in Abschnitt 7.10.2 behandelt worden. Wird als Belastung ein Erdbebenakzellerogramm $\ddot{U}_b(t)$ angenommen, erhält die Lösung nach Gl. (7.145) folgende Form:

$$q_{k+1} = D_N^n q_k + H_N^{nEB}\ddot{U}_{b,k+1} - H_N^{nEB}\ddot{U}_{b,k} \tag{9.128}$$

mit

$$H_N^{nEB} = -\left(\frac{m}{ß}\right)\begin{bmatrix}\alpha(\Delta t)^2 \\ \delta\Delta t \\ 1\end{bmatrix} \tag{9.128a}$$

Die Matrix D_N^n und ß aus den Gleichungen (7.144a) und (7.140) enthalten die inkrementale Steifigkeit K_s, die sich zu jedem Zeitschritt ändert. Folglich ändert sich die Matrix mit jedem Zeitinkrement und die Beschleunigung muss am Anfang und am Ende jedes Schrittes einbezogen werden. Je nach Kennlinienverlauf kann die inkrementale Steifigkeit K_s auch negative Werte annehmen.

9.2.2 Mehrmassensysteme

Für einen Mehrmassenschwinger unter Erdbebenbelastung lässt sich die numerische Lösung nach dem ß-Verfahren von Newmark (Gl. (8.79)) wie folgt umschreiben:

$$\{q_{k+1}\} = [D_N]\{q_k\} + \left[H_N^{EB}\right]\{\ddot{U}_{b,k+1}\} \tag{9.129}$$

mit

$$\left[H_N^{EB}\right] = \begin{bmatrix}\alpha[B]^{-1}[m](\Delta t)^2 \\ \delta[B]^{-1}[m](\Delta t) \\ [B]^{-1}[m]\end{bmatrix} \tag{9.129a}$$

Analog ändert sich die Gl. (8.79), welche die Lösung in der Wilsonschen Fassung angibt.

$$\{q_{k+1}\} = [D_W]\{q_k\} + \left[H_W^{EB}\right]\{\ddot{U}_{b,k+1}\} \tag{9.130}$$

mit

$$\left[H_W^{EB}\right] = \begin{bmatrix}\frac{1}{6}[B]^{-1}[m]\Theta^2(\Delta t)^2 \\ \frac{1}{2}[B]^{-1}[m]\Theta(\Delta t) \\ [B]^{-1}[m]\end{bmatrix} \tag{9.130a}$$

Die Matrizen $[D_N]$ und $[D_W]$ bleiben unverändert.

Die Rekursionsformel nach den Gleichungen (9.129) und (9.130) liefern die Verschiebungs-, Geschwindigkeits- und Beschleunigungsvektoren für jeden diskreten Zeitpunkt t_k. Die Vektoren der maximalen relativen Verschiebungen, relativen Geschwindigkeiten und absoluten Beschleunigungen der n Massen werden wie folgt definiert:

$$\max\{U(t)\} = \begin{matrix}\max \\ (t)\end{matrix} \begin{Bmatrix} U_1(t) \\ U_2(t) \\ \vdots \\ U_n(t) \end{Bmatrix} = \begin{Bmatrix} \max\{U_{1k}\} \\ \max\{U_{2k}\} \\ \vdots \\ \max\{U_{nk}\} \end{Bmatrix} \tag{9.131}$$

$$\max\{\dot{U}(t)\} = \begin{matrix}\max \\ (t)\end{matrix} \begin{Bmatrix} \dot{U}_1(t) \\ \dot{U}_2(t) \\ \vdots \\ \dot{U}_n(t) \end{Bmatrix} = \begin{Bmatrix} \max\{\dot{U}_{1k}\} \\ \max\{\dot{U}_{2k}\} \\ \vdots \\ \max\{\dot{U}_{nk}\} \end{Bmatrix} \tag{9.132}$$

$$\max\{\ddot{U}(t) + \ddot{U}_b(t)\} = \max\{\ddot{y}(t)\} = \begin{Bmatrix} \max\{\ddot{y}_{1k}\} \\ \max\{\ddot{y}_{2k}\} \\ \vdots \\ \max\{\ddot{y}_{nk}\} \end{Bmatrix} \tag{9.133}$$

Die maximale Antwort der Massen $1,2,3,\ldots,n$ tritt in der Regel zu unterschiedlichen Zeitpunkten auf. Demzufolge kann die maximale relative Verschiebung zwischen zwei Geschossen nur grob als Differenz zwischen den zwei maximalen Verschiebungen abgeschätzt werden.

Die Geschoss-Erdbebenlast wird aus dem Produkt zwischen der Masse und der absoluten Beschleunigung gerechnet.

$$\{S(t)\} = [m]\{\ddot{y}(t)\} = [m][\{\ddot{U}(t)\} + \{\ddot{U}_b(t)\}] = -[K]\{U(t)\} - [C]\{\dot{U}(t)\} \tag{9.134}$$

Die maximale Erdbebenlast für unterschiedliche Geschosse findet zu unterschiedlichen Zeitschritten statt. Die Basis-Querkraft setzt sich aus der Summe der Trägheitskräfte $S(t)$ aller Massen zu jedem Zeitpunkt zusammen.

$$V(t) = -\{I\}^T\{S(t)\} = -\{I\}^T[m]\{\ddot{y}(t)\} \tag{9.135}$$

Die maximale Basis-Querkraft zum Zeitpunkt t_k ist

$$\max V(t) = \begin{matrix}\max \\ k\end{matrix} \left[\{I\}^T[m]\{\ddot{y}_k\}\right] \tag{9.136}$$

9.2.2.1 Systeme mit nichtlinearem Verhalten

Für die Belastungsfunktion aus Erdbeben von nichtlinearen Mehrmassensystemen nimmt die im Abschnitt 8.2.4 kurzgefasste algorithmische Lösung nach dem ß-Verfahren von Newmark (Gl. (8.144)) folgende Form:

$$\{q_{k+1}\} = [D_N^n]\{q_k\} + [H_N^{nEB}]\{\ddot{U}_{b,k+1}\} - [H_N^{nEB}]\{\ddot{U}_{b,k}\} \tag{9.137}$$

mit

$$[H_N^{nEB}] = \begin{bmatrix} \alpha[B]^{-1}[m](\Delta t)^2 \\ \delta[B]^{-1}[m]\Delta t \\ [B]^{-1}[m] \end{bmatrix} \tag{9.137a}$$

Die Matrix $\left[D_N^n\right]$ behält die Form gemäß Gl. (8.145a). Beide Matrizen $\left[D_N^n\right]$ und $\left[H_N^{nEB}\right]$ sind aber über K_s zeitabhängig und müssen in jedem Zeitschritt neu gerechnet werden.

Die Annahme eines konstanten Beschleunigungsverlaufs führt zu erheblichen Vereinfachungen. Die Matrix $\left[H_N^{nEB}\right]$ in Gl. (9.137a) wird zu

$$\left[H_N^{nEB}\right]=\begin{bmatrix} 0 \\ 0 \\ -\{I\} \end{bmatrix} \tag{9.138}$$

10 Bewegungsenergie und Tragwerk

10.1 Energieprinzipien

Es wird der Einmassenschwinger vom Bild 10.1a betrachtet. Zur statischen Auslenkung der Masse m um den Betrag U ist eine Kraft P notwendig, die gleich der in der Feder K hervorgerufenen Rückstellkraft $P_e = KU$ ist. Die Gleichgewichtsbedingung lautet

$$\sum H = 0 \rightarrow P - KU = 0 \tag{10.1}$$

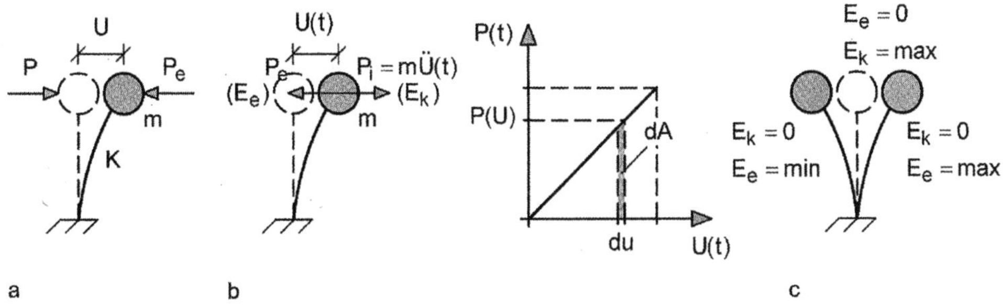

Bild 10.1 Verformungsverhalten eines Einmassenschwingers
a) Statisches Kräftegleichgewicht
b) Dynamisches Kräftegleichgewicht und Kraft-Verschiebungsdiagramm
c) Energiegleichgewicht

Multipliziert man die Gl. (10.1) mit einer willkürlichen Funktion, z. B. δu, ergibt sich

$$(P - KU)\delta u = 0 \tag{10.2}$$

Die Gl. (10.2) ist vollkommen gleichwertig der Gl. (10.1); wählt man $\delta u \neq 0$, folgt $P - KU = 0$, nach Gl. (10.1). Deutet man die Größe δu als eine unendlich kleine Verrückung, so stellt der Ausdruck $(P - KU)\delta u$ die Arbeit δA dar, die von den Kräften P und KU bei der gedachten Verschiebung geleistet wird. Man kann die Gleichgewichtsbedingung (10.1) folgendermaßen definieren: Bei einem System in Gleichgewicht ist die Arbeit bei unendlich kleiner Verschiebung des Systems gleich null, $\delta A = 0$. Gl. (10.2) stellt den einfachsten Fall des sog. „Prinzips der virtuellen Verschiebungen" dar [10.34].

Bei einer kleinen Vergrößerung der Verschiebung, Udu, leistet die Rückstellkraft die Arbeit KUdu. Für den Betrag der Auslenkung U beträgt die Arbeit

$$E_e = \int_0^{U(t)} KU(t)du = \frac{KU^2(t)}{2} \tag{10.3}$$

Diese Arbeit ist als potentielle Energie im System gespeichert. Lässt man anschließend die Masse m los, so versetzt sie die Rückstellkraft in Bewegung, und die potentielle Energie setzt sich in kinetische Energie um. Mit der Geschwindigkeit der Masse $\dot{U}(t)$ beträgt ihre kinetische Energie

$$E_k = \frac{m\dot{U}^2(t)}{2} \tag{10.4}$$

Wird das System als „geschlossen" angenommen, so wird während einer freien Schwingung keine Arbeit von äußeren Kräften geleistet und auch keine Energie zerstreut. Demzufolge bleibt die Summe aus kinetischer und potentieller Energie während der Bewegung konstant.

$$E_k(t) + E_e(t) = E_k(0) + E_e(0) = \text{konst.} \tag{10.5}$$

oder

$$\frac{\partial}{\partial t}(E_k(t) + E_e(t)) = 0 \tag{10.5a}$$

Die Summe der kinetischen und potentiellen Energie stellt die mechanische Energie dar. Die Gl. (10.5) drückt das sog. „Prinzip der Erhaltung der Energie" aus: In einem konservativen System bleibt die gesamte mechanische Energie zu jedem Zeitpunkt der Bewegung konstant.

Durch Einsetzen der Gleichungen (10.3) und (10.4) in Gl. (10.5a) kann die Äquivalenz zwischen dem d' Alembertschen Prinzip und dem Prinzip der Energieerhaltung bewiesen werden.

$$\frac{\partial}{\partial t}\left(\frac{m\dot{U}^2(t)}{2} + \frac{KU^2(t)}{2}\right) = 0$$

$$m\dot{U}\frac{\partial \dot{U}}{\partial t} + KU\frac{\partial U}{\partial t} = 0\,; \quad \frac{\partial \dot{U}}{\partial t} = \ddot{U}(t)\,; \quad \frac{\partial U}{\partial t} = \dot{U}(t)$$

$$m\ddot{U}(t) + KU(t) = 0$$

Die Gl. (10.5) gilt auch für Maximalwerte der Energien E_k und E_e: Wenn die kinetische Energie den maximalen Wert erreicht, ist die potentielle Energie null und umgekehrt (Bild 10.1c).

$$\max E_k = \max E_e\,; \quad \frac{m\dot{U}^2_{max}}{2} = \frac{KU^2_{max}}{2} \tag{10.6}$$

Mit

$$U(t) = U_0 \sin(\omega t + \varphi) \rightarrow \max U(t) = U_0\,;\ (\sin(\omega t + \varphi) = 1)$$

$$\dot{U}(t) = \dot{U}_0 \omega \cos(\omega t + \varphi) \rightarrow \max \dot{U}(t) = \omega U_0\,;\ (\cos(\omega t + \varphi) = 1)$$

wird Gl. (10.6) zu

$$\frac{m\omega^2 {U_0}^2}{2} = \frac{K{U_0}^2}{2} \rightarrow \omega^2 = \frac{K}{m} \tag{10.7}$$

Die Berechnung der Kreisfrequenz ω aus der Gl. (10.7) ist als Rayleigh-Methode bekannt [10.9, 10.25, 10.32, 10.36].

Das Prinzip der Erhaltung der Energie hat eine Äquivalenz mit dem Prinzip von d′ Alembert nur für Systeme mit skleronomen Bedingungsgleichungen [10.34]. Die herkömmlichen mechanischen Systeme sind in der Regel skleronom; ihre Bindungen werden von Funktionen beschrieben, welche die Zeit t nicht explizit als Variable enthalten.

Für bewegliche, nichtkonservative Systeme mit beliebigen Bindungen gilt das Prinzip der stationären Wirkung von Hamilton. Das Hamiltonsche Prinzip ist ein Variationsverfahren, das genau wie das d′ Alembertsche Prinzip eine allgemeine Gültigkeit für alle Klassen von mechanischen Systemen hat. Es lautet: Die Änderung der kinetischen und potentiellen Energie addiert mit der Änderung der von nichtkonservativen Kräften geleisteten Arbeit im Zeitintervall $t_1 - t_2$ muss null sein.

$$\int_{t_1}^{t_2} \delta(E_k + E_e)dt + \int_{t_1}^{t_2} \delta A_{nc} dt = 0 \tag{10.8}$$

wobei

E_k : Gesamte kinetische Energie

E_e : Gesamte potentielle Energie

A_{nc} : Arbeit von nichtkonservativen Kräften, einschließlich Dämpfungs- und Außenkräften

δ : Änderung (Variation) im Zeitintervall $\Delta t = t_2 - t_1$

Das Hamiltonsche Prinzip ist auch für statische Systeme gültig. Mit $E_k = 0$ und zeitlicher Invarianz wird Gl. (10.8) zu

$$\delta(E_e - A_{nc}) = 0 \tag{10.9}$$

Gl. (10.9) ist in der Statik als Prinzip der minimalen potentiellen Energie bekannt. Die Gleichgewichtsbedingungen der Mechanik weisen die bemerkenswerte Eigenschaft auf, dass alle vorkommenden Größen solche Werte annehmen, denen ein Minimalwert der potentiellen Energie entspricht.

Für das einfache System im Bild 10.1 mit nichtkonservativen Kräften $P(t)$ und $P_d = -C\dot{U}(t)$, welche die Arbeit $A_{nc} = P(t)U(t) - C\dot{U}(t)U(t)$ leisten, lautet das Hamiltonsche Prinzip

$$\int_{t_1}^{t_2} \delta\left(\frac{m\dot{U}^2}{2} - \frac{KU^2}{2}\right)dt + \int_{t_1}^{t_2} (P(t)U - C\dot{U}U)dt = 0 \tag{10.10}$$

oder

$$\int_{t_1}^{t_2} (m\dot{U}\delta\dot{u} - C\dot{U}\delta u - KU\delta u + P(t)\delta u)dt = 0 \tag{10.10a}$$

Die partielle Integration des ersten Terms ergibt

$$\int_{t_1}^{t_2} m\dot{U}\delta\dot{u}dt = m\dot{U}\delta u\Big|_{t_1}^{t_2} - \int_{t_1}^{t_2} m\ddot{U}\delta u dt \tag{10.11}$$

Da die Variation δu an den Enden des Zeitintervalls verschwindet, annuliert sich der erste Term in Gl. (10.11) und Gl. (10.10a) wird zu

$$\int_{t_1}^{t_2} (-m\ddot{U} - C\dot{U} - KU + P(t))\delta u dt = 0 \tag{10.12}$$

Die Variation δu ist willkürlich. Deshalb kann die Gl. (10.12) nur erfüllt werden, wenn der Ausdruck zwischen den Klammern null wird.

$$m\ddot{U} + C\dot{U} + KU - P(t) = 0 \tag{10.13}$$

Die Ausdehnung des Hamiltonschen Prinzips von karthesischen auf allgemeine generalisierte Koordinaten führt zu den Lagrangeschen Gleichungen [10.34].

10.2 Energetische Betrachtungen. Energiebilanz

Geht man zum Gedankenkreis des Prinzips der Energieerhaltung über, so kann die Bewegungsgleichung eines schwingenden Gebildes als Ergebnis der Wechselwirkung zwischen den auftretenden Energieformen erfasst werden. Es ist üblich, die energetischen Vorgänge in einem mechanischen System aufgrund einer sog. Energiebilanz zu analysieren. Eine Energiebilanz ist eine Energiegleichung, die sich in der Regel analytisch durch die mathematische Umformulierung der Bewegungsgleichung des Systems herleiten lässt. Die Vorgehensweise wird einfachheitshalber am Beispiel des Einmassenschwingers erläutert [10.16, 10.30].

10.2.1 Freie ungedämpfte Schwingungen

Die Bewegungsgleichung des freien ungedämpften Schwingers lautet nach Gl. (7.3)

$$P_i + P_e = m\ddot{U}(t) + KU(t) = 0 \tag{10.14}$$

Die Arbeit, welche eine Kraft über einen Weg leistet, wird als die Fläche unter der Kraft-Verformungslinie definiert (Bild 10.1b).

$$A = \int dA = \int_{U_o}^{U(t)} P(u)du \tag{10.15}$$

Wird die Gl. (10.14) mit dem Weg „du“ multipliziert und dann jedes Glied für den Weg U_o bis $U(t)$ integriert, so erhält man

$$\int_{U_o}^{U(t)} m\ddot{U}(t)du + \int_{U_o}^{U(t)} KU(t)du = A_k + A_e = 0 \tag{10.16}$$

Für die Auswertung des ersten Integrals in Gl. (10.16) wird als neue Variable die Geschwindigkeit $\dot{U}(t)$ gewählt.

$$\dot{U}(t) = \frac{du}{dt}\,; \quad du = \dot{U}(t)dt$$

$$\ddot{U}(t) = \frac{d\dot{u}(t)}{dt}$$

$$A_k = \int_{U_o}^{U(t)} m\ddot{U}(t)du = \int_{t_o}^{t} m\frac{d\dot{u}(t)}{dt}\dot{U}(t)dt = \int_{\dot{U}_o}^{\dot{U}(t)} m\dot{U}(t)d\dot{u}(t) =$$

$$\left[m\frac{\dot{U}^2(t)}{2}\right]_{\dot{U}_o}^{\dot{U}(t)} = \frac{m\dot{U}^2(t)}{2} - \frac{m\dot{U}_o^2}{2} \tag{10.17}$$

Gl. (10.17) zeigt, dass die von der Trägheitskraft geleistete Arbeit mit der Änderung der kinetischen Energie gleich ist.

Die Auswertung des zweiten Integrals ergibt

$$A_e = \int_{U_o}^{U(t)} KU(t)du = \left[K\frac{U^2(t)}{2} \right]_{U_o}^{U(t)} = \frac{KU^2(t)}{2} - \frac{KU_o^2}{2} \tag{10.18}$$

wobei $\frac{KU^2(t)}{2} = E_e(t)$ die Verformungsenergie zum Zeitpunkt t und $\frac{KU_o^2}{2} = E_e(t_o)$ die Verformungsenergie zum Zeitpunkt t_o bedeutet.

$$A_e = E_e(t) - E_e(t_o) \tag{10.19}$$

Gl. (10.19) besagt, dass die von der elastischen Kraft geleistete Arbeit nur von der Änderung der Verformungsenergie abhängig ist.

Setzt man die Gleichungen (10.17) und (10.18) in Gl. (10.16) ein, so ergibt sich der bekannte Satz der Energieerhaltung.

$$\frac{1}{2}m\dot{U}^2(t) + \frac{1}{2}KU^2(t) = \frac{1}{2}m\dot{U}_o^2 + \frac{1}{2}KU_o^2 \tag{10.20}$$

Die linke Seite der Gl. (10.20) ist die gesamte Energie zum Zeitpunkt t, $E(t)$, und die rechte Seite die gesamte Energie zum Zeitpunkt t_o, $E(t_o)$.

Beispiel 10.1

Der zeitliche Verlauf der Energiebilanz wird anhand eines Beispiels anschaulich erläutert. Dem Einmassenschwinger aus Bild 10.2 mit $m = 1{,}0$ kNs²/m und $T = 1{,}0$ s wird zum Zeitpunkt $t = t_o$ eine Auslenkung $U_o = U(t_o) = 1{,}0$ m eingeprägt. Zu diesem Zeitpunkt ist die Geschwindigkeit $\dot{U}_o = \dot{U}(t_o) = 0$ m/s.

Mit

$$K = m\left(\frac{2\pi}{T}\right)^2 = 1\left(\frac{2.3{,}14}{1}\right) = 39{,}44 \text{ kN/m}$$

ergibt sich

$$E(t_o) = \frac{1}{2}m\dot{U}_o^2 + \frac{1}{2}KU_o^2 = \frac{1}{2}1.0^2 + \frac{1}{2}39{,}44.1^2 \cong 19{,}72 \text{ kNm}$$

Nach der Zeit $\frac{T}{4}$ wird die Verformungsenergie null, und die kinetische Energie hat den gleichen maximalen Wert. Diese Wechselwirkung wiederholt sich nach jeder Viertelperiode, wie die Darstellung in den Bildern 10.2a,b zeigt. Aus Gl. (10.20) gilt

$$E(t) = E(t_o) = 19{,}72 \text{ kNm}$$

Eine wichtige Schlussfolgerung ist, dass die Verformungsenergie und die kinetische Energie zum Zeitpunkt der Ermittlung nur von dem momentanen Wert der Verschiebung, bzw. der Geschwindigkeit bestimmt werden. Sie sind unabhängig vom zeitlichen Verlauf dieser Größen, d. h. sie haben keine Geschichte. Die Gesamtenergie ist ebenso zeitunabhängig; sie ist eine Konstante (Bild 10.2c).

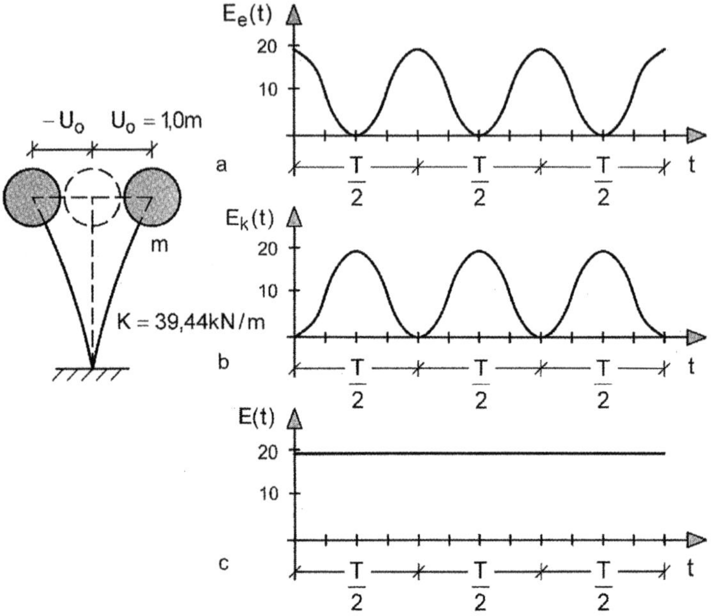

Bild 10.2 Energiebilanz des ungedämpften Schwingers
a) Verformungsenergie
b) Kinetische Energie
c) Gesamtenergie

10.2.2 Freie gedämpfte Schwingungen

Die Arbeit, welche die Dämpfungskraft P_d leistet, während die Masse m sich vom Zeitpunkt t_o bis zum Zeitpunkt t bewegt, ist

$$A_d = \int_{U_o}^{U(t)} P_d du \tag{10.21}$$

oder

$$A_d = \int_{U_o}^{U(t)} C\dot{U}(t)du = \int_{t_o}^{t} C\dot{U}^2(t)dt \tag{10.22}$$

Addiert man die Dämpfungsarbeit A_d zu der Arbeit der Feder- und Massenkraft, A_e und A_k nach Gl. (10.16), erhält man die Gleichung der Energiebilanz des gedämpften Schwingers.

$$A_k + A_e + A_d = 0 \tag{10.23}$$

Setzt man die Gleichungen (10.17), (10.18) und (10.22) in Gl. (10.23) ein, so ergibt sich

$$\frac{1}{2}m\dot{U}^2(t) + \frac{1}{2}KU^2(t) = \frac{1}{2}m\dot{U}_o^2 + \frac{1}{2}KU_o^2 - \int_{t_o}^{t} C\dot{U}^2(t)dt \tag{10.24}$$

oder

$$E(t) = E_k(t) + E_e(t) = E_k(t_o) + E_e(t_o) - A_d(t) \tag{10.24a}$$

Die neue Energiebilanzgleichung (10.24) unterscheidet sich grundsätzlich von der Gl. (10.20); die rechte Seite der Gl (10.20) ist eine Konstante, während diejenige der Gl. (10.24) eine zeitabhängige Funktion darstellt. Da das Integral in der Gl. (10.24) immer positiv ist, ist die Gesamtenergie zum Zeitpunkt t immer kleiner als die Gesamtenergie zum Zeitpunkt t_o. Für unendlich lange Zeit ($t \to \infty$) wird die Arbeit der Dämpfungskraft der Summe der kinetischen und der Verformungsenergie am Anfang ($t = t_o$) gleich sein, so dass die Gesamtenergie null wird und das System stehen bleibt.

Als Beispiel wird ein Einmassenschwinger mit folgenden Anfangsbedingungen untersucht:

$$t = 0 \; ; \; U_o = 0 \; ; \; \dot{U}_o \neq 0$$

Nach Gl. (7.28a) gilt

$$U(t) = e^{-\zeta\omega t}\left[\frac{\dot{U}_o}{\omega\sqrt{1-\zeta^2}}\sin\omega_d t\right] \tag{10.25}$$

$$\dot{U}(t) = \dot{U}_o e^{-\zeta\omega t}\left[\cos\omega_d t - \left(\frac{\zeta}{\sqrt{1-\zeta^2}}\right)\sin\omega_d t\right] \tag{10.26}$$

Die kinetische Energie zum Zeitpunkt $t = t_o = 0$ beträgt

$$E_k(0) = \frac{1}{2} m\dot{U}_o^2 \tag{10.27}$$

Zum Zeitpunkt t:

$$E_k(t) = \frac{1}{2} m\dot{U}_o^2\left[e^{-\zeta\omega t}\left(\cos\omega_d t - \frac{\zeta}{\sqrt{1-\zeta^2}}\sin\omega_d t\right)\right]^2 \tag{10.28}$$

Die Verformungsenergie zum Zeitpunkt $t = t_o$ und t ist

$$E_e(0) = 0 \tag{10.29}$$

$$E_e(t) = \frac{1}{2} K\dot{U}_o^2\left[e^{-\zeta\omega t}\frac{\sin\omega_d t}{\omega\sqrt{1-\zeta^2}}\right]^2 \tag{10.30}$$

Die Gl. (10.24a) liefert

$$E_k(t) + E_e(t) = E_k(0) - A_d(t)$$

oder

$$A_d(t) = E_k(0) - E_k(t) - E_e(t) \tag{10.31}$$

Im Bild 10.3 ist der Zeitverlauf der kinetischen Energie, der Verformungsenergie und der Dämpfungsarbeit A_d für einen Schwinger mit $m = 1{,}0$ kNs²/m, $T = 1{,}0$ s und $\zeta = 0{,}05$, der mit einer Anfangsgeschwindigkeit von $\dot{U}_o = 1{,}0$ m/s erregt wird, dargestellt.

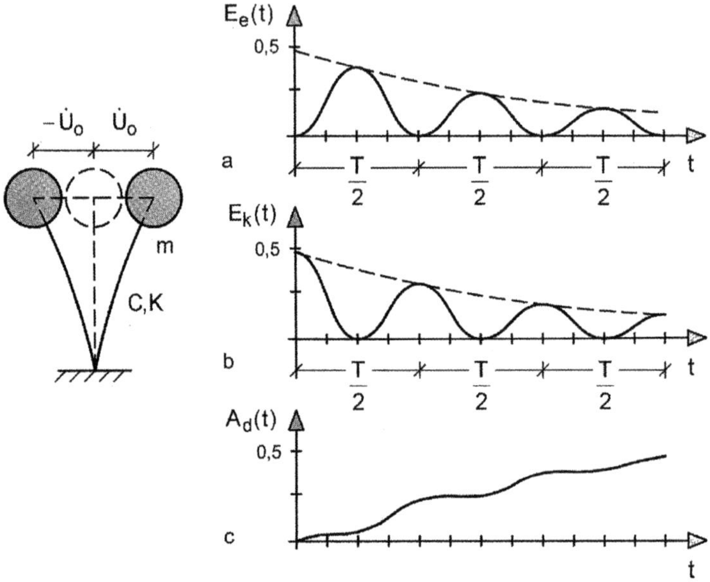

Bild 10.3 Energiebilanz des gedämpften Schwingers
a) Verformungsenergie
b) Kinetische Energie
c) Dämpfungsarbeit

10.2.3 Erzwungene Schwingungen

Multipliziert man die Gl. (7.32) mit der Geschwindigkeit $\dot{U}(t)$, so ergibt sich

$$m\ddot{U}(t)\dot{U}(t) + C\dot{U}^2(t) + KU(t)\dot{U}(t) = P_o\dot{U}(t)\sin\Omega t \tag{10.32}$$

oder

$$\frac{d}{dt}\left(\frac{m}{2}\dot{U}^2(t) + K\frac{U^2(t)}{2}\right) = -C\dot{U}^2(t) + P_o\dot{U}(t)\sin\Omega t \tag{10.33}$$

Integriert man beide Seiten über die Zeit, so erhält man die Gleichung für die Energiebilanz des Schwingers.

$$\frac{m}{2}\dot{U}^2(t) + K\frac{U^2(t)}{2} = -C\int_0^t \dot{U}^2(t)dt + P_o\int_0^t \dot{U}(t)\sin\Omega t dt \tag{10.34}$$

oder

$$E_k + E_e = -A_d + A_i \tag{10.34a}$$

Ausgehend von Gl. (10.34) kann der Energiehaushalt des Systems für unterschiedliche Frequenzverhältnisse $n = \frac{\Omega}{\omega}$ pro Periode bestimmt werden:

- Die kinetische Energie des Systems ist maximal, wenn $\dot{U}(t)$ am größten ist. Beim Durchgang der Nullage ist $U(t) = 0;\ t = 0, \frac{\pi}{\Omega}, \frac{2\pi}{\Omega}, \ldots,\ \varphi \approx 0$

$$\max \dot{U}(t) = U_o \Omega \cos(\Omega t - \varphi) = U_o \Omega \tag{10.35}$$

$$\max E_k = \frac{m}{2}(U_o \Omega)^2 \tag{10.36}$$

Setzt man in Gl. (10.36) Gl. (7.34) ein, so erhält man nach Umformung

$$\max E_k = \frac{1}{2}\frac{P_o^2}{K}\frac{1}{\left[\frac{\omega}{\Omega} - \frac{\Omega}{\omega}\right]^2 + (2\zeta)^2} \tag{10.37}$$

- Die maximale Verformungsenergie tritt bei maximaler Auslenkung $U(t) = U_o$ ein, wobei die Geschwindigkeit null ist $\dot{U}(t) = 0$. Mit Gl. (7.34) ergibt sich nach der Umformung

$$\max E_e = \frac{K}{2} U_o^2 = \frac{P_o^2}{2K}\frac{1}{\left[1 - \left(\frac{\Omega}{\omega}\right)^2\right]^2 + \left(2\zeta\frac{\Omega}{\omega}\right)^2} \tag{10.38}$$

Aus den Gl. (10.37) und (10.38) ist ersichtlich, dass die maximale kinetische Energie und Verformungsenergie nur im Resonanzfall gleich sind. Mit $\frac{\Omega}{\omega} = 1$ ergibt sich

$$\lim \frac{m}{2}(\max \dot{U}(t))^2 = \lim \frac{K}{2}(\max U(t))^2 = \frac{1}{2}\frac{P_o^2}{K}\frac{1}{(2\zeta)^2} \tag{10.39}$$

Im Resonanzfall findet zwischen kinetischer und potentieller Energie ein periodischer Austausch statt; wenn die Dämpfung null ist ($\zeta = 0$) wird die Energie unendlich groß.

Wertet man die Ausdrücke der Arbeit der Dämpfungskraft A_d und die der Erregerkraft A_i in Gl. (10.34) für eine Periode, d. h. pro Zyklus aus, so ergeben sich gleiche Ausdrücke. Dies heißt, dass die von der Erregerkraft geleistete Arbeit durch die Dämpfung nach jedem Zyklus völlig aufgezehrt wird [10.30]. Um dies zu bestätigen, kann ein anderer Weg gewählt werden. Ausgehend von der Gl. (7.32) berechnet man die von allen inneren Kräften pro Zyklus geleistete Arbeit A wie folgt:

$$A = \int_0^{U(t)} m\ddot{U}(t)du + \int_0^{U(t)} C\dot{U}(t)du + \int_0^{U(t)} KU(t)du \tag{10.40}$$

Um die Zeitvariable zu erreichen, drückt man die Geschwindigkeit als erste Ableitung des Weges aus

$$\dot{U}(t)=\frac{du}{dt}\rightarrow du=\dot{U}(t)dt \tag{10.41}$$

und führt man die Gl. (10.41) in Gl. (10.40) ein.

$$A=m\int_0^{\frac{2\pi}{\Omega}}\ddot{U}(t)\dot{U}(t)dt+C\int_0^{\frac{2\pi}{\Omega}}\dot{U}^2(t)dt+K\int_0^{\frac{2\pi}{\Omega}}U(t)\dot{U}(t)dt \tag{10.42}$$

Mit

$$I_1=m\int_0^{\frac{2\pi}{\Omega}}\ddot{U}(t)\dot{U}(t)dt=m\int_0^{\frac{2\pi}{\Omega}}U_0^2\Omega^3\cos(\Omega t-\varphi)\sin(\Omega t-\varphi)dt=\frac{1}{2}mU_0^2\Omega^3\int_0^{\frac{2\pi}{\Omega}}\sin 2(\Omega t-\varphi)=$$

$$\frac{1}{2}mU_0^2\Omega^3\frac{1}{2}\left[\cos 2(\Omega t-\varphi)\right]_0^{\frac{2\pi}{\Omega}}=\frac{mU_0^2\Omega^3}{4}\left[\cos 2\Omega t\cos 2\varphi+\sin 2\Omega t\sin 2\varphi\right]_0^{\frac{2\pi}{\Omega}}=0$$

$$I_2=C\int_0^{\frac{2\pi}{\Omega}}\dot{U}^2(t)dt=C\int_0^{\frac{2\pi}{\Omega}}U_0^2\Omega^2\cos^2(\Omega t-\varphi)dt=CU_0^2\Omega^2\int_0^{\frac{2\pi}{\Omega}}\left[1+\cos 2(\Omega t-\varphi)\right]dt=$$

$$CU_0^2\Omega^2\left[dt\right]_0^{\frac{2\pi}{\Omega}}+CU_0^2\Omega^2\int_0^{\frac{2\pi}{\Omega}}\cos 2(\Omega t-\varphi)dt=C\pi\Omega U_0^2$$

$$I_3=K\int_0^{\frac{2\pi}{\Omega}}U_0^2\Omega\sin(\Omega t-\varphi)\cos(\Omega t-\varphi)dt=0\quad(\text{vgl. } I_1)$$

ergibt Gl. (10.42)

$$A=C\pi\Omega U_0^2 \tag{10.43}$$

Die Gl. (10.43) ist identisch mit der Gl. (7.43).

10.2.4 Elastoplastische Systeme

Die Bewegungsgleichung des nichtlinearen Schwingers nach Gl. (7.124) mit der Masse m und der Dämpfung ζ kann durch die Spaltung der allgemeinen Rückstellkraft $Q(U,\dot{U})$ in die viskose Dämpfungskraft $F_d=2m\omega\zeta\dot{U}(t)$ und die verschiebungsabhängige Kraft $F_s(U)$ wie folgt umgeschrieben werden:

$$m\ddot{U}(t)+2m\omega\zeta\dot{U}(t)+F_s(U)=P(t) \tag{10.44}$$

Für ein ideal elastoplastisches Kraft-Verformungsdiagramm (Bild 7.32) ist $F_s(U)$ die Hysterese-Rückstellkraft mit der Anfangssteifigkeit K_o.

Durch Multiplikation mit $\dot{U}(t)$ und Integration über die Zeit erhält man folgende Energiegleichung:

$$E_k+E_d+E_e+E_h=A_i \tag{10.45}$$

Hierin bedeuten

$$E_k = \int_{t_o}^{t} m\ddot{U}(t)\dot{U}(t)dt = \frac{m\dot{U}^2(t)}{2}$$: Die kinetische Energie des Systems (10.45a)

$E_d = A_d = \int_{t_o}^{t} 2m\omega\zeta\dot{U}^2(t)dt$: Die Arbeit der viskosen Dämpfungskraft, die die Energiedissipation durch elastische Hysterese angibt. (10.45b)

$$E_e = \frac{F_s^2(U)}{2K_o}$$: Die elastische Verformungsenergie (10.45c)

$E_h = A_h$: Die Arbeit, die durch plastische Verformungen verzehrt wird oder die durch plastische Hysterese dissipierte Energie.

A_i : Die Arbeit der äußeren Kräfte, auch als Eingangsenergie (input energy) bezeichnet.

$$E_a = E_e + E_h = \int_{t_o}^{t} F_s(U)\dot{U}(t)dt \qquad (10.45d)$$

E_a : Die verformungsabhängige Energie, bestehend aus der elastischen reversiblen Verformungsenergie E_e und aus der durch plastische Verformungen dissipierten Energie E_h.

10.3 Erdbebenbeanspruchte Tragwerke

10.3.1 Energiegleichung

Die Energiegleichung des Einmassenschwingers unter Erdbebeneinwirkung kann nach folgenden zwei Rechenmodellen ermittelt werden, die sich nach der Art der Erregungseinleitung unterscheiden [10.37]:

1. Das Verfahren der „absoluten“ Massenverschiebung, das die Erregung als schnellverlaufende Bodenbewegung annimmt (Bild 10.4a).
2. Das Verfahren der „relativen“ Massenverschiebung, das von einem Modell mit unbeweglichem Fußpunkt ausgeht, wobei die Erdbebeneinwirkung als äquivalente Außenlast

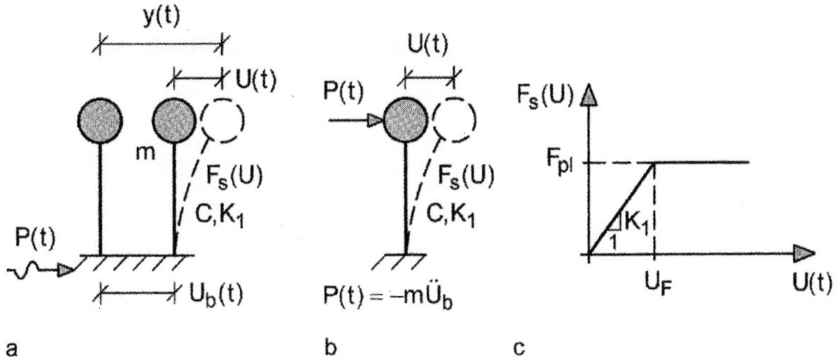

Bild 10.4 Dynamische Modellierung eines erdbebenbeanspruchten Einmassenschwingers
a) Absolute Massenverschiebung
b) Relative Massenverschiebung
c) Kraft-Verformungslinie

$P(t) = -m\ddot{U}_b(t)$ im Schwerpunkt der Masse angenommen wird (Bild 10.4b).

Für beide Modelle wird eine starre Lagerung vorausgesetzt, d. h. es wird keine Energie vom schwingendem System in das Erdreich ausgestrahlt. Diese Voraussetzung ist nicht immer erfüllt [10.17, 10.38].

Da beide Modelle von der gleichen relativen Massenverschiebung ausgehen, ist die potentielle Energie und die Arbeit der Dämpfungskräfte in beiden Modellen identisch. Unterschiede treten aber bei der Definition der kinetischen und der Eingangsenergie auf. Die erste Methode geht von folgender Bewegungsgleichung aus:

$$m\ddot{y}(t) + C\dot{U}(t) + F_s(U) = 0 \tag{10.46}$$

Bei der Integration nach der Verschiebung U über die Dauer des Erdbebens erfolgt

$$\int_0^{U(t)} m\ddot{y}(t)du + \int_0^{U(t)} C\dot{U}(t)du + \int_0^{U(t)} F_s(U)du = 0 \tag{10.47}$$

Mit $U(t) = y(t) - U_b(t)$ und $du = dy - du_b$ lässt sich der erste Term von Gl. (10.47) wie folgt umschreiben:

$$\int_0^{U(t)} m\ddot{y}(t)du = \int_0^{U(t)} m\ddot{y}(t)(dy - du_b) = \int_0^{y(t)} m\frac{d\dot{u}}{dt}dy - \int_0^{U(t)} m\ddot{y}(t)du_b = \frac{m\dot{y}^2}{2} - \int_0^{U(t)} m\ddot{y}(t)du_b \tag{10.48}$$

Mit Gl. (10.48) wird Gl. (10.47)

$$\frac{m\dot{y}^2}{2} + \int_0^{U(t)} C\dot{U}(t)du + \int_0^{U(t)} F_s(U)du = \int_0^{U(t)} m\ddot{y}(t)du_b \tag{10.49}$$

oder

$$\overline{E}_k + E_d + E_a = \overline{E}_i \tag{10.50}$$

Hierin bedeuten

$$\overline{E}_k = \frac{m\dot{y}^2}{2} : \text{Die absolute kinetische Energie} \tag{10.50a}$$

$$E_d = \int_0^{U(t)} C\dot{U}(t)du = \int_0^t C\dot{U}^2(t)dt : \text{Die aus der viskosen Dämpfung dissipierte Energie} \tag{10.50b}$$

$$E_a = E_e + E_h = \int_0^{U(t)} F_s(U)du : \text{Die verformungsabhängige Energie} \tag{10.50c}$$

$$\overline{E}_i = \int_0^{U(t)} m\ddot{y}(t)du_b : \text{Die absolute Eingangsenergie} \tag{10.50d}$$

Das Produkt $m\ddot{y}(t)$ stellt die Trägheitskraft des Systems dar, die mit der Summe der Rückstell- und Dämpfungskraft gleich ist und als Gesamtkraft am Fundament wirkt. $\overline{E}_i$ stellt die Arbeit dar, welche die Basiskraft durch die Verschiebung des Fundamentes verrichtet.

Die zweite Methode geht von der Bewegungsgleichung (9.3) aus, die durch Integration nach der Verschiebung lautet

$$\int_0^{U(t)} m\ddot{U}(t)du + \int_0^{U(t)} C\dot{U}(t)du + \int_0^{U(t)} F_s(U)du = -\int_0^{U(t)} m\ddot{U}_b(t)du \tag{10.51}$$

Die Integration des ersten Terms ergibt die relative kinetische Energie E_k.

$$E_k = \int_0^{U(t)} m\ddot{U}(t)du = \int_0^t m\ddot{U}(t)\dot{U}(t)dt = \frac{m\dot{U}^2}{2} \tag{10.52}$$

Der Ausdruck auf der rechten Seite in Gl. (10.51) ist die Eingangsenergie E_i.
Somit lautet Gl. (10.51)

$$E_k + E_d + E_a = E_i \tag{10.53}$$

E_a bezeichnet die Energie, die von der Feder absorbiert wird. Sie besteht aus der kumulativen plastischen Verformungsenergie E_h und aus der elastischen Verformungsenergie E_e zum Zeitpunkt kurz vor dem Bewegungsende [10.3, 10.7].

Am Ende der Bewegung werden sowohl die kinetische, als auch die potentielle elastische Energie null und die Gl. (10.53) lautet

$$E_d + E_h = E_i \tag{10.54}$$

Gl. (10.54) deutet darauf hin, dass das Tragwerk die Eingangsenergie des Bebens allein durch Dämpfungs- und plastische Hysterese abbauen muss.

Die Umformulierung der Gl. (10.50d) ergibt den Unterschied zwischen der Eingangsenergie, berechnet nach dem ersten und nach dem zweiten Rechenmodell, $\overline{E}_i$ und E_i.

$$\overline{E}_i = \int_0^{U(t)} m\ddot{y}(t)du_b = \int_0^{U(t)} m\ddot{y}(t)(dy - du) = \int_0^{y(t)} m\ddot{y}(t)dy - \int_0^{U(t)} m(\ddot{U}(t) + \ddot{U}_b(t))du =$$

$$\frac{m\dot{y}^2}{2} - \frac{m\dot{U}^2}{2} + E_i = \frac{m\dot{U}_b{}^2}{2} + m\dot{U}\dot{U}_b + E_i \tag{10.55}$$

Daraus folgt

$$\overline{E}_i - E_i = \frac{m\dot{U}_b{}^2}{2} + m\dot{U}\dot{U}_b \tag{10.55a}$$

Die zwei Terme auf der rechten Seite von Gl. (10.55a) stellen den Effekt der Translationsbewegung des „starren Körpers“ dar und haben einen bedeutsamen Einfluss auf die Eingangsenergie nur für Tragwerke mit extrem kleinen oder extrem großen Perioden ($T < 0{,}1$ s, bzw. $T > 5$ s). Im Bereich mittlerer Perioden besteht zwischen den zwei Definitionen der Eingangsenergie praktisch keinen Unterschied [10.37].

10.3.2 Energiezeitverlauf

Als charakteristisch für den Einmassenschwinger in energetischer Hinsicht wird in der Regel nicht die gesamte Eingangsenergie E_i, sondern die Eingangsenergie pro Masseneinheit, E_I, gewählt.

$$E_I = \frac{E_i}{m} = -\int_0^{U(t)} \ddot{U}_b du \tag{10.56}$$

Demzufolge lautet die Gl. (10.51)

$$E_I = \int_0^t \ddot{U}(t)\dot{U}(t)dt + 2\omega\zeta \int_0^t \dot{U}(t)dt + \int_0^t F_s(U)\dot{U}(t)dt \qquad (10.57)$$

Die Berechnung der Energieanteile in Gl. (10.57) erfolgt nach der Integration der Bewegungsgleichung mit Hilfe eines Schritt-für-Schritt-Verfahrens, z. B. ß-Verfahren von Newmark. Der zeitliche Ablauf der Energiebilanz (10.57) kann für einen Einmassenschwinger und einen gewählten Erdbebenzeitverlauf parallel zu dem zeitlichen Auftritt der Plastifizierungen grafisch dargestellt werden (Bild 10.5).

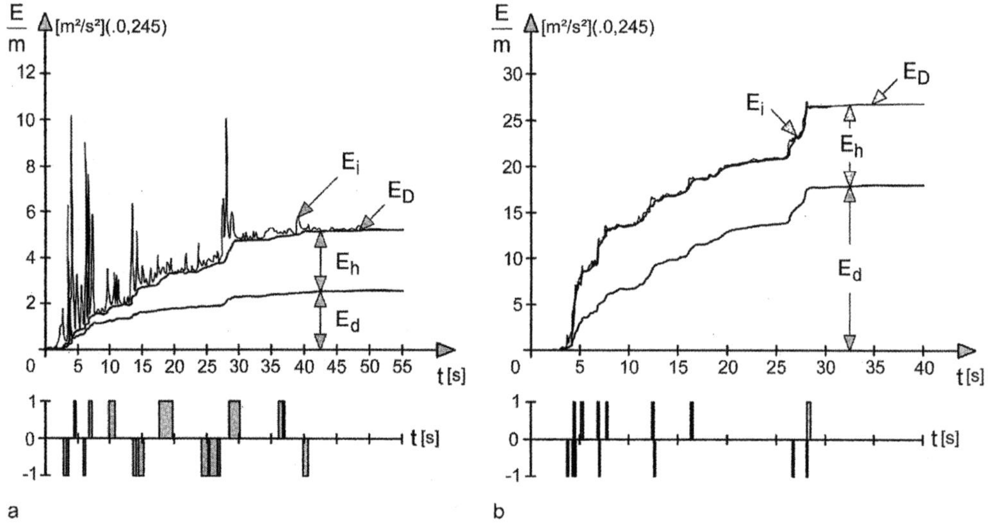

Bild 10.5 Energiezeitverlauf pro Masseneinheit und Sequenz der Plastifizierungen von Systemen mit $\zeta = 0{,}05$, $n_s = 3$, berechnet für das El-Centro Erdbeben 1940 [10.39]

a) Systemfrequenz: $f = 0{,}1$ Hz

b) Systemfrequenz: $f = 5{,}0$ Hz

Aus den Bildern 10.5a,b ist ersichtlich, dass die eingespeicherte Energie einen unbedeutenden Anteil der Eingangsenergie ausmacht. Die Eingangsenergie wird durch die Dämpfung des Systems und seine plastischen Verformungen dissipiert. Aus dem zeitlichen Energieverlauf kann gerechnet werden, zu welchem Zeitpunkt wieviel Prozent der Eingangsenergie dissipiert wird und die effektive Dauer des Erdbebens ermittelt werden.

10.3.3 Eingangsenergie

Die gesamte in einem elastischen Tragwerk während eines Erdbebens eingespeicherte Energie lässt sich nach Housner [10.18] als kinetische Energie der Gesamtmasse $\sum m$ über den mittleren Wert der Pseudospektralgeschwindigkeit S_{vp} berechnen.

$$E_i = \frac{1}{2}\sum_{i=1}^{n} m_i S_{vp}^{\,2} \qquad (10.58)$$

Gl. (10.58) ergibt sich aus der Summe der kinetischen und potentiellen Energie des Systems ohne Berücksichtigung der Dämpfungsarbeit unter der Annahme eines konstanten Verlaufs der Spektralgeschwindigkeit im Bereich von mittleren Perioden $T > 0{,}3$ s. Sie enthält keine einschränkenden Parameter und ist deshalb sowohl für Ein- als auch für Mehrmassensystemen gültig.

Eine Anpassung der Gl. (10.58) auf nichtlineare Systeme kann durch die Änderung der Periode T und des Dämpfungsgrades ζ des elastischen Systems nach [10.20] erreicht werden (siehe auch Abschnitt 9.1.3.1). Dementsprechend wird in Gl. (10.58) die Spektralgeschwindigkeit des elastisch äquivalenten Systems $S_v(T,\zeta)$ eingesetzt. Diese Annäherung gilt jedoch nur für bestimmte Erdbebentypen [10.37].

In Anerkennung der Tatsache, dass der Energieinhalt eines Erdbebens von den Extremwerten seines Zeitverlaufkenngrößen ($\max \dot{U}_b, \max \ddot{U}_b$) und der Dauer der starken Bewegungsphase abhängt, sind in letzter Zeit Ansätze zur Berechnung der Eingangsenergie vorgeschlagen worden, die auch diese Parameter einbeziehen. Um einen direkten Vergleich der Energiemenge mit anderen herkömmlichen Antwortgrößen wie z. B. die Spektralgeschwindigkeit, zu ermöglichen, ist es vorteilhaft, die Energie durch eine sog. Energie-äquivalente Geschwindigkeit V nach folgender Gleichung zu ersetzen:

$$E = \frac{V^2 m}{2} \rightarrow V = \sqrt{\frac{2E}{m}} \qquad (10.59)$$

In [10.37] wird zur Berechnung des maximalen Werts der Eingangsenergie eine äquivalente Geschwindigkeit V_i vorgeschlagen, die sich aus der maximalen Bodengeschwindigkeit mit Berücksichtigung der Dauer der starken Bewegungsphase t_D über einen Vergrößerungsfaktor $\Psi(n_s,\zeta)$ errechnen lässt.

$$V_{i,max}(n_s,\zeta) = \Psi(n_s,\zeta)\dot{U}_{b,max} \qquad (10.60)$$

Für eine Duktilität von $n_s = 5$ und einen Dämpfungsgrad von $\zeta = 0{,}05$ beträgt der Vergrößerungsfaktor

$$\Psi(5{,}0{,}05) = 1 + 0{,}12 t_D \qquad (10.61)$$

Mit $t_{0,05}$ und $t_{0,95}$ als Zeitpunkte, wenn 5 %, bzw. 95 % vom Wert der Arias-Intensität I_o erreicht wird (siehe auch Abschnitt 3.3.4.3), beträgt die Dauer der starken Bewegungsphase t_D

$$t_D = t_{0,95} - t_{0,05} \qquad (10.62)$$

Mittlere Werte der maximalen Eingangsenergie für Tragwerke, deren Periode sich in der Nähe der vorherrschenden Periode der Bodenbewegungen befindet, werden in [10.14, 10.22] vorgeschlagen. Nach [10.22] gilt

$$\frac{E_i}{m} = \frac{1}{8} T_b \frac{2g}{\pi} I_o \qquad (10.63)$$

mit

T_b : Vorherrschende Periode der Bodenbewegung

Für T_b in Gl. (10.63) kann mit guter Annäherung die Grenzperiode zwischen kurzem und mittlerem Periodenbereich angenommen werden.

In [10.14] wird folgende empirische Beziehung vorgeschlagen:

$$\frac{E_i}{m} = 2{,}2 T_D{}^{0,5} \dot{U}_b{}^2 \tag{10.64}$$

Einen direkten Weg zur Abschätzung der im Tragwerk vorhandenen Energie bieten die Energiespektren an. Für einen bestimmten Erdbebenzeitverlauf wird der Zusammenhang zwischen der gesamten Eingangsenergie E_i und der Periode des Systems, T, als Spektrum der Eingangsenergie bezeichnet. Die Energie kann entweder in massenbezogener Einheit ($\frac{E_i}{m}$) oder in Form von äquivalenter Geschwindigkeit V_i angegeben werden. Für nicht elastische Systeme wird bei der Berechnung der Spektren als Parameter außer der Dämpfung ζ auch die Verschiebeduktilität n_s einbezogen.

In Bild 10.6a ist das Spektrum der Eingangsenergie pro Masseneinheit für elastische Einmassensysteme mit $\zeta = 2, 5, 10$ %, berechnet für das El-Centro Erdbeben von 1940, gezeigt. Zum Vergleich zeigt das Bild 10.6b das Spektrum der Energie-äquivalenten Geschwindigkeit V_i für ein elastoplastisches System mit $\zeta = 5$ % und $n_s = 2, 5, 8$, berechnet für das gleiche Erdbeben.

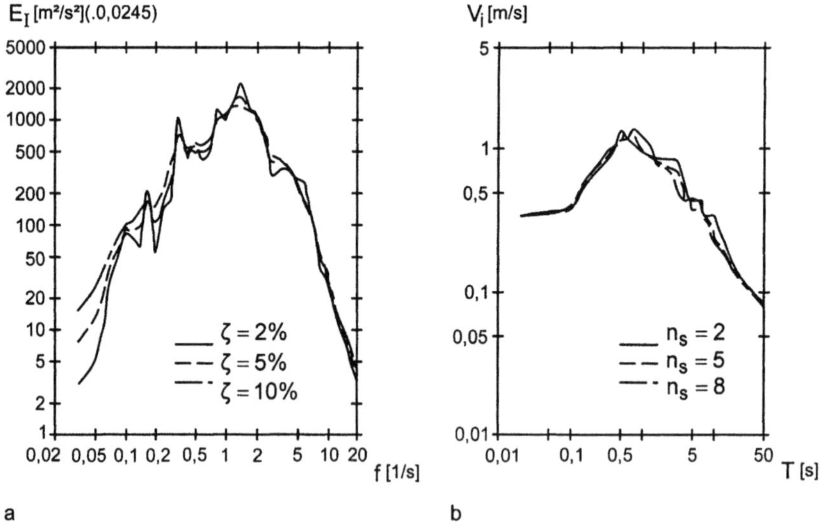

Bild 10.6 Spektren der Eingangsenergie
a) Elastische Systeme mit $\zeta = 2, 5, 10$ % [10.39]
b) Elastoplastische Systeme mit $\zeta = 5$ % und $n_s = 2, 5, 8$ [10.37]

Der Vergleich einer großen Anzahl von Spektren der Eingangsenergie, berechnet für unterschiedliche Zeitverläufe von Erdbeben, lassen folgende Aussagen über das Verhältnis Erdbeben-Tragwerk in energetischer Hinsicht zu:

- Erdbeben, bei denen die Dauer der Starkbewegungsphase groß ist, wie z. B. das El-Centro Erdbeben 1940, tragen mit sich bedeutend größere Energiemengen als diejenige mit kurzer Dauer.
- Der Verlauf der nichtlinearen Kraft-Verformungsfunktion des Systems hat keinen Einfluss auf die Größe der Eingangsenergie.
- Der Dämpfungsgrad und die Duktilitätsfaktoren beeinflussen in sehr geringem Maße die ins Tragwerk eingeführte Energie.
- Dämpfung und Duktilität beeinflussen stark die Art, wie die eingeführte Energie dissipiert wird. Für ein Tragwerk mit konstanter Dämpfung wächst mit steigender Duktilität der Anteil der Energie, der durch plastische Hysterese abgebaut wird.

10.3.4 Ansätze zur Abschätzung der dissipierten Energie

Die dissipierte Energie in einem nichtlinearen System, E_D, setzt sich aus der Dämpfungsenergie E_d und der hysteretischen Energie E_h zusammen.

$$E_D = E_d + E_h \tag{10.65}$$

Bleibt die Antwort des Systems im elastischen Bereich, entspricht die dissipierte Energie der durch viskose Dämpfung vernichtete Arbeit, $E_D = A_d$. Diese beträgt pro Zyklus (siehe Gl. (10.42))

$$E_D = E_d = A_d = \int_0^{U(t)} C\dot{U}(t)du = 2\pi m\omega^2\zeta U_o^2 \tag{10.66}$$

Mit

n : Anzahl der Zyklen während der effektiven Dauer der Antwort, t_{DA}

$U_o^2 \cong S_d^2(\alpha^2+\beta^2)$: Mittlerer Wert des Quadrates der Antwortamplitude

$S_d = \dfrac{S_{vp}}{\omega}$: Antwortamplitude

lässt sich Gl. (10.66) wie folgt umschreiben [10.26, 10.35]:

$$E_D = E_d = m\omega\zeta t_{DA} S_{vp}^2(\alpha^2+\beta^2) \tag{10.67}$$

Für die effektive Antwortdauer gilt

$$t_{DA} = t_D + 3{,}3\frac{T}{6\zeta} \tag{10.68}$$

Für den Ausdruck $\alpha^2+\beta^2$ gilt nach [10.26] folgende Funktion:

$$\alpha^2+\beta^2 = 0{,}25T^{\frac{1}{3}} \tag{10.69}$$

Das Bild 10.7 zeigt das Spektrum der Dämpfungsenergie pro Masseneinheit, $\frac{E_d}{m}$, berechnet für die N-S Komponente des El-Centro Erdbebens 1940 und normiert auf $\max \ddot{U}_b = 0{,}5g$, für drei Dämpfungsgrade.

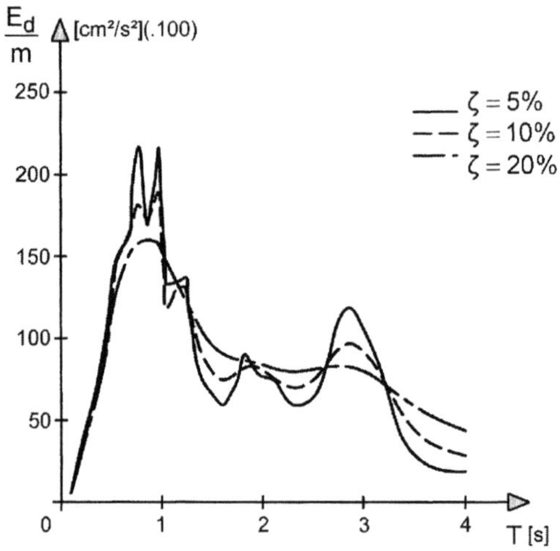

Bild 10.7 Normiertes Energiedissipationsspektrum für das El-Centro Erdbeben 1940, N-S Komponente [10.26]

Die der dissipierten Energie E_d äquivalente Geschwindigkeit V_d kann auch annähernd mit Gl. (10.65) berechnet und in Spektralform dargestellt werden. Für die Spektralgeschwindigkeit S_{vp} sind mit genügend Genauigkeit die Mittelwerte von Geschwindigkeitsspektren von Housner anwendbar [10.18].

Die hysteretische Energie eines Systems kann direkt oder aus der Eingangsenergie ermittelt werden. Ein direktes Verfahren wird in [10.24] vorgeschlagen. Es wird von der Annahme ausgegangen, dass beim Bruch die hysteretische Energie des Systems, E_h, proportional zur Energie der monoton wirkenden Fließkraft P_{pl} über die maximale plastische Verformung ΔU_{max} ist (Bild 10.8). Als Proportionalitätsfaktor wird eine äquivalente Zyklenanzahl $n_{äq}$ gewählt.

$$n_{äq} = \frac{E_h}{(U_{max} - U_F)P_{pl}} \tag{10.70}$$

Mit

$R = \frac{mS_a}{P_{pl}}$: Reduktionsfaktor der elastischen Antwort

$U_{max} \cong S_d = \frac{S_a}{\omega^2}$

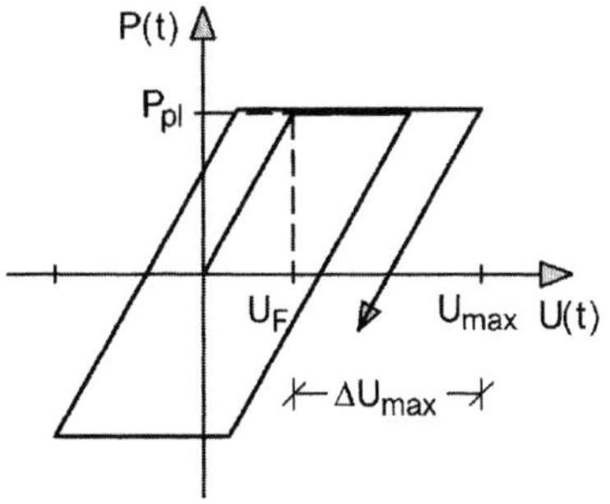

Bild 10.8 Bezeichnungen zum Kraft-Verformungsdiagramm ideal elastoplastischer Systeme

$$n_s = \frac{U_F + \Delta U_{max}}{U_F}$$

lässt sich Gl. (10.70) wie folgt umschreiben:

$$\frac{E_h}{m} = (n_s - 1) n_{äq} S_{vp}{}^2 \left(\frac{1}{R}\right)^2 \tag{10.71}$$

Der maximale Wert der hysteretisch dissipierten Energie E_h tritt gleichzeitig mit dem maximalen Wert der Pseudospektralgeschwindigkeit S_{vp} auf.

Aus der statistischen Auswertung unterschiedlicher Parameter, die in einer nichtlinearen dynamischen Analyse für Erdbeben einbezogen wurden, werden in [10.24] die maximale hysteretische Energie und der Zusammenhang zwischen Eingangs- und hysteretischer Energie in einem System mit $\zeta = 5$ % wie folgt angegeben:

$$\left(\frac{E_h}{m}\right)_{max} = 0{,}32 \left(\frac{\sqrt{n_s - 1}}{n_s} + 0{,}23 I_D \frac{n_s - 1}{n_s}\right) S_{vp}{}^2 \tag{10.72}$$

wobei

$$I_D = \frac{2 g I_o}{\ddot{U}_{b,max} \dot{U}_{b,max} \pi} \tag{10.72a}$$

und

$$\frac{E_h}{E_i} = 0{,}72 \frac{n_s - 1}{n_s} \rightarrow \frac{E_i}{m} = 1{,}4 \frac{n_s}{n_s - 1} \frac{E_h}{m} \tag{10.73}$$

Für Werte von $n_s = 2$ und 6 beträgt nach Gl. (10.73) $\frac{E_h}{E_i} = 0{,}36$ bzw. 0,6. Der Einfluss unterschiedlicher Parameter wie Dämpfung, Erdbebentyp, Art der Hysterese, auf das $\frac{E_h}{E_i}$ Verhältnis wird umfangreich in [10.13] untersucht. Als obere Grenze für das $\frac{E_h}{E_i}$ Verhältnis wird für Systeme mit $\zeta = 5$ % der Wert von 0,8 und für $\zeta = 2$ % der Wert von 0,9 angegeben. Aus den Gleichungen (10.72) und (10.73) ergibt sich eine weitere Beziehung für die maximale Eingangsenergie.

$$\left(\frac{E_i}{m}\right)_{max} = 0{,}45(1+0{,}23 I_D) S_{vp}^{\;2} \tag{10.74}$$

Fajfar, Vidic und Fischinger gehen bei der Ermittlung der hysteretischen Energie von dem elastischen Beschleunigungsspektrum aus. Die Abminderung des Verformungsvermögens des Tragwerks infolge der zyklischen Ermüdung (low cycle fatigue) wird durch folgenden dimensionslosen Parameter γ berücksichtigt:

$$\gamma = \frac{\sqrt{\frac{E_h}{m}}}{\omega D} \tag{10.75}$$

wobei

$D = \frac{n_s S_a}{R\omega^2}$: Maximale relative Verschiebung des elastoplastischen Systems

Gl. (10.75) lässt sich wie folgt umschreiben:

$$\frac{E_h}{m} = \left(\frac{\gamma n_s S_a}{R\omega}\right)^2 \tag{10.76}$$

Ist das Beschleunigungsspektrum bekannt und die Systemduktilität n_s angegeben, so lässt sich mit Gl. (10.76) direkt das Spektrum der hysteretischen Energie ermitteln. Daraus kann mit der Beziehung zwischen E_h und E_i in der Form

$$\frac{E_i}{m} = \frac{1}{\frac{E_h}{E_i}} \frac{E_h}{m} \tag{10.77}$$

das Spektrum der Eingangsenergie abgeleitet werden, wobei Gl. (10.77) für Duktilitäten von $n_s \geq 1{,}5$ gilt [10.12].

$$\frac{E_h}{E_i} = \frac{c_E (n_s - 1)^{c_H}}{n_s} \tag{10.78}$$

In Gl. (10.78) sind c_E und c_H Beiwerte, die vom hysteretischen Modell und von der Dämpfung abhängig sind. Für Systeme mit Schadensakkumulation gilt $c_E = 1{,}13$ und $c_H = 0{,}82$.

In [10.7] werden Spektren der absorbierten Energie des Systems, E_a, (E_a setzt sich aus der potentiellen Energie E_e und der hysteretischen Energie E_h zusammen, $E_a = E_e + E_h$) in Form von Energie-äquivalenter Geschwindigkeit V_a nach Gl. (10.59) berechnet. Aufgrund einer nichtlinearen Regressionsanalyse wird der Einfluss unterschiedlicher Parameter, wie Magnitude, Epizentraldistanz, Bodenklassen und Duktilität ermittelt. Spektren für unterschiedliche Bodenklassen und Epizentraldistanzen zeigen die Bilder 10.9a,b.

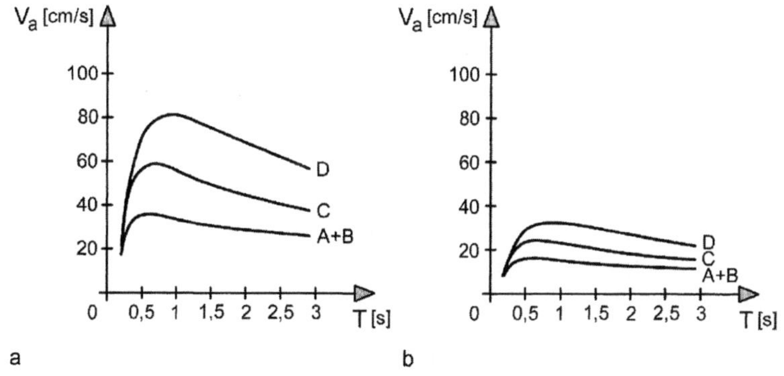

Bild 10.9 Energie-Geschwindigkeitsspektren der absorbierten Energie für unterschiedliche Bodenklassen [10.7]
[A+B: Fels, C: Sehr harter Boden, D: Steifer Boden]
a) Epizentraldistanz: 10 km
b) Epizentraldistanz: 50 km

Die Differenz zwischen E_a und E_h lässt sich aus den Spektren in Bild 10.10 ablesen. Mit Steigerung der Duktilität nimmt die Diskrepanz ab, da die Komponente der potentiellen Energie in E_a kleiner wird.

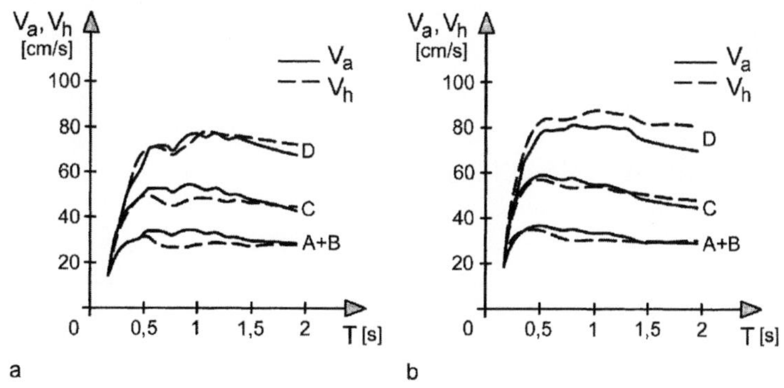

Bild 10.10 Vergleich zwischen Geschwindigkeitsspektren der absorbierten und hysteretischen Energie für $\zeta = 5$ %, M = 7 und Epizentraldistanz von 10 km [10.7]
a) Duktilitätsfaktor: 2
b) Duktilitätsfaktor: 4

Eine Parallele zwischen der Eingangsenergie E_i, der absorbierten Energie E_a und der Housnerschen Eingangsenergie nach Gl. (10.58) liefern die Spektren in den Bildern 10.11a,b.

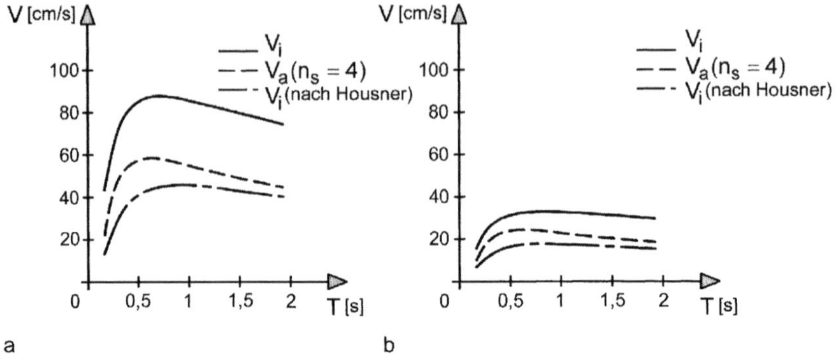

Bild 10.11 Vergleich von Geschwindigkeitsspektren der Eingangs-, absorbierten und Housnerschen Eingangsenergie für $\zeta = 5$ %, M = 7 und sehr harten Boden [10.7]
a) Epizentraldistanz: 10 km
b) Epizentraldistanz: 50 km

Die maximale Verformungsenergie, die elastisch in einem elastoplastischen System eingespeichert werden kann, beträgt

$$E_e = \frac{\frac{P_{pl}^2}{m} T^2}{8\pi^2} \tag{10.79}$$

Die absorbierte Energie kann in Bezug auf die maximale potentielle Energie E_e wie folgt normiert werden:

$$N_a = \frac{E_a}{E_e} = \frac{4\pi^2}{T^2} \frac{V_a^2}{\left(\frac{P_{pl}}{m}\right)^2} \tag{10.80}$$

Das Spektrum von N_a zeigt das Bild 10.12.

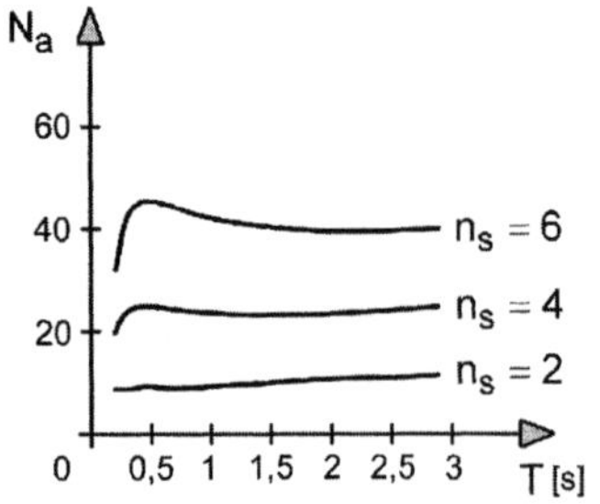

Bild 10.12 Spektrum der normierten absorbierten Energie für eine Epizentraldistanz von 10 km [10.7]

10.3.5 Energie-Entwurfspektren

Die einfachste Form eines Entwurfspektrums der Energie ist ein bilineares Diagramm der Geschwindigkeit V_i mit konstantem Verlauf im Bereich der mittleren Perioden (Bild 10.13). Die Eckperiode T_l stellt die Grenze zwischen den niedrigen und mittleren Perioden dar und entspricht dem Wert der vorherrschenden Periode der Bodenbeschleunigung.

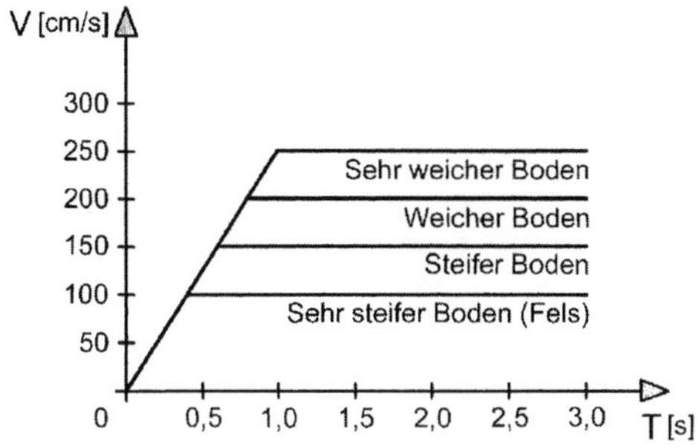

Bild 10.13 Energie-Entwurfspektrum der Geschwindigkeit für Japan [10.3]

Bilineare Spektren für Energie-äquivalente Geschwindigkeiten, normiert auf die maximale Bodenbeschleunigung für Erdbebenzonen mittlerer Gefährdung zeigt das Bild 10.14. Darin ist für weiche Böden $T_l = 0{,}4$ s und für harte Böden ist $T_l = 0{,}24$ s.

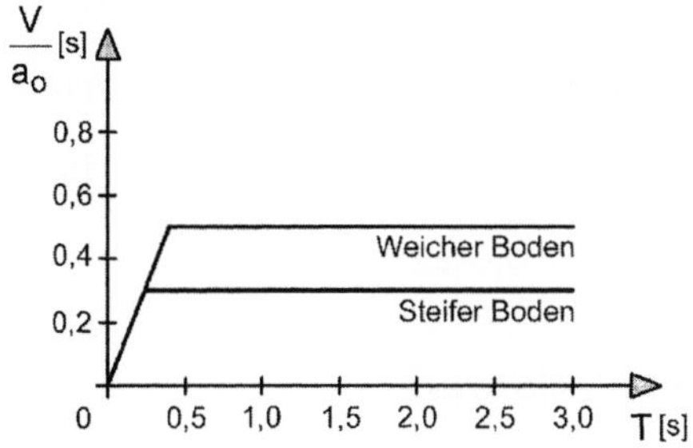

Bild 10.14 Normiertes Energie-Entwurfspektrum der Energie-äquivalenten Geschwindigkeit [10.3]

Für das Verhältnis $\frac{E_h}{E_i}$ wird eine nach [10.3] an das Niveau der Plastifizierung angepasste Formulierung vorgeschlagen.

$$\frac{E_h}{E_i} = \frac{1{,}15\eta}{(0{,}75+\eta)(1+3\zeta+1{,}2\sqrt{\zeta})} \qquad (10.81)$$

wobei

$$\eta \cong 4(n_s - 1)$$

In [10.12] sind Energiespektren für eine Gruppe von 20 „Standard"-Erdbebenzeitverläufen mit $\zeta = 5\ \%$ ermittelt und aus ihren Mittelwert Entwurfspektren gebildet. Im Bild 10.15a wird das hysteretische Energiespektrum pro Masseneinheit und im Bild 10.15b das Spektrum der Eingangsenergie pro Masseneinheit für $\zeta = 5\ \%$ und unterschiedliche Duktilitäten gezeigt.

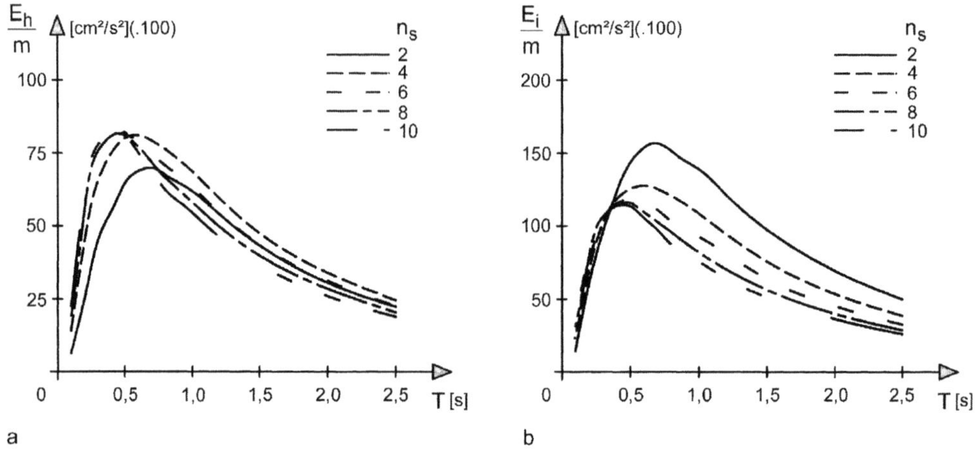

Bild 10.15 Mittel-Energiespektren [10.12]
a) Hysteretische Energie pro Masseneinheit
b) Eingangsenergie pro Masseneinheit

In [10.31] wird stellvertretend für die Energie-äquivalente Geschwindigkeit als Spektralgröße der Wurzel der spezifischen Energie $\sqrt{\frac{E_h}{m}}$ gewählt und darauf aufbauend werden in doppel-logarithmischer Darstellung Spektren für die „Energie-äquivalente" Beschleunigung, $A_h = \sqrt{\frac{E_h}{m}}\omega$, und Verschiebung $D_h = \sqrt{\frac{E_h}{m}}\frac{1}{\omega}$ entwickelt.

10.3.6 Energetisches Bemessungsverfahren

Eine Einwirkung in Form einer Belastung, die ein Gebäude angreift, erweckt im Tragwerk eine Reaktion, die auch Widerstand bezeichnet wird. Je nach Größe und Art können die Einwirkungen nach Anforderungsgraden klassifiziert werden. Den Graden des Angriffes entsprechen Widerstandsgrade der Bauteile oder Tragwerke. Das gewünschte Verhalten des Bauwerks hängt von dem Verhältnis zwischen den Anforderungsgraden und Widerstandsgraden ab und wird von den sog. Grenzzuständen angegeben.

Als Grenzzustand wird derjenige Zustand bezeichnet, bei dem das Tragwerk die Entwurfsanforderungen gerade noch erfüllt. Unter Widerstand R_d ist im Sinne der modernen Bemessungsnormen eine aufnehmbare Beanspruchung zu verstehen, die sich durch die Werkstoffeigenschaften und die geometrischen Größen der Tragwerksteile ergibt. Die Anforderungen und die Grenzen des Verhaltens müssen definiert und quantitativ festgelegt werden. In der Regel werden für Tragwerke unter gewöhnlichen Beanspruchungen zwei Grenzzustände definiert:

Der Grenzzustand der Gebrauchstauglichkeit und der Grenzzustand der Tragfähigkeit. Das Bemessungskonzept beruht auf den Nachweis, wonach die Grenzzustände nicht überschritten werden dürfen; der Bemessungswert der Beanspruchung S_d muss kleiner als der Bemessungswert des Widerstands R_d sein.

$$S_d \leq R_d$$

Im energetischen Bemessungskonzept ist unter Einwirkung die Eingangsenergie des Erdbebens E_i und unter Widerstand die vom Tragwerk aufnehmbare Energie A_a zu verstehen. Die Grenzwerte des Tragwerksverhaltens werden von zwei Niveaus der Erdbebengefährdung bestimmt:

- Schwache bis mittelstarke Erdbeben, die zwei- bis dreimal während der Lebensdauer des Bauwerks auftreten können („quasi elastisches" Bemessungsbeben – QEB).
- Sehr starke Erdbeben mit einer Auftretenswahrscheinlichkeit von 10 % in 50 Jahren (Basis-Entwurfsbeben).

Entsprechend diesen zwei Einwirkungsgraden werden zwei Grenzzustände definiert: Der Grenzzustand des quasi elastischen Verhaltens und der Grenzzustand des Versagens.

Der Grenzzustand des quasi elastischen Verhaltens wird dadurch erreicht, dass die relative Verschiebung aller Geschosse den Wert der plastischen Verschiebung (Fließpunkt) erreicht, aber nicht überschreitet. Der Begriff quasi elastischer Zustand deutet auf eine unvollkommene Elastizität des Tragwerks. Diese beruht darauf, dass insbesondere bei Stahlbetontragwerken die Idealisierung des Kraft-Verformungsdiagramms durch einen perfekt elastoplastischen Verlauf freien Raum für geringe, nicht elastische Verformungen schafft. Der energetische Nachweis entsprechend dem Grenzzustand des quasi elastischen Verhaltens lautet [10.13]

$$E_{i,el} = E_i - E_d \leq A_{el} \tag{10.82}$$

Darin bedeuten

$E_{i,el}$: Der elastische Anteil der Eingangsenergie des „quasi elastischen" Bemessungsbebens QEB

E_i : Die Eingangsenergie des QEB

E_d : Die quasi elastisch dissipierte Energie

A_{el} : Das Energieaufnahmevermögen des Tragwerks im quasi elastischen Bereich

Der Grenzzustand des Versagens wird erreicht, wenn in einem Geschoss die Rückstellkraft verloren geht und die Verschiebung die Bruchgrenze zwar erreicht, aber nicht überschreitet. Die Bedingung, dass der Einsturz nicht erreicht wird, lautet

$$E_{i,pl} = E_i - E_k - E_h \leq A_{pl} \tag{10.83}$$

wobei

$E_{i,pl}$: Der hysteretische Anteil der Eingangsenergie des Basis Entwurfsbebens

E_i : Die Eingangsenergie des Basis-Entwurfsbebens

E_k : Die kinetische Energie

E_h : Die hysteretisch dissipierte Energie

A_{pl} : Das Energiedissipationsvermögen des Tragwerks durch plastische Verformungen

Um den Nachweis nach den Gleichungen (10.82) und (10.83) führen zu können, müssen noch die Terme auf der rechten Seite quantitativ bekannt sein.

10.3.7 Energieaufnahme- und Energiedissipationsvermögen

Jedes Tragwerk besitzt ein begrenztes Energieaufnahmevermögen. Dies hängt von den elastoplastischen Eigenschaften des Tragwerks ab und wird von der Fläche unter dem Kraft-Verformungsdiagramm angegeben (Bild 10.16).

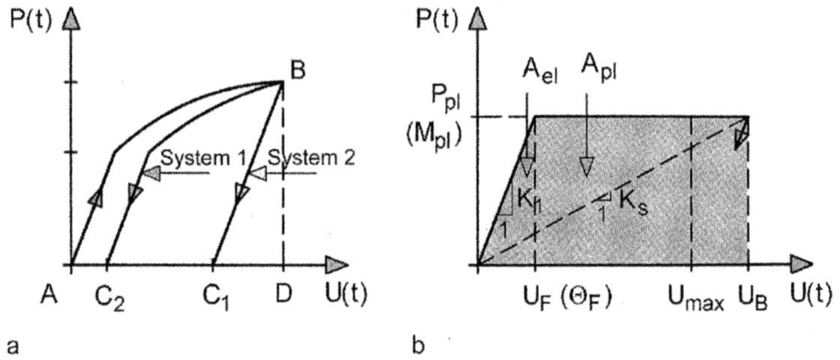

Bild 10.16 Energieaufnahme und Energiedissipation
a) Beliebige elastoplastische Systeme
b) Ideal elastoplastische Systeme

Zwei Systeme können ein gleiches Energieaufnahmevermögen aufweisen, aber unterschiedliche Dissipationsvermögen. Die Fläche ABD im Bild 10.16a stellt die absorbierte Energie beider Tragwerke dar. Die Fläche ABC_1 der dissipierten Energie des einen Tragwerks ist aber größer als die Fläche ABC_2 der dissipierten Energie des anderen Tragwerks. Für ein ideal elastoplastisches System ist diese Aufteilung eindeutig (Bild 10.16b).

10.3.7.1 Energieaufnahmevermögen elastischer Systeme

Die maximale Verformungsenergie, die ein System elastisch aufnehmen kann, ist mit der Fläche des Dreiecks im Bild 10.16b angegeben.

$$A_{el} = \frac{1}{2} U_F P_{pl} \tag{10.84}$$

Mit

$$U_F = \frac{P_{pl}}{K}$$

$$K = m\omega^2 = m\frac{4\pi^2}{T^2}$$

erhält Gl. (10.84) die Form von Gl. (10.79).

Im Folgenden wird das Energieaufnahmevermögen der in Bild 10.17 abgebildeten Rahmensysteme ermittelt.

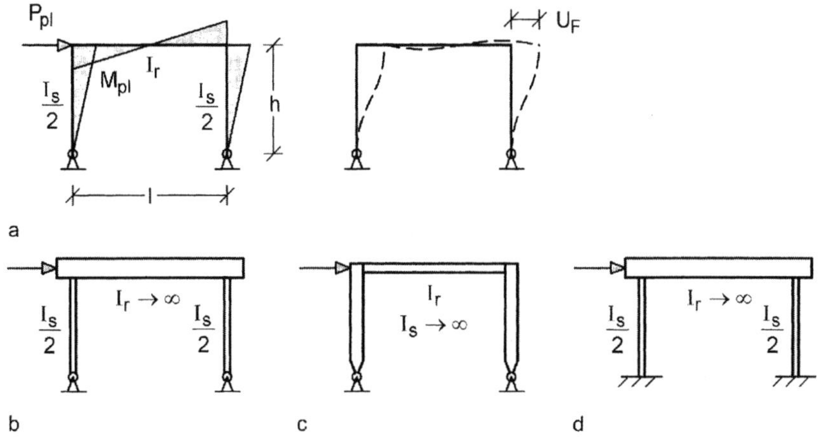

Bild 10.17 Bezeichnungen zur Ermittlung des Energieaufnahmevermögens von Rahmen
a) Zweigelenkrahmen
b) Zweigelenkrahmen mit steifem Riegel, schwachen Stielen
c) Zweigelenkrahmen mit schwachem Riegel, starken Stielen
d) Eingespannter Rahmen mit steifem Riegel

Systemfall 10.1

Zweigelenkrahmen (Bild 10.17a).

Die Verschiebung U_F unter der Horizontallast P_{pl} beträgt

$$U_F = P_{pl}\left[\frac{h^3}{6EI_s} + \frac{h^2 l}{12EI_r}\right] \tag{10.85}$$

Mit $P_{pl} = \dfrac{2M_{pl}}{h}$ und Gl. (10.85) wird Gl. (10.84)

$$A_{el} = \frac{M_{pl}{}^2 h}{3EI_s} + \frac{M_{pl}{}^2 l}{6EI_r} \tag{10.86}$$

Systemfall 10.2

Zweigelenkrahmen mit steifem Riegel ($I_r \to \infty$), schwachen Stielen (Bild 10.17b).

$$U_F = \frac{P_{pl}h^3}{6EI_s} = \frac{M_{pl}h^2}{3EI_s} \tag{10.87a}$$

$$\Theta_F = \frac{M_{pl}h}{3EI_s} \tag{10.87b}$$

$$A_{el} = \frac{M_{pl}{}^2 h}{3EI_s} \tag{10.88}$$

Systemfall 10.3

Zweigelenkrahmen mit schwachem Riegel, starken Stielen ($I_s \rightarrow \infty$) (Bild 10.17c).

$$U_F = \frac{P_{pl}h^2 l}{12EI_r} = \frac{M_{pl}hl}{6EI_r} \tag{10.89a}$$

$$\Theta_F = \frac{M_{pl}l}{6EI_r} \tag{10.89b}$$

$$A_{el} = \frac{M_{pl}{}^2 l}{6EI_r} \tag{10.90}$$

Systemfall 10.4

Eingespannter Rahmen mit steifem Riegel ($I_r \rightarrow \infty$) (Bild 10.17d).

$$U_F = \frac{P_{pl}h^3}{12EI_s} = \frac{M_{pl}h^2}{6EI_s} \tag{10.91a}$$

$$\Theta_F = \frac{M_{pl}h}{6EI_s} \tag{10.91b}$$

$$A_{el} = \frac{M_{pl}{}^2 h}{6EI_s} \tag{10.92}$$

In den Gleichungen (10.85) bis (10.92) bedeutet M_{pl} das plastische Moment des Querschnitts. Dies lässt sich wie folgt errechnen:

- Für Stahl

$$M_{pl} = W_{pl}\sigma_{pl} \tag{10.93a}$$

- Für Stahlbeton

$$M_{pl} \cong 0{,}85hA_s\sigma_{pl} \tag{10.93b}$$

wobei

W_{pl} : Plastisches Widerstandsmodul des Querschnitts

σ_{pl} : Streckgrenze des Stahls

h : Nutzhöhe des Querschnitts

A_s : Querfläche der Stahleinlage

10.3.7.2 Versagensmechanismen und Schädigungsindikatoren

Ein noch nicht völlig geklärtes Problem, das noch viel Forschungsarbeit bedarf, um realitätsnah gelöst zu werden, ist die Erfassung des Versagensmechanismus von Tragwerken unter Erdbebenbeanspruchung. Die Schwierigkeit liegt einerseits in der Unregelmäßigkeit der Beanspruchung und andererseits in der Komplexität des Tragwerks.

Versagen tritt infolge eines Beschädigungsprozesses der tragenden Bestandteile des Bauwerks ein. Der Begriff „Schädigung" bezieht sich auf einen bestimmten Grad der physikalischen Zerstörung mit Folgen für die Festigkeit des Tragelementes oder Tragwerks. Das Versagen wird als Grenzniveau der Schädigung definiert, das einem minimalen Restniveau der Festigkeit entspricht, dessen Überschreitung zum Einsturz führt.

Hinweise über das Ausmaß des Schädigungsvorgangs in einem Tragwerk liefern die Schädigungsindikatoren. Der Schädigungsindikator wird als Verhältnis zwischen dem Schädigungsgrad zu einem bestimmten Zeitpunkt der Beanspruchung und dem Schädigungsniveau beim Versagen definiert. Ist der Schädigungsindikator null, befindet sich das Tragwerk überwiegend im elastischen Zustand. Beträgt er den Wert von eins, stürzt das Tragwerk unmittelbar ein.

Als Größen zur Erfassung des Schädigungsgrades werden Verformungen – Verschiebung oder Rotation –, die Steifigkeit, oder die Energie verwendet. Unter monoton ansteigender Belastung findet der Schädigungsprozess in einer Richtung statt und der Versagenszustand kann problemlos im Voraus berechnet werden. Zur Berechnung solcher Versagensprozesse wird am häufigsten als Schädigungsindikator die Verschiebungs- oder die Rotationsduktilität verwendet [10.2, 10.10, 10.21].

Bei zyklischer Belastung erfolgt das Versagen aufgrund eines Schadensakkumulationsprozesses in zwei Richtungen. Der Versagenszustand kann nicht mehr eindeutig definiert werden, da er von der Belastungsgeschichte abhängig ist. Bei im Voraus bekannten Zeitverläufen der Belastung besteht die Möglichkeit, die Versagensart abzuschätzen und den Schädigungsgrad zu definieren. In der Regel gehen Schädigungsindikatoren für Systeme unter zyklischer Belastung von Energieansätzen allein [10.8, 10.11, 10.27, 10.29] oder in Kombination mit der Duktilität [10.28] aus.

Der Eintritt des Versagens unter Erdbebenbelastung kann aufgrund von folgenden drei unterschiedlichen Mechanismen stattfinden [10.15, 10.19]:

- Das Erreichen der maximalen Verschiebung (Grenzverschiebung) durch Plastifizierungen in einer Richtung. Das kennzeichnende Kraft-Verformungsdiagramm des Tragwerks ist ähnlich wie bei monoton ansteigender Belastung (Bild 10.18).

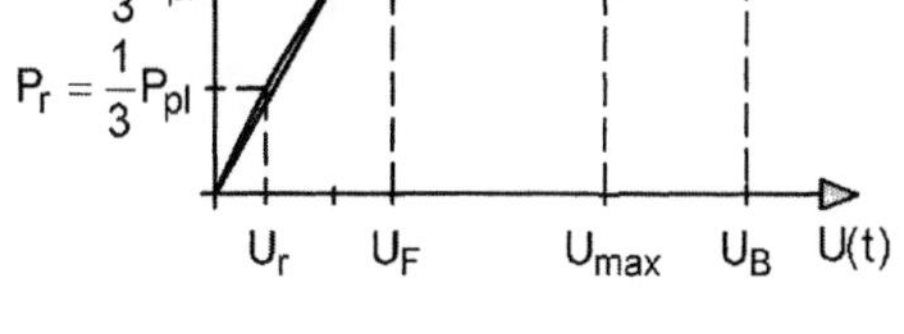

Bild 10.18 Reales und idealisiertes Kraft-Verformungsdiagramm bei Biegebelastung eines Stahlbetonelementes

- Wiederholte Be- und Entlastungen, die sukzessive, starke Plastifizierungen in beiden Richtungen verursachen. Der Bruch erfolgt nach einer kleinen Anzahl von Belastungszyklen durch Ermüdung (low cycle fatigue) (Bild 10.19).

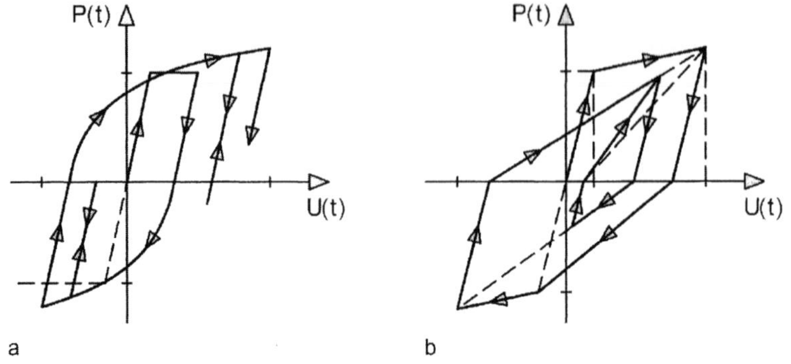

Bild 10.19 Kraft-Verformungsdiagramm eines Stahlbetonträgers unter zyklischer Biegebeanspruchung
a) Reales Verhalten
b) Idealisierung nach dem Takeda-Modell

- Das Tragwerk erfährt eine große plastische Verformung am Anfang der Bewegung, die während der nächsten Stöße anwächst. Der Einsturz tritt durch $P\Delta$-Effekte im unteren Geschoss auf (Grenzgleichgewicht).

10.3.7.3 Energiedissipationsvermögen der Tragwerke

10.3.7.3.1 Systeme mit monotonem Verhalten

Man geht von einem Kraft-Verformungsdiagramm vom ideal elastoplastischen Typ aus, wobei für die Verschiebung U ein maximaler Wert U_{max} vorgeschrieben wird (Bild 10.18). An den Stellen der maximalen Momente treten plastische Gelenke mit entsprechenden plastischen Momenten M_{pl} nach den Gleichungen (10.93a,b) auf (Bild 10.20).

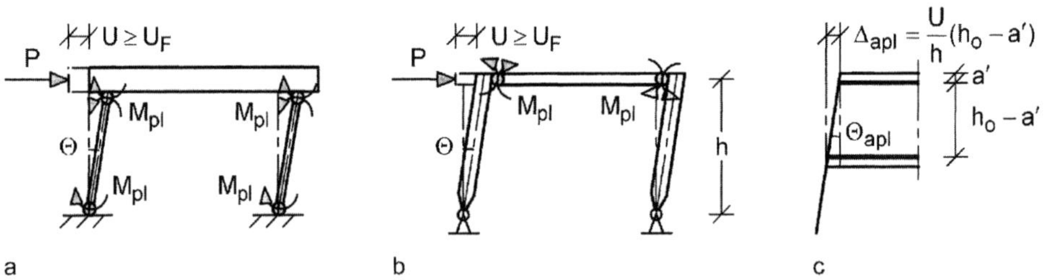

Bild 10.20 Plastische Mechanismen von Rahmen
a) Stützenplastifizierungen
b) Riegelplastifizierungen
c) Bezeichnungen der Bewehrung bei Riegelplastifizierung

In [10.33] wird folgende Beziehung als ziemlich gute Annäherung für die Verschiebung an der Grenze des Versagens angegeben:

$$U_B = 0{,}06h \tag{10.94}$$

mit

h : Höhe des Gebäudes

Berücksichtigt man eine 25 %ige Sicherheit, könnte zur Abschätzung der maximalen hysteretischen Energie des Tragwerks die maximale Verschiebung angenommen werden.

$$U_{max} \cong 0{,}045h \qquad (10.95)$$

Die maximale Verschiebung nach Gl. (10.95) muss sich mit der Drehfähigkeit der plastischen Gelenke, Δ_{apl}, vereinbaren (Bild 10.20c).

$$U_{apl} = \frac{h\Delta_{apl}}{h_o - a'} \qquad (10.96)$$

Wird U_{max} aus Gl. (10.95) größer als U_{apl}, so gilt $U_{max} \le U_{apl}$ oder $\Theta_{max} \le \Theta_{apl}$.
Mit Hinweis auf das Bild 10.16b ergibt sich für die dissipierte Energie im System

$$A_{pl} = P_{pl}(U_{max} - U_F) = \sum M_{pl}(\Theta_{max} - \Theta_F) \qquad (10.97)$$

Für U_F und Θ_F gelten die Gleichungen (10.85) bis (10.91b)

Beispiel 10.2

Für das Stahlbetontragwerk im Bild 10.21, modelliert als Einmassenschwinger mit $m = 100$ kNs²/m und $\zeta = 0{,}02$ wird die maximal aufnehmbare Energie ermittelt. Die Abmessungen des Riegels aus B25 mit $\sigma_b = 17{,}5$ N/mm² betragen $b = 30$ cm, $d = 50$ cm. Die symmetrische Bewehrung hat eine Querschnittsfläche von $A'_s = A_s =$ 3∅ 20= 9,42 cm². Es gilt

$h_o = 44$ cm

$\sigma_{s,pl} = 500$ N/mm²

$$I_{r,e} = \frac{30.50^3}{12} = 312500 \text{ cm}^4$$

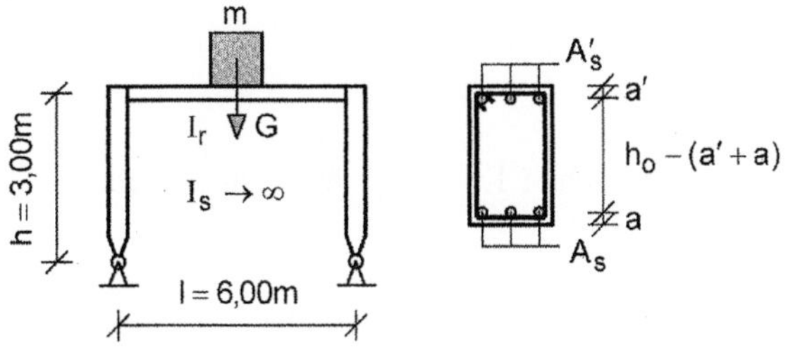

Bild 10.21 Bezeichnungen zum Stahlbetonrahmen vom Beispiel 10.2

Das plastische Moment des Querschnitts beträgt

$M_{pl} = 0{,}85.44.9{,}42.50 = 17615{,}40$ kNcm

Im Rißzustand gilt $I_r \approx 0{,}5 I_{r,e}$.

Aus den Gleichungen (10.89a,b) und (10.90) folgt

$$U_F = \frac{17615{,}4.300.600}{6.3000.0{,}5.312500} = 1{,}13 \text{ cm}$$

$$\Theta_F = \frac{1{,}13}{300} = 3{,}77.10^{-3} \text{ rad}$$

$$A_{el} = \frac{17615{,}4^2 600}{6.3000.0{,}5.312500} = 66{,}20 \text{ kNcm}$$

Mit der Länge der plastifizierten Zone nach [10.6, 10.23] von $L_{pl} \cong 1{,}20d = 60$ cm und der spezifischen plastischen Dehnung von $\varepsilon_{apl} \cong 20 ‰$ ergibt sich

$$\Delta_{apl} = \frac{60.2}{100} = 1{,}20 \text{ cm}$$

$$U_{apl} = \frac{300.1{,}2}{44-6} = 9{,}50 \text{ cm} < 0{,}045h = 13{,}5 \text{ cm}$$

$$U_{max} = U_{apl} = 9{,}50 \text{ cm}; \; \Theta_{max} = \frac{9{,}5}{300} = 0{,}031 \text{ rad}$$

$$P_{pl} = \frac{2M_{pl}}{h} = \frac{2.17615{,}4}{300} = 117{,}43 \text{ kN}$$

$$A_{pl} = 117{,}43(9{,}5 - 1{,}13) = 982{,}80 \text{ kNcm}$$

10.3.7.3.2 Systeme mit zyklischer Schadensakkumulation

In Anlehnung an [10.1] wird von einer für Stahlbetonrahmen charakteristischen Kraft-Verformungslinie ausgegangen (Bild 10.22a) und die Eingangsenergie des Einmassensystems wie folgt bezeichnet:

$$E_i = -\int_0^{t_o} m\ddot{U}_b(t)U(t)dt \tag{10.98}$$

Als Indikator für die Plastifizierung des Systems wird ein durchschnittlicher Wert der Zyklenamplitude, $\overline{\mu}$, definiert.

$$\overline{\mu} = \frac{U^+_{max} + U^-_{max}}{2U_F} - 1 \tag{10.99}$$

Die Untersuchung des Zusammenhangs zwischen E_i und $\overline{\mu}$ führt zur Beziehung

$$E_i = 2\alpha_s \overline{\mu} P_{pl} U_F \tag{10.100}$$

Das Verhältnis zwischen α_s und $\overline{\mu}$ für unterschiedliche Perioden, berechnet mit der Sekantensteifigkeit K_s zeigt das Bild 10.22b.

Die untere Grenze der Größe α_s wird aus der Äquivalenz zwischen der Eingangsenergie und der Verformungsenergie des Systems mit idealisierten Charakteristika nach Bild 10.23 berechnet.

$$E = P_{pl} U_F \left[\frac{1}{2} + 2\overline{\mu}\left(1 + \frac{3}{4}\right)\right] \tag{10.101}$$

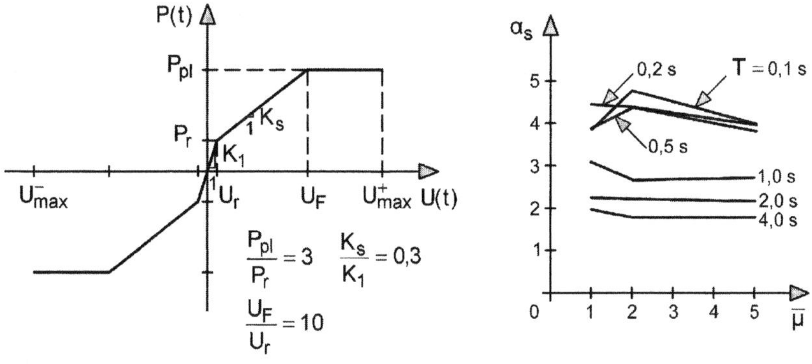

a b

Bild 10.22 Eigenschaften von Systemen mit zyklischer Schadensakkumulation [10.1]
a) Kraft-Verformungsmodell
b) α_s - $\bar{\mu}$ Verhältnis

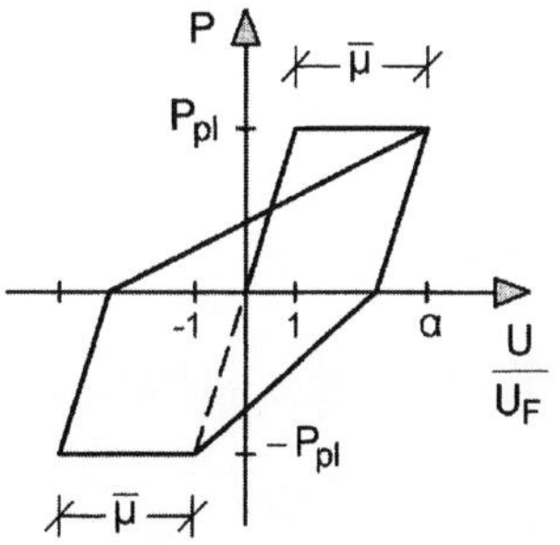

Bild 10.23 Idealisierte Hystereseschleife zur Berechnung von α_s

Aus den Gleichungen (10.100) und (10.101) ergibt sich für α_s

$$\alpha_s = \frac{1}{4\bar{\mu}} + 1{,}75 \tag{10.102}$$

Die absorbierte Energie lässt sich aus Gl. (10.100) mit Gl. (10.102) errechnen.

$$E_a = 2\left(\frac{1}{4\bar{\mu}} + 1{,}75\right)\bar{\mu}P_{pl}U_F = \frac{1}{2}P_{pl}U_F + 3{,}5\bar{\mu}P_{pl}U_F = A_{el} + A_{pl} \tag{10.103}$$

Da die Eingangsenergie im Bereich kleiner Periode etwa 1,8 mal größer ist, als diejenige nach Gl. (10.100), steigt auch die Anforderung an dissipierter Energie um das gleiche Verhältnis.

$$A_{pl} = 1{,}8.3{,}5\bar{\mu}P_{pl}U_F = 6{,}3\bar{\mu}P_{pl}U_F \tag{10.104}$$

oder

$$A_{pl} = 12{,}6\bar{\mu}A_{el} \tag{10.104a}$$

Für elastische Systeme gilt $U_{max} = U_F$ und $\bar{\mu} = 0$.

Für ein Tragwerk mit n Geschossen beträgt die absorbierte Energie im Geschoss i (Gl. (10.103))

$$E_{ai} = P_{pli} U_{Fi} \left(\frac{1}{2} + 3{,}5\overline{\mu}_i \right) \tag{10.105}$$

Für das gesamte Tragwerk betragen die elastische Verformungsenergie und die plastische dissipierte Energie

$$A_{el} = \sum_{i=1}^{n} \frac{1}{2} P_{pli} U_{Fi} \tag{10.106a}$$

$$A_{pl} = \sum_{i=1}^{n} 3{,}5\overline{\mu} P_{pli} U_{Fi} \tag{10.106b}$$

10.3.7.3.3 Energiedissipationsindex D_i

In [10.11] wird das Verhalten von Stahlbetonriegeln unter zyklischer Belastung mit der Annahme untersucht, dass diese allein als Bestandteile von Rahmen mit steifen Stielen, plastische Energie dissipieren (Bild 10.24).

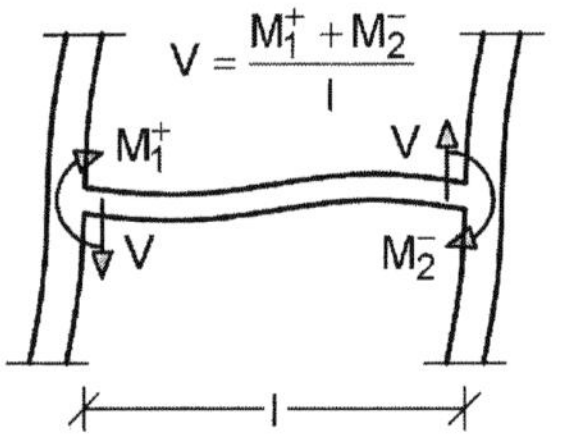

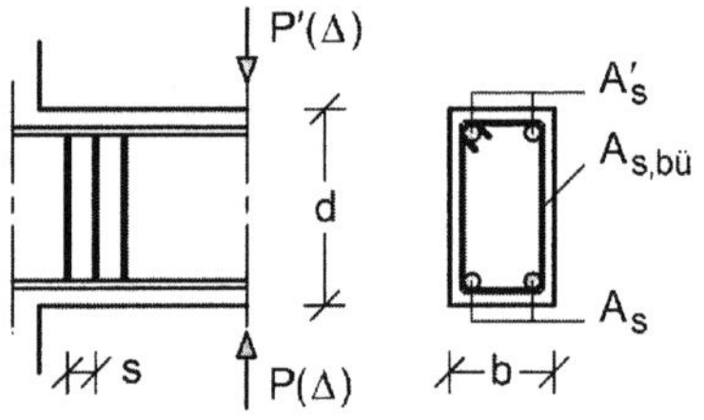

Bild 10.24 Bezeichnungen zu duktilen Stahlbetonriegeln
a) Verformungsbild
b) Typische Bewehrung

Die maximale elastische Energie für eine Hälfte des Riegels mit positiven Momenten ist

$$A_{el}^{+} = \frac{P_{pl} \Delta_F}{2} \tag{10.107}$$

Die Proportionalität zwischen dem Moment und der Bewehrungsfläche ergibt für P' und Δ' (Bild 10.24b)

$$P_{pl}' = \frac{A_s'}{A_s} P_{pl} ; \; \Delta_F' = \frac{A_s'}{A_s} \Delta_F$$

Somit beträgt die gesamte elastische Energie für beide Enden des Riegels

$$A_{el} = A_{el}^{+} + A_{el}^{-} = \frac{1}{2} P_{pl} \Delta_F \left[1 + \left(\frac{A'_s}{A_s} \right)^2 \right] \tag{10.108}$$

Nach Berechnung der dissipierten Energie einer Reihe von Stahlbetonträgern unter zyklischer Belastung mit der Amplitude entsprechend einer Verschiebeduktilität von $n_s = 4$ wurde in [10.11] durch Regressionsanalyse ein Energiedissipationsindex D_i ermittelt.

$$D_i = \frac{A_D}{A_{el}} = 18{,}65 \frac{(\tau_{bü} \sigma_b)^{0,5}}{\tau_o^{1,5}} - 17 \tag{10.109}$$

mit der Grenzspannung eines Bügels von

$$\tau_{bü} = \frac{A_{s,bü} \sigma_{s,pl}}{bs} \tag{10.109a}$$

wobei

A_D : Die gesamte dissipierte Energie während einer Reihe von Lastzyklen

σ_b : Betonfestigkeit

$\tau_o = \frac{Q}{bz} = \tau_{bü}$: Maximale Schubspannung für gerissenen Beton

$\sigma_{s,pl}$: Streckgrenze der Bügel

b : Trägerbreite

s : Abstand zwischen den Bügeln

Gl. (10.109) gilt für Bewehrungsprozentsätze von $\mu = 0{,}6 \div 1{,}0$. Wenn die Träger die konstruktiven Anforderungen der Normen zur Bewehrungsführung erfüllen, können sie bis zum Versagen am wenigsten 5 volle Zyklen mit Lastamplitude $P \geq 0{,}75 P_{pl}$ und Verschiebung entsprechend einer Duktilität zwischen $4 \div 6$ aushalten.

Eine Variante von Gl. (10.109) lautet

$$D_i = 9{,}84 \frac{(\tau_{bü} \sigma_b)^{0,5}}{\tau_o^{1,5}} - 6 \tag{10.110}$$

Maßgebend ist die untere Grenze vom Energiedissipationsindex nach den Gleichungen (10.109) und (10.110). Nach [10.11] liegt der Wert von D_i bei richtig gestalteten Stahlbetonelementen im Durchschnitt bei $D_i = 30$. Bei Stahlbetonstützen ist wegen des Einflusses der Längskräfte mit einer erheblichen Abminderung zu rechnen.

Aus Gl. (10.110) lässt sich das Energiedissipationsvermögen eines Tragwerks mit n Geschossen wie folgt schreiben:

$$A_D = \sum_{i=1}^{n} A_{eli} D_i \tag{10.111}$$

Beispiel 10.3

Der Rahmen vom Bild 10.21 ist mit zweischnittigen Bügeln ∅ 8/10 cm bewehrt. Es wird sein Energiedissipationsvermögen bei zyklischer Beanspruchung bestimmt.

Mit $A_{s,bü} = 2.0{,}503 = 1{,}06\ \text{cm}^2,\ s = 15\ \text{cm}$ ergibt sich aus Gl. (10.109a)

$$\tau_{bü} = \frac{106.500}{300.150} = 1{,}177\ \text{N/mm}^2$$

Für gerissenen Beton gilt $\tau_o = \tau_{bü}$.

Nach den Gleichungen (10.109) und (10.110) beträgt der Index D_i

$$D_i = 18{,}65 \frac{(1{,}177.17{,}5)^{0,5}}{1{,}177^{1,5}} - 17 \cong 49$$

$$D_i = 9{,}84 \frac{(1{,}177.17{,}5)^{0,5}}{1{,}177^{1,5}} - 6 \cong 29$$

Mit der unteren Grenze als maßgebend gilt für die Energiedissipation des Systems

$$A_D = 29 A_{el} = 29.66{,}2 \cong 1920\ \text{kNcm}$$

Beispiel 10.4

Das Stahlbetontragwerk aus Bild 10.25 befindet sich nach DIN 4149 in der Erdbebenzone 4 (Bodenspitzenbeschleunigung $\ddot{U}_{b,max} = 1{,}5\ \text{m/s}^2$). Es werden die Stiele nach dem Normbeben ausgelegt und der Nachweis der Standsfähigkeit für ein mittelstarkes Erdbeben erbracht. Gegeben werden: $h = 3{,}0\ \text{m}$, $l = 6{,}0\ \text{m}$, $G = 300\ \text{kN}$, B25 $E_b = 3000\ \text{kN/cm}^2$.

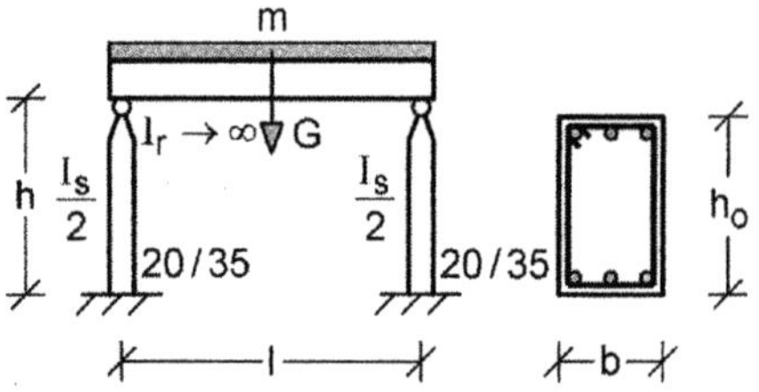

Bild 10.25 Stahlbetonrahmen zum Beispiel 10.4

Im elastischen Zustand gilt

$$I_s = \frac{20.35^3}{12} = 71458\ \text{cm}^4$$

$$K_1 = \frac{3EI_s}{h^3} = \frac{3.3000.2.71458}{300^3} = 47{,}60\ \text{kN/cm}$$

Mit

$$m = \frac{300}{981} \cong 0{,}3\ \text{kNs}^2\text{/cm}$$

beträgt die Grundperiode des Systems

$$T_1 = 2\pi\sqrt{\frac{0{,}3}{47{,}6}} = 0{,}50 \text{ s}$$

Die Erdbebenbelastung S_N nach DIN 4149 mit $a_o = 1{,}0$ m/s² und ß=1,0, weicher Boden, Bauwerksklasse 3, beträgt

$$S_N = 100.1{,}4.0{,}3 = 42 \text{ kN}$$

Die Beanspruchung einer Stütze ist

$$N = 150 \text{ kN}, \; M = \frac{1}{2}42.3 = 63 \text{ kNm}$$

Mit der Bewehrung

$A_s = A_s' = 9{,}42$ cm² (3∅ 20) Bügel: ∅ 8/15 cm

ergibt sich das Plastifizierungsmoment einer Stütze zu

$$M_{pl}^1 = 0{,}85.30.9{,}42.50 = 124{,}11 \text{ kNm}$$

Daraus ergibt sich für beide Stützen

$$M_{pl} = 2M_{pl}^1 = 248{,}22 \text{ kNm}$$

Die Erdbebenlast, die den Querschnitt plastifiziert, beträgt

$$S_{pl} = S_N \frac{M_{pl}}{M} = 42\frac{248{,}22}{126} = 82{,}70 \text{ kN}$$

Die elastische Verschiebung der Masse ist

$$U_1 = \frac{S_N}{K_1} = \frac{42}{47{,}6} = 0{,}88 \text{ cm}$$

Im gerissenen Zustand wird

$$K_s \cong 0{,}6K_1 = 28{,}56 \text{ kN/cm}$$

Die plastische Verschiebung der Masse ist dann

$$U_F = \frac{82{,}7}{28{,}56} = 2{,}89 \text{ cm}$$

Als maximale Verschiebung wird $U_{max} = 0{,}02h$ gewählt (Bild 10.26).

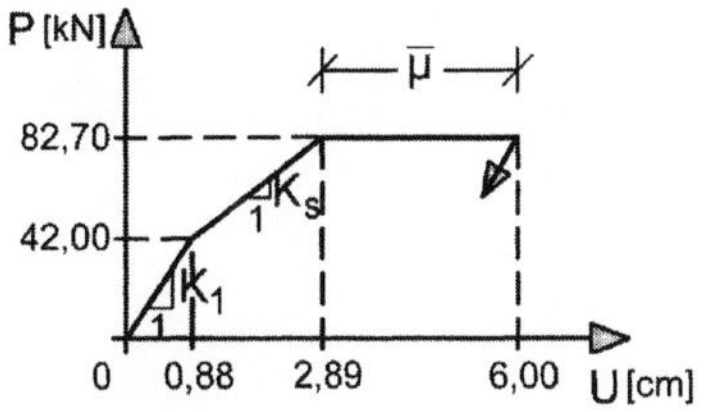

Bild 10.26 Kraft-Verschiebungsdiagramm des Systems vom Beispiel 10.4

Das Energieaufnahmevermögen des Tragwerks beträgt

$$A_{el} = \frac{82{,}7.2{,}89}{2} = 119{,}08 \text{ kNcm}$$

$A_{pl} = 82{,}7(6 - 2{,}89) = 257{,}19$

$A_a = 376{,}277 \text{ kNcm}$

Die Eingangsenergie wird aus den Spektren in [10.3] abgeschätzt. Für weichen Boden und $\ddot{U}_{b,max} = 1{,}5$ m/s² gilt

$V = 1{,}5.0{,}5 = 0{,}75 \text{ m/s}$

$$E_i = \frac{75^2 0{,}3}{2} = 843 \text{ kNcm} > A_a$$

Mit $\bar{\mu}$ nach Bild 10.22b

$$\bar{\mu} = \frac{2.6}{2.2{,}89} = 1{,}0$$

gilt für das plastische Dissipationsvermögen des Systems nach Gl. 10.104a

$A_{pl} = 12{,}6.1.119{,}08 = 1509{,}48 \text{ kNcm}$

$A_a = 119{,}08 + 1509{,}48 = 1628{,}56 \text{ kNcm} > E_i$

10.3.7.3.4 Grenzzustand der Stabilität

Systeme mit großem plastischem Vermögen können dadurch versagen, dass die Verschiebungen der Masse nur in eine Richtung anwachsen und beim Erreichen der kritischen Exzentrizität die Stabilität des Tragwerks verloren geht. Der Vorgang kann z. B. bei Systemen mit großer Duktilität und mäßigem elastischem Verformungsvermögen (geringe Festigkeit) eintreten. Vernachlässigt man die elastische Energie, so lässt sich das Gleichgewicht des Systems im kritischen Zustand von folgender Gleichung beschreiben [10.15] (Bild 10.27a):

$$E_k^1 - E_k^0 = A_{10} \tag{10.112}$$

wobei

$E_k^1 = 0$: Kinetische Energie in der kritischen Lage ($\dot{U} \equiv 0$)

$E_k^0 = \frac{m S_v{}^2}{2}$: Kinetische Energie in der Nullage

A_{10} : Die Arbeit der äußeren und inneren Kräfte während der Änderung der Lage von null zu U_{kr}

Mit den Bezeichnungen vom Bild 10.27a ergibt sich für die Arbeit des Gewichtes G und des plastischen Momentes M_{pl}

$$A_{10} = G\delta v - M_{pl}\Theta = G(h - h\cos\Theta) - M_{pl}\Theta \tag{10.113}$$

Somit gilt nach Gl. (10.112)

$$M_{pl} = Gh(1 - \cos\Theta) + \frac{G}{g}\frac{1}{2}S_v{}^2 \tag{10.114}$$

Mit $1 - \cos\Theta = 2\sin^2\frac{\Theta}{2} \cong 2\left(\frac{\Theta}{2}\right)^2 = \frac{\Theta^2}{2}$ beträgt das plastische Moment

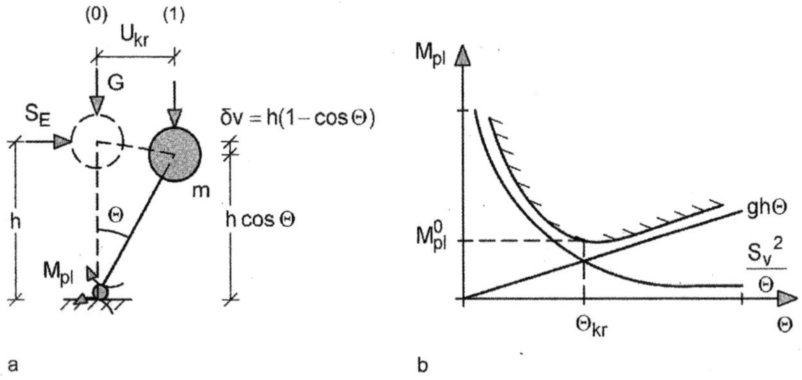

Bild 10.27
a) Dynamische Modellierung eines elastoplastischen Einmassenschwingers
b) Plastisches Moment-Winkel-Verhälnis

$$M_{pl} = \frac{1}{2}\frac{G}{g}\left(\frac{S_v^{\,2}}{\Theta} + gh\Theta\right) \tag{10.115}$$

Von Interesse ist der minimale Wert von M_{pl}, dem der kritische Winkel Θ_{kr} entspricht (Bild 10.27b).

$$\frac{dM_{pl}}{d\Theta} = 0 \rightarrow -\frac{S_v^{\,2}}{\Theta_{kr}^{\,2}} + gh = 0 \rightarrow \Theta_{kr} = \frac{S_v}{\sqrt{gh}} \tag{10.116}$$

Der minimale Wert von M_{pl} und die entsprechende Erdbebenkraft lauten

$$M_{pl}^0 = S_v\sqrt{\frac{h}{g}}G \tag{10.117}$$

$$\min S_E = \frac{M_{pl}^0}{h} = \frac{S_v G}{\sqrt{gh}} = C_{min} G \tag{10.118}$$

Die Gleichungen (10.117) und (10.118) nehmen keine Rücksicht auf das Verformungsvermögen des plastischen Gelenks. Die Bedingung $\Theta_{kr} \le \Theta_{apl}$ muss gleichzeitig erfüllt werden.

In [10.4] wird als Vergleichsgröße zur Beurteilung der dynamischen Stabilität von Mehrmassensystemen im plastischen Bereich eine kritische Beschleunigung $\widetilde{S}_{akr}$ (collapse acceleration) vorgeschlagen. Diese beträgt

- Für elastoplastische Systeme (Stahltragwerke):

$$\widetilde{S}_{akr} = \frac{5\widetilde{\Theta}^{0,75}}{\widetilde{T}^{1,42}} \max \dot{U}_b \sqrt{t} \le \frac{36\widetilde{\Theta}^{0,75}}{\widetilde{T}^{1,86}} \max U_b t \tag{10.119}$$

- Für Systeme mit Schadensakkumulation:

$$\tilde{S}_{akr} = \frac{20\tilde{\Theta}^{0,85}}{\tilde{T}^{1,35}} \max \dot{U}_b \leq \frac{24\tilde{\Theta}^{0,85}}{\tilde{T}^{1,74}} \max U_b \tag{10.120}$$

In Gl. (10.121) stellt t die effektive Dauer des Erdbebens dar. Gibt man T und t in Sekunden s an, so ist die Einheit von $\tilde{S}_{akr}$ diejenige von $\dot{U}_b$ geteilt durch s, oder diejenige von U_b geteilt durch s². $\tilde{\Theta}$ ist ein äquivalenter Stabilitätsbeiwert, der die Herabsetzung der Rückstellkraft infolge der Gravitation angibt und die entsprechenden Beiwerte, Θ_o für den elastischen bzw. Θ_m für den plastischen Bereich, vereint (Bild 10.28a).

$$\Theta_o = \frac{3Ng\tau}{(2N+1)\omega_o^2 h} \tag{10.121a}$$

$$\Theta_m = \frac{\Omega g\tau}{\omega_o^2 h} \tag{10.121b}$$

$$\tilde{\Theta} = \frac{\Theta_m}{Q} \tag{10.121c}$$

$$\tilde{\omega}_o^2 = \omega_o^2 Q \tag{10.121d}$$

$$\tilde{T} = \frac{2\pi}{\tilde{\omega}_o} \tag{10.121e}$$

$$Q = 1 - \Theta_o + \Theta_m \tag{10.121f}$$

In den Gleichungen (10.121a-f) bedeuten

N : Anzahl der Geschosse

g : Erdbeschleunigung

h : Bauwerkshöhe

$\tau = \frac{q}{g} \cong 1{,}2$: Lastbeiwert

Ω : Beiwert für die Form des Versagensmechanismus (Bild 10.28b). Für $N \geq 2$ gilt

$$\Omega = \frac{1 - \frac{h_2}{2h} - \frac{h_1}{h}}{\frac{h_2}{h}\left(1 - \frac{h_2}{h} - \frac{h_1}{h}\right)}$$

Die kritische Schubkraft V_{kr} beträgt

$$V_{kr} = \frac{m\tilde{S}_{akr}}{Q} \tag{10.122}$$

m : Gesamtmasse

Die Form vom Versagensmechanismus, der die dynamische Instabilität kontrolliert, kann für regelmäßige Rahmen aus einer statischen Berechnung mit Horizontallasten, deren Verteilung

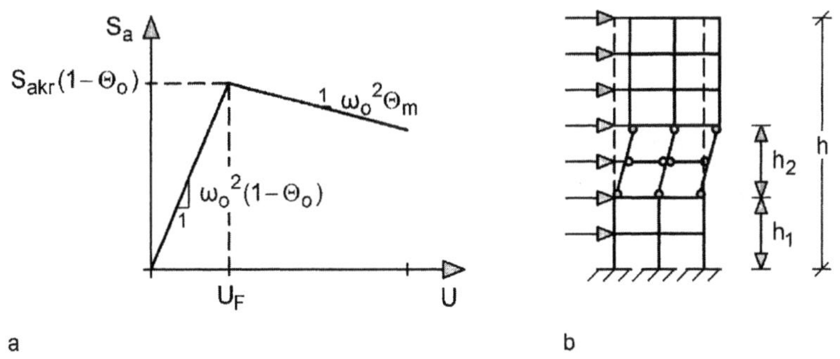

Bild 10.28
a) Rückstellkraft pro Masseneinheit - Verschiebung
b) Form des Versagensmechanismus

der Geschossgewichte entspricht, ermittelt werden. Diese ist auf die Parameter der Fußpunkterregung nicht empfindlich.

10.3.7.4 Hybride Nachweisverfahren

Das im Abschnitt 10.3.6 beschriebene energetische Bemessungsverfahren geht von einem direkten Vergleich zwischen der Eingangsenergie und der fähigen Energie des Tragwerks aus. Einen anderen Weg zur Durchführung des Nachweises im Grenzzustand des Versagens bieten die hybriden Verfahren an. Diese beruhen zur Ermittlung des Energieaufnahmevermögens auf energetische Aussagen, wobei der Nachweis durch Vergleich von seismischen Beiwerten erfolgt [10.5, 10.15].

Für ein Einmassensystem beträgt die Norm-Erdbebenlast S_N ein Bruchteil des Gewichtes G.

$$S_N = C_N G \tag{10.123}$$

Für diese Last wird das Tragwerk dimensioniert und erdbebengerecht entworfen. Anschließend wird noch geprüft, ob das Tragwerk ein sehr starkes Beben ohne Versagen überlebt.

Die elastische Reaktion des Tragwerks auf das Bemessungsbeben ergibt sich aus dem elastischen Antwortspektrum zu

$$S_{el} = mS_a = \frac{G}{g}S_a\,;\; S_{el} >> S_N \tag{10.124}$$

Die Eingangsenergie des zu erwartenden Bebens kann aus dem Energiespektrum ermittelt und als Energie-äquivalente Geschwindigkeit V_i angegeben werden. Zwischen der elastischen Erdbebenlast S_{el} und der Eingangsenergie E_i besteht folgender Zusammenhang:

$$S_{el} = C\sqrt{E_i} \tag{10.125}$$

Mit $V_i = xS_v$, beträgt E_i

$$E_i \cong \frac{G}{g}\frac{x^2 S_v{}^2}{2} \tag{10.126}$$

Daraus folgt

$$S_v = \sqrt{\frac{2g}{Gx^2}}\sqrt{E_i} \tag{10.127}$$

$$S_{el} = \frac{G}{g}\frac{2\pi}{T}\sqrt{\frac{2g}{Gx^2}}\sqrt{E_i} = \frac{2\pi}{T}\sqrt{\frac{2G}{gx^2}}\sqrt{E_i} \tag{10.128}$$

Somit gilt

$$C = \frac{2\pi}{T}\sqrt{\frac{2G}{gx^2}} \tag{10.129}$$

Im Bild 10.29 ist die Kraft-Verformungslinie eines Tragwerks unter monoton ansteigender Belastung gezeigt. Da in einem statisch unbestimmten System der Übergang zum Mechanismus durch sukzessives Auftreten der plastischen Gelenke stattfindet, weist das Kraft-Verformungsdiagramm eine poligonale Form auf. Die fähige Energie des Tragwerks $E_{fäh}$ gleicht der schraffierten Fläche unter der Kennlinie an.

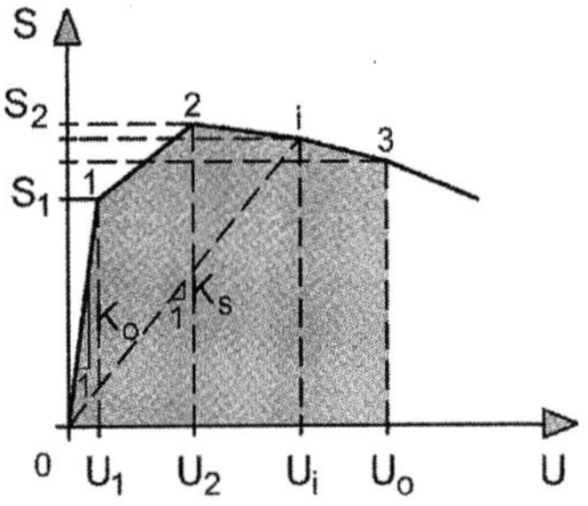

Bild 10.29 Kraft-Verformungslinie eines elastoplastischen Systems

Wenn $E_i = E_{fäh}$, entwickelt sich für eine Verschiebung U_o die Kraft

$$S_{fäh} = C\sqrt{E_i} = C\sqrt{E_{fäh}} \tag{10.130}$$

Für eine Verschiebung $U < U_o$ ergibt sich aus den Gleichungen (10.125) und (10.130)

$$\frac{S_{fäh}}{S_{el}} = \sqrt{\frac{E_{fäh}}{E_i}} \tag{10.131}$$

Mit $S_{fäh} = \frac{S_N}{R}$, wobei der Beiwert $R < 1$ ist, wird Gl. (10.131)

$$\frac{S_N}{RS_{el}} = \sqrt{\frac{E_{fäh}}{E_i}} \tag{10.132}$$

Setzt man die Gleichungen (10.123) und (10.124) in Gl. (10.132) ein, so erhält man mit $a = \dfrac{S_a}{g}$ für den Beiwert R

$$R = \frac{C_N}{a}\sqrt{\frac{E_i}{E_{fäh}}} \tag{10.133}$$

Aus Gl. (10.126) gilt

$$E_i \cong \frac{G}{g}\frac{x^2}{2}\left(\frac{T}{2\pi}\right)^2 a^2 g^2 = \frac{g}{8\pi^2}x^2T^2a^2G \tag{10.134}$$

Somit kann Gl. (10.133) wie folgt umgeschrieben werden:

$$R = C_N T\sqrt{\frac{\frac{g}{8\pi^2}x^2G}{E_{fäh}}} \tag{10.135}$$

Für $E_{fäh} = E_i$ ergibt sich aus Gl. (10.133)

$$C_N = aR \tag{10.136}$$

Der Nachweis erfolgt, indem $E_{fäh}$ und R nach Gl. (10.135) für unterschiedliche Verschiebungswerte ermittelt werden, und dann die Gl. (10.136) geprüft wird. Ist $E_{fäh} > E_i$, folgt $C_N > aR$ und das System kann das Erdbeben überstehen. Ist $E_{fäh} < E_i$, bzw. $C_N < aR$, muss die Bemessung mit einem größeren C_N wiederholt werden.

Die Beschädigung des Tragwerks hat gleichzeitig mit der Abminderung der Steifigkeit auch die Abnahme der fähigen Energie zur Folge. Diesem Vorgang wird durch die Annahme eines äquivalenten Systems mit der Sekantensteifigkeit K_s und der Periode T_s Rechnung getragen.

$$T_s = T\sqrt{\frac{K_o}{K_s}} \tag{10.137}$$

Die abgeminderte fähige Energie des Systems, $E^s_{fäh}$, lässt sich wie folgt errechnen (Bild 10.29):

$$E^s_{fäh} = E^o_{fäh} - \gamma A_s \tag{10.138}$$

wobei $E^o_{fäh}$ aus der Fläche $012iU_i$ und A_s aus der Fläche $012i$ berechnet werden. Der Beiwert γ ist für Stahlbeton 0,5 und für Stahl 0.

Die Eingangsenergie E_i wird für die Periode T_s ermittelt.

$$E_i \cong \frac{g}{8\pi^2}x^2{T_s}^2{a_s}^2G \tag{10.139}$$

wobei

$$a_s = \frac{S_a(T_s)}{g}$$

Somit wird Gl. (10.135) wie folgt umgeschrieben:

$$R_s = C_N T_s \sqrt{\frac{\frac{g}{8\pi^2} x^2 G}{E^s_{fäh}}} \qquad (10.140)$$

10.4 Mehrmassensysteme

Die energetischen Methoden sind auch für Systeme mit mehreren Freiheitsgraden anwendbar. Die Energiegleichung des Mehrmassensystems lässt sich aus den einzelnen Kraftkomponenten der Bewegungsgleichung (10.13) ableiten, die über die relative Verschiebung im Zeitintervall $0-t$ integriert werden.

$$E_k + E_d + E_e = E_i \qquad (10.141)$$

wobei

$$E_k = \int_0^{U(t)} [m]\{\ddot{U}\}du = \frac{\{\dot{U}\}^T [m]\{\dot{U}\}}{2} \text{ : Die relative kinetische Energie des Systems} \qquad (10.141a)$$

$$E_d = \int_0^{U(t)} [C]\{\dot{U}\}du = \int_0^t \{\dot{U}\}^T [C]\{\dot{U}\}dt \text{ : Die viskos dissipierte Energie} \qquad (10.141b)$$

$$E_e = \int_0^{U(t)} \{U\}^T [K]du \text{ : Die elastische Verformungsenergie} \qquad (10.141c)$$

E_i : Die relative Eingangsenergie aus der äußeren Beanspruchung.

Mit $P(t) = -m\ddot{U}_b(t)$ beträgt die relative Eingangsenergie

$$E_i = -\int_0^{U(t)} \{\ddot{U}_b\}^T [m]du \qquad (10.141d)$$

Für ein Tragwerk mit n Geschossen werden die Gleichungen (10.141a) und (10.141d) für die absolute Energiegleichung [10.37]

$$\overline{E}_k = \frac{1}{2}\sum_{i=1}^{n} m_i \dot{y}_i^{\,2} \qquad (10.142a)$$

$$\overline{E}_i = \int_0^{U(t)} \left(\sum_{i=1}^{n} m_i \ddot{y}_i\right) du_b \qquad (10.142b)$$

$\overline{E}_k$ ist die Summe der kinetischen Energie von jedem Geschoss, berechnet mit der absoluten Geschwindigkeit $\dot{y}_i(t)$ des Geschosses i und $\overline{E}_i$ ist die Summe der Arbeit, die die Trägheitskräfte in jedem Geschoss über die Bodenverschiebung U_b leisten.

In [10.37] wird gezeigt, dass die absolute Eingangsenergie eines Mehrmassensystems aus der Eingangsenergie eines Einmassensystems ermittelt werden kann, dessen Periode der Grundperiode des Mehrmassensystems entspricht.

11 Zufallschwingungen

Die dynamische Analyse von Funktionen, deren zeitlicher Verlauf von einer bekannten (determinierten) Zeitfunktion angegeben ist, wird als deterministisch bezeichnet. Der zeitliche Verlauf vieler Erregungen kann jedoch nicht mit bestimmten, im Voraus bekannten Funktionen beschrieben werden. Dies gilt z. B. für Schwingungen infolge natürlicher Phänomene, wie Erdbeben, Wind, oder Explosionen. Solche Erregungen, deren Zeitverlauf von Zufallvariablen beschrieben wird, heißen Zufallprozesse oder Zufallschwingungen. Anstelle des Begriffs Zufallprozess ist auch die Bezeichnung stochastischer Prozess üblich (στοχαστικός: zufällig). Die dynamische Analyse von Systemen unter stochastischer Erregung stützt sich auf Mittel der Wahrscheinlichkeitstheorie. Dementsprechend wird sie als probabilistisch bezeichnet.

Die Aufnahme einer Zufallschwingung ist eine Zeitfunktion, wie im Bild 11.1 dargestellt. Die Hauptcharakteristik dieser Funktion besteht darin, dass ihr Wert $x = x(t)$ zum Zeitpunkt t eine Zufallgröße ist, die nicht mehr deterministisch vorausgesagt werden kann. Die Erregung muss auf eine probabilistische Basis (statistisch) mit Hilfe der Wahrscheinlichkeitstheorie beschrieben werden [11.1, 11.2].

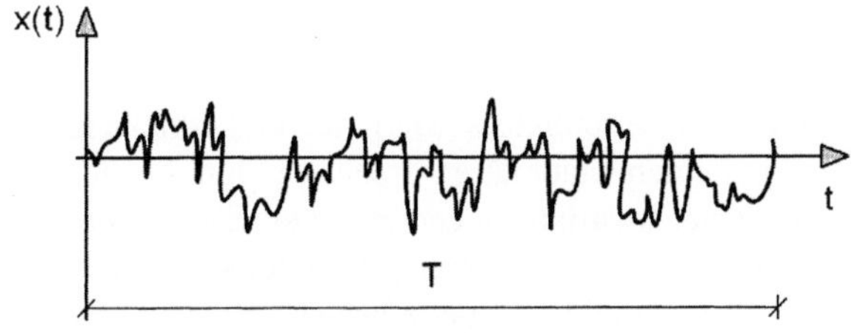

Bild 11.1 Stochastischer Zeitverlauf

11.1 Grundbegriffe

Zur Beschreibung von Zufallfunktionen ist eine große Anzahl von Zeitverläufen (Aufnahmen) notwendig. Ein Zeitverlauf wird auch Schrieb oder Muster genannt. Die Gesamtheit dieser Funktionen, die den stochastischen Prozess bilden, heißt eine „Schar" oder ein „Ensemble". Zum Zweck der statistischen Erhebung eines Ensembles wird ein Zeitpunkt t gewählt und aus jedem Schrieb der zugehörige Funktionswert $x_i(t)$ (Momentanwert) entnommen. Zum Beispiel für $t = t_1$: $x_1(t_1), x_2(t_1),..., x_i(t_1), x_n(t_1)$ und für $t = t_2$: $x_1(t_2), x_2(t_2),..., x_i(t_2), x_n(t_2)$.

Die sog. Scharmittelung bezeichnet den Mittelwert der Funktionswerten (Bild 11.2).

$$x_m^1 = \frac{x_1(t_1) + x_2(t_1) + ... + x_i(t_1) + x_n(t_1)}{n} \tag{11.1a}$$

$$x_m^2 = \frac{x_1(t_2) + x_2(t_2) + ... + x_i(t_2) + x_n(t_2)}{n} \tag{11.1b}$$

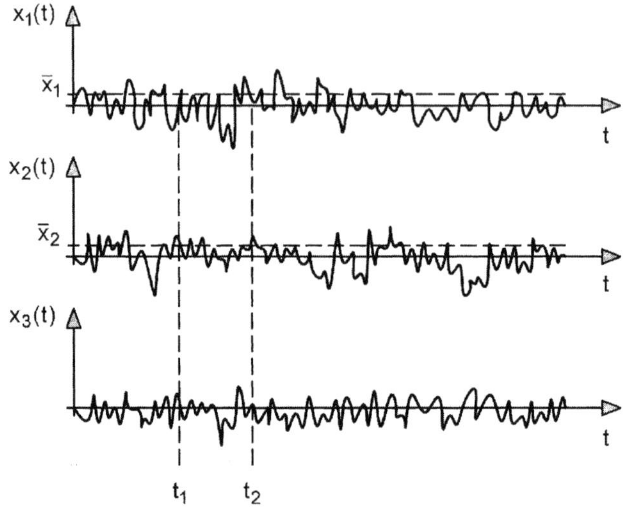

Bild 11.2 Stochastische Prozesse

Würde man die Scharmittelung für andere Zeitpunkte wiederholen und erhielte man jeweils ein identisches Ergebnis, so hätte man mit einem stationären Prozess zu tun. Nicht alle Zufallprozesse sind stationär. Stationarität bedeutet Invarianz gegenüber endlichen Zeitverschiebungen, und ist immer dann zu erwarten, wenn der Prozess unter gleichbleibenden Bedingungen abläuft, und dieser seine Energie aus einer stationären Quelle bezieht. Bei naturbedingten Ereignissen (Erdbeben, Wind ua.) ist diese Voraussetzung meist näherungsweise erfüllt.

Handelt es sich bei dem stochastischen Prozess um einen stationären, können die statistischen Merkmale aus einer Zeitmittelung gewonnen werden. Dazu wird aus der Schar der Zeitfunktionen eine Zeitreihe, z. B. $x_1(t)$, herausgegriffen, und der Mittelwert der Momentanwerte über die Zeitdauer des Ereignisses T ermittelt (Bild 11.1).

$$\overline{x}_1 = \lim \frac{1}{n} \sum_{i=1}^{n} x_1(t_i) = \frac{1}{T} \int_0^T x_1(t)dt \tag{11.2}$$

Der Zeitmittelwert $\overline{x}$ kann für jeden Zeitverlauf der Schar gerechnet werden.

Liegt ein vollständiger Zufallprozess als Schar von Zufallfunktionen vor, und lässt sich zeigen, dass die Scharmittelwerte nach Gl. (11.1) mit den Zeitmittelwerten eines einzelnen Schriebes nach Gl. (11.2) übereinstimmen, heißt der Zufallprozess ergodisch. In einem stationären, ergodischen Prozess reicht ein einziger Zeitverlauf für die statistische Beschreibung der Zufallfunktion.

Der quadratische Zeitmittelwert wird wie folgt definiert:

$$\overline{x}^2 = \frac{1}{T} \int_0^T x^2(t)dt \tag{11.3}$$

Sowohl der Zeitmittelwert, als auch der mittlere quadratische Wert stellen ein Maß für den mittleren Wert der Zufallfunktion $x(t)$ dar. Hinweise über die Größe der Abweichung der Funktion $x(t)$ gegenüber dem Mittelwert $\overline{x}(t)$ liefert die sog. Varianz ${\sigma_x}^2$.

$$ {\sigma_x}^2 = \frac{1}{T}\int_0^T [x(t) - \overline{x}]^2 dt \tag{11.4} $$

Die Auswertung von Gl. (11.4) ergibt für die Varianz

$$ {\sigma_x}^2 = \overline{x}^2 - (\overline{x})^2 \tag{11.5} $$

Es kommt oft vor, dass der Zeitmittelwert $(\overline{x})$ null ist. In diesem Fall ist die Varianz gleich mit dem quadratischen Zeitmittelwert.

Anschließend werden noch zwei Begriffe definiert, die bei der Beschreibung von Zufallfunktionen vorkommen:

- Die Wurzel aus dem quadratischen Zeitmittelwert RMS (root mean square)

$$ RMS_x = \sqrt{\overline{x}^2} \tag{11.6} $$

- Die Standardabweichung σ_x, als Wurzel aus der Varianz

$$ \sigma_x = \sqrt{\overline{x}^2 - (\overline{x})^2} \tag{11.7} $$

Beispiel 11.1

Für die Kraftfunktion $F(t)$ aus dem Bild 11.3 werden die statistischen Kenngrößen $\overline{F}, \overline{F}^2, {\sigma_F}^2$, der RMS-Wert und die Standardabweichung berechnet.

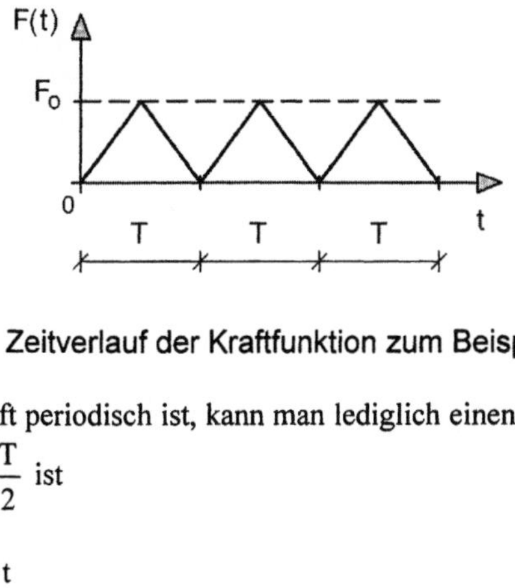

Bild 11.3 Zeitverlauf der Kraftfunktion zum Beispiel 11.1

Da die Kraft periodisch ist, kann man lediglich einen „Zahn" mit der Periode T betrachten. Der Verlauf für $0 < t < \frac{T}{2}$ ist

$$ F(t) = \frac{2F_o}{T} t $$

Der Zeitmittelwert beträgt

$$ \overline{F} = \frac{1}{T}\int_0^T F(t)dt = \frac{2}{T}\int_0^{\frac{T}{2}} \frac{2F_o}{T} tdt = \frac{4F_o}{T^2}\left[\frac{t^2}{2}\right]_0^{\frac{T}{2}} = \frac{F_o}{2} $$

Der quadratische Mittelwert lässt sich wie folgt berechnen:

$$\overline{F}^2 = \frac{2}{T}\int_0^{\frac{T}{2}}\left(\frac{2F_o}{T}\right)^2 t^2 dt = \frac{3F_o^{\,2}}{T^3}\left[\frac{t^3}{3}\right]_0^{\frac{T}{2}} = \frac{F_o^{\,2}}{3}$$

Die Varianz ist

$$\sigma_F^{\,2} = \overline{F}^2 - (\overline{F})^2 = \frac{F_o^{\,2}}{3} - \frac{F_o^{\,2}}{4} = \frac{F_o^{\,2}}{12}$$

Der RMS-Wert beträgt

$$RMS_F = \sqrt{\overline{F}^2} = \frac{F_o}{\sqrt{3}}$$

Die Standardabweichung ist

$$\sigma_F = \sqrt{\overline{F}^2 - (\overline{F})^2} = \frac{F_o}{\sqrt{12}}$$

11.2 Dichtefunktion

Zur Berechnung des wahrscheinlichen Auftretens von x in dem Intervall (x_1, x_2) zieht man vorerst im Diagramm vom Bild 11.4 zwei Horizontallinien durch die Werte x_1 und x_2 und dann misst man die entsprechenden Zeitintervalle $\Delta t_1, \Delta t_2, ..., \Delta t_i, \Delta t_n$. Die Summe aller Zeitintervalle Δt_i, erstreckt über die ganze Dauer des Ereignisses T und geteilt durch T, gibt die Auftretenswahrscheinlichkeit von x mit den Werten zwischen x_1 und x_2 für jede gewählte Zeit t_i während des Zufallprozesses.

$$P(x_1 \le x \le x_2) = \frac{\Delta t_1 + \Delta t_2 + ... + \Delta t_i + \Delta t_n}{T} \tag{11.8}$$

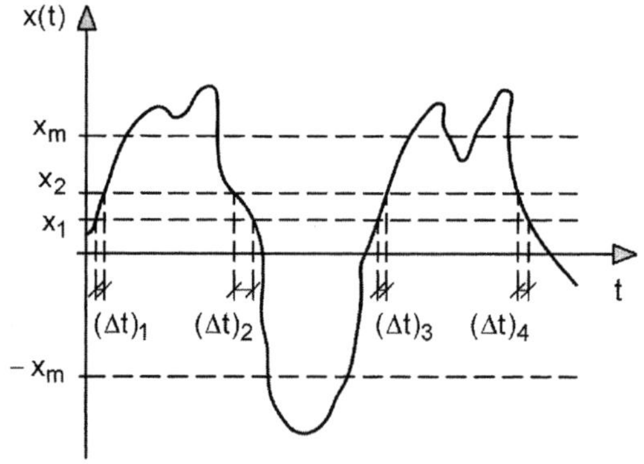

Bild 11.4 Ausschnitt des Zeitverlaufs einer Zufallfunktion

Analog dazu ist die Wahrscheinlichkeit für eine Realisation von $x(t)$ kleiner als die Marke x

$$P(x) = P(x(t) < x) = \lim_{t \to \infty} \frac{1}{T} \sum_{i=1}^{n} \Delta t_i \tag{11.9}$$

Hierin sind Δt_i diejenigen Zeitintervalle, bei denen der Wert der Funktion $x(t)$ kleiner als der gewählte Wert x ist. Die Funktion $P(x)$ in Gl. (11.9) ist als Verteilungsfunktion des Zufallprozesses $x(t)$ bekannt. Der Verlauf der Funktion ist eine Kurve mit folgenden Eigenschaften (Bild 11.5a):

$$P(-\infty) = 0\ ;\ 0 \le P(x) \le 1\ ;\ P(\infty) = 1 \tag{11.10}$$

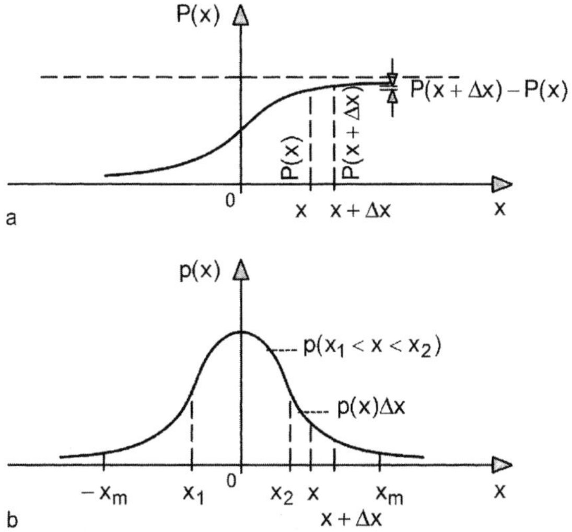

Bild 11.5 Zeitverlauf eines Zufallprozesses
a) Verteilungsfunktion
b) Dichtefunktion

Bezeichnet man mit $P(x+\Delta x)$ die Wahrscheinlichkeit für eine Realisation von x kleiner als $x+\Delta x$, und mit $P(x+\Delta x)-P(x)$ die Wahrscheinlichkeit für eine Realisation von x zwischen den Werten x und $x+\Delta x$, so lässt sich die Dichtefunktion wie folgt berechnen:

$$p(x) = \lim_{\Delta x \to 0} \frac{P(x+\Delta x)-P(x)}{\Delta x} = \frac{dP(x)}{dx} \tag{11.11}$$

Dies bedeutet, dass die Dichtefunktion $p(x)$ die Steigerung (Tangente) der Verteilungsfunktion $P(x)$ darstellt. Die Dichtefunktion zeigt das Bild 11.5b. Aus Gl. (11.11) erkennt man, dass die Wahrscheinlichkeit für eine Realisation der Zufallvariable $x(t)$ zwischen den Werten x und $x+\Delta x$ von dem Produkt $p(x)dx$ angegeben wird.

Liegt die Dichtefunktion vor, wie z. B. im Bild 11.5b, ergibt sich die Wahrscheinlichkeit für eine Realisation von x zwischen den Werten x_1 und x_2 für jeden Zeitpunkt t_i zu

$$P(x_1 \le x \le x_2) = \int_{x_1}^{x_2} p(x)dx \tag{11.12}$$

welche der Fläche zwischen den Punkten x_1 und x_2 unter der Dichtefunktion gleich ist. Die Fläche A unter der ganzen Dichtfunktion ist gleich eins.

$$A = \int_{-\infty}^{\infty} p(x)dx = 1 \tag{11.13}$$

11.2.1 Normal- (Gauß-) Verteilung

Die in der Technik meist verwendete Dichtefunktion wird durch das Normal-Verteilungsgesetz ermittelt (Bild 11.6).

$$p(x) = \frac{1}{\sqrt{2\pi\sigma}} e^{-\frac{1}{2}\frac{(x-\overline{x})^2}{\sigma^2}} \tag{11.14}$$

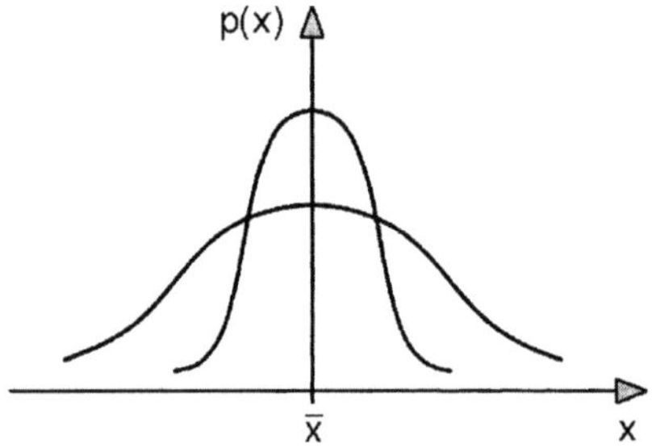

Bild 11.6 Dichtefunktion nach der Normal-Verteilung

Die Funktion ist symmetrisch um den Wert $\overline{x}$. Je größer die Standardabweichung σ ist, desto flacher wird die Kurve (gestrichelte Linie im Bild 11.6). Es kann mathematisch bewiesen werden, dass bei einem Ereignis nach dem Normal-Verteilungsgesetz jede Realisation mit 99,7 % Wahrscheinlichkeit zwischen folgenden Werten liegt:

$$x_i > \overline{x} - 3\sigma$$

$$x_i > \overline{x} + 3\sigma$$

Da die Funktion um den Wert $\overline{x}$ symmetrisch ist, ergibt sich, dass nur 0,15 % von Realisationen Werte einnehmen, die kleiner als $\overline{x} - 3\sigma$ oder größer als $\overline{x} + 3\sigma$ sind. Für praktische Zwecke kann eine Wahrscheinlichkeit von 99,85 % (d. h. (100-0,15) %) als Gewissheit betrachtet werden und gilt dementsprechend

$$\max x_i = \overline{x} + 3\sigma \tag{11.15a}$$

$$\max x_i = \overline{x} - 3\sigma \tag{11.15b}$$

Im Allgemeinen wird die Wahrscheinlichkeit, dass x_i Werte zwischen $\overline{x} - \lambda\sigma$ und $\overline{x} + \lambda\sigma$ nimmt, wobei λ eine positive Zahl ist, von folgender Beziehung angegeben:

$$P(\overline{x} - \lambda\sigma < x_i < \overline{x} + \lambda\sigma) = \frac{1}{\sqrt{2\pi\sigma}} \int_{\overline{x}-\lambda\sigma}^{\overline{x}+\lambda\sigma} e^{-\frac{1}{2}\frac{(x_i-\overline{x})^2}{\sigma^2}} dx \tag{11.16}$$

Die Gl. (11.16) stellt also die Wahrscheinlichkeit dar, dass x_i innerhalb der Standardabweichung von $\overline{x}$ liegt. Die Wahrscheinlichkeit, dass x_i größere Werte, als λ multipliziert mit der Standardabweichung von $\overline{x}$ annimmt, $P(|x_i - \overline{x}|) > \lambda\sigma$, ist eins minus dem entsprechenden Wert aus Gl. (11.16). Werte der Normal-Verteilung für $\lambda = 1,2,3$ sind in Tabelle 11.1 angegeben.

Tabelle 11.1 Normal-Verteilungswerte in Abhängigkeit von λ

λ	$P(\overline{x} - \lambda\sigma < x_i < \overline{x} + \lambda\sigma)$ [%]	$P(\|x_i - \overline{x}\| > \lambda\sigma)$ [%]
1	68,30	31,70
2	95,40	4,60
3	99,85	0,15

11.2.2 Rayleigh-Verteilung

Öfters ist es realistischer, positive Variablen wie die absoluten Spitzenwerte A der Zufallfunktion $x(t)$, aufgrund des Rayleigh-Verteilungsgesetzes zu beschreiben.

$$p(A) = \frac{A}{\sigma^2} e^{-\frac{A^2}{2\sigma^2}} \; ; \; A > 0 \tag{11.17}$$

Die wahrscheinliche Dichte $p(A)$ ist für $A < 0$ null, und hat für positive Werte von A einen Verlauf wie im Bild 11.7.

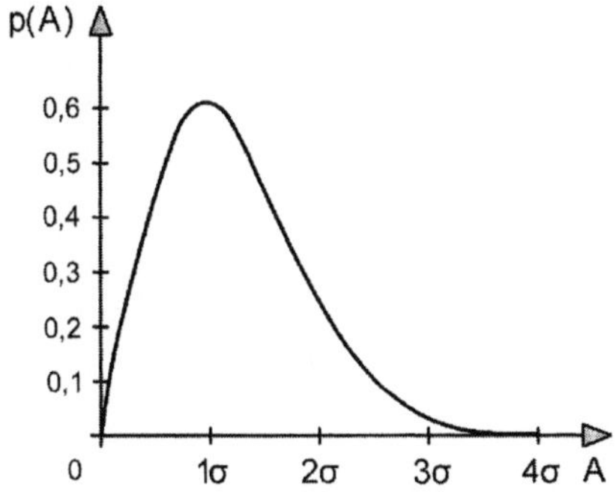

Bild 11.7 Dichtefunktion nach der Rayleigh-Verteilung

Der Zeitmittelwert und der mittlere quadratische Wert für die Rayleigh-Funktion sind

$$\overline{A} = \int_0^\infty A p(A) dA = \int_0^\infty \frac{A^2}{\sigma^2} e^{-\frac{A^2}{2\sigma^2}} dA = \sqrt{\frac{\pi}{2}}\sigma \tag{11.18}$$

$$\overline{A^2} = \int_0^\infty A^2 p(A) dA = \frac{A^3}{\sigma^2} e^{-\frac{A^2}{2\sigma^2}} = 2\sigma^2 \tag{11.19}$$

Der RMS-Wert und die Varianz betragen

$$\mathrm{RMS}_A = \sqrt{2}\sigma \tag{11.20}$$

$$\sigma_A{}^2 = \overline{A^2} - (\overline{A})^2 = \frac{4-\pi}{2}\sigma^2 = 0{,}429\sigma^2 \tag{11.21}$$

Die Wahrscheinlichkeit, wonach A größere Werte als $\lambda\sigma$ annimmt, $P(A > \lambda\sigma)$, wird wie folgt definiert:

$$P(A > \lambda\sigma) = \int_{\lambda\sigma}^{\infty} p(A)dA \tag{11.22}$$

Mit Gl. (11.17) und nach Integration ergibt sich

$$P(A > \lambda\sigma) = e^{-\frac{\lambda^2}{2}} \tag{11.23}$$

Die Tabelle 11.2 gibt Werte für die Wahrscheinlichkeit von A für die Werte $\lambda = 1,2,3,4$.

Tabelle 11.2 Wahrscheinlichkeitswerte von absoluten Werten einer Zufallfunktion

λ	P(A > λσ) [%]
1	60,65
2	13,53
3	1,11
4	0,03

11.3 Korrelation und Autokorrelation

Die Korrelation ist ein Maß für die Abhängigkeit zwischen zwei Zufallprozessen. Sie wird berechnet als Produkt zwischen den Ordinaten beider Prozesse $x_1(t)x_2(t)$ zu jedem Zeitpunkt t_i, gemittelt über alle Werte von t (Bild 11.8).

$$K = \frac{1}{T}\int_0^T x_1(t)x_2(t)dt \tag{11.24}$$

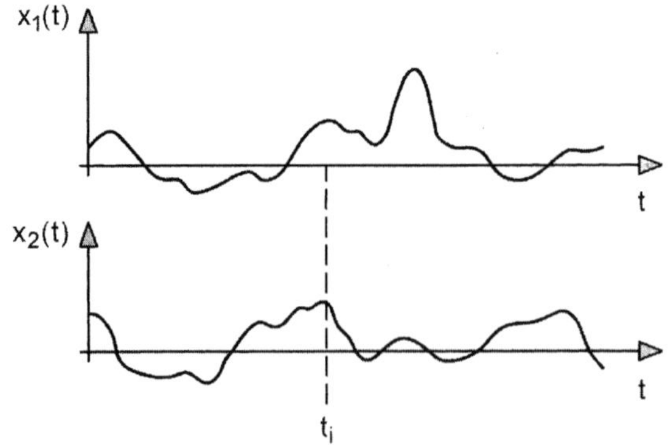

Bild 11.8 Korrelation von zwei Zufallprozessen

Wenn die zwei Ereignisse ähnlich sind, ist ihre Korrelation groß. Für ungleiche Ereignisse mit Null-Mittelwerten sind einige Produkte positiv, während andere negative Werte haben, und ihr gemitteltes Produkt kann in der Nähe von null liegen.

Im Folgenden werden die zwei Aufnahmen aus dem Bild 11.8 betrachtet. Beide Ereignisse sind identisch $x_1(t)$ aber nach links um den Zeitquotient τ vesetzt, d. h. $x_1(t+\tau)$ (Bild 11.9).

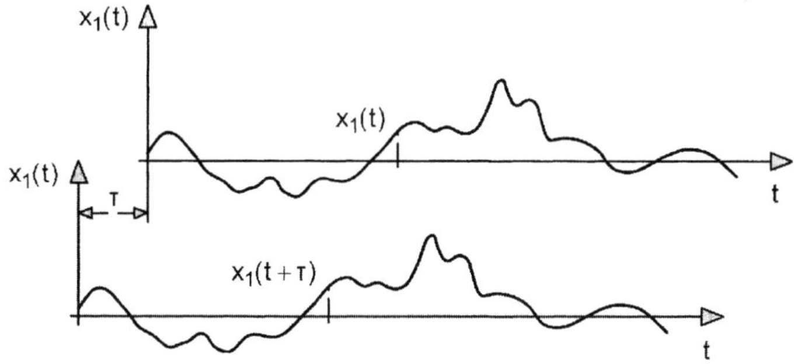

Bild 11.9 Autokorrelation von zwei Zufallprozessen

Die Korrelation zwischen $x_1(t)$ und $x_1(t+\tau)$ ist als Autokorrelation $R(\tau)$ (Selbst-Wechselbeziehung) bekannt, und wird folgendermaßen berechnet:

$$R(\tau) = \lim_{T\to\infty} \frac{1}{T} \int_0^T x(t)x(t+\tau)dt \tag{11.25}$$

Der Parameter τ heißt Retardierung oder Korrelationsweite. Wenn $\tau = 0$, wird $x(t)$ mit sich selbst identisch korreliert, und die Korrelation ergibt den quadratischen Zeitmittelwert $\overline{x}^2$.

$$R(0) = \lim_{T\to\infty} \frac{1}{T} \int_0^T [x(t)]^2 dt = \overline{x}^2 \tag{11.25a}$$

Für jeden Wert von τ in der Zeitspanne von $\tau = 0$ bis $\tau = T$ lässt sich ein Wert für $R(\tau)$ ermitteln. Da die zweite Aufnahme sich um die Zeit τ in Bezug auf die erste verspäten kann oder die erste Aufnahme früher als die zweite anfangen kann, ist die Korrelationfunktion um die R-Achse symmetrisch, d. h. $R(\tau) = R(-\tau)$, und $R(\tau)$ ist immer kleiner als $R(0)$. Ist τ nur wenig vom Null-Wert verschoben, unterscheiden sich $x(t)$ und $x(t+\tau)$ auch wenig voneinander; die Autokorrelation ist stark. Im Falle von $\tau = 0$ ist sie also am stärksten; jeder Wert wird mit sich selbst korreliert.

Zufallfunktionen mit starker Unregelmäßigkeit der Periodizität und Amplituden (Breitband-Prozesse) verlieren ihre Ähnlichkeit innerhalb von kurzen Zeitverschiebungen τ. Die Autokorrelationfunktion dieser Prozesse weist dementsprechend einen scharfen Spitzenwert für $\tau = 0$, der sehr schnell abklingt, wenn $\tau \neq 0$ ist (Bild 11.10).

Für Zufallereignisse mit schwacher Unregelmäßigkeit, die eine dominante Frequenz ω_0 enthalten (Schmalband-Prozesse) ist die Autokorrelation eine symmetrische, periodische Funktion, derer Frequenz mit der dominanten Frequenz ω_0 gleich ist (Bild 11.11).

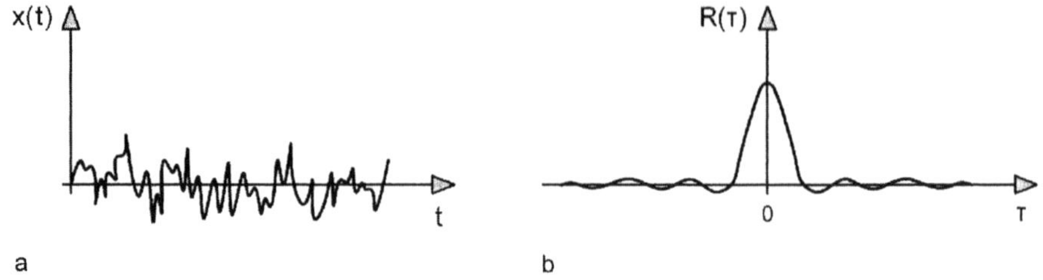

Bild 11.10
a) Breitband-Prozess
b) Autokorrelationfunktion

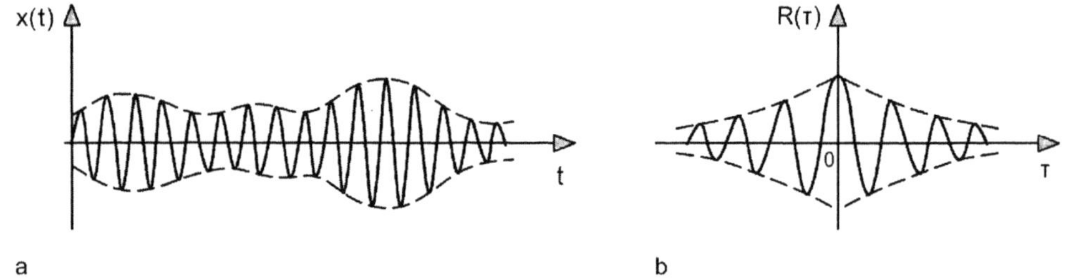

Bild 11.11
a) Schmalband-Prozess
b) Autokorrelationfunktion

Die Verteilungsfunktion $P(x)$ und die Dichtefunktion $p(x)$ kennzeichnen die Verteilung der momentanen Schwankungen von $x(t)$ nach ihrer Größe. Sie geben aber keine Auskunft darüber, ob die Schwankungen von $x(t)$ von irgendwelchen Perioden charakterisiert werden. Die Ermittlung der Autokorrelationfunktion liefert in einem ersten Schritt Auskunft über die Intensität und Frequenzverteilung des Zufallprozesses.

Beispiel 11.2

Für die periodische Impulsreihe aus dem Bild 11.12 werden die probabilistischen Kennwerte, der Mittelwert, der mittel quadratischer Wert und die Autokorrelationfunktion, berechnet.

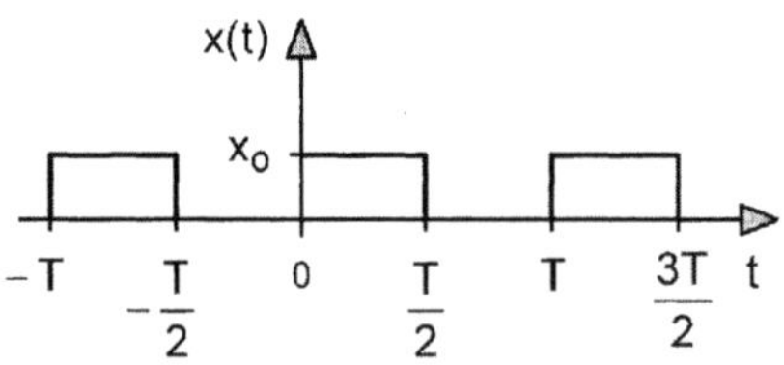

Bild 11.12 Zeitverlauf der Impulsfunktion zum Beispiel 11.2

Die Funktion ist durch folgende Gleichung wiedergegeben:

$$x(t) = x_0 \quad \text{für} \quad 0 < t < \frac{T}{2}$$

$$x(t) = 0 \quad \text{für} \quad \frac{T}{2} < t < T$$

Da die Funktion periodisch ist, kann das Zeitintegral mit geringer Genauigkeit auf die Dauer einer Periode beschränkt werden.

Der Mittelwert beträgt

$$\overline{x} = \frac{1}{T}\int_0^{\frac{T}{2}} x_o dt = \frac{1}{T} x_o [t]_0^{\frac{T}{2}} = \frac{x_o}{2}$$

Der quadratische Zeitmittelwert ist

$$\overline{x}^2 = \frac{1}{T}\int_0^{\frac{T}{2}} x_o^2 dt = \frac{1}{T} x_o^2 [t]_0^{\frac{T}{2}} = \frac{x_o^2}{2}$$

Bei der Berechnung der Autokorrelationfunktion müssen zwei unterschiedliche Zeitversetzungen τ berücksichtigt werden (Bild 11.13). Die Integrale zur Ermittlung der Autokorrelation werden dann vom Anfang und Ende der Überlappungslänge der zwei Impulse angegeben.

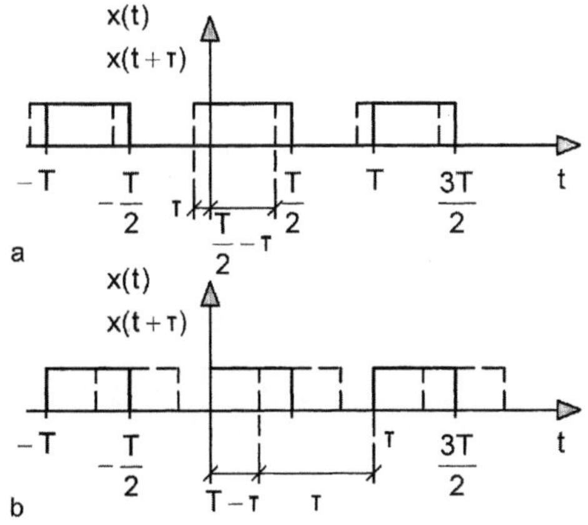

Bild 11.13

a) Impulsfunktion mit Zeitversetzung $0 < \tau < \frac{T}{2}$

b) Impulsfunktion mit Zeitversetzung $\frac{T}{2} < \tau < T$

- Zeitversetzung $0 < \tau < \frac{T}{2}$ (Bild 11.13a)

$$R(\tau) = \frac{1}{T}\int_0^T x(t)x(t+\tau)dt = \frac{1}{T}\int_0^{\frac{T}{2}-\tau} x_o x_o dt = \frac{x_o^2}{T}[t]_0^{\frac{T}{2}-\tau} = x_o^2\left(\frac{1}{2} - \frac{\tau}{T}\right)$$

- Zeitversetzung $\frac{T}{2} < \tau < T$ (Bild 11.13b)

$$R(\tau) = \frac{1}{T}\int_0^T x(t)x(t+\tau)dt = \frac{1}{T}\int_{T-\tau}^{\frac{T}{2}} x_o x_o dt = \frac{x_o^2}{T}[t]_{T-\tau}^{\frac{T}{2}} = x_o^2\left(-\frac{1}{2} + \frac{\tau}{T}\right)$$

Aus dem Bild 11.14 ist zu erkennen, dass die Autokorrelationfunktion periodisch ist. Ihre Periode ist gleich mit T .

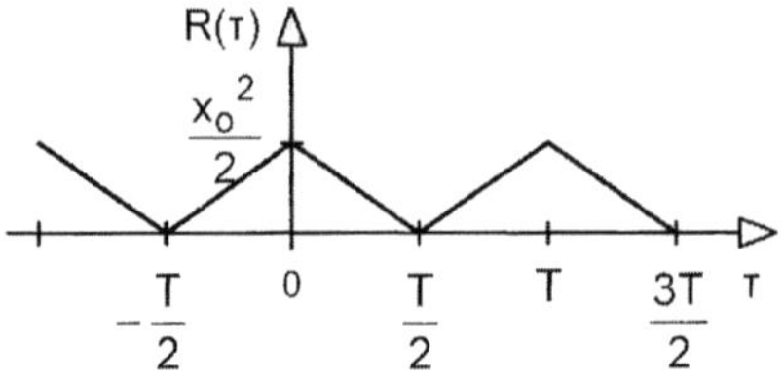

Bild 11.14 Autokorrelationfunktion zur Impulsfunktion vom Beispiel 11.2

11.4 Fourier Integralentwicklung

In Abschnitt 2.3.1.2.1 wurde gezeigt, wie eine periodische Funktion $P(t)$ mit Hilfe von Fourier-Reihen in einzelnen harmonischen Anteilen zerlegt und anschließend in einem Amplitudenspektrum im Frequenzbereich dargestellt wird. Nichtperiodische Funktionen, wie Zufallschwingungen, wiederholen sich nicht, d. h. ihre Periode ist unendlich, $T = \infty$. Dementsprechend ist die Frequenz null. Dies bedeutet, dass die Summe in der Reihenentwicklung zu einem Integral wird. Die Fourier-Reihe in reeller Fassung für eine periodische Funktion $F(t)$ lautet

$$F(t) = \frac{a_0}{2} + \sum_{n=1}^{\infty}(a_n \cos(n\omega t) + b_n \sin(n\omega t))\, ; \; \omega = \frac{2\pi}{T} \qquad (11.26)$$

mit

$$a_0 = \frac{2}{T}\int_{-\frac{T}{2}}^{\frac{T}{2}} F(t)dt$$

$$a_n = \frac{2}{T}\int_{-\frac{T}{2}}^{\frac{T}{2}} F(t)\cos(n\omega t)dt \qquad (11.27)$$

$$b_n = \frac{2}{T}\int_{-\frac{T}{2}}^{\frac{T}{2}} F(t)\sin(n\omega t)dt$$

Im Bild 11.15 ist das Amplitudenspektrum der Komponente a_n für eine Rechteckimpulsfolge der Dauer T_f und Periode T dargestellt.

Berechnet man das Amplitudenspektrum für unterschiedliche Verhältnisse $\frac{T_f}{T}$, so stellt man fest, dass je größer die Periodendauer T im Verhältnis zur Impulsdauer T_f ist, desto enger rücken die Spektrallinien zusammen. Lässt man dieses Verhältnis gegen unendlich laufen, entartet die Impulsfolge in einem Einzelimpuls. Der Einzelimpuls ist eine nichtperiodische Funktion, und die Spektrallinien liegen dicht nebeneinander. Innerhalb des finiten Frequenzintervalls $\Delta\omega_n$ beträgt der Impuls a_n

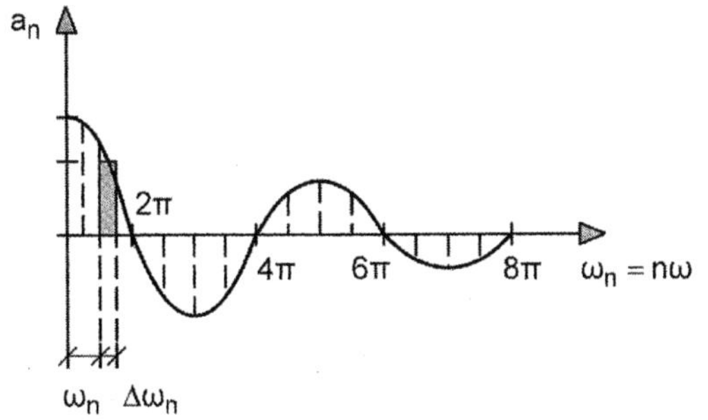

Bild 11.15 Amplitudenspektrum einer Rechteck-Impulsfunktion

$$a_n = a_n(\omega_n)\Delta\omega_n \tag{11.28}$$

Die Fourier-Reihe wird

$$F(t) = \frac{a_0}{2} + \sum_{n=1}^{\infty}\left[a_n(\omega_n)\Delta\omega_n \cos\omega_n t + b_n(\omega_n)\Delta\omega_n \sin\omega_n t\right] \tag{11.29}$$

Beim Übergang ergibt sich nach Einführung der Gl. (11.27)

$$F(t) = \frac{1}{\pi}\int_0^{\infty}\left[a(\omega)\cos\omega t + b(\omega)\sin\omega t\right]d\omega \tag{11.30}$$

Hierin ist

$$a(\omega) = \int_{-\infty}^{\infty} F(t)\cos\omega t dt \tag{11.30a}$$

$$b(\omega) = \int_{-\infty}^{\infty} F(t)\sin\omega t dt \tag{11.30b}$$

Diese Beziehungen sind gültig, solange

$$\int_{-\infty}^{\infty}\left|F(t)\right|dt < \infty \tag{11.31}$$

Die Gleichungen (11.30a-b) bilden die Fourier-Transformation, welche die Funktion $F(t)$ aus dem Zeitbereich (Originalbereich) in den Frequenzbereich transformiert. Gl. (11.30) kennzeichnet die Rücktransformation.

Ist die Funktion $F(t)$ symmetrisch, spricht man von einem Fourier-cosinus-Integral.

$$a(\omega) = 2\int_0^{\infty} F(t)\cos\omega t dt\ ;\ b(\omega) = 0 \tag{11.32}$$

Ist die Funktion $F(t)$ unsymmetrisch, spricht man von einem Fourier-sinus-Integral.

$$b(\omega) = 2\int_0^{\infty} F(t)\sin\omega t dt\ ;\ a(\omega) = 0 \tag{11.33}$$

Eine vorteilhafte, kompakte Form der Fourier-Transformation erhält man, wenn die Fourier-Reihen mit komplexen Funktionen erfasst werden (siehe Abschnitt 2.3.1.2.3). Die komplexe Fourier-Reihe und die Fourier-Koeffizienten lauten dann

$$F(t) = \sum_{-\infty}^{\infty} C_n e^{in\omega t} \tag{11.34}$$

$$C_n = \frac{1}{T}\int_{-\frac{T}{2}}^{\frac{T}{2}} F(t)e^{-in\omega t}dt \tag{11.34a}$$

$$a_0 = C_0 \text{ für } n = 0 \tag{11.34b}$$

Die Fourier-Transformation wird

$$C(\omega) = \frac{1}{2\pi}\int_{-\infty}^{\infty} F(t)e^{-i\omega t}dt \tag{11.35a}$$

wobei

$$F(t) = \int_{-\infty}^{\infty} C(\omega)e^{i\omega t}d\omega \tag{11.35b}$$

Die Fourier-Transformation von $F(t)$ in Gl. (11.35a) und die Rücktransformation nach Gl. (11.35b) werden auch als Fourier-Transformationspaar bezeichnet. Demgemäß heißt $F(t)$ Originalfunktion und $C(\omega)$ Bildfunktion.

Für eine diskrete Fourier-Reihe $F(t_j)$, lauten die formalen Definitionen der „diskreten Fourier-Transformation" und der „Rücktransformation" (siehe auch Abschnitt 2.3.1.2.4):

$$C_n = \frac{2}{N}\sum_{j=0}^{N-1} F(t_j)e^{-2\pi i\left(\frac{nj}{N}\right)} \tag{11.36a}$$

$$F(t_j) = \sum_{n=0}^{N-1} C_n e^{2\pi i\left(\frac{nj}{N}\right)} \tag{11.36b}$$

Beispiel 11.3

Für einen Rechteckimpuls der Dauer T_f, $F(t) = F_o$ ist das Fourier-Integral zu ermitteln (Bild 11.16).

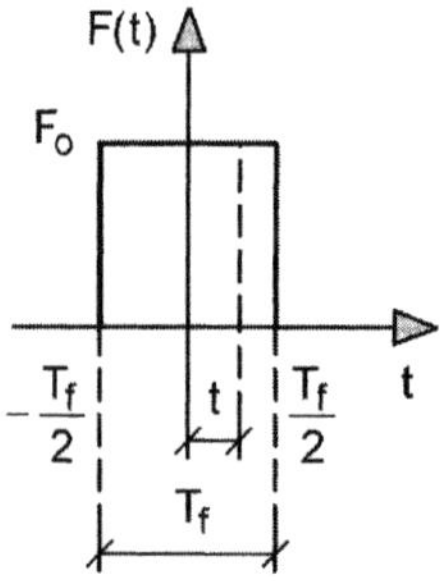

Bild 11.16 Rechteck-Impulsfunktion zum Beispiel 11.3

Die Integrationsbereiche sind

$F(t) = 0$ für $-\infty < t < -\frac{T_f}{2}$

$$F(t) = F_o \text{ für } -\frac{T_f}{2} < t < \frac{T_f}{2}$$

$$F(t) = 0 \text{ für } \frac{T_f}{2} < t < \infty$$

Die Funktion ist symmetrisch und für $C(\omega)$ gilt Gl. (11.32)

$$C(\omega) = a(\omega) = 2\int_0^{\frac{T_f}{2}} F_o \cos\omega t dt = \frac{2F_o}{\omega}[\sin\omega t]_0^{\frac{T_f}{2}} = F_o T_f \frac{\sin\omega\frac{T_f}{2}}{\omega\frac{T_f}{2}}$$

Das Bild 11.17 zeigt das auf $F_o T_f$ bezogene Spektrum von $C(\omega)$. $F_o T_f$ stellt den Impulsinhalt I dar.

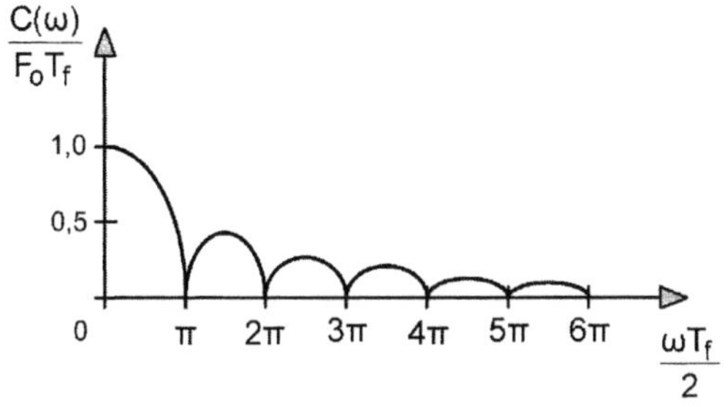

Bild 11.17 Frequenzspektrum der Impulsfunktion von Beispiel 11.3

11.5 Spektralanalyse

Mit Hilfe der Fourier-Analyse kann eine periodische Funktion $x(t)$ in einzelnen harmonischen Anteilen mit entsprechenden Frequenzkomponenten zerlegt werden. Die Beiträge der Frequenzkomponenten von $x(t)$ zum quadratischen Zeitmittelwert $\overline{x}^2$ der Funktion $x(t)$ werden als Spektralfunktion oder Leistungsspektrum von $x(t)$ bezeichnet. Das Ziel der Spektralanalyse besteht also darin, den Zusammenhang zwischen dem quadratischen Mittelwert $\overline{x}^2$ und den Fourier-Frequenzkomponenten (a_n, b_n, oder C_n) im Falle von periodischen Funktionen $x(t)$, bzw. der Fourier-Transformation $C(\omega)$ für nichtperiodische Funktionen $x(t)$ zu ermitteln.

Für eine periodische Funktion $x(t)$, welche durch die Fourier-Reihe aus Gl. (11.26) (mit $F(t) \equiv x(t)$) beschrieben wird, errechnet sich der quadratische Zeitmittelwert unter Berücksichtigung von Gl. (11.31) wie folgt:

$$\overline{x}^2 = \frac{1}{T}\int_0^T x^2(t)dt = \frac{1}{T}\int_0^T x(t)\left[a_0 + \sum_{n=1}^{\infty}(a_n\cos(n\omega t) + b_n\sin(n\omega t))\right]dt =$$

$$\frac{a_0}{T}\int_0^T x(t)dt + \sum_{n=1}^{\infty}\left[\frac{a_n}{T}\int_0^T x(t)\cos(n\omega t)dt + \frac{b_n}{T}\int_0^T x(t)\sin(n\omega t)dt\right] \quad (11.37)$$

Nach Einführung der Integralausdrücke aus Gl. (11.27) und der Integration erhält man den folgenden Ausdruck:

$$\overline{x}^2 = a_0{}^2 + \sum_{n=1}^{n}\left[\frac{a_n{}^2}{2} + \frac{b_n{}^2}{2}\right] \tag{11.38}$$

Das Spektrum der Funktion $x(t)$ wird dementsprechend von den Gliedern der Reihe aus Gl. (11.38) beschrieben. Jedes Glied aus der Reihe gibt den Beitrag der entsprechenden Frequenz zu dem quadratischen Zeitmittelwert $\overline{x}^2$ der Funktion $x(t)$.

Wir betrachten nun die diskrete Zeitfunktion $F(t_j)$, welche von der diskreten Fourier-Transformation nach Gl. (11.36b) mit den Koeffizienten C_n nach Gl. (11.36a) beschrieben wird. In Gl. (11.36b) sind harmonische Komponenten mit einer größeren Eigenfrequenz, als die Nyquist-Frequenz $\omega_{\frac{N}{2}} = \frac{\pi}{\Delta t}$ [rad/s], nicht enthalten, weil diese zur Störung der niedrigen Frequenzkomponenten führen. Es ist demzufolge erforderlich, die Anzahl N der Zeitintervallen möglich groß zu wählen, damit die Frequenzen, die einen wesentlichen Beitrag zur Funktionsbeschreibung haben, berücksichtigt werden können. Sicherheitshalber kann man die Funktionssignale elektronisch derart steuern, dass alle größere Frequenzen als die Nyquist-Frequenz ausgeschieden werden.

Der quadratische Mittelwert der diskreten Funktion $F(t_j)$ für $(j = 0,1,2,...,N-1)$ ist von folgender Gleichung angegeben:

$$\overline{F}^2 = \frac{1}{T}\sum_{j=0}^{N-1} F^2(t_j)\Delta t \tag{11.39}$$

Nach Einführung der Gleichungen (11.36a-b) in Gl. (11.39) ergibt sich die folgende Beziehung:

$$\overline{F}^2 = \sum_{n=0}^{N-1}|C_n|^2 = |C_0|^2 + |C_1|^2 + |C_2|^2 + ... + |C_{N-1}|^2 \tag{11.40}$$

Die Glieder der Summe bilden also das Spektrum der diskreten Funktion $F(t_j)$, und stellen die Beiträge der Frequenzen zu dem quadratischen Mittelwert der Funktion dar.

Beispiel 11.4

Es wird das Spektrum der Funktion $F(t)$ aus dem Bild 11.18, mit $F_o = 120.10^3$ kN und $T = 0{,}64$ s,

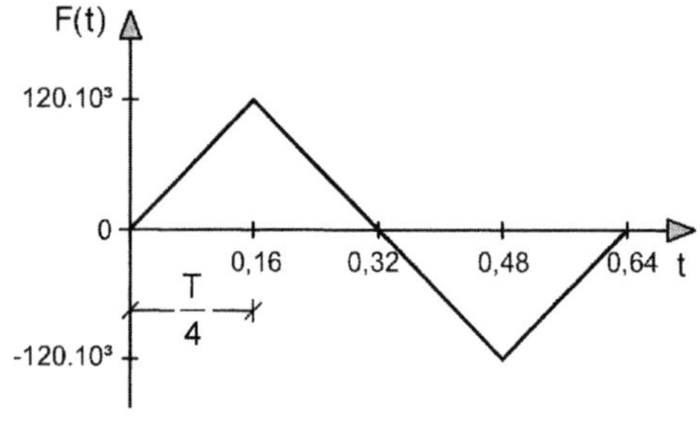

Bild 11.18 Zeitverlauf der Funktion F(t) zum Beispiel 11.4

berechnet.

Die Gleichung der Funktion F(t) für $t \le 0{,}16$ s ist

$$F(t) = \frac{4F_o t}{T} = \frac{120000t}{0{,}16}$$

Aus Gl. (11.39) ergibt sich für den quadratischen Mittelwert der Funktion

$$\overline{F}^2 = \frac{4}{0{,}64}\int_0^{0{,}16}\left[\frac{120000t}{0{,}16}\right]^2 dt = 0{,}48.10^{10}$$

Rechnet man mit einem Rechenprogramm nach Gl. (11.40), so ergibt sich $\overline{F}^2 = 0{,}54.10^{10}$. Die Genauigkeit hängt von der Anzahl der Intervallen ab. Um den gleichen Wert zu erzielen, muss $N \ge 64$ sein.

Wenn ein Zufallprozess x(t) normiert (oder angepasst) ist und er enthält keine periodische Komponenten, so dass sein Mittelwert $\overline{x}$ null ist, nähert sich die Autokorrelationfunktion $R_x(\tau)$ mit der Zunahme von τ zu null.

$$\lim_{\tau \to \infty} R_x(\tau) = 0 \tag{11.41}$$

Somit ist die Bedingung (11.31) eingehalten und man kann aus den Gleichungen (11.30) und (11.30a-b) die Fourier-Transformation der Autokorrelationfunktion $R_x(\tau)$ und ihre Inversefunktion wie folgt berechnen.

$$S_x(\omega) = \frac{1}{2\pi}\int_{-\infty}^{\infty} R_x(\tau)e^{-i\omega\tau}d\tau \tag{11.42a}$$

$$R_x(\tau) = \int_{-\infty}^{\infty} S_x(\omega)e^{i\omega\tau}d\omega \tag{11.42b}$$

Die Bezeichnung $S_x(\omega)$ wird Spektraldichtefunktion oder Autoleistungspektrum genannt. Die wichtigste Eigenschaft dieser Funktion erscheint, wenn man in Gl. (11.42b) $\tau = 0$ einsetzt. Dann gilt

$$R_x(0) = \int_{-\infty}^{\infty} S_x(\omega)\,d\omega \tag{11.42c}$$

und verglichen mit Gl. (11.25a) ergibt sich folgende Gleichung:

$$\overline{x}^2 = \int_{-\infty}^{\infty} S_x(\omega)\,d\omega \tag{11.43}$$

Dementsprechend ist der quadratische Zeitmittelwert $\overline{x}^2$ eines Zufallprozesses von der Fläche unter der Spektraldichtekurve angegeben (Bild 11.19). Das Integral über $S_x(\omega)$ ist ein Maß für

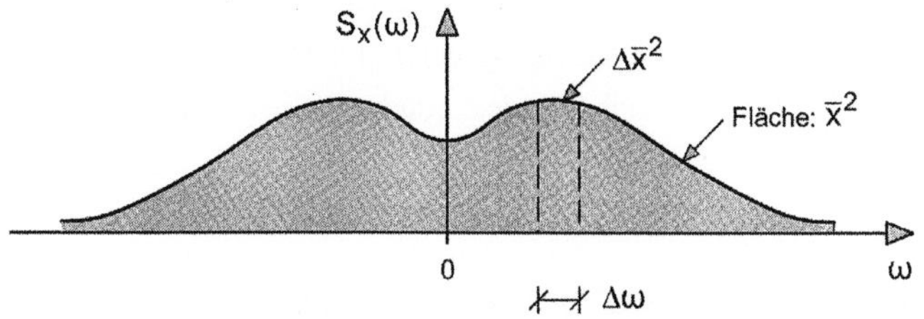

Bild 11.19 Spektraldichtefunktion

die Streuung der Momentanwerte $x(t)$ um den Mittelwert.

Der Beitrag der Frequenzgröße $\Delta\omega$ zu dem quadratischen Zeitmittelwert $\Delta\overline{x}^2$ ist also

$$\Delta\overline{x}^2 = S_x(\omega)\Delta\omega \tag{11.44}$$

Die Spektraldichtefunktion kann experimentell mit Hilfe eines Frequenzanalysators ermittelt werden. Da die Autokorrelationfunktion reell und gerade ist, führt der Einsatz der Eulerschen Beziehung

$$e^{i\omega\tau} = \cos\omega\tau + i\sin\omega\tau$$

in Gl. (11.42a) zu der cosinus-Trasformation.

$$S_x(\omega) = \frac{1}{2\pi}\int_{-\infty}^{\infty} R_x(\tau)\cos\omega\tau d\tau \tag{11.45a}$$

Da $S_x(\omega)$ auch eine gerade Funktion ist, gilt

$$R_x(\tau) = \int_{-\infty}^{\infty} S_x(\omega)\cos\omega\tau d\omega \tag{11.45b}$$

Alternativ dazu können die Gleichungen (11.45a-b) wie folgt geschrieben werden:

$$S_x(\omega) = \frac{1}{\pi}\int_0^{\infty} R_x(\tau)\cos\omega\tau d\tau \tag{11.46a}$$

$$R_x(\tau) = 2\int_0^{\infty} S_x(\omega)\cos\omega\tau d\omega \tag{11.46b}$$

Die Gleichungen (11.45a-b) und (11.46a-b) gehen auf N. Wiener (1930) und A. Khintchine (1934) zurück. Die Gl. (11.46a) besagt, dass das Autoleistungspektrum (Spektraldichte) $S_x(\omega)$ die Fourier-Transformierte der Autokorrelationfunktion $R_x(\tau)$ ist. Diese ist die wichtigste Beziehung für die Behandlung von stationären, ergodischen Zufallprozessen. Das Autoleistungspektrum $S_x(\omega)$ ist eine reellwertige, symmetrische Funktion im Frequenzbereich ($S_x(\omega) = S_x(-\omega)$), und ist überall positiv.

11.5.1 Schmalband- und Breitband-Zufallprozesse

Ein Prozess, dessen Spektraldichtefunktion in einem schmalen Frequenzbereich unterschiedlich von null ist, heißt Schmalband-Prozess (Bild 11.20a). Im Gegenteil, ein Breitband-Prozess ist von einer Spektraldichtefunktion mit Werten unterschiedlich von null in einem breiten Frequenzbereich gekennzeichnet (Bild 11.20b).

Der Zeitverlauf eines Breitband-Prozesses besteht aus einem ganzen Band von Frequenzen. Der Sonderfall solcher Prozesse, wenn sich das Frequenzband zwischen $\omega_1 = 0$ und $\omega_2 = \infty$ erstreckt, stellt das sog. Weißen-Rauschen dar (entsprechend dem Frequenzband des sichtbaren weißen Lichts). Aus Gl. (11.43) ergibt sich für den quadratischen Mittelwert eines Weißen-Rauschen-Prozesses

$$\overline{x}^2 = \infty$$

Dies zeigt, dass der Weiße-Rauschen Prozess nur theoretisch möglich ist. In der Praxis wird ein Prozess als „Weißes-Rauschen“ genannt, wenn seine Spektraldichte (Leistungsverteilung) konstant ist und sein Verlauf ein Frequenzband enthält, das für das Problem interessant ist.

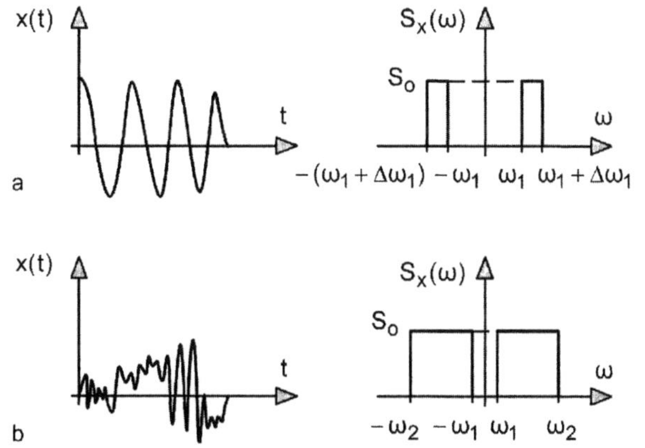

Bild 11.20
a) Schmalband-Prozess und Spektraldichtefunktion
b) Breitband-Prozess und Spektraldichtefunktion

Viele Breitband-Prozesse haben keine konstante Leistungsverteilung, sondern eine veränderliche. Diese werden auch mit Farbiges-Rauschen bezeichnet.

Beispiel 11.5

Für den Schmalband-Prozess $x(t)$ mit der Spektraldichtefunktion aus dem Bild 11.20a werden der quadratische Zeitmittelwert und die Autokorrelationfunktion ermittelt, und für den Breitband-Prozess, dessen Spektraldichtefunktion sich in Bild 11.20b von $\omega_1 = 0$ zu ω_2 erstreckt, wird die Autokorrelationfunktion ermittelt.

Nach Gl. (11.43) gilt für den quadratischen Zeitmittelwert des Schmalband-Prozesses

$$\overline{x}^2 = \int_{-\infty}^{\infty} S_x(\omega)d\omega = 2\int_{\omega_1}^{\omega_1+\Delta\omega} S_o d\omega = 2S_o\left[\omega\right]_{\omega_1}^{\omega_1+\Delta\omega} = 2S_o\Delta\omega$$

Aus Gl. (11.46b) ergibt sich für die Autokorrelationfunktion

$$R_x(\tau) = 2\int_0^{\infty} S_x(\omega)\cos\omega\tau d\omega = 2\int_{\omega_1}^{\omega_1+\Delta\omega} S_o \cos\omega\tau d\omega = \frac{2S_o}{\tau}\left[\sin\omega\tau\right]_{\omega_1}^{\omega_1+\Delta\omega} = \frac{4S_o}{\tau}\cos\left((\omega_1+\frac{\Delta\omega}{2})\tau\right)\sin\frac{\Delta\omega}{2}\tau$$

Die Autokorrelationfunktion des Schmalband-Prozesses zeigt das Bild (11.21a). Die vorwiegende Frequenz von $R_x(\tau)$ ist der gemittelte Wert ($\omega_1 + \frac{\Delta\omega}{2}$). Der maximale Wert tritt zum Zeitpunkt $\tau = 0$ auf.

$$\lim_{\tau\to 0} R_x(\tau) = 2S_o\Delta\omega$$

Die Autokorrelationfunktion des Breitband-Prozesses lautet (Bild 11.21b)

$$R_x(\tau) = 2\int_0^{\infty} S_x(\omega)\cos\omega\tau d\omega = 2\int_0^{\omega_2} S_o \cos\omega\tau d\omega = \frac{2S_o}{\tau}\left[\sin\omega\tau\right]_0^{\omega_2} = \frac{2S_o}{\tau}\sin\omega_2\tau$$

Der Maximalwert der Funktion tritt für $\tau = 0$ auf, und beträgt

$$R_x(0) = 2S_o\omega_2$$

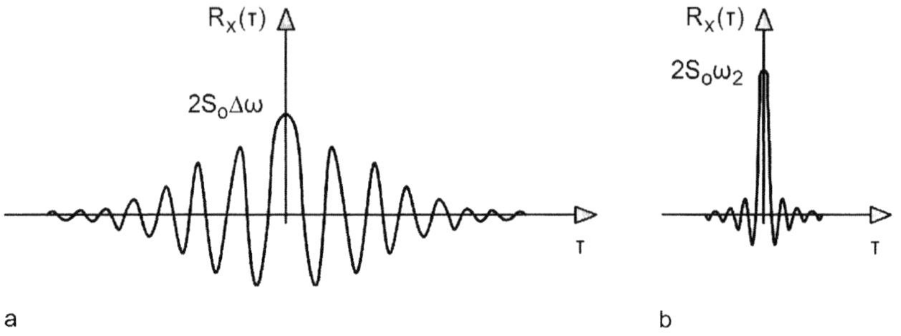

Bild 11.21 Autokorrelationfunktion zu den Zufallprozessen vom Beispiel 11.5
a) Schmalband-Prozess
b) Breitband-Prozess

Für eine Spektraldichtefunktion beispielsweise mit konstantem Wert $S_X(\omega) = S_0$ (Weißes-Rauschen) für alle Werte der Frequenz ω (Bild 11.22a) kann die Autokorrelationfunktion aus Gl. (11.46b) mit $\omega_2 \to \infty$ ermittelt werden. Dann ist $T_2 \to 0$, und die benachbarten Zyklen schmälzen sich zu einem Spitzenwert zusammen, für $\tau = 0$ (Bild 11.22b). Dieser Spitzenwert ist unendlich groß und hat keine Breite, aber eine finite Fläche. Ein solcher Verlauf kann mathematisch durch die Dirac-delta-Funktionen beschrieben werden. Die Dirac-Funktion $\delta(t)$ ist derart definiert, dass sie überall null ist, außer für $\tau = 0$, so dass die Beziehung

$$\int_{-\infty}^{\infty} \delta(t) f(\tau) d\tau = f(0) \qquad (11.47)$$

für jede Zeitfunktion $f(\tau)$, definiert zum Zeitpunkt $\tau = 0$, gültig ist.

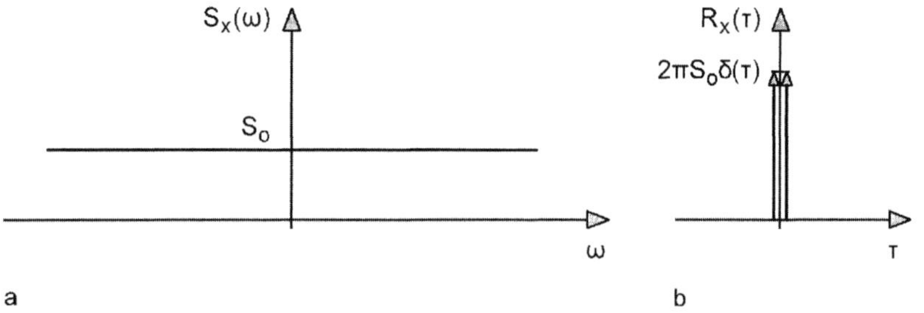

Bild 11.22
a) Spektraldichtefunktion des Zufallprozesses von Bild 11.21a
b) Dirac-delta-Funktion für Weißes-Rauschen-Prozess

Mit Hilfe der Dirac-Funktion kann dann die Autokorrelationfunktion für Weißes-Rauschen wie folgt ausgedrückt werden:

$$R_X(\tau) = C\delta(\tau) \qquad (11.48)$$

Durch Einsetzen von Gl. (11.48) in Gl. (11.42a) ergibt sich

$$S_X(\omega) = \frac{1}{2\pi} \int_{-\infty}^{\infty} C\delta(\tau) e^{-i\omega\tau} d\tau \qquad (11.49)$$

Mit der Definition aus Gl. (11.47) gilt

$$S_X(\omega) = \frac{1}{2\pi} C e^{-i\omega 0} = \frac{1}{2\pi} C = S_o \tag{11.50}$$

Dementsprechend wird die Gleichung der Autokorrelationfunktion von Bild 11.22b wie folgt geschrieben:

$$R_X(\tau) = 2\pi S_o \delta(\tau) \tag{11.51}$$

11.6 Erdbebensimulierung

Ein typischer Erdbebenzeitverlauf ist ein stochastischer Prozess, der künstlich, rechenunterstützt generiert werden kann. Wichtige Parameter, die dabei berücksichtigt werden müssen, sind die maximale Beschleunigung, die Dauer der Hauptphase, der Frequenzinhalt und die Änderung der Bewegungsintensität. Man schätzt die Bodenbewegung durch eine Reihe von sinus-Funktionen in folgender Form:

$$x(t) = \sum_{i=1}^{n} A_i \sin(\omega_i t + \varphi_i) \tag{11.52}$$

In Gl. (11.52) bezeichnen A_i, ω_i, φ_i die Amplitude, Kreisfrequenz, bzw. den Phasenwinkel der i -ten sinus-Komponente. Man wählt die Amplituden und Frequenzen und der Rechner wählt mit einem Zufallgenerator die Winkel φ_i zwischen 0 und 2π. Die Gesamtleistung der Bewegung $x(t)$ ist nach Gl. (11.39)

$$\overline{x}^2 = \sum_{i=1}^{n} \frac{A_i^2}{n} \tag{11.53}$$

Wählt man für die Änderung der Kreisfrequenz gleiche Intervalle $\Delta\omega_i$ aus, kann man aufgrund Gl. (11.44) die Spektraldichtefunktion $S_X(\omega_i)$ ermitteln (Bild 11.23a).

$$S_X(\omega_i)\Delta\omega_i = \frac{A_i^2}{2} \tag{11.54}$$

Die Gesamtleistung ist die Fläche unter der Spektraldichtefunktion (siehe Abschnitt 11.5).

Die Gl. (11.52) liefert einen Zeitverlauf $x(t)$, dessen Kreisfrequenz zeitunabhängig ist. Um den transienten Charakter von Erdbeben zu simulieren, wird die stationäre Bewegung mit deterministischen Intensitätsfunktionen, wie z. B. Trapez- oder Exponentialfunktionen multipliziert (Bild 11.23b).

Die einfachste Spektraldichtefunktion entspricht einem Weißen-Rauschen-Prozess mit begrenztem Frequenzband. Ausgehend von der Erfassung des Frequenzinhalts von starken Erdbebenzeitverläufen ist von Kanai und Tajimi für die Funktion des Leistungspektrums (Spektraldichte) der Erdbeben folgender Ausdruck vorgeschlagen worden [11.3]:

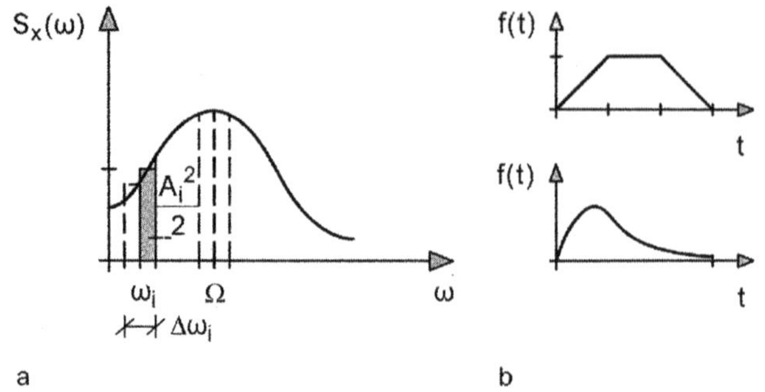

Bild 11.23
a) Spektraldichtefunktion einer stationären Bewegung
b) Trapez-, Exponentialfunktionen als Multiplikator zur Erdbebensimulation

$$S(\omega) = \frac{\left[1 + 4\zeta_b^2\left(\frac{\omega}{\omega_b}\right)^2\right] S_o}{\left[1 - \left(\frac{\omega}{\omega_b}\right)^2\right]^2 + 4\zeta_b\left(\frac{\omega}{\omega_b}\right)^2} \tag{11.55}$$

Musterfunktionen $x(t)$ mit Spektraldichte nach Gl. (11.55) können durch die Filterung vom idealen Weißen-Rausch anhand eines einfachen Oszillators mit der Frequenz $\omega = \omega_b$ und der Dämpfung $\zeta = \zeta_b$ konstruiert werden, wobei ω_b die vorwiegende Bodenfrequenz und ζ_b die vorwiegende Bodendämpfung sind. S_o ist ein Maß für die Intensität. Für harte Boden gilt $\omega_b = 4\pi$ und $\zeta_b = 0{,}60$.

11.6.1 Spektraldichtefunktionen

In der stochastischen Analyse der Erdbebenantwort kann ein Erdbeben durch ein Segment von einem stationären Zufallprozess mit begrenzter Dauer und einer gegebenen Spektraldichtefunktion $S(\omega)$ beschrieben werden. Die Darstellung ist einfach und vorteilhaft. Dadurch wird die Anwendung von Ergebnissen der stochastischen Theorie von stationären Prozessen gestattet.

Für Zufallereignisse, deren Zeitmittelwert $\overline{x}$ in der Nähe von null liegt, wie z. B. der Bodenbeschleunigungsverlauf und die lineare Systemantwort, ist die Systemvarianz σ^2 dem quadratischen Mittelwert (oder Gesamtleistung-Mittelwert) gleich. Aus Gl. (11.44) ergibt sich für einen Weißen-Rauschen-Prozess mit begrenztem Frequenzband

$$\sigma^2 = \overline{x}^2 = \int_0^\infty S(\omega)d\omega = S_o\omega_o \tag{11.56}$$

und für das Kanai-Tajimi Spektrum

$$\sigma^2 = \frac{\pi S_o \omega_b}{4\zeta_b}\sqrt{1 + 4\zeta_b^2} \tag{11.57}$$

Einen praktischen Weg zur Ermittlung des Frequenzinhalts von Erdbebenzeitverläufen bieten die normierten Spektraldichtefunktionen

$$S^*(\omega) = \frac{1}{\sigma^2} S(\omega) \tag{11.58}$$

oder ihre kumulative Spektralverteilung

$$F^*(\omega) = \int_0^{\omega} S^*(\omega) d\omega \tag{11.59}$$

Die Grenzen der Spektralverteilung sind 0 und 1, wenn ω Werte zwischen 0 und ∞ nimmt. Bemerkenswert ist die Analogie zwischen der normierten Spektraldichtefunktion und der Dichtefunktion der Zufallprozesse (Gl. (11.25a) und (11.13)). Beide sind positiv und ihre Fläche ist gleich mit eins.

Die Momente der Spektraldichtefunktion $S(\omega)$ sind

$$\lambda_i = \int_0^{\infty} \omega_i S(\omega) d\omega = \sigma^2 \int_0^{\infty} \omega_i S^*(\omega) d\omega = \sigma^2 \lambda_i^* \tag{11.60}$$

In Gl. (11.60) bedeutet λ_i^* das i -te Moment der Spektraldichtefläche 1, $\sigma^2 = \lambda_o$ und $\lambda_o^* = 1$.

Ein Hinweis über die Lage der Dichtekonzentrierung entlang der Frequenzachse gibt die Größe (Bild 11.23a)

$$\Omega = \sqrt{\frac{\lambda_2}{\lambda_o}} = \sqrt{\lambda_2^*} \tag{11.61}$$

welche analog zu der RMS-Größe der Zufallfunktionen ist. Analog zur Standardabweichung vom RMS-Wert, kann folgende Größe definiert werden:

$$\delta = \sqrt{1 - \frac{{\lambda_1}^2}{\lambda_o \lambda_2}} = \sqrt{1 - \frac{{\lambda_1^*}^2}{\lambda_2^*}} \tag{11.62}$$

Gl. (11.62) gibt ein Maß für die Zerstreuung der Spektraldichte in Bezug auf die zentrale Frequenz an [11.2].

In den Gleichungen (11.61) und (11.62) bedeutet λ_2 die Varianz der ersten Ableitung von $S(\omega)$, d. h. $\lambda_2 = {\sigma_{\dot{S}}}^2$. Somit ergibt sich für Ω

$$\Omega = \sqrt{\frac{{\sigma_{\dot{S}}}^2}{\sigma^2}} = \frac{\sigma_{\dot{S}}}{\sigma} \tag{11.63}$$

Der RMS-Wert σ hängt mit der maximalen Bodenbeschleunigung A sehr eng zusammen. Beide sind aber schwieriger zu ermitteln, als die Spektralwerte Ω und δ. Es kann gezeigt werden, dass die mediane Maximalbeschleunigung $\hat{A}$ theoretisch aus folgender Beziehung ermittelt wird:

$$\hat{A} = \sigma \sqrt{2 \ln\left(2{,}8 \frac{\Omega S}{2\pi}\right)} \tag{11.64}$$

Darin bedeuten S die Dauer der starken Erdbebenphase, und $\frac{\Omega S}{2\pi}$ die zu erwartende Anzahl der Bebenzyklen.

Gl. (11.64) bildet den Ausgangspunkt bei der Modellierung von Erdbeben mittels der stochastischen Analyse. Nach der entsprechenden Wahl von Erdbebendauer und Standardabweichung wird aufgrund Gl. (11.54) die Spektraldichtefunktion $S^*(\omega)$ ermittelt.

11.7 Antwort auf Zufallerregungen. Einmassenschwinger

Zur Ermittlung der Schwingungen eines Systems auf eine stochastische Erregung ist als erstes Kenntnis des Frequenzinhalts der Zufallfunktion erforderlich. Dies kann durch die Ermittlung der Spektralfunktion oder der Spektraldichtefunktion $S(\omega)$, über die Autokorrelationfunktion, oder direkt über den Einsatz der Fourier-Transformation erfolgen. Der letztgenannte Weg ist direkter und effizienter.

Anfangs wird der Einmassenschwinger vom Bild 11.24 betrachtet, der von einer exponentiellen Last mit der Größe 1 beansprucht wird.

$$F(t) = E_n = e^{i\omega_o t} = 1 \tag{11.65}$$

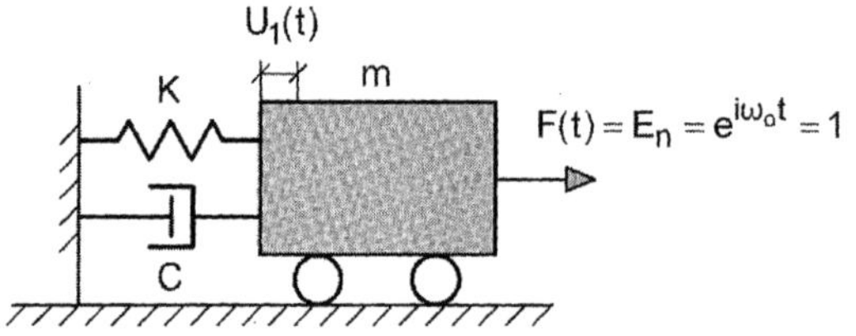

Bild 11.24 Einmassensystem unter äußerer Beanspruchung

Die Gleichung der gedämpften, erzwungenen Schwingungen ist

$$m\ddot{U}(t) + C\dot{U}(t) + KU(t) = e^{i\omega_o t} \tag{11.66}$$

Die transiente Lösung von Gl. (11.66) kann in folgender Form gesucht werden:

$$U(t) = H(\omega_o)e^{i\omega_o t} \tag{11.67}$$

Mit Gl. (11.67) und ihren Ableitungen

$$U(t) = H(\omega_o)e^{i\omega t} \tag{11.67a}$$

$$\ddot{U}(t) = H(\omega_o)i^2\omega^2 e^{i\omega_o t} = -H(\omega_o)\omega^2 e^{i\omega t} \tag{11.67b}$$

wird Gl. (11.66) zu

$$H(\omega_o)e^{i\omega_o t}\left[-m\omega^2 + i\omega + K\right] = e^{i\omega_o t} \tag{11.68}$$

Daraus ergibt sich die Größe $H(\omega_o)$ wie folgt:

$$H(\omega_o) = \frac{1}{K - m\omega^2 + iC\omega_o} \tag{11.69}$$

Die Funktion $H(\omega_o)$ wird als komplexe Frequenzantwortfunktion bezeichnet. Mit $\varepsilon = \frac{\omega}{\omega_o}$; $\zeta = \frac{C}{2\sqrt{Km}}$ wird $H(\omega_o)$ wie folgt umgeschrieben:

$$H(\omega_o) = \frac{1}{K(1 - \varepsilon^2 + 2i\varepsilon\zeta)} \tag{11.70}$$

Wenn nun an der Stelle der Einheitserregung E_n eine harmonische Komponente der Amplitude C_n wirkt, wobei C_n von der diskreten Fourier-Transformation nach den Gleichungen (11.36a-b) definiert wird, ergibt sich die Antwort des Schwingers zum Zeitpunkt $t_j = j\Delta t$ zu

$$y_n(t_j) = \frac{C_n e^{2\pi i\left(\frac{nj}{N}\right)}}{K(1 - \varepsilon^2 + 2i\varepsilon\zeta)} \tag{11.71}$$

und für die Antwort auf N harmonische Komponenten, enthalten in der Erregungsfunktion $F(t_j)$, gilt

$$y(t_j) = \sum_{n=0}^{N-1} \frac{C_n e^{2\pi i\left(\frac{nj}{N}\right)}}{K(1 - \varepsilon_n{}^2 + 2i\varepsilon_n\zeta_n)} \tag{11.72}$$

wobei

N : Anzahl der Zeitintervalle Δt

ζ_n : Dämpfungsgrad entsprechend der Frequenz ω_n

Die Frequenz ω_n steigt mit der Anzahl der Komponenten n an. Es hat sich herausgestellt, dass diese Proportionalität nur bis etwa $n = \frac{N}{2}$ gilt. Die Frequenz der Komponente $n = \frac{N}{2}$ heißt Nyquist-Frequenz. Für Werte $n > \frac{N}{2}$ entstehen Störungen, d. h. die Frequenzen werden negativ. Es gilt also

$$\omega_n = n\omega \quad \text{für } n \le \frac{N}{2}$$

$$\omega_n = -(N - n)\omega \quad \text{für } n > \frac{N}{2}$$

$$\varepsilon = \frac{\omega_n}{\omega_o}\,;\; \omega_o = \frac{2\pi}{T}\,;\; \omega = \sqrt{\frac{K}{m}}$$

wobei ω_o und T die Frequenz, bzw. die Dauer der Erregung bezeichnen.

Die Gl. (11.72) kann wie folgt umgeschrieben werden:

$$U(t_j) = \sum_{n=0}^{N-1} H_n C_n e^{2\pi i\left(\frac{nj}{N}\right)} \tag{11.73}$$

mit der Frequenzantwort

$$H_n = \frac{1}{K}\frac{1}{1-\varepsilon_n{}^2 + 2i\varepsilon_n\zeta_n} \tag{11.74}$$

Der quadratische Mittelwert der Antwort $U(t_j)$ kann in Anlehnung an die Gl. (11.40) wie folgt ermittelt werden:

$$\overline{U}^2 = \sum_{n=0}^{N-1} \left|H_n\right|^2 \left|C_n\right|^2 \tag{11.75}$$

Alternativ dazu kann die Gl. (11.75) mittels der Spektraldichtefunktion ausgedrückt werden. Die Frequenzverteilung $\Delta\overline{F}^2$ um den quadratischen Mittelwert $\overline{F}^2$ lässt sich aus Gl. (11.40) und (11.44) errechnen.

$$\Delta\overline{F}^2 = \left|C_n\right|^2 \tag{11.76}$$

$$\Delta\overline{F}^2 = S_F(\omega_n)\Delta\omega \tag{11.77}$$

Mit Gl. (11.76) und (11.77) wird Gl. (11.75) zu

$$\overline{U}^2 = \sum_{n=0}^{N-1} \left|H_n\right|^2 S_F(\omega_n)\Delta\omega \tag{11.78}$$

oder mit

$$S_U(\omega_n) = \left|H_n\right|^2 S_F(\omega_n) \tag{11.79}$$

wird Gl. (11.75) zu

$$\overline{U}^2 = \sum_{n=0}^{N-1} S_U(\omega_n)\Delta\omega \tag{11.80}$$

In Gl. (11.79) steht $S_U(\omega_n)$ für die Spektraldichte der Antwort, $S_F(\omega_n)$ für die Spektraldichte der Erregungsfunktion und H_n bezeichnet die Frequenzantwortfunktion. Wenn die Frequenzantwortfunktion bekannt ist, kann die Spektraldichtefunktion der Antwort aus der Spektraldichte der Erregungsfunktion abgeleitet werden.

Analog zu Gl. (11.78), wenn die Erregung von einer stochastischen Bodenbeschleunigung dargestellt ist (Bild 11.25), wird der quadratische Mittelwert der Beschleunigungsantwort $\overline{a}_p{}^2$ an der Stelle der Masse wie folgt gerechnet:

$$\overline{a}_p{}^2 = \sum_{n=0}^{N-1} S(\omega_n)\left|H_n\right|^2 \Delta\omega \tag{11.81}$$

Hierbei bedeutet H_n die Frequenzantwort der Masse infolge einer harmonischen Bodenbeschleunigung mit der Amplitude 1.

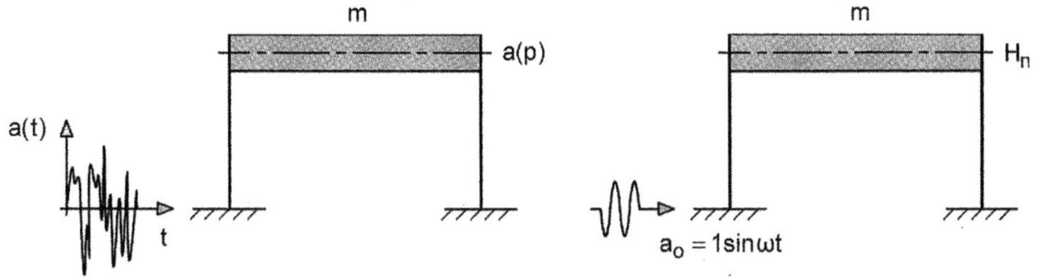

Bild 11.25 Einmassensystem unter stochastischer Bodenbeschleunigungserregung

Liegen die Spektralfunktion oder die Spektraldichtefunktion der Erregung und die Frequenzantwort eines Einmassenschwingers vor, kann die Antwort mit Hilfe einer einfachen numerischen Berechnung ermittelt werden. Die Frequenzantwort kann experimentell ermittelt werden, indem man eine sinus-Erregung mit variabler Frequenz an der Basis des Bauwerks anbringt und an der gewünschten Stelle die Tragwerksantwort registriert.

Beispiel 11.6

Für den Einmassenschwinger aus Bild 11.26a ist die Erdbebenantwort zu berechnen [11.2]. Die Spektraldichtefunktion des Erdbebenzeitverlaufs ist nach Bild 11.26b bekannt. Die Frequenzantwort H_n in der

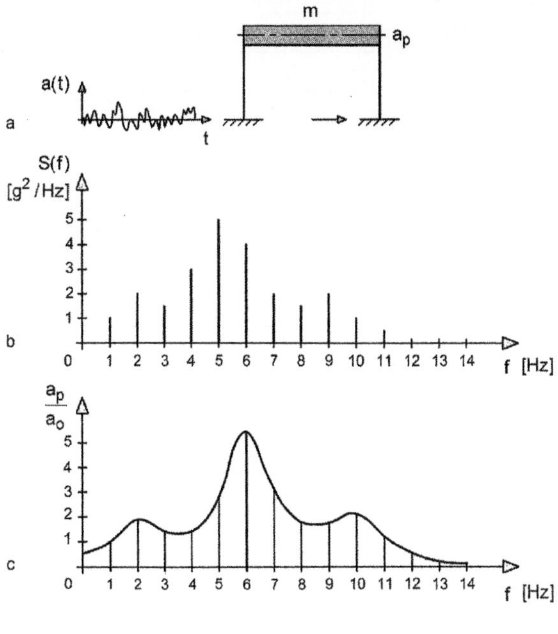

Bild 11.26
a) Einmassensystem unter Erdbebenbeanspruchung
b) Spektraldichtefunktion der Erregung
c) Frequenzantwort des Systems unter harmonischer Erregung

Höhe der Masse m ist für einen sinusförmigen Beschleunigungsverlauf der Amplitude a_o und variablen Frequenzen f_n experimentell ermittelt worden (Bild 11.26c).

Der quadratische Mittelwert der Antwort $\bar{a}_p^{\,2}$ an der Stelle der Masse m ergibt sich aus Gl. (11.81).

$$\bar{a}_p^{\,2} = \sum_{n=0}^{N-1} S(f_n)|H_n|^2 \Delta f$$

wobei

$$|H_n| = \frac{a_p}{a_o} \quad [\text{cm/N, cm/kN}]$$

Die Ergebnisse der Berechnung sind in Tabelle 11.3 zusammengefasst. Aus der Summe in der letzten Spalte erhält man

$$\bar{a}_p^{\,2} = 1{,}81 g^2$$

Tabelle 11.3 Erdbebenantwort des Einmassenschwingers vom Bild 11.26

f_n [Hz]	Δf	S(f) [g²/Hz]	$\lvert H_n \rvert$ [cm/kN]	$\bar{a}_p^{\,2}$ [g²]
0	1,0	0	0,5	0
1	1,0	0,010	1,0	0,0100
2	1,0	0,020	1,8	0,0648
3	1,0	0,015	1,3	0,0253
4	1,0	0,030	1,4	0,0588
5	1,0	0,050	2,2	0,2420
6	1,0	0,040	5,2	1,0816
7	1,0	0,020	3,0	0,1800
8	1,0	0,015	1,8	0,0480
9	1,0	0,020	1,7	0,0578
10	1,0	0,010	1,9	0,0361
11	1,0	0,005	1,0	0,0050
12	1,0	0	0,4	0
13	1,0	0	0	0
14	1,0	0	0	0

Setzt man den Mittelwert $\bar{a} = 0$ vor, ergibt sich für die Standardabweichung

$$\sigma = \sqrt{1{,}81 g^2} = 1{,}345 g$$

Anschließend kann die Überschreitungswahrscheinlichkeit der Beschleunigung für $|a_p| > \sigma = 1{,}345 g$ und $|a_p| > 3\sigma = 4{,}041 g$ gerechnet werden.

- Nach der Normal-Verteilung

$$P(|a_p| > 1{,}345 g) = 31{,}70\ \%$$

$P(|a_p| > 4{,}041g) = 0{,}15\ \%$

- Nach der Rayleigh-Verteilung

$P(A_p > 1{,}345g) = 60{,}65\ \%$

$P(A_p > 4{,}041g) = 1{,}11\ \%$

12 Berechnungsverfahren nach Euronorm 8

In Euronorm 8 (EC 8) werden die grundlegenden Anforderungen zur Erdbebensicherheit der Bauwerke wie folgt festgelegt:

1. Anforderung an die Standsicherheit
   Das Bauwerk soll so bemessen und konstruktiv ausgebildet werden, dass es ohne örtliches oder globales Versagen dem „Bemessungserdbeben", einem starken, selten zu erwartenden Erdbeben, widersteht. Hierbei soll das Bauwerk seinen inneren Zusammenhalt und eine Resttragfähigkeit auch nach dem Erdbeben behalten.
2. Anforderung an die Schadensbegrenzung
   Das Bauwerk wird so bemessen und konstruktiv ausgebildet, dass es ohne das Auftreten von Schäden oder damit verbundenen Nutzungsbeschränkungen, deren Kosten im Vergleich zu den Baukosten selbst unverhältnismäßig hoch wären, einer Erdbebeneinwirkung widersteht, die eine höhere Auftretenswahrscheinlichkeit als das Bemessungsbeben hat, d. h. einem schwächeren, häufiger zu erwartenden Erdbeben.

Bauwerke, die im Katastrophenfall von besonderer Bedeutung für die Bevölkerung sind, wie z. B. Krankenhäuser oder Feuerwehreinrichtungen, sollen bei einem starken Erdbeben neben der Standsicherheit auch ihre Funktionsfähigkeit behalten.

Zur Erfüllung der zwei obengenannten Anforderungen müssen die folgenden Grenzzustände nachgewiesen werden:

1. Grenzzustand der Tragfähigkeit
   Dabei werden alle Zustände enthalten, die im Zusammenhang mit einem Einsturz oder mit anderen Formen eines Tragwerksversagens die Sicherheit von Menschen gefährden können. Demzufolge wird die Systemzähigkeit nach dem Tragwerkstypus explizit über einen Verhaltensbeiwert des Tragsystems berücksichtigt und zusätzlich durch entsprechende Vorgaben bei der Bemessung sichergestellt.
2. Grenzzustand der Gebrauchstauglichkeit
   Dabei werden alle Zustände enthalten, die im Zusammenhang mit dem Auftreten von Schäden, bei deren Überschreitung die festgelegten Anforderungen für die Gebrauchstauglichkeit nicht mehr erfüllt sind. Es ist nachzuweisen, dass die Bauwerksverformungen, bzw. die relativen Geschossverschiebungen einen zulässigen Grenzwert nicht überschreiten.

Für Bauwerke von besonderer Bedeutung für die Bevölkerung werden die Anforderungen an die Standsicherheit und die Funktionsfähigkeit dadurch erfüllt, dass die Nachweise beider Grenzzustände für ein stärkeres Bemessungsbeben geführt werden. Anlagen mit hohem Gefährdungspotential für die Bevölkerung, wie Kernkraftwerke, sind nicht Gegenstand der Euronorm. Diese werden für Sicherheitsbeben mit mittleren Wiederkehrperioden von 10000 Jahren, sog. „safe shut down" Beben, ausgelegt. Die Schäden, die unter diesen Beben entstehen, dürfen die Funktionsfähigkeit der Anlage nicht beeinträchtigen.

12.1 Erdbebeneinwirkungen

12.1.1 Elastisches Antwortspektrum

Das elastische Bodenbeschleunigungs-Antwortspektrum $S_e(T)$ in EC 8 für die darin vorgeschlagene Referenz-Wiederkehrperiode von 475 Jahren wird nach Bild 9.9 mit $a_g S$ für den Ausgangspunkt A durch folgende Ausdrücke bestimmt:

$$0 \le T \le T_B: \; S_e(T) = a_g S\left[1 + \frac{T}{T_B}(n\beta_o - 1)\right] \tag{12.1}$$

$$T_B \le T \le T_C: \; S_e(T) = a_g S n \beta_o \tag{12.2}$$

$$T_C \le T \le T_D: \; S_e(T) = a_g S n \beta_o \left[\frac{T_C}{T}\right]^{k_1} \tag{12.3}$$

$$T_D \le T: \; S_e(T) = a_g S n \beta_o \left[\frac{T_C}{T_D}\right]^{k_1} \left[\frac{T_D}{T}\right]^{k_2} \tag{12.4}$$

Dabei ist

T : Schwingungszeit eines linearen Systems mit einem Freiheitsgrad

a_g : Bemessungswert der Bodenbeschleunigung für die Referenz-Wiederkehrperiode, der als Median der Verteilung der maximalen Bodenbeschleunigung für $T = 0$ aufzufassen ist.

β_o : Verstärkungsbeiwert der Spektralbeschleunigung für 5 % viskose Dämpfung

T_B, T_C : Grenzen des Bereichs mit konstanter Spektralbeschleunigung

T_D : Wert, der den Beginn des Bereichs mit konstanter Verschiebung im Spektrum bestimmt.

k_1, k_2 : Exponenten, welche die Form des Spektrums für eine Schwingungszeit größer als T_C, bzw. T_D beeinflussen.

S : Bodenparameter

n : Dämpfungs-Korrekturbeiwert mit dem Referenzwert $n = 1$ für 5 % viskose Dämpfung, der durch den Ausdruck $n = \sqrt{7/(2+\zeta)} \ge 0{,}7$ bestimmt wird.

Das Antwortspektrum ist ebenfalls als Median der maximalen Antworten definiert.

12.1.1.1 Baugrundverhältnisse

Die Größe der zu berücksichtigenden Erdbebeneinwirkungen hängt an erster Stelle von der Seismizität des Bauwerksstandortes ab. In EC 8 werden drei unterschiedlichen Baugrundklassen angegeben. Für die Baugrundklassen werden jeweils typische Schichtprofile angegeben, die vor allem durch die Scherwellengeschwindigkeit v_s in einer bestimmten Tiefe gekennzeichnet sind.

1. Baugrundklasse A
   Feste bis mittelfeste Gesteine

- Fels oder andere geologische Formationen, die durch eine Scherwellengeschwindigkeit v_s von mindestens 800 m/s gekennzeichnet sind und mindestens 5 m weicheres Material an der Erdoberfläche einschließen.
- Steife Ablagerungen von Sand, Kies oder hochverdichtetem Ton mit einer Mächtigkeit von mindestens mehreren zehn m, die durch einen allmählichen Anstieg der mechanischen Eigenschaften mit der Tiefe und durch v_s -Werte von mindestens 400 m/s bei einer Tiefe von 10 m gekennzeichnet sind.

2. Baugrundklasse B
   Lockergesteine
   - Tiefe Ablagerungen von mitteldicht gelagertem Sand, Kies oder mittelsteifen Tonen mit einer Mächtigkeit von mehreren zehn bis vielen hundert m, die durch v_s -Werte von mindestens 200 m/s bei einer Tiefe von 10 m gekennzeichnet sind, die bis mindestens 350 m/s bei einer Tiefe von 50 m ansteigen.
3. Baugrundklasse C
   Feinkörnige Lockergesteine, bzw. Lößauflagen
   - Lose, nichtbindige Bodenablagerungen mit oder ohne einige weiche bindige Schichten, die durch v_s -Werte unter 200 m/s in den obersten 20 m gekennzeichnet sind.
   - Ablagerungen mit überwiegend weichen bis mittelsteifen bindigen Böden, die durch v_s -Werte unter 200 m/s in den obersten 20 m gekennzeichnet sind.

Für die drei Baugrundklassen A, B, C sind die Werte der Parameter des elastischen Antwortspektrums in Tabelle 12.1 angegeben. Diese Werte sind so ausgewählt, dass die Ordinaten des elastischen Antwortspektrums über alle Periodenbereiche hinweg eine gleichmäßige Überschreitungswahrscheinlichkeit von 50 % haben.

Tabelle 12.1 Werte der Parameter zur Beschreibung des Antwortspektrums [12.4]

Baugrund-klasse	S	β_o	k_1	k_2	T_B [s]	T_C [s]	T_D [s]
A	1,0	2,5	1,0	2,0	0,10	0,40	3,0
B	1,0	2,5	1,0	2,0	0,15	0,60	3,0
C	0,9	2,5	1,0	2,0	0,20	0,80	3,0

Das Nationale Anwendungsdokument (NAD) für die deutschen Erdbebengebiete enthält allerdings für die deutschen Erdbebenzonen eine von der EC 8 abweichende Regelung, indem zwischen den Einflüssen des geologischen Untergrunds, d. h. den Schichten ab einer Tiefe von 20 m, und des Baugrunds, d. h. der oberflächennahen Schicht bis etwa 20 m Tiefe, unterschieden wird. Die geologischen Untergrundverhältnisse (A, B, oder C) werden zusammen mit den Baugrundklassen (1, 2, oder 3) in dem gemeinsamen Faktor S berücksichtigt. Daraus ergeben sich insgesamt sechs unterschiedliche Spektren (Tabelle 12.2).

Tabelle 12.2 Zonenabhängige seismologische Parameter für die deutschen Erdbebengebiete [12.8]

Baugrund-klasse	S	β_o	k_1	k_2	T_B [s]	T_C [s]	T_D [s]
A1	1,00	2,5	1,0	2,0	0,10	0,20	2,0
A2	1,25	2,5	1,0	2,0	0,10	0,20	2,0
A3	1,50	2,5	1,0	2,0	0,10	0,50	2,0
B2	0,75	2,5	1,0	2,0	0,10	0,60	2,0
B3	1,00	2,5	1,0	2,0	0,10	0,60	2,0
C3	0,50	2,5	1,0	2,0	0,10	1,00	2,0

12.1.1.2 Maximale Bodenverschiebung

Der Wert der maximalen Bodenverschiebung d_g kann aus dem ermittelten elastischen Antwortspektrum mit Hilfe der folgenden Gleichung wie folgt ermittelt werden:

$$d_g = \frac{S_e(T > T_D)}{\omega^2} = a_g S n \beta_o \frac{T^2}{4\pi^2} \frac{T_C}{T_D} \left(\frac{T_D}{T} \right)^2 = 0{,}063 a_g S n T_C T_D \qquad (12.5)$$

Für $n = 0{,}8$ erhält man

$$d_g \cong 0{,}05 a_g S T_C T_D \qquad (12.5a)$$

12.1.2 Bemessungsspektrum

Wie im Kapitel 9 erläutert wurde, wird die Fähigkeit der Bauwerke, im plastischen Bereich Energie zu dissipieren, dadurch berücksichtigt, dass eine lineare Berechnung auf der Grundlage eines gegenüber dem elastischen Antwortspektrum reduzierten Spektrums, sog. Bemessungsspektrum, durchgeführt wird. Diese Reduzierung wird in EC 8 durch Einführung des Verhaltensbeiwerts q erzielt. Zusätzlich werden im Allgemeinen modifizierte Exponenten k_{d1}, k_{d2} verwendet.

Laut EC 8 Teil 1-4 der Verhaltensbeiwert q „beschreibt näherungsweise das Verhältnis zwischen den Erdbebenkräften, die auf das Bauwerk einwirken würden, wenn seine Antwort mit 5 % viskoser Dämpfung vollkommen elastisch wäre und den kleinsten Erdbebenkräften, die bei der Bemessung mit einem konventionellen linearen Modell verwendet werden dürfen, um die Standsicherheit des Bauwerks zu gewährleisten“.

Die Tragfähigkeit und die Zähigkeit, die einem Tragwerk zugeordnet werden, sind prinzipiell vom Umfang der Ausnutzung seines Energieaufnahmevermögens im nichtlinearen Bereich abhängig. Ein angemessenes Verhältnis zwischen Tragfähigkeit und Zähigkeit wird durch die Verhaltensbeiwerte erzielt. Für den Grenzfall der Auslegung von Tragwerken, die als nichtdissipativ eingestuft sind, wird auch keine hysteretische Energiedissipation berücksichtigt und der Verhaltensbeiwert beträgt 1,0. Für dissipative Tragwerke wird der Verhaltensbeiwert größer als 1,0 genommen, womit man die hysteretische Energiedissipation berücksichtigt, die in eigens dafür bemessene Bereiche des Tragwerks stattfindet. Die entsprechenden Verhaltensbeiwerte nach den Tragwerkstypen und den Duktilitätsklassen werden in Kapitel 14 angegeben.

Das Bemessungsspektrum $S_d(T)$ wird im Gegensatz zum elastischen Spektrum in normierter Form angegeben und durch folgende Ausdrücke bestimmt:

$$0 \le T \le T_B: \; S_d(T) = \alpha S\left[1 + \frac{T}{T_B}\left(\frac{\beta_o}{q} - 1\right)\right] \tag{12.6}$$

$$T_B \le T \le T_C: \; S_d(T) = \alpha S \frac{\beta_o}{q} \tag{12.7}$$

$$T_C \le T \le T_D: \; S_d(T) = \alpha S \frac{\beta_o}{q}\left[\frac{T_C}{T}\right]^{k_{d1}} \ge 0{,}20\alpha \tag{12.8}$$

$$T_D \le T: \; S_d(T) = \alpha S \frac{\beta_o}{q}\left[\frac{T_C}{T_D}\right]^{k_{d1}}\left[\frac{T_D}{T}\right]^{k_{d2}} \ge 0{,}20\alpha \tag{12.9}$$

Dabei ist

α : Verhältnis zwischen dem Bemessungswert der Bodenbeschleunigung a_g und der Erdbeschleunigung g $(\alpha = a_g / g)$

k_{d1}, k_{d2} : Exponenten, die die Form des Spektrums für eine Schwingungszeit größer als T_C, bzw. T_D beeinflussen

Die Werte für die Parameter des Bemessungsspektrums sind in Tabelle 12.1 angegeben und die Werte für die Parameter k_{d1}, k_{d2} sind in Tabelle 12.3 enthalten.

Tabelle 12.3 Werte für die Parameter k_{d1}, k_{d2} nach der Baugrundklasse [12.4]

Baugrund-klasse	k_{d1}	k_{d2}
A	2/3	5/3
B	2/3	5/3
C	2/3	5/3

Das Bemessungsspektrum kann somit je nach Größe des Verhaltensbeiwertes unterschiedliche Verläufe annehmen (Bild 12.1).

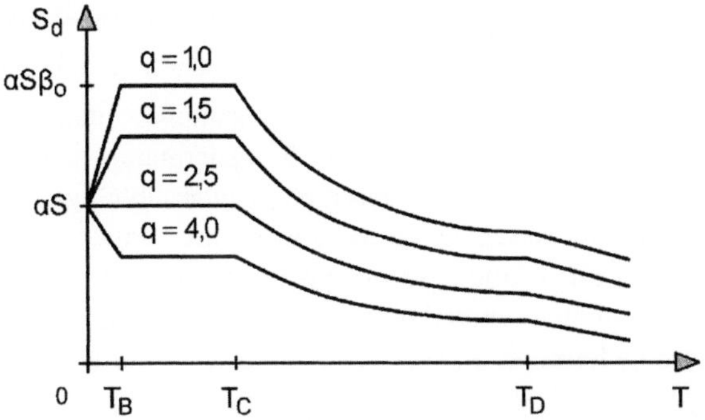

Bild 12.1 Bemessungsspektren nach EC 8 für unterschiedliche Verhaltensbeiwerte

Im NAD für die deutschen Erdbebengebiete sind für das Bemessungsspektrum die gleichen Werte der Exponenten k_1, k_2 von 1,0 bzw. 2,0 festgelegt worden. Darüber hinaus wird im NAD auf die Festlegung eines Mindestwertes von $S_d(T)$ für $T \geq T_C$ in Gl. (12.8) verzichtet.

12.1.3 Möglichkeiten zur Beschreibung der Erdbebeneinwirkung

12.1.3.1 Erdbebenleistungsspektrum

Stellt man die Bewegung der Erde während des Erdbebens an einem gegebenen Punkt der Oberfläche als Zufallprozess dar, so kann die Erdbebeneinwirkung durch die Spektraldichtefunktion der Beschleunigung (das Leistungsspektrum) beschrieben werden (siehe Abschnitt 11.6.1). Dabei muss die Kompatibilität des Leistungsspektrums mit dem elastischen Antwortspektrum der Erdbebeneinwirkung nach Abschnitt 12.1.1 geprüft werden. Dies bedeutet: Das Leistungsspektrum muss die Eigenschaft besitzen, dass für einen linearen Einmassenschwinger mit $\zeta = 5$ % der Mittelwert der maximalen Antwort mit dem elastischen Spektrum übereinstimmt.

Die Erdbebenbewegung muss aus drei voneinander unabhängigen Zufallprozessen bestehen, die gleichzeitig in Richtung zweier möglicher horizontaler orthogonaler Achsen x, y und der vertikalen Achse z wirken. Ist die vertikale Komponente der Erdbebenwirkung für das Bauwerk von untergeordneter Bedeutung, wird diese mit den folgenden reduzierten Ordinaten festgelegt:

- Für Schwingungszeiten T kleiner als 0,15 s werden die Ordinaten mit einem Faktor von 0,70 multipliziert.
- Für Schwingungszeiten T größer als 0,50 s werden die Ordinaten mit einem Faktor von 0,50 multipliziert.
- Für Schwingungszeiten T zwischen 0,15 und 0,50 s wird linear interpoliert.

12.1.3.2 Erdbebenzeitverlauf

Der Zeitverlauf eines Erdbebens kann in Form von Bodenbeschleunigungszeitverläufen (Akzellerogrammen) und damit verbundenen Größen (Geschwindigkeit und Verschiebung) erfasst werden. Dazu können aufgezeichnete oder simulierte, wie auch künstliche Beschleunigungszeitverläufe dienen.

Aufgezeichnete Beschleunigungszeitverläufe oder solche, die durch eine physikalische Simulierung der Erdbebenbewegung generiert sind, entsprechen den seismologischen Merkmalen der Herde und den Baugrundverhältnissen am Standort und ihre Werte werden auf den Wert von $a_g S$ skaliert. Der Skalierungsfaktor darf jedoch weder kleiner als 0,5 noch größer als 2,0 sein. Die erforderliche Anzahl der zu verwendenden Zeitverläufe beschränkt sich bei 3.

Künstlich ermittelte Beschleunigungszeitverläufe sind entweder stationär oder nichtstationär. Stationäre Beschleunigungszeitverläufe können günstig als Realisierungen eines stationären stochastischen Gauß-Prozesses generiert werden, der durch ein standortabhängiges Leistungsspektrum quantifiziert ist. Nichtstationäre Beschleunigungszeitverläufe können direkt generiert werden, als Realisierungen geeigneter nichtstationärer stochastischer Prozesse oder durch Multiplikation eines stationären Beschleunigungszeitverlaufs mit einer Zeit-Modulierungs-funktion $m(t)$. Der Verlauf der Modulierungsfunktion ist von den seismo-tektonischen Eigenschaften des Gebietes abhängig.

Die Anzahl, die Amplitude und der Frequenzgehalt der verwendenden künstlichen Beschleunigungszeitverläufe wird so gewählt, dass ein zuverlässiges und umfassendes statistisches Maß der interessierenden Antwortgrößen vorhanden ist. Dazu werden in EC 8 folgende Regeln festgelegt:

1. Es werden mindestens 5 künstliche Beschleunigungszeitverläufe verwendet.
2. Der Mittelwert der aus den einzelnen Zeitverläufen berechneten Nullperiodenwerte der Spektralbeschleunigung ist nicht kleiner als der Wert von $a_g S$ für den betreffenden Standort.
3. Im Periodenbereich T_B bis T_C des elastischen Antwortspektrums für den betreffenden Standort ist der Durchschnitt der Werte des aus allen Zeitverläufen berechneten mittleren Spektrums nicht kleiner als der Wert $a_g S \beta_o$ des elastischen Antwortspektrums.
4. Kein Wert des aus allen Zeitverläufen berechneten mittleren Spektrums unterschreitet den entsprechenden Wert des elastischen Antwortspektrums um mehr als 10 %.

12.1.4 Kombination der Erdbebeneinwirkung mit anderen Einwirkungen

Für die Bemessung der Bauwerke wird das Konzept der Teilsicherheitsbeiwerte für die Einwirkungen und Materialeigenschaften verwendet. Für den Lastfall Erdbeben als außergewöhnliche Bemessungssituation sind die Beanspruchungen aufgrund der folgenden Kombination der Einwirkungen zu bestimmen:

$$\sum G_{kj} \text{"+"} \gamma_1 A_{ed} \text{"+"} P_k \text{"+"} \sum \psi_{2i} Q_{ki} \tag{12.10}$$

mit

G_{kj} : Charakteristischer Wert der ständigen Einwirkung

γ_1 : Bedeutungsbeiwert des Bauwerks (siehe Tabelle 12.8)

A_{ed} : Bemessungswert der Erdbebeneinwirkung für die Referenz-Wiederkehrperiode

P_k : Charakteristischer Wert der Einwirkung infolge Vorspannung, nach dem Auftreten aller Verluste

ψ_{2i} : Kombinationsbeiwert für quasi-ständige Werte der veränderlichen Einwirkung i

Q_{ki} : Charakteristischer Wert der veränderlichen Einwirkung i

Für alle Einwirkungen ist also der Teilsicherheitsbeiwert auf 1,0 reduziert. Wind- und Schneelasten bleiben außer Ansatz.

Die Erdbebenschnittgrößen werden unter Berücksichtigung aller Massen, deren Lasten in die folgenden Kombinationen von Einwirkungen eingehen, ermittelt:

$$\sum G_{ki} \text{"+"} \sum \psi_{Ei} Q_{ki} \tag{12.11}$$

wobei

$$\psi_{Ei} = \varphi \psi_{2i} \tag{12.12}$$

Die Kombinationsbeiwerte ψ_{Ei} berücksichtigen die Wahrscheinlichkeit, dass die Lasten $\sum \psi_{2i} Q_{ki}$ während des Erdbebens nicht am ganzen Bauwerk vorhanden sind. Durch diese Beiwerte kann auch die unvollständige Teilnahme der Massen an der Bewegung des Bauwerks infolge ihrer flexiblen Verbindung berücksichtigt werden. Die Werte für ψ_{2i} sind in der Tabelle 12.4 angegeben und die Anhaltswerte für φ in der Tabelle 12.5 zusammengefasst. Letztere sind im NAD für die deutschen Erdbebengebiete leicht modifiziert [12.1].

Tabelle 12.4 Kombinationsbeiwerte für quasi-ständige Werte der veränderlichen Einwirkung [12.3]

Einwirkung	ψ_2
Nutzlasten im Hochbau (EN 1991-1-1)	
Kategorie A: Wohngebäude	0,3
Kategorie B: Bürogebäude	0,3
Kategorie C: Versammlungsbereiche	0,6
Kategorie D: Verkaufsflächen	0,6
Kategorie E: Lagerflächen	0,8
Fahrzeugverkehr im Hochbau Kategorie F: Fahrzeuggewicht ≤ 30 kN	0,6
Kategorie G: 30 kN < Fahrzeuggewicht ≤ 160 kN	0,3
Kategorie H: Dächer	0
Schneelasten im Hochbau (EN 1991-1-3)	
Orte bis zu NN +1000	0
Orte über NN +1000	0,2
Windlasten im Hochbau (EN 1991-1-4)	0
Temperaturanwendungen (ohne Brand) im Hochbau (EN 1991-1-5)	0

Tabelle 12.5 Anhaltswerte von φ zur Berechnung der Kombinationsbeiwerte für quasi-ständige Werte der veränderlichen Erdbebeneinwirkung [12.5]

Art der veränderlichen Einwirkung nach EN 1991-1-1	Belegung der Geschosse		φ
Kategorien A-C	Geschosse, die unabhängig voneinander sind	Oberstes Geschoss	1,0
		Andere Geschosse	0,5
Kategorien A-C	Einige Geschosse, die miteinander in Beziehung stehende Belegungen aufweisen	Oberstes Geschoss	1,0
		Geschosse, die miteinander in Beziehung stehende Belegungen aufweisen	0,8
		Andere Geschosse	0,5
Kategorien D-F Archive			1,0

12.2 Tragwerksauslegung

Bei der Tragwerksauslegung gegen Erdbeben wird prinzipiell zwischen regelmäßigen und unregelmäßigen Bauwerken unterschieden (siehe auch Kapitel 13). Diese Unterscheidung beeinflusst die Aspekte der Erdbebenauslegung betreffend der Komplexität des dynamischen Modells, des anzuwendenden Berechnungsverfahrens und des Verhaltensbeiwerts des Bauwerks, der in Abhängigkeit von der Art der Unregelmäßigkeit im Aufriss abgemindert wird (Tabelle 12.6).

Tabelle 12.6 Auswirkungen der Regelmäßigkeit des Bauwerks auf die Erdbebenauslegung [12.5]

Regelmäßigkeit		Zulässige Vereinfachung		Verhaltensbeiwert
Grundriss	Aufriss	Modell	Berechnung	
Ja	Ja	Eben	Vereinfacht (Grundschwingungsform)*	Referenzwert
Ja	Nein	Eben	Mehrere Schwingungsformen	Abgemindert
Nein	Ja	Räumlich**	Mehrere Schwingungsformen**	Referenzwert
Nein	Nein	Räumlich	Mehrere Schwingungsformen	Abgemindert

* Falls $T_1 \leq 4T_C$ bzw. $T_1 \leq 2{,}0$ s (siehe Abschnitt 12.2.1)

** Bei Erfüllung der Bedingungen von Abschnitt 12.2.1.1 können die einfacheren Modelle und Berechnungsmethoden mit einer Näherungsberechnung der Torsionswirkungen verwendet werden.

12.2.1 Vereinfachtes Antwortspektrenverfahren

Das vereinfachte Antwortspektrenverfahren kann bei Bauwerken angewendet werden, die sich durch zwei ebene Modelle darstellen lassen und ihr Verhalten durch Beiträge höherer Schwingungsformen nicht beeinflusst wird. Dies setzt neben den Regularitätskriterien des Bauwerks im Grundriss und im Aufriss, Grundschwingungszeiten T_1 in den beiden Hauptrichtungen voraus, die kleiner als $4T_C$ bzw. 2,0 s sind.

Die seismische Gesamterdbebenkraft für jede Hauptrichtung wird nach Gl. (9.27) berechnet und die Verteilung der horizontalen Erdbebenkräfte an den Stockwerksmassen wird nach Gl. (9.68) ermittelt.

Im Falle von symmetrischer Verteilung der Horizontalsteifigkeit und Masse können zufällige Torsionswirkungen durch Vergrößerung der ermittelten Schnittgrößen in den einzelnen lastabtragenden Bauteilen mit einem Faktor δ berücksichtigt werden.

$$\delta = 1 + 0{,}6\frac{x}{L_e} \tag{12.13}$$

x : Abstand des betrachteten Bauteils zum Mittelpunkt des Bauwerks, gemessen senkrecht zur Richtung der betrachteten Erdbebeneinwirkung

L_e : Abstand zwischen den zwei äußersten Aussteifungselemente, gemessen wie zuvor

12.2.1.1 Näherungsberechnung von Torsionswirkungen

Damit das vereinfachte Antwortspektrenverfahren eine breite Anwendung nicht nur bei Gebäuden mit doppelt-symmetrischer Massen- und Steifigkeitsverteilung im Grundriss finden kann, wurde in EC 8 ein zusätzliches Näherungsverfahren für den Nachweis der Torsionsbeanspruchung aufgenommen. Somit darf das vereinfachte Verfahren in Verbindung mit einer Näherungsberechnung der Torsionswirkungen angewendet werden, wenn folgende Kriterien erfüllt sind:

- Das Bauwerk besitzt günstig verteilte und verhältnismäßig steife Außen- und Innenwände.
- Die Bauwerkshöhe beträgt nicht mehr als 10 m.
- Das Höhe zu Länge Verhältnis des Bauwerks überschreitet in beiden Hauptrichtungen nicht den Wert von 0,4.
- Die Steifigkeit der Decken in ihrer Ebene ist im Vergleich zu der Horizontalsteifigkeit der vertikalen Tragwerksteile genügend groß, so dass eine Scheibenwirkung der Decken angenommen werden kann.
- Die Steifigkeitsmittelpunkte und Massenschwerpunkte der einzelnen Geschosse liegen jeweils näherungsweise auf einer vertikalen Gerade (siehe auch Abschnitt 13.2.5).

Nachdem die Berechnung unter Verwendung von zwei ebenen Modellen, eines für jede Hauptrichtung durchgeführt wird, werden die Torsionswirkungen gesondert für diese beiden Richtungen bestimmt. Dabei werden drei Exzentrizitätsanteile berücksichtigt:

- Die tatsächliche Exzentrizität zwischen dem Steifigkeitsmittelpunkt und dem nominalen Massenschwerpunkt e_o
- Eine zufällige Exzentrizität e_1 der Geschossmasse i gegenüber ihrer planmäßigen Lage
- Eine zusätzliche Exzentrizität e_2, die die dynamische Wirkung von gleichzeitigen Translations- und Torsionsschwingungen berücksichtigt.

Die Torsionswirkungen können als Einhüllende der aus der äquivalenten statischen Belastung ergebenden Schnittgrößen bestimmt werden, die aus den Torsionsmomenten M_i aufgrund der beiden Exzentrizitäten bestehen (Bild 12.2).

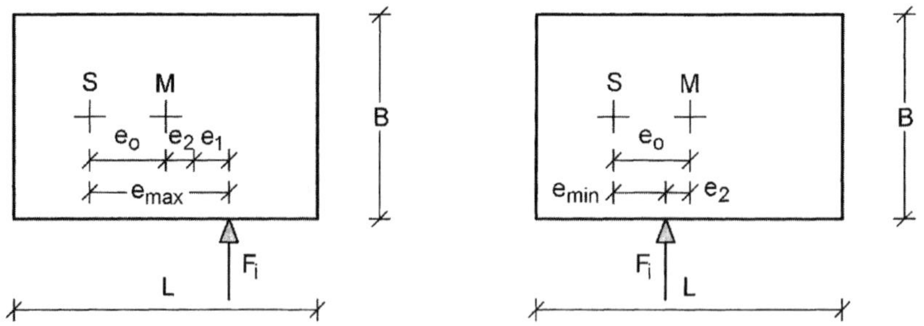

Bild 12.2 Bestimmung der Exzentrizitäten der Horizontalkraft F_i [12.5]

$$M_i = F_i e_{max} = F_i (e_o + e_1 + e_2) \tag{12.14}$$

$$M_i = F_i e_{min} = F_i (e_o - e_1) \tag{12.15}$$

Die zufällige, ungewollte Exzentrizität soll Ungewissheiten bezüglich Lage der Massen und räumliche Veränderlichkeit der Erdbebenbewegung berücksichtigen und wird wie folgt definiert:

$$e_l = \pm 0{,}05 L_i \tag{12.16}$$

mit

L_i : Geschossabmessung senkrecht zur Richtung der Erdbebeneinwirkung

Die zusätzliche Exzentrizität e_2 wird durch den kleineren Wert der folgenden zwei Werte angenähert:

$$e_2 = 0{,}1(L+B)\sqrt{10\frac{e_o}{L}} \leq 0{,}1LB \tag{12.17}$$

und

$$e_2 = \frac{1}{2}e_o\left(l_s^2 - e_o^2 - r^2 + \sqrt{\left(l_o^2 - e_o^2 + r^2\right) + 4e_o^2 r^2}\right) \tag{12.18}$$

Dabei ist

$l_s^2 = \frac{L^2 + B^2}{12}$: Quadrat des Radius der Kreisdrehung

r^2 : Verhältnis zwischen Torsions- und Translationssteifigkeit des Geschosses (Quadrat des Torsionsradius)

Die zusätzliche Exzentrizität e_2 darf vernachlässigt werden, wenn das Verhältnis r^2 zwischen Torsions- und Translationssteifigkeit des Geschosses den Wert $5\left(l_s^2 + e_o^2\right)$ übersteigt.

12.2.2 Modale Analyse

Bei Bauwerken, welche die oben genannten Anforderungen für die Anwendung des vereinfachten Antwortspektrenverfahrens nicht erfüllen, wird das Antwortspektrenverfahren unter Berücksichtigung mehrerer Schwingungsformen (Methode der modalen Analyse) angewendet. Dabei sind die Schnittgrößen und die Verschiebungen aus allen Schwingungsformen berücksichtigt, die wesentlich zum globalen Schwingungsverhalten beitragen. Demzufolge sind eine der beiden Nachweise zu erfüllen:

- Die Summe der Ersatzmassen für die berücksichtigten Schwingungsformen beträgt mindestens 90 % der Gesamtmasse des Tragwerks.
- Es werden alle Schwingungsformen mit Ersatzmassen von mehr als 5 % der Gesamtmasse berücksichtigt.

Falls das Bauwerk eine erhebliche Anzahl von Torsionsschwingungsformen aufweist und keine von den oben genannten Anforderungen erfüllt werden kann, sollte die bei einer räumlichen Berechnung zu berücksichtigende Mindestanzahl k der Schwingungsformen folgende Bedingungen erfüllen:

$$k \geq 3\sqrt{n} \tag{12.19}$$

und

$$T_k \geq 0{,}20 \text{ s} \qquad (12.20)$$

wobei

n : Anzahl der Geschosse über dem Boden

T_k : Schwingungszeit der Schwingungsform k

Die Schnittgrößen und Verschiebungen in den zwei Schwingungsformen i, j können als voneinander unabhängig betrachtet werden, wenn ihre Schwingungszeiten T_i, T_j die folgende Bedingung erfüllen:

$$T_j \leq 0{,}9 T_i \qquad (12.21)$$

In diesem Fall ergibt sich den Höchstwert einer Schnittgröße oder Verschiebung infolge der Erdbebeneinwirkung nach Gl. (9.89). Anderenfalls müssen genauere Verfahren für die Kombination der modalen Höchstwerte, wie z. B. die vollständige quadratische Kombination, angewendet werden.

Die Torsionswirkungen können nach der Gl. (12.13) bzw. nach den Gleichungen (12.14 bis 12.18) ermittelt werden.

12.2.3 Leistungsspektrenverfahren

Eine lineare stochastische Berechnung des Bauwerks kann entweder mit Hilfe einer modalen Berechnung, oder frequenzabhängigen Antwortmatrizen geführt werden, wobei man als Eingangsgröße das Leistungsspektrum der Bodenbeschleunigung verwendet.

Die elastischen Schnittgrößen werden als 50 %-Fraktile der Wahrscheinlichkeitsverteilung der entsprechenden Spitzenwerte in einem Zeitraum gleich der angenommenen Dauer der Bewegung bestimmt und zur Bestimmung der Bemessungswerte durch das der Grundschwingungszeit des Bauwerks entsprechende und mit g multipliziertem Verhältnis der Ordinate des elastischen Antwortspektrums zur Ordinate des Bemessungsspektrums dividiert.

12.2.4 Zeitverlaufverfahren

Die zeitabhängige Schwingungsantwort des Tragwerks aufgrund der definierten Beschleunigungszeitverläufe der Bodenbewegungen kann durch direkte numerische Integration der Differentialgleichungen der Bewegung erhalten werden, wie im Abschnitt 9.2 gezeigt wurde. Nichtlineare Analysen können angewendet werden, wenn sie in Hinsicht auf die Erregung, die verwendeten Hysteresemodelle und das Verfahren der Auswertung der Ergebnisse angemessen begründet sind. Dabei sind die Bedeutungsfaktoren γ_1 bei der Bestimmung der Amplituden von Beschleunigungszeitverläufen zu berücksichtigen (siehe Abschnitt 12.2.6.1).

12.2.5 Berechnung im Frequenzbereich

Bei dieser Berechnungsmethode wird jeder Beschleunigungszeitverlauf in Form einer Fourier-Summe dargestellt (siehe Abschnitt 11.4). Das Ergebnis wird durch Ausführung einer Konvolution der harmonischen Komponente der Eingangsgröße (das Duhamel-Integral) mit ihren entsprechenden Frequenzantwortmatrizen oder -funktionen über den Frequenzbereich erhalten.

Die elastischen Schnittgrößen werden als Mittelwerte der für die verschiedenen Beschleunigungszeitverläufe berechneten Spitzenwerte bestimmt. Bei der Ermittlung der Bemessungswerte sind die elastischen Schnittgrößen durch das der Grundschwingung des Bauwerks entsprechende und mit g multiplizierte Verhältnis der Ordinate des elastischen Antwortspektrums zur Ordinate des ensprechenden Bemessungsspektrums dividiert.

12.2.6 Kombination der Komponenten der Erdbebeneinwirkung

Ein separater Nachweis der Erdbebeneinwirkung in beiden Gebäudehauptachsen darf nur noch bei im Grundriss regelmäßigen Wandscheibenbauten vorgenommen werden. In allen anderen Fällen werden die Horizontalkomponenten der Erdbebeneinwirkung als gleichzeitig wirkend betrachtet. Bei den ebenen Modellen erfolgt dann ihre Kombination als Quadratwurzel der Summe der Quadrate der berechneten Werte nach Gl. (9.89).

Alternativ dazu können die resultierenden Schnittgrößen aufgrund der folgenden zwei Kombinationen berechnet werden:

$$E_{Edx} \text{"+"} 0{,}30 E_{Edy} \tag{12.22}$$

$$0{,}30 E_{Edx} \text{"+"} E_{Edy} \tag{12.23}$$

wobei

E_{Edx} : Schnittgrößen infolge des Angriffs der Erdbebeneinwirkung in Richtung der gewählten horizontalen x-Achse des Tragwerks

E_{Edy} : Schnittgrößen infolge des Angriffs derselben Erdbebeneinwirkung in Richtung der dazu senkrechten horizontalen y-Achse des Tragwerks

Die im Abschnitt 12.1.3.1 definierte Vertikalkomponente der Erdbebeneinwirkung ist nach EC 8 in den folgenden Fällen zu berücksichtigen:

- Horizontale oder nahezu horizontale Bauteile mit Spannweite von 20 m oder mehr
- Horizontale oder nahezu horizontale kragträgerartige Bauteile
- Horizontale oder nahezu horizontale vorgespannte Bauteile
- Träger, die Stützen tragen

Im NAD für die deutschen Erdbebengebiete wird lediglich der letzte Fall berücksichtigt.

Die Schnittgrößen infolge der Vertikalkomponente müssen nur für die betrachteten Bauteile und die direkt mit ihnen verbundenen tragenden Bauteile oder Tragwerksbereiche berücksichtigt werden. Falls die Horizontalkomponenten der Erdbebeneinwirkung auch für diese Bauteile maßgebend sind, können die folgenden drei Kombinationen für die Berechnung der gesamten Schnittgrößen verwendet werden:

$$0{,}30 E_{Edx} \text{"+"} 0{,}30 E_{Edy} \text{"+"} E_{Edz} \tag{12.24}$$

$$E_{Edx} \text{"+"} 0{,}30 E_{Edy} \text{"+"} 0{,}30 E_{Edz} \tag{12.25}$$

$$0{,}30 E_{Edx} \text{"+"} E_{Edy} \text{"+"} 0{,}30 E_{Edz} \tag{12.26}$$

wobei

E_{Edz} : Schnittgrößen infolge der, wie im Abschnitt 12.1.3.1 definierten Vertikalkomponente der Bemessungs-Erdbebeneinwirkung

12.2.6.1 Bedeutungskategorien von Bauwerken

Damit in Abhängigkeit von der Bedeutung der Gebäude eine daran angepasste weitergehende Erdbebensicherheit gewährleistet wird, werden in EC 8 vier verschiedene Gebäudekategorien beschrieben, denen unterschiedliche Bedeutungsbeiwerte zugeordnet sind (Tabelle 12.7). Durch Multiplikation der aus der Berechnung ergebenden Erdbebenwirkungen mit dem entsprechenden Bedeutungsbeiwert γ_1 des Bauwerks erhält man somit unterschiedliche hohe Zuverlässigkeitsniveaus. Dabei entspricht der Bedeutungsfaktor von 1,0 der gewählten Referenz-Wiederkehrperiode z. B. von 475 Jahren.

Tabelle 12.7 Bedeutungskategorien und Bedeutungsbeiwerte für Hochbauten [12.5]

Bedeutungskategorie	Bauten	Bedeutungsbeiwert γ_1
I	Bauten, deren Unversehrtheit während des Erdbebens von wichtiger Bedeutung für den Schutz der Allgemeinheit ist, z. B. Krankenhäuser, Feuerwachen, Kraftwerke, usw.	1,4
II	Bauten, deren Widerstandsfähigkeit gegen Erdbeben im Hinblick auf die mit einem Einsturz verbundenen Folgen wichtig ist, z. B. Schulen, Versammlungshallen, kulturelle Einrichtungen, usw.	1,2
III	Gewöhnliche Bauten, die nicht zu den anderen Kategorien gehören	1,0
IV	Bauten von geringer Bedeutung für die öffentliche Sicherheit, z. B. landwirtschaftliche Bauten, usw.	0,8

12.2.7 Bauwerksverschiebung

Die Verschiebungen infolge der Bemessungs-Erdbebeneinwirkung, d_s, können aufgrund der elastischen Verformungen des Tragsystems mittels folgenden Ausdrucks berechnet werden:

$$d_s = q d_e \gamma_1 \tag{12.27}$$

wobei

d_e : Verschiebungsantwort aufgrund der linearen Berechnung nach dem Bemessungsspektrum

12.2.8 Standsicherheitsnachweise

12.2.8.1 Tragfähigkeitsnachweis

Alle tragende Bauteile einschließlich Verbindungen müssen folgende Bedingung erfüllen:

$$E_d \leq R_d \tag{12.28}$$

wobei

$E_d = E\{G_{kj}, \gamma_i A_{Ed}, P_k, \sum \psi_{2i} Q_{ki}\}$: Bemessungswert der Schnittgröße aus der Erdbebeneinwirkung

$R_d = R\{f_k / \gamma_M\}$: Entsprechende Bemessungstragfähigkeit des Bauteils (f_k: Charakteristischer Wert der Baustoffeigenschaft, γ_M: Teilsicherheitsbeiwert)

Wirkungen nach Theorie II. Ordnung (P-Δ Effekte) dürfen vernachlässigt werden, wenn die folgende Bedingung in allen Geschossen eingehalten wird:

$$\Theta = \frac{P_{tot} d_r}{V_{tot} h} \leq 0{,}10 \tag{12.29}$$

wobei

Θ: Kennwert der Empfindlichkeit gegen Geschossverschiebungen

P_{tot}: Gesamte Vertikalbelastung auf und über dem betrachteten Geschoss

d_r: Bemessungswert der Geschossverschiebung, ermittelt als Differenz der Mittelwerte der nach Gl. (12.27) berechneten Horizontalverschiebungen an der Ober- und Unterkante des betrachteten Geschosses.

V_{tot}: Geschossquerkraft infolge Erdbebeneinwirkung

h : Geschosshöhe

Im allgemeinen Fall darf der Wert des Kennwerts Θ, 0,3 nicht überschreiten. In den Fällen von $0{,}1 < \Theta \leq 0{,}2$ können Wirkungen nach Theorie II. Ordnung näherungsweise berücksichtigt werden, indem die maßgebenden Schnittgrößen infolge der Erdbebeneinwirkung mit einem Faktor gleich $1/(1-\Theta)$ vergrößert werden.

Die Deckenscheiben müssen die Schnittgrößen auf die verschiedenen Aussteifungselemente mit ausreichender Überfestigkeit übertragen. Diese Anforderung wird als erfüllt betrachtet, wenn für diese Tragelemente die aus der Berechnung ermittelten Kräfte für die Tragfähigkeitsnachweise mit einem Faktor von 1,3 multipliziert werden.

12.2.8.2 Gebrauchstauglichkeitsnachweis

Der Nachweis im Grenzzustand der Gebrauchstauglichkeit bei häufiger zu erwartenden, schwächeren Beben wird über die Begrenzung der relativen Geschossverschiebungen geführt. Hierbei werden vereinfacht die Verschiebungen im Grenzzustand der Tragfähigkeit verwendet, die zur Berücksichtigung der schwächeren Erregung um einen Faktor ν reduziert werden (Tabelle 12.8).

Tabelle 12.8 Werte des Abminderungsfaktors ν [12.5]

Bedeutungskategorie	I	II	III	IV
Abminderungsfaktor ν	2,5	2,5	2,0	2,0

Für Bauwerke, bei denen nichttragende Bauteile aus spröden Baustoffen an das Tragwerk eingebaut sind, soll folgender Grenzwert der Geschossverschiebung d_r, eingehalten werden:

$$d_r / \nu \leq 0{,}004h \tag{12.30}$$

Für Bauwerke mit vollkommen interaktionsfreien nichttragenden Bauteilen gilt

$$d_r / v \leq 0{,}006h \tag{12.31}$$

Für Vergleiche zwischen der Euronorm 8 und der DIN 4149 wird auf [12.1, 12.2, 12.6-12.8] verwiesen.

13 Erdbebengerechte Entwurfsgrundsätze

Der Begriff „Gestaltung" bezieht sich im Allgemeinen auf die Form, Abmessungen und Proportionen eines Gegenstandes oder Körpers. Die Erweiterung des Begriffs auf ein Bauwerk, die Bauwerksgestaltung, schließt beim Planen in Erdbebengebieten noch zwei wesentliche Aspekte ein, die neben der Form und Geometrie, das Tragverhalten beeinflussen: Die Gestaltung der tragenden und nichttragenden Elemente des Bauwerks. Diese Aspekte betreffen die Wände, Stützen, Decken, Aufzugskerne, Treppenhäuser, die Verteilung der Räume, Lage und Abmessungen der Fassadenöffnungen usw.

Die Bauwerksgestaltung ergibt sich aus der Funktion und dem Raumprogramm des Gebäudes. Die Kombination zwischen Nutz- und Verkehrsflächen führt zur Teilung der Grundfläche und Trennung der Räume. Die Trennelemente – Wände – können als tragend oder nichttragend gestaltet werden. Öfters sind auch weitere Aspekte, wie stadtplanerische Anforderungen, architektonische Richtung, klimatische, geologische Verhältnisse usw. maßgebend. Der endgültige Entwurf entsteht also infolge eines Gestaltungsprozesses, währenddessen ein permanenter Dialog zwischen dem Architekten und dem Tragwerksplaner stattfindet.

Die Bedeutung einer erdbebengerechten Gestaltung ergibt sich allein aus den Besonderheiten der Tragwerksauslegung für Erdbebeneinwirkungen; man hat mit unbekannten Lasten zu tun; man besitzt keine ausreichende Informationen über die Baustoffeigenschaften unter dynamischer Beanspruchung und die Leistung des Tragwerks wird eher von Grenzzuständen als von Gebrauchszuständen der Tragfähigkeit bestimmt. Die Entwurfslasten sind nur Bruchteile der Lasten, die ein starkes Erdbeben tatsächlich hervorruft und das Tragwerk erfährt Spannungen, die weit über die Grenzwerte für herkömmliche Bauwerke liegen.

Jede Erdbebenkatastrophe stellt für Ingenieure ein gewaltiges Naturlabor dar, wo Erkenntnisse darüber gewonnen werden, was richtig oder falsch ist, welche Tragwerke Aussichten haben, starke Beben zu überleben und welche nicht. Diese Beobachtungen, begleitet von theoretischen Überlegungen, haben zu einer Reihe von Konstruktionsregeln geführt, die als Grundsätze zur erdbebengerechten Bauwerksgestaltung dienen. Die Berücksichtigung dieser Regel schon in der Anfangsphase des Entwurfs ist eine primäre Voraussetzung zur Sicherstellung eines überschaubaren Tragverhaltens und einer Verminderung von Bauwerksschäden. In diesem Sinne gilt für die Planung in Erdbebengebieten der Leitsatz, dass eine richtige Bauwerksgestaltung viel wichtiger als ein aufwendiger rechnerischer Nachweis ist. Demzufolge wird dem entwerfenden Architekten bei der erdbebengerechten Planung die gleiche Bedeutung wie dem Tragwerksplaner zugewiesen.

Die Reaktion eines Bauwerks auf ein starkes Erdbeben hängt von zahlreichen Faktoren ab. Die Komplexität der Antwort beruht darauf, dass ein Bauwerk kein homogener Massivkörper ist, sondern aus einer Zusammensetzung unterschiedlicher Bauteile besteht. Jedes Bauteil erfährt infolge von Erdbeben räumliche Bewegungen, welche Massenkräfte hervorrufen. Aufgrund der Verbindungen entstehen Interaktionskräfte, die zu einem Zusammenwirken der Bauteile zwingen. Dieses komplexe Kräftespiel ist auch bei einfachen Systemen schwierig rechnerisch zu erfassen und nach Wunsch zu kontrollieren.

Ziel dieses Abschnitts ist es gestalterische Grundsätze zu definieren, die das Reagieren der Bauwerke auf Erdbeben begünstigen. In einem ersten Schritt werden die Parameter identifiziert, die in Hinsicht auf die Form- und Tragwerksgestaltung die Erdbebenantwort beeinflussen.

13.1 Grundsätze der Formgestaltung

Beurteilt man ein Bauwerk nach der Form im Grundriss und im Aufriss, so kann es als einfach oder komplex gestaltet definiert werden. Eine einfache Gestaltung setzt sowohl für den Grundriss als auch für den Aufriss eine einfache, kompakte Form voraus. In einer komplexen Gestaltung kann die Form des Bauwerks nur in einer oder in beiden Darstellungsebenen komplex sein. Bevor man aber auf die Besonderheiten der Grundformen in mechanischer Hinsicht eingeht, wird eine kurze Darstellung bedingter Geometrieparameter, die das Tragverhalten der Bauwerke beeinflussen, vorgenommen.

13.1.1 Maßstab

Das Bild 13.1 zeigt die dynamischen Modelle eines kleinen und eines im Maßstab 2:1 vergrößerten Bauwerks.

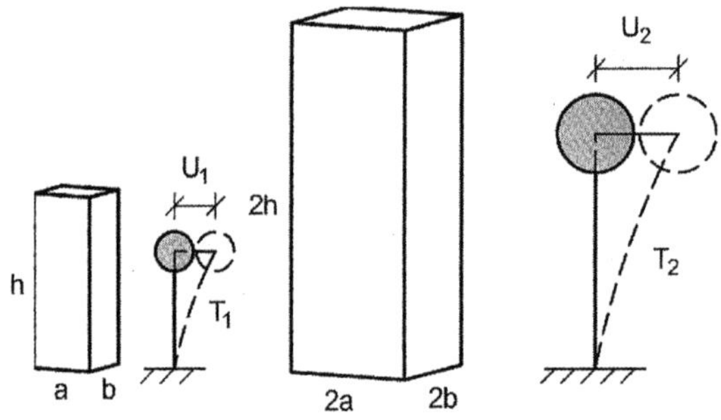

Bild 13.1 Dynamische Modellierung von zwei Bauwerken mit unterschiedlichen Abmessungen

Eine dynamische Äquivalenz ($T_1 = T_2$) wäre nur dann vorhanden, wenn beide Bauwerke aus dem gleichen Baustoff und vollmassiv wären. In Wirklichkeit ist die Masse des großen Bauwerks größer und die Steifigkeit kleiner, als diejenige des kleinen Bauwerks und dieses schwingt langsamer. Um eine dynamische Äquivalenz zu erreichen, muss die Masse des kleinen Bauwerks um ein vielfaches steigen. Außerdem können im kleinen Maßstab leichte Baustoffe wie Holz verwendet werden und das ganze Tragwerk kann aufgrund der kleineren Spannweiten homogener ausgesteift werden.

Die Mißachtung von Regeln der erdbebengerechten Formgestaltung führt bei kleinen Bauwerken zu wenig schwerwiegenden Folgen. In einem großen Bauwerk verursacht hingegen ein starkes Erdbeben bei Mißachtung der Gestaltungsregel viel höhere Reparaturkosten, als im Falle eines äquivalenten Bauwerks mit geeigneter Gestaltung.

13.1.2 Höhe

In mechanischer Hinsicht wirkt sich die Höhe eines Bauwerks wie die Spannweite eines Kragträgers aus, wobei die Belastung einen Bruchteil vom Gewicht G darstellt (Bild 13.2).

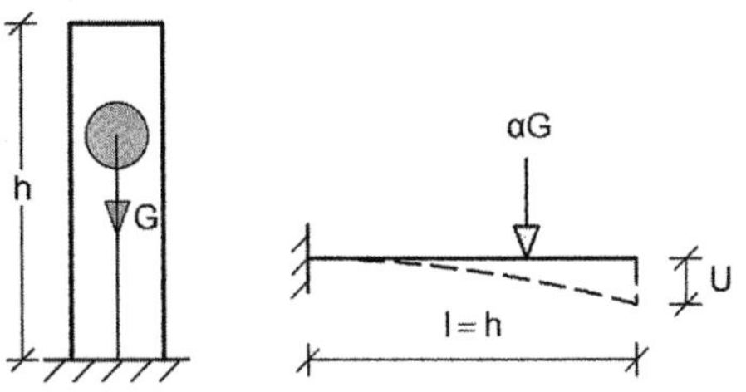

Bild 13.2 Statische Äquivalenz zwischen einem hohen Bauwerk und einem Kragträger

Im Allgemeinen bestimmt die Höhe eines Bauwerks seine Verformbarkeit und gleichzeitig über die Periode das Schwingungsverhalten. Je größer die Höhe ist, desto größer ist die Periode und desto kleiner sind die dynamischen Kräfte. Trotz dieser günstigen Wirkung haben Erdbebennormen hohe Bauwerke untersagt. So z. B. war bis 1964 in Japan die Bauwerkshöhe auf 33 m, bis 1957 in Los Angeles auf 50 m (oder 13 Geschosse) und in San Francisco auf 30 m begrenzt. Die aktuellen Normen setzen der Bauwerkshöhe keine Grenze mehr, verschärfen aber drastisch die Vorschriften für die rechnerische Behandlung und die konstruktive Ausbildung.

13.1.3 Abmessungen im Grundriss

Große Grundrissabmessungen wirken sich vorteilhaft auf die Stabilität des Bauwerks aus. Bei der Wahl der Abmessungen soll aber auch daran gedacht werden, dass in einem großflächigen Bauwerk mit Einzelfundamenten, wenn die Länge der seismischen Wellen größer als die Länge des Bauwerks ist, die Bodenbewegungen unterschiedliche Verformungen des Tragwerks verursachen (Bild 13.3a).

Bei verlängerten Grundrissen besteht auch die Wahrscheinlichkeit, dass die Bodenhomogenität über die ganze Bauwerkslänge nicht gleich ist. Es gibt also die zusätzliche Gefahr, dass die Horizontalverschiebungen der Fundamente nicht gleichmäßig verlaufen (Bild 13.3b).

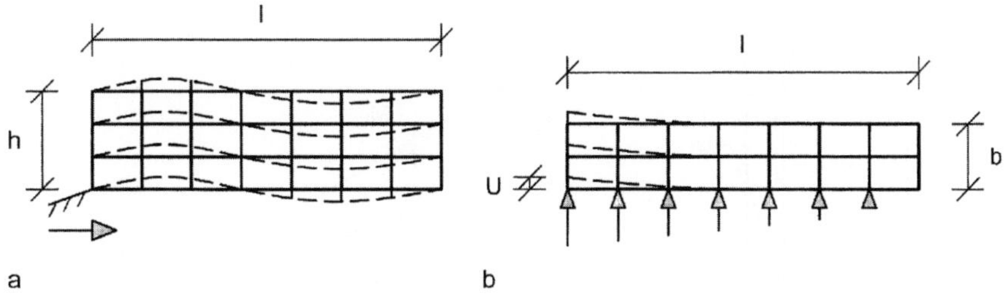

Bild 13.3 Erdbebenbeanspruchung ungünstig langer Bauwerke
a) Verformungsform im Aufriss
b) Verformungsform im Grundriss

13.1.4 Proportionen

Das Verhältnis zwischen den Abmessungen eines Bauwerks im Grundriss und im Aufriss ist ein wichtiges Element der geometrischen Gestaltung und gleichzeitig des architektonischen

Ausdrucks. Wichtiger als die Höhe ist das Verhältnis zwischen der Höhe h und der Grundrissbreite a, b, auch apparente Schlankheit genannt (Bild 13.4).

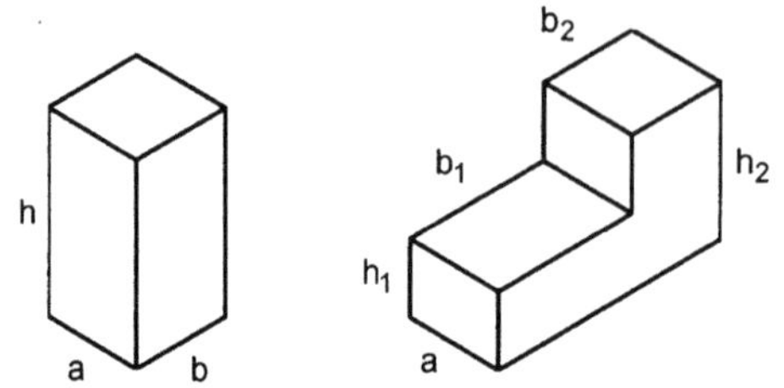

Bild 13.4 Definition der Bauwerksabmessungen

Dieses Verhältnis ist im Allgemeinen bei Hochhäusern auf den Wert 10 begrenzt, $\frac{h}{b} \leq 10$, wobei $b < a$. Die Petronas Towers haben eine Schlankheit von 9,8, das Woolworth Gebäude von 8,7, während die Schlankheit der World Trade Center-Gebäude 6,8 war. Bei größeren Schlankheiten wird die Funktion der oberen Geschosse von den Schwingungsamplituden stark beeinträchtigt. Für Erdbebengebiete wird eine Schlankheit von maximal 4 bis 5 empfohlen. Je größer die Schlankheit ist, desto ungünstiger wirken sich die höheren Schwingungsformen auf das Tragverhalten des Bauwerks aus. Es besteht die Gefahr, dass die Überlagerung hoher Schwingungsformen zu einem kritischen Schwingungszustand führt, wobei der obere Teil des Bauwerks eine große Geschwindigkeit erfährt (sog. Peitscheffekt) (Bild 13.5a). Die daraus resultierenden Scherkräfte können der Gebäudespitze reichliche Schäden verursachen.

Wenn die Länge und die Höhe des Bauwerks im Vergleich zur Breite groß sind, ergeben sich lamellenartige Gestaltungen (Bild 13.5b). Das Hauptproblem dieser Bauwerke ist ihre geringe Torsionssteifigkeit. Aufgrund der großen Länge ist die Wahrscheinlichkeit groß, dass die Geschossmassen nicht gleichmäßig verteilt sind, so dass Exzentrizitäten entstehen, die bei der

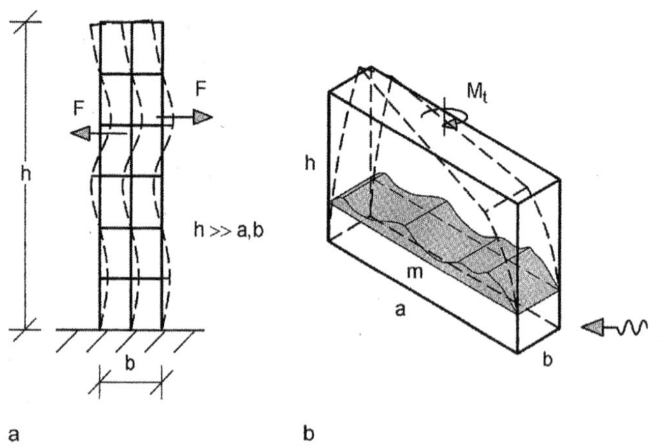

Bild 13.5 Ungünstige Schwingungsformen von Bauwerken mit sehr hoher Schlankheit
a) Quadratische Grundrissformen
b) Sehr lange Grundrissformen

Erdbebenbeanspruchung Torsionsmomente hervorrufen.

13.1.5 Symmetrie

Die Symmetrie (συμμετρία: mit Maß) ist eine geometrische Eigenschaft, die primär in Verbindung mit der Harmonie der Form auftritt. Ein Bauwerk kann im Grundriss um eine, zwei, vier, oder unendlich vielen Achsen symmetrisch gestaltet werden (Bild 13.6a). Da die Wirkungsrichtung der Erdbebenwellen beliebig ist, ist aus mechanischem Standpunkt ein Grundriss mit unendlich vielen Symmetrieachsen optimal. Ein Bauwerk kann geometrisch auch im Aufriss nach zwei Achsen symmetrisch sein (Bild 13.6b).

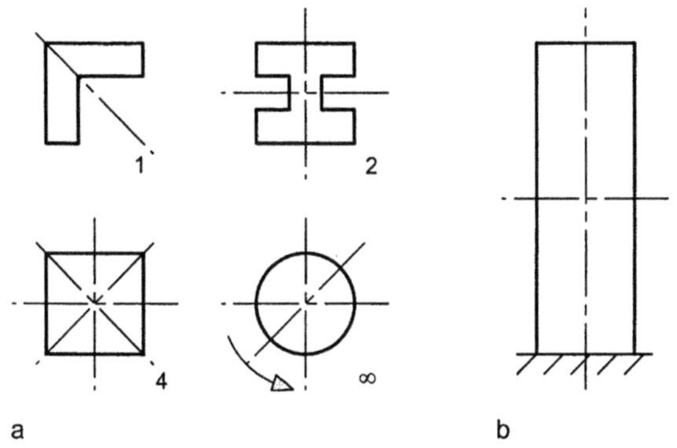

Bild 13.6 Bauwerkssymmetrie
a) Grundrissformen mit Symmetrieachsen
b) Geometrisch symmetrisches Bauwerk im Aufriss

Man spricht auch von statischer Symmetrie, wenn die statischen Bedingungen, wie die Auflager, um eine Achse symmetrisch sind, oder von Massensymmetrie, wenn es sich um die gleiche Verteilung der Masse um eine Achse handelt. Ein im Aufriss geometrisch symmetrisches Bauwerk ist in statischer Hinsicht nicht symmetrisch, da ein Ende eingespannt und das andere frei ist. In der Statik und in der Natur ist die Symmetrie ein Synonym zum Gleichgewicht. Unsymmetrische Gestaltungen führen zu Gleichgewichtszuständen, die nur mit Momenten erfüllt werden können. Die Symmetrie ist eine sehr wichtige Eigenschaft der Bauwerke, sie reicht aber alleine nicht aus; sie muss auch von Einfachheit und angemessenen Proportionen begleitet werden.

13.1.6 Regelmäßigkeit

Das Bild 13.7 zeigt einige Beispiele von Bauwerken mit regelmäßiger Gestaltung (einfacher Grundriss und Aufriss), die sich untereinander durch die Größe und die relativen Abmessungen (Proportionen) unterscheiden. Man bezeichnet mit ungünstig Bauwerke mit Abmessungen und Proportionen, die gemäß den vorherigen Überlegungen als problematisch erscheinen (Bild 13.7a), und mit günstig erdbebengerecht gestaltete Bauwerksformen (Bild 13.7b).

Die ideale Bauwerksform ist quadratisch oder kreisförmig im Grundriss und gedrungen im Aufriss ($h \leq 3a$). Die Grenzen zwischen günstig und ungünstig liegen nichtrigoros bei den im Bild 13.7b angegebenen Verhältnissen. Sie können je nach Bedeutung des Bauwerks und der Erdbebenintensitätszone Änderungen unterworfen werden. Ungünstige Bauwerksformen mit

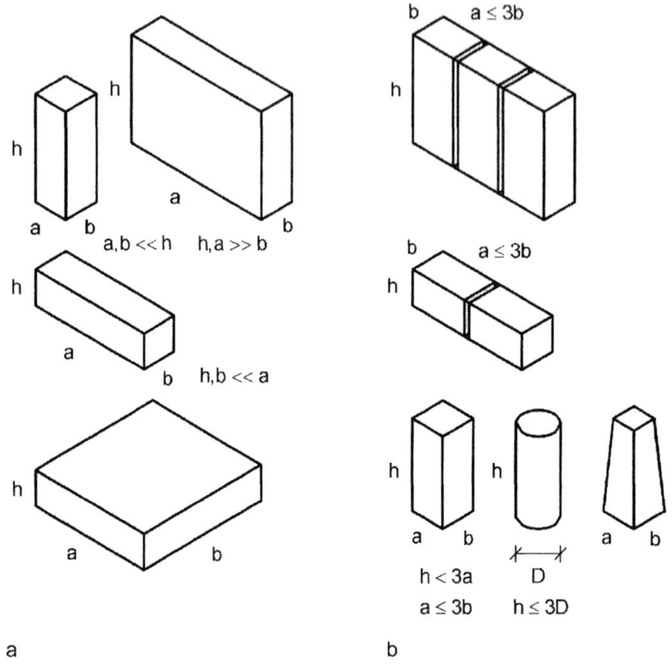

Bild 13.7 Bauwerksformen
a) Ungünstige Formen
b) Günstige Formen

$a, b \ll h$, oder $h, b \ll a$, können durch Unterteilung mit Fugen in günstige, kompakte Einheiten umgewandelt werden.

Aufgelöste, zergliederte Grundrisse in Form von L-, T-, H-, V-, Y-, + oder von anderen Kombinationen weisen in architektonischer Hinsicht eine Reihe von Vorteilen auf; sie gestatten eine günstige Bebauung von großen Arealen, da sie einen großen Anteil von Räumen im Umfang des Bauwerks mit direktem Zugang zu Licht und Luft ermöglichen (Bild 13.8). Darüber hinaus bieten die Perimeterkonkavitäten, die bei U- und H-Formen entstehen, die Möglichkeit, verglaste Vorräume zu schaffen, die ohne das Tragwerk zu beeinflussen, energiesparende Auswirkungen haben.

In dynamischer Hinsicht sind Bauwerke mit komplexen Grundrissformen unvorteilhaft. Sie weisen Bereiche mit unterschiedlichen Steifigkeiten auf, die zu unregelmäßigen Verformungen und dementsprechend zu Spannungskonzentrationen an den einspringenden Ecken führen. Auf der anderen Seite erweckt die Asymmetrie unerwünschte Torsionsmomente.

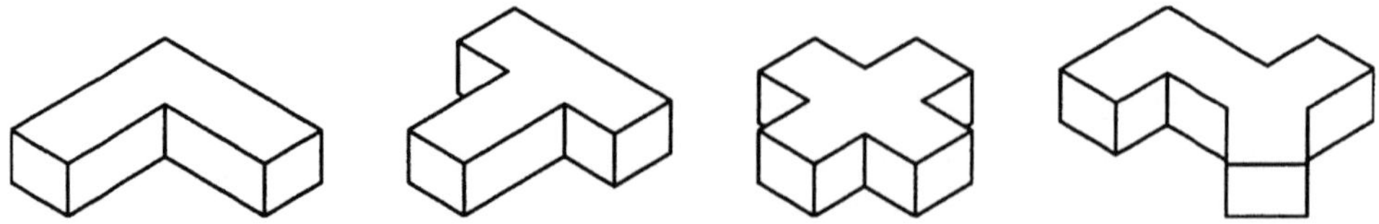

Bild 13.8 Aufgelöste Bauwerksformen

Eine Darstellung des Verformungsverhaltens eines Bauwerks mit L-förmigem Grundriss für zwei Richtungen von Erdbebenwellen zeigt das Bild 13.9. Gedanklich teilt man das Bauwerk in zwei Baukörper mit regelmäßigem Grundriss und man bildet ihre dynamische Modelle ab (Bild 13.9a). Da das Trägheitsmoment der Grundfläche des Körpers K_1 um die kurze Achse um ein vielfaches größer ist als das Trägheitsmoment des Körpers K_2 um seine lange Achse und die Massen unterschiedlich sind, schwingen die Baukörper unterschiedlich. Die Periode des Baukörpers K_2 ist viel größer als diejenige von K_1, und entsprechend unterschiedlich sind auch ihre Amplituden. Da die Teilkörper verbunden sind, bremst der steifere die Schwingungen des weicheren. Dies hat zur Folge die Entstehung von Zwangskräften in den Verbindungselementen mit Spannungskonzentrationen an den einspringenden Ecken (Bild 13.9b). Bei beliebiger Richtung der seismischen Wellen verursachen die Komponenten der Trägheitskräfte in die weichere Richtung der zwei Flügel V_1 und H_2 Biegeverformungen der Flügel gleichzeitig mit Torsionsmomenten um einen gemeinsamen steiferen „Kern" (Bild 13.9c). Je größer die Höhe und die Abweichungen von der Quaderform sind, desto stärker sind die Nebeneffekte.

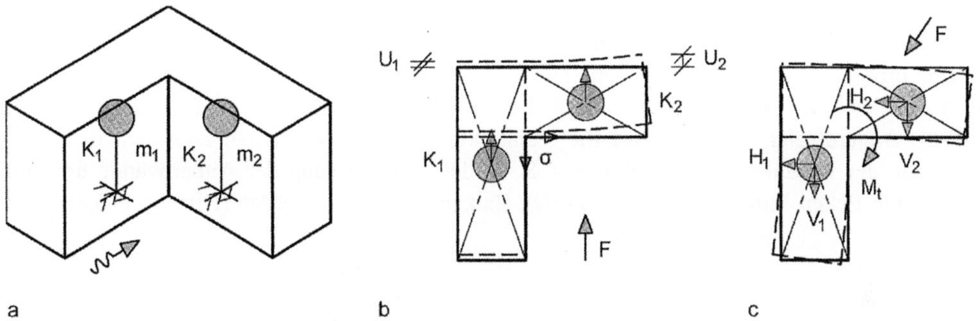

Bild 13.9 Verformungsverhalten eines aufgelösten Bauwerks mit L-förmigem Grundriss
a) Äquivalente dynamische Modellierung
b) Verformungsverhalten bei Horizontalbelastung in senkrechter horizontaler Richtung
c) Verformungsverhalten bei Horizontalbelastung in beliebiger horizontaler Richtung

Ähnliche Inkompatibilitätsprobleme der Verformungen treten auch bei Bauwerken mit ungleichmäßigem Aufriss auf (Bild 13.10). Der niedrigere Körperteil ist steifer und leichter, als der höhere. Dementsprechend erfahren die zwei Baukörper bei Horizontalbeanspruchung unterschiedliche Schwingungen. Spannungskonzentrationen, die an den Kontaktflächen entstehen, können vielfach zu Schäden führen.

Eine genaue Erfassung der aus der Unregelmäßigkeit der Bauwerke resultierenden Spannungszustände ist nur mit sehr großem Rechenaufwand möglich. In herkömmlichen dynamischen Analysen ist die rechnerische Berücksichtigung dieser Effekte dadurch erschwert, dass die den Verfahren zugrunde liegenden dynamischen Modellen auf vereinfachte Abbildungen der Deckenscheiben und Aussteifungstragwerke aufgebaut sind. Die Praxis hat gezeigt, dass stark gegliederte, aufgelöste Bauwerke bei starken Schwingungen sehr anfällig sind.

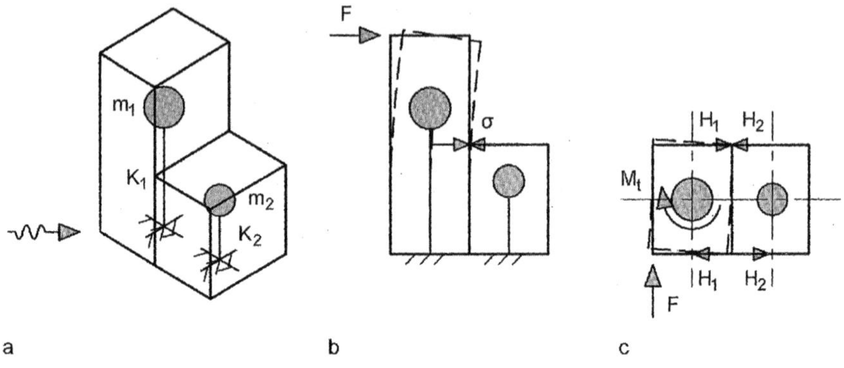

Bild 13.10 Verformungsverhalten eines aufgelösten Bauwerks
a) Äquivalente dynamische Modellierung
b) Verformungsverhalten im Aufriss
c) Verformungsverhalten im Grundriss

Wie schon erwähnt wurde, sind bei der Beurteilung von Unregelmäßigkeiten für das dynamische Verhalten die absoluten Massen der Bauwerke zu berücksichtigen. Bei kleineren Bauwerken können die Folgen der unregelmäßigen Gestaltung durch konstruktive Maßnahmen gemildert werden, da die Tragreserven der nicht voll ausgenutzten tragenden Bauteile die Nebenwirkungen problemlos abdecken können. Die konstruktiven Maßnahmen zielen einerseits auf einen Ausgleich der Flügelsteifigkeit durch die Erhöhung der Steifigkeit der Endelemente (Bild 13.11a). Andererseits zielen sie auf die Verstärkung der Verbindungen zwischen den zwei Flügeln in der Kontaktzone. So können z. B. in der Verlängerung der Außenwände der einspringenden Ecken Innenwände oder kräftige Balken ausgeführt werden (Bild 13.11b,c). Zum

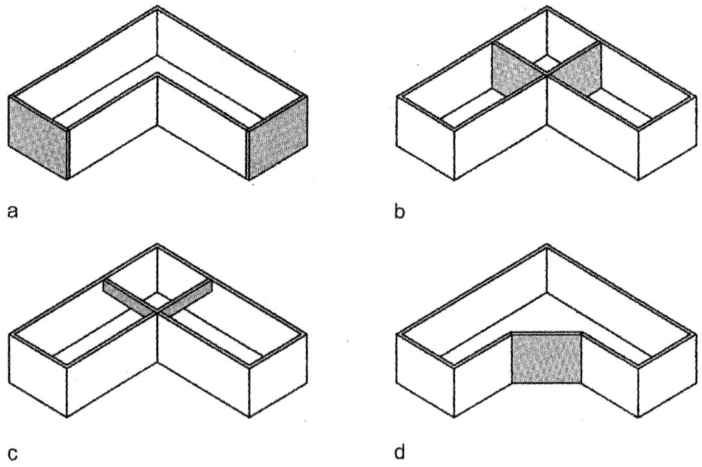

Bild 13.11 Mögliche Verstärkungsmaßnahmen in L-förmigen Grundrissen
a) Steifigkeitserhöhung der Endelemente
b) Anordnung von tragenden Innenwänden
c) Ausbildung von Verstärkungsriegeln
d) Ausschrägung der Außenwände an der einspringenden Ecke

Abbau der Spannungskonzentrationen an den Ecken kann auch eine Ausschrägung der tragenden Außenwand in diesem Bereich behilflich sein (Bild 13.11d).

Für große Bauwerke empfiehlt es sich, eine komplexe Gestaltung nur formal anzustreben, d. h. die Unregelmäßigkeiten in Grundriss und Aufriss durch Unterteilung der Bauwerke in regelmäßige Teilkörper zu beseitigen (Bild 13.12). Dabei ist allerdings zu beachten, dass die Grundrissabmessungen der sich daraus resultierenden Teilkörper nicht zu klein werden, so dass eine angemessene Aussteifung erreicht werden kann. Die Fugen sollen so angeordnet werden, dass die dreifache Länge der einzelnen Teilkörper die Gesamtlänge des Baukörpers nicht überschreitet.

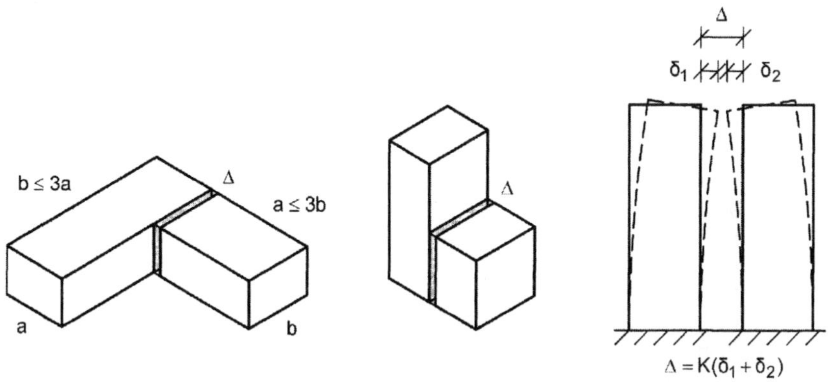

Bild 13.12 Unterteilung großer Bauwerke mit komplexer Gestaltung

Die Mindestfugenbreite zwischen den Baukörpern hängt von der Erdbebenintensität des Baugebiets ab und wird von den Normen als vielfach der Summe der maximalen Verschiebungen des jeweiligen Teilkörpers unter der rechnerischen Erdbebenlast vorgeschrieben. Prinzipiell muss durch die Erdbebenfugen ein hinreichend großer Abstand zwischen den Teilkörpern gewährleistet sein, damit ein Zusammenstoß der möglicherweise in entgegengesetzter Richtung schwingenden Körper verhindert wird. Im gleichen Sinne sollen konstruktive Verbindungen der Baukörper so aufgelagert werden, dass sie ihre unabhängige Schwingung nicht beeinträchtigen. Nach EC 8 soll der Abstand von der Grenzlinie jedes Baukörpers zu den möglichen Punkten des Zusammenstoßes nicht kleiner als der Maximalwert seiner Horizontalverschiebung infolge der Bemessungs-Erdbebeneinwirkung nach Gl. (12.27) betragen. Wenn die Deckenhöhen der Baukörper gleich sind, darf die Fugenbreite mit einem Faktor von 0,7 abgemindert werden. Konstruktive Möglichkeiten für die Fugengestaltung sind im Bild 13.13 dargestellt.

Im Allgemeinen unterscheiden die Erdbebennormen bei der Festlegung des Umfangs des rechnerischen Nachweises zwischen Bauwerken mit geringen und mit geprägten Unregelmäßigkeiten. Komplexe Bauwerksgestaltungen, bei denen die Abweichungen von der Quaderform klein sind, werden nach den Normen als Bauwerke mit regelmäßiger Gestaltung erfasst. So ergibt sich z. B. der zugelassene Maximalwert der Abweichung im Grundriss aus der Bedingung $\frac{c}{a} \leq 0{,}25$ (Bild 13.14).

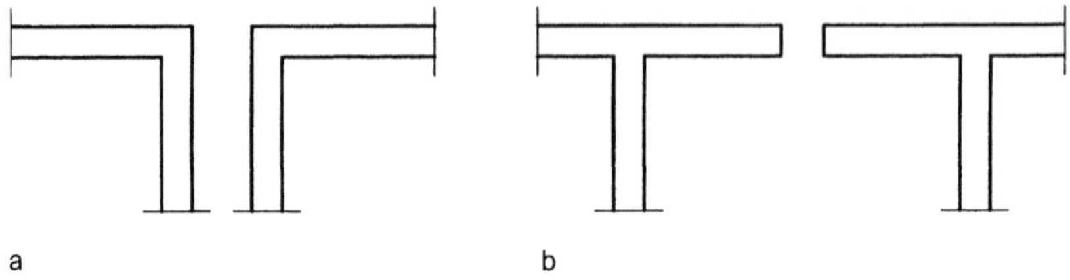

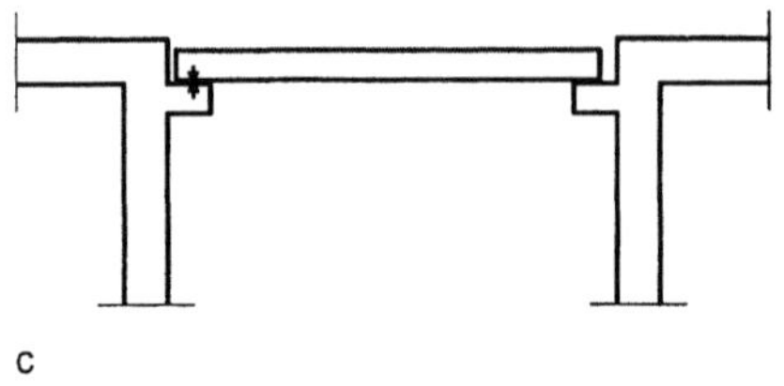

Bild 13.13 Fugenausbildung
a) Randstützen, oder Wände
b) Auskragende Decke
c) Verbindungssteg

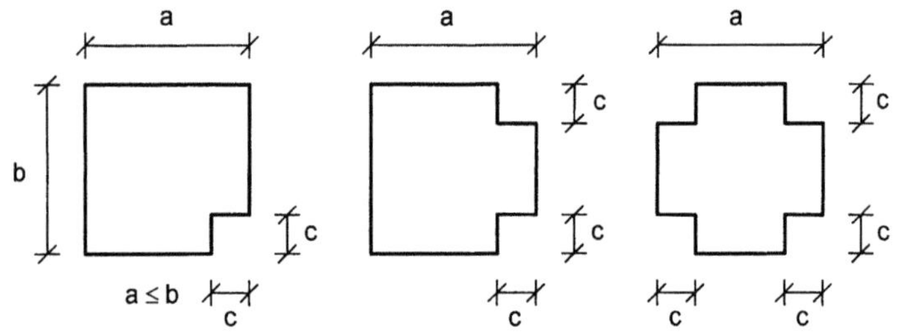

Bild 13.14 Grundrissformen mit niedriger Unregelmäßigkeit

Wird der Aufriss mit Unregelmäßigkeiten gestaltet, gelten nach EC 8 zur Annahme eines einfachen Aufrisses folgende Regel:

- Bei stufenweisen Rücksprüngen unter Erhaltung der axialen Symmetrie darf der Rücksprung je Geschoss nicht mehr als 20 % der vorhergehenden Grundrissabmessungen in gleicher Richtung betragen (Bild 13.15a,b).
- Bei einem einzigen Rücksprung innerhalb der unteren 15 % der Gesamthöhe des Tragsystems, darf der Rücksprung nicht größer als 50 % der vorhergehenden Grundrissabmessung sein (Bild 13.15c). In diesem Fall muss das Tragwerk des unteren Bereichs innerhalb des senkrecht projizierten Umfangs der oberen Geschosse in der Lage sein, 75 % der Horizontalkräfte aufzunehmen, die in diesem Bereich in einem vergleichbaren Bauwerk ohne Verbreiterung des unteren Bereichs auftreten würden.
- Falls die Symmetrie durch die Rücksprünge nicht erhalten bleibt, darf auf jeder Seite die Summe der Rücksprünge in allen Geschossen nicht mehr als 30 % der Grundrissabmessung des ersten Geschosses betragen, und die einzelnen Rücksprünge dürfen nicht mehr als 10 % der vorhergehenden Grundrissabmessung betragen (Bild 13.15d).

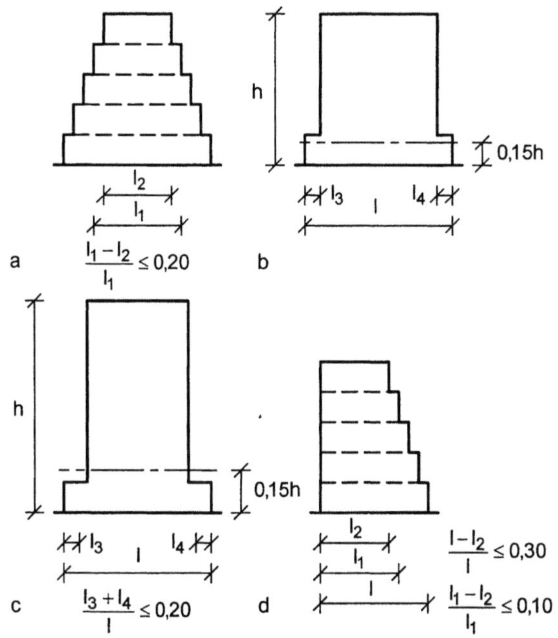

Bild 13.15 Kriterien für die Regelmäßigkeit von Rücksprüngen [13.3]

13.2 Grundsätze der Tragwerksgestaltung

Beim Entwurf eines Bauwerks bedienen sich die Planer grundsätzlich zweier Gruppen von Baukomponenten; solche, die mechanisch bedingt sind und Aufgaben zur Lastabtragung erfüllen und funktionsbedingte, denen keine tragende Rolle zugewiesen wird. Bestimmte Elemente, wie Decken und Wände können sowohl mechanisch-, als auch funktionsbedingten Aufgaben übernehmen.

In der Planung von Tragwerken, die neben herkömmlichen Anforderungen auch Widerstand gegen Erdbeben leisten müssen, gewinnen die Baukomponente aus der ersten Gruppe, die zur Abtragung von Horizontallasten dienen – die Aussteifungen –, an Bedeutung. In der Regel werden in der vertikalen Ebene vier Arten von Aussteifungselemente verwendet: Wandscheiben, biegesteife Rahmen, Fachwerke und Kerne (Bild 13.16a). Diese sind auch wichtige Elemente der architektonischen Gestaltung. Ihre Wahl und Anordnung ergibt sich aus Überlagerungen im Zuge der Implementierung des Raumprogramms und infolge der dynamischen Analyse. In der horizontalen Ebene sind für die Aufnahme und Verteilung der Vertikal- und Horizontallasten die Geschossdecken zuständig (Bild 13.16b).

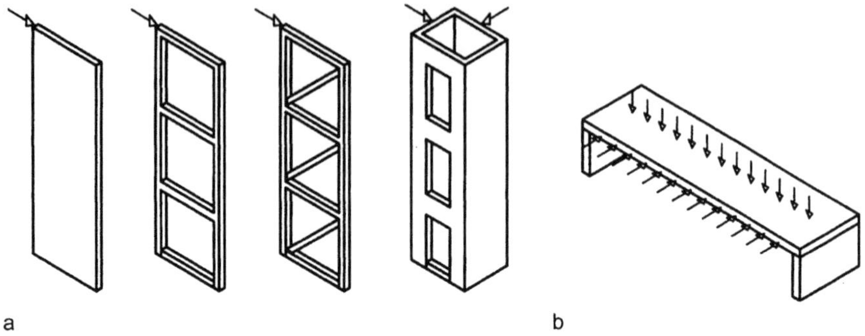

Bild 13.16 Aussteifungstragwerke
a) In Vertikalrichtung
b) In Horizontalrichtung

13.2.1 Geschossdecken

In der Gesamtheit der Tragelemente eines Tragwerks wird den Geschossdecken eine wichtige Rolle zugewiesen: Sie sammeln und leiten die Horizontallasten zu den vertikalen Aussteifungselementen ab und stellen sicher, dass jedes Element bei der Lastabtragung entsprechend seiner Steifigkeit mitwirkt. Um diesen Anforderungen gerecht zu werden, müssen die Deckenscheiben in ihrer Ebene schubfest ausgebildet sein. Die Schubfestigkeit (Unverformbarkeit) gewährleistet den Decken die Scheibenwirkung.

Der Unterschied zwischen „Balkenwirkung“ und „Scheibenwirkung“ wird in Bild 13.17 erläutert. Man nimmt als Beispiel eine zweifeldige Decke mit gleichen Spannweiten, die von drei gleichwertigen Wandscheiben seitlich abgestützt ist. Den Grenzfall der Balkenwirkung stellt die Abbildung der Decke als zwei Einfeldträger dar (Bild 13.17a). Das System ist statisch bestimmt, und die mittlere Wand erhält unabhängig von der Steifigkeit der Balken eine Horizontalkraft, die doppelt so groß, als die anderen zwei Kräfte, ist. Im zweiten Fall ist die Decke als schubfester Durchlaufträger dargestellt (Bild 13.17b). Sie zwingt allen drei Wänden eine gleiche Verschiebung und aufgrund der gleichen Wandsteifigkeiten werden auch gleiche Reaktionskräfte hervorgerufen. Ist die Decke biegsam in der Ebene, entsteht in der mittleren Wand eine größere Reaktionskraft, als in den Seitenwänden (Bild 13.17c). Die Verschiebung der mittleren Wand ist dementsprechend größer, als diejenigen der Seitenwände und die Decke wirkt wie ein Balken auf verschieblichen Auflagern.

Bei einfachen symmetrischen Grundrissen sind die Verformungen der Deckenscheiben in der Regel vernachlässigbar. Die Steifigkeit der Deckenscheiben in ihrer Ebene wird als hinreichend groß angenommen. Diese Annahme ist für kompakte Bauwerke mit normalen Verhältnissen von Länge und Breite und mit Stahlbeton- oder Verbunddecken meist zutreffend.

Die Unverformbarkeit der Decken ist insbesondere im Fall von einer ungleichmäßigen Anordnung der vertikalen Aussteifungen maßgebend, wenn die daraus entstehenden Torsionsmomente auf die mitwirkenden Tragelemente verteilt werden müssen. Bei Verwendung von Aussteifungssystemen mit unterschiedlichem Verformungsverhalten, wie z. B. von Mischsystemen aus Rahmen und Wandscheiben, entstehen in der Deckenebene bedeutsame Interaktionskräfte, die rechnerisch erfasst und mit genügend steifen und starken Verbindungen in der Deckenebene konstruktiv gedeckt werden müssen. Dies gilt auch für Decken aus Betonfertigteilen, welche in

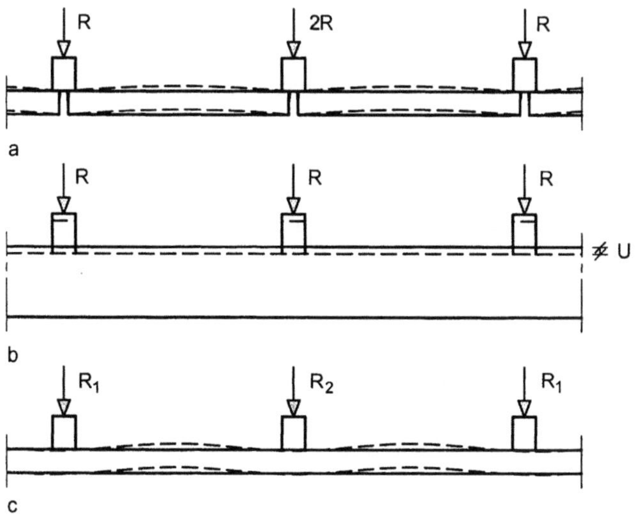

Bild 13.17 Deckentragfunktion
a) Einfeldbalken
b) Schubfester Durchlaufträger
c) Biegeweicher Durchlaufträger

der Regel keine ausreichende Steifigkeit in der Ebene aufweisen, da sie schwierig untereinander schubfest verbinden lassen. In diesem Fall wird die Scheibenwirkung durch eine auf die Fertigteile betonierte Scheibe mit entsprechender Bewehrung sichergestellt.

In der Regel sollen Grundrissformen, welche die Scheibenwirkung der Decke beeinträchtigen, vermieden werden. Dies bezieht sich sowohl auf die Form, als auch auf die Größe und Verteilung der Aussparungen. Langgestreckte Grundrissformen wirken sich auch auf die Schubsteifigkeit der Decken ungünstig aus. Große Aussparungen für Lichtschächte, Innenhöfe, nichttragende Aufzugschächte und Treppenhäuser stellen typische Schwächungen der Decken dar (Bild 13.18a). Diese dürfen die vertikalen Aussteifungen nicht unterbrechen, wie auch symmetrisch und möglichst weit von den Kanten angeordnet werden (Bild 13.18b). Geschwächte Deckenscheiben müssen rechnerisch nachgewiesen und entsprechend bewehrt werden.

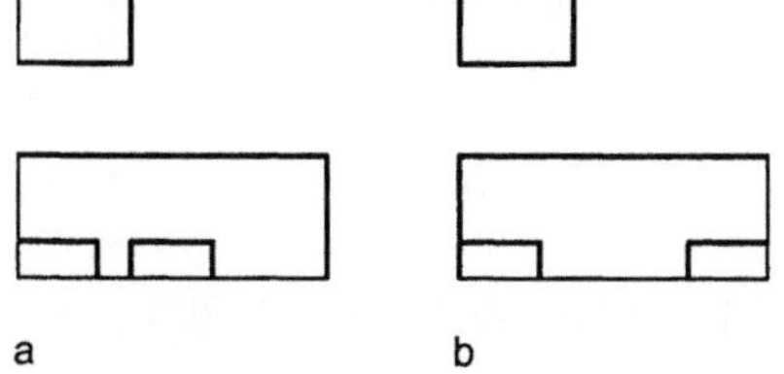

Bild 13.18 Deckenaussparungen im Grundriss
a) Ungünstige Anordnung
b) Verbesserte Anordnung

Die Scheibenwirkung der Geschossdecken muss auch beim Erreichen des plastischen Zustands der Aussteifungen bestehen bleiben. Nach EC 8 wird diese Forderung dadurch erfüllt, dass die für die maßgebenden Tragfähigkeitsnachweise eingesetzten Kräfte mit dem Faktor 1,3 multipliziert werden.

Werden schließlich Geschossdecken höhenversetzt angeordnet, kann die Scheibenwirkung weitgehend verlorengehen (Bild 13.19a). Dann sind besondere konstruktive Lösungen zur Kraftübertragung über den Deckensprung hinweg erforderlich (Bild 13.19b). Bei großen Versprunghöhen wird die Kraftübertragung durch verbindende sehr steife Tragelemente, z. B. Stahlbetonwandscheiben, gewährleistet, welche nicht durch große Öffnungen geschwächt sein dürfen. Bei kleinen Versprunghöhen sind die Deckenvorsprünge durchlaufend und biegesteif auszuführen. In beiden Fällen sollte das Untergeschoss als steifer Keller ausgebildet sein. Größere Bauwerksabschnitte mit unterschiedlichen Höhenlagen der Geschossdecken können zur Vermeidung von Schäden auch durch Fugen getrennt werden.

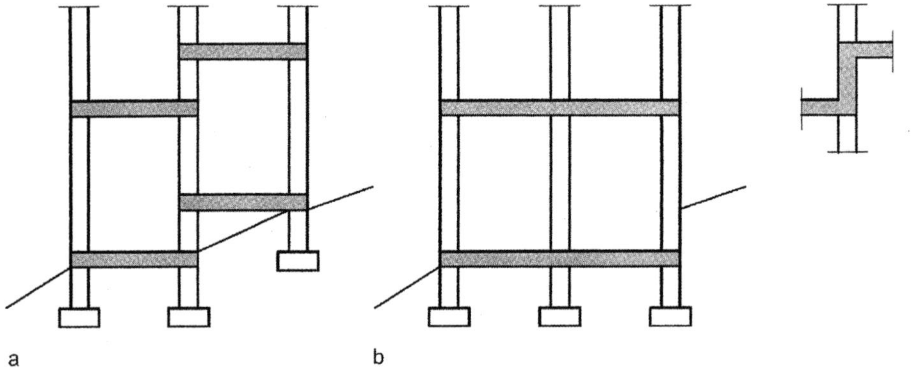

Bild 13.19 Geschossdecken mit Höhenversetzung
a) Ungünstige Ausbildung
b) Durchgehende Ausbildung und biegesteife Deckenkopplung

13.2.2 Aussteifungstragwerke

Bei der Beurteilung der aussteifenden Elemente unter Erdbeben ist neben dem Trag- und Verformungsverhalten im Gebrauchszustand, d. h. im elastischen Bereich für Wind- und normierte Erdbebenlasten, auch ihr Reagieren auf Extrembeben von Bedeutung, da ihr Verhalten beim Bruch eine bedeutende Rolle zur Gewährleistung der Standsicherheit der Bauwerke spielt.

Der wichtigste Parameter zur Beschreibung des Zusammenhangs zwischen Kraft und Verformung im elastischen Bereich ist die Steifigkeit (siehe Abschnitt 6.1). Die Eigenschaften des Tragwerks, die im Grenzzustand für die Tragfähigkeit und Standsicherheit der Konstruktion maßgebend sind, betreffen das Plastifizierungs- und Tragreservenvermögen. Kennzeichnende Merkmale für diese Eigenschaften sind die Duktilität (siehe Abschnitte 5.3, 7.10), bzw. die Redundanz, d. h. die statische Unbestimmtheit des Tragwerks. Letztere definiert die Tragreserven eines Tragwerks, die den Versagensmechanismus des Systems bestimmen. Je größer die Anzahl der Innenverbindungen ist, die versagen müssen, bevor das Tragwerk zum Einsturz kommt, desto größer sind die Tragreserven. Die Redundanz entspricht also der Anzahl der

Verbindungen, die gelöscht werden müssen, damit das System statisch bestimmt wird. Ein Kragträger ist z. B. statisch bestimmt und besitzt keine Redundanz, da er nach der Plastifizierung des Fußpunkts versagt (Bild 13.20a). Ein biegesteifer Rahmen mit eingespannten Stützen ist dreimal statisch unbestimmt. Vor dem Versagen des Systems müssen vier Querschnitte nachgeben, d. h. es müssen an vier Stellen plastische Gelenke auftreten (Bild 13.20b).

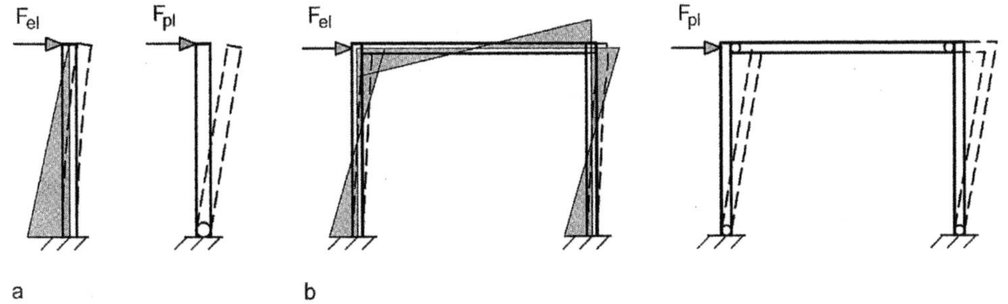

Bild 13.20 Redundanz von Tragwerken
a) Kragträger
b) Portalrahmen

13.2.2.1 Biegesteife Geschossrahmen

Unter biegesteifen Geschossrahmen sind Tragwerke aus rechtwinklig zueinander angeordneten, geraden Stäben zu verstehen, die an den Knoten biegesteif verbunden sind. Sie sind spezifisch für den Stahl- und Stahlbetongeschossbau. Die Riegel nehmen als Deckenunterzüge die Vertikallasten auf und leiten diese zu den Stielen (Stützen) weiter. Die Aufnahme der Horizontallasten erfolgt durch das Zusammenwirken der Riegel und der Stiele an den Knoten, die als starr angenommen werden, d. h. der Rechtwinkel zwischen den Stäben bleibt im verformten Zustand unverändert. Dementsprechend hängt der Mechanismus zur Lastabtragung und das Verformungsverhalten der Rahmen von den Steifigkeitsverhältnissen der Riegel und der Stiele ab. Als Maß für die Steifigkeit wird das Verhältnis $\frac{I_r}{l}$ für die Riegel und $\frac{I_s}{h}$ für die Stiele verwendet (I_r, I_s : Trägheitsmoment des Riegel-, bzw. des Stielquerschnitts) (Bild 13.21a). Für Rahmen mit Steifigkeiten von Riegeln und Stielen in der gleichen Größenordnung wird das Biegemoment über Druck- und Zugkräften in den Stielen und die Querkraft über Biegemomenten in den Stäben aufgenommen (Bild 13.21b). Da die Axialsteifigkeit der Stiele groß ist, enthält das Verformungsbild der Rahmen einen kleinen Biegeanteil U_M, während der Querkraftanteil U_Q dominiert (Bild 13.21c).

Im Bild 13.22 werden zwei Grenzfälle des Rahmentragverhaltens dargestellt. Im Rahmen besitzt der Riegel nur eine Axialsteifigkeit. Die Biegesteifigkeit ist so gering, dass sie keine „Verdübelung" der zwei Stiele bewirken kann. Dementsprechend erfolgt die Aufnahme der Horizontallasten hauptsächlich über Biegemomente der Stiele, welche wie zwei Kragbalken reagieren. Das Verformungsbild des Tragwerks entspricht demjenigen vom Biegebalken, da der Beitrag der Querkräfte gering ist. Die Verschiebung in der Höhenmitte beträgt etwa ein Drittel der maximalen Verschiebung im oberen Bereich.

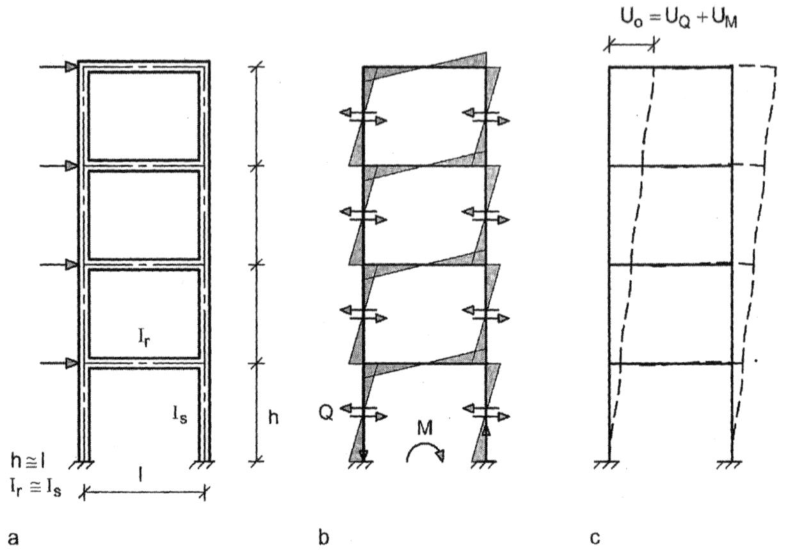

Bild 13.21 Biegesteife Geschossrahmen mit $I_r \approx I_s$

a) System und Geometrieverhältnisse
b) Statisches System mit Kräfteverlauf
c) Verformungsbild

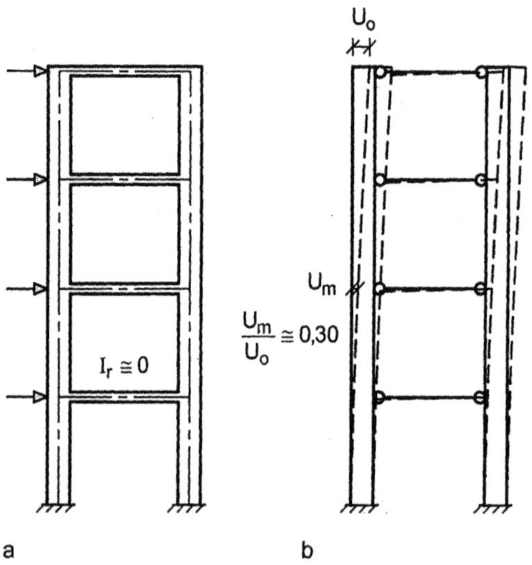

Bild 13.22 Biegesteifer Geschossrahmen mit $I_r \approx 0$

a) System und Geometrieverhältnisse
b) Verformungsbild

Der Rahmen im Bild 13.23 weist umgekehrte Steifigkeitsverhältnisse auf. Die Steifigkeit der Riegel ist sehr groß im Vergleich zur Steifigkeit der Stiele, so dass letztere als starr eingespannt in den Riegeln betrachtet werden können. Das gesamte Verformungsbild wird in diesem Fall nur von den Verformungen der Stiele bestimmt. Diese werden von Dehnungen und Stauchungen, infolge der Biegemomente und von Verschiebungen, infolge der Querkräfte, die den vorwiegenden Anteil ausmachen, charakterisiert. Die Verschiebung in der Höhenmitte beträgt in diesem Fall etwa 3/4 der Spitzenverschiebung.

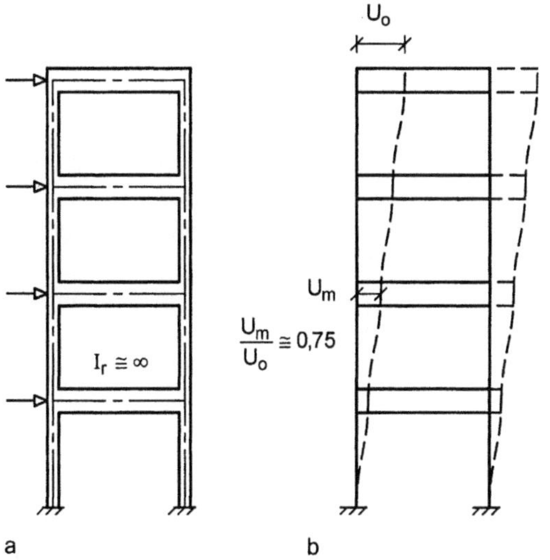

Bild 13.23 Biegesteifer Geschossrahmen mit $I_r \approx \infty$
a) System und Geometrieverhältnisse
b) Verformungsbild

Einen wichtigen Beitrag zur Gesamtsteifigkeit haben die Länge und der Querschnitt der Riegel. Ihre Spannweite ergibt sich aus dem gewählten Stützenraster und ihr Querschnitt in einer ersten Annäherung aus den Vertikallasten der Decken. Bei der Wahl des Stielen-Riegel-Steifigkeitsverhältnisses müssen die Anforderungen für die relativen Geschossverschiebungen beachtet werden. Die Begrenzung der Verschiebungen spielt eine wichtige Rolle, weil diese die Standsicherheit der Rahmen durch sog. P-Δ Effekte gefährden. Unter P-Δ Effekt ist der Bela-

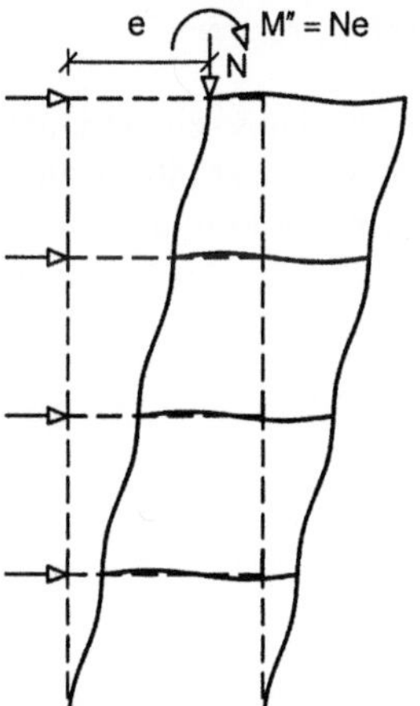

Bild 13.24 Verformungsbild eines biegesteifen Geschossrahmens mit Berücksichtigung des P-Δ Effekts

stungszustand auf den verformten Rahmen zu verstehen, wobei die Verschiebungen zur exzentrischen Beanspruchung der Stiele führen. Die daraus resultierenden Zusatzmomente, die sog. Momente zweiten Grads, müssen bei der Auslegung der Stiele berücksichtigt werden (Bild 13.24).

Erdbebengerecht gestaltete Rahmen, in Bezug auf die Steifigkeit der Stäbe und die Ausbildung der Knoten (Anschlüsse in Stahlbau, Bewehrungsführung in Stahlbetonbau) haben große Tragreserven und können hohe Anforderungen an Duktilität erfüllen. In diesem Zusammenhang stellt die Findung eines optimalen Verhältnisses zwischen Steifigkeit und Tragfähigkeit in Hinblick auf das Standsicherheitskonzept des Systems ein wichtiges Problem dar, in dem Sinne, dass der Grenzzustand unter starken Erdbeben durch Plastifizierungen an den Enden der Riegel erreicht wird. Diese Anforderung kann nur bei Hochhäusern ohne weiteres erfüllt werden, wobei große Stielquerschnitte aus den Vertikallasten notwendig sind (Bild 13.25a). Bilden sich Fließgelenke zuerst in den Stielen, so können plastische Verformungen in einem einzigen Geschoss zum Versagen des Tragwerks führen (Bild 13.25b).

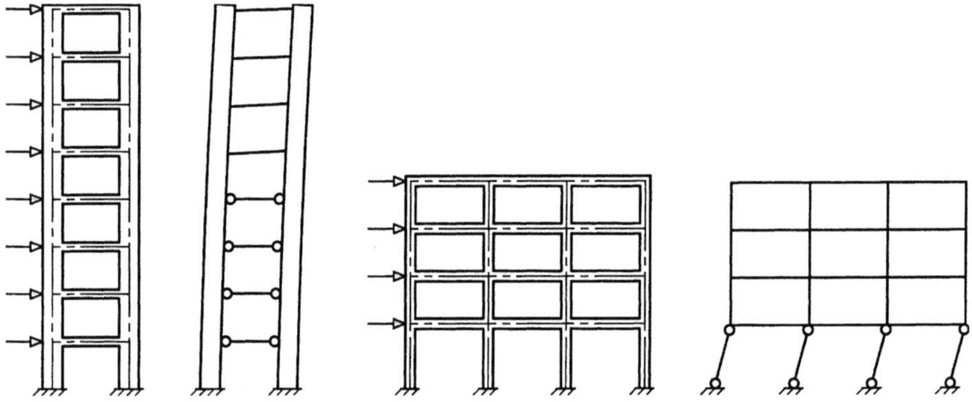

a b

Bild 13.25
a) Günstiger plastischer Mechanismus eines Geschossrahmens
b) Ungünstiger plastischer Geschossmechanismus eines Geschossrahmens

Bei Geschossbauten sind die Steifigkeitsverhältnisse und die Tragfähigkeit der Querschnitte so zu wählen, dass die Fließgelenke zuerst in den Riegel- und dann in den Stützenenden auftreten. Zu diesem Zweck sind die Riegel und die Stiele so zu bemessen, dass für jeden Rahmenknoten die Summe der aufnehmbaren Riegelmomente kleiner, als die Summe der aufnehmbaren Stielmomente ist (Bild 13.26).

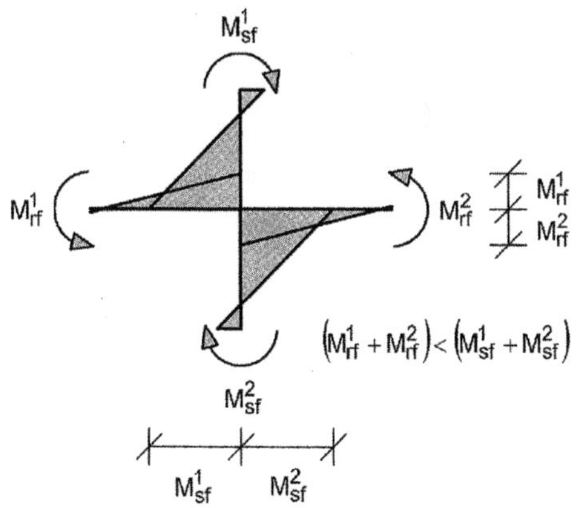

Bild 13.26 Biegemomentenverlauf in Rahmenknoten für Erdbebeneinwirkung

13.2.2.2 Fachwerke

Fachwerke als auskragende Tragelemente werden insbesondere zur Aussteifung von Hochhäusern im Stahlskelett eingesetzt (Bild 13.27a). Sie lassen sich am einfachsten aus Walzprofilen konstruieren, die an den Knoten geschweißt werden. In den sechziger Jahren hat man auch zur Aussteifung von Geschossbauten Stahlbetonfachwerke aus vorgefertigten Elementen im Umfang der Bauwerke verwendet. Diese hatten als Komponente der Fassadengestaltung und des Sonnenschutzes, sowohl eine architektonische, als auch eine tragende Rolle (Bild 13.27b). Im Holzbau treten Fachwerke als reine Aussteifungselemente weniger in Erscheinung auf. Sie sind entweder im Mauerwerk integriert oder beplankt.

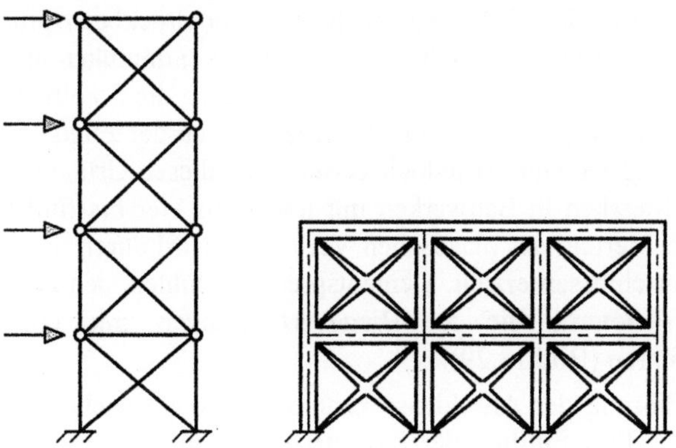

a b

Bild 13.27 Fachwerkstrukturen
a) Fachwerksystem aus X-Diagonalen
b) Konstruktionssystem in Stahlbeton

In mechanischer Hinsicht wird ein Fachwerk dadurch gekennzeichnet, dass die Abtragung der an den Knoten wirkenden Horizontallasten nur durch Druck- und Zugkräfte in den Stäben erfolgt. Die Biegemomente bewirken Axialkräfte in den Stützen (Gurten) und die Querkräfte

Axialkräfte in den Diagonalen. Die Dehnungen und Stauchungen der Stützen addieren sich über die Höhe und bestimmen den Momentenanteil im Verformungsbild. Der Querkraftanteil ergibt sich aus den Axialverformungen der Diagonalen. Schlanke Fachwerke mit starken Diagonalen verformen sich wie Biegebalken und der Beitrag der Querkräfte ist vernachlässigbar (Bild 13.28a). Hingegen ist die Verformung von gedrungenen Fachwerken hauptsächlich von der Querkraft bedingt (Bild 13.28b).

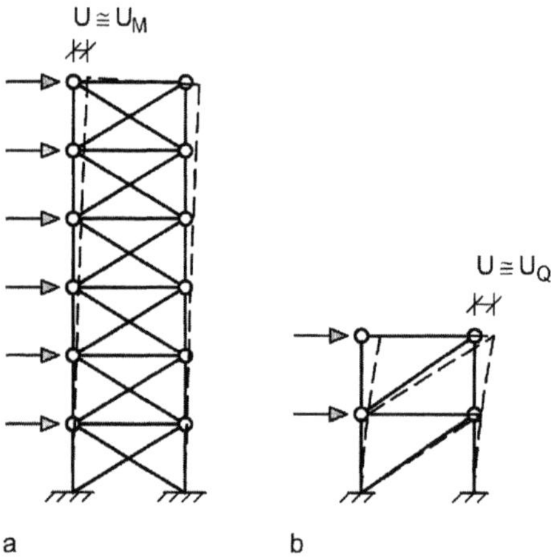

Bild 13.28 Verformungsverhalten von Fachwerken
a) Schlanke Systeme
b) Gedrungene Systeme

Bei einer Aussteifung für Erdbebenbelastung ist eine Auskreuzung der Felder mit reinen Zugdiagonalen nicht zu empfehlen. In jedem Belastungszyklus wird die druckbeanspruchte Diagonale schlaff und bei Änderung der Belastungsrichtung können Diskontinuitäten in der Lastaufnahme entstehen, die zu Stößen führen. Da starke Beanspruchungen die Stabilität der Druckdiagonalen gefährden, beruht die Duktilität nur auf Plastifizierungen der Zugdiagonalen. Das plastische Vermögen dieser Tragelemente ist jedoch gering. Aus diesen Gründen ist der Einsatz von herkömmlichen Fachwerken in Bauwerken mit höchstens vier bis fünf Geschossen begrenzt. Eine deutliche Verbesserung des plastischen Verhaltens wird durch die exzentrische Ausführung der Diagonalenanschlüssen erzielt. Dementsprechend bilden sich an jedem Ende der Streben sog. „Riegel-Knoten", die zu Biegeverformungen mit entsprechenden Plastifizierungen der Riegel führen (Bild 13.29).

Durch die exzentrische Ausführung der Anschlüsse kann auch die elastische Steifigkeit des Fachwerks kontrolliert werden. Den Einfluss der Exzentrizität e auf die Steifigkeit wird im Bild 13.30 deutlich. Als Bezugswert wird die Rahmensteifigkeit ohne Diagonale, gleich eins angenommen ($\frac{e}{l} = 1$), und als Variablen die Verhältnisse $\frac{h}{l}, \frac{e}{l}, \frac{I_r}{I_s}$ festgelegt. Ein feststellbarer Einfluss auf die Steifigkeit ergibt sich schon für das Verhältnis $\frac{e}{l} < 0{,}5$. Für den praktischen Bereich von $\frac{e}{l} = 0{,}5 \div 0{,}25$ wird der Einfluss sehr kräftig.

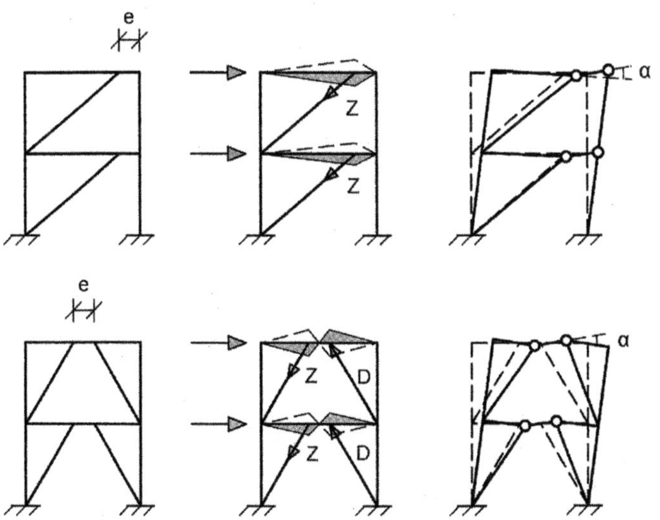

Bild 13.29 Plastische Mechanismen bei exzentrisch ausgesteiften Fachwerken

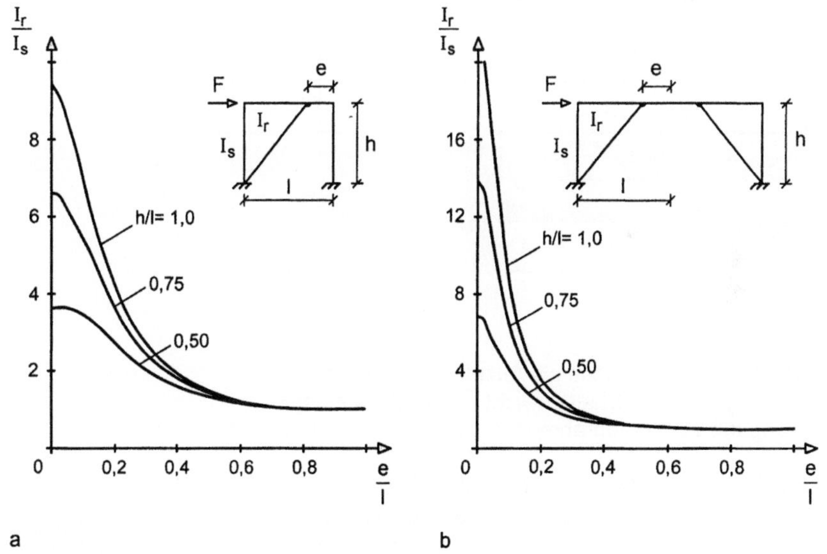

Bild 13.30 Einfluss von exzentrischem Diagonalenanschluss im Fachwerk
a) Exzentrischer Riegel-Knoten am Fachwerk-Knotenbereich
b) Exzentrischer Riegel-Knoten in Riegelmitte

Die Verbesserung des Dämpfungsvermögens der Fachwerke kann durch den Einsatz von mechanischen Dämpfern erreicht werden (siehe Kapitel 15).

13.2.2.3 Wandscheiben

Wandscheiben in Form von Mauerwerkswänden bilden das am meist verbreitete Aussteifungstragwerk für niedrige, herkömmliche Bauwerke, wie Wohnhäuser mit einem bis drei Geschossen. Sie erfüllen sowohl eine tragende, als auch eine raumabschließende Funktion. Da die Zugfestigkeit des Mauerwerks in den Fugen null ist, können Mauerwerkswände nur in Verbindung mit Gewichtslasten Horizontalkräfte aufnehmen (Bild 13.31a). Die Auflast der Wand muss so groß sein, dass die erzeugten Druckspannungen in jeder Fuge größer, als die Zugbiegespannungen, bleiben. Dieser Fall tritt meistens unter Windlasten auf, wenn den Wänden auch eine tragende Rolle für Vertikallasten zugewiesen wird. Aufgrund des Mangels an Elastizität und Plastifizierungsvermögen sind die Mauerwerkswände für dynamische Lasten ungeeignet. Sie erfahren keine Schwingungen, die Bewegung wird durch Reibung in den Fugen und die Ausbildung von Rissen gedämpft. Bei starken Bewegungen tritt das Versagen der Wände auf. Für den Einsatz in erdbebengefährdeten Bauwerken müssen die Wände mit Stahlbetongurten eingefasst werden (Bild 13.31b).

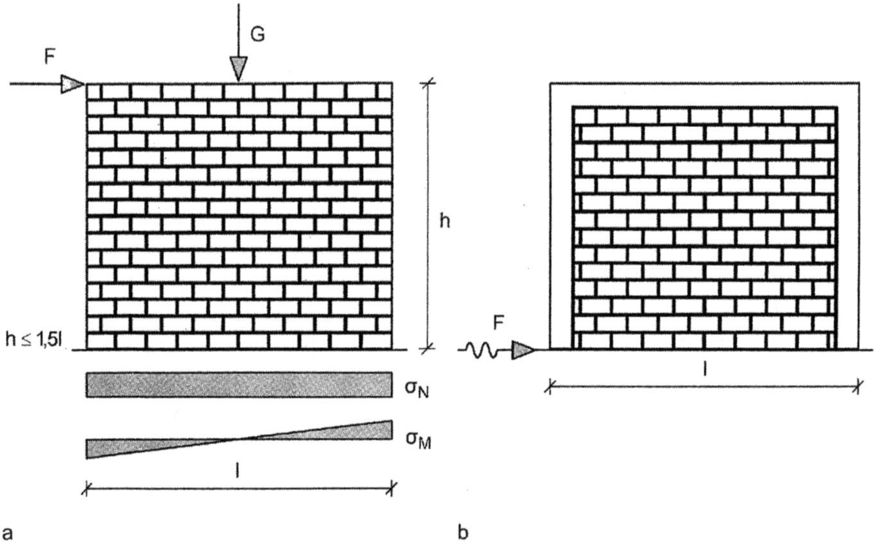

Bild 13.31 Mauerwerkswände als Aussteifungssystem
a) Vorspannung aus dem Eigengewicht für Windbelastung
b) Einfassung mit Stahlbetonrahmen für Erdbebenbelastung

Zur Aussteifung von Holzbauwerken können Wandscheiben aus Holz eingesetzt werden. Diese werden in Massivbauweise aus verleimtem Schnittholz oder durch Beplankung von Holzrahmen aus Wandtafeln ausgebildet (Bild 13.32). Die Abtragung der Horizontallasten von Wandtafeln erfolgt in ähnlicher Weise, wie bei den Fachwerken. Die Beplankung ist zu dünn um Druckkräfte aufnehmen zu können und unter zyklischer Belastung bilden sich immer Dreiecke mit Zugdiagonalen aus Beplankungsstreifen. Diese müssen entsprechend an den Rahmenecken befestigt werden. Wichtig sind auch die Details der Verankerung der Tafel an den Fundamenten und untereinander.

Geschossbauten und Hochhäuser werden vorwiegend mit Stahlbetonwandscheiben ausgesteift. Nach dem Verhältnis Höhe zu Breite können drei Kategorien von Wandscheiben definiert werden, die sich hauptsächlich durch ihre Steifigkeit und ihr Verformungsverhalten unterscheiden (Bild 13.33).

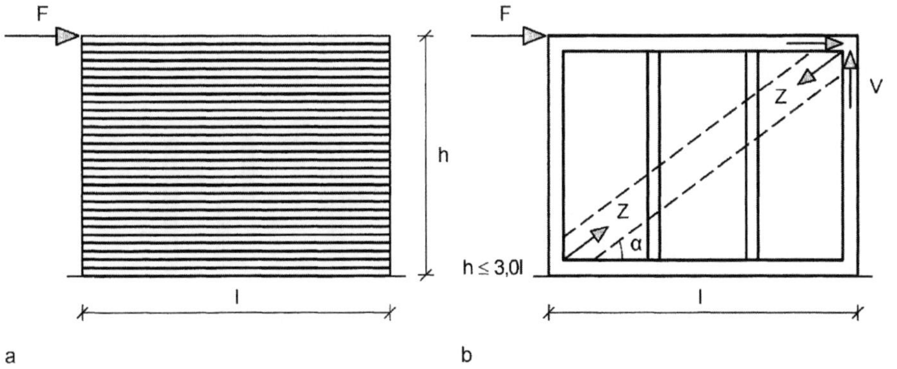

Bild 13.32 Holzwände als Aussteifungssystem
a) Verleimtes Schnittholz
b) Wandholztafel für Holzrahmen

- Schlanke Biegewandscheiben, $\frac{h}{l} \cong 5-6$
- Steife Biegewandscheiben, $\frac{h}{l} \cong 3$
- Gedrungene Wandscheiben, $\frac{h}{l} < 1,5$

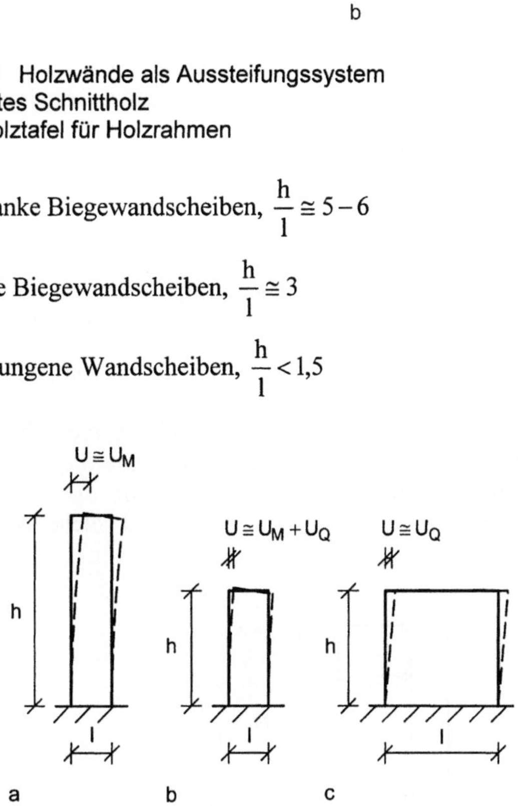

Bild 13.33 Klassifizierung von Wandscheiben nach der Steifigkeit und dem Verformungsverhalten
a) Schlanke biegeweiche Wandscheibe
b) Steife biegeweiche Wandscheibe
c) Gedrungene Wandscheibe

Schlanke Wände verhalten sich wie Biegeträger, wobei der Einfluss der Querkräfte auf die Verformung gering ist. Gedrungene Wände werden hingegen durch eine schubspezifische Verformungslinie gekennzeichnet. Zwischen den zwei Typen befinden sich die Wandscheiben mit mittlerer Steifigkeit und gemischter Verformungslinie. In Hinblick auf das Erdbebenverhalten erweisen sich Wandscheiben als sehr zuverlässig, wenn sie durch konstruktive Maßnahmen duktilisiert werden, und das Ausknicken der Ränder durch entsprechende Ausbildung der Querschnitte verhindert wird (Bild 13.34).

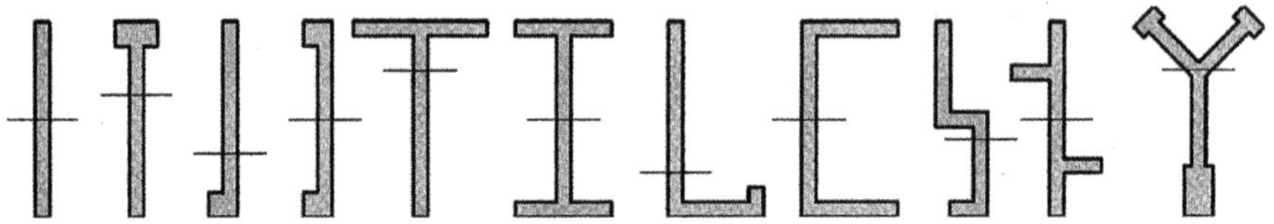

Bild 13.34 Typische Querschnittsformen von Stahlbetonwandscheiben

Öfters sind Wandscheiben innerhalb eines Tragwerks zusammengekoppelt. Somit entstehen zusammengesetzte Wandscheibensysteme (gegliederte Wandscheiben) mit einem Verformungsverhalten, das von der Steifigkeit der Verbindungselemente abhängt. Grundsätzlich kann es nach folgenden drei Fällen unterschieden werden.

- Biegeweiche Kopplungselemente
- Schubfeste Verbindungen
- Biegesteife Verbindungen

Biegeweiche Kopplungselemente entstehen, wenn die Biegesteifigkeit der Stürzenverbindungen gering ist oder bei sturzenfreien, schlanken Decken, wenn das Verhältnis der Länge der Kopplungselemente zur kleinsten Wandscheibenbreite, $\frac{l_r}{l_w}$, größer als zwei ist (Bild 13.35). In diesem Fall können die Verbindungen durch axialsteife Pendel ersetzt werden, die dafür sorgen, dass die Verformungen der zwei Wandscheiben gleich bleiben. Die Steifigkeit des Systems lässt sich als Summe der einzelnen Steifigkeiten errechnen und die Verteilung der Schnittgrößen erfolgt entsprechend den eigenen Steifigkeiten. Man nennt solche Systeme auch Scheiben mit großen Öffnungen.

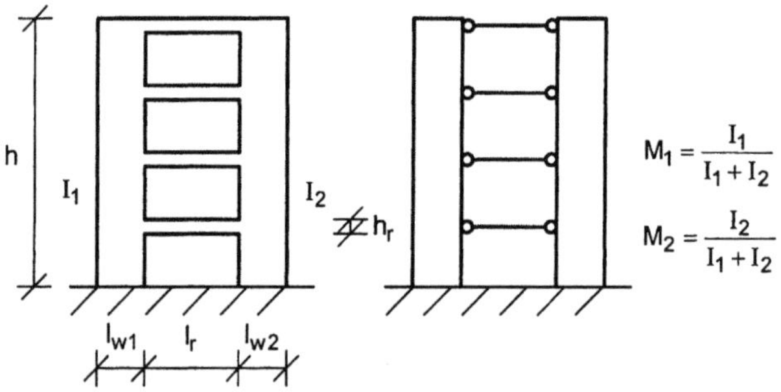

Bild 13.35 Gekoppelte Wandscheiben mit biegeweichen Anschlusselementen

Schubfeste Verbindungen kommen dann vor, wenn die Verbindungselemente geometrische Abmessungen aufweisen, die einem Schubbalken entsprechen, $\frac{l_r}{h_r} \approx 1$ (Bild 13.36). Wandscheiben gekoppelt mit schubfesten Verbindungen, auch Wandscheiben mit kleinen Öffnungen genannt, verhalten sich wie eine äquivalente volle Scheibe, da die Verbindungen eine steife Verdübelung der zwei Wände sichern. Dabei müssen die Verbindungen für die Geschossschubkräfte ausgelegt werden.

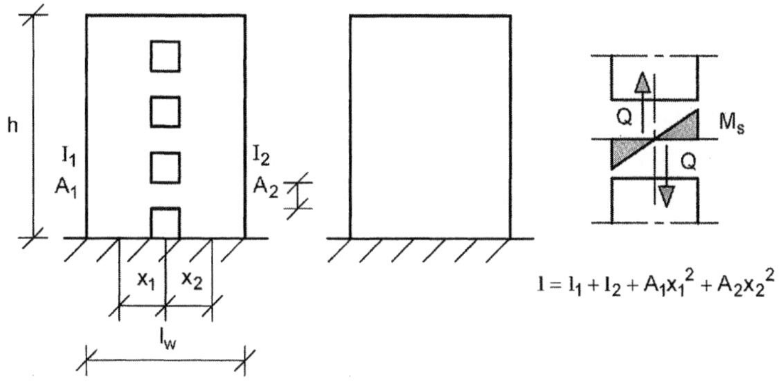

Bild 13.36 Gekoppelte Wandscheiben mit schubfesten Verbindungen

Biegesteife Verbindungen sind charakteristisch für Kopplungselemente, deren geometrische Verhältnisse denjenigen von Biegeträgern entsprechen, $\frac{l_r}{h_r} \approx \begin{cases} > 1{,}5 \\ < 5{,}0 \end{cases}$ (Bild 13.37). Das Verhalten von gegliederten Wandscheiben mit biegesteifen Verbindungen ähnelt dem Verhalten von Rahmen mit breiten Stielen. In Hinblick auf das plastische Verhalten unter starken Horizontalbeanspruchungen weisen Wandscheiben mit biegesteifen Anschlüssen bessere Verhältnisse auf. Sie haben große Tragreserven und bilden bei geeigneter Bewehrung günstige Fließgelenkmechanismen.

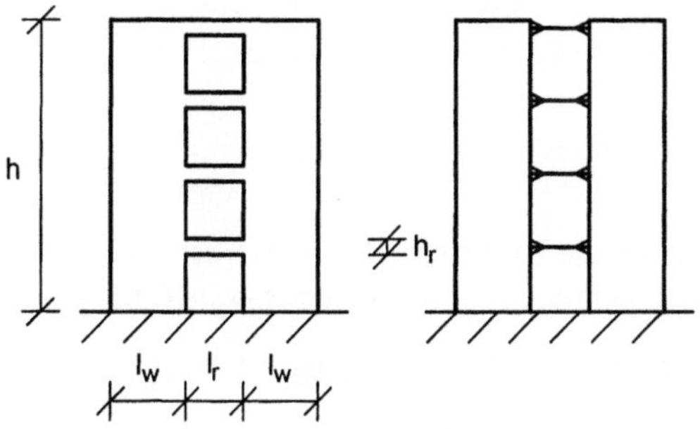

Bild 13.37 Gekoppelte Wandscheiben mit biegesteifen Verbindungen

13.2.2.4 Kerne

Kerne sind räumliche Aussteifungselemente, die aus der Kopplung von rechtwinklig zueinander stehenden Wandscheiben resultieren. Im Stahlbau können Kerne aus gekoppelten Fachwerken ausgebildet werden. Es wird vorausgesetzt, dass entlang der Kanten der einzelnen Tragebenen schubfeste Verbindungen vorliegen. Diese Annahme führt dazu, dass sich der gesamte Kernquerschnitt zur Aufnahme der Horizontallasten beteiligt. Das Tragverhalten der

Kerne unter Horizontallasten entspricht dem Verhalten eines auskragenden, dünnwandigen Biegeträgers mit geschlossenem Querschnitt. Sie weisen eine räumliche Steifigkeit und Stabilität auf und sind sehr gering schadensanfällig.

Ein sehr wichtiges Merkmal von Kernen ist ihre Torsionssteifigkeit. Diese ergibt sich aus ihrer kastenartigen Gestaltung mit geschlossenem Querschnitt, der aufgrund der aussteifenden Wirkung der Deckenscheiben während der Drehungen unverformt bleibt (Bild 13.38). Die Aufnahme der Torsionsmomente M_t erfolgt durch Schubkräftepaare in den Tragebenen, $M_t = Ha + Vb$. Dementsprechend steigt die Torsionssteifigkeit mit der Vergrößerung der Querschnittsabmessungen. In dieser Hinsicht ist es empfehlenswert, den Kernquerschnitt symmetrisch zu gestalten.

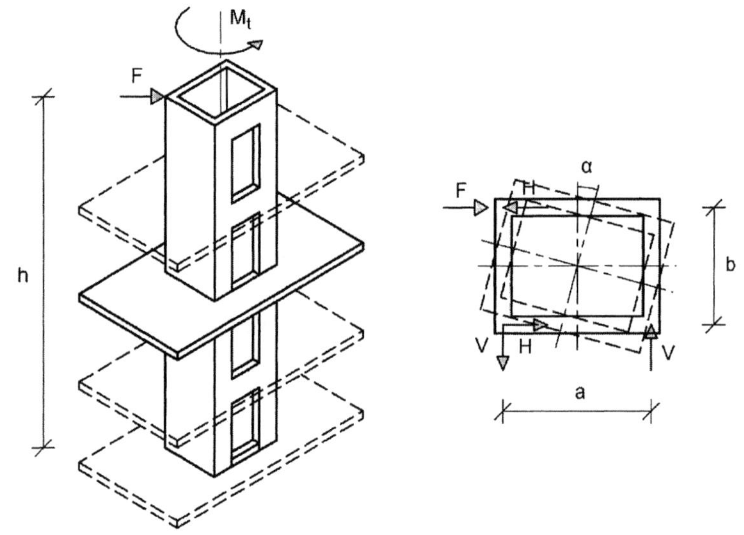

Bild 13.38 Kern aus Wandscheiben

Unter dynamisch wirkenden Lasten weisen die Kerne ein günstiges Verformungsverhalten auf. Zur Duktilisierung gelten die gleichen Regel, wie bei den ebenen Aussteifungstragwerken.

13.2.2.5 Gemischte Rahmen-Wandscheiben Systeme

In der Praxis werden öfters zur Erhöhung der Steifigkeit von Skelettbauten, Wandscheiben eingesetzt. Das gemischte Aussteifungssystem bewirkt insbesondere bei Hochhäusern ein günstiges Tragverformungsverhalten. Der Mechanismus von Rahmen-Wandscheiben Systemen gründet sich darauf, dass durch die starren Deckenscheiben gemeinsame Verschiebungen unter Horizontalbeanspruchung und eine entsprechende innere Umverteilung der Beanspruchungen erzwungen werden (Bild 13.39). Während die in der Regel schubweichen Rahmen im oberen Bereich die biegeweiche Wandscheibe stützen, werden diese Stützkräfte im unteren Bereich nahezu vollständig wieder an die steifere Wandscheibe abgegeben. Dementsprechend teilen sich die Biegemomente und Querkräfte auf die Rahmen und Wandscheiben auf. Im oberen Bereich wird die Biegebeanspruchung der Wandscheibe durch die Mitwirkung der Rahmen reduziert, im unteren Bereich wird praktisch die gesamte Querkraft von der Wandscheibe übernommen.

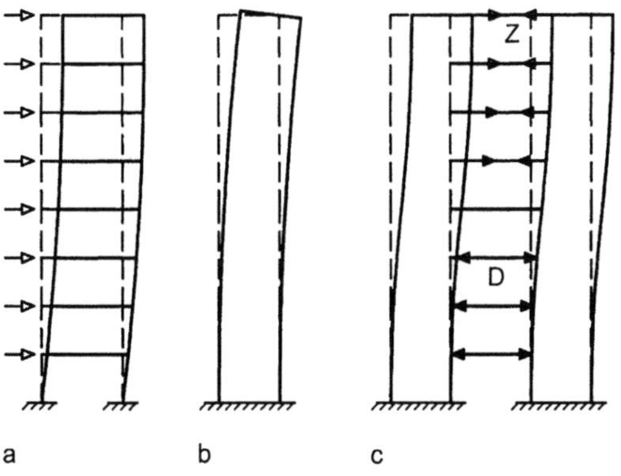

Bild 13.39 Wechselwirkung Rahmen - Wandscheibe
a) Verformungsverhalten der Rahmen
b) Verformungsverhalten der Wandscheibe
c) Verformungsverhalten des gemischten Systems

Bei starker Erdbebenbeanspruchung werden die Geschossverschiebungen durch diese Wechselwirkung in Grenzen gehalten. Die Wandscheiben sichern die Vermeidung von ungeeigneten Geschossmechanismen infolge von Plastifizierung der Stiele.

13.2.3 Anordnung von Aussteifungen im Grundriss

In der Regel wird die Deckenlast als gleichmäßig über die Grundrissfläche verteilt, angenommen. Dementsprechend wirkt ihre Resultierende im Massenschwerpunkt M, der identisch mit dem Flächenschwerpunkt ist. Da die Erdbebenkräfte Massenkräfte sind, greifen ihre Resultierenden immer im Massenschwerpunkt. Wie aus den folgenden Beispielen zu ersehen ist, muss dieses Sachverhalt bei der Wahl und Anordnung der Aussteifungssysteme im Grundriss berücksichtigt werden.

Das Bild 13.40 zeigt ein einfaches Tragwerk, das aus einer rechteckigen Geschossdecke, einer Wandscheibe und zwei biegsamen Stützen besteht. Die am Massenschwerpunkt angreifende Erdbebenlast wird von der Wandscheibe aufgenommen und erzeugt um ihre Vertikalachse ein Torsionsmoment $M_t = He$. Der Punkt, wonach die Wandachse die Decke trifft, ist der sog. Steifigkeitsmittelpunkt S (siehe auch Abschnitt 6.4). Ändern sich die Steifigkeitsverhältnisse, so dass in der Achse 1 die Stützen und in der Achse 2 die Wandscheibe angeordnet werden, wandert der Steifigkeitsmittelpunkt in die Achse 2. Das Aussteifungssystem im Bild 13.40 ist nicht brauchbar, da die Wand nicht torsionssteif ist.

Im Tragwerk vom Bild 13.41 sind die zwei Stützen durch eine Wandscheibe W_2 mit der gleichen Steifigkeit wie die Wandscheibe W_1 ersetzt, $I_1 = I_2$. Aufgrund der Symmetrieverhältnisse befindet sich der Steifigkeitsmittelpunkt in gleicher Entfernung von beiden Wandscheiben, so dass er mit dem Massenschwerpunkt M übereinstimmt. Dementsprechend stellt sich ein

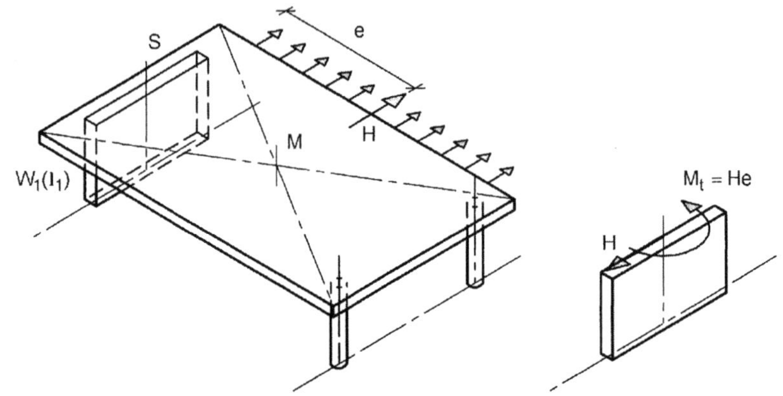

Bild 13.40 Kraftverhältnisse in einem Geschosstragwerk

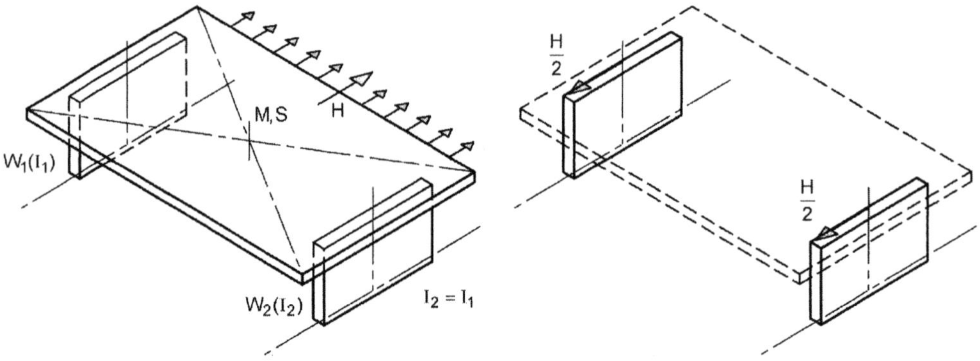

Bild 13.41 Kraftverhältnisse in einem symmetrischen Geschosstragwerk

symmetrischer Gleichgewichtszustand ein, so dass das Tragwerk nur Translationsverformungen erfährt.

Gestaltet man die Wandscheibe W_2 weniger steif, als W_1, so wandert der Steifigkeitsmittelpunkt von der Mitte in die Richtung der Wand W_1. Je größer das Verhältnis $\frac{I_1}{I_2}$ ist, desto größer ist die Abweichung zwischen Steifigkeitsmittelpunkt und Massenschwerpunkt (Exzentrizität) und das Torsionsmoment (Bild 13.42).

Weitet man diese Betrachtungen auch auf die zweite Symmetrieachse aus, so ergibt sich die ideale Anordnung von einem Paar gleichwertiger Aussteifungstragwerke in jeder Hauptrichtung (Bild 13.43). Somit stimmen der Massenschwerpunkt und der Steifigkeitsmittelpunkt überein und es entstehen keine Torsionsmomente.

Vorausgesetzt, dass die Decke eine entsprechend ausreichende Scheibenwirkung aufweist, kann im Extremfall eine räumliche Aussteifung auch mit nur drei Wandscheiben, deren Wirkungslinien sich nicht in einem Punkt kreuzen, erreicht werden (Bild 13.44). Diese Anordnung ist nur für Einwirkungen in y-Richtung günstig. Die Einwirkung in x-Richtung bewirkt ein Torsionsmoment um die Wandscheibe W_2, $M_t = H_2 e$, das von den querstehenden Wänden

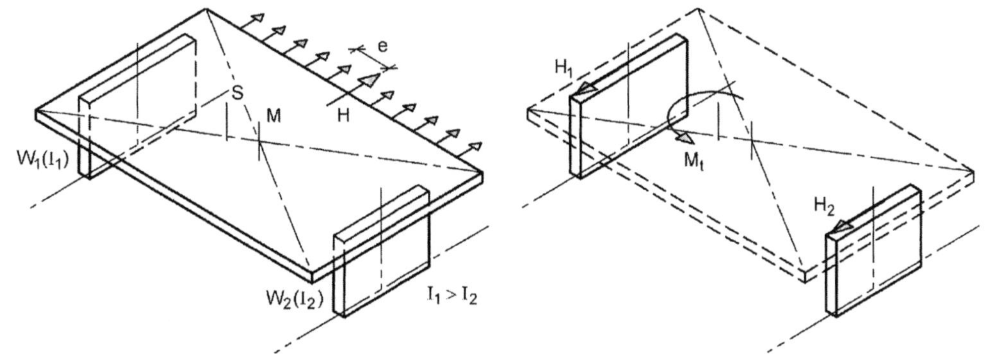

Bild 13.42 Kraftverhältnisse in einem symmetrischen Geschosstragwerk mit unterschiedlichen Steifigkeiten der Aussteifungstragwerke

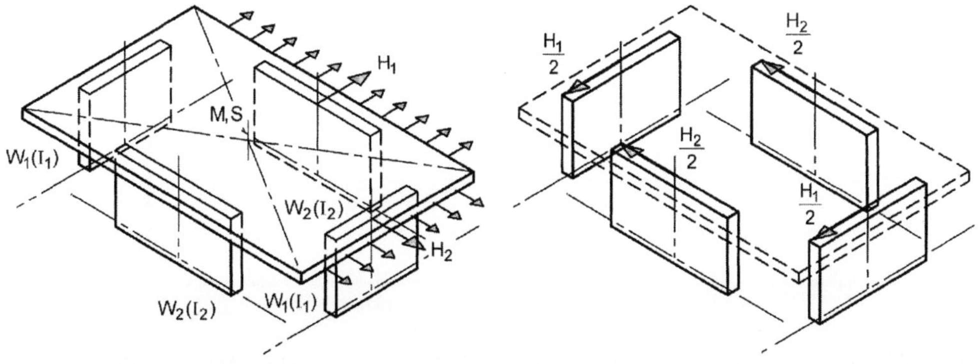

Bild 13.43 Symmetrisches räumliches Geschosstragwerk

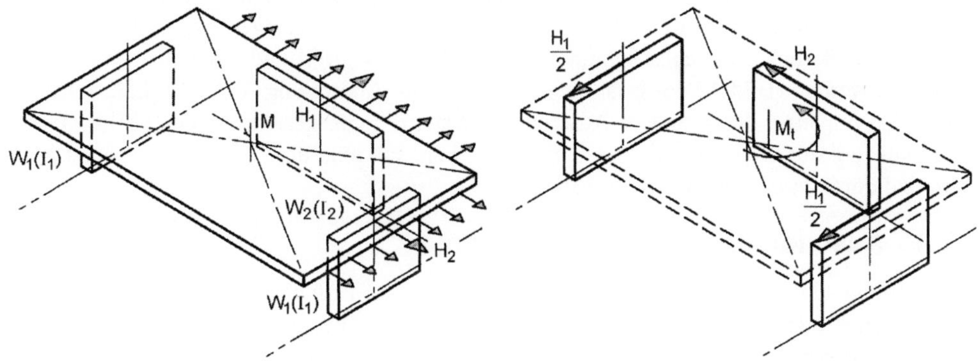

Bild 13.44 Kraftverhältnisse in einem unsymmetrischen räumlichen Geschosstragwerk

W_1 über ein Kräftepaar $\pm\frac{M_t}{e}$ aufgenommen wird. Diese Anordnung kann, bedingt durch die Bauwerkshöhe für Windkräfte angenommen werden, ist aber für erdbebengefährdete Bauwerke nicht geeignet.

Im Gegensatz zu schlanken Hochhäusern, bei denen keine Abweichungen in der Tragwerksymmetrie toleriert werden, dürfen gedrungene Bauwerke (Höhe zu Breite < 1,5) eine gewisse Asymmetrie in der Gestaltung des Tragwerks aufweisen. Führt die Anordnung von Aussteifungstragwerken zu Abweichungen zwischen dem Steifigkeitsmittelpunkt und dem Massenschwerpunkt in jedem Geschoss, die kleiner als 10 % sind, dürfen gemäß EC 8 die Beanspruchungen aus Torsionsmomenten nach einem vereinfachten Verfahren gerechnet werden (siehe Abschnitt 12.2.1.1). Anderenfalls müssen die Torsionsschwingungen im Rahmen einer räumlichen dynamischen Analyse berücksichtigt werden.

Im Allgemeinen treten auch bei symmetrischen Bauwerken infolge der ungleichmäßigen Verteilung der Vertikallasten ungewollte Exzentrizitäten auf, die Torsionsmomente hervorrufen. Daraus ergibt sich als wichtige Anforderung an das Tragwerk die Torsionssteifigkeit. Diese wird dadurch erzielt, dass die wichtigsten Aussteifungselemente möglichst nahe an den Bauwerksrändern angeordnet werden (Bild 13.45). Je größer die Abstände zwischen den Aussteifungen sind, desto kleiner werden die Schubkräfte aus Torsion.

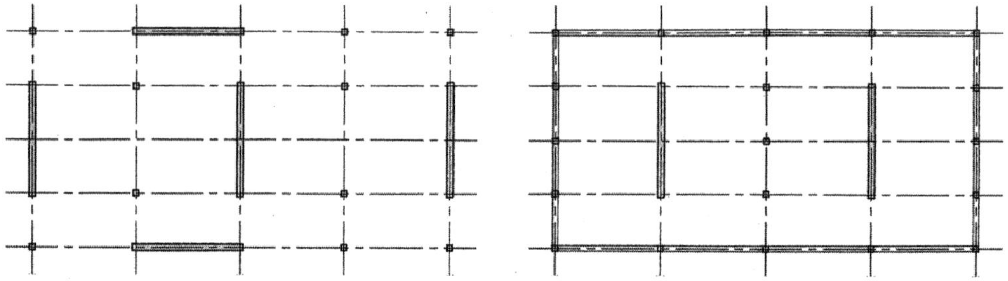

Bild 13.45 Anordnung von Aussteifungselementen im Grundriss mit Auswirkung auf die Torsionssteifigkeit

Bei Verwendung von Kernen zur Aussteifung der Bauwerke ist ihre Anordnung außerhalb des Grundrisses ungünstig, da hohe Beanspruchungen entlang einer einzigen Kernseite übertragen werden (Bild 13.46a). Deswegen sollten die Kerne ganz integriert und möglichst symmetrisch angeordnet werden (Bild 13.46b). Ist eine symmetrische Anordnung nicht möglich, muss die Steifigkeitssymmetrie durch andere Aussteifungssysteme sichergestellt werden (Bild 13.46c). Ist dies aus funktionsbedingten Gründen nicht gegeben, soll man die Kerne entsprechend gruppieren und durch Fugen trennen (Bild 13.46d).

13.2.4 Ausbildung von Bauwerksecken

Die ausspringenden Bauwerksecken weisen in Hinblick auf Erdbebenbeanspruchungen einige Besonderheiten auf. Im Bild 13.47 wird ein quadratischer Grundriss gezeigt, der mit einem Kern und vier ebenen biegesteifen Rahmen ausgesteift ist, die mittig im Umfang des Bauwerks angeordnet sind. Wirkt ein Erdbeben in Diagonalrichtung, so werden alle vier Rahmen gleich belastet. Aufgrund der Diagonalsymmetrie sind die Axialverformungen an den Ecken der jeweils zwei orthogonal stehenden Aussteifungstragwerke gleich groß, d. h. die Verformungen sind miteinander kompatibel. Die vom Biegemoment verursachten Druckspannungen in den Eckstützen sind aber unterschiedlich groß, da das Moment nur von zwei der insgesamt vier Eckstützen aufgenommen wird. Deswegen wird eine konservative Bemessung dieser Stützen

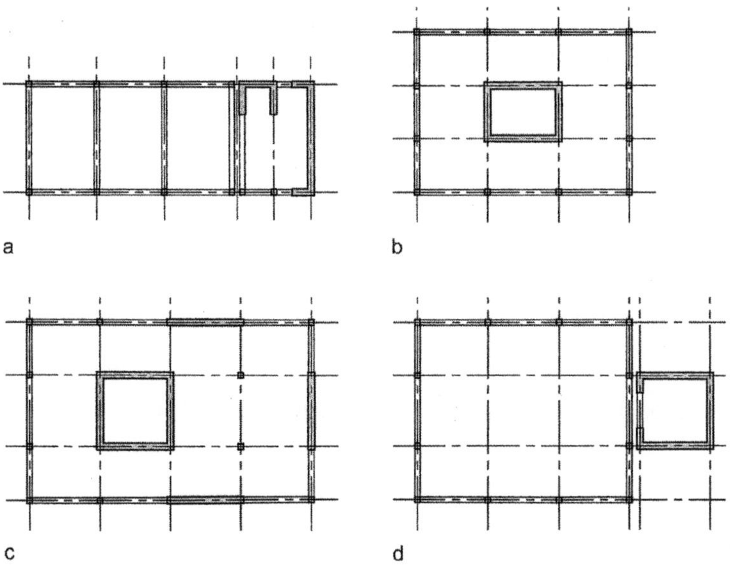

Bild 13.46 Anordnung von Kernen im Grundriss
a) Ungünstige Anordnung außerhalb des Grundrisses
b) Symmetrische Anordnung innerhalb des Grundrisses
c) Unsymmetrische Anordnung in Kombination mit ebenen Aussteifungssystemen
d) Trennung durch Fugen

empfohlen. Greift das Erdbeben entlang einer Hauptachse, sind die Verformungen der zwei an den Ecken angeschlossenen Aussteifungstragwerken nicht mehr kompatibel.

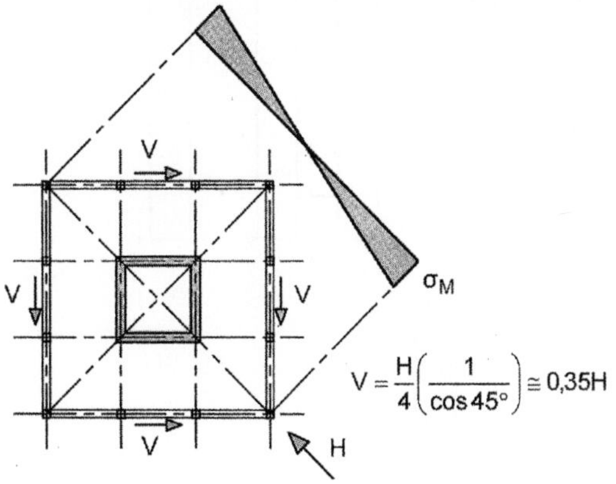

Bild 13.47 Spannungsverteilung in den Traggliedern eines symmetrischen Tragwerks

Eine solche Inkompatibilität der Eckverformungen kann insbesondere bei Bauwerken mit sog. weichen Ecken zu Problemen führen. Weiche Ecken enthalten keine vertikalen Tragelemente, sondern sie werden aus einer Kreuzung von Balken als Loggiabrüstungen oder Deckenstürzen gebildet. Diese Elemente sind bei unterschiedlichen Bewegungen empfindlich und können leicht beschädigt werden. Wenn die Ecken aus zwei sich kreuzenden Wandscheiben bestehen, dann führt die schubfeste Verbindung bei der Aufnahme der Biegemomente zu einer günstigen Mitwirkung der zwei Wände (Bild 13.48).

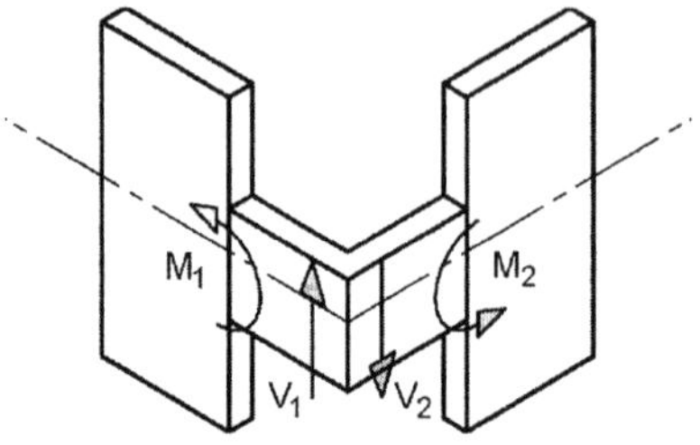

Bild 13.48 Ausbildung der Bauwerksecke mit schubfesten Verbindungen

13.2.5 Steifigkeitsverteilung über die Höhe

Ein Tragwerk, dessen aussteifende Elemente längs der Bauwerkshöhe gleich bleiben oder nach oben gleichmäßig abnehmen, wird als regelmäßig bezeichnet (Bild 13.49a). Die Regelmäßigkeit des Aussteifungssystems wirkt sich günstig auf das Erdbebenverhalten aus, da eine sprunghafte Änderung der Steifigkeit zur Entstehung von schwachen Stellen führen würde (Bild 13.49b). Ein regelmäßiges Tragwerk ist durch eine gerade vertikale Steifigkeitsachse gekennzeichnet. Die Steifigkeitsachse wird durch die Steifigkeitsmittelpunkte aller Geschosse definiert. Ändert sich die Steifigkeit in einem Geschoss, so weist die Achse an dieser Stelle ein Knick aus.

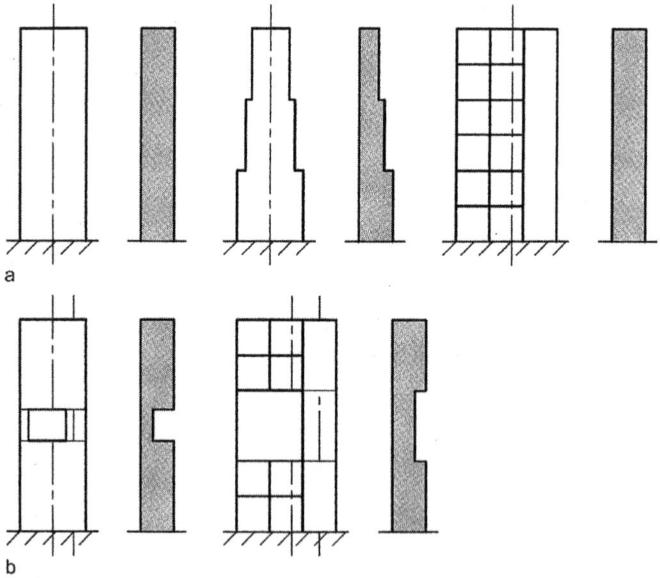

Bild 13.49 Steifigkeitsverteilung über die Höhe
a) Regelmäßige Bauwerke
b) Unregelmäßige Bauwerke

Geringe Änderungen in der Steifigkeit einzelner Tragelemente bis zu etwa 30 % können bei geeigneter konstruktiver Ausbildung toleriert werden, da aus der Horizontalbelastung eine Umlagerung der Schnittkräfte innerhalb des Systems stattfindet. Größere Sprünge in der Steifigkeit stellen sog. weiche Geschosse dar. Diese wirken wie Sollbruchstellen, an denen sich die Verformungen des gesamten Tragwerks konzentrieren (Bild 13.50). Ein Versagen an diesen Stellen kann dann zum Einsturz des Bauwerks führen. Obwohl diese Situation grundsätzlich in allen Geschossbereichen auftreten kann, ist dieses Problem im Erdgeschoß infolge der maximalen Erdbebenbeanspruchung am kritischsten, zumal im Eingangsbereich oft eine erheblich größere Geschosshöhe vorgesehen ist [13.5]. So haben in der Vergangenheit Geschossbauten mit Wandscheiben in den oberen Geschossen und Stützen im Erdgeschoss katastrophale Schäden erlitten (San Fernando 1971, Montenegro 1977, El-Centro Erdbeben 1981).

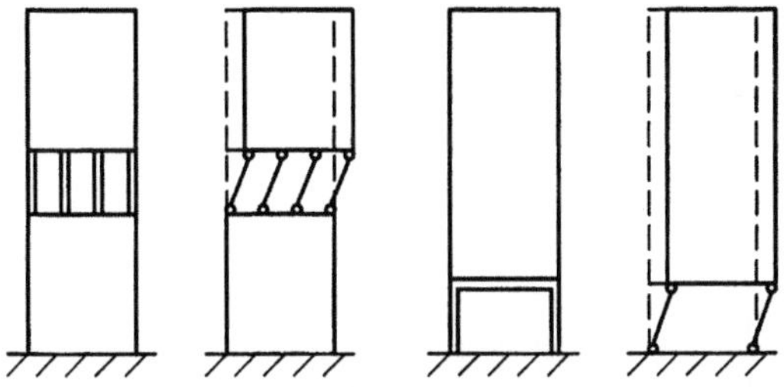

Bild 13.50 Ungünstige Steifigkeitsverteilung über die Höhe und Tragverformungsverhalten

Konstruktive Lösungsvorschläge zu dieser Problematik sind in Bild 13.51 enthalten.

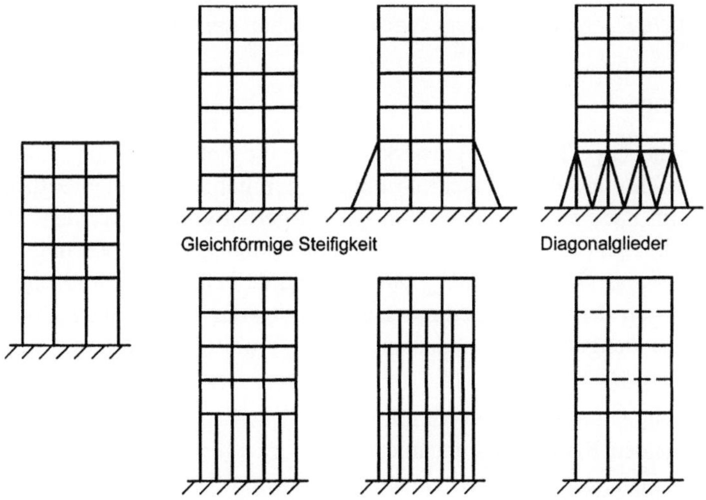

Bild 13.51 Tragwerksentwicklung zur Vermeidung eines weichen Erdgeschossbereichs [13.4]

Unterschiedliche Steifigkeiten der Aussteifungselemente in einzelnen Geschossen können zu weiteren beträchtlichen Schäden führen. Bei einer Aussteifung mit Rahmen kann es z. B. vorkommen, dass sich in einem Geschoss Stiele mit gleichem Querschnitt aber unterschiedlicher Höhe ergeben (Bild 13.52). In diesem Fall erhalten die kürzeren Stiele einen relativ größeren Anteil der Horizontallasten. Dies ist darauf zurückzuführen, dass die Verteilung der Lasten gemäß der Steifigkeit der Tragelemente erfolgt, die von der dritten Potenz der Höhe abhängt. Ist ein Stiel nur halb so hoch wie der andere, beträgt seine Steifigkeit

$$K_{s2}(h/2) = \frac{3EI}{\left(\frac{h}{2}\right)^3} = 8\frac{3EI}{h^3} = 8K_{s1}(h)$$

und die Horizontalkräfte sind

$$H_1 = \frac{8K_{s1}(h)h}{K_{s1}(h) + 8K_{s1}(h)} = \frac{8}{9}h$$

$$H_2 = \frac{1}{9}h$$

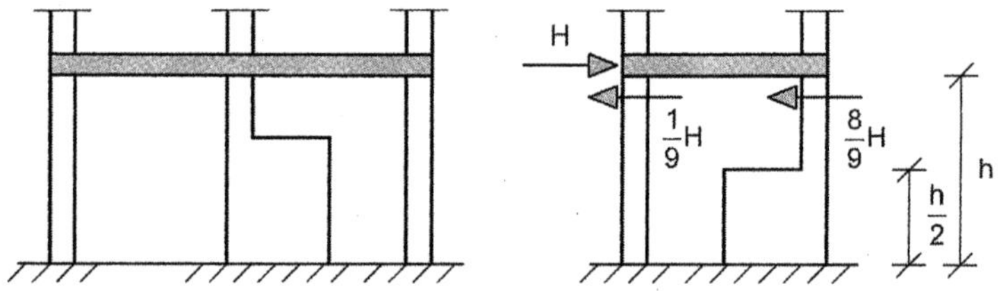

Bild 13.52 Biegesteife Rahmen mit unterschiedlichen Höhen der Stiele

13.2.6 Gründung

Der Standort von erdbebengefährdeten Bauwerken, sowie die Natur des Baugrundes, sind so zu wählen, dass die Gefährdung durch Hangrutschungen, Grundbruch, Bodenverflüssigung und starke Verdichtung im Falle eines Erdbebens möglichst gering gehalten werden. Darüber hinaus sind die Bauwerke nicht in unmittelbarer Nähe von tektonischen Verwerfungen zu errichten. Im Allgemeinen muss vor der Planung, um gravierende Fehler bei der Gründung zu vermeiden, unabhängig von der Bauwerksklasse eine geologische Bodenuntersuchung erfolgen. Die Ergebnisse des Bodengutachtens sind dann für die Wahl und Gestaltung der Gründung maßgebend.

Da die Bodenbewegungen auf das Bauwerk mittels der Gründung übertragen werden, sind die im Erdreich zu planenden Bauteile – Fundamente und Untergeschoss – so zu gestalten, dass sich der Oberbau als Ganzes bewegt und einheitlich schwingt. Um diesen Anforderungen gerecht zu werden, sollen die gleichen Regeln in Hinsicht auf die Symmetrie, Gleichmäßigkeit und Aussteifung auch für den unteren Bereich beachtet werden, wie bei der Gestaltung des Oberbaus.

Bei Skelettbauwerken sind alle Einzelfundamente gleich tief zu gründen und miteinander mit zug- und druckfesten Betonbalken zu verbinden. Teilunterkellerungen mit unterschiedlicher Gründungstiefe sind weitgehend zu vermeiden. Es ist eine Unterteilung des Baukörpers in einheitlichen Teilbereichen durch Setzungsfugen anzustreben. Sind bei größeren Bauwerksabschnitten unterschiedliche Gründungstiefen unvermeidbar und eine Trennung durch Fugen nicht vollziehbar, so ist das Untergeschoss kastenartig auszubilden und biegesteif mit scheibenartig ausgebildeten Fundamentabtreppungen mit den Fundamenten der anderen Bereiche zu verbinden (Bild 13.53).

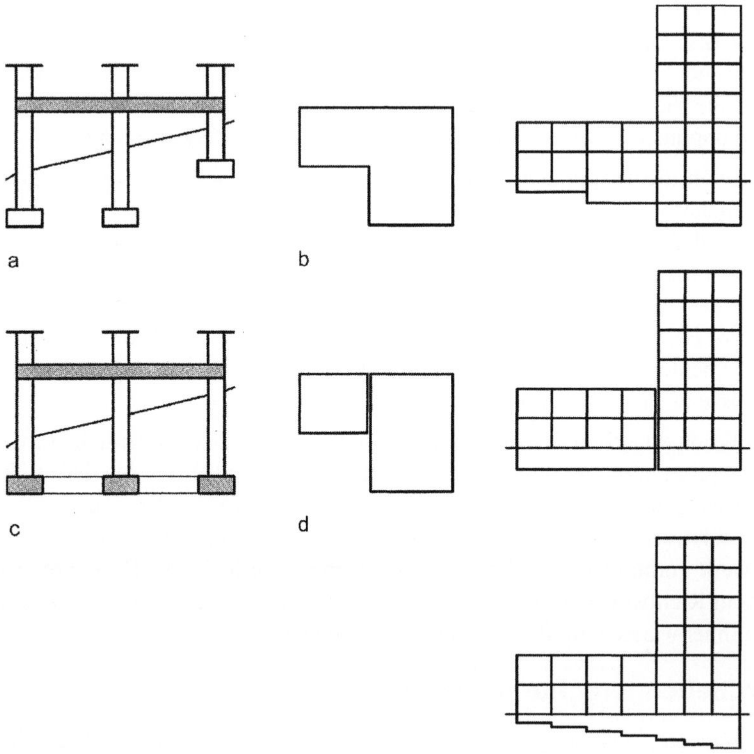

Bild 13.53 Gründung und Untergeschossbereich
a,b) Ungünstige Gestaltung
c,d) Günstige Gestaltung

Die Gründung soll unter starker Erdbebenbeanspruchung ein ausschließlich elastisches Verhalten besitzen. Eventuelle Fundamentschäden, die ohnehin aus Identifizierungs- und Zugänglichkeitsgründen nicht oder sehr schwer zu reparieren sind, würden nämlich zu einem unübersichtlichen Verhalten des gesamten Bauwerks führen.

13.3 Nichttragende Bauteile

Die Tragwerksverformungen und insbesondere die relativen Geschossverschiebungen haben speziell bei elastischen Bauwerken ($T > 0,5$ s) erhebliche Auswirkungen auf nichttragende Elemente und können von diesen auch beeinflusst werden. Solche Elemente mit einer wesentlichen Steifigkeit, wie nichttragende Innenwände, Fassadenbauteile, Ausbauelemente usw., können mit dem Tragwerk fest verbunden, oder durch flexible Fugen vom Tragwerk abgetrennt werden.

Nichttragende Bauteile haben einen Einfluss auf die dynamischen Eigenschaften des Tragwerks und die resultierende Antwort vor allem dann, wenn sie steif mit dem Tragwerk verbunden sind. In solchen Fällen kann ein großer Teil der Bewegungsenergie von den nichttragenden Elementen und von ihren Verbindungsgliedern aufgenommen werden. Steife Verbindungen bewirken eine Zunahme der Systemsteifigkeit und der gesamten Dämpfungskapazität, eine Änderung der relativen Lastverteilung auf die Tragelemente und beträchtliche Torsionsmomente, besonders dann, wenn die nichttragenden Bauteile die Symmetrie und Regelmäßigkeit des Tragwerks stören. Wird dies bei der Tragwerksauslegung nicht berücksichtigt, sind die in der dynamischen Berechnung angenommenen Charakteristika des Tragwerks nicht mehr realistisch und die Steifigkeitsverhältnisse nicht mehr kontrollierbar. Je nachgiebiger ein Tragwerk ist, desto ungünstiger wirken sich diese Effekte auf dessen Reaktion aus.

Die Sicherheit von nichttragenden Elementen selbst, die nur ihr Eigengewicht tragen, darf im Rahmen der Sicherheitsanalyse nicht vernachlässigt werden. Manche davon können sogar brennbar sein und das Leben der Bewohner direkt gefährden. Steife Elemente erfahren über ihre Anschlüsse unterschiedliche Beschleunigungen und entwickeln eigene dynamische Systeme. Die Größe der übertragenen Beschleunigung hängt von der Steifigkeit der Anschlüsse ab. Die Gefahr einer Beschleunigungsverstärkung besteht vor allem bei flexiblen Anschlüssen von sehr steifen Elemente, wobei sich das System mit der Masse des Elements und der Steifigkeit seiner Anschlüsse wie ein Einmassenschwinger verhält.

Um eine Interaktion zwischen Tragwerk und sekundären Bauteilen zu vermeiden, werden diese durch Fugen getrennt und über biegeweichen Verbindungen angeschlossen. Die nichttragenden Bauteile bestehen in der Regel aus leichten Baustoffen. Die Breite der Fugen soll mindestens die Größe der relativen Geschossverschiebung betragen. In Hinblick auf eigene Schäden von fest am Tragwerk verbundenen nichttragenden Elementen gilt für die Fugenbreite von Fassadenbauteilen ein Richtwert von mindestens 60 % der relativen Geschossverschiebung und für diejenige von Innenwänden ein Richtwert von mindestens 25 %.

13.3.1 Erdbebengerechte Auslegung

Die erdbebengerechte Auslegung der nichttragenden Elemente, welche die Sicherheit der Personen beeinträchtigen können, zielt darauf ab, dass diese zusammen mit ihren Auflagern den Bemessungseinwirkungen standhalten können. Nach EC 8 können die Schnittgrößen infolge der Erdbebeneinwirkung bestimmt werden, indem an den nichttragenden Elementen folgende Horizontalkraft F_a angesetzt wird:

$$F_a = \frac{S_a W_a \gamma_a}{q_a} \tag{13.1}$$

Dabei ist

F_a : Horizontale Erdbebenkraft, die im Massenschwerpunkt des nichttragenden Elements in der ungünstigen Richtung angreift

W_a :Element-Gewicht

γ_a : Element-Bedeutungsbeiwert; gleich mit dem Bauwerks-Bedeutungsbeiwert γ_I nach Tabelle 12.7

q_a : Element-Verhaltensbeiwert; für Außen- und Innenwände: $q_a = 2$

$$S_a = 3\alpha\left(\frac{1+\frac{Z}{H}}{\left(1-\frac{T_a}{T_1}\right)^2}\right)$$: Erdbebenbeiwert des nichttragenden Elements

mit

α : Verhältnis des Bemessungsbeiwertes der Bodenbeschleunigung a_g zur Erdbeschleunigung g

T_a : Grundperiode des nichttragenden Elements

T_1 : Grundperiode des Bauwerks in der maßgebenden Richtung

Z : Höhe des nichttragenden Elements über dem Fußpunkt des Bauwerks

H : Gesamthöhe des Bauwerks

13.3.2 Befestigungsmechanismen

Wie bereits erwähnt, soll die Gestaltung der Befestigungsmechanismen von nichttragenden Elementen mit dem Tragwerk in Abhängigkeit von der Steifigkeit der Elemente und dem gewünschten Maß an Interaktion in der Erdbebenantwort mit dem Tragwerk erfolgen. So können nichttragende Elemente vollkommen oder teilweise durch Bewegungsfugen getrennt werden oder punktweise duktil befestigt werden. Eine weitere Möglichkeit besteht darin, diese Elemente in das tragende System einzubeziehen. Im Folgenden wird für die verschiedenen Baustoffe und Konstruktionen der nichttragenden Elemente auf geeignete und ungeeignete Befestigungsprinzipien eingegangen.

13.3.2.1 Außenwände

Schwere Außenwandtafel, bestehend z. B. aus mit Stahlbetonfertigteilen ausgefüllten Rahmen, sollen als aussteifende Elemente in die Berechnung miteinbezogen werden. Ihre Anschlüsse werden entsprechend steif ausgebildet (Bild 13.54a). Wird anderenfalls für eine flexible Befestigung der Elemente entschieden, so sind Fugen oben und seitlich anzuordnen, welche die Geschossverschiebungen in der Wandebene berücksichtigen (Bild 13.54b). Einwirkungen quer zur Elementebene erfordern in allen Fällen oben und seitlich, sowie eventuell auch unten, hori-

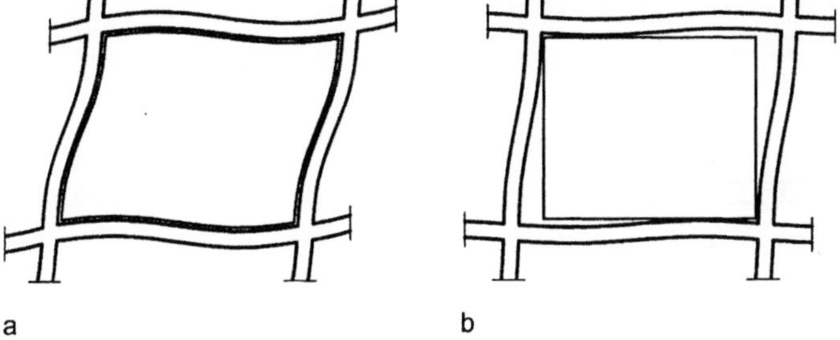

Bild 13.54 Ausfachung von Skelettbauten
a) Mitwirkende Ausfachungswände
b) Nichtmitwirkende Ausfachungswände

zontale Halterungen.

Füllwände aus Mauerwerk sind in diesem Zusammenhang für die Abtragung von Erdbebenkräften ungeeignet. Eine Aussteifung von Rahmen durch Mauerwerkswänden ist aus folgenden Gründen nicht zu empfehlen [13.1]:

- Mauerwerkswände können durch eine Beanspruchung quer zur Ebene vorzeitig versagen, vor allem dann, wenn sie nicht oben und seitlich einwandfrei gehalten werden. Die Vertikalbelastung der Wände kann sich diesbezüglich günstig auswirken.
- Mauerwerkswände sind im Vergleich zu Skelettragwerken steif und spröde. Zu Beginn der Erdbebenbeanspruchung übernehmen diese die volle Erdbebenlast. Sie können Horizontalkräfte jedoch praktisch durch die Bildung von Drückdiagonalen abtragen (Bild 13.55a). Deren Neigung zur Senkrechten der Lagerfuge ist meist so groß, dass Gleiten der Lagerfuge erfolgt (Bild 13.55b). Demzufolge werden sie durch die Erdbebenbeanspruchung rasch überfordert und versagen.
- Die aus der Ausfachungswirkung resultierende Schubbeanspruchung der Rahmenstützen kann zum eigenen Versagen der Wände führen. Die Stützen werden durch die Füllwände derart geschädigt, dass sie nach Ausfall der letzteren nicht mehr in der Lage sind, die vertikalen Nutz- und Erdbebenkräfte abzutragen.

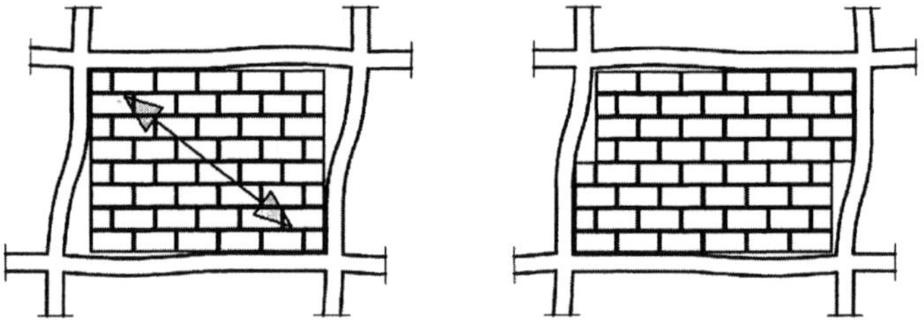

Bild 13.55 Ungünstiges Tragverformungsverhalten von ausgesteiften oder ausgefachten Rahmen mit Mauerwerkswänden

Besonders ungünstig ist auch die Teilausfachung von Rahmen, wie z. B. im Fall von Aufmauern von Fensterbrüstungen. Dadurch ergeben sich kurze Stützen, die vom spröden Schubversagen gefährdet sind (Bild 13.56).

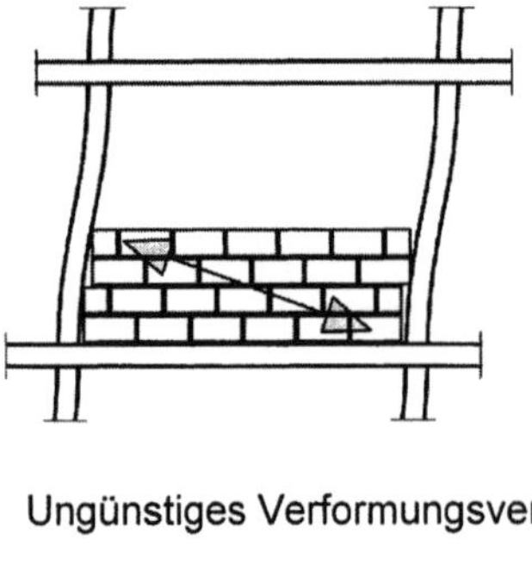

Bild 13.56 Ungünstiges Verformungsverhalten von Rahmen mit Teilausfachungen

Die Befestigungen von Füllwänden sollen demzufolge wie bei nichttragenden Innenwänden möglichst flexibel sein (Bild 13.57).

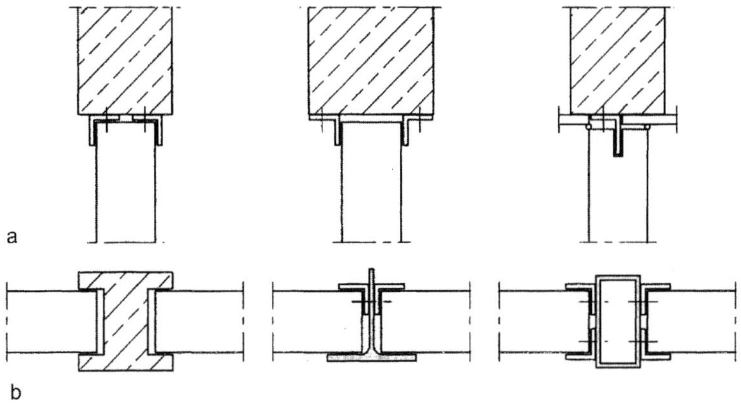

Bild 13.57 Anschlusskonstruktionen von nichttragenden Ausfachungswänden
a) Oberer Anschluss
b) Seitlicher Anschluss

Leichte oder mittelschwere Wandtafel sind an flexiblen Tragwerken mit nachgiebigen Anschlussmitteln, wie z. B. Stahlbolzen, Gummianlagen usw. zu verbinden, wobei entsprechende Fugen mit einer Mindestbreite von circa 2 cm vorzusehen sind.

Die Befestigungen von leichten Vorhangwänden übertragen die Fassadenlasten aus Wind und Eigengewicht auf das Tragwerk und müssen gleichzeitig einen unabhängigen horizontalen Verformungsmechanismus aufweisen. Dabei müssen sie über ausreichende Festigkeit verfügen, sowie eine leichte Montage der Außenwand mit Justiermöglichkeit erlauben. Prinzipiell gibt es zwei Wege zur erdbebengerechten Gestaltung der Befestigung der Vorhangfassade an Bauwerken. Der erste Weg beruht auf einer Translationsfreiheit der Fassadeneinheiten in der Ebene, auch als "Schaukelbewegung" bekannt (Bild 13.58a). Der zweite Weg basiert auf einer Rotationsfreiheit der Fassadeneinheiten in der Ebene, "Wiegebewegung" benannt (Bild 13.58b).

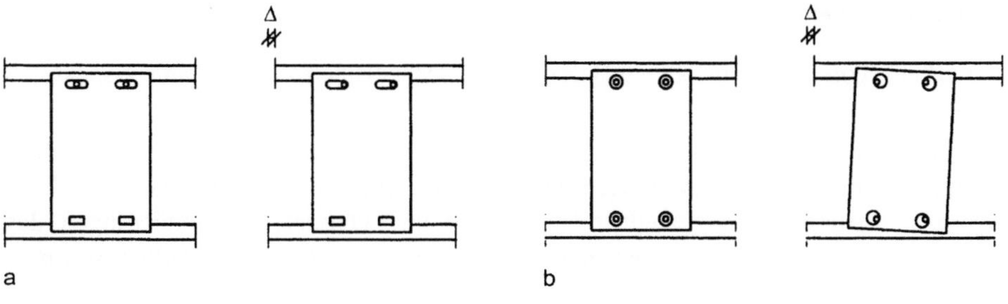

Bild 13.58 Befestigungssysteme von vorgehängten Fassadeneinheiten
a) Schaukelbewegung
b) Wiegebewegung

Bei der ersten Methode werden in der unteren Trägerebene Horizontalhalterungen angeordnet, die flexible Gelenke in der Wandebene bilden. Diese ermöglichen eine Isolierung der Geschossverschiebung und die Beschränkung der Feldbewegung außerhalb ihrer Ebene. Die Auflagerverbindungen in der oberen Trägerebene nehmen das Eigengewicht und die Schubverformungen der Einheiten auf.

Beim zweiten Mechanismus werden alle vier Verbindungen gelenkig ausgebildet, damit die Geschossverschiebungen über Rotationen in der Wandebene abgebaut werden. Diese Systeme erfordern allerdings komplizierte Detaillierungen, zum ersten Mal angewandt 1971 für das IBM Zentralgebäude in Tokio [13.2] (Bild 13.59). Das Konzept dieser Verbindung findet inzwischen eine verbreitete Anwendung an japanischen Hochhausfassaden.

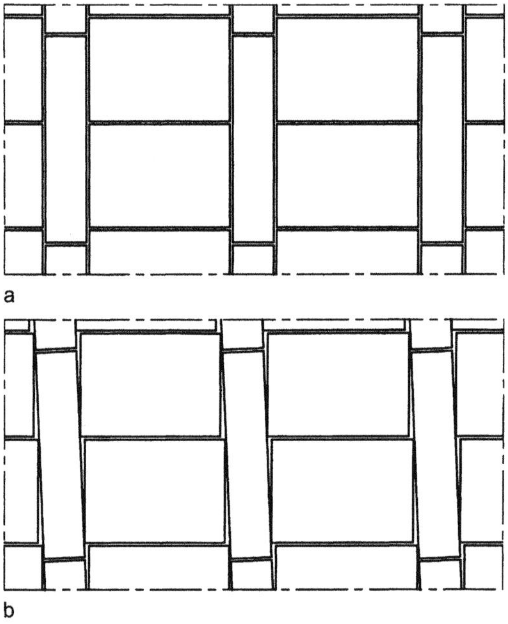

Bild 13.59
a) Ansicht der Vorhangfassade des IBM Zentralgebäudes in Tokio
b) Verschiebungsmechanismus

Bei der Gestaltung von erdbebensicheren Befestigungsmechanismen sind folgende Aspekte zu berücksichtigen:

1. Lange duktile Rohrprofile als Horizontalbefestigungen können große Geschossverschiebungen aufnehmen. Gleitbefestigungen wie beim Schaukelbewegungsmechanismus können wegen unzureichender Langlochlängen oder unerwünschter Verhinderungen des Gleitens (Temperaturwechsel, unpassende Installation oder schlechte Detaillierung) problematisch sein.
2. Die Langlöcher müssen großzügig dimensioniert werden, damit Spannungskonzentrationen an den Befestigungsgliedern und den Vorhangwänden selbst vermieden werden.
3. Die Auflagerverbindungen sind ausreichend flexibel zu dimensionieren, damit die Geschossverschiebung kleine Widerstandskräfte hervorruft.

4. Die Wände sollen aufgehängt werden, so dass Auflagerkräfte oben und Horizontalverschiebungen unten aufgenommen werden. Im anderen Fall besteht beim starken Erdbeben die Gefahr, dass leichte Wandeinheiten außerhalb der Ebene rotieren und einstürzen.

Basierend auf diese Aspekte ist in Bild 13.60 das Konzept eines anpassungsfähigen Befestigungsmechanismus dargestellt, wobei ein gelenkiger Anschluss zur Aufhängung einer Vorhangwand mit einer verschiebungsfreien Befestigung kombiniert wird. In diesem System sind die Fassadenpfosten kugelgelenkig mit dem Tragwerk verbunden, so dass Verformungen des Tragwerks normal zur Fassadenebene von der Fassade zwängungsfrei mitgetragen werden. In der Wandebene werden die relativen Tragwerksverformungen durch Biegeverformungen von Rohrverbindungen aufgenommen. Die Stirnplatten der Rohre sind mit den Fassadenpfosten über Langlöcher verbunden, so dass eine weitere Verschiebemöglichkeit der Fassadeneinheiten in der Ebene entsteht.

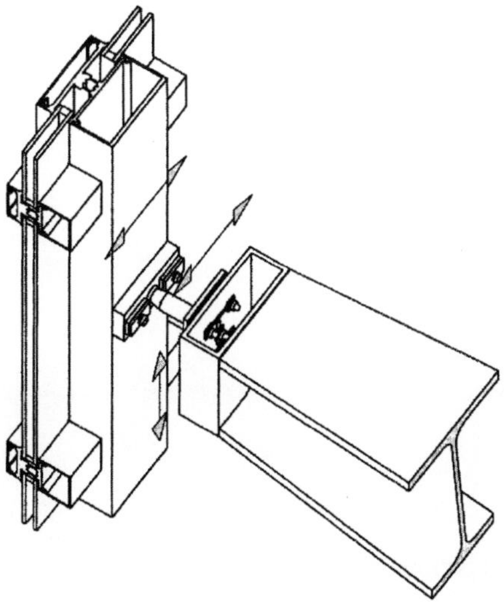

Bild 13.60 Befestigungsmechanismus einer Vorhangfassade am Tragwerk [13.6]

13.3.2.2 Innenwände

Die Vermeidung unerwünschter Interaktionsvorgänge zwischen Tragwerk und nichttragenden Innenwänden erfordert eine komplette Trennung der beiden Systeme mit Hilfe von Fugen. Eine besondere Detaillierung der Anschlüsse, welche aus Holz, Kunststoff oder Metall (dünne Stahlbleche, verformbare Dübel) hergestellt werden können, ist anschließend erforderlich. Die Befestigung der Wand an tragenden Teilen kann über leichte Stahlhalterungen (Bild 13.61a) oder anhand von Dübeln und leicht verformbaren Blechmanschetten erfolgen (Bild 13.61b).

Die obere Halterung erfolgt durch an der Decke befestigte Stahlprofile (Bild 13.62a), oder Metalldübel (Bild 13.62b).

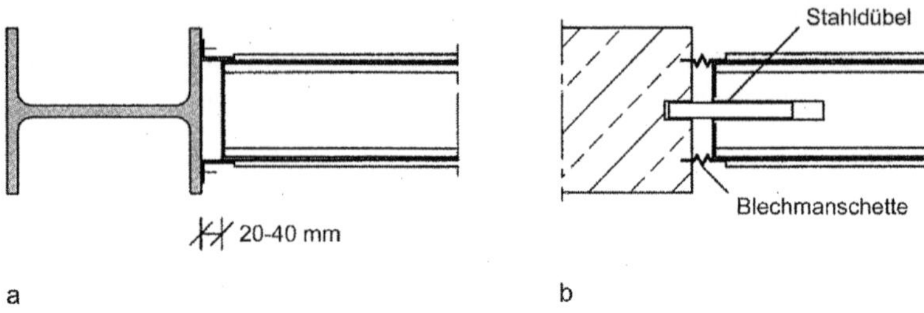

Bild 13.61 Anschlüsse von nichttragenden Innenwänden mit dem Tragwerk
a) Stahlprofile
b) Dübel und Manschetten

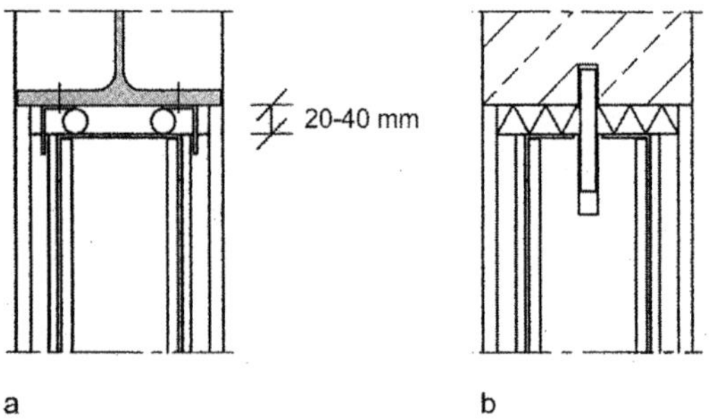

Bild 13.62 Obere Festhalterung von Innenwänden
a) Mit Stahlprofilen
b) Mit Metalldübeln

13.3.2.3 Abgehängte Decken

Abgehängte Decken sind während der Erdbebenbeanspruchung horizontalen Kräften ausgesetzt, die ihrem Gewicht proportional sind und haben die Tendenz, Eigenschwingungen zu entwickeln. Sie sind an jeweils einem Ende in beiden Richtungen festzuhalten, während sie am jeweils anderen Ende frei beweglich zu gestalten sind (Bild 13.63).

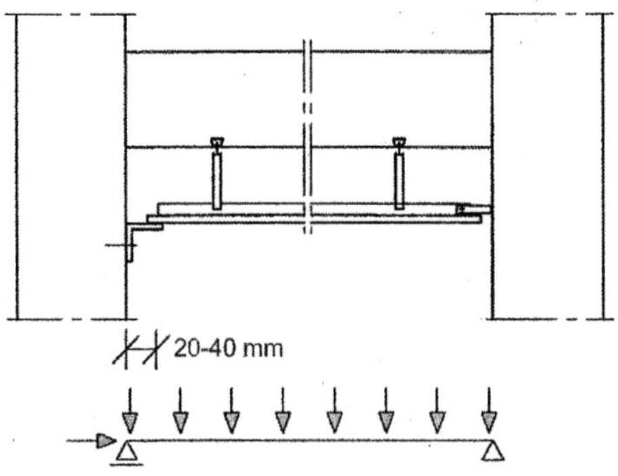

Bild 13.63 Typische Befestigung einer leichten abgehängten Decke

14 Tragwerksplanung zur Erdbebensicherheit Kapazitätsbemessung

Das wirtschaftliche Entwerfen und Konstruieren von Hochbauten in Gebieten mit hoher Seismizität weist eine Reihe von Besonderheiten auf, die darauf zurückzuführen sind, dass an die Tragwerke Anforderungen gestellt werden, die sich aus Beanspruchungen mit stark unterschiedlichen energetischen Niveaus ergeben. Unter herkömmlichen Einwirkungen –Wind und Schwerelasten, sowie schwache Erdbeben– wird von den Tragwerken ein rein elastisches Verhalten verlangt, wobei in Hinsicht auf die Verformungsbegrenzung Anforderungen an die Steifigkeit gestellt werden. Bei mäßig starken Erdbeben darf die Grenze des elastischen Verhaltens örtlich erreicht, aber in Hinsicht auf die Schadensbegrenzung nicht überschritten werden. Daraus ergibt sich die Anforderung an den Tragwiderstand. Schließlich um den Einsturz unter sehr starken Beben zu vermeiden, muss das Tragwerk Bewegungsenergie abbauen, derer Menge weit über sein Dämpfungsvermögen im elastischen Bereich hinaus geht. Wie in den Kapiteln 15 und 16 gezeigt wird, kann dem Tragwerk zur Erfüllung dieser Aufgabe mit moderner Technik Beistand geleistet werden, so dass Plastifizierungen weitgehend vermieden werden.

In den meisten alten Erdbebennormen, die zur Zeit revidiert werden, wird ein vereinfachtes Rechenverfahren angegeben, das die erwähnten Anforderungen wiederspiegelt, aber nicht eindeutig definieren kann. Die darin aufgrund von Bemessungsspektren ermittelten Erdbebenlasten, welche dem Nachweis für den Grenzzustand der Tragfähigkeit zugrunde liegen, entsprechen in der Regel einem Erdbeben von mittlerem energetischem Niveau. Diese werden als außergewöhnliche Einwirkungen eingesetzt, wofür eine Werkstoffausnutzung bis auf die Elastizitätsgrenze zulässig ist. Zur Erzielung der erforderlichen Dämpfung unter starken Erdbeben wird ein nichtlineares Verhalten des Tragwerks vorausgesetzt, das eine entsprechende Duktilität sicherstellt. Dieses Vorgehen wird rechnerisch nicht nachgewiesen, sondern durch ein „fiktives" linear elastisches Modell ersetzt, wobei die günstige Wirkung plastischer Verformungen über Abminderung der rechnerischen Erdbebenlast berücksichtigt wird.

Je größer die Duktilität ist, desto kleiner wird die Beanspruchung und folglich der notwendige Widerstand. Verleiht einem Bauteil ein großer Widerstand die Fähigkeit, große Kräfte aufzunehmen, so bewirkt eine große Duktilität die Vermeidung von großen Kräften. Die Suche eines optimalen Verhältnisses zwischen Tragwiderstand und Duktilität mit Rücksicht auf zulässige Verformungen für ein Tragwerk unter Einwirkungen, derer Größe in der Tat unbekannt ist, ist eine Aufgabe, die sich mit mathematischen Mitteln äußerst schwierig lösen lässt. Abhilfe wird durch empirisch gewonnenen Ansätze geschafft, die in den Normen in Form von konstruktiven Maßnahmen vorgeschrieben sind und hauptsächlich auf das Erreichen der vorgeschriebenen globalen Tragwerksduktilität zielen, ohne sicherzustellen, dass die Anforderungen an Schadensbegrenzung und Sicherung gegen Versagen erfüllt werden.

Aufgrund von zahlreichen Beobachtungen von Tragwerken, die starke Erdbeben überlebt haben, und durch Auswertung von Ergebnissen eines systematisch durchgeführten Forschungsprogramms für Tragelemente, die für das Verhalten von komplexen Tragwerken unter starken Erdbeben maßgebend sind, hat ein Kreis von neuseeländischen Forschern in den siebziger und achtziger Jahren eine Reihe von Konstruktionsregeln ausgearbeitet. Ihre Beachtung erleichtert die Suche der Ingenieure nach einem „optimalen Kompromiss" bei der Auslegung von Bauwerken gegen Erdbeben erheblich. Die Anwendung dieser Regeln im Rahmen einer deterministischen Bemessungsstrategie wird als Methode der Kapazitätsbemessung (capacity design) bezeichnet. Park und Paulay haben die Methode in den siebziger Jahren als allgemeines Bemessungsverfahren für Stahlbetontragwerke entwickelt [14.7-14.10]. Später ist ihre Anwendung auf Bauwerke unter Erdbebeneinwirkungen erweitert worden und durch konsequente Forschung Ende der achtziger Jahre auf einen praxisgerechten Stand gebracht [14.11].

14.1 Bemessungsgrundsätze

Der Grundgedanke der Methode der Kapazitätsbemessung ist den Versagensmechanismus des Tragwerks durch gezielte Anordnung von „Soll-Plastifizierungsstellen" in Form von Fließgelenken im Voraus zu bestimmen und dadurch das Niveau der Erdbebenbeanspruchung und die Antwort des Bauwerks unter Kontrolle zu bringen. Im Vergleich zu anderen ähnlichen Konzepten der siebziger Jahren, die grundsätzlich davon ausgehen, dass das Tragwerk sich an das Niveau der Beanspruchung permanent durch Auftreten von neuen plastischen Gelenken anpasst [14.1, 14.2], wird in der Methode der Kapazitätsbemessung der Versagensmechanismus des Tragwerks vom Anfang an festgelegt, wobei der notwendige Energiedissipationsbedarf nicht durch Auftreten von neuen Plastifizierungen, sondern durch weitere Verformung vom gewählten Mechanismus gewonnen wird. Um diesen Vorgang sicherzustellen und gleichzeitig die Stabilität des Tragwerks im Grenzzustand zu gewährleisten, war es notwendig, zwei Probleme zu lösen:

- Die Bestimmung einer Bemessungsstrategie, die sicherstellt, dass sich der gewählte Bruchmechanismus in der Tat einstellt.
- Die Entwicklung aufgrund von Laborversuchen von sinnvollen konstruktiven Details und Durchbildungsregeln für die plastifizierenden Bereiche, die sicherstellen, dass in Rahmen zulässiger Verformungen entsprechende Energiedissipationsvorgänge stattfinden.

Die rechnerische Behandlung von statischen Systemen, bei denen das Gleichgewicht auf Bruchmechanismen mit plastischen Gelenken betrachtet wird, ist Gegenstand der Plastizitätstheorie [14.3, 14.6]. Die Anwendung dieser Theorie zur Analyse und Bemessung von Stabtragwerken stellt die Traglasttheorie dar. Auf einige Begriffe der Traglasttheorie, die in der Methode der Kapazitätsbemessung vorkommen, wird kurz im Folgenden eingegangen.

14.1.1 Eigenschaften elastoplastischer Systeme. Versagensmechanismen

Ein statisch bestimmter Balken aus homogenem Werkstoff, wie z. B. der Kragarm im Bild 14.1, in der Elastizitätstheorie als statisch bestimmt bekannt, ist in der Plastizitätstheorie innerlich statisch unbestimmt, denn er bricht nicht, wenn die Spannungen der externen Faser die Fließgrenze σ_F erreichen. Das innere Moment kann weiter zunehmen. Der Grenzzustand der Zunahme wird als Traglastmoment oder plastisches Moment bezeichnet.

Mit der Bildung des plastischen Gelenkes wird der Balken nach der Plastizitätstheorie kinematisch bestimmt, wobei die Durchbiegung und die Verschiebung unter konstanter Last P_{pl} zunehmen. Für das Gleichgewicht im Grenzzustand gilt

$$P_{pl} l = M_{pl}\,;\; P_{pl} = \frac{M_{pl}}{l} = \text{konst.} \qquad (14.1)$$

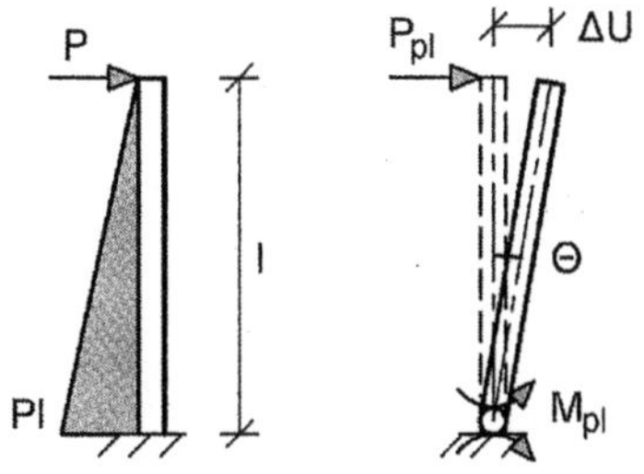

Bild 14.1 Kragträger unter Horizontalbelastung

Aus der Gl. (14.1) ergibt sich eine wichtige Eigenschaft von elastoplastischen Systemen: Die Größe der Belastung kann über plastische Gelenke gesteuert werden. Für Bauten in Gebieten mit starker Seismizität ist diese Eigenschaft von besonderer Bedeutung, da es die Möglichkeit besteht, bewusst dem Niveau der Erdbebenbeanspruchung unabhängig von der Stärke des Bebens eine Grenze zu setzen. Von dieser Eigenschaft macht auch die Methode der Kapazitätsbemessung Gebrauch.

Ein statisch unbestimmtes System, wie z. B. der eingespannte Träger im Bild 14.2, wird nur nach der Bildung von Fließgelenken an drei Stellen kinematisch bestimmt. Nach der Bildung des ersten Fließgelenkes an der Stelle A, wo das elastische Moment maximal ist, erfolgt kein Bruch, sondern eine Umlagerung der Momente auf die Stelle B und auf das Feld. Plastifiziert sich der Querschnitt an der Stelle B, so entsteht immer noch kein Bruch, da das System zu einem stabilen Einfeldträger übergeht. Bei weiterer Steigerung der Last plastifiziert sich der Querschnitt auch an der Stelle C und es entsteht eine „kinematische Kette" (Gelenkenkette), die den Versagensmechanismus bestimmt.

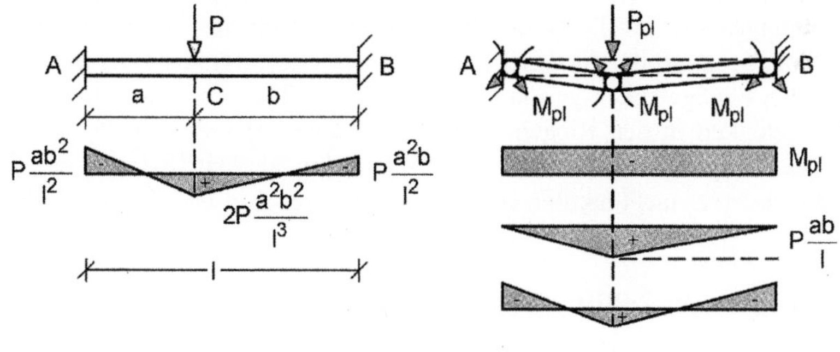

Bild 14.2 Eingespannter Träger unter Vertikalbelastung

Im Allgemeinen bildet sich der Versagensmechanismus in statisch unbestimmten Trägern durch plastische Gelenke an den Einspannstellen oder zwischen den Auflagern bei Durchlaufträgern und unter Punktlasten. Die Umlagerung der Momente in statisch unbestimmten Trägern weist auf vorhandene Tragreserven hin und ermöglicht eine Umverteilung der „elastischen Momente" in den Rahmenriegeln. Diese Umverteilung bringt folgende Vorteile:

- Die Reduzierung der maximalen negativen Stützmomente und die Erhöhung der Feldmomente, die auf eine bessere Verteilung der Riegelbeanspruchung (auch der Bewehrung) zielen.

- Die Angleichung der Momente für beide Richtungen der Erdbebeneinwirkung, beidseits der Innenstützen.
- Die Reduzierung des erforderlichen Biegewiderstands der Stützen.

Euronorm 2 sieht vor, dass das Biegemoment nach der Umverteilung an jeder Stelle mindestens 70 % vom Moment aus der elastischen Analyse betragen muss. Dies bedeutet eine Reduzierung der maximalen Momente um maximal 30 %.

Bei Betrachtung vom Versagensmechanismus von Rahmen ist davon auszugehen, dass der Rahmen durch Horizontalkräfte versagen kann, der Riegel durch Vertikalkräfte oder es findet ein Versagen durch die Kombination beider Mechanismen statt. Das Bild 14.3 zeigt mögliche Versagensmechanismen eines dreigeschossigen Rahmens.

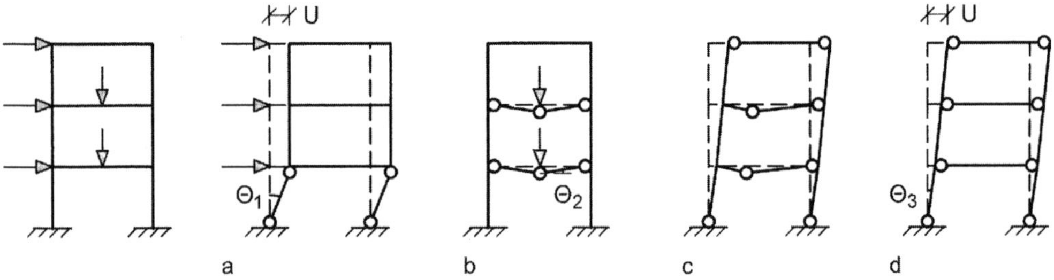

Bild 14.3 Mögliche plastische Mechanismen eines biegesteifen Geschossrahmens

Die Einstellung einer gewünschten Form vom Versagensmechanismus kann bei Rahmen durch Gestaltung der Querschnitte, bzw. der Steifigkeitsverhältnisse, in konstruktiver Weise gesteuert werden. Dabei ist zu beachten, dass der Versagensmechanismus statisch zulässig, d. h. die Gleichgewichtsbedingungen sind erfüllt und kinematisch möglich sein muss, d. h. die geometrischen Bedingungen sind erfüllt. Danach muss der Mechanismus Sicherheit vor dem Versagen und eine möglichst große Verschiebeduktilität des Gesamtsystems bei möglichst kleinen Rotationen in den Fließgelenken gewährleisten. Diese Anforderungen werden von Mechanismen mit Fließgelenken in den Riegeln (Riegelmechanismen) erfüllt (Bild 14.3d). Die Riegelenden und der Fußpunkt der Stützen werden konstruktiv als Plastifizierungszonen ausgebildet, welche die anderen, nichtduktilen Bereiche der Stützen und Riegel gegen Überbeanspruchung schützen.

14.1.2 Angaben zur Bemessungsstrategie

Das Bild 14.4 zeigt das Kraft-Verformungsdiagramm des duktilen Kragträgers vom Bild 14.1 und zwei idealisierten Darstellungen, nach dem ideal elastoplastischen Modell (1) und nach einem bilinearen Modell mit Berücksichtigung der Verfestigung nach Überschreitung der Fließgrenze (2). Auf das erste Modell gründet sich das Traglastverhalten; das zweite Modell liegt der Methode der Kapazitätsbemessung zugrunde.

Versteht man unter Widerstand R das Produkt zwischen einer Querschnittscharakteristik, A oder W, und der Baustoffestigkeit f, so können aus dem Diagramm im Bild 14.4 folgende Widerstände definiert werden:

- Der Tragwiderstand R_i wird mit dem charakteristischen Wert der Festigkeit (Rechenfestigkeit, Streckgrenze) ermittelt.

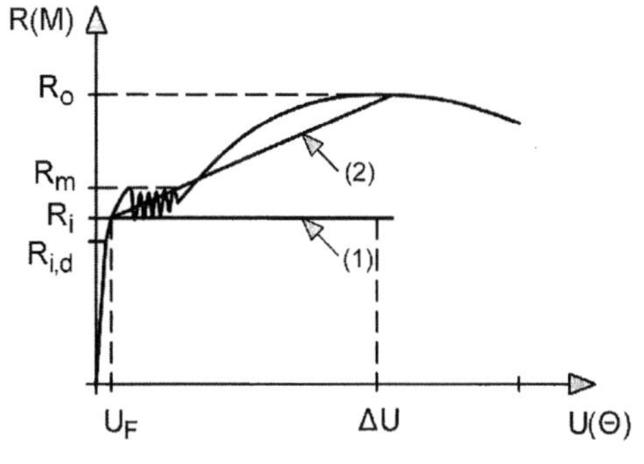

Bild 14.4 Kraft-Verformungsdiagramm vom Kragträger im Bild 14.1

- Der Bemessungswert des Tragwiderstands $R_{i,d}$ ergibt sich durch die Abminderung des Tragwiderstands durch den Reduktionsfaktor $\Phi = \frac{1}{\gamma_R} = 0{,}7$ bis 0,9.
- Der mittlere Widerstand R_m wird mit der wahrscheinlichen mittleren Festigkeit ermittelt und beträgt

  $$R_m = \Phi_m R_i$$

- Der Widerstand bei Überfestigkeit R_o stellt den effektiv vorhandenen Widerstand dar

  $$R_o = \Phi_o R_i$$

  wobei Φ_o der Überfestigkeitsfaktor für den Tragwiderstand darstellt. Für Stahl BSt 500 ist $\Phi_o = 1{,}23$.

Bei großen plastischen Verformungen duktiler Tragelemente erreicht der Widerstand in den plastischen Gelenken den Wert des Widerstands bei Überfestigkeit. Damit die nichtduktilen Bereiche geschützt werden, wird ihre Bemessung für Beanspruchungen durchgeführt, die um den Faktor Φ_o erhöht werden, d. h. sie werden auf „Kapazität" bemessen (capacitas: maximales Aufnahmevermögen).

An der Stelle des erforderlichen Tragwiderstands R_i kann der Widerstand bei Überfestigkeit in direkter Verbindung mit den Schnittgrößen infolge des Kennwertes der Erdbebeneinwirkung S_e gebracht werden.

$$R_o = \Phi_o S_e \qquad (14.2)$$

Somit ist

$\Phi_o = \frac{R_o}{S_e}$: Überfestigkeitsfaktor für die Schnittkraft infolge des Kennwertes der Erdbebeneinwirkung

Eine weitere Erhöhung der Beanspruchung in den Stützen erfolgt durch dynamische Vergrößerungsfaktoren γ_{Rd}, die den Einfluss höherer Schwingungsformen berücksichtigen. Somit beträgt der erforderliche Widerstand der nichtduktilen Stützenbereiche $R_o \geq \gamma_{Rd} \Phi_o S_e$.

14.1.3 Das Verhaltenskriterium

Ein wichtiger Parameter zur Charakterisierung des allgemeinen Verhaltens des Tragwerks ist die Verschiebeduktilität n_s (Systemduktilität). Diese gründet sich auf plastische Verformungen in allen plastifizierten Bereichen innerhalb des Tragwerks. Die Duktilität dieser Bereiche, d. h. die lokale Rotations- oder Krümmungsduktilität, unterscheidet sich wesentlich von der Systemduktilität, die von Verformungen bei der Bildung vom Versagensmechanismus bestimmt wird (Bild 14.3).

Unter zyklischer Beanspruchung infolge von Erdbeben entwickelt sich an den plastifizierenden Stellen ein Hystereseverhalten, das durch die Abminderung der Steifigkeit und des Widerstands die Fähigkeit zur Energiedissipation negativ beeinflusst (siehe auch Abschnitt 10.3.7). Die Abschätzung und Festlegung der Anzahl der Beanspruchungszyklen und der erforderlichen Reduktionen für Erdbeben unterschiedlicher Dauer und Stärke in Verbindung mit den dynamischen Eigenschaften der Tragwerke erweist sich als äußerst schwierig, wenn nicht unmöglich. Aufgrund von Laborversuchen mit Baukörpern und der Entwicklung von Regeln zur Bemessung und konstruktiven Durchbildung von tragenden Bauteilen wird in der Kapazitätsbemessung ein einfaches Verhaltenskriterium für eine bestimmte Duktilität definiert: Das gesamte Tragwerk muss imstande sein, mindestens 8 Beanspruchungswechsel (4 Beanspruchungszyklen) mit einer maximalen Verschiebung von $U_{max} = n_s U_F$ in allen Richtungen zu überstehen, wobei der Widerstand gegen Horizontalkräfte um nicht mehr als 20 % abnehmen darf. Die Zonen mit potentiellen plastischen Gelenken müssen so ausgebildet werden, dass ihre lokale Duktilität der Verschiebeduktilität des Tragwerks entspricht.

14.2 Ablauf des Bemessungsvorgangs

Wie anfangs erläutert, stellt die Methode der Kapazitätsbemessung eine an die Besonderheiten der Erdbebenbeanspruchung angepasste Bemessungsmethode dar. Der Bemessungsablauf kann wie folgt zusammengefasst werden:

1. Zu Beginn erfolgt der erdbebengerechte Entwurf des Tragwerks (siehe Kapitel 13). Dann wird das Tragwerksmodell gebildet und die Grundperiode ermittelt. In Abhängigkeit vom Tragwerkstypus und den annehmbaren Verschiebungen wird eine Verschiebeduktilität gewählt, wonach aufgrund des Bemessungsspektrums die entsprechenden Erdbeben-Ersatzkräfte bestimmt werden. Mit den Vertikallasten und Erdbeben-Ersatzkräften werden anschließend mit Hilfe bekannter Methoden der Statik die Schnittkräfte am elastischen System berechnet.
   Mit der Annahme einer sehr kleinen Verschiebeduktilität $n_s \leq 1{,}5$ (sehr steife Bauwerke) kann das Tragwerk ohne Festlegung einer Festigkeitshierarchie seiner Tragglieder konzipiert werden, da die Duktilitätsanforderungen von der „natürlichen" Duktilität erfüllt werden. Typische Beispiele in diesem Fall sind Bauwerke mit wenigen Geschossen und zahlreichen gedrungenen Wandscheiben.
2. Nachdem der geeignete plastische Mechanismus gewählt ist, kann unter Berücksichtigung der zu erwartenden plastischen Verformungen eine Umlagerung der am elastischen Tragsystem ermittelten Schnittkräfte durchgeführt werden.
3. Zunächst werden die potentiellen plastischen Bereiche bemessen. Anschließend werden die übrigen elastisch bleibenden Bereiche auf konventionelle Weise bemessen, wobei die bei Überfestigkeit in den Fließgelenken entstehenden Schnittkräfte von den elastischen Bereichen durch den mit den Rechenfestigkeiten ermittelten Tragwiderstand und den dy-

namischen Vergrößerungsfaktor aufzunehmen sind. Nach der Bemessung erfolgt die entsprechende konstruktive Ausbildung der plastifizierbaren Bereiche: Bei Stahlbetonbauten aufgrund hohen, mittleren, oder niedrigen Duktilitätsanforderungen, bei Stahlbauten ohne eine solche weitere Abstufung [14.4].

Im Folgenden wird kurz auf tragwerksspezifische Besonderheiten der Methode näher eingegangen.

14.3 Biegesteife Rahmen

Biegesteife Rahmen entwickeln ein schubweiches Verformungsverhalten bei geringen Riegellängen, bzw. ein biegeweiches Verformungsverhalten bei großen Riegellängen. Im ersten Fall wird eine Knotenverdrehung bei der Horizontallastabtragung stark verhindert. Eine verhältnismäßig geringe Steifigkeit der Riegel ermöglicht jedoch keine volle Einspannung der Stützen in den Knotenbereichen. Im zweiten Fall bewirken die langen und verhältnismäßig flexiblen Riegel lediglich eine gleiche Ausbiegung der Stiele (siehe auch Abschnitt 13.2.2.1). Im Allgemeinen sind Rahmen relativ weich und dazu geeignet, mit großer Duktilität versehen zu werden ($n_S = 5 \div 7$).

Bei Rahmen in erdbebengefährdeten Gebieten wird, wenn immer möglich, ein „starke Stützen - schwache Riegel" Konzept angestrebt. Aufgrund des plastischen Riegelmechanismus müssen also die Stützen in der Lage sein, die von den plastischen Gelenken der Riegel ausgehenden Überfestigkeitsmomente elastisch aufzunehmen (Bild 14.3d). Da die Stützen durchweg elastisch bleiben sollen, muss ihr Biegewiderstand größer als der Biegewiderstand der Riegel sein. Am Fußpunkt der Erdgeschossstützen sind plastische Gelenke unvermeidbar. Dort ist zur Sicherung gegen spröde Brucharten bei Stahlbetonrahmen und lokale Instabilitäten bei Stahlrahmen, eine sorgfältige Bemessung und konstruktive Ausbildung notwendig.

In biegesteifen Rahmen mit wenigen Geschossen, vor allem bei großen Riegelspannweiten mit relativ großen Vertikallasten, sind für die Bemessung der Riegel oft die Vertikallasten und nicht die Erdbebenlasten maßgebend. Dies führt dazu, dass die Riegel eine verhältnismäßig hohe Steifigkeit erhalten, so dass sich ein plastischer Riegelmechanismus nicht ohne weiteres einstellt. Zur Reduzierung des an den Riegelenden daraus resultierenden notwendigen Tragwiderstands gibt es zwei Möglichkeiten:

- Die Zonen möglicher positiver plastischer Gelenke werden von den Stützen weg verschoben, in Bereichen, wo sich die Biegebeanspruchung aus Vertikallasten und Horizontalkräften addieren.
- Es werden Fließgelenke in den Innenstützen zugelassen.

Sowohl bei erdbebendominierten Rahmen, als auch bei vertikallastdominierten Rahmen, entwickeln Feldgelenke von Riegeln mit langen Spannweiten wesentlich größere plastische Rotationen und die erforderliche Krümmungsduktilität nimmt ab. Ein weiterer Nachteil von plastischen Mechanismen mit Feldgelenken besteht darin, dass die Feldgelenke bei Richtungswechsel der Beanspruchung an anderen Stellen entstehen (Bild 14.5). Dies bedeutet, dass sich in jeder Spannweite eventuell vier, anstatt zwei, plastische Bereiche bilden, wofür eine entsprechende duktile konstruktive Ausbildung erforderlich ist. Die Tatsache, dass sich die plastischen Gelenkrotationen während der zyklischen, nicht elastischen Geschossverschiebungen kumulieren, wirkt in beträchtlichen Verlängerungen der Riegel und in erheblich zusätzlichen Beanspruchungen der Stützen, insbesondere im Eingangsbereich.

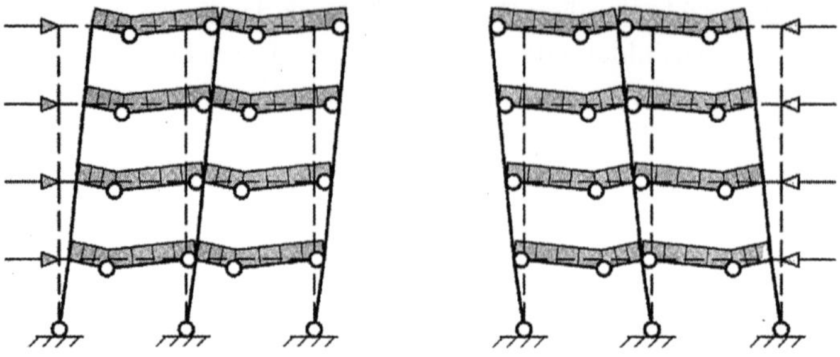

Bild 14.5 Plastischer Mechanismus mit Riegel-Feldgelenken

14.3.1 Stahlbetonbauweise

Stahlbetonrahmen werden nach EC 8 mit einem Grund-Verhaltensbeiwert von $q_o = 5{,}0$ gekennzeichnet. Der Verhaltensbeiwert q wird für Stahlbetonbauten wie folgt bestimmt:

$$q = q_o k_D k_R k_W \geq 1{,}5 \tag{14.3}$$

mit

k_D : Beiwert zur Berücksichtigung der Duktilitätsklasse

$$k_D = \begin{cases} 1{,}00 \\ 0{,}75 & \text{für hohe "H", mittlere "M", bzw. niedrige "L" Duktilität} \\ 0{,}50 \end{cases}$$

k_R : Beiwert zur Berücksichtigung der Regelmäßigkeit im Aufriss

$$k_R = \begin{cases} 1{,}00 \\ 0{,}80 \end{cases} \text{für regelmäßige, bzw. unregelmäßige Tragwerke}$$

k_W : Beiwert zur Berücksichtigung der vorherrschenden Versagensart bei Tragsystemen mit Wänden

$k_W = 1{,}00$ (für Rahmen und Mischsystemen, bei denen Rahmen überwiegen)

Zur Erfüllung des „starke Stützen - schwache Riegel" Konzepts müssen die potentiellen plastischen Riegel-Gelenkzonen eine hohe plastische Rotationsfähigkeit besitzen. Die Lage der Fließgelenke in den Stahlbetonriegeln ist in der Regel unmittelbar neben den Stützen (Bild 14.6). Dies gilt allerdings, wie bereits erwähnt, für duktile Rahmen mit verhältnismäßig kurzen Spannweiten, deren Verhalten und Bemessung durch die Erdbebeneinwirkung dominiert wird.

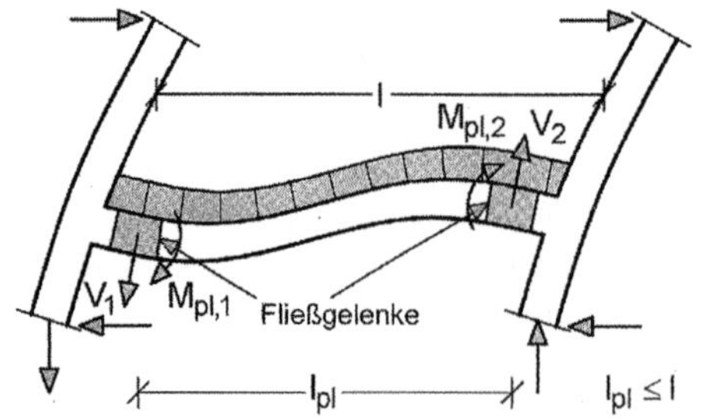

Bild 14.6 Plastischer Riegelmechanismus bei Stahlbetonrahmen

14.3.1.1 Riegel

Die Riegel müssen eine Biegebewehrung sowohl unten, als auch oben aufweisen, da aus den zyklischen Beanspruchungen meistens beide Bewehrungen bis zum Fließen beansprucht werden. Aus Gründen der Bewehrungsführung empfiehlt es sich, die Riegel etwa 60 bis 100 mm schmaler als die Stützen und mit einer Mindestbreite von 200 mm auszubilden.

Die Tabelle 14.1 enthält Angaben zur Lage, Länge und Gestaltung von plastischen Riegelgelenken nach EC 8. Die kritischen Bereiche der Riegel sind in Abhängigkeit von den Duktilitätsanforderungen in drei Kategorien, hohe "H", mittlere "M", bzw. niedrige "L" Duktilitätsklasse, unterteilt.

Tabelle 14.1 Anforderungen zur konstruktiven Ausbildung örtlicher Zähigkeit in Stahlbeton-Rahmenriegeln

Örtliche Zähigkeit	"H"	"M"	"L"
Länge der Gelenkzone l_{cr}	$2{,}0\,h_w$	$1{,}5\,h_w$	$1{,}0\,h_w$
Abstand vom Knoten x	$\leq$ 50 mm	$\leq$ 50 mm	$\leq$ 50 mm
Durchmesser der Umschnürung d_{bw}	$\geq$ 6 mm	$\geq$ 6 mm	EC 2
Abstände der Umschnürung s	$\min\begin{cases} \frac{h_w}{4} \\ 24d_{bw} \\ 150\text{mm} \\ 5d_{bl} \end{cases}$	$\min\begin{cases} \frac{h_w}{4} \\ 24d_{bw} \\ 200\text{mm} \\ 7d_{bl} \end{cases}$	EC 2
max. Zugbewehrungsgrad ρ_{max}	$0{,}35\frac{f_{cd}}{f_{yd}}\frac{\rho'}{\rho}+0{,}0015$	$0{,}65\frac{f_{cd}}{f_{yd}}\frac{\rho'}{\rho}+0{,}0015$	75 % ρ_{max} nach EC 2
min. durchgehende Bewehrung (oben, unten)	2. S400, d_b = 14 mm	2. S400, d_b = 14 mm	EC 2
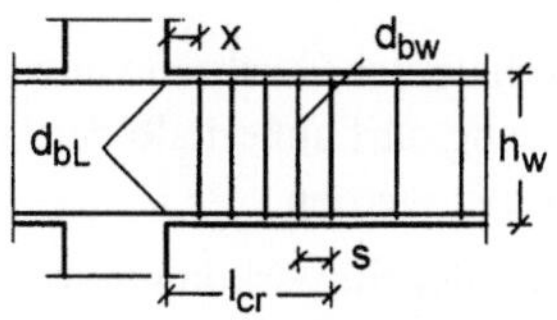	Weitere Bezeichnungen: f_{cd} : Bemessungswert der Druckfestigkeit des Betons f_{yd} : Bemessungswert der Festigkeit des Betonstahls an der Streckgrenze ρ' : Bewehrungsgrad der Druckbewehrung ρ : Bewehrungsgrad der Zugbewehrung		

Prinzipiell ist bei den Riegelanschlüssen innerhalb der kritischen Bereiche eine Druckbewehrung A'_s anzuordnen, die mindestens der Hälfte der oberen Zugbewehrung A_s entspricht. Mindestens 25 % der oberen Zugbewehrung der Riegel muss ins Feld weitergeführt werden, so dass auch in den Zonen außerhalb von plastischen Gelenken eine minimale Duktilität gewährleistet ist. Dies wird durch eine Beschränkung der Höhe der Druckzone oder des Bewehrungsgehalts angestrebt (Tab. 14.1). Der Grenzbewehrungsgehalt ist vorhanden, wenn beim Erreichen der Grenz-Betonrandstauchung gerade das Fließen der Zugbewehrung eintritt (siehe auch Abschnitt 5.5.3). Aus dem in EC 8 angegebenen maximalen Wert des Zugbewehrungsgrads geht hervor, dass dieser proportional zur Betonfestigkeit ist. Die Bemessung der Riegelquerschnitte für zyklische Biegebeanspruchungen hat also ohne große Anforderungen an die Duktilität des Betons auszukommen.

Zur wirklichkeitsnahen Erfassung des Biegewiderstands der Riegel soll auch der Beitrag der in der Deckenebene liegenden Bewehrung berücksichtigt werden. Sonst besteht die Gefahr, dass der erforderliche Schubwiderstand der Riegel und die entsprechende Beanspruchung der Stützen unterschätzt werden. Anhand der Annahme, dass die mitwirkende Plattenbreite infolge von Plastifizierungen drastisch abnimmt, werden in EC 8 folgende Werte der effektiven Breite der Riegel im oberen Bereich empfohlen:

- Für Riegel, die in eine Außenstütze einbinden:

  $b_{eff} = \begin{cases} b_c \\ b_c + 4h_f \end{cases}$, wenn kein Querriegel vorhanden ist (Bild 14.7a), bzw. wenn ein Querriegel mit ähnlichen Abmessungen vorhanden ist (Bild 14.7b).

- Für Riegel, die in eine Innenstütze einbinden:

  Die obigen Werte können um $2\,h_f$ auf jeder Seite des Riegels vergrößert werden.

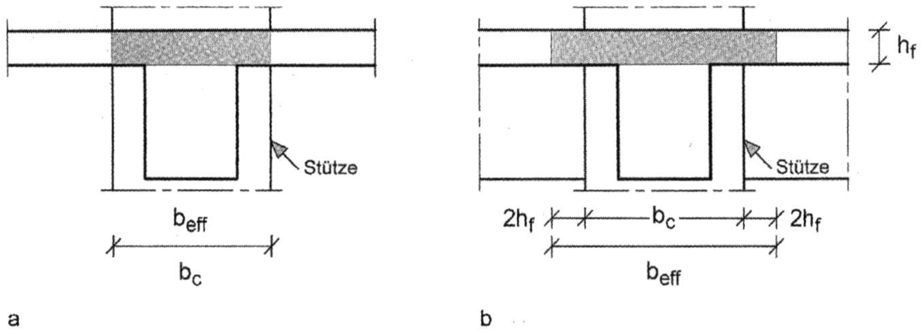

Bild 14.7 Mitwirkende Plattenbreite für Riegel an der Einbindungsstelle in der Stütze
a) Ohne Querriegel
b) Mit Querriegel

Die obere Bewehrung der Endbereiche von Plattenbalken ist innerhalb der Gurtbreite anzuordnen und in den Stützenkern zu führen. Nur ein Teil dieser Bewehrung darf außerhalb der Gurtbreite, aber innerhalb der mitwirkenden Plattenbreite b_{eff} angeordnet werden.

Die Querkräfte werden unter der Annahme ermittelt, dass sich unter der Einwirkung von Vertikallasten und Erdbebenkräften in jeder Spannweite zwei plastische Gelenke entwickeln. Ein Schubversagen bedeutet begrenzte Duktilität und erheblichen Verlust an Verformungsfähigkeit und Energiedissipation. Dieser soll vermieden werden, indem in der Bemessung die Querkräfte, die beim Erreichen der Biegeüberfestigkeit entstehen, verwendet werden. In den plastischen Gelenkzonen beträgt der Wert der Querkrafttragfähigkeit V_{cd} bei Riegeln der Duktilitätsklasse "H" null. Außerhalb der Gelenkzone kann der Wert nach den üblichen Verfahren, z. B. nach EC 2, ermittelt werden. Bei Riegeln der Duktilitätsklasse "M" ist die Querkrafttragfähigkeit in den kritischen Bereichen gleich 40 % des nominellen Werts. Bei Riegeln der Duktilitätsklasse "L" beträgt sie 100 % des nominellen Werts.

Um ein zufriedenstellendes Hystereseverhalten der plastischen Gelenkzonen zu gewährleisten, muss ein vorzeitiges Ausknicken der auf Druck beanspruchten Längsbewehrung verhindert werden. Die Längsstäbe müssen daher durch eine gut verankerte, enge Verbügelung seitlich gehalten und stabilisiert werden. Angaben nach EC 8 zur Umschnürung von Betonriegeln im kritischen Bereich sind in Tabelle 14.1 enthalten.

14.3.1.2 Stützen

Bei der ersten Abschätzung der Stützenabmessungen soll die geometrische Schlankheit (Stützenhöhe zu -breite) nicht kleiner als 8 gewählt werden. Zur ausreichenden Verankerung der in den Knoten durch die Stütze laufenden Riegelbewehrung soll im Allgemeinen die Stützenbreite in der Rahmenebene mindestens den 25fachen Durchmesser der Riegelbewehrung betragen.

Zur Verhinderung von Fließgelenken an den Enden der Stützen eines Geschosses müssen die Stützen in der Lage sein, durch ausschließlich elastische Verformungen das maximale Biegemoment vom angrenzenden Riegelmechanismus aufzunehmen.

$$M_0 = \Phi_0 M_{el} \tag{14.4}$$

M_{el} stellt die elastische Biegebeanspruchung der Stütze unter den horizontalen Ersatzkräften dar. Der Riegel-Überfestigkeitsfaktor Φ_0 wird aus dem Verhältnis zwischen der Summe der Biegewiderstände bei Überfestigkeit des an einer Stütze angeschlossenen Riegels und der Summe der Momente infolge der Ersatzkräfte gebildet.

In einem folgenden Schritt muss der schon erwähnte dynamische Vergrößerungsfaktor γ_{Rd} berücksichtigt werden. Nach EC 8 beträgt der dynamische Vergrößerungsfaktor für Stützen der Duktilitätsklasse "H" unter Biege- und Querkraftbeanspruchung $\gamma_{Rd} = 1{,}35$, für Stützen der Duktilitätsklasse "M" gilt $\gamma_{Rd} = 1{,}20$. Die zwei Beiwerte Φ_0, γ_{Rd} werden in einem Kapazitätsbemessungsfaktor ε zusammengefasst.

$$\varepsilon = \gamma_{Rd} \Phi_0 \tag{14.5}$$

Die Bestimmung des kritischen Biegemomentes infolge der Riegelüberfestigkeit Φ_0 erfolgt unter Berücksichtigung der Tatsache, dass der maßgebende Stützenquerschnitt an der Ober-, bzw. Unterkante des Riegels liegt, und nicht in der Höhe der Riegelachsen. Somit ergibt sich für das maßgebende Bemessungsmoment der Stützen (Bild 14.8)

$$M_{col} = \varepsilon M_{el} - 0{,}3 h_b V_{col} \tag{14.6}$$

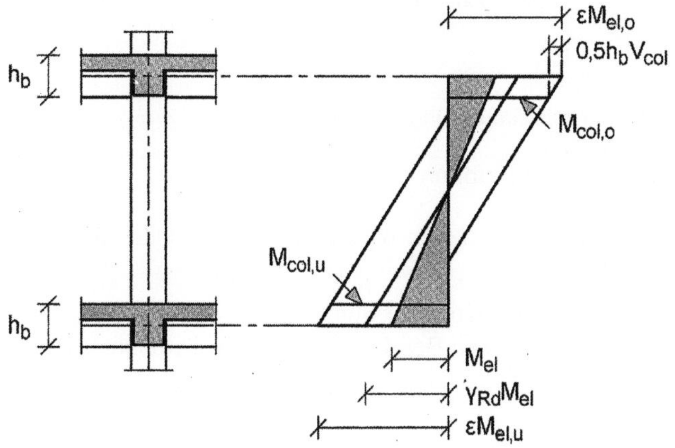

Bild 14.8 Bestimmung des Bemessungs-Biegemomentes an einer Stütze

mit

$$V_{col} = \varepsilon V_E = \frac{M_{el}}{l_{cl}} \tag{14.7}$$

wobei

h_b : Riegelhöhe

V_{col} : Bemessungsmaßgebende Querkraft der Stütze

l_{cl} : Freie Stützenlänge

Gl. (14.6) nimmt an, dass nur 60 % der bemessungsmaßgebenden Querkraft V_{col} gleichzeitig mit dem Bemessungsmoment wirkt.

Um die Verschiebungen zu begrenzen, sind in der Regel relativ gedrungene Stützen erforderlich. Aus konstruktiven Gründen soll der Gehalt der Vertikalbewehrung ρ_{dL} den Wert von 3 % nicht überschreiten. Zur Sicherung des Verbundes bei zyklischer Beanspruchung muss die Verankerung der Stäbe möglichst in Betondruckzonen durchgeführt werden. Bei der Wahl von Stabanzahl und -durchmesser soll neben ausführungsbedingten Aspekten auch beachtet werden, dass für eine wirksame Umschnürung der Stützenendbereiche die Längsstäbe mit relativ engem Abstand über den ganzen Stützenumfang anzuordnen sind. EC 8 schlägt in Abhängigkeit von der Duktilitätsklasse folgende Maximalabstände vor:

- DC "H": $b_i \leq 150$ mm
- DC "M": $b_i \leq 200$ mm
- DC "L": $b_i \leq 250$ mm

Daraus folgt, dass eine Anordnung von Bewehrungsbündeln in den vier Stützenecken nicht erwünscht ist (Bild 14.9a). Die Stäbe sollen über die gesamte Geschosshöhe laufen und am besten durch geschweißte oder mechanische Stöße verbunden werden (Bild 14.9b).

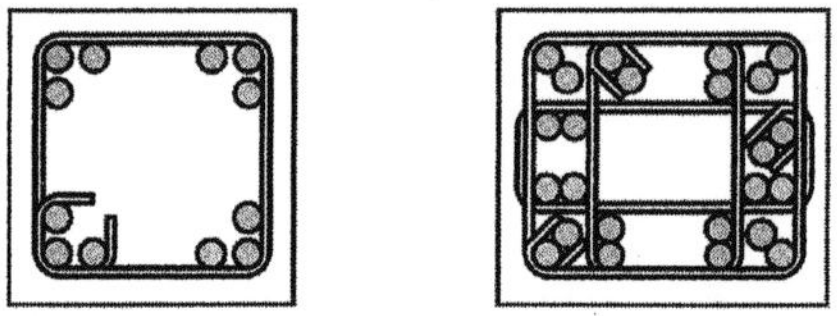

a b

Bild 14.9 Typische Längsbewehrungsanordnung in Stützen
a) Ungeeignete Anordnung in Bündeln
b) Geeignete Anordnung mit Bewehrungsstößen

Zur Bestimmung der Querbewehrung in Stützen wird zwischen folgenden drei Bereichen unterschieden:

- Plastische Gelenkzonen am Fuß und Kopf der Stützen (kritische Bereiche)
- Bereiche anschließend an die kritischen Bereiche (nur für die Betonumschnürung maßgebend)
- Elastische Bereiche

Die Länge von eventuellen plastischen Gelenkzonen ist in den Stützen kleiner als in den Riegeln, da das Biegemoment gegen die Stützenmitte hin stark abnimmt. Besonders wichtig ist, dass in den kritischen Bereichen, vor allem in Erdgeschossstützen, eine wirksame Umschnürungsbewehrung vorhanden ist, damit die erforderliche Rotationsduktilität erreicht wird. Angaben nach EC 8 zur Ausbildung von örtlicher Zähigkeit in Stützen werden in Tabelle 14.2 zusammengefasst.

Tabelle 14.2 Anforderungen zur konstruktiven Ausbildung örtlicher Zähigkeit in Stahlbeton-Rahmenstützen

Örtliche Zähigkeit	"H"	"M"	"L"
Länge der Gelenkzone l_{cr}	$\max\begin{cases}1{,}5d_c\\ \frac{l_{cl}}{5}\\ 600\text{mm}\end{cases}$	$\max\begin{cases}1{,}5d_c\\ \frac{l_{cl}}{6}\\ 450\text{mm}\end{cases}$	$\max\begin{cases}d_c\\ \frac{l_{cl}}{6}\\ 450\text{mm}\end{cases}$
Krümmungszähigkeitsfaktor $\mu_{1/r}$	≥ 13	≥ 9	≥ 5
Durchmesser der Umschnürung d_{bw}	$\geq 0{,}40 d_{bL,max}\sqrt{\frac{f_{ydL}}{f_{ydw}}}$ ≥ 6 mm	$\geq 0{,}35 d_{bL,max}\sqrt{\frac{f_{ydL}}{f_{ydw}}}$ ≥ 6 mm	≥ 6 mm
Abstände der Umschnürung s	$\min\begin{cases}\frac{b_o}{4}\\ 100\text{mm}\\ 5d_{bL}\end{cases}$	$\min\begin{cases}\frac{b_o}{3}\\ 150\text{mm}\\ 7d_{bL}\end{cases}$	$\min\begin{cases}\frac{b_o}{2}\\ 200\text{mm}\\ 9d_{bL}\end{cases}$
$b_c < d_c$ $b_o < d_o$ 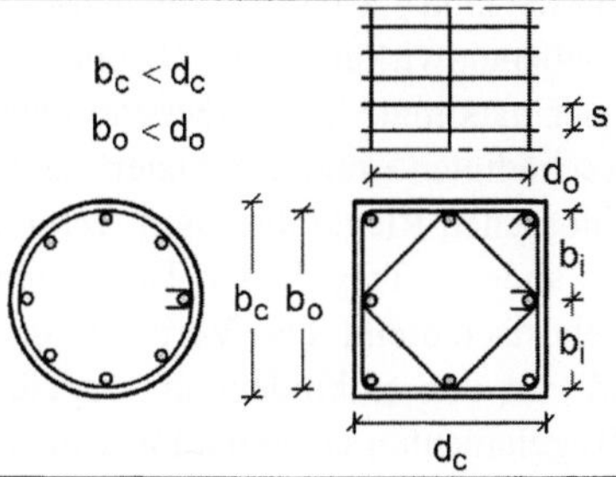	Weitere Bezeichnungen: l_{cl} : Freie Stützenlänge f_{ydL} : Nennwert der Festigkeit der Längsbewehrung an der Streckgrenze f_{ydw} : Nennwert der Festigkeit der Querbewehrung an der Streckgrenze		

Eine wesentliche Verbesserung der Verformungsfähigkeit der Stützen mit ausreichender Längsbewehrung wird auch außerhalb der kritischen Bereiche erst durch die Umschnürung des Betons erreicht. Die Wirkung der Umschnürung beruht darauf, dass sie die durch Längskraft entstehende Querdehnung des Betons verhindert und damit ein dreiachsiger Druckspannungszustand erzeugt wird. Auf diese Weise werden die Druckverformungen des Betons von der Zugverformung der Umschnürung abhängig und der Beton gewinnt zusätzlich zur Plastizität auch an Druck- und Querkrafttragfähigkeit. Die Querbewehrung besteht bei kreisförmigen Querschnitten aus Spiralbewehrung oder kreisförmigen Bügeln, bei rechteckigen Querschnitten aus äußeren und inneren Bügeln und Verbindungsstäben (Bild 14.10). Für an die Gelenkzonen anschließende Bereiche und die elastischen Stützenbereichen soll der vertikale Abstand der Umschnürungsbewehrung den kleinsten der folgenden Werte nicht überschreiten:

$$s = \min \begin{cases} \dfrac{b_o}{2} \\ 400\ \text{mm} \\ 12 d_{bL} \end{cases}$$

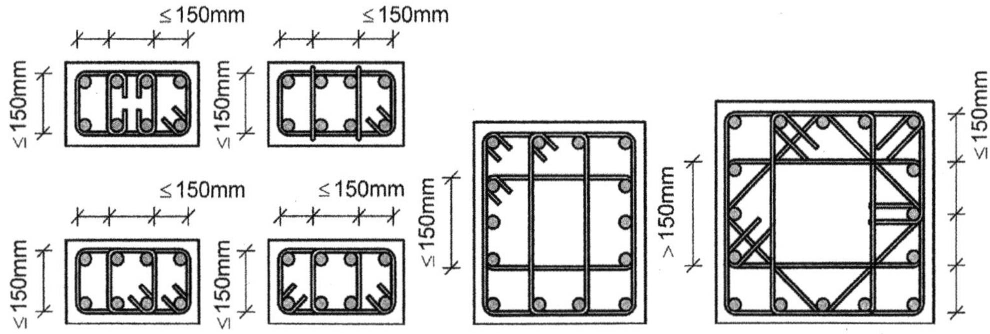

Bild 14.10 Anordnung von Umschnürungsbügeln bei typischen Stützenquerschnitten der Duktilitätsklasse "H"

14.3.1.3 Rahmenknoten

Die Bemessung und konstruktive Ausbildung von Rahmenknoten sind für das elastoplastische Verformungsverhalten des gesamten Tragsystems bei Erdbebeneinwirkung von besonderer Bedeutung. Die Rahmenknoten dürfen nicht schwächer als der maximale Tragwiderstand des schwächsten damit verbundenen Tragelementes sein. Ein beschädigter Knoten reduziert nämlich an erster Stelle die Energiemenge, die durch die angeschlossenen Riegel dissipiert werden kann, und erfordert einen größeren Reparaturaufwand als die anderen Tragglieder. Deswegen sollen die Knoten so ausgelegt werden, dass der Knotenkern elastisch bleibt. Das Verhalten des Knotens wird bezüglich Schubbeanspruchung und Verbund von den einbindenden Tragelementen beeinflusst. Die Schnittkräfte in den angrenzenden Tragelementen erzeugen im Knoten horizontale und vertikale Querkräfte und Schubspannungen, die im Knotenkern schräge Risse hervorrufen. Dabei erfolgt die Kraftübertragung durch folgende Mechanismen (Bild 14.11):

- Diagonalstrebenmechanismus bei elastischen Knoten
- Umschnürungsmechanismus bei nicht elastischen Knoten

Der Diagonalstrebenmechanismus ist maßgebend, wenn sich in den Riegel-Endquerschnitten Biegerisse mit geringer Rißbreite entwickeln, die sich nach der Beanspruchung wieder schließen. Die horizontalen Druckkräfte in den Riegeln werden dann durch die Betondruckzone übertragen und mit den vertikalen Kräften der Stützen-Druckzone kombiniert. So wird eine Beton-Druckdiagonale gebildet, die innerhalb des Knotens in Gleichgewicht steht. Der primäre Zweck der Knotenschubbewehrung ist die Erhöhung des Schubwiderstands über den Beitrag der Betondruckdiagonalen hinaus.

Der Umschnürungsmechanismus stellt sich durch breite Biegerisse und starke Plastifizierungen in den Riegel-Endquerschnitten ein. Das Eindringen des Fließens der Bewehrung in den Knoten von beiden Seiten aus führt zu hohen, konzentrierten Verbundspannungen in der Beweh-

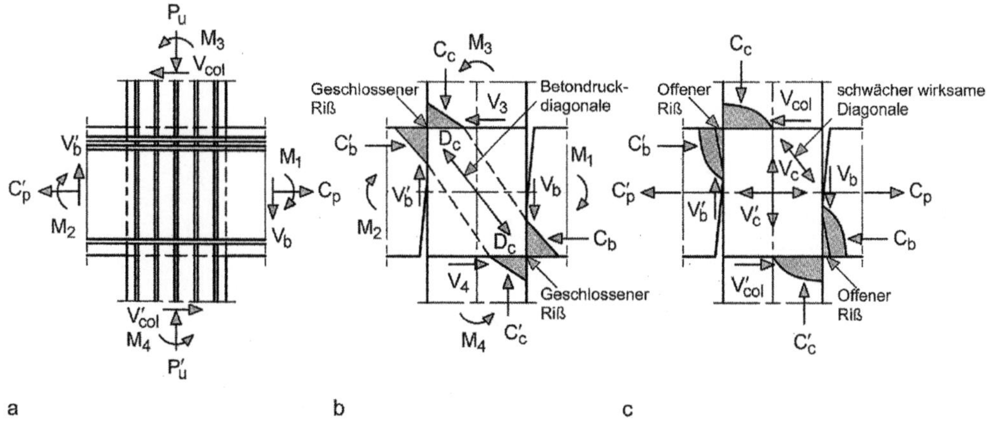

Bild 14.11 Rahmenknotenbeanspruchung
a) Schnittkräfte
b) Elastischer Rahmenknoten
c) Nicht elastischer Rahmenknoten

rungsstabmitte, die zu ausgedehnten Diagonalrissen innerhalb des Knotenkerns führen können. Bei nicht elastischen Verschiebungen des Rahmens muss also die Knotenschubbewehrung einen wesentlich größeren Teil der gesamten horizontalen Knotenquerkraft aufnehmen. Wird der erforderliche Tragwiderstand der Schubbewehrung unterschätzt, kommt es zu einem Versagen der Knotenquerbewehrung infolge Zugbeanspruchung. Nicht elastische Knoten, die von unmittelbaren Plastifizierungen gefährdet sind, werden in EC 8 den Duktilitätsklassen "H" und "M" untergeordnet (Tab. 14.3).

Tabelle 14.3 Anforderungen zur konstruktiven Ausbildung örtlicher Zähigkeit in Stahlbeton-Rahmenknoten

Örtliche Zähigkeit	"H"	"M"	"L"
Durchmesser der Umschnürung d_{bw}	$\geq$ 6 mm	$\geq$ 6 mm	wie Stützen DC "L"
Abstände der Umschnürung s	$\min\left\{\begin{array}{l}\frac{h_c}{4}\\ 100\text{mm}\end{array}\right.$ Bei 4 Riegeln: $\min\left\{\begin{array}{l}\frac{h_c}{2}\\ 150\text{mm}\end{array}\right.$	$\min\left\{\begin{array}{l}\frac{h_c}{2}\\ 150\text{mm}\end{array}\right.$	wie Stützen DC "L"
Anzahl Längsbewehrungsstäbe zwischen Eckstäben	$\geq$ 1	$\geq$ 1	$\geq$ 1
Abstände der Längsbewehrung b_i	$\leq$ 150 mm	-	-
	Bezeichnungen: h_c : Stützenbreite		

In der Regel ist die erforderliche horizontale Schubbewehrung des Knotens wesentlich größer als diejenige in den Stützen. Bei der konstruktiven Ausbildung soll beachtet werden, dass die Bügel innerhalb der wirksamen Knotenbreite liegen (Bild 14.12).

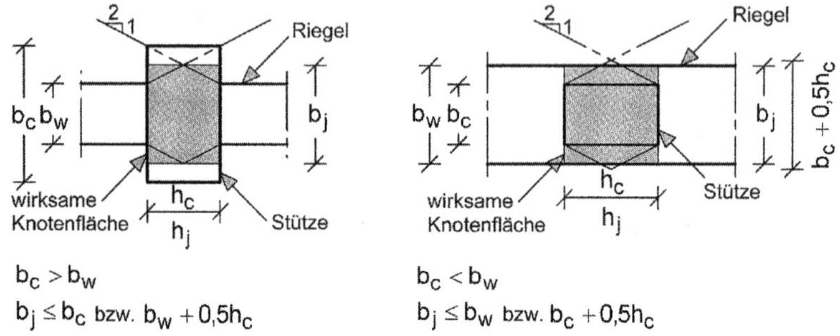

Bild 14.12 Wirksame Knotenbreite

Erfordern große Schubbeanspruchungen, vor allem bei inneren Rahmenknoten, große Mengen an horizontaler Schubbewehrung, deren Verlegen zu erheblichen Ausführungsschwierigkeiten führen würde, dann soll auf Alternativlösungen der Bewehrungsführung zurückgegriffen werden. Eine erste Alternative, die insbesondere für ebene Rahmen günstig ist, bietet die diagonale Knotenschubbewehrung an. Demnach wird ein Teil der Biegebewehrung der Riegel mit maximaler Neigung von 45° abgebogen und diagonal durch den Knoten geführt (Bild 14.13). Die Stäbe werden unter zyklischer Beanspruchung auf Zug, bzw. auf Druck, eventuell bis zum Fließen beansprucht. Somit werden kaum Verbundkräfte auf den Beton des Rahmenknotens übertragen.

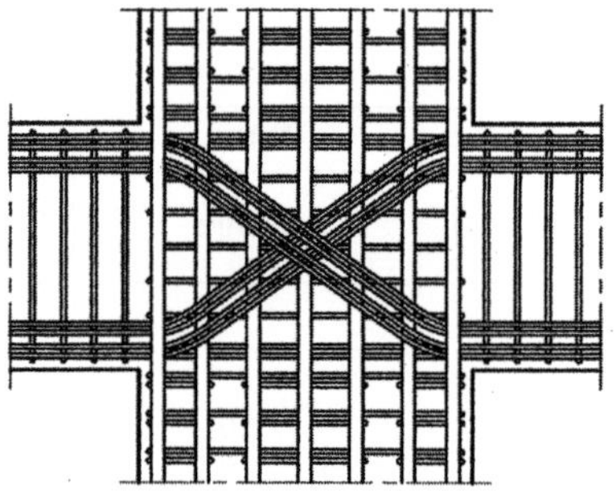

Bild 14.13 Rahmenknoten mit diagonal verlaufender Riegelbewehrung

Eine weitere Lösungsmöglichkeit bieten Riegelverbreiterungen durch horizontale Vouten an, so dass relativ dicke Bewehrungsstäbe verwendet werden, die zum Teil außerhalb des eigentlichen Knotenkerns liegen dürfen (Bild 14.14). In den meisten Fällen wird von den äußeren Bügeln mit großem Stabdurchmesser eine ausreichende Umschnürung des Betons erreicht, so dass die eigene Umschnürung der Stütze im Knotenbereich nicht durchgezogen wird.

Bei Außenknoten verlagert sich die Problematik der Bewehrungsführung auf eine angemessene Verankerung der Längsbewehrung. Im Gegensatz zu Innenknoten wären nämlich bei Außen-

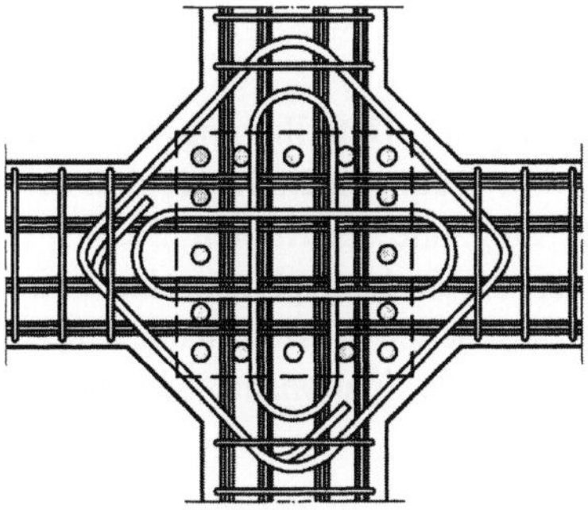

Bild 14.14 Knotenbewehrung mit Riegelverbreiterungen

knoten die Folgen eines Verbundversagens katastrophal, da dieses zum Ausreißen der Riegelbewehrung führen würde. Aus diesem Grund ist die Riegelbewehrung in den Außenstützen mit einer verbundfreien Länge l_{dh} vom zehnfachen Stabdurchmesser zu sichern und durch ihre Abbiegung kraftschlüssig im Knoten zu verankern. Bei einer ungenügend großen Stützenbreite können folgende Zusatzmaßnahmen vorgesehen werden:

- Die Riegel kragen um ein kurzes Stück über die Randstütze aus. Dadurch kann die gebogene obere und untere Längsbewehrung der Riegel im Betonbereich angeordnet werden, der nicht schubbeansprucht ist (Bild 14.15a).
- Die Enden der Bewehrungsstäbe werden an vertikal liegenden Ankerplatten geschweißt (Bild 14.15b).
- Auf der Innenseite der Abbiegung werden kurze Stäbe angeordnet, so dass der gedrückte Beton innerhalb der Abbiegung gegen vorzeitiges Spalten und entsprechende Zerstörung gesichert ist (Bild 14.15c).

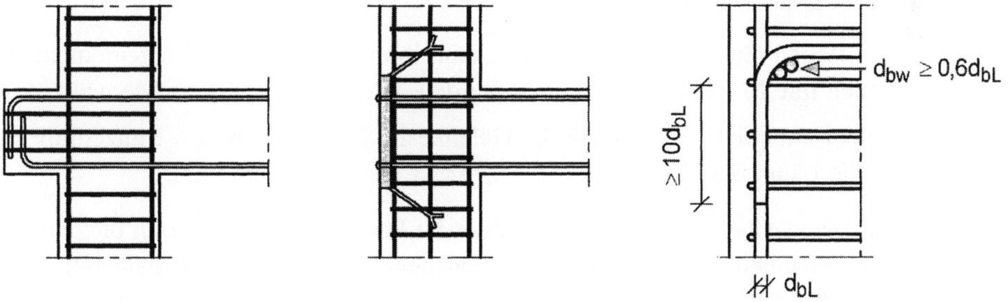

a b c

Bild 14.15 Zusatzmaßnahmen zur Verankerung der Riegelbewehrung in Außenknoten

14.3.2 Stahlbauweise

Biegesteife Stahlrahmen sind im Allgemeinen erheblich weicher als entsprechende Stahlbetonrahmen. Aufgrund der Tatsache, dass der Stahl zu verhältnismäßig leichten Skelettbauten führt und eine große Festigkeit und Duktilität aufweist, sind Stahlrahmen grundsätzlich sehr geeignet für Erdbebeneinwirkungen. So erhalten regelmäßige, biegesteife Mehrgeschossrahmen nach

EC 8 einen Verhaltensbeiwert von 6 und sind wie alle Stahltragwerke lediglich nach einem dissipativen oder nichtdissipativen Verhalten auszulegen.

Das Hauptproblem, das sich bei der Dimensionierung und Detaillierung von Stahltragwerken unter Erdbebenlasten stellt, ist die Vermeidung von frühzeitigen Instabilitätserscheinungen. Instabilitätsfälle, wie lokales Beulen der zentralen Stegzone der Knoten, Steg-, Flanschbeulen und Kippen der Riegel und Biegeverformungen der Verbindungsplatten, dürfen im Extremfall nur dann erscheinen, wenn der größte Teil der plastischen Verformbarkeit der Riegelquerschnitte erschöpft ist. Anderenfalls stellt sich keinen Dissipationsmechanismus ein und das Tragwerk kann „sprödartig" versagen.

Zur Sicherung gegen lokale Instabilität sind folgende Maßnahmen erforderlich:

- Die Wahl von Profilen mit ausreichend großen Flansch- und Stegdicken.
- Die Beschränkung der Schlankheit von Druckstäben auf den Wert von $\lambda = 150$.
- Die Verstärkung von Stegen und Flanschen in Knoten- und Anschlußbereichen durch symmetrisch angeordneten Stahlplatten (Bild 14.16).
- Die Abminderung der Abstände zwischen seitlich festgehaltenen Punkten der Druckstäbe.

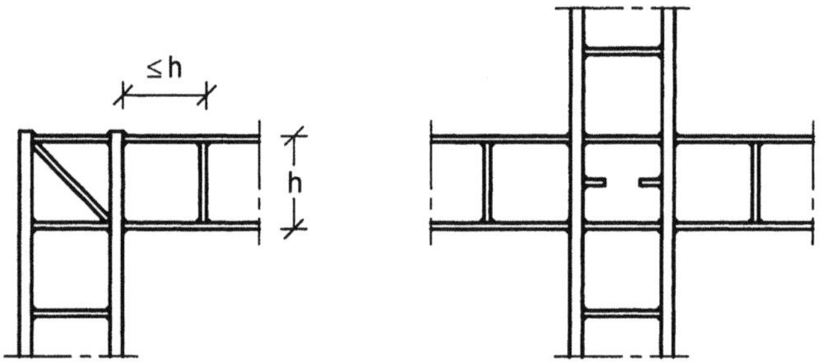

Bild 14.16 Verstärkungsdetails von Stahlrahmenknoten

Die Länge des plastischen Gelenks in den Riegeln kann in einem skalierten Biegemomentendiagramm als Bereich mit $M \geq 0{,}85M_{pl}$ ermittelt werden, wobei das plastische Moment M_{pl} dem Maximalmoment entspricht. Für plastische Gelenke in Stützen, bzw. am Stützenfuß im Erdgeschoss, wird die Länge als Bereich mit $M \geq 0{,}75M_{pl}$ bis $1{,}0M_{pl}$ ermittelt.

Die Methode der Kapazitätsbemessung erfordert, dass die Festigkeit aller elastisch bleibenden Anschlüsse und Tragelemente über den Schnittgrößen liegt, die sich bei dem hysteretischen Verhalten des Systems einstellen. Dabei ist, wie bei den Stahlbetontragwerken, zu beachten, dass die ausschlaggebenden plastischen Schnittgrößen für die wirkliche Streckgrenze des eingebauten Werkstoffs und nicht für den sonst in der Bemessung üblichen Mindestwert der Streckgrenze gelten. Für die elastischen Bauteile wird ein Überfestigkeitsfaktor von 1,20 empfohlen.

Von entscheidender Bedeutung für das Tragverformungsverhalten von Stahlrahmen unter Horizontalbeanspruchung ist neben der Forderung nach Festigkeit auch die entsprechende konstruktive Ausbildung der Knotenverbindungen. Die hohe Schubbeanspruchung der Rahmenknoten führt nämlich unter Erdbebenlasten vielfach zu großen Schubverformungen, die das Verformungsbild der Tragsysteme wesentlich bestimmen und somit für das Energiedissipationsvermögen der Systeme maßgebend sind (Bild 14.17).

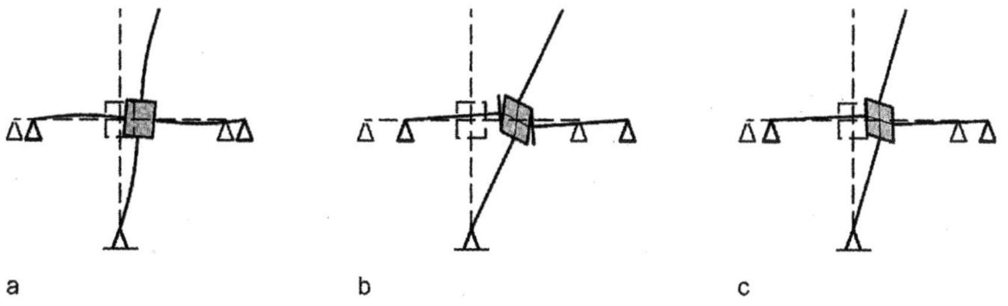

Bild 14.17 Horizontale Verschiebungen von Stahlrahmen
a) Knotenverschiebungsanteil
b) Knotenverdrehungsanteil
c) Knotenverformungsanteil

Zur Erfassung des Last-Verformungsverhaltens von Rahmenknoten werden in erster Linie die Stützen-Riegel Verbindungen durch drei Kenngrößen charakterisiert: Anfangssteifigkeit, Tragfähigkeit und Verformungsvermögen. Danach werden die Verbindungen nach ihrer Festigkeit

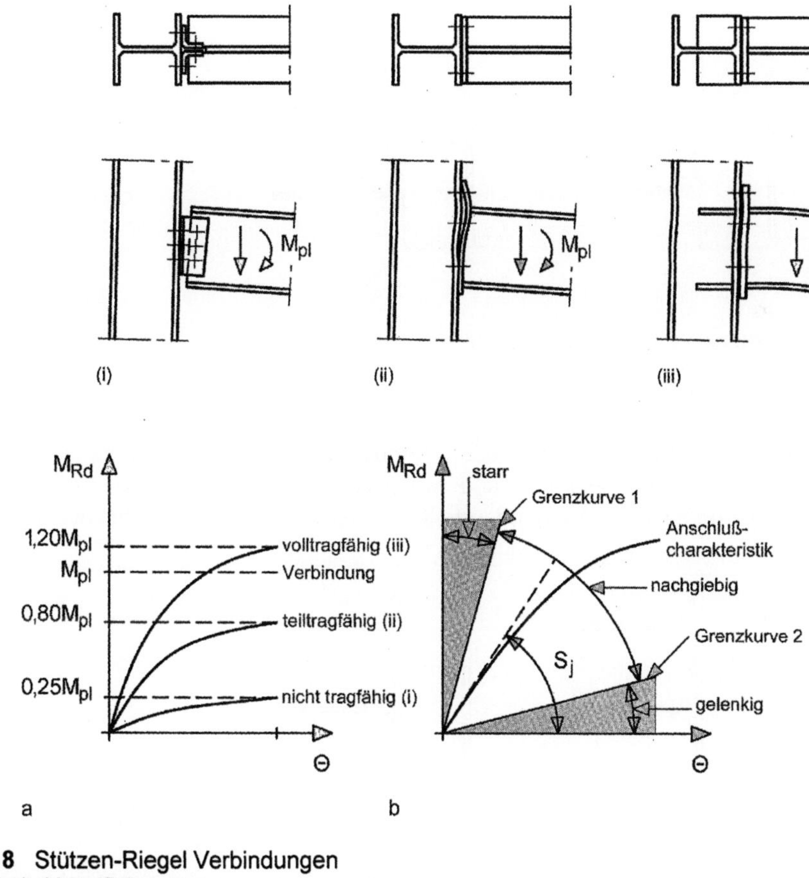

Bild 14.18 Stützen-Riegel Verbindungen
a) Festigkeitsklassifizierung
b) Steifigkeitsklassifizierung

in gelenkige, teiltragfähige und volltragfähige und nach ihrer Steifigkeit in gelenkige, nachgiebige und starre Verbindungen unterschieden (Bild 14.18).

Gelenkige Knotenverbindungen sind flexibel und übertragen nur Schubkräfte. Sie können aus seitlichen vertikalen oder horizontal liegenden Winkelstahlprofilen gebildet werden (Bild 14.19). Die Rotationskapazität der Verbindungen ist von derjenigen der Stahlwinkel abhängig. Für eine Rotationskapazität von 25 % des plastischen Momentes des anschließenden Riegels ist eine geringe Stärke der Verbindungsprofile und ein relativ großer horizontaler Zwischenabstand der Verbindungsmittel notwendig.

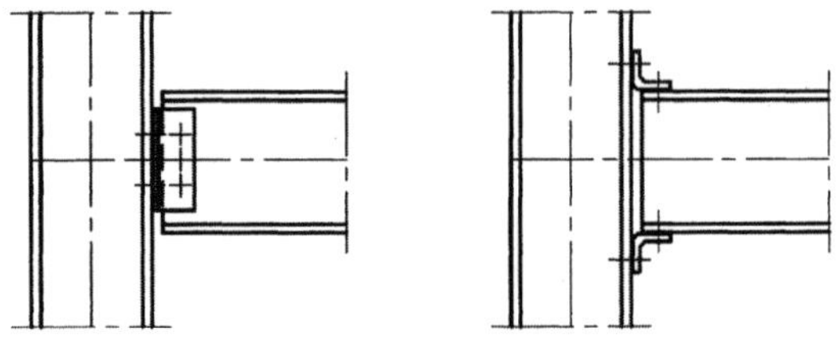

a

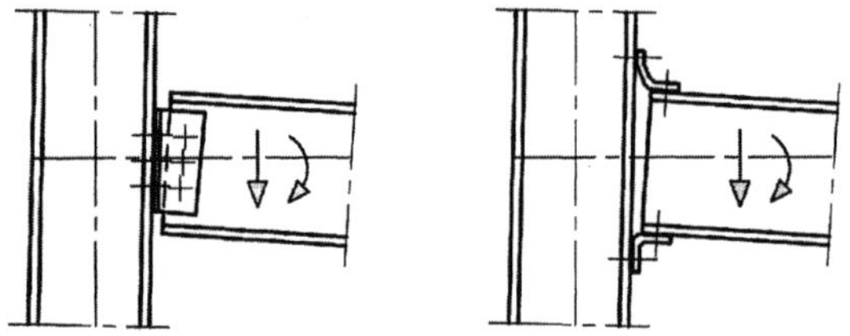

b

Bild 14.19 Gelenkige Knotenverbindungen
a) Konstruktive Ausbildung
b) Verformungsverhalten

Bei nachgiebigen (teiltragfähigen) Knotenverbindungen können zur Übertragung der Biegemomente und Schubkräfte senkrecht und waagerecht angeordnete Winkelprofile verwendet werden. Eine häufig benutzte Alternative stellt der Anschluss mit Stirnplatten dar (Bild 14.20).

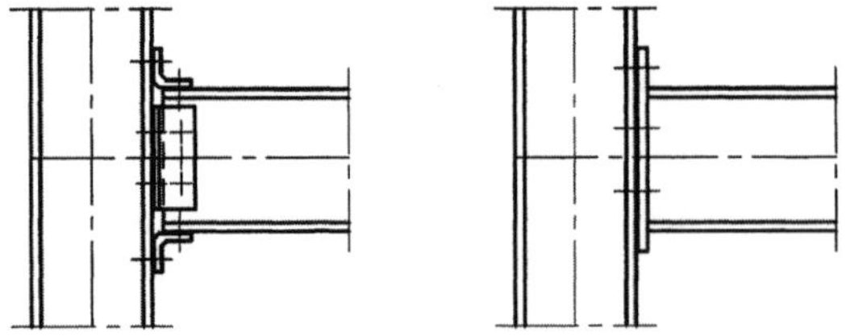

Bild 14.20 Konstruktive Ausbildung nachgiebiger Knotenverbindungen

Die Steifigkeit und Rotationskapazität von nachgiebigen Verbindungen ermöglichen eine Tragfähigkeit, die zwischen 25 bis 80 % der Tragfähigkeit des anschließenden Riegels beträgt. Die

Rotationskapazität der Verbindung ist von der Anzahl der zugbeanspruchten Verbindungsmittel abhängig. Aufgrund der Verformungen des Stützenflansches können nur die äußeren Verbindungsmittel des Riegels maximal beansprucht werden (Bild 14.21a). Aus diesem Grund soll der Stützenflansch immer verstärkt werden, wenn seine Festigkeit kleiner als diejenige des Befestigungswinkels ist (Bild 14.21b).

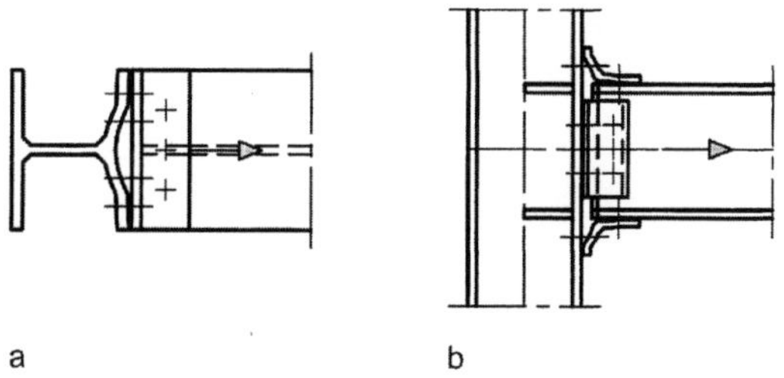

Bild 14.21 Verformungsverhalten nachgiebiger Knotenverbindungen
a) Weicher Stützenflansch
b) Steifer Stützenflansch

Die nicht elastische Rotationskapazität von nachgiebigen Knoten wird von der zyklischen Beanspruchung stark beeinflusst. Wie im Bild 14.22 anhand einer Stirnplattenausführung dargestellt ist, bewirkt der erste Belastungshalbzyklus ein plastisches Gelenk an der Stirnplatte, wenn sich der Riegel um einen gegenüberliegenden Punkt entsprechend rotiert. Bei voller Entlastung ist eine Restverschiebung festzustellen. Nach Umkehr der Belastung entwickelt sich in der Stirnplatte eine Druckbeanspruchung, die in ihrem maximalen Wert die Restverschiebung auf null setzt. Am Ende vom Belastungszyklus verbleibt wiederum eine Restverschiebung in der Verbindung. Der Beginn vom zweiten Belastungszyklus geht mit dieser Anfangsverschiebung aus, so dass eine kleinere Druckbeanspruchung zur konstanten Endverschiebung erforderlich ist. Die allmähliche Verringerung der Rotationskapazität der Verbindung und die Akkumulation einer verbleibenden Rotation bewirken nach einigen Belastungszyklen den Bruch der Verbindung. Dieser kann bei Erdbeben vom Ein-Impuls-Typ bereits im ersten Belastungszyklus, bei Erdbeben vom Ein-Satz-Impuls-Typ nach 2 bis 3 Belastungszyklen erfolgen. Im Falle von Erdbeben mit großer Epizentraldistanz entwickelt sich der Bruch erst nach 5 bis 10 Belastungszyklen [14.5].

Starre (volltragfähige) Knotenverbindungen können als angeschweißte und/oder geschraubte Verbindungen oder Stirnplattenverbindungen ausgeführt werden (Bild 14.23). Der Vorteil von angeschweißten Verbindungen liegt darin, dass keine Querschnittsschwächung vorhanden ist und der Kräftefluß nicht erst über Anschlusswinkel oder andere Verbindungselemente geleitet wird. Als Nachteil tritt die Möglichkeit von Fehlstellen und die Abhängigkeit der Güte der Schweißnaht von der fachgerechten Ausführung auf.

Bei starren Knotenverbindungen steigt mit zunehmender Knotenverdrehung das aufnehmbare Moment sehr schnell an und erreicht mindestens 80 % der Momententragfähigkeit des anschließenden Riegels. Diese Tragfähigkeit bleibt auch bis zu einer vollen Verdrehung erhalten. Unter Wechselbelastung werden starre Verbindungen stark auf Biegung beansprucht und die Risse entwickeln sich in der Schweißnaht und in den Stützen- und Riegelflanschen (Bild 14.24). Wie bereits erwähnt, entwickeln sich die Risse bei einem schwachen Knotensteg im Knoten und nicht im Riegelendbereich.

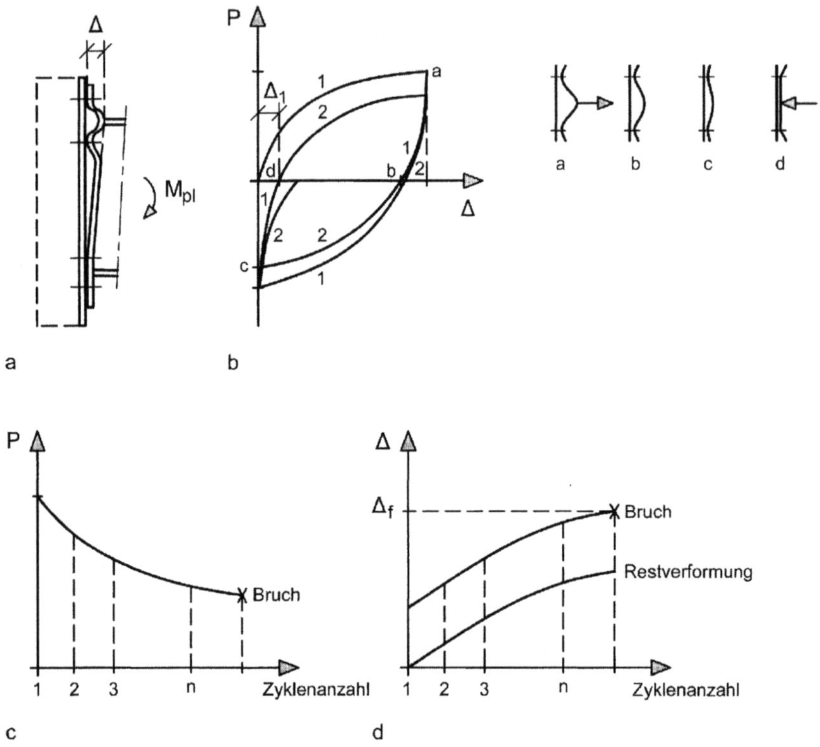

Bild 14.22 Einfluss der zyklischen Belastung bei nachgiebigen Rahmenknoten
a) Statisches Verformungsverhalten
b) Kraft-Verschiebungsdiagramm
c) Kraft-Zyklenanzahl Diagramm
d) Verschiebungs-Zyklenanzahl Diagramm

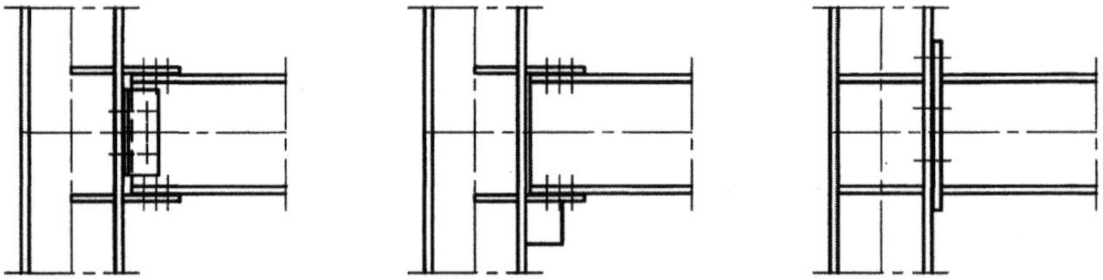

Bild 14.23 Konstruktive Ausbildung starrer Knotenverbindungen

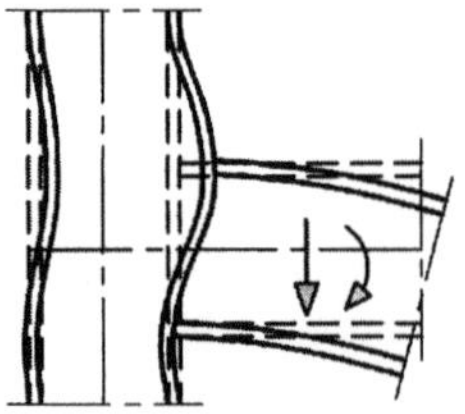

Bild 14.24 Verformungsverhalten starrer Knotenverbindungen mit weichem Stützenflansch

Für Erdbebeneinwirkungen wird davon ausgegangen, dass plastische Gelenkzonen in den Stahlbauteilen und nicht in den Verbindungen auftreten. Nach den Stahlbaunormen, z. B. nach Euronorm 3, sind jedoch nachgiebige Anschlüsse möglich, wobei diese Anschlüsse im Sinne der plastischen Bemessung im Vergleich zum Riegelquerschnitt nur teiltragfähig sind. In so einem Fall wird für den plastischen Mechanismus die Tragfähigkeit des Knotens anstatt des Riegels bestimmend; das plastische Gelenk entsteht nicht neben, sondern im Knoten.

Offensichtlich bewirken nachgiebige Knoten im elastischen Beanspruchungsbereich eine gleichmäßige Ausnutzung der Knoten und Riegelquerschnitte, da diese vergleichsmäßig weniger Beanspruchung „anziehen". Durch Verwendung nachgiebiger Anschlüsse sind wirtschaftlichere Konstruktionen in zweifacher Hinsicht möglich: Riegelprofile können kleiner gewählt werden und der Verzicht auf Knotenverstärkungen hat weniger Fertigungsaufwand als Folge. Nach EC 8 sollen die Wirksamkeit und die Tragfähigkeit solcher Verbindungen unter zyklischer Belastung erst durch Versuche nachgewiesen werden. Aufgrund der Instabilitätsgefahr infolge von Knotenplastifizierungen wird eine Anwendung derartiger Mechanismen nur bei sekundären Rahmen empfohlen, die von Erdbeben mittlerer Stärke beansprucht werden.

14.3.3 Stahl-Beton-Verbundbauweise

Biegesteife Rahmen in Stahl-Beton-Verbundbauweise bestehen aus ein- oder ausbetonierten Stahlprofilen. Zur Erdbebenauslegung folgen sie in der Regel den gleichen Anforderungen der Kapazitätsbemessung wie die Stahlrahmen. Ein wesentlicher Vorteil besteht darin, dass die örtliche Stabilität der Stahlteile durch den Verbund gewährleistet wird.

Regelmäßige Verbundrahmen mit dissipativem Verhalten werden nach EC 8 mit einem Verhaltensbeiwert von 6 gekennzeichnet und können nach zwei Konzepten ausgelegt werden:

- Die Stahlteile allein besitzen ein ausreichendes Maß an Tragfähigkeit und Duktilität. Die Tragfähigkeit des Stahlbetons spielt im plastischen Beanspruchungsbereich eine untergeordnete Rolle, da ein Druck- oder Schubversagen der Betonteile vor dem Plastifizieren der Stahlteile erwartet wird.
- Die Rahmen entwickeln durch das Plastifizieren der Stahlteile und/oder des Bewehrungsstahls eine ausreichend große Rotationsfähigkeit, während die Tragfähigkeit der Betonteile erhalten bleibt.

Obwohl in beiden Konzepten die Steifigkeit und die Plastifizierungslast der Stahlteile allein für die Energiedissipation ausschlaggebend sind, soll bei der Festlegung der Überfestigkeit der elastischen Bauteile die Tragfähigkeit des Stahlbetons und jede mögliche Verbundwirkung in den plastischen Gelenkzonen berücksichtigt werden.

Für dissipative Verbundbauteile, bei denen der Betonteil berücksichtigt ist (2. Konzept), sollen alle plastifizierbaren Druckglieder so konstruiert sein, dass die Stahlprofile vollkommen ausbetoniert sind oder die Betonteile nach den Regeln der Stahlbetonbauweise durch eine enge Verbügelung umschnürt sind. Die Verbindung des Betons mit den Stahlprofilen erfolgt über Bügel, die an die Stahlteile angeschweißt sind.

14.4 Ausgesteifte Stahlrahmen

Ausgesteifte Stahlrahmen ergeben in ihrer klassischen Form Fachwerke mit Diagonalverbänden. Sie sind steifer als Rahmen, aber weicher als Stahlbetonwandscheiben. Im Vergleich zu

K- oder V-Aussteifungsverbänden bewirken X-Verbände, bezogen auf das Gewicht der Tragkonstruktion, die größte horizontale Steifigkeit.

In Hinsicht auf die Knotengestaltung wird zwischen Fachwerken mit zentrischen und exzentrischen Verbandsanschlüssen unterschieden (siehe auch Abschnitt 13.2.2.2). Eine Sonderkategorie bilden biegesteife Rahmen, die durch Diagonalen oder Streben ausgesteift sind. Bei solchen hybriden Systemen beteiligen sich die Tragelemente bei der Horizontallastabtragung nach ihren Steifigkeitsverhältnissen. Die Riegel werden in der Regel von ihren Biegebeanspruchungen entlastet. Ausgesteifte biegesteife Rahmen besitzen eine große Steifigkeit mit dominanten Biegeverformungen und ihr plastischer Mechanismus enthält Plastifizierungen sowohl in den Aussteifungselementen als auch im Riegelbereich.

14.4.1 Fachwerke mit zentrischen Verbandsanschlüssen

Fachwerke mit zentrischen Verbandsanschlüssen zeigen bei zyklischer Beanspruchung im plastischen Bereich ein ungünstiges und wenig duktiles Verhalten. Dies hängt damit zusammen, dass in jedem Belastungszyklus nur die gezogenen Diagonalen den plastischen Verformungen ausgesetzt werden, da die schlanken Druckdiagonalen ausknicken. Demzufolge sind die Tragsysteme so auszulegen, dass die Plastifizierung der Zugdiagonalen vor der Plastifizierung oder dem Knicken der anderen Komponenten und vor dem Versagen der Verbindungen eintritt. Für alle elastischen Tragelemente gilt ein Überfestigkeitsfaktor von 1,20.

Das Verformungsverhalten von Fachwerken mit zentrischen Diagonalenanschlüssen verbessert sich mit abnehmender Schlankheit bzw. zunehmender Knickfestigkeit der Diagonalen. Um eine möglichst hohe Energiedissipation zu erzielen, soll die aufnehmbare Druckkraft der Diagonalen mindestens der Hälfte ihrer erforderlichen Tragfähigkeit für Zugbeanspruchung entsprechen. Der nach EC 3 definierte, bezogene Schlankheitsgrad sollte aber auf jeden Fall auf $\bar{\lambda} \leq 1{,}5$ begrenzt werden, um elastisches Knicken vorzubeugen.

Werden die hier genannten Bemerkungen auf die Geometrie der Fachwerkstrukturen bezogen, ergibt sich, dass Diagonalverbände dissipative Bereiche ausschließlich in den Zugdiagonalen bilden und sie verleihen den Fachwerksystemen nach EC 8 einen Verhaltensbeiwert von 4 (Bild 14.25a). V-Verbände können hingegen plastische Gelenkzonen sowohl in den Zug- als auch in den Druckdiagonalen entwickeln. Sie ergeben jedoch niedrig energiedissipative Systeme mit einem Verhaltensbeiwert von 2 (Bild 14.25b). Fachwerke mit Druck-Zugdiagonalen in Form von K-Verbänden müssen für die Ersatzkräfte ohne Abminderung bemessen werden, da sie mit einem Verhaltensbeiwert von 1 als nichtdissipativ betrachtet werden (Bild 14.25c).

Zur Erhöhung der Duktilität von Fachwerken mit zentrischen Verbandsanschlüssen konzentriert man sich auf eine entsprechend duktile Ausbildung der Anschlüsse. In der Vergangenheit wurden verschiedene konstruktive Details vorgeschlagen, die darauf zielen, dass die plastischen Gelenkzonen lediglich in Verbindungsgliedern der Diagonalen entstehen. Stellvertretend für diese Richtung sind folgende Mechanismen:

- Diagonalenanschlüsse an Querstäben, die an die Riegel und Stützen biegesteif verbunden sind. Die Druck- und Zugkräfte der Diagonalen bewirken die Plastifizierung der Querstäbe durch Biegemomente (Bild 14.26a).
- Einführung von plastifizierungsfähigen Elementen in Form von Rahmen in den Kreuzungspunkten der Diagonalen (Bild 14.26b).
- Einführung ringförmiger Elemente an den Diagonalenanschlußpunkten, die aufgrund ihrer Biegebeanspruchung als erste plastifizieren (Bild 14.26c).

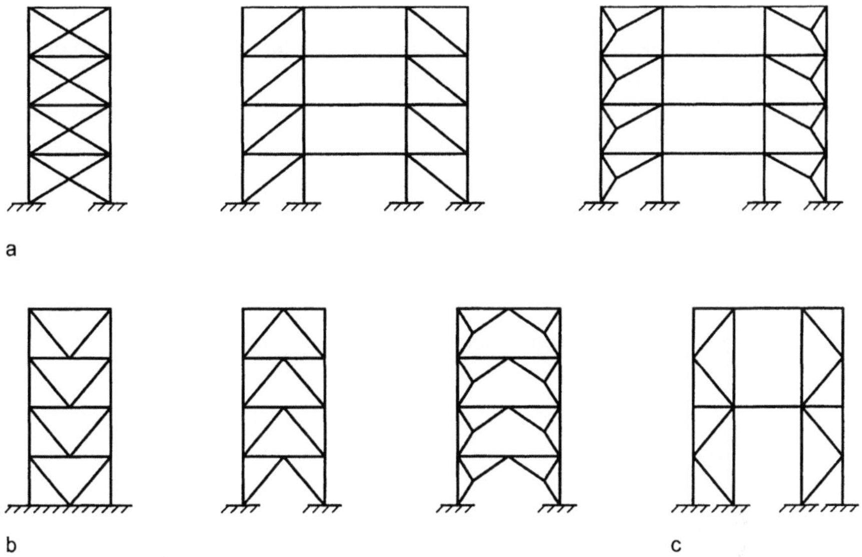

Bild 14.25 Fachwerke mit zentrischen Verbandsanschlüssen
a) Diagonalverbände
b) V-Verbände
c) K-Verbände

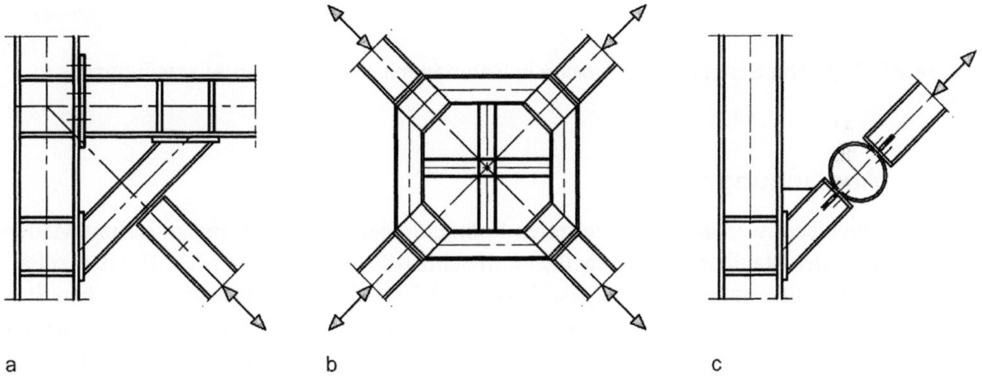

Bild 14.26 Fachwerke mit zentrischen duktilen Anschlüssen
a) Aus Querstäben
b) Aus Rahmenelementen im mittleren Feld
c) Aus ringförmigen Elementen

14.4.2 Fachwerke mit exzentrischen Verbandsanschlüssen

Das elastische Verformungsverhalten von Fachwerken mit exzentrischen Diagonalenanschlüssen ähnelt demjenigen von zentrisch angeschlossenen Fachwerken. In Hinblick auf das Verhalten im plastischen Bereich wird die Energiedissipation bei den erstgenannten Systemen über Plastifizierungen in den Riegeln durch Biegemomente erzielt (Bild 13.29). EC 8 ordnet Fachwerke mit exzentrischen Verbandsanschlüssen einem maximalen Verhaltensbeiwert von 6 ein.

Nach der Methode der Kapazitätsbemessung wird sichergestellt, dass die Plastifizierungen in Form von Schubgelenken im Riegelsteg oder Biegegelenken in den Riegeln vor der Plastifizierung der anderen Komponenten eintreten. Dies bedeutet, dass alle übrigen Bauteile stabil und elastisch bleiben, indem sämtliche Stäbe nicht knicken oder durch Axialkräfte fließen dürfen.

Zur Verhinderung von lokalen Instabilitäten im kritischen Riegelbereich werden die plastischen Schub- bzw. Biegegelenkzonen in möglichst gleichmäßigen Abständen verstärkt (Bild 14.27). Wenn die Duktilitätsanforderungen nicht sehr groß sind, d. h. bei niedriger Bemessungs-Erdbebeneinwirkung, können die Verstärkungsplatten nur am Riegelsteg angebracht werden (reines Schubgelenk). Das Verhalten von Schubgliedern unter zyklischer Belastung ist hauptsächlich vom Verhältnis der Länge l zur Stärke t der Verstärkungsplatten abhängig. Bei $l / t < 20$ ist die Energiedissipation überdurchschnittlich groß.

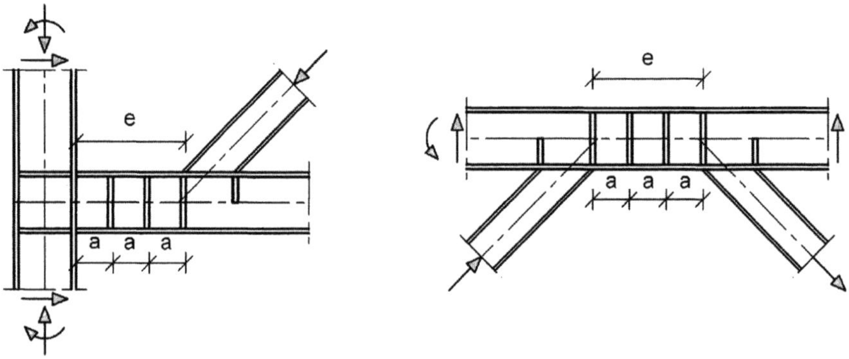

Bild 14.27 Typische Schubgelenkbereiche in Rahmen mit exzentrischen Aussteifungsanschlüssen

14.4.3 Ausfachungen

In Erdbebengebieten werden öfters die freien Rahmenfelder ausgefacht, indem sie mit Mauerwerkswänden oder Stahlbetonwandscheiben kraftschlüssig verbunden werden. Bei den entstehenden Systemen übernehmen die eingeschlossenen Wandscheiben aufgrund ihrer hohen Steifigkeit nahezu die gesamte Erdbebenlast. Nach mehreren stärkeren Lastzyklen ist aber die Wandscheibe zerrüttelt und ihre Widerstandsfähigkeit durch sich kreuzende Schrägrisse, die sich oft zu weiten Klaffungen verbreiten, erschöpft (siehe auch Abschnitt 13.3.2.1). Eine Entfaltung der duktilen Rahmenwirkung ist bei diesen Tragsystemen nicht möglich, da nach dem spröden Versagen der Wandscheiben die Rahmen übermäßig belastet werden. Aus diesem Grund werden biegesteife Stahlrahmen mit Ausfachungen in Mauerwerk oder Stahlbeton nach EC 8 mit einem Verhaltensbeiwert von 2 gekennzeichnet.

Zu einer allmählich gleichmäßigen Tragwirkung der Ausfachungen sollen diese am Skeletttragwerk durch duktile Verbindungsmittel wie z. B. Dübel, dünne Stahlplatten nachgiebig verbunden werden. Zur Gewährleistung einer aussteifenden Wirkung im elastischen Beanspruchungsbereich sind die Verbindungsmittel in der Wand ausreichend zu verankern. Bei entsprechender Bemessung der Verbindungsmittel kann man eine Entlastung des Rahmens und eine Begrenzung der von der Wand aufnehmbaren Last auf eine gewünschte und erforderliche Größe veranlassen. Im plastischen Beanspruchungsbereich übernehmen dann die duktilen Verbindungen einen großen Teil der Energiedissipation (siehe auch Abschnitt 15.1.3.3.3).

14.5 Stahlbetonwandscheiben

Stahlbetonwandscheiben werden in ihrer Ebene vor allem durch Biegemomente und Querkräfte beansprucht und sie verhalten sich wie eingespannte Biege- oder Schubbalken mit relativ großer Steifigkeit (siehe auch Abschnitt 13.2.2.3). Die minimale Wandstärke von circa 15 bis 30 cm ist allgemein durch Kriterien der Ausführbarkeit und des Feuerwiderstands gegeben. Bei gedrungenen Bauwerken mit höchstens drei Geschossen und bei niedrigen Beanspruchungen sind Ausnahmen möglich.

Zur Bestimmung des Verhaltensbeiwerts der Wandscheiben gilt nach EC 8 Gl. (14.3), wobei der Grundwert des Verhaltensbeiwerts $q_0 = 4{,}0$ ist und der Beiwert zur Berücksichtigung der vorherrschenden Versagensart lautet

$$k_W = \frac{1}{2{,}5 - 0{,}5\alpha_0}$$

Der Faktor α_0 stellt das vorherrschende Maßverhältnis der Wände des Tragsystems dar.

$$\alpha_0 = \frac{\sum h_{Wi}}{\sum l_{Wi}}$$

mit

h_{Wi} : Höhe der Wand i

l_{Wi} : Länge des Querschnitts der Wand i

Zur Bestimmung des Verhaltensbeiwerts der Wandscheiben wird davon ausgegangen, dass die Gründung des Aussteifungstragwerks die entsprechenden Beanspruchungen mit ausreichender Kippsicherheit aufnehmen kann. Von Platten oder Balken getragene Wände sind nicht zulässig.

Die Bestimmung des Beiwerts k_W zeigt, dass der Verhältnisfaktor α_0 für das Tragverformungsverhalten von Wandscheiben ausschlaggebend ist. Danach wird in EC 8 zwischen schlanken $\frac{h_W}{l_W} > 2$ und gedrungenen Wänden $\frac{h_W}{l_W} \leq 2$ unterschieden. Meistens sind letztere nur schwach belastet, so dass sie im elastischen Bereich bleiben und die Gewährleistung einer Duktilität gar nicht erforderlich ist.

Im Rahmen der Kapazitätsbemessung wird über die Rotationskapazität der Wände die Plastifizierungszone durch Fließen der Biegebewehrung am Wandfußpunkt festgelegt. Die Höhe des kritischen Bereichs wird nach EC 8 wie folgt bestimmt:

$$h_{cr} = \max\begin{cases} l_W \\ \dfrac{h_W}{6} \end{cases}$$

mit der Bedingung, dass

$$h_{cr} \le \begin{cases} 2l_W \\ \begin{cases} h_s, n_s \le 6 \\ 2h_s, n_s \ge 7 \end{cases} \end{cases}$$

In Bild 14.28 werden typische Versagensarten von Wandscheiben gezeigt, die geeigneten bzw. ungeeigneten plastischen Mechanismen entsprechen. Zur Energiedissipation erweist sich nur ein Versagen auf Biegung als geeignet (Bild 14.28a). Alle anderen Versagensarten, die durch eine übermäßige Querkraftbeanspruchung hervorgerufen werden, sind zu verhindern. Diese schließen Versagensfälle infolge schrägen Drucks, d. h. Bruch des Betons vor dem Fließen der Biegebewehrung, infolge schrägen Zugs (Bild 14.28b), d. h. Fließen der Querbewehrung auf Zug oder infolge Gleitschubs (Bild 14.28c), d. h. Gleiten entlang einer Arbeitsfuge, ein. Zusätzlich müssen durch die Bemessung und Konstruktion Ausbeulen dünner Wandquerschnitte, Instabilität durch Ausknicken der Vertikalbewehrung bei Druckbeanspruchung im plastischen Bereich und Verankerungsbruch der Vertikalbewehrung verhindert werden.

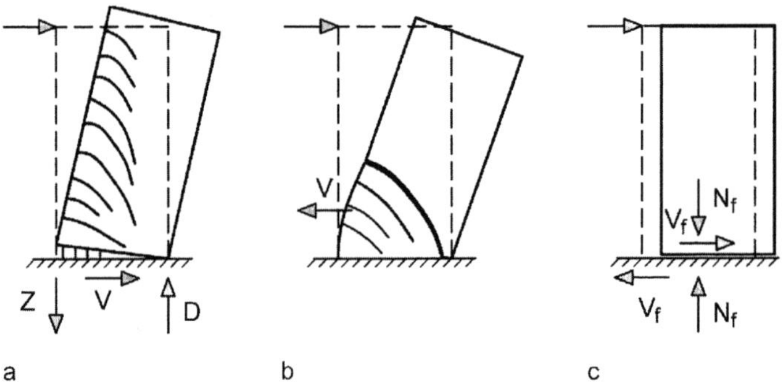

Bild 14.28 Versagensarten von Stahlbetonwandscheiben
a) Biegung
b) Schräger Zug
c) Gleitschub

Zur Beschränkung der plastischen Gelenkzonen auf den geplanten kritischen Wandbereich wird der Biegebemessung nach der Kapazitätsmethode anstelle des aus der statischen Berechnung erhaltenen Momentendiagramms, ein linearisiertes und überhöhtes Diagramm zugrunde gelegt (Bild 14.29). Die Überhöhung entspricht einem Längenbetrag in Vertikalrichtung, der gleich der Höhe des kritischen Wandbereichs ist (Versatz der Zugkraftlinie). Das Verfahren ist bei Wandscheiben stellvertretend für den Überfestigkeitsfaktor $\Phi_{o,w}$.

Nach dem erhaltenen Bemessungsdiagramm wird die Vertikalbewehrung im gewählten unteren kritischen Bereich proportional zur ausgezogenen vertikalen Momentenlinie ohne Berücksichtigung der nach oben abnehmenden Normalkraft angeordnet. In diesem Bereich gilt eine zweckmäßige Mindestbewehrung von 0,2 %. Oberhalb des kritischen Bereichs erhält dann die Wand eine ausreichende Biegekapazität, so dass dort kein Fließen der Vertikalbewehrung möglich ist.

Die Querkraft vergrößert sich etwa entsprechend der Erhöhung des Biegemomentes. Zusätzlich kann die Anregung höherer Eigenschwingungsformen die bereits erwähnte dynamische Vergrößerung der Schnittkraft bewirken. Demzufolge wird für die Duktilitätsklassen "H" und "M"

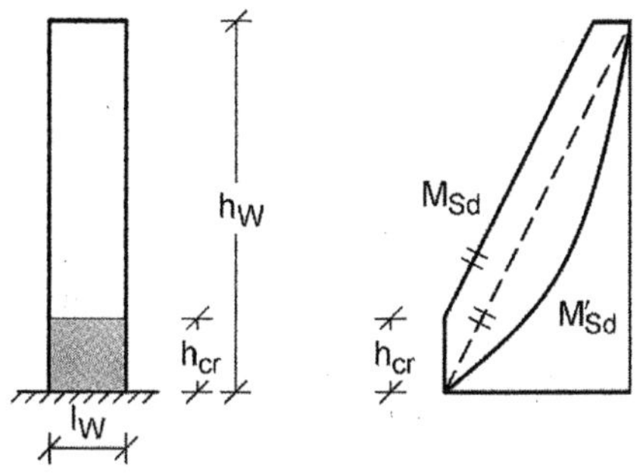

Bild 14.29 Bemessungsbiegemoment für schlanke Wandscheiben

der Bemessungswert der Querkraft nach EC 8 aus der statischen Schnittgröße durch Multiplikation mit dem Vergrößerungsfaktor $\varepsilon = \gamma_{Rd}\Phi_{o,w}$ ermittelt.

$$\varepsilon = q\sqrt{\left(\frac{\gamma_{Rd}}{q}\frac{M_{Rd}}{M_{Sd}}\right)^2 + 0{,}1\left(\frac{S_e(T_C)}{S_e(T_1)}\right)^2} \leq q \tag{14.8}$$

mit

q : Verhaltensbeiwert der Wandscheibe nach Gl. (14.3)

M_{Sd} : Bemessungswert des Biegemomentes an der Unterkante der Wand

M_{Rd} : Bemessungswert der Biegetragfähigkeit an der Unterkante der Wand

γ_{Rd} : Überfestigkeitsverhältnis von Stahl (Für DC “H“ gilt: γ_{Rd} = 1,25, für DC “M“: γ_{Rd} = 1,15)

T_1 : Grundperiode des Bauwerks in Wandlängsrichtung

T_C : Obere Grenze des Periodenbereichs mit konstanter Spektralbeschleunigung

$S_e(T)$: Ordinate des elastischen Antwortspektrums

Für die Duktilitätsklasse “L“ beträgt der Vergrößerungsfaktor ε = 1,3.

Um die gewünschten Werte für die Rotationsfähigkeit der Wandscheibe zu erreichen (erforderlicher Krümmungszähigkeitsfaktor nach EC 8: $\mu_{1/r} = 1{,}0q^2$), kann es erforderlich sein, an freien Wandscheibenrändern, z. B. bei Wandscheiben mit Rechteckquerschnitt, die Betonrandstauchung von ε_c = 0,2 % durch konstruktive Sondermaßnahmen anzuheben. Dazu wird im kritischen Bereich der Wandscheibe, in hoch beanspruchten Querschnittsbereichen, eine Umschnürungsbewehrung vorgesehen (Bild 14.30).

Die Stegbewehrung der Wandscheiben soll im kritischen Bereich aus zwei Matten bestehen, die an die äußeren Ränder angeordnet sind. Diese werden durch eine Querbewehrung miteinander verbunden, so dass ihr Ausknicken bei einer Druckbeanspruchung bis zur Fließgrenze verhindert wird (Bild 14.30a). Nach EC 8 gilt für die horizontale und vertikale Bewehrung mit Durchmesser $d_{bh,v}$

$$\rho_h = \frac{A_h}{b_{wo}} s_h \geq 0{,}002$$

$$8\text{ mm} \leq d_{bh,v} \leq \frac{b_{wo}}{8}$$

- DC “H“: $s_{h,v} \leq \begin{cases} 20 d_{bh,v} \\ 200\text{mm} \end{cases}$

- DC “M“: $s_{h,v} \leq \begin{cases} 25 d_{bh,v} \\ 250\text{mm} \end{cases}$

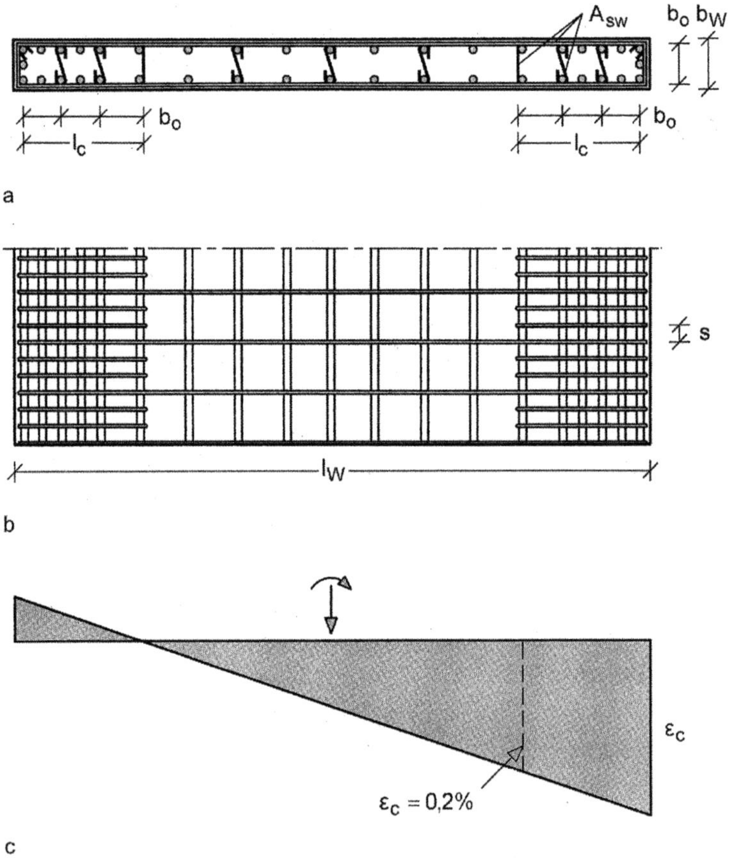

Bild 14.30 Umschnürung der Randbereiche von Wandscheiben
a) Horizontalschnitt
b) Aufriss
c) Dehnungsdiagramm

Schließlich erfordert der Anschlussbereich Wandscheibe - Fundament eine sorgfältige Detaillierung durch eine regelmäßig verteilte und gut eingebettete Bewehrung quer zur potentiellen Gleitfuge. Insbesondere für duktile gedrungene Wandscheiben erfordert ein mögliches Schubversagen durch Gleiten entlang der vorwiegend im Wandquerschnitt aus Biegung resultierenden horizontalen Rissen oder auch entlang der Betonierfuge besondere Aufmerksamkeit. In vielen Fällen wird zur Aufnahme der Schubbeanspruchung im Auflagerbereich auf die Anordnung von zusätzlicher Diagonalbewehrung zurückgegriffen. Die Diagonalstäbe müssen dann auf beide Seiten der potentiellen Gleitfläche ausreichend verankert sein und oberhalb des kritischen Bereichs alle Wandquerschnitte, innerhalb des kleineren Abstands von $0{,}5 l_W$, bzw. $0{,}5 h_W$, durchqueren. Ihr Einfluss auf eine Vergrößerung der Biegetragfähigkeit an der Unterkante der Wand soll dabei berücksichtigt werden.

14.5.1 Gekoppelte Wandscheiben

Meistens sind Wandscheiben, die an den äußeren Bauwerksrändern stehen oder Kerne bilden, durch zahlreiche Öffnungen perforiert, welche über die Wandhöhe weitgehend regelmäßig angeordnet sind. Die aussteifende Wand zerfällt somit in einzelnen Wandscheiben, die durch Kopplungsriegel schubsteif miteinander verbunden sind.

Die Kopplungsriegel erfahren unter Horizontallasten sehr hohe Schub- und Biegebeanspruchungen und können dem Tragsystem durch ihre Plastifizierung mit sehr guten Energiedissipationseigenschaften versehen. Wenn zusätzlicher Energieabbau notwendig ist, können sich Fließgelenke auch am unteren Bereich der Wandscheiben entwickeln (Bild 14.31a). Dementsprechend erreichen gekoppelte Wandscheiben einen Grund-Verhaltensbeiwert von 5,0. Die entsprechend erforderliche Grenz-Krümmungsduktilität der Wände beträgt nach EC 8 $\mu_{1/r} = 0{,}8q^2$.

Im elastischen Beanspruchungsbereich bewirken die Kopplungsriegel durch ihre Querkräfte zusätzliche Normalkräfte in den Wandscheiben, so dass sich in jeder Belastungsrichtung eine vergleichsmäßig weichere und eine steifere Wandscheibe ergeben. Demzufolge erweist sich zu einer möglichst gleichmäßigen plastischen Beanspruchung der Wandscheiben eine gewisse

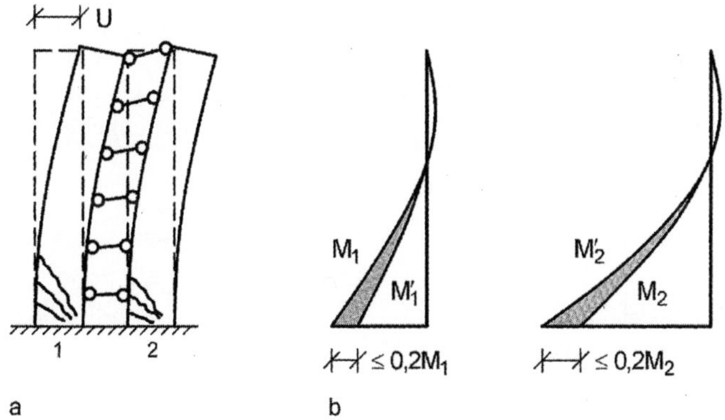

Bild 14.31
a) Geeigneter plastischer Mechanismus von gekoppelten Wandscheiben
b) Umverteilung von Biegemomenten bei gekoppelten Wandscheiben der Duktilitätsklasse "H"

Umverteilung von Biegemomenten und Querkräften aus der Bemessungs-Erdbebeneinwirkung als vorteilhaft. In EC 8 wird ein Umverteilungsgrenzwert von 20 % für DC “H“ und von 30 % für DC “M“ empfohlen, damit eine eventuelle Rissebildung im Beton bei mittlerer Erdbebenstärke beschränkt bleibt (Bild 14.31b). Wird darüber hinaus eine gleichmäßige konstruktive Ausbildung einer größeren Anzahl von Kopplungsriegeln über die Höhe angestrebt, gilt ein Grenzwert der Querkraftumverteilung von 20 %. Voraussetzung dafür ist, dass der Gesamtbedarf an Tragfähigkeit dabei nicht verringert wird.

Die plastifizierbaren Kopplungsriegel erhalten an den Anschlusspunkten sowohl eine Zug- als auch eine Druckbewehrung. Wenn sie wie gewöhnliche biegebeanspruchte Rahmenriegel bemessen sind, versagen sie zwangsläufig infolge schrägen Zugs. Ein duktiles Verhalten wird erst durch eine diagonale Anordnung der Bewehrungsstäbe ermöglicht, welche mit Hilfe von zusätzlicher Querbewehrung die volle Kraft aufnehmen können. Der Abstand der Querbewehrung soll unabhängig vom Durchmesser der Diagonalbewehrung nicht 10 cm übersteigen (Bild 14.32).

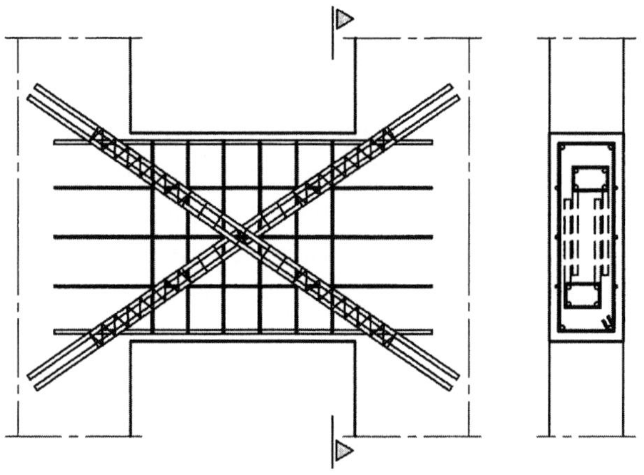

Bild 14.32 Zweckmäßige Bewehrung hoher Kopplungsriegel

Niedrige Riegel mit einem größeren Verhältnis von Länge zu Höhe als 3 werden meistens im mittleren Feld wie Rahmenriegel, in den Endbereichen zusätzlich mit gekreuzten, etwa 45° geneigten Stäben bewehrt (Bild 14.33a). Noch effektiver ist eine durchgehende, diagonale

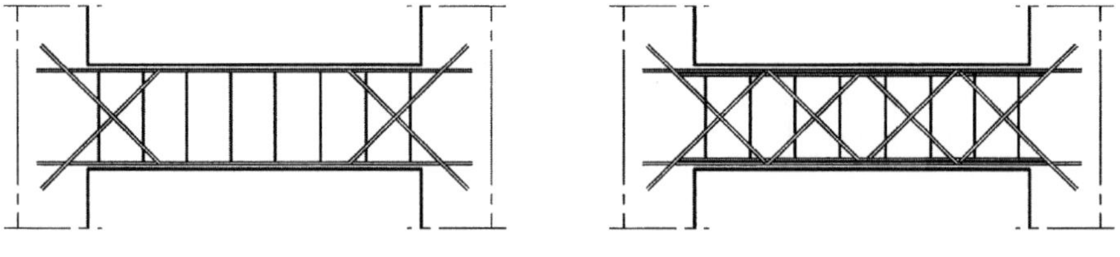

a b

Bild 14.33 Konstruktive Ausbildung niedriger Kopplungsriegel
a) Diagonalbewehrung und Umschnürung
b) Durchgehende Diagonalbewehrung und Umschnürung

Anordnung der Bewehrung entlang des Riegels, die eine rhombische Fachwerkform ergibt (Bild 14.33b).

14.6 Gemischte Systeme

Gemischte Systeme sind durch das unterschiedliche Verformungsverhalten der beteiligten Tragwerke, die zu einer einheitlichen Verformung gezwungen werden, gekennzeichnet. Bei Rahmen-Wandscheiben Systemen zum Beispiel werden die Geschossverschiebungen durch die im Abschnitt 13.2.2.5 beschriebene Wechselwirkung in Grenzen gehalten und dank der Wandscheiben werden ungeeignete Geschossmechanismen infolge von Stützenplastifizierungen vermieden. Unter Berücksichtigung der relativen Steifigkeitsverhältnisse der Tragelemente untereinander bilden sich dissipative Mechanismen in gemischten Systemen durch plastische Gelenke in den Rahmenriegeln und am Fußpunkt der Wandscheiben, nach den bereits für die einzelnen Tragwerke aufgeführten Regeln der Kapazitätsbemessung.

14.7 Mauerwerksbauten

Das Mauerwerk ist aufgrund wesentlicher Vorteile, wie vortreffliche Schall- und Wärmedämmung, Feuerbeständigkeit, biologischer Komfort usw., ein weitverbreiter Baustoff für Wohngebäude. Mauerwerkswände sind meistens in vertikaler Richtung durch Stahlbetondecken unterbrochen und sie erhalten oft Aussparungen für Türen und Fenster. Ihr Zusammenwirken wird durch die starren Deckenscheiben sichergestellt. Das Verhalten von Mauerwerkswänden unter dynamischen Horizontallasten ist aber weniger günstig. Sie sind schwer und spröd und die Qualität der Bauausführung ist schwierig zu überwachen (siehe auch Abschnitt 13.3.2.1). Trotz dieser Nachteile kann das Erdbebenverhalten von Mauerwerksbauten bei Einhaltung bestimmter Konstruktionsregel weitgehend verbessert werden.

Um ein örtliches sprödes Versagen zu vermeiden, sollen die Lochsteine in Bauten mittlerer bis hoher Erdbebengefährdung nicht mehr als 50 % Lochvolumen aufweisen. Die Mindestdicke der in Wandlängsrichtung durchlaufenden Außensteinstege muss 15 mm betragen. Die Schwächung der Wände durch Schlitze ist auf ein Mindestmaß zu beschränken; Installationen sollen beispielsweise hinter Vormauerungen gelegt werden.

In Abhängigkeit von der Konstruktionsweise der Mauerwerkswände wird nach EC 8 zwischen folgenden Typen mit entsprechendem Verhaltensbeiwert unterschieden:

- Unbewehrtes Mauerwerk; $q = 1{,}5$
- Eingefasstes Mauerwerk; $q = 2{,}0$
- Bewehrtes Mauerwerk; $q = 2{,}5$

Die Mauerwerkswände müssen nach ihrer Konstruktionsweise die in der Tabelle 14.4 angegebenen, geometrischen Bedingungen entsprechen.

Für unbewehrte Mauerwerkswände sind die seitliche Halterung durch Querwände und die vertikale „Vorbelastung“ besonders wichtig. Aufgrund der beschränkten Erdbebenwiderstandsfähigkeit von unbewehrten Mauerwerkswänden sind diese jedoch in Erdbebenzonen hoher Erdbebengefährdung ($a_0 \geq 0{,}30g$) in Bauten mit mehr als zwei Geschossen nicht zulässig.

Eine große Bedeutung in der Horizontallastabtragung von unbewehrten Mauerwerkswänden hat die notwendige Scheibenwirkung der Decken. Zur Sicherung der festen Anschlüsse sind horizontale Beton-Ringanker oder Stahlanker in der Wandebene in Deckenhöhe in kleineren Abständen als 4 m vorzusehen (Bild 14.34).

Tabelle 14.4 Geometrische Verhältnisse für schubbeanspruchte Mauerwerkswände nach EC 8

Mauerwerksart	t [mm]	$\frac{h_{eff}}{t}$	$\frac{h}{l}$
Unbewehrt, aus natürlichen Mauersteinen	$\geq$ 400	$\leq$ 9	$\leq$ 2
Unbewehrt, aus künstlichen Mauersteinen	$\geq$ 300	$\leq$ 12	$\leq$ 2
Unbewehrt, aus künstlichen Mauersteinen in Zonen geringer Seismizität	$\geq$ 175	$\leq$ 15	$\leq$ 2,5
Eingefasstes Mauerwerk	$\geq$ 240	$\leq$ 15	$\leq$ 3
Bewehrtes Mauerwerk	$\geq$ 240	$\leq$ 15	-
	Bezeichnungen: t : Dicke der Wand h_{eff} : Knicklänge der Wand (nach EC 6) h : Größere lichte Höhe der an die Wand angrenzenden Höhe l : Länge der Wand		

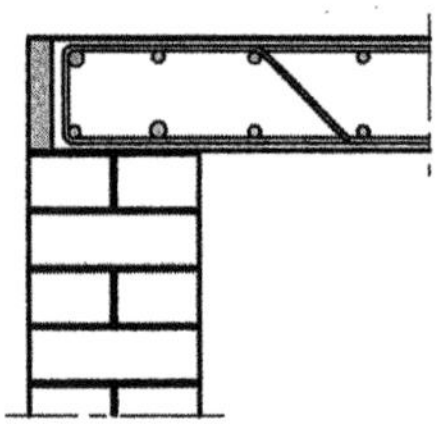

Bild 14.34 Auflagerung von Stahlbetondecken an unbewehrten Mauerwerkswänden

Eine übliche Maßnahme zur Verbesserung des Verhaltens von Mauerwerksbauten bei Erdbeben ist die Einfassung des Mauerwerks durch pfeilerartige, vertikale Verstärkungen und horizontale Ringgurte aus Stahlbeton. Um einen wirksamen Verbund zwischen dem Stahlbeton und dem Mauerwerk zu erzielen, werden die vertikalen Verstärkungen erst nach dem Hochmauern der Wände betoniert und als Stützen ausgebildet. Diese werden längs der Bauwerkskanten, Mauerstößen und großer Öffnungen vorgesehen, so dass sie zusammen mit den Ringgurten, räumliche Versteifungen bilden, welche die Mauerwerkswände zusammenhalten (Bild 14.35).

Ein gutes Verhalten bei Erdbebenbeanspruchung weist das bewehrte Mauerwerk auf [14.12]. Dabei wird die Bewehrung ungeschwächt durch die Geschossdecken hindurchgeführt und die entsprechenden Verankerungen, Stöße und Überlappungen werden in ähnlicher Weise wie bei Stahlbetonwandscheiben ausgeführt. Eine besondere Schwierigkeit bei dieser Konstruktionsweise stellt jedoch der Korrosionsschutz der Bewehrung dar. Der Mörtel bietet allein keinen ausreichenden Korrosionsschutz. Daher sind zusätzliche Maßnahmen notwendig, z. B. die Bildung eines Stahlbetonkerns in zweischaligen Mauerwerkswänden oder eine Verzinkung der Bewehrung (Bild 14.36a). Eine günstige Lösung kann durch die Verwendung von Hohlkörpern (Schalenbausteine) erreicht werden (Bild 14.36b).

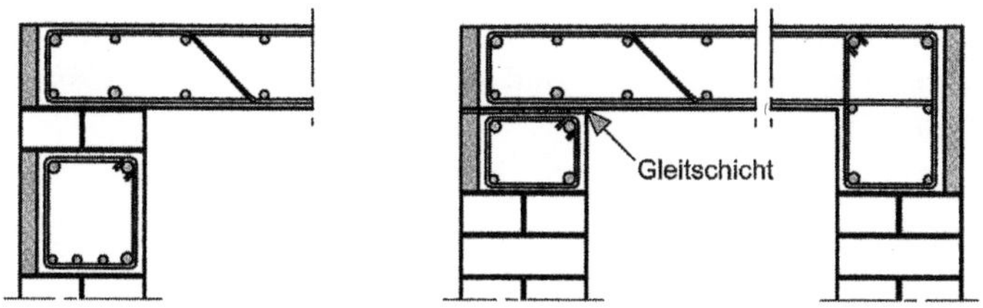

Bild 14.35 Konstruktive Ausbildung von Verstärkungen am Anschlussbereich von Decken und Mauerwerkswänden
a) Geschossdecke
b) Dachdecke

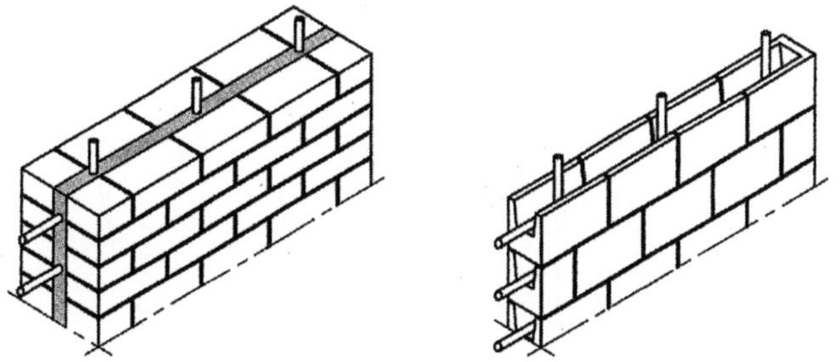

Bild 14.36 Bewehrte Mauerwerkswände
a) Mit Stahlbetonkern
b) Aus Schalenbausteinen mit Betonverfüllung

Der Mindestbewehrungsgrad der horizontalen Wandbewehrung, bezogen auf die Wandquerschnittsfläche, beträgt 0,05 %, der vertikalen Wandbewehrung 0,10 %. Hohe Bewehrungsgrade der Horizontalbewehrung, die zum Druckversagen der Mauersteine vor der Plastifizierung des Stahls führen, sind zu vermeiden.

14.8 Holztragwerke

Holz ist ein sehr geeigneter Baustoff für Bauten in Erdbebengebieten; er ist leicht, besitzt gute elastische Verformungseigenschaften und signalisiert sein Versagen durch Geräusche. Gegebenenfalls sind die Schäden von Holzbauten leicht zu reparieren. Der Bau von Holzhäusern in enger Bebauung ist aber zu vermeiden, da sie zu Brandkatastrophen führen können.

Die aussteifenden Holzwände werden in Fachwerk- oder Tafelbauweise gebaut und bilden zusammen mit den Decken kastenartige Tragwerke (siehe auch Abschnitt 13.2.2.3). Letztere müssen auch möglichst leicht sein.

Nach ihrer Duktilität und dem Energiedissipationsvermögen werden Holztragwerke nach EC 8 als nichtdissipativ ($q = 1$), niedrig dissipativ ($q = 1,5$), mittel dissipativ ($q = 2$), oder gut dissipativ ($q = 3$) eingestuft. Bei allen Auslegungskonzepten werden die Holztragglieder lediglich elastisch beansprucht. Energiedissipative Bereiche bilden sich immer an den Anschlussstellen, die aus mechanischen Verbindungsmitteln bestehen [14.12]. Dazu dienen in der Regel nachgiebige Stahlwinkel, Blechplatten, die sowohl druck- als auch zugfest befestigt sind (Bild 14.37a). Bei Zug senkrecht zur Faserrichtung sind zur Vermeidung eines Aufspaltens Zusatzmaßnahmen vorzusehen (Bild 14.37b).

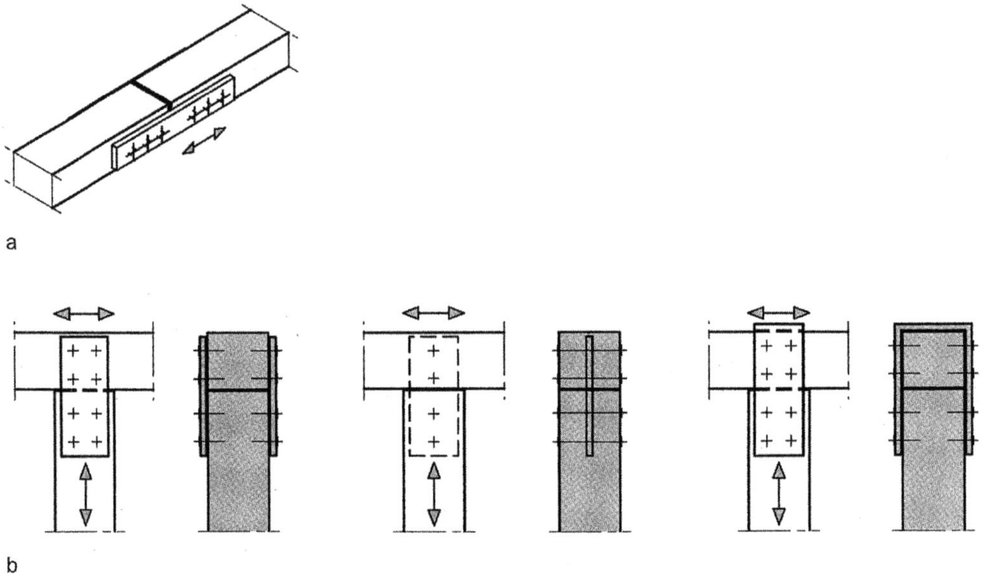

Bild 14.37 Druck- und zugfeste Verbindungen von Holztraggliedern
a) Längs zur Faserrichtung
b) Quer zur Faserrichtung

Zur Sicherstellung vom gewählten plastischen Mechanismus sind zuletzt alle elastisch bleibenden Bauteile und Verbindungen mit ausreichender Überfestigkeit auszulegen. So sind z. B. für die Verankerung der Wände und der Stützen an der Unterkonstruktion einbetonierte Anker aus Rund-, Flachstahl oder Dübel zu verwenden (Bild 14.38).

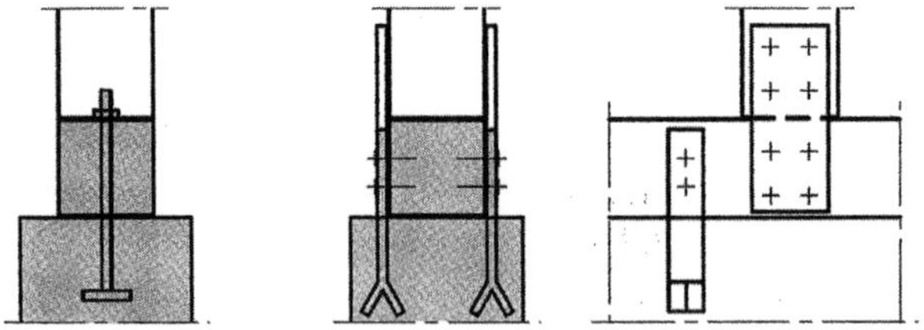

Bild 14.38 Typische Verankerungsdetails von Holztraggliedern

15 Tragverhaltenskontrolle

Die Tragverhaltenskontrolle (structural control) ist eine relativ neue Technik des Ingenieurbaus, die sich als Ziel setzt, die Grenzen der konstruktiven Möglichkeiten des Bauens mit herkömmlichen Baustoffen in Rahmen der klassischen Konzepte der Mechanik (Statik + Dynamik) zu überwinden. Grundsätzlich bezeichnet man mit Tragverhaltenskontrolle jeden beabsichtigten Eingriff in den Tragmechanismus eines Bauwerks durch die Einführung von mechanischen Anlagen. Diese verändern gezielt die Steifigkeit und die Dämpfung der Tragsysteme oder erzeugen Reaktionskräfte, die ermöglichen, den Spannungs- und Verformungszustand des Tragwerks unter veränderlichen Einwirkungen nach vorgegebenen Gesetzen zu kontrollieren.

Wir nehmen als Beispiel die Aussteifung mit einer Druck- und Zugdiagonale von Bild 15.1a an. Das Tragwerk ist für den Bau in Gebieten mit hoher Seismizität ungeeignet, da es eine sehr geringe plastische Verformbarkeit besitzt. Eine Vergrößerung der Dämpfung im plastischen Bereich wird durch den exzentrischen Anschluss der Diagonale erreicht (Bild 15.1b). Diese Maßnahme kann als erster Schritt zu einer Kontrolle des Tragverhaltens betrachtet werden, der allerdings zur Beschädigung des Tragwerks führt. Eine in dieser Hinsicht bessere Lösung zeigt das Bild 15.1c. Durch den Einsatz einer Dämpfungsanlage in die Diagonale, die auf Druck- und Zugkräfte reagiert, kann der Dämpfungsbedarf ohne Beschädigung des Tragwerks gesteuert werden. Diese Art der Steuerung der Tragwerkseigenschaften heißt passive Tragverhaltenskontrolle (passive structural control).

Anschließend nehmen wir an, dass an der Stelle des passiven Dämpfers in die Diagonale eine mechanische Anlage eingeführt wird, die Druck- und Zugkräfte künstlich erzeugen kann (Bild 15.1d). Die Anlage kann z. B. ein hydraulischer Zylinder mit Doppelwirkung sein, der über Öldruck von einer Pumpe aktiviert wird. Ein am Bauwerk angebrachter Sensor steuert über einen Rechner die Pumpe derart, dass im Zylinder Kräfte erzeugt werden, die sich den von äußeren Kräften hervorgerufenen Beanspruchungen ständig entgegensetzen. Diese Art von Kontrolle, die aufgrund von Mechanismen mit Energiezufuhr erfolgt, wird aktive Tragverhaltenskontrolle (active structural control) genannt.

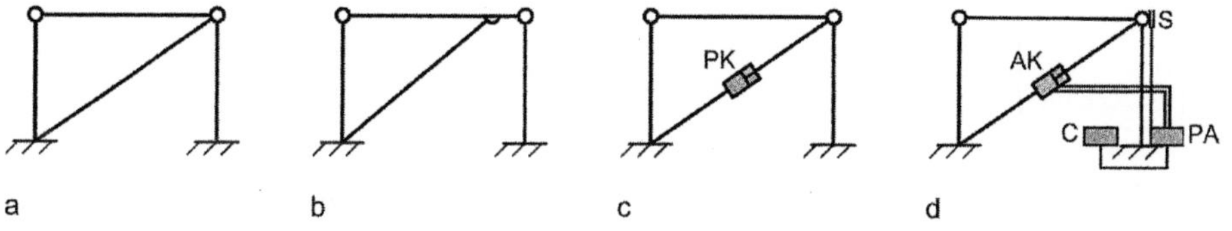

Bild 15.1 Ausgesteifte Rahmenstrukturen
a) Zentrisch ausgesteifter Rahmen
b) Exzentrisch ausgesteifter Rahmen
c) Passiv gedämpfter, ausgesteifter Rahmen
d) Aktiv gedämpfter, ausgesteifter Rahmen

Durch die aktive Kontrolle können also Tragwerke konzipiert werden, die sich gegen das Auftreten von äußeren Kräften aktiv wiedersetzen und dadurch die Elastizitätsgesetze der klassischen Mechanik bezogen auf das System überspringen. Solche Tragwerke bilden keine statische Systeme mehr, sondern gesteuerte Mechanismen, die in der Lage sind, ihre Antwort durch das gezielte Erzeugen von inneren Kräften auf die Beanspruchungen anzupassen. Je nach dem primären Ziel der Kontrolle – Verformung, Dämpfung oder Steifigkeit – spricht man auch von aktiver Verformungs-, Dämpfungs- oder Steifigkeitskontrolle. Öfters ergeben sich günstige Lösungen durch eine Kombination von passiven und aktiven Kontrolltechniken. In diesen Fällen spricht man von hybrider Kontrolle.

15.1 Passive Tragverhaltenskontrolle

Ziel der passiven Tragverhaltenskontrolle ist die Begrenzung der Verformungen eines Tragwerks unter gewöhnlichen Beanspruchungen und die Vermeidung von bleibenden Verformungen unter außergewöhnlichen Einwirkungen durch Steigerung des Energieaufnahmevermögens und passende Änderung der Energiebilanz des Tragwerks. Je nach der Art des Systems und der Erzielung der Dämpfung können folgende Verfahren zur passiven Kontrolle unterschieden werden:

1. Kontrolle der Systemantwort durch eine Veränderung der effektiven Masse, die sich an der Verformung des Systems beteiligt. Dies erfolgt durch die Ankopplung und Abstimmung von festen oder flüssigen Zusatzmassen am Tragsystem (Bild 15.2). Die Zusatzmasse erzeugt Beanspruchungen, die gegen die aus den Horizontallasten induzierten Beanspruchungen gerichtet sind. Diese Massen, die unter dem Begriff Schwingungstilger bekannt sind, werden vorwiegend bei der Dämpfung der Schwingungen von schlanken Bauwerken, wie Türmen, Schornsteinen, oder flexiblen Hochhäusern eingesetzt [15.35].

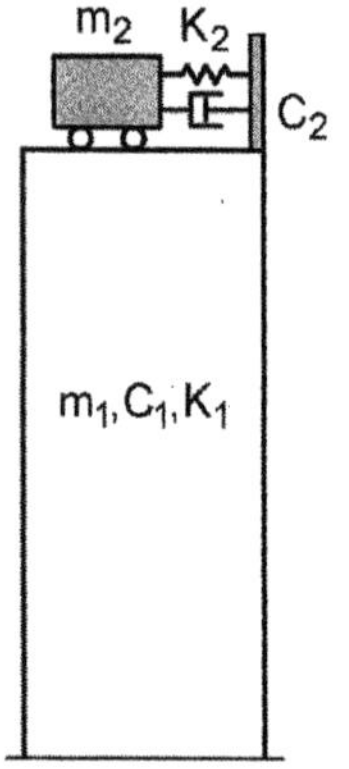

Bild 15.2 Kontrollkonzept eines Tragwerks mit passiven Schwingungstilgern

2. Kontrolle der Dämpfungseigenschaften des Systems durch den Einsatz von Dämpfungsanlagen innerhalb des Tragwerks (Bild 15.3). Die Wirkungsweise der Dämpfer ergibt sich aufgrund eines gewählten kinematischen Systems, das aus dem vorhandenen Tragwerk, Rahmen, Fachwerk, Wandscheibe oder auch Mischsystem gebildet wird. Als Dämpfer können mechanische Anlagen in Frage kommen, die Energie über viskoelastische Dissipationsvorgänge in Sonderkunststoffen und Flüssigkeiten, Reibung, oder plastische Hysterese in Metallen abbauen.

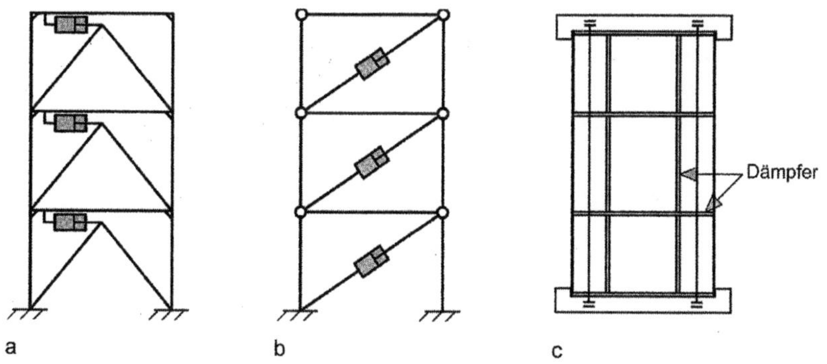

Bild 15.3 Anordnung von Dämpfern im Tragwerk
a) Rahmen
b) Fachwerk
c) Wandscheibe

15.1.1 Berechnungsgrundlagen

Die Bewegungsgleichung eines passiv kontrollierten Einmassenschwingers ergibt sich aus der Gl. (7.2) durch Einführung der Dämpferkraft $F_d = \Gamma U(t)$, wobei Γ ein symbolischer Operator der Dämpferkraft ist [15.43].

$$m\ddot{U}(t) + C\dot{U}(t) + KU(t) + \Gamma U(t) = P(t) \tag{15.1}$$

Berücksichtigt man auch eine Fußpunkterregung, so lässt sich Gl. (15.1) wie folgt umschreiben:

$$m\ddot{U}(t) + C\dot{U}(t) + KU(t) + \Gamma U(t) = -(m + m_d)\ddot{U}_b(t) + P(t) \tag{15.2}$$

wobei

$P(t)$: Äußere Last

m_d : Zusatzmasse des Dämpfers

Die Dämpferkraft $\Gamma U(t)$ kann für den allgemeinen Fall als lineare Funktion der Beschleunigung, Geschwindigkeit und Verschiebung modelliert werden.

$$\Gamma U(t) = m_d\ddot{U}(t) + C_d\dot{U}(t) + K_d U(t) \tag{15.3}$$

Durch Einsetzen von Gl. (15.3) in Gl. (15.2) ergibt sich

$$(m + m_d)\ddot{U}(t) + (C + C_d)\dot{U}(t) + (K + K_d)U(t) = -(m + m_d)\ddot{U}_b(t) + P(t) \tag{15.4}$$

Mit

$$\tilde{m} = m + m_d \tag{15.5a}$$

$$\tilde{C} = C + C_d \tag{15.5b}$$

$$\tilde{K} = K + K_d \tag{15.5c}$$

lässt sich Gl. (15.4) wie folgt formulieren:

$$\tilde{m}\ddot{U}(t) + \tilde{C}\dot{U}(t) + \tilde{K}U(t) = -\tilde{m}\ddot{U}_b(t) + P(t) \tag{15.6}$$

Gl. (15.6) stellt die Ausgangsgleichung zur Untersuchung der dynamischen Antwort des passiv kontrollierten Einmassenschwingers mit den im Kapitel 7 ausgeführten Verfahren dar. Nach dem gewählten Kontrollmechanismus (Dämpfung mit Zusatzmassen (tuned mass dampers), oder Dämpfung mit Sonderanlagen) werden entsprechend die Anfangsparameter des Systems gewählt und die Größen $\tilde{m}, \tilde{C}, \tilde{K}$ geändert.

Für einen Mehrmassenschwinger lautet die Gl. (15.2) (siehe auch Gl. (8.82))

$$[m]\{\ddot{U}\}+[C]\{\dot{U}\}+[K]\{U\}+[\Gamma]\{U\}=-[[m]+[m_d]]\{I\}\ddot{U}_b(t)+\{P(t)\} \tag{15.7}$$

Analog zu den Ausführungen nach den Gleichungen (15.3) und (15.5a-c) schreibt man die Gl. (15.7) um.

$$[\tilde{m}]\{\ddot{U}\}+[\tilde{C}]\{\dot{U}\}+[\tilde{K}]\{U\}=-[\tilde{m}]\{I\}\ddot{U}_b(t)+\{P(t)\} \tag{15.8}$$

In dem einfachsten Fall, wenn sowohl die Matrizenkoeffizienten, die an dem primären System assoziiert sind, als auch die passiven Elemente konstant sind, stellt Gl. (15.8) einen Satz von n Differentialgleichungen mit konstanten Koeffizienten dar. Diese Gleichungen sind im Allgemeinen gekoppelt. Eine Entkopplung ist möglich, wenn die Matrizen $[\tilde{m}], [\tilde{C}], [\tilde{K}]$ diagonalisiert werden können, was nur unter bestimmten Einschränkungen für die Dämpfungsmatrix $[\tilde{C}]$ gelingt (Einführung von Rayleigh-Dämpfung, siehe Abschnitt 8.2.3).

Die Erfassung der Eigenschaften der Dämpfungsanlagen erfolgt aufgrund von Kraft-Verformungsdiagrammen, die experimentell gewonnen und der dynamischen Analyse zugrunde gelegt werden.

15.1.1.1 Energieformulierung

In Anlehnung an das Kapitel 10 lautet die Energiegleichung eines Einmassensystems mit passiver Tragverhaltenskontrolle

$$E_k(t)+E_d(t)+E_e(t)+E_h(t)+E_{dk}(t)=E_i(t) \tag{15.9}$$

In Gl. (15.9) bedeuten

$$E_k(t)=\int_0^{U(t)} m\ddot{U}(t)du=\frac{m\dot{U}^2(t)}{2} \tag{15.9a}$$

$$E_d(t)=\int_0^{U(t)} C\dot{U}(t)du=\int_0^t C\dot{U}^2(t)dt \tag{15.9b}$$

$$E_e(t)+E_h(t)=\int_0^{U(t)} KU(t)du=\frac{KU^2(t)}{2} \tag{15.9c}$$

$$E_{dk}(t)=\int_0^{U(t)} \Gamma U(t)du \tag{15.9d}$$

$$E_i(t)=-\int_0^{U(t)} m\ddot{U}_b(t)du+\int_0^{U(t)} P(t)du \tag{15.9e}$$

wobei $E_k(t)$ die relative kinetische Energie der Masse, $E_d(t)$ die durch innere Dämpfung dissipierte Energie, $E_e(t)$ die elastische Verformungsenergie des Tragwerks, $E_h(t)$ die hysteretisch dissipierte Energie, $E_{dk}(t)$ die durch den Kontrollmechanismus dissipierte Energie zum Zeitpunkt t und $E_i(t)$ die aus dem Erdbeben im Tragwerk eingeführte Energie darstellen. Die in der Kontrollanlage dissipierte Energie $E_{dk}(t)$ stellt die Arbeit der vom Dämpfer entwickelten Kraft F_d über den Weg $U(t)$ im Beanspruchungszeitraum nach Gl. (15.3) dar.

Das Bild 15.4 zeigt die Energieantwort eines zehngeschossigen Rahmenmodells, ausgestattet mit passiven Dämpfern. Als Erregung ist das Akzellerogramm der N-S Komponente des El-Centro Erdbebens 1940 gewählt worden. Der Hauptteil der eingeführten Energie, die im nichtkontrollierten Tragwerk durch plastische Hysterese dissipiert wäre, wird durch die eingebauten Dämpfer dissipiert. Somit wird das Tragwerk gegen erhebliche Beschädigung geschützt.

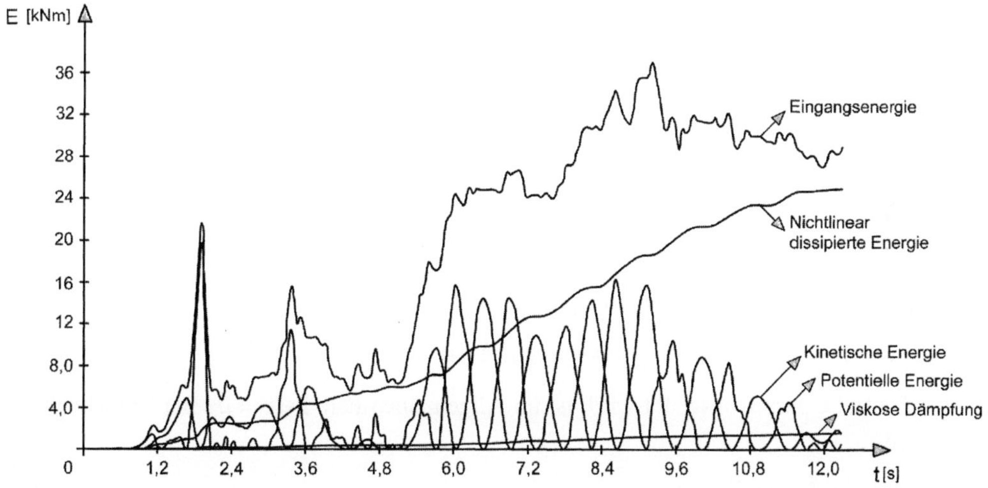

Bild 15.4 Energiediagramm eines kontrollierten 10-geschossigen Gebäudes nach dem El-Centro Erdbeben 1940, N-S Komponente

15.1.2 Verformungskontrolle mit Zusatzmassen

15.1.2.1 Feste geregelte Schwingungstilger

Die Kopplung eines Schwingungstilgers, bestehend aus der Masse m_2, an einem Einmassenschwinger der Masse m_1 ergibt einen Zweimassenschwinger, dessen dynamisches Modell im Bild 15.5a dargestellt ist.

Mit den Bezeichnungen

$U_1(t), \dot{U}_1(t), \ddot{U}_1(t)$: Relative Verschiebung, Geschwindigkeit, bzw. Beschleunigung der Hauptmasse m_1 in Bezug auf den Systemfußpunkt

$U_2(t), \dot{U}_2(t), \ddot{U}_2(t)$: Relative Verschiebung, Geschwindigkeit, bzw. Beschleunigung der Zusatzmasse m_2 in Bezug auf die Hauptmasse m_1

C_1, K_1: Dämpfungsmaß, bzw. Steifigkeit der Hauptmasse

C_2, K_2: Dämpfungsmaß, bzw. Steifigkeit der Zusatzmasse

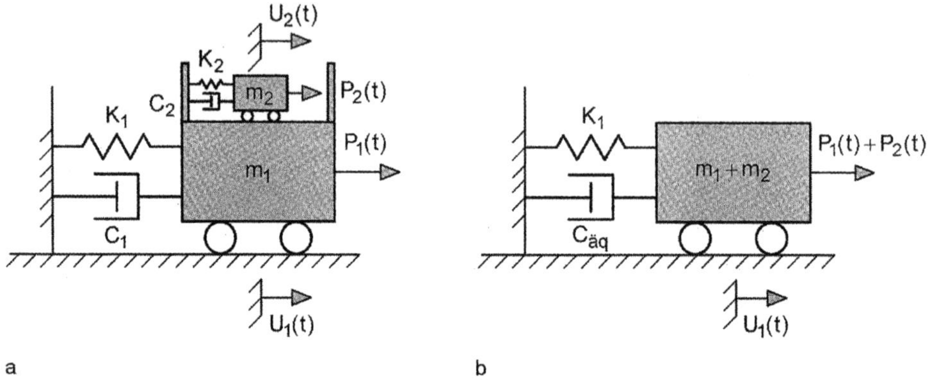

Bild 15.5
a) Dynamische Modellierung eines Einmassenschwingers mit Schwingungstilger
b) Dynamische Modellierung des äquivalenten Einmassenschwingers

P_1, P_2 : Horizontale Belastung der Haupt-, bzw. Zusatzmasse

lässt sich die Bewegungsgleichung des Zweimassenschwingers wie folgt schreiben:

$$m_1\ddot{U}_1(t)+C_1\dot{U}_1(t)+K_1U_1(t)=C_2\dot{U}_2(t)+K_2U_2(t)+P_1(t) \tag{15.10a}$$

$$m_2\ddot{U}_2(t)+C_2\dot{U}_2(t)+K_2U_2(t)=-m_2\ddot{U}_1(t)+P_2(t) \tag{15.10b}$$

Da die Kontrolle passiv ausgeübt wird, ist im Allgemeinen Fall $P_2(t)=0$. Bei Erdbebenbelastung wird

$$P_1(t)=-m_1\ddot{U}_b(t)$$

$$P_2(t)=-m_2\ddot{U}_b(t)=-\frac{m_2}{m_1}m_1\ddot{U}_b(t)=\mu P_1(t)$$

mit

$$\mu=\frac{m_2}{m_1}$$

Die Addition der Gleichungen (15.10a) und (15.10b) ergibt

$$(m_1+m_2)\ddot{U}_1(t)+C_1\dot{U}_1(t)+K_1U_1(t)=P_1(t)+P_2(t)-m_2\ddot{U}_2(t) \tag{15.11}$$

Die Kopplung der Zusatzmasse im Einmassenschwinger bewirkt also eine leichte Abnahme der Eigenfrequenz des Systems und eine geringe Zunahme der Horizontalbelastung von $P_1(t)$ zu $P_1(t)+P_2(t)$. Ein beträchtlicher Einfluss auf die Antwort des Systems bewirkt die Massenkraft $[-m_2\ddot{U}_2(t)]$, die als Belastungsglied erfasst werden kann. Für eine harmonische Erregung kann die Gleichung (15.11) durch Multiplikation mit der Geschwindigkeit $\dot{U}(t)$ in eine auf die Zeit bezogene Energiegleichung umgeschrieben werden.

$$(m_1+m_2)<\ddot{U}_1\dot{U}_1>+C_1<\dot{U}_1^{\,2}>+K_1<U_1\dot{U}_1>=<(P_1+P_2)\dot{U}_1-m_2<\ddot{U}_2\dot{U}_1> \tag{15.12}$$

In Gl. (15.12) steht $<\cdot>$ für den zeitlichen Durchschnitt der entsprechenden Größen in einem Belastungszyklus.

Bei stationärer Antwort $U_1(t)$, wird $<\ddot{U}_1\dot{U}_1>=<\dot{U}_1U_1>=0$, und es ergibt sich für das Zweimassensystem eine vereinfachte Gleichung für die Energiebilanz.

$$C_1<\dot{U}_1{}^2>=<(P_1+P_2)\dot{U}_1>-m_2<\ddot{U}_2\dot{U}_1> \tag{15.13}$$

In Gl. (15.13) stellt das Glied $C_1<\dot{U}_1{}^2>$ die durch elastische Hysterese (viskose Dämpfung) dissipierte Energie aufgrund der Dämpfung der Hauptmasse und das Glied $<(P_1+P_2)\dot{U}_1>$ die Eingangsenergie aus der Horizontalbeanspruchung dar. Der Energieanteil $m_2<\ddot{U}_2\dot{U}_1>$ beschreibt den Energiezufluss von der Hauptmasse auf die Zusatzmasse und bildet ein Kriterium für die Effektivität des Schwingungstilgers. Je größer die Energieübertragung ist, desto kleiner wird die durchschnittliche Geschwindigkeitsantwort des Systems. Eine maximale Energieübertragung findet dann statt, wenn die relative Verschiebung der Haupt- und Zusatzmasse in einem Phasenwinkel von 90° liegen. In diesem Fall ist die Beschleunigung der Zusatzmasse in gleicher Phase mit der Geschwindigkeit des Systems und die Energieübertragung wird gleich der effektiven Dissipationsenergie.

Erfasst man die Wirkung der Tilgermasse m_2 als dissipierten Energieanteil, so kann das System des Zweimassenschwingers vom Bild 15.5a auf einen Einmassenschwinger mit der Masse $m=m_1+m_2$ und der äquivalenten viskosen Dämpfung $C_{äq}$ zurückgeführt werden (Bild 15.5b). Die effektive äquivalente Dämpfung des Systems lautet

$$C_{äq}=C_1+m_2\frac{<\ddot{U}_2\dot{U}_1>}{<\dot{U}_1{}^2>} \tag{15.14}$$

Um den gewünschten Dämpfungseffekt zu erzielen, darf die Dämpfung der Zusatzmasse nicht zu niedrig, aber auch nicht zu hoch sein, weil es sonst eine starre Kopplung an die Hauptmasse entsteht. Es gibt diesbezüglich eine optimale Abstimmung der Frequenz und der Dämpfung der zwei einzelnen Einmassenschwinger, die bestimmt werden muss.

15.1.2.1.1 Parameterbestimmung

Eine erste Aussage über die Effektivität von geregelten Schwingungstilgern in der Verringerung der Systemantwort liefert die Den Hartogsche-Lösung für ungedämpfte Einmassenschwinger $(C_1=0)$ unter sinusförmiger Erregung mit einer Kreisfrequenz Ω, $P_1(t)=P_o\sin\Omega t$ und $P_2(t)=0$. In diesem Verfahren wird die dynamische Wirkung des Schwingungstilgers aus der Amplitude der Hauptmasse unter der statischen Wirkung der Belastung $P_1(t)=P_o$ ermittelt. Dabei beträgt die statische Verschiebung $U_{1,st}=\frac{P_o}{K_1}$ und der dynamische Vergrößerungsfaktor Ψ für das ungedämpfte System [15.9]

$$\Psi=\frac{U_{1,max}}{U_{1,st}}=\sqrt{\frac{\left(\alpha^2-\beta^2\right)^2+(2\zeta_2\alpha\beta)^2}{\left[\left(\alpha^2-\beta^2\right)\left(1-\beta^2\right)-\alpha^2\beta^2\mu\right]^2+(2\zeta_2\alpha\beta)^2\left(1-\beta^2-\beta^2\mu\right)^2}} \tag{15.15}$$

mit

$\beta = \dfrac{\Omega}{\omega_1}$: Erregungskreisfrequenzverhältnis

$\alpha = \dfrac{\omega_2}{\omega_1}$: Eigenkreisfrequenzverhältnis

$\omega_1 = \sqrt{\dfrac{K_1}{m_1}}$: Eigenkreisfrequenz der Hauptmasse

$\omega_2 = \sqrt{\dfrac{K_2}{m_2}}$: Eigenkreisfrequenz der Zusatzmasse

$\zeta_2 = \dfrac{C_2}{C_{kr}} = \dfrac{C_2}{2m_2\omega_2}$: Dämpfungsgrad der Zusatzmasse

Der von der Gl. (15.15) angegebene Verstärkungsfaktor Ψ ist von vier Parametern des Zweimassenschwingers, $\mu, \zeta_2, \alpha, \beta$, abhängig. Trägt man beispielsweise die dynamische Verstärkungsfunktion $\Psi(\zeta_2)$ für $\alpha = 1$ (Verstimmung) $\mu = 0{,}05$ und verschiedene Dämpfungsgrade ζ_2 der Zusatzmasse graphisch ein (Bild 15.6), so stellt man fest, dass bei null Dämpfung ($\zeta_2 = 0$) das kontrollierte System zwei Resonanzfrequenzen mit unendlichen Antwortamplituden aufweist. Wenn der Dämpfungsgrad der Zusatzmasse $\zeta_2 = 1$ ist, werden die zwei Massen starr gekoppelt, und das System bildet einen Einmassenschwinger mit einer äquivalenten Masse $m_{äq} = 1{,}05m_1$. Seine Resonanzverschiebung ist unendlich. Zwischen diesen zwei Grenzfällen gibt es einen optimalen Wert für ζ_2, wonach die Amplitude des Systems maximal

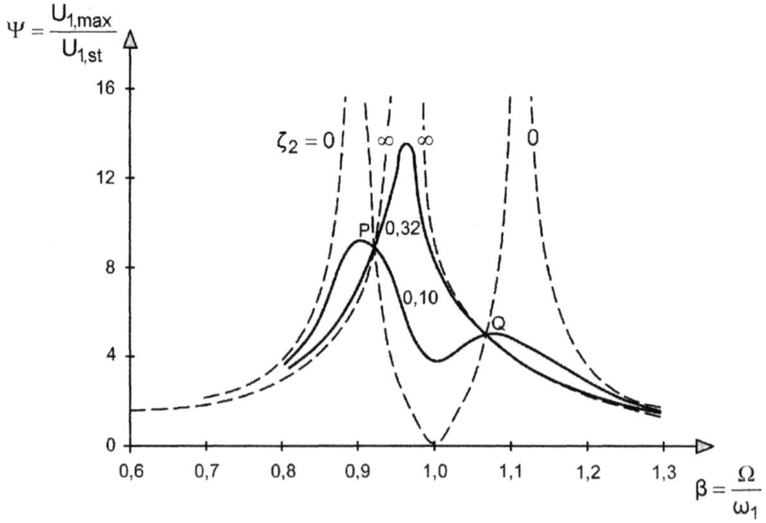

Bild 15.6 Verstärkungsfaktor in Abhängigkeit vom Erregungskreisfrequenzverhältnis

reduziert wird [15.33, 15.43].

Das Hauptziel der Kontrolle mittels Schwingungstilgern ist die maximale Verringerung der Resonanzverschiebungen der Hauptmasse, indem kleinere Verstärkungen über einen breiten Frequenzbereich zugelassen werden (Bild 15.7). Die Antwort des Zweimassensystems enthält zwei Resonanzstellen, an denen der Verstärkungsfaktor unabhängig vom Dämpfungsgrad ζ_2 der Zusatzmasse ist.

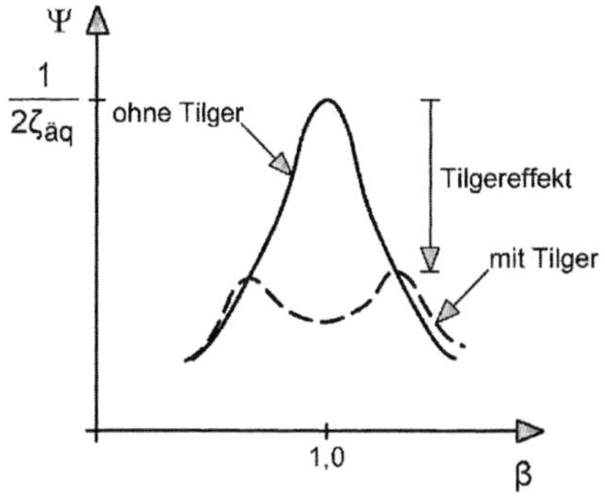

Bild 15.7 Verstärkungsfunktion für den äquivalenten Einmassenschwinger

Eine Herabsetzung der dynamischen Wirkung kann zunächst erreicht werden, indem man das Eigenkreisfrequenzverhältnis α so wählt, dass an den zwei Stellen die Vergrößerung gleich groß ist. Dabei muss die Frequenz des Hauptmassensystems möglichst genau bekannt sein; gegebenenfalls muss sie vor dem Einbau des Dämpfers gemessen werden. Das optimale Eigenkreisfrequenzverhältnis beträgt

$$\alpha_{opt} = \frac{1}{1+\mu} \tag{15.16}$$

Nach Gl. (15.16) ergibt sich der dynamische Verstärkungsfaktor zu

$$\Psi = \sqrt{1+\frac{2}{\mu}} \tag{15.17}$$

Die Gl. (15.17) zeigt, dass eine Zunahme der Zusatzmasse (μ: groß) sich positiv auf die Systemantwort wirkt.

Der Abschätzung des optimalen Dämpfungsgrads der Zusatzmasse liegt der Mittelwert der zwei reduzierten Werten an den Resonanzstellen nach den Gleichungen (15.16) und (15.17) zugrunde [15.5].

$$\zeta_{2,opt} = \sqrt{\frac{3\mu}{8(1+\mu)}} \tag{15.18}$$

In der Lösung von Gl. (15.18) sind gewisse Abweichungen von ca. 10-15 % zulässig.

Tabelle 15.1 enthält eine Zusammenfassung von optimalen Parametern des geregelten Schwingungstilgers nach verschiedenen Belastungsarten der ungedämpften Hauptmasse nach [15.45].

Tabelle 15.1 Optimale Parameter vom geregelten Schwingungstilger eines ungedämpften Einmassensystems

	Erregung	Optimierte Antwort		Optimierte Parameter	
		Parameter (Ψ)	Ψ_{opt}	α_{opt}	$\zeta_{2,opt}$
1	$P_o e^{i\omega t}$	$\frac{K_1 U_1}{P_o}$	$\left(1+\frac{2}{\mu}\right)^{\frac{1}{2}}$	$\frac{1}{1+\mu}$	$\sqrt{\frac{3\mu}{8(1+\mu)}}$
2	$P_o e^{i\omega t}$	$\frac{m_1 \ddot{U}_1}{P_o}$	$\left(\frac{2}{\mu(1+\mu)}\right)^{\frac{1}{2}}$	$\left(\frac{1}{1+\mu}\right)^{\frac{1}{2}}$	$\sqrt{\frac{3\mu}{8\left(1+\frac{\mu}{2}\right)}}$
3	$\ddot{U}_b e^{i\omega t}$	$\frac{\omega_1^2 U_1}{\ddot{U}_b}$	$\left(\frac{2}{\mu}\right)^{\frac{1}{2}}(1+\mu)$	$\frac{\left(1-\frac{\mu}{2}\right)^{\frac{1}{2}}}{1+\mu}$	$\sqrt{\frac{3\mu}{8(1+\mu)\left(1-\frac{\mu}{2}\right)}}$
4	$\ddot{U}_b e^{i\omega t}$	$\frac{\ddot{U}_b+\ddot{U}_1}{\ddot{U}_b}$	$\left(1+\frac{2}{\mu}\right)^{\frac{1}{2}}$	$\frac{1}{1+\mu}$	$\sqrt{\frac{3\mu}{8(1+\mu)}}$
5	Zufallbelastung	$\frac{\sqrt{\overline{U_1^2}K_1^2}}{2\pi S_o \omega_1}$	$\left(\frac{1+\frac{3\mu}{4}}{\mu(1+\mu)}\right)^{\frac{1}{2}}$	$\frac{\left(1+\frac{\mu}{2}\right)^{\frac{1}{2}}}{1+\mu}$	$\sqrt{\frac{\mu\left(1+\frac{3\mu}{4}\right)}{4(1+\mu)\left(1+\frac{\mu}{2}\right)}}$
6	Zufallbeschleunigung	$\frac{\sqrt{\overline{U_1^2}\omega_1^3}}{2\pi S_o}$	$(1+\mu)^{\frac{3}{2}}\left(\frac{1}{\mu}-\frac{1}{4}\right)^{\frac{1}{2}}$	$\frac{\left(1-\frac{\mu}{2}\right)^{\frac{1}{2}}}{1+\mu}$	$\sqrt{\frac{\mu\left(1-\frac{\mu}{4}\right)}{4(1+\mu)\left(1-\frac{\mu}{2}\right)}}$

Besteht die Verbindung zwischen der Zusatzmasse und der Hauptmasse allein aus einer dämpfungsfreien Feder ($C_2 = 0$), so ist der Schwingungstilger nur für eine schmalbandige Erregung wirksam. Je größer das Massenverhältnis μ gewählt wird, desto weiter voneinander liegen die Resonanzstellen der Hauptmasse und desto stabiler arbeitet der Schwingungstilger.

Für einen federlosen Schwingungstilger (Lanchester Tilgertyp, $K_2 = 0$, $\omega_2 = 0$) ist $\alpha \to 0$ und der Dämpfungsgrad $\zeta_2 \to \infty$. In diesem Fall beträgt der optimale Dämpfungsgrad der Zusatzmasse

$$\zeta_{2,opt} = \sqrt{\frac{1}{2(1+\mu)(2+\mu)}} \tag{15.19}$$

Gl. (15.15) gilt auch für gedämpfte Systeme mit $\zeta_1 \neq 0$. In diesem Fall sind aber die Resonanzstellen des Zweimassenschwingers nicht mehr konstant, so dass zur Bestimmung der optimalen Werte von α und ζ_2 auf numerische Verfahren zurückgegriffen wird. Die Wirkung des Dämpfers ist deutlich ungünstiger, als diejenige des gefederten, da die Tilgerwirkung fehlt.

Empirische Beziehungen für optimale Eigenkreisfrequenz- und Dämpfungsverhältnisse in Systemen mit gedämpfter Hauptmasse, für kleine Werte von ζ_1, werden wie folgt angegeben [15.17]:

$$\widetilde{\alpha}_{opt} = \alpha_{opt} - (0{,}241 + 1{,}7\mu - 2{,}6\mu^2)\zeta_1 - (1 - 1{,}9\mu + \mu^2)\zeta_1^{\,2} \tag{15.20}$$

$$\widetilde{\zeta}_{opt} = \zeta_{2,opt} + (0{,}13 + 0{,}12\mu + 0{,}4\mu^2)\zeta_1 - (0{,}01 + 0{,}9\mu + 3\mu^2)\zeta_1^{\,2} \tag{15.21}$$

Erlaubte Fehlabweichungen in den Gleichungen (15.20) und (15.21) betragen im Bereich des praktischen Interesses von $0{,}03 < \mu < 0{,}40$ und $0 < \mu < 0{,}15$ weniger als 1 %.

Eingehende Untersuchungen zur Bestimmung der optimalen Parameter des Schwingungstilgers unter harmonischer und Zufallschwingungen für kleine Dämpfungsgrade der Hauptmasse wurde in [15.45] unternommen (Tabelle 15.2). Dabei beruht das Optimierungskriterium auf die Reduzierung des Verstärkungsfaktors $\Psi(P(t))$ in Abhängigkeit von

$$\Psi(P(t)) = \sqrt{\frac{A^2(P(t)) + B^2(P(t))}{C^2 + D^2}} \tag{15.22}$$

Die Parameter $A(P(t)), B(P(t))$ werden in Tabelle 15.2 nach der Belastungsart des Systems bestimmt. Für C und D gilt

$$C = (\alpha^2 - \beta^2)(1 - \beta^2) - \alpha^2\beta^2\mu - 4\zeta_2\zeta_1\alpha\beta^2 \tag{15.22a}$$

$$D = 2\zeta_2\alpha\beta(1 - \beta^2 - \beta^2\mu) + 2\zeta_1\beta(\alpha^2 - \beta^2) \tag{15.22b}$$

Tabelle 15.2 Parameter A(P(t)) und B(P(t)) nach verschiedenen Erregungen und Antwortparameter

	Erregung	Optimierte Antwort		Optimierte Parameter	
		Parameter (Ψ)	$\Psi(P(t))$	A(P(t))	B(P(t))
1	$P_o e^{i\omega t}$	U_1	$\frac{K_1 U_1}{P_o}$	$\alpha^2 - \beta^2$	$-2\zeta_2\alpha\beta$
2	$P_o e^{i\omega t}$	$\dot{U}_1$	$\frac{K_1 \dot{U}_1}{P_o \omega_1}$	$-2\zeta_2\alpha\beta^2$	$\beta^2(\alpha^2 - \beta^2)$
3	$P_o e^{i\omega t}$	$\ddot{U}_1$	$\frac{m_1 \ddot{U}_1}{P_o}$	$-\beta^2(\alpha^2 - \beta^2)$	$-2\zeta_2\alpha\beta^3$
4	$P_o e^{i\omega t}$	Basiskraft V	$\frac{V}{P_o}$	$\alpha^2 - \beta^2 - 4\zeta_1\zeta_2\alpha\beta^2$	$2\zeta_2\alpha\beta + 2\zeta_1\beta(\alpha^2 - \beta^2)$
5	$\ddot{U}_b e^{i\omega t}$	U_1	$\frac{\omega_1^2 U_1}{\ddot{U}_b}$	$\alpha^2(1+\mu) - \beta^2$	$2\zeta_2\alpha\beta(1+\mu)$
6	$\ddot{U}_b e^{i\omega t}$	$\ddot{U}_1 + \ddot{U}_b$	$\frac{\ddot{U}_1 + \ddot{U}_b}{\ddot{U}_b}$	$\alpha^2 - \beta^2 - 4\zeta_1\zeta_2\alpha\beta^2$	$2\zeta_2\alpha\beta + 2\zeta_1\beta(\alpha^2 - \beta^2)$
7	$\ddot{U}_b e^{i\omega t}$	$U_1 + U_b$	$\frac{\omega_1^2(U_1 + U_b)}{\ddot{U}_b}$	$-\frac{\alpha^2 - \beta^2 - 4\zeta_1\zeta_2\alpha\beta^2}{\beta^2}$	$-\frac{2\zeta_2\alpha\beta + 2\zeta_1\beta(\alpha^2 - \beta^2)}{\beta^2}$

Die optimalen Werte von α und ζ_2 lassen sich durch die Minimierung der Gl. (15.22) aus dem folgenden Gleichungssatz ermitteln:

$$\frac{\partial \Psi(P(t))}{\partial \alpha} = 0 \tag{15.23a}$$

$$\frac{\partial \Psi(P(t))}{\partial \zeta_2} = 0 \tag{15.23b}$$

Im Allgemeinen sind die Gleichungen (15.23a-b) nichtlinear, so dass ihre Lösung anhand von numerischen Integrationsverfahren gesucht wird.

Die bisher aufgezeigten Optimierungsverfahren nach der Den Hartogsche-Lösung betreffen die Kontrolle der Tragwerksverschiebungen. Die Kontrolle der Beschleunigung ist genauso wichtig, vor allem, wenn die Funktionsfähigkeit des Bauwerks aus starker Windbelastung und die Herabsetzung der Erdbebenlasten als primäre Ziele bei der Tragwerksauslegung gewählt werden. Aufgrund der Tatsache, dass hohe Frequenzkomponente der Erregung vorwiegend im Beschleunigungsspektrum enthalten sind, werden die optimalen Werte der Steifigkeit und der Dämpfung des Schwingungstilgers für die zwei erwähnten Kriterien unterschiedlich.

Greift z. B. die Hauptmasse eine sinusförmige Belastung $P_1(t) = P_o \sin \Omega t$ an, so besteht zwischen der Beschleunigung $\ddot{U}_1(t)$ und der Verschiebung $U_1(t)$ der Hauptmasse die lineare Proportionalitätsbeziehung

$$\ddot{U}_1(t) = \Omega^2 U_1(t) \tag{15.24a}$$

Aufgrund von Gl. (15.24a) kann ein adimensionaler Verstärkungsfaktor der Systembeschleunigung wie folgt formuliert werden:

$$\left(\frac{\ddot{U}_1}{\omega_1{}^2 U_{1,st}}\right)_{max} = \left(\frac{\Omega^2 U_1}{\omega_1{}^2 U_{1,st}}\right)_{max} = \left(\beta^2 \frac{U_1}{U_{1,st}}\right)_{max} \tag{15.24b}$$

Empirische Beziehungen für die optimale Eigenkreisfrequenz und die Dämpfung von Zusatz- und Hauptmasse des Systems zur Minimierung der Beschleunigung sind in [15.17] aufgestellt worden.

$$\tilde{\alpha}_{opt} = \frac{1}{\sqrt{1+\mu}} + (0{,}096 + 0{,}88\mu - 1{,}8\mu^2)\zeta_1 + (1{,}34 - 2{,}9\mu + 3\mu^2)\zeta_1{}^2 \tag{15.25}$$

$$\tilde{\zeta}_{opt} = \sqrt{\frac{3\mu(1+0{,}49\mu - 0{,}2\mu^2)}{8(1+\mu)}} + (0{,}13 + 0{,}72\mu + 0{,}2\mu^2)\zeta_1 + (0{,}19 + 1{,}6\mu - 4\mu^2)\zeta_1{}^2 \tag{15.26}$$

15.1.2.1.2 Tragwerksauslegung

Nach Ermittlung der optimalen Parameter des Schwingungstilgers kann die dynamische Analyse des Systems mit Hilfe der Gleichungen (15.10a-b) durchgeführt werden. Für Mehrmassensysteme gilt in Matrizenschreibweise (Bild 15.8)

$$[m_1]\{\ddot{U}_1\} + [C_1]\{\dot{U}_1\} + [K_1]\{U_1\} = \{P_2'\} + \{P_1(t)\} \tag{15.27a}$$

$$m_2\ddot{U}_2 + C_2\dot{U}_2 + K_2U_2 = -m_2\ddot{U}_2 + P_2(t) \tag{15.27b}$$

wobei

$\{P_2'\} = \{0,...,C_2\dot{U}_2 + K_2U_2\}^T$: Kraftvektor der Zusatzmasse

und für Erdbebenbeanspruchung

$$\{P_1(t)\} = -[m_1]\{I\}\ddot{U}_b(t)$$

$$P_2(t) = -m_2\ddot{U}_b(t)$$

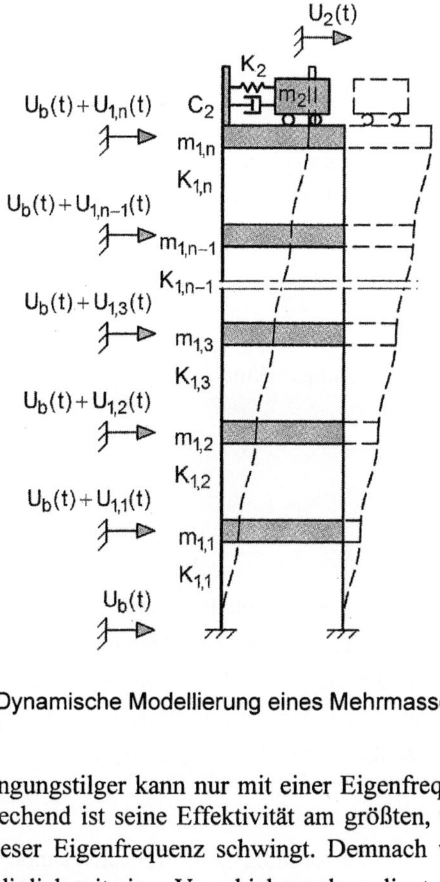

Bild 15.8 Dynamische Modellierung eines Mehrmassenschwingers mit geregeltem Schwingungstilger

Der Schwingungstilger kann nur mit einer Eigenfrequenz des Tragwerks abgestimmt werden. Dementsprechend ist seine Effektivität am größten, wenn das Mehrmassensystem hauptsächlich mit dieser Eigenfrequenz schwingt. Demnach wird der Verschiebungsvektor $\{U_1\}$ des Systems lediglich mit einer Verschiebungskoordinate $U_{1,n}$ (die Verschiebung des Geschosses, an dem der Schwingungstilger angekoppelt ist) und der Schwingungsform $\{\Phi_1\}$ (die Grundschwingungsform) dargestellt. Es gilt also

$$\{U_1\} = \{\Phi_1\}U_{1,n} \tag{15.28}$$

Durch einsetzen von Gl. (15.28) in Gl. (15.27a) und nach Multiplikation der Gl. (15.27a) mit $\{\Phi_1\}^T$ ergibt sich

$$\hat{m}_1\ddot{U}_{1,n} + \hat{C}_1\dot{U}_{1,n} + \hat{K}_1U_{1,n} = C_2\dot{U}_2 + K_2U_2 + \hat{P}_1(t) \tag{15.29}$$

wobei

$\hat{m}_1 = \{\Phi_1\}^T [m_1] \{\Phi_1\}$: Generalisierte Masse

$\hat{C}_1 = \hat{m}_1 2\zeta_1\omega_1$: Generalisierte Dämpfung

$\hat{K}_1 = \hat{m}_1\omega_1^2$: Generalisierte Steifigkeit

ζ_1 : Dämpfungsgrad des Tragwerks in der ersten Schwingungsform

ω_1 : Eigenkreisfrequenz des Tragwerks in der ersten Schwingungsform

$$\hat{P}_1(t) = -L_1\hat{m}_1\ddot{U}_b(t) = -\frac{\{\Phi_1\}^T [m_1] \{I\}}{\{\Phi_1\}^T [m_1] \{\Phi_1\}}\hat{m}_1\ddot{U}_b(t) : \text{Geschosslast}$$

L_1 : Beteiligungsfaktor der Grundschwingungsform

Die Anwendung der modalen Analyse mit Berücksichtigung lediglich der Grundschwingungsform ergibt ähnliche Darstellungen, wie bei Einmassensystemen, wobei an der Stelle der physikalischen Parameter m, C, K die generalisierten Größen $\hat{m}, \hat{C}, \hat{K}$ eingesetzt werden. Für das Massenverhältnis μ gilt

$$\mu = \frac{m_2}{\hat{m}_1} \tag{15.30}$$

Für eine Erdbebenbeanspruchung nimmt der Belastungsvektor $P_2(t)$ der Zusatzmasse folgende Form:

$$P_2(t) = \left(\frac{\mu}{L_1}\right)\hat{P}_1(t) \tag{15.31}$$

Wenn der Schwingungstilger auf dem Dach des Gebäudes angebracht wird, wird der Vektor $\{\Phi_1\}$ auf die Dachverschiebung normiert und seine Komponente kleiner oder gleich eins. Der Beteiligungsfaktor ist aber immer größer als eins, so dass der Schwingungstilger effektiv bleibt, da sich die Belastung $P_2(t)$ verringert. Im Gegenteil: Wenn der Schwingungstilger an einem niedrigen Geschoss angekoppelt ist, nimmt das Massenverhältnis μ kräftiger ab, als der Beteiligungsfaktor L_1. Dementsprechend wird die Kontrolle weniger effektiv.

15.1.2.1.3 Kontrollmechanismen

Die Anwendung von Schwingungstilgern als Verformungskontrollmechanismen ist relativ begrenzt, da wirtschaftliche und konstruktive Kriterien in Erwägung gezogen werden. In der Regel beträgt die Zusatzmasse 1 bis 2 % der Hauptmasse. Da die relative Amplitude des Tilgers von den Grundrissabmessungen des Bauwerks abhängig ist, bildet die Aufhängung der Masse eine vorteilhafte Ausführungsalternative (Bild 15.9a). In Hochhäusern wird eine mehrfache Pendelung angewendet, damit diese nicht mehr als eine Geschosshöhe in Anspruch nimmt (Bild 15.9b). Das Pendelkonzept kann weiterhin ersetzt werden, wenn die Tilgermasse mit Rollen versehen wird und auf Schienen gleiten kann oder wenn sie auf weiche Lager aufgestellt wird (Bild 15.9c). Moderne Verfahren lassen die Zusatzmasse auf Öl oder Wasserdünnschichten „gleiten".

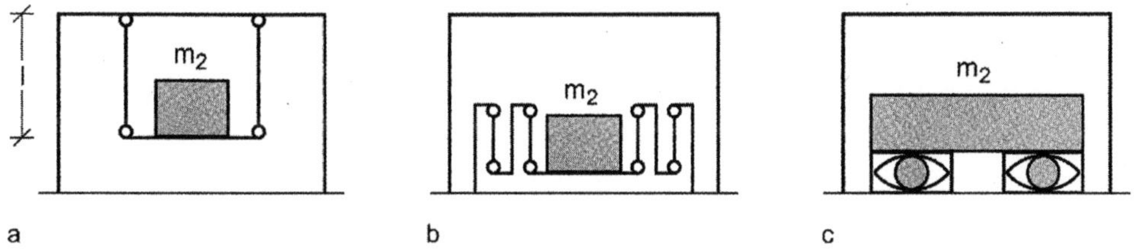

Bild 15.9 Formen von geregelten Schwingungstilgern
a) Pendeltilger
b) Mehrfach Pendeltilger
c) Tilger mit Lagerung

Ein Schwingungstilger, der auf die Grundfrequenz des Tragwerks abgestimmt ist, weist für höhere Schwingungsformen eine kleinere Effektivität auf. Wenn das Tragwerk elastoplastische Verformungen erfährt, nimmt seine Eigenfrequenz ab, so dass eine Störung der Abstimmung eintritt. Somit reduziert sich die Effektivität des Schwingungstilgers bei Systemen mit nichtlinearem Verhalten.

Das Kontrollkonzept des Schwingungstilgers ist auch auf Bestandteile des Bauwerks übertragbar, indem sekundäre Tragelemente gebildet werden, die als Schwingungstilger wirken [15.26].

15.1.2.2 Flüssige Schwingungstilger

Wird die Masse des Schwingungstilgers durch eine Flüssigkeit ersetzt, die sich in einem Behälter bewegen kann, so spricht man von einem flüssigen Schwingungstilger (Bild 15.10). Im Vergleich zu festen, weisen flüssige Schwingungstilger den Vorteil auf, dass sie keine zusätzliche Feder- und Dämpferelemente zur dynamischen Abstimmung benötigen. Die Rückstellkraft entsteht infolge der Gravitation, wobei die dynamischen Eigenschaften von der Wellenbrechung der Flüssigkeit und von der Behältergeometrie abhängig sind.

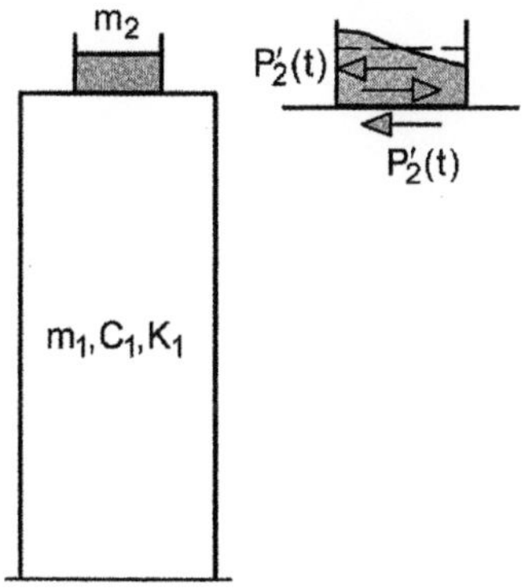

Bild 15.10 Kontrollkonzept eines Tragwerks mit einem flüssigen Schwingungstilger

15.1.2.2.1 Parameterbestimmung

Die Erfassung der durch die Flüssigkeitsbewegungen und Wellenbrechungen entstehenden Dämpfung erfolgt in der Regel mittels numerischen, meistens Finite-Elemente-Verfahren, wobei sowohl die Steifigkeit, als auch die Dämpfung frequenz- und verschiebungsabhängig angenommen werden. Folglich sind bei flüssigen Schwingungstilgern die Berechnungsansätze vom Abschnitt 15.1.2.1.1 nicht direkt anwendbar. Die Bewegungsgleichung des äquivalenten Einmassenschwingers kann in folgender Form geschrieben werden:

$$m_1\ddot{U}_1(t)+C_{äq}\dot{U}_1(t)+K_1U_1(t)+P_2'(t)=P(t) \tag{15.32}$$

Analog zu Gl. (15.1) ist $P_2'(t)$ in Gl. (15.32) die Basisschubkraft des flüssigen Schwingungstilgers. Diese ist eine hydrodynamische Kraft, die durch die Flüssigkeitsbewegung infolge der Basiserregung entsteht (Bild 15.10). Unter harmonischer Erregung gilt die Annäherung

$$P_2'(t)=P_{2,max}'e^{i(\Omega t-\varphi)}=\frac{P_{2,max}'}{U_{1,max}}U_1(t)e^{-i\varphi'} \tag{15.33}$$

Die Vergrößerungsfunktion Ψ_f der Hauptmasse beträgt

$$\Psi_f=\frac{1}{\sqrt{\left(1-\beta^2\right)^2+4\zeta_{äq}{}^2\beta^2+A}} \tag{15.34}$$

mit

$$A=\left(\frac{P_{2,max}'}{K_1U_{1,max}}\right)^2+2\frac{P_{2,max}'}{K_1U_{1,max}}\left[\left(1-\beta^2\right)^2\cos\varphi'-2\zeta_{äq}\beta\sin\varphi'\right] \tag{15.34a}$$

wobei

$P_{2,max}'$: Amplitude der Kraft $P_2'(t)$

φ' : Phasenverschiebung der Kraft $P_2'(t)$ gegenüber der Antwort der Hauptmasse $U_1(t)$

Gl. (15.34a) stellt den Dämpfungseffekt dar, wobei beide $P_{2,max}'$ und φ' frequenzabhängig sind (Bild 15.11).

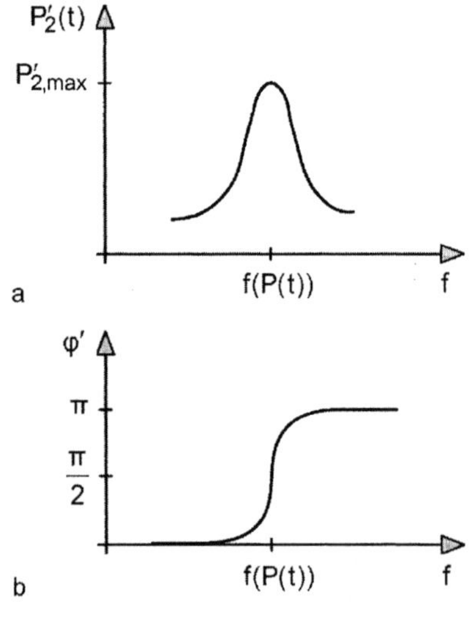

Bild 15.11 Abhängigkeit der hydrodynamischen Kraft von der Frequenz der harmonischen Erregung
a) Kraftamplitude
b) Phasenverschiebungswinkel

Da die Kraftamplitude $P'_{2,max}$ nicht in linearem Verhältnis mit der Verschiebungsamplitude $U_1(t)$ steht, muss ihr Zusammenhang rechnerisch oder aus Versuchen ermittelt werden. Diese können aufgrund der Ermittlung und des Vergleichs der dynamischen Antwort des Tragwerks mit und ohne flüssige Masse erfolgen. Alternativ dazu kann die Abhängigkeit der $P'_{2,max}$ und φ' von den Erregungsparameter durch Messungen ermittelt und der Dämpfungseffekt aufgrund von Gl. (15.34) berechnet werden.

15.1.2.2.2 Kontrollmechanismen

Im Vergleich zu festen Schwingungstilgern sind flüssige Schwingungstilger einfacher einzusetzen, wirtschaftlicher und erweisen sich als weniger empfindlich bei der Abstimmung mit der Frequenz des Tragwerks. Für die Bemessung ist das Massenverhältnis μ, die Flüssigkeitshöhe und die Länge des Behälters ausschlaggebend. Diese Parameter werden so gewählt, dass die vom Flüssigkeitstilger absorbierte und dissipierte Energie im Resonanzbereich maximal wird.

Grundsätzlich unterscheidet man zwischen flachen und tiefen Flüssigkeitstilgern. Diese Klassifizierung beruht auf dem Verhältnis der Oberflächenlänge der Flüssigkeit in Bewegungsrichtung zur Flüssigkeitstiefe. Bei flachen Tilgern ($h/l < 1{,}5$) entsteht die Dämpfung primär durch die Wellenbrechung und sekundär durch die Bewegungen in der Flüssigkeit. Deswegen sind hoch viskose Flüssigkeiten für die Tilgung nicht immer vorteilhaft.

Bei tiefen Flüssigkeitstilgern entsteht die Dämpfung hauptsächlich durch die unterschiedlichen Bewegungen der Masse. Dabei verhält sich aber ein relativ großer Anteil der Flüssigkeit als Starrkörper und trägt nicht zur Tilgung bei. Zur Erhöhung der Flüssigkeitsdämpfung können in den Behältern Bewegungshindernissen, wie Durchkreuzungen oder Zwischenscheiben eingebaut werden [15.21].

15.1.3 Dämpfungskontrolle. Verfahren und Anlagen

Zur Kontrolle der Dämpfung werden in der Regel mechanische Dämpfer verwendet. Diese sind Anlagen, die imstande sind, Widerstandskräfte zu erzeugen, die während der Bewegung über bleibende Verformungen mechanische Arbeit vernichten, und dadurch Energie dissipieren. Deswegen ist bei dem Einbau der Dämpfer festzulegen, über welchen Bewegungsmechanismus innerhalb des Tragwerks der Dämpfer aktiviert wird. Je nach der Art des Tragwerks und der konstruktiven Ausbildung können zur Aktivierung der Dämpfer folgende Mechanismen in Frage kommen:

- Mechanismen mit axialer Wirkung. Die Aktivierung der Dämpfer erfolgt über Druck- und Zugkräfte in ausgewählten Tragelementen (Bild 15.12a).
- Mechanismen mit Schubwirkung. Die Dämpfer werden über relative Verschiebungen zwischen zwei Bestandteilen des Tragwerks aktiviert (Bild 15.12b).
- Mechanismen mit Momentenwirkung. Das Reagieren der Dämpfer wird durch Winkelveränderungen zwischen zwei Tragelementen ausgelöst (Bild 15.12c).
- Mechanismen mit „räumlich schwimmenden" Körpern (Bild 15.12d).

Nach der Art des Vorgangs, der zur Energiedissipation führt – Reibung in zähflüssigen und viskoelastischen Werkstoffen, plastische Verformungen in Metallen, Coulombsche Reibung – kann nach folgenden Dämpfertypen unterschieden werden:

- Viskose Dämpfer
- Viskoelastische Dämpfer

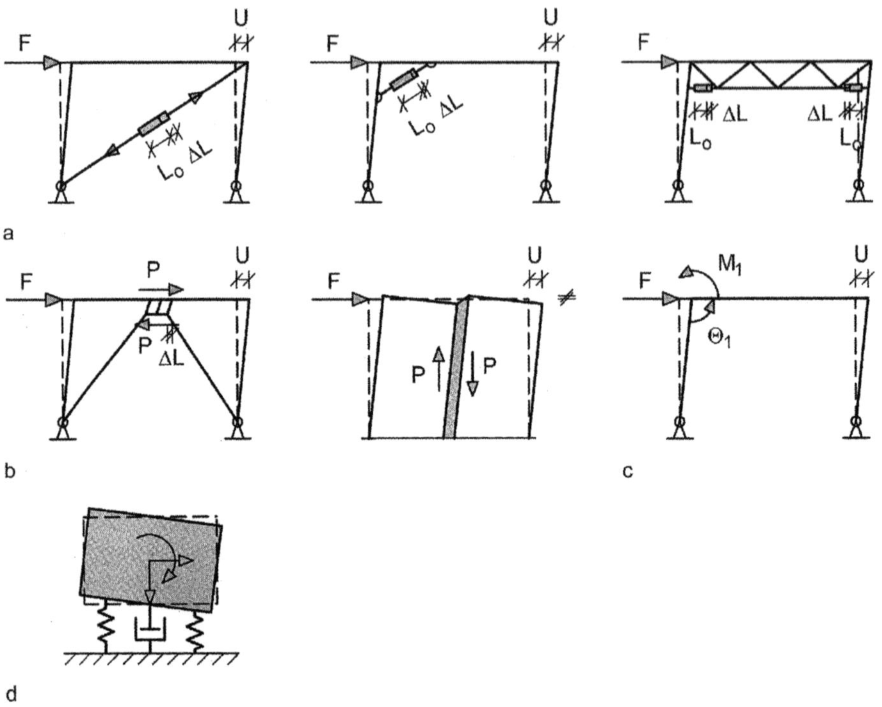

Bild 15.12 Mechanismen zur Dämpferaktivierung
a) Axiale Wirkung
b) Schubwirkung
c) Momentenwirkung
d) Räumlich schwimmende Körper

- Plastische Hysteresedämpfer
- Reibungsdämpfer

Die effektivsten Dämpfer sind auch die teuersten: Die viskosen Dämpfer. In der Regel sind diese und die viskoelastischen Dämpfer geeignet für den Einsatz in relativ flexiblen Tragwerken zur Steigerung der Dämpfungskapazität unter Wind- und mäßiger Erdbebenbelastung. Für den Schutz von Bauwerken gegen starke Erdbeben werden vorwiegend metallische oder Reibungsdämpfer eingesetzt. Diese sind wirtschaftlich, weniger empfindlich und besitzen gute Energiedissipationsreserven.

Der Einsatz der Dämpfer im Tragwerk bewirkt eine Änderung des Tragverhaltens des Systems entsprechend den Eigenschaften beider gekoppelten Teile, Tragwerk und Dämpfer. Je nach dem Verhältnis Feder- zu Dämpferkraft ergeben sich für das System nichtlineare Kraft-Verformungskurven, wie in den Bildern 7.30 bis 7.33.

Die Dämpferaktivierung wird grundsätzlich von relativen Geschossverschiebungen verursacht. Die Größe der Geschossverschiebungen dient deswegen auch als Maß für die Effektivität der Dämpfer. In dieser Hinsicht müssen folgende Aspekte berücksichtigt werden:

- Bedingt durch die Anfangssteifigkeit verformt sich das Tragwerk bis zu einem bestimmten Niveau der Beanspruchung elastisch, unabhängig von den Dämpfereigenschaften. Die

Dämpfer werden aktiviert, wenn die Intensität der Beanspruchung ihr elastisches Bemessungsniveau überschreitet.

- Damit das Tragwerk im elastischen Bereich bleibt, dürfen die maximalen relativen Verschiebungen die Grenzverschiebungen des elastischen Verhaltens nicht überschreiten. Die maximalen Verformungen der Dämpfer müssen diese globale Anforderung erfüllen.

Als Richtwert für die relative Grenzverschiebung des elastischen Verhaltens gilt für flexible Tragwerke 1,5 % der Geschosshöhe.

Die Herabsetzung der Erdbebenantwort bei Systemen mit eingebauten Dämpfern ist weniger spektakulär, als bei Systemen mit Fußpunktisolierung. Bauwerke, die für eine Fußpunktisolierung nicht geeignet sind, wie z. B. diejenigen mit flexiblen Aussteifungen, oder die im weichen Boden gegründet sind, können aber durch den Einsatz von Dämpfern wirksam kontrolliert werden (Bild 15.4).

15.1.3.1 Viskose Dämpfer

Viskose Dämpfer entwickeln geschwindigkeitsabhängige Reaktionskräfte. Ihre Wirkung beruht auf der Reibung in einer Flüssigkeit (hydraulische Dämpfer), oder in hochzähen Werkstoffen. Dazu werden außer Ölen auch Bitumen und andere hochviskose Elastomere auf Silikonbasis verwendet. Diese werden in kolbenartigen Stahlanlagen durch enge Öffnungen gepresst, oder unterschiedlichen Beanspruchungen über die Elastizitätsgrenze hinaus ausgesetzt. Die Kraft des viskosen Dämpfers ergibt sich aus folgender Beziehung:

$$F_d(t) = C_d \left\langle \dot{U}(t) \right\rangle^n \tag{15.35}$$

In Gl. (15.35) stellt C_d den Dämpferkoeffizient und n den charakteristischen Exponent des viskosen Dämpfers dar. In der Regel hat der Exponent n einen Wert zwischen 0,3 und 1,0, und das Geschwindigkeitsglied $\left\langle \dot{U}(t) \right\rangle^n$ wird wie folgt definiert:

$$\left\langle \dot{U}(t) \right\rangle^n = \begin{cases} \dot{U}^n(t) & \text{für } \dot{U} \geq 0 \\ -(-\dot{U}(t))^n & \text{für } \dot{U} < 0 \end{cases} \tag{15.35a}$$

Mit Gl. (15.35a) wird vermieden, dass die Dämpferkraft negative Werte annimmt, wenn der Exponent n kleiner als eins ist. Desweiteren wird Gl. (15.35) unter Berücksichtigung dieser Bedingung wie folgt geschrieben:

$$F_d(t) = C_d \dot{U}^n(t) \tag{15.36}$$

Die maximale Kraft des Dämpfers beträgt

$$F_{d,max} = C_d \dot{U}_{max} \tag{15.37}$$

Ist die relative Verschiebung eine harmonische Funktion

$$U(t) = U_0 \sin \omega t \tag{15.38}$$

dann wird die Dämpferkraft mit $n = 1$ zu

$$F_d(t) = C_d U_0 \omega \cos \omega t = C_d U_0 \frac{2\pi}{T} \cos\left(\frac{2\pi}{T} t\right) \tag{15.39}$$

In diesem Fall tritt die maximale Kraft auf, wenn die relative Verschiebung null ist. Theoretisch betrachtet sind viskose Dämpfer vorteilhaft, da die Geschwindigkeit nicht in Phase mit der Verschiebung ist. Bild 15.13 zeigt den Geschwindigkeitsverlauf aufgrund einer sinus-Erregung der Verschiebung mit einer Periode von $T = 1$ s. Bei maximaler Verschiebung ist die Geschwindigkeit gleich null und umgekehrt, die maximale Geschwindigkeit tritt auf, wenn die Verschiebung gleich null ist.

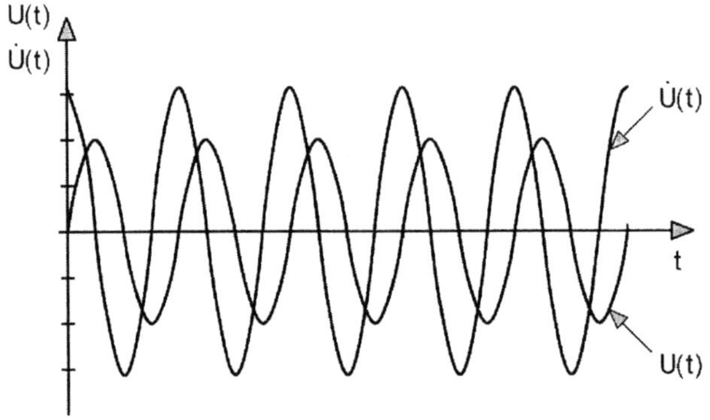

Bild 15.13 Verschiebungs- und Geschwindigkeitsverlauf bei stationärer Erregung

Theoretisch addieren sich die von viskosen Dämpfern erzeugten Kräfte nicht mit den elastischen Kräften des Tragwerks, da die Dämpferkräfte erst dann erscheinen, wenn die elastischen Kräfte des Systems aus der Verschiebung klein sind. In der Praxis wird trotzdem eine leichte Steigerung der gesamten Reaktionskraft registriert.

Die erste Generation von viskosen Dämpfern, Ende der 80er Jahre, wies einen Exponent von eins auf. In diesem Fall ist die Dämpferkraft wie die Eigendämpfungskraft des Systems eine lineare Funktion der Geschwindigkeit. Ist der Exponent $n \neq 1$, dann ist das Verhältnis $\frac{F_d}{\dot{U}}$ nicht mehr linear. Im Bild 15.14 ist der Verlauf der Dämpferkraft in Abhängigkeit von der Geschwindigkeit dargestellt. Die Linie OC ist gerade, und kennzeichnet eine lineare viskose Dämpfung mit den Grenzgrößen $F_{d,max}$ und $\dot{U}_{max}$. Ein Dämpfer, dessen Kraft-Geschwindigkeitsdiagramm einen ähnlichen Verlauf wie die Kurve OAB aufweist, wird als

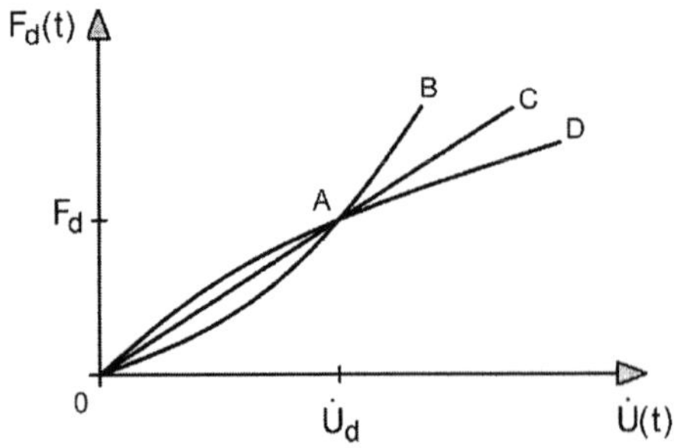

Bild 15.14 Kraft-Geschwindigkeitsverlauf von viskosen Dämpfern für unterschiedliche n-Exponente

„zunehmend steigender" Dämpfer bezeichnet. Sein Exponent n ist immer kleiner als eins. Die Dämpferkraft ist für Geschwindigkeiten, die kleiner als $\dot{U}_{max}$ sind, größer, als bei einem linearen viskosen Dämpfer. Ein „abnehmend steigender" Dämpfer wird von der Kurve OAD definiert. Der Exponent n ist immer größer als eins. Ein derartiger Dämpfer erzeugt eine kleinere Dämpferkraft, als die entsprechende Kraft, die von einem linearen Dämpfer erzeugt wird.

Die Dämpferkraft F_d hängt von den Parametern der Anlage – Dämpferkoeffizient C_d, Exponent n, maximale Geschwindigkeit $\dot{U}_{max}$ – ab. Der Zusammenhang zwischen diesen Parametern und der Dämpferkraft F_d für eine sinusförmige Wechselbelastung mit der Periode T zeigen die Bilder 15.15 bis 15.19, und kann wie folgt zusammengefasst werden [15.20]:

- Die Dämpferkraft ist direkt proportional zum Dämpferkoeffizient (Bild 15.15). Wird dieser verdoppelt, so wird auch die Dämpferkraft bei gleicher Geschwindigkeit doppelt so groß. Die Kennlinie des Dämpfers weist den gleichen elliptischen Verlauf, wie die Geschwindigkeit auf.
- Nimmt der Exponent von 1,0 zu 0,3 ab, verringert sich bei konstantem Dämpferkoeffizient auch die Dämpferkraft. Die Kennlinie nähert sich der Rechteckform (Bild 15.16).
- Wird der Geschwindigkeit, bzw. der Dämpferkraft eine Grenze gesetzt, z. B. von 50 Einheiten, weicht die Kennlinie mit der Zunahme vom Dämpferkoeffizient von 5 auf 20 von der elliptischen Form zu einer Rechteckform ab (Bild 15.17). Daraus entsteht eine ähnliche Wirkung, wie bei einer Verringerung des Exponenten.
- Die Änderung der Erregungsfrequenz bei konstanter Amplitude bewirkt eine proportionale Veränderung der Geschwindigkeit, bzw. der Dämpferkraft (Bild 15.18).
- Bei konstanter Erregungsfrequenz bewirkt eine Änderung der Verschiebung eine proportionale Veränderung der Geschwindigkeit. Dies bedeutet, dass die Dämpferkraft zur n-ten Potenz der Verschiebung proportional ist, wobei n der Dämpferexponent ist (Bild 15.19). Für $n = 0{,}5$ beispielsweise und eine Verschiebung, die um den Faktor 4 vergrößert wird, nimmt die Dämpferkraft mit einem Faktor von $\sqrt{4} = 2$ zu.

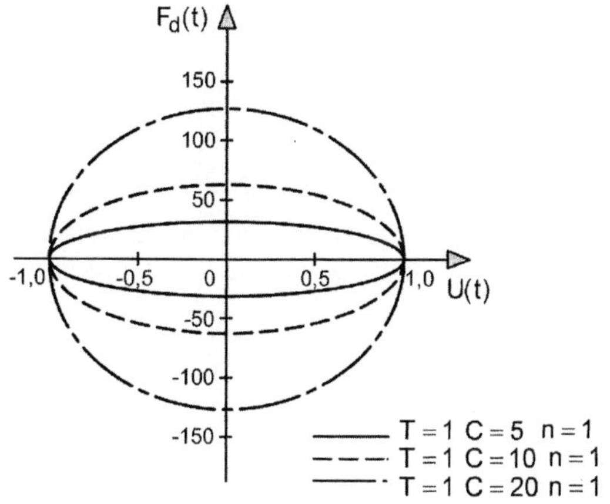

Bild 15.15 Kraft-Verschiebungsdiagramme vom viskosen Dämpfer bei veränderlichem Dämpferkoeffizient

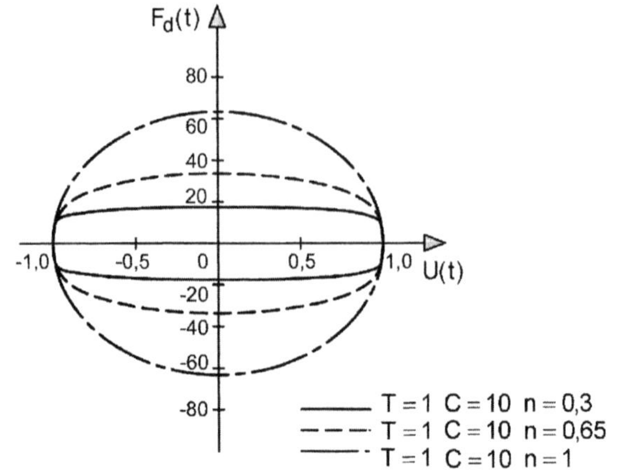

Bild 15.16 Kraft-Verschiebungsdiagramme vom viskosen Dämpfer bei veränderlichem Exponent mit konstantem Dämpferkoeffizient

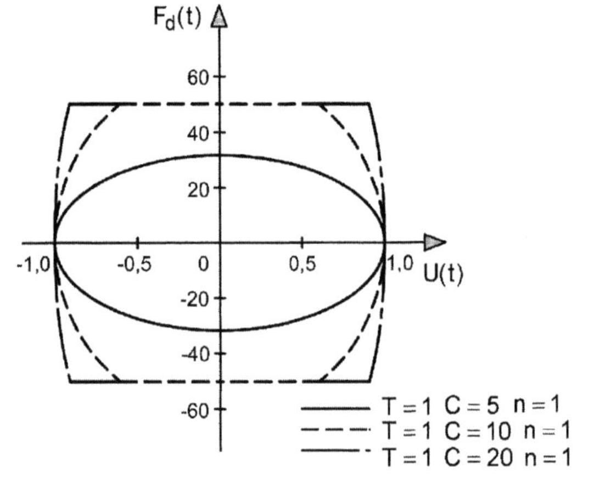

Bild 15.17 Kraft-Verschiebungsdiagramme vom viskosen Dämpfer mit Geschwindigkeitsgrenze

Die Abhängigkeit der Reaktionskraft von der Geschwindigkeit verhindert in der Regel die Erzielung einer optimalen Bemessung des Tragwerks. Aus diesem Grund weisen neu entwikkelte Dämpfer Kraft-Verformungsgesetze mit $n < 0{,}05$, wobei die Reaktionskräfte unter langsamen Bewegungen niedrig bleiben.

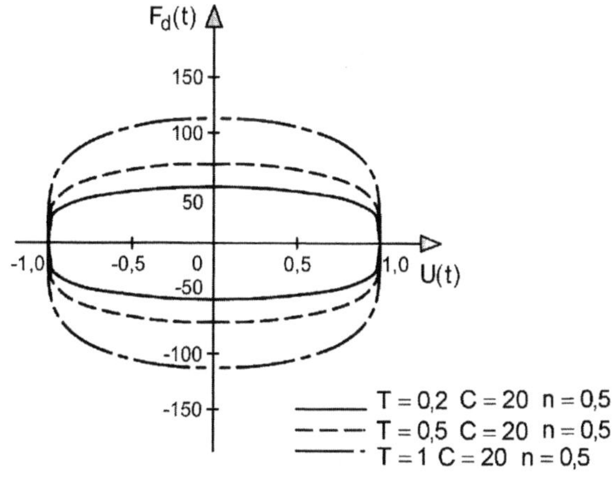

Bild 15.18 Kraft-Verschiebungsdiagramme vom viskosen Dämpfer bei veränderlicher Erregungsfrequenz

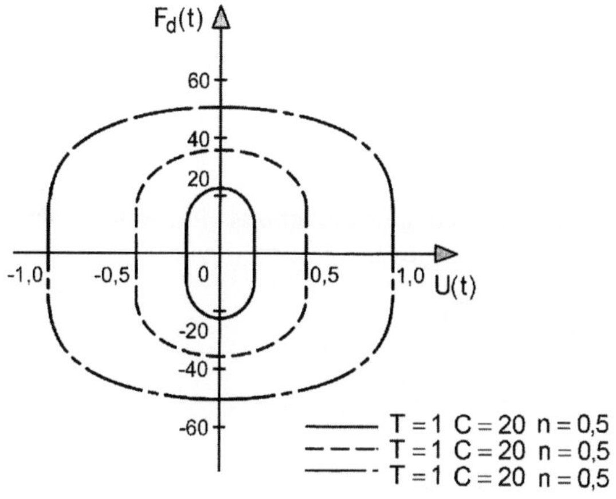

Bild 15.19 Kraft-Verschiebungsdiagramme vom viskosen Dämpfer bei veränderlicher Verschiebungsamplitude

Die Wirkung eines viskosen Dämpfers kann über die Steifigkeit der Anschlüsse am Tragwerk beeinflusst werden. Ein z. B. in einem Diagonalstab eingebauter Dämpfer bildet mit dem Stab ein in Reihe gekoppeltes Feder-Dämpfer-Element. Ein Teil der relativen Geschossverschiebung bewirkt Verformung in der Feder, welche die relative Bewegung des Dämpfers verringert. Somit wird die Dämpferkraft um einen bestimmten Betrag kleiner. Die Größe dieses Betrags hängt von der Steifigkeit der Verbindung ab.

Im Allgemeinen wirken die Dämpfer parallel zum Tragwerk. Reagiert das Tragwerk elastisch, nimmt die charakteristische Kennlinie des gedämpften Systems eine geneigte elliptische Form an (siehe Abschnitt 15.1.4.1). Erfährt das Tragwerk plastische Verformungen, so ändert sich die Form der Kennlinie, wie im Bild 15.20.

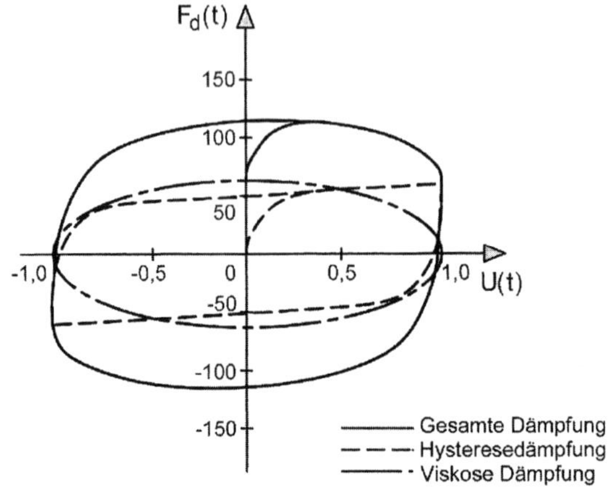

Bild 15.20 Hystereseschleife eines viskos gedämpften elastoplastischen Systems

15.1.3.1.1 Parameterbestimmung

Werden die Masse und die Steifigkeit des Dämpfers vernachlässigt, dann gilt für die erzwungene Bewegung eines Einmassensystems

$$m\ddot{U}(t) + C\dot{U}(t) + C_d\dot{U}^n(t) + KU(t) = P(t) \tag{15.40}$$

Dividiert man beide Seiten von Gl. (15.40) durch die Systemmasse und drückt man das Ergebnis in Abhängigkeit vom Dämpfungsgrad aus, ergibt sich

$$\ddot{U}(t) + 2\zeta\omega\dot{U}(t) + 2\zeta_d\omega\dot{U}^n(t) + \omega^2 U(t) = \frac{P(t)}{m} \tag{15.41}$$

Wird der Term des Dämpfungsgrads des Dämpfers auf die rechte Seite von Gl. (15.41) gebracht, gilt [15.16]

$$\ddot{U}(t) + 2\zeta\omega\dot{U}(t) + \omega^2 U(t) = \frac{P(t)}{m} - 2\zeta_d\omega\dot{U}^n(t) \tag{15.41a}$$

Die zusätzliche Dämpfung ist in Gl. (15.41a) eine Kraft, die auf das System wirkt. Die Größe der Kraft ist eine Funktion der Geschwindigkeit des Systems. Zur Lösung von Gl. (15.41a) werden numerische Verfahren (ß-Verfahren von Newmark, Wilson- Θ -Verfahren) herangezogen (siehe auch Abschnitt 7.6.2).

Nimmt man z. B. nach dem ß-Verfahren von Newmark einen konstanten Beschleunigungsverlauf im Zeitintervall Δt an, können aus den Gleichungen (7.74) und (7.75) die Geschwindigkeit und die Verschiebung des Systems zum Zeitpunkt t_{k+1} direkt von den Antwortgrößen zum Zeitpunkt t_k ermittelt werden.

$$\dot{U}_{k+1} = \dot{U}_k + U_k\Delta t \tag{15.42}$$

$$U_{k+1} = U_k + \dot{U}_k\Delta t + \frac{1}{2}\ddot{U}_k(\Delta t)^2 \tag{15.43}$$

Die Lösung von Gl. (15.41a) in inkrementaler Form nach $\ddot{U}_{k+1}$ lautet

$$\ddot{U}_{k+1} = \frac{P_{k+1}}{m} - 2\zeta\omega\dot{U}_{k+1} - \omega^2 U_{k+1} - 2\zeta_d\omega\dot{U}_{k+1}{}^n \tag{15.44}$$

Setzt man die Gleichungen (15.42) und (15.43) in Gl. (15.44) ein, bleibt als einzige Unbekannte die Beschleunigung des Systems zum Zeitpunkt t_{k+1}. Mit den Gleichungen (15.42) und (15.43) können dann die Antwortgrößen des Systems zum nächsten Zeitpunkt ermittelt werden.

Eine numerische Lösung von Gl. (15.41a) kann auch nach dem ß-Verfahren von Newmark mit einer Kombination zwischen einer konstanten Beschleunigung und einer konstanten Durchschnittsbeschleunigung ermittelt werden.

Der erste Schritt des Verfahrens ist die Ermittlung der Dämpferkraft $F_{d,k+1}$ aufgrund der Systemantwort $U_k, \dot{U}_k, \ddot{U}_k$ zum Zeitpunkt t_k. Anhand von Gl. (15.42) wird die Dämpferkraft

$$F_{d,k+1} = 2\zeta_d\omega\dot{U}_{k+1}{}^n = 2\zeta_d\omega(\dot{U}_k + \ddot{U}_k\Delta t)^n \tag{15.45}$$

Somit wird die inkrementale Form der Gl. (15.41a)

$$\ddot{U}_{k+1} + 2\zeta\omega\dot{U}_{k+1} + \omega^2 U_{k+1} = \frac{P_{k+1}}{m} - 2\zeta_d\omega(\dot{U}_k + \ddot{U}_k\Delta t)^n \tag{15.46}$$

Die rechte Seite von Gl. (15.46) ergibt eine zeitabhängige bekannte Größe. Definiert man eine neue Kraftfunktion des Systems durch

$$\widetilde{P}_{k+1} = \frac{P_{k+1}}{m} - 2\zeta_d\omega(\dot{U}_k + \ddot{U}_k\Delta t)^n \tag{15.47}$$

so lautet die Gl. (15.46)

$$\ddot{U}_{k+1} + 2\zeta\omega\dot{U}_{k+1} + \omega^2 U_{k+1} = \widetilde{P}_{k+1} \tag{15.48}$$

Die Annahme eines konstanten Beschleunigungsverlaufs führt dazu, dass die Beschleunigung zum Zeitpunkt t_{k+1} nicht im Geschwindigkeitsausdruck zum gleichen Zeitpunkt enthalten ist. Die Bewegung des Systems nach Gl. (15.48) wird dann für die definierte Kraftfunktion $\widetilde{P}_{k+1}$ ermittelt. Die Lösung von Gl. (15.48) wird unter der Annahme einer konstanten Durchschnittsbeschleunigung erhalten. Dazu gilt nach den Gleichungen (7.76) und (7.77)

$$\dot{U}_{k+1} = \dot{U}_k + \frac{1}{2}\ddot{U}_k\Delta t + \frac{1}{2}\ddot{U}_{k+1}\Delta t \tag{15.49}$$

$$U_{k+1} = U_k + \dot{U}_k\Delta t + \frac{1}{4}\ddot{U}_k(\Delta t)^2 + \frac{1}{4}\ddot{U}_{k+1}(\Delta t)^2 \tag{15.50}$$

Die drei Gleichungen (15.48-15.50) können in Matrizenform zusammengefasst werden (siehe Abschnitt 7.6.2.1).

$$\begin{bmatrix} U_{k+1} \\ \dot{U}_{k+1} \\ \ddot{U}_{k+1} \end{bmatrix} = D_N \begin{bmatrix} U_k \\ \dot{U}_k \\ \ddot{U}_k \end{bmatrix} + H_N\widetilde{P}_{k+1} = D_N \begin{bmatrix} U_k \\ \dot{U}_k \\ \ddot{U}_k \end{bmatrix} + H_N P_{k+1} - H_N(2\zeta_d\omega m)(\dot{U}_k + \ddot{U}_k\Delta t)^n \tag{15.51}$$

mit

$$D_N = \frac{1}{ß}\begin{bmatrix} D & E & F \\ A & B & C \\ -\omega^2 & -2\zeta\omega - \omega^2\Delta t & -\gamma \end{bmatrix} \tag{15.51a}$$

$$H_N = \left(\frac{1}{mß}\right)\begin{bmatrix} \frac{1}{4}(\Delta t)^2 \\ \frac{1}{2}\Delta t \\ 1 \end{bmatrix} \tag{15.51b}$$

wobei

$$ß = 1 + \zeta\omega\Delta t + \frac{1}{4}\omega^2(\Delta t)^2 \tag{15.51c}$$

$$\gamma = \zeta\omega\Delta t + \frac{1}{4}\omega^2(\Delta t)^2 \tag{15.51d}$$

$$A = -\frac{1}{2}\omega^2\Delta t \tag{15.51e}$$

$$B = 1 - \frac{1}{4}\omega^2(\Delta t)^2 \tag{15.51f}$$

$$C = \frac{1}{2}\Delta t \tag{15.51g}$$

$$D = 1 + \zeta\omega\Delta t \tag{15.51h}$$

$$E = \Delta t - \frac{1}{2}\zeta\omega(\Delta t)^2 \tag{15.51j}$$

$$F = \frac{1}{4}(\Delta t)^2 \tag{15.51k}$$

In der obengenannten Methode wurde die Geschwindigkeit $\dot{U}_{k+1}$ nach Gl. (15.42) mit der Annahme einer konstanten Beschleunigung ermittelt. Diese kann aber auch nach Gl. (15.49) für einen konstanten Verlauf der Durchschnittsbeschleunigung berechnet werden. Die Ergebnisse unterscheiden sich gering voneinander, wenn ein kleiner Zeitintervall ($\Delta t \leq \frac{T}{10}$) gewählt wird. Die Lösung nach Gl. (15.51) erfüllt aber nicht die Gl. (15.41a), da der Geschwindigkeitsterm auf der rechten Seite der Gleichung nicht gleich mit demjenigen auf der linken Seite ist. Dieses Problem kann vermieden werden, indem die Beschleunigung in der Bewegungsgleichung (15.41a) korrigiert wird. Dazu können nach Gl. (15.51) die Geschwindigkeit und die Verschiebung des Systems zum Zeitpunkt t_{k+1} ermittelt werden und die Beschleunigung unberücksichtigt bleiben.

$$\dot{U}_{k+1} = -\left(\frac{\frac{1}{2}\omega^2\Delta t}{ß}\right)U_k + \left(\frac{1-\frac{1}{4}\omega^2(\Delta t)^2}{ß}\right)\dot{U}_k + \left(\frac{\frac{1}{2}\Delta t}{ß}\right)\ddot{U}_k + \left(\frac{\frac{1}{2}\Delta t}{ß}\right)\widetilde{P}_{k+1} \qquad (15.52)$$

$$U_{k+1} = \left(\frac{1+\zeta\omega\Delta t}{ß}\right)U_k + \left(\frac{\Delta t-\frac{1}{2}\zeta\omega(\Delta t)^2}{ß}\right)\dot{U}_k + \left(\frac{\frac{1}{4}(\Delta t)^2}{ß}\right)\ddot{U}_k + \left(\frac{\frac{1}{4}(\Delta t)^2}{ß}\right)\widetilde{P}_{k+1} \qquad (15.53)$$

Die korrigierte Beschleunigung zum Zeitpunkt t_{k+1} wird dann aus der Gl. (15.48) berechnet, wobei die Verschiebung und die Geschwindigkeit von den Gleichungen (15.52) und (15.53) angegeben sind.

Beispiel 15.1

Ein Einmassensystem mit einer Masse von $m = 1$ kNs²/cm und einer Eigenperiode von $T = 1{,}0$ s besitzt einen Dämpfungsgrad von $\zeta = 2$ %. Es wird der Dämpferkoeffizient C_d, ermittelt, so dass der gesamte Dämpfungsgrad des Systems auf $\tilde{\zeta} = 10$ % ansteigt.

Aus den Eigenschaften des Systems ergeben sich die Eigenkreisfrequenz ω und das Dämpfungsmaß C des Systems.

$$\omega = \frac{2\pi}{T} = \frac{2.3{,}14}{1} = 6{,}28 \text{ rad/s}$$

$$C = 2\zeta\omega m = 2.0{,}02.6{,}28 = 0{,}251 \text{ kNs/cm}$$

Der erforderliche Dämpfungsgrad des viskosen Dämpfers ist

$$\zeta_d = \tilde{\zeta} - \zeta = 0{,}10 - 0{,}02 = 0{,}08$$

Somit beträgt der erforderliche Dämpferkoeffizient

$$C_d = 2\zeta_d\omega m = 2.0{,}08.6{,}28.1 = 1{,}01 \text{ kNs/cm}$$

Beispiel 15.2

Ein Einmassensystem mit $m = 1$ kNs²/m, $\zeta = 0{,}05$ und $T = 1{,}0$ s wird zum Zeitpunkt $t = t_o$ einer Auslenkung von $U_o = U(t_o) = 1{,}0$ m erzwungen (Bild 15.21a). Im System ist ein viskoser Dämpfer mit einem Koeffizient von $C_d = 0{,}75$ kNs/m und einem Exponent von $n = 0{,}35$ eingebaut. Es wird die Antwort des ungedämpften und des gedämpften Systems ermittelt.

Die elastische Steifigkeit des Systems ist

$$K = m\left(\frac{2\pi}{T}\right)^2 = 1\left(\frac{2.3{,}14}{1}\right)^2 = 39{,}44 \text{ kN/m}$$

Das Dämpfungsmaß des Systems beträgt

$$C = 2\zeta\omega m = 2.0{,}05.2.3{,}14.1 = 0{,}6283 \text{ kNs/m}$$

Die Bewegungsgleichung des Systems lässt sich in inkrementaler Form wie folgt schreiben:

$$m\ddot{U}_{k+1} + C\dot{U}_{k+1} + KU_{k+1} = 0$$

Daraus lässt sich die Beschleunigung zum Zeitpunkt $t = t_o$ errechnen.

$$\ddot{U}_o = -\frac{C}{m}\dot{U}_o - \frac{K}{m}U_o = -0{,}6283.0 - 39{,}44.1 = -39{,}44$$

Wird ein Zeitintervall von $\Delta t = 0{,}02$ gewählt, folgt nach den Gleichungen (15.42) und (15.43) für den ersten Zeitschritt

$$U_1 = 1 + 0.0{,}02 + \frac{1}{2}(-39{,}44)0{,}02^2 = 0{,}9921 \text{ m}$$

$$\dot{U}_1 = 0 + (-39{,}44)0{,}02 = -0{,}7888 \text{ m/s}$$

Aus der Bewegungsgleichung errechnet sich die Beschleunigung zu

$$\ddot{U}_1 = -0{,}6283(-0{,}7888) - 39{,}44.0{,}9921 = -39{,}624 \text{ m/s²}$$

Für den nächsten Schritt ($t = 2\Delta t$) gilt

$$U_2 = 0{,}9921 + (-0{,}7888)0{,}02 + \frac{1}{2}(-39{,}624)0{,}02^2 = 0{,}9684 \text{ m}$$

$$\dot{U}_2 = -0{,}7888 + (-39{,}624)0{,}02 = -1{,}5813 \text{ m/s}$$

$$\ddot{U}_2 = -0{,}6283(-1{,}5813) - 39{,}44.0{,}9684 = -35{,}9841 \text{ m/s²}$$

usw.

Tabelle 15.3 enthält die Antwortgrößen des Systems für die ersten fünf Zeitintervallen.

Tabelle 15.3 Antwort des Einmassensystems zum Beispiel 15.2 ohne viskosen Dämpfer

k	t [s]	U_k [m]	$\dot{U}_k$ [m/s]	$\ddot{U}_k$ [m/s²]
0	0,00	1	0	-39,44
1	0,02	0,9921	-0,7888	-39,624
2	0,04	0,9684	-1,5813	-35,9841
3	0,06	0,9296	-2,3009	-35,2178
4	0,08	0,8765	-3,0053	-32,6809
5	0,10	0,8099	-3,6589	-29,6436

Der viskose Dämpfer besitzt einen Dämpfungsgrad von

$$\zeta_d = \frac{C_d}{2\omega m} = \frac{0{,}75}{2.2.3{,}14.1} = 0{,}0597$$

Die Bewegungsgleichung des gedämpften Systems lautet in inkrementaler Form

$$m\ddot{U}_{k+1} + C\dot{U}_{k+1} + C_d\left\langle\dot{U}_{k+1}\right\rangle^n + KU_{k+1} = 0$$

Zum Zeitpunkt $t = t_o$ ist die Anfangsverschiebung des Systems $U_o = 1{,}0$ m und die Anfangsgeschwindigkeit $\dot{U}_o = 0$ m/s. Die Beschleunigung errechnet sich aus der Bewegungsgleichung zu

$$\ddot{U}_o = -\frac{C}{m}\dot{U}_o - \frac{C_d}{m}U_o{}^n - \frac{K}{m}U_o = -0{,}6283.0 - 0{,}75\langle 0\rangle^{0{,}35} - 39{,}44.1 = -39{,}44 \text{ m/s²}$$

Nach dem ersten Zeitintervall $\Delta t = 0{,}02$ s betragen die Antwortgrößen

$$U_1 = 1 + 0.0{,}02 + \frac{1}{2}(-39{,}44)0{,}02^2 = 0{,}9921 \text{ m}$$

$$\dot{U}_1 = 0 + (-39{,}44)0{,}02 = -0{,}7888 \ \text{m/s}$$

$$\ddot{U}_1 = -0{,}6283(-0{,}7888) - 0{,}75\langle -0{,}7888\rangle^{0{,}35} - 39{,}44.0{,}9921 = -37{,}8999 \ \text{m/s}^2$$

In der Beschleunigungsgleichung ist die Geschwindigkeit des Systems negativ. Deshalb wurde nach Definition (Gl. (15.35a)) folgende Umformulierung des viskosen Dämpfungsterms unternommen:

$$\langle -0{,}7888\rangle^{0{,}35} = -\langle -0{,}7888\rangle^{0{,}35} = -0{,}9203$$

Für den zweiten Schritt gilt

$$U_2 = 0{,}9921 + (-0{,}7888)0{,}02 + \frac{1}{2}(-37{,}8999)0{,}02^2 = 0{,}9687 \ \text{m}$$

$$\dot{U}_2 = -0{,}7888 + (-37{,}8999)0{,}02 = -1{,}5468 \ \text{m/s}$$

$$\ddot{U}_2 = -0{,}6283(-1{,}5468) - 0{,}75\langle -1{,}5468\rangle^{0{,}35} - 39{,}44.0{,}9687 = -36{,}36 \ \text{m/s}^2$$

usw.

Tabelle 15.4 enthält die Antwortwerte des gedämpften Systems für die ersten fünf Zeitintervallen. In den Bildern 15.21b-c werden die Verschiebungs- und Geschwindigkeitsantwort des Systems mit und ohne viskosen Dämpfer dargestellt.

Tabelle 15.4 Antwort des Einmassensystems zum Beispiel 15.2 mit viskosem Dämpfer

k	t [s]	U_k [m]	$\dot{U}_k$ [m/s]	$\ddot{U}_k$ [m/s²]
0	0,00	1	0	-39,44
1	0,02	0,9921	-0,7888	-37,8999
2	0,04	0,9687	-1,5468	-36,3600
3	0,06	0,9305	-2,2740	-34,2703
4	0,08	0,8782	-2,9594	-31,6804
5	0,10	0,8127	-3,5930	-28,6219

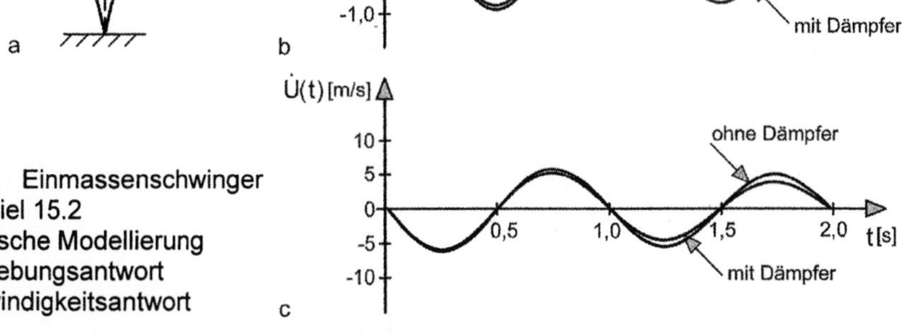

Bild 15.21 Einmassenschwinger zum Beispiel 15.2
a) Dynamische Modellierung
b) Verschiebungsantwort
c) Geschwindigkeitsantwort

15.1.3.1.2 Tragwerksauslegung

Die Dimensionierung und Implementierung von viskosen Dämpfern in einem Tragwerk erfolgt aufgrund eines iterativen Rechenprozesses. Am Anfang wird eine dynamische Analyse des primären Tragwerks, ohne Dämpferkontrolle durchgeführt. Dabei wird der Dämpfungsgrad, der den angestrebten Antwortgrößen des Systems entspricht, als primärer Entwurfsparameter gewählt. Nachdem man die Anzahl und Lage der Dämpfer in jedem Geschoss festgelegt hat, wird im Vorentwurfsstadium der äquivalente Dämpfungsgrad des kontrollierten Systems ermittelt. Sind die Ergebnisse zufriedenstellend wird eine dynamische Analyse im Zeitbereich unternommen und der Entwurf optimiert.

Ausgehend von einer Kraftfunktion der Dämpfer

$$F_d = C_d \left\langle \dot{U}_j - \dot{U}_i \right\rangle^n \tag{15.54}$$

mit $\dot{U}_j, \dot{U}_i$ die Geschwindigkeit des j - bzw. des i -Anschlusses des Dämpfers, wird die Bewegungsgleichung eines Zweimassenschwingers mit eingebauten Dämpfern hergeleitet [15.16]. Die Dämpferkräfte der zwei eingesetzten Dämpfer lauten (Bild 15.22)

$$F_{d,1} = -C_{d,1} \left\langle \dot{U}_1 \right\rangle^n = -f_{d,1}(\dot{U}_1) \tag{15.55a}$$

$$F_{d,2} = -C_{d,2} \left\langle \dot{U}_2 - \dot{U}_1 \right\rangle^n = -f_{d,2}(\dot{U}_2 - \dot{U}_1) \tag{15.55b}$$

$F_{d,1}$ stellt die Dämpferkraft zwischen dem Boden und dem ersten Geschoss, $F_{d,2}$ die Dämpferkraft zwischen dem ersten und dem zweiten Geschoss dar. $f_{d,1}(\cdot), f_{d,2}(\cdot)$ sind positive nichtlineare Funktionen der Geschwindigkeit, die von den Eigenschaften des jeweiligen viskosen Dämpfers abhängen.

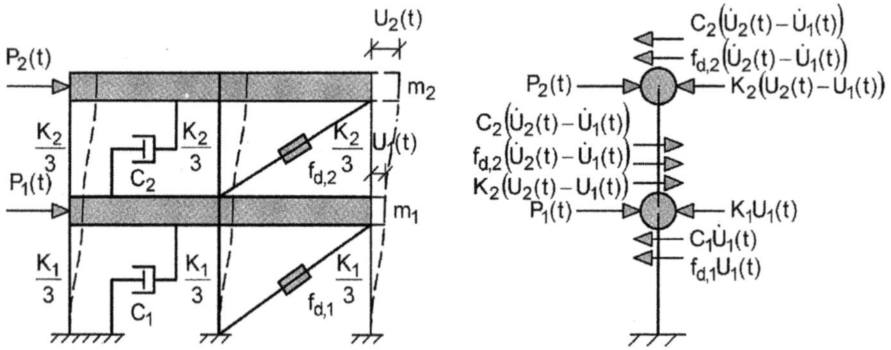

Bild 15.22 Zweimassensystem mit viskosen Dämpfern

Das dynamische Gleichgewicht ergibt

$$m_1\ddot{U}_1(t) + C_1\dot{U}_1(t) + C_2\left(\dot{U}_1(t) - \dot{U}_2(t)\right) + K_1U_1(t) + K_2\left(U_1(t) - U_2(t)\right) = P_1(t) + F_{d,1} - F_{d,2} \tag{15.56a}$$

$$m_2\ddot{U}_2(t) + C_2\left(\dot{U}_2(t) - \dot{U}_1(t)\right) + K_2\left(U_2(t) - U_1(t)\right) = P_2(t) + F_{d,2} \tag{15.56b}$$

Die Gleichungen (15.56a) und (15.56b) lauten in Matrizenform

$$\begin{bmatrix} m_1 & 0 \\ 0 & m_2 \end{bmatrix}\begin{Bmatrix} \ddot{U}_1 \\ \ddot{U}_2 \end{Bmatrix}+\begin{bmatrix} C_1+C_2 & -C_2 \\ -C_2 & C_2 \end{bmatrix}\begin{Bmatrix} \dot{U}_1 \\ \dot{U}_2 \end{Bmatrix}+\begin{bmatrix} K_1+K_2 & -K_2 \\ -K_2 & K_2 \end{bmatrix}\begin{Bmatrix} U_1 \\ U_2 \end{Bmatrix}=$$

$$\begin{Bmatrix} P_1(t) \\ P_2(t) \end{Bmatrix}+\begin{Bmatrix} 1 & -1 \\ 0 & 1 \end{Bmatrix}\begin{Bmatrix} F_{d,1} \\ F_{d,2} \end{Bmatrix} \tag{15.57}$$

Mit den Gleichungen (15.55a) und (15.55b) ergibt sich

$$\begin{bmatrix} m_1 & 0 \\ 0 & m_2 \end{bmatrix}\begin{Bmatrix} \ddot{U}_1 \\ \ddot{U}_2 \end{Bmatrix}+\begin{bmatrix} C_1+C_2 & -C_2 \\ -C_2 & C_2 \end{bmatrix}\begin{Bmatrix} \dot{U}_1 \\ \dot{U}_2 \end{Bmatrix}+\begin{bmatrix} K_1+K_2 & -K_2 \\ -K_2 & K_2 \end{bmatrix}\begin{Bmatrix} U_1 \\ U_2 \end{Bmatrix}=$$

$$\begin{Bmatrix} P_1(t) \\ P_2(t) \end{Bmatrix}+\begin{Bmatrix} 1 & -1 \\ 0 & 1 \end{Bmatrix}\begin{Bmatrix} f_{d,1}(\dot{U}_1) \\ f_{d,2}(\dot{U}_2-\dot{U}_1) \end{Bmatrix} \tag{15.58}$$

oder symbolisch

$$[m]\{\ddot{U}\}+[C]\{\dot{U}\}+[K]\{U\}=\{P(t)\}-\{I_d\}\{f_d(\dot{U})\} \tag{15.58a}$$

Die Gl. (15.58a) gilt für Mehrmassensysteme mit eingebauten viskosen Dämpfern. Die Dämpfungsmatrix $[C]$ bezieht sich auf die Dämpfung des primären Systems, die Einheitsmatrix $[I_d]$ auf die viskosen Dämpfer. Die Gleichung ist nichtlinear und die Kraftfunktion $\{f_d(\dot{U})\}$ unbekannt. Eine numerische Lösung ist mit Hilfe des ß-Verfahrens von Newmark mit Annahme einer konstanten Beschleunigung möglich. Gl. (15.58a) wird in inkrementaler Form

$$[m]\{\ddot{U}_{k+1}\}+[C]\{\dot{U}_{k+1}\}+[K]\{U_{k+1}\}=\{P_{k+1}\}-\{I_d\}\{f_d(\dot{U}_{k+1})\} \tag{15.59}$$

Die Geschwindigkeit und die Verschiebung des Systems zum Zeitpunkt t_{k+1} lauten

$$\{\dot{U}_{k+1}\}=\{\dot{U}_k\}+\{\ddot{U}_k\}(\Delta t) \tag{15.60}$$

$$\{U_{k+1}\}=\{U_k\}+\{\dot{U}_k\}(\Delta t)+\frac{1}{2}\{\ddot{U}_k\}(\Delta t)^2 \tag{15.61}$$

Nach Ermittlung der Antwortvektoren aus den Gleichungen (15.60) und (15.61) kann die nichtlineare Dämpfung zum Zeitpunkt t_{k+1} bestimmt werden, wobei die Geschwindigkeit im Dämpfungsterm eine Funktion der Geschwindigkeit und der Beschleunigung zum Zeitpunkt t_k ist.

$$\{f_d(\dot{U}_{k+1})\}=\{f_d(\dot{U}_k+\ddot{U}_k\Delta t)\} \tag{15.62}$$

Einzige unbekannte Größe zur Zeit t_{k+1} ist der Beschleunigungsvektor. Aus Gl. (15.59) folgt

$$\{\ddot{U}_{k+1}\}=-[m]^{-1}[C]\{\dot{U}_{k+1}\}-[m]^{-1}[K]\{U_{k+1}\}+[m]^{-1}\{P_{k+1}\}-[m]^{-1}\{I_d\}\{f_d(\dot{U}_{k+1})\} \tag{15.63}$$

Zur Lösung von Gl. (15.59) kann auch das ß-Verfahren von Newmark mit einer Kombination der Annahmen einer konstanten Beschleunigung und einer konstanten Durchschnittsbeschleunigung angewendet werden. Nach Lösung der Gleichungen (15.60) und (15.61) wird der viskose Dämpfungsterm aufgrund der Antwortgrößen vom vorherigen Zeitschritt nach Gl. (15.62) bestimmt. Setzt man Gl. (15.62) in Gl. (15.63) ein, erhält man

$$[m]\{\ddot{U}_{k+1}\}+[C]\{\dot{U}_{k+1}\}+[K]\{U_{k+1}\}=\{P_{k+1}\}-\{I_d\}\{f_d(\dot{U}_k+\ddot{U}_k\Delta t)\} \tag{15.64}$$

Somit sind alle Terme auf der rechten Seite von Gl. (15.64) bekannt, und können zu einem Glied zusammengefasst werden.

$$\left\{\tilde{P}_{k+1}\right\} = \left\{P_{k+1}\right\} - \left\{I_d\right\}\left\{f_d\left(\dot{U}_k + \ddot{U}_k \Delta t\right)\right\} \tag{15.65}$$

Für das ß-Verfahren von Newmark für eine konstante Durchschnittsbeschleunigung gelten die Gleichungen (8.76a-h), (8.77) und (8.77a-b) vom Abschnitt 8.1.4 mit $\left\{\tilde{P}_{k+1}\right\}$ anstelle von $\left\{P_{k+1}\right\}$ und $\alpha = \frac{1}{4}$, $\delta = \frac{1}{2}$. Wie im Abschnitt 15.1.3.1.1 erwähnt wurde, besteht ein Nachteil der Kombination der Annahmen für den Beschleunigungsverlauf darin, dass die Bewegungsgleichung des Systems zum Zeitpunkt t_{k+1} vom Geschwindigkeitsvektor $\left\{\dot{U}_{k+1}\right\}$ nicht erfüllt ist. Dazu muss am Ende der Berechnung in jedem Schritt der Beschleunigungsvektor anhand von Gl. (15.64) korrigiert werden.

15.1.3.1.3 Konstruktive Ausbildung

Die Wirkung von hydraulischen Dämpfern beruht auf Reibungsvorgänge in hochviskosen Flüssigkeiten. In einem Zylinder setzt ein Kolben die eingeschlossene Flüssigkeit unter Druck und zwingt diese durch kleine Öffnungen hindurch zu „fließen", was zur Energiedissipation führt. Die dadurch entstehenden Widerstandskräfte hängen von der Schergeschwindigkeit und der Zähigkeit des Mediums ab. Die Zähigkeit und damit die Dämpferwirkung sind stark temperaturabhängig. Bei Mineralölen fällt die Viskosität im normalen Temperaturbereich je 10°C Temperaturerhöhung etwa auf die Hälfte ab, bei Silikonölen nur auf circa 80 % des Ausgangswerts. Bei modernen Dämpfern wird die Temperaturauswirkung technologisch kompensiert.

Einen typischen viskosen Dämpfer zeigt das Bild 15.23a. Das zylindrische Stahlgehäuse enthält Silikonöl, das von einem Kolben aus Edelstahl und einem verbreiteten Kopfteil aus Kupfer in Bewegung versetzt wird. Der Kolbenkopf enthält kleine Öffnungen und einen passiven Bimetallregler zum Ausgleich von Temperaturänderungen. Ein Öl-Akkumulator sorgt für den Ausgleich der Volumenänderung der Flüssigkeit gemäß der Kolbenlage während der Bewegung. Der Verlauf der Hystereseschleifen des Dämpfers bestätigt die frequenzabhängige, lineare, rein viskose Reaktionskraft des Dämpfers (Bild 15.23b).

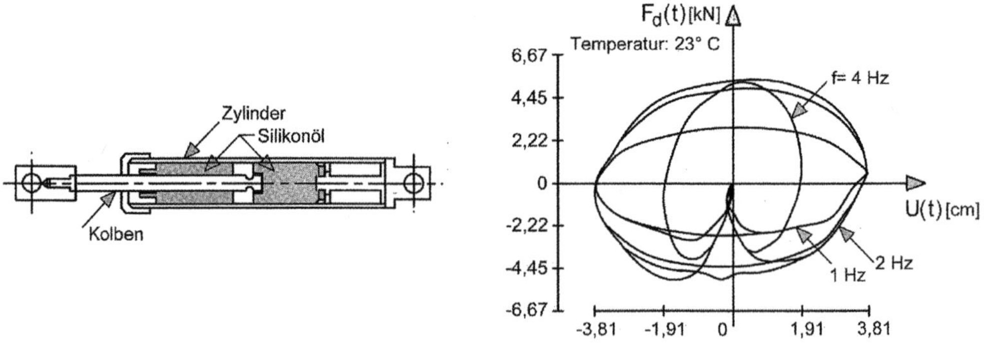

a b

Bild 15.23 Viskoser Flüssigkeitsdämpfer
a) Taylor Anlage [15.8]
b) Typische Hystereseschleife [15.7]

Bild 15.24 zeigt einen viskosen Dämpfer mit doppeltem Zylinder, wobei das flüssige Medium aus vorgespanntem Elastomer auf Silikonbasis besteht. Solange das Niveau der Beanspruchung unter dem Vorspannungsniveau bleibt, wirkt der Dämpfer starr. Über diesen Wert hinaus wird das Elastomer gezwungen, durch einen ringförmigen Freiraum am Kolbenkopf durchzufließen. Die Dämpferantwort enthält eine Steifigkeits- und eine Dämpfungskomponente. Bei Entlastung kehrt der Kolben aufgrund der inneren Vorspannung des Elastomers in der Anfangsposition zurück.

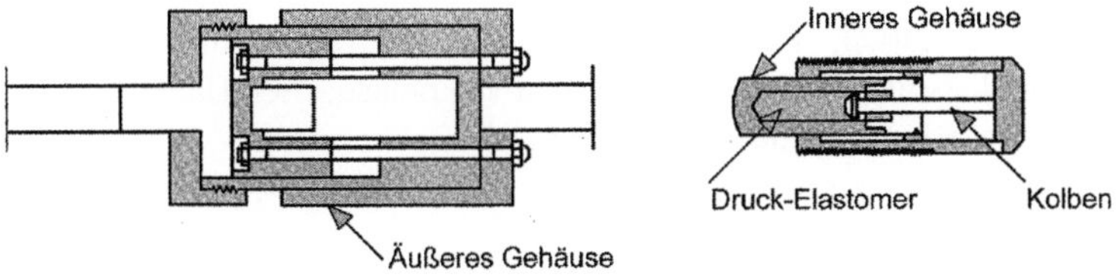

Bild 15.24 Viskoser Elastomer-Federdämpfer [15.32]

Das Verhalten des Dämpfers wird von folgendem mathematischem Modell beschrieben [15.32]:

$$F_d = K_s U + \frac{(K_d - K_s)U}{\sqrt{1+\left(\frac{K_d U}{P_v}\right)}} + C_d\langle\dot{U}\rangle\left|\frac{\dot{U}U}{U_{max}}\right|^n \tag{15.66}$$

wobei

K_s : Anfangssteifigkeit des Elastomers

K_d : Anfangssteifigkeit des Dämpfers

P_v : Statische Vorspannung

Der Dämpfer entwickelt eine symmetrische Hystereseschleife mit Coulomb-Reibungs- und viskosen Charakteristika, und zeigt eine geringe Frequenzabhängigkeit (Bild 15.25).

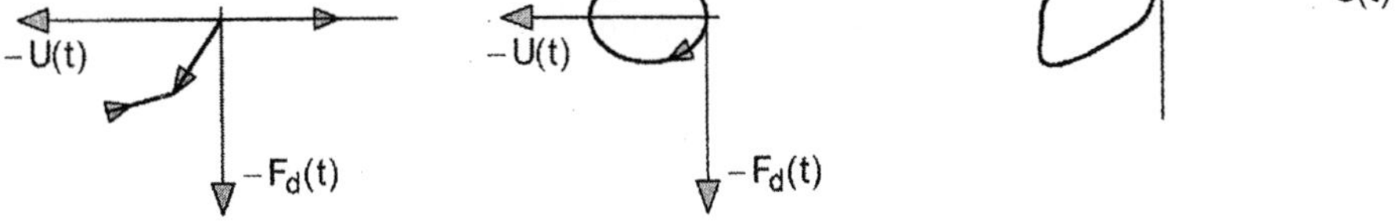

Bild 15.25 Dämpfermodellierung und Kennlinie bei zyklischer Beanspruchung

15.1.3.2 Viskoelastische Dämpfer

Viskoelastische Dämpfer besitzen eine elastische Steifigkeit und erzeugen bei Wechselbeanspruchung geschwindigkeitsproportionale Dämpfungskräfte. Sie bestehen aus viskoelastischen Werkstoffen, wie Polymere, und werden aufgrund ihrer großen Dämpfungskapazität unmittelbar innerhalb des Tragwerks eingesetzt. Die ersten viskoelastischen Dämpfer wurden in den zwanzigen Jahren entwickelt und zur Kontrolle der Schwingungen in Tragwerken von Flugzeugen eingesetzt. Die erste Anwendung im Bauwesen fand 1969 beim Bau der Türme des World Trade Centers in New York statt.

Werden die Dämpfer in Druck- und Zugtragelemente eingefügt, wird Energie durch relative Schubverformungen dissipiert (Bild 15.26a). Einen viskoelastischen Dämpfer, der über Biegeverformungen aktiviert wird zeigt das Bild 15.26b.

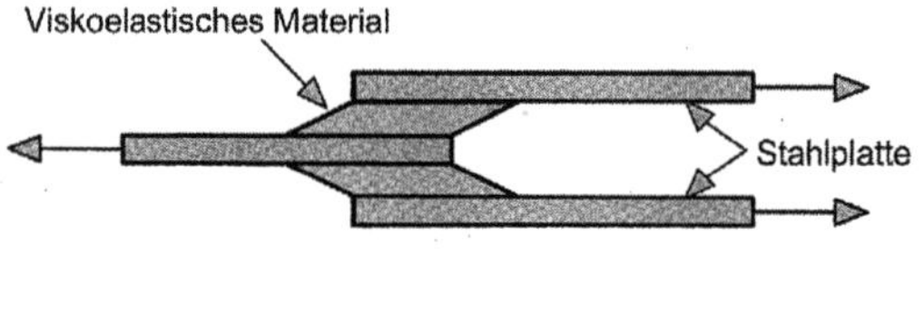

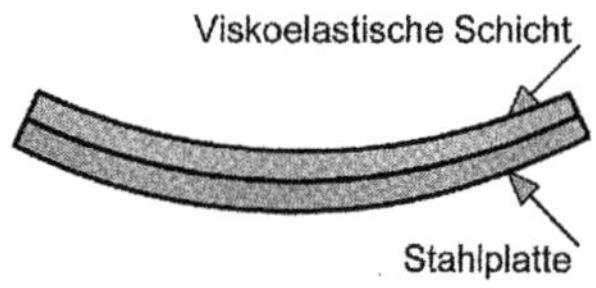

Bild 15.26 Viskoelastische Dämpfer
a) Schubdämpfer
b) Biegedämpfer

Die Dämpferkraft von viskoelastischen Dämpfern enthält zwei Komponenten.

$$F_d(t) = C_d \dot{U}(t) + K_d U(t) \tag{15.67}$$

Anders als bei viskosen Dämpfern verläuft die geschwindigkeitsproportionale Komponente in Gl. (15.67) stets linear.

Bei harmonischer Erregung mit der Kreisfrequenz ω liegen im Allgemeinen die Schubverformung $\gamma(t)$ und die Schubspannung $\tau(t)$ nicht in gleicher Phase (Bild 15.27).

$$\gamma(t) = \gamma_0 \sin \omega t \tag{15.68a}$$

$$\tau(t) = \tau_0 \sin(\omega t + \delta) \tag{15.68b}$$

wobei

γ_0 : maximale Schubdehnung

τ_0 : maximale Schubspannung

δ : Phasenwinkel, auch Verlustwinkel genannt

Die Schubspannung kann auch mit Hilfe des Speichermoduls G' und des Verlustmoduls G'' des Werkstoffes beschrieben werden:

$$\tau(t) = \gamma_0 \left[G'(\omega) \sin \omega t + G''(\omega) \cos \omega t \right] \tag{15.69}$$

wobei

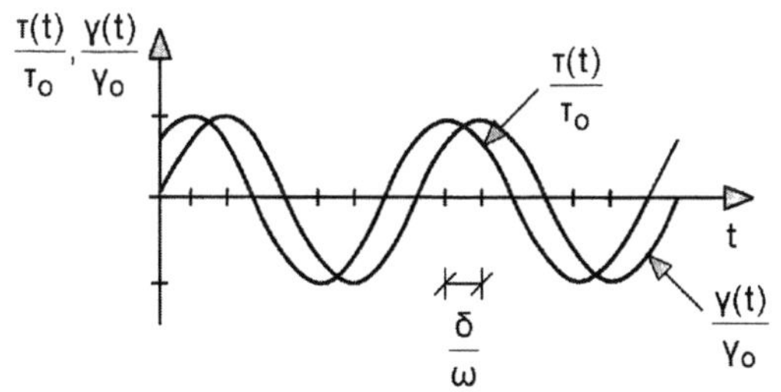

Bild 15.27 Dehnungs- und Spannungsverlauf eines viskoelastischen Werkstoffes bei stationärer Erregung

$$G'(\omega) = \frac{\tau_o}{\gamma_o}\cos\delta \tag{15.69a}$$

$$G''(\omega) = \frac{\tau_o}{\gamma_o}\sin\delta \tag{15.69b}$$

Löst man Gl. (15.69) nach $\cos\omega t$ und Gl. (15.68a) nach $\sin\omega t$, erhält man nach der eulerschen Identität ($\sin^2\omega t + \cos^2\omega t = 1$)

$$\tau(t) = G'(\omega)\gamma(t) \pm G''(\omega)\sqrt{{\gamma_o}^2 - \gamma^2(t)} \tag{15.70}$$

Gl. (15.70) definiert im Spannung-Dehnungsdiagramm eine geneigte Ellipse (Bild 15.28). Die darin eingeschlossene Fläche stellt die vom viskoelastischen Dämpfer pro Volumeneinheit und Zyklus dissipierte Energie dar.

$$E_{dk} = \int_0^{\frac{2\pi}{\omega}} \tau(t)\dot{\gamma}(t)dt = \int_0^{\frac{2\pi}{\omega}} {\gamma_o}^2\omega\cos\omega t\left[G'(\omega)\sin\omega t + G''(\omega)\cos\omega t\right]dt = \pi{\gamma_o}^2 G''(\omega) \tag{15.71}$$

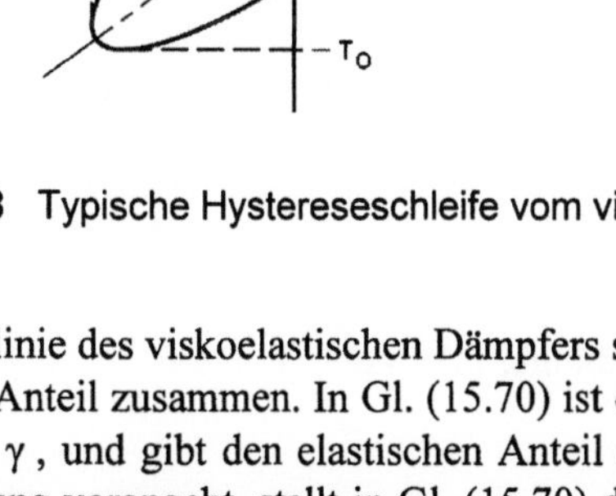

Bild 15.28 Typische Hystereseschleife vom viskoelastischen Dämpfer bei stationärer Erregung

Die Kennlinie des viskoelastischen Dämpfers setzt sich aus einem elastischen und einem hysteretischen Anteil zusammen. In Gl. (15.70) ist der Speichermodul G' in gleicher Phase mit der Dehnung γ, und gibt den elastischen Anteil der Verformung an. Der Verlustmodul G'', der der Dehnung vorangeht, stellt in Gl. (15.70) die Dämpfungskapazität des Materials dar. Diese

Erkenntnisse werden offensichtlicher, wenn man die Gleichungen (15.68a-b) und (15.69) wie folgt zusammenfasst:

$$\tau(t) = G'(\omega)\gamma(t) + \frac{G''(\omega)}{\omega}\dot{\gamma}(t) \qquad (15.72)$$

Gl. (15.72) ist nur bei harmonischer Belastung gültig, da in diesem Fall $\dot{\gamma}(t) = \gamma_0 \omega \cos \omega t$ gilt. Vergleicht man Gl. (15.67) mit Gl. (15.72), so gilt für das Dämpfungsmaß C_d des viskoelastischen Dämpfers

$$C_d = \frac{G''(\omega)}{\omega} \qquad (15.73)$$

Der äquivalente Dämpfungsgrad beträgt dann

$$\zeta_d = \frac{G''(\omega)}{\omega} \frac{\omega}{2G'(\omega)} = \frac{G''(\omega)}{2G'(\omega)} \qquad (15.74)$$

Definiert man den Verlustfaktor n mit

$$n = \tan\delta = \frac{G''(\omega)}{G'(\omega)} \qquad (15.75)$$

wird der Dämpfungsgrad des Dämpfers zu

$$\zeta_d = \frac{n}{2} \qquad (15.76)$$

Der Speichermodul G' und der Verlustmodul G'' des Materials bestimmen das dynamische Verhalten des viskoelastischen Dämpfers. Diese Module sind nicht nur materialspezifisch, sondern auch Funktionen der Erregungsfrequenz, der Auslegetemperatur und öfters der Schubverformung. Bei einer Zunahme der Schwingungsfrequenz werden die Werte beider Module auch größer. Die Auslegetemperatur hat den umgekehrten Effekt; eine Erhöhung der Auslegetemperatur bewirkt die Abnahme der Energiedissipationskapazität des Dämpfers. Der Verlustfaktor bleibt jedoch ungefähr konstant, unabhängig von Erregungsfrequenz und Auslegetemperatur. Laborversuche haben gezeigt, dass die Eigenschaften von viskoelastischen Dämpfern für Dehnungen bis zu 20 % konstant bleiben [15.28].

Vor Implementierung der Dämpfer ist eine genaue Modellierung der nach der Art der Beanspruchung zu erwartenden Antwortgrößen notwendig. Am Anfang kann angenommen werden, dass die zusätzliche Dämpfung nur geringe Änderungen in der Frequenz des Systems bewirkt. Die Wahl der Eigenschaften wird projektspezifisch, gemäß den herrschenden Temperaturverhältnissen in der Umgebung getroffen. Temperaturänderungen während eines Erdbebens wären für den Entwurf belanglos.

15.1.3.2.1 Parameterbestimmung

Für einen schubbeanspruchten viskoelastischen Dämpfer gilt in der Gl. (15.67)

$$K_d = \frac{G' A_s}{h} \qquad (15.77)$$

$$C_d = \frac{G'' A_s}{\omega h} \tag{15.78}$$

wobei

A_s : Gesamtfläche des viskoelastischen Materials

h : Gesamtstärke der Schichten des viskoelastischen Materials

Nach Einführung des Dämpfers im Tragwerk steigen die Steifigkeit und Dämpfung des Systems (Gl. (15.5c) und (15.5b)). Die linear elastischen Eigenschaften bleiben aber unverändert. Die Gleichungen (15.67), (15.77) und (15.78) gehen von einer harmonischen Belastung mit einer konstanten Frequenz ω aus, sie stellen jedoch eine angemessene Annäherung des dynamischen Verhaltens innerhalb eines begrenzten Frequenzbands dar, vorausgesetzt, dass die Steifigkeit und das Dämpfungsmaß des Dämpfers konstant bleiben.

Die Zunahme der Steifigkeit des kontrollierten Systems führt zu einer Änderung der Eigenfrequenz. Die Kreisfrequenz des Einmassenschwingers ändert sich von $\omega = \sqrt{\frac{K}{m}}$ zu

$$\tilde{\omega} = \sqrt{\frac{K + K_d}{m}} = \sqrt{\frac{\tilde{K}}{m}} \tag{15.79}$$

Berücksichtigt man die Änderung der Kreisfrequenz über einen Faktor α

$$\tilde{\omega} = (1+\alpha)\omega \tag{15.80}$$

so erhält man aus den Gleichungen (15.79) und (15.80)

$$\tilde{K} = (1+\alpha)^2 K \tag{15.81}$$

Die potentielle Energie des kontrollierten Systems $\tilde{E}_e$ und die vom Dämpfer dissipierte Energie E_{dk} betragen nach den Gleichungen (15.9c) und (15.9d)

$$\tilde{E}_e = \frac{1}{2}\tilde{K}U^2 \tag{15.82}$$

$$E_{dk} = \pi\gamma_o{}^2 G''V = \pi\left(\frac{U}{h}\right)^2 G''A_s h = \frac{\pi U^2 G'' A_s}{h} \tag{15.83}$$

Der Dämpfungsgrad des gedämpften Einmassensystems ergibt sich dann zu

$$\tilde{\zeta} = \frac{E_{dk}}{4\pi\tilde{E}_e} = \frac{G'' A_s}{2\tilde{K}h} \tag{15.84}$$

Setzt man die Gl. (15.81) in Gl. (15.84) ein und drückt man A_s nach Gl. (15.77) als steifigkeitsabhängige Größe aus, erhält man

$$\tilde{\zeta} = \frac{G'' h(2\alpha+\alpha^2)}{2G'(1+\alpha)^2} = \frac{n}{2}\frac{h(2\alpha+\alpha^2)}{(1+\alpha)^2} \tag{15.85}$$

Beispiel 15.3

Es werden die Abmessungen eines viskoelastischen Dämpfers zur Erhöhung des Dämpfungsgrads vom Einmassensystem im Beispiel 15.1 auf $\tilde{\zeta} = 10$ % ermittelt. Die maximale Verschiebung des Systems beträgt 1,0 % der Höhe. Der Speichermodul des viskoelastischen Materials beträgt $G' = 0{,}05$ kN/cm².

Die Eigenschaften des primären Systems sind $m = 1$ kNs²/cm, $\zeta = 0{,}02$, $\omega = 6{,}28$ rad/s, der erforderliche Dämpfungsgrad des linearen Dämpfers wurde zu $\zeta_d = 0{,}08$ ermittelt.

Die Steifigkeit des primären Systems beträgt

$$K = \omega^2 m = 6{,}28^2.1 = 39{,}44 \text{ kN/cm}$$

Nimmt man nach Einführung des Dämpfers eine Änderung in der Kreisfrequenz des Systems von $\alpha = 10$ % an, gilt für die erforderliche Gesamthöhe des Dämpfers nach Gl. (15.85)

$$h = \frac{2}{n}\frac{\tilde{\zeta}(1+\alpha)^2}{2\alpha+\alpha^2} = \frac{1}{\zeta_d}\frac{\tilde{\zeta}(1+\alpha)^2}{2\alpha+\alpha^2} = \frac{1}{0{,}08}\frac{0{,}1(1+0{,}1)^2}{2.0{,}1+0{,}1^2} = 7{,}20 \text{ cm}$$

Die Stärke der einzelnen viskoelastischen Schichten wird aufgrund der maximal zulässigen Verformung des Dämpfers, U_d, festgelegt.

$$U_d = 0{,}01h = 0{,}01.7{,}2 = 0{,}072 \text{ cm}$$

Ist z. B. eine maximale Materialdehnung von 60 % der Höhe zulässig, beträgt die Stärke der einzelnen Schichten $h_i = 0{,}12$ cm.

Mit

$$K_d = \tilde{K} - K = (1+\alpha)^2 K - K$$

gilt für die Fläche aller viskoelastischen Schichten nach Gl. (15.77)

$$A_s = \frac{\left[(1+\alpha)^2 K - K\right] h_i}{G'} = \frac{\left[(1+0{,}1)^2 39{,}4384 - 39{,}4384\right] 7{,}2}{0{,}05} = 1192{,}62 \text{ cm}^2$$

15.1.3.2.2 Tragwerksauslegung

Die Dimensionierung der Dämpfer richtet sich nach den zu erzielenden Antwortgrößen des kontrollierten Systems. Nach Einführung der Dämpfer ins System ändern sich seine Steifigkeits- und Dämpfungseigenschaften. Aufgrund der vorwiegend herrschenden proportionalen Dämpfung kann das Verhalten des Systems mit Hilfe der modalen Analyse erfasst werden, wobei die Steifigkeits- und Dämpfungsmatrix durch die Addition der entsprechenden Dämpfergrößen modifiziert werden.

Der Dämpfungsgrad des kontrollierten Einmassenschwingers ergibt sich aus den Gleichungen (15.77) und (15.84) zu

$$\tilde{\zeta} = \frac{n}{2}\frac{K_d}{\tilde{K}} \tag{15.86}$$

Die Entkopplung von Schwingungsformen ermöglicht die Erweiterung der Gl. (15.86) auf Mehrmassensysteme. Der Dämpfungsgrad des kontrollierten Systems für die Schwingungsform i, $\tilde{\zeta}_i$, wird nach den generalisierten Steifigkeiten $\hat{K}_d, \hat{\tilde{K}}$ bzw. $\hat{K}$ wie folgt ermittelt (Gl. (8.107a-b)):

$$\tilde{\zeta}_i = \frac{n}{2}\left[\frac{\{\Phi_i\}^T[K_d]\{\Phi_i\}}{\{\Phi_i\}^T[\tilde{K}]\{\Phi_i\}}\right] = \frac{n}{2}\left[1 - \frac{\{\Phi_i\}^T[K]\{\Phi_i\}}{\{\Phi_i\}^T[\tilde{K}]\{\Phi_i\}}\right] \tag{15.87}$$

In Gl. (15.87) stellt $\{\Phi_i\}$ den entsprechenden Vektor der modalen Form i des primären Mehrmassensystems dar.

Die modifizierte Kreisfrequenz $\tilde{\omega}_i$ des kontrollierten Systems in der Schwingungsform i beträgt

$$\tilde{\omega}_i = \left[\frac{\{\Phi_i\}^T[\tilde{K}]\{\Phi_i\}}{\{\Phi_i\}^T[m]\{\Phi_i\}}\right]^{\frac{1}{2}} \tag{15.88}$$

Werden Änderungen in der Schwingungsform des Systems infolge der Addition der Dämpfer vernachlässigt, vereinfacht sich Gl. (15.87) zu [15.6]

$$\tilde{\zeta}_i = \frac{n}{2}\left(1 - \frac{\omega_i^2}{\tilde{\omega}_i^2}\right) \tag{15.89}$$

Nach Ermittlung vom Dämpfungsgrad des kontrollierten Mehrmassensystems können die Steifigkeit K_d und der Verlustfaktor n der Dämpfer im Rahmen eines Iterationsprozesses berechnet werden. Alternativ dazu werden diese proportional zur Geschosssteifigkeit K_j angenommen. Dabei wird die Steifigkeit der viskoelastischen Dämpfer $K_{d,j}$ im Geschoss j wie folgt ermittelt:

$$K_{d,j} = \frac{2\tilde{\zeta}}{n - 2\tilde{\zeta}} K_j \tag{15.90}$$

Sind der Speicher- und Verlustmodul, G' bzw. G'' der viskoelastischen Dämpfer bekannt, werden anhand von Gl. (15.77) die Abmessungen der Dämpfer ermittelt. Wie im Beispiel 15.3 ausgeführt wurde, ergibt sich die Stärke der viskoelastischen Einlagen aus der zulässigen Verformung.

15.1.3.2.3 Kontrollmechanismen

Viskoelastische Dämpfer können in den Diagonalstäben von ausgesteiften Rahmen integriert werden (Bild 15.29a). Diese werden für Druck und Zug ausgelegt. Die Dämpfer erfahren aus der Beanspruchung Schubverformungen. Aufgrund der Neigung wird die Dämpferkraft abgemindert, $F_d \cos\Theta$. Eine weitere Alternative bildet der Einbau in Fachwerken zwischen dem V-Aussteifungsverband und dem Riegel (Bild 15.29b). In diesen Systemen werden die Dämpfer durch relative Verschiebungen zwischen dem Diagonalverband und dem Riegel aktiviert. Die viskoelastischen Dämpfer sichern die Kontrolle des Systems im elastischen Beanspruchungsbereich. Im World Trade Center in New York wurden zur Gewährleistung der Behaglichkeit der Anwohner viskoelastische Dämpfer zwischen den Außenstützen und dem unteren Gurt der Deckenträger angeordnet (Bild 15.29c).

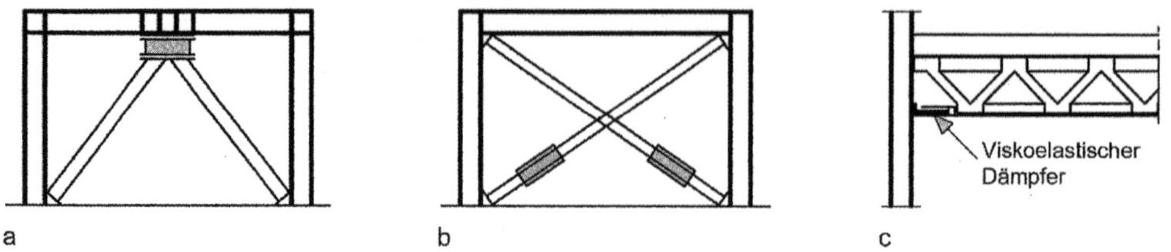

Bild 15.29 Anordnung von viskoelastischen Dämpfern
a) Ausgesteifter Rahmen
b) Fachwerk mit V-Aussteifungsverband
c) Anschluss Stütze-Decke (World Trade Center, New York)

Untersuchungen von ausgesteiften Rahmen mit eingebauten viskoelastischen Dämpfern haben gezeigt, dass hohe Dämpfungsgrade ($\tilde{\zeta}$ bis zu 30 %) erreicht werden können, wenn die Steifigkeit der Dämpfer und der Aussteifungsdiagonalen im Vergleich zur Steifigkeit des kontrollierten Rahmensystems größer ist [15.18]. Der Grund liegt darin, dass steife Dämpfer größere Kräfte aufnehmen und gleichzeitig steifere Diagonalen die Verformungen der Dämpfer sichern.

Zur Kontrolle des Tragverhaltens von Wandscheibensystemen werden diese in Elemente segmentiert und durch Biege-Schubverbindungen aus viskoelastischen Werkstoffen gekoppelt [15.10]. Dabei wandeln sich die Wandscheiben in viskoelastische Mechanismen, die durch eine Vorspannung zusammenwirken (Bild 15.30). Die vertikalen Einlagen werden vorwiegend den Schubverformungen, die horizontalen Schichten den Biegeverformungen ausgesetzt. Zur Begrenzung der Verformung des Systems im elastischen Bereich besitzen die horizontalen Einlagen eine begrenzte Druckverformbarkeit.

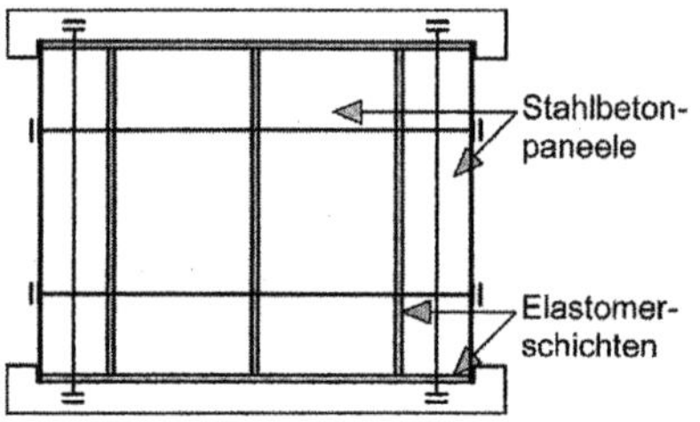

Bild 15.30 Wandscheibe mit kontrollierter Dämpfung

Die Steifigkeit der kontrollierten Wandscheibe in Bild 15.30 mit $A_{s,w} = 2d_w h_w$ wird wie folgt berechnet [15.37]:

- Für breite Paneele mit $b_p \geq h_p$ $(I_p \approx \infty)$

$$\tilde{K} = \frac{nEI_p}{4h_p^2 h} + \frac{(n-1)}{4} \frac{GA_s}{b} \left(\frac{b_p}{h_p} \right)^2 \tag{15.91a}$$

- Für schmale Paneele mit $b_p < h_p$

$$\tilde{K} = \frac{3nE_pI_p}{4(h_p - h)^2\left[h_p + h\left(3\frac{E_p}{E} - 1\right)\right]} + \frac{(n-1)}{4}\frac{GA_s}{b}\left(\frac{b_p}{h_p}\right)^2 \tag{15.91b}$$

wobei

n : Anzahl der Paneele

E_p : Elastizitätsmodul des Paneels

E : Idealer, gemittelter Elastizitätsmodul der viskoelastischen Schicht

b_p, h_p : Breite bzw. Höhe des Paneels

I_p : Trägheitsmoment des Paneels

b, h : Breite der vertikalen bzw. Höhe der horizontalen viskoelastischen Schicht

G : Schubmodul der viskoelastischen Schicht für Elastomerschichten als Funktion der Elastomerhärte

A_s : Fläche der viskoelastischen Schichten

15.1.3.3 Plastische Hysteresedämpfer

Plastische Hysteresedämpfer bestehen aus metallischen, duktilen Werkstoffen und dissipieren Energie, wenn sie über die Fließgrenze hinaus beansprucht werden. Die Energiedissipation erfolgt durch Änderung in der Mikrostruktur des Metalls und durch Temperaturzunahme. Für plastische Hysteresedämpfer wird meistens Weichstahl angewendet. Es besitzt eine niedrige Fließgrenze, die von einer Verfestigung des Materials gefolgt wird. Der Fließvorgang im Dämpfer kann durch monoton ansteigende oder zyklische Belastung durch Biege-, Druck-, Zug- oder Torsionsspannung hervorgerufen werden.

Geht man von einer ideal elastoplastischen Kennlinie des Dämpfers aus, so ist seine Steifigkeit im plastischen Bereich null; seine Eigenschaften werden von der Fließkraft $F_{d,y}$ und der elastischen Steifigkeit $K_{d,1}$ bestimmt. Die Effektivität des Dämpfers leitet sich aus diesen Parametern und aus der elastischen Steifigkeit des primären Tragwerks, K, ab (Bild 15.31).

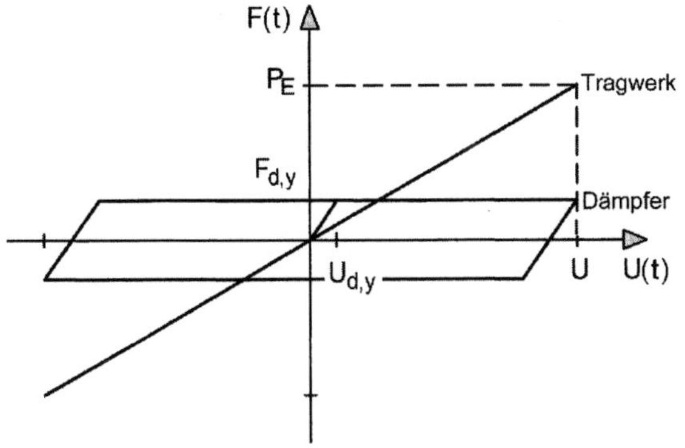

Bild 15.31 Hystereseschleife von plastischen Hysteresedämpfern mit ideal elastoplastischer Kennlinie

Mit Bezug auf das Bild 15.31 können folgende Dämpfer - Tragwerk Verhältnisse definiert werden:

$$g = \frac{F_{d,y}}{P_E} \tag{15.92a}$$

$$k = \frac{K_{d,1}}{K} \tag{15.92b}$$

Der äquivalente viskose Dämpfungsgrad des kontrollierten Systems beträgt

$$\tilde{\zeta}_{äq} = \frac{E_{dk}}{4\pi E_e} \tag{15.93}$$

E_{dk} stellt die Energiedissipation des Hysteresedämpfers dar (die Fläche der Hystereseschleife). Für eine maximale Systemverschiebung U beträgt die Energiedissipation

$$E_{dk} = 4F_{d,y}(U - U_{d,y}) \tag{15.93a}$$

wobei $U_{d,y}$ die Fließverformung des Hysteresedämpfers bedeutet, $U_{d,y} = \frac{F_{d,y}}{K_{d,1}}$.

Die potentielle Energie des kontrollierten Systems beträgt

$$E_e = \frac{1}{2}(KU - K_{d,1}U_{d,y}) \tag{15.93b}$$

Mit den Gleichungen (15.93a) und (15.93b) wird Gl. (15.93) wie folgt geschrieben:

$$\tilde{\zeta}_{äq} = \frac{2F_{d,y}(U - U_{d,y})}{\pi(KU + K_{d,1}U_{d,y})} \tag{15.94}$$

Mit

$$F_{d,y} = K_{d,1}U_{d,y} = kKU_{d,y}$$

lautet Gl. (15.94)

$$\tilde{\zeta}_{äq} = \frac{2kU_{d,y}(U - U_{d,y})}{\pi U(U + kU_{d,y})} \tag{15.95}$$

Setzt man in Gl. (15.95)

$$U = \frac{P_E}{K}$$

$$U_{d,y} = \frac{F_{d,y}}{K_d} = \frac{gP_E}{kK} = U\frac{g}{k}$$

ein, so lässt sich diese wie folgt umschreiben:

$$\tilde{\zeta}_{äq} = \frac{2g\left(1-\frac{g}{k}\right)}{\pi(1+g)} \qquad (15.96)$$

Gl. (15.96) liefert den äquivalenten Dämpfungsgrad des kontrollierten Systems in Abhängigkeit vom Verhältnis der Dämpferfließkraft zur Systemkraft g und der elastischen Dämpfersteifigkeit zur Systemsteifigkeit k (Bild 15.32). In der Praxis beschränkt sich das Steifigkeitsverhältnis k bei 1 und der Dämpfungsgrad bei 10 bis 15 %. Für dieses Steifigkeitsverhältnis ergibt sich ein optimaler Wert des Kraftverhältnisses g. Dieser nimmt zu bei zunehmender Steifigkeit von $g = 0{,}12$ für $k = 0{,}25$ bis $g = 0{,}72$ für $k = 2{,}0$.

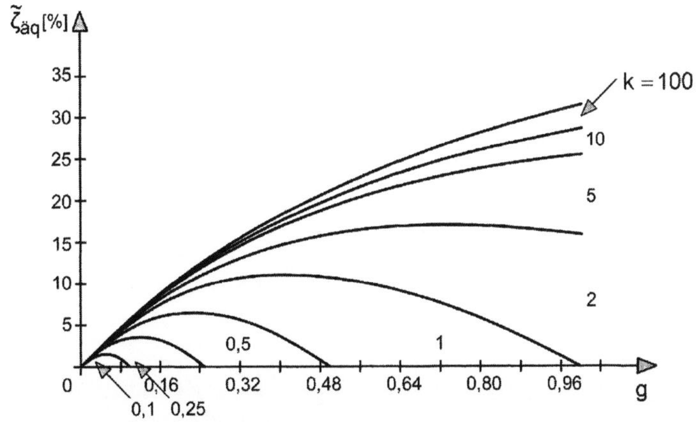

Bild 15.32 Äquivalenter Dämpfungsgrad von Systemen mit kontrollierter Hysteresedämpfung in Abhängigkeit von den elastischen Dämpfer-Tragwerkseigenschaften

Die bisherigen Untersuchungen von Systemen mit plastischen Hysteresedämpfern haben keine aufschlussreiche Aussagen über die Wirkungsweise der Dämpfer hervorgebracht, da die elastische Rückstellkraft des Systems von der dynamischen Belastung abhängt. Die Ergebnisse zeigen, dass eine maximale Effektivität durch eine möglichst hohe Steifigkeit und Fließkraft erreicht wird. Dies hätte aber zur Folge nicht nur eine Steigerung der Dämpfung sondern auch eine Zunahme der Steifigkeit des Systems. Die erste Auswirkung wäre die Reduktion der Eigenperiode des Systems und die Vergrößerung der Erdbebenlast. Daraus ist zu schließen, dass beim Einsatz von Dämpfern mit plastischer Hysterese die Rückstellkraft und die Dämpfungskraft des kontrollierten Systems nicht mehr getrennt betrachtet werden können.

15.1.3.3.1 Parameterbestimmung

Aufgrund der nichtlinearen Eigenschaften werden die Kenngrößen von plastischen Hysteresedämpfern aus ihrer Kraft-Verschiebungslinie entnommen, die in der Regel experimentell ermittelt wird. In der Bewegungsgleichung des kontrollierten Systems werden dann die reellen Parameter des Dämpfers berücksichtigt. Wegen der starken Nichtlinearitäten wird ihre Lösung mit Hilfe von numerischen Verfahren gesucht.

Zur Ermittlung des Kraft-Verschiebungsgesetzes des mit plastischen Hysteresedämpfern kontrollierten Systems kann das im Abschnitt 7.10.4 beschriebene Verfahren angewendet werden.

Im Folgenden wird ein elastoplastisches Einmassensystem der Masse m mit zwei Federn unterschiedlicher Steifigkeiten K, K_d untersucht (Bild 15.33). Dabei ist die Fließverschiebung des primären Systems, U_y, größer, als diejenige des Dämpfers $U_{d,y}$.

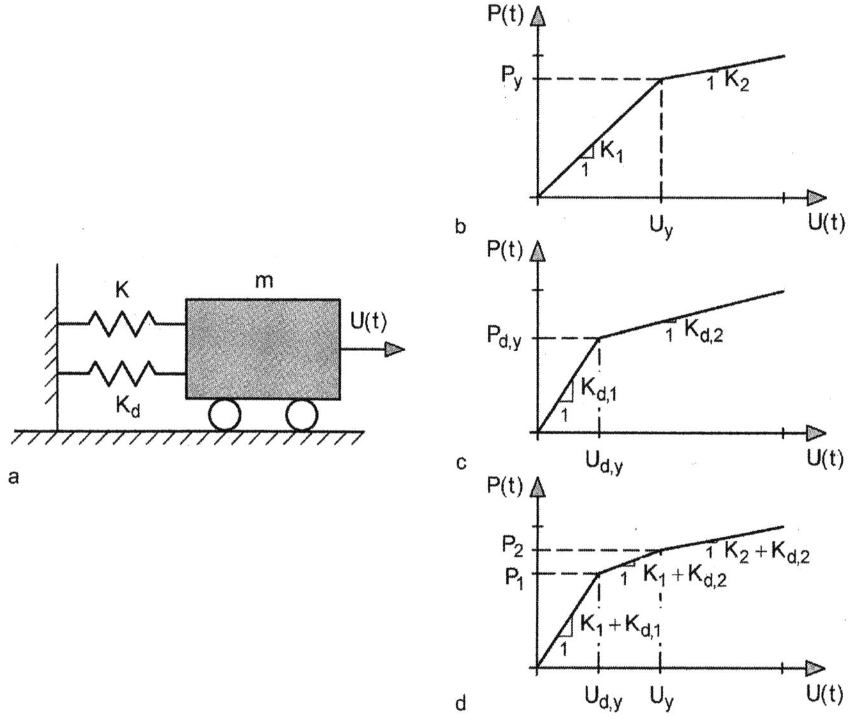

Bild 15.33 Einmassensystem mit plastischem Hysteresedämpfer
a) Dynamische Modellierung
b) Kraft-Verschiebungslinie des primären Einmassensystems
c) Kraft-Verschiebungslinie des Hysteresedämpfers
d) Kraft-Verschiebungslinie des kontrollierten Systems

Da die zwei Federn parallel angeordnet sind, bewirkt eine Verschiebung U der Masse eine Rückstellkraft in der Feder des Dämpfers, P_d, und eine Rückstellkraft in der Feder des Systems, P. Die gesamte Rückstellkraft der Masse beträgt

$$\widetilde{P} = P + P_d = K_1 U + K_{d,1} U = (K_1 + K_{d,1}) U \tag{15.97}$$

Die Rückstellkräfte in den zwei Federn an ihren Fließgrenzen betragen

$$P_1 = P + P_{d,y} = K_1 U_{d,y} + K_{d,1} U_{d,y} = (K_1 + K_{d,1}) U_{d,y} \tag{15.98a}$$

$$P_2 = P_y + P_d = K_1 U_y + K_{d,1} U_{d,y} + K_{d,2}(U_y - U_{d,y}) \tag{15.98b}$$

Wenn die Verschiebung des kontrollierten Systems kleiner als die Fließverschiebung des Dämpfers ist, wird das System ausschließlich elastisch beansprucht. Es gilt

$$\widetilde{P} = (K_1 + K_{d,1}) U \; ; \; P = K_1 U \; ; \; P_d = K_{d,1} U \; ; \; U'_{ep} = 0 \tag{15.99}$$

Liegt die Verschiebung U des Systems im Bereich $U_{d,y} < U \le U_y$, ändert sich die Steifigkeit des Dämpfers von $K_{d,1}$ zu $K_{d,2}$. Nach Gl. (7.162) gilt

$$U'_{ep} = \left(1 - \frac{K_1 + K_{d,2}}{K_1 + K_{d,1}}\right)(U - U_{d,y}) = \left(\frac{K_{d,1} - K_{d,2}}{K_1 + K_{d,1}}\right)(U - U_{d,y}) \tag{15.100}$$

und nach Gl. (7.160)

$$\widetilde{P} = P_1 + (K_1 + K_{d,2})(U - U_{d,y}) = K_1 U + K_{d,1} U_{d,y} + K_{d,2}(U - U_{d,y}) \tag{15.101}$$

In Gl. (15.101) betragen die Rückstellkräfte der Feder

$$P = K_1 U \tag{15.101a}$$

$$P_d = K_{d,1} U_{d,y} + K_{d,2}(U - U_{d,y}) \tag{15.101b}$$

Ist die Verschiebung U größer als die Fließverschiebung des Systems U_y, beträgt aufgrund Gl. (15.100) die nicht elastische Verschiebung des Systems an der Fließgrenze

$$U'_y = \left(1 - \frac{K_1 + K_{d,2}}{K_1 + K_{d,1}}\right)(U_y - U_{d,y}) = \left(\frac{K_{d,1} - K_{d,2}}{K_1 + K_{d,1}}\right)(U_y - U_{d,y}) \tag{15.102}$$

Die zusätzliche nicht elastische Verschiebung wird ebenfalls von Gl. (7.162) wiedergegeben.

$$\Delta U'_{ep} = \left(1 - \frac{K_2 + K_{d,2}}{K_1 + K_{d,1}}\right)(U - U_y) = \left(\frac{K_1 + K_{d,1} - K_2 - K_{d,2}}{K_1 + K_{d,1}}\right)(U - U_y) \tag{15.103}$$

Die gesamte nicht elastische Verschiebung des Systems beträgt

$$U'_{ep} = U'_y + \Delta U'_{ep} = \left(\frac{K_1 + K_{d,1} - K_2 - K_{d,2}}{K_1 + K_{d,1}}\right)U + \left(\frac{K_2 - K_1}{K_1 + K_{d,1}}\right)U_y + \left(\frac{K_{d,2} - K_{d,1}}{K_1 + K_{d,1}}\right)U_{d,y} \tag{15.104}$$

Die Rückstellkraft des kontrollierten Systems ist nach Gl. (7.160)

$$\widetilde{P} = P_2 + (K_2 + K_{d,2})(U - U_y) = K_1 U_y + K_2(U - U_y) + K_{d,1} U_{d,y} + K_{d,2}(U - U_{d,y}) \tag{15.105}$$

In Gl. (15.105) betragen die Rückstellkräfte der Feder

$$P = K_1 U_y + K_2(U - U_y) \tag{15.105a}$$

$$P_d = K_{d,1} U_{d,y} + K_{d,2}(U - U_{d,y}) \tag{15.105b}$$

Bei Entlastung ΔP erhält die Kennlinie des Systems eine Neigung, die gleich der elastischen Steifigkeit des Systems ist und die nicht elastische Verschiebung bleibt gleich, wie in Gl. (15.104). Die gesamte Rückstellkraft des Systems wird dann zu

$$\widetilde{P} = K_1(U_y - \Delta U) + K_2(U - U_y) + K_{d,1}(U_{d,y} - \Delta U) + K_{d,2}(U - U_{d,y}) \tag{15.106}$$

15.1.3.3.2 Tragwerksauslegung

Die Auslegung des hysteretisch gedämpften Tragwerks erfolgt unter Berücksichtigung des Steifigkeitsverhältnisses der plastischen Hysteresedämpfer zum primären Tragwerk. Wenn die Steifigkeitsverhältnisse im Tragwerk konstant sind, kann die Dämpfersteifigkeit proportional zur Geschosssteifigkeit gewählt werden. Darüber hinaus ist für die Verteilung der Dämpfersteifigkeit eine iterative Vorgehensweise erforderlich. Die Steifigkeitsverhältnisse werden solange geändert, bis eine optimale Antwort anhand der Bemessungsbelastung erzielt wird.

Nach Festlegung der Kennlinie der Dämpfer kann das dynamische Verhalten des kontrollierten Systems mit Hilfe von numerischen Verfahren untersucht werden. Die Bewegungsgleichung des Mehrmassensystems enthält eine Steifigkeitsmatrix mit nichtlinearen Elementen.

$$[m]\{\ddot{U}\}+[C]\{\dot{U}\}+[\tilde{K}(U)]\{U\}=\{P(t)\} \tag{15.107}$$

Die Steifigkeitsmatrix in Gl. (15.107) ist eine Funktion der nicht elastischen Verschiebung des Systems, $U(t)$. Zur Lösung der Gl. (15.107) gelten die Ausführungen vom Abschnitt 8.2.4 mit der Steifigkeitsmatrix des kontrollierten Systems, $[\tilde{K}_S]$, anstatt der Matrix $[K_S]$.

15.1.3.3.3 Kontrollmechanismen

In Hinblick auf eine möglichst große plastische Hysterese werden in der Regel für die Dämpfer Querschnitte gewählt, die eine gleichmäßige Verteilung der Verformungen und der Fließspannungen ermöglichen. Dazu eignen sich kompakte, rechteckige oder kreisförmige Querschnitte. Die Verbindungsbereiche zwischen den Fließzonen der Dämpfer und den Traggliedern werden so ausgebildet, dass Spannungskonzentrationen, insbesondere bei Schweißnähten, begrenzt bleiben.

Die ersten plastischen Hysteresedämpfer wurden in den siebziger Jahren im Zuge der Entwicklung von Erdbebenisolatoren konzipiert. Die Dämpfer wurden als Biegeträger, gebogene, U-förmige Stahllamellen und als Torsionsträger ausgebildet (Bild 15.34a-c). Weniger effektiv sind Hysteresedämpfer aus Rohrprofilen mit wechselndem Querschnitt, wobei Plastifizierungen aus Zugspannungen entstehen (Bild 15.34d).

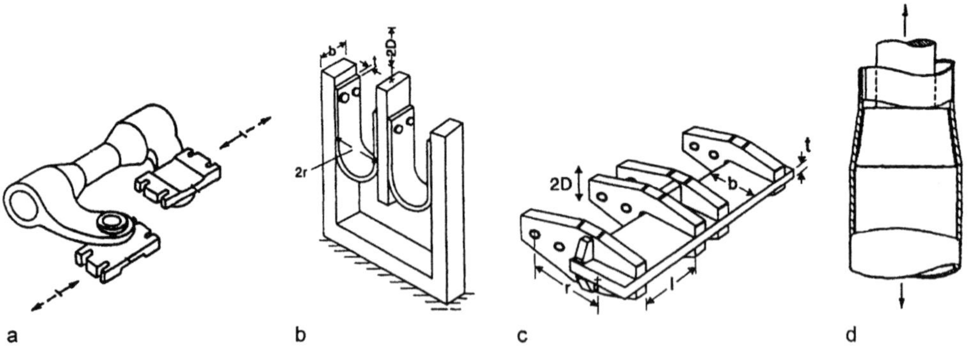

Bild 15.34 Plastische Hysteresedämpfer mit unterschiedlicher Geometrie [15.19]
a) Biegedämpfer
b) U-förmiger Lamellendämpfer
c) Torsionsdämpfer
d) Rohrprofil mit wechselndem Querschnitt

Die Lage der plastischen Hysteresedämpfer im Tragwerk kann unterschiedlich gewählt werden. In ausgesteiften Rahmen werden die Diagonalen mit dem Riegel über X-förmige oder dreieckige Stahllamellen verbunden (Bild 15.35).

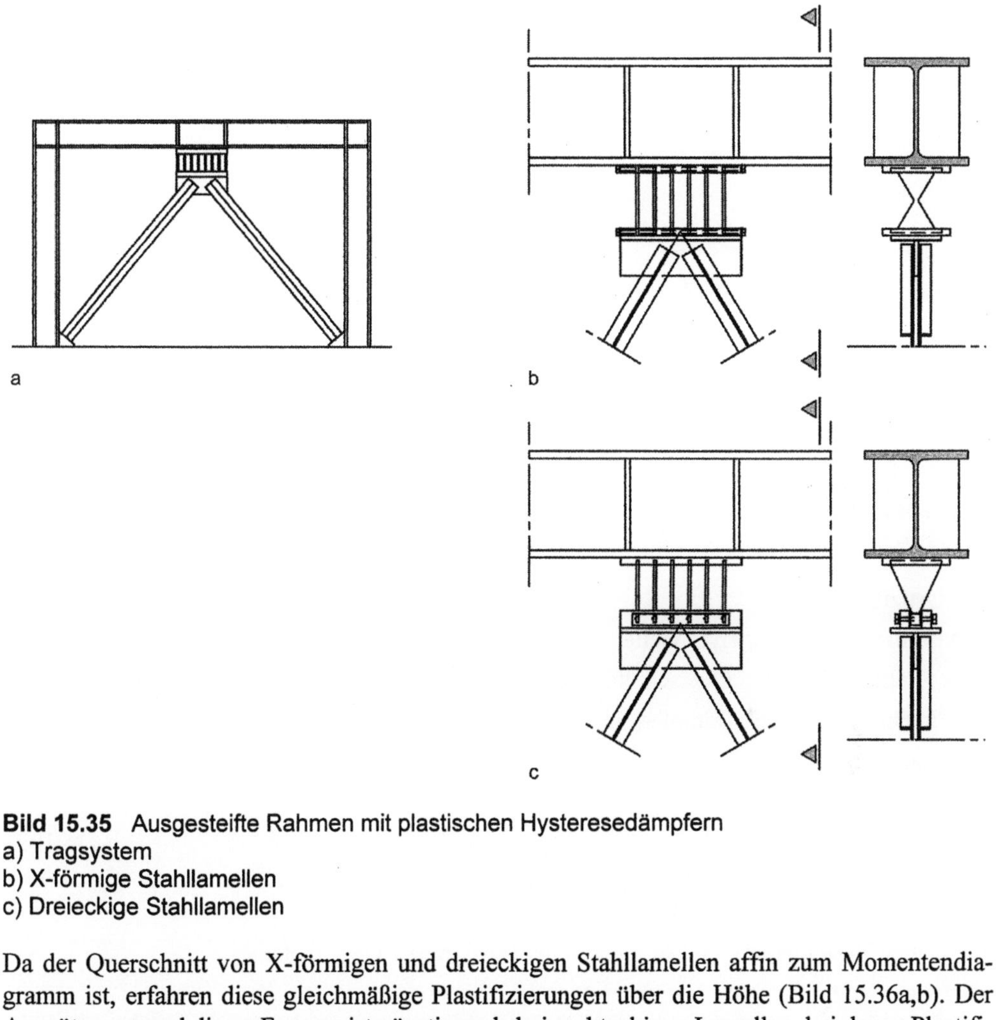

Bild 15.35 Ausgesteifte Rahmen mit plastischen Hysteresedämpfern
a) Tragsystem
b) X-förmige Stahllamellen
c) Dreieckige Stahllamellen

Da der Querschnitt von X-förmigen und dreieckigen Stahllamellen affin zum Momentendiagramm ist, erfahren diese gleichmäßige Plastifizierungen über die Höhe (Bild 15.36a,b). Der Ausnützungsgrad dieser Formen ist günstiger als bei rechteckigen Lamellen, bei denen Plastifizierungen nur an den Einspannstellen stattfinden (Bild 15.36c).

Die Anzahl und die Abmessungen der Stahllamellen werden entsprechend dem Dämpfungsbedarf gewählt. Als Beispiel zur Bestimmung der mechanischen Eigenschaften des Dämpfers werden dreieckige Lamellen angenommen, die unten starr eingespannt und oben gelenkig gelagert sind.

Die elastische Steifigkeit des Dämpfers beträgt

$$K_{d,1} = \frac{nEbt^3}{4h^3} \tag{15.108}$$

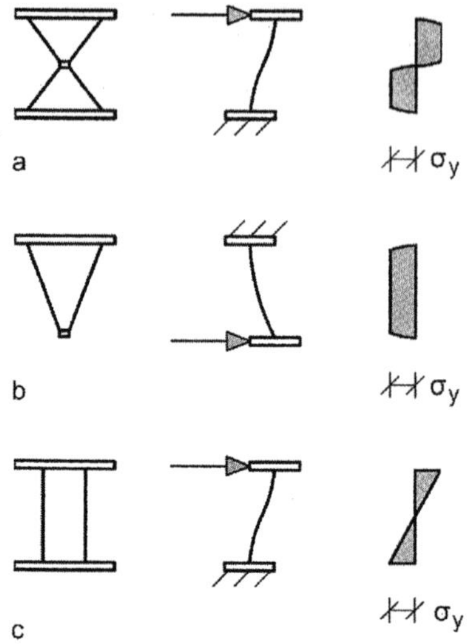

Bild 15.36 Verformungsverhalten und Spannungsverteilung in Stahllamellen bei Horizontalbeanspruchung
a) X-förmige Lamellen
b) Dreieckige Lamellen
c) Rechteckige Lamellen

E : Elastizitätsmodul

n : Anzahl von dreieckigen Lamellen

t, b, h : Stärke, Breite des Querschnitts und Lamellenhöhe

Die Fließkraft $P_{d,y}$ des Dämpfers lässt sich aus dem Fließmoment $M_{d,y} = P_{d,y}h = \sigma_{d,y} W_{pl}$ errechnen.

$$P_{d,y} = \frac{\sigma_{d,y} nbt^2}{6h} \tag{15.109}$$

$\sigma_{d,y}$: Fließspannung des Stahls

Die relative Verschiebung im Dämpfer an der Fließgrenze $U_{d,y}$ lautet

$$U_{d,y} = \frac{\sigma_{d,y} h}{Et} \tag{15.110}$$

Das Verhältnis Höhe zu Stärke der Lamelle, h/t, ist ein wichtiger Parameter des Dämpfers. Eine Optimierung des Hysteresedämpfers kann in erster Linie durch die Änderung der Stärke und Höhe der Lamellen erzielt werden.

Die Gleichungen (15.108) bis (15.110) gründen sich auf ein ideal elastoplastisches Modell. Das reelle Hystereseverhalten der Dämpfer wird von einem elastoplastischen Modell mit definierter Steifigkeit, Fließverschiebung und Verfestigung des Stahls nach der Fließgrenze beschrieben (Bild 15.37).

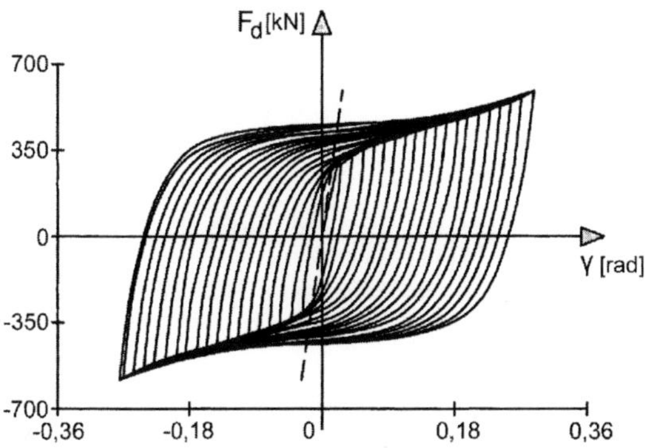

Bild 15.37 Experimentell ermittelte Hystereseschleife vom plastischen Hysteresedämpfer aus dreieckigen Stahlplatten [15.44]

Beim Einsatz von Dämpfern in Aussteifungsmechanismen aus Zugdiagonalen besteht das Problem, dass stets nur eine Diagonale aktiv ist und unter Wechselbelastung die Verlagerung der Zugkraft von einer Diagonale zu der anderen von Stoßen begleitet wird. Zur Überwindung dieser Schwierigkeiten wird in [15.39] ein Aussteifungsmechanismus vorgeschlagen, der aus einem geschlossenen vorgespannten Seilverband besteht und über Hysteresedämpfer das Verhalten des Systems kontrolliert (Bild 15.38). Die Aussteifung bildet ein kinetisch geschlossenes System, wobei die Zunahme der Länge einer Diagonale die gleiche Verkürzung der anderen bewirkt.

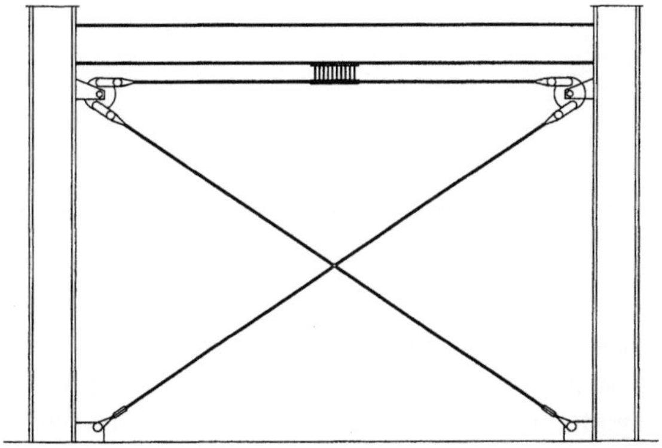

Bild 15.38 Rahmen mit Zugdiagonalen und Hysteresedämpfer

Die Seildiagonalen sind am Fußpunkt der Stiele befestigt. Für die oberen Anschlüsse am Tragwerk sind zwei Ausführungsvarianten möglich. In der ersten Variante sind die Diagonalen und ein horizontales Zugglied an zwei Drehscheiben exzentrisch angeschlossen (Bild 15.39a). In der zweiten Variante gleitet das durchlaufende Seil über sattelartige Lager (Bild 15.39b). Der Dämpfer ist zwischen dem Rahmenriegel und dem horizontalen Ast des Seilverbands angeordnet und wird durch die relative Verschiebung der beiden Elemente aktiviert. Als Dämpfer sind trapezförmige Lamellen aus Weichstahl vorzusehen. Diese sind im Riegel fest eingespannt und an dem Seil gelenkig befestigt.

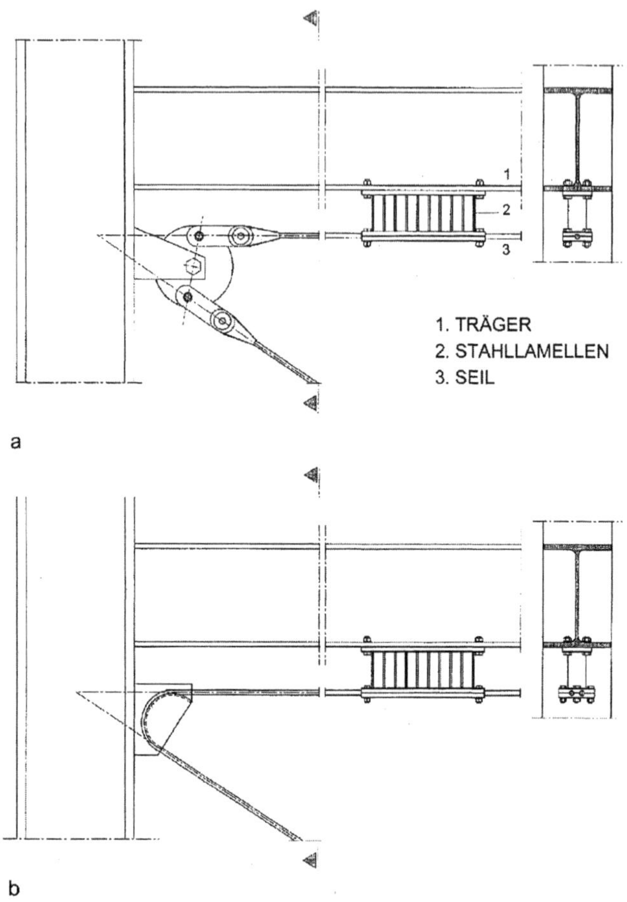

Bild 15.39 Konstruktive Ausbildung des Rahmens mit Zugdiagonalen und Hysteresedämpfer
a) Exzentrische Anschlüsse
b) Durchlaufendes Seil

Das dynamische Verhalten von Stabtragwerken mit gelenkigen Anschlüssen, wie Fachwerke, die mit Hysteresedämpfern ausgestattet sind, wird vorwiegend von den Eigenschaften der Dämpfer kontrolliert. Sind die Dämpfer weich, entstehen ausschließlich plastische Verformungen und das Kraft-Verschiebungsdiagramm des Systems ist vom starr-plastischen Typ (Bild 15.40a). Die Systeme zeigen stabile Energiedissipationseigenschaften, die Verschiebungen können aber groß werden. Systeme aus Stäben mit biegesteifen Ecken, wie Rahmen, weisen dagegen ein großes Energiedissipationsvermögen auf, und entwickeln unterschiedliche Formen von Hystereseschleifen, die vom elastischen Verhalten des Tragwerks selbst abhängig sind. Eine Optimierung der Steifigkeitsverhältnisse führt zu Hystereseschleifen vom elastoplastischen Typ (Bild 15.40b). In derartigen Systemen konzentriert sich die Kontrolle auch auf die Verhinderung von Schäden im Tragwerk aus der Plastifizierung der Querschnitte an den Stabenden [15.36].

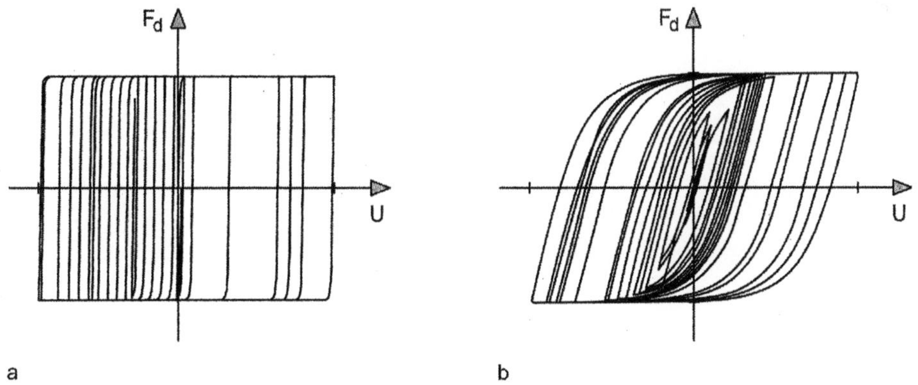

Bild 15.40 Typische Hystereseschleifen von Tragsystemen mit plastischem Hysteresedämpfern [15.34]
a) Starr-plastisches Modell
b) Elastoplastisches Modell

In diesem Zusammenhang erscheint die Notwendigkeit, die Steifigkeit des primären Tragwerks regulierbar zu gestalten. Unter Beibehaltung der Geometrieverhältnisse ist eine Änderung der Steifigkeit der Rahmen nur durch eine Änderung des Einspannungsgrades der Stäbe möglich. Eine Lösung bietet die Anwendung von kontrollierbaren Anschlüssen [15.40]. Grundsätzlich besteht ein kontrollierbarer Anschluss aus einem Elastomerlager, der bei Rahmen zwischen den Riegeln und den Stielen und eventuell auch an den Fußpunkten eingebaut wird. Die Übertragung der Querkräfte erfolgt mit Hilfe von Stahlkonsolen oder mittig plazierten Knaggen (Bild 15.41). Die Kontrolle des Lager-Drehwinkels erfolgt über Zugverbindungen.

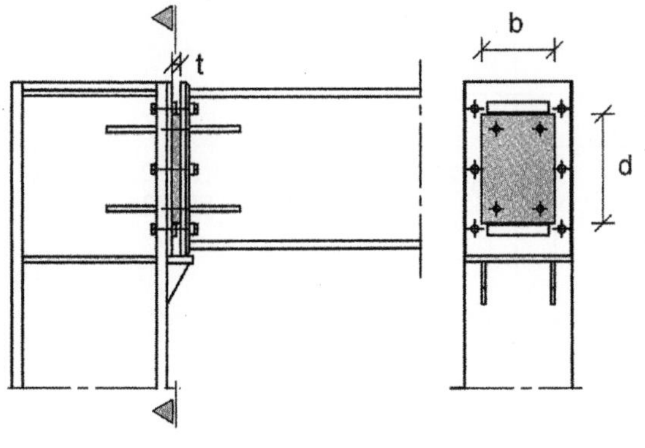

Bild 15.41 Konstruktionsdetail eines kontrollierbaren Riegel-Stiel-Anschlusses

Bei rechteckigen Lagern mit der Breite b, Höhe d und Dicke t besteht zwischen dem Drehwinkel φ_t und dem entstehenden elastischen Moment M folgender Zusammenhang [15.12]

$$\varphi_t = \frac{\eta t^3}{d^5 b G} M \tag{15.111}$$

Aus der ersten Ableitung des Drehwinkels φ_t erhält man die äquivalente fiktive Drehsteifigkeit des Anschlusses in der Form $K_t \Rightarrow E_t I_t$.

$$\varphi_t' = \frac{1}{\rho} = \frac{M}{E_t I_t} = \frac{3\eta t^2}{d^5 b G} M = \frac{M}{\left(\dfrac{d^5 b G}{3\eta t^2}\right)} \tag{15.112a}$$

wobei

$$K_t = \frac{d^5 b G}{3\eta t^2} \tag{15.112b}$$

Der Faktor η ist von den Abmessungen des Lagers abhängig.

Tabelle 15.5 enthält die Ausdrücke der Biegesteifigkeit von Rahmen mit kontrollierbaren Anschlüssen.

Tabelle 15.5 Charakteristika von Rahmen mit kontrollierbaren Anschlüssen

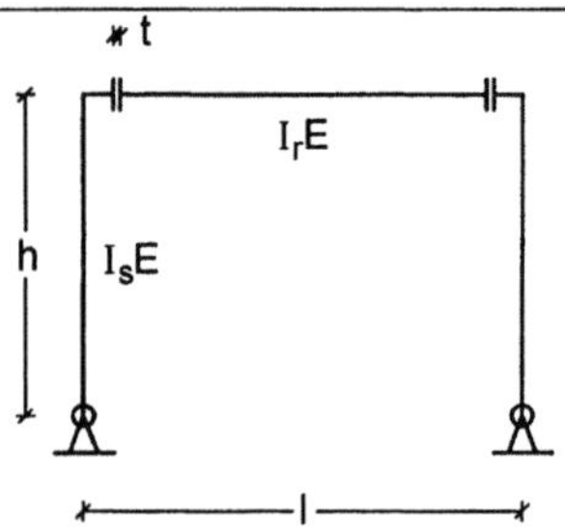 a) Zweigelenkrahmen mit elastischen Anschlüssen in Riegelbereich	$K_1 = \dfrac{12EI_s}{h^3\left(\dfrac{2\kappa+1}{\kappa}+\beta\right)}$ $\beta = \dfrac{t}{h}\dfrac{EI_s}{K_t}$ $\kappa = \dfrac{I_r}{I_s}\dfrac{h}{l}$
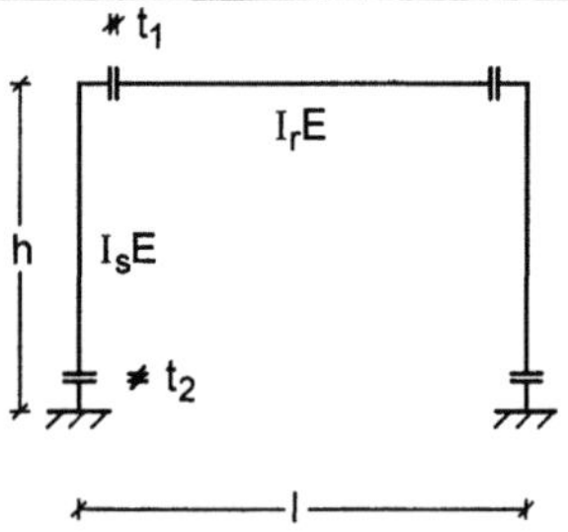 b) Portalrahmen mit elastischen Anschlüssen in Riegel- und Stielbereich	$K_1 = \dfrac{12EI_s}{h^3\left[\alpha_\kappa + 54\beta_1\kappa^2 + 6\beta_2(3\kappa+1)^2\right]}$ $\alpha_\kappa = 54\kappa^2 + 27\kappa + 2$ $\beta_1 = \dfrac{EI_s}{K_{t_2}}\dfrac{t_1}{h}$ $\beta_2 = \dfrac{EI_s}{K_{t_1}}\dfrac{t_2}{h}$

Die Begrenzung des Drehwinkels φ_t des Anschlusses erfolgt durch die Festlegung einer Grenzdicke für die elastische Einlage " $\lim t$ ".

$$\max \varphi_t \approx \frac{\lim t}{d} \tag{15.113}$$

Der Winkel $\max\varphi_t$ teilt das Kraft-Verformungsdiagramm des Rahmens in zwei Bereiche: Für $t < \max\varphi_t$, $\beta >> \frac{2\kappa+1}{\kappa}$ werden die elastischen Eigenschaften des Rahmens hauptsächlich von den elastischen Anschlüssen mit kontrollierbaren Parametern bestimmt. In diesem Fall ergibt sich ein Bereich mit "weicher Steifigkeit". Wenn $\beta = 0$, $(t \Rightarrow 0)$, $\varphi_t \Rightarrow \max\varphi_t$, wird der Anschluss starr, und der Verlauf der Kennlinie wird ausschließlich von den Eigenschaften der Tragglieder bestimmt. Die Obergrenze des zweiten Bereichs wird von der Plastifizierung des Rahmenriegels gesetzt.

Beispiel 15.4

Es wird das Kraft-Verformungsdiagramm eines Zweigelenkrahmens aus Stahlprofilen mit kontrollierbaren Anschlüssen ermittelt. Der Zweigelenkrahmen besitzt eine Höhe von $h = 400$ cm, eine Länge von $l = 600$ cm und Abmessungen nach Bild 15.42. Die Anschlüsse weisen folgende Charakteristika auf: Elastische Einlage: Elastomere SH60, $G = 0{,}1$ kN/cm², $t = 1{,}2$ cm, $d = b = 20$ cm, $\eta = 85{,}70$. Für die Steifigkeit K gelten die entsprechenden Bestimmungen der Tabelle 15.5a

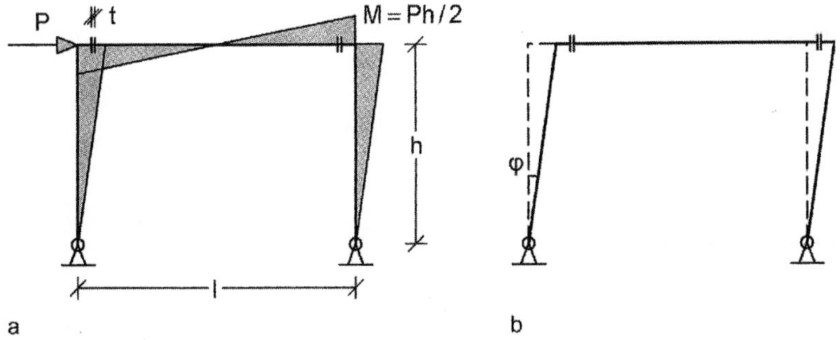

Bild 15.42 Zweigelenkrahmen mit elastischen Anschlüssen
a) Statisches System mit Biegemomentenverlauf infolge Horizontalbeanspruchung
b) Systemverformung

$$\kappa = \frac{I_r}{I_s}\frac{h}{l} = \frac{5410}{7760}.\frac{400}{600} = 0{,}465$$

$$K_t = \frac{d^5 bG}{3\eta t^2} = \frac{20^6.0{,}1}{3.85{,}7.1{,}2^2} = 17286{,}83 \text{ kN/cm}$$

$$\beta = \frac{t}{h}\frac{EI_s}{K_t} = \frac{1{,}2}{400}.\frac{2{,}1.10^4.7760}{17286{,}83} = 28{,}28$$

Die elastische Steifigkeit des Rahmens im Bereich 1 ergibt sich wie folgt:

$$K_1^1 = \frac{12EI_s}{h^3\left(\frac{2\kappa+1}{\kappa}+\beta\right)} = \frac{12.2{,}1.10^4.7760}{400^3(4{,}11+28{,}28)} = 0{,}94 \text{ kN/cm}$$

Die obere Gleichung, umgeschrieben für das elastische Moment, führt zu

$$M_1 = \frac{d^5 bG}{\eta t^3}\varphi_t = \frac{20^6.0{,}1}{85{,}7.1{,}2^3}\varphi_t = 43217{,}08\varphi_t$$

Die Grenze des Drehwinkels φ_t wird bei einer Druckstauchung der Elastomere auf 50 % gesetzt.

$$\lim t = 0{,}5.\max t = 0{,}5.1{,}2 = 0{,}6 \text{ cm}$$

$$\max \varphi_t = \frac{0{,}5.\max t}{d} = \frac{0{,}5.1{,}2}{20} = 0{,}03 \text{ rad}$$

$$\max M_1 = 1296{,}51 \text{ kNcm}$$

Die Auslenkung U_1 beträgt

$$U_1 = \max \varphi_t h = 12 \text{ cm}$$

und die entsprechende maximale Horizontalkraft ergibt sich aus

$$\max P_1 = U_1 K_1^1 = 12.0{,}94 = 11{,}28 \text{ kN}$$

Für den elastischen Bereich 2 gilt $\beta \cong 0$. Somit ist

$$K_1^2 = \frac{12EI_s}{h^3\left(\frac{2\kappa+1}{\kappa}\right)} = \frac{12.2{,}1.10^4.7760}{400^3.4{,}11} = 7{,}43 \text{ kN/cm}$$

Die obere Grenze des elastischen Bereichs 2 wird durch die Plastifizierung der Stahlquerschnitte definiert. Mit M_{pl} =128 kNm für HEA 220 wird

$$P_y = \frac{2M_{pl}}{h} = \frac{2.128}{4} = 64 \text{ kN}$$

$$U_2 = \frac{P_y}{K_1^2} = \frac{64}{7{,}43} = 8{,}61 \text{ cm}$$

Die graphische Darstellung der Ergebnisse zeigt das Bild 15.43. Die Kennlinie (b) des Systems weist im elastischen Bereich einen bilinearen Verlauf mit progressiver Steifigkeitssteigerung auf. Ein Vergleich mit der Steifigkeit des Rahmens ohne elastische Anschlüsse (K_1^0 , Kurve (a)) hebt den "Abminderungsef-

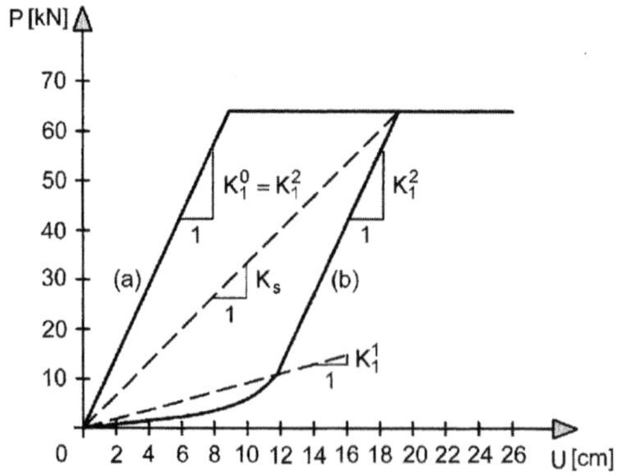

Bild 15.43 Kraft-Verschiebungslinie des Rahmens zum Beispiel 15.4
(a) Rahmen ohne kontrollierbare Anschlüsse
(b) Rahmen mit kontrollierbaren Anschlüssen

fekt“ der Anschlüsse hervor. Ersetzt man den bilinearen Verlauf der Systemkennlinie (b) durch einen äquivalenten monolinearen Verlauf, so ergibt sich die Sekantensteifigkeit des Rahmens K_s zu

$$K_s = \frac{P_y}{U_y} = \frac{P_y}{U_1 + U_2} = \frac{64}{20{,}61} = 3{,}11 \text{ kN/cm}$$

Dieser Wert stellt eine Abminderung der Rahmensteifigkeit um 58 % dar.

Einen kontrollierbaren Riegel-Stützenanschluss für Stahlbetonrahmen aus Fertigteilen zeigt das Bild 15.44. Es werden Verbindungsmittel verwendet, die aus ersetzbaren Weichmetallegierungen bestehen. Das Erreichen der Fließgrenze im Metall stellt eine Sperre der Momentenaufnahme dar. Somit wird sowohl die Steifigkeit, als auch die Dämpfung des Systems kontrolliert.

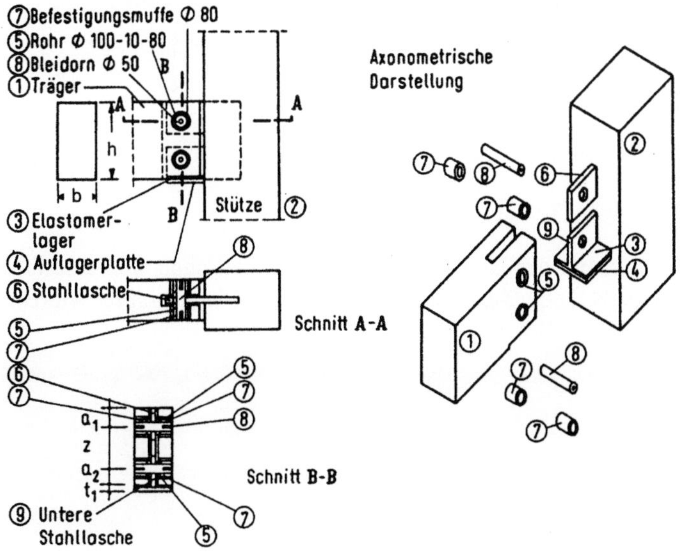

Bild 15.44 Riegel-Stützenanschluss mit plastifizierungsfähigem Verbund [15.38]

Das Grenzmoment des Anschlusses, M_y, ergibt

$$M_y = P_y z = 2\frac{\pi d^2}{4}\tau_y z = 1{,}57\tau_y d^2(h - 2a) \qquad (15.114)$$

wobei

P_y : Grenzkraft des Anschlusses

d : Dorndurchmesser

τ_y : Fließschubspannung der Legierung

h : Riegelhöhe

a : Achsabstand vom Dorn zum Riegelende

Zur Kontrolle der Energiedissipationsprozesse in Stahlbetonwandscheiben werden diese geschossweise in Streifen zerlegt, und in die Fugen Hysteresedämpfer eingebaut, die auf die relative Verschiebung der Paneele reagieren. Das Bild 15.45a zeigt einen Hysteresedämpfer, bestehend aus Flachstahlelementen und honigwabenförmigen Öffnungen. Das System entwikkelt rechteckige Hystereseschleifen mit einem Verfestigungsverlauf (Bild 15.45b).

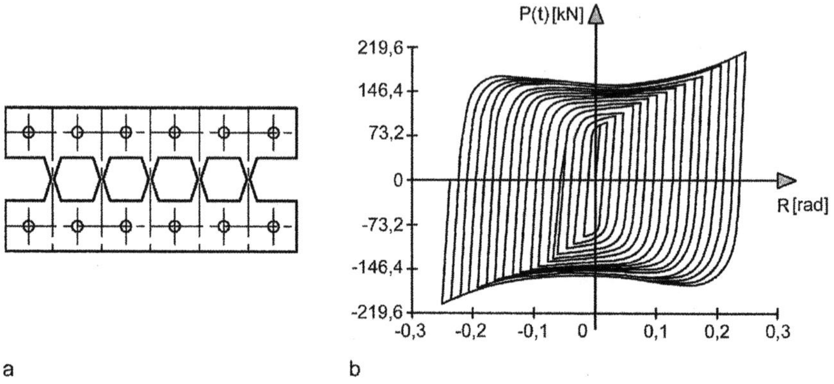

Bild 15.45 Plastische Hysteresedämpfer für Wandscheiben
a) Honigwabenträger
b) Typische Hystereseschleife [15.22]

Einen anderen Vorschlag zeigt das Bild 15.46 [15.10]. In die Fugen werden dübelartige Verbindungen aus Weichmetallen eingebaut, die als Schub- oder Biegedämpfer wirken.

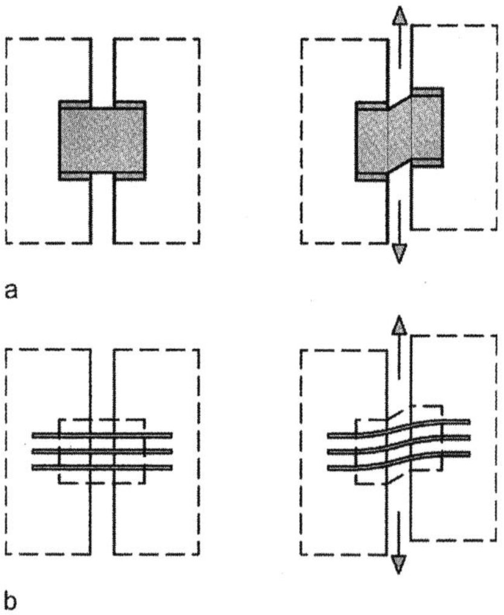

Bild 15.46 Plastische Hystereseverbindungen von segmentierten Wandscheiben
a) Schubdämfer
b) Biegedämpfer

Bei gedrungenen Bauwerken besteht die Möglichkeit, die Kontrolle nur am Fußpunkt der Wandscheiben zu konzentrieren [15.10]. Dazu werden die Wandscheiben vom Fundament getrennt und auf kurze Pendel aufgelagert, die seitlich in Elastomere eingebettet sind (Bild 15.47).

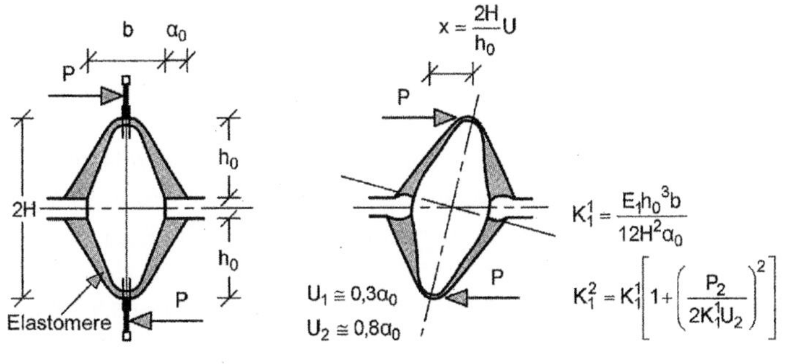

Bild 15.47 Elastische Verbindungen mit pendelndem Kern

Die im Bild 15.47 verwendeten Bezeichnungen haben folgende Bedeutung:

K_1^1 : Steifigkeit im elastischen Bereich 1 (linear elastischer Bereich)

K_1^2 : Steifigkeit im elastischen Bereich 2 (nichtlinear elastischer Bereich)

E_1 : Anfänglicher Druckmodul der Elastomere

U_1 : Elastomere-Stauchung an der Grenze des Bereichs 1

U_2 : Grenzstauchung der Elastomere

P_1 : Rückstellkraft im Bereich 1

P_2 : Rückstellkraft im Bereich 2

Eine Sonderkategorie von Hysteresedämpfern bilden die Blei-Extrusionsdämpfer. In einem Extrusionsdämpfer wird Blei durch Pressung in einem Zylinder mit einer Verjüngung plastisch verformt (Bild 15.48a,b). Blei besitzt im Allgemeinen ein starr-plastisches Verhalten ohne Verfestigung (Bild 15.48c) und erfährt keine Ermüdung. Das Material ist bei Temperaturände-

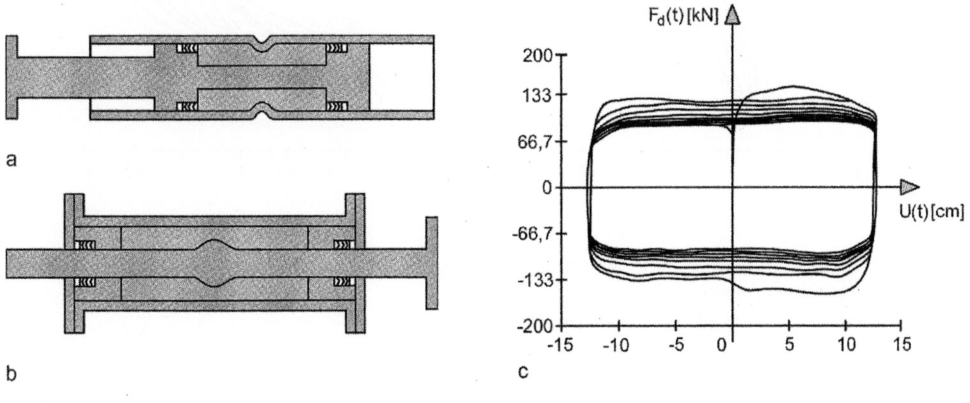

Bild 15.48 Bleistrangpreßdämpfer [15.19]
a) Ziehungsrohr-Typ
b) Ausbauchungsschacht-Typ
c) Hystereseschleife

rungen stabil; beim Temperaturanstieg während des Extrusionsprozesses nehmen die Druckkraft und die dissipierte Energie mit der umgewandelten Hitze ab. Je höher die Temperatur ist, desto schneller wird die Mikrostruktur wiederhergestellt und gewinnt die Plastizität zurück.

Vielversprechende Vorteile zur Herstellung von Hysteresemechanismen weisen schließlich Metallegierungen mit perfektem Formgedächtnis auf. Diese besitzen die Eigenschaft, ihre Mikrostruktur mittels Phasenumwandlung aus einer großen Spannungsbeanspruchung in den Zustand vor der Belastung zurückzuversetzen. Die Phasenumwandlung kann durch eine Temperatur- (martensitische Hysterese) oder eine Spannungswirkung (Superelastizität) veranlasst werden. Das günstige Verhalten von Metallegierungen mit perfektem Formgedächtnis besteht in der großen Steifigkeit bei niedrigen Materialspannungen (elastische Belastung), der verringerten Steifigkeit bei mäßigen Spannungen (infolge der Bildung und/oder Neuorientierung vom Martensit) und in der großen Steifigkeit bei hohen Spannungen (elastische Belastung vom Martensit). Weitere günstige Eigenschaften von Metallegierungen mit perfektem Formgedächtnis sind ihre Unempfindlichkeit gegenüber der Umgebungstemperatur und ihre ausgezeichnete Ermüdungs- und Korrosionseigenschaften.

Das große Dehnungsvermögen und das zyklische, superelastische Verformungsverhalten von Aussteifungselemente aus Nitinol (NiTi) ist an einem dreigeschossigen Rahmen untersucht worden [15.3]. Eine Vergrößerung der Steifigkeit des Tragwerks mit Verlagerungen und bleibenden Verformungen in der Kristallstruktur des Materials erfolgt ab Dehnungswerten von 6,0 % der Tragwerkshöhe (Bild 15.49a). Mit einer großen Vorspannung der Aussteifungsglieder sind infolge mäßiger Wechselbelastung selbstzentrierende Hystereseschleifen mit Dehnungswerten von 2,5 bis 6,0 % erreichbar (Bild 15.49b). Die Zunahme in der Zugbeanspruchung der Glieder über die Elastizitätsgrenze hinaus bewirkt eine Änderung der kristallinen Struktur des Materials, die während der Entlastung in den Anfangszustand zurückkehrt. Dabei bleibt die angewandte Vorspannung unverändert.

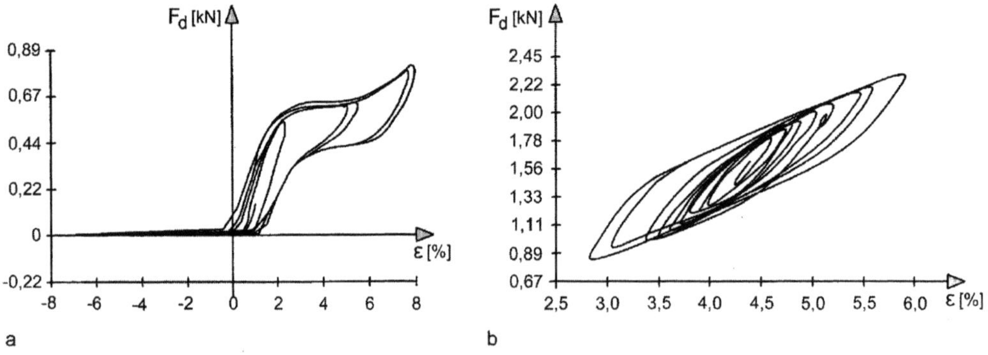

Bild 15.49 Hystereseschleifen von Nitinol-Aussteifungsdiagonalen [15.3]
a) Bei hoher Beanspruchung
b) Bei Vorspannung und mäßiger Beanspruchung

15.1.3.4 Reibungsdämpfer

Reibungsdämpfer dissipieren Energie durch die Reibung während der Gleitbewegung von zwei Reibflächen, die sich berühren und über Klemmvorrichtungen aneinander gepresst werden. Als

Klemmvorrichtungen kommen Feder und Schrauben in Frage, die eine einstellbare Anpresskraft erzeugen. Die Dämpfer werden erst dann aktiviert, wenn die Beanspruchung den Wert der Reibungskraft überschreitet. Danach bleibt die Kraft konstant.

$$F_d = \mu P \tag{15.115}$$

mit

F_d : Reibungskraft des Dämpfers

μ : Reibungskoeffizient

P : Normalkraft im Dämpfer

Die Coulombsche Reibung ist vom Material und der Güte der Reibungsflächen abhängig, aber weitgehend unabhängig von der Geschwindigkeit. Lediglich bei Geschwindigkeit null entsteht eine vergrößerte Haftung, d. h. die Losbrechkraft ist größer als die Reibungskraft. Demzufolge entwickeln Reibungsdämpfer rechteckige Hystereseschleifen nach dem starr-plastischen Modell (Bild 15.50).

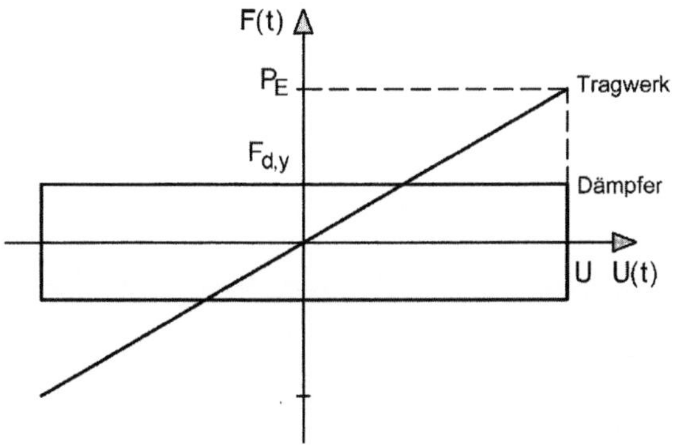

Bild 15.50 Typische Hystereseschleife von Reibungsdämpfern

Betrachtet man den Reibungsdämpfer allein, kann zur Ermittlung des äquivalenten Dämpfungsgrades des kontrollierten Systems die Gl. (15.96) angewendet werden, wobei das Verhältnis vom Dämpfersteifigkeit zur Systemsteifigkeit $k = \infty$ angenommen wird. Somit gilt

$$\tilde{\zeta}_{äq} = \frac{2g}{\pi(1+g)} \tag{15.116}$$

Die Dämpfungsfunktion von Gl. (15.116) ist in Bild 15.51 für Werte des praktischen Bereichs von $g \leq 1{,}0$ dargestellt.

Der Verlauf des Kraft-Verformungsdiagramms von Systemen mit Reibungsdämpfern ähnelt dem ideal elastoplastischen Verlauf (Bild 15.52). Die Steifigkeit des Dämpfers $K_{d,1}$ bestimmt den Verlauf der Kennlinie des Systems im elastischen Bereich. Die Grenze der elastischen Verformung entspricht der charakteristischen Gleitkraft F_d des Dämpfers. Über diesen Wert hinaus findet eine Gleitbewegung im Dämpfer statt, wobei seine Steifigkeit $K_{d,2}$ null ist. Nach Überschreitung der Grenzverschiebung U_B wird der Dämpfer starr, und die Steifigkeit des Systems wird allein von den Steifigkeitsverhältnissen im primären Tragwerk kontrolliert.

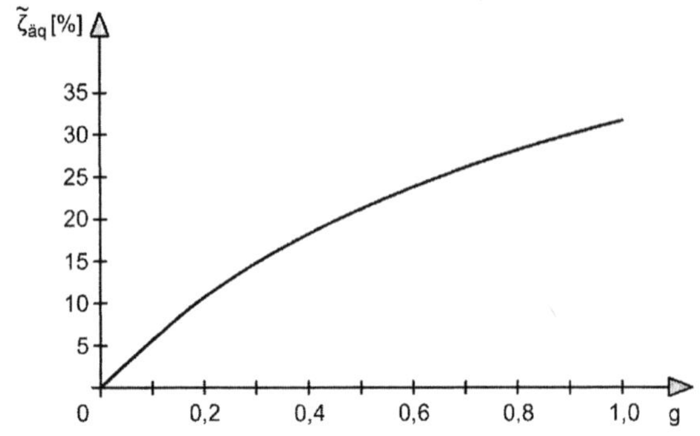

Bild 15.51 Äquivalenter Dämpfungsgrad von Systemen mit Reibungsdämpfern

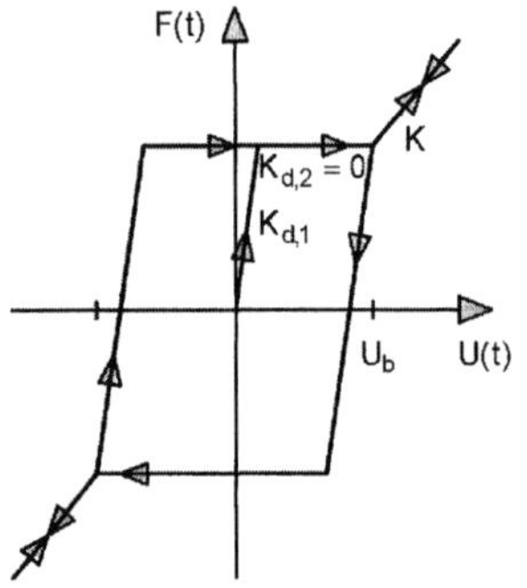

Bild 15.52 Hystereseverhalten eines Systems mit Reibungsdämpfer

Die wichtigste Kenngröße der Reibungsdämpfer ist die Gleitkraft. Diese wird entsprechend den Systemparametern und der Bemessungsbelastung bestimmt. Bei großen Gleitkräften entsteht kein Gleiten und keine Energiedissipation. Bei kleinen Gleitkräften und begrenzten Gleitverschiebungen ist die Energiedissipation gering. Zwischen den zwei Extremen gibt es, bezogen auf das System und die Belastung eine optimale Gleitkraftverteilung, die eine maximale Energiedissipation zur Folge hat. Diese kann mit Hilfe einer nichtlinearen Analyse, ähnlich wie bei Systemen mit plastischer Hysterese abgeschätzt werden.

15.1.3.4.1 Kontrollmechanismen

Reibungsdämpfer werden als Scher-, Band- oder Teleskopdämpfer meistens in Verbindung mit Stahlfedern in den Diagonalen von Fachwerken, oder in Gleitfugen eingesetzt.

Der Reibungsdämpfer vom Bild 15.53 besteht aus einem Zylinder mit innerer Reibungsfläche, in dem sich ein Kolben aus Reibkeilen bewegt. Während der Bewegung werden die Keile von einer Feder radial nach außen gedrückt, und aus der Federkraft F_f entstehen Reibungskräfte.

Die Reibungskraft F_d des Dämpfers beträgt

$$F_d = \alpha \mu F_f \tag{15.117}$$

wobei der Parameter α die Umsetzung der Feder- in Reibungskraft berücksichtigt. In praktischen Fällen ist $\alpha < 1$.

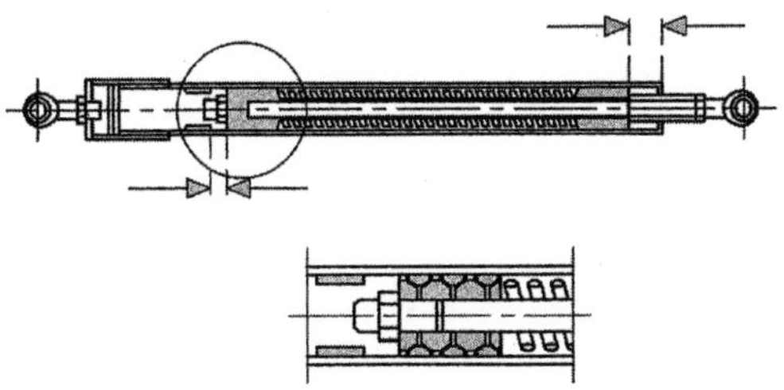

Bild 15.53 Reibungsdämpfer mit Kolben und Feder [15.27]

Die Federkraft beträgt

$$F_f = K_f U_f \tag{15.118}$$

K_f : Federkonstante

U_f : Federverformung

Während des Gleitens stehen die Federkraft F_f, die Reibungskraft F_d, und die Längskraft P des Dämpfers in Gleichgewicht.

$$P = F_f + F_d \tag{15.119}$$

Bei Entlastung, wenn $\alpha\mu < 1$, ist die Federkraft größer als die Reibungskraft, $F_f > F_d$, und der Kolben kehrt in die Anfangslage zurück. Die Gleitreibung kann durch eine entsprechende Einstellung der Steifigkeit und Vorspannung der inneren Feder, wie auch der Lage der Halterungen des Kolbens (Freiraum), verändert werden. Aufgrund dessen kann der Dämpfer drei unterschiedliche Hystereseschleifen entwickeln (Bild 15.54).

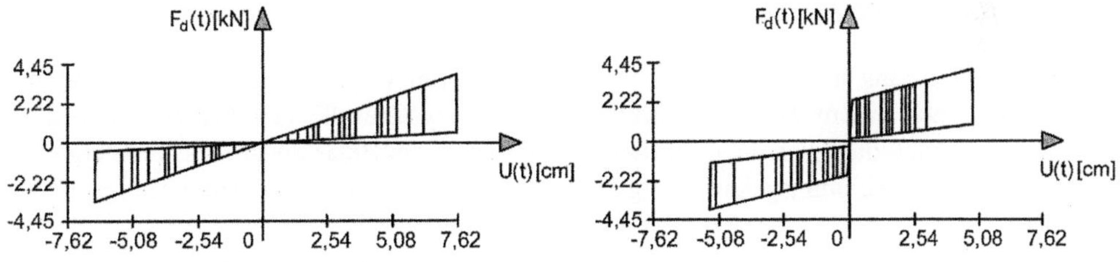

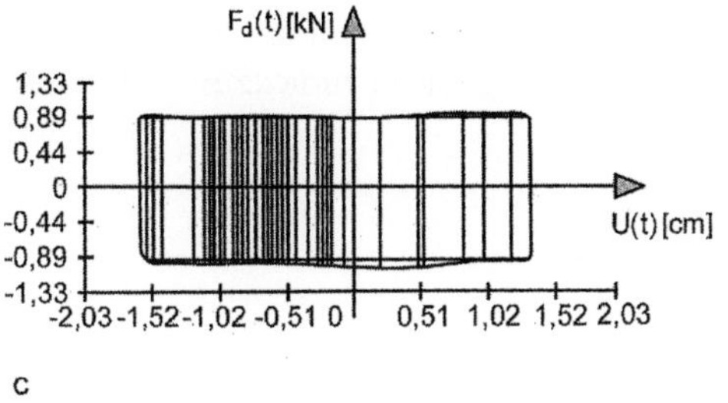

Bild 15.54 Kraft-Verformungsdiagramm des Reibungsdämpfers von Bild 15.53 [15.40]
a) Lineares Verhalten
b) Starr-plastisches Verhalten mit weichwerdender Steifigkeit
c) Coulombsches Verhalten

Ohne Vorspannung der Feder und ohne Freiraum für den Kolben auf beiden Seiten entsteht bei einer bestimmten Reibungskraft nach Gl. (15.117) eine Hystereseschleife aus zwei gleichen dreieckigen Flächen (Bild 15.54a). Die Reibungskraft ist in diesem Fall proportional zur Verschiebung des Kolbens. Der Dämpfer bewirkt eine Vergrößerung der Steifigkeit des Tragsystems.

Bei einer Vorspannung der Feder und einem Kolben ohne Freiraum, ergibt sich eine symmetrische Hystereseschleife nach dem starr-plastischen Modell mit weichwerdender Steifigkeit (Bild 15.54b). Diese Konfiguration des Dämpfers ist geeignet, wenn eine Begrenzung der Dämpferkraft erwünscht ist.

Ist die Feder vorgespannt und verfügt der Kolben über einen großen Freiraum, entwickelt der Dämpfer rechteckige, nicht selbstzentrierende Hystereseschleifen (Bild 15.54c). Der Dämpfer dient zur Kontrolle des Tragwerks während mäßiger Beanspruchung. Über die maximale Gleitverschiebung des Dämpfers hinaus entstehen Tragwerksschäden.

Ein Dämpfungssystem für ausgekreuzte Rahmen mit Zugdiagonalen aus Flachstahl stellt das Bild 15.55 dar. Der Anschluss der Diagonalen erfolgt über ein Viereckmechanismus mit Reibungselementen und Druckbolzen in Langlöchern. Die Verformungen des Viereckes folgen denjenigen der Diagonalen, so dass in einem Beanspruchungszyklus keine Diagonale schlaff wird. Die Reibungskraft entsteht durch das Gleiten der Anschlusspunkte des Viereckmechanismus entlang der Langlöcher in den Flachstahldiagonalen.

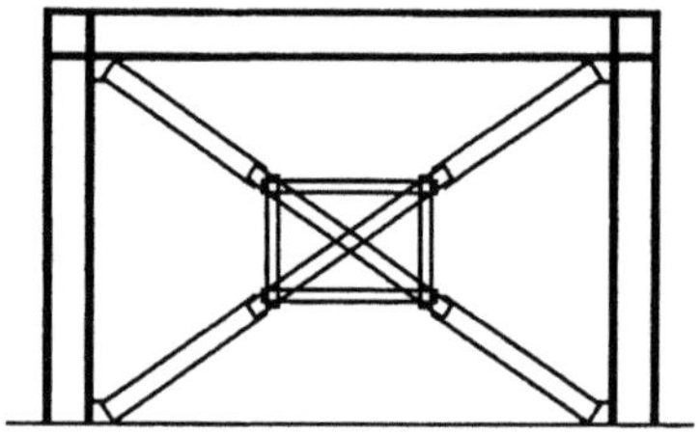

Bild 15.55 Rahmen mit Zugdiagonalen und Reibungsdämpfer [15.29]

Die Reibungsdämpfung im Tragsystem entsteht in mehreren Verformungsstufen des Systems (Bild 15.56). Nach einem Belastungszyklus sind die Hystereseflächen beider Diagonalen gleich. Dies bedeutet, dass sich die dissipierte Energie in einem Belastungszyklus im Vergleich zu einem einfachen Reibungsgelenk, aufgrund der dualen Wirkung der Aussteifungsglieder verdoppelt.

Das Gleiten des Dämpfers dissipiert Energie und verändert gleichzeitig die Eigenfrequenz des Tragwerks. Dabei entstehen beinahe rechteckige Hystereseschleifen mit Kerben an den zwei Ecken der Schleife. Diese sind auf Toleranzen in den Bolzenverbindungen an den Eckbereichen des Mechanismus und im Schnittpunkt der Aussteifungsdiagonalen zurückzuführen (Bild 15.57).

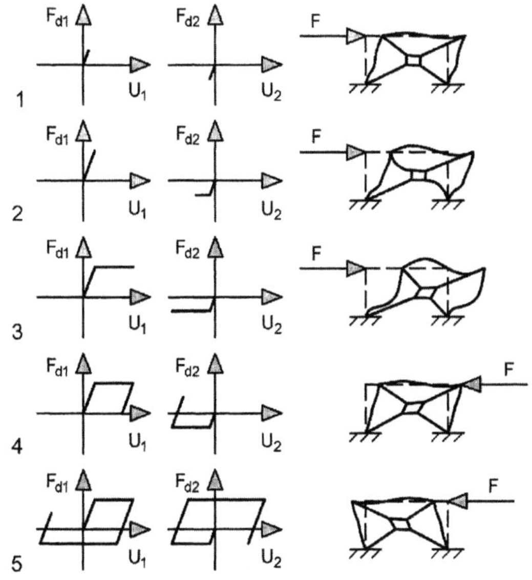

Bild 15.56 Kraft-Verformungsdiagramm von ausgekreuzten Rahmen mit Reibungsdämpfer

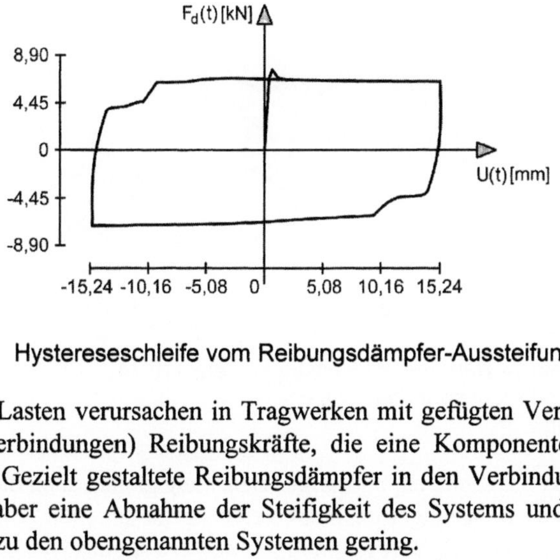

Bild 15.57 Hystereseschleife vom Reibungsdämpfer-Aussteifungsmechanismus [15.13]

Zyklische Lasten verursachen in Tragwerken mit gefügten Verbindungen (Klemm-, Schraub- und Nietverbindungen) Reibungskräfte, die eine Komponente der strukturellen Dämpfung darstellen. Gezielt gestaltete Reibungsdämpfer in den Verbindungen des primären Tragwerks bewirken aber eine Abnahme der Steifigkeit des Systems und die Energiedissipation ist im Vergleich zu den obengenannten Systemen gering.

Zur Erzielung von Dämpfung in konventionellen Stahlrahmen können Reibungsgleitgelenke mit Hilfe von vorgespannten Bolzenverbindungen ausgebildet werden (Bild 15.58a). Die Reibungsgleitgelenke bestehen aus zwei Metallprofilen, z. B. Bleibronze und Edelstahl, die mit vorgespannten Bolzen verbunden sind. Sie weisen eine imperfekte rechteckige Hystereseschleife auf (Bild 15.58b). Die Größe der Reibungskräfte in den Anschlüssen hängt von der Anzahl und dem Vorspannungsniveau der Bolzen ab.

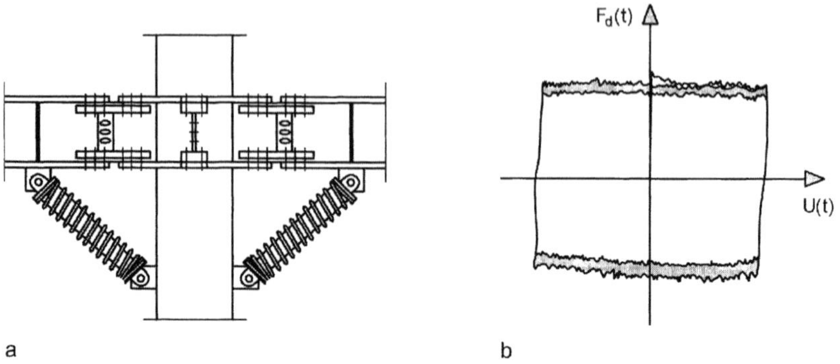

Bild 15.58 Stützen-Trägerverbindung mit Reibungsgelenk [15.46]
a) Konstruktionsprinzip
b) Hystereseschleife von Bleibronze-Edelstahl Trägerverbindung

Druck- und Zugdiagonalen können mit Anschlüssen mit kontrollierbarer Reibung ausgeführt werden. Die Diagonalen werden an einem Knotenblech über Abdeckbleche und vorgespannte Bolzen in Langlöcher angeschlossen (Bild 15.59). Die geforderte Stufe der Vorspannung in den Bolzenverbindungen erfolgt mittels Tellerfedern.

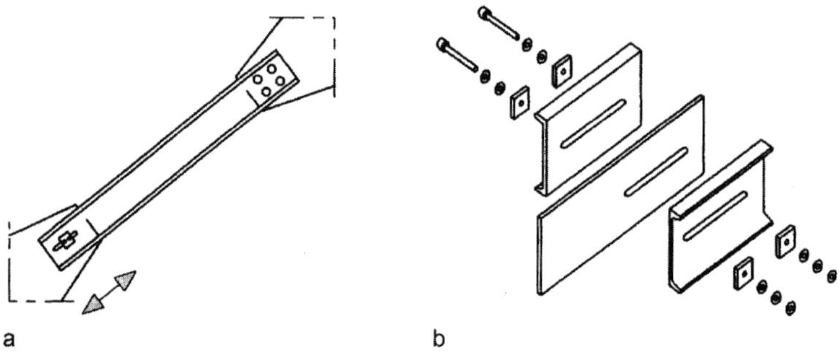

Bild 15.59 Aussteifungsdiagonale im Rahmen mit Reibungsgelenk [15.14]
a) Verbindung mit Langlöchern und vorgespannten Bolzen
b) Montage der Bolzenverbindung

Bei mäßiger Belastung gleitet das Knotenblech, bei starker Belastung gleiten auch die Abdeckbleche. Dabei werden bei mäßigen Belastungen rechteckige Hystereseschleifen (Bild 15.60a) und bei starken Belastungen rechteckige Hystereseschleifen mit Verfestigungsverlauf an ihren zwei Eckbereichen (Bild 15.60b) entwickelt. Der gleichmäßige Verlauf der Hystereseschleife ist auf die konstante Druckkraft von Tellerfedern zurückzuführen. Die Verbindung muss zentrisch sein, da Exzentrizitäten Verdrehungen bewirken, die von zusätzlichen Druckkräften im Knotenblech und in der Diagonale begleitet sind. Aus diesem Grund werden für die Diagonalen eher symmetrische Profile bevorzugt.

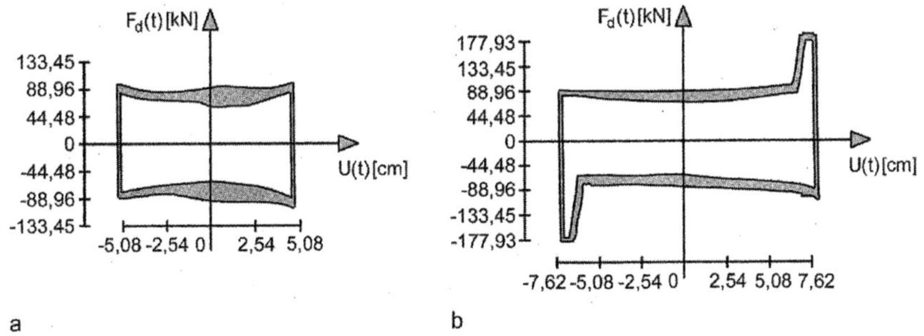

Bild 15.60 Hystereseverhalten eines Anschlusses mit Abdeckelementen [15.14]
a) Hystereseschleife bei Gleitreibung des Knotenblechs
b) Hystereseschleife bei Gleitreibung des Knotenblechs und der Abdeckbleche

Kontrollierte Reibungsvorgänge in Stiel-Riegel Bereichen von Stahlbetonrahmen können durch eine entsprechende Ausbildung der Anschlüsse erzielt werden. Die Auflagerung des Riegels erfolgt auf eine U-förmige Stahlkonsole mit vertikalen Verankerungskanten. Gleiche Verankerungselemente werden auch an der Stelle der oberen Kante des Riegels in den Stielen einbetoniert (Bild 15.61). Das innere Kräftepaar der übertragenen Momente entsteht durch Reibungswiderstand, der durch HV-Schrauben seitlich an den Kontaktflächen zwischen dem Riegel und den Verbindungsplatten aktiviert wird.

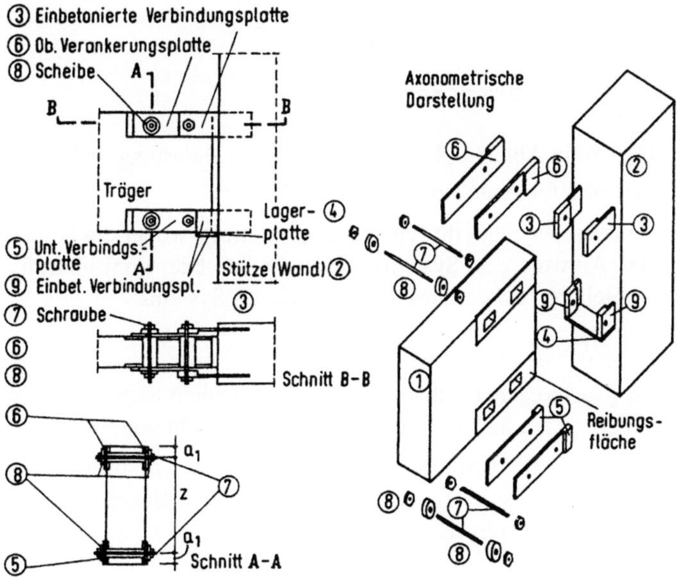

Bild 15.61 Anschluss mit seitlicher Reibungsübertragung [15.38]

Bezeichnet man die in den Schrauben verbliebene Vorspannkraft mit P_v, dann lautet das Grenzmoment des Anschlusses

$$M_y = 2\mu P_v z = 2\mu P_v (h - 2a) \qquad (15.120)$$

15.2 Aktive Tragverhaltenskontrolle

Das Konzept der aktiven Tragverhaltenskontrolle (active structural control) beruht auf der Anwendung der klassischen Theorie der optimalen Kontrolle in der Raumfahrt- und Maschinenbautechnik zur Lösung von Bewegungsproblemen im Bauwesen [15.47, 15.48]. Im Allgemeinen ist unter aktive Kontrolle eine Kontrolltechnik zu verstehen, die fähig ist, die Bewegung eines Systems zu „fühlen" und gleichzeitig Kräfte zu generieren, die nach Vorgabe die Bewegung korrigieren. Aufgrund der Anpassungsfähigkeit von aktiv kontrollierten Systemen nennt man diese auch adaptiv [15.42]. Da die Massenkräfte in Bauwerken groß sind, sind auch die zu erzeugenden Kontrollkräfte des Systems und die erforderliche Energiezufuhr entsprechend groß.

Betrachtet man das Einmassensystem vom Bild 15.62, das von einer dynamischen Last $P(t)$ und einer Kontrollkraft $F_c(t)$ beansprucht wird, lautet die Bewegungsgleichung

$$m\ddot{U}(t) + C\dot{U}(t) + KU(t) = P(t) + F_c(t) \qquad (15.121)$$

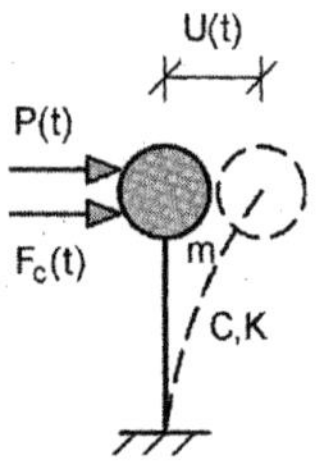

Bild 15.62 Einmassensystem mit aktiver Kontrolle

Die Kontrollkraft $F_c(t)$ wird in Abhängigkeit von der äußeren Belastung und der gewünschten Antwort bestimmt. Dabei sind folgende Kontrollarten möglich:

- Kontrolle mit geschlossener Schleife (closed loop control), wobei die Kontrollkraft von der zeitabhängigen Antwort des Systems abhängig ist. Die Kontrollkraft bildet eine Funktion der Verschiebung und der Geschwindigkeit des Systems.

  $$F_c(t) = f_{c1}\big(U(t)\big) + f_{c2}\big(\dot{U}(t)\big) \qquad (15.122)$$

  Eine Kontrolle mit geschlossener Schleife wird hauptsächlich angewendet, wenn Ungewissheit über den Verlauf der äußeren Belastung, wie bei Wind und Erdbeben, besteht.

- Kontrolle mit offener Schleife (open loop control), wobei die Kontrollkraft eine Funktion der äußeren Belastung ist. Dies setzt voraus, dass die äußere Belastung des Systems im Voraus bekannt ist. Für die Kontrollkraft gilt

  $$F_c(t) = f_c\big(P(t)\big) \qquad (15.123)$$

- Kontrolle mit geschlossener-offener Schleife (closed- open loop control), wobei die Kontrollkraft aus der Systemantwort und der äußeren Belastung festgelegt wird.

  $$F_c(t) = f_{c1}\big(U(t)\big) + f_{c2}\big(\dot{U}(t)\big) + f_c\big(P(t)\big) \qquad (15.124)$$

Ist die Kontrollkraft beispielsweise eine lineare Funktion der Verschiebung und der Geschwindigkeit des Systems, lässt sich Gl. (15.122) wie folgt umschreiben:

$$F_c(t) = -K_c U(t) - C_c \dot{U}(t) \tag{15.125}$$

In Gl. (15.125) sind K_c und C_c Proportionalitätskonstanten. Die Kontrolle mit Kraftgesetzen nach Gl. (15.125) heißt lineare Kontrolle.

Setzt man Gl. (15.125) in Gl. (15.121) ein, erhält man

$$m\ddot{U}(t) + (C + C_c)\dot{U}(t) + (K + K_c)U(t) = P(t) \tag{15.126}$$

Eine lineare Kontrolle mit geschlossener Schleife hat also auf die Systemantwort einen ähnlichen Effekt wie eine Steigerung der Dämpfung und Steifigkeit. Die Kontrollaufgabe konzentriert sich in der Lösung von Gl. (15.121) für verschiedene Kontrollkräfte $F_c(t)$ und anschließend in der Ermittlung der Form der Kontrollkräfte zur Erzeugung der gewünschten Systemantwort.

15.2.1 Zustandraum-Antwort von Einmassensystemen

Zur Lösung der Bewegungsgleichung des aktiv kontrollierten Systems wird das sogenannte Verfahren im Zustandraum (state space approach) angewendet, wonach die Systemantwort für die Verschiebung und Geschwindigkeit als unabhängige Variablen ermittelt wird. Diese Variablen werden Zustände genannt.

Werden alle Terme von Gl. (15.121) mit der Masse des Systems dividiert, ergibt sich mit $C = 2m\zeta\omega$ und $K = m\omega^2$ folgende Gleichung:

$$\ddot{U}(t) + 2\zeta\omega\dot{U}(t) + \omega^2 U(t) = \frac{P(t)}{m} + \frac{F_c(t)}{m} \tag{15.127}$$

Nachfolgend wird ein Vektor $\{z(t)\}$ definiert, der die Verschiebung und Geschwindigkeit des Systems darstellt.

$$\{z(t)\} = \begin{Bmatrix} U(t) \\ \dot{U}(t) \end{Bmatrix} \tag{15.128}$$

Somit kann Gl. (15.127) in folgender Form ausgedrückt werden:

$$\{\dot{z}(t)\} = \begin{Bmatrix} \dot{U}(t) \\ \ddot{U}(t) \end{Bmatrix} = \begin{bmatrix} 0 & 1 \\ -\omega^2 & -2\zeta\omega \end{bmatrix} \begin{Bmatrix} U(t) \\ \dot{U}(t) \end{Bmatrix} + \begin{Bmatrix} 0 \\ \dfrac{P(t)}{m} \end{Bmatrix} + \begin{Bmatrix} 0 \\ \dfrac{F_c(t)}{m} \end{Bmatrix} \tag{15.129}$$

Mit Einführung von

$$[A] = \begin{bmatrix} 0 & 1 \\ -\omega^2 & -2\zeta\omega \end{bmatrix}$$

$$\{P'(t)\} = \begin{Bmatrix} 0 \\ \dfrac{P(t)}{m} \end{Bmatrix}$$

$$\{F_c'(t)\} = \begin{Bmatrix} 0 \\ \dfrac{F_c(t)}{m} \end{Bmatrix} = [B]F_c(t)$$

wird Gl. (15.129) vereinfacht formuliert zu

$$\{\dot{z}(t)\} = [A]\{z(t)\} + \{P'(t)\} + \{F_c'(t)\} \tag{15.130}$$

Gl. (15.130) bildet eine lineare Differentialgleichung erster Ordnung in Matrizenform und wird als kontinuierliche Zustandraum-Gleichung der erzwungenen Bewegung bezeichnet. Für $t > t_0$, mit t_0 die Zeit mit bekannter Verschiebung U_0 und Geschwindigkeit $\dot{U}_0$, lautet die Lösung von Gl. (15.130)

$$\{z(t)\} = e^{[A](t-t_0)}\{z(t_0)\} + e^{[A]t}\int_{t_0}^{t} e^{-[A]\tau}\{P'(\tau)\}d\tau + e^{[A]t}\int_{t_0}^{t} e^{-[A]\tau}\{F_c'(\tau)\}d\tau \tag{15.131}$$

In Gl. (15.131) beträgt $e^{[A]t}$

$$e^{[A]t} = I + [A]t + \frac{1}{2!}([A]t)^2 + \frac{1}{3!}([A]t)^3 + \ldots$$

Wenn $t_0 = 0$, gilt

$$\{z(t)\} = e^{[A]t}\{z_0\} + \int_0^t e^{-[A](t-\tau)}\{P'(\tau)\}d\tau + \int_0^t e^{-[A](t-\tau)}\{F_c'(\tau)\}d\tau \tag{15.132}$$

Der erste Term von Gl. (15.132) bildet die homogene Lösung unter Berücksichtigung der Anfangsbedingungen. Der zweite Term bildet die partikuläre Lösung, die als Integration der Belastungsfunktion über die Zeit ausgedrückt wird. Diese ist für die Anfangsbedingungen null. Der dritte Term der Gleichung enthält den Ausdruck der aktiven Kontrollkräfte nach den Gleichungen (15.122) bis (15.124).

Die Matrix $e^{[A]t}$ wird Zustand-Übergangsmatrix genannt und hat die gleichen Abmessungen wie die Matrix $[A]$ [15.16].

$$e^{[A]t} = e^{-\zeta\omega t}\begin{bmatrix} \cos\omega_d t + \dfrac{\zeta}{\sqrt{1-\zeta^2}}\sin\omega_d t & \dfrac{\sin\omega_d t}{\omega\sqrt{1-\zeta^2}} \\ -\dfrac{\omega\sin\omega_d t}{\sqrt{1-\zeta^2}} & \cos\omega_d t - \dfrac{\zeta}{\sqrt{1-\zeta^2}}\sin\omega_d t \end{bmatrix} \tag{15.133}$$

Wird Gl. (15.133) in Gl. (15.132) eingesetzt, ergibt sich

$$\{z(t)\} = e^{-\zeta\omega t}\begin{bmatrix} \cos\omega_d t + \dfrac{\zeta}{\sqrt{1-\zeta^2}}\sin\omega_d t & \dfrac{\sin\omega_d t}{\omega\sqrt{1-\zeta^2}} \\ -\dfrac{\omega\sin\omega_d t}{\sqrt{1-\zeta^2}} & \cos\omega_d t - \dfrac{\zeta}{\sqrt{1-\zeta^2}}\sin\omega_d t \end{bmatrix}\begin{Bmatrix} U_0 \\ \dot{U}_0 \end{Bmatrix} +$$

$$\int_0^t \{P'(\tau)\}\begin{bmatrix} \dfrac{\sin\omega_d(t-\tau)}{\omega\sqrt{1-\zeta^2}} \\ \cos\omega_d(t-\tau) - \dfrac{\zeta}{\sqrt{1-\zeta^2}}\sin\omega_d(t-\tau) \end{bmatrix} d\tau +$$

$$\int_0^t \{F_c'(\tau)\} \begin{bmatrix} \dfrac{\sin\omega_d(t-\tau)}{\omega\sqrt{1-\zeta^2}} \\ \cos\omega_d(t-\tau) - \dfrac{\zeta}{\sqrt{1-\zeta^2}}\sin\omega_d(t-\tau) \end{bmatrix} d\tau \tag{15.134}$$

Gl. (15.134) gibt die Antwort eines Einmassenschwingers im Zustandraum wieder. Daraus ergeben sich die Antwortgrößen

$$U(t) = U_o e^{-\zeta\omega t}\cos\omega_d t + \frac{\zeta\omega U_o + \dot{U}_o}{\omega\sqrt{1-\zeta^2}} e^{-\zeta\omega t}\sin\omega_d t +$$

$$\int_0^t \frac{\{P'(\tau)\}}{\omega_d} e^{-\zeta\omega(t-\tau)}\sin\omega_d(t-\tau)d\tau + \int_0^t \frac{\{F_c'(t)\}}{\omega_d} e^{-\zeta\omega(t-\tau)}\sin\omega_d(t-\tau)d\tau \tag{15.135}$$

$$\dot{U}(t) = \dot{U}_o e^{-\zeta\omega t}\cos\omega_d t - \frac{\omega U_o + \zeta\dot{U}_o}{\omega\sqrt{1-\zeta^2}} e^{-\zeta\omega t}\sin\omega_d t +$$

$$\int_0^t \frac{\{P'(\tau)\}}{\omega_d} e^{-\zeta\omega(t-\tau)}\left[\cos\omega_d(t-\tau) - \frac{\zeta}{\sqrt{1-\zeta^2}}\sin\omega_d(t-\tau)\right]d\tau +$$

$$\int_0^t \frac{\{F_c'(\tau)\}}{\omega_d} e^{-\zeta\omega(t-\tau)}\left[\cos\omega_d(t-\tau) - \frac{\zeta}{\sqrt{1-\zeta^2}}\sin\omega_d(t-\tau)\right]d\tau \tag{15.136}$$

Beispiel 15.5

Es wird die Lösung der Bewegung des Einmassenschwingers von Beispiel 7.4 im Zustandraum ermittelt. Für $t \le T$ und $U(0) = 0$, $\dot{U}(0) = 0$ gilt

$P(t) = P_o(t/T)$

Die Systemantwort im Zustandraum beträgt

$$\{z(t)\} = \begin{Bmatrix} U(t) \\ \dot{U}(t) \end{Bmatrix} = \int_0^t \frac{P_o}{mT}\tau e^{-\zeta\omega(t-\tau)} \begin{Bmatrix} \dfrac{\sin\omega_d(t-\tau)}{\omega\sqrt{1-\zeta^2}} \\ \cos\omega_d(t-\tau) - \dfrac{\zeta}{\sqrt{1-\zeta^2}}\sin\omega_d(t-\tau) \end{Bmatrix} d\tau$$

oder

$$\{z(t)\} = \begin{Bmatrix} U(t) \\ \dot{U}(t) \end{Bmatrix} = \begin{Bmatrix} \displaystyle\int_0^t \frac{P_o}{m\omega_d T}\tau e^{-\zeta\omega(t-\tau)}\sin\omega_d(t-\tau)d\tau \\ \displaystyle\int_0^t \frac{P_o}{mT}\tau e^{-\zeta\omega(t-\tau)}\left[\cos\omega_d(t-\tau) - \frac{\zeta}{\sqrt{1-\zeta^2}}\sin\omega_d(t-\tau)\right]d\tau \end{Bmatrix}$$

Nach Integration ergibt sich mit $\omega_d{}^2 = \omega^2(1-\zeta^2)$ und $m\omega^2 = K$

$$\{z(t)\} = \begin{Bmatrix} U(t) \\ \dot{U}(t) \end{Bmatrix} = \begin{Bmatrix} \frac{2\zeta P_o}{K\omega T} e^{-\zeta\omega t} \cos\omega_d t + \frac{P_o(2\zeta^2-1)}{K\omega T\sqrt{1-\zeta^2}} e^{-\zeta\omega t} \sin\omega_d t + \frac{P_o}{KT} t - \frac{2\zeta P_o}{K\omega T} \\ \frac{P_o}{KT} e^{-\zeta\omega t} \cos\omega_d t - \frac{\zeta}{\sqrt{1-\zeta^2}} \frac{P_o}{KT} e^{-\zeta\omega t} \sin\omega_d t + \frac{P_o}{KT} \end{Bmatrix}$$

15.2.1.1 Numerische Lösung

Die Lösung der Differentialgleichung der Systembewegung im Zustandraum erfordert im Allgemeinen einen beträchtlichen Rechenaufwand, so dass in der Praxis eine numerische Lösung vorgezogen wird.

Mit

$$t_{k+1} = t\,,\; t_k = t_o\,,\; \Delta t = t - t_o$$

wird Gl. (15.131) in inkrementaler Form geschrieben:

$$\{z_{k+1}\} = e^{[A]\Delta t}\{z_k\} + e^{[A]t_{k+1}} \int_{t_k}^{t_{k+1}} e^{-[A]\tau}\{P'(\tau)\}d\tau + e^{[A]t_{k+1}} \int_{t_k}^{t_{k+1}} e^{-[A]\tau}\{F'_c(\tau)\}d\tau \quad (15.137)$$

Wird die Kraftfunktion im Zeitintervall Δt als konstant angenommen, gilt

$$\{P'(\tau)\} = \{P'_k\} = \begin{Bmatrix} 0 \\ \frac{P_k}{m} \end{Bmatrix},\; t_k \le \tau < t_{k+1}$$

$$\{F'_c(\tau)\} = \{F'_{ck}\} = \begin{Bmatrix} 0 \\ \frac{F_{ck}}{m} \end{Bmatrix},\; t_k \le \tau < t_{k+1}$$

Somit erhält man

$$\{z_{k+1}\} = e^{[A]\Delta t}\{z_k\} + e^{[A]t_{k+1}} \int_{t_k}^{t_{k+1}} e^{-[A]\tau}\{P'_k\}d\tau + e^{[A]t_{k+1}} \int_{t_k}^{t_{k+1}} e^{-[A]\tau}\{F'_{ck}\}d\tau =$$
$$e^{[A]\Delta t}\{z_k\} + e^{[A]t_{k+1}}[A]^{-1}\left(e^{-[A]t_k} - e^{-[A]t_{k+1}}\right)\{P'_k\} + e^{[A]t_{k+1}}[A]^{-1}\left(e^{-[A]t_k} - e^{-[A]t_{k+1}}\right)\{F'_{ck}\} =$$
$$e^{[A]\Delta t}\{z_k\} + [A]^{-1}\left(e^{[A]\Delta t} - \{I\}\right)\{P'_k\} + [A]^{-1}\left(e^{[A]\Delta t} - \{I\}\right)\{F'_{ck}\} = [F_\tau]\{z_k\} + [H_{\tau c}]\{P'_k\} + [H_{\tau c}]\{F'_{ck}\}$$
$$(15.138)$$

wobei

$$[F_\tau] = e^{[A]\Delta t}$$

$$[H_{\tau c}] = [A]^{-1}\left(e^{[A]\Delta t} - \{I\}\right)$$

Gl. (15.138) gibt die Verschiebung und die Geschwindigkeit des Systems zur Zeit t_{k+1}. Die Beschleunigung $\ddot{U}_{k+1}$ wird dann anhand der Bewegungsgleichung ermittelt.

$$\ddot{U}_{k+1} = \frac{P_{k+1}}{m} + \frac{F_{ck+1}}{m} - 2\zeta\omega\dot{U}_{k+1} - \omega^2 U_{k+1} \quad (15.139)$$

Beispiel 15.6

Es wird die numerische Lösung der Bewegung des Einmassenschwingers von Beispiel 7.4 mit $m = 1{,}0$ kNs²/m, $\zeta = 0{,}05$, $T = 1{,}0$ s, $\omega = 6{,}28$ rad/s, $P_o = 10$ kN im Zustandraum ermittelt.

Für das Zeitintervall $\Delta t = 0{,}02$ s beträgt die Zustandraum-Übergangsmatrix $e^{[A]\Delta t}$

$$e^{[A]\Delta t} = e^{-\zeta\omega t}(\Delta t)\begin{bmatrix} \cos\omega_d\Delta t + \dfrac{\zeta}{\sqrt{1-\zeta^2}}\sin\omega_d\Delta t & \dfrac{\sin\omega_d\Delta t}{\omega\sqrt{1-\zeta^2}} \\ -\dfrac{\omega\sin\omega_d\Delta t}{\sqrt{1-\zeta^2}} & \cos\omega_d\Delta t - \dfrac{\zeta}{\sqrt{1-\zeta^2}}\sin\omega_d\Delta t \end{bmatrix}$$

Mit $\omega_d = \omega\sqrt{1-\zeta^2}$ und durch Einsetzen der Systemparameter ergibt sich

$$e^{[A]\Delta t} = \begin{bmatrix} 0{,}992148 & 0{,}019823 \\ -0{,}782565 & 0{,}979693 \end{bmatrix}$$

Die Matrix $[A]$ lautet

$$[A] = \begin{bmatrix} 0 & 1 \\ -\omega^2 & -2\zeta\omega \end{bmatrix} = \begin{bmatrix} 0 & 1 \\ -(2\pi)^2 & -2.0{,}05.2\pi \end{bmatrix}$$

Daraus folgt für die Matrix $[A]^{-1}$

$$[A]^{-1} = \begin{bmatrix} -\dfrac{0{,}05}{\pi} & -\dfrac{1}{(2\pi)^2} \\ 1 & 0 \end{bmatrix}$$

Mit

$$[H_{\tau c}] = [A]^{-1}\left(e^{[A]\Delta t} - \{I\}\right) = \begin{bmatrix} -\dfrac{0{,}05}{\pi} & -\dfrac{1}{(2\pi)^2} \\ 1 & 0 \end{bmatrix}\left(\begin{bmatrix} 0{,}992148 & 0{,}019823 \\ -0{,}782565 & 0{,}979693 \end{bmatrix} - \begin{Bmatrix} 1 & 0 \\ 0 & 1 \end{Bmatrix}\right) =$$

$$\begin{bmatrix} 0{,}019948 & 0{,}000199 \\ -0{,}00785 & 0{,}019823 \end{bmatrix}$$

und

$$\{P_k'\} = \begin{Bmatrix} 0 \\ \dfrac{P_k}{m} \end{Bmatrix} = \begin{Bmatrix} 0 \\ \dfrac{1}{m} \end{Bmatrix} P_k$$

lautet die inkrementale Bewegungsgleichung des Systems im Zustandraum

$$\{z_{k+1}\} = \begin{Bmatrix} U_{k+1} \\ \dot{U}_{k+1} \end{Bmatrix} = \begin{bmatrix} 0{,}992148 & 0{,}019823 \\ -0{,}782565 & 0{,}979693 \end{bmatrix}\begin{Bmatrix} U_k \\ \dot{U}_k \end{Bmatrix} + \begin{bmatrix} 0{,}019948 & 0{,}000199 \\ -0{,}00785 & 0{,}019823 \end{bmatrix}\begin{Bmatrix} 0 \\ \dfrac{1}{1} \end{Bmatrix} P_k$$

oder

$$\{z_{k+1}\} = \begin{Bmatrix} U_{k+1} \\ \dot{U}_{k+1} \end{Bmatrix} = \begin{bmatrix} 0{,}992148 & 0{,}019823 \\ -0{,}782565 & 0{,}979693 \end{bmatrix}\begin{Bmatrix} U_k \\ \dot{U}_k \end{Bmatrix} + \begin{Bmatrix} 0{,}000199 \\ 0{,}019823 \end{Bmatrix} P_k$$

Die Anfangsbedingungen sind $U(0) = 0$, $\dot{U}(0) = 0$ und $P_o = 0$. Daraus folgt

$$\{z(0)\} = \begin{Bmatrix} U_o \\ \dot{U}_o \end{Bmatrix} = \begin{bmatrix} 0,992148 & 0,019823 \\ -0,782565 & 0,979693 \end{bmatrix} \begin{Bmatrix} 0 \\ 0 \end{Bmatrix} + \begin{Bmatrix} 0,000199 \\ 0,019823 \end{Bmatrix} 0 = \begin{Bmatrix} 0 \\ 0 \end{Bmatrix}$$

Für die erste Zeitstufe ($t = \Delta t$) ist $P_1 = 0,2$ kN.

$$\{z(1)\} = \begin{Bmatrix} U_1 \\ \dot{U}_1 \end{Bmatrix} = \begin{bmatrix} 0,992148 & 0,019823 \\ -0,782565 & 0,979693 \end{bmatrix} \begin{Bmatrix} 0 \\ 0 \end{Bmatrix} + \begin{Bmatrix} 0,000199 \\ 0,019823 \end{Bmatrix} 0,2 = \begin{Bmatrix} 0,00004 \\ 0,00397 \end{Bmatrix}$$

Für die zweite Zeitstufe ($t = 2\Delta t$) ist $P_1 = 0,4$ kN.

$$\{z(2)\} = \begin{Bmatrix} U_2 \\ \dot{U}_2 \end{Bmatrix} = \begin{bmatrix} 0,992148 & 0,019823 \\ -0,782565 & 0,979693 \end{bmatrix} \begin{Bmatrix} 0,00004 \\ 0,00397 \end{Bmatrix} + \begin{Bmatrix} 0,000199 \\ 0,019823 \end{Bmatrix} 0,4 = \begin{Bmatrix} 0,00020 \\ 0,01178 \end{Bmatrix}$$

usw.

15.2.2 Zustandraum-Antwort von Mehrmassensystemen

Für ein n-Mehrmassensystem mit aktiver Kontrolle gilt folgende Bewegungsgleichung:

$$[m]\{\ddot{U}\} + [C]\{\dot{U}\} + [K]\{U\} = \{P(t)\} + [D]\{f_c(t)\} \tag{15.140}$$

wobei

$$\{f_c(t)\} = \begin{Bmatrix} F_{c1}(t) \\ F_{c2}(t) \\ \vdots \\ F_{cp}(t) \end{Bmatrix}$$

$$[D] = \left[\begin{array}{cc:cc} D_{11} & D_{12} & D_{1j} & D_{1p} \\ D_{21} & D_{22} & D_{2j} & D_{2p} \\ \hdashline D_{j1} & D_{j2} & D_{jj} & D_{jp} \\ D_{n1} & D_{n2} & D_{nj} & D_{np} \end{array}\right]$$

p entspricht der Anzahl der Kontrollkräfte, die Matrix $[D]$ wird als Positionierungsmatrix der Kontrollkräfte genannt. Eine Kontrollkraft kann verschiedene Freiheitsgrade des Systems beeinflussen. Jeder Freiheitsgrad φ_i, der von einer Kontrollkraft $F_{cj}(t)$ beeinflusst wird, ist mit D_{ij} gekennzeichnet.

In Gl. (15.140) erhält die Kontrollkraft $\{f_c(t)\}$ folgende Formen:

- Bei Kontrolle mit geschlossener Schleife

$$\{F_{ci}(t)\} = \{f_{ci1}(U(t))\} + \{f_{ci2}(\dot{U}(t))\}, \quad i = 1,...,p \tag{15.141}$$

- Bei Kontrolle mit offener Schleife

$$\{F_{ci}(t)\} = \{f_{ci}(P(t))\}, \quad i = 1,...,p \tag{15.142}$$

- Bei Kontrolle mit geschlossener-offener Schleife

$$\{F_{ci}(t)\} = \{f_{ci1}(U(t))\} + \{f_{ci2}(\dot{U}(t))\} + \{f_{ci}(P(t))\}, \quad i = 1,...,p \tag{15.143}$$

Der Vektor $\{z(t)\}$ fasst die unabhängigen Verschiebungs- und Geschwindigkeitsvektoren zusammen.

$$\{z(t)\} = \begin{Bmatrix} \{U(t)\} \\ \{\dot{U}(t)\} \end{Bmatrix} \tag{15.144}$$

Aus Gl. (15.140) folgt

$$\{\dot{z}(t)\} = \begin{Bmatrix} \{\dot{U}(t)\} \\ \{\ddot{U}(t)\} \end{Bmatrix} = \begin{bmatrix} [0] & \{I\} \\ -[m]^{-1}[K] & -[m]^{-1}[C] \end{bmatrix} \begin{Bmatrix} \{U(t)\} \\ \{\dot{U}(t)\} \end{Bmatrix} + \begin{Bmatrix} [0] \\ [m]^{-1}\{P(t)\} \end{Bmatrix} + \begin{Bmatrix} \{0\} \\ [m]^{-1}[D]\{f_c(t)\} \end{Bmatrix} \tag{15.145}$$

Mit

$$[A] = \begin{bmatrix} [0] & \{I\} \\ -[m]^{-1}[K] & -[m]^{-1}[C] \end{bmatrix}$$

$$\{P'(t)\} = \begin{Bmatrix} [0] \\ [m]^{-1}\{P(t)\} \end{Bmatrix}$$

$$[B] = \begin{bmatrix} [0] \\ [m]^{-1}[D] \end{bmatrix}$$

lässt sich Gl. (15.145) vereinfachen zu

$$\{\dot{z}(t)\} = [A]\{z(t)\} + \{P'(t)\} + [B]\{f_c(t)\} \tag{15.146}$$

Die Lösung von Gl. (15.146) ist

$$\{z(t)\} = e^{[A](t-t_o)}\{z(t_o)\} + e^{[A]t}\int_{t_o}^{t} e^{-[A]\tau}\{P'(\tau)\}d\tau + e^{[A]t}\int_{t_o}^{t} e^{-[A]\tau}[B]\{f_c(\tau)\}d\tau \tag{15.147}$$

wobei $\{z(t_o)\}$ die Verschiebung und Geschwindigkeit zur Zeit t_o wiedergibt.

15.2.2.1 Numerische Lösung

Für die numerische Lösung von Gl. (15.147) gilt

$$t_{k+1} = t\,,\ t_k = t_o\,,\ \Delta t = t - t_o$$

Daraus folgt

$$\{z_{k+1}\} = e^{[A]\Delta t}\{z_k\} + e^{[A]t_{k+1}}\int_{t_k}^{t_{k+1}} e^{-[A]\tau}\{P'(\tau)\}d\tau + e^{[A]t_{k+1}}\int_{t_k}^{t_{k+1}} e^{-[A]\tau}[B]\{f_c(\tau)\}d\tau \tag{15.148}$$

Wird eine konstante Kraftfunktion angenommen, kann Gl. (15.148) wie folgt geschrieben werden:

$$\begin{aligned} \{z_{k+1}\} &= e^{[A]\Delta t}\{z_k\} + [A]^{-1}\left(e^{[A]\Delta t} - \{I\}\right)\{P'_k\} + [A]^{-1}\left(e^{[A]\Delta t} - \{I\}\right)[B]\{f_{ck}\} = \\ &[F_\tau]\{z_k\} + [H_{\tau c}]\{P'_k\} + [G]\{f_{ck}\} \end{aligned} \tag{15.149}$$

wobei

$$[F_\tau] = e^{[A]\Delta t}$$

$$[H_{\tau c}] = [A]^{-1}\left(e^{[A]\Delta t} - \{I\}\right)$$

$$[G] = [A]^{-1}\left(e^{[A]\Delta t} - \{I\}\right)[B]$$

In Gl. (15.149) erhält die Kontrollkraft $\{f_{ck}\}$ folgende Formen:

- Bei Kontrolle mit geschlossener Schleife

$$\{F_{cik}\} = \{f_{cil+2}(z_k)\},\ i = 1,\dots,p \tag{15.150}$$

- Bei Kontrolle mit offener Schleife

$$\{F_{cik}\} = \{f_{ci}(P'_k)\},\ i = 1,\dots,p \tag{15.151}$$

- Bei Kontrolle mit geschlossener-offener Schleife

$$\{F_{cik}\} = \{f_{cil+2}(z_k)\} + \{f_{ci}(P'_k)\},\ i = 1,\dots,p \tag{15.152}$$

15.2.3 Klassische optimal-lineare Kontrolle

Bei der klassischen optimal-linearen Kontrolle stellt sich die Aufgabe, die Kontrollkraft $\{f_c(t)\}$ zu ermitteln, dass ein entsprechender Leistungsindex J minimiert wird und gleichzeitig die Bewegungsgleichung (15.130) erfüllt.

$$J = \int_0^{t_f} \frac{1}{2}\left[\{z(t)\}^T[Q_1]\{z(t)\} + \{\dot{z}(t)\}^T[Q_2]\{\dot{z}(t)\} + \{f_c(t)\}^T[R]\{f_c(t)\}\right]dt \tag{15.153}$$

In Gl. (15.153) stellt t_f die Dauer der zugrunde gelegten Leistungsfunktion dar. Der Leistungsindex J stellt eine Verbindung zwischen der Systemantwort mit der Energie der Kontrolle dar. Die Matrizen $[Q_1]$ und $[Q_2]$ sind nxn positiv halbdefiniert und die Matrix $[R]$ ist eine rxr Matrix, positiv definiert (n: Anzahl der Freiheitsgrade, r: Anzahl der Kontrollkräfte). Diese heißen Gewichtigkeitsmatrizen und werden im Voraus festgelegt, entsprechend dem Ziel der Kontrolle. Sind die Elemente der Matrizen $[Q_1]$ und $[Q_2]$ groß, so verringert sich die Antwort und die Kontrollkräfte sind entsprechend groß. Im Gegenteil bedeuten große Werte für die Elemente der Matrix $[R]$ kleine Kontrollkräfte und weniger Einfluss auf die Antwort.

Zur Minimierung der Funktion J in der Gl. (15.153) mit der Erfüllung der Bedingung (15.130) werden Variationsverfahren verwendet.

$$L = \int_0^{t_f} \left\{ \begin{array}{l} \frac{1}{2}\left[\{z(t)\}^T[Q_1]\{z(t)\} + \{\dot{z}(t)\}^T[Q_2]\{\dot{z}(t)\} + \{f_c(t)\}^T[R]\{f_c(t)\}\right] + \\ \{\lambda(t)\}^T\left[[A]\{z(t)\} + [B]\{f_c(t)\} - \{\dot{z}(t)\}\right] \end{array} \right\} dt \tag{15.154}$$

wobei der Lagrangensche Multiplikator $\{\lambda(t)\}$ eine unbekannte Vektorenfunktion ist.

$$\{\lambda(t)\} = \begin{Bmatrix} \lambda_1(t) \\ \lambda_2(t) \\ \vdots \\ \lambda_{2n}(t) \end{Bmatrix}$$

In Gl. (15.154) bleibt vorerst die äußere Belastung des Systems unberücksichtigt und die Matrix $[Q_2]$ ist gleich null angenommen. Die Minimierung des Leistungsindexes J bedeutet die Annullierung der Variation (Änderung) der Funktion L in Bezug auf $\{z(t)\}, \{f_c(t)\}, \{\lambda(t)\}$.

$$\delta L = \delta \int_0^{t_f} \left\{ \frac{1}{2} \left[\{z(t)\}^T [Q] \{z(t)\} + \{f_c(t)\}^T [R] \{f_c(t)\} \right] + \{\lambda(t)\}^T \left[[A]\{z(t)\} + [B]\{f_c(t)\} - \{\dot{z}(t)\} \right] \right\} dt = 0 \tag{15.155}$$

Definiert man die Hamiltonsche Zeitfunktion H(t)

$$H(t) = \frac{1}{2} \left[\{z(t)\}^T [Q] \{z(t)\} + \{f_c(t)\}^T [R] \{f_c(t)\} \right] + \{\lambda(t)\}^T \left[[A]\{z(t)\} + [B]\{f_c(t)\} \right] \tag{15.156}$$

wird Gl. (15.155) zu

$$\delta L = \delta \int_0^{t_f} \left\{ H(t) - \{\lambda(t)\}^T \{\dot{z}(t)\} \right\} dt = \delta \int_0^{t_f} H(t)dt - \delta \int_0^{t_f} \{\lambda(t)\}^T \{\dot{z}(t)\} dt \tag{15.157}$$

Mit

$$\delta \int_0^{t_f} H(t)dt = \int_0^{t_f} \left[\frac{\partial H}{\partial \{z\}} \delta\{z(t)\} + \frac{\partial H}{\partial \{f_c\}} \delta\{f_c(t)\} + \frac{\partial H}{\partial \{\lambda\}} \delta\{\lambda(t)\} \right] dt \tag{15.158}$$

und nach Durchführung der Teilintegration ergibt sich

$$\delta L = -\{\lambda(t_f)\}^T \delta\{z(t_f)\} + \{\lambda(0)\}^T \delta\{z(0)\} + \int_0^{t_f} \delta\{\lambda(t)\}^T \left[\left(\frac{\partial H}{\partial \{\lambda\}} \right)^T - \{\dot{z}(t)\} \right] dt +$$

$$\int_0^{t_f} \left[\frac{\partial H}{\partial \{z\}} + \{\dot{\lambda}(t)\}^T \right] \delta\{z(t)\} dt + \int_0^{t_f} \frac{\partial H}{\partial \{f_c\}} \delta\{f_c(t)\} dt = 0 \tag{15.159}$$

Die Erfüllung der Gl. (15.159) führt zu

$$\left(\frac{\partial H(t)}{\partial \{\lambda\}} \right)^T - \{\dot{z}(t)\} = \{0\}, \ \{\lambda(t_f)\} = \{0\} \tag{15.160a}$$

$$\left(\frac{\partial H(t)}{\partial \{z\}} \right)^T + \{\dot{\lambda}(t)\} = \{0\}, \ \{z(0)\} = \{z_o\} \tag{15.160b}$$

$$\left(\frac{\partial H(t)}{\partial \{f_c\}} \right)^T = \{0\}, \ 0 \le t \le t_f \tag{15.160c}$$

Man erhält also drei Gleichungen mit den drei unbekannten Vektoren $\{z(t)\}, \{f_c(t)\}, \{\lambda(t)\}$ und zwei Grenzbedingungen. Setzt man Gl. (15.156) in den Gleichungen (15.160a-c) ein, erhält man

$$[A]\{z(t)\} + [B]\{f_c(t)\} - \{\dot{z}(t)\} = 0 \tag{15.161a}$$

$$[Q]\{z(t)\} + [A]^T \{\lambda(t)\} - \{\dot{\lambda}(t)\} = 0 \tag{15.161b}$$

$$[R]\{f_c(t)\} + [B]^T \{\lambda(t)\} = 0 \tag{15.161c}$$

Setzt man in den Gleichungen (15.161a,b) $\{f_c(t)\}$ aus Gl. (15.160c)

$$\{f_c(t)\} = -[R]^{-1}[B]^T\{\lambda(t)\}$$

ergeben sich zwei Differentialgleichungen mit zwei Randbedingungen: Eine für den Anfangszustand ($t = 0$), $\{z(0)\} = 0$ und eine für den Endzustand ($t = t_f$), $\{\lambda(t_f)\} = 0$.

$$\{\dot{z}(t)\} = [A]\{z(t)\} - [B][R]^{-1}[B]^T\{\lambda(t)\}, \ \{z(0)\} = 0 \tag{15.162}$$

$$\{\dot{\lambda}(t)\} = -[A]^T\{\lambda(t)\} - [Q]\{z(t)\}, \ \{\lambda(t_f)\} = 0 \tag{15.163}$$

Bei einer Kontrolle mit geschlossener Schleife gilt

$$\{\lambda(t)\} = [S(t)]\{z(t)\} \tag{15.164}$$

$[S(t)]$ ist eine 2nx2n Matrix, die durch Einsetzen von Gl. (15.164) in den Gleichungen (15.146), (15.162) und (15.163) bestimmt wird.

$$[\dot{S}(t)] = -[A]^T[S(t)] - [S(t)][A] + [S(t)][B][R]^{-1}[B]^T[S(t)] - [Q], \ 0 \le t \le t_f \tag{15.165}$$

Gl. (15.165) ist als Riccati-Gleichung und $[S(t)]$ als Riccati-Matrix bekannt. Da $[S(t)]$ für $t = t_f$ bestimmt ist, wird Gl. (15.165) rückwärts im Zeitbereich gelöst.

Setzt man Gl. (15.146) in Gl. (15.163) ein, ergibt sich aus dem linearen Zusammenhang der Kontrollkraft $\{f_c(t)\}$ mit dem Zustandvektor

$$\{f_c(t)\} = [G]\{z(t)\} = -[R]^{-1}[B]^T[S(t)]\{z(t)\} \tag{15.166}$$

wobei die Matrix $[G]$ den Kontrollgewinn darstellt.

Bei den aktiv kontrollierten Tragwerken ist in der Regel die Riccati-Matrix über die Kontrollzeit sehr schwach zeitabhängig, erst kurz vor $t = t_f$ nimmt sie schnell auf null ab. Demzufolge kann $[S(t)]$ in den meisten Fällen konstant angenommen werden ($[S(t)] = [S]$, $[\dot{S}(t)] = 0$) und die Riccati-Gleichung reduziert sich zu

$$[A]^T[S] + [S][A] - [S][B][R]^{-1}[B]^T[S] + [Q] = 0 \tag{15.167}$$

Gl. (15.167) ist bekannt als stationäre Riccati-Gleichung.

Die optimal-lineare Kontrolle nach Gl. (15.166) und der Kontrollgewinn werden zeitunabhängig.

$$\{f_c(t)\} = [G]\{z(t)\} = -[R]^{-1}[B]^T[S]\{z(t)\} \tag{15.168}$$

Der Kontrollgewinn $[G]$ kann also für ein Tragwerk mit definierten Gewichtigkeitsmatrizen $[Q]$, $[R]$ im Voraus berechnet werden.

Setzt man Gl. (15.166) in Gl. (15.146) ein, ergibt sich die Zustandraum-Antwort eines Systems mit optimal-linearer Kontrolle für eine Einwirkung $\{P(t)\}$ zu

$$\{\dot{z}(t)\} = ([A] + [B][G])\{z(t)\} + \{P'(t)\}, \ \{z(0)\} = \{z_o\} \tag{15.169}$$

Gl. (15.169) zeigt, dass die aktive Kontrolle mit geschlossener Schleife eine Tragwerksmodifizierung bewirkt, wobei die Systemmatrix $[A]$ (unkontrolliertes System mit offener Schleife) zu $[A] + [B][G]$ (aktives System mit geschlossener Schleife) geändert wird. An dieser

Stelle wird hingewiesen, dass die Kontrollkraft nach Gl. (15.166) Kenntnis über den ganzen Zustandvektor erfordert.

Ist die äußere Belastung im Voraus bekannt, wird eine Kontrolle mit offener Schleife angewendet. Hierbei gilt anstelle von Gl. (15.164)

$$\{\lambda(t)\} = [S_0(t)]\{P(t)\} \tag{15.170}$$

Setzt man Gl. (15.170) in die Gleichungen (15.146), (15.162) und (15.163) ein, erhält man

$$\left[[\dot{S}_0(t)] - \left[[S(t)][B][R]^{-1}[B]^T - [A]^T\right][S_0(t)]\right]\{P(t)\} + [S(t)]\{P'(t)\} + [S_0(t)]\{\dot{P}(t)\} = 0, \quad [S_0(t_f)] = 0 \tag{15.171}$$

Zur Ermittlung der Riccati-Matrix $[S_0(t)]$ muss Gl. (15.171) rückwärts, ausgehend von der Endzeit $t = t_f$, gelöst werden. Dies erfordert, dass die äußere Belastung $\{P(t)\}$ über die gesamte Kontrollaktion im Voraus bekannt ist.

Wird schließlich eine Kontrolle mit geschlossener-offener Schleife angewendet, gilt

$$\{\lambda(t)\} = [S(t)]\{z(t)\} + [S_0(t)]\{P(t)\} \tag{15.172}$$

Aus der Addition von Gl. (15.165) und (15.171) ergibt sich

$$\begin{aligned}&\left[[\dot{S}(t)] + [A]^T[S(t)] + [S(t)][A] - [S(t)][B][R]^{-1}[B]^T[S(t)] + [Q]\right]\{z(t)\} +\\&\left[[\dot{S}_0(t)] - \left([S(t)][B][R]^{-1}[B]^T - [A]^T\right)[S_0(t)]\right]\{P(t)\} + [S(t)]\{P'(t)\} + [S_0(t)]\{\dot{P}(t)\} = 0,\\&[S(t_f)] = 0, \quad [S_0(t_f)] = 0\end{aligned} \tag{15.173}$$

15.2.3.1 Diskretisierte Kontrolle

Die Gleichungen zur diskretisierten Zeitkontrolle werden in ähnlicher Weise wie bei der kontinuierlichen Zeitkontrolle abgeleitet.

Die Bewegungsgleichung (15.140) des aktiv kontrollierten Systems wird im Zustandraum nach Gl. (15.146) formuliert und die numerische Lösung ergibt Gl. (15.149). Der Leistungsindex der optimal-linearen Kontrolle des Systems wird für den Zeitbereich mit dem Zeitschritt k ($k = 0$, $k = n$) zu

$$J = \frac{1}{2}\sum_{k=0}^{n}\left[\{z_k\}^T[Q]\{z_k\} + \{f_{ck}\}^T[R]\{f_{ck}\}\right] \tag{15.174}$$

Verfolgt man den gleichen Weg wie im vorherigen Abschnitt, ergibt sich die Riccati-Gleichung mit konstanter Matrix ($[S_k] = [S_{k+1}] = [S]$) zu

$$[S] = [Q] + [F_\tau]^T[S]\left[[I] + [G][R]^{-1}[G]^T[S]\right]^{-1}[F_\tau] \tag{15.175}$$

Gl. (15.175) bildet eine quadratische Funktion von $[S]$. Die gewünschte Lösung von $[S]$ gibt eine positive definierte Matrix wieder.

Die Kontrollkraft beträgt

$$\{f_{ck}\} = -[R]^{-1}[G]^T[S]\{z_{k+1}\} \tag{15.176}$$

Mit Gl. (15.149) ohne Berücksichtigung der äußeren Belastung

$$\{z_{k+1}\} = [F_\tau]\{z_k\} + [G]\{f_{ck}\}$$

ergibt sich für die Kontrollkraft

$$\{f_{ck}\} = -\left[[G]^T[S][G] + [R]^{-1}\right][G]^T[S][F_\tau]\{z_k\} \tag{15.177}$$

15.2.4 Nichtlineare Kontrolle

Der Leistungsindex J der optimal-linearen Kontrolle zielt auf einen Ausgleich zwischen der Größe der Kontrollkräfte und der Unterdrückung der Systemantwort. Bei stark beanspruchten Tragwerken wird die erforderliche Energiemenge, die von der Kontrolle gebraucht wird, so groß, dass die Grenzen der praktischen Anwendbarkeit der aktiven Kontrolle nach den bisher ausgeführten Kontrollregeln erreicht werden. Eine weitere Alternative in dieser Hinsicht bildet die nichtlineare Kontrolle, wobei hauptsächlich Resonanzzustände zwischen den Tragwerksschwingungen und den jeweiligen Erregerschwingungen verhindert werden. Wenn die Erregerschwingungen nicht zu nahe an den Eigenschwingungen des Systems liegen, kann das Schwingungsverhalten des Systems durch die aktive Kontrolle so verändert werden, dass es lediglich gegenüber maximalen wechselnden Erregerfrequenzen optimal bleibt.

Die Formulierung der Bewegungsgleichung im Zustandraum bei einer nichtlinearen Kontrolle ist der optimal-linearen Kontrolle nach Gl. (15.149) ähnlich. Den einzigen Unterschied bildet die nichtlineare Abhängigkeit der Kontrollkräfte von der Verschiebungs- und Geschwindigkeitsantwort des Systems.

$$\{f_{ck}\} = f(z_k) \tag{15.178}$$

Sind alle Informationen zur Zeitstufe t_k bekannt, werden die Verschiebungs- und Geschwindigkeitsantwort zur Zeitstufe t_{k+1} anhand von Gl. (15.149) berechnet. Aufgrund der Ergebnisse wird dann die Kontrollkraft zur Zeitstufe t_{k+1}, z. B. mit Gl. (15.177), ermittelt. Wird die äußere Belastung zur Zeitstufe t_{k+1} aufgenommen, sind alle Variablen im Zeitintervall bekannt.

Ein typischer Berechnungsgang mit nichtlinearer Kontrolle bzw. mit schrittweise linearer Kontrolle eines Systems mit geschlossener Schleife kann wie folgt erfasst werden: Wenn die maximale Verschiebung des Systems kleiner oder gleich einer unteren Verschiebungsgrenze ist, ist die Kontrollkraft null ($U_{max} \le U_{G\,min} \Rightarrow f_{ck} = 0$). In diesem Bereich wird dem System keine Energie zugeführt. Bei weiterem Anstieg der maximalen Verschiebung des Systems bis zu einer Grenzverschiebung wird eine optimal-lineare Kontrolle angewendet ($U_{G\,min} < U_{max} \le U_{G\,max} \Rightarrow f_{ck} = -\left(G^T SG + R\right)^{-1} G^T SF_\tau z_k$). Über diesen Grenzwert hinaus bleibt die Kontrollkraft konstant. Diese entspricht der maximalen Kraft, die das Kontrollsystem entwickeln kann ($U_{max} > U_{G\,max} \Rightarrow f_{ck} = f_{c\,max}$).

Alternativ zur nichtlinearen Kontrolle können vorteilhafte Kontrollmechanismen unter Umständen auch erzielt werden, indem sowohl passive als auch aktive Kontrolltechniken gleichzeitig angewendet werden. Die daraus resultierenden hybriden Systeme zeichnen sich durch ein niedriges Niveau der Kontrollkräfte und Zuverlässigkeit aus, da beim Ausfall der Energieversorgung die Funktionsfähigkeit teilweise weiter besteht [15.11, 15.31].

15.2.5 Kontrollmechanismen

Aktive Kontrollmechanismen werden im Tragwerk nach den gleichen Entwurfsgrundsätzen wie die passiven integriert. Voraussetzung für eine sichere Funktion vom Kontrollmechanismus ist die Gewährleistung einer störungsfreien Energieversorgung. Ein aktives Kontrollsystem besteht aus folgenden Komponenten:

- Sensoren, zur Aufnahme und Wiedergabe der Systemantwort und äußeren Erregung. Sie sind Vorrichtungen, welche die Meßergebnisse in eine Eichspannung umwandeln. Es werden Verschiebungs-, Geschwindigkeits- und Beschleunigungssensoren verwendet.
- Steuerungs- und Regelungsanlagen zur Verarbeitung aufgrund der Kontrollregelung der von den Sensoren wahrgenommenen Größen und zur Weiterleitung an das Krafterzeugersystem.
- Krafterzeuger (actuators) zur Erzeugung der Kontrollkräfte. Sie sind Anlagen, die bei Beanspruchung mit mechanischen oder auch nichtmechanischen Einwirkungen ihre Geometrie verändern und als Folge Kräfte im System hervorrufen. Meistens werden elektro- hydraulische Servomechanismen verwendet.

15.2.5.1 Massenkontrolle

Die aktive Massenkontrolle erfolgt mit Hilfe von festen oder flüssigen Schwingungstilgern, die am Tragwerk gekoppelt sind und aktiv gesteuert werden.

Bei aktiv geregelten Schwingungstilgern mit fester Masse greifen die Kontrollkräfte durch den Krafterzeuger an der Zusatzmasse an und bewirken ihre Bewegung (Bild 15.63). Die praktische Entwicklung von festen Schwingungstilgern zur aktiven Tragwerkskontrolle hängt am meisten mit den im Abschnitt 15.1.2.1.3 erwähnten konstruktiven Überlegungen zusammen. Im Allgemeinen benötigen die aktiv geregelten Schwingungstilger im Vergleich zu den passiven eine geringere Masse. Moderne Kontrollmechanismen mit aktiven Zusatzmassen sind in den neunziger Jahren in Japan entwickelt worden [15.35, 15.49].

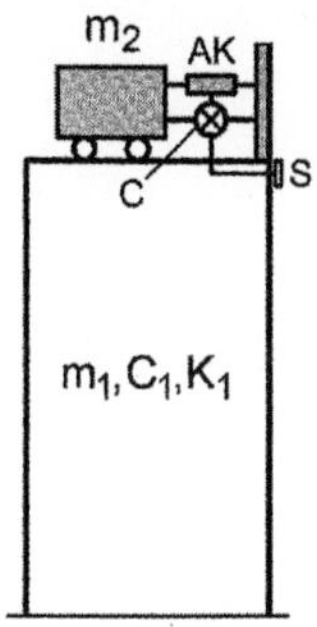

Bild 15.63 Kontrollkonzept eines Tragwerks mit aktiven Schwingungstilgern

Die Effektivität von passiven, flüssigen Schwingungstilgern kann durch ihre Aktivierung gesteigert werden, so dass das Frequenzverhältnis zum kontrollierten Gebäude in optimaler Weise abgestimmt wird. Die Frequenz der Flüssigkeitsmasse ist von den Behälterabmessungen und der Flüssigkeitstiefe abhängig. Demnach könnte durch die aktive Kontrolle die Behälterlänge während der Bewegung durch innere rotierbare Blechscheiben entsprechend geändert werden [15.23].

15.2.5.2 Dämpfungskontrolle

Die Steuerung der Dämpfung erfolgt mit Hilfe von aktiven Dämpfungsanlagen. Neue Entwicklungen konzentrieren sich auf die Anwendung von Werkstoffen mit piezoelektrischen [15.2] und elektrorheologischen Eigenschaften [15.43].

In einem piezoelektrischen Dämpfer veranlasst die Einwirkung einer elektrischen Ladung eine Spannung bzw. Dehnung (umgekehrter piezoelektrischer Effekt), die der Beanspruchung entgegengesetzt ist. Ein Nachteil dieser Technik ist die sehr hohe elektrische Spannung, die zur effektiven Dämpfungskontrolle von großen Tragwerken erforderlich ist (in Größenordnung von kV).

Elektrorheologische Materialien, meistens als Flüssigkeiten, lassen ihre Eigenschaften in analoger Weise nahezu gleichzeitig mit Änderungen in einem angewandten elektrischen Feld anpassen und weisen einen breiten Bereich effektiver Viskosität auf. Beide Materialmerkmale eignen sich für die aktive Verformungskontrolle von Tragwerken.

Der elektrorheologische Dämpfer vom Bild 15.64 besteht aus einer Reihe nah zueinander angeordneter paralleler Platten mit rechteckförmigem Zuschnitt. Der Zwischenraum der Platten wird mit elektrorheologischem Material gefüllt. Wechselplatten werden geerdet und der Rest wird an eine hohe Spannung, an eine Kraftquelle niedrigerer Strömung, angeschlossen. Das Tragverformungsverhalten des elektrorheologischen Materials ist unterhalb der Material-Streckgrenze linear viskoelastisch. Im plastischen Bereich entwickelt das Material eine beinahe geschwindigkeitsproportionale, viskose Spannungskomponente.

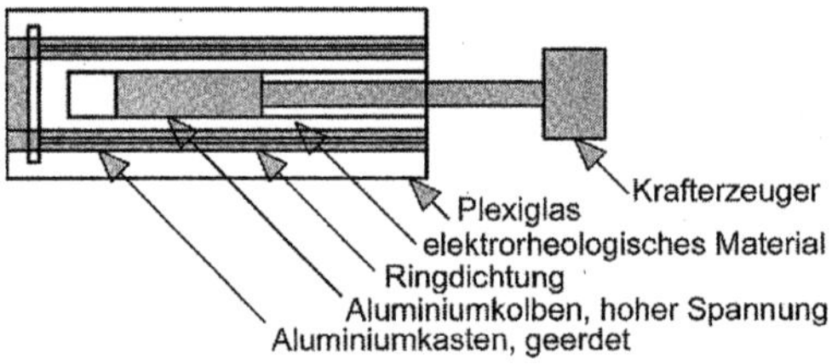

a

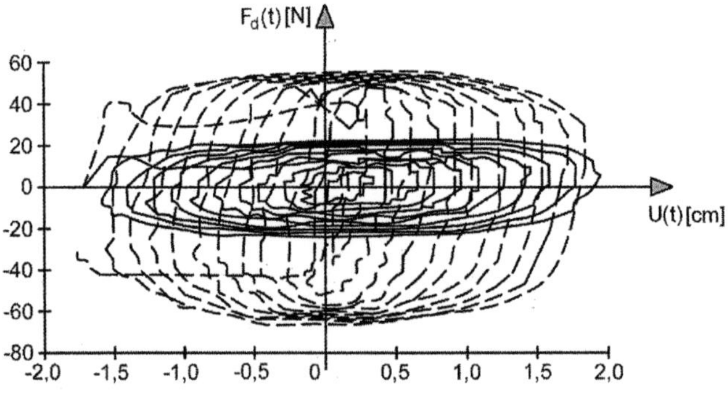

b

Bild 15.64
a) Elektrorheologischer Dämpfer
b) Hysterese-Schleife bei konstanter elektrischer Spannung (E = 0,0 kV/mm (—), E = 2,50 kV/mm (---)) [15.15]

Das Bild 15.65 zeigt schematisch die Ausbildung eines aktiven Reibungsdämpfers. Dieser wird in den Diagonalen eingebaut, und ändert sich die Steifigkeit über gesteuerte Reibung. In diesem Fall spricht man auch von semiaktiver Kontrolle, da diese konzentriert in den Aussteifungsgliedern des Systems ausgeübt wird.

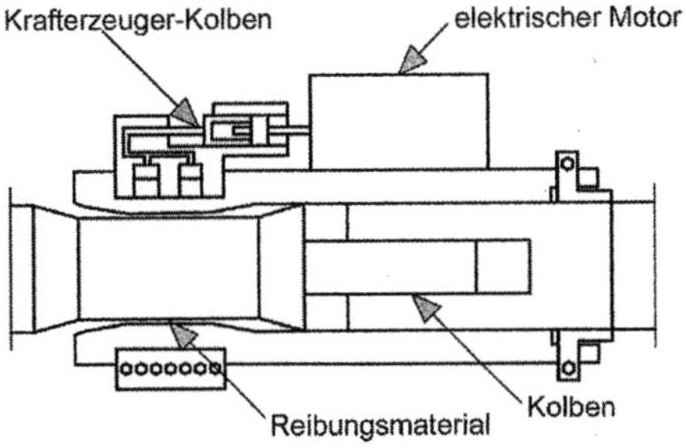

Bild 15.65 Aktiver Reibungsdämpfer [15.4]

Eine weitere Alternative zur aktiven Dämpfungskontrolle stellt die Impulskontrolle (pulse control) dar. Der Kontrollmechanismus erzeugt eine Reihe von Kraftimpulsen, die innerhalb eines bestimmten Bereichs seiner relativen Bewegung entgegengesetzt sind. Die Kontrolle kann innerhalb des Tragwerks mit herkömmlichen Krafterzeugern [15.30] oder außerhalb vom Tragwerk mit Hilfe von Gas-Impulsgeneratoren (jet propulsion actuators) [15.24] stattfinden (Bild 15.66).

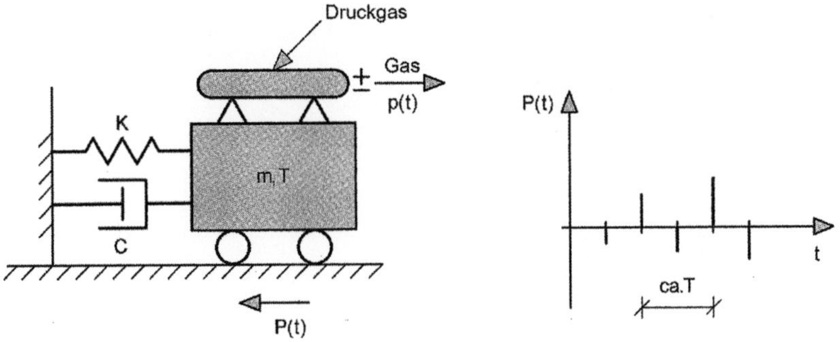

Bild 15.66 Mechanische Modellierung eines äquivalenten Einmassenschwingers mit aktiver Impulskontrolle

Der Algorithmus der Impulskontrolle ist nicht optimal, sondern er erzeugt einen Korrektur-Impuls $p(t_i)$, wenn ein vorgegebenes Niveau der Antwort erreicht wird. Die benötigten Informationen für die Kontrollaktion sind der Systemzustand im Zeitpunkt t_i, die dynamischen Charakteristika des Systems und die äußere Belastungsfunktion im Zeitbereich (t_i, t_j), die in erster Annäherung als konstant betrachtet wird, gleich mit der Belastung an Zeit t_i.

Die Stärke des Kontrollimpulses $p(t_i)$ an der Position i beträgt nach [15.25]

$$p_i(t) = \begin{cases} C_i \langle \dot{U}_i(t) \rangle^{n_i} & \text{für} \quad t_{oi} < t < t_{oi} + \Delta t_i \\ 0 & \quad\quad\; t_{oi} + \Delta t_i < t < t_{oi} \end{cases} \tag{15.179}$$

wobei

C_i : Impuls-Dämpfungsmaß an Position i

$\dot{U}_i(t)$: Relative Geschwindigkeit an Position i

t_{oi} : Nullkreuzungszeit an Position i

Δt_i : Impulsbreite an Position i

Der Exponent n_i in Gleichung (15.179) wird in Abhängigkeit von der gewünschten Kontrolldämpfungskraft ausgewählt. Wenn $n_i = 0$, entspricht die Kontrollkraft einer Coulombschen Reibungskraft mit Stärke $\pm C_i$. Der Fall $n_i = 1$ entspricht einer aktiven viskosen Kraft mit dem Dämpfungsmaß C_i. Der Fall $n_i > 1$ bedeutet, dass dem System eine nichtlineare, geschwindigkeitsproportionale Dämpfung eingeführt wird (siehe auch Abschnitt 15.1.3.1).

Der größte Vorteil der Impulskontrolle liegt im günstigen Energieverbrauch. Der Kontrollmechanismus konzentriert sich aufgrund der kurz dauernden Impulse hoher Energie auf die Abschirmung im Resonanzbereich.

15.2.5.3 Steifigkeitskontrolle

Die Steifigkeitskontrolle bezieht sich auf die Veränderung des Tragwerks während der Beanspruchung und hat als Ziel die Kontrolle der Verformung. Ein Beispiel dafür ist im Bild 15.67 dargestellt. Ein Krafterzeuger erzeugt im Seil Zugkräfte, die entsprechend dem Kontrollgesetz an die Ecken des Tragwerks wirken.

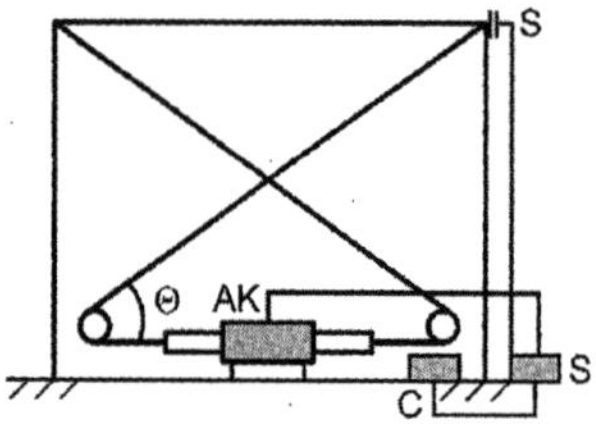

Bild 15.67 Tragsystem mit aktiver Spanngliedkontrolle

Die Kontrollkräfte $F_c(t)$ sind immer proportional zur Dehnung des Seils, $\Delta l(t)$ [15.1].

$$F_c(t) = \frac{\Delta l(t)}{l} EA \tag{15.180}$$

wobei

$\Delta l(t)$: Dehnung des Aussteifungsverbands aus dem Kontrollmechanismus

E : Elastizitätsmodul der Aussteifungsglieder

A : Querschnittfläche der Aussteifungsglieder

l : Länge des Aussteifungsverbands

16 Erdbebenisolierung

Das in den Normen enthaltene Sicherheitskonzept zur Tragwerksauslegung für Erdbebeneinwirkungen beruht darauf, dass das energetische Aufnahmevermögen des Tragwerks größer als das energetische Niveau der Beanspruchung ist (siehe Kapitel 12, 14). Wie gezeigt wurde, gestatten dazu die Normen aus wirtschaftlichen Erwägungen an Stelle der ausschließlichen elastischen Tragfähigkeit (Bild 16.1a) die Steigerung des Aufnahmevermögens durch Dissipationsvorgänge im plastischen Bereich, die zur Beschädigung des Tragwerks führen (Bild 16.1b).

Die Erdbebenisolierung beruht wie die Dämpfungskontrolle der Tragwerke auf einem neuen Sicherheitsprinzip, das grundsätzlich vom klassischen Konzept abweicht. An der Stelle der Frage, wie kann das Aufnahmevermögen des Tragwerks gestiegen werden, stellt sich die Frage, wie das Bauwerk vor Erdbeben geschützt werden kann, so dass das energetische Niveau der induzierten Beanspruchung das elastische Aufnahmevermögen des Tragwerks für herkömmliche Einwirkungen nicht überschreitet (Bild 16.1c,d).

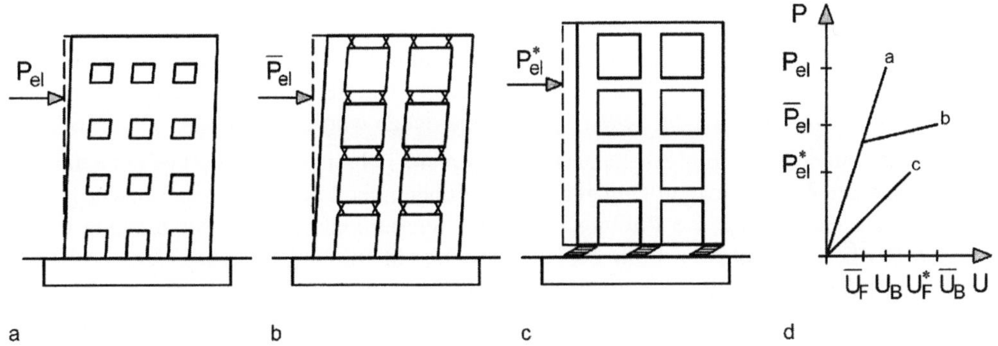

Bild 16.1 Auslegungskonzepte für horizontale Beanspruchung
a) Elastische Kapazität
b) Elastoplastische Kapazität
c) Erdbebenschutz durch Fußpunktisolierung
d) Kraft-Verschiebungskennlinien der Systeme a-c

Die Trägheitskraft S, die ein Erdbeben in ein Bauwerk hervorruft, lässt sich aus der Bewegungsgleichung eines Einmassenschwingers mit elastoplastischer Dämpfung $F_d(U,\dot{U})$,

$$m\ddot{U} + KU + F_d(U,\dot{U}) = -m\ddot{U}_b$$

, grob zu

$$S = m\ddot{y} = m(\ddot{U} + \ddot{U}_b) = -\left[F_d(U,\dot{U}) + KU\right] \tag{16.1}$$

abschätzen.

Zur Herabsetzung der Erdbebenlast ist demzufolge notwendig, sowohl die Steifigkeit, als auch die Dämpfung stark zu reduzieren. Dies ist nur möglich, wenn der Oberbau vom Fundament getrennt ist und dazwischen spezielle Verbindungen mit kontrollierbaren Eigenschaften eingeführt werden. Der Idealfall $S = 0$ mit $K = F_d = 0$ würde einer Lagerung auf sehr weichen Luftkissen oder auf reibungsfreien Kugeln entsprechen. Hierbei bewegt sich das Fundament unter dem Bauwerk frei, ohne dass Kräfte in den Oberbau induziert werden.

Die Perspektive, Bauwerke zu bauen, die gegen Erdbebenbeanspruchungen vollkommen geschützt sind, hat schon immer die Kreativität der Menschen angeregt und zur erfinderischen Tätigkeit veranlasst. Die Geschichte des erdbebensicheren Bauens vermerkt eine Vielfalt von innovativen Bauverfahren, die jedoch aus Mangel an Erfahrung und Fachkenntnissen keinen Umsatz in die Praxis gefunden haben. Praxisgerechte Ansätze liefert die Technik der Schwingungsisolierung im Maschinenbau, die in den letzten drei Jahrzehnten durch die Entwicklung von Sonderisolatoren zur Erdbebenisolierung von Bauwerken erweitert wurde. Der Durchbruch des Konzeptes der Erdbebenisolierung erfolgte Anfang der achtziger Jahre und ist auf folgende Umstände zurückzuführen:

- Die Technologie der Elastomere und der Werkstoffe für Gleitlager hat ihre Reife infolge der Entwicklung von Brückenlagern erreicht. Das Gummi hat sich allein und in Verbund mit Stahl als zuverlässiger Werkstoff bewährt und seine mechanischen Eigenschaften wurden experimentell und rechnerisch erfasst.
- Neue Ansätze in der Seismologie haben dazu geführt, dass die Seismizität der Baugebiete aufgrund von stochastisch gewonnenen Daten durch künstlich generierte und ortspezifische Erdbebenzeitverläufe beschrieben werden kann.
- Es sind zuverlässige Software zur Berechnung und Beschreibung des dynamischen Tragverhaltens von Bauwerken und große computergesteuerte Versuchsanlagen zur experimentellen Untersuchung der neuen Systeme entwickelt worden.

Obwohl das neue Erdbebensicherheitskonzept Akzeptanz in breiten Ingenieurkreisen gefunden hat, bremsen zur Zeit die extrem strengen Anforderungen der amerikanischen Vorschriften in Bezug auf die Herstellung und Prüfung von Isolatoren eine massenhafte Ausbreitung dieser Technik. Der heutige Stand der Erdbebenisolierung beruht auf die Ideen, Arbeiten und Erfahrungen vieler Ingenieuren der letzten 20 Jahren. Im Folgenden werden zunächst kurz die Beiträge aufgrund der auffindbaren Quellen dargestellt und somit ein Abriss der geschichtlichen Entwicklung dieser Technologie gegeben.

16.1 Erdbebenschutz-Systeme. Geschichtliche Übersicht

Bestimmte Bauweisen in ländlichen, von Erdbeben oft erschütterten Gegenden lassen darauf schließen, dass örtliche Baumeister schon früh die günstige Auswirkung auf das Erdbebenverhalten der Trennung des Fundamentes vom Oberbau durch Gleitfugen erkannt haben. So sind z. B. im Dorf Rudbone, in einem stark erdbebengefährdeten Gebiet von Nordiran, Häuser auf pyramidenartigen Holzsockel gebaut worden, mit der sichtlichen Absicht, die Gebäude von den Bodenbewegungen durch mehrere Gleitfugen zu trennen (Bild 16.2) [16.29].

Allem Anschein nach war der Franzose Jules Touaillon im Jahre 1870 einer der ersten, der seine Gedanken über ein Schutzsystem gegen Erdbeben schriftlich dokumentiert hat. In seinem Patent schlägt er vor, die Bauwerke auf Kugel aufzustellen (Bild 3a). Auf eine ähnliche Idee kam im Jahre 1906 der Münchener Jakob Bechtold. Sein Patent sieht eine Trennung zwischen dem Gebäude und dem Fundament durch ein mächtiges Kissen aus kugelförmigen Hartkörpern vor, das die Bodenbewegung abfangen soll (Bild 16.3b).

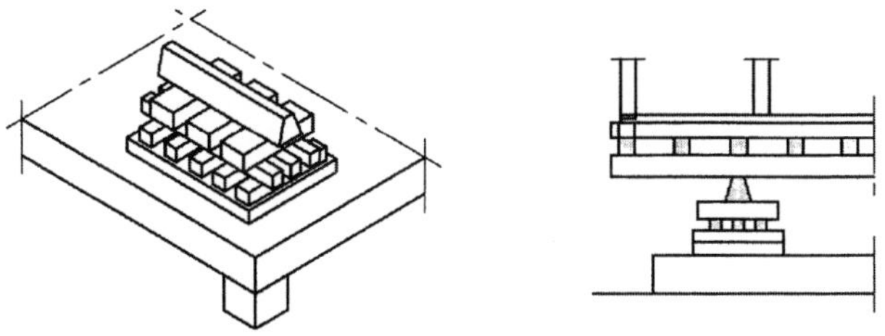

a b

Bild 16.2 Einzelsockel als Auflager eines Wohnhauses in Rudbone, Nordiran
a) Isometrie
b) Querschnitt

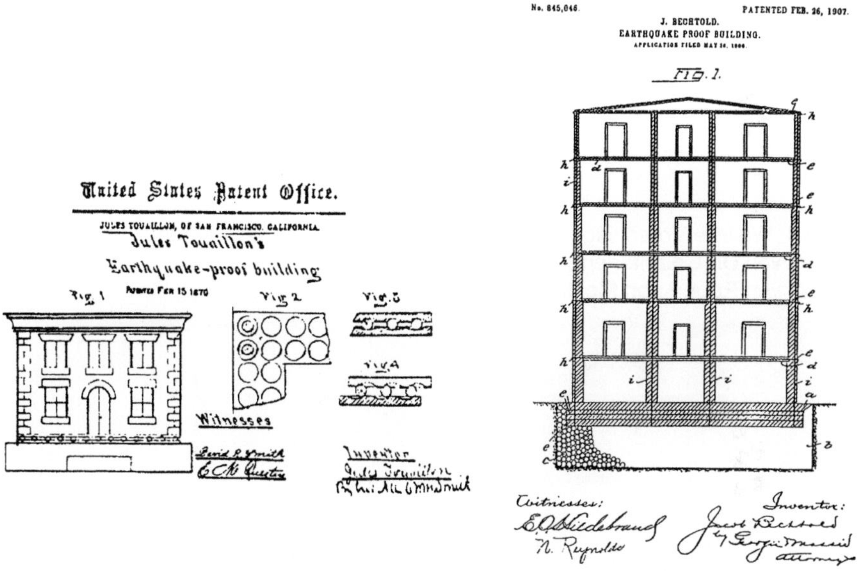

a b

Bild 16.3 Erste Vorschläge zur Erdbebenisolierung von Bauwerken
a) Patent von Jules Touaillon, 1870 [16.96]
b) Patent von Jakob Bechtold, 1906 [16.4]

Zwei Jahre später patentierte der englische Arzt Calantarients ein Erdbebenschutzsystem, wobei die Fundamente vom Oberbau durch eine Schicht aus Talkpulver getrennt sind, die als Gleitfuge dient (Bild 16.4a). Robert von Montalk aus Wellington, Neuseeland, schlägt im Jahre 1929 zur Abfangung der Erdstöße die Einführung eines weichen Stoffes zwischen dem Oberbau und dem Fundament vor (Bild 16.4b).

Der erste, der das Konzept der Erdbebenisolierung in die Praxis umgesetzt hat, war Frank Lloyd Wright beim Bau des Imperial Hotels in Tokio im Jahre 1921 (Bild 16.5). Der Baugrund bestand aus einer etwa 3 m dicken Hartbodenschicht, die auf einem 20 m dicken Weichboden lag. Wright hat gegen die Meinung der Ingenieure das Fundament des Gebäudes nur in den Hartboden verankert, so dass es während eines Erdbebens auf den darunterliegenden weichen

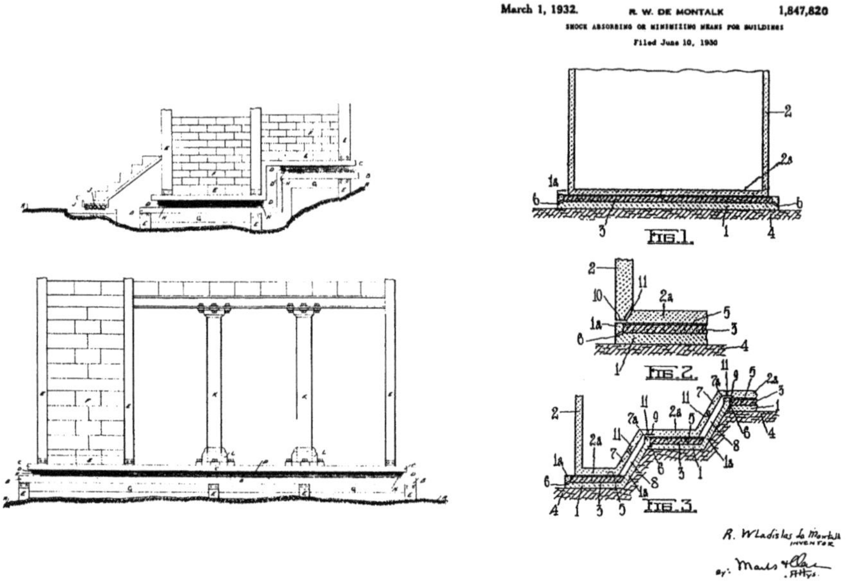

a b

Bild 16.4 Weitere Vorschläge zur Erdbebenisolierung von Bauwerken
a) Patent von Dr. Calantarients, 1908 [16.8]
b) Patent von Robert von Montalk, 1929 [16.51]

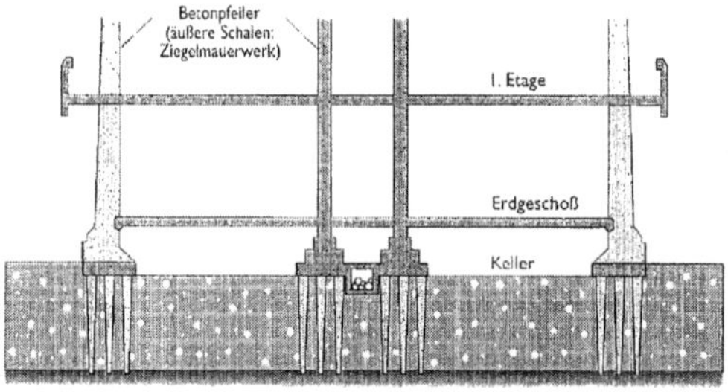

Bild 16.5 Schnitt des unteren Bauwerks- und Gründungsbereichs vom Imperial Hotel in Tokio [16.100]

Kissen schwimmen könnte. Dank dieser Maßnahme gehörte das Imperial Hotel zu den wenigen Großbauten, die das katastrophale Erdbeben von Tokio im Jahre 1923 überstanden hatten.

Im Jahre 1929 schlägt Martel die Schaffung einer Bewegungssperre im unteren Bereich von Bauwerken vor, indem die Steifigkeit des Tragwerks im Erdgeschoss viel kleiner als diejenige der oberen Geschosse gewählt wird [16.44]. Dieser Vorschlag, bekannt unter dem Begriff Schock Absorbing Soft-Storey fand auch in Green 1935 [16.26] und Jakobsen 1938 [16.35] Anhänger. Später im Jahre 1969 haben sich auch Fintel und Khan mit einer verbesserten Variante eines stoßdämpfenden Weichgeschosses auseinandergesetzt (Bild 16.6) [16.22, 16.23]. Es wurde jedoch rechnerisch nachgewiesen, dass sich das „Soft-Storey“-Konzept aufgrund der geringen plastischen Dämpfung in den Stützen und der großen P-Δ Effekte als nicht praktisch erweist [16.12].

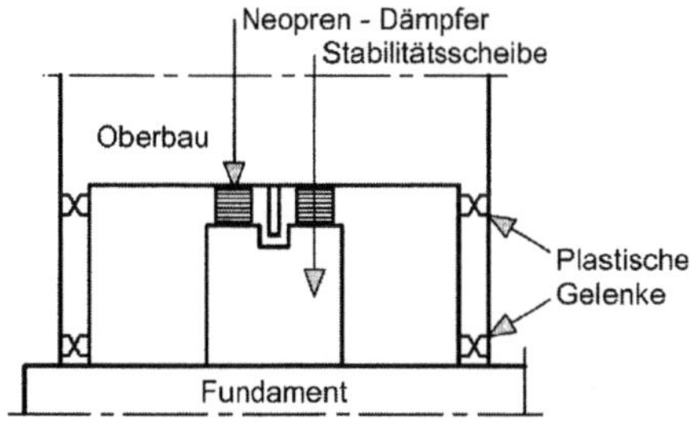

Bild 16.6 Stoßdämpfer-Weichgeschoss

Aus der Vielzahl der Systeme, die bis Ende der sechziger Jahre registriert wurden, ist noch der Vorschlag von Gaspe zu erwähnen. Das Schutzsystem von Gaspe sieht die Aufstellung von Bauwerken auf Kugellager vor [16.24]. Zur Erzielung von Rückstellkräften werden horizontalliegende Gummifeder eingesetzt. Die Aufnahme der Windkräfte wird von dünnen Stäben gewährleistet, die beim Erdbebenstoß als „Soll-Bruchstellen" wirken.

16.1.1 Isolatorenklassifizierung

Die ersten Anzeichen dafür, dass das Konzept der Erdbebenisolierung als mögliche Alternative zum klassischen Sicherheitskonzept der Kapazität aufgenommen werden kann, sind Ende der sechziger Jahre zu verzeichnen. Eine Auswertung der Fachliteratur aus dieser Zeit lässt zwei Hauptrichtungen erkennen, die auf die Abschirmung der Bauwerke gegen Erdbebenwirkungen zielen [16.68]:

- Die integrale elastische Abtrennung des Fundamentes vom Oberbau, wobei die übertragenen Kräfte lediglich Dämpfungskräfte sind ($K = 0$, $F_d(U, \dot{U}) \neq 0$).
- Die partiell elastische Abtrennung des Fundamentes vom Oberbau durch eine tiefe Abstimmung des dynamischen Systems mit Hilfe von Sonderlagern (T : groß, S : klein, $F_d(U, \dot{U}) \neq 0$).

Aus der ersten Entwicklungstendenz sind drei Typen von Erdbebenisolatoren entstanden:

- Isolatoren mit total irreversiblen Verschiebungen, bestehend aus Roll- oder Gleitlagern.
- Isolatoren mit reversiblen Verschiebungen des kinematischen Typs, bekannt als kinematische Lager.
- Isolatoren mit reversiblen Verschiebungen in Form von Gleitlagern, gekoppelt mit einem Federelement, oder kinematische Gleitlager (Friction-Pendulum Systems).

Die Entwicklungen im Rahmen der zweiten Kategorie beruhen auf Grundaussagen der Technik der Schwingungsisolierung. In erster Linie ging es darum, die herkömmliche Technik der Schwingungsisolierung von Maschinenfundamente in Verbindung mit der Technik der Brükkenlager auf die Bedürfnisse des Erdbebenschutzes von Bauwerken anzupassen. Daraus entstanden folgende Isolierungssysteme mit total reversiblen Verschiebungen:

- Isolierungssysteme mit Elastomerlagern, wobei der Hauptbestandteil des Systems aus einem Isolator aus bewehrtem Gummi besteht.
- Isolierungssysteme mit Stahlfedern.

Aus der Reihenkopplung eines Elastomerlagers und eines Gleitlagers ergeben sich Isolatoren mit partiell reversiblen Verschiebungen, oft auch elastische Gleitlager genannt. Auf die geschichtliche Entwicklung der modernen Isolatoren wird in den folgenden Ausführungen näher eingegangen.

16.1.1.1 Kinematische Lager

Der Ursprung der kinematischen Lager ist auf das Patent von Touaillon [16.96] zurückzuführen. Die Kugel, die in Vertiefungen mit doppelgekrümmten Konkavitäten angeordnet sind, aktivieren während des Hauptanteils der Bewegung die Schwerkraft des Oberbaus, wobei eine stabilisierende Rückstellkraft entsteht (Bild 16.7).

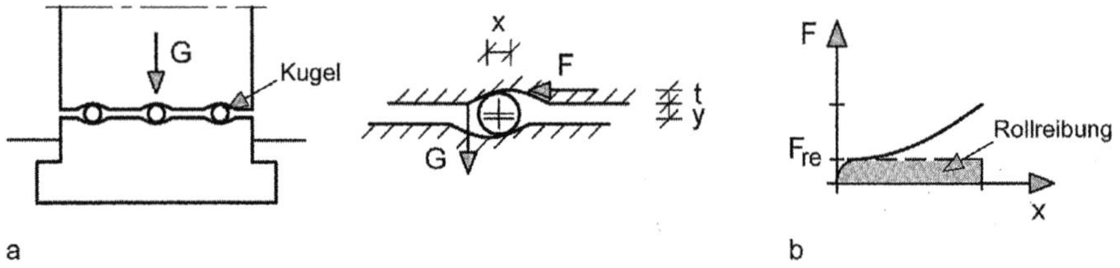

Bild 16.7 Kinematische Lager aus Kugeln
a) Konzept
b) Kraft-Verschiebungskennlinie

Die Masse des Oberbaus erfährt eine senkrechte Pendelbewegung, deren Charakteristika im strengen Zusammenhang mit der Geometrie der Lagerung und der Amplitude der Horizontalbewegung stehen. In dynamischer Hinsicht weisen die kinematischen Systeme ein pendelähnliches Verhalten auf, wobei die Periode des Systems nicht mehr von der Masse, sondern nur von der Geometrie des Lagers abhängig ist.

In einer Reihe von Beiträgen [16.46-16.48] werden verschiedene Mechanismen von kinematischen Lagern zum Schutz von Bauwerken gegen Erdbeben vorgestellt (Bild 16.8). Diese, auch Rockingball-Systeme genannt, bestehen aus speziell geformten Körpern, z. B. in Form von Ellipsoiden, die zwischen zwei Ebenen oder konkavförmigen Flächen angeordnet sind und während eines Erdbebens die Bewegungen zwischen dem Fundament und dem Oberbau durch das Rollen kontrollieren. Die Anfangssteifigkeit des Mechanismus sichert den Wiederstand gegen Windwirkungen und die Rollreibung bewirkt die Dämpfung in der Bewegung (Bild 16.7b).

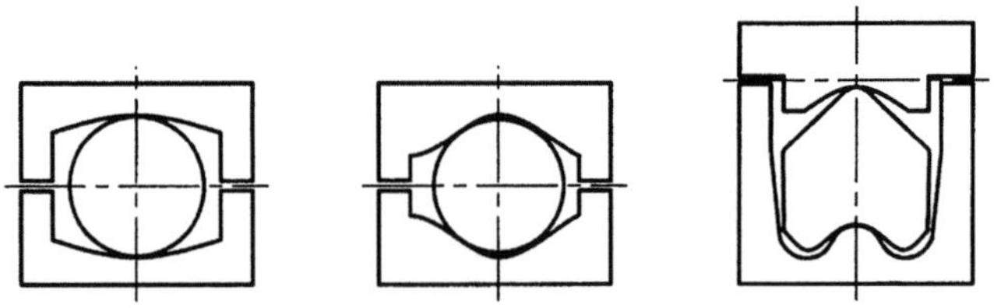

Bild 16.8 Kinematisches Lager aus ellipsoidisch geformten Körpern und konkaven Auflagerungsflächen

Einer nach dem gleichen Prinzip aufgebauter „Entkopplungsmechanismus" ist in den siebziger Jahren in Rußland entwickelt worden [16.9, 16.10, 16.61, 16.75, 16.105]. Bei diesem System bestehen die Rollkörper aus gedrungenen Pendelstützen mit kugelförmigen Endflächen (Bild 16.9). Im Jahre 1977 sind in Sevastopol ein fünf- und ein achtgeschossiges Wohngebäude mit solchen kinematischen Lagern gebaut worden. An den Kontaktflächen des Lagers mit dem Gebäude sind zur Abfangung der Vertikalstöße Gummiplatten eingebaut worden.

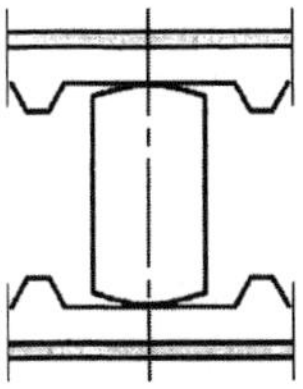

Bild 16.9 Kinematisches Lager aus gedrungenen Pendelstützen als Rollkörper

Kinematische Lager führen zu dynamischen Systemen, derer Eigenfrequenz unabhängig von der Masse ist. Diese Eigenschaft begünstigt die Anwendung dieses Lagertyps zur Abschirmung von kleineren Bauwerken gegen Erdbeben, bei denen sich eine tiefe Abstimmung mit Gummilagern schwierig erzielen lässt [16.70]. In der Kategorie von kinematischen Lagern gehören u. a. auch die aufgehängten Fundamente (Bild 16.10) [16.92].

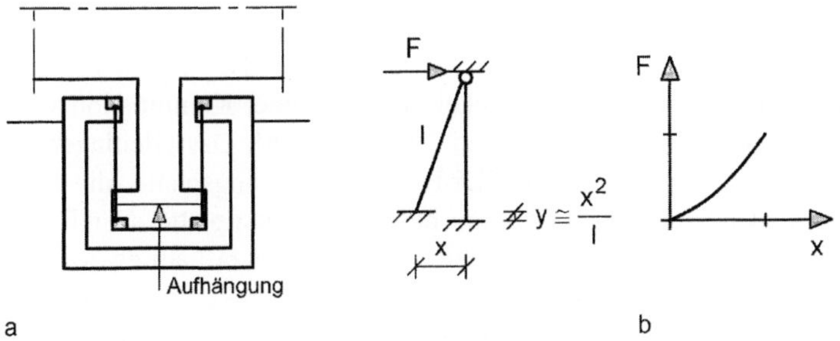

Bild 16.10 Kinematisches Lager aus aufgehängten Fundamenten

16.1.1.2 Elastomerlager

Der erste Einsatz von Gummilagern zur Isolierung von Bauwerken gegen Erdbeben fand im Jahre 1969 bei dem Bau der Heinrich Pestalozzi Schule in Skopje statt [16.79]. Eine Gruppe von Schweizer Ingenieuren hat Erdbebenlager mit der von der Schweiz geleisteten finanziellen Hilfe zum Wiederaufbau in Jugoslawien nach dem verheerenden Erdbeben von 1963 entwikkelt und das Schulgebäude darauf gestellt. Die Lager, die sich aus mehreren hochelastischen Kautschukschichten unterschiedlicher Härte zusammensetzen, weisen eine vertikale Steifigkeit auf, die in der gleichen Größenordnung mit der horizontalen Steifigkeit liegt (räumlich schwimmende Lager). Die Aufnahme der Windlasten erfolgt über spröde Verbindungen, die in Form von Keramikkörpern zwischen dem Oberbau und dem Fundament angeordnet sind und beim Erdbebenangriff als Soll-Bruchstellen wirken.

Mit den theoretischen Grundlagen des Bauwerk-Lagersystems hat sich K. Staudacher auseinandergesetzt [16.87]. Das Konzept der Erdbebenisolierung der Bauwerke mit räumlich schwimmender Lagerung aus nach allen Seiten hochelastischen Lagerkörpern fand in der Fachwelt aber weniger Zustimmung, als erwartet.

Nach zwölfjähriger Forschungsarbeit veröffentlichte A. Ikonomou im Jahre 1972 sein Erdbebenschutzmechanismus, Alexisismon [16.32]. Das System enthält drei Bestandteile: Bewehrte Elastomerlager als Isolator, dünne Stahlstangen als Windaufnahme-Elemente mit Soll-Bruchstellen und Sonderscheiben als Verbindungselemente zwischen dem Oberbau und den Isolatoren (Bild 16.11). Die Anlage wurde beim Bau eines dreigeschossigen Gebäudes und eines Kernkraftwerkes in Griechenland eingesetzt und später für die Erdbebenisolierung von Brücken erweitert.

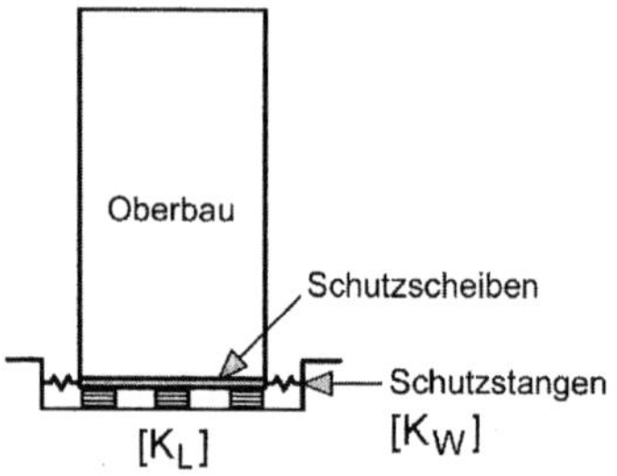

Bild 16.11 Isolierungsmechanismus aus Neoprenlager, Schutzstangen und -scheiben

Die französischen Ingenieure von der Electricité de France (EDF) haben für den Erdbebenschutz von Kernkraftwerken ein Lager entwickelt, das aus einer Kombination von einem Elastomerlager und einem Gleitlager besteht (Bild 16.12) [16.36]. Das Gleitlager setzt sich aus zwei Kontaktplatten zusammen, aus einer Blei-Bronze-Legierungsplatte, die Bestandteil des Elastomerlagers ist, und aus einer am Oberbau befestigten Stahlplatte. Der Reibungsbeiwert liegt bei etwa 0,2 und begrenzt die von Erdbeben eingeführten Kraft auf etwa 1/5 des Gewichtes. Im Jahre 1974 wurde das System beim Bau des Kernkraftwerkes in Kroeberg in Südfrankreich und später für den Schutz von Kernkraftwerken in Iran und in Frankreich eingesetzt.

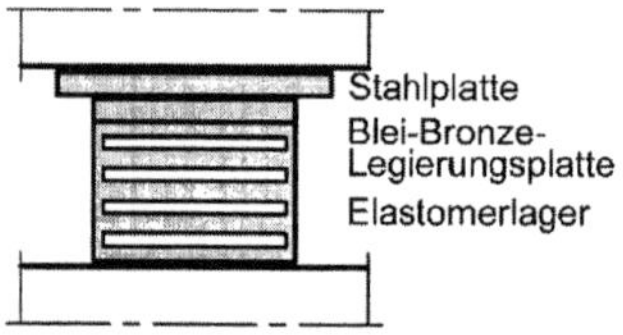

Bild 16.12 Elastomer-Gleitlager

Anfang der siebziger Jahre startet auch das Centre National de la Recherche Scientifique in Marseille ein Forschungsprogramm mit dem Ziel, Erdbebenlager zum Schutz von Wohnhäusern in Südfrankreich zu entwickeln. Im Jahre 1977 sind auf Erdbebenlager drei Häuser in Saint Martin und im Castillon und später eine dreigeschossige Gymnasialschule in Lambesc gebaut worden [16.14, 16.15]. Die zylindrischen Elastomerlager mit einem Durchmesser von 30 cm waren ca. 6 cm dick.

In Neuseeland wurde zur gleichen Zeit die Forschungstätigkeit auf diesem Gebiet vom Ministerium für Wissenschaft und Industrieforschung gefördert. Das Ziel einer Reihe von Projekten war die Erforschung und Entwicklung von mechanischen Dämpfern für Erdbebenisolatoren aus Elastomerlagern [16.83, 16.84]. Eines der Ergebnisse war die Entwicklung des Blei-Gummi-Hystereselagers, das W. Robinson 1977 patentierte [16.77, 16.78]. Das Lager besteht aus einem stahlbewehrten Elastomerkörper, der in der Mitte einen zylindrischen Bleikern enthält (Bild 16.13). Der Kern verformt sich gleichzeitig mit dem Lager und liefert Hysteresedämpfung. Das erste in Neuseeland erdbebenisolierte Gebäude, das Clayton Gebäude in Wellington, ist im Jahre 1981 fertiggestellt worden. Das Gebäude liegt auf 80 zylindrischen Elastomerlagern mit Bleikern, mit Tragkräften zwischen 100 bis 200 to und einer maximalen Verschiebungskapazität von 20 cm.

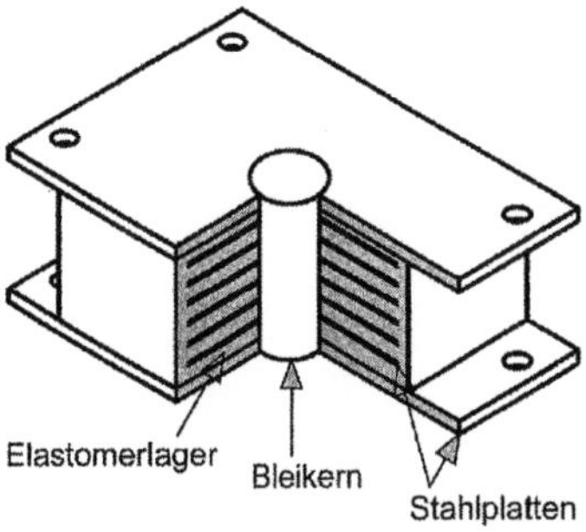

Bild 16.13 Bewehrtes Elastomerlager mit Bleikern

Mit der Frage des Einsatzes von Elastomerlagern als Erdbebenisolatoren in Anlehnung an die Technik der Brückenlager haben sich Ende der siebziger Jahre die Forscher von Malaysian Rubber Producer Research Association (MRPRA) in Hertford, England, auseinandergesetzt. Die erste Anregung kam von Derham 1974 [16.17]. Das Hauptziel der Forschung war die Entwicklung von hochdämpfenden Elastomerlagern, welche die notwendige Dämpfung für die Erdbebenisolierung ohne zusätzliche Dämpfungsanlagen sichern.

Ein Forschungsprogramm in Zusammenarbeit mit J. Kelly vom Earthquake Engineering and Research Center der Universität von Kalifornien in Berkeley hat dazu geführt, dass im Jahre 1983 das erste erdbebenisolierte Bauwerk in den USA, das Foothill Communities Law and Justice Center, in der Nähe von Los Angeles gebaut wurde. Das viergeschossige Gebäude mit einem Stahlskelett wurde auf 98 hochdämpfende Elastomerlager aufgelagert, die für Lasten bis 200 to und einer maximalen Verschiebung von 40 cm ausgelegt waren [16.16, 16.91]. Die Aufnahme der Windlasten wird von der Anfangssteifigkeit der Lager gesichert. Der Dämpfungsgrad der Elastomere beträgt etwa 12 %.

Nach der ersten Implementierung des Erdbebenlagers in den USA sind auch in Japan mehrere Forschungsprojekte von staatlichen und privaten Instituten gestartet [16.3, 16.27, 16.28, 16.34, 16.82, 16.90, 16.101]. In den zahlreichen Veröffentlichungen sind keine neue Entwicklungen von Isolatoren zu vermerken, sondern vielmehr wurden Elastomerlager mit und ohne Bleikern in Verbindung mit unterschiedlichen neuartigen Dämpfern untersucht. Das erste erdbebenisolierte Gebäude in Japan ist ein zweigeschossiges Wohngebäude, das Yachuy-Obay Residential Dwelling. Das Gebäude steht auf sechs Elastomerlager, die mit Sonderreibungsdämpfern aus Stahlbetonfertigteilen gekoppelt sind [16.49, 16.80].

In Deutschland ist im Jahre 1981 am Institut für Tragkonstruktionen und Konstruktives Entwerfen der Universität Stuttgart ein Forschungsprojekt mit dem Thema „Erdbebenschutz von Bauwerken" initialisiert worden. Im Rahmen dessen wurde im Jahre 1983 ein anpassungsfähiges Erdbebenlager entwickelt, das in einer kompakten Form sowohl die Eigenschaften eines starren Lagers, als auch diejenige eines Erdbebenisolators mit begrenzter Verschiebung vereinigt (Bild 16.14) [16.66, 16.68, 16.72].

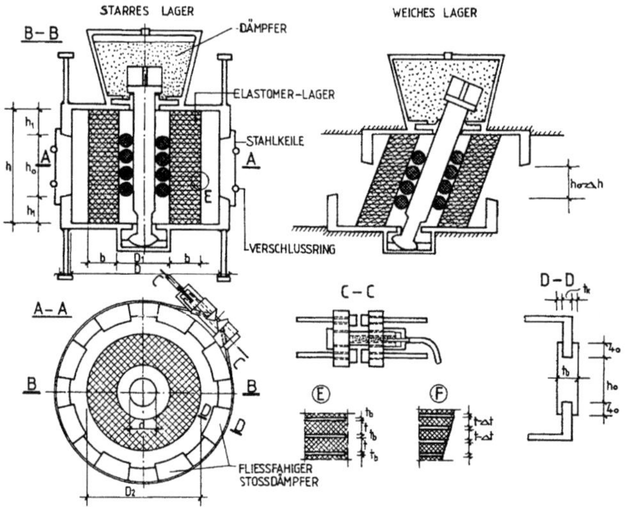

Bild 16.14 Elastomer-Ringlager mit Viskodämpfer

Die Anlage besteht aus einem Elastomer-Ringlager, das mit einem räumlich wirkenden Viskodämpfer und einem lösbaren Stahllager gekoppelt ist. Das Lager und der Dämpfer sind in einem zweiteiligen Stahlgehäuse untergebracht. Zwischen den zwei Gehäuseteilen befinden sich eine Reihe von lösbaren Stahlkeilen, die von einem vorgespannten Verschlussring um das Gehäuse zusammengehalten sind, so dass im Normalfall die Gravitations- und die Windlasten von der Gehäusewandung übernommen werden. Die Auslösung des starren Lagers erfolgt entweder passiv durch die Trägheitskräfte oder aktiv durch die Abfangung der P-Wellen.

Ein zweites Forschungsprojekt begann im Jahre 1986 in Zusammenarbeit mit dem Hamburger Gummilager-Hersteller New York - Hamburger Gummi-Waaren Co. AG und betraf die Entwicklung eines kompakten Lagers mit begrenzter Verschiebung für kleine und mittelgroße Bauwerke für den Einsatz in Erdbebengebieten mittlerer Intensität ($EPA \leq 0{,}25g$, $P \leq 700$ kN, $U_{max} \leq 120$ mm) [16.67]. Das Lager wurde am Otto Graff Institut in Stuttgart geprüft und 1994 als reif für den Einsatz gegeben. Es besteht aus einem Elastomerlager als primäres Lagerelement (PLE), gekoppelt mit einem viskoelastischen Kugellager als sekundäres Lagerelement (SLE) mit stabilisierender Wirkung (Bild 16.15).

Einen Erdbebenisolator besonderer Art stellt das viskoelastische Pendellager von Bild 16.16 dar. Dieses besteht aus einem rhomboidförmigen Pendelkern, der seitlich in einer Elastomermasse gebettet ist [16.62, 16.69, 16.71]. Das Lager wurde in den achtziger Jahren an der Technischen Universität Klausenburg in Rumänien getestet.

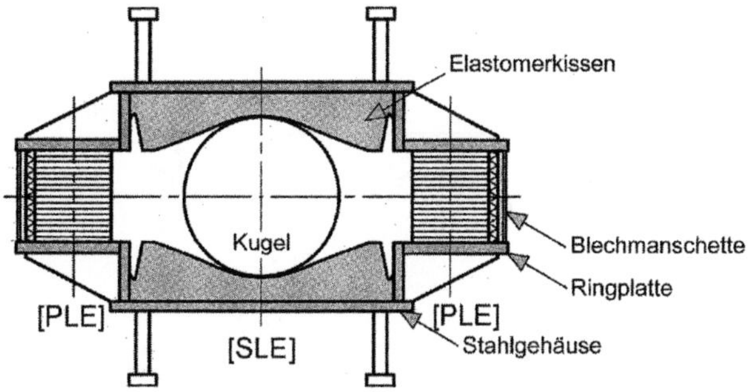

Bild 16.15 Elastomerlager mit viskoelastischem Kugellager

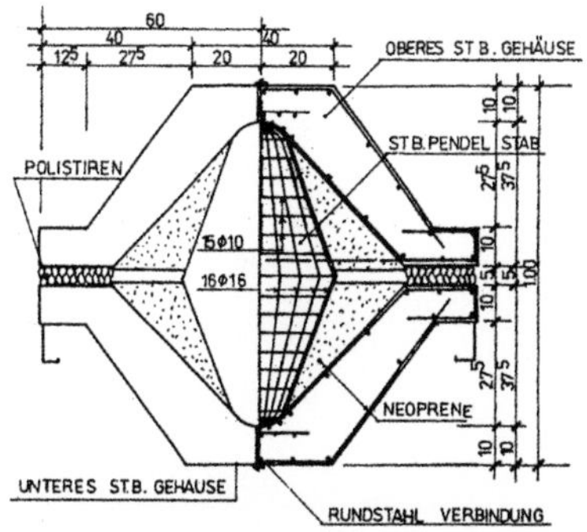

Bild 16.16 Viskoelastisches Pendellager

16.1.1.3 Gleitlager mit reversiblen Verschiebungen

S. Konsetzu patentierte im Jahre 1964 ein Erdbebenlager, das auf dem Prinzip der kinematischen Isolatoren ruht, wobei die Entkopplung des Oberbaus vom Fundament sowohl durch pendelnde Bewegung, als auch durch Gleiten stattfindet. Die Rückstellkraft wird dadurch erzeugt, dass der untere Lagerteil eine sphärische Konkavität aufweist. Der Oberteil des Lagers besteht aus einem Schuh mit gleicher Krümmung im unterem Bereich und ist mit einer Reihe von Kugellagern versehen (Bild 16.17a). Auf dem selben Gedanken gründet sich auch das Patent von L. Pekuna im Jahre 1967 (Bild 16.17b).

Eine systematische Untersuchung von Gleitlagern fand Anfang der sechziger Jahre unter der Leitung von N. Mostaghel an der Universität von Utah in den USA statt [16.54, 16.56]. Im Allgemeinen weisen herkömmliche Gleitlager mit Kontaktflächen aus Teflon und Stahl bei Bewegungen mit großer Geschwindigkeit ein ungünstiges Verhalten auf, da ihr Reibungswiderstand dabei anwächst. Als Ergebnis der Forschung wurde ein Gleitlager entwickelt, das sog. Resilient-Friction Base Isolator (RFBI), das den erwähnten Nachteil überwinden soll. Das Lager besteht aus einer Reihe von mehreren Teflonplatten, die übereinander gestapelt und in der Mitte durch einen elastischen Kern aus Stahl und Elastomere gekoppelt sind (Bild 16.18) [16.52, 16.53, 16.55]. Durch die Überlagerung der Gleitfugen über die Höhe verteilt sich die Geschwindigkeit auf die Anzahl der Gleitfugen, so dass der Widerstand stark herabgesetzt wird. Der elastische Kern ist unbelastet; er wirkt als Feder zur Erzielung der Rückstellkraft.

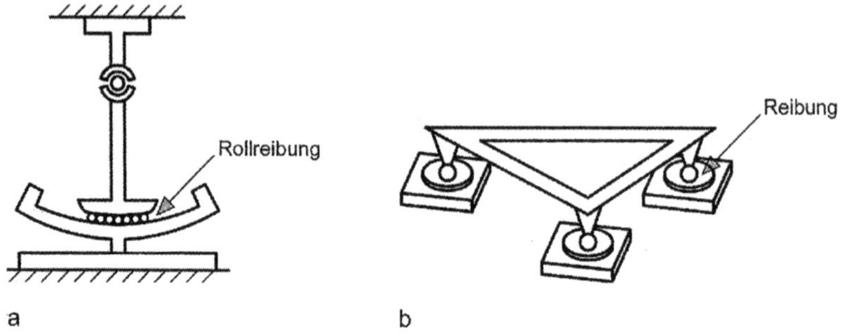

Bild 16.17 Pendel-Gleitlager
a) Patent von S. Konsetzu, 1964 [16.42]
b) Patent von L. Penkuna, 1967 [16.64]

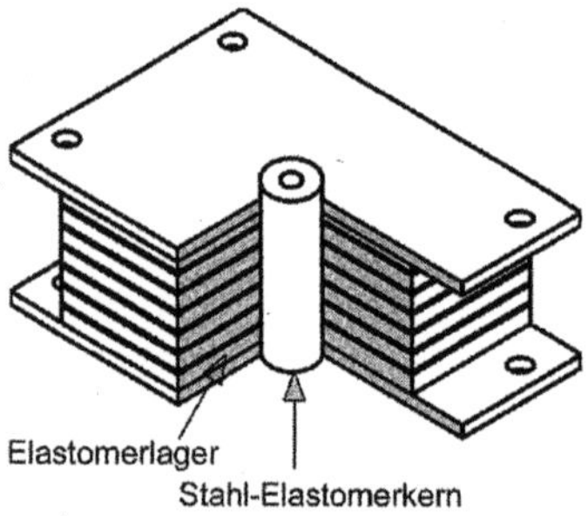

Bild 16.18 RFBI-Gleitlager

Das System wurde zum ersten Mal im Jahre 1989 zur Wiederinstandsetzung eines viergeschossigen Wohngebäudes in San Francisco implementiert, das während des Loma Prieta Erdbebens stark beschädigt wurde.

Das TASS System, eine Entwicklung der japanischen Firma Taisei Corporation, basiert auf der Kopplung eines starren Gleitlagers mit einem Federelement aus Elastomer (Bild 16.19). Die untere Fläche des Gleitlagers besteht aus glanzpoliertem Edelstahl, die obere aus teflonbeschichtetem Stahl. Der Reibungsbeiwert variiert zwischen 0,05 für Bewegungen mit geringer Geschwindigkeit bis etwa 0,15 für Bewegungen mit großer Geschwindigkeit. Die erste Anwendung des TASS Systems fand bei dem Bau des viergeschossigen Laborgebäudes des Forschungszentrums für Technologie der Firma Taisei Corporation in Yokohama statt.

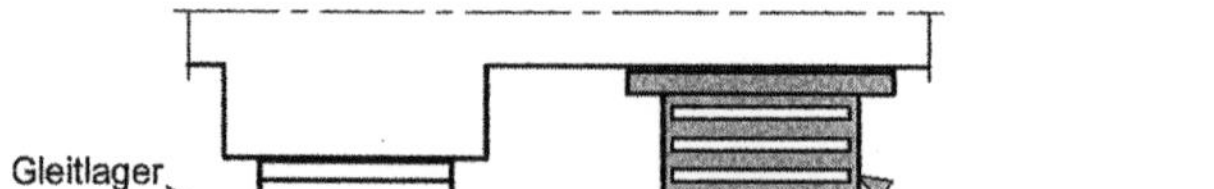

Bild 16.19 Gleitlager mit Elastomer

Ein Gleitlager mit kinematischem Rückstellkraft-Mechanismus bildet das sog. Friction-Pendulum System (FPS) [16.103]. Der FPS-Isolator setzt sich aus einer Grundplatte mit konkaver Fläche und aus einem Gleiter zusammen (Bild 16.20a). Der Gleiter ist an der oberen Lagerplatte gelenkig gestützt. Die Fläche der sphärischen Pfanne ist verchromt, während diejenige des Gleiters mit Teflon beschichtet ist [16.102, 16.104]. Das dynamische Verhalten des Masse-Isolator Systems kann von der Bewegung eines Pendels beschrieben werden, wobei die Rückstellkraft durch die Aktivierung des Gewichtes entsteht (Bild 16.20b).

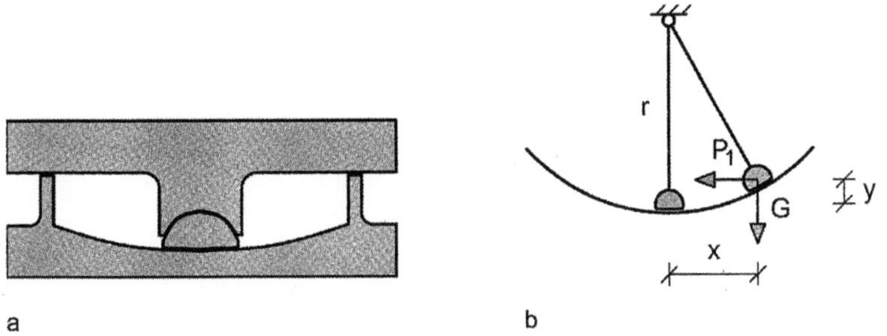

Bild 16.20 Reibungs-Pendelisolator
a) Konstruktiver Aufbau
b) Mechanische Modellierung

16.1.1.4 Stahlfeder

Der Gedanke, Stahlfeder als Stoßabfänger für eine Erdbebenisolierung zu verwenden, ist relativ neu. Matzusita und Tetzuda schlugen im Jahre 1972 einen Erdbebenisolator in Form einer Ringfeder vor, die in rillenförmigen Vertiefungen in die Fugen zwischen dem Fundament und dem Oberbau eingebaut wird (Bild 16.21).

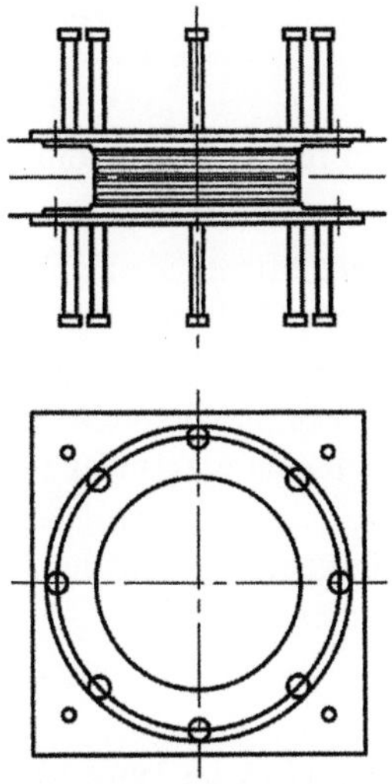

Bild 16.21 Erdbebenlager als Ringfeder

Die deutsche Firma GERB-Schwingungsisolierungen fing Anfang der achziger Jahre an zu prüfen inwieweit die Schraubenfedern aus eigener Produktion zum Schutz von Bauwerken gegen Erdbeben eingesetzt werden können [16.30, 16.94]. Aus der jahrzehntelangen Erfahrung mit elastischen Aufstellungen von Bauwerken zum Schutz vor von Bergsenkungen und von Straßenverkehr verursachten Schwingungen hat GERB ein eigenes Erdbebenschutzsystem, das sog. Base Control System, entwickelt. Das Isolierungssystem setzt sich aus Schraubendruckfedern mit großen Federwegen und aus räumlich wirkenden Viskodämpfern zusammen (Bild 16.22) [16.60].

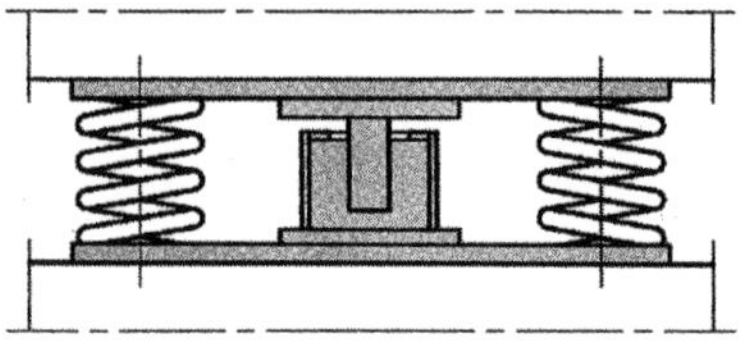

Bild 16.22 Erdbebenisolator aus Schraubendruckfedern und Viskodämpfer

16.1.2 Neuzeitliche Entwicklung

In der Ausgabe der Earthquake Spectra von Mai 1990, der Fachzeitschrift des Instituts für Erdbebeningenieurforschung von Kalifornien, mit dem Thema „Erdbebenisolierung: Von der Idee zur Realität" schreiben die Verfasser: „Die Erdbebenisolierung ist vielleicht die innovativste Entwicklung im Bauingenieurwesen, seitdem der Computer die Berechnung der Tragwerke revolutioniert hat" [16.7]. Trotz der neunzigjährigen geschichtlichen Entwicklung fand die Erdbebenisolierung als Alternative zum klassischen Erdbebensicherheitskonzept noch keine weite Akzeptanz. Der Großteil des Fortschritts fand in den letzten Jahren in erster Linie in den USA, in Japan und in Neuseeland statt. Bis Ende der achtziger Jahre sind in diesen drei Staaten folgende Anwendungen zu vermerken:

- USA: 9 Gebäude und 6 Brücken
- Japan: 30 Gebäude und zahlreiche Brücken
- Neuseeland: 3 Gebäude und 33 Brücken

In Frankreich sind mit Erdbebenisolatoren drei Gebäude und in Italien drei Viadukte und zahlreiche Brücken ausgestattet worden.

In den USA beziehen sich die Anwendungen in erster Linie auf öffentliche Gebäude von besonderer Bedeutung im Katastrophenfall wie Feuerwehrgebäude, Polizeistationen, Krankenhäuser usw. Nach dem Loma Prieta Erdbeben im Jahre 1989 ist die Erdbebenisolierung zur Wiederinstandsetzung von wichtigen Bauwerken angewendet worden, die vom Erdbeben beschädigt wurden. So sind unter anderem die historischen Gebäude Oakland City Hall, San Francisco City Hall und Los Angeles City Hall auf Erdbebenisolatoren aufgelagert worden [16.2, 16.57, 16.99]. Bezüglich des Isolierungssystems besteht keine einheitliche Ausführung. Es kommen fast alle Typen von Isolatoren zum Einsatz: Hochdämpfende Elastomerlager, Elastomerlager mit Bleikern, Gleitlager in Verbindung mit Elastomerfedern und Gleit-Pendelsysteme.

Die ersten Richtlinien für Erdbebenisolierung erschienen in den USA im Jahre 1986. Sie sind von der Ingenieurkammer von Nordkalifornien (SEAONC) aufgestellt worden [16.93] und als sog. gelbes Buch unter dem Titel „Tentative Seismic Isolation Design Requirements" veröffentlicht worden. Diese Richtlinien auf der Basis des statisch-äquivalenten Verfahrens waren anwendungsfreundlich und unkompliziert. Im Jahre 1991 wurden sie weiter ergänzt und als Teil der amerikanischen Erdbebennorm UBC eingeführt. 1994 ist die Norm erneut geändert worden [16.58, 16.76, 16.98] und wurde derart kompliziert, dass sie eher ein Hindernis zur Implementierung der Erdbebenisolierung in den USA bildet [16.57].

In Japan sind die am meisten verwendeten Systeme hochdämpfende Elastomerlager mit verschiedenen mechanischen Dämpfern und Elastomerlager mit Bleikern. Das erste Großgebäude auf Isolatoren, das Oiles Technical Centre Building in Tokio, ausgerüstet mit Elastomerlagern mit Bleikern, wurde 1987 fertiggestellt. Zwischen 1985 bis 1994 wurden 32 Gebäude gegen Erdbeben isoliert, darunter auch das größte der Welt, das West Japan Portal Computer Center in Sanda, Kobe [16.38, 16.57].

Das große Erdbeben von Hyogo-Ken-Naubu (Kobe) im Januar 1995 hat die Effizienz der Erdbebenisolierung bestätigt und weitere Fortschritte in dieser Technologie veranlasst. Ein im Jahre 1995 vom Bauministerium gefördertes Forschungsprojekt mit der Beteiligung von staatlichen Forschungsinstituten, Wissenschaftlern der Universität Tokio und Fukuoka, Bauunternehmen und Lagerherstellern hat sich als Hauptziel gesetzt, die Erdbebenisolierung auf private Wohngebäude unterschiedlicher Größe zu erweitern [16.81]. Drei Isolierungssysteme aufgrund von Elastomer-Gleit- und -Rollagern in Verbindung mit Dämpfern unterschiedlicher Art sind untersucht worden und neuartige Isolatoren, wie Kugel-Elastomerlager, Kugel- und Gleitlager wurden entwickelt [16.13]. Zu diesem Zweck ist am Public Work Research Institute in Tsukuba im Jahre 1997 die erste weltweit dreidimensionale Rütteltischanlage für Großmaßstabmodelle konstruiert worden. Die Anwendung der Erdbebenisolierung erfuhr einen gewaltigen Anstieg: Zwischen 1995 und 1997 sind in Japan insgesamt 432 Gebäude, darunter 329 Wohnanlagen, auf Isolatoren gebaut worden.

Eine besondere Entwicklung, die den Einsatz der Erdbebenisolierung beim Bau von Hochhäusern, Gebäuden mit einer Schlankheit von $H/B > 3{,}0$, ermöglicht, ist das hochfeste Gummilager, das aus Elastomer mit großer Zugfestigkeit besteht [16.81]. Die erste Anwendung war im Suginami-Wada Projekt in Tokio (1998-2000), wobei ein 28geschossiges Stahlbetongebäude auf 16 hochfeste Gummilager und auf 14 herkömmliche Grundlager mit 99 U-förmigen Hysteresedämpfern gebaut wurde.

In Neuseeland ist nach der ersten Anwendung von Elastomerlagern mit Bleikern beim Bau des William Clayton Gebäudes, das Mantel-Pfahl System, das sog. „sleeve-pile" System, beim Bau von zwei Gebäuden, Union House in Auckland und Wellington Central Police Station, angewendet worden. Ausgehend vom gleichen Prinzip, von dem Wright beim Bau des Imperial Hotels in Tokio Gebrauch gemacht hat – Schaffung einer schwimmenden Unterlage im Baugrundbereich – besteht das Mantel-Pfahl System aus elastischen Pfählen, deren Unterteil im festen Boden eingespannt ist. Mit Hilfe von Schutzmänteln ist der obere Teil der Pfähle gegen die Berührung mit dem Baugrund geschützt, so dass ihre horizontale Federung über die Biegesteifigkeit kontrolliert werden kann [16.11, 16.85]. Parallel dazu sind mechanische Dämpfer mit plastischer Hysterese vorgesehen.

Der am häufigsten verwendete Isolator in Neuseeland ist das Elastomerlager mit Bleikern. Unter anderem ist dieses Lager beim Bau einer Druckerei in Peton, Press House 1991, und zur nachträglichen Isolierung von bedeutenden existierenden Bauwerken, wie das Parliament House und das Parliament Library in Wellington, eingesetzt worden [16.50]. Zahlreiche Beispiele deuten darauf hin, dass die Erdbebenisolierung in Neuseeland auch eine breite Akzeptanz gefunden hat [16.41, 16.97].

Im europäischen Raum ist bezüglich der Anwendung der Erdbebenisolierung in den letzten zwanzig Jahren mit Ausnahme von Italien eine eher „gedämpfte Stimmung" zu registrieren. Die Aufmerksamkeit der italienischen Ingenieure hat sich schon in den frühen siebziger Jahre auf den Erdbebenschutz von Autobahnbrücken gerichtet. Zu diesem Zweck sind Isolierungs-Dämpfungsmechanismen aufgrund von Gleit- und Elastomerlagern in Verbindung mit Dämpfern entwickelt worden [16.45, 16.63]. Bis 1992 sind in Italien mehr als 150 Brücken mit Erdbebenisolatoren ausgerüstet worden. Parallel zu dem Brückenbau hat eine fortschrittliche Anwendung der Erdbebenisolierung auch im Hochbau stattgefunden [16.25]. Vorwiegend werden Isolatoren aus bewehrten Elastomerlagern eingesetzt. Ein bemerkenswertes Beispiel sind die fünf- bis siebengeschossigen Gebäude des SIP Verwaltungszentrums in Ancona [16.86]. Zur Zeit sind in Italien mehr als zwanzig Anwendungen von Erdbebenisolierung im Hochbau zu vermerken, darunter der neue Sitz der Universita della Basilicata in Potenza und ein Wohngebäude in Rapolla [16.6].

16.2 Mechanische Eigenschaften von Isolatoren

Erdbebenlager müssen im Allgemeinen folgende Merkmale aufweisen:

- Stabilität unter der Entwurfsverschiebung
- Steigender Widerstand mit zunehmender Auslenkung
- Ausreichende Rückstellkraft, so dass der Oberbau zur ursprünglichen Lage zurückkehrt.
- Fähigkeit, wiederholt zyklische Lasten aufzunehmen.
- Stabile Kennlinie und Dämpfungseigenschaften, die quantitativ erfassbar sind.

Zur Erfüllung der letzten Anforderung werden die Erdbebenlager, wenn erforderlich, zusätzlich mit Dämpfungsanlagen ausgestattet (siehe auch Kapitel 15).

16.2.1 Elastomerlager

Elastomer stellt eine allgemeine Bezeichnung für einen gummi-elastischen Stoff dar, der aus der Vulkanisation vom natürlichen oder synthetischen Kautschuk entsteht. Das am weitesten verbreitete Grundmaterial für Gummilager ist der Chloropren-Kautschuk, bekannt als Neopren, ein synthetischer Kautschuk, der eine hervorragende Beständigkeit gegen äußere Einflüsse und zeitabhängige molekulare Veränderungen aufweist. Die physikalischen Eigenschaften der Elastomere werden von der Wahl der Chloropren-Variante, dem Anteil des Rohkautschuks im fertigen Produkt ($\geq$ 60 %), den übrigen Mischungsbestandteilen ($\leq$ 40 %) und von der Vulkanisation bestimmt [16.20, 16.21, 16.95].

Stoffe wie Elastomere bestehen aus langen Kettenmolekülen, die in sich fast allseitig frei gelenkig sind. Der Unterschied zwischen der Elastizität von Gummi und Stahl ist auf den Ursprung der inneren Kräfte zurückzuführen, die der deformierenden Kraft entgegenwirken. Bei Stahl handelt es sich um Kräfte zwischen den Atomen, die einer Veränderung der Abstände zwischen den Atomen entgegenwirken. Bei gummiähnlichen Stoffen entstehen die inneren Kräfte überwiegend aus einer Änderung der Entropie (Unordnung) der schwingenden Moleküle. Die Abstände zwischen den Atomen ändern sich nicht unter der Last, d. h. die Verformungen erfolgen bei konstantem Volumen. Elastomere sind ähnlich wie Flüssigkeiten fast inkompressibel. Bei einer Verformung durch eine äußere Last wird eine Ausrichtung der Kette erzeugt, ein geordneter Zustand. Der Stoff möchte aber in die Anfangsgestalt zurückkehren, bei der die Unordnung seiner Moleküle groß ist. Diese Deutung der Elastizität bestimmt die Eigenschaften des Gummis, wie die Abhängigkeit des Elastizitätsmoduls von der Form und die Anisotropie (unterschiedliches Zug- und Druckverhalten).

Die Hauptgröße zur Charakterisierung der Elastizität der Elastomere bildet der Schubmodul G [16.19]. Dieser hängt in erster Linie von der Shorehärte (SH) der Elastomere ab (Bild 16.23a) [16.21]. Für stoßartige Belastungen liegt der Schubmodul höher. Die Differenz hängt von der Stoßdauer (bei periodischer Belastung von der Periode) und von der Shorehärte ab (Bild 16.23b). Die in Tabelle 16.1 angegebenen elastischen Kennwerte von Elastomeren stimmen sehr gut mit den Werten aus dem Bild 16.23 überein.

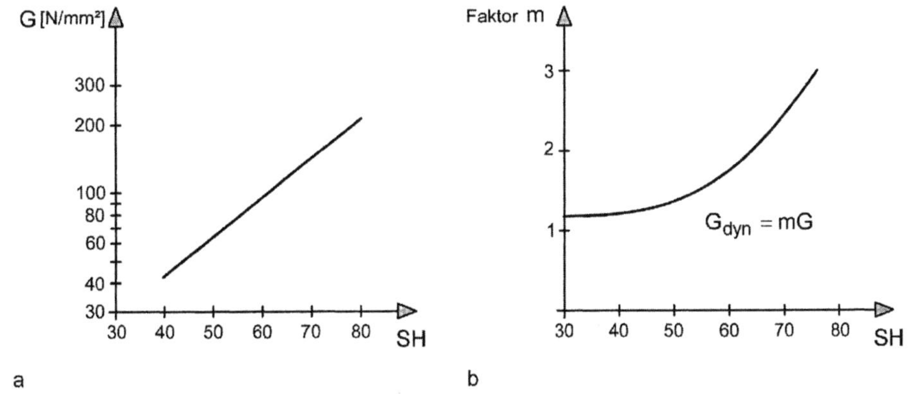

Bild 16.23 Abhängigkeitsgrößen des Schubmoduls von Elastomeren
a) Shorehärte
b) Stoßdauer

Tabelle 16.1 Elastische Kennwerte von Elastomeren [16.41]

Härte	E -Modul [N/mm²]	G -Modul [N/mm²]	Materialkonstante κ	Bruchdehnung ε_b [min %]
37	1,35	0,40	0,87	650
40	1,50	0,45	0,85	600
45	1,80	0,54	0,80	600
50	2,20	0,64	0,73	500
55	3,25	0,81	0,64	500
60	4,45	1,06	0,57	400

Aus dem Elastizitätsmodul E, der Materialkonstante κ und dem Formfaktor S lässt sich der Elastizitätsmodul für Druck E_c wie folgt ermitteln (siehe auch Abschnitt 16.2.1.1):

$$E_c = E(1 + 2\kappa S^2) \qquad (16.2)$$

16.2.1.1 Einschichtige, vulkanisierte Lager

Eine relativ einfache und der Realität nahe Abschätzung des Spannungs-Dehnungszustands von Gummilagern unter Beanspruchung lässt sich aufgrund folgender Annahmen herleiten:

- Die Querdehnung in den Kontaktflächen der Gummischeiben mit den Stahleinlagen ist vollkommen verhindert.
- Die Dicke der Gummischeibe ist gegenüber den Querabmessungen relativ klein (kleiner als ca. 1/5).
- Die Verformungen des Gummis bleiben, verglichen mit den Lagerabmessungen, relativ klein.
- Die seitliche Gummi-Ausquetschung ist parabelförmig.

16.2.1.1.1 Druckbeanspruchung

Das Bild 16.24a zeigt den Spannungszustand in einem zentrisch gedrückten, dünnen Gummistreifen, der an zwei Blechteilen schubfest vulkanisiert ist.

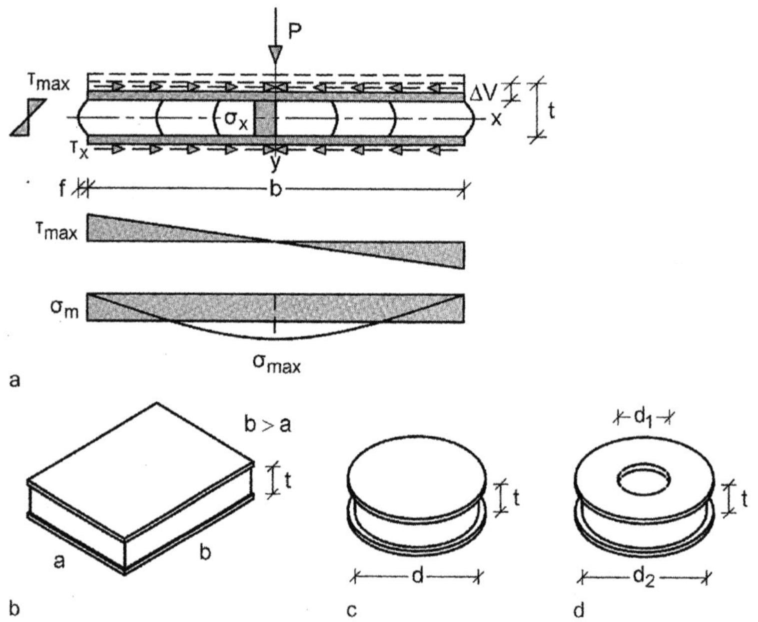

Bild 16.24 Kennwerte und Bezeichnungen von Gummilagern
a) Gummilager unter Druckbeanspruchung
b) Rechteck-Gummilager
c) Rund-Gummilager
d) Ring-Gummilager

Die maximale Druckspannung σ_{max} findet in der Mitte des Lagers statt und lässt sich aus dem mittleren Wert der Druckspannung $\sigma_m = \frac{P}{A}$ wie folgt errechnen:

$$\sigma_{max} = \frac{\sigma_m}{2} \frac{aA}{W_T} \tag{16.3}$$

wobei W_T das Torsionswiderstandsmoment der gedrückten Fläche A bedeutet.

Für Rechtecklager mit Seitenverhältnis b/a (Bild 16.24b) beträgt die maximale Druckspannung

$$\sigma_{max} = \frac{\sigma_m}{2\eta_2} \tag{16.4}$$

mit η_2

b/a	1,0	1,5	2,0	3,0	6,0	10	∞
η_2	0,208	0,231	0,246	0,267	0,299	0,313	0,333

(16.4a)

Für das Rundlager (Bild 16.24c) gilt

$$\sigma_{max} = 2\sigma_m \tag{16.5}$$

Bei einem Ringlager (Bild 16.24d) tritt die maximale Druckspannung in der Mitte der Ringbreite ($d = r_2 - r_1$) auf und kann näherungsweise aus Gl. (16.4) für einen Beiwert $\eta_2 = \infty$ ermittelt werden.

Die Schubspannungen verteilen sich geradlinig über der Lagerbreite. Sie sind am größten in der unverformten Grenzfläche in der Mitte des längeren Lagerrandes (Bild 16.24a).

$$\tau_{max} = \sigma_m \frac{tA}{W_T} = \frac{2t}{a}\sigma_{max} \tag{16.6}$$

Für Rechtecklager mit $b/a \geq 1$ ist die maximale Schubspannung in der Mitte der längeren Seite

$$\tau_{max} = \frac{\sigma_m}{\eta_2} \frac{t}{a} \tag{16.7}$$

In der Mitte der kürzeren Seite beträgt sie

$$\tau_{max} = \eta_1 \tau_{max} \tag{16.8}$$

mit

b/a	1,0	1,5	2,0	3,0	6,0	10	∞
η_1	1,0	0,858	0,796	0,753	0,743	0,743	0,743

(16.8a)

Bei Ringlagern gilt

$$\tau_{max} = \sigma_m \frac{4t}{d} \tag{16.9}$$

und Gl. (16.8) mit $b/a = \infty$.

Der ideale Elastizitätsmodul E_{ic} wird als Verhältnis zwischen der mittleren Druckspannung σ_m und der Zusammendrückung des Gummis ε_c definiert.

$$E_{ic} = \frac{\sigma_m}{\varepsilon_c} = \frac{3GI_t}{At^2} \tag{16.10}$$

wobei

I_t : Torsionsträgheitsmoment der gedrückten Gummifläche

Gl. (16.10) wird für Rechtecklager mit $b/a > 1$ zu

$$E_{ic} = 36\left(\frac{a}{t}\right)^2 \eta_3 \tag{16.11}$$

wobei

b/a	1,0	1,5	2,0	3,0	6,0	10	∞
η_3	0,140	0,196	0,229	0,263	0,299	0,313	0,333

(16.11a)

und für Rundlager mit Durchmesser d zu

$$E_{ic} = \frac{36}{8}\left(\frac{d}{t}\right)^2 \tag{16.12}$$

Da der ideale Elastizitätsmodul eine von den Abmessungen des Gummikörpers abhängige Rechengröße ist, wird sein Wert meistens mit Hilfe des Formfaktors S (Verhältnis der belasteten Gummifläche zur seitlichen Freifläche) angegeben. Somit erhalten die Gleichungen (16.11) und (16.12) folgende Form:

- Für Quadratlager mit $a = b$ und $S = \frac{a}{4t}$:

$$E_{ic} = 6{,}73GS^2 \tag{16.13}$$

- Für Rundlager:

$$E_{ic} = 6GS^2 \tag{16.14}$$

Aus Gl. (16.14) lässt sich der ideale Elastizitätsmodul eines Ringlagers durch Multiplikation mit dem Beiwert λ errechnen.

$$E_{ic} = 6G\lambda S^2 \tag{16.15}$$

$$\lambda = \frac{\left(r_2^2 - r_1^2\right) - \left[\frac{r_2^2 - r_1^2}{l_n\left(\frac{r_2}{r_1}\right)}\right]}{(r_2 - r_1)^2} \tag{16.15a}$$

Aus dem idealen Elastizitätsmodul lässt sich die vertikale Steifigkeit des Lagers K_v errechnen.

$$K_v = \frac{E_{ic}A}{t} \tag{16.16}$$

16.2.1.1.2 Horizontalbeanspruchung

Die seitliche Nachgiebigkeit von Gummilagern wird durch die Behinderung der Querdehnungen nicht beeinträchtigt (Bild 16.25).

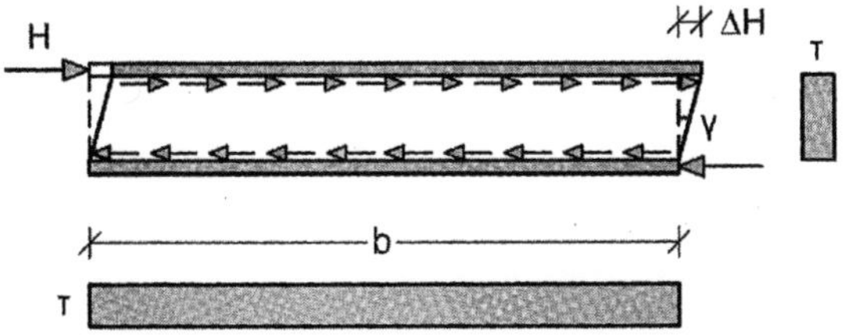

Bild 16.25 Gummilager unter Horizontalbeanspruchung

Infolge der resultierenden Horizontalverformung entstehen im Gummikörper ausschließlich Schubspannungen mit konstanter Größe, die sich unabhängig von Lagerbreite und -länge berechnen lassen.

$$\tau = \gamma G = \frac{\Delta H}{t} G \qquad (16.17)$$

Die Beanspruchung im Gummi beträgt

$$\tau = \frac{H}{A} \qquad (16.18)$$

Aus den Gleichungen (16.17) und (16.18) ergibt sich die Verformung ΔH und die entsprechende Horizontalsteifigkeit K_h zu

$$\Delta H = \frac{Ht}{GA} \qquad (16.19)$$

$$K_h = \frac{GA}{t} \qquad (16.20)$$

16.2.1.1.3 Momentenbeanspruchung

Die Verformungen eines Gummistreifens infolge einer Verdrehung der Druckflächen durch das Moment M zeigt das Bild 16.26.

Der Zusammenhang zwischen dem Biegemoment M und dem relativen Drehwinkel α lautet

$$M = (EI)_{eff} \frac{\alpha}{t} \qquad (16.21)$$

Für ein Rechtecklager mit $b/a > 1$ beträgt die effektive Biegesteifigkeit $(EI)_{eff}$

$$(EI)_{eff} = \frac{Ga^5 b}{\eta_4 t^2} \qquad (16.22)$$

wobei

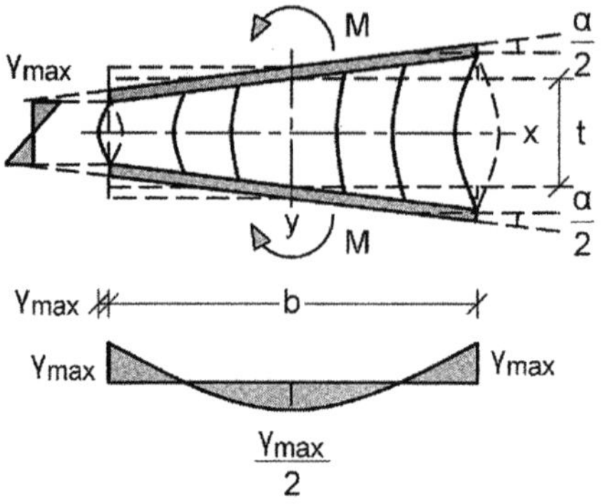

Bild 16.26 Gummilager unter Momentenbeanspruchung

b/a	1,0	1,5	2,0	3,0	6,0	10	∞
η_4	85,7	75,9	71,4	67,0	62,5	60,6	60,0

(16.22a)

Für quadratische Lager und Rundlager gilt die Näherungsformel

$$(EI)_{eff} \cong E_{ic}(0{,}329I) \tag{16.23}$$

mit $I = \frac{a^4}{12}$ für quadratische und $I = \frac{\pi d^4}{64}$ für runde Lager.

Die effektive Steifigkeit von Ringlagern beträgt

$$(EI)_{eff} = \frac{\pi G}{8t^2}\left(r_2^{\,2} - r_1^{\,2}\right)^3 \tag{16.24}$$

Zwischen der maximalen Schubverformung aus Biegung γ_b und der maximalen (Rand-) Druckverformung ε_b besteht der Zusammenhang

$$\gamma_b = 6S\varepsilon_b \tag{16.25}$$

mit

$$\varepsilon_b = \frac{da}{2t} \tag{16.25a}$$

16.2.1.2 Mehrschichtige Lager

16.2.1.2.1 Steifigkeit

In Bild 16.27 wird ein Schnitt durch ein mehrschichtiges Elastomerlager gezeigt, das sich aus n Gummieinlagen mit der Dicke t und $n+1$ Bewehrungsblechen der Dicke t_b zusammensetzt. Die Ausführungen vom vorherigen Abschnitt gelten für jede Gummischicht des Lagers.

Die wichtigste Kenngröße des Lagers ist die horizontale Steifigkeit K_h (horizontale Federkonstante). Diese lässt sich aus der reihenweisen Schaltung der einzelnen Gummischichten wie folgt errechnen:

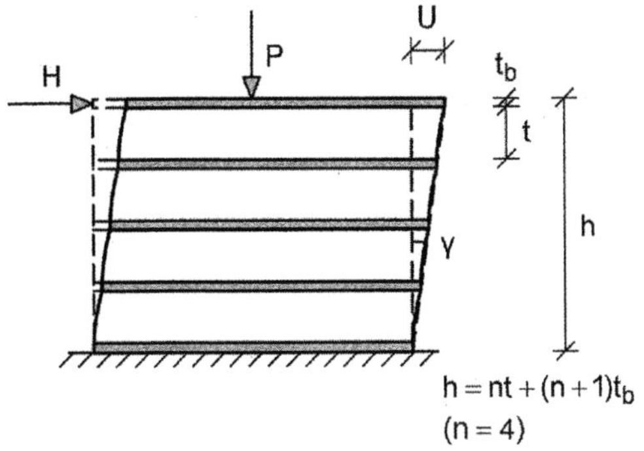

Bild 16.27 Bewehrtes Elastomerlager unter Vertikal- und Horizontalbeanspruchung

$$\frac{1}{K_h} = \sum_{i=1}^{n} \frac{1}{K_{hi}} = \sum_{i=1}^{n} \frac{t_i}{GA} = \frac{nt}{GA} \Rightarrow K_h = \frac{GA}{nt} = \frac{GA}{t_r} \tag{16.26}$$

Führt man in Gl. (16.26) die effektive Schubfläche $A_s = \frac{h}{t_r}$ ein, so kann eine globale Horizontalsteifigkeit definiert werden.

$$K_h = \frac{GA_s}{h} \tag{16.27}$$

Der Zusammenhang zwischen der Verschiebung U und der Schubverformung des Lagers lautet

$$\gamma = \frac{U}{t_r} \tag{16.28}$$

Die vertikale Steifigkeit des Lagers ergibt sich aus der reihenweisen Summierung von Gl. (16.16) zu

$$K_v = \frac{E_{ic}A}{t_r} \tag{16.29}$$

16.2.1.2.2 Stabilität unter mäßigen Verschiebungen

Ein schlankes Elastomerlager kann unter kritischer Last ausknicken. Der Verformungsvorgang unterscheidet sich jedoch vom Ausknicken herkömmlicher Säulen aufgrund der geringen Schubsteifigkeit des Lagers. Bild 16.28 zeigt ein stark verformtes Elastomerlager, dessen beide Enden eingespannt sind.

Die kritische Belastung P_{kr} beträgt [16.39]

$$P_{kr} = \frac{\sqrt{2}\pi GASi}{t_r} \tag{16.30}$$

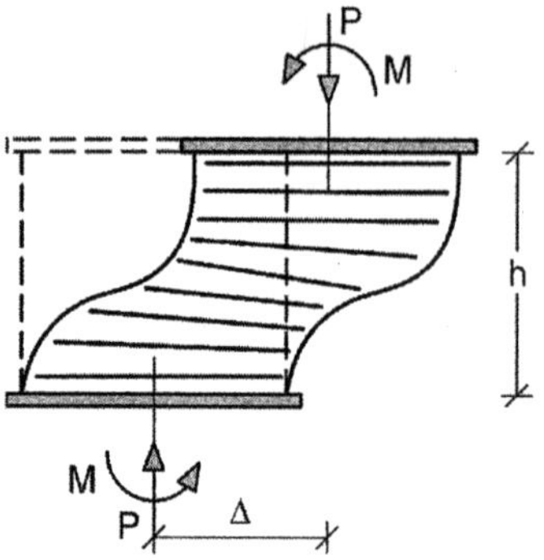

Bild 16.28 Elastomerlager unter Biege-Schubverformung

Der Trägheitsradius beträgt für quadratische Lager $i = \sqrt{\frac{I}{A}} = \frac{a}{2\sqrt{3}}$ und für Rundlager $i = \frac{d}{4}$.

Mit der Einführung des Schlankheitsbeiwertes

$$\lambda = \frac{a}{t_r} = \frac{d}{t_r} \tag{16.31}$$

lässt sich die kritische Druckspannung im Elastomer, $\sigma_{kr} = \frac{P_{kr}}{A}$, wie folgt berechnen:

- Für Quadratlager:

$$\sigma_{kr} = \frac{\pi G S \lambda}{\sqrt{6}} \tag{16.32}$$

- Für Rundlager:

$$\sigma_{kr} = \frac{\pi G S \lambda}{2\sqrt{2}} \tag{16.33}$$

Das Verhältnis zwischen der Entwurfsbelastung des Lagers Q_d und der kritischen Last P_{kr} ergibt den Sicherheitsfaktor ν gegen Ausknicken.

$$\nu = \frac{P_{kr}}{Q_d} \tag{16.34}$$

Mit $\omega_h{}^2 = \frac{K_h}{Q_d} g$ und aus Gl. (16.30) beträgt der Sicherheitsfaktor

$$\nu = \frac{\sqrt{2}\pi S \omega_h{}^2 i}{g} \tag{16.35}$$

Die Abmessungen des Elastomerlagers hängen von der kritischen Last ab. Wählt man den Sicherheitsfaktor ν und die Kreisfrequenz ω_h aus, so ergibt sich der Trägheitsradius nach Gl. (16.35) zu

$$i \geq \frac{vg}{\sqrt{2}\pi S \omega_h{}^2} \tag{16.36}$$

16.2.1.2.3 Einfluss der Vertikallast auf die Horizontalsteifigkeit

Laborversuche haben gezeigt, dass eine große Vertikalbelastung eine Abminderung der Horizontalsteifigkeit des Lagers bewirkt. Der Reduktionsbeiwert κ_r ist von der kritischen Last abhängig.

$$\kappa_r = \left[1 - \left(\frac{Q_d}{P_{kr}}\right)^2\right] \tag{16.37}$$

Für Werte von $Q_d \leq 0{,}32 P_{kr}$ ergibt sich ein Beiwert von $\kappa_r = 0{,}9$. Da es aber in der Praxis Sicherheitsbeiwerte gegen Ausknicken von $v \geq 3$ vorkommen, muss keine Abminderung der Steifigkeit durchgeführt werden.

16.2.1.2.4 Stabilität unter großen Verschiebungen

Der im Abschnitt 16.2.1.2.2 betrachtete Stabilitätsfall geht von einem linear-elastischen Verhalten des Elastomerlagers aus und gibt keine Hinweise über den Stabilitätsverlust im verformten Zustand. Diese Art von Instabilität ist besonders wichtig für den Entwurf von Elastomerlagern, da die maximale Druckkraft im Isolator gleichzeitig mit dem Erreichen der maximalen Verschiebung auftritt.

Als Kriterium für den Stabilitätsverlust in verformter Lage wird diejenige Verschiebung U_{kr} definiert, bei der nicht mehr eine Steigerung der Horizontalsteifigkeit stattfindet. In verformter Lage beteiligt sich bei der Aufnahme der Vertikallast nicht mehr der ganze Querschnitt, sondern nur eine reduzierte Fläche, die sich aus der Überlappung der oberen und unteren Lagerflächen ergibt (Bild 16.29).

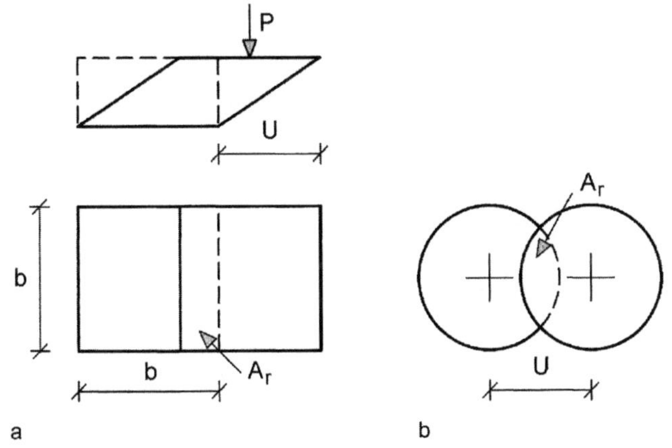

Bild 16.29 Elastomerlager unter großer Verschiebung
a) Quadratlager
b) Rundlager

Ein der Realität naher Ansatz zur Ermittlung der kritischen Verschiebung U_{kr} geht von der Formel der kritischen Last des Lagers im unverformten Zustand aus, wobei die Fläche des Lagers, A, durch die reduzierte Fläche im verformten Zustand, A_r, ersetzt wird. Die reduzierte Fläche A_r lässt sich für quadratische und runde Querschnitte wie folgt errechnen [16.41]:

- Quadratlager:

$$A_r = A\left(1 - \frac{U}{b}\right) = b(b-U) \tag{16.38}$$

- Rundlager:

$$A_r = 0{,}5\left[4r^2 \sin^{-1}\left(\frac{\xi}{2r}\right) - U\xi\right] \tag{16.39}$$

mit

$$\xi = \sqrt{4r^2 - U^2}$$

Die kritische Verschiebung U_{kr} ergibt sich zu

- Quadratlager:

$$U_{kr} = b\left[1 - \left(\frac{P}{P_{kr}}\right)^2\right] \tag{16.40}$$

- Rundlager:

$$U_{kr} = 2ru_{kr} \tag{16.41}$$

mit

$$u_{kr} = 1 - \frac{1}{2}\left(\frac{3\pi}{4}\right)^{\frac{2}{3}}\left(\frac{P}{P_{kr}}\right)^{\frac{4}{3}} \quad \text{für } \frac{P}{P_{kr}} < 0{,}3 \tag{16.41a}$$

$$u_{kr} = \frac{\pi}{4}\left[1 - \left(\frac{P}{P_{kr}}\right)^2\right] \quad \text{für } 0{,}6 < \frac{P}{P_{kr}} < 1{,}0 \tag{16.41b}$$

In [16.41] werden folgende Zusammenhänge zwischen der Lagerverschiebung U, den -abmessungen und dem Überlappungsfaktor $\frac{A_r}{A}$ angegeben:

- Für Quadratlager:

$$U \cong b\left(1 - \frac{A_r}{A}\right) \tag{16.42}$$

- Für Rundlager:

$$U \cong 1{,}6r\left(1-\frac{A_r}{A}\right) \tag{16.43}$$

16.2.1.2.5 Stabilität gegen Umkippen

Elastomerlager, deren Endflächen nicht zugfest am Fundament und dem Oberbau befestigt sind, sondern nur gegen Querkräfte gesichert sind, können beim Erreichen einer maximalen Verschiebung U_{max} umkippen (Bild 16.30a). Die Grenze der Stabilität des Lagers ist erreicht, wenn die resultierende Vertikallast P den Rand des Lagers erreicht (Bild 16.30b).

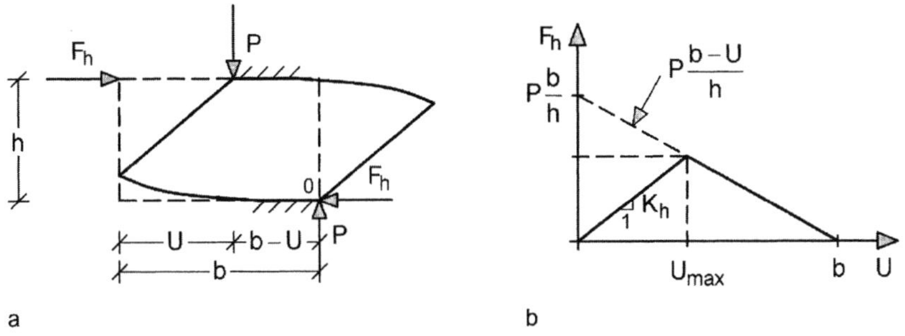

Bild 16.30 Umkipp-Mechanismen von Elastomerlagern
a) Verformungskenngrößen
b) Kraft-Verformungsdiagramm

Die Momentengleichung um den Punkt 0 im Bild 16.30a lautet

$$P(b-U) = hF_h$$

Mit

$$F_h = UK_h = U\frac{GA}{t_r}$$

$$P = \sigma A$$

ergibt sich die maximale Verschiebung beim Umkippen zu

$$U_{max} = b\left[\frac{1}{1+\dfrac{G}{\sigma}\dfrac{h}{t_r}}\right] \tag{16.44}$$

16.2.1.2.6 Dämpfung und dynamische Modellierung

Zur Herstellung von Isolatoren werden Elastomere aus Sondermischungen verwendet, die unter zyklischer Belastung gute Dämpfungseigenschaften aufweisen. Die äquivalente Dämpfung herkömmlicher Elastomere liegt zwischen 5 bis 10 % der kritischen Dämpfung, während bei hochdämpfenden Mischungen die Dämpfung Werte über 20 % erreichen kann. Ein typisches

Kraft-Verschiebungsdiagramm eines Elastomerlagers mit höher Dämpfung zeigt das Bild 16.31.

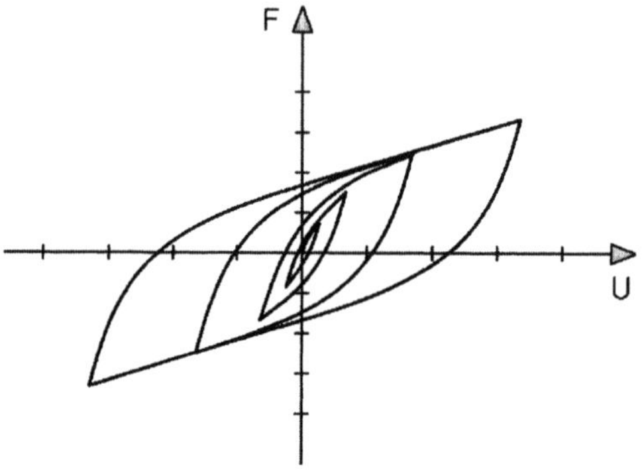

Bild 16.31 Hystereseschleife eines hochdämpfenden Elastomers

Für praktische Zwecke werden die Hystereseeigenschaften des Lagers durch eine trapezförmige Hystereseschleife mit bilinearer Skelettkurve modelliert, die von der elastischen Steifigkeit K_1, der plastischen Steifigkeit K_2 und der charakteristischen Festigkeit Q_d gekennzeichnet ist (Bild 16.32).

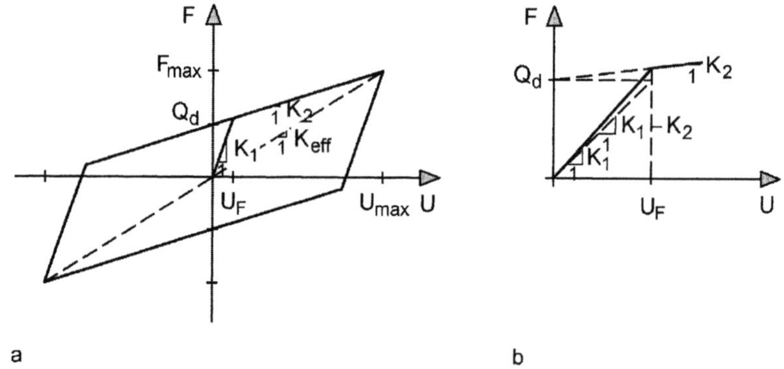

Bild 16.32 Skelettkennlinie von Elastomeren nach dem elastoplastischen Modell

Die elastische Steifigkeit K_1 und die charakteristische Festigkeit Q_d werden aus aufgezeichneten Kraft-Verschiebungsverläufen ermittelt. Die plastische Steifigkeit K_2 ist mit der horizontalen Steifigkeit K_h nach Gl. (16.27) identisch. Die elastische Grenzverschiebung wird auch als Schubverschiebung U_F bezeichnet.

Die Schubkraft im Lager für eine maximale Verschiebung $U_{max} > U_F$ beträgt

$$F_{max} = Q_d + K_2 U_{max} \tag{16.45}$$

Mit Gl. (16.45) lässt sich eine „mittlere" Steifigkeit, auch Sekantensteifigkeit oder effektive Steifigkeit K_{eff} genannt, ermitteln.

$$K_{eff} = \frac{F_{max}}{U_{max}} = \frac{Q_d}{U_{max}} + K_2 \tag{16.46}$$

Die effektive Schwingungszeit T_{eff} des Lagers, das die Belastung P_l trägt, ergibt sich zu

$$T_{eff} = 2\pi\sqrt{\frac{P_l}{gK_{eff}}} \tag{16.47}$$

Die effektive Dämpfung des Lagers ζ_{eff} ergibt sich aus der Fläche der Hystereseschleife (siehe auch Abschnitt 9.1.3.1).

$$\zeta_{eff} = \frac{4Q_d(U_{max} - U_F)}{2\pi K_{eff} U_{max}^{\ 2}} \tag{16.48}$$

Aus dem Bild 16.32b ergibt sich die Fließverschiebung U_F zu

$$U_F = \frac{Q_d}{K_1 - K_2} \tag{16.49}$$

Laborversuche haben gezeigt, dass sowohl der Schubmodul G und damit die effektive Steifigkeit K_{eff}, als auch die Dämpfung keine konstanten Werte des Lagers sind, sondern von der Schubverformung des Elastomers abhängen [16.39, 16.41] (siehe auch Abschnitt 15.1.3.2). Bei niedrigen Verformungen, unter etwas 25 %, wirkt sich der Elastomer steif. Mit der Zunahme der Verformung bis auf etwa 200 % ist eine Reduzierung des Schubmoduls festzustellen (Bild 16.33). Einen etwa ähnlichen Verlauf weist auch die Dämpfung auf.

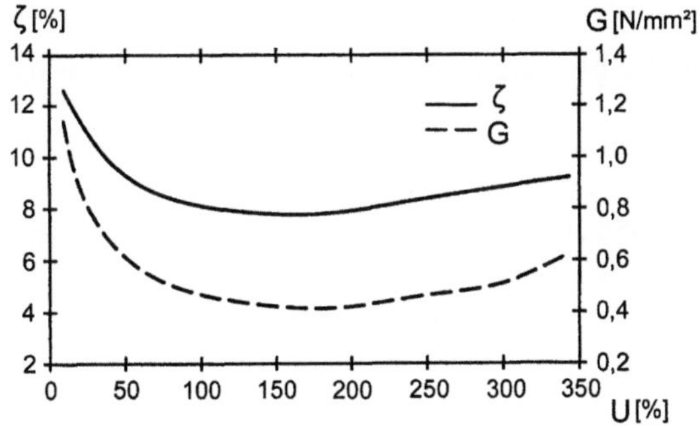

Bild 16.33 Verhältnisse von Dämpfungsgrad, Schubmodul und Schubverformung in Elastomerlager

Die Fläche der Hystereseschleife, bzw. die dissipierte Energie, nimmt aber mit der Verschiebung zu. Dieser Widerspruch lässt darauf schließen, dass neben der Hysteresedämpfung auch andere Dämpfungsphänomene aufgrund von Reibungsvorgängen im Elastomer stattfinden. Die Dämpfung der Elastomere enthält auch eine frequenzabhängige viskose Komponente. Bei niedriger Frequenz der Belastung, bis etwa 0,1 Hz, sind die viskosen Komponenten vernachlässigbar. Bei einer Frequenz von 0,4 Hz hängt der Aufstiegmaß der Dämpfung von der Schub-Schubverformung ab: Bei einer Verformung von 25 % beträgt die Steigerung 5 % und bei Verformungen von 100 % beträgt sie 25 %.

Der oben beschriebene Vorgang lässt sich rechnerisch durch die Vergrößerung der pro Zyklus dissipierten Energie E_d um einen Betrag entsprechend dem Anteil der viskosen Dämpfung berücksichtigen.

$$E_d = 4Q_d(U - U_F) + \pi C\omega U^2 \tag{16.50}$$

Ein energetisches Modell zur Abschätzung der Dämpfung von Elastomerlagern aus Modellversuchen wird in [16.57] erörtert.

16.2.2 Elastomerlager mit Bleikern

Ein Elastomerlager mit Bleikern besteht aus einem mehrschichtigen Elastomerlager und aus einem Bleizylinder, der in eine mittige Bohrung eingedrückt ist (Bild 16.13). Die Verschiebungen der Stahleinlagen erzwingen plastische Schubverformungen des Bleikerns, die während der Schwingungen Hysteresedämpfung erzeugen (Bild 16.34).

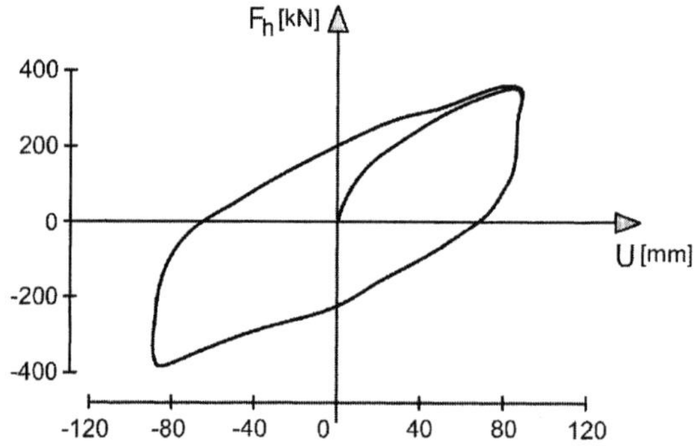

Bild 16.34 Typisches Kraft-Verschiebungsdiagramm von Elastomerlagern mit Bleikern

Zur rechnerischen Erfassung der dynamischen Eigenschaften des Lagers wird ein ähnliches vereinfachtes Modell wie bei Elastomerlagern mit trapezförmiger Hystereseschleife und bilinearem Verlauf der Skelettkurve verwendet (Bild 16.32). Die charakteristische Festigkeit Q_d wird nur vom Bleikern bestimmt. Sie lässt sich aus der Fließspannung τ_b und dem Querschnitt des Bleis, A_k, ermitteln.

$$Q_d = A_k \tau_b \tag{16.51}$$

Die Fließgrenze des Bleis beträgt $\tau_b \cong 10{,}5$ N/mm² und ein sinnvolles Verhältnis zwischen der Höhe und dem Durchmesser des Kerns liegt bei 1,5 bis 1,8 [16.78, 16.85].

Die plastische Steifigkeit K_2 wird allein von der Horizontalsteifigkeit des Elastomerlagers K_h bestimmt. Die elastische Steifigkeit K_1 ergibt sich aus Laborversuchen [16.85]. Sie ist etwa 9- bis 15-mal größer als die plastische Steifigkeit und wird für die Berechnung in der Regel mit $K_1 \cong 10K_2$ eingesetzt.

Mit der effektiven Steifigkeit K_{eff} nach Gl. (16.46) beträgt die Eigenkreisfrequenz des Lagers ω_{eff} unter der Belastung P_l

$$\omega_{eff} = \sqrt{\frac{K_{eff}g}{P_l}} = \sqrt{\frac{K_2 g}{P_l} + \frac{Q_d g}{U_{max} P_l}} \tag{16.52}$$

Mit $\omega_o{}^2 = \frac{K_2 g}{P_l}$ und $r = \frac{Q_d}{P_l}$ wird Gl. (16.52) zu

$$\omega_{eff} = \sqrt{\omega_o{}^2 + r\frac{g}{U_{max}}} \tag{16.52a}$$

Die effektive Dämpfung ergibt sich aus Gl. (16.48). Mit $K_1 = 10K_2$ beträgt $U_F = \frac{Q_d}{9K_2}$ und Gl. (16.48) wird für Elastomerlager mit Bleikern wie folgt umgeschrieben:

$$\zeta_{eff} = \frac{4Q_d\left(U_{max} - \frac{Q_d}{9K_2}\right)}{2\pi(K_2 U_{max} + Q_d)U_{max}} \tag{16.53}$$

Die maximale Horizontallast eines Elastomerlagers mit Bleikern für eine bestimmte Verschiebung U setzt sich aus der Fließkraft des Kerns Q_d und aus der elastischen Kraft des Elastomerlagers $K_h U$ zusammen.

$$F_h = Q_d + K_h U \tag{16.54}$$

Das bilineare Hysteresemodell nach Bild 16.32 gibt eine Fläche der Hystereseschleife, die um etwa 20 % größer als die Fläche der experimentell bestimmten Hysterese ist.

16.2.3 Elastomerlager mit begrenzter Verschiebung

Das Elastomerlager mit begrenzter Verschiebung vom Bild 16.15 koppelt in einer kompakten Ausführung zwei Lagerelemente mit unterschiedlichen Eigenschaften: Ein primäres Lagerelement (PLE), das hauptsächlich für die Aufnahme der Gravitationslasten und die Gewährleistung der Rückstellkraft sorgt, und ein sekundäres Lagerelement, dessen Aufgabe die Begrenzung der Verschiebung und die Entlastung des primären Lagers unter großen Verschiebungen ist.

Das primäre Lager ist ein konventionelles, mehrschichtiges Elastomerlager, das entweder aus einem Ringlager (Bild 16.35a) oder aus einer Reihe von zylindrischen Lagern (Bild 16.35b) besteht. Das sekundäre Lager setzt sich aus einer Kugel zusammen, die in einer Doppelpfanne gebettet ist (Bild 16.35c). Die zwei konkaven Elastomerkissen der Pfanne bilden zusammen mit der Kugel ein elasto-kinematisches Lager, das bei steigender Verschiebung zunehmenden Widerstand aufweist. Der ganze Aufbau ist innerhalb einer Blechmanschette eingefasst (Bild 16.35d), die neben einer Schutzfunktion auch zur Aufnahme der Windlasten dient und als Soll-Bruchstelle beim Erdbebenauftritt dient [16.74].

Zur Abschätzung der mechanischen Eigenschaften des primären Lagers gelten die Ausführungen vom Abschnitt 16.2.1. Das mechanische Verhalten des Kugellagers hängt nicht nur von Parametern, wie Abmessungen, Ausbildung der Bestandteile und Werkstoff, sondern auch von der Auflast des Lagers ab. Demzufolge sind seine Eigenschaften, wie auch die Eigenschaften des zusammengesetzten Lagers nur aus Laborversuchen zu ermitteln. Einige Zusammenhänge zwischen diesen Parametern werden am Beispiel eines Lagers geschildert, das für den Einsatz in kleinen bis mittelgroßen Gebäuden in Erdbebengebieten mittlerer Intensität ($EPA \leq 0{,}25g$, $U_{max} \leq 110$ mm) entwickelt wurde [16.88, 16.89].

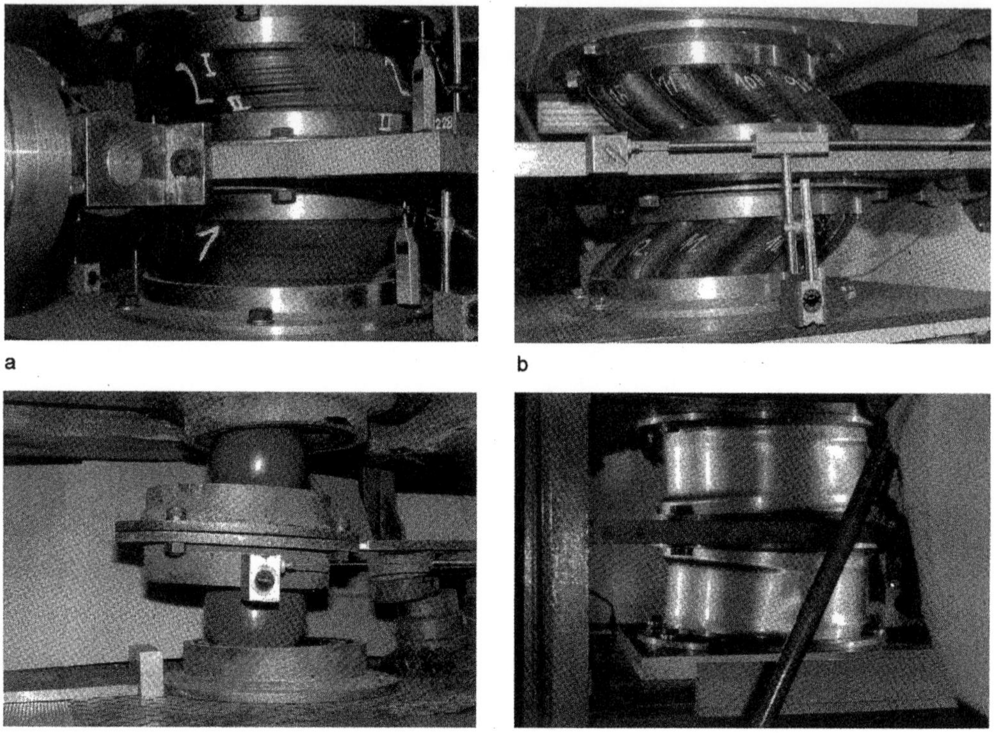

Bild 16.35 Elastomerlagerpaare mit begrenzter Verschiebung unter Schubbeanspruchung
a) PLE als Ringlager
b) PLE als Säulenlager
c) SLE aus Kugellager
d) Blechmanschette

Das primäre Lager ist für eine Nennlast von P = 700 kN ausgelegt. Es besteht aus neun 2 mm dicken Blechringen, die zusammen mit zehn 8 mm dicken Gummiringen aus Elastomer SHA 60 vulkanisiert sind. Der Außendurchmesser des Ringlagers beträgt 500 mm und die Breite 100 mm. Die Kugel ist 180 mm im Durchmesser und besteht aus glasfaserverstärktem Epoxydharz. Der Neigungswinkel der Kissen beträgt 22,5°. Sie sind aus Elastomer SHA 80 gefertigt und haben eine Bodenstärke in der Mitte von 20 mm, die bis zum Rand auf 60 mm anwächst. Seitlich können sie sich frei verformen.

Das Kraft-Verformungsdiagramm des Ringlagers unter einer Auflast von 700 kN und die Ermittlung des Schubmoduls zeigt das Bild 16.36a. Eine Zusammenstellung der Kennlinien der Kugel (a), des Ringlagers (b) und des zusammengesetzten Lagers (c) stellt das Bild 16.36b dar. Die Kennlinie des Kugellagers ist ohne Auflast ermittelt worden. Der Einfluss des Kugellagers auf den Verlauf der Kennlinie wird durch die Auflast verstärkt, insbesondere für große Verschiebungen. Demzufolge wird der Verlauf der Kennlinie des Lagers durch eine progressive Steigerung der Steifigkeit geprägt, wie es auch aus dem Verlauf der Federraten ersichtlich ist (Bild 16.36c). Schließlich verdeutlicht das Bild 16.36d den Zusammenhang zwischen der Rückstellkraft und der Auflast zur Verformung des Lagers.

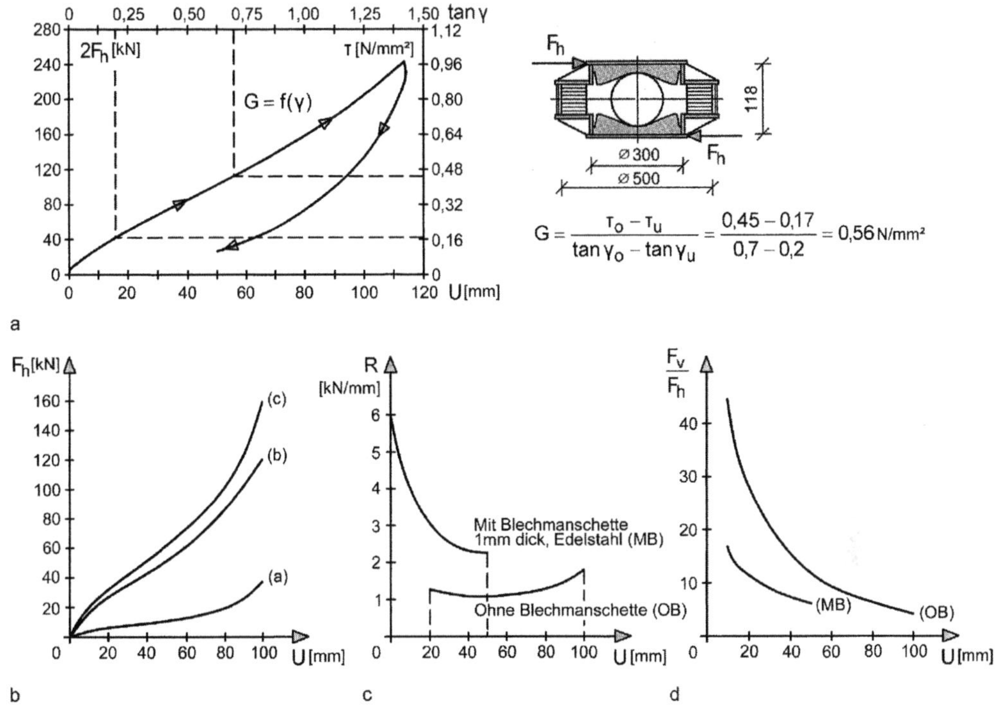

Bild 16.36 Tragverformungsverhalten des Elastomer-Ringlagers mit begrenzter Verschiebung
a) Kraft-Verformungslinie
b) Kraft-Verformungslinien der Lagerkomponente
c) Federraten
d) Verhältnis von Auflast zu Rückstellkraft zur Verformung

Zwei Diagramme, die für das Hystereseverhalten des Lagers typisch sind, zeigt das Bild 16.37 [16.5, 16.89].

Für kleine Verschiebungen weist die Kennlinie des Lagers einen linearen Verlauf auf, der weiter in einem weniger steilen, progressiven Verlauf übergeht. Wie aus dem Bild 16.37a zu erkennen ist, haben die Sekantensteifigkeit K_s und die Anfangssteifigkeit K_1 einen annähernd gleichen Verlauf. Dies führt dazu, dass eine Linearisierung des Diagramms durch die Sekantensteifigkeit, wie bei herkömmlichen Elastomerlagern üblich ist, als nicht sinnvoll erscheint. Eine realistischere Annäherung stellt die Einführung einer linear äquivalenten Steifigkeit dar [16.67]. Diese lässt sich als Steifigkeit eines linear äquivalenten Systems definieren, das die selbe Masse und Antwort wie das reale System hat. Zur Ermittlung der äquivalenten Steifigkeit wird die Skelettkurve der Kennlinie durch ein Polynom dritten Grades ersetzt.

$$F = (1 + ßU^2)K_1 U \tag{16.55}$$

Die Konstante ß lässt sich aus Randbedingungen bestimmen. So ergibt sich für den rechten Ast des Diagramms aus dem Bild 16.37a für $U_{max} = 10{,}3$ cm, $F = 173$ kN, mit $K_1 = 10{,}9$ kN/cm, $ß = 0{,}0713$ nach Gl. (16.55)

$$F^R = 10{,}9U + 0{,}055U^3 \tag{16.56a}$$

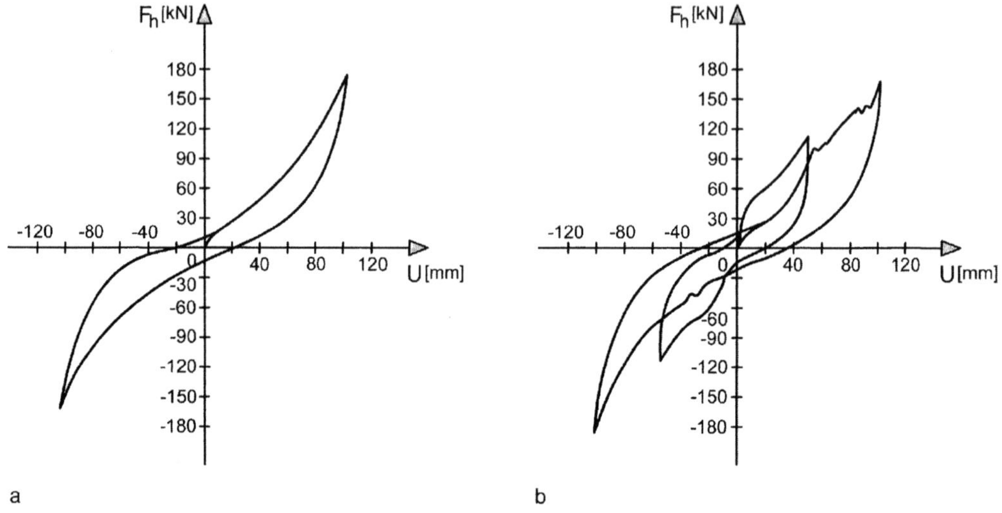

Bild 16.37 Typische Hystereseschleifen des Elastomer-Ringlagers mit begrenzter Verschiebung unter zyklischen Lasten
a) $U = U_{max}$, ohne Blechmanschette
b) $U = U_{max}$, $U = 0{,}5U_{max}$, mit Blechmanschette

Analog ergibt sich für den Verlauf des linken Astes des Diagramms folgende Beziehung:

$$F^L = 8{,}2U + 0{,}067U^3 \tag{16.56b}$$

Aus den Gleichungen (16.56a) und (16.56b) lässt sich die Steifigkeit des Lagers wie folgt ausdrücken:

$$K^R = \frac{F^R}{U} = 10{,}9 + 0{,}055U^2 \tag{16.57a}$$

$$K^L = \frac{F^L}{U} = 8{,}2 + 0{,}067U^2 \tag{16.57b}$$

Die äquivalente Steifigkeit $K_{äq}$ berechnet sich als gewichteter Mittelwert der Steifigkeiten nach den Gleichungen (16.57a) und (16.57b) über die Verschiebungsspanne von null bis U_{max}.

$$K_{äq} = \frac{1}{U_{max}} \int_0^{U_{max}} K du \tag{16.58}$$

Aus Gl. (16.58) ergibt sich für die zwei Äste

$$K_{äq}^R = 10{,}9 + \frac{0{,}055U_{max}^2}{3} = 12{,}70 \text{ kN/cm} \tag{16.59a}$$

$$K_{äq}^{L} = 8{,}2 + \frac{0{,}067 U_{max}^{2}}{3} = 10{,}47 \text{ kN/cm} \tag{16.59b}$$

Die effektive Periode des Lagers ergibt sich nach Gl. (16.47) zu

$$T_{eff} = 2\pi \sqrt{\frac{P_l}{g K_{äq}}} \tag{16.60}$$

Die effektive Dämpfung des Lagers lässt sich aus der Fläche der Hystereseschleife L_H wie folgt ermitteln:

$$\zeta_{eff} = \frac{L_H}{2\pi K_{äq} U_{max}^{2}} \tag{16.61}$$

Einzelheiten über die mechanischen Eigenschaften des Säulenlagers befinden sich in [16.43, 16.73].

16.2.4 Reibungs-Pendellager

In einem Reibungs-Pendellager, wie im Bild 16.20, ruft die Bodenbewegung eine Rückstellkraft F_{rs} und eine Reibungskraft F_{re} hervor. Die Summe der beiden Kräfte überträgt sich im Oberbau. Die Rückstellkraft F_{rs} entsteht aus der Horizontalkomponente der Belastung P_l auf der sphärisch gekrümmten Fläche des Lagers. Sie hängt von der Belastung P_l, dem Radius r der konkaven Fläche und von der Verschiebung U ab.

$$F_{rs} = \frac{P_l}{r} U \tag{16.62}$$

Die Reibungskraft F_{re} ergibt sich als Produkt der Last P_l und des Reibungsbeiwertes μ zu

$$F_{re} = \mu P_l \langle \text{sign} \dot{U} \rangle \tag{16.63}$$

Der Reibungsbeiwert μ hängt von der Beschaffenheit der Kontaktflächen, von der Pressung zwischen den Kontaktflächen $p = \frac{P_l}{A}$ und von der Geschwindigkeit der Gleitbewegung $\dot{U}$ ab. Mit Zunahme der Pressung p nimmt der Beiwert ab. Dieser ist bei einer Pressung von $p > 14$ N/mm² und einer Geschwindigkeit von $\dot{U} > 5{,}1$ cm/s konstant [16.31, 16.57].

Die Gesamtkraft F des Lagers im Kraft-Verschiebungsdiagramm unter zyklischer Belastung (Bild 16.38) setzt sich aus der Summe der zwei Kräfte nach den Gleichungen (16.62) und (16.63) zusammen.

$$F = \frac{P_l}{r} U + \mu P_l \tag{16.64}$$

Die Horizontalsteifigkeit K_h des Lagers ergibt sich aus der Rückstellkraft zu

$$K_h = \frac{F_{rs}}{U} = \frac{P_l}{r} \tag{16.65}$$

Anhand von Gl. (16.65) betragen die Eigenkreisfrequenz und die Periode des Lagers

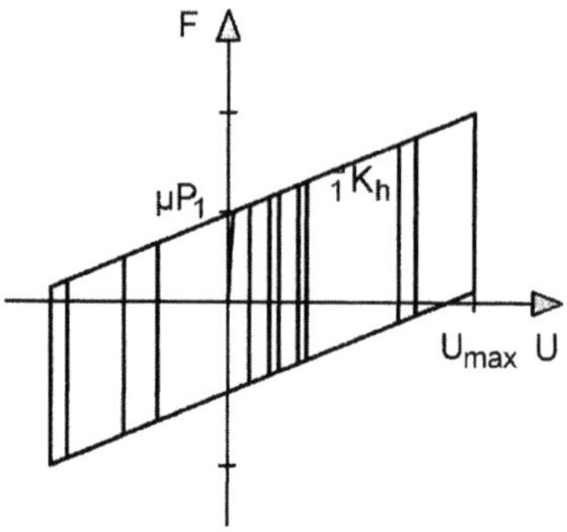

Bild 16.38 Typische Hystereseschleife von einem Reibungs-Pendellager

$$\omega = \sqrt{\frac{P_1 g}{r P_1}} = \sqrt{\frac{g}{r}} \tag{16.66a}$$

$$T = 2\pi\sqrt{\frac{r}{g}} \tag{16.66b}$$

Die effektive Steifigkeit K_{eff} ergibt sich aus Gl. (16.64) zu

$$K_{eff} = \frac{F}{U} = \frac{P_1}{r} + \mu\frac{P_1}{U} \tag{16.67}$$

Aus der Fläche der Hystereseschleife und mit Gl. (16.67) lässt sich die effektive Dämpfung errechnen.

$$\zeta_{eff} = \frac{4\mu P_1 U_{max}}{2\pi K_{eff} U_{max}^2} = \frac{2}{\pi}\frac{\mu}{\frac{U_{max}}{r} + \mu} \tag{16.68}$$

Der direkte Zusammenhang zwischen der Periode T und dem Radius r ergibt sich aus Gl. (16.66b).

$$r = \frac{gT^2}{(2\pi)^2} = 24{,}87T^2 \tag{16.69}$$

Möchte man z. B. ein Lager mit einer Periode $T = 2{,}5$ s herstellen, so ist ein Radius für die konkave Fläche von $r = 155$ cm zu wählen.

Die Vertikalbewegung des Oberbaus U_v kann aus der Horizontalverschiebung wie folgt berechnet werden:

$$U_v = r\left[1 - \cos\left(\arcsin\frac{U}{r}\right)\right] \tag{16.70}$$

Wenn das Verhältnis zwischen der Verschiebung U und dem Radius r kleiner als der Reibungsbeiwert μ ist (Gl. (16.64)), wird die Rückstellkraft kleiner als die Reibungskraft und das Lager kehrt nicht mehr in seiner zentrischen Lage zurück. Die Grenzbedingung lautet

$$\frac{U}{r} \geq \mu \qquad (16.71)$$

Grundsätzlich werden die mechanischen Eigenschaften und der Dämpfungsgrad von Reibungs-Pendellagern nur von zwei Parametern kontrolliert: Vom Radius und vom Reibungsbeiwert.

16.2.5 Gleitlager

Je nach Aufbau und Tragverhalten unterscheidet man zwischen starren und elastischen Gleitlagern. Ein starres Gleitlager besteht grundsätzlich aus einem Kippteil und einem Gleitteil. Als Kippteil kommt sehr oft ein aus dem Brückenbau bekanntes Topflager zur Anwendung [16.21, 16.41] (Bild 16.39a). Der Gleitteil ist mit Gleitflächen versehen, die üblicherweise aus einer PTFE (Poly-Tetra-Fluaro-Ethylen) und einer hart verchromten Stahlplatte bestehen. Ein elastisches Gleitlager setzt sich aus einem Elastomerlager und einem PTFE-Lager zusammen (Bild 16.39b).

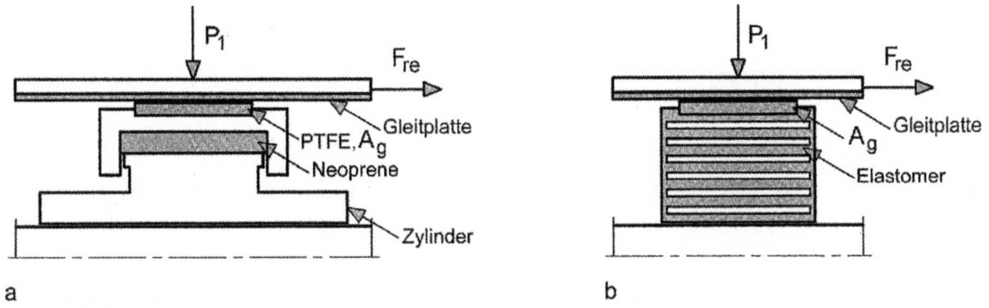

Bild 16.39
a) Starres Gleitlager
b) Elastisches Gleitlager

In einem starren Gleitlager ruft die Bodenbewegung eine Reibungskraft F_{re} hervor, die sich nach Gl. (16.63) errechnen lässt. Die idealisierte Hystereseschleife des Lagers ist im Bild 16.40a dargestellt. Da der statische Reibungsbeiwert μ_s etwa größer, als der dynamische Beiwert μ_d ist, ergibt sich in der Schleife am Anfang der Bewegung ein kleiner Sprung [16.37]. Die Isolierungswirkung des starren Gleitlagers tritt nur dann auf, wenn die Trägheitskraft den Wert der Reibungskraft erreicht. Die Steifigkeit des Lagers beträgt

$$K_{eff} = \frac{\mu P_1}{U} \qquad (16.72)$$

Da keine Rückstellkraft vorhanden ist, wird im Lager keine elastische Energie erweckt und der Oberteil des Lagers kehrt nicht mehr in die Ursprungslage zurück.

Die Kennlinie des elastischen Gleitlagers wird vom elasto- perfekt plastischen Typ charakterisiert (Bild 16.40b). Solange die Verschiebung U kleiner als die Fließverschiebung U_F ist, $U \leq U_F$, wird die Steifigkeit des Lagers von derjenigen des Elastomers bestimmt und es entsteht eine Rückstellkraft F.

$$F = K_h U \text{ für } U \leq U_F \qquad (16.73a)$$

$$F = F_{re} \text{ für } U > U_F \qquad (16.73b)$$

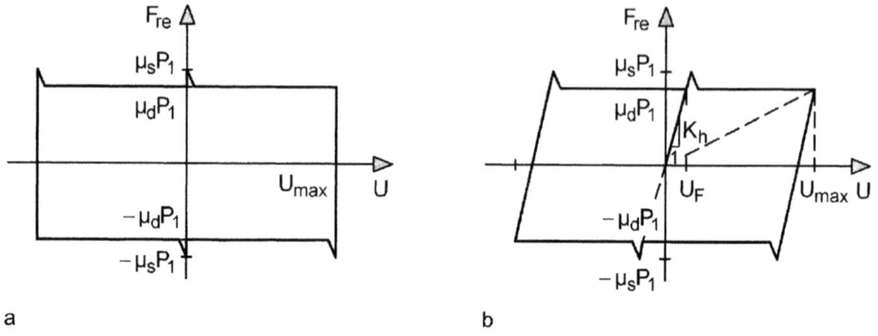

Bild 16.40 Charakteristische Hystereseschleifen von Gleitlagern
a) Starres Gleitlager
b) Elastisches Gleitlager

Wie es schon erwähnt wurde, ist der Reibungsbeiwert μ nicht konstant; er hängt von der Beschaffenheit der Gleitflächen, der Pressung $p = \frac{P_1}{A_g}$ und der Bewegungsgeschwindigkeit ab. Versuche haben gezeigt, dass der minimale Wert des dynamischen Reibungsbeiwertes μ_d für eine kleinere Geschwindigkeit als 25 mm/s, je nach der Größe der Pressung, zwischen 2,5 und 8 % liegt [16.41]. Der mittlere Wert des Reibungsbeiwertes liegt für kleine Geschwindigkeiten, für kleinere Pressungen als $p < 14$ N/mm², bei 5 % und steigt für Pressungen $p > 69$ N/mm² bis auf 2 %. Ein Zusammenhang zwischen dem dynamischen Reibungsbeiwert, der Pressung des Lagers und der Geschwindigkeit der Gleitung zeigt das Bild 16.41.

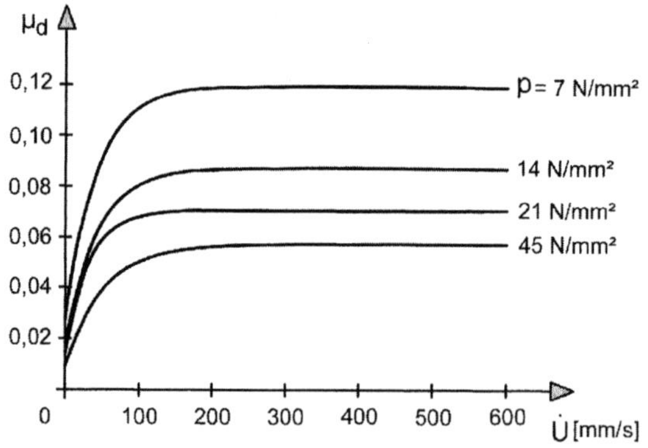

Bild 16.41 Reibungsbeiwert-Geschwindigkeitskennlinien von Gleitlagern

Auch der statische Reibungsbeiwert μ_s, der sich am Anfang der Bewegung einstellt, hängt allmählich von der Größe der Pressung ab. Bei elastischen Gleitlagern wird die Größe der Pressung anhand der zulässigen Spannung im Elastomerlager bestimmt, die etwa bei 7 N/mm² liegt. Demzufolge ist der dynamische Reibungsbeiwert von elastischen Gleitlagern größer als derjenige von starren Gleitlagern. Je nach Gleitgeschwindigkeit liegt der Beiwert zwischen 15 und 10 % [16.37].

Die effektive Dämpfung lässt sich aus der Fläche der Hystereseschleife L_H anhand von Gl. (16.61) ermitteln. Für das elastische Gleitlager kann die effektive Steifigkeit als Sekantensteifigkeit angenommen werden.

$$K_{eff} = \frac{\mu P_1}{U_{max}} \tag{16.74}$$

16.2.6 Stahlfederlager

Ein Stahlfederlager setzt sich aus mehreren Schraubendruckfedern zusammen, deren Zusammenwirken durch die Einspannung in Kopf- und Fußplatten gewährleistet wird (Bild 16.42a). In Bild 16.42b wird eine Schraubenfeder mit der Höhe L_0 und dem mittleren Windungsdurchmesser D gezeigt. Unter Vertikal- und Horizontalbelastung erfährt die Feder eine vertikale Verschiebung S und eine horizontale Verschiebung S_Q.

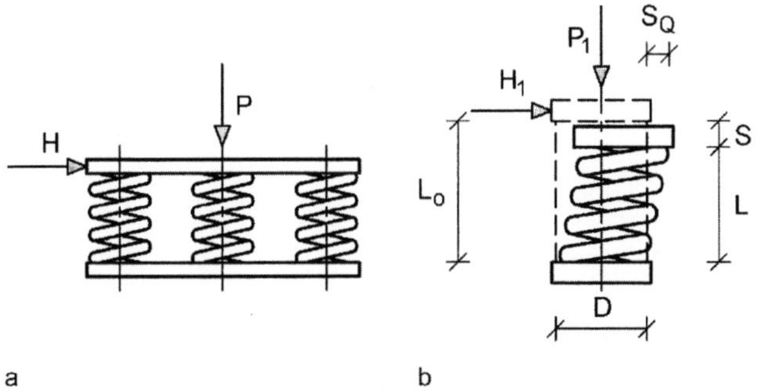

Bild 16.42 Stahlfederlager
a) Konstruktiver Aufbau
b) Verformungsverhalten

Die vertikale Steifigkeit der Feder K_v (die Federrate R) lässt sich wie folgt ermitteln [16.18]:

$$K_v = R = \frac{G}{8}\frac{d^4}{D^3 n} \tag{16.75}$$

wobei

G : Schubmodul des Stahls

d : Stabdurchmesser

n : Anzahl der wirksamen Windungen

Der Federweg S ergibt sich zu

$$S = \frac{P_1}{K_v} = \frac{8}{G}\frac{D^3 n}{d^4} P_1 \tag{16.76}$$

Zwischen dem Federweg S und der Schubspannung τ_v besteht der Zusammenhang

$$\tau_v = \frac{G}{\pi}\frac{d}{D^2 n}S \tag{16.77}$$

Bei Erdbebenlagern wird der Federweg auf etwa 20 mm begrenzt [16.60].

Unter der Voraussetzung, dass sich die Federenden nicht vom Auflager abheben, gilt zur Berechnung der horizontalen Federsteifigkeit folgende Gleichung:

$$K_h = \frac{H_1}{S_Q} = \eta K_v \tag{16.78}$$

Mit der Schlankheit $\lambda = \frac{L_o}{D}$ und dem bezogenen Federweg $\xi = \frac{S}{L_o}$ beträgt das Steifigkeitsverhältnis η in Gl. (16.78)

$$\eta = \xi\left[\xi - 1 + \frac{\frac{1}{\lambda}}{\frac{1}{2}+\frac{G}{E}}\sqrt{K}\tan g\left(\lambda\xi\sqrt{K}\right)\right]^{-1} \tag{16.79}$$

wobei

$$K = \sqrt{\left(\frac{1}{2}+\frac{G}{E}\right)\left(\frac{G}{E}+\frac{1-\xi}{\xi}\right)} \tag{16.80}$$

Die Bedingung für das Aufliegen der Federenden ist

$$H_1\frac{L}{2} \le P_1\frac{D-S_Q}{2} \tag{16.81}$$

Nimmt man ein linear elastisches Verhalten, sowohl in Vertikal-, als auch in Horizontalrichtung, an, lässt sich die maximale Schubspannung infolge der Längs- und Querfederung wie folgt ermitteln [16.60]:

$$\tau_{max} = \tau_v\left\{1 + \frac{\lambda}{D}\left[S_Q + \frac{S_Q}{S}\frac{K_h}{K_v}(L-d)\right]\right\} \tag{16.82}$$

Die Steigerung der Spannung hängt von der Verschiebung S_Q und dem Steifigkeitsverhältnis η ab. Den Zusammenhang zwischen dem Schlankheitsgrad λ, dem Steifigkeitsverhältnis η und der relativen Federdrückung $\frac{S}{D}$ zeigt das Bild 16.43.

Nach [16.60] sind bei der Auslegung der Feder die Verhältnisse so zu wählen, dass unter maximalen Verformungen, $S_{max}, S_{Q\,max}$, die Schubspannung in der Feder, τ_{max}, unter dem Wert von 1200 N/mm² bleibt. Da das Dämpfungsvermögen von Stahlfedern praktisch null ist, werden die Lager immer mit einer Dämpfungsanlage gekoppelt [16.59].

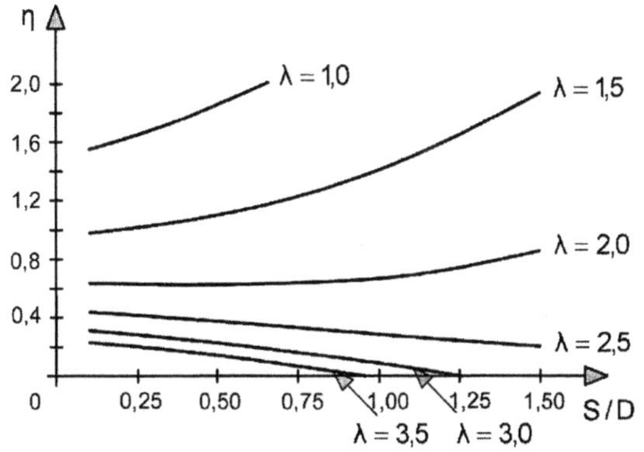

Bild 16.43 Parameterverhältnisse von Schraubenfedern

16.3 Berechnung von erdbebenisolierten Bauwerken

16.3.1 Modellierung

Zur Erfassung der dynamischen Verhältnisse (Bauwerk-Isolator-Wechselwirkung) in einem erdbebenisolierten Bauwerk wird das starre Bauwerk zunächst auf ein dynamisches Modell mit einem Freiheitsgrad (Einmassenschwinger) mit der Masse m, der Steifigkeit K und dem Dämpfungsmaß C zurückgeführt und mittels einer Grunddecke der Masse m_L auf die Isolatoren aufgestellt (Bild 16.44). Geht man davon aus, dass die vertikale Steifigkeit der Isolatoren im Vergleich zur horizontalen Steifigkeit sehr groß ist, $K_{Lv} \to \infty$, und demzufolge nur Translationsbewegungen entstehen, bildet der zusammengesetzte Aufbau ein dynamisches System mit zwei Freiheitsgraden.

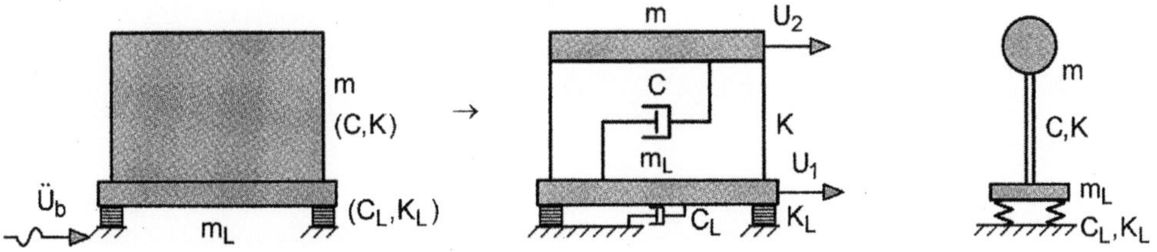

Bild 16.44 Dynamische Modellierung eines isolierten Bauwerks

Die dämpfungsfreien Schwingungen unter dem Beschleunigungszeitverlauf $\ddot{U}_b(t)$ werden vom folgenden Gleichungssystem (Gl. (8.65)) angegeben:

$$m_L \ddot{U}_1 + (K + K_L) U_1 - K U_2 = -m_L \ddot{U}_b \tag{16.83a}$$

$$m \ddot{U}_2 - K U_1 + K U_2 = -m \ddot{U}_b \tag{16.83b}$$

mit

U_1, U_2 : Relative Verschiebung der Isolatoren und der Bauwerksmasse in Bezug auf den Boden

m_L : Masse der Grunddecke

K_L : Horizontalsteifigkeit der Isolatoren

Betrachtet man den allgemeinen Fall, wenn m_L viel kleiner als m ist und setzt man in Gl. (16.83a) $m_L = 0$ ein, so ergibt sich folgender Zusammenhang zwischen den Verschiebungen U_1 und U_2 :

$$U_1 = \frac{1}{1+\frac{K_L}{K}} U_2 \tag{16.84}$$

Das Verformungsverhalten des isolierten Systems bei unterschiedlichen Steifigkeitsverhältnissen nach Gl. (16.84) ist in Bild (16.45) dargestellt. Ist die Steifigkeit der Isolatoren sehr groß ($K_L \to \infty$), wird $U_1 = 0$, d. h. das Bauwerk wird starr. Wenn die Steifigkeit der Isolatoren gleich mit derjenigen des Bauwerks ist, wird U_1 halb so groß wie U_2.

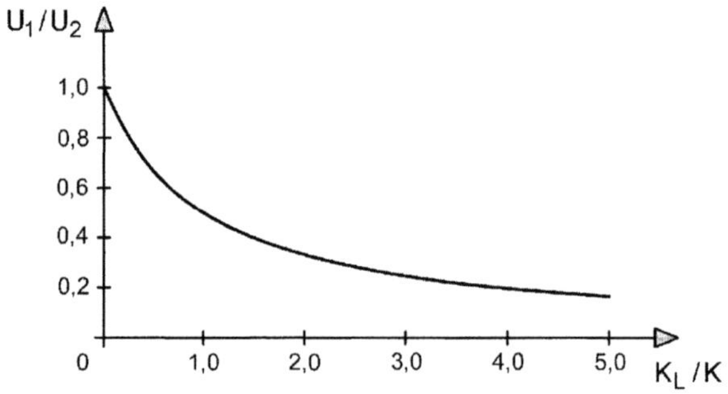

Bild 16.45 Verformungs-Steifigkeitsverhältnisse isolierter Bauwerke

Setzt man Gl. (16.84) in Gl. (16.83b) ein, ergibt sich die Gleichung des isolierten Systems zu

$$m\ddot{U}_2 + \left(1 - \frac{1}{1+\frac{K_L}{K}}\right) K U_2 = -m\ddot{U}_b \tag{16.85}$$

Die Eigenkreisfrequenz des isolierten Systems, $\omega_{L,1}$, beträgt

$$\omega_{L,1} = \sqrt{\frac{K}{m}\left(1 - \frac{1}{1+\frac{K_L}{K}}\right)} = \omega_1 \Gamma_1 \tag{16.86}$$

wobei

$\omega_1 = \sqrt{\frac{K}{m}}$: Eigenkreisfrequenz des nicht isolierten (starren) Bauwerks

$$\Gamma_1 = \sqrt{1 - \frac{1}{1 + \frac{K_L}{K}}} \text{ : Eigenkreisfrequenzbeiwert der Isolierung}$$

Der Zusammenhang zwischen der Eigenperiode des isolierten und nicht isolierten Bauwerks, $T_{L,1}$ bzw. T_1, kann in ähnlicher Weise definiert werden.

$$T_{L,1} = \frac{2\pi}{\omega_{L,1}} = \frac{2\pi}{\sqrt{\frac{K}{m}\left(1 - \frac{1}{1 + \frac{K_L}{K}}\right)}} = T_1 I_1 \tag{16.87}$$

wobei

$$T_1 = \frac{2\pi}{\omega_1} \text{ : Eigenperiode des nicht isolierten (starren) Bauwerks}$$

$$I_1 = \frac{T_{L,1}}{T_1} = \frac{1}{\Gamma_1} \text{ : Isolierungsfaktor}$$

Die Gl. (16.87) ist für unterschiedliche Steifigkeitsverhältnisse in Bild (16.46) graphisch dargestellt. Wenn die Steifigkeit der Isolatoren viel kleiner als diejenige des Bauwerks ist ($\frac{K_L}{K} \to 0$), wird die Eigenperiode des Systems, $T_{L,1}$, unendlich groß. Im Gegensatz dazu erreicht die Eigenperiode des Systems den Wert der Periode des nicht isolierten Bauwerks, wenn das Steifigkeitsverhältnis gleich eins ist ($\frac{K_L}{K} \to 1$).

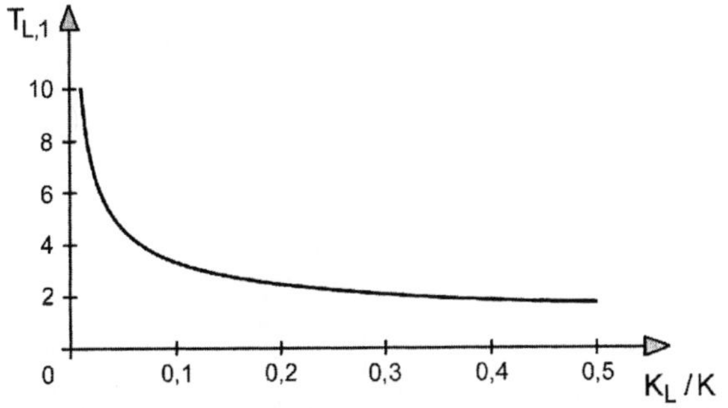

Bild 16.46 Eigenperioden-Steifigkeitsverhältnisse isolierter Bauwerke

Wenn die Eigenfrequenz des starren Bauwerks größer als etwa 2 Hz (Grundperiode $T_1 < 0{,}5$ s) ist, wird für die Erfassung der Erdbebenantwort des isolierten Systems seine Grundschwingungsform maßgebend [16.19, 16.95]. Höhere Schwingungsformen des Bauwerks können vernachlässigt werden. Diese Annahme gilt für die Praxis bei der Isolierung von herkömmlichen Bauwerken mit steifen bis mittelsteifen Tragwerken. Die dynamische Modellierung dieser

Systeme erfolgt mit Hilfe eines Zweimassenschwingers (Bild 16.47a). Ist der Isolierungsfaktor I_I groß und das Bauwerk steif, werden die elastischen und Dämpfungseigenschaften ausschließlich von den Isolatoren bestimmt und das System reduziert sich auf einen Einmassenschwinger (Bild 16.47b).

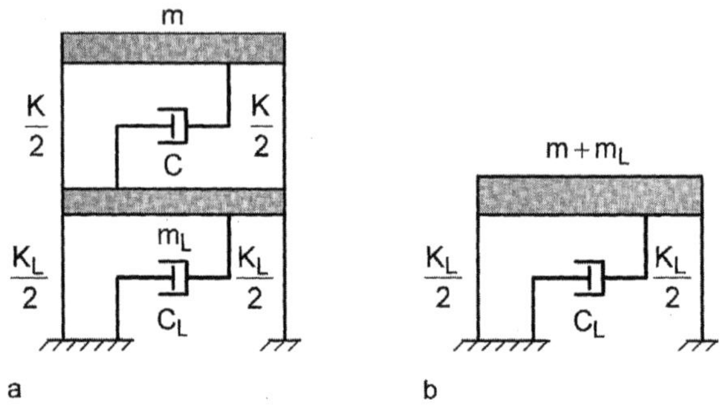

Bild 16.47 Dynamische Modellierung von isolierten gedrungenen Bauwerken
a) Zweimassenschwinger
b) Einmassenschwinger

Handelt es sich bei dem zu isolierenden Bauwerk um einen Mehrgeschossbau mit einem relativ flexiblen Aussteifungssystem, dessen Grundperiode T_I über 0,5 s liegt, wird die Antwort des Systems auch von höheren Schwingungsformen beeinflusst, insbesondere was die Verteilung der Beschleunigung und der Trägheitskräfte im Tragwerk anbetrifft. Zur Durchführung der dynamischen Analyse dieser Systeme können unterschiedliche Rechenmodelle, wie z. B. lineare Schubbalken-Modelle mit kontinuierlicher Massenbelegung (Bild 16.48a) [16.19, 16.20], oder diskrete Mehrmassensysteme (Bild 16.48b) [16.41, 16.57] angewendet werden.

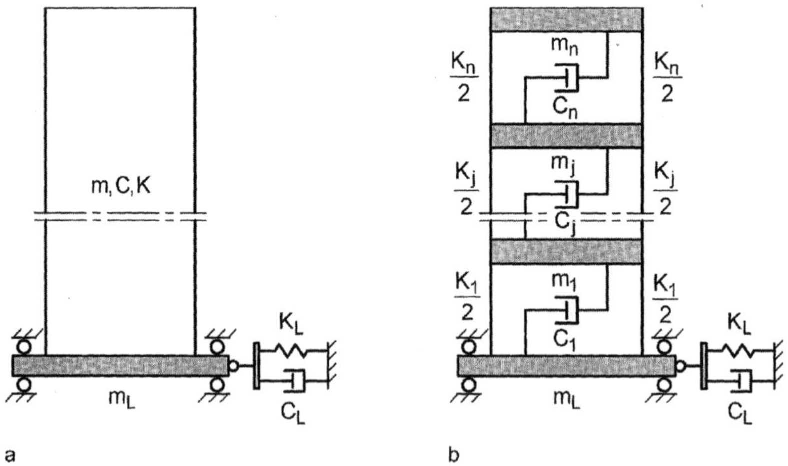

Bild 16.48 Dynamische Modellierung von isolierten mehrgeschossigen Bauwerken
a) Schubbalken mit weicher Auflagerung
b) Mehrmassenschwinger

Grundsätzlich setzen diese Modelle voraus, dass die vertikale Steifigkeit des Tragwerks einschließlich derjenigen der Isolatoren unendlich groß ist, so dass nur Translationsschwingungen entstehen. Diese Annahme ist aber nur bei Verwendung von vertikal starren Lagern, wie Gleitlager zutreffend. Hierbei bewirken die Kippmomente, die aus der Exzentrizität der Trägheitskräfte in Bezug auf den Bauwerksfußpunkt entstehen, nur eine Entlastung und Überbelastung der außenliegenden Isolatoren (Bild 16.49a). In Isolatoren mit axialer Nachgiebigkeit, wie Elastomerlager, rufen die Kippmomente vertikale elastische Verformungen hervor, die zu einer pendelnden Bewegung des Bauwerks führen (Bild 16.49b). Wie es in [16.72] gezeigt wird, besteht unter bestimmten Umständen die Möglichkeit, diese Schwingungen von den Translationsschwingungen zu entkoppeln und ihre Auswirkung auf das System separat zu behandeln.

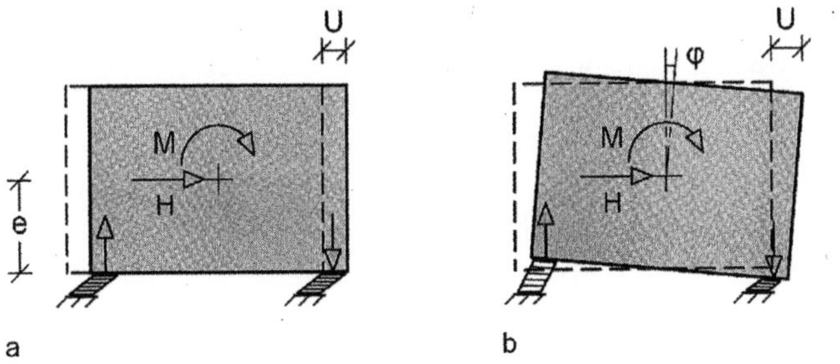

Bild 16.49 Verformungsverhalten von isolierten Bauwerken unter exzentrischer Belastung
a) starre Lager
b) Lager mit axialer Nachgiebigkeit

16.3.2 Verformungsenergie

Die gesamte Verformungsenergie des Zweimassenschwingers aus dem Bild 16.44 setzt sich aus der Summe der Verformungsenergie der Isolatoren E_{eL} und derjenigen des Tragwerks E_{eT} zusammen.

$$E_e = E_{eL} + E_{eT} = \frac{1}{2} K_L U_1^2 + \frac{1}{2} K (U_2 - U_1)^2 \tag{16.88}$$

Aufgrund von Gl. (16.84) ergibt sich für $U_2 - U_1$

$$U_2 - U_1 = \frac{K + K_L}{K} U_1 - U_1 = \frac{K_L}{K} U_1 \tag{16.89}$$

und Gl. (16.88) wird zu

$$E_e = \frac{1}{2} K_L U_1^2 + \frac{1}{2} K_L \frac{K_L}{K} U_1^2 \tag{16.90}$$

Gl. (16.90) zeigt, dass je kleiner das Steifigkeitsverhältnis ist, desto größer wird die Verformungsenergie im Isolator im Vergleich zur Verformungsenergie des daraufliegenden Bauwerks. Für $K_L = 1$ und $\frac{K_L}{K} = 0{,}5$ ergibt sich $E_{eL} = 0{,}5 U_1^2$ und $E_{eT} = 0{,}25 U_1^2$. Ist das Steifigkeitsverhältnis $\frac{K_L}{K} = 0{,}2$, so gilt für die Energie im Bauwerk: $E_{eT} = 0{,}1U_1^2$, d. h. die Energie im Isolator wird 5-mal größer als die Energie des Bauwerks.

Da im konservativen System die gesamte Verformungsenergie E_e gleich der kinetischen Energie E_k ist, kann durch die richtige Wahl der Isolatorensteifigkeit der Ablauf der Energieprozesse im Bereich der Isolatoren verlegt werden.

16.3.3 Ansätze zur Vordimensionierung

Die Auslegung eines erdbebenisolierten Bauwerks erfolgt in zwei Schritten:

- Vordimensionierung der Isolatoren
- Dynamische Analyse des gewählten isolierten Systems

Die Vordimensionierung gründet sich auf ein elastisches Antwortspektrum mit 5 % Dämpfung für ein Entwurfsbeben, dessen Bemessungswert der Bodenbeschleunigung $\ddot{U}_b$ einer Überschreitungswahrscheinlichkeit von 10 % in 50 Jahre entspricht (Wiederkehrperiode 475 Jahre, Selten-Beben). Man nimmt als Beispiel das Beschleunigungsspektrum für eine Baugrundklasse A nach der Euronorm 8, das für unterschiedliche Dämpfungsgrade ohne Wertangaben für $\ddot{U}_b$ in Bild 16.50 dargestellt ist.

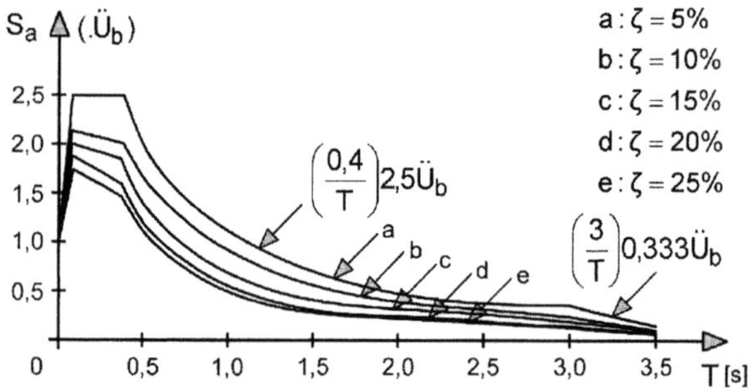

ζ [%]	T [s] 0,1	0,4	1,0	2,0	3,0	3,5
	$S_a / \ddot{U}_b$					
5	2,50	2,50	1,00	0,50	0,33	0,28
10	2,18	2,05	0,81	0,40	0,27	0,22
15	2,00	1,82	0,72	0,36	0,24	0,20
20	1,85	1,60	0,62	0,31	0,20	0,17
25	1,76	1,46	0,57	0,28	0,19	0,16

Bild 16.50 Beschleunigungsspektrum nach EC 8 für ein Selten-Beben

Das Bild 16.51 gibt das Antwortspektrum der Verschiebungen S_d, berechnet aus der Pseudospektralbeschleunigung nach Gl. (9.16), wieder.

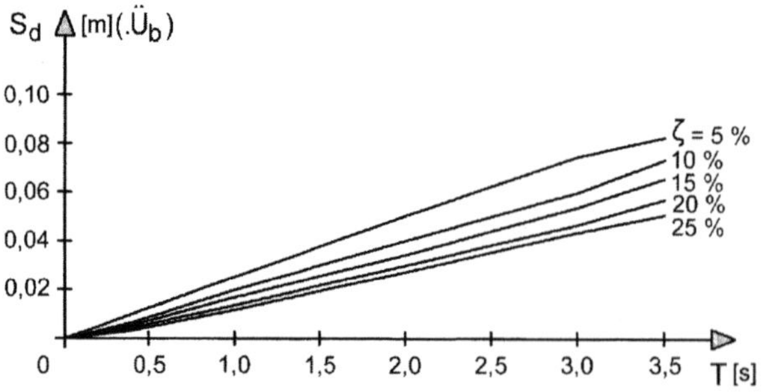

ζ [%]	T [s] 0,1	0,4	1,0	2,0	3,0	3,5
	$S_d / \ddot{U}_b$ [cm]					
5	0	1,00	2,50	5,00	7,50	8,50
10	0	0,82	2,00	4,00	6,00	7,30
15	0	0,73	1,80	3,50	5,40	6,30
20	0	0,64	1,60	3,10	4,70	5,30
25	0	0,58	1,40	2,80	4,30	5,00

Bild 16.51 Antwortspektrum der Verschiebung

Die in den Bildern 16.50 und 16.51 eingetragenen Spektralwerte der Beschleunigung und Verschiebung für größere Dämpfungsgrade als 5 % wurden durch eine Reduzierung der Spektralwerte für 5 % Dämpfung ermittelt (siehe auch Abschnitt 9.1.2). Zwischenwerte wurden durch eine lineare Interpolation berechnet.

Das zu isolierende Bauwerk wird als Einmassenschwinger mit der Masse m_s, der Steifigkeit K und dem Dämpfungsmaß C modelliert (Bild 16.52a). Dies besitzt folgende dynamische Kenngrößen:

$$\omega_1 = \sqrt{\frac{K}{m_s}}\ ;\ T_1 = \frac{2\pi}{\omega_1}\ ;\ \zeta = \frac{C}{2 m_s \omega_1}$$

Zur Vordimensionierung wird das Bauwerk als starrer Körper der Masse m zusammengefasst und auf Isolatoren mit der Steifigkeit K_L und Dämpfungsmaß C_L aufgestellt. Die Masse m enthält die Bauwerksmasse m_s und die Masse aller anderer Bauteile (z. B. Grunddecke), die zum Einbau der Isolatoren notwendig sind. Somit ergibt sich ein neues Einmassenschwinger-Modell (Bild 16.52b) mit den Kenngrößen

$$\omega_L = \sqrt{\frac{K_L}{m}}\ ;\ T_L = \frac{2\pi}{\omega_L}\ ;\ \zeta_L = \frac{C_L}{2 m \omega_L}$$

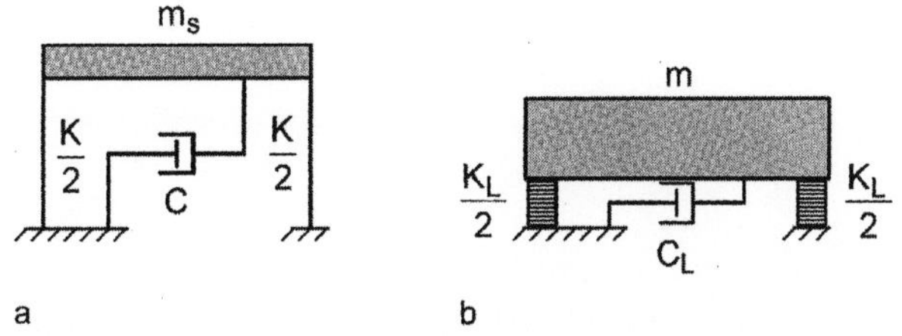

Bild 16.52 Dynamische Modellierung des isolierten Bauwerks
a) Nicht isoliertes Bauwerk
b) Isoliertes System

Zur Vordimensionierung des isolierten Systems können zwei Ausgangsgrößen herangezogen werden: Der Isolierungsfaktor I_1 oder die Verschiebung $U_{L,max}$ der Isolatoren. Bei der Wahl des Isolierungsfaktors wird angestrebt, die Eigenperiode des isolierten Systems, $T_{L,1}$, möglichst weit von der Eigenperiode des starren Bauwerks, T_1, zu legen. Somit wird sie in den gewünschten „Isolierungsbereich" des Antwortspektrums verschoben. Üblicherweise werden Isolierungsfaktoren von $I_1 \geq 5$ gewählt. Gleichzeitig muss daran gedacht werden, dass die Dämpfung des isolierten Bauwerks ausschließlich von der Isolatorendämpfung bestimmt wird. Wenn aus bestimmten Gründen, bedingt durch architektonische oder strukturelle Anforderungen, wie z. B. seismische Fugen, eine Begrenzung der Isolatorenverschiebung gewünscht wird, kann die Vordimensionierung durch die Wahl der maximalen Verschiebung $U_{L,max}$ vorgenommen werden.

Beispiel 16.1a

Die Eigenperiode eines starren Bauwerks ist $T_1 = 0{,}3$ s. Zur Erdbebenisolierung des Bauwerks wird ein Isolierungsfaktor von $I_1 = 6$ und ein Isolator mit $\zeta_L = 5$ % gewählt. Es werden die Spektralwerte des isolierten Systems für einen Bemessungswert der Beschleunigung $\ddot{U}_b = 2{,}0$ m/s² nach den Bildern 16.50 und 16.51 ermittelt.

Für das starre Bauwerk mit $\zeta = 5$ % ergibt sich aus dem Bild 16.50

$S_a(T_1, \zeta) = 2{,}5.2 = 5{,}0 \text{ m/s}^2$

Die Eigenperiode des isolierten Systems beträgt nach Gl. (16.87)

$T_{L,1} = 6.0{,}3 = 1{,}8 \text{ s}$

Mit einem Dämpfungsgrad des isolierten Systems von $\zeta_{L,1} = 5$ % beträgt die Spektralbeschleunigung

$$S_a(T_{L,1}, \zeta_{L,1}) = \frac{0{,}4}{1{,}8} 2{,}5.2 = 1{,}11 \text{ m/s}^2$$

Die entsprechende Verschiebung lässt sich aus dem Bild 16.51 ablesen.

$S_d(T_{L,1}, \zeta_{L,1}) \cong 2.0{,}045 \cong 0{,}09 \text{ m}$

Beispiel 16.1b

Begrenzt man die Verschiebung des isolierten Systems z. B. auf 8 cm mit einem Isolator mit einem Dämpfungsgrad von $\zeta_L = 10$ %, so ergibt sich nach dem Verschiebungsspektrum von Bild 16.51 für $\zeta_{L,1} = 10$ %

$$\frac{S_d(T_{L,1}, \zeta_{L,1})}{\ddot{U}_b} = \frac{8}{2} = 4{,}0 \text{ cm}$$

und eine Grundperiode von $T_{L,1} = 2{,}0$ s.

Oft wird durch die Isolierung der Schutz von in Gebäuden befindlichen Anlagen und empfindlichen Geräten vorgenommen. In diesem Fall muss der Beschleunigung eine Grenze gesetzt werden. Mit dem gewählten Spektralbeschleunigungswert und dem Dämpfungsgrad der Isolatoren wird die erforderliche Schwingungszeit des isolierten Bauwerks ermittelt. Anschließend wird gemäß Abschnitt 16.2 die Bemessung des gewählten Isolators durchgeführt.

16.3.4 Antwortspektrenverfahren mit Zweimassenschwinger-Modell

Das isolierte System setzt sich aus dem starren Bauwerk mit der Masse m und der Steifigkeit K und aus den Isolatoren mit der Masse m_L und der Steifigkeit K_L zusammen (Bild 16.53). Die Eigenkreisfrequenzen des Zweimassenschwingers $\omega_{L,1}, \omega_{L,2}$ werden von Gl. (8.11) mit $m_1 = m$, $m_2 = m_L$, $K_2 = K$, $K_1 = K_L$ angegeben.

Führt man die Verhältnisbeiwerte

$$\alpha = \frac{K_L}{K}; \; \beta = \frac{m_L}{m}$$

ein, lassen sich die Eigenkreisfrequenzen des isolierten Systems in Bezug auf die Kreisfrequenz des nicht isolierten Bauwerks wie folgt berechnen:

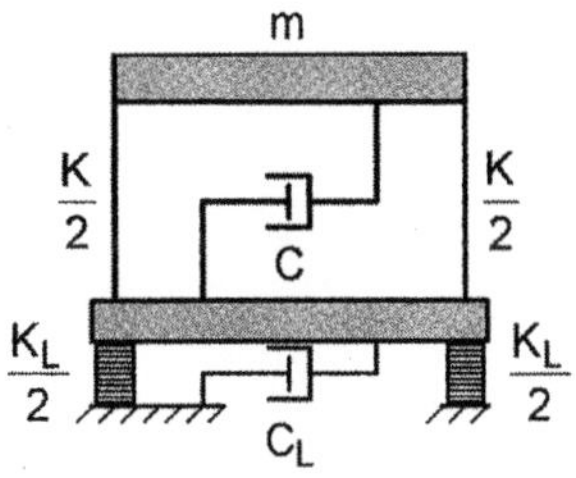

Bild 16.53 Zweimassenschwinger-Modell eines isolierten Bauwerks

$$\omega_{L,1}^2 = \frac{1+\alpha+\beta-\sqrt{[(1+\alpha)+\beta]^2-4\alpha\beta}}{2\beta}\omega_1^2 \tag{16.91a}$$

$$\omega_{L,2}^2 = \frac{1+\alpha+\beta+\sqrt{[(1+\alpha)+\beta]^2-4\alpha\beta}}{2\beta}\omega_1^2 \tag{16.91b}$$

Die Komponenten r_1, r_2 der Eigenvektoren $\{\Phi_1\}$ und $\{\Phi_2\}$ (Gl. (8.12a,b)) können nach Einführung der Beiwerte α, β wie folgt geschrieben werden:

$$r_1 = \frac{1+\alpha-\beta+\sqrt{[(1+\alpha)+\beta]^2-4\alpha\beta}}{2} \tag{16.92a}$$

$$r_2 = \frac{1+\alpha-\beta-\sqrt{[(1+\alpha)+\beta]^2-4\alpha\beta}}{2} \tag{16.92b}$$

Die Schwingungsformen lauten

$$\{\Phi_1\} = \begin{Bmatrix} 1 \\ r_1 \end{Bmatrix} \tag{16.93a}$$

$$\{\Phi_2\} = \begin{Bmatrix} 1 \\ r_2 \end{Bmatrix} \tag{16.93b}$$

Setzt man in den Gleichungen (16.91a) und (16.91b) $\beta = 1$ ($m = m_L$) ein, ergibt sich

$$\omega_{L,1}^2 = \frac{\alpha+2-\sqrt{\alpha^2+4}}{2}\omega_1^2 \tag{16.94a}$$

$$\omega_{L,2}^2 = \frac{\alpha+2+\sqrt{\alpha^2+4}}{2}\omega_1^2 \tag{16.94b}$$

$$r_1 = \frac{\alpha+\sqrt{\alpha^2+4}}{2} \tag{16.95a}$$

$$r_2 = \frac{\alpha - \sqrt{\alpha^2 + 4}}{2} \tag{16.95b}$$

Wird die Steifigkeit der Isolatoren stark reduziert, so dass $\alpha \to 0$, ergibt sich aus Gl. (16.91a) für die Grundschwingungsform $\omega_{L,1} \to 0$ ($T_{L,1} \to \infty$) und aus Gl. (16.92a) $r_1 = 1$. Der Eigenvektor $\{\Phi_1\}$ lautet

$$\{\Phi_1\} = \begin{Bmatrix} 1 \\ 1 \end{Bmatrix} \tag{16.96}$$

Dieser Typ von Grundschwingungsform entspricht der Bewegung eines starren Körpers und wird auch modale Einheitsform genannt. Das System reduziert sich praktisch auf einen Einmassenschwinger.

Die Antwort des isolierten Systems auf eine allgemeine Einwirkung kann nach dem Eigenformenverfahren (Gl. (8.23)) ermittelt werden.

$$\{U(t)\} = \{\Phi_1\}q_1(t) + \{\Phi_2\}q_2(t) \tag{16.97}$$

Zur Berechnung der Erdbebenantwort kann das Antwortspektrenverfahren angewendet werden (siehe auch Abschnitt 9.1). Wird nur die Antwort in der ersten Schwingungsform berücksichtigt, ergibt sich die Funktion $q_1(t)$ aus Gl. (9.62).

$$\max q_1(t) = L_1 S_d(T_{L,1}, \zeta_{L,1}) \tag{16.98}$$

wobei L_1 der Beteiligungsfaktor der ersten Schwingungsform ist (Gl. (9.61)).

$$L_1 = \frac{\{\Phi_1\}^T [m] \{I\}}{\{\Phi_1\}^T [m] \{\Phi_1\}} \tag{16.99}$$

Wenn $\alpha \to 0$, wird nach Gl. (16.96) der Eigenvektor $\{\Phi_1\} = \{I\}$ und aus Gl. (16.99) ergibt sich $L_1 = 1$.

Die Lösung für die zweite Schwingungsform ist

$$\max q_2(t) = L_2 S_d(T_{L,2}, \zeta_{L,2}) \tag{16.100}$$

wobei

$$L_2 = \frac{\{\Phi_2\}^T [m] \{I\}}{\{\Phi_2\}^T [m] \{\Phi_2\}} \tag{16.101}$$

Mit $\{\Phi_1\} = \{I\}$ ergibt sich aus der Orthogonalitätsbedingung der Schwingungsformen

$$\{\Phi_2\}^T [m] \{I\} = \{\Phi_2\}^T [m] \{\Phi_1\} = 0$$

und dementsprechend

$$\max q_2(t) = 0$$

Die Antwort des Systems für kleine Werte von α wird also nur von der ersten Schwingungsform bestimmt.

$$\max\{U(t)\} = \{\Phi_1\}\max q_1(t) = \begin{Bmatrix}1\\1\end{Bmatrix} S_d(T_{L,1}, \zeta_{L,1}) \tag{16.102}$$

Die maximale Basis-Schubkraft ergibt sich zu

$$\max\{V(t)\} = \hat{m}_1 S_a(T_{L,1}, \zeta_{L,1}) \tag{16.103}$$

mit

$$\hat{m}_1 = \begin{Bmatrix}1\\1\end{Bmatrix}^T \begin{bmatrix} m_L & 0 \\ 0 & m \end{bmatrix} \begin{Bmatrix}1\\1\end{Bmatrix} = m + m_L \tag{16.103a}$$

Beispiel 16.2

Es wird das Zweimassensystem aus dem Bild 16.53 mit $m = m_L = 1{,}0$ kNs²/m für unterschiedliche Werte vom Steifigkeitsbeiwert α in seiner dynamischen Antwort untersucht.

Für sehr große Werte von α reduziert sich das System auf einen Einmassenschwinger, der das Modell des starren Bauwerks darstellt. Aus den Gleichungen (16.94) und (16.95) erhält man

$\omega_{L,1}{}^2 = \omega_1{}^2\,;\ \omega_{L,2}{}^2 \to \infty$

Nimmt man die Eigenperiode des nicht isolierten Bauwerks mit $T_1 = 0{,}3$ s an, ergibt sich aus dem Beschleunigungsspektrum im Bild 16.50 mit $\ddot{U}_b = 2{,}0$ m/s² und $\zeta = 5$ % der Spektralwert der Beschleunigung zu

$S_a(T_1, \zeta) = 2{,}5.2 = 5{,}0$ m/s²

der gleich mit der maximalen Massenbeschleunigung ist.

$\max \ddot{U}(t) = S_a(T_1, \zeta) = 5{,}0$ m/s²

Die Spektralverschiebung des nicht isolierten Bauwerks beträgt

$$S_d(T_1, \zeta) = \frac{S_a}{\omega_1{}^2} = \left(\frac{T_1}{2\pi}\right)^2 S_a = \left(\frac{0{,}3}{2\pi}\right)^2 5 = 0{,}0114 \text{ m}$$

Die maximale Verschiebung ist

$\max U(t) = S_d(T_1, \zeta) = 0{,}0114$ m

Aus der maximalen Beschleunigung des Bauwerks lässt sich die Erdbebenlast berechnen.

$\max S = m S_a(T_1, \zeta) = 1.5 = 5{,}0$ kN

Man wählt für die Grundschwingungsform des isolierten Systems eine Periode von $T_{L,1} = 0{,}6$ s. Die Eigenkreisfrequenz des nicht isolierten Bauwerks, ω_1, bleibt unverändert,

$$\omega_1 = \frac{2\pi}{T_1} = 20{,}93 \text{ rad/s}$$

und Gl. (16.94a) ergibt

$$\omega_{L,1}{}^2 = \left(\frac{2\pi}{T_{L,1}}\right)^2 = 109{,}55 = \frac{\alpha + 2 - \sqrt{\alpha^2 + 4}}{2} 20{,}93^2$$

Die Lösung der oberen Gleichung ist $\alpha = 0{,}583$. Mit diesem Wert lauten die Kreisfrequenzen $\omega_{L,1}, \omega_{L,2}$ nach den Gleichungen (16.94a) und (16.94b)

$$\omega_{L,1}=\sqrt{\frac{0{,}583+2-\sqrt{0{,}583^2+4}}{2}}20{,}93=10{,}47\ \text{rad/s}$$

$$\omega_{L,2}=\sqrt{\frac{0{,}583+2+\sqrt{0{,}583^2+4}}{2}}20{,}93=31{,}99\ \text{rad/s}$$

Somit beträgt in der zweiten Schwingungsform die Eigenperiode des isolierten Systems

$$T_{L,2}=\frac{2\pi}{31{,}99}=0{,}196\ \text{s}$$

Aus den Gleichungen (16.95a) und (16.95b) ergibt sich

$$r_1=\frac{0{,}583+\sqrt{0{,}583^2+4}}{2}=1{,}33$$

$$r_1=\frac{0{,}583-\sqrt{0{,}583^2+4}}{2}=-0{,}75$$

Somit lauten die Eigenformen des Systems

$$\{\Phi_1\}=\begin{Bmatrix}1\\1{,}33\end{Bmatrix}=\begin{Bmatrix}0{,}75\\1\end{Bmatrix};\ \{\Phi_2\}=\begin{Bmatrix}1\\-0{,}75\end{Bmatrix}=\begin{Bmatrix}-1{,}33\\1\end{Bmatrix}$$

Anschließend wird der Fall untersucht, wenn die Grundperiode des isolierten Systems $T_{L,1}=2{,}0\ \text{s}$ beträgt. Gl. (16.94a) wird zu

$$\omega_{L,1}{}^2=\left(\frac{2\pi}{T_{L,1}}\right)^2=9{,}87=\frac{\alpha+2-\sqrt{\alpha^2+4}}{2}20{,}93^2$$

und die Lösung beträgt $\alpha=0{,}0455$. Die Steifigkeit der Isolatoren beträgt also etwa 5 % der Steifigkeit des starren Bauwerks. Für die modalen Parameter des isolierten Systems gilt

$$\omega_{L,1}=\sqrt{\frac{0{,}0455+2-\sqrt{0{,}0455^2+4}}{2}}20{,}93=3{,}14\ \text{rad/s}$$

$$\omega_{L,2}=\sqrt{\frac{0{,}0455+2+\sqrt{0{,}0455^2+4}}{2}}20{,}93=29{,}77\ \text{rad/s}$$

$$T_{L,2}=\frac{2\pi}{29{,}77}=0{,}211\ \text{s}$$

$$r_1=\frac{0{,}0455+\sqrt{0{,}0455^2+4}}{2}=1{,}023$$

$$r_2=\frac{0{,}0455-\sqrt{0{,}0455^2+4}}{2}=-0{,}978$$

$$\{\Phi_1\}=\begin{Bmatrix}1\\1{,}023\end{Bmatrix}=\begin{Bmatrix}0{,}978\\1\end{Bmatrix};\ \{\Phi_2\}=\begin{Bmatrix}1\\-0{,}978\end{Bmatrix}=\begin{Bmatrix}-1{,}023\\1\end{Bmatrix}$$

Die Abnahme in der Steifigkeit der Isolatoren von $\alpha=0{,}583$ zu $\alpha=0{,}0455$, d. h. von 58 zu 5 % der Steifigkeit des starren Bauwerks, ändert die Eigenperiode der ersten und zweiten Schwingungsform von

0,60 und 1,196 s auf 2,0 bzw. 0,211 s. Die Änderung ist für die Grundperiode bedeutend; die Periode der zweiten Schwingungsform wird kaum beeinflusst. Die Änderung der Schwingungsformen nach dem Steifigkeitsbeiwert α zeigt das Bild 16.54.

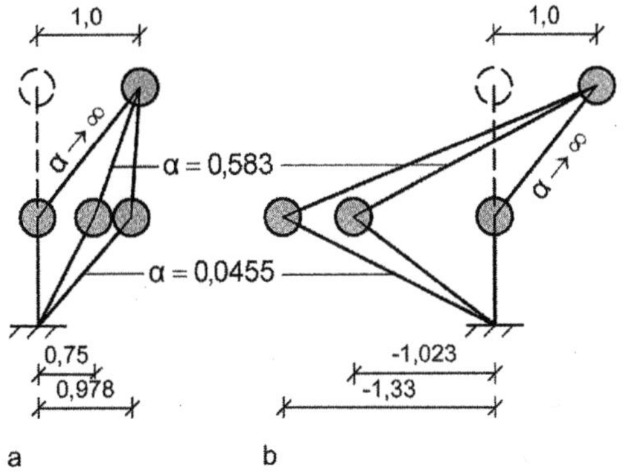

Bild 16.54 Eigenschwingungsformen des isolierten Systems zum Beispiel 16.2
a) 1. Schwingungsform
b) 2. Schwingungsform

Die Beteiligungsfaktoren der ersten bzw. zweiten Schwingungsform des isolierten Systems lassen sich nach den Gleichungen (16.99) und (16.101) ermitteln.

- Für $\alpha = 0{,}583$:

$$L_1 = \frac{\begin{Bmatrix} 0{,}75 \\ 1 \end{Bmatrix}^T \begin{bmatrix} 1 & 0 \\ 0 & 1 \end{bmatrix} \begin{Bmatrix} 1 \\ 1 \end{Bmatrix}}{\begin{Bmatrix} 0{,}75 \\ 1 \end{Bmatrix}^T \begin{bmatrix} 1 & 0 \\ 0 & 1 \end{bmatrix} \begin{Bmatrix} 0{,}75 \\ 1 \end{Bmatrix}} = 1{,}12$$

$$L_2 = \frac{\begin{Bmatrix} -1{,}33 \\ 1 \end{Bmatrix}^T \begin{bmatrix} 1 & 0 \\ 0 & 1 \end{bmatrix} \begin{Bmatrix} 1 \\ 1 \end{Bmatrix}}{\begin{Bmatrix} -1{,}33 \\ 1 \end{Bmatrix}^T \begin{bmatrix} 1 & 0 \\ 0 & 1 \end{bmatrix} \begin{Bmatrix} -1{,}33 \\ 1 \end{Bmatrix}} = -0{,}12$$

- Für $\alpha = 0{,}0455$:

$$L_1 = \frac{\begin{Bmatrix} 0{,}978 \\ 1 \end{Bmatrix}^T \begin{bmatrix} 1 & 0 \\ 0 & 1 \end{bmatrix} \begin{Bmatrix} 1 \\ 1 \end{Bmatrix}}{\begin{Bmatrix} 0{,}978 \\ 1 \end{Bmatrix}^T \begin{bmatrix} 1 & 0 \\ 0 & 1 \end{bmatrix} \begin{Bmatrix} 0{,}978 \\ 1 \end{Bmatrix}} = 1{,}01$$

$$L_2 = \frac{\begin{Bmatrix} -1{,}023 \\ 1 \end{Bmatrix}^T \begin{bmatrix} 1 & 0 \\ 0 & 1 \end{bmatrix} \begin{Bmatrix} 1 \\ 1 \end{Bmatrix}}{\begin{Bmatrix} -1{,}023 \\ 1 \end{Bmatrix}^T \begin{bmatrix} 1 & 0 \\ 0 & 1 \end{bmatrix} \begin{Bmatrix} -1{,}023 \\ 1 \end{Bmatrix}} = -0{,}011$$

Aus den Antwortspektren von den Bildern 16.50 und 16.51 ergibt sich für $\alpha = 0{,}583$, $\ddot{U}_b = 2{,}0$ m/s² und $\zeta_{L,1,2} = 5\ \%$

$$S_a(T_{L,1}, \zeta_{L,1}) = 1{,}6.2 = 3{,}2 \ \text{m/s}^2$$

$$S_a(T_{L,2}, \zeta_{L,2}) = 2{,}5.2 = 5{,}0 \ \text{m/s}^2$$

$$S_d(T_{L,1}, \zeta_{L,1}) = \left(\frac{0{,}6}{2\pi}\right)^2 3{,}2 = 0{,}029 \ \text{m}$$

$$S_d(T_{L,2}, \zeta_{L,2}) = \left(\frac{0{,}196}{2\pi}\right)^2 5 = 0{,}00487 \ \text{m}$$

Die Antwort in der ersten Schwingungsform ist

$$\max U_2^{(1)} = \varphi_{21} L_1 S_d(T_{L,1}, \zeta_{L,1}) = 1.1{,}12.0{,}029 = 0{,}03248 \ \text{m}$$

$$\max U_1^{(1)} = \varphi_{11} L_1 S_d(T_{L,1}, \zeta_{L,1}) = 0{,}75.1{,}12.0{,}029 = 0{,}02436 \ \text{m}$$

$$\max \Delta U^{(1)} = \max\left(U_2^{(1)} - U_1^{(1)}\right) = (\varphi_{21} - \varphi_{11}) L_1 S_d(T_{L,1}, \zeta_{L,1}) = (1 - 0{,}75)1{,}12.0{,}029 = 0{,}00812 \ \text{m}$$

$$\max\left(\ddot{U}_2^{(1)} + \ddot{U}_b\right) = \varphi_{21} L_1 S_a(T_{L,1}, \zeta_{L,1}) = 1.1{,}12.3{,}2 = 3{,}58 \ \text{m/s}^2$$

$$\max V^{(1)} = \hat{m}_1 L_1 S_a(T_{L,1}, \zeta_{L,1}) = \left(0{,}75^2 + 1^2\right)1{,}12^2.3{,}2 = 6{,}27 \ \text{kN}$$

Die Antwort in der zweiten Schwingungsform ist

$$\max U_2^{(2)} = \varphi_{22} L_2 S_d(T_{L,2}, \zeta_{L,2}) = 1.0{,}12.0{,}00487 = 5{,}84.10^{-4} \ \text{m}$$

$$\max U_1^{(2)} = \varphi_{12} L_2 S_d(T_{L,2}, \zeta_{L,2}) = (-1{,}33).0{,}12.0{,}00487 = -7{,}77.10^{-4} \ \text{m}$$

$$\max \Delta U^{(2)} = \max\left(U_2^{(2)} - U_1^{(2)}\right) = (\varphi_{22} - \varphi_{12}) L_2 S_d(T_{L,2}, \zeta_{L,2}) = (1 + 1{,}33)0{,}12.0{,}00487 = 1{,}36.10^{-3} \ \text{m}$$

$$\max\left(\ddot{U}_2^{(2)} + \ddot{U}_b\right) = \varphi_{22} L_2 S_a(T_{L,2}, \zeta_{L,2}) = 1.0{,}12.5 = 0{,}60 \ \text{m/s}^2$$

$$\max V^{(2)} = \hat{m}_2 L_2 S_a(T_{L,2}, \zeta_{L,2}) = \left(1{,}33^2 + 1^2\right)0{,}12^2.5 = 0{,}20 \ \text{kN}$$

Aus den gleichen Antwortspektren ergibt sich für den Fall $\alpha = 0{,}0455$, $\ddot{U}_b = 2{,}0$ m/s² und $\zeta_{L,1,2} = 5\ \%$

$$S_a(T_{L,1}, \zeta_{L,1}) = 0{,}5.2 = 1{,}0 \ \text{m/s}^2$$

$$S_a(T_{L,2}, \zeta_{L,2}) = 2{,}5.2 = 5{,}0 \ \text{m/s}^2$$

$$S_d(T_{L,1}, \zeta_{L,1}) = \left(\frac{2}{2\pi}\right)^2 1 = 0{,}101 \ \text{m}$$

$$S_d(T_{L,2}, \zeta_{L,2}) = \left(\frac{0{,}211}{2\pi}\right)^2 5 = 0{,}564.10^{-4} \ \text{m}$$

Die Antwort in der ersten Schwingungsform ist

$$\max U_2^{(1)} = \varphi_{21} L_1 S_d(T_{L,1}, \zeta_{L,1}) = 1.1{,}01.0{,}101 = 0{,}102 \ \text{m}$$

$$\max U_1^{(1)} = \varphi_{11} L_1 S_d(T_{L,1}, \zeta_{L,1}) = 0{,}978.1{,}01.0{,}101 = 0{,}0998 \ \text{m}$$

$$\max \Delta U^{(1)} = \max\left(U_2^{(1)} - U_1^{(1)}\right) = (\varphi_{21} - \varphi_{11})L_1S_d(T_{L,1},\zeta_{L,1}) = (1-0{,}978)1{,}01.0{,}101 = 2{,}24.10^{-3}\ \text{m}$$

$$\max\left(\ddot{U}_2^{(1)} + \ddot{U}_b\right) = \varphi_{21}L_1S_a(T_{L,1},\zeta_{L,1}) = 1.1{,}01.1 = 1{,}01\ \text{m/s}^2$$

$$\max V^{(1)} = \hat{m}_1L_1S_a(T_{L,1},\zeta_{L,1}) = \left(0{,}978^2 + 1^2\right)1{,}01^2.1 = 1{,}99\ \text{kN}$$

Die Antwort in der zweiten Schwingungsform ist

$$\max U_2^{(2)} = \varphi_{22}L_2S_d(T_{L,2},\zeta_{L,2}) = 1.0{,}011.0{,}564.10^{-4} = 6{,}20.10^{-7}\ \text{m}$$

$$\max U_1^{(2)} = \varphi_{12}L_2S_d(T_{L,2},\zeta_{L,2}) = (-1{,}023).0{,}011.0{,}564.10^{-4} = -6{,}35.10^{-7}\ \text{m}$$

$$\max \Delta U^{(2)} = \max\left(U_2^{(2)} - U_1^{(2)}\right) = (\varphi_{22} - \varphi_{12})L_2S_d(T_{L,2},\zeta_{L,2}) = (1+1{,}023)0{,}011.0{,}564.10^{-4} = 12{,}5.10^{-7}$$
m

$$\max\left(\ddot{U}_2^{(2)} + \ddot{U}_b\right) = \varphi_{22}L_2S_a(T_{L,2},\zeta_{L,2}) = 1.0{,}011.5 = 0{,}055\ \text{m/s}^2$$

$$\max V^{(2)} = \hat{m}_2L_2S_a(T_{L,2},\zeta_{L,2}) = \left(1{,}023^2 + 1^2\right)0{,}011^2.5 = 0{,}0012\ \text{kN}$$

Beispiel 16.3

Ein auf einen Einmassenschwinger zurückgeführtes Bauwerk mit der Masse $m = 10$ kNs²/m und der Steifigkeit $K = 1500$ kN/m ist gegen Erdbebenbeanspruchungen zu isolieren (Bild 16.55).

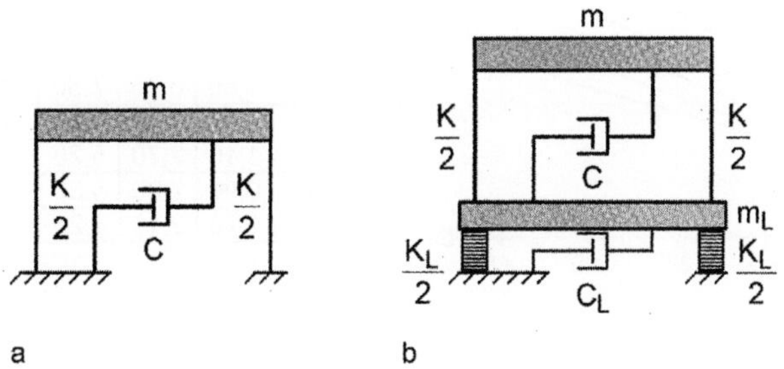

Bild 16.55 Dynamische Modellierung zum Beispiel 16.3
a) Nicht isoliertes Bauwerk
b) Isoliertes System

Es werden zwei Risiko-Niveaus berücksichtigt:

- Ein Selten-Beben (S-Beben) mit 10 % Überschreitungswahrscheinlichkeit in 50 Jahren mit den Antwortspektren aus den Bildern 16.50 und 16.51.
- Ein Sehr-Selten-Beben (SS-Beben) mit 2 % Überschreitungswahrscheinlichkeit in 50 Jahren mit den Antwortspektren aus den Bildern 16.56 und 16.57

Das Antwortspektrum des SS-Bebens ist durch eine Skalierung um den Faktor 1,5 vom Antwortspektrum des S-Bebens berechnet worden. Die Dämpfung des Bauwerks wird auf $\zeta = 5$ % für das S-Beben, bzw. auf $\zeta = 10$ % für das SS-Beben geschätzt.

Mit

$$\omega_1 = \sqrt{\frac{K}{m}} = \sqrt{\frac{1500}{10}} = 12{,}24\ \text{rad/s}$$

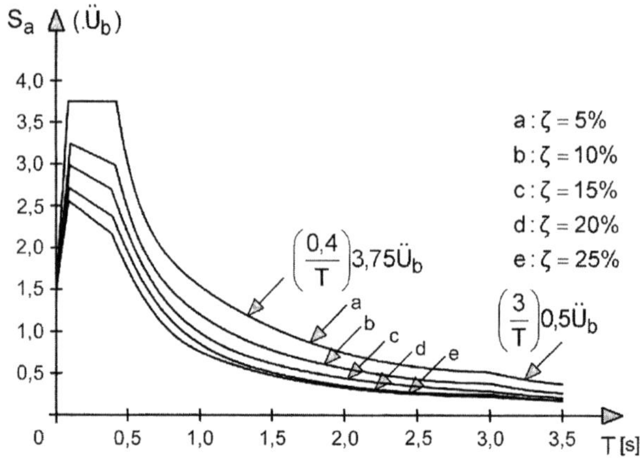

ζ [%]	T [s]					
	0,1	0,4	1,0	2,0	3,0	3,5
	$S_a / \ddot{U}_b$					
5	3,75	3,75	1,50	0,75	0,50	0,43
10	3,27	3,00	1,51	0,60	0,40	0,35
15	3,00	2,73	1,00	0,56	0,36	0,30
20	2,75	2,40	0,93	0,46	0,30	0,22
25	2,62	2,20	0,84	0,42	0,28	0,20

Bild 16.56 Beschleunigungsspektrum für ein Sehr-Selten-Beben

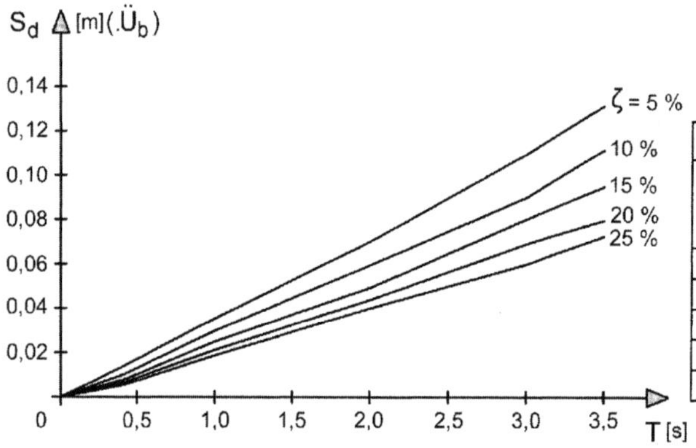

ζ [%]	T [s]					
	0,1	0,4	1,0	2,0	3,0	3,5
	$S_d / \ddot{U}_b$ [cm]					
5	0	1,50	3,75	7,50	11,00	13,00
10	0	1,20	3,00	6,00	9,00	11,00
15	0	1,10	2,70	5,20	8,10	9,50
20	0	0,90	2,30	4,60	7,00	8,00
25	0	0,70	2,10	4,20	6,00	7,50

Bild 16.57 Antwortspektrum der Verschiebung

$$T_1 = \frac{2\pi}{\omega_1} = 0{,}513 \ \text{s}$$

$$\ddot{U}_b = 2{,}0 \ \text{m/s}^2$$

ergibt sich die lineare Antwort des starren Bauwerks für die zwei Erdbeben wie folgt:

- Für das S-Beben ($\ddot{U}_b = 2{,}0$ m/s², $\zeta = 5$ %):

$$\max U(t) = S_d(T_1, \zeta) = 0{,}014.2 = 0{,}028 \ \text{m}$$

$$\max\left(\ddot{U}(t) + \ddot{U}_b\right) = S_a(T_1, \zeta) = 1{,}95.2 = 3{,}9 \ \text{m/s}^2$$

$$\max S = m S_a(T_1, \zeta) = 10.3{,}9 = 39 \ \text{kN}$$

- Für das SS-Beben ($\ddot{U}_b = 2{,}0$ m/s², $\zeta = 10$ %):

$$\max U(t) = S_d(T_1, \zeta) = 0{,}015.2 = 0{,}030 \ \text{m}$$

$$\max\left(\ddot{U}(t) + \ddot{U}_b\right) = S_a(T_1, \zeta) = 2{,}75.2 = 5{,}5 \ \text{m/s}^2$$

$\max S = m S_a(T_1,\zeta) = 10.5{,}5 = 55\ \text{kN}$

Es werden Isolatoren mit $m_L = 8\ \text{kNs}^2/\text{m}$, $K_L = 0{,}1K$ und $\zeta_L = 10\ \%$ gewählt.

Für das Zweimassensystem aus Bild 16.55b ergibt sich

$$\omega_{L,1} = \sqrt{\frac{1+0{,}1+0{,}8-\sqrt{(1+0{,}1+0{,}8)^2-4.0{,}1.0{,}8}}{2.0{,}8}12{,}24} = 2{,}93\ \text{rad/s}$$

$$\omega_{L,2} = \sqrt{\frac{1+0{,}1+0{,}8+\sqrt{(1+0{,}1+0{,}8)^2-4.0{,}1.0{,}8}}{2.0{,}8}12{,}24} = 18{,}63\ \text{rad/s}$$

$$T_{L,1} = \frac{2\pi}{2{,}93} = 2{,}14\ \text{s}$$

$$T_{L,2} = \frac{2\pi}{18{,}63} = 0{,}33\ \text{s}$$

$$r_1 = \frac{1+0{,}1-0{,}8+\sqrt{(1+0{,}1+0{,}8)^2-0{,}32}}{2} = 1{,}057$$

$$r_2 = \frac{1+0{,}1-0{,}8-\sqrt{(1+0{,}1+0{,}8)^2-0{,}32}}{2} = -0{,}756$$

$$\{\Phi_1\} = \begin{Bmatrix} \dfrac{1}{1{,}057} \\ 1 \end{Bmatrix} = \begin{Bmatrix} 0{,}946 \\ 1 \end{Bmatrix};\ \{\Phi_2\} = \begin{Bmatrix} \dfrac{1}{-0{,}756} \\ 1 \end{Bmatrix} = \begin{Bmatrix} -1{,}32 \\ 1 \end{Bmatrix}$$

$$[m] = \begin{bmatrix} 8 & 0 \\ 0 & 10 \end{bmatrix}$$

Die Beteiligungsfaktoren der ersten bzw. zweiten Schwingungsform des isolierten Systems sind

$$L_1 = \frac{\begin{Bmatrix} 0{,}946 \\ 1 \end{Bmatrix}^T \begin{bmatrix} 8 & 0 \\ 0 & 10 \end{bmatrix} \begin{Bmatrix} 1 \\ 1 \end{Bmatrix}}{\begin{Bmatrix} 0{,}946 \\ 1 \end{Bmatrix}^T \begin{bmatrix} 8 & 0 \\ 0 & 10 \end{bmatrix} \begin{Bmatrix} 0{,}946 \\ 1 \end{Bmatrix}} = 1{,}026$$

$$L_2 = \frac{\begin{Bmatrix} -1{,}32 \\ 1 \end{Bmatrix}^T \begin{bmatrix} 8 & 0 \\ 0 & 10 \end{bmatrix} \begin{Bmatrix} 1 \\ 1 \end{Bmatrix}}{\begin{Bmatrix} -1{,}32 \\ 1 \end{Bmatrix}^T \begin{bmatrix} 8 & 0 \\ 0 & 10 \end{bmatrix} \begin{Bmatrix} -1{,}32 \\ 1 \end{Bmatrix}} = -0{,}0234$$

Die Antwort des isolierten Systems in der ersten Schwingungsform für das S-Beben mit $\zeta_{L,1,2} = 10\ \%$ beträgt

$$\max U_2^{(1)} = \varphi_{21} L_1 S_d(T_{L,1},\zeta_{L,1}) = 1.1{,}026.0{,}045.2 = 0{,}093\ \text{m}$$

$$\max U_1^{(1)} = \varphi_{11} L_1 S_d(T_{L,1},\zeta_{L,1}) = 0{,}946.1{,}026.0{,}045.2 = 0{,}087\ \text{m}$$

$$\max \Delta U^{(1)} = \max\left(U_2^{(1)} - U_1^{(1)}\right) = (\varphi_{21}-\varphi_{11}) L_1 S_d(T_{L,1},\zeta_{L,1}) = (1-0{,}946)1{,}026.0{,}045.2 = 0{,}006\ \text{m}$$

$$\max\left(\ddot{U}_2^{(1)}+\ddot{U}_b\right)=\varphi_{21}L_1S_a(T_{L,1},\zeta_{L,1})=1.1{,}026.0{,}375.2=0{,}77\ \text{m/s}^2$$

$$\max\left(\ddot{U}_1^{(1)}+\ddot{U}_b\right)=\varphi_{11}L_1S_a(T_{L,1},\zeta_{L,1})=0{,}946.1{,}026.0{,}375.2=0{,}728\ \text{m/s}^2$$

$$\max V^{(1)}=\hat{m}_1L_1S_a(T_{L,1},\zeta_{L,1})=8.0{,}77+10.0{,}728=13{,}44\ \text{kN}$$

Für die zweite Schwingungsform erhält man

$$\max U_2^{(2)}=\varphi_{22}L_2S_d(T_{L,2},\zeta_{L,2})=1.(-0{,}0234)0{,}005.2=-2{,}34.10^{-4}\ \text{m}$$

$$\max U_1^{(2)}=\varphi_{12}L_2S_d(T_{L,2},\zeta_{L,2})=(-1{,}32)(-0{,}0234)0{,}005.2=3{,}10.10^{-4}\ \text{m}$$

$$\max \Delta U^{(2)}=\max\left(U_2^{(2)}-U_1^{(2)}\right)=(\varphi_{22}-\varphi_{12})L_2S_d(T_{L,2},\zeta_{L,2})=(1+1{,}32)(-0{,}0234)0{,}005.2=-5{,}44.10^{-4}\ \text{m}$$

$$\max\left(\ddot{U}_2^{(2)}+\ddot{U}_b\right)=\varphi_{22}L_2S_a(T_{L,2},\zeta_{L,2})=1(-0{,}0234)2.2=-0{,}0936\ \text{m/s}^2$$

$$\max\left(\ddot{U}_1^{(2)}+\ddot{U}_b\right)=\varphi_{12}L_2S_a(T_{L,2},\zeta_{L,2})=(-1{,}32)(-0{,}0234)2.2=0{,}123\ \text{m/s}^2$$

$$\max V^{(2)}=\hat{m}_2L_2S_a(T_{L,2},\zeta_{L,2})=8(-0{,}0936)+10.0{,}123=0{,}4812\ \text{kN}$$

Für das SS-Beben folgt aus den Bildern 16.56 und 16.57 für die erste Schwingungsform des Systems mit $\zeta_{L,1}=10\ \%$

$$S_d(T_{L,1},\zeta_{L,1})=0{,}062.2=0{,}124\ \text{m}$$

$$S_a(T_{L,1},\zeta_{L,1})=0{,}625.2=1{,}25\ \text{m/s}^2$$

$$\max\left\{U^{(1)}\right\}=\begin{Bmatrix}0{,}946\\1\end{Bmatrix}1{,}026.0{,}124=\begin{Bmatrix}0{,}12\\0{,}13\end{Bmatrix}\ \text{m}$$

$$\max\left\{\ddot{U}^{(1)}+\ddot{U}_b\right\}=\begin{Bmatrix}0{,}946\\1\end{Bmatrix}1{,}026.1{,}25=\begin{Bmatrix}1{,}2\\1{,}28\end{Bmatrix}\ \text{m/s}^2$$

$$\max V^{(1)}=8.1{,}28+10.1{,}2=22{,}24\ \text{kN}$$

Für die zweite Schwingungsform mit $\zeta_{L,2}=10\ \%$ gilt

$$S_d(T_{L,2},\zeta_{L,2})=0{,}008.2=0{,}016\ \text{m}$$

$$S_a(T_{L,2},\zeta_{L,2})=3{,}1.2=6{,}20\ \text{m/s}^2$$

$$\max\left\{U^{(2)}\right\}=\begin{Bmatrix}-1{,}32\\1\end{Bmatrix}(-0{,}0234)0{,}016=\begin{Bmatrix}4{,}94\\-3{,}77\end{Bmatrix}10^{-4}\ \text{m}$$

$$\max\left\{\ddot{U}^{(2)}+\ddot{U}_b\right\}=\begin{Bmatrix}-1{,}32\\1\end{Bmatrix}(-0{,}0234)6{,}2=\begin{Bmatrix}0{,}19\\0{,}145\end{Bmatrix}\ \text{m/s}^2$$

$$\max V^{(2)}=8.0{,}145+10.0{,}19=3{,}06\ \text{kN}$$

Setzt man als Ziel, z. B. die Beschleunigung des starren Bauwerks unter dem SS-Beben mit $\ddot{U}_b=2{,}0$ m/s² von $\max\left(\ddot{U}(t)+\ddot{U}_b\right)=5{,}5$ auf 0,75 m/s² zu reduzieren, wird aus dem Beschleunigungsspektrum vom Bild 16.56 für $\zeta=10\ \%$ die Grundperiode zu $T_1=2{,}70\ \text{s}$ ermittelt. Die erforderliche Steifigkeit der Isolatoren, K_L, ergibt sich zu

$$T_L = \frac{2\pi}{\omega_L} = 2\pi\sqrt{\frac{m+m_L}{K_L}} \Rightarrow K_L = (2\pi)^2 \frac{18}{2{,}7^2} = 97{,}40 \text{ kN/m}$$

Mit

$$\alpha = \frac{K_L}{K} = \frac{97{,}4}{1500} = 0{,}065$$

ergibt sich

$$\omega_{L,1} = \sqrt{\frac{1+0{,}065+0{,}8-\sqrt{(1+0{,}065+0{,}8)^2 - 4.0{,}065.0{,}8}}{2.0{,}8}12{,}24} = 2{,}30 \text{ rad/s}$$

$$T_{L,1} = 2{,}72 \text{ s}$$

16.3.5 Isolatorensysteme mit veränderlicher Steifigkeit

Isolatoren aus Elastomerlagern mit mäßiger Dämpfung besitzen eine geringere Anfangssteifigkeit im Vergleich zu hochdämpfenden Elastomerlagern oder Elastomerlagern mit Bleikern, die zur Aufnahme der Windlast nicht ausreichend ist. Solche Isolatoren werden in der Regel mit Sondereinrichtungen ausgestattet, welche die Aufnahme der Windbelastung sichern und beim Erreichen eines bestimmten Niveaus der Trägheitskraft ausfallen [16.1]. Nach der Wirkungsweise wird nach passiven und aktiven Windaufnahmesystemen unterschieden.

Die passiven Systeme werden von Trägheitskräften kontrolliert, die von der Erdbebenbeanspruchung selbst hervorgerufen werden. Sie bestehen aus Verbindungselementen, die zwischen dem Fundament und dem Oberbau angeordnet sind. Nach ihrer Kennlinie unterscheiden sich folgende Systeme:

- Elastische Verbindungen, bestehend aus Werkstoffen mit rein elastischem Verhalten bis zum Bruch (spröde Werkstoffe wie Keramik oder Hochspannstahl) (Bild 16.58a).

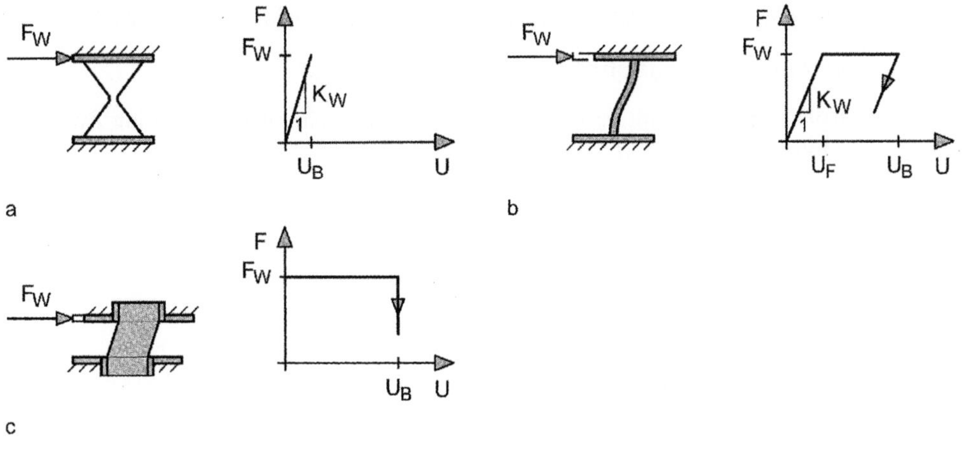

Bild 16.58 Sondereinrichtungen von Erdbebenisolatoren zur Aufnahme der Windlasten und Kraft-Verschiebungsdiagramme
a) Elastische Verbindungen
b) Elastoplastische Verbindungen
c) Starr-plastische Verbindungen

- Elastoplastische Verbindungen, die ein elastisches Verhalten bis zum Erreichen der Fließgrenze aufweisen und sich zur Dämpfung durch plastische Hysterese weiterhin beteiligen (weiche Stähle) (Bild 16.58b).
- Starr-plastische Verbindungen auf der Basis von Bleiverformungen (Bild 16.58c).

Die Systeme mit aktiv kontrollierter Steifigkeit sind mit elektrisch gesteuerten Vorrichtungen ausgestattet, die von Erderschütterungen in der ersten Erdbebenphase (primäre Wellen) aktiviert werden.

Bei einer Kopplung von Isolatoren mit elastischen Verbindungen mit sprödem Verhalten entstehen Kraft-Verschiebungsdiagramme mit sprunghafter Steifigkeit, wobei die Kennlinie des zusammengesetzten Systems sowohl vor als auch nach dem Erreichen der Bruchverschiebung U_B einen linear elastischen Verlauf aufweist (Bild 16.59).

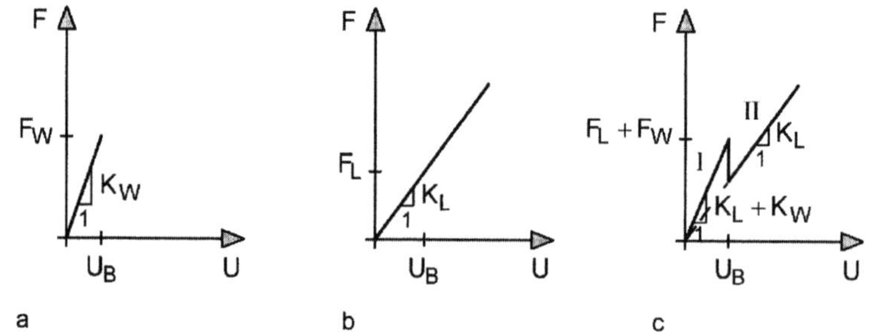

Bild 16.59 Kraft-Verschiebungsdiagramm von Isolatoren mit elastischen Windaufnahme-Verbindungen
a) Windaufnahme-Verbindung
b) Lager
c) Zusammengesetztes System

Verbindungen mit plastischer Hysterese führen zu Systemen mit nichtlinearem Verhalten.

16.3.5.1 Systeme mit sprunghaftem Steifigkeitsverlauf

Ein Bauwerk-Isolatorensystem mit perfekt elastischer Windverbindung, das auf ein Zweimassenschwinger-Modell zurückgeführt ist, zeigt das Bild 16.60.

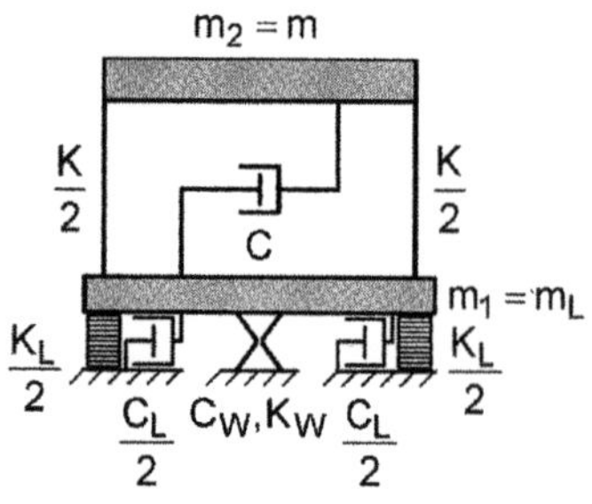

Bild 16.60 Zweimassenschwinger-Modell eines erdbebenisolierten Bauwerks mit elastischer Verbindung

Die Antwort des Systems hängt von der Stärke des Erdbebens ab. Wenn die Stärke des Erdbebens nicht ausreichend groß ist, um eine Verformung U_1 größer als U_B zu erzeugen, gelten für die Antwortberechnung die Steifigkeitsverhältnisse vom Bereich I in Bild 16.59c. Die Bewegungsgleichung des Systems lautet

$$[m]\{\ddot{U}(t)\}+[C]\{\dot{U}(t)\}+[K]\{U(t)\}=-[m]\{I\}\ddot{U}_b(t) \tag{16.104}$$

wobei

$$[m]=\begin{bmatrix} m & 0 \\ 0 & m_L \end{bmatrix} \tag{16.104a}$$

$$[C]=\begin{bmatrix} C_L+C_W+C & -C \\ -C & C \end{bmatrix} \tag{16.104b}$$

$$[K]=\begin{bmatrix} K_L+K_W+K & -K \\ -K & K \end{bmatrix} \tag{16.104c}$$

C ist das Dämpfungsmaß des starren Bauwerks, C_L der Isolatoren und C_W der starren Verbindung. Für elastische Verbindungen ist C_W sehr klein, so dass $C_W = 0$ angenommen wird. Zur Durchführung der modalen Analyse in Verbindung mit dem Antwortspektrenverfahren wird vorausgesetzt, dass die Dämpfungsmatrix proportional zu den Eigenvektoren ist. Mit dieser Annahme ergibt sich für den modalen Dämpfungsgrad des isolierten Systems in der ersten Schwingungsform

$$2\zeta_{L,1}\omega_{L,1}=\frac{\{\Phi_1\}^T[C]\{\Phi_1\}}{\{\Phi_1\}^T[m]\{\Phi_1\}} \tag{16.105}$$

mit

$\omega_{L,1}$: Grundkreisfrequenz des isolierten Systems

$\{\Phi_1\}$: Eigenvektor der Grundschwingungsform nach Gl. (16.104)

Die Dämpfungsmatrix $[C]$ kann in einer Summe von drei Matrizen gespaltet werden.

$$[C]=[C_1]+[C_2]+[C_3]=\begin{bmatrix} C_L & 0 \\ 0 & 0 \end{bmatrix}+\begin{bmatrix} C & -C \\ -C & 0 \end{bmatrix}+\begin{bmatrix} 0 & 0 \\ 0 & C \end{bmatrix} \tag{16.106}$$

Die Matrix $[C_1]$ stellt die Isolatorendämpfung dar. Die Matrix $[C_3]$ entspricht der Dämpfung des starren Bauwerks. Die Matrix $[C_2]$ koppelt die Isolatoren mit dem Bauwerk und hängt vom Steifigkeitsverhältnis α ab. Mit der zerlegten Dämpfungsmatrix wird Gl. (16.105) wie folgt geschrieben:

$$2\zeta_{L,1}\omega_{L,1}=\frac{\{\Phi_1\}^T[C_1]\{\Phi_1\}+\{\Phi_1\}^T[C_2]\{\Phi_1\}+\{\Phi_1\}^T[C_3]\{\Phi_1\}}{\{\Phi_1\}^T[m]\{\Phi_1\}} \tag{16.107}$$

Mit den Entwicklungen

$$\{\Phi_1\}^T[C_1]\{\Phi_1\}=\begin{Bmatrix}1\\r_1\end{Bmatrix}^T\begin{bmatrix}C_L & 0\\0 & 0\end{bmatrix}\begin{Bmatrix}1\\r_1\end{Bmatrix}=C_L \tag{16.108a}$$

$$\{\Phi_1\}^T[C_2]\{\Phi_1\}=\begin{Bmatrix}1\\r_1\end{Bmatrix}^T\begin{bmatrix}C & -C\\-C & 0\end{bmatrix}\begin{Bmatrix}1\\r_1\end{Bmatrix}=C(1-2r_1) \tag{16.108b}$$

$$\{\Phi_1\}^T[C_3]\{\Phi_1\}=\begin{Bmatrix}1\\r_1\end{Bmatrix}^T\begin{bmatrix}0 & 0\\0 & C\end{bmatrix}\begin{Bmatrix}1\\r_1\end{Bmatrix}=Cr_1^{\,2} \tag{16.108c}$$

$$\{\Phi_1\}^T[m]\{\Phi_1\}=\begin{Bmatrix}1\\r_1\end{Bmatrix}^T\begin{bmatrix}\beta m & 0\\0 & m\end{bmatrix}\begin{Bmatrix}1\\r_1\end{Bmatrix}=m\left(\beta+r_1^{\,2}\right) \tag{16.108d}$$

wird Gl. (16.107) zu

$$2\zeta_{L,1}\omega_{L,1}=\left[\frac{C_L}{m\left(\beta+r_1^{\,2}\right)}+\frac{C(1-2r_1)}{m\left(\beta+r_1^{\,2}\right)}+\frac{Cr_1^{\,2}}{m\left(\beta+r_1^{\,2}\right)}\right] \tag{16.109}$$

Für sehr große α-Werte ($\alpha=\frac{K_L+K_W}{K}$) ergibt sich ein Einmassenschwinger mit den Eigenschaften des starren Bauwerks.

$$\omega_1=\sqrt{\frac{K}{m}} \tag{16.110}$$

$$2\zeta_1\omega_1=\frac{C}{m};\; C=2m\zeta_1\omega_1 \tag{16.111}$$

Wenn das Bauwerk sehr steif ist, ergibt sich ein Einmassenschwinger, dessen Eigenschaften von der Steifigkeit und der Dämpfung der Isolatoren bestimmt werden.

$$\omega_L=\sqrt{\frac{K_L+K_W}{m(1+\beta)}} \tag{16.112}$$

$$2\zeta_L\omega_L=\frac{C_L}{m(1+\beta)};\; C_L=2(1+\beta)m\zeta_L\omega_L \tag{16.113}$$

Mit den Gleichungen (16.111) und (16.113) lässt sich Gl. (16.109) wie folgt umschreiben:

$$2\zeta_{L,1}\omega_{L,1}=\left[\frac{2(1+\beta)\zeta_L\omega_L}{\beta+r_1^{\,2}}+\frac{2\zeta_1\omega_1(1-2r_1)}{\beta+r_1^{\,2}}+\frac{2\zeta_1\omega_1 r_1^{\,2}}{\beta+r_1^{\,2}}\right] \tag{16.114}$$

oder

$$2\zeta_{L,1}\omega_{L,1}=2\zeta_L\omega_L C_{oL}+2\zeta_1\omega_1\overline{C}_o+2\zeta_1\omega_1 C_o \tag{16.115}$$

wobei

$$C_{oL} = \frac{1+\beta}{\beta + r_1^2} \tag{16.115a}$$

$$\overline{C}_o = \frac{1-2r_1}{\beta + r_1^2} \tag{16.115b}$$

$$C_o = \frac{r_1^2}{\beta + r_1^2} \tag{16.115c}$$

Die Komponente r_1 des Eigenvektors $\{\Phi_1\}$ wird nach Gl. (16.92a) berechnet.

Aus Gl. (16.115) lässt sich der modale Dämpfungsgrad des isolierten Systems, $\zeta_{L,1}$, wie folgt errechnen:

$$\zeta_{L,1} = C_{oL}\left(\frac{\omega_L}{\omega_{L,1}}\right)\zeta_L + \overline{C}_o\left(\frac{\omega_1}{\omega_{L,1}}\right)\zeta_1 + C_o\left(\frac{\omega_1}{\omega_{L,1}}\right)\zeta_1 \tag{16.116}$$

In Gl. (16.116) wird die Eigenkreisfrequenz des isolierten Systems, $\omega_{L,1}$ nach Gl. (16.91a) berechnet.

Mit den Gleichungen (16.91a) und (16.92a) kann Gl. (16.116) in kurzer Form wie folgt formuliert werden:

$$\zeta_{L,1} = A_{oL}\left(\frac{\omega_L}{\omega_1}\right)\zeta_L + \overline{A}_o\zeta_1 + A_o\zeta_1 \tag{16.117}$$

Für $\beta = 1$ ($m = m_L$) betragen die Koeffizienten $A_{oL}, \overline{A}_o, A_o$

$$A_{oL} = \frac{4}{\alpha^2 + 4 + \alpha\sqrt{\alpha^2+4}}\left(\frac{\sqrt{2}}{\sqrt{\alpha + 2 - \sqrt{\alpha^2+4}}}\right) \tag{16.117a}$$

$$\overline{A}_o = \frac{4 - 4\alpha - 4\sqrt{\alpha^2+4}}{\alpha^2 + 4 + \alpha\sqrt{\alpha^2+4}}\left(\frac{\sqrt{2}}{\sqrt{\alpha + 2 - \sqrt{\alpha^2+4}}}\right) \tag{16.117b}$$

$$A_o = \frac{\alpha^2 + 2 + \alpha\sqrt{\alpha^2+4}}{\alpha^2 + 4 + \alpha\sqrt{\alpha^2+4}}\left(\frac{\sqrt{2}}{\sqrt{\alpha + 2 - \sqrt{\alpha^2+4}}}\right) \tag{16.117c}$$

Der modale Dämpfungsgrad $\zeta_{L,2}$ in der zweiten Schwingungsform kann in ähnlicher Weise abgeleitet werden.

$$\zeta_{L,2} = B_{oL}\left(\frac{\omega_L}{\omega_1}\right)\zeta_L + \overline{B}_o\zeta_1 + B_o\zeta_1 \tag{16.118}$$

wobei für $\beta = 1$ die Koeffizienten $B_{oL}, \overline{B}_o, B_o$

$$B_{oL} = \frac{4}{\alpha^2 + 4 - \alpha\sqrt{\alpha^2 + 4}} \left(\frac{\sqrt{2}}{\sqrt{\alpha + 2 + \sqrt{\alpha^2 + 4}}} \right) \tag{16.118a}$$

$$\overline{B}_o = \frac{4 - 4\alpha + 4\sqrt{\alpha^2 + 4}}{\alpha^2 + 4 - \alpha\sqrt{\alpha^2 + 4}} \left(\frac{\sqrt{2}}{\sqrt{\alpha + 2 + \sqrt{\alpha^2 + 4}}} \right) \tag{16.118b}$$

$$B_o = \frac{\alpha^2 + 2 - \alpha\sqrt{\alpha^2 + 4}}{\alpha^2 + 4 - \alpha\sqrt{\alpha^2 + 4}} \left(\frac{\sqrt{2}}{\sqrt{\alpha + 2 + \sqrt{\alpha^2 + 4}}} \right) \tag{16.118c}$$

betragen.

Die Antwort des isolierten Bauwerks in der ersten Schwingungsform ist

$$\max\{U(t)\} = \{\Phi_1\} q_1(t) \tag{16.119}$$

wobei

$$\max q_1(t) = L_1 S_d(T_{L,1}, \zeta_{L,1}) \tag{16.119a}$$

Beispiel 16.4

Für ein isoliertes System mit elastischer Windaufnahme-Vorrichtung werden folgende Parameter gewählt:

$m = m_L = 10 \;\; kNs^2/m$

$K = 2000 \;\; kN/m$

$\alpha = 0{,}075$

$K_L = 150 \;\; kN/m$

$K_W = 1000 \;\; kN/m; \; K_1 = K_L + K_W = 1150 \;\; kN/m$

$\alpha_1 = \frac{K_1}{K} = 0{,}57$

$\zeta_1 = 2{,}5 \;\; \%$

$\zeta_L = 10 \;\; \%$

Es wird die Antwort des Systems für ein SS-Beben mit $\ddot{U}_b = 2{,}0 \;\; m/s^2$ und den Antwortspektren aus den Bildern 16.56 und 16.57 ermittelt.

Für die Systemantwort im Kennlinienbereich I ($U_1 < U_B$) gilt das Steifigkeitsverhältnis $\alpha_1 = 0{,}57$.

Die Eigenkreisfrequenzen betragen

$$\omega_1 = \sqrt{\frac{K}{m}} = \sqrt{\frac{2000}{10}} = 14{,}14 \;\; rad/s$$

$$\omega_L = \sqrt{\frac{K_L + K_W}{m(1+\beta)}} = \sqrt{\frac{1150}{10.2}} = 7{,}58 \;\; rad/s$$

$$\omega_{L,1} = \sqrt{\frac{0{,}57 + 2 - \sqrt{0{,}57^2 + 4}}{2} 14{,}14} = 7{,}0 \;\; \text{rad/s}$$

$$\omega_{L,2} = \sqrt{\frac{0{,}57 + 2 + \sqrt{0{,}57^2 + 4}}{2} 14{,}14} = 21{,}56 \;\; \text{rad/s}$$

Somit betragen die Eigenperioden des isolierten Systems

$$T_{L,1} = \frac{2\pi}{\omega_{L,1}} = 0{,}89 \;\; \text{s}$$

$$T_{L,2} = \frac{2\pi}{\omega_{L,2}} = 0{,}29 \;\; \text{s}$$

Die Eigenvektoren errechnen sich nach den Gleichungen (16.95a) und (16.95b) zu

$$r_1 = \frac{0{,}57 + \sqrt{0{,}57^2 + 4}}{2} = 1{,}325$$

$$r_2 = \frac{0{,}57 - \sqrt{0{,}57^2 + 4}}{2} = -0{,}755$$

$$\{\Phi_1\} = \begin{Bmatrix} 1 \\ 1{,}325 \end{Bmatrix} = \begin{Bmatrix} 0{,}754 \\ 1 \end{Bmatrix}$$

$$\{\Phi_2\} = \begin{Bmatrix} 1 \\ -0{,}755 \end{Bmatrix} = \begin{Bmatrix} -1{,}324 \\ 1 \end{Bmatrix}$$

Aus den Gleichungen (16.111) und (16.113) ergibt sich das Dämpfungsmaß des Bauwerks und der Isolatoren zu

$$C = 2.10.0{,}025.14{,}14 = 7{,}07 \;\; \text{kNs/m}$$

$$C_L = 4.10.0{,}1.7{,}58 = 30{,}33 \;\; \text{kNs/m}$$

Aus den Gleichungen (16.117a-c) errechnen sich die Koeffizienten $A_{oL}, \overline{A}_o, A_o$.

$$A_{oL} = \frac{4}{0{,}57^2 + 4 + 0{,}57\sqrt{0{,}57^2 + 4}} \left(\frac{\sqrt{2}}{\sqrt{0{,}57 + 2 - \sqrt{0{,}57^2 + 4}}} \right) = 1{,}46$$

$$\overline{A}_o = \frac{4 - 4.0{,}57 - 4\sqrt{0{,}57^2 + 4}}{0{,}57^2 + 4 + 0{,}57\sqrt{0{,}57^2 + 4}} \left(\frac{\sqrt{2}}{\sqrt{0{,}57 + 2 - \sqrt{0{,}57^2 + 4}}} \right) = -2{,}42$$

$$A_o = \frac{0{,}57^2 + 2 + 0{,}57\sqrt{0{,}57^2 + 4}}{0{,}57^2 + 4 + 0{,}57\sqrt{0{,}57^2 + 4}} \left(\frac{\sqrt{2}}{\sqrt{0{,}57 + 2 - \sqrt{0{,}57^2 + 4}}} \right) = 1{,}29$$

Der modale Dämpfungsgrad des isolierten Systems wird nach Gl. (16.117) ermittelt.

$$\zeta_{L,1} = 1{,}46 \left(\frac{7{,}58}{14{,}14} \right) 0{,}1 + (-2{,}42) 0{,}025 + 1{,}29.0{,}025 = 0{,}05 = 5{,}0 \;\; \%$$

Aus den Gleichungen (16.117a-c) errechnen sich die Koeffizienten $B_{oL}, \overline{B}_o, B_o$.

$$B_{oL} = \frac{4}{0{,}57^2 + 4 - 0{,}57\sqrt{0{,}57^2 + 4}} \left(\frac{\sqrt{2}}{\sqrt{0{,}57 + 2 + \sqrt{0{,}57^2 + 4}}} \right) = 0{,}83$$

$$\overline{B}_o = \frac{4 - 4.0{,}57 + 4\sqrt{0{,}57^2 + 4}}{0{,}57^2 + 4 - 0{,}57\sqrt{0{,}57^2 + 4}} \left(\frac{\sqrt{2}}{\sqrt{0{,}57 + 2 + \sqrt{0{,}57^2 + 4}}} \right) = 2{,}10$$

$$B_o = \frac{0{,}57^2 + 2 - 0{,}57\sqrt{0{,}57^2 + 4}}{0{,}57^2 + 4 - 0{,}57\sqrt{0{,}57^2 + 4}} \left(\frac{\sqrt{2}}{\sqrt{0{,}57 + 2 + \sqrt{0{,}57^2 + 4}}} \right) = 0{,}244$$

Somit beträgt der modale Dämpfungsgrad des isolierten Systems in der zweiten Schwingungsform

$$\zeta_{L,2} = 0{,}83\left(\frac{7{,}58}{14{,}14}\right)0{,}1 + 2{,}1.0{,}025 + 0{,}244.0{,}025 = 0{,}1041 \cong 10{,}0\ \%$$

Die Beteiligungsfaktoren der oberen Masse in der ersten und zweiten Schwingungsform lauten nach den Gleichungen (16.99) und (16.101)

$$L_1 = \frac{\begin{Bmatrix} 0{,}754 \\ 1 \end{Bmatrix}^T \begin{bmatrix} 10 & 0 \\ 0 & 10 \end{bmatrix} \begin{Bmatrix} 1 \\ 1 \end{Bmatrix}}{\begin{Bmatrix} 0{,}754 \\ 1 \end{Bmatrix}^T \begin{bmatrix} 10 & 0 \\ 0 & 10 \end{bmatrix} \begin{Bmatrix} 0{,}754 \\ 1 \end{Bmatrix}} = \frac{17{,}5}{15{,}625} = 1{,}12$$

$$L_2 = \frac{\begin{Bmatrix} -1{,}324 \\ 1 \end{Bmatrix}^T \begin{bmatrix} 10 & 0 \\ 0 & 10 \end{bmatrix} \begin{Bmatrix} 1 \\ 1 \end{Bmatrix}}{\begin{Bmatrix} -1{,}324 \\ 1 \end{Bmatrix}^T \begin{bmatrix} 10 & 0 \\ 0 & 10 \end{bmatrix} \begin{Bmatrix} -1{,}324 \\ 1 \end{Bmatrix}} = -\frac{3{,}2}{27{,}42} = -0{,}116$$

Für $T_{L,1} = 0{,}89$ s und $\zeta_{L,1} = 5$ % ergeben sich aus dem Beschleunigungs- und Verschiebungsspektrum folgende Werte:

$$S_d(T_{L,1}, \zeta_{L,1}) = 2.0{,}032 = 0{,}064 \text{ m/s}$$

$$S_a(T_{L,1}, \zeta_{L,1}) = 2.1{,}75 = 3{,}50 \text{ m/s}^2$$

Die Antwort in der ersten Schwingungsform beträgt

$$\max\left\{U^{(1)}\right\} = \begin{Bmatrix} 0{,}754 \\ 1 \end{Bmatrix} 1{,}12.0{,}064 = \begin{Bmatrix} 0{,}053 \\ 0{,}071 \end{Bmatrix} \text{ m}$$

$$\max\left\{\ddot{U}^{(1)} + \ddot{U}_b\right\} = \begin{Bmatrix} 0{,}754 \\ 1 \end{Bmatrix} 1{,}12.3{,}5 = \begin{Bmatrix} 2{,}94 \\ 3{,}92 \end{Bmatrix} \text{ m/s}^2$$

$$\max V^{(1)} = 10.3{,}92 + 10.2{,}94 = 68{,}60 \text{ kN}$$

Für $T_{L,2} = 0{,}29$ s und $\zeta_{L,2} = 5$ % betragen die Spektralwerte

$$S_d(T_{L,2}, \zeta_{L,2}) = 2.0{,}015 = 0{,}030 \text{ m/s}$$

$S_a(T_{L,2}, \zeta_{L,2}) = 2.3{,}75 = 7{,}50\ \text{m/s}^2$

Die Antwort in der zweiten Schwingungsform lautet

$$\max\left\{U^{(2)}\right\} = \begin{Bmatrix} -1{,}324 \\ 1 \end{Bmatrix}(-0{,}116).0{,}03 = \begin{Bmatrix} 4{,}59 \\ -3{,}48 \end{Bmatrix}10^{-3}\ \text{m}$$

$$\max\left\{\ddot{U}^{(2)} + \ddot{U}_b\right\} = \begin{Bmatrix} -1{,}324 \\ 1 \end{Bmatrix}(-0{,}116).7{,}5 = \begin{Bmatrix} 1{,}15 \\ -0{,}87 \end{Bmatrix}\ \text{m/s}^2$$

$\max V^{(2)} = 10(-0{,}87) + 10.1{,}15 = 2{,}80\ \text{kN}$

Die Addition der Werte nach dem quadratischen Wurzel-Verfahren (SRSS-Verfahren) ergibt

$$\max\{U\}_{SRSS} = \begin{Bmatrix} \sqrt{0{,}053^2 + 0{,}00459^2} \\ \sqrt{0{,}071^2 + (-0{,}00348)^2} \end{Bmatrix} = \begin{Bmatrix} 0{,}053 \\ 0{,}071 \end{Bmatrix}\ \text{m}$$

$$\max\left\{\ddot{U} + a_g\right\}_{SRSS} = \begin{Bmatrix} \sqrt{2{,}94^2 + 1{,}15^2} \\ \sqrt{3{,}92^2 + (-0{,}87)^2} \end{Bmatrix} = \begin{Bmatrix} 3{,}156 \\ 4{,}01 \end{Bmatrix}\ \text{m/s}^2$$

$$\max V_{SRSS} = \sqrt{68{,}6^2 + 2{,}8^2} = 68{,}66\ \text{kN}$$

Nach dem Ausfall des Windaufnehmers (Kennlinie im Bereich II) gilt $\alpha = 0{,}075$. Die Dämpfung im starren Bauwerk beträgt $\zeta_1 = 2{,}5\ \%$, während diejenige in den Isolatoren aufgrund der größeren Verschiebung anwächst. Es wird $\zeta_L = 15\ \%$ angenommen.

Die Kreisfrequenz der Isolatoren und des isolierten Systems betragen

$$\omega_L = \sqrt{\frac{K_L}{m(1+\beta)}} = \sqrt{\frac{150}{10.2}} = 2{,}73\ \text{rad/s}$$

$$\omega_{L,1} = \sqrt{\frac{0{,}075 + 2 - \sqrt{0{,}075^2 + 4}}{2}}14{,}14 = 2{,}71\ \text{rad/s}$$

$$\omega_{L,2} = \sqrt{\frac{0{,}075 + 2 + \sqrt{0{,}075^2 + 4}}{2}}14{,}14 = 28{,}81\ \text{rad/s}$$

Somit ergeben sich die Eigenperioden des Systems zu

$$T_{L,1} = \frac{2\pi}{\omega_{L,1}} = 2{,}31\ \text{s}$$

$$T_{L,2} = \frac{2\pi}{\omega_{L,2}} = 0{,}22\ \text{s}$$

Die Eigenvektoren lauten

$$r_1 = \frac{0{,}075 + \sqrt{0{,}075^2 + 4}}{2} = 1{,}038$$

$$r_2 = \frac{0{,}075 - \sqrt{0{,}075^2 + 4}}{2} = -0{,}96$$

$$\{\Phi_1\} = \begin{Bmatrix} 1 \\ 1{,}038 \end{Bmatrix} = \begin{Bmatrix} 0{,}96 \\ 1 \end{Bmatrix}$$

$$\{\Phi_2\} = \begin{Bmatrix} 1 \\ -0{,}96 \end{Bmatrix} = \begin{Bmatrix} -1{,}038 \\ 1 \end{Bmatrix}$$

Die Koeffizienten $A_{oL}, \overline{A}_o, A_o$ und $B_{oL}, \overline{B}_o, B_o$ betragen

$$A_{oL} = \frac{4}{0{,}075^2 + 4 + 0{,}075\sqrt{0{,}075^2 + 4}} \left(\frac{\sqrt{2}}{\sqrt{0{,}075 + 2 - \sqrt{0{,}075^2 + 4}}} \right) = 4{,}42$$

$$\overline{A}_o = \frac{4 - 4.0{,}075 - 4\sqrt{0{,}075^2 + 4}}{0{,}075^2 + 4 + 0{,}075\sqrt{0{,}075^2 + 4}} \left(\frac{\sqrt{2}}{\sqrt{0{,}075 + 2 - \sqrt{0{,}075^2 + 4}}} \right) = -5{,}39$$

$$A_o = \frac{0{,}075^2 + 2 + 0{,}075\sqrt{0{,}075^2 + 4}}{0{,}075^2 + 4 + 0{,}075\sqrt{0{,}075^2 + 4}} \left(\frac{\sqrt{2}}{\sqrt{0{,}075 + 2 - \sqrt{0{,}075^2 + 4}}} \right) = 2{,}70$$

$$B_{oL} = \frac{4}{0{,}075^2 + 4 - 0{,}075\sqrt{0{,}075^2 + 4}} \left(\frac{\sqrt{2}}{\sqrt{0{,}075 + 2 + \sqrt{0{,}075^2 + 4}}} \right) = 0{,}72$$

$$\overline{B}_o = \frac{4 - 4.0{,}075 + 4\sqrt{0{,}075^2 + 4}}{0{,}075^2 + 4 - 0{,}075\sqrt{0{,}075^2 + 4}} \left(\frac{\sqrt{2}}{\sqrt{0{,}075 + 2 + \sqrt{0{,}075^2 + 4}}} \right) = 2{,}12$$

$$B_o = \frac{0{,}075^2 + 2 - 0{,}075\sqrt{0{,}075^2 + 4}}{0{,}075^2 + 4 - 0{,}075\sqrt{0{,}075^2 + 4}} \left(\frac{\sqrt{2}}{\sqrt{0{,}075 + 2 + \sqrt{0{,}075^2 + 4}}} \right) = 0{,}33$$

Somit lassen sich die modalen Dämpfungsgraden des isolierten Systems in den zwei Schwingungsformen berechnen.

$$\zeta_{L,1} = 4{,}42\left(\frac{2{,}73}{14{,}14}\right)0{,}15 + (-5{,}39)0{,}025 + 2{,}7.0{,}025 = 0{,}053 = 5{,}3\ \%$$

$$\zeta_{L,2} = 0{,}72\left(\frac{2{,}73}{14{,}14}\right)0{,}15 + 2{,}12.0{,}025 + 0{,}33.0{,}025 = 0{,}081 = 8{,}1\ \%$$

Die Beteiligungsfaktoren der oberen Masse in den Schwingungsformen sind

$$L_1 = \frac{\begin{Bmatrix} 0{,}96 \\ 1 \end{Bmatrix}^T \begin{bmatrix} 10 & 0 \\ 0 & 10 \end{bmatrix} \begin{Bmatrix} 1 \\ 1 \end{Bmatrix}}{\begin{Bmatrix} 0{,}96 \\ 1 \end{Bmatrix}^T \begin{bmatrix} 10 & 0 \\ 0 & 10 \end{bmatrix} \begin{Bmatrix} 0{,}96 \\ 1 \end{Bmatrix}} = \frac{19{,}6}{19{,}22} = 1{,}02$$

$$L_2 = \frac{\begin{Bmatrix} -1{,}038 \\ 1 \end{Bmatrix}^T \begin{bmatrix} 10 & 0 \\ 0 & 10 \end{bmatrix} \begin{Bmatrix} 1 \\ 1 \end{Bmatrix}}{\begin{Bmatrix} -1{,}038 \\ 1 \end{Bmatrix}^T \begin{bmatrix} 10 & 0 \\ 0 & 10 \end{bmatrix} \begin{Bmatrix} -1{,}038 \\ 1 \end{Bmatrix}} = -\frac{0{,}38}{20{,}77} = -0{,}018$$

Für $T_{L,1} = 2{,}31$ s, $\zeta_{L,1} = 5$ % und $T_{L,2} = 0{,}22$ s, $\zeta_{L,2} \cong 10$ % gelten folgende Spektralwerte:

$S_d(T_{L,1}, \zeta_{L,1}) = 2.0{,}085 = 0{,}17$ m/s

$S_a(T_{L,1}, \zeta_{L,1}) = 2.0{,}625 = 1{,}25$ m/s²

$S_d(T_{L,2}, \zeta_{L,2}) = 2.0{,}0075 = 0{,}015$ m/s

$S_a(T_{L,2}, \zeta_{L,2}) = 2.3{,}2 = 6{,}40$ m/s²

Die Antwort des Systems in der ersten und zweiten Schwingungsform lautet

$$\max\{U^{(1)}\} = \begin{Bmatrix} 0{,}96 \\ 1 \end{Bmatrix} 1{,}02.0{,}17 = \begin{Bmatrix} 0{,}166 \\ 0{,}173 \end{Bmatrix} \text{ m}$$

$$\max\{\ddot{U}^{(1)} + \ddot{U}_b\} = \begin{Bmatrix} 0{,}96 \\ 1 \end{Bmatrix} 1{,}02.1{,}25 = \begin{Bmatrix} 1{,}22 \\ 1{,}28 \end{Bmatrix} \text{ m/s}^2$$

$$\max V^{(1)} = 10.1{,}28 + 10.1{,}22 = 25{,}00 \text{ kN}$$

$$\max\{U^{(2)}\} = \begin{Bmatrix} -1{,}038 \\ 1 \end{Bmatrix} (-0{,}018).0{,}015 = \begin{Bmatrix} 2{,}8 \\ -2{,}7 \end{Bmatrix} 10^{-4} \text{ m}$$

$$\max\{\ddot{U}^{(2)} + \ddot{U}_b\} = \begin{Bmatrix} -1{,}038 \\ 1 \end{Bmatrix} (-0{,}018).6{,}4 = \begin{Bmatrix} 0{,}119 \\ -0{,}115 \end{Bmatrix} \text{ m/s}^2$$

$$\max V^{(2)} = 10(-0{,}115) + 10.0{,}119 = 0{,}04 \text{ kN}$$

Die Überlagerung der Ergebnisse ergibt nach dem SRSS-Verfahren

$$\max\{U\}_{SRSS} = \begin{Bmatrix} \sqrt{0{,}166^2 + 0{,}00028^2} \\ \sqrt{0{,}173^2 + (-0{,}00027)^2} \end{Bmatrix} = \begin{Bmatrix} 0{,}166 \\ 0{,}173 \end{Bmatrix} \text{ m}$$

$$\max\{\ddot{U} + \ddot{U}_b\}_{SRSS} = \begin{Bmatrix} \sqrt{1{,}22^2 + 0{,}119^2} \\ \sqrt{1{,}28^2 + (-0{,}115)^2} \end{Bmatrix} = \begin{Bmatrix} 1{,}23 \\ 1{,}28 \end{Bmatrix} \text{ m/s}^2$$

$$\max V_{SRSS} = \sqrt{25^2 + 0{,}04^2} = 25{,}00 \text{ kN}$$

16.3.5.2 Systeme mit nichtlinearem Steifigkeitsverlauf

Die Kopplung von Elastomerlagern mit Hystereseverbindungen ergibt für das isolierte System Kraft-Verschiebungsdiagramme, die einen ähnlichen Verlauf aufweisen, wie die Kennlinien von Isolatoren aus hochdämpfenden Elastomerlagern oder Elastomerlagern mit Bleikern. Die charakteristische Skelettkurve lässt sich in zwei Bereichen teilen: In einem Anfangsbereich mit linearem Verlauf und in einem Bereich mit nichtlinearem Verlauf, der für die Praxis linearisiert wird (Bild 16.61). In der Regel ist die Anfangssteifigkeit K_A ausreichend groß, so dass die Aufnahme der Windlast mit angemessenen Verformungen gesichert werden kann.

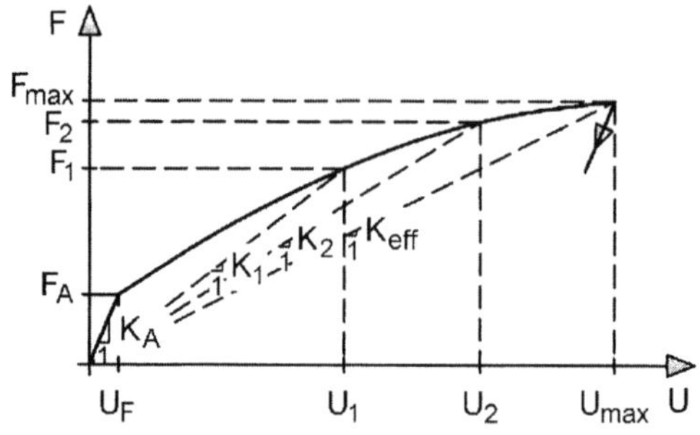

Bild 16.61 Kraft-Verschiebungsdiagramm von Isolatoren mit nichtlinearem Verlauf

Die Abschätzung der Erdbebenantwort eines isolierten Systems mit nichtlinearem Verhalten kann mit Hilfe des Antwortspektrenverfahrens im Rahmen eines iterativen Rechenganges durchgeführt werden. Zweckmäßig wird als Ausgangsgröße für die Berechnung die Verschiebung der Isolatoren, U_1, gewählt, die in einer Vordimensionierungsstufe ermittelt wird (siehe Abschnitt 16.2). Im ersten Rechengang wird die Antwortspektren-Analyse mit der Steifigkeit unternommen, die sich aus dem Kraft-Verschiebungsdiagramm für diese Verschiebung ergibt. Führt die Analyse zu dem Ergebnis $S_{dl} \neq U_1$, so wird für die neu gewählte Verschiebung $U_2 = S_{dl}$ die Steifigkeit aus dem Kraft-Verschiebungsdiagramm wieder ermittelt und als Ausgangsgröße für den zweiten Iterationsschritt verwendet. Das Verfahren wird fortgesetzt bis $S_{dl} \rightarrow U$. In jedem Iterationsschritt ändert sich auch die Dämpfung, welche, wie erwähnt wurde, verschiebungsabhängig ist.

16.3.6 Zeitverlaufverfahren

Ein erdbebenisoliertes Bauwerk stellt ein dynamisches System mit nichtlinearem Verhalten und nichtproportionaler Dämpfung dar, dessen Antwort nur mit einem numerischen Schritt für Schritt Integrationsverfahren genau ermittelt werden kann. Ein solches Verfahren stellt z. B. das im Kapitel 7 erörterte ß-Verfahren von Newmark dar. Das Verfahren geht von beliebigen Rückstellkraftfunktionen aus und berücksichtigt die Nichtlinearitäten des Systems durch eine inkrementale Steifigkeit K_s, die in jedem Zeitschritt geändert wird.

Im Bild 16.62 wird das reale und das idealisierte Kraft-Verformungsdiagramm eines Elastomerlagers gezeigt. Durch Annahme eines bilinearen Verlaufs kann eine erhebliche Vereinfachung in der Berechnung erzielt werden (Bild 16.62b).

Die bilineare Rückstellkraftfunktion vom Bild 16.62b kann analytisch beschrieben werden, indem die Koordinaten der Punkte 1 bis 5 bestimmt werden und dann mit Hilfe der Steigungen K_1 und K_2 die Gleichungen der Geraden (1) bis (6) aufgestellt werden. Die Umkehrpunkte 2 und 4 sind im Rahmen der Zeitfortschrittberechnung aus der Bedingung $\dot{U} = 0$ zu bestimmen. Es gilt

- Für den Pfad (1):

$$F = K_1 U \quad \text{für} \quad -U_1 < U < U_1 \; ; \; \dot{U} > 0$$

- Für den Pfad (2):

$$F = K_2 U + (K_1 - K_2) U_1 \quad \text{für} \quad U_1 < U < U_2 \; ; \; \dot{U} > 0$$

usw.

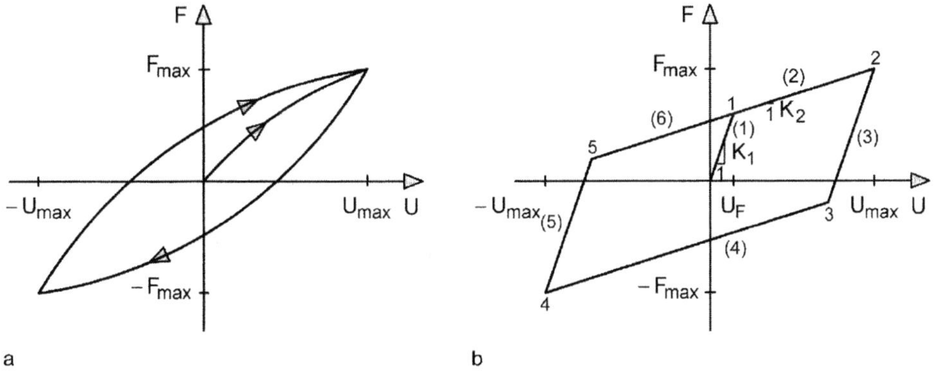

Bild 16.62 Kraft-Verformungsdiagramm eines Elastomerlagers
a) Realer Verlauf
b) Idealisierter Verlauf

Aus den bekannten Gleichungen der Pfade kann für die jeweilige Verschiebung $U = U(t)$ die zugehörige Rückstellkraft ermittelt werden [16.65].

Beispiel 16.5

Ein Bauwerk-Isolatoren-System ist als Zweimassenschwinger mit den Massen $m = m_L = 1{,}0$ kNs²/cm in Bild 16.63a abgebildet. Die Steifigkeit des starren Bauwerks beträgt $K = 200$ kN/cm. Das Kraft-Verschiebungsdiagramm der Isolatoren weist den Verlauf von Bild 16.63b auf, mit den Steifigkeiten von $K_{1L} = 12{,}5$ und $K_{2L} = 5{,}0$ kN/cm. Die Dämpfung des Systems wird als massenproportional mit $\alpha = 2{,}0$ angenommen ($\beta = 0$). Als Erregung gilt der bilineare Bodenbeschleunigungsimpuls von Bild 16.63c. Es wird die zeitabhängige Antwort des isolierten Systems ermittelt.

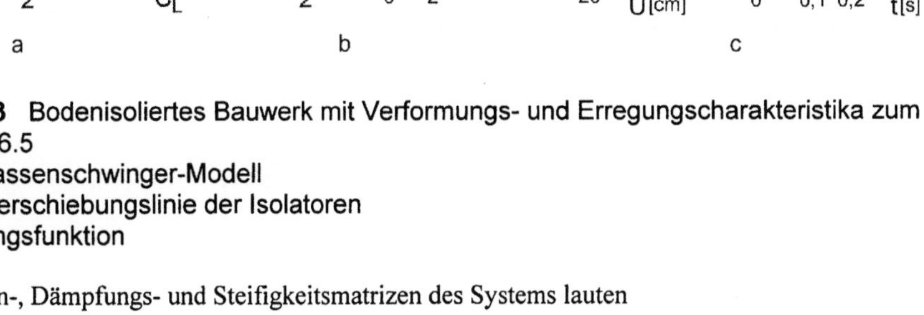

Bild 16.63 Bodenisoliertes Bauwerk mit Verformungs- und Erregungscharakteristika zum Beispiel 16.5
a) Zweimassenschwinger-Modell
b) Kraft-Verschiebungslinie der Isolatoren
c) Erregungsfunktion

Die Massen-, Dämpfungs- und Steifigkeitsmatrizen des Systems lauten

$$[m] = \begin{bmatrix} 1 & 0 \\ 0 & 1 \end{bmatrix}$$

$$[C]=\alpha[m]=2\begin{bmatrix}1 & 0\\ 0 & 1\end{bmatrix}=\begin{bmatrix}2 & 0\\ 0 & 2\end{bmatrix}$$

$$[K_1]=\begin{bmatrix}225 & -200\\ -200 & 200\end{bmatrix};\ [K_2]=\begin{bmatrix}210 & -200\\ -200 & 200\end{bmatrix}$$

Die Bewegungsgleichung des isolierten Systems kann für die zwei Steifigkeitsbereiche der Rückstellkraftfunktion K_1, K_2 wie folgt formuliert werden:

$$\begin{bmatrix}1 & 0\\ 0 & 1\end{bmatrix}\begin{Bmatrix}\ddot{U}_1\\ \ddot{U}_2\end{Bmatrix}+\begin{bmatrix}2 & 0\\ 0 & 2\end{bmatrix}\begin{Bmatrix}\dot{U}_1\\ \dot{U}_2\end{Bmatrix}+\begin{bmatrix}225 & -200\\ -200 & 200\end{bmatrix}\begin{Bmatrix}U_1\\ U_2\end{Bmatrix}=-\begin{bmatrix}1 & 0\\ 0 & 1\end{bmatrix}\begin{Bmatrix}1\\ 1\end{Bmatrix}\ddot{U}_b(t)$$

$$\begin{bmatrix}1 & 0\\ 0 & 1\end{bmatrix}\begin{Bmatrix}\ddot{U}_1\\ \ddot{U}_2\end{Bmatrix}+\begin{bmatrix}2 & 0\\ 0 & 2\end{bmatrix}\begin{Bmatrix}\dot{U}_1\\ \dot{U}_2\end{Bmatrix}+\begin{bmatrix}210 & -200\\ -200 & 200\end{bmatrix}\begin{Bmatrix}U_1\\ U_2\end{Bmatrix}=-\begin{bmatrix}1 & 0\\ 0 & 1\end{bmatrix}\begin{Bmatrix}1\\ 1\end{Bmatrix}\ddot{U}_b(t)$$

Die Systemantwort wird mit Hilfe des ß-Verfahrens von Newmark für eine konstante Beschleunigung ($\alpha=0$, $\delta=0$) ermittelt. Folgendes Gleichungssystem ist nach Gl. (8.144) für die Lösung der Bewegungsgleichung maßgebend:

$$\begin{Bmatrix}U_{k+1}\\ \dot{U}_{k+1}\\ \ddot{U}_{k+1}\end{Bmatrix}=[D_N^n]\begin{Bmatrix}U_k\\ \dot{U}_k\\ \ddot{U}_k\end{Bmatrix}+[H_N^n]\{I\}(\ddot{U}_{b,k+1}-\ddot{U}_{b,k})$$

mit

$$[D_N^n]=\begin{bmatrix}\{I\} & \{I\}(\Delta t) & \frac{1}{2}\{I\}(\Delta t)^2\\ 0 & \{I\} & \{I\}(\Delta t)\\ 0 & -[m]^{-1}[K_{1,2}](\Delta t) & \{I\}-[m]^{-1}[C](\Delta t)-\frac{1}{2}[m]^{-1}[K_{1,2}](\Delta t)^2\end{bmatrix}$$

$$[H_N^n]\{I\}=\begin{bmatrix}0\\ 0\\ [m]^{-1}\end{bmatrix}\begin{Bmatrix}1\\ 1\end{Bmatrix}=\begin{bmatrix}0 & 0\\ 0 & 0\\ \hline 0 & 0\\ 0 & 0\\ \hline -1 & 0\\ 0 & -1\end{bmatrix}\begin{Bmatrix}1\\ 1\end{Bmatrix}=\begin{Bmatrix}0\\ 0\\ \hline 0\\ 0\\ \hline -1\\ -1\end{Bmatrix}$$

Wenn die Verschiebung der Isolatoren im elastischen Bereich ist (Bereich: K_1), wird die Antwort des Systems von folgender Matrizengleichung beschrieben:

$$\begin{Bmatrix}U_1\\ U_2\\ \hline \dot{U}_1\\ \dot{U}_2\\ \hline \ddot{U}_1\\ \ddot{U}_2\end{Bmatrix}_{k+1}=\left[\begin{array}{cc|cc|cc}1 & 0 & 0{,}01 & 0 & 5.10^{-5} & 0\\ 0 & 1 & 0 & 0{,}01 & 0 & 5.10^{-5}\\ \hline 0 & 0 & 1 & 0 & 0{,}01 & 0\\ 0 & 0 & 0 & 1 & 0 & 0{,}01\\ \hline 0 & 0 & -2{,}25 & 2 & 0{,}968 & 0{,}01\\ 0 & 0 & 2 & -2 & 0{,}01 & 0{,}97\end{array}\right]\begin{Bmatrix}U_1\\ U_2\\ \hline \dot{U}_1\\ \dot{U}_2\\ \hline \ddot{U}_1\\ \ddot{U}_2\end{Bmatrix}_k+\begin{Bmatrix}0\\ 0\\ \hline 0\\ 0\\ \hline -1\\ -1\end{Bmatrix}(\ddot{U}_{b,k+1}-\ddot{U}_{b,k})$$

Wenn die Verschiebung der Isolatoren im plastischen Bereich ist (Bereich: K_2), wird die Systemantwort zu

$$\begin{Bmatrix} U_1 \\ U_2 \\ \dot{U}_1 \\ \dot{U}_2 \\ \ddot{U}_1 \\ \ddot{U}_2 \end{Bmatrix}_{k+1} = \begin{bmatrix} 1 & 0 & 0{,}01 & 0 & 5.10^{-5} & 0 \\ 0 & 1 & 0 & 0{,}01 & 0 & 5.10^{-5} \\ 0 & 0 & 1 & 0 & 0{,}01 & 0 \\ 0 & 0 & 0 & 1 & 0 & 0{,}01 \\ 0 & 0 & -2{,}1 & 2 & 0{,}9695 & 0{,}01 \\ 0 & 0 & 2 & -2 & 0{,}01 & 0{,}97 \end{bmatrix} \begin{Bmatrix} U_1 \\ U_2 \\ \dot{U}_1 \\ \dot{U}_2 \\ \ddot{U}_1 \\ \ddot{U}_2 \end{Bmatrix}_k + \begin{Bmatrix} 0 \\ 0 \\ 0 \\ 0 \\ -1 \\ -1 \end{Bmatrix} (\ddot{U}_{b,k+1} - \ddot{U}_{b,k})$$

Für den Anfang mit $t = 0$ gilt $U_o = \dot{U}_o = \ddot{U}_o = 0$, $\ddot{U}_{b,k} = 0$ und $\ddot{U}_{b,k+1} = 0{,}1g = 98{,}1$ cm/s².

Für den ersten Zeitschritt, $k = 1$ ($\Delta t = 0{,}01$ s), ergibt sich folgende Antwort:

$$\begin{Bmatrix} U_1 \\ U_2 \\ \dot{U}_1 \\ \dot{U}_2 \\ \ddot{U}_1 \\ \ddot{U}_2 \end{Bmatrix}_1 = \{D_N^n\} \begin{Bmatrix} 0 \\ 0 \\ 0 \\ 0 \\ 0 \\ 0 \end{Bmatrix} + \begin{Bmatrix} 0 \\ 0 \\ 0 \\ 0 \\ -1 \\ -1 \end{Bmatrix} (98{,}1 - 0) = \begin{Bmatrix} 0 \\ 0 \\ 0 \\ 0 \\ -98{,}1 \\ -98{,}1 \end{Bmatrix}$$

Für den zweiten Zeitschritt, $k = 2$, gilt für die Grundgleichung $\ddot{U}_{b,k+2} = 0{,}2g = 196{,}2$ cm/s², und die Antwort des Systems lautet

$$\begin{Bmatrix} U_1 \\ U_2 \\ \dot{U}_1 \\ \dot{U}_2 \\ \ddot{U}_1 \\ \ddot{U}_2 \end{Bmatrix}_2 = \{D_N^n\} \begin{Bmatrix} 0 \\ 0 \\ 0 \\ 0 \\ -98{,}1 \\ -98{,}1 \end{Bmatrix} + \begin{Bmatrix} 0 \\ 0 \\ 0 \\ 0 \\ -1 \\ -1 \end{Bmatrix} (196{,}2 - 98{,}1) = \begin{Bmatrix} -4{,}905.10^{-3} \\ -4{,}905.10^{-3} \\ -0{,}981 \\ -0{,}981 \\ -195{,}8 \\ -195{,}8 \end{Bmatrix}$$

Das Berechnungsverfahren wird weitergeführt, bis die Systemverschiebung den Wert der Fließverschiebung der Isolatoren, $U_F = 2{,}0$ cm, erreicht. Ab diesem Zeitschritt gründet sich die Berechnung auf die Bewegungsgleichung des Systems im Bereich K_2.

16.4 Aktive Kontrolle von erdbebenisolierten Bauwerken

Eine besondere Technik der hybriden Kontrolle zum Schutz von Bauwerken gegen Erdbeben stellt die Kombination von Erdbebenisolierung und aktiver Tragverhaltenskontrolle dar [16.33, 16.40]. Ziel der aktiven Kontrolle in Bauwerken mit Fußpunktisolierung ist, bei der Minimierung der Systemverschiebungen und –geschwindigkeiten, die Annäherung der Bewegung des Oberbaus an die Bewegung eines „starren Körpers".

Für ein aktiv kontrolliertes lineares n-Mehrmassensystem, ausgestattet mit Isolatoren der Steifigkeit K_L und der Dämpfung C_L, ist angemessen, die Bewegungsgleichung unter Fußpunkterregung in absoluten Verschiebungen zu formulieren. Somit treten an der Stelle der Bodenbeschleunigung $\ddot{U}_b$ die Bodenverschiebung und -geschwindigkeit, U_b bzw. $\dot{U}_b$, als direkte Eingangsgrößen auf (Bild 16.64).

Mit $\{y(t)\}$ und $\{U(t)\}$ als absolute bzw. relative Verschiebung und $\{f_c(t)\}$ die Kontrollkraft lautet die Bewegungsgleichung des Systems

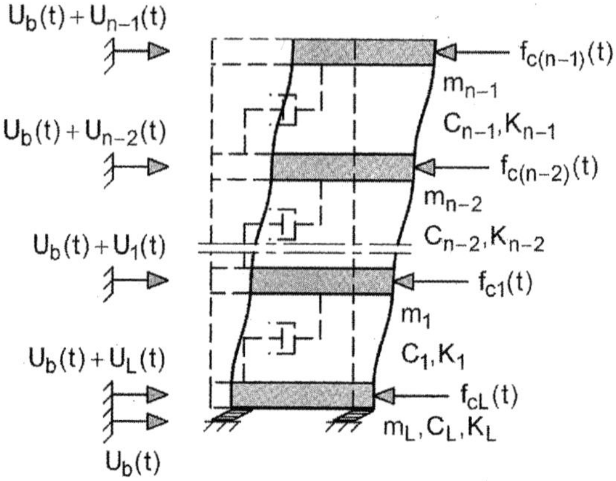

Bild 16.64 Dynamische Modellierung eines bodenisolierten Mehrmassensystems

$$[m]\{\ddot{y}\}+[C]\{\dot{U}\}+[K]\{U\}=\{P(t)\}+[D]\{f_c(t)\} \tag{16.120}$$

Setzt man für $\{U(t)\}$, $\{U(t)\}=\{y(t)-U_b(t)\}$, lässt sich Gl. (16.120) wie folgt umschreiben:

$$[m]\{\ddot{y}\}+[C]\{\dot{y}\}+[K]\{y\}=\{P(t)\}+[D]\{f_c(t)\} \tag{16.121}$$

wobei

$$[m]=\left[\begin{array}{cc|cc} m_L & 0 & 0 & 0 \\ 0 & m_1 & 0 & 0 \\ \hline 0 & 0 & m_{n-2} & 0 \\ 0 & 0 & 0 & m_{n-1} \end{array}\right]$$

$$[C]=\alpha[m]+\beta[K]=\left[\begin{array}{ccc|cc} C_L+C_1 & -C_1 & 0 & 0 & 0 \\ -C_1 & C_1+C_2 & -C_2 & 0 & 0 \\ \hline 0 & 0 & 0 & 0 & -C_{n-1} \\ 0 & 0 & 0 & -C_{n-1} & C_{n-1} \end{array}\right]$$

$$[K]=\left[\begin{array}{ccc|cc} K_L+K_1 & -K_1 & 0 & 0 & 0 \\ -K_1 & K_1+K_2 & -K_2 & 0 & 0 \\ \hline 0 & 0 & 0 & 0 & -K_{n-1} \\ 0 & 0 & 0 & -K_{n-1} & K_{n-1} \end{array}\right]$$

$$\{P(t)\}=\begin{Bmatrix} C_L\dot{U}_b(t)+K_LU_b(t) \\ \vdots \\ 0_{(n-1)} \end{Bmatrix}$$

$$\{f_c(t)\} = \begin{Bmatrix} F_{cL}(t) \\ \vdots \\ F_{c(n-1)}(t) \end{Bmatrix}$$

Die Matrix $[D]$ bestimmt die Lage der Kontrollkräfte an unterschiedlichen Geschossen ($D_{ij} = 0$ oder 1).

In Gl. (16.121) gelten die Anfangsbedingungen

$$\{y(t_o)\} = \{y_o\} \tag{16.122a}$$

$$\{\dot{y}(t_o)\} = \{\dot{y}_o\} \tag{16.122b}$$

Führt man in Gl. (16.121) die generalisierten Koordinaten q_i über die Beziehung (siehe Abschnitt 8.1.1.1)

$$\{y\} = \{\Phi\}q \tag{16.123}$$

ein und multipliziert man mit $\{\Phi_i\}^T$, ergeben sich n Differentialgleichungen in der Form

$$\ddot{q}_i + 2\omega_i\zeta_i\dot{q}_i + \omega_i{}^2 q_i = \{\Phi_i\}^T\{P(t)\} + \{\Phi_i\}^T[D]\{f_c(t)\} \tag{16.124}$$

Die Anfangsbedingungen (16.122a,b) werden zu

$$q(t_o) = \{\Phi\}^T[m]\{y(t_o)\} = \{\alpha_o\} \tag{16.125a}$$

$$\dot{q}(t_o) = \{\Phi\}^T[m]\{\dot{y}(t_o)\} = \{\alpha_1\} \tag{16.125b}$$

Die modalen Gleichungen (16.124) sind über die Matrix $[D]$ gekoppelt. In der Regel ergibt sich die optimale Lösung durch Anordnung einer einzigen Kontrollkraft in der Höhe der Basisdecke über den Isolatoren, so dass die Komponenten der Matrix $[D]$ bis auf eine null sind.

Die Lösung der Gl. (16.124) unter den Bedingungen (16.125a,b) lässt sich mit Hilfe des Duhamel-Integrals wie folgt schreiben (siehe Abschnitt 7.6.1):

$$q(t) = [G^c(t-t_o)]\{\alpha_o\} + [G^s(t-t_o)](\{\alpha_1\} + [\zeta\omega]\{\alpha_o\}) + \int_{t_o}^{t} [G^s(t-\tau)][\{\Phi\}^T\{P(\tau)\} + \{\Phi\}^T[D]\{f_c(\tau)\}]d\tau \tag{16.126}$$

Die Matrizen $[G^c]$ und $[G^s]$ sind Diagonalmatrizen in der Form

$$[G^c(t-t_o)] = \mathrm{Diag}\left[e^{-\zeta_i\omega_i(t-t_o)}\cos\omega_{di}(t-t_o)\right] \tag{16.127a}$$

$$[G^s(t-t_o)] = \mathrm{Diag}\left[\frac{1}{\omega_{di}}e^{-\zeta_i\omega_i(t-t_o)}\sin\omega_{di}(t-t_o)\right] \tag{16.127b}$$

wobei

ω_i, ζ_i : Eigenfrequenz bzw. Dämpfungsgrad in der Schwingungsform i, $i = 1,\ldots,n$

$$\omega_{di} = \omega_i\sqrt{1-\zeta_i{}^2}$$

$$[\zeta\omega] = \left[\begin{array}{cc:c} \zeta_1\omega_1 & 0 & 0 \\ 0 & \zeta_2\omega_2 & 0 \\ \hdashline 0 & 0 & \zeta_i\omega_i \end{array}\right]$$

16.4.1 Modale Kontrolle

Der Kontrollalgorithmus erfordert die Anwendung von direkt angeordneten Sensoren und Krafterzeugern. Die Kontrollkraft wird zu jedem Zeitpunkt durch die Minimierung vom zeitabhängigen quadratischen Leistungsindex J ermittelt, der auf die gesamte Systemenergie und auf den Effekt der Kontrolle beruht.

$$J = \frac{1}{2}\left[Q_1\{\dot{y}(t)\}^T[m]\{\dot{y}(t)\} + Q_2\{y(t)\}^T[K]\{y(t)\} + \{f_c(t)\}^T[R]\{f_c(t)\}\right] \tag{16.128}$$

Q_1 und Q_2 sind zwei positive Skalargrößen und $[R]$ ist eine positiv definierte Matrix, welche die Eigenschaften der Kontrollkräfte beeinflusst.

Um die gesamte Energie des Systems mit minimaler Kontrolleistung zu reduzieren, werden die Kontrollkräfte durch die Minimierung vom J über die Kontrollzeit $t_o \le t \le t_f$ unter Einhaltung der Gleichungen (16.121) und (16.122a,b) ermittelt. Dazu wird ein Variationsverfahren verwendet, und eine virtuelle Verrückung δy in der Zeit (t_o, t) eingeführt.

$$\delta J = Q_1\{\dot{y}(t)\}^T[m]\delta\{\dot{y}(t)\} + Q_2\{y(t)\}^T[K]\delta\{y(t)\} + \{f_c(t)\}^T[R]\delta\{f_c(t)\} \tag{16.129}$$

Aus Gl. (16.123) ergibt sich

$$\delta\{y\} = \{\Phi\}\delta q \tag{16.130a}$$

$$\delta\{\dot{y}\} = \{\Phi\}\delta\dot{q} \tag{16.130b}$$

Mit den Gleichungen (16.130a,b) und infolge der Orthogonalität der Eigenformen lässt sich Gl. (16.129) wie folgt umschreiben:

$$\delta J = Q_1\{\dot{q}(t)\}^T\delta\{\dot{q}(t)\} + Q_2\{q(t)\}^T[\lambda]\delta\{q(t)\} + \{f_c(t)\}^T[R]\delta\{f_c(t)\} \tag{16.131}$$

wobei

$$[\lambda] = \left[\begin{array}{cc:c} \omega_1^2 & 0 & 0 \\ 0 & \omega_2^2 & 0 \\ \hdashline 0 & 0 & \omega_n^2 \end{array}\right]$$

Die Variationen von $\{q(t)\}$ und $\{\dot{q}(t)\}$ errechnen sich aus Gl. (16.126), und Gl. (16.131) wird zu

$$\delta J = Q_1\{\dot{q}(t)\}^T\int_{t_o}^{t}\left[-[\zeta\omega]\left[G^s(t-\tau)\right] + \left[G^c(t-\tau)\right]\right]\{\Phi\}^T[D]\delta\{f_c(\tau)\}d\tau +$$

$$Q_2\{q(t)\}^T[\lambda]\int_{t_o}^{t}\left[G^s(t-\tau)\right]\{\Phi\}^T[D]\delta\{f_c(\tau)\}d\tau + \{f_c(t)\}^T[R]\delta\{f_c(t)\} \tag{16.132}$$

Durch die Einführung der Heaviside- und Dirac-Funktionen können die drei Terme der Gl. (16.132) zu einem Term vereint werden, und durch die Gleichsetzung zu null und Integration in Bezug auf τ für $t_o \le \tau \le t$ ergibt sich folgende Gleichung:

$$\{f_c(t)\}^T[R]+Q_1\{\dot{q}(t)\}^T\int_{t_o}^{t}\left[-[\zeta\omega]\left[G^s(t-\tau)\right]+\left[G^c(t-\tau)\right]\right]\{\Phi\}^T[D]d\tau+$$
$$Q_2\{q(t)\}^T[\lambda]\int_{t_o}^{t}\left[G^s(t-\tau)\right]\{\Phi\}^T[D]d\tau=0 \tag{16.133}$$

Für kleine Kontrollintervalle kann die Integration nach dem Trapez-Ansatz erfolgen.

$$\{f_c(t)\}^T[R]+\frac{\Delta t}{2}\left[Q_1\{\dot{q}(t)\}\left[-[\zeta\omega]\left[G^s(\Delta t)\right]+\left[G^c(\Delta t)\right]\right]+Q_2\{q(t)\}[\lambda]\left[G^s(\Delta t)\right]\right]\{\Phi\}^T[D]=0 \tag{16.134}$$

Gl. (16.134) definiert die Kontrollkräfte in Bezug auf die Modalamplituden und -geschwindigkeiten. Da nicht alle Modalformen kontrolliert werden müssen, kann man zwischen kontrollierten $\{q_c(t)\}$ und residualen $\{q_r(t)\}$ Modalformen unterscheiden. Dementsprechend lassen sich auch die Matrizen unterteilen.

$$\{q(t)\}=\begin{bmatrix}\{q_c(t)\}\\ \{q_r(t)\}\end{bmatrix}$$

$$\left[G^c\right]=\begin{bmatrix}\left[G_c^c\right] & 0\\ 0 & \left[G_r^c\right]\end{bmatrix}$$

$$\left[G^s\right]=\begin{bmatrix}\left[G_c^s\right] & 0\\ 0 & \left[G_r^s\right]\end{bmatrix}$$

$$\{\Phi\}=\begin{bmatrix}\{\Phi_c\}\\ \{\Phi_r\}\end{bmatrix}$$

$$[\lambda]=\begin{bmatrix}[\lambda_c] & 0\\ 0 & [\lambda_r]\end{bmatrix}$$

$$[\zeta\omega]=\begin{bmatrix}[\zeta_c\omega_c] & 0\\ 0 & [\zeta_r\omega_r]\end{bmatrix}$$

Die Kontrollkraft hängt nur von den kontrollierten Modalformen ab. Sie kann wie folgt geschrieben werden:

$$\{f_c(t)\}=-Q_1[A]\{\dot{q}_c(t)\}-Q_2[B]\{q_c(t)\} \tag{16.135}$$

mit

$$[A]=\frac{\Delta t}{2}[R]^{-1}[D]^T\{\Phi_c\}\left[1-[\zeta\omega]\left[G_c^s(\Delta t)\right]+\left[G_c^c(\Delta t)\right]\right] \tag{16.136a}$$

$$[B]=\frac{\Delta t}{2}[R]^{-1}[D]^T\{\Phi_c\}[\lambda]\left[G_c^s(\Delta t)\right] \tag{16.136b}$$

Die Gewinnmatrizen $[A]$ und $[B]$ enthalten nur konstante Elemente und müssen nur einmal gerechnet werden.

Der Algorithmus benötigt die Größen der Modalamplituden und -geschwindigkeiten, die von den Sensoren geliefert werden. Der Vorgang erfolgt mit Zeitverzögerung, da der Rechner und die Krafterzeuger eine bestimmte Zeit zum Reagieren benötigen. Niedrige Zeitverzögerungen, kleiner als 0,1 s, haben minimalen Einfluss auf die Kontrolleistung. Größere Zeitverzögerungen rufen insbesondere bei steifen Systemen eine Instabilität hervor.

Literaturverzeichnis

[1.1] Archibald, T., Energy and the mathematization of electrodynamics in Germany 1845-1875. Archives Internationales d' histoire des Sciences, Vol. 39, No 123, p. 276-305, Dec. 1989

[1.2] Bolt, B.A., Erdbeben. Schlüssel zur Geodynamik. Spektrum Akademischer Verlag, Heidelberg, 1995

[1.3] Cohen, B.J., Introduction to Newton's Principia. Cambridge, Univ. Press, 1971

[1.4] Galuzi, P., Momento: Studi Galileiani. Edizioni dell Ateneo + Bizzari, Rome, 1979 (in italienisch)

[1.5] Kraft, F., Dynamische und statische Betrachtungsweise in der antiken Mechanik. Franz Steiner Verlag, Wiesbaden, 1970

[1.6] Lovell-Wisau, W., Galileo and the process of scientific creation. ISIS Journal, Vol. 75, No 277, p. 269-286, 1984

[1.7] Seneca, A., Naturales Questiones. Wissenschaftliche Buchgesellschaft, Naturwissenschaftliche Untersuchungen, 1995

[1.8] Szabo, J., Geschichte der mechanischen Prinzipien und ihrer wichtigsten Anwendungen. Birkhäuser Verlag, Basel, 1976

[1.9] Treder, H.J., Aristoteles und die Physik. Aristoteles als Wissenschaftstheoretiker. Schriften zur Geschichte und Kultur der Antike, Nr. 22, S. 150-159, Akademie Verlag, 1983

[2.1] Bachmann, H., Ammann, W., Schwingungsprobleme bei Bauwerken. Durch Menschen und Maschinen induzierte Schwingungen. IVBH ETH-Hönggerberg, Zürich, 1987

[2.2] Baumann, K., Bachmann, H., Durch Menschen verursachte dynamische Lasten und deren Auswirkungen auf Balkentragwerke. Bericht Nr. 7501-3, Institut für Baustatik und Konstruktion, ETH-Hönggerberg, Zürich, Birkhäuser Verlag, Basel, 1987

[2.3] Kramer, H., Kebe, H.W., Durch Menschen erzwungene Bauwerksschwingungen. Bauingenieur, 54, S. 195-199, 1979

[3.1] Bolt, B.A., Erdbeben. Schlüssel zur Geodynamik. Spektrum Akademischer Verlag, Heidelberg, 1995

[3.2] Cismigiu, A., Nach dem 4. März 1977. Architectura, No 4, Bukarest, 1978 (in rumänisch)

[3.3] DIN 4149. Bauten in deutschen Erdbebengebieten. Teil 1: Lastannahmen, Bemessung und Ausführung üblicher Hochbauten. 1981

[3.4] Euronorm 8: Auslegung von Bauwerken gegen Erdbeben. Teil 1-1: Grundlagen - Erdbebeneinwirkungen und allgemeine Anforderungen an Bauwerke. (Deutsche Fassung ENV1998-1-1:1994)

[3.5] Giese, P. (Hrsg.), Geodynamik und Plattentektonik. Spektrum Akademischer Verlag, Heidelberg, 1995

[3.6] Grünthal, G., Die Erdbebenzonenkarte für das Nationale Anwendungsdokument zum Eurocode 8. DIN Deutsches Institut für Normung e.V. (Hrsg.), Referatensammlung

Eurocode 8, DIN 4149 – Neue Regeln bei der Auslegung von Bauwerken gegen Erdbeben, Leinfelden-Echterdingen, S. 3-1 – 3-16, 21. Jan. 1998

[3.7] Housner, G.W., Report to Governor George Deukmejian from the Governor's Word of Inquiry on the 1989 Loma Prieta Earthquake. Department of General Services North Highlands, California, May 1990

[3.8] Müller, F.P., Keintzel, E., Erdbebensicherung von Hochbauten. Ernst & Sohn, Berlin, 2. Auflage, 1984

[3.9] Newmark, N.M., Rosenblueth, E., Fundamentals of Earthquake Engineering. Prentice-Hall Inc., N.Y., 1971

[3.10] Richtlinien für die Bemessung von Stahlbetonbauteilen von Kernkraftwerken für außergewöhnliche Belastungen. Ausschuß Kerntechnischer Ingenieurbau des Instituts für Bautechnik Berlin (Hrsg.), Berlin, 1974

[3.11] Schneider, G., Neue Bemessungskonzepte für das Nationale Anwendungsdokument zum Eurocode 8. DIN Deutsches Institut für Normung e.V. (Hrsg.), Referatensammlung Eurocode 8, DIN 4149 – Neue Regeln bei der Auslegung von Bauwerken gegen Erdbeben, Leinfelden-Echterdingen, S. 4-1 – 4-24, 21. Jan. 1998

[3.12] Wirtschaftsministerium Baden-Württemberg (Hrsg.), Erdbebensicher Bauen. Stuttgart, 4. Auflage, 1999

[4.1] Fischer, U., Stephan, W., Prinzipien und Methoden der Dynamik. VEB Fachbuchverlag, Leipzig, 1972

[4.2] Schäfer, C., Die Prinzipien der Dynamik. Vereinigung Wissenschaftsverleger, W. de Gruyter Verlag, Berlin, 1919

[5.1] Deutscher Stahlbau-Verband (Hrsg.), Stahlbau Handbuch: Für Studium und Praxis. Band 1, Köln, 3. Auflage, 1993

[5.2] Eibl., J., Häussler-Combe, U., Baudynamik. Beton-Kalender 1997, Teil 2, Ernst & Sohn, Berlin, 1997

[5.3] Hampe, E., Raue, E., Kaller, W., Stahlbeton. Teil 1 Grundlagen. Verlag für Bauwesen, Berlin, 1993

[5.4] König, G., Bergner, H., Grimm, R., Erläuterungen zur DAfStb-Richtlinie Hochfester Beton. Bautechnik, 74, H. 4, 1997

[5.5] König, G., Grimm, R., Hochleistungsbeton. Beton-Kalender 2000, Teil 1, Ernst & Sohn, Berlin, 2000

[5.6] Lambotte, H., Taerwe, L.R., Fatigue of plain, high strength concrete subjected to flexural tensile stresses. Proceedings on Utilization of HSC, Stavanger, p. 331-342, 1987

[5.7] Park, R., Ductile design approach for reinforced concrete frames. Earthquake Spectra, Vol. 2, No 3, May 1986

[5.8] Petersen, C., Dynamik der Baukonstruktionen. Vieweg, Braunschweig, 1996

[5.9] Sinha, B.P., Gerstle, K.L., Jülin, L.G., Stress-strain relations for concrete under cyclic loading. Journal of the American Concrete Institute, Feb. 1964

[6.1] Müller, F.P., Keintzel, E., Erdbebensicherung von Hochbauten. Ernst & Sohn, Berlin, 2. Auflage, 1984

[6.2] Paulay, T., Bachmann, H., Moser, K., Erdbebenbemessung von Stahlbetonhochbauten. Birkhäuser Verlag, Basel, 1990

[7.1] Harris, C.M., Crede, C.E., Shock and Vibration Handbook. McGraw-Hill, N.Y., 1961
[7.2] Hart, G.C., Wong, K., Structural Dynamics for Structural Engineers. John Wiley & Sons Inc., N.Y., 2000
[7.3] Müller, F.P., Baudynamik. Beton Kalender 1978, Teil II, Ernst & Sohn, Berlin, 1978
[7.4] Newmark, N.M., Rosenblueth, E., Fundamentals of Earthquake Engineering. Prentice-Hall Inc., N.Y., 1971

[8.1] Euronorm 8: Auslegung von Bauwerken gegen Erdbeben. Teil 1-2: Grundlagen – Allgemeine Regeln für Hochbauten. (Deutsche Fassung ENV1998-1-2:1994)
[8.2] Hart, G.C., Wong, K., Structural Dynamics for Structural Engineers. John Wiley & Sons Inc., N.Y., 2000
[8.3] Keintzel, E., Die Berechnung der Schwingungen von Vielgeschoßbauten mit Hilfe kontinuierlicher Ersatzstrukturen. Bautechnik, 44, H. 9, S. 420-427, 1967
[8.4] Müller, F.P., Keintzel, E., Erdbebensicherung von Hochbauten. Ernst & Sohn, Berlin, 2. Auflage, 1984
[8.5] Zilch, K., Pietzonka, R., Zur dynamischen Berechnung ebener regelmäßiger Rahmen im Lastfall Erdbeben. Bautechnik, 57, H. 3, S. 73-81, 1980
[8.6] Zuranski, J.A., Windbelastung von Bauwerken und Konstruktionen. Verlagsgesellschaft Rudolf Müller, Köln, 1981

[9.1] Blume, J., Newmark, N.M., Corning, H., Design of Multistory Reinforced Concrete Buildings for Earthquake Motions. Portland Cement Assoc., London, 1969
[9.2] Euronorm 8: Auslegung von Bauwerken gegen Erdbeben. Teil 1-1: Grundlagen - Erdbebeneinwirkungen und allgemeine Anforderungen an Bauwerke. (Deutsche Fassung ENV1998-1-1:1994)
[9.3] Hart, G.C., Wong, K., Structural Dynamics for Structural Engineers. John Wiley & Sons Inc., N.Y., 2000
[9.4] Housner, G.W., Behaviour of structures under earthquakes. Journal of the Engineering Mechanics Division, Proceedings of the ASCE, p. 109-129, Oct. 1959
[9.5] Iwan, W.D., Estimating inelastic response spectra from elastic spectra. Earthquake Engineering and Structural Dynamics, Vol. 8, p. 375-388, 1980
[9.6] Iwan, W.D., Gates, N.C., The effective period and damping of a class of hysteretic structures. Earthquake Engineering and Structural Dynamics, Vol. 7, 1979
[9.7] Keintzel, E., Stahlbetonbauten des Hochbaus – Erdbebenauslegung nach Eurocode 8 und vereinfachte Nachweise für Deutschland. DIN Deutsches Institut für Normung e.V. (Hrsg.), Referatensammlung Eurocode 8, DIN 4149 – Neue Regeln bei der Auslegung von Bauwerken gegen Erdbeben, Leinfelden-Echterdingen, S. 6-1 – 6-16, 21. Jan. 1998
[9.8] Müller, F.P., Keintzel, E., Erdbebensicherung von Hochbauten. Ernst & Sohn, Berlin, 2. Auflage, 1984
[9.9] Newmark, N.M., Hall, W.J., Earthquake Spectra and Design. EERI, Berkeley, 1982
[9.10] Newmark, N.M., Rosenblueth, E., Fundamentals of Earthquake Engineering. Prentice-Hall Inc., New York, 1971
[9.11] Petersen, C., Dynamik der Baukonstruktionen. Vieweg, Braunschweig, 1996
[9.12] Vidic, T., Fajfar, P., Fischinger, M., Consistent inelastic design spectra: strength and displacement. Earthquake Engineering and Structural Dynamics, Vol. 23, p. 507-521, 1994

[9.13] Villanueva, A.S., Ductility reduction factors for earthquake design. Engineering Structures, Vol. 2, p. 52-56, 1980

[9.14] Uniform Building Code. Earthquake Regulations, UBC. American Association of Building Officials, Whittier, CA, 1994

[10.1] Akiyama, H., Takahashi, M., Response of reinforced concrete moment frames to strong earthquake ground motions. Fajfar, P., Krawinkler, H., (eds), Nonlinear Seismic Analysis and Design of Reinforced Concrete Buildings, p. 105-114, Elsevier Science Publishers Ltd, Essex, 1992

[10.2] Banon, H., Biggs, J.M., Irvine, H.M., Seismic damage in reinforced concrete frames. Journal of the Structural Division, Vol. 107, p. 1713-1729, 1981

[10.3] Benavent-Climent, A., Pujades, L.G., López-Almansa, F., Design energy input spectra for moderate-seismicity regions. Earthquake Engineering and Structural Dynamics, Vol. 31, p. 1151-1172, 2002

[10.4] Bernal, D., Instability of buildings subjected to earthquakes. Journal of Structural Engineering, Vol. 118, No 8, p. 2175-2197, 1992

[10.5] Blume, J.A., A reserve energy technique for the earthquake design and rating of structures in the inelastic range. Proceedings of the 2nd World Conference on Earthquake Engineering, Tokyo, 1960

[10.6] Blume, J.A., Newmark, N.M., Corning, H., Design of Multistory Reinforced Concrete Buildings for Earthquake Motions. Portland Cement Assoc., London, 1969

[10.7] Chou, C.-C, Uang, C.-M., Establishing absorbed energy spectra – an attenuation approach. Earthquake Engineering and Structural Dynamics, Vol. 29, p. 1441-1455, 2000

[10.8] Chung, Y.-S., Meyer, C., Shinozuka, M., Modeling of concrete damage. ACI Journal, p. 259-271, May-June 1989

[10.9] Clough, W., Penzien, J., Dynamics of Structures. McGraw-Hill, N.Y., 2nd edition, 1995

[10.10] Cosenza, E., Manfredi, G., Ramasco, R., The use of damage functionals in earthquake engineering: a comparison between different methods. Earthquake Engineering and Structural Dynamics, Vol. 22, p. 855-868, 1993

[10.11] Darwin, D., Hinai, C.K., Energy dissipation in reinforced concrete beams under cyclic load. Journal of the Structural Division, Vol. 8, p. 1829-1846, 1986

[10.12] Fajfar, P., Vidic, T., Consistent inelastic design spectra: hysteretic and input energy. Earthquake Engineering and Structural Dynamics, Vol. 23, p. 523-537, 1994

[10.13] Fajfar, P., Vidic, T., Fischinger, M., On energy demand and supply in SDOF systems. Fajfar, P., Krawinkler, H., (eds), Nonlinear Seismic Analysis and Design of Reinforced Concrete Buildings, p. 41-62, Elsevier Science Publishers Ltd, Essex, 1992

[10.14] Fajfar, P., Vidic, T., Fischinger, M., Seismic demand in medium- and long period structures. Earthquake Engineering and Structural Dynamics, Vol. 18, p. 1133-1144, 1989

[10.15] Hangan, S., Crainic, L., Konzepte und energetische Methoden in der Baudynamik. Akademie-Verlag, Bukarest, 1980 (in rumänisch)

[10.16] Hart, G.C., Wong, K., Structural Dynamics for Structural Engineers. John Wiley & Sons Inc., N.Y., 2000

[10.17] Haupt, W., Bodendynamik. Grundlagen und Anwendung. Vieweg, Braunschweig, 1986

[10.18] Housner, G.W., Behaviour of structures during earthquakes. Journal of the Engineering Mechanics Division, p. 109-129, Oct. 1959

[10.19] Housner, G.W., The plastic failure of frames during earthquake. Proceedings of the 2nd World Conference on Earthquake Engineering, Tokyo, 1960

[10.20] Iwan, W.D., Estimating inelastic response spectra from elastic spectra. Earthquake Engineering and Structural Dynamics, Vol. 8, p. 375-388, 1980

[10.21] Krätzig, B.W., Meyer, I.F., Meskouris, K., Schadensmodelle duktiler Stahlbetontragglieder – Theorie und Experiment. Dolling, H.J., (Hrsg.), Dämpfung – Duktilität, DGEB – Publikation, Nr. 2, S. 73-84, 1989

[10.22] Kuwamura, H., Galambos, T.V., Earthquake loads for structural reliability. Journal of Structural Engineering, Vol. 115, p. 1446-1462, 1989

[10.23] Leonhardt, F., Vorlesungen über Massivbau. Teil 4, Nachweis der Gebrauchsfähigkeit. Springer Verlag, Heidelberg, 1978

[10.24] Manfredi, G., Evaluation of seismic energy demand. Earthquake Engineering and Structural Dynamics, Vol. 30, p. 485-499, 2001

[10.25] Natke, H.G., Baudynamik. B.G. Teubner, Stuttgart, 1989

[10.26] Nurtug, A., Sucuoglu, H., Prediction of seismic energy dissipation in SDOF systems. Earthquake Engineering and Structural Dynamics, Vol. 24, p. 1215-1223, 1995

[10.27] Park, R., Kent, D.C., Sampson, R.A., Reinforced concrete members with cyclic loading. Journal of the Structural Division, Vol. 98, p. 1341-1359, July 1972

[10.28] Park, Y.J., Ang, A.H.S., Mechanistic seismic damage model for reinforced concrete. Journal of Structural Engineering, Vol. 111, p. 722-740, 1985

[10.29] Park, Y.J., Ang, A.H.S., Wen, Y.K., Seismic damage analysis of reinforced concrete buildings. Journal of Structural Engineering, Vol. 111, p. 740-757, 1985

[10.30] Petersen, C., Dynamik der Baukonstruktionen. Vieweg, Braunschweig, 1996

[10.31] Riddell, R., Garcia, E.J., Hysteretic energy spectrum and damage control. Earthquake Engineering and Structural Dynamics, Vol. 30, p. 1791-1816, 2001

[10.32] Rosman, R., Ein praktisches Verfahren zur Lösung von Aufgaben der Baudynamik. Beton und Stahlbetonbau, 7, S. 161-167, 1969

[10.33] Roufaiel, M.S.L., Meyer, C., Analytical modeling of hysteretic behaviour of reinforced concrete frames. Journal of Structural Engineering, Vol. 113, p. 429-444, 1987

[10.34] Schäfer, C., Die Prinzipien der Dynamik. Vereinigung Wissenschaftsverleger, W. de Gruyter Verlag, Berlin, 1919

[10.35] Sucuoglu, H., Nurtug, A., Earthquake ground motion characteristics and seismic energy dissipation. Earthquake Engineering and Structural Dynamics, Vol. 24, p. 1195-1213, 1995

[10.36] Tedesco, J., Douglas, W., Ross, A., Structural Analysis. Addison Wesley Longmann Inc., 1999

[10.37] Uang, C.-M., Bertero, V.V., Evaluation of seismic energy in structures. Earthquake Engineering and Structural Dynamics, Vol. 19, p. 77-90, 1990

[10.38] Wolf, J.P., Dynamic Soil-Structure Interaction. Prentice-Hall Inc., N.Y., 1985

[10.39] Zahrah, T.F., Hall, W.J., Earthquake energy absorption in SDOF structures. Journal of Structural Engineering, Vol. 110, p. 1757-1772, Aug. 1984

[11.1] Bolotin, V.V., Random vibrations of elastic systems. Shenkman, I., (transl.), Leipholz, H.H.E., (ed.), M. Niijhoff Publishers, 1984

[11.2] Paz, M., Structural Dynamics. Theory and Computation. Int. Thomson Publishing, 4th edition, 1997

[11.3] Vanmarcke, E.H., Structural response to earthquakes. Lomnitz, C., Rosenblueth, E., (eds), Seismic Risk and Engineering Decision Developments in Geotechnical Engineering 15, Ch. 8, p. 287-337, Elsevier Scientific Publishing Co., Amsterdam, 1976

[12.1] Charlier, H., Grundlagen der Auslegung von Hochbauten gegen Erdbeben (EC 8 Teil 1-1 und Teil 1-2). DIN Deutsches Institut für Normung e.V. (Hrsg.), Referatensammlung Eurocode 8, DIN 4149 – Neue Regeln bei der Auslegung von Bauwerken gegen Erdbeben, Leinfelden-Echterdingen, S. 2-1 – 2-12, 21. Jan. 1998

[12.2] Constantinescu, D., Eurocode 8: Tragwerksplanung von Bauten in Erdbebengebieten. DafStb, H. 472, Beuth Verlag, Berlin, 1997

[12.3] Euronorm 1: Grundlagen der Tragwerksplanung. (Deutsche Fassung ENV1990:2002)

[12.4] Euronorm 8: Auslegung von Bauwerken gegen Erdbeben. Teil 1-1: Grundlagen - Erdbebeneinwirkungen und allgemeine Anforderungen an Bauwerke. (Deutsche Fassung ENV1998-1-1:1994)

[12.5] Euronorm 8: Auslegung von Bauwerken gegen Erdbeben. Teil 1-2: Grundlagen – Allgemeine Regeln für Hochbauten. (Deutsche Fassung ENV1998-1-2:1994)

[12.6] Graubner, C.A., Cliotellis, A., Erdbebenbemessung massiver Wohngebäude. Vergleichende Analyse der Beanspruchungen nach DIN 4149 und Eurocode 8. Beton und Stahlbetonbau, 95, H. 12, S. 713-718, 2000

[12.7] Grünthal, G., Die Erdbebenzonenkarte für das Nationale Anwendungsdokument zum Eurocode 8. DIN Deutsches Institut für Normung e.V. (Hrsg.), Referatensammlung Eurocode 8, DIN 4149 – Neue Regeln bei der Auslegung von Bauwerken gegen Erdbeben, Leinfelden-Echterdingen, S. 3-1 – 3-16, 21. Jan. 1998

[12.8] Schneider, G., Neue Bemessungskonzepte für das Nationale Anwendungsdokument zum Eurocode 8. DIN Deutsches Institut für Normung e.V. (Hrsg.), Referatensammlung Eurocode 8, DIN 4149 – Neue Regeln bei der Auslegung von Bauwerken gegen Erdbeben, Leinfelden-Echterdingen, S. 4-1 – 4-24, 21. Jan. 1998

[13.1] Bachmann, H., Erdbebensicherung von Bauwerken. Birkhäuser Verlag, Basel, 1995

[13.2] Beedle, L.S., (ed.), Tall Building Systems and Concepts. Cladding. Tall Buildings and Urban Environment Series, Council on Tall Buildings and Urban Habitat, Committee 12A, McGraw-Hill Inc., N.Y., 1992

[13.3] Euronorm 8: Auslegung von Bauwerken gegen Erdbeben. Teil 1-2: Grundlagen – Allgemeine Regeln für Hochbauten. (Deutsche Fassung ENV1998-1-2:1994)

[13.4] Phocas, M.C., Der Tragwerksentwurf von Hochbauten unter Berücksichtigung des dynamischen Systemverhaltens bei Horizontalbeanspruchungen. Bauingenieur, 77, S. 521-528, Nov. 2002

[13.5] Phocas, M.C., Kontrollierbares Risiko, Technik: Erdbebensicheres Bauen. deutsche bauzeitung, DVA-BDB, Nr. 2, S. 97-104, Feb. 2000

[13.6] Phocas, M.C., Hochhaustragwerke mit gezielter Dämpfung. Tokarz, B., (Hrsg.), Institut für Tragkonstruktionen und Konstruktives Entwerfen, Forschungsbericht 24, Universität Stuttgart, Stuttgart, Juli 1999

[14.1] Blume, J., Newmark, N.M., Corning, H., Design of Multistory Reinforced Concrete Buildings for Earthquake Motions. Portland Cement Assoc., London, 1969

[14.2] Derecho, A., Fintel, M., Earthquake Resistant Structures. Handbook of Concrete Engineering, p. 357-432, Van Nostrand Co., N.Y., 1975

[14.3] Dimitrov, N., Festigkeitslehre. Band 1, W. de Gruyter Verlag, Berlin, 1971

[14.4] Euronorm 8: Auslegung von Bauwerken gegen Erdbeben. Teil 1-3: Grundlagen – Baustoffspezifische Regeln für Hochbauten. (Deutsche Fassung ENV1998-1-3:1995)

[14.5] Gioncu, V., Mateescu, G., Petcu, D., Anastasiadis, A., Prediction of available ductility by means of local plastic mechanism method: Ductrot Computer Program. Mazzolani, F.M., (ed.), Moment Resistant Connections of Steel Frames in Seismic Areas. Design and Reliability. Ch. 2.1, p. 95-146, E&FN Spon, London, 2000

[14.6] Moy, S.S.J., Plastic Methods for Steel and Concrete Structures. Macmillan Press Ltd., 1999

[14.7] Park, R., Paulay, T., Concrete structures. Rosenblueth, E., (ed.), Design of Earthquake Resistant Structures, John Wiley & Sons Inc., N.Y., 1980

[14.8] Park, R., Paulay, T., Reinforced Concrete Structures. John Wiley & Sons Inc., N.Y., 1975

[14.9] Paulay, T., Deterministic seismic design procedures for reinforced concrete. Buildings and Engineering Structures, 5, p. 79-86, 1983

[14.10] Paulay, T., The design of ductile reinforced concrete structural walls for earthquake resistance. Earthquake Spectra, 2, p. 783-823, 1986

[14.11] Paulay, T., Bachmann, H., Moser, K., Erdbebenbemessung von Stahlbetonhochbauten. Birkhäuser Verlag, Basel, 1990

[14.12] Pocanschi, A., Einführung in die Baudynamik und in Erdbebensicheres Bauen. Dimitrov, N.S., (Hrsg.), Institut für Tragkonstruktionen und Konstruktives Entwerfen, Forschungsbericht 22, Universität Stuttgart, Stuttgart, Mai 1986

[15.1] Abdel-Rohman, M., Leipholz, H.H.E., Active control of tall buildings. Journal of Structural Engineering, 109, S. 628-645, 1983

[15.2] Agnes, G.S., Napolitano, K., Active constrained layer viscoelastic damping. Proceedings of the 34th SDM Conference, Lajolla, California, p. 3499-3506, 1993

[15.3] Aiken, I.D., Nims, D.K., Kelly, J.M., Comparative study of four passive energy dissipation systems. Bulletin N.Z. National Society for Earthquake Engineering, 25(3), p. 175-186, 1992

[15.4] Akbay, Z., Aktan, H.M., Actively regulated friction slip braces. 6th Canadian Conference on Earthquake Engineering, Toronto, p. 367-373, 1991

[15.5] Brock, J.E., A note on the damped vibration absorber. Journal of Applied Mechanics, 13(4), p. A-284, 1946

[15.6] Chang, K.C., Lai, M.L., Soong, T.T., Hao, D.S., Yeh, Y.C., Seismic behaviour and design guidelines for steel frame structures with added viscoelastic dampers. Report No 93-0009, National Center for Earthquake Engineering Research, Buffalo, N.Y., 1993

[15.7] Constantinou, M.C., Symans, M.D., Experimental study of seismic response of buildings with supplemental fluid dampers. Structural Design of Tall Buildings, No 2, p. 93-132, 1993

[15.8] Constantinou, M.C., Symans, M.D., Tsopelas, P., Taylor, D.P., Fluid viscous dampers in applications of seismic energy dissipation and seismic isolation. Proceedings ATC 17-1 on Seismic Isolation, Energy Dissipation and Active Control, Vol. 2, p. 581-591, 1993

[15.9] Den Hartog, J.P., Mechanical Vibrations. McGraw-Hill, N.Y., 4th edition, 1956

[15.10] Dimitrov, N., Pocanschi, A., Wandscheiben mit dynamischer Anpassungsfähigkeit für Bauten in Erdbebengebieten. Bauingenieur, 60, S. 91-98, 1985

[15.11] Dowdell, D.J., Cherry, S., On passive and semiactive function. Damping for seismic response control of structures. 11th World Conference on Earthquake Engineering, New Zealand, Paper No 957, Elsevier Science Ltd., 1996

[15.12] Eggert, H., Kauschke, W., Lager im Bauwesen. Ernst & Sohn, Berlin, 2. Auflage, 1996

[15.13] Filiatrault, A., Cherry, S., Seismic design spectra for friction-damped structures. Journal of Structural Engineering, Vol. 116, No 5, p. 1334-1355, May 1990

[15.14] FitzGerald, T.F., Anagnos, T., Goodson, M., Zsutty, T., Slotted bolted connections in aseismic design for concentrically braced connections. Earthquake Spectra, Vol. 5, No 2, p. 383-391, May 1989

[15.15] Gavin, H.P., Hanson, R.D., Electrorheological dampers for structural vibration suppression. Report No UMCE 94-35, Department of Civil and Environmental Engineering, The University of Michigan, Ann Arbor, MI, 1994

[15.16] Hart, G.C., Wong, K., Structural Dynamics for Structural Engineers. John Wiley & Sons Inc., N.Y., 1999

[15.17] Ioi, T., Ikeda, K., On the dynamic vibration damped absorber of the vibration system. Bulletin of Japanese Society of Mechanical Engineering, 21(151), p. 64-71, 1978

[15.18] Kasai, K., Fu, Y., Lai, M.L., Finding of temperature-insensitive viscoelastic frames. First World Conference on Structural Control, Los Angeles, California, Vol. 1, p. WP3-3-WP3-12, International Association for Structural Control, Aug. 1994

[15.19] Kelly, J.M., Skinner, M.S., The design of steel energy absorbing restrainers and their incorporation into nuclear power plants for enhanced safety. Report No UCB-EERC-79, Vol. 4, Earthquake Engineering Research Center, University of California, Berkeley, 1979

[15.20] Kelly, T.E., In-Structure Damping and Energy Dissipation. Design Guidelines. Holmes Consulting Group, New Zealand, 2001

[15.21] Krebs, A., Kiefer, G., Constantinescu, D., Wasserbehälter zur Tilgung windinduzierter Schwingungen. Bauingenieur, 68, S. 291-302, 1993

[15.22] Kurokawa, Y., Sakamoto, M., Yamada, T., Kurino, H., Kunisue, A., Seismic design of a tall building with energy dissipation damper for the attenuation of torsional vibration. Lew, M., (ed.), Tall Buildings for the 21st Century, Proceedings of the Fourth Conference on Tall Buildings in Seismic Regions, May 9-10, 1997, Los Angeles, California, USA, p. 373-384, Los Angeles Tall Buildings Structural Design Council and Council on Tall Buildings and Urban Habitat, 1997

[15.23] Lou, J.Y.K., Lutes, L.D., Li, J.J., Active tuned liquid damper for structural control. First World Conference on Structural Control, Los Angeles, California, Vol. 2, p. TP1-70-TP1-79, International Association for Structural Control, Aug. 1994

[15.24] Masri, S.F., Bekey, G.A., Udwadia, F.E., On-line pulse control of tall buildings. Leipholz, H., (ed.), Structural Control, IUTAM 1980, p. 471-491, North Holland Publ. Co., 1980

[15.25] Miller, R.K., Masri, S.F., Dehghanyar, T.J., Gaughey, T.K., Active vibration control of large civil structures. Journal of Engineering Mechanics, No 114, S. 1542-1570, 1988

[15.26] Mita, A., Kaneko, M., Vibration control of tall buildings utilizing energy transfer into substructural systems. First World Conference on Structural Control, Los Angeles, California, Vol. 2, p. TA2-31-TA2-40, International Association for Structural Control, Aug. 1994

[15.27] Nims, D.K., Richter, P.J., Bachman, R., The use of the energy dissipating restraint for seismic hazard mitigation. Earthquake Spectra, Vol. 9, No 3, p. 467-489, Aug. 1993

[15.28] Oh, S.T., Chang, K.C., Lai, M.L., Nielsen, E.J., Seismic response of viscoelastically damped structure under strong earthquake ground motions. Earthquake Engineering, Tenth World Conference, Balkema, Rotterdam, p. 5163-5168, 1992

[15.29] Pall, A.S., Marsch, C., Response of friction damped braced frames. Journal of the Structural Division, 108(ST6), p. 1313-1323, 1982

[15.30] Pantelides, C., Nelson, P., Continuous pulse control of structures with material nonlinearity. Earthquake Engineering and Structural Dynamics, Vol. 24, p. 263-282, 1995

[15.31] Pantelides, C., Tzan, S.R., Continuous pulse and hybrid control of structures. The Structural Design of Tall Buildings, Vol. 4, p. 127-136, 1995

[15.32] Pekcan, G., Mander, J.B., Chen, S.S., The Seismic response of a 1:3 scale model r.c. structure with elastomeric spring dampers. Earthquake Spectra, Vol. 11, No 2, p. 249-268, 1995

[15.33] Petersen, C., Dynamik der Baukonstruktionen. Vieweg, Braunschweig, 1996

[15.34] Phocas, M.C., Hochhaustragwerke mit gezielter Dämpfung. Tokarz, B., (Hrsg.), Institut für Tragkonstruktionen und Konstruktives Entwerfen, Forschungsbericht 24, Universität Stuttgart, Stuttgart, Juli 1999

[15.35] Phocas, M.C., Tragwerke für den Hochhausbau. System, Verformungskontrolle, Konstruktion. Bauingenieur Praxis, Ernst & Sohn, Berlin, März 2001

[15.36] Phocas, M.C., Pocanschi A., Steel frames with bracing mechanism and hysteretic dampers. Earthquake Engineering and Structural Dynamics, Vol. 32, No 5, p. 811-825, April 2003

[15.37] Pocanschi, A., Kontrolle des Tragverhaltens von erdbebengefährdeten Bauwerken durch Dämpfungsmassnahmen. Dimitrov, N.S., (Hrsg.), Institut für Tragkonstruktionen und Konstruktives Entwerfen, Forschungsbericht 14, Universität Stuttgart, Stuttgart, Mai 1982

[15.38] Pocanschi, A., Rahmentragwerke mit momentbegrenzenden Anschlüssen unter Erdbebenbeanspruchung. Bautechnik, H. 1, S. 29-34, 1984

[15.39] Pocanschi, A., Krause, O., Haendel, B., Braced steel frames with hysteretic dampers. Eurodyn '90, European Conference on Structural Dynamics, Research Centre for Structural Dynamics, Ruhr-University Bochum, Vol. 1, p. 187-191, June 1990

[15.40] Pocanschi, A., Phocas, M.C., Steifigkeits- und Dämpfungskontrolle in Stabtragwerken unter Erdbebenbeanspruchung. Bautechnik, 78, H. 6, S. 412-420, 2001

[15.41] Richter, P.J., Nims, D.K., Kelly, J.M., Kallenbach, R.M., The DER-Energy dissipating restraint, a new device for mitigation of seismic effects. Proceedings of the Structural Engineers Association of California (SEAOC) Convention, Lake Tahoe, 1990

[15.42] Sobek, W., Haase, W., Teuffel, P., Adaptive Systeme. Stahlbau, 69, H. 7, S. 544-555, 2000

[15.43] Soong, T.T., Dargush, G.F., Passive Energy Dissipation Systems in Structural Engineering. John Wiley & Sons Inc., Chichester, 1997

[15.44] Tsai, K.-C., Chen, H.-W., Hong, C.-P., Su, Y.-F., Design of steel triangular plate absorbers for seismic-resistant construction. Earthquake Spectra, Vol. 9, No 3, p. 502-528, Aug. 1993

[15.45] Warburton, G.B., Optimal absorber parameters for various combinations of response and excitations parameters. Earthquake Engineering and Structural Dynamics, Vol. 10, p. 381-401, 1982

[15.46] Way, D., Friction-damped moment resisting frames. Earthquake Spectra, Vol. 12, No 3, p. 623-633, Aug. 1996

[15.47] Yang, J.N., Yao, J.T.P., Formulation of structural control. Technical Report No CE-STR-74-2, Prudue University, Lafayette, 1974

[15.48] Yao, J.T.P., Concept of structural control. Journal of the Structural Division, Vol. 98, No ST7, p. 1567-1574, July 1972

[15.49] Yoshuda, K., Research trends on active vibration control and smart structures in Japan. US/Japan Workshop on Smart Structures Technology, Applications to large Civil Structures, Nov. 13-14, 1996, Maryland, USA, p. 1-10, 1996

[16.1] Aizenberg, I.M., Seismisch anpassungsfähige Bauwerke. Ed. Technica, Bukarest, 1982 (rumänische Übersetzung aus russisch)

[16.2] Allen, E.W., Bailey, J.S., Seismic rehabilitation of the Salt Lake City and County Building using base isolation. Proceedings of the 9th World Conference on Earthquake Engineering, Tokyo-Kyoto, Japan, Vol. V, p. 651-660, 1988

[16.3] Aoyagi, S., Mazda, T., Harada, O., Ohtsuka, S., Vibration test and earthquake response observation of base isolated building. Proceedings of the 9th World Conference on Earthquake Engineering, Tokyo-Kyoto, Japan, Vol. V, p. 681-686, 1988

[16.4] Bechtold, J., Earth-Proof-Building. U.S. Patent No 845046, 1907

[16.5] Belastungsversuche an Erdbebenlager. Prüfbericht der FMPA – Otto Graf Institut Baden Württemberg, Stuttgart, 1992

[16.6] Bixio, A.R., Techniche die Protezione delle strutture dai Terremoti (pers. Mitteilung)

[16.7] Buckle, J.G., Mayes, R.L., Seismic Isolation; History, Application and Performance – A World View. Earthquake Spectra, Vol. 6, No 2, p. 161-201, May 1990

[16.8] Calantarients, J.A., Improvement in and connected with building and other works and appurtenances to resist the actions of earthquakes and the like. Paper No 325371, Engineering Library, Stanford University, Stanford, California, 1909

[16.9] Cerepenski, I.D., System von Erdbebenfundamenten. Patentschrift Nr. 316817. Biulleten Izobretenii, Rußland, Nr. 30, 1971 (in russisch)

[16.10] Cerepenski, I.D., Über den Erdbebenwiderstand von Gebäuden mit kinematischen Fundamenten. Osnovania Fundamenti i mechanika gruntov, Nr. 3, 1972 (in russisch)

[16.11] Charleston, A.W., Wright, P.D., Skinner, R.I., Wellington Central Police Station: Base Isolation of an essential facility. Proceedings of the Pacific Conference on Earthquake Engineering, New Zealand, Vol. 2, p. 377-388, 1987

[16.12] Chopra, A.K., Clough, D.P., Clough, R.W., Earthquake resistance of building with a soft first story. Earthquake Engineering and Structural Dynamics, Vol. 1, No 4, p. 347-355, 1973

[16.13] Construction to begin on the world's first base isolated superhigh-rise condomimum building. Report of Takenaka Corporation, June 1998

[16.14] Delfosse, G.C., The GAPEC System: A new highly effective aseismic system. Proceedings of the 6th World Conference on Earthquake Engineering, New Delhi, p. 163-166, 1977

[16.15] Delfosse, G.C., Wood framed individual houses on seismic isolators. Proceedings of the Conference on Natural Rubber for Earthquake Protection of Buildings and Vibration Isolation, Kuala Lumpur, Malaysia, p. 104-111, 1982

[16.16] Derham, C.J., Thomas, A.G., The design and use of rubber bearings for vibration isolation and seismic protection of structures. Engineering Structures, Vol. 2, p. 171-175, July 1980

[16.17] Derham, C.J., Wooton, L.R., Learoyd, S.B., Vibration isolation and earthquake protection of buildings by natural rubber bearings. Proceedings of the Conference on The Rubber in Engineering, Kuala Lumpur, p. 21-33, 1974

[16.18] DIN 2089. Zylindrische Schraubendruckfedern aus runden Drähten und Stäben. Teil 1: Berechnung und Konstruktion. 1984

[16.19] DIN 53513. Bestimmung der viskoelastischen Eigenschaften von Elastomeren. 1990

[16.20] DIN 53535. Prüfung von Kautschuk und Elastomeren: Grundlagen für dynamische Prüfverfahren. 1982

[16.21] Eggert, H., Kauschke, W., Lager im Bauwesen. Ernst & Sohn, Berlin, 2. Auflage, 1996

[16.22] Fintel, M., Ghos, K., The structural fuse: an inelastic approach to seismic design of buildings. Journal of Civil Engineering, No 51, p. 388-401, 1981

[16.23] Fintel, M., Khan, F.R., Shock absorbing first story concept for multistory earthquake structures. Journal of the American Concrete Institute, Vol. 66, No 12, p. 381-390, 1969

[16.24] Gaspe, M.S., Earthquake isolation of multistory concrete structures. Journal of the American Concrete Institute, Vol. 67, No 11, p. 923-933, 1970

[16.25] Giuliani, G.C., Design and construction of prefabricated isolated buildings. Proceedings of International Meeting on Earthquake Protection of Buildings, Ancona, C 202, p. 191/C-202/C, 1991

[16.26] Green, N.B., Flexible first story construction for earthquake resistance. Transactions of the American Society of Civil Engineers, Vol. 100, p. 654-674, 1935

[16.27] Higashino, M., Aizawa, S., Hayamizu, Y., The study of base isolation system for actual use. Proceedings of the 9th World Conference on Earthquake Engineering, Tokyo-Kyoto, Japan, Vol. V, p. 705-710, 1988

[16.28] Hisano, M., Kawamura, S., Kitazawa, K., Nagashima, I., Study on a sliding-type base isolation system –Tri-axial shaking table test and its simulation. Proceedings of the 9th World Conference on Earthquake Engineering, Tokyo-Kyoto, Japan, Vol. V, p. 741-746, 1988

[16.29] Hosseini, S.B., Neue Planungskonzepte für ländliche Siedlungen in erdbebengefährdeten Gebieten im Nordiran. Dissertation, Universität Stuttgart, 1999

[16.30] Hüffmann, G., Spring damper systems for the support of structures to prevent earthquake damage. Proceedings of the 7th World Conference on Earthquake Engineering, Istanbul, Vol. 8, p. 167-168, 1980

[16.31] Hussaini, A., Zayas, V.A., Constantinou, M.C., Seismic isolation of a multi-story frame structure using spherical sliding isolation systems. Report No NCEER 94-0007, National Center for Earthquake Engineering Research, Buffalo, N.Y., 1994

[16.32] Ikonomou, A.S., The earthquake Guarding System: Alexisismon. Technika Chronika, Vol. 41, Athens, 1968-1972

[16.33] Inaudi, J.A., Kelly, J.M., Active isolation. Proceedings of the US National Workshop on Structural Control Research, University of Southern California, Publication No CE-9013, p. 125-130, 1990

[16.34] Izumi, M., Yamahara, H., Comparisons between earthquake response characteristics of base-isolated and ordinary buildings. Proceedings of the 9th World Conference on Earthquake Engineering, Tokyo-Kyoto, Japan, Vol. V, p. 687-692, 1988

[16.35] Jacobsen, L.S., Effects of a flexible first story in a building located on vibrating ground. Proceedings Symposium honoring S. Timoshenko on his 60th Anniversary, McMillan and Co., N.Y., 1938

[16.36] Jolivet, F., Richli, M., Aseismic foundation system for nuclear power stations. Transactions of the 4th Conference on Structural Mechanics in Reactor Technology, San Francisco, Vol. 4, No 9/2, 1977

[16.37] Kawamura, S., Kitazawa, K., Hisano, M., Nagashima, I., Study on a sliding-type base isolation system – system composition and element properties. Proceedings of the 9th World Conference on Earthquake Engineering, Tokyo-Kyoto, Japan, Vol. V, p. 735-740, 1988

[16.38] Kelly, J.M., Base isolation in Japan. Report No UCB/EERC 88/20, Earthquake Engineering Research Center, University of California, Berkeley, 1988

[16.39] Kelly, J.M., Earthquake Resistant Design with Rubber. Springer Verlag, London, 2nd edition, 1996

[16.40] Kelly, J.M., Leitmann, G., Soldatos, A.G., Robust control of base isolated structures under earthquake excitation. Journal of Optimization Theory Applications, 53, p. 159-180, 1987

[16.41] Kelly, T.E., Base Isolation of Structures. Design Guidelines. Holmes Consulting Group, New Zealand, 2001

[16.42] Konsetzu, S., Earthquake Bearing. Patentschrift Nr. 4325114, Japan, 1964

[16.43] Luz, E., Gurr-Beyer, C., Beyer, K., Rechnerische Untersuchung des Verhaltens eines Erdbebenlagers unter realen Erdbeben. Bericht vom Büro für Baudynamik, Stuttgart, 1992

[16.44] Martel, R.R., The effects of earthquake on buildings with a flexible first story. Bulletin of the Seismological Society of America, Vol. 19, No 3, p. 167-178, 1929

[16.45] Martelli, A., Forni, M., Developments of seismic isolation implementation in Italy. Seismic Engineering, V2 PVP, Vol. 256-2, p. 159-170, N.Y., 1993

[16.46] Matsushita, K., Izumi, M., Some analyses on mechanism to decrease seismic forces applied to buildings. Proceedings of the 3rd World Conference on Earthquake Engineering, Auckland-Wellington, New Zealand, Vol. IV, p. 342-372, 1965

[16.47] Matsushita, K., Izumi, M., Study on mechanisms to decrease earthquake forces applied to buildings. Proceedings of the 4th World Conference on Earthquake Engineering, Santiago de Chile, Vol. I, B-3, p. 118-129, 1969

[16.48] Matsushita, K., Izumi, M., Ide, H., Some analysis of mechanisms to decrease earthquake effects to building structures. Proceedings of the 6th World Conference on Earthquake Engineering, New Delhi, Part 4, p. 275-288, 1977

[16.49] Matsutaru, S., Technical Research Institute Obayashi Corporation, Tokyo, 1991, 1992 (pers. Mitteilung)

[16.50] McKay, G.R., et.al., Seismic Isolation, New Zealand Applications. Earthquake Spectra, Vol. 6, No 2, p. 203-222, 1990

[16.51] Montalk, R.W. de, Shock Absorbing or Minimising Means for Buildings. U.S. Patent No 1847820, 1932

[16.52] Mostaghel, N., Resilient-Friction Base Isolator. Report No UTEC 84-097, Department of Civil Engineering, University of Utah, Salt Lake City, Utah, 1984

[16.53] Mostaghel, N., Bult, F., Flint, B.F., Preliminary experimental evaluation of R-FBI bearings. Report No UTEC 86-089, Department of Civil Engineering, University of Utah, Salt Lake City, Utah, 1986

[16.54] Mostaghel, N., Hejazi, M., Tanbakuchi, J., Response of sliding structures to harmonic support motion. Earthquake Engineering and Structural Dynamics, Vol. 11, p. 355-366, 1983

[16.55] Mostaghel, N., Kelly, J.M., Design procedures for R-FBI bearings. Report No UCB/EERC 87/18, Earthquake Engineering Research Center, University of California, Berkeley, 1987

[16.56] Mostaghel, N., Tanbakuchi, J., Response of sliding structures to earthquake support motion. Earthquake Engineering and Structural Dynamics, Vol. 11, p. 729-748, 1983

[16.57] Naeim, F., Kelly, J.M., Design of Seismic Isolated Structures. From Theory to Practice. John Wiley & Sons Inc., N.Y., 1999

[16.58] National Earthquake Hazards Reduction Program. Guidelines for Seismic Rehabilitation of Buildings. Federal Emergency Management Agency, FEMA-273, Washington, 1998

[16.59] Nawrotzki, P., Passive control systems for buildings in seismically active regions. European Conference on Computational Mechanics, Cracow, Poland, June 2001

[16.60] Nawrotzki, P., Seismic protection of structures by viscoelastic elements. The 8th East Asia-Pacific Conference on Structural Engineering and Construction, Nanyang Technological University, Singapore, Paper No 1059, Nov. 2001

[16.61] Nazin, V.V., Einige konstruktive Maßnahmen zur Herabsetzung der Erdbebenwirkung auf Bauwerke. Sammlung: Das Erdbebenrisiko in Krim und der Widerstand der Bauwerke, Naukova dumka, Kiev, 1972 (in russisch)

[16.62] Olariu, F., Anwendung von Pendeln und dämpfenden Werkstoffen in Erdbebenisolierung. Dissertation, Technische Univerität G. Asachi, Iasi, Rumänien, 2000 (in rumänisch)

[16.63] Parduci, A., Mezzi, M., Seismic isolation of bridges in Italy. Proceedings of the Pacific Conference on Earthquake Engineering, New Zealand, Vol. 3, 1991

[16.64] Penkuna, L., Earthquake Resisting Foundation. Patentschrift Nr. 3347002, SUA, 1967

[16.65] Petersen, C., Dynamik der Baukonstruktionen. Vieweg, Braunschweig, 1996

[16.66] Pocanschi, A., Damping Installation for Earthquake Endangered Buildings. U.S. Patent No 4514942, 1985

[16.67] Pocanschi, A., Erdbebengerechte Lagerungen: Eine moderne Technik des erdbebensicheren Bauens. Wechselwirkungen, Jahrbuch 1991 – Aus Lehre und Forschung der Universität Stuttgart, S. 67-75, Stuttgart, 1991

[16.68] Pocanschi, A., Erdbebensicherung von Bauwerken durch anpassungsfähige Schwingungsisolatoren. Bauingenieur, 58, S. 213-221, 1983

[16.69] Pocanschi, A., Kontrolle des Tragverhaltens von erdbebengefährdeten Bauwerken durch Dämpfungsmassnahmen. Dimitrov, N.S., (Hrsg.), Institut für Tragkonstruktionen und Konstruktives Entwerfen, Forschungsbericht 14, Universität Stuttgart, Stuttgart, Mai 1982

[16.70] Pocanschi, A., Krause, G., Kinematische Isolatoren mit axialer Federung: Elastokinematische Lager. Internes Forschungsbericht der Firma DelkonEng, Dortmund, 1987

[16.71] Pocanschi, A., Olariu, I., Aseismic structures with controlled deformability. Constructii No 6, p. 36-42, Bukarest, 1980 (in rumänisch)

[16.72] Pocanschi, A., Raff, B., Zum Schutz von Bauwerken gegenüber Erderschütterungen durch aktive Lageranlagen. Bautechnik, 60, H. 12, S. 425-431, 1983

[16.73] Pocanschi, A., Stüve, G., Ein kompaktes Erdbebenlager mit begrenzter Verschiebung für mittelgroße Gebäude in europäischen Erdbebengebieten: Ergebnisse der experimentellen Untersuchung. Persönliches Bericht (unveröffentlicht)

[16.74] Pocanschi, A., Stüve, G., Ein kompaktes Erdbebenlager mit progressiver Kennlinie. Kurze technische Berichte, Bauingenieur, 6, S. 282, 1992

[16.75] Poleakov, S.V., Der aktuelle Zustand und neue Orientierungen in der Forschung von Erdbebensicherheitssystemen. Stroitelnaika Mechanika i rasciot sorujenii, Nr. 4, 1975 (in russisch)

[16.76] Provisions for the Development of Seismic Regulations for Buildings. Federal Emergency Management Agency, NEHRP, YEHRP-97, Washington, 1997

[16.77] Robinson, W.H., Lead-Rubber Bearing. U.S. Patent No 4117637, 1977

[16.78] Robinson, W.H., Lead-Rubber hysteretic bearings suitable for protecting structures during earthquake. Earthquake Engineering and Structural Dynamics, Vol. 10, p. 593-604, 1982

[16.79] Roth, A., u. a., Erdbebensicherung im Bauen: Das Schulhaus Heinrich Pestalozzi in Skopje, Jugoslawien. Neue Züricher Zeitung, Beilage Technik, 1970

[16.80] Saruto, M., Institute of Technology, Shimizu Corporation, Tokyo, 1991, 1992 (pers. Mitteilung)

[16.81] Seismically Isolated Structures in Japan's Private Housing. Report No 98.046, Asian Technology Information Program, ATIP

[16.82] Shimoda, I., Nakano, S., Kitagawa, Y., Miyazaki, M., Experimental study on base-isolated building using lead rubber bearing through vibration tests. Proceedings of the 9th World Conference on Earthquake Engineering, Tokyo-Kyoto, Japan, Vol. V, p. 711-716, 1988

[16.83] Skinner, R.I., Beck, J.L., Bycroft, G.N., A practical system for isolating structures from earthquake attack. Earthquake Engineering and Structural Dynamics, Vol. 3, p. 297-309, 1975

[16.84] Skinner, R.I., Kelly, J.M., Heine, A.J., Energy absorption devices for earthquake resistant structures. Proceedings of the 5th World Conference on Earthquake Engineering, Rome, Vol. 2, p. 2924-2933, 1973

[16.85] Skinner, R.I., Robinson, W.H., McVerry, G.h., An Introduction to Seismic Isolation. John Wiley & Sons Inc., Chichester, 1993

[16.86] Sparacio, R., Cavuto, F., et.al., Report of a first experience on seismic retrofitting by use of base isolation. Proceedings of International Meeting on Earthquake Protection of Bridges, Ancona, p. 243/C-253/C, 1991

[16.87] Staudacher, K., Integraler baulicher Erdbebenschutz. Berichte Nr. 122, 123, 126, Institut für Baustatik und Konstruktion, ETH-Hönggerberg, Zürich, Birkhäuser Verlag, Basel, 1981, 1982

[16.88] Stüve, G., CR Qualität mit höher Dämpfung, entwickelt für ein Erdbebenlager. Internes Bericht der Firma New York - Hamburger Gummi-Waaren Co. AG, März 1991
[16.89] Stüve, G., Quasi dynamische Laboruntersuchung eines Erdbebenlagers mit progressiver Kennlinie. Internes Bericht der Firma New York - Hamburger Gummi-Waaren Co. AG, 1990-1991
[16.90] Takeda, T., Hirano, S., Yoshihara, J.-I., Nawaoka, Y., Uchida, H., Nakamura, M., Study on base isolation system for earthquake protection and vibration isolation by laminated high-damping rubber. Proceedings of the 9th World Conference on Earthquake Engineering, Tokyo-Kyoto, Japan, Vol. V, p. 729-734, 1988
[16.91] Tarics, A.G., Way, D., Kelly, J.M., The implementation of base isolation for the Foothill-Communities Law and Justice Center. Technical Report No RTA-84, San Francisco, California, 1984
[16.92] Temes, G., Erdbeben-Dämpfer. Patentschrift Nr. 481251, Japan, 1973
[16.93] Tentative Seismic Isolation Design Requirements. Structural Engineering Association of Northern California, Yellow Book, San Francisco, 1986
[16.94] Tezcan, S., Civi, A., Hüffmann, G., Advantages of spring-dashpot systems as vibration isolators. Internal Report No 80-31E, Bogazici University, Istanbul, May 1980
[16.95] Topaloff, M., Gummilager für Brücken – Berechnung und Anwendung. Bauingenieur, 35, 1964
[16.96] Touaillon, J., Earthquake-Proof Building. U.S. Patent No 338240, 1870
[16.97] Turkington, D.H., Seismic design of bridges on lead-rubber bearings. Research Report No 87/2, Department of Civil Engineering, University of Canterbury, Febr. 1987
[16.98] Uniform Building Code. Appendix Division III. Earthquake Regulations for Seismic-Isolated Structures. UBC, American Association of Building Officials, Whittier, CA, 1994
[16.99] Way, D., Howard, J., Seismic rehabilitation of the Mackay School of Mines Phase III with base isolation. Earthquake Spectra, Vol. 6, No 2, p. 297-308, May 1990
[16.100] Wright, F.L., An Autobiography: Frank Lloyd Wright. Horizon Press, N.Y., 1977
[16.101] Yasaka, A., Koshida, H., Iizuka, M., Base isolation system for earthquake protection and vibration isolation of structures. Proceedings of the 9th World Conference on Earthquake Engineering, Tokyo-Kyoto, Japan, Vol. V, p. 699-704, 1988
[16.102] Zayas, V.A., Low, S.S., Earthquake resistant design using friction pendulum connections. ASCE Congress, San Francisco, May 1989
[16.103] Zayas, V.A., Low, S.S., Mahin, S.A., A simple pendulum technique for achieving seismic isolation. Earthquake Spectra, Vol. 6, No 2, p. 317-334, 1990
[16.104] Zayas, V.A., Low, S.S., Mahin, S.A., The FPS earthquake resisting system. Experimental Report No UCB/EERC 87/01, Earthquake Engineering Research Center, University of California, Berkeley, 1987
[16.105] Zelenschi, G., Nazim, V., Die Dämpfung von Schwingungen bei Bauwerken mit kinematischen Fundamenten. Stroitelstro i Architektura, Nr. 1, 1975 (in russisch)

Sachwortverzeichnis

MIX
Papier aus verantwortungsvollen Quellen
Paper from responsible sources
FSC® C105338

If you have any concerns about our products,
you can contact us on
ProductSafety@springernature.com

In case Publisher is established outside the EU,
the EU authorized representative is:
Springer Nature Customer Service Center GmbH
Europaplatz 3, 69115 Heidelberg, Germany

Printed by Libri Plureos GmbH
in Hamburg, Germany